westermann

Dietmar Falk, Dr. Uwe Kirschberg, Peter Krause, Günther Tiedt

Metalltechnik

Tabellenbuch

7. Auflage

Bestellnummer 235104

Diesem Buch wurden die bei Manuskriptabschluss vorliegenden neuesten Ausgaben der DIN-Normen, VDI-Richtlinien und sonstigen Bestimmungen zu Grunde gelegt. Verbindlich sind jedoch nur die neuesten Ausgaben der DIN-Normen und VDI-Richtlinien und sonstigen Bestimmungen selbst.

Die DIN-Normen wurden wiedergegeben mit Erlaubnis des DIN Deutsches Institut für Normung e.V. Maßgebend für das Anwenden der Norm ist deren Fassung mit dem neuesten Ausgabedatum, die bei der Beuth Verlag GmbH, Am DIN-Platz Burggrafenstraße 6, 10787 Berlin, erhältlich ist.

Zusatzmaterialien zu Metalltechnik Tabellenbuch

Für Lehrerinnen und Lehrer

BiBox Einzellizenz für Lehrer/-innen (Dauerlizenz)
BiBox Klassenlizenz Premium für Lehrer/-innen und bis zu 35 Schüler/-innen (1 Schuljahr)
BiBox Kollegiumslizenz für Lehrer/-innen (Dauerlizenz)
BiBox Kollegiumslizenz für Lehrer/-innen (1 Schuljahr)

Für Schülerinnen und Schüler

BiBox Einzellizenz für Schüler/-innen (1 Schuljahr)
BiBox Einzellizenz für Schüler/-innen (4 Schuljahre)
BiBox Klassensatz PrintPlus (1 Schuljahr)

Druck und Bindung: Westermann Druck GmbH, Georg-Westermann-Allee 66, 38104 Braunschweig

ISBN 978-3-14-235104-9

DIN ISO ...

Sonstiges

VDI ...

Das Metalltechnik Tabellenbuch ist völlig neu konzipiert. Es ist nach beruflich relevanten Handlungsfeldern geordnet, die sich an typischen beruflichen Handlungsabläufen und Anforderungen aus der Berufspraxis orientieren. Themenbereiche, die einen Sinnzusammenhang bilden und in der betrieblichen Praxis zusammengehören, werden gemeinsam dargestellt. So werden z. B. im Kapitel „Lagerungen“ neben den traditionellen Lagertabellen auch behandelt: Toleranzen für Punkt- und Umfangslast, ISO-Passungen und Einbaumaße. Unter dem Aspekt „Technisches Zeichnen“ werden in dem Kapitel z. B. Darstellung von Lagern, Dichtungen und Freistichen behandelt. Sicherungsringe, Nutmuttern, Pass- und Stützscheiben und andere für Lagerungen relevante Maschinenelemente werden als Gesamtkomplex wiedergegeben. Wälzlagerstähle, metallische und nichtmetallische Gleitlagerwerkstoffe sowie Auswahlkriterien für Lagerungen runden das Kapitel ab. Traditionelle fachsystematische Ordnungsstrukturen werden – wo immer möglich – durch Darstellungen in Handlungsfeldern ersetzt. Schülerinnen und Schüler werden dadurch angeleitet und unterstützt, Planung und Ausführung ihrer berufsspezifischen Lern- und Arbeitsprozesse zunehmend selbstständiger zu gestalten und ihre Handlungskompetenz umfassend zu entwickeln. Das Metalltechnik Tabellenbuch ist damit besonders geeignet für die lernfeldorientierte Ausbildung im Berufsfeld Metalltechnik in Industrie und Handwerk.

Am Anfang eines Kapitels gibt ein Inhaltsverzeichnis Orientierungshilfen über die Struktur des Kapitels. Das großzügige Layout trägt in Verbindung mit dem gewählten größeren Format zu einer erheblichen Verbesserung von Übersichtlichkeit und Lesbarkeit bei. Selbstverständlich enthält das Metalltechnik Tabellenbuch das vom Westermann-Verlag „erfundene“ deutsch-englische Sachwortverzeichnis und die Normenbezeichnungen in englischer Sprache.

Das Metalltechnik Tabellenbuch enthält auf dem neuesten Stand von Normung und Technologie alle für die Erstausbildung in Schule und Betrieb notwendigen Inhalte. Darüber hinaus bietet es sich für die Ausbildung von Meistern und Technikern sowie für Studenten an Fachhochschulen und Hochschulen an. Auch Konstrukteure im Fachgebiet Maschinenbau werden das Werk zu schätzen wissen.

Zusatzinformationen

Dieses Symbol verweist auf einen Web-Link, auf dem Zusatzinformationen für die entsprechende Seite hinterlegt sind.

Über den Link oder den QR-Code gelangen Sie zu umfangreichen und ergänzenden Informationen und Übungsmaterialien wie zusätzlichen Tabellen, Texten, Erklärungen, Beispielen und Rechenblättern.

Web-Link:
www.westermann.de/links/235104

Deutsches Institut für Normung e.V.
German Institut for Standardization

Aufgabe	
DIN ist die Abkürzung für Deutsches Institut für Normung, das 1917 gegründet wurde und seinen Sitz in Berlin hat. Zusammen mit Herstellern, dem Handel, Handwerk, Dienstleistungsunternehmen, Wissenschaftlern, Verbrauchern und Behörden werden Normen erarbeitet, die unter anderem dem Stand der Technik, der Qualitätssicherung, der Sicherheit und dem Umweltschutz dienen. Nur Produkte, die festgelegte Rahmenbedingungen erfüllen, dürfen die Bezeichnung >>DIN<< tragen. Grundsätzlich ist allerdings niemand verpflichtet, seine Produkte nach Norm herzustellen.	DIN

Grundlagen der Normenerstellung

- Die Regeln für die Normenerstellung sind in DIN 820 festgelegt.
- Normen werden in Normenausschüssen mit Fachkompetenz erstellt und auch juristisch überprüft.
- DIN-Normen werden vor ihrer endgültigen Verabschiedung der Fachöffentlichkeit für eventuell notwendige Korrekturen vorgelegt. In dieser Zeit werden Sie als Norm-Entwürfe bezeichnet und mit einem „NE" gekennzeichnet.
- Die DIN vernetzt die nationalen mit den europäischen und internationalen Normenaktivitäten.

Normarten und Regelwerke

Kurzzeichen	Erklärung
DIN DIN VDE VG	Nationale Norm, die ausschließlich oder überwiegend nationale Bedeutung hat oder als Vorstufe zu einem internationalen Dokument veröffentlicht wird. VDE: Verband der Elektrotechnik VG: Verteidigungsgeräte (Rüstungsnorm)
DIN ISO DIN IEC DIN ISO/IEC	Deutsche Ausgabe einer Internationalen Norm, die von ISO und/oder IEC herausgegeben wurde und die unverändert in das Deutsche Normenwerk übernommen wurde. ISO: International Organization for Standardization IEC: International Elektrotechnical Commission Standards
DIN EN	Deutsche Ausgabe einer Europäischen Norm, die unverändert von allen Mitgliedern der europäischen Normungsorganisation CEN/CENELEC/ETSI übernommen wurde. EN: Europäische Norm CEN: European Committee for Standardization CENELEC: European Committee for Electrotechnical Standardization; ETSI: European Telecommunication Standards
DIN EN ISO	Deutsche Ausgabe einer Europäischen Norm, die mit einer Interationalen Norm identisch ist und die unverändert von allen Mitgliedern der europäischen Normungsorganisationen CEN/CENELEC übernommen wurde.
VDI-Richtlinien	Diese Richtlinien beinhalten praktische Arbeitsunterlagen sowie fundierte Entscheidungshilfen für die Entwicklung und Realisierung von technischen Systemen oder Produkten. VDI: Verein Deutscher Ingenieure e.V.

Normenbegriffe

Begriff	Bezeichnung	Erklärung
Norm	DIN 327	Eine Norm enthält die zur Veröffentlichung frei gegebenen Resultate der Arbeit eines Normenausschusses. Die DIN 327 enthält Angaben zu Langlochfräsern mit Zylinderschaft.
Teil	DIN 327-2	Eine Norm kann mehrere Teile aufweisen, die im Zusammenhang mit der Hauptnummer stehen. Der Teil 2 der DIN 327 enthält die technischen Lieferbedingungen für Langlochfräser mit Zylinderschaft.
Ausgabe	DIN 327-1 1989-04	Datum (April 1989), mit dem die Norm ihre Gültigkeit erhält. Sie wird im DIN-Anzeiger veröffentlicht.
Beiblatt	DIN 6935 Beiblatt 1	Ein Beiblatt enthält Ergänzungen zu einer Norm. Das Beiblatt 1 der DIN 6935 z. B. enthält Ausgleichswerte zur Berechnung der gestreckten Länge von Flacherzeugnissen aus Stahl.
Vornorm	DIN V 51605	Eine Vornorm enthält die Ergebnisse der Arbeit eines Normenausschusses, die wegen bestimmter Vorbehalte nicht als Norm herausgegeben werden. Die Vornorm DIN V 51605 enthält Anforderungshinweise für Rapsölmotoren.
Entwurf	DIN EN 62033 (N-E)	Ein Norm-Entwurf enthält die Ergebnisse einer Normungsarbeit, die der Öffentlichkeit zur Stellungnahme vorgelegt wird. Die DIN EN 62083 N-E enthält Sicherheitsbestimmungen für medizinische Elektrogeräte.

Vorgehensweise 1

Die Normbezeichnung wird einer Stückliste entnommen:

Zylinderlager DIN 1850 – J 20 × 26 × 20 – Sint-B50

Form: J ohne Bund

Nenndurchmesser: $d_1 = 20$ mm, Toleranzklasse: G7

Außendurchmesser: $d_2 = 26$ mm, Toleranzklasse: r6

Buchsenbreite $b_1 = 20$ mm

Werkstoff: Sintermetall Bronze

siehe Sintermetalle

Buchsen für Gleitlager aus Sintermetall

DIN 1850-3: 1998-07

Form J
Zylinderlager

Form V
Bundlager

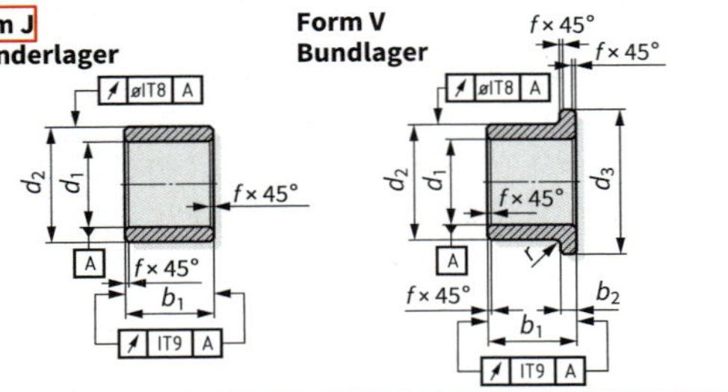

Toleranzklasse		
d_1 Form	J und V	G7*)
d_2		r6
d_3		js13
b_1, b_2		js13
Aufnahmebohrung: Form J und V		H7

*) Ergibt nach dem Einpressen H7, wenn ein Einpressdorn innerhalb der ISO-Toleranzklasse m5 verwendet wird. Der Einpressdorn muss einen Absatz haben, der auf die gesamte Stirnfläche der Buchse drückt. Das Lagerspiel wird durch den Wellendurchmesser und den Buchsen-Innendurchmesser beeinflusst.

d_1	d_2	d_3	b_1				b_2	f_{max}	r_{max}
2,5	6	9	2[1)]	3	–	–	1,5	0,3	0,3
3	6	9	3[1)]	4	–	–	1,5	0,3	0,3
4	8	12	3	4	6	–	2	0,3	0,3
5	9	13	4	5	8	–	2	0,3	0,3
6	10	14	4	6	10	–	2	0,3	0,3
7	11	15	5	8	10	–	2	0,3	0,3
8	12	16	6	8	12	–	2	0,3	0,3
9	14	19	6	10	14	–	2,5	0,4	0,6
10	16	22	8	10	16	–	3	0,4	0,6
12	18	24	8	12	20	–	3	0,4	0,6
14	20	26	10	14	20	–	3	0,4	0,6
15	21	27	10	15	25	–	3	0,4	0,6
16	22	28	12	16	25	–	3	0,4	0,6
18	24	30	12	18	30	–	3	0,4	0,6
20	26	32	15	20	25	30	3	0,4	0,6
22	28	34	15	20	25	30	3	0,4	0,6
25	32	39	20	25	30	35[1)]	3,5	0,6	0,8
28	36	44	20	25	30	40[1)]	4	0,6	0,8
30	38	46	20	25	30	40[1)]	4	0,6	0,8
32	40	48	20	25	30	40[1)]	4	0,6	0,8
35	45	55	25	35	40	50[1)]	5	0,7	0,8
38	48	58	25	35	45	55[1)]	5	0,7	0,8
40	50	60	30	40	50	60[1)]	5	0,7	0,8
42	52	–	30	40	50	60[1)]	5	0,7	0,8

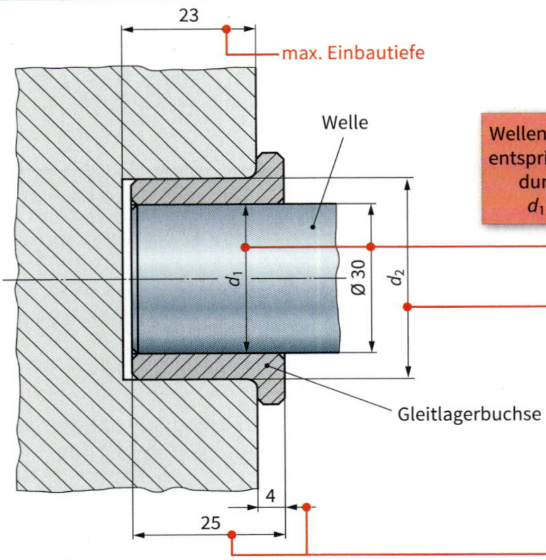

Wellendurchmesser entspricht Buchsendurchmesser $d_1 = 30$ mm

Bohrungsdurchmesser entspricht $d_2 = 38$ mm

Breite der Buchse bei max. 23 mm Einbautiefe: $b_1 = 25$ mm; $b_2 = 4$ mm ($b_1 - b_2 = 21$ mm)

Vorgehensweise 2

Vorgabe aus der Konstruktionszeichnung: Wellendurchmesser 30 mm, Form V, Werkstoff: Sint-A50:
ausgewählte Buchse: Bundlager DIN 1850 – V 30 × 38 × 25 – Sint-A50

Arbeits- und Umweltschutz

1

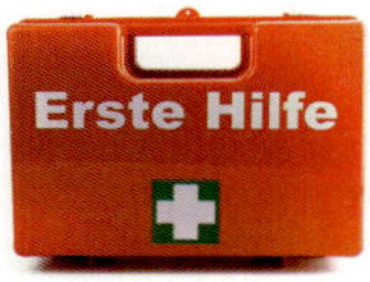

Logo: Erste Hilfe

Erste-Hilfe-Kasten

Rettungsdienste:

ASB
Deutsches Rotes Kreuz
DLRG
JOHANNITER
Malteser

Notfall-Rettungskette

1. Sofortmaßnahme
2. Notruf
3. Erste Hilfe
4. Rettungsdienst
5. Krankenhaus

Notruf
- **Wo** ist was geschehen?
- **Was** ist geschehen?
- **Wie** viele Verletzte gibt es?
- **Welche** Verletzungen sind vorhanden?
- **Warten** auf Rückfragen!

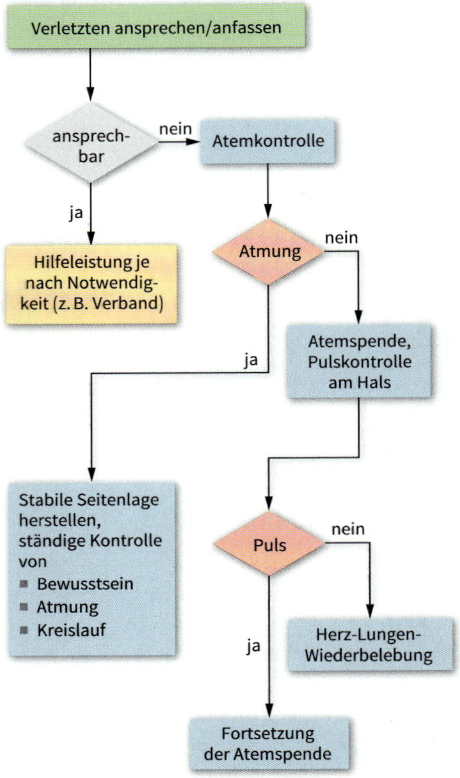

Kostenfreie Rufnummer aus dem Festnetz und Mobilfunknetz (jeweils ohne Vorwahl):
– 110: Polizei (mit Weiterleitung nach 112)
– 112: Rettungsdienst/Notarzt/Feuerwehr
Einheitlicher Europäischer Notruf (alle EU-Länder)

	Versagen der Atmung/ Atemstillstand	Herzversagen/ Herzstillstand	Kreislaufversagen/Schock	Starke Blutung
Symptome	■ Flache, unregelmäßige Atmung bzw. keine Atembewegung mehr wahrnehmbar ■ keine Atemgeräusche hörbar ■ bläuliche Verfärbung der Haut (Lippen, Ohrläppchen) ■ Bewusstlosigkeit	■ Bewusstlosigkeit ■ erweiterte Pupillen ■ blaue oder weißliche (blasse) Verfärbung der Haut	■ Schwacher, beschleunigter Puls ■ feuchte, blasse, kalte Haut ■ Unruhe, Angst	■ Bei Verletzung der Schlagader pulsierender Blutaustritt ■ hellrote Farbe des Blutes
Maßnahmen	■ Verletzten in stabile Seitenlage bringen ■ Mund- und Rachenraum von Fremdkörpern (Speisereste, Erbrochenes) säubern ■ Bei Atemstillstand mit der Atemspende beginnen ■ Atmung überwachen	■ Sofort mit Herzdruckmassage beginnen ■ Achtung: Ersthelferausbildung ist hierfür unbedingt erforderlich	■ Schocklage herstellen (Oberkörper flach legen, Beine schräg nach oben) ■ Achtung: Schocklage nicht bei Verletzung der Beine oder Wirbelsäule ■ vor Unterkühlung schützen ■ durch Ansprache beruhigend wirken ■ Atmung und Puls kontrollieren	■ Druckverband anlegen, sterile Auflage (Einmalhandschuh verwenden!) ■ leichte Blutung aus Nase: Kopf nach vorne neigen, Kinn in die Hand stützen lassen, kalter Umschlag auf den Nacken ■ bei verletzter Schlagader die Ader abdrücken bzw. abbinden

Kennzeichnungssysteme für Chemikalien

Kennzeichnungssystem	Geltungsbereich; Rechtsgrundlage	Ziele	Fristen
Gefahrstoffverordnung	Deutschland; GefStoffV 2006-07	sicherer Umgang mit gefährlichen Chemikalien:	unzulässig für **Stoffe** ab dem 1.12.2010; Produkte mit alter Kennzeichnung müssen bis 30.11.2012 abverkauft werden; zulässig für **Gemische** bis 1.6.2015
Global Harmonisiertes System (GHS)[1]	international; UN GHS-Verordnung	weltweit einheitliches System zur Einstufung und Kennzeichnung chemischer Produkte	in der EU implementiert als CLP-Verordnung seit 20.01.2009
CLP-Verordnung[2]	EU; EG 1272/2008	Regelung der Einstufung, Kennzeichnung und Verpackung von Stoffen und Gemischen innerhalb der EU: – Stoffe = Substanzen – Gemisch = Mischung aus Stoffen	zwingend für **Stoffe** ab 1.12.2010 zulässig für **Gemische** ab 1.12.2010 zwingend für **Gemische** ab 1.6.2015 (plus zweijährige Übergangsfrist für bereits im Handel befindliche Produkte mit alter Kennzeichnung)

Verpflichtungen, die sich aus der CLP-Verordnung ergeben:

- Meldung von Stoffen und Gemischen in das europäische Einstufungs- und Kennzeichnungsverzeichnis
- Änderung der Sicherheitsdatenblätter
- Änderung der Gefahrstoffetiketten
  - neue Gefahrenpiktogramme
  - neue H- und P-Sätze anstelle von R- und S-Sätzen
  - neue Signalwörter (Gefahr/Achtung)

Alte Gefahrstoffverordnung

[1] GHS: **G**lobally **H**armonised **S**ystem of Classification and Labelling of Chemicals / Global harmonisiertes System zur Einstufung und Kennzeichnung von Chemikalien

[2] CLP: **C**lassification, **L**abelling and **P**ackaging of Chemical Products (= europäische Umsetzung von GHS) / Einstufung, Kennzeichnung und Verpackung von Stoffen und Gemische

Gefahrenpiktogramme nach CLP-Verordnung

Gefahrenart	Piktogramm	Code	Bezeichnung	Hinweise
physikalisch-chemische Gefahren		GHS01	Explodierende Bombe	Instabile explosive Stoffe/Gemische; selbstzersetzliche Stoffe/Gemische; organische Peroxide
		GHS02	Flamme	Entzündbare Gase, Aerosole, Flüssigkeiten, Feststoffe, selbstzersetzliche Stoffe/Gemische
		GHS03	Flamme über einem Kreis	Oxidierende Gase, Flüssigkeiten oder Feststoffe
		GHS04	Gasflasche	Gase unter Druck; verdichtete, verflüssigte, tiefgekühlt verflüssigte, gelöste Gase
Gesundheitsgefahren		GHS05	Ätzwirkung	Zerstörung der Haut oder Augen schon nach kurzem Kontakt möglich; Haut- und Augenschutz tragen!
		GHS06	Totenkopf mit gekreuzten Knochen	Schwere oder tödliche Vergiftungen durch Einatmen oder Verschlucken selbst kleinster Mengen
		GHS07	Ausrufezeichen	Gesundheitsgefährdung! Keine Todesgefahr oder schwere Gesundheitsschäden; Reizung der Haut; Allergieauslösung
		GHS08	Gesundheitsgefahr	Schwere Gesundheitsschäden, bei Kindern mit möglicher Todesfolge; krebsauslösend; Schwangerschaft gefährdend
Umweltgefahren		GHS09	Umwelt	Kurz- oder langfristige Umweltschäden; Schädigung von Kleintieren/Bodenorganismen; nicht über Hausmüll oder Abwasser entsorgen

Kennzeichnungselemente der CLP-Verordnung

Aufbau der Kennzeichnungsetiketten

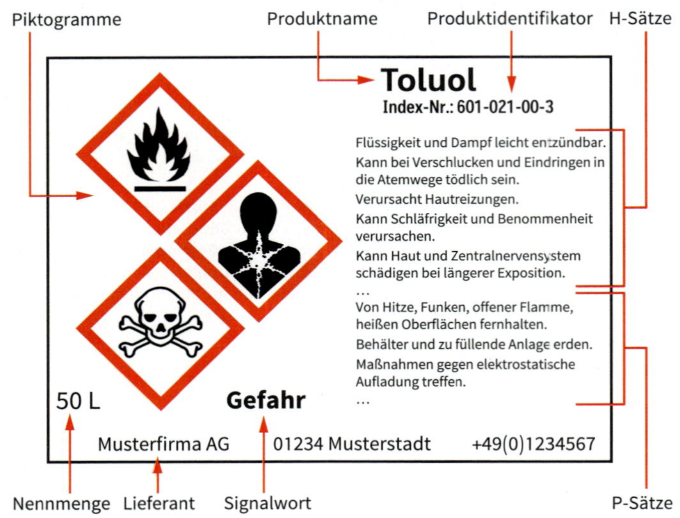

Merkmale

- 9 Gefahrenpiktogramme (GHS01 ... GHS09)
- 2 Signalworte (Achtung/Gefahr)
  - Achtung: geringere Gefahren/Risiken
  - Gefahr: erhebliche Gefährdungen
- 86 Gefahrenhinweise – H-Sätze (Hazard Statements)
- 136 Sicherheitshinweise – P-Sätze (Precautionary Statements)
- Produktidentifikatoren (alternativ)
  - EG- Index-Nr. (Identifizierungs-Code für Gefahrstoffe nach CLP-Verordnung)
  - EG-Nr. (Ordnungs-Nr. der EU-Chemikalienverordnung EG 1907/2006 – REACH)
  - CAS-Nr. (Internationaler Bezeichnungsstandard für jeden bekannten chemischen Stoff)
- Angaben zum Lieferanten (Name, Anschrift, Tel., ...)

Die Codes von Piktogrammen und H- und P-Sätzen müssen nicht im Kennzeichnungsetikett aufgenommen werden.

CLP-Verordnung: Gefahrenhinweise (H-Sätze/Hazard Statements)

Code	Bedeutung
H200-Reihe: Physikalische Gefahren	
H200	Instabil, explosiv
H201	Explosiv, Gefahr der Massenexplosion
H202	Explosiv, große Gefahr durch Splitter, Spreng- und Wurfstücke
H203	Explosiv, Gefahr durch Feuer, Luftdruck oder Splitter, Spreng- und Wurfstücke
H204	Gefahr durch Feuer oder Splitter, Spreng- und Wurfstücke
H205	Gefahr der Massenexplosion bei Feuer
H220	Extrem entzündbares Gas
H223	Entzündbares Aerosol
H224	Flüssigkeit und Dampf extrem entzündbar
H225	Flüssigkeit und Dampf leicht entzündbar
H226	Flüssigkeit und Dampf entzündbar
H228	Entzündbarer Feststoff
H240	Erwärmung kann Explosion verursachen
H241	Erwärmung kann Brand oder Explosion verursachen
H250	Entzündet sich in Berührung mit Luft von selbst
H251	Selbsterhitzungsfähig; kann in Brand geraten
H252	In großen Mengen selbsterhitzungsfähig; kann in Brand geraten
H260	In Berührung mit Wasser entstehen entzündbare Gase, die sich spontan entzünden können
H261	In Berührung mit Wasser entstehen entzündbare Gase
H270	Kann Brand verursachen oder verstärken; Oxidationsmittel
H271	Kann Brand oder Explosion verursachen oder verstärken; starkes Oxidationsmittel
H272	Kann Brand verstärken; Oxidationsmittel
H280	Enthält Gas unter Druck; kann bei Erwärmung explodieren
H281	Enthält tiefgekühltes Gas; kann Kälteverbrennungen oder -verletzungen verursachen
H290	Kann gegenüber Metallen korosiv sein
H300-Reihe: Gesundheitsgefahren	
H300	Lebensgefahr bei Verschlucken
H301	Giftig bei Verschlucken
H302	Gesundheitsschädlich bei Verschlucken
H304	Kann bei Verschlucken und Eindringen in die Atemwege tödlich sein
H310	Lebensgefahr bei Hautkontakt
H311	Giftig bei Hautkontakt
H312	Gesundheitsschädlich bei Hautkontakt
H314	Verursacht schwere Verätzungen der Haut und schwere Augenschäden
H315	Verursacht Hautreizungen
H317	Kann allergische Hautreaktionen verursachen
H318	Verursacht schwere Augenschäden
H319	Verursacht schwere Augenreizungen
H330	Lebensgefahr bei Einatmen
H331	Giftig bei Einatmen
H332	Gesundheitsschädlich bei Einatmen
H334	Kann bei Einatmen Allergie, asthmaartige Symptome oder Atembeschwerden verursachen
H335	Kann die Atemwege reizen

CLP-Verordnung: Gefahrenhinweise (H–Sätze/Hazard Statements)

Code	Bedeutung
H300-Reihe: Gesundheitsgefahren	
H336	Kann Schläfrigkeit oder Benommenheit verursachen
H340	Kann genetische Defekte verursachen[1]
H341	Kann vermutlich genetische Defekte verursachen[1]
H350	Kann Krebs erzeugen[1]
H351	Kann vermutlich Krebs erzeugen[1]
H360	Kann die Fruchtbarkeit beeinträchtigen oder das Kind im Mutterleib schädigen[1]
H361	Kann vermutlich die Fruchtbarkeit beeinträchtigen oder das Kind im Mutterleib schädigen[1]
H362	Kann Säuglinge oder die Muttermilch schädigen
H370	Schädigt die Organe[1,2]
H371	Kann die Organe schädigen[1,2]
H372	Schädigt die Organe bei längerer oder wiederholter Exposition[1,2]
H373	Kann die Organe schädigen bei längerer oder wiederholter Exposition[1,2]
H400-Reihe: Umweltgefahren	
H400	Sehr giftig für Wasserorganismen
H410	Sehr giftig für Wasserorganismen, mit langfristiger Wirkung
H411	Giftig für Wasserorganismen, mit langfristiger Wirkung
H412	Schädlich für Wasserorganismen, mit langfristiger Wirkung
H413	Kann für Wasserorganismen schädlich sein, mit langfristiger Wirkung

1) Expositionsweg angeben, sofern schlüssig belegt ist, dass diese Gefahr bei keinem anderen Expositionsweg besteht

2) alle betroffenen Organe nennen, sofern bekannt

CLP-Verordnung: Sicherheitshinweise (P–Sätze/Precautionary Statements)

Code	Bedeutung
P100-Reihe: Allgemeines	
P101	Ist ärztlicher Rat erforderlich, Verpackung oder Kennzeichnungsetikett bereithalten
P102	Darf nicht in die Hände von Kindern gelangen
P103	Vor Gebrauch Kennzeichnungsetikett lesen
P200-Reihe: Prävention	
P201	Vor Gebrauch besondere Anweisungen einholen
P202	Vor Gebrauch alle Sicherheitshinweise lesen und verstehen
P210	Von Hitze/Funken/offener Flamme/heißen Oberflächen fernhalten. Nicht rauchen
P211	Nicht gegen offene Flamme oder andere Zündquelle sprühen
P220	Von Kleidung/.../ brennbaren Materialien fernhalten/ entfernt aufbewahren
P221	Mischen mit brennbaren Stoffen/... unbedingt verhindern
P222	Kontakt mit Luft nicht zulassen
P223	Kontakt mit Wasser wegen heftiger Reaktion und möglichem Aufflammen nicht zulassen
P230	Feucht halten mit...
P231	Unter inertem Gas handhaben
P232	Vor Feuchtigkeit schützen
P233	Behälter dicht verschlossen halten
P234	Nur im Originalbehälter aufbewahren
P235	Kühl halten
P240	Behälter und zu füllende Anlage erden
P241	Explosionsgeschützte elektrische Betriebsmittel/ Lüftungsanlagen/Beleuchtung/... verwenden
P242	Nur funkenfreies Werkzeug verwenden
P243	Maßnahmen gegen elektrostatische Aufladung treffen
P244	Druckminderer frei von Fett und Öl halten
P250	Nicht schleifen/stoßen/.../reiben
P251	Behälter steht unter Druck: nicht durch stechen oder verbrennen, auch nicht nach der Verwendung
P260	Staub/Rauch/Gas/Nebel/Dampf/Aerosol nicht einatmen
P261	Staub/Rauch/Gas/Nebel/Dampf/Aerosol vermeiden
P262	Nicht in die Augen, auf die Haut oder auf die Kleidung gelangen lassen
P263	Kontakt während der Schwangerschaft/und der Stillzeit vermeiden
P264	Nach Gebrauch gründlich waschen
P270	Bei Gebrauch nicht essen, trinken oder rauchen
P271	Nur im Freien oder in gut belüfteten Räumen verwenden
P272	Kontaminierte Arbeitskleidung nicht außerhalb des Arbeitsplatzes tragen
P273	Freisetzung in die Umwelt vermeiden
P280	Schutzhandschuhe/Schutzkleidung/Augenschutz/ Gesichtsschutz tragen
P281	Vorgeschriebene persönliche Schutzausrüstung verwenden

CLP-Verordnung: Sicherheitshinweise (P–Sätze/Precautionary Statements)

Code	Bedeutung
P200-Reihe: Prävention	
P282	Schutzhandschuhe/Gesichtsschild/Augenschutz mit Kälteisolierung tragen
P283	Schwer entflammbare/flammhemmende Kleidung tragen
P284	Atemschutz tragen
P285	Bei unzureichender Belüftung Atemschutz tragen
P231+ P232	Unter inertem Gas handhaben. Vor Feuchtigkeit schützen
P235+ P410	Kühl halten. Vor Sonnenbestrahlung schützen
P300-Reihe: Reaktion	
P301	Bei Verschlucken:
P302	Bei Berührung mit der Haut:
P303	Bei Berührung mit der Haut (oder dem Haar):
P304	Bei Einatmen:
P305	Bei Kontakt mit den Augen:
P306	Bei Berührung mit der Kleidung:
P307	Bei Exposition:
P308	Bei Exposition oder Verdacht:
P309	Bei Exposition oder Unwohlsein:
P310	Sofort Giftinformationszentrum oder Arzt anrufen
P311	Giftinformationszentrum oder Arzt anrufen
P312	Bei Unwohlsein Giftinformationszentrum oder Arzt anrufen
P313	Ärztlichen Rat einholen/ärztliche Hilfe hinzuziehen
P314	Bei Unwohlsein ärztlichen Rat einholen/ ärztliche Hilfe hinzuziehen
P315	sofort ärztlichen Rat einholen/ärztliche Hilfe hinzuziehen
P320	Besondere Behandlung dringend erforderlich (siehe… auf diesem Kennzeichnungsetikett)
P321	Besondere Behandlung (siehe… auf diesem Kennzeichnungsetikett)
P322	Gezielte Maßnahmen (siehe… auf diesem Kennzeichnungsetikett)
P330	Mund ausspülen
P331	Kein Erbrechen herbeiführen
P332	Bei Hautreizung
P333	Bei Hautreizung oder –ausschlag
P334	In kaltes Wasser tauchen/nassen Verband anlegen
P335	Lose Partikel von der Haut abbürsten
P336	Vereiste Bereiche mit lauwarmem Wasser auftauen. Betroffenen Bereich nicht reiben
P337	Bei anhaltender Augenreizung:
P338	Eventuell vorhandene Kontaktlinsen nach Möglichkeit entfernen. Weiter ausspülen
P340	Die betroffene Person an die frische Luft bringen und in einer Position ruhigstellen, die das Atmen erleichtert
P341	Bei Atembeschwerden an die frische Luft bringen und in einer Position ruhigstellen, die das Atmen erleichtert
P342	Bei Symptomen der Atemwege:
P350	Behutsam mit viel Wasser und Seife waschen
P351	Einige Minuten lang behutsam mit Wasser ausspülen
P352	Mit viel Wasser und Seife waschen
P353	Haut mit Wasser abwaschen/duschen
P360	Kontaminierte Kleidung und Haut sofort mit viel Wasser abwaschen und danach Kleidung ausziehen
P361	Alle kontaminierten Kleidungsstücke sofort ausziehen
P362	Kontaminierte Kleidung ausziehen und vor erneutem Tragen waschen
P363	Kontaminierte Kleidung vor erneutem Tragen waschen
P370	Bei Brand:
P371	Bei Großbrand und großen Mengen:
P372	Explosionsgefahr bei Brand
P373	Keine Brandbekämpfung, wenn das Feuer explosive Stoffe erreicht
P374	Brandbekämpfung mit üblichen Vorsichtsmaßnahmen aus angemessener Entfernung
P375	Wegen Explosionsgefahr Brand aus der Entfernung bekämpfen
P376	Undichtigkeit beseitigen, falls gefahrlos möglich
P377	Brand bei Gasleckage: Nicht löschen, bis Undichtigkeit gefahrlos gestoppt werden kann
P378	… zum Löschen verwenden
P380	Umgebung räumen
P381	Alle Zündquellen entfernen, wenn gefahrlos möglich
P390	Verschüttete Mengen aufnehmen, um Materialschäden zu vermeiden
P391	Verschüttete Mengen aufnehmen
P301+ P310	Bei Verschlucken: Sofort Giftinformationszentrum oder Arzt anrufen
P301+ P312	Bei Verschlucken: Bei Unwohlsein Giftinformationszentrum oder Arzt anrufen
P301+	Bei Verschlucken: Mund ausspülen.
P330+ P331	Kein Erbrechen herbeiführen
P302+ P334	Bei Kontakt mit der Haut: In kaltes Wasser tauchen/nassen Verband anlegen
P302+ P350	Bei Kontakt mit der Haut: Behutsam mit viel Wasser und Seife waschen

CLP-Verordnung: Sicherheitshinweise (P–Sätze/Precautionary Statements)

Code	Bedeutung
P300-Reihe: Reaktion	
P302+ P352	Bei Kontakt mit der Haut: Mit viel Wasser und Seife waschen
P303+ P361+ P353	Bei Kontakt mit der Haut (oder dem Haar): Alle beschmutzten, getränkten Kleidungsstücke sofort ausziehen. Haut mit Wasser abwaschen/duschen
P304+ P340	Bei Einatmen: An die frische Luft bringen und in einer Position ruhigstellen, die das Atmen erleichtert
P304+ P341	Bei Einatmen: Bei Atembeschwerden an die frische Luft bringen und in einer Position ruhigstellen, die das Atmen erleichtert
P305+ P351+ P338	Bei Kontakt mit den Augen: Einige Minuten lang behutsam mit Wasser spülen. Eventuell vorhandene Kontaktlinsen nach Möglichkeit entfernen. Weiter spülen
P306+ P360	Bei Kontakt mit der Kleidung: Vor Ablegen der Kleidung kontaminierte Kleidung und Haut sofort mit viel Wasser waschen
P307+ P311	Bei Exposition: Giftinformationszentrum oder Arzt anrufen
P308+ P313	Bei Exposition oder Verdacht: Ärztlichen Rat einholen/ärztliche Hilfe hinzuziehen
P309+ P311	Bei Exposition oder Unwohlsein: Giftinformationszentrum oder Arzt anrufen
P332+ P313	Bei Hautreizung: Ärztlichen Rat einholen/ärztliche Hilfe hinzuziehen
P333+ P313	Bei Hautreizung oder -ausschlag: Ärztlichen Rat einholen/ärztliche Hilfe hinzuziehen
P335+ P334	Lose Partikel von der Haut abbürsten. In kaltes Wasser tauchen/nassen Verband anlegen
P337+ P313	Bei anhaltender Augenreizung: Ärztlichen Rat einholen/ärztliche Hilfe hinzuziehen
P342+ P311	Bei Symptomen der Atemwege: Giftinformationszentrum oder Arzt anrufen
P370+ P376	Bei Brand: Undichtigkeit beseitigen, falls gefahrlos möglich

Code	Bedeutung
P370+ P378	Bei Brand: … zum Löschen verwenden
P370+ P380	Bei Brand: Umgebung räumen
P370+ P380+ P375	Bei Brand: Umgebung räumen. Wegen Explosionsgefahr Brand aus der Entfernung bekämpfen
P371+ P380+ P375	Bei Großbrand und großen Mengen: Umgebung räumen. Wegen Explosionsgefahr Brand aus der Entfernung bekämpfen
P400-Reihe: Aufbewahrung	
P401	… aufbewahren
P402	An einem trockenen Ort aufbewahren
P403	An einem gut belüfteten Ort aufbewahren
P404	In einem geschlossenen Behälter aufbewahren
P405	Unter Verschluss aufbewahren
P406	In korrosionsfestem/… Behälter mit korrosionsfester Auskleidung aufbewahren
P407	Luftspalt zwischen Stapeln/Paletten lassen
P410	Vor Sonnenbestrahlung schützen
P411	Bei Temperaturen von nicht mehr als …°C/… °F aufbewahren
P412	Nicht Temperaturen von mehr als 50 °C/122 °F aussetzen
P413	Schüttgut in Mengen von mehr als … kg/… lbs bei Temperaturen nicht über …°C/… °F aufbewahren
P420	Von anderen Materialien entfernt auf bewahren
P422	Inhalt in/unter … aufbewahren
P500-Reihe: Entsorgung	
P501	Inhalt/Behälter … zuführen
P502	Informationen zur Wiederverwendung/Wiederverwertung beim Hersteller/Lieferanten erfragen

Gliederung der H-Sätze

H 2 01

- 01: laufende Nr.
- 2: Gruppierung:
  1 = nicht belegt
  2 = physikalische Gefahren
  3 = Gesundheitsgefahren
  4 = Umweltgefahren
- H: **H**azard Statement/ (Gefahrenhinweis)

Gliederung der P-Sätze

P 2 02

- 02: laufende Nr.
- 2: Gruppierung:
  1 = Allgemeines
  2 = Prävention
  3 = Reaktion
  4 = Aufbewahrung
  5 = Entsorgung
- P: **P**recautionary Statement (Sicherheitshinweis)

Arbeitsplatzgrenzwert: die zetilich gewichtete Konzentration eines Stoffes in der Luft am Arbeitsplatz in Bezug auf einen gegebenen Referenzzeitraum. Er gibt an, bei welcher Konzentration eines Stoffes akute oder chronische schädliche Auswirkungen auf die Gesundheit im Allgemeinen nicht zu erwarten sind. Es handelt sich um Schichtmittelwerte bei täglicher achtstündiger Einwirkung an 5 Tagen pro Woche während der Lebensarbeitszeit. Für kurzzeitige Einwirkungen sind Spitzenbegrenzungen nach Höhe und Dauer festgelegt.

Stoff	Arbeitsplatzgrenzwert				Einstufung			
	mg/m³	ml/m³	Spitzenbegr.	Bemerkungen	K	M	R_E	R_F
	1		2	3	4	5	6	7
Acrylaldehyd	0,2	0,09	2 (I)	H				
allgemeiner Staubgrenzwert[1)]	3E 10A		2 (II)					
Ameisensäure	9,5	5	2 (I)	Y				
Amitrol	0,2E		8 (II)	Y			3	
Ammoniak	14	20	2 (I)					
Anilin	7,7	2	2 (II)	H, S, Y	3	3		
Arsenwasserstoff	0,016	0,005	8 (II)					
(Roh)-Baumwollstaub	1,5E		1 (I)	Y				
Benzol	3,25	1		H	1	2		
Blei	0,15E						1	3
Bleitetramethyl	0,05		2 (II)	H			1	3
Brom	0,7	0,1	1 (I)					
Butan	310	100	1 (I)	Y				
Chlor	1,5	0,5	1 (I)	Y				
Chlorethan	110	40	2 (II)	H, Y	3			
Chlorierte Biphenyle	1,1	0,1	8 (II)	H, Z	3		2	2
Chlormethan	100	50	2 (II)	H, Z	3			
Cyanamid	1E	0,58	2 (II)	H, S, Z				
Dichloridfluormethan	5000	1000	2 (II)	Y				
Dichlormethan	260	75	4 (II)		3			
Eichenholzstaub	5E				1			
Essigsäure	25	10	2 (I)	Y				
Ethanol	960	500	2 (II)	Y				
Ethylbenzol	440	100	2 (II)	H				
Fluor	1,6	1	2 (I)					
Heptachlor	0,5E		2 (II)	H	3			
Heptan	2100	500	1 (I)					
Kohlenstoffdioxid	9100	5000	2 (II)					
Kohlenstoffmonoxid	35	30	1 (II)	Z			1	
Kohlenstoffdisulfid	30	10	2 (II)	H			3	3
Methanol	270	200	4 (II)	H, Y				
Nikotin	0,5E		2 (II)	H				
Nitrobenzol	1	0,2	2 (II)	H	3			3
Phosphorsäure	2E		2 (I)	Y			2	
Polychlorierte Biphenyle (PCB)	1,1	0,1	2 (II)	H	3		2	2
Quecksilber	0,1		8 (II)	H				
Salzsäure	3	2	2 (I)	Y				
Selen	0,05E		1 (II)	Y				
Styrol	86	20	2 (II)	Y				
Tetrachlormethan	3,2	0,5	2 (II)	H, Y	3			
Toluol	190	50	4 (II)	H, Y			3	
Trichlorbenzol	38	5	2 (II)	H, Y				
Trichlorethan	55	10	2 (II)	H	3			
Trichlormethan	2,5	0,5	2 (II)	H, Y	3	3	3	

[1)] allgemeiner Staubgrenzwert gilt für: Aluminium, Aluminiumhydroxid, Aluminiumoxid, Bariumsulfat, Eisen(II)oxid, Eisen(III)oxid, Graphit, Magnesiumoxid, Polyvinylchlorid, Siliciumcarbid, Tantal und Titandioxid.

1 Gewichts- bzw. Volumenanteil eines Gefahrstoffes in der Luft am Arbeitsplatz

A	alveolengängiger Aerosolanteil: Anteil, der sich in den Alveolen (Lungenbläschen) ablagert
E	einatembarer Aerosolanteil

2 Spitzenbegrenzung

1…8	Überschreitungsfaktor für Kurzzeitwerte
I	Stoffe, bei denen die lokale Wirkung grenzwertbestimmend ist, oder atemwegssensibilisierende Stoffe
II	resportiv wirkende Stoffe

3 Bemerkungen

H	hautresorptive Stoffe: Stoffe, die durch die Haut in den Körper gelangen können
S	sensibilisierende Stoffe: Stoffe, die die Haut und/oder die Atemwege sensibilisieren
Y	Stoffe, bei denen bei Einhaltung des AGW eine Fruchtschädigung (Schwangerschaft) nicht zu befürchten ist
Z	Stoffe, bei denen bei Einhaltung des AGW eine Fruchtschädigung (Schwangerschaft) nicht ausgeschlossen ist

4 K krebserzeugende Stoffe

1	Stoffe, die beim Menschen Krebs erzeugen
2	Stoffe, die beim Menschen als krebserzeugend angesehen werden sollten
3	Stoffe, die wegen möglicher krebserzeugender Wirkung Anlass zur Besorgnis geben

5 M erbgutverändernde Stoffe

1	Stoffe, die beim Menschen erbgutverändernd wirken
2	Stoffe, die beim Menschen als erbgutverändernd angesehen werden sollten
3	Stoffe, die wegen möglicher erbgutverändernder Wirkung Anlass zur Besorgnis geben

6 R_E fruchtschädigende (entwicklungschädigende) Stoffe

1	Stoffe, die beim Menschen fruchtschädigend wirken
2	Stoffe, die als fruchtschädigend angesehen werden sollten
3	Stoffe, die wegen möglicher fruchtschädigender Wirkung Anlass zur Besorgnis geben sollten

7 R_F Beeinträchtigung der Fortpflanzungsfähigkeit

1	Stoffe, die beim Menschen die Fortpflanzungsfähigkeit beeinträchtigen
2	Stoffe, die als beeinträchtigend für die Fortpflanzungsfähigkeit angesehen werden sollten
3	Stoffe, die wegen möglicher Beeinträchtigung der Fortpflanzungsfähigkeit Anlass zur Besorgnis geben sollten

Die Betriebsanweisung

- stellt der Arbeitgeber in verständlicher Form und Sprache (bei Bedarf auch in Übersetzungen für ausländische Mitarbeiter) für die Beschäftigten zur Verfügung.
- ist für die Beschäftigten verbindlich. Sie haben die Anweisungen zu befolgen.
- darf keine gegen Sicherheit und/oder Gesundheit gerichteten Anweisungen enthalten.
- muss nach Änderung/Neuausgabe von Vorschriften (z. B. Einführung der CLP-Verordnung mit geänderten Kennzeichnungen) aktualisiert werden.

Nummer: ______ Betrieb: ______

Bearbeitungsstand: ______

Betriebsanweisung für Arbeiten an Maschinen

Arbeitsplatz/Tätigkeitsbereich: Werkzeugmacherei/Drehen

1. ANWENDUNGSBEREICH

Allgemeine Regeln für das Arbeiten mit der Drehmaschine

2. GEFAHREN FÜR MENSCH UND UMWELT

- Handverletzungen durch scharfe Kanten
- Fußverletzungen durch herunterfallende Teile
- Kopf-, Augen- und Körperverletzungen durch abgetrennte Späne
- Erfassen von Haaren und Kleidung durch umlaufende Teile
- Gefahr von Brandverletzungen durch erhitzte Teile
- …

3. SCHUTZMAẞNAHMEN UND VERHALTENSREGELN

- Beachten Sie die Betriebsanleitung des Herstellers
- Die Drehmaschine darf nur von eingewiesenen Mitarbeitern bedient werden
- Tragen Sie in jedem Fall eine Schutzbrille
- Schützen Sie lange Haare durch Haarnetz oder Mütze
- Esssen oder Trinken Sie nicht während der Benutzung von Kühlschmierstoffen
- Tragen Sie keine Handschuhe oder Schmuck
- …

4. VERHALTEN BEI STÖRUNGEN

- Schalten Sie bei Störungen oder Auffälligkeiten die Maschine ab und verständigen Sie einen Vorgesetzten
- …

5. ERSTE HILFE

- Ersthelfer: ______ Notruf: **112**
-
- Melden Sie den Unfall
- Tragen Sie Erste-Hilfe-Maßnahmen im Unfallbuch ein
- …

6. INSTANDHALTUNG

- Lassen Sie Instandhaltung, Wartung, Reparatur nur von beauftragten Personen ausführen
- Überprüfen Sie nach Instandhaltung, Wartung, Reparatur die Schutzeinrichtungen
- Kontrollieren bzw. wechseln Sie regelmäßig die Kühlschmierstoffe nach Schmierplan
- …

Datum: ______

Nächster Überprüfungstermin: ______

Unterschrift: ______
Unternehmer/Geschäftleitung

Der **Arbeitgeber** muss für Sicherheit und Gesundheitsschutz der Mitarbeiter sorgen:

- Er muss mögliche Gefährdungen am Arbeitsplatz ermitteln.
- Er muss mögliche Auswirkungen der Tätigkeit auf die Mitarbeiter beurteilen.
- Er muss geeignete Maßnahmen ergreifen, um Gefährdungen auszuschließen, indem:
  - gefährliche Stoffe durch weniger gefährliche ersetzt werden,
  - mögliche Anbringungen von Schutzeinrichtungen überprüft werden,
  - ungefährlichere Arbeitsverfahren eingeführt werden
  - **persönliche Schutzausrüstung (PSA)** für die Mitarbeiter eingeführt werden.

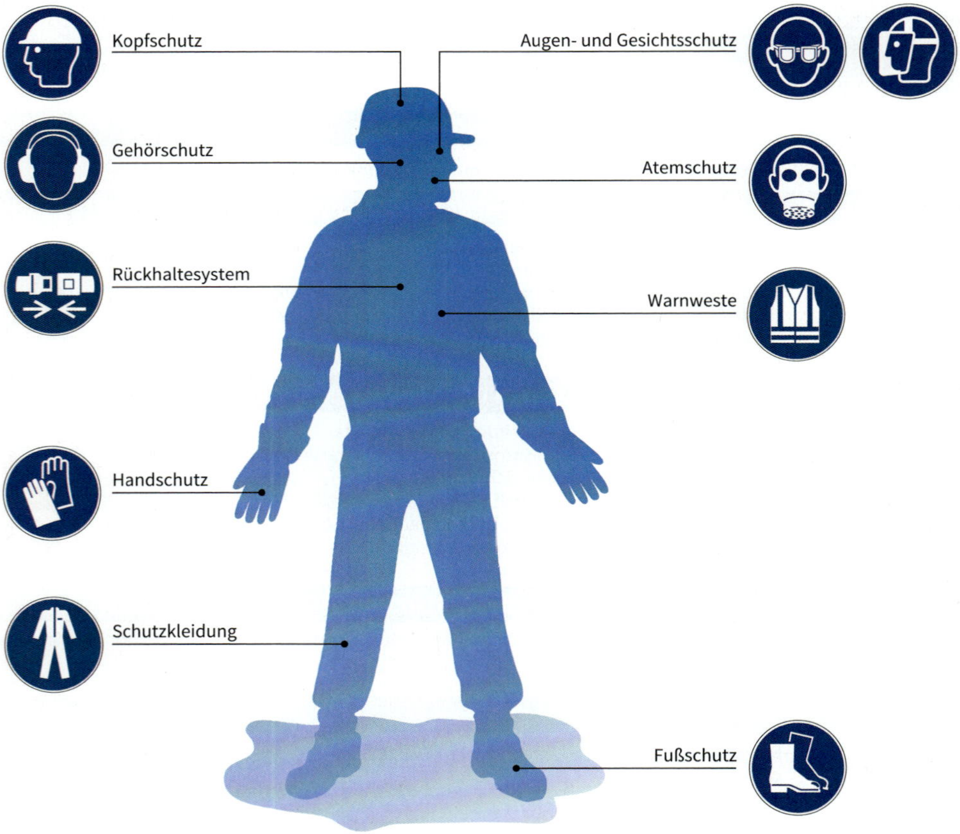

Persönliche Schutzausrüstung muss bei allen Tätigkeiten benutzt werden, bei denen Unfall- oder Gesundheitsgefahren entstehen können, die durch andere Maßnahmen (betriebstechnische; organisatorische) nicht verhindert werden können. Der Arbeitgeber muss PSA kostenlos zur Verfügung stellen und Mitarbeiter im Gebrauch unterweisen. Die Mitarbeiter müssen erforderliche PSA benutzen.

Werden erforderliche PSA nicht benutzt, kann

- das als Verstoß gegen bestehende Betriebsanweisungen gewertet werden,
- der Anspruch auf Lohnfortzahlung nach einem Unfall verloren gehen,
- der Mitarbeiter als ungeeignet für die Tätigkeit bewertet und deshalb dort ausgeschlossen werden,
- kann der Unfallversicherungsträger ein Bußgeld gegen den Mitarbeiter verhängen.

Begriffsbestimmung	
Begriff	**Erklärung**
Lärm	Schall im Frequenzbereich von 16 Hz bis 16 kHz (Hörschall), der zu einer Beeinträchtigung des Hörvermögens oder zu einer sonstigen mittelbaren oder unmittelbaren Gefährdung von Gesundheit und Sicherheit der Beschäftigten führen kann.
Maximal zulässige Expositionswerte	Auf das Gehör des Beschäftigten einwirkende Tages-Lärmexpositionspegel bzw. Spitzenschalldruckpegel, die nicht überschritten werden dürfen
Tages-Lärmexpositionspegel $L_{EX,8h}$ in dB(A)	Personenbezogener Dauerschallpegel für einen Achtstundentag, der alle am Arbeitsplatz auftretenden Schallereignisse umfasst
Wochen-Lärmexpositionspegel $L_{EX,40h}$ in dB(A)	Der über die Zeit gemittelte Tages-Lärmexpositionspegel für eine 40-Stundenwoche, der nur bei erheblichen Schwankungen der Lärmexposition von einem Arbeitstag zum anderen anzuwenden ist
Spitzenschalldruckpegel $L_{pC,peak}$ in dB(C)	Höchstwert des Schalldruckpegels für das lauteste Schallereignis innerhalb einer Arbeitsschicht
Lärmbereich	Arbeitsbereiche, in denen der ortsbezogene Lärmexpositionspegel oder der Spitzenschalldruckpegel einen der oberen Auslösewerte erreicht bzw. überschreitet

Auslösewerte für Präventionsmaßnahmen

Untere Auslösewerte		Obere Auslösewerte	
Tages-Lärmexpositionspegel $L_{EX,8h}$	Spitzenschalldruckpegel $L_{pC,peak}$	Tages-Lärmexpositionspegel $L_{EX,8h}$	Spitzenschalldruckpegel $L_{pC,peak}$
80 dB(A)	135 dB(C)	85 dB(A)	137 dB(C)

Maßnahmen beim Erreichen bzw. Überschreiten von unteren bzw. oberen Auslösewerten

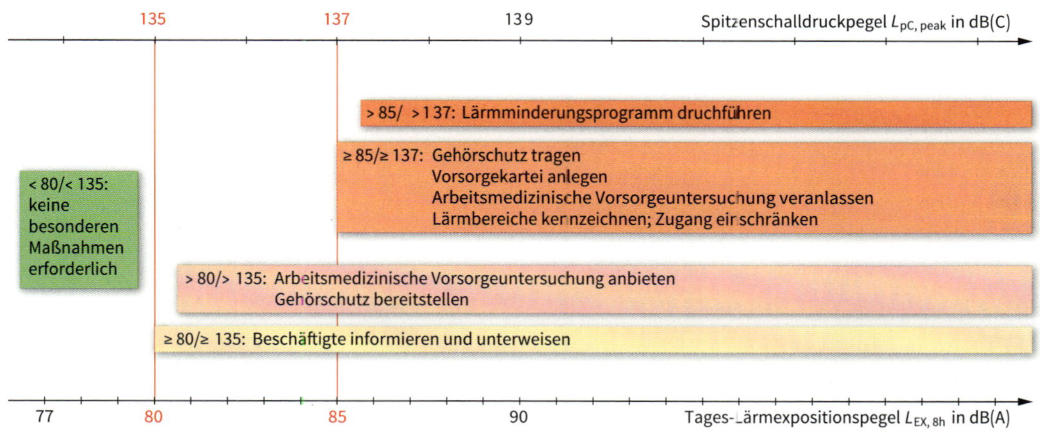

Maßnahmen von Lärmminderungsprogrammen

Maßnahmen an der Lärmquelle	Maßnahmen auf dem Übertragungsweg	Organisatorische Maßnahmen
Mechanische Geräusche ■ Minderung oder zeitliche Dehnung von Krafteinwirkungen ■ Versteifung von Strukturen im Kraftfluss ■ Beeinflussung der Schallabstrahlung Strömungsmechanische Geräusche: ■ Vermeidung von Turbulenzen ■ Minderung von Druckschwankungen	■ Körperschallisolierung (z. B. Aufstellung von Maschinen auf Schwingelementen) ■ Kapselung von Maschinen ■ Einsatz von Schalldämpfern ■ Abschirmung durch Stellwände ■ Schallschutzkabine, (z. B. Maschinenkontrollstand)	■ Verlagerung lärmintensiver Arbeiten und Maschinen in einen separaten Raum ■ Verlagerung lärmintensiver Arbeiten in personalarme Schichten ■ Koordinierung von lärmarmen und lärmintensiven temporären Arbeiten
In regelmäßigen Abständen müssen Wirksamkeitskontrollen durchgeführt werden. Lärmminderungsprogramme sind solange durchzuführen, bis die oberen Auslösewerte nicht mehr überschritten werden.		

Beurteilung der Arbeitsbedingungen beim Heben und Tragen von Lasten

1. Lastwichtung *LW*

Wirksame Last für Frauen	Wirksame Last für Männer	Lastwichtung *LW*
< 5 kg	< 10 kg	1
5 … < 10 kg	10 … < 20 kg	2
10 … < 15 kg	20 … < 30 kg	4
15 … < 25 kg	30 … < 40 kg	7
≥ 25 kg	≥ 25 kg	25

2. Ausführungswichtung *AW*

Ausführungsbedingungen	Wichtung
gute ergonomische Bedingungen: ausreichend Platz/Beleuchtung; ebener Boden	0
ungünstige ergonomische Bedingungen: geringe Arbeitshöhe/-fläche; unebener Boden; schlechte Standsicherheit	1
Bewegungsfreiheit stark eingeschränkt	2

3. Haltungswichtung *HW*

Lastposition/Körperhaltung		Haltungswichtung *HW*	Lastposition/Körperhaltung		Haltungswichtung *HW*
	Last am Körper, Oberkörper aufrecht, ohne Verdrehung	1		Last am Körper/körpernah; geringe Vorneigung oder Verdrehung	2
	Oberkörper tief gebeugt/ weit vorgeneigt; Last körperfern/über Schulterhöhe	4		Oberkörper weit vorgeneigt/verdreht; Last körperfern; knien/hocken	8

4. Zeitwichtung *ZW* (Es ist nur **ein** zutreffender Wert aus einer der drei Gruppen [Tragen/Halten/Hebe- oder Umsatzvorgänge] zu wählen.)

Tragen (> 5 m)		Halten (> 5 s)		Hebe- oder Umsetzvorgänge (> 5)	
Gesamtweg pro Arbeitstag	Zeitwichtung *ZW*	Gesamtdauer pro Arbeitstag	Zeitwichtung *ZW*	Anzahl pro Arbeitstag	Zeitwichtung *ZW*
< 300 m	1	< 5 min	1	< 10	1
300 m … < 1 km	2	5 … < 15 min	2	10 … < 40	2
1 km … < 4 km	3	15 min … < 1 h	3	40 … < 200	3
4 km … < 8 km	4	1 h … < 2 h	4	200 … < 500	4
8 km … < 16 km	5	2 h … < 4 h	5	500 … < 1000	5
≥ 16 km	6	≥ 4 h	6	≥ 1000	6

5. Belastungsbewertung nach Punktwert *PW*

Punktwert *PW*	Belastungsbewertung	Punktwert *PW*	Belastungsbewertung
< 10	gering: körperliche Überbeanspruchung unwahrscheinlich; Gesundheitsgefährdung nicht zu erwarten Gestaltungs-/Präventionsmaßnahmen: keine	10 … < 25	mäßig erhöht: körperl. Überbeanspr. bei vermindert belastbaren Personen möglich; Ermüdung; geringgradige Beschwerden Gestaltungs-/Präventionsmaßnahmen: empfohlen
25 … < 50	wesentlich erhöht: körperl. Überbeanspr. bei normal belastbaren Personen möglich; Schmerzen/Funktionsstörungen Gestaltungs-/Präventionsmaßnahmen: sinnvoll	≥ 50	hoch: körperl. Überbeanspr. wahrscheinlich; ausgeprägte Schmerzen/Funktionsstörungen/ Strukturschäden Gestaltungs-/Präventionsmaßnahmen: notwendig

Gestaltungs- und Präventionsmaßnahmen: Lasten reduzieren; Lasten körpernah heben und tragen; Hebe-, Trage-, Bewegungshilfen verwenden; Oberkörper beim Tragen und Heben nicht verdrehen oder vorneigen; Arbeitsstellen bezüglich Bewegungsfreiheit, Beleuchtung, Bodenbeschaffenheit, Standsicherheit optimieren

- $PW = (LW + AW + HW) \cdot ZW$

PW: Punktwert
AW: Ausführungswichtung
ZW: Zeitwichtung
LW: Lastwichtung
HW: Haltungswichtung

[1)] Verordnung über Sicherheit und Gesundheitsschutz bei der manuellen Handhabung von Lasten bei der Arbeit

Komponenten der Lastaufnahmeeinrichtung

BGI 556: 2006

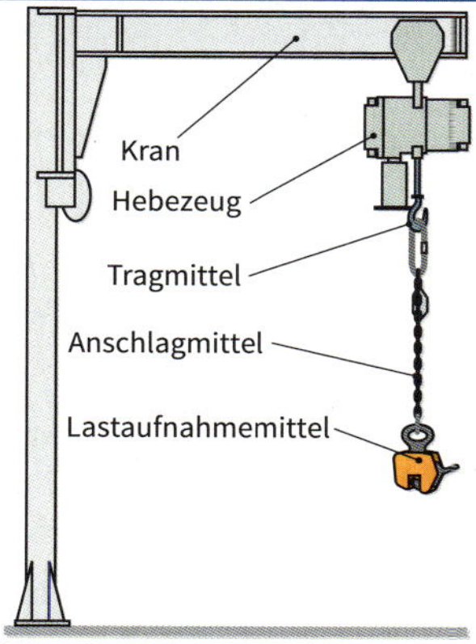

Komponente	Ausführungsart			
Lastaufnahmemittel	Greifer, Zange	Hebeklemme	Traverse	Seil, Kette, Band
Anschlagmittel	Hebeband, Rundschlinge	Kette	Stahldrahtseil	Aufhängeglied
Tragmittel	Lasthaken	Lasthaken mit Hakensicherung	Schäkel	–
Hebezeug	Elektroseilzug	Elektrokettenzug	Flaschenzug	Rolle
Kran	Deckenkran	Wandschwenkkran	Portalkran	–

Auswahl der Lastaufnahmemittel nach Art und Zustand der Last-Oberfläche

BGI 556: 2006

Art und Zustand der Lastoberfläche	Lastaufnahmemittel
Glatt, empfindlich, runde Kanten	Hebeband, Rundschlinge
Scharfkantig, hohe Oberflächentemperatur	Kette
Glatt, ölig, wenig gerundete Kanten	Stahldrahtseil

Kennzeichnung der Tragfähigkeit von Rundschlingen und Hebebändern durch Farben

DIN EN 1492-1,2: 2009-05

Tragfähigkeit in kg	Farbkennzeichnung	Tragfähigkeit in kg	Farbkennzeichnung
1000		5000	
2000		6000	
3000		8000	
4000		10 000	

Güteklassen von Ketten

DIN EN 818-4: 2008-12

Güteklasse	Bruchspannung im Kettenglied in N/mm^2
4	400
5	500
6	630
8	800

Kennzeichnung von Ketten mit Kettenanhänger

DIN 685-4: 2001-02

Kettenanhänger für Ketten der Güteklassen 3–8

Die Anzahl der Ecken des Kettenanhängers gibt die Güteklasse an.

Die Kettenanhänger der Güteklassen 3 bis 7 sind grau eingefärbt, die der Güteklasse 8 rot.

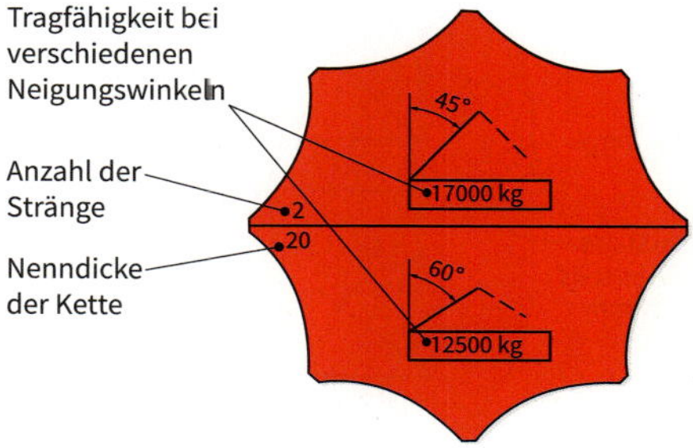

Ketten der Güteklasse 1 werden nicht mehr hergestellt.
Ketten der Güteklasse 2 werden nur noch für Lastaufnahmeeinrichtungen in Verzinkungsbädern verwendet.
Die Güteklassen 3, 7 und 9 werden in der Norm nicht aufgeführt.

Tragfähigkeitstabelle für Anschlagketten der Güteklasse 8

DIN EN 818-4: 2008-12

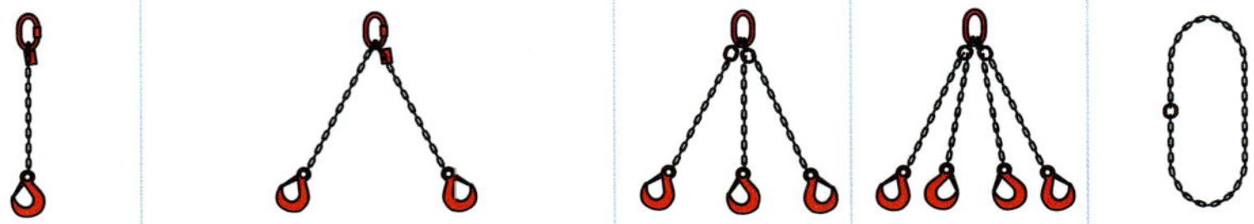

		Tragfähigkeit der Anschlagketten in kg					
Gehängeart							
Anzahl der Stränge		1-Strang	2-Strang		3/4-Strang		Kranz
Neigungswinkel β[1)]		–	0–45	> 45–60	0–45	> 45–60	–
Faktor		1,0	1,4	1,0	2,1	1,5	1,6
Symbol des Gehänges							
Kettendurchmesser in mm	6	1120	1600	1120	2360	1700	1800
	7	1500	2120	1500	3150	2240	2500
	8	2000	2800	2000	4250	3000	3150
	10	3150	4250	3150	6700	4750	5000
	13	5300	7500	5300	11 200	8000	8500
	16	8000	11 200	8000	17 000	11 800	12 500
	20	12 500	17 000	12 500	26 500	19 000	20 000
	22	15 000	21 200	15 000	31 500	22 400	23 600
	26	21 200	30 000	21 200	45 000	31 500	33 500
	32	31 500	45 000	31 500	67 000	47 500	50 000

1) Der Neigungswinkel β darf nicht mehr als 60° betragen, weil sonst die Belastung der Stränge zu groß wird.

Kennzeichnung von Seilen mit Drahtseilanhänger

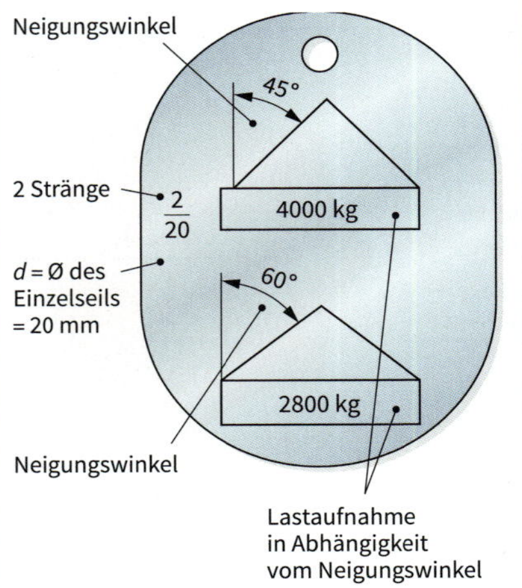

Der Drahtseilanhänger besteht aus unlackiertem Aluminium.

Die Festigkeitsangaben beziehen sich auf den angegebenen Drahtseildurchmesser sowie eine bestimmte Drahtseilausführung und -güte.

Tragfähigkeitstabelle für Anschlagseile

DIN EN 13414-1: 2020-03

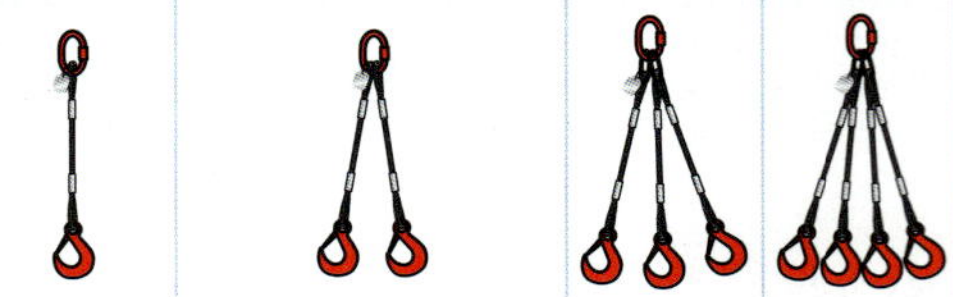

		Tragfähigkeit der Anschlagseile in kg[1)]				
Gehängeart						
Anzahl der Stränge		1-Strang	2-Strang direkt		3/4-Strang direkt	
Symbol des Gehänges						
Neigungswinkel β		0°	0–45°	> 45–60°	0–45°	> 45–60°
Seildurchmesser in mm	8	700	950	700	1500	1050
	10	1050	1500	1050	2250	1600
	12	1550	2120	1550	3300	2300
	14	2120	3000	2120	4350	3150
	16	2700	3850	2700	5650	4200
	18	3400	4800	3400	7200	5200
	20	4350	6000	4250	9000	6500
	22	5200	7200	5200	11000	7800

1) Anschlagseile mit Fasereinlagen in Seilfestigkeitsklasse 1770 mit verpressten Seil-Endverbindungen

Merkmale von Sicherheitszeichen

DIN 4844-1: 2012-06

Form	Kreis mit Diagonalbalken 	Kreis 	Gleichseitiges Dreieck 	Quadrat/ Rechteck 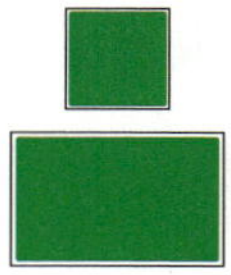	Quadrat/ Rechteck 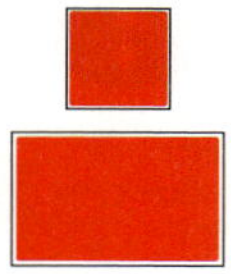
Bedeutung	Verbot	Gebot	Warnung	Gefahrlosigkeit Erste Hilfe Fluchtwege	Brandschutz
Sicherheitsfarbe	rot	blau	gelb	grün	rot
Kontrastfarbe	weiß	weiß	schwarz	weiß	weiß
Farbe des graph. Symbols	schwarz	weiß	schwarz	weiß	weiß
Anwendungsbeispiel	■ Rauchen verboten ■ Berühren verboten	■ Kopfschutz benutzen ■ Atemschutz benutzen	■ Warnung vor giftigen Stoffen ■ Warnung vor Laserstrahl	■ Erste Hilfe ■ Sammelstelle	■ Brandmelder ■ Wandhydrant ■ Feuerlöscher

Verbotszeichen

DIN EN ISO 7010: 2020-07

Rauchen verboten	Feuer, offenes Licht und Rauchen verboten	Für Fußgänger verboten	Mit Wasser löschen verboten	Kein Trinkwasser	Berühren verboten

Für Flurförderzeuge verboten	Abstellen oder Lagern verboten	Hineinfassen verboten	Verbot für Personen mit Herzschrittmacher	Mobilfunk verboten	Essen und Trinken verboten

Warnzeichen

DIN EN ISO 7010: 2020-07

Allgemeines Gefahrenzeichen	Warnung vor explosionsgefährlichen Stoffen	Warnung vor giftigen Stoffen	Warnung vor ätzenden Stoffen	Warnung vor radioaktiven Stoffen	Warnung vor schwebender Last

Warnung vor Flurförderfahrzeugen	Warnung vor gefährlicher elektrischer Spannung	Warnung vor feuergefährlichen Stoffen	Warnung vor Laserstrahl	Warnung vor Absturzgefahr	Warnung vor Quetschgefahr

Weitere Sicherheitszeichen

Gebotszeichen

DIN EN ISO 7010: 2020-07

Allgemeines Gebotszeichen	Augenschutz benutzen	Kopfschutz benutzen	Gehörschutz benutzen	Atemschutz benutzen	Fußschutz benutzen

Handschutz benutzen	Schutzkleidung benutzen	Gesichtsschutz benutzen	Rückhaltesystem benutzen	Fußgängerweg benutzen	Anleitung beachten

Rettungszeichen

DIN EN ISO 7010: 2020-07

Notausgang (links)	Notausgang (rechts)	Erste Hilfe	Notruftelefon	Arzt	Sammelstelle

Zusatzzeichen: Notausgang (links)	Zusatzzeichen: Notausgang (rechts)	Automatisierter externer Defibrilator	Notausgangsvorrichtung	Notausstieg mit Fluchtleiter	Rettungsausstieg

Brandschutzzeichen

DIN EN ISO 7010: 2020-07

Brandmelder	Mittel und Geräte zur Brandbekämpfung	Brandmeldetelefon	Feuerlöscher	Löschschlauch	Feuerleiter

Zusätzliche nationale Sicherheitszeichen (international nicht genormt)

DIN 4844-2: 2021-11

Zutritt für Unbefugte verboten	Warnung vor Umweltgefahr/ Verseuchung	Warnung vor explosionsfähiger Atmosphäre	Warnung vor Kippgefahr beim Walzen	Hupen	Notausstieg

Besteigen für Unbefugte verboten	Mit Wasser spritzen verboten	Warnung vor Fräswelle	Sperren	Rettungsweste benutzen	Öffentliche Rettungsausrüstung

Kennzeichnung von Rohrleitungen nach dem Durchflussstoff

DIN 2403: 2014-06

Anwendungsbereich: Die Kennzeichnung nichterdverlegter Rohrleitungen nach dem Durchflussstoff dient der Verhinderung von Unfällen und gesundheitlichen Schäden sowie der wirksamen Brandbekämpfung und der sachgerechten Instandsetzung.

Anforderungen an die Kennzeichnung:

- Kennzeichnung durch Anstrich, Beschriftung, Bänder (z. B. selbstklebende Folienbänder) oder Schilder (z. B. Kunststoff-, Metall-, Email- oder Folienschilder)
- deutlich erkennbar, dauerhaft, aus gegen Umgebungseinflüsse widerstandsfähigen Werkstoffen
- Wiederholung der Kennzeichnung an betriebswichtigen und gefahrenträchtigen Punkten (Anfang, Ende, Wanddurchführungen, Rohrkrümmungen, Armaturen)
- Kennzeichnung durch vorgeschriebene Gruppenfarbe **1** und Zusatzfarbe **2** des Durchflussstoffes
- Angabe der Durchflussrichtung durch Richtungspfeil **3**
- Angabe des Durchflussstoffes durch Wortangabe **4**, chemische Formel oder Kennzahl in der vorgeschriebenen Schriftfarbe **5** (Bei Angabe von chem. Formel oder Kennzahl ist eine Erklärung an den betriebwichtigen Punkten auszulegen.)
- Bei Gefahrstoffen zusätzliche Angabe der Gefahrensymbole **6** nach GHS
- Bei radioaktiven Durchflussstoffen zusätzliche Angabe des Sicherheitszeichens „Warnung vor radioaktiven Stoffen oder inonisierenden Strahlen“ nach DIN 4844-2
- Bei Bedarf Ergänzungen durch Angaben über andere Kenngrößen **7** (z. B. Druck, Temperatur u. a.) mittels Formelzeichen nach DIN 1304 und/oder Sicherheitszeichen nach DIN 4844-2 (z. B. Warnung vor Kälte, heißer Oberfläche oder Biogefährdung)

Zuordnung der Farben zu den Durchflussstoffen

Die durch die Rohrleitungen geförderten Durchflussstoffe werden nach ihren allgemeinen Eigenschaften in 10 durch Gruppenfarben gekennzeichnete Gruppen eingeteilt.

Durchflussstoff	Gruppe	Gruppenfarbe	Zusatzfarbe	Schriftfarbe
Wasser	1	Signalgrün (RAL 6032)		Signalweiß (RAL 9003)
Wasserdampf	2	Signalrot (RAL 3001)		Signalweiß (RAL 9003)
Luft	3	Signalgrau (RAL 7004)		Signalschwarz (RAL 9004)
Brennbare Gase	4	Signalgelb (RAL 1003)	Signalrot (RAL 3001)	Signalschwarz (RAL 9004)
Nichtbrennbare Gase	5	Signalgelb (RAL 1003)	Signalschwarz (RAL 9004)	Signalschwarz (RAL 9004)
Säuren	6	Signalorange (RAL 2010)		Signalschwarz (RAL 9004)
Laugen	7	Signalviolett (RAL 4008)		Signalweiß (RAL 9003)
Brennbare Flüssigkeiten und Feststoffe	8	Signalbraun (RAL 8002)	Signalrot (RAL 3001)	Signalweiß (RAL 9003)
Nichtbrennbare Flüssigkeiten und Feststoffe	9	Signalbraun (RAL 8002)	Signalschwarz (RAL 9004)	Signalweiß (RAL 9003)
Sauerstoff	0	Signalblau (RAL 5005)		Signalweiß (RAL 9003)

Beispiele:

Kernnzeichnung besonderer Rohrleitungen

- Feuerlöschleitungen (Beispiele)

Weitere Kennzeichnungen

Löschmittel: Wasser

Löschmittel: nichtbrennbares Gas

Löschmittel: Wasserdampf

Löschmittel: sonstiges

- Rohrleitungen in Wasserversorgungsanlagen (Beispiele)

Durchflussstoff: Trinkwasser

Durchflussstoff: Trinkwasser, kalt

Durchflussstoff: Trinkwasser, warm

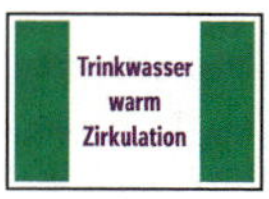

Durchflussstoff: Trinkwasser, warm, Zirkulation

Durchflussstoff: Nichttrinkwasser

Durchflussstoff: Nichttrinkwasser, Betriebswasser

CE-Kennzeichnung
CE-Identification

Merkmale

Durch die CE-Kennzeichnung bestätigt ein Hersteller eigenver-ant-wortlich (Konformitätserklärung), dass ein Produkt allen EU-Rechtsvorschriften (z.B. hinsichtlich Sicherheit, Gesundheit, Umweltschutz) entspricht. Damit kann das Produkt im gesamten Europäischen Wirtschaftsraum (EWR: alle EU-Mitgliedstaaten und Island, Liechtenstein, Norwegen) verkauft werden. Die CE-Kennzeichnung gilt auch für in Drittstaaten hergestellte und in den EWR eingeführte Produkte. Die CE-Kennzeichnung ist gesetzlich vorgeschrieben. Sie darf ausschließlich auf Produkten angebracht werden, für die sie rechtlich vorgeschrieben ist.

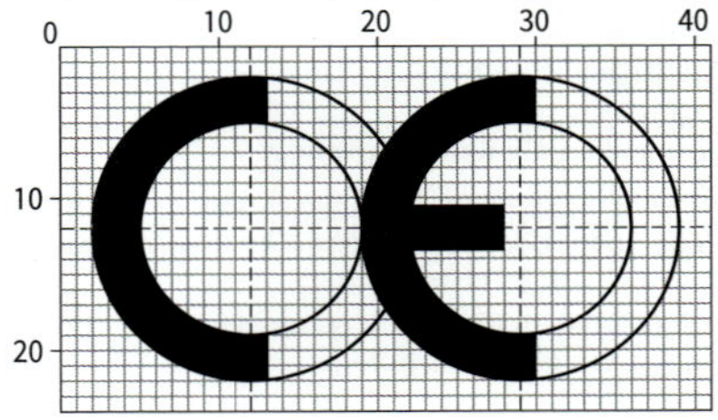

Schritte zur CE-Kennzeichnung

1. Klärung, welche EU-Richtlinien (mehr als 20) und grundlegenden Anforderungen für das Produkt gelten
2. Klärung, welche spezifischen Bedingungen (harmonisierte europäische Normen) für das Produkt gelten
3. Klärung, ob eine ermächtigte Stelle (nationale Behörde) in das Verfahren eingebunden werden muss
4. Testen des Produkts und Überprüfung seiner Übereinstimmung (Konformität) mit der EU-Gesetzgebung
5. Erstellung einer technischen Dokumentation, wie sie durch die Richtlinien vorgeschrieben wird
6. Anbringung der CE-Kennzeichnung (sichtbar, lesbar, unzerstörbar) am Produkt und Verfassen der Konformitätserklärung

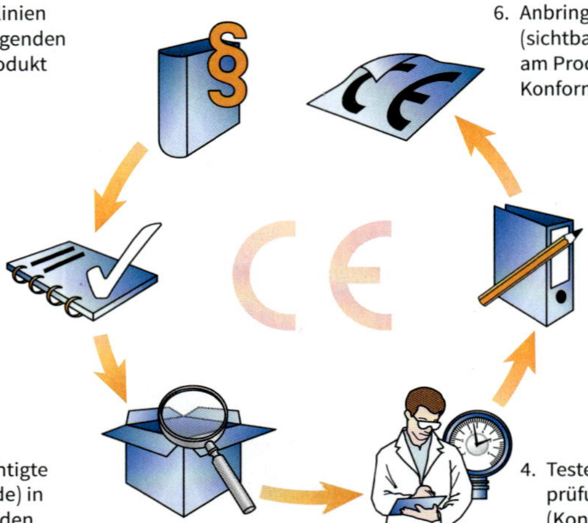

Produktgruppen mit CE-Kennzeichnungspflicht (Auswahl)

Richtlinientitel Richtlinien-Nr. Umsetzung in deutsches Recht	Beispiele	Richtlinientitel Richtlinien-Nr. Umsetzung in deutsches Recht	Beispiele
Allgemeine Produktsicherheit 2001/95/EG Produktsicherheitsgesetz	Jedes für Verbraucher bestimmte Produkt: Möbel, Fahrräder	Einfache Druckbehälter 87/404/EWG Produktionssicherheitsgesetz	Flüssiggaslagerbehälter, Dampfkessel, Kompressordruckbehälter
Maschinenrichtlinie 2006/42/EG Produktsicherheitsgesetz	Werkzeugmaschinen, Textilmaschinen, Druckmaschinen	Aufzüge 95/16/EG Aufzugsverordnung	Aufzüge zur Personen- und Güterbeförderung
Persönliche Schutzausrüstung 89/686/EWG Produktionssicherheitsverordnung	Kopfschutz, Gehörschutz, Handschutz, Schutzkleidung	Bauprodukte 89/106/EWG Bauproduktegesetz	Baustoffe, Bauteile, Anlagen, Einrichtungen
Messgeräte 2004/22/EG Eichordnung	Wasser-, Elektrizitäts-, Gaszähler, Taxameter, Maßverkörperungen	Medizinprodukte 93/42/EWG Medizinproduktegesetz	Instrumente, Apparate, Vorrichtungen, Stoffe
Gasverbrauchseinrichtungen 2009/142/EG Gerätesicherheitsgesetz	Warmwasserbereiter, Gasherde, Gasöfen, Gasgebläsebrenner	Sicherheit für Spielzeug 2009/48/EG Gerätesicherheitsgesetz	Puppen, Schreibgeräte, Kinderroller, Schaukelpferd
Elektromagnet. Verträglichkeit 2004/108/EG EMV Gesetz	Elektromotore, Telefone, Computer, Haushaltgeräte	Geräuschemissionen 200/14/EG Maschinenlärmschutzverordnung	Rasenmäher, Heckenscheren, Kompressoren, Bagger
Elektr. Betriebsmittel Niederspannung 2006/95/EG Produktionssicherheitsverordnung	Energieverteilung, Computernetzwerk, Schaltgeräte	Funkanlagen und Telekommunikationsendeinrichtungen 1999/5/EG Gesetz über Funkanlagen	Telefone, Faxgeräte, Anrufbeantworter, Sende- und Empfangsfunkgeräte

Recycling-Codes

VerpackV: 1998-08

Stoffarten	Stoff	Recycling-Nr.	Abkürzung	Verwendung/Recycling zu
Kunststoffe	Polyethylenterephtalat	01	PET	Polyesterfasern, Folien, Lebensmittelverpackungen
	Polyethylen hoher Dichte	02	HDPE	Plastikflaschen, -rohre, Kunstholz, Abfalleimer
	Polyvinylchlorid	03	PVC	Rohre, Fensterrahmen
	Polyethylen niedriger Dichte	04	LDPE	Plastiktaschen, -tuben, Eimer, Folien
	Polypropylen	05	PP	Lebensmittelverpackungen, Industriefasern, Stoßstangen, DVD-/Blu-ray-Hüllen
	Polystyrol	06	PS	Lebensmittelverpackungen, Koffer, Blumentöpfe
	andere Kunststoffe	07	0	Medizintechnik, Gartenbaufolien
Papier Pappe	Wellpappe	20	PAP	Verpackungen
	sonstige Pappe	21	PAP	Verpackungen
	Papier	22	PAP	Zeitungen, Zeitschriften
Metall	Stahl	40	FE	
	Aluminium	41	ALU	
Holz	Holz	50	FOR	
	Kork	51	FOR	Korken, Bodenbeläge, Dämmmaterial
Textilien	Baumwolle	60	TEX	
	Jute	61	TEX	
Glas	Farbloses Glas	70	GL	
	Grünes Glas	71	GL	
	Braunes Glas	72	GL	
Verbundstoffe	Papier + Pappe/verschiedene Metalle	80	[1]	
	Papier + Pappe/Kunststoffe	81	[1]	
	Papier + Pappe/Aluminium	82	[1]	
	Papier + Pappe/Weißblech	83	[1]	
	Papier + Pappe/Kunststoff/Aluminium	84	[1]	
	Papier + Pappe/Kunststoff/Aluminium/Weißblech	85	[1]	
	Kunststoff/Aluminium	90	[1]	
	Kunststoff/Weißblech	91	[1]	
	Kunststoff/verschiedene Metalle	92	[1]	
	Glas/Kunststoff	95	[1]	
	Glas/Aluminium	96	[1]	
	Glas/Weißblech	97	[1]	
	Glas/verschiedene Metalle	98	[1]	

[1] C (für Composite Verbundstoff) und Abkürzung des Hauptbestandteils

Der Recycling-Code besteht aus:

- Recycling-Symbol mit drei (meistens grünen) Pfeilen,
- Recycling-Nummer des Stoffs,
- Abkürzung des Stoffs (nicht zwingend vorgeschrieben)

Abfallvermeidung, -verwertung, -entsorgung

AbfG § 1a ff.: 2007-07

Abfälle sind zu vermeiden, z. B. durch Einsatz reststoffarmer Verfahren oder Rücknahme von Reststoffen.
Abfälle sind zu verwerten, z. B. durch Wiederaufbereitung von Reststoffen.
Abfälle sind zu entsorgen, dass das Wohl der Allgemeinheit nicht beeinträchtigt wird.

An die Entsorgung von gesundheits- und umweltgefährdenden Abfällen sind besondere Anforderungen zu stellen.

Sie dürfen nicht mit dem hausmüllartigen Gewerbemüll entsorgt werden.

Eine Übergabe der Abfälle an ein Entsorgungsunternehmen darf nur erfolgen, wenn behördliche Transport- und Entsorgungsgenehmigungen vorliegen.

Bezeichnung und Einstufung von Abfall

AVV 2001/118/EG

Abfall-[1] schlüssel	Abfallart	Beispiele für die Herkunft von Abfällen (Auswahl)	Entsorgungsmöglichkeiten[2]					
			CPB	HMV	SAD	SAV	UTD	REC
03 01 04*	Sägemehl, Holz, Abschnitte, Späne; ölgetränkt oder mit schädlichen Verunreinigungen	Abfälle aus der Holzbearbeitung, Rückstände aus Holzimprägnierungsanlagen				🔴		🟢
06 01 02*	Salzsäure	Abfälle aus chemischen Prozessen	🔴					🟢
03 02 03*	Ammoniaklösungen	Beizen, Reinigungsmittel	🔴					🟢
06 03 11*	cyanidhaltige feste Salze und Lösungen	Wärmebehandlung von Metallen			🔴			🟢
06 03 13*	schwermetallhaltige feste Salze und Lösungen	Eisenchlorid, Eisensulfat			🔴			🟢
08 03 17*	Tonerabfälle, die gefährliche Stoffe enthalten	Reste von Tonerpulver, Tonerkartuschen						🟢
10 09 07*	Gießformen/-sande nach dem Gießen von Eisen und Stahl, die gefährliche Stoffe enthalten	Form- und Kernsande, aushärtende und mineralische Formstoffe				🔴		🟢
11 01 08	Phosphatierschlämme	aus Al- und Zn-Phosphatierung	🟢					🟢
12 01 01	Eisenfeil- und -drehspäne	Kfz-Werkstätten, Getriebebau		🔴				🟢
12 01 03	NE-Metallfeil- und -drehspäne	Al-, Pb-, Cu-, Zn-Späne		🔴				🟢
12 01 05	Kunststoffspäne und Kunststoffdrehspäne	Abfälle aus der mechanischen Formgebung		🔴				🟢
12 01 14*	Bearbeitungsschlämme, die gefährliche Stoffe enthalten	Erodier-, Galvanikschlämme			🔴	🔴		🟢
13 01 01*	Hydrauliköle, die PCB enthalten	Transformatoren, Hydrauliksysteme			🟢			
13 02 06*	synthetische Maschinen-, Getriebe- und Schmieröle	Öle für Korrosions- und Verschleißschutz, Motorenschmieröle				🔴		🟢
17 02 01	Holz	Gebraucht-, Rest- und Bauholz		🔴				🟢
19 12 05	Glas			🔴			🔴	🟢
20 01 21*	Leuchtstoffröhren							🟢

[2] Bedeutung der Kurzzeichen für die Entsorgungsmöglichkeiten

Kurz-zeichen	Entsorger
CPB	chemische/physikalische, biologische Behandlungsanlage
HMV	Hausmüllverbrennungsanlage
SAD	Sonderabfalldeponie
SAV	Sondermüllverbrennungsanlage
UTD	Untertagedeponie
REC	Recycling (stoffliche/energetische, wertschöpfene Abfallnutzung)

🟢 Regelfall der Entsorgung
🔴 Entsorgung nur bedingt möglich

[1] Abfallschlüssel mit
*: gefährliche Stoffe

Technische Kommunikation

2

Grundlagen des Zeichnens

Technische Produktdokumentation (TPD)

Geometrische Produktspezifikation (GPS)

Werkstückelemente und besondere Angaben

Technische Zeichnung, Beispiel

Begriff	Erklärung
Ansichtszeichnung	Zeichnung der Ansicht eines Gegenstandes auf einer senkrechten Bildebene
Baueinheit	Einheit, deren Abgrenzung nach Aufbau oder Zusammensetzung erfolgt
Baugruppe	Anzahl von zusammengesetzten Einzelteilen zur Erfüllung einer bestimmten Funktion
Bauteil	Bestandteil eines Gegenstandes, das nicht weiter zerlegt werden kann
Bauteilgruppen-Zeichnung	Zeichnung einer Anzahl von Bauteilen einer Art mit Angabe ihrer Größe, Nutzungsdaten sowie ihres Referenzsystems (Teileart und Sachnummer)
Bauteilliste	Bauteilgruppen-Zeichnung, die Bauteile auflistet und Informationen in Form einer Tabelle enthalten darf
Blatt	Abschnitt einer technischen Zeichnung
CAD-Zeichnung	Eine durch ein Rechnerprogramm erzeugte Zeichnung, die z. B. auf einem Bildschirm angezeigt wird
Diagramm	Zeichnung zur Darstellung funktionaler Zusammenhänge in einem Koordinatensystem
Dokument	Dokument in der für technische Zwecke erforderlichen Art und Vollständigkeit
Dokumentenliste	formal aufgestellte Bestandsliste, in der alle für einen bestimmten Zweck relevanten Dokumente aufgelistet sind
Dokumentensatz	Sammlung von Dokumenten, die gemeinsam als Einheit zu einem bestimmten Zweck verwaltet werden
Dokumententeil	Teil eines Dokuments mit eigener Funktion
Einzelteilzeichnung	Technische Zeichnung, die ein Einzelteil ohne räumliche Zuordnung zu anderen Teilen darstellt
Fertigungszeichnung	Zeichnung mit allen Informationen, die für die Fertigung des dargestellten Gegenstandes nötig sind
Funktionseinheit	konstruktive Baugruppe, die Komponenten enthält, deren Funktionen in Wechselwirkung zueinander stehen
Funktionsgruppe	Zusammenfassung von Elementen zu einer selbstständig verwendbaren Funktionseinheit
Gerät	Zusammenbau von Einzelteilen zur Erfüllung einer Funktion
Gesamtzeichnung	Zeichnung, die ein Gerät, eine Maschine oder eine Gruppe von Teilen vollständig darstellt
Grundlagenzeichnung	Zeichnung in einem bestimmten Entwurfsstadium
Hauptdokument	Dokument, das die Gesamtheit der Angaben enthält, durch die ein Teil oder eine Baugruppe festgelegt ist
Leistungsverzeichnis	Dokument für eine Ausschreibung, bestehend aus einer Liste, die den Arbeitsumfang beschreibt, und einer Beschreibung der Werkstoffe, Arbeitsqualität und anderen für Konstruktionsarbeiten notwendigen Stoffe
Maßzeichnung	Zeichnung, in der für ein Teil nur die für den jeweiligen Einzelfall wesentlichen Maße und Informationen angegeben sind
Originalzeichnung	Zeichnung, die verbindlich erklärte Informationen und Daten mit Angabe der letzten Änderung enthält
Sammeldokument	Dokument, das gesondert gekennzeichnete Teile enthält, die in einer logischen Abhängigkeit stehen
Schema	technisches Dokument, das die Funktionen der Objekte eines Systems und deren Wechselbeziehungen mithilfe grafischer Symbole darstellt
Skizze	freihändig oder in einem CAD-System erstellte, nicht unbedingt maßstäbliche Zeichnung
Stückliste	Darstellung der Bestandteile in einer Produktstruktur mit der Möglichkeit, den Grad an Zerlegung an die entsprechende Anforderung anzupassen
Technische Zeichnung	Zeichnung in der für technische Zwecke erforderlichen Art und Vollständigkeit
Übersichts-Anordnungszeichnung	Zeichnung, die als Übersicht die Bauarbeiten in Anordnung, Bezugsgrößen und Abmessungen darstellt
Übersichtsplan	Darstellung, die eine umfassende Ansicht eines Objekts mit nur wenigen Einzelheiten bietet
Zusammenbauzeichnung	Technische Zeichnung zur Erläuterung der räumlichen Lage und Anzahl von Teilen für Zusammenbauvorgänge einer komplexen Gruppe

Papier-Endformate
Paper trimmed sizes

DIN EN ISO 216: 2007-12

Benennung	Format in mm
A 0	841 x 1189
A 1	594 x 841
A 2	420 x 594
A 3	297 x 420
A 4	210 x 297
A 5	148 x 210
A 6	105 x 148

Die Fläche des Ausgangsformates A 0 beträgt $A = x \cdot y = 1\ \text{m}^2$.

Die Seiten x und y verhalten sich zueinander wie die Seiten eines Quadrates zu dessen Diagonale: $x : y = 1 : \sqrt{2}$

Die Formate lassen sich durch fortgesetztes Halbieren ermitteln.

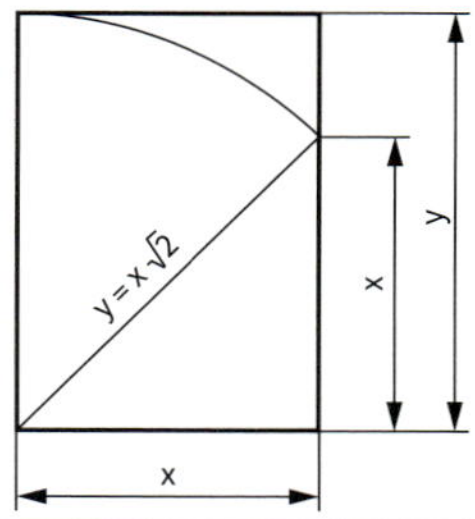

Vordrucke für Zeichnungen (Blattgrößen)
Printed forms for drawing sheets

DIN EN ISO 5457: 2017-10

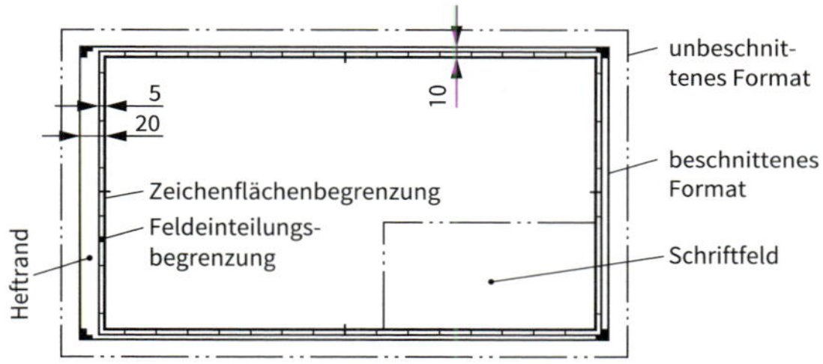

Alle Zeichenblattgrößen können in Hoch- oder Querlage verwendet werden. Schriftfeld und Stückliste stehen in der rechten unteren Ecke. Bei Formaten A 4 ist das Schriftfeld an der kurzen Seite (unten) anzuordnen. Die Formate ≤ A 3 müssen einen Heftrand von 20 mm haben.

Zeichnungsvordruck
ISO 5457 - A3T - TP 92,5 - R - TBL
Bezeichnung eines vorgedruckten Zeichnungsbogens nach ISO 5457 mit dem Format A3, beschnitten (T), aus Transparentpapier (TP) mit einem Flächengewicht von 92,5 g/m², rückseitig bedruckt (R), Schriftfeld nach Vereinbarung (TBL)

Faltung auf Ablageformat
Folding for filing

DIN 824: 1981-03

Faltung entsprechend Form A mit ausgefaltetem Heftrand

A 2
420 x 594

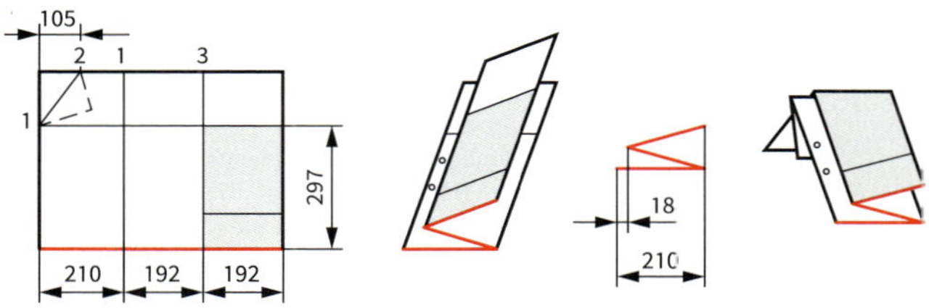

A 3
297 x 420

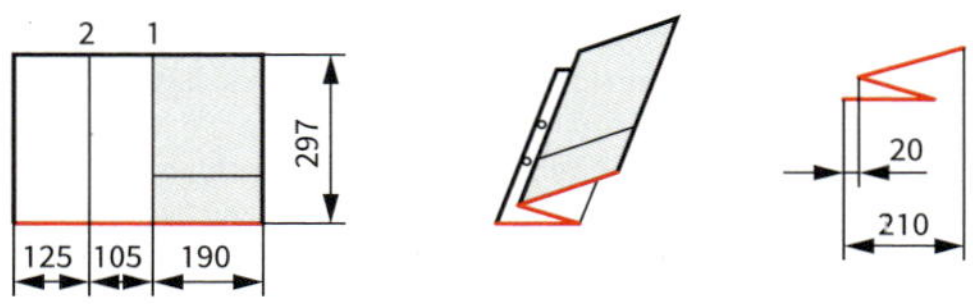

Weitere Faltarten:
Form B: Faltung mit zusätzlich angebrachtem Heftrand
Form C: Faltung ohne Heftrand

Lage des Schriftfeldes:
Das Schriftfeld muss auf der Deckseite in Leserichtung und in der unteren rechten Ecke liegen.

Maßstäbe
Scales

DIN ISO 5455: 1979-12

Natürlicher Maßstab	Vergrößerungsmaßstab	Verkleinerungsmaßstab
1 : 1	2 : 1 5 : 1 10 : 1 20 : 1 50 : 1	1 : 2 1 : 5 1 : 10 1 : 20 1 : 50 1 : 100 1 : 200 1 : 500 1 : 1000 1 : 2000 1 : 5000 1 : 10000

Der angewendete Maßstab ist in das Schriftfeld der Zeichnung einzutragen. Wird mehr als ein Maßstab benötigt, so sollen der Hauptmaßstab in das Schriftfeld und alle anderen Maßstäbe in der Nähe der Positionsnummer oder der Kennbuchstaben der Einzelheit eingetragen werden.

Grafische Darstellung im Koordinatensystem
Graphic representation in systems of coordinates

DIN 406-11: 1992-12; DIN 461: 1973-03

Grafische Darstellungen in Koordinatensystemen zeigen funktionelle Zusammenhänge zwischen kontinuierlichen Veränderlichen. Je nachdem, ob aus der Darstellung Zahlenwerte abgelesen werden sollen oder nicht, unterscheidet man quantitative und qualitative Darstellungen. Grafische Darstellungen in Koordinatensystemen werden **Diagramme** genannt.

Geometrische Grundkonstruktionen

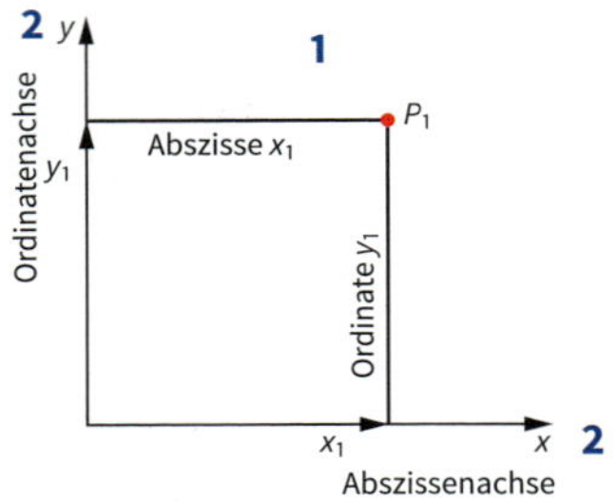

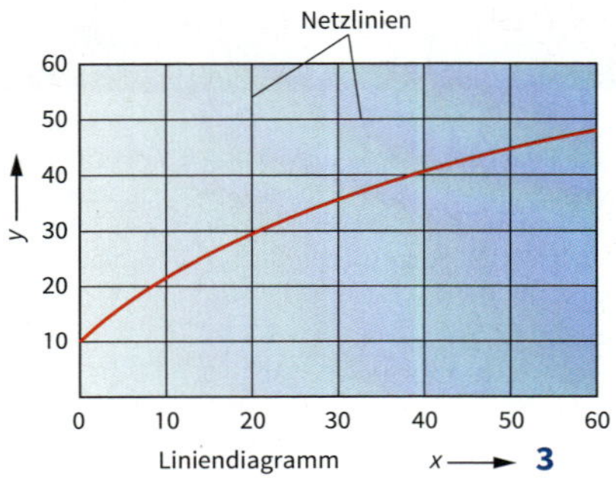

1 Das rechtwinklige Koordinatensystem besteht aus der waagerechten Achse (Abszissenachse) und der dazu senkrechten Achse (Ordinatenachse). Die Pfeilspitze zeigt an, in welcher Richtung die jeweilige Koordinate wächst.

2 Die *kursiv* geschriebenen Formelzeichen stehen unter der waagerechten Pfeilspitze und links neben der senkrechten Pfeilspitze.

3 Die Pfeile dürfen auch parallel zu den Achsen angebracht werden. Formelzeichen oder Benennungen stehen dann an der Wurzel der Pfeile.

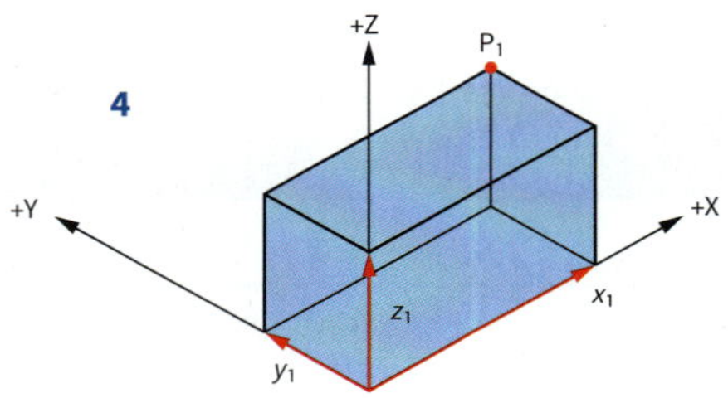

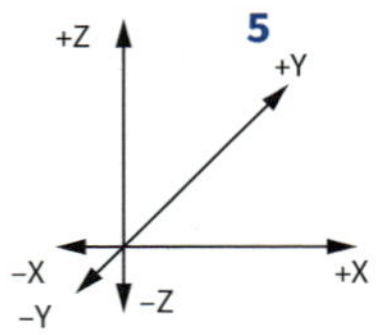

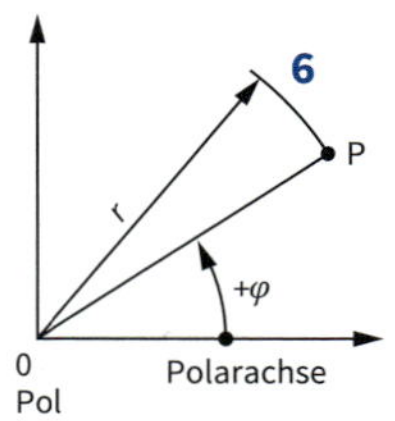

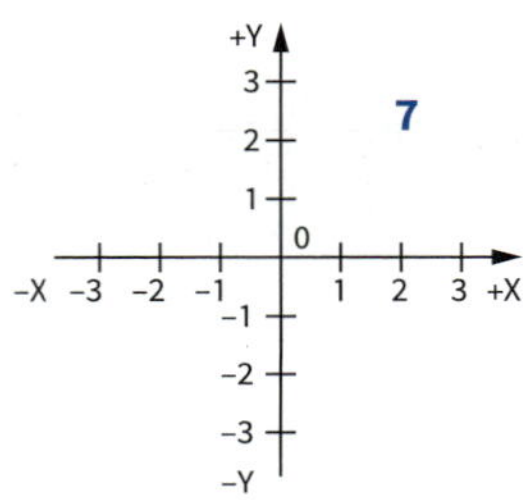

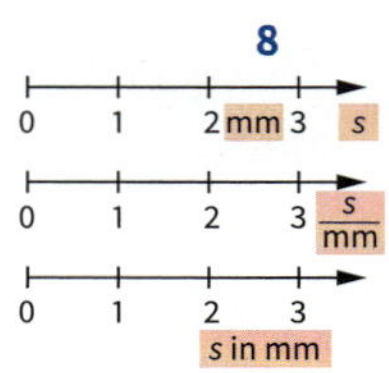

4 Räumliche rechtwinklige Koordinatensysteme werden in axonometrischer Projektion (DIN ISO 5456-3) gezeichnet.

5 Das rechtshändige, rechtwinklige Koordinatensystem zur Festlegung der Bewegungen an Werkzeugmaschinen ist in DIN 66217 genormt.

6 Im Polarkoordinatensystem wird in der Regel der waagerechten Achse der Winkel 0° zugeordnet. Positive Winkel werden entgegen dem Uhrzeigersinn angetragen. Der Radius zeigt vom Nullpunkt (Pol) auf den zu bestimmenden Punkt.

7 Die Teilung der Achsen wird mit Zahlenwerten beziffert, die ohne Drehen des Bildes lesbar sein sollen. Positive Zahlenwerte können mit einem Pluszeichen (+), negative Zahlenwerte müssen mit einem Minuszeichen (–) versehen werden. Der Nullpunkt wird durch eine 0 gekennzeichnet.

8 Einheiten können zwischen den letzten Zahlenwerten, in Bruchform mit dem Formelzeichen oder mit dem Wort „in" an das Formelzeichen angehängt werden.

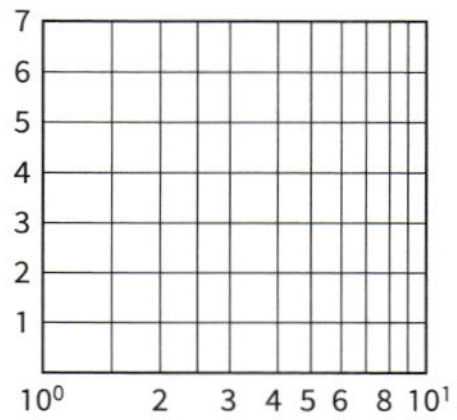

9

Man unterscheidet lineare Teilung **3**, halblogarithmische Teilung **9** und logarithmische Teilung **10** je nach Aussage und Verwendungszweck des Diagramms.

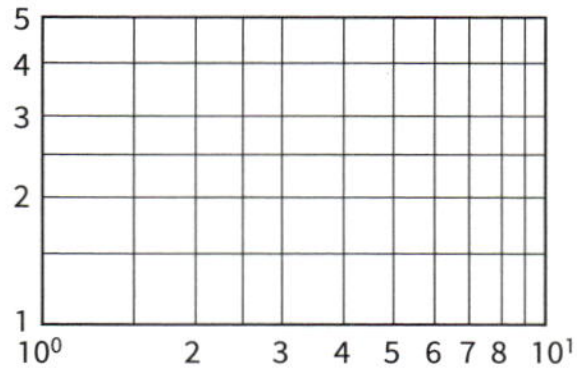

10

Kann man aus der grafischen Darstellung zusammengehörige Werte mehrerer Variablen ablesen, nennt man diese Darstellungen **Nomogramme**.

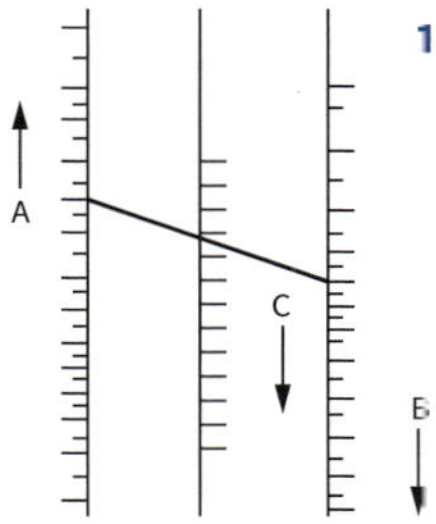

11

11 Mit Hilfe der Leitertafel lassen sich unbekannte Größen aus zwei oder mehreren bekannten Größen zeichnerisch bestimmen.

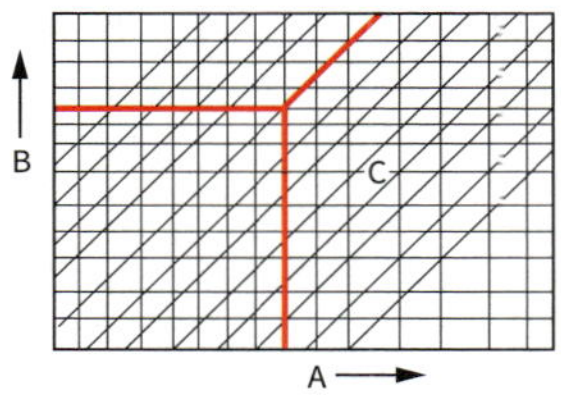

12

12 Mit Hilfe einer Netztafel lässt sich eine unbekannte Größe aus zwei bekannten Größen bestimmen.

Zeichentechnische Hinweise
Die Linienbreiten sollen im folgenden Verhältnis gewählt werden:
Netz : Achsen : Kurven = 1 : 2 : 4

	Linienbreite nach ISO 128-24	
Netz	0,18	0,25
Achsen	0,35	0,5
Kurven	0,7	1,0

Schraffuren, Hinweislinien und ähnliche Hilfslinien sollen in der gleichen Breite wie Netzlinien gezeichnet werden.
Innerhalb der Diagrammfläche ist jede nicht zum Verständnis notwendige Beschriftung zu vermeiden.

Beschriftung: Schriftzeichen ISO 3098

13
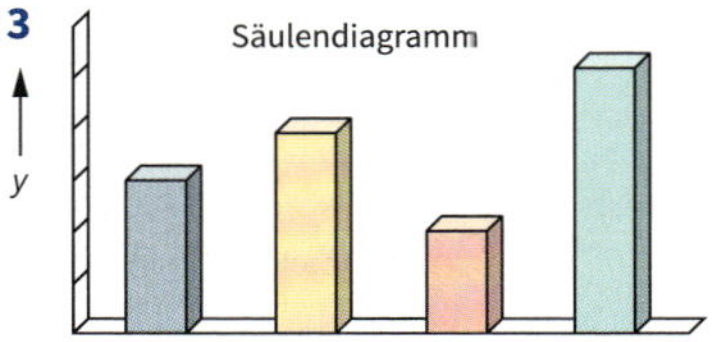

13 Im Säulendiagramm werden die darzustellenden Größen als waagerechte oder senkrechte gleich dicke Säulen gezeigt.

Im Kreisdiagramm **14** und im Sankey-Diagramm **15** werden Prozentwerte bildlich dargestellt.

14
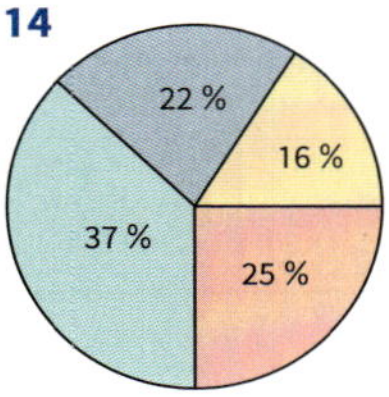

Kreisdiagramm

15
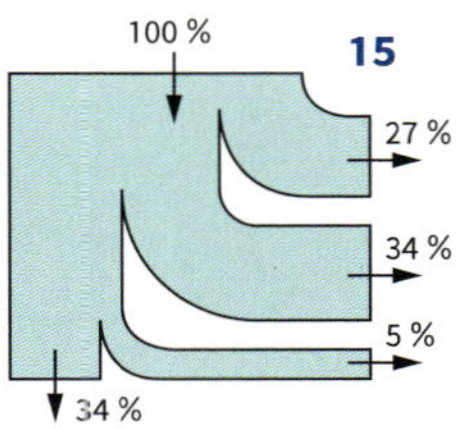

Sankey-Diagramm

Schrift BVL (Schriftform B, vertikal, lateinisches Alphabet)

ABCDEFGHIJKLMNOPQRSTUVWXYZ ÄÖÜ

a[1] bcdefghijklmnopqrstuvwxyz ä[1]öüß±□

[(!?:;"-=+×·:√%&)]ø 1234567[1]7890 IVX

[1] In Deutschland sind die Zeichen a, ä, 7 zu bevorzugen.

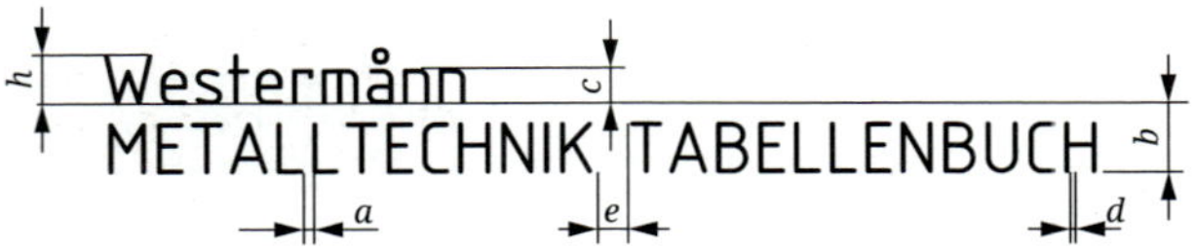

→ *Die Schrift nach Form A und B darf vertikal oder unter einem Winkel von 15° nach rechts kursiv sein.*

	Schriftform A $d = h/14$	Schriftform B $d = h/10$
h	(14/14) h	(10/10) h
c	(10/14) h	(7/10) h
a	(2/14) h	(2/10) h
b	(21/14) h	(15/10) h
e	(6/14) h	(6/10) h
d	(1/14) h	(1/10) h

Schriftfelder
Title blocks

Grundschriftfeld für Zeichnungen

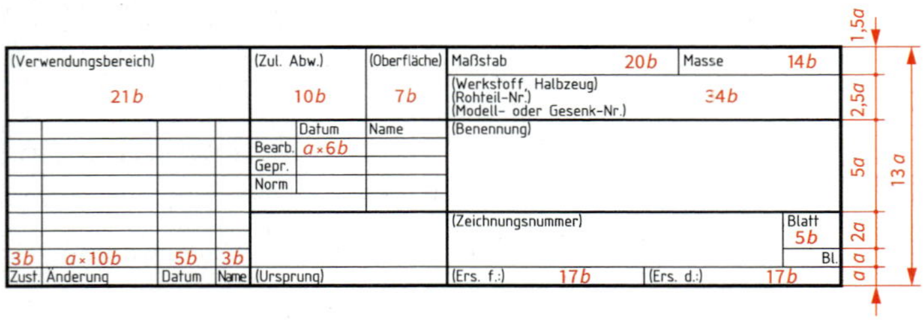

→ *Die in Klammern stehenden Ausdrücke dienen zur Erläuterung.*

Rastermaße für Format A 4 bis A 0:
a = 4,25 mm
b = 2,6 mm

Größe des Grundschriftfeldes:
187,2 mm x 55,25 mm

Linienbreiten nach ISO 128-24:

Begrenzung des Schriftfeldes	0,7
Begrenzung der Hauptfelder	0,35
übrige Linien	0,18

Vorlagen für Schriftfelder und Stücklisten

Datenfelder in Schriftfeldern (für Neuanfertigungen)
Data fields in title blocks

DIN EN ISO 7200: 2004-05

Die Gesamtbreite des Schriftfeldes beträgt 180 mm. Es passt auf eine A4-Seite mit einem 20 mm breiten Rand links und einem 10 mm breiten Rand rechts. Dieses Schriftfeld ist auch für alle anderen Papiergrößen zu verwenden.

Verantwortliche Abt. ABC (10)	Technische Referenz A. Müller (20)	Dokumentenart Teilzeichnung (30)		Dokumentenstatus freigegeben (20)		
Gesetzlicher Eigentümer	Erstellt durch: E. Meier (20)	Titel Grundplatte (25)	XY 123-456			
	Genehmigt von: O. Lehmann (20)		Änd. A	Ausgabedatum 2005-06-18	Spr. dt.	Blatt 2/5

180 mm

→ *Die Zahlen in Klammern geben die Anzahl der empfohlenen Zeichen in dem jeweiligen Feld an.*

Normzahlen und Normzahlreihen
Preferred numbers and series of preferred numbers

DIN 323-1: 1974-08

R 5	R 10	R 20	R 40	R 5	R 10	R 20	R 40	R 5	R 10	R 20	R 40
1,00	1,00	1,00	1,00	2,50	2,50	2,50	2,50	6,30	6,30	6,30	6,30
			1,06				2,65				6,70
		1,12	1,12			2,80	2,80			7,10	7,10
			1,18				3,00				7,50
	1,25	1,25	1,25		3,15	3,15	3,15		8,00	8,00	8,00
			1,32				3,35				8,50
		1,40	1,40			3,55	3,55			9,00	9,00
			1,50				3,75				9,50
1,60	1,60	1,60	1,60	4,00	4,00	4,00	4,00	10,00	10,00	10,00	10,00
			1,70				4,25				
		1,80	1,80			4,50	4,50				
			1,90				4,75				
	2,00	2,00	2,00		5,00	5,00	5,00				
			2,12				5,30				
		2,24	2,24			5,60	5,60				
			2,36				6,00				

Die Zahlenwerte können mit 10, 100, 1000 usw. multipliziert oder durch 10, 100, 1000 usw. dividiert werden.

Normzahlen werden bei der Konstruktion und Fertigung verwendet. Normzahlen sind gerundete Glieder geometrischer Reihen. Die Stufensprünge q sind:

R 5: $q_5 = \sqrt[5]{10} \approx 1{,}6$ R 10: $q_{10} = \sqrt[10]{10} \approx 1{,}25$ R 20: $q_{20} = \sqrt[20]{10} \approx 1{,}12$ R 40: $q_{40} = \sqrt[40]{10} \approx 1{,}06$

Gröbere Reihen haben Vorrang vor feineren Reihen.

Radien
Radii

DIN 250: 2002-04

						0,2				0,3		**0,4**		0,5		**0,6**		0,8	
1		1,2		**1,6**		**2**		**2,5**		3,0		**4,0**		5,0		**6,0**		8,0	
10		12		**16**	18	**20**	22	**25**	28	**32**	36	**40**	45	**50**	56	**63**	70	**80**	90
100	110	**125**	140	**160**	180	**200**	Die fettgedruckten Maße sind zu bevorzugen.												

Die Rundungshalbmesser entsprechen weitgehend den Normzahlen der Reihen R 5, R 10 und R 20.
Anwendungsbeispiele:
Rundungen an Guss- und Schmiedestücken, Wellenenden, Wellenkuppen, Wellenabsätzen, Freistichen u. a.

Positionsnummern
Item references

DIN EN ISO 6433: 2012-12

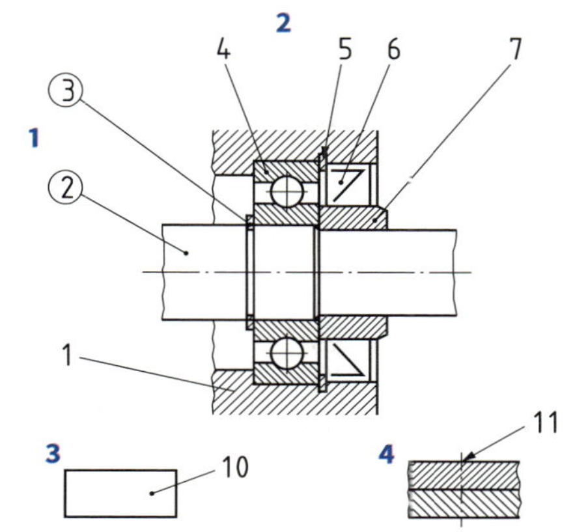

Positionsnummern werden aus arabischen Ziffern gebildet. Falls erforderlich werden sie durch Großbuchstaben ergänzt.

Die Positionsnummern müssen auf einer Zeichnung denselben Schrifttyp und dieselbe Schriftgröße haben.

- Positionsnummer können eingekreist werden **1**. Die Kreise müssen denselben Durchmesser aufweisen und sind mit durchgezogenen schmalen Linien (Typ 01.1 der ISO ISO 128-24) zu zeichnen.
- Positionsnummern werden doppelt so groß geschrieben wie die Bemaßung **2**.

Gleiche Teile sollen nur einmal gekennzeichnet werden.

Die Positionsnummer ist mit dem zugeordneten Teil mit einer Hinweislinie zu verbinden. Hinweislinien dürfen sich nicht kreuzen. Sie sollen schräg zur Positionsnummer herausgezogen werden.

Hinweislinien enden mit einem Punkt **3** oder einem Pfeil **4**.

Nr.	Benennung Darstellung	Liniengruppe 0,35	0,5	0,7	Anwendung
01.1	Volllinie, schmal	0,18	0,25	0,35	.1 Lichtkanten bei Durchdringungen .2 Maßlinien .3 Maßhilfslinien .4 Hinweis- und Bezugslinien .5 Schraffuren .6 Umrisse eingeklappter Schnitte .7 kurze Mittellinien .8 Gewindegrund .9 Maßlinienbegrenzungen und Ursprungskreise .10 Diagonalkreuze zur Kennzeichnung ebener Flächen .11 Biegelinien an Roh- und bearbeiteten Teilen .12 Umrahmungen von Einzelheiten .13 Kennzeichnung sich wiederholender Einzelheiten .14 Begrenzungslinien für Bemaßung und Tolerierung .15 Lagerichtung von Schichtungen .16 Projektionslinien .17 Rasterlinien .18 Achse des Koordinatensystems
	Freihandlinie, schmal				.19 Vorzugsweise manuell dargestellte Begrenzung von Teil- oder unterbrochenen Ansichten und Schnitten, wenn die Begrenzung keine Symmetrie- oder Mittellinie ist
	Zickzacklinie, schmal 30° 20d				.20 Mechanisch dargestellte Begrenzung von Teil- oder unterbrochenen Ansichten und Schnitten, wenn die Begrenzung keine Symmetrie- oder Mittellinie ist
01.2	Volllinie, breit	0,35	0,5	0,7	.1 Sichtbare Kanten .2 Sichtbare Umrisse .3 Gewindespitzen .4 Grenze der nutzbaren Gewindelänge .5 Hauptdarstellungen in Diagrammen, Karten, Fließbildern .6 Systemlinien (Metallbau-Konstruktionen) .7 Formteilungslinien in Ansichten .8 Schnittpfeillinien
02.1	Strichlinie, schmal	0,18	0,25	0,35	.1 Verdeckte Kanten .2 Verdeckte Umrisse
02.2	Strichlinie, breit	0,35	0,5	0,7	.1 Kennzeichnung zulässiger Oberflächenbehandlung
04.1	Strich-Punktlinie, schmal	0,18	0,25	0,35	.1 Mittellinien .2 Symmetrielinien .3 Teilkreise von Verzahnungen .4 Lochkreise .5 Kennzeichnung der vorgesehenen Wärmebehandlung .6 Schnittlinie .7 Schnittebene
04.2	Strich-Punktlinie, breit	0,35	0,5	0,7	.1 Kennzeichnung begrenzter Bereiche, z. B. der Wärmebehandlung .2 Kennzeichnung von Schnittebenen
05.1	Strich-Zweipunktlinie, schmal	0,18	0,25	0,35	.1 Umrisse angrenzender Teile .2 Endstellung beweglicher Teile .3 Schwerpunktlinien .4 Umrisse vor der Formgebung .5 Teile vor der Schnittebene .6 Umrisse alternativer Ausführungen .7 Umrisse von Fertigteilen in Rohteilen .8 Umrahmung besonderer Bereiche oder Felder .9 Projiziertes toleriertes Geometrieelement
07.2	Punktlinie, breit	0,35	0,5	0,7	.1 Bereiche, die nicht wärmebehandelt sein dürfen.

Beispiele für die Anwendung von Linien

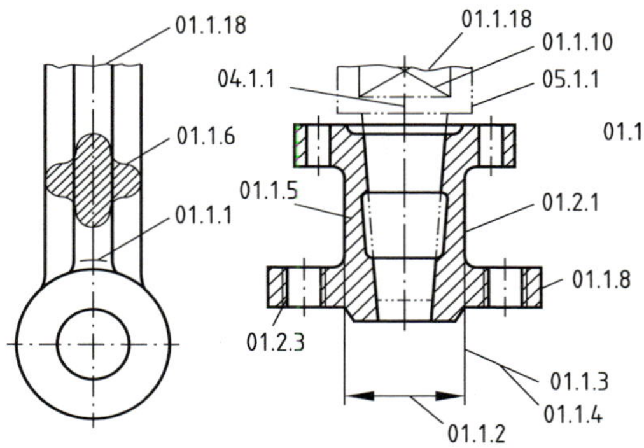

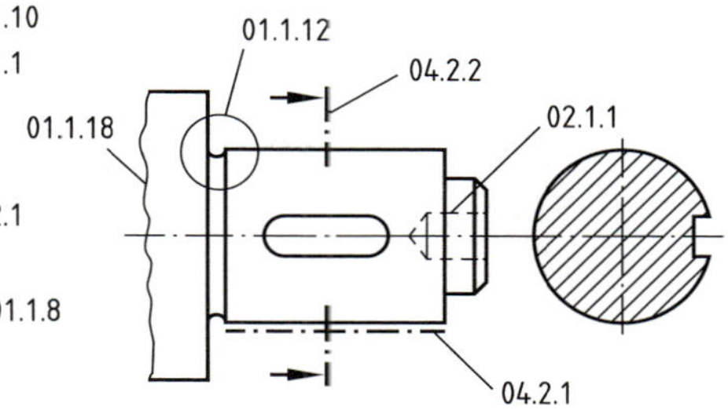

Beispiel:
01.2.1 breite Volllinie,
sichtbare Kante

In technischen Zeichnungen werden in der Regel zwei Linienbreiten angewendet (z. B. 0,5 – 0,25). Bei Beschriftungen nach ISO 3098-BVL ist für Maß- und Textangaben sowie für grafische Symbole eine dritte Linienbreite (z. B. 0,35) erforderlich.

Projektionsmethoden
Projection methods

Axonometrische Darstellungen

DIN ISO 5456-3: 1998-04

Isometrische Projektion

→ Die isometrische Projektion wird angewendet, wenn in drei Ansichten Wesentliches klar gezeigt werden soll.

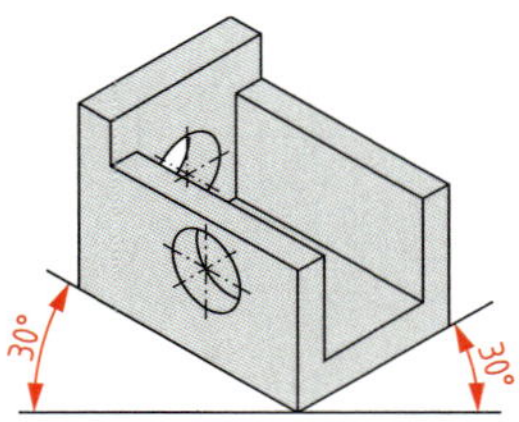

Die 3 Hauptflächen werden verzerrt dargestellt.

Senkrechte Kanten verlaufen in der Projektion ebenfalls senkrecht.

Waagerechte Körperkanten verlaufen unter 30° zur Horizontalen.

Die Seiten (Länge, Breite und Höhe) werden im Verhältnis 1 : 1 : 1 dargestellt.

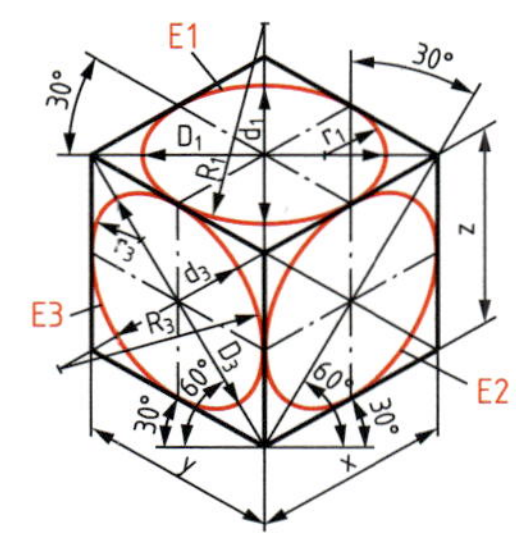

Achsenverhältnis bei allen Ellipsen: $d : D = 1 : 1{,}7$

Angenäherte Ellipsenkonstruktionen:
Große Achse: $D \approx 1{,}22 \cdot y$
Kleine Achse: $d \approx D : 1{,}7$

Die Ellipsen werden annähernd genau durch Krümmungskreise konstruiert:

$R \approx 1{,}06 \cdot y$ $r \approx 0{,}3 \cdot y$.

Dimetrische Projektion

→ Die dimetrische Projektion wird angewendet, wenn in einer Ansicht Wesentliches gezeigt werden soll.

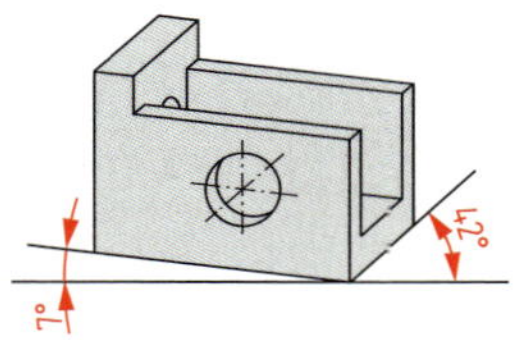

Die 3 Hauptflächen werden verzerrt dargestellt.

Senkrechte Kanten verlaufen in der Projektion ebenfalls senkrecht.

Waagerechte Körperkanten verlaufen unter 7° und 42° zur Horizontalen.

Senkrechte und unter 7° verlaufende Kanten werden verhältnisgleich (1 : 1), die unter 42° verlaufenden Kanten werden um die Hälfte verkürzt (1 : 2) dargestellt.

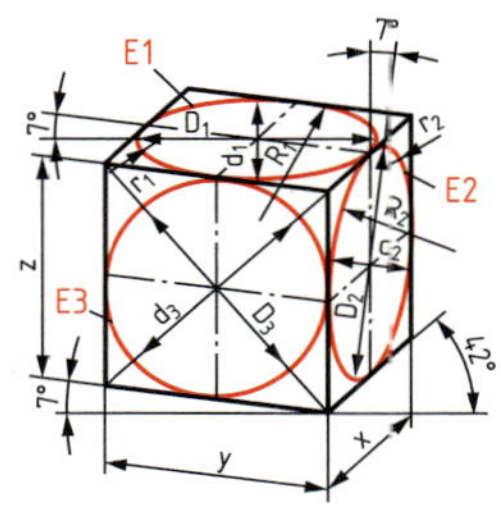

Ellipse E3 wird vereinfacht als Kreis gezeichnet.

Achsenverhältnis bei E1 und E2: $d : D = 1 : 3$

Angenäherte Ellipsenkonstruktionen:
Große Achse: $D_1 = D_2 \approx 1{,}06 \cdot y$
Kleine Achse: $d_1 = d_2 \approx D : 3$

Die Ellipsen E1 und E2 werden annähernd genau durch Krümmungskreise konstruiert:

$R \approx 1{,}6 \cdot y$ $r \approx 0{,}06 \cdot y$.

Orthogonale Darstellungen

DIN ISO 5456-2: 1998-04

Projektionsmethode 1

i **orthogonal:** rechtwinklig; senkrecht aufeinander stehend

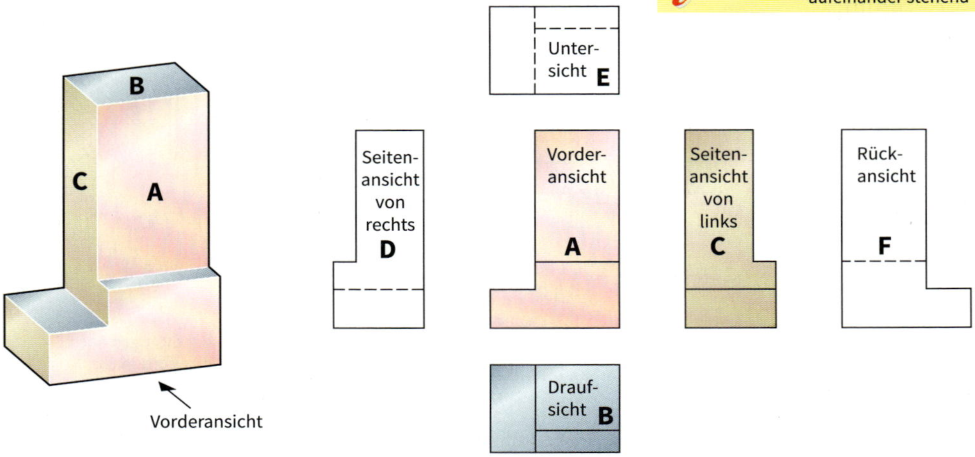

- In Gesamtzeichnungen und Gruppenzeichnungen werden die Gegenstände in der Regel in Gebrauchslage, in Teilzeichnungen in der Fertigungslage dargestellt.
- Es sind nur so viele Ansichten des Gegenstandes zu zeichnen, wie zum eindeutigen Erkennen und Bemaßen erforderlich sind.
- Die aussagefähigste Ansicht ist als Hauptansicht – Vorderansicht – zu wählen.
- Verdeckte Kanten werden nur eingezeichnet, wenn die Darstellung dadurch deutlicher wird oder zusätzliche Ansichten ohne Verlust der Deutlichkeit eingespart werden können.

Projektionsmethode 1
(ISO-Methode E)

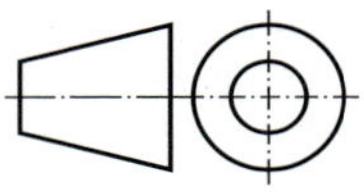

Projektionsmethode 3
(ISO-Methode A)

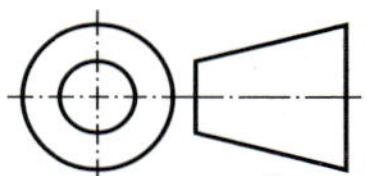

1

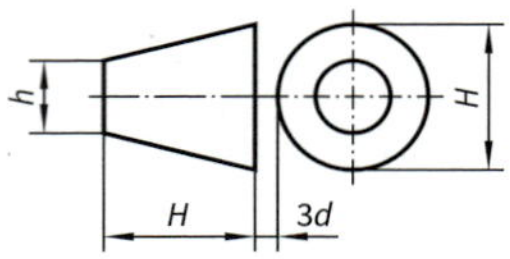

Linienbreite *d*	0,35	0,5	0,7
Höhe *h*	3,5	5	7
Höhe *H*	7	10	14

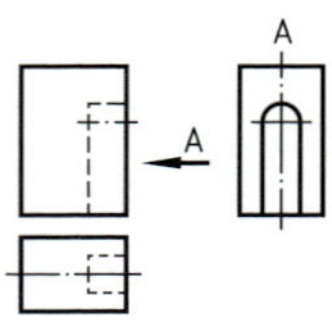

Pfeilmethode

2

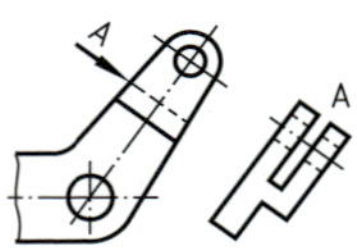

3

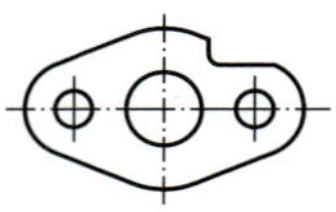

4

Neben der üblichen Projektionsmethode 1 gibt es die Projektionsmethode 3:
Draufsicht oberhalb der Vorderansicht,
Untersicht unterhalb der Vorderansicht,
Seitenansicht von links auf der linken Seite,
Seitenansicht von rechts auf der rechten Seite.

1 Das Symbol für die angewandte Methode ist in der Zeichnung im Schriftfeld oder in dessen Nähe einzutragen.

Projektionsmethoden, Beispiele

2 Die Ansichten dürfen auch beliebig zueinander angeordnet werden. Die Blickrichtung wird, bezogen auf die Hauptansicht, durch einen Pfeil und einen Großbuchstaben angegeben. Über die betreffende Darstellung, die sich an beliebiger Stelle der Zeichnung befinden darf, ist der Buchstabe zu setzen (Pfeilmethode).

3 Um ungünstige Projektionen zu vermeiden, z. B. Verkürzungen, kann eine Ansicht in der durch einen Pfeil gekennzeichneten Richtung projektionsgerecht gezeichnet werden.

4 Symmetrische Formen werden, auch wenn die symmetrische Grundform einseitig in Einzelheiten verändert ist, durch eine Symmetrielinie (ISO 128-04.1.2) gekennzeichnet.

Ansichten und besondere Darstellungen

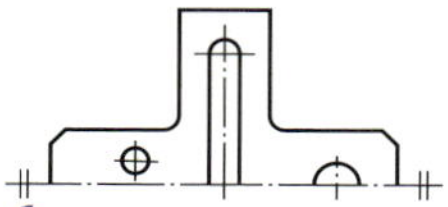
1

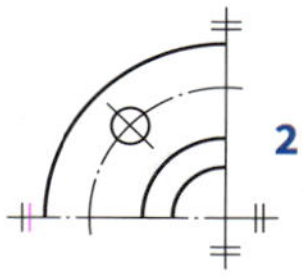
2

1 Bei symmetrischen Werkstücken kann an Stelle einer Gesamtansicht eine halbe oder eine Viertelansicht dargestellt werden. Zwei kurze, parallele Striche **2** (ISO 128-01.1) kennzeichnen die Symmetrielinie.

Geometrische Grundkonstruktionen

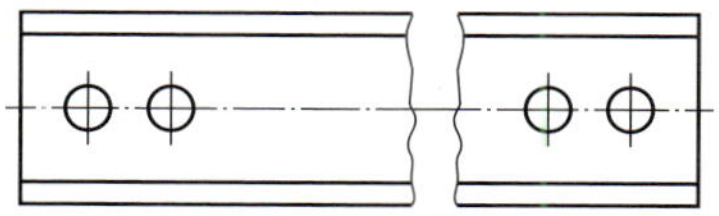
3

3 Gegenstände können zur Ersparnis an Zeichenfläche abgebrochen dargestellt werden.
Die Bruchkanten werden durch eine Freihandlinie (ISO 128-01.1.18) oder eine Zickzacklinie (ISO 128-01.1.19) dargestellt. Dies gilt auch für rotationssymmetrische Körper **4**.

4
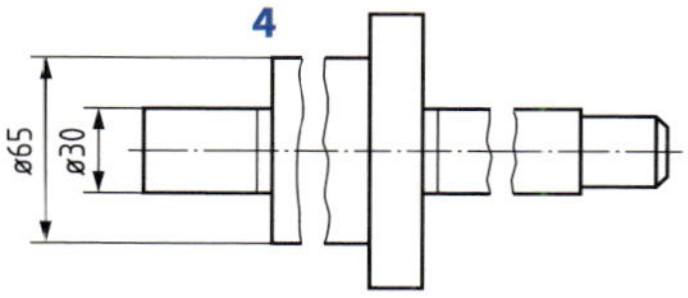

6
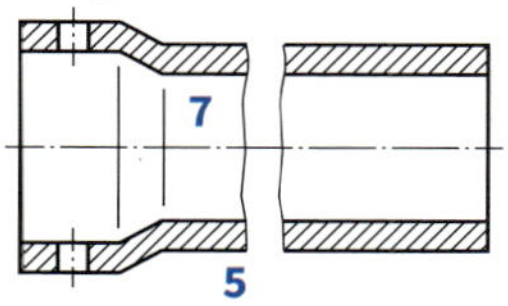
7
5

5 Der Bruch hohler Rundkörper wird im Vollschnitt durch eine Freihandlinie (ISO 128-01.1.18) dargestellt.

6 Auf Durchdringungskurven bei der Durchdringung von Zylindern, deren Durchmesser sich wesentlich unterscheiden, darf zur Vereinfachung verzichtet werden.

7 Gerundete Übergänge von Durchdringungen können durch schmale Volllinien (ISO 128-01.1.1) dargestellt werden, wenn das Bild dadurch anschaulicher wird.

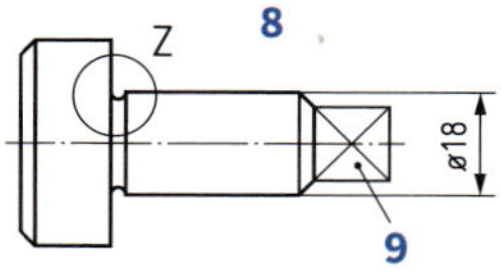

8
9

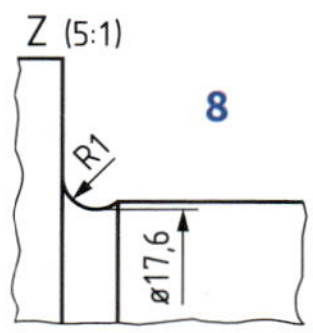

8

8 Bereiche eines Gegenstandes, die sich in der Gesamtdarstellung nicht deutlich zeichnen, bemaßen oder kennzeichnen lassen, werden als Einzelheit gesondert gezeichnet.
Der als Einzelheit bezeichnete Bereich wird in der Gesamtdarstellung mit einer schmalen Volllinie (ISO 128-01.1.1) eingerahmt. Die Einzelheit wird möglichst in der Nähe vergrößert dargestellt. Der eingerahmte Bereich und die Einzelheit sind mit den gleichen Großbuchstaben zu kennzeichnen.
Bei der Einzelheit ist der Maßstab anzugeben.

9
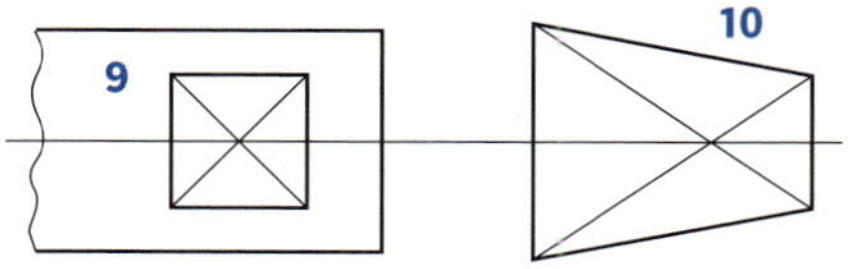
10

9 Um das Zeichnen einer zusätzlichen Ansicht oder eines Schnittes zu vermeiden, können quadratische Flächen oder Enden sowie verjüngte quadratische Enden an Wellen **10** mit einem Diagonalkreuz gekennzeichnet werden (schmale Volllinie ISO 128-01.1.10).

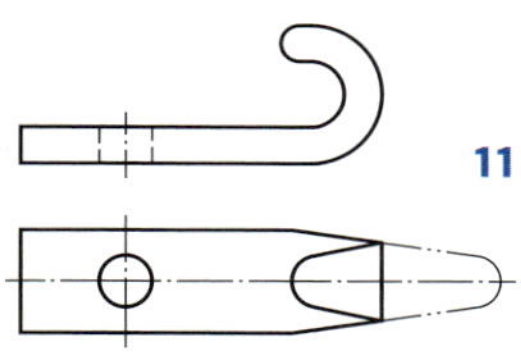
11

11 Die ursprüngliche Form wird durch eine Strich-Zweipunktlinie (ISO 128-05.1.4) dargestellt.

Ansichten und besondere Darstellungen

12
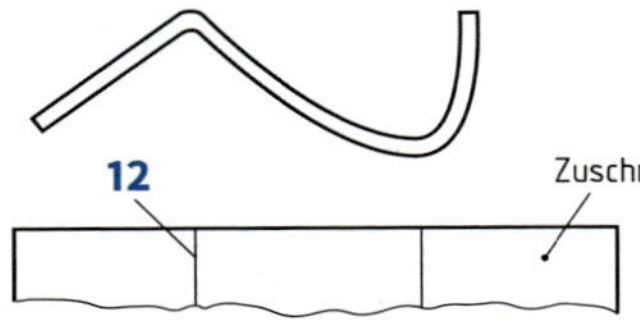

12 Biegelinien werden als schmale Volllinien dargestellt (ISO 128-01.1.11).

13
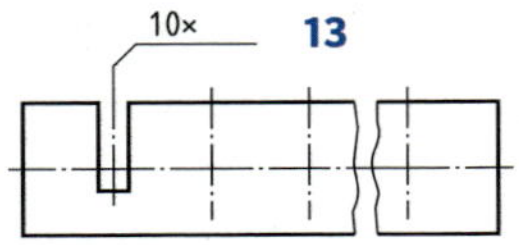

13 Regelmäßig sich wiederholende Elemente brauchen nur so oft dargestellt zu werden, wie es zu ihrer eindeutigen Bestimmung notwendig ist.

14
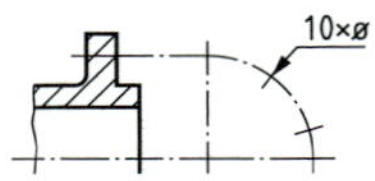

14 Die Mitten sich wiederholender Bohrungen sind durch Mittellinienkreuze festzulegen.

15
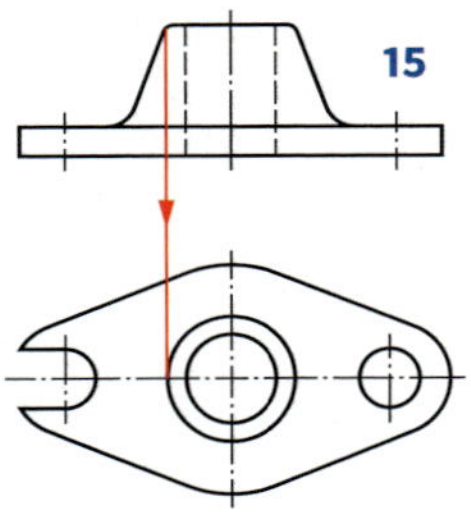

15 Lassen sich geringe Neigungen nicht deutlich zeigen, kann auf ihre Darstellung verzichtet werden.

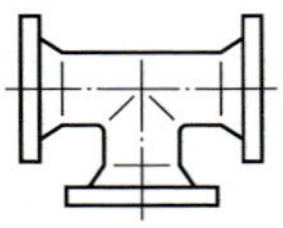
16

16 Lichtkanten werden durch schmale Volllinien (ISO 128-01.1.1) dargestellt, sie berühren die Umrisslinien nicht.

Schnitte

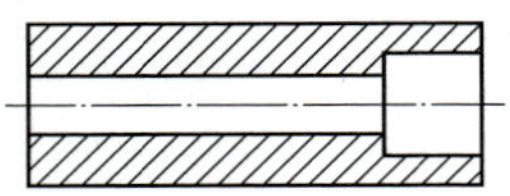
1

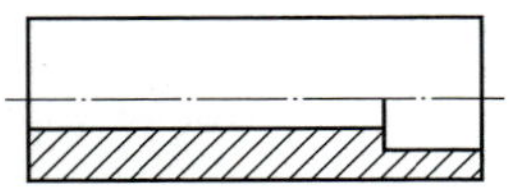
2

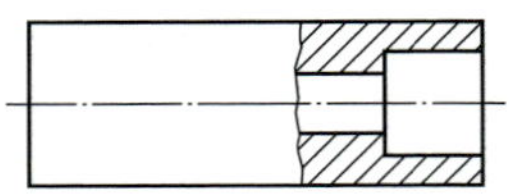
3

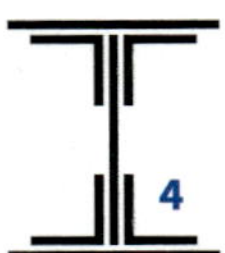
4

Ein Schnitt ist das gedachte Zerlegen eines Teiles durch eine oder mehrere Ebenen. Es werden hauptsächlich Hohlkörper im Schnitt dargestellt, um die innere Form klar erkennen und ggf. bemaßen zu können.

Man unterscheidet:
1 Schnitt,
2 Halbschnitt,
3 Teilschnitt (Ausbruch).

Schnittflächen werden mit schmalen Volllinien (ISO 128-01.1.5) möglichst unter 45° zur Achse schraffiert.
Der Abstand der Schraffurlinien ist der Größe der Schnittfläche anzupassen.

Für Maßzahlen, Beschriftung und Oberflächenangaben wird die Schraffur unterbrochen.

Halbschnitte werden bei waagerechter Mittellinie vorzugsweise unterhalb **2**, bei senkrechter Mittellinie vorzugsweise rechts von dieser angeordnet.

4 Schmale Schnittflächen können voll geschwärzt werden. Stoßen geschwärzte Schnittflächen aneinander, so sind sie mit schmalen Abständen voneinander darzustellen.

Schraffuren

Schnitte

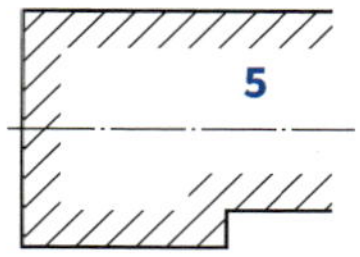

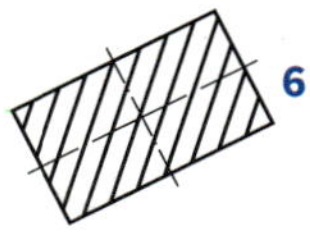

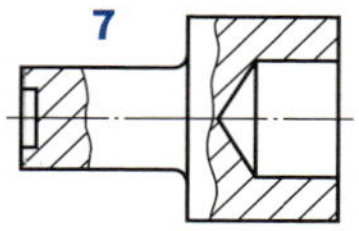

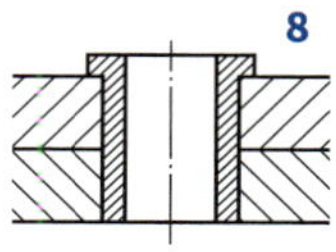

5 Bei großen Schnittflächen kann die Schraffur auf die Randzone beschränkt bleiben.

6 Sind die Achsen eines Teiles gedreht, so wird die Schnittfläche unter 45° zu den Hauptumrissen schraffiert.

7 Alle Schnittflächen und Ausbrüche desselben Teiles in einer oder mehreren Ansichten werden in gleicher Art schraffiert.

8 Aneinander grenzende Schnittflächen verschiedener Teile werden unterschiedlich schraffiert:

- durch verschiedene Schraffurrichtungen,
- durch verschiedene Abstände der Schraffurlinien.

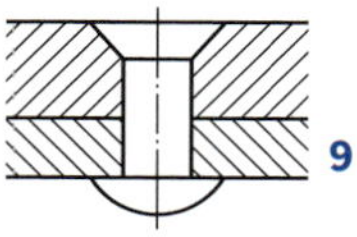

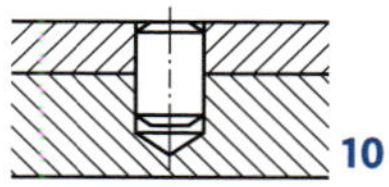

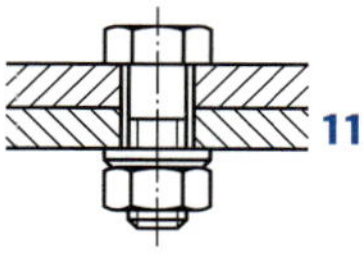

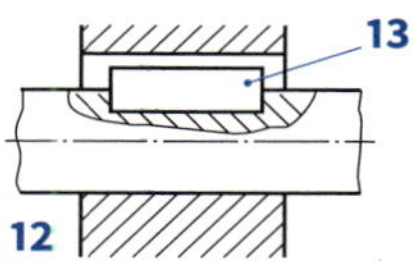

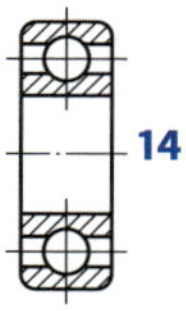

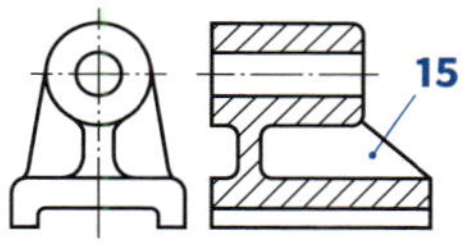

Liegen Normteile oder volle Werkstücke in der Schnittebene, werden sie in Längsrichtung nicht im Schnitt dargestellt.
Dazu zählen z. B.:

9 Niete, **10** Stifte, **11** Schrauben, Muttern, Scheiben,
12 Wellen, **13** Keile und Federn,
14 Wälzlagerkörper (z. B. Kugeln, Rollen),
15 Rippen, Speichen und Griffe von Gussstücken.

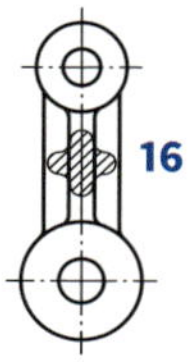

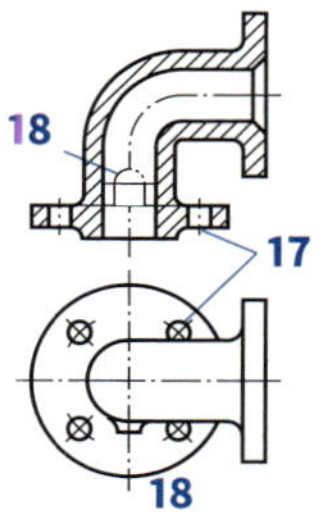

16 Schnittflächen können innerhalb der Darstellung in die Zeichenebene geklappt und mit schmalen Volllinien gezeichnet werden.

17 Zur Darstellung von Flanschlöchern, die nicht in der Schnittebene liegen, können diese in die Schnittebene gedreht werden.

18 Wenn es notwendig ist, können Einzelheiten, die vor der Schnittebene liegen, durch schmale Strich-Zweipunkt-Linien (ISO 128-05.1.5) dargestellt werden.

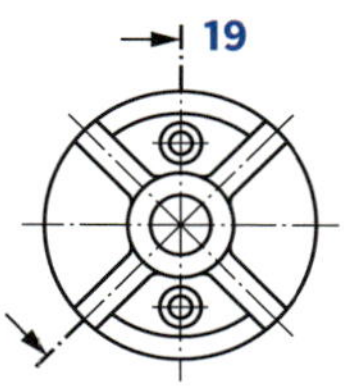

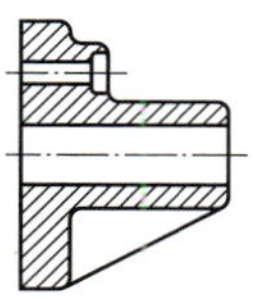

19 Stehen zwei Schnittebenen in einem Winkel zueinander, wird der Schnitt so gezeichnet, als lägen die Schnittflächen in einer Ebene.

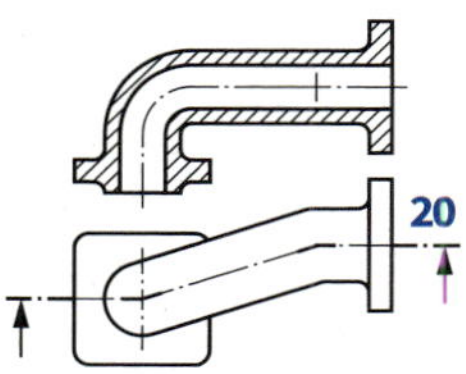

20 Ein Gegenstand, der in zwei parallelen Ebenen und einer schräg zu diesen liegenden Verbindungsebene geschnitten ist, wird so dargestellt, dass das Bild aus der schräg liegenden Ebene in der Projektion erscheint.

Schnitte

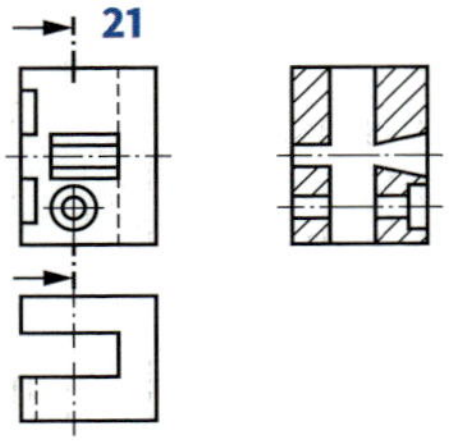
21

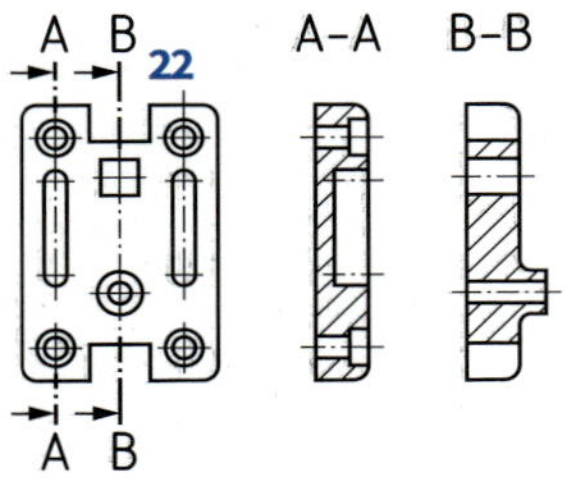

22

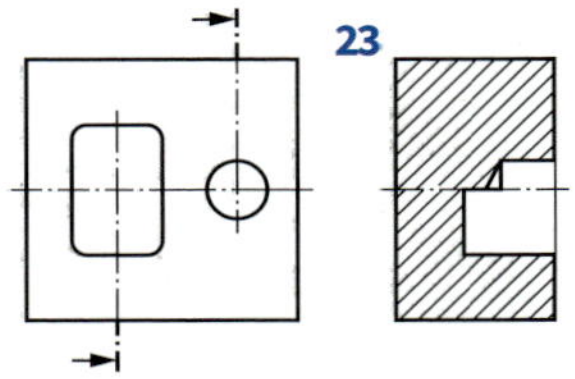
23

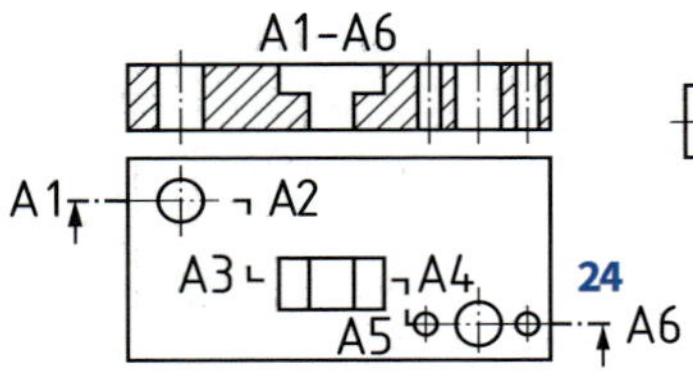

24

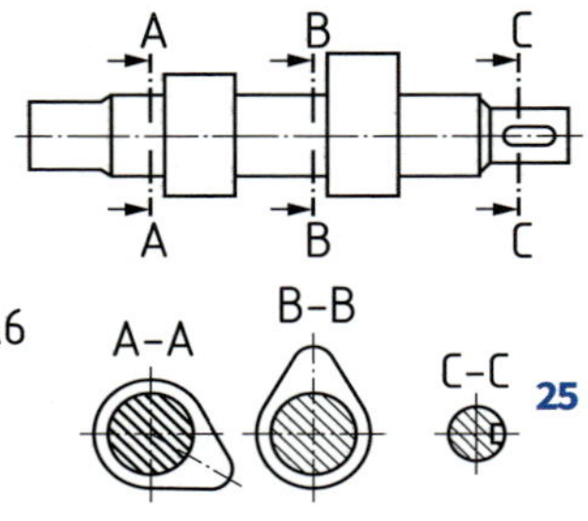

25

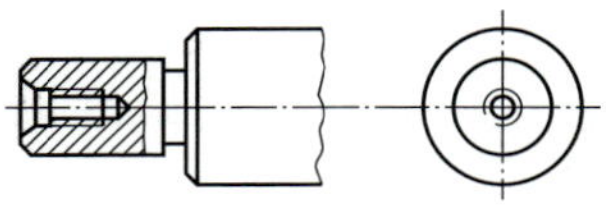
26

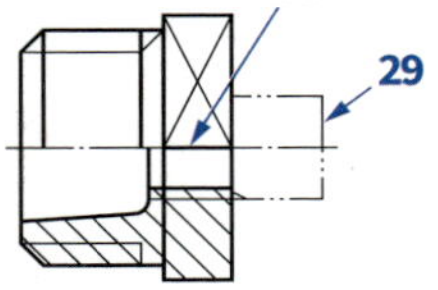
30
29
27

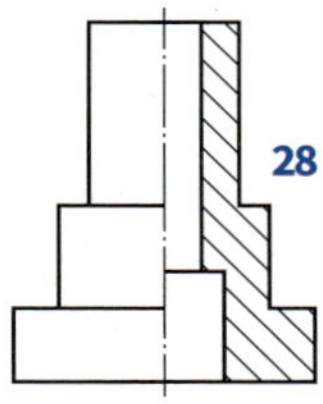
28

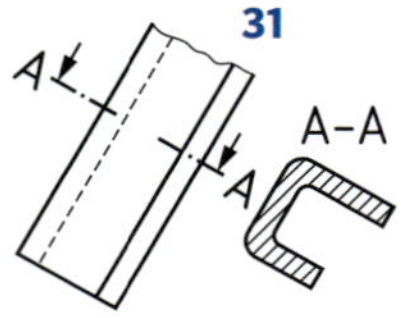

31

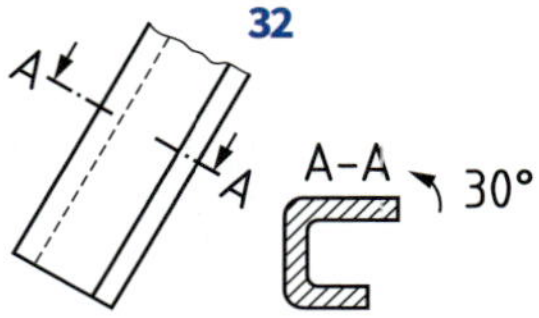

32

21 Wird aus einer Darstellung der Schnittverlauf nicht eindeutig ersichtlich, muss er durch eine breite Strich-Punkt-Linie (ISO 128-04.2.2) kenntlich gemacht werden. Die Blickrichtung auf den Schnitt wird durch Pfeile angedeutet. Sie sind vollschwarz, schließen einen Winkel von 15° ein und sind 1,5 x Maßpfeilgröße lang.
(Maßpfeilgröße s. DIN 406-11)

22 Verlaufen durch ein Werkstück mehrere Schnittebenen, muss jeder Schnittverlauf gekennzeichnet werden.

23 Liegen zwei parallele Schnittebenen eines Teiles getrennt voneinander und werden die Schnittflächen der Einfachheit halber angrenzend dargestellt, so sind die Schraffurlinien versetzt zu zeichnen.

24 Führt eine Schnittlinie durch mehrere Schnittebenen, so muss die Kennzeichnung am Anfang und am Ende und – falls erforderlich – auch an den Knickstellen durch Großbuchstaben ggf. mit Ziffern erfolgen.

25 Falls erforderlich, dürfen mehrere Schnitte vereinfacht durch eine Welle oder ein ähnliches Teil gelegt werden.

26 Fasen, Senkungen und ähnliche Formelemente brauchen nur in den Ansichten oder Schnitten dargestellt zu werden, in denen sie zu erkennen sind und bemaßt werden können.

Halbschnitte werden bei waagerechter Mittellinie vorzugsweise unterhalb **27**, bei senkrechter Mittellinie vorzugsweise rechts von dieser **28** angeordnet.

29 Benachbarte Teile werden durch eine Strich-Zweipunkt-Linie (ISO 128-05.1.1) dargestellt.

30 Fällt bei einem Schnitt eine Körperkante auf die Mittellinie, so ist die Körperkante als breite Volllinie (ISO 128-01.2.1) zu zeichnen.

31 Der Schnitt an einem Werkstück kann in jeder beliebigen, jedoch möglichst projektionsgerechten Lage angebracht werden.

32 Wird der Schnitt in einer anderen Lage angebracht, so ist an die Buchstaben ein Symbol für die Drehung in der entsprechenden Richtung anzufügen.

Systeme

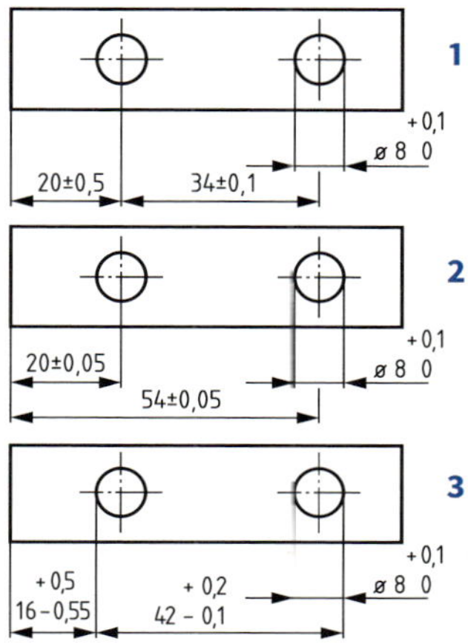

1 Die **funktionsbezogene Maßeintragung** liegt vor, wenn die Eintragung und Tolerierung der Maße nur nach konstruktiven Erfordernissen entsprechend der Zweckbestimmung des Erzeugnisses vorgenommen wird. Die Fertigungs- und Prüfbedingungen werden nicht berücksichtigt.

2 Die **fertigungsbezogene Maßeintragung** liegt vor, wenn die für die Fertigung unmittelbar benötigten Maße in die Zeichnung eingetragen und fertigungsgerecht toleriert werden. Diese Maßeintragung hängt vom Fertigungsverfahren ab.

3 Die **prüfbezogene Maßeintragung** liegt vor, wenn Maße und Maßtoleranzen entsprechend dem vorgesehenen Prüfverfahren in die Zeichnung eingetragen werden.

Angabe von Maßen

Eigenschaftsindikatoren für Geometrieelemente (GE)

Symbol	Eigenschaft	Symbol	Eigenschaft	Symbol	Eigenschaft
Ø	Durchmesser zylindrischer oder runder GE	SR	Radius sphärischer GE	⌴	Zylindrische Bohrung mit einer flachen Unterseite, z. B. Senkung
R	Radius zylindrischer oder runder GE	⌒	Krummliniges Maß, z. B. Bogenlänge	⌵	Runde Abschrägung, z.B. Senkung
□	Quadratische GE	t =	Zwei versetzte GE, definiert durch ihre Dicke	O→	Entwickelte Länge eines GE vor dem Biegen
SØ	Durchmesser sphärischer GE	↧	Tiefe einer Bohrung	←→	Umfang eines begrenzten Bereichs

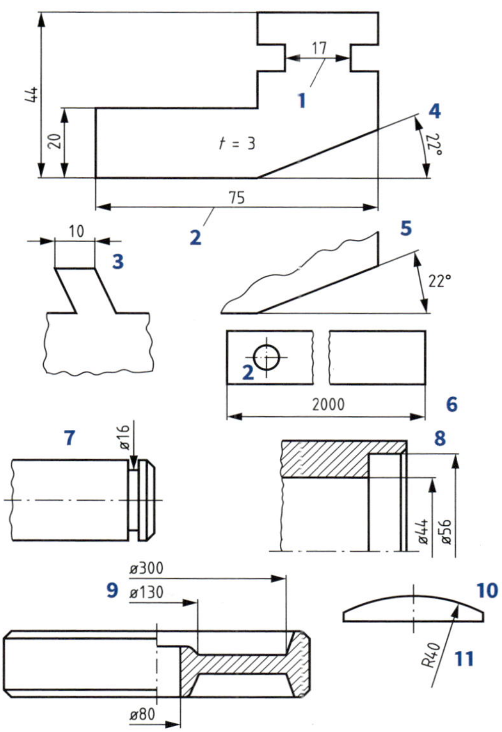

Elemente der Maßeintragung sind:

- Maßlinie,
- Maßhilfslinie,
- Maßlinienbegrenzung,
- Maßwert (Maßzahl),
- Maßeinheit,
- Hinweislinien,
- Eigenschaftsindikator,
- besondere Kennzeichen.

Maßlinien werden parallel zu der zu bemaßenden Länge oder als Kreisbogen um den Scheitelpunkt des Winkels bzw. Mittelpunkt des Bogens eingetragen. **1 2 3 4**. Die Maßlinien werden nicht unterbrochen.

Der Abstand der Maßlinie zur Körperkante soll etwa 10 mm betragen, der Abstand paralleler Maßlinien etwa 7 mm.

Winkelmaße bis 30° dürfen mit gerader Maßlinie senkrecht zur Winkelhalbierenden angegeben werden. **5**

Bei unterbrochen dargestellten Formelementen wird die Maßlinie durchgezogen. **6**

Maßlinien dürfen abgebrochen werden, wenn

- Durchmessermaße eingetragen werden **7**,
- nur eine Hälfte eines symmetrischen Teiles in Ansicht oder Schnitt dargestellt wird **8**,
- ein Gegenstand im Halbschnitt dargestellt wird **9**,
- sich die Bezugspunkte der Bemaßung nicht in der Zeichenfläche befinden **10**.

Maßlinien sollen sich untereinander und mit anderen Linien nicht schneiden.

Ist dieses nicht zu vermeiden, werden sie ohne Unterbrechung gezeichnet. **11**

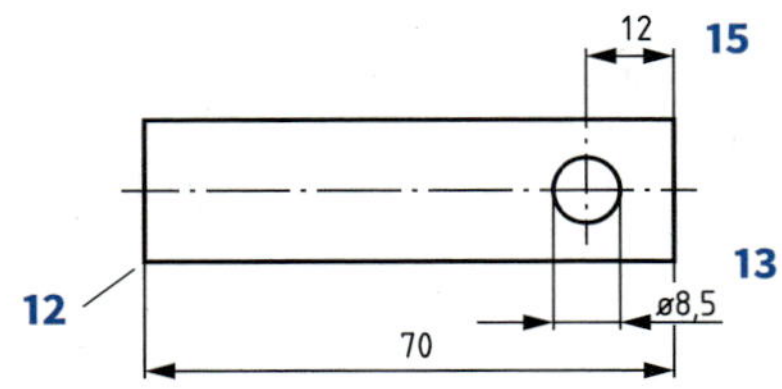

Maßhilfslinien werden rechtwinklig zur zugehörigen Messstrecke eingetragen. **12**

Sie dürfen unterbrochen werden, wenn ihre Fortsetzung eindeutig erkennbar ist. **13**

In Einzelfällen dürfen Maßhilfslinien unter einem Winkel von etwa 60° zur Maßlinie stehen, wenn dadurch die Bemaßung deutlicher wird. **14**

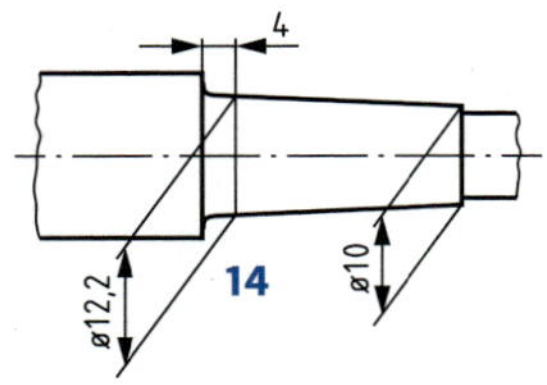

Mittellinien dürfen als Maßhilfslinien verwendet werden. Sie werden außerhalb der Körperkanten als schmale Volllinie gezeichnet (ISO 128-01.1.3). **15**

Maßhilfslinien dürfen nicht von einer Ansicht zur anderen durchgezogen werden.

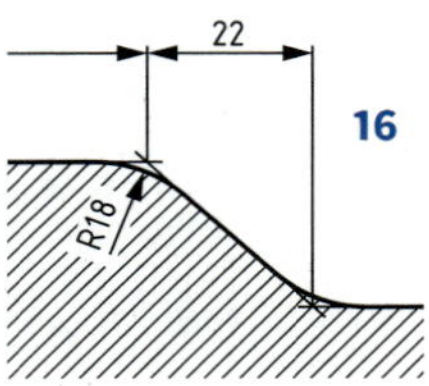

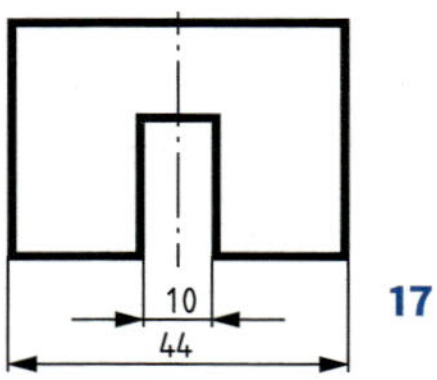

Einander schneidende Projektionslinien werden über den Schnittpunkt hinausgehend gezeichnet. Die Maßhilfslinie wird am Schnittpunkt angesetzt. **16**

Werden besonders große Linienbreiten angewendet, werden die Maßhilfslinien für Außenmaße am äußeren Rand der Umrisslinie, für Innenmaße am inneren Rand eingetragen. **17**

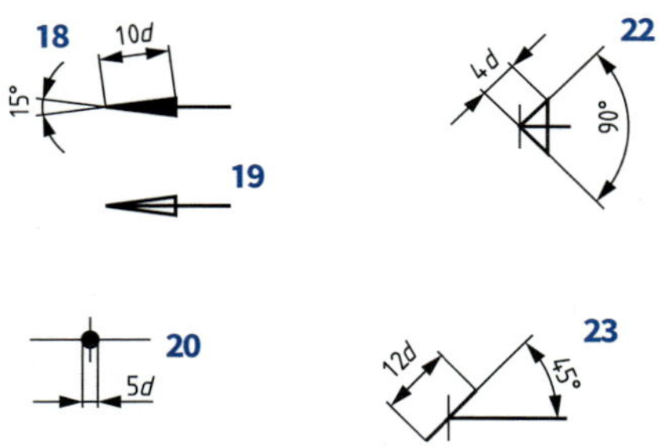

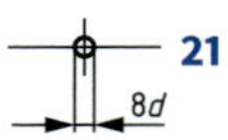

d: Linienbreite der breiten Volllinie (ISO 128-01.2.1)

Maßlinienbegrenzung sind:

- ein geschwärzter 15°-Pfeil, **18**
- ein offener Pfeil vorzugsweise bei rechnerunterstützt angefertigten Zeichnungen, **19**
- ein Punkt bei Platzmangel, **20**
- ein Kreis für die Ursprungsangabe, **21**
- ein 90°-Pfeil, **22**
- ein Schrägstrich. **23**

In Zeichnungen dürfen nur kombiniert werden:

- 15°-Pfeil, Punkt, Ursprungskreis oder
- 90°-Pfeil, Schrägstrich, Ursprungskreis (nur fachbezogen z. B. für Bauzeichnungen)

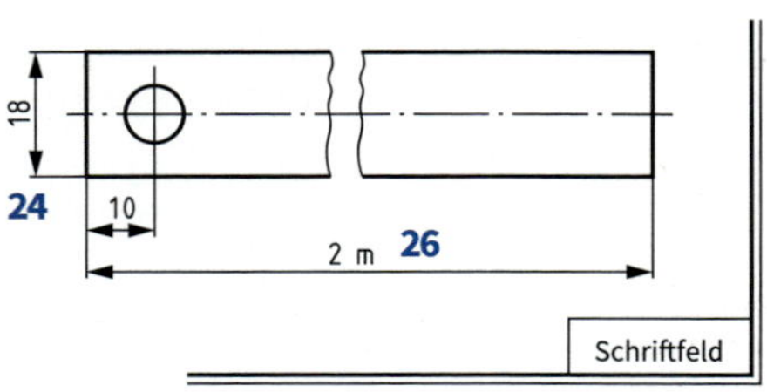

Die **Maßzahlen** werden in der Schrift DIN EN ISO 3098-BVL eingetragen.

Alle Maße, grafischen Symbole und Wortangaben sind vorzugsweise so einzutragen, dass sie in Leselage der Zeichnung von unten oder von rechts lesbar sind. Die **Leselage** der Zeichnung entspricht der Leselage des Schriftfeldes. **24 25**

Dieses gilt auch, wenn die Gebrauchslage eines Teiles nicht der Leselage der Zeichnung entspricht.

25

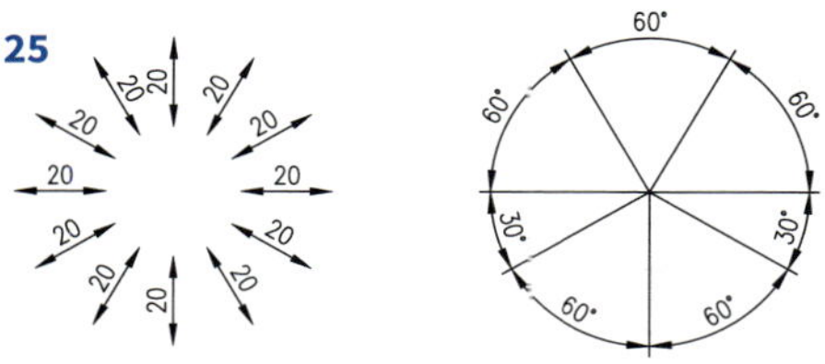

Alle Maße in einer Zeichnung werden in der gleichen Einheit, vorzugsweise in mm angegeben. Die Einheit wird nicht mitgeschrieben. Wird von dieser Regel abgewichen, muss die **Maßeinheit** mitgeschrieben werden. **26**

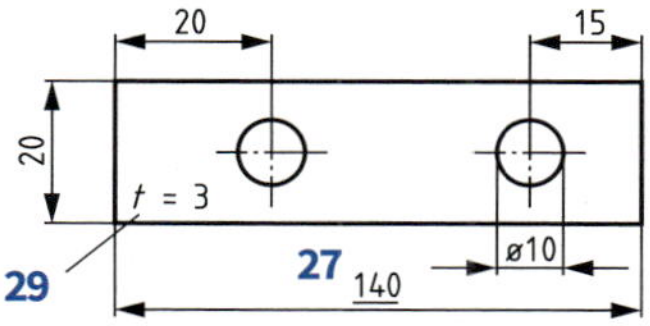

29 27

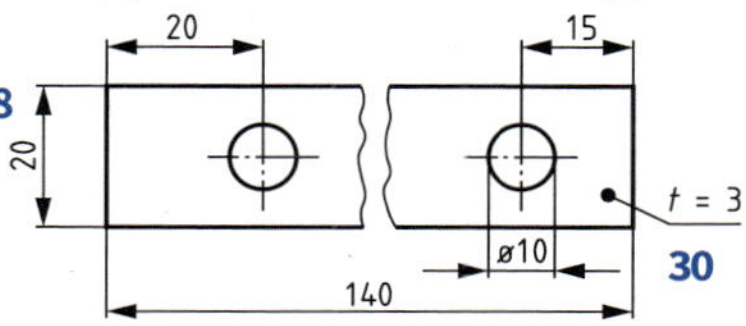

28 30

Werden Formelemente, z. B. bei Änderungen, ausnahmsweise **nicht maßstäblich** dargestellt, sind die Maßzahlen zu unterstreichen. **27** Diese Kennzeichnung ist bei rechnerunterstützt angefertigten Zeichnungen nicht zulässig. Ebenso gilt dies nicht für unter- oder abgebrochene Gegenstände. **28**

Die **Werkstückdicke** darf bei flachen Teilen in der Darstellung **29** oder auf einer abgeknickten Hinweislinie neben der Darstellung **30** angegeben werden.

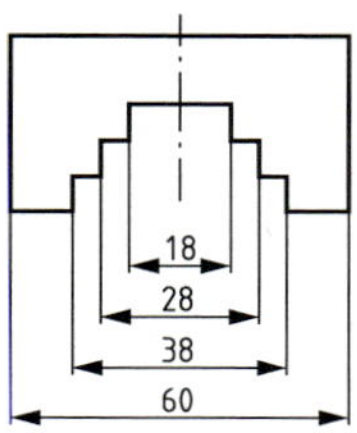

31

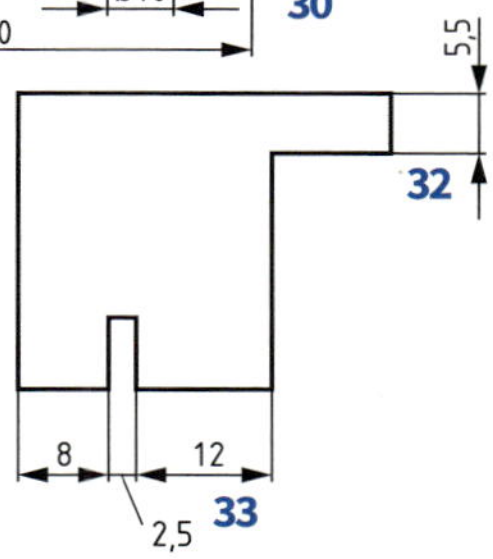

32 33

Bei parallelen oder konzentrischen Maßlinien werden die Maßzahlen in der Regel versetzt eingetragen. **31**

Reicht der Platz über der Maßlinie nicht aus, wird die Maßzahl über der Verlängerung der Maßlinie **32** oder an einer Hinweislinie **33** eingetragen.

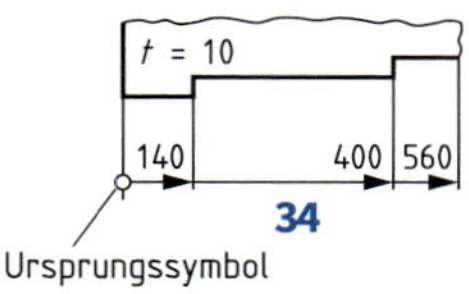

34

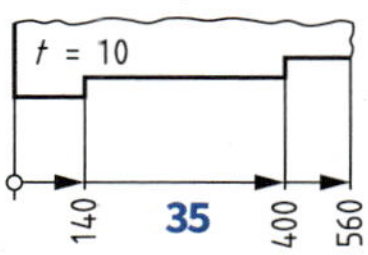

35

Bei fortlaufender Bemaßung werden die Maßzahlen entweder in der Nähe der Maßlinienbegrenzung beginnend beim Ursprung **34** oder in der Nähe der Maßlinienbegrenzung parallel zur Maßhilfslinie **35** eingetragen. Dies gilt sinngemäß auch für die Winkelbemaßung.

36

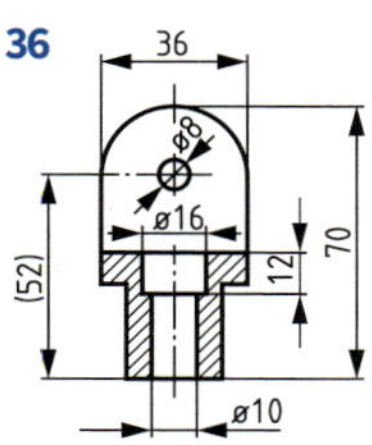

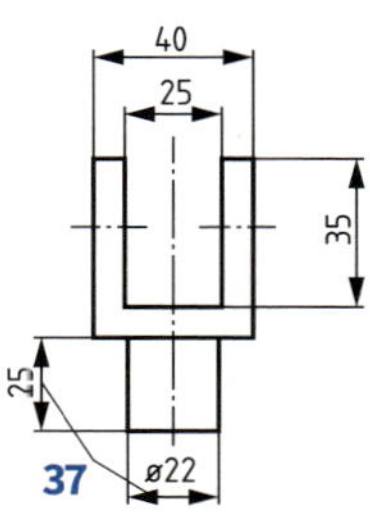

37

In einer Zeichnung ist jedes Maß nur einmal in der Ansicht einzutragen, in der die Zuordnungen von Darstellung und Maß deutlich erkennbar ist. **36**

Zusammengehörende Maße sind möglichst zusammen einzutragen. **37**

Maße, die sich durch die Fertigung von selbst ergeben, werden nicht eingetragen.
Maßlinien und Maßhilfslinien werden an Volllinien angesetzt. Das Ansetzen an Strichlinien (verdeckten Kanten) ist zu vermeiden.

38

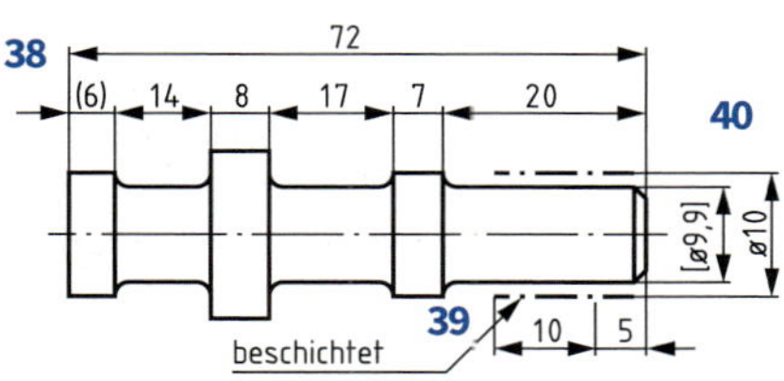

39 40

Die Eintragung aller Maße als **Maßkette** ist zulässig, wenn ein Maß als Hilfsmaß eingetragen wird **38** oder die Maße als theoretisch genaue Maße angegeben werden.

Ein Bereich, für den besondere Bedingungen gelten, wird durch eine breite Strich-Punktlinie (ISO 128-04.2) gekennzeichnet und bemaßt. **39**

Für beschichtete Oberflächen dürfen die Maße vor und nach der Behandlung angegeben werden. Das Vorbereitungsmaß wird in eckige Klammern gesetzt. **40**

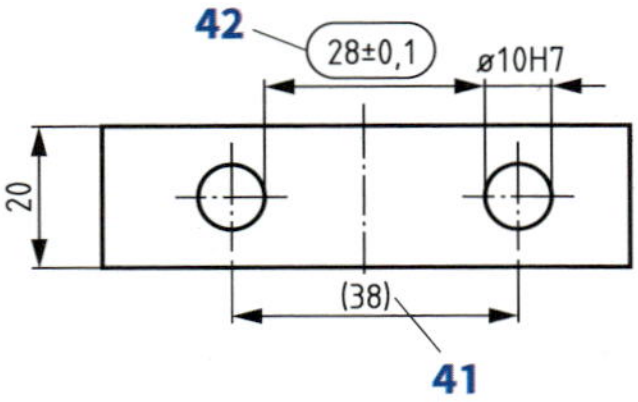

Hilfsmaße dienen zur Kennzeichnung funktioneller Zusammenhänge. Sie sind zur geometrischen Bestimmung eines Gegenstandes nicht erforderlich. Hilfsmaße werden in runde Klammern gesetzt. **41**

Prüfmaße, die bei der Festlegung des Prüfumfanges besonders beachtet werden müssen, werden in einen Rahmen gesetzt. **42** (Linie ISO 128-01.1)

Rohmaße, die sich auf den Ausgangszustand eines Gegenstandes beziehen, werden in eckige Klammern gesetzt, wenn keine Rohteilzeichnung angefertigt wird.

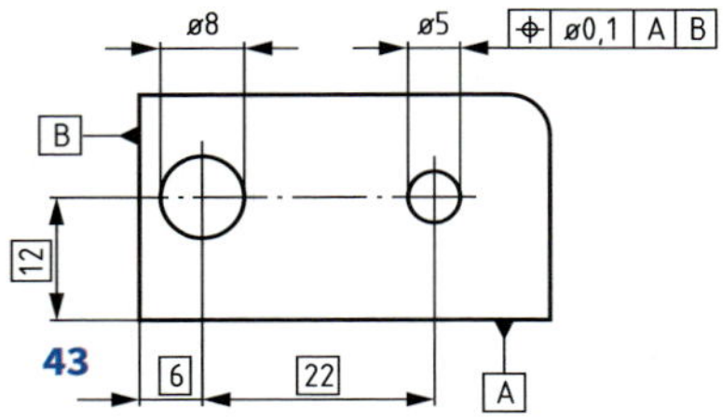

Theoretisch genaue Maße (TED) dienen zur Angabe der geometrisch idealen, theoretisch genauen Lage oder Form eines Formelementes. Sie werden in einen rechteckigen Rahmen gesetzt. **43** (Linie ISO 128-01.1)

Auch in Tabellen werden theoretisch genaue Maße durch einen rechteckigen Rahmen gekennzeichnet.

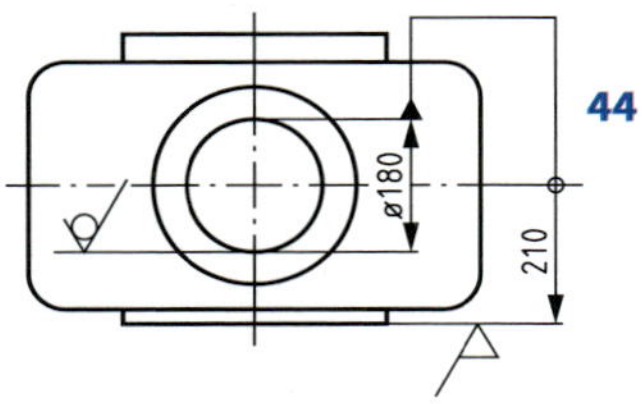

Maße für die erste materialabtrennende Bearbeitung von Rohteilen können mit einem Bezugsmaß eingetragen werden. **44**

Informationsmaße sind z. B. Gesamtmaße fertiger Baugruppen in Angebotszeichnungen. Sie werden in der Regel nicht besonders gekennzeichnet und nicht toleriert.

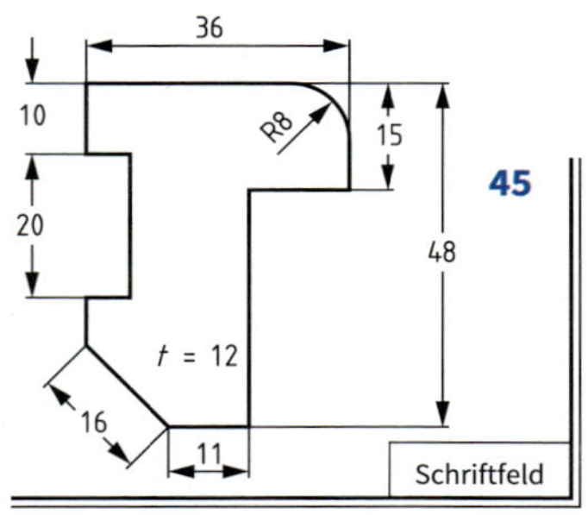

Alle Maße können auch in Leselage des Schriftfeldes eingetragen werden. Nicht horizontale Maßlinien werden dann unterbrochen. **45 46**

Winkelmaße dürfen auch ohne Unterbrechung der Maßlinie in Leselage des Schriftfeldes angebracht werden. **47**

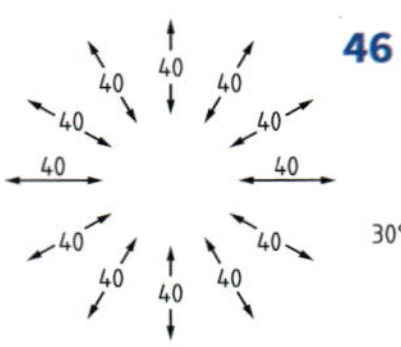

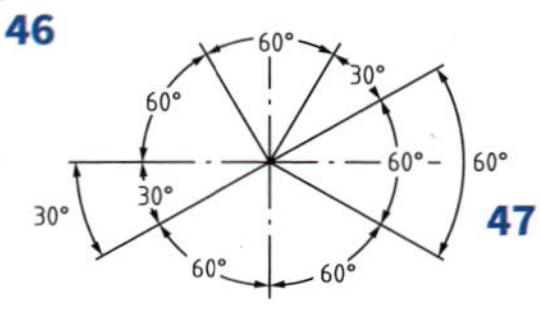

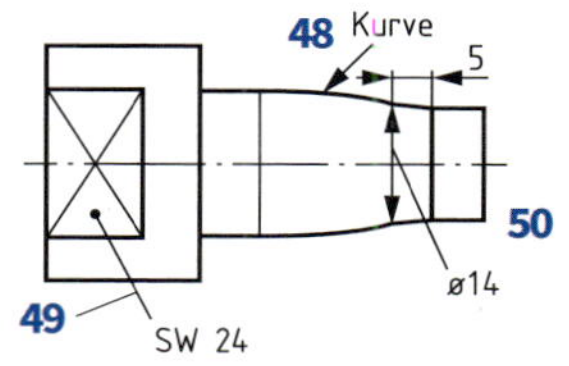

Hinweislinien sind schräg aus der Darstellung herauszuziehen und enden

- mit einem Pfeil an der Körperkante, **48**
- mit einem Punkt in der Fläche, **49**
- ohne Begrenzungszeichen an Linien, auch an Maßlinien. **50**

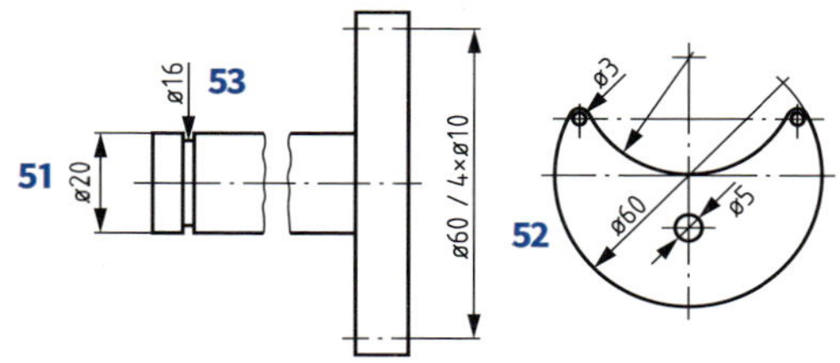

Das grafische Symbol Ø für den **Durchmesser** ist **immer** vor die Maßzahl zu setzen. **51 52**

Bei Platzmangel dürfen Durchmessermaße von außen angesetzt werden. **53**

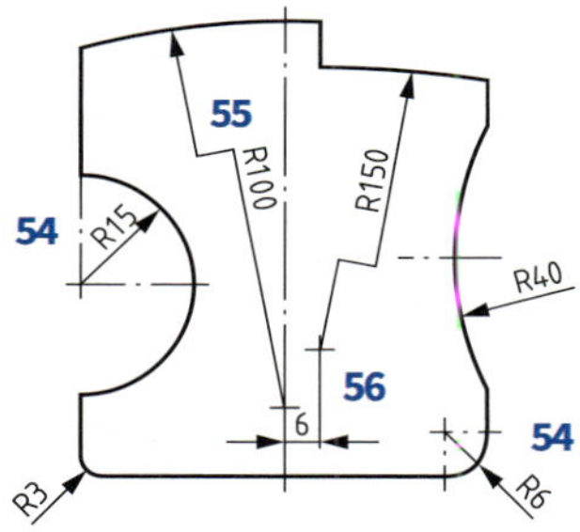

Radien werden in allen Fällen durch den vor die Maßzahl zu setzenden Großbuchstaben R gekennzeichnet.

Die Maßlinien sind vom Mittelpunkt des Radius oder aus dessen Richtung mit einem Maßpfeil innen oder außen an den Kreisbogen zu setzen. **54**

55 Bei großen Radien darf aus Platzmangel die Maßlinie rechtwinklig abgeknickt und verkürzt gezeichnet werden. Der mit dem Maßpfeil versehene Teil der Maßlinie muss auf den Mittelpunkt des Kreisbogens gerichtet sein.

Bei rechnerunterstützter Anfertigung von Zeichnungen dürfen nur gerade Maßlinien verwendet werden.

56 Der Mittelpunkt eines Radius ist zu bemaßen, wenn er sich nicht aus den geometrischen Beziehungen ergibt.

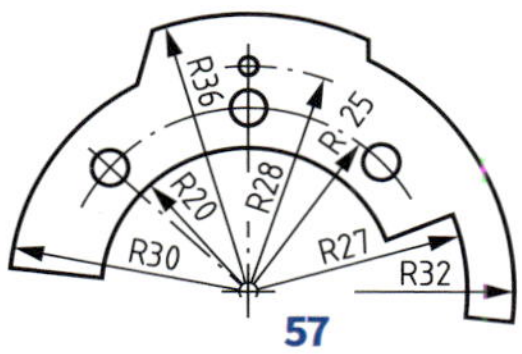

57 Werden mehrere Radien um einen zentralen Mittelpunkt angeordnet, darf statt eines Mittelpunktes ein kleiner Hilfskreisbogen gezeichnet werden.

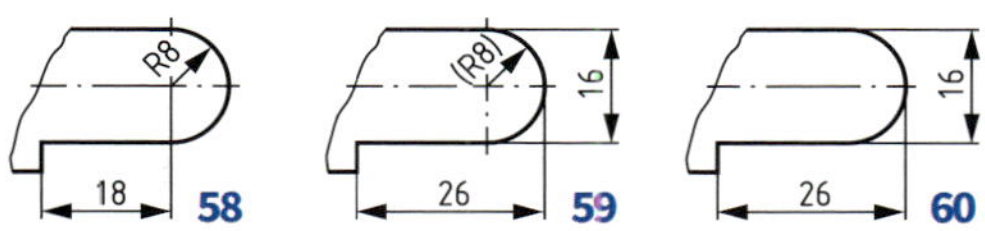

Der Radius, der parallele Linien miteinander verbindet,

- wird angegeben, **58**
- wird als Hilfsmaß angegeben **59** oder
- darf bei Eindeutigkeit weggelassen werden. **60**

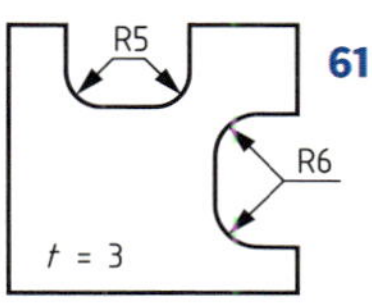

Die Maßlinien mehrerer Radien gleicher Größe können zusammengefasst werden. **61**

Grundlöcher werden durch Angabe des Durchmessers und der Tiefe bemaßt.
Für eine vereinfachte Darstellung wird das grafische Symbol ↧ verwendet.

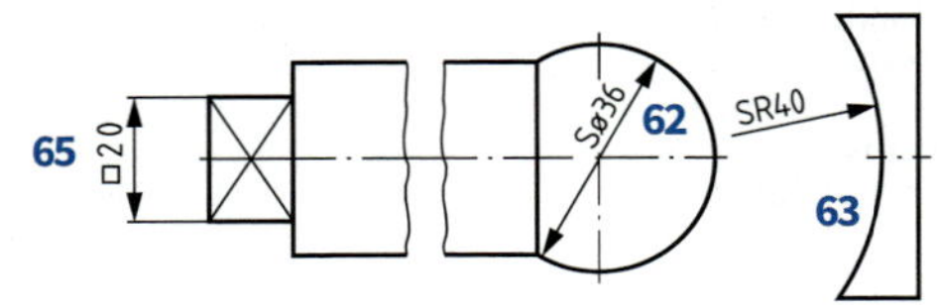

Eine **Kugelform** wird in jedem Fall durch den Großbuchstaben S vor der Durchmesser- oder Radiusangabe gekennzeichnet. **62** **63**

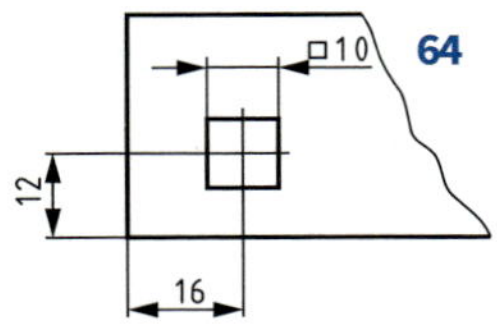

Quadratische Formen werden in jedem Fall durch das grafische Symbol □ vor der Maßzahl gekennzeichnet. Es wird nur eine Seitenlänge des Quadrates angegeben. **64** **65** **66**

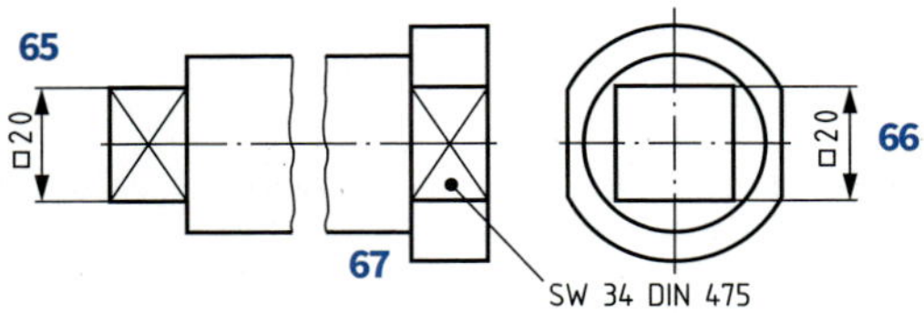

67 Die Schlüsselweite ist der Abstand von zwei parallel gegenüberliegenden Flächen. Sie wird durch das Zeichen SW vor dem Zahlenwert der Schlüsselweite gekennzeichnet, wenn sie in der Darstellung nicht bemaßt werden kann.
Die Auswahl der Schlüsselweite erfolgt nach DIN 475-1.

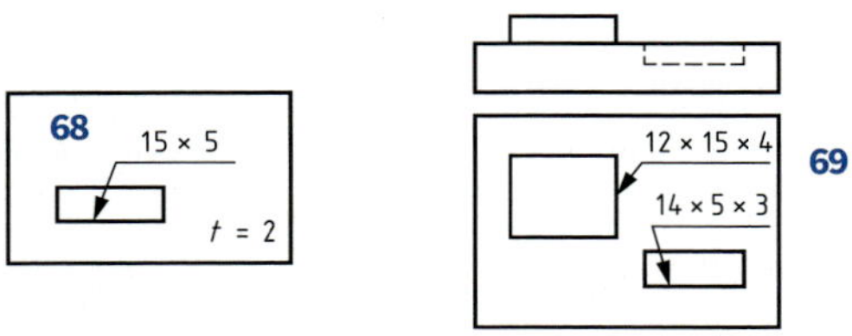

Die Seitenlängen eines **Rechteckes** dürfen mit einer Hinweislinie angegeben werden. Das Maß der Länge, an der die Hinweislinie eingetragen ist, steht an erster Stelle. **68**

Werden drei Maße kombiniert (Länge – Länge – Dicke/Tiefe), muss eine zweite Ansicht oder ein Schnitt gezeichnet werden. **69**

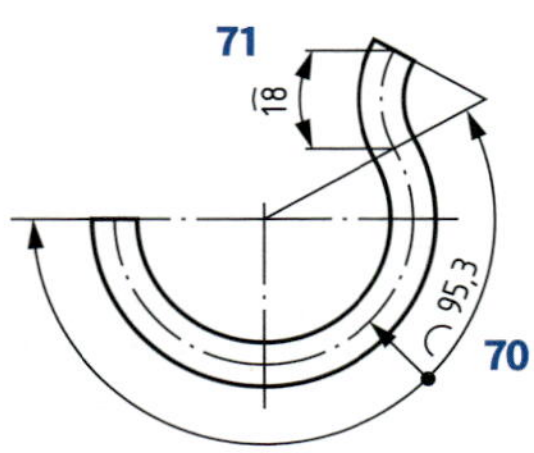

Zur Kennzeichnung von **Bögen** wird das grafische Symbol ⌒ vor die Maßzahl gesetzt. **70**

Bei manuell angefertigten Zeichnungen darf es abgewandelt über die Maßzahl gesetzt werden. **71**

Bei Zentriwinkeln $\alpha \leq 90°$ werden die Maßhilfslinien parallel zur Winkelhalbierenden gezeichnet, bei Zentriwinkeln $\alpha \geq 90°$ werden sie zum Bogenmittelpunkt hin gezeichnet.

Bei nicht eindeutigem Bezug ist die Verbindung zwischen Bogenlänge und Maßzahl durch eine Linie mit Pfeil und Punkt zu kennzeichnen. **70**

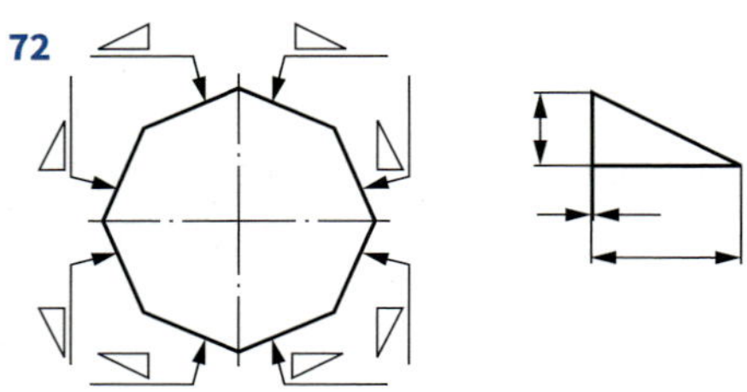

Das grafische Symbol ⊿ wird in jedem Fall vor die Maßzahl der **Neigung** als Verhältnis oder in Prozent gesetzt. Die Angabe erfolgt vorzugsweise auf einer abgeknickten Hinweislinie. **72**

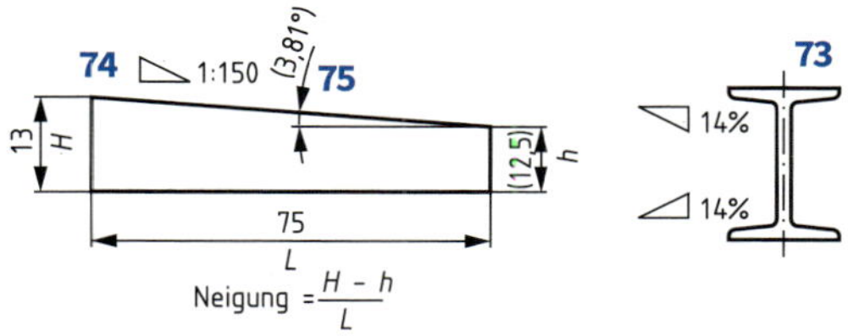

Das Symbol darf auch waagerecht **73** oder an der Linie der geneigten Fläche eingetragen werden. **74**

Aus fertigungstechnischen Gründen kann der Neigungswinkel als Hilfsmaß angegeben werden. **75**

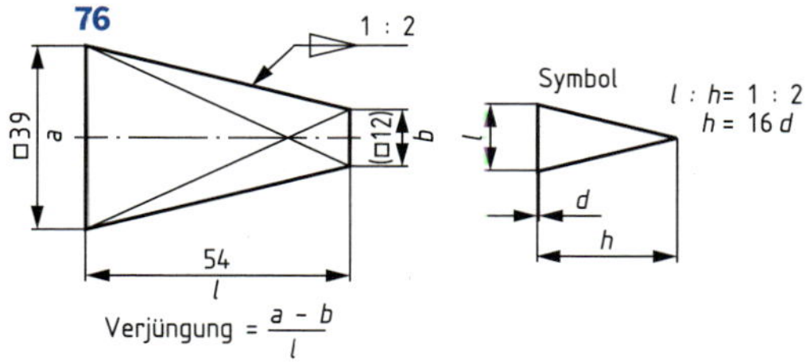

Das grafische Symbol ▷ wird in jedem Fall vor der Maßzahl der **Verjüngung** als Verhältnis oder in Prozent in einer abgeknickten Hinweislinie angegeben. Die Richtung des Symbols muss mit der Richtung der Verjüngung übereinstimmen. **76**

Eintragungen der Maße und Toleranzen für Kegel siehe DIN ISO 3040.

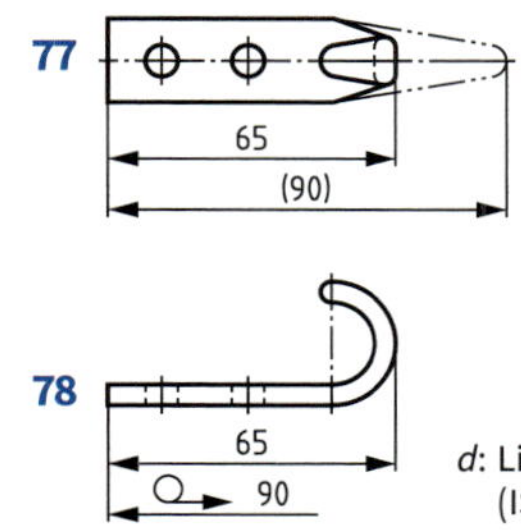

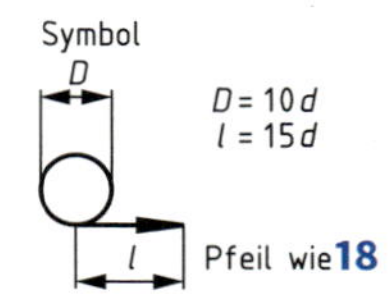

d: Linienbreite der breiten Volllinie (ISO 128-01.2.1)

Abwicklungen werden durch Hilfsmaße bemaßt. **77**

Wird die Abwicklung nicht dargestellt, erfolgt die Bemaßung durch Voranstellen des Symbols für die **gestreckte Länge**. **78**

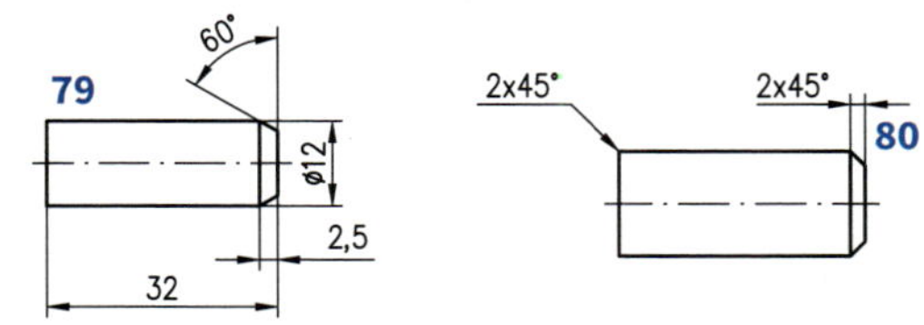

Abschrägungen mit einem Winkel $\alpha \neq 45°$ werden mit Maßlinie und Maßhilfslinie bemaßt. **79**

Abschrägungen mit einem Winkel $\alpha = 45°$ werden vereinfacht dargestellt. **80**

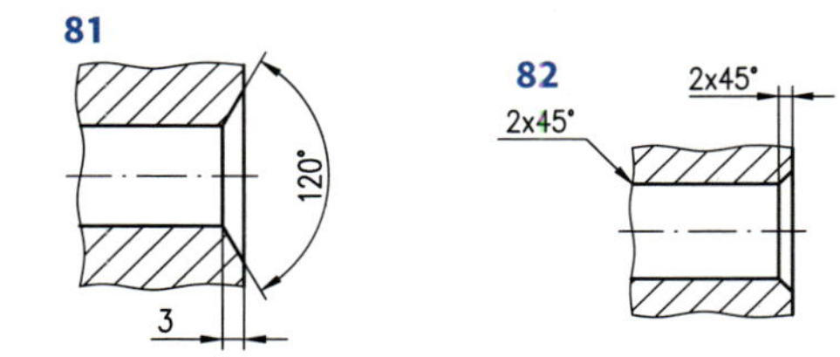

Senkungen mit einem Winkel $\alpha \neq 45°$ werden mit Maßlinie und Maßhilfslinie bemaßt. **81**

Senkungen mit einem Winkel $\alpha = 45°$ werden vereinfacht dargestellt. **82**

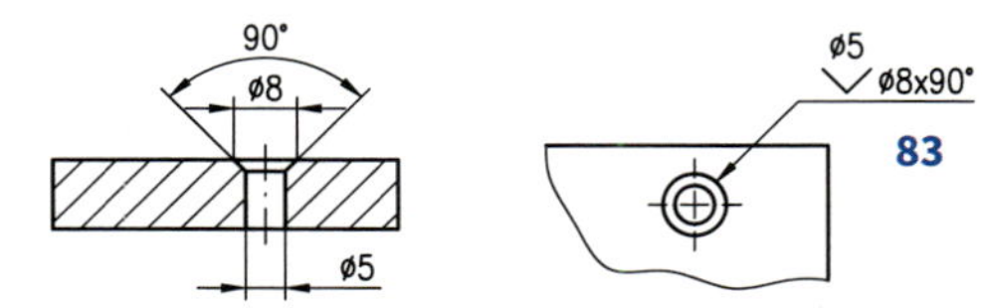

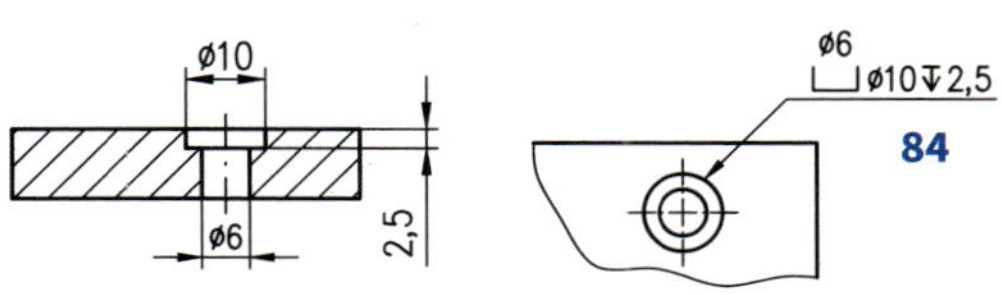

Senkungen können auch vereinfacht mit einem grafischem Symbol dargestellt werden.

Kegelförmige Senkung: ⌵ **83**
Zylinderförmige Senkung: ⌴ **84**

85
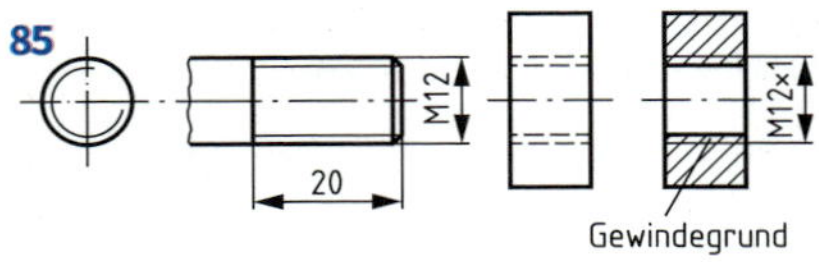

86

Für genormte **Gewinde** werden Kurzbezeichnungen nach DIN 202 angewandt:

- Kurzzeichen für das Gewinde,
- Nenndurchmesser,
- Steigung (Teilung),
- Gangzahl,
- zusätzliche Angaben.

In allen Fällen bezieht sich der Nenndurchmesser bei Außengewinden **85** auf die Gewindespitzen, bei Innengewinden **86** auf den Gewindegrund.

87
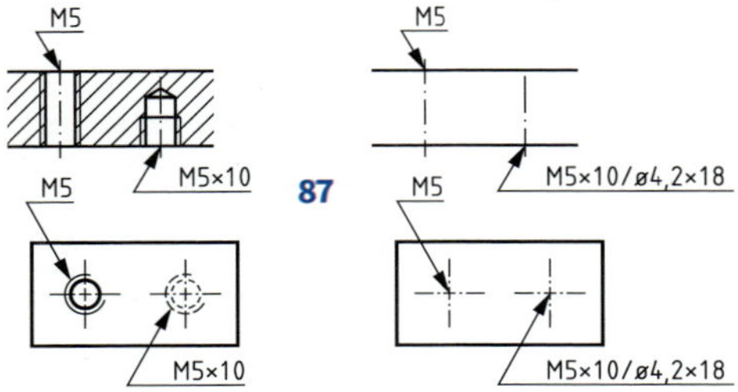

87 Die vereinfachte Darstellung der Gewinde ist zulässig bei Durchmessern ≤ 6 mm (in der Zeichnung) oder bei einem regelmäßigen Muster von Löchern und Gewinden derselben Art und Größe. (DIN ISO 6410-3)

88
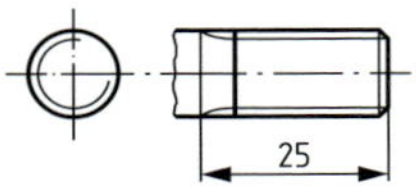

88 Der Gewindeauslauf wird in der Regel nicht gezeichnet. Er wird nur dargestellt und bemaßt, wenn dies in besonderen Fällen notwendig ist.

89 90
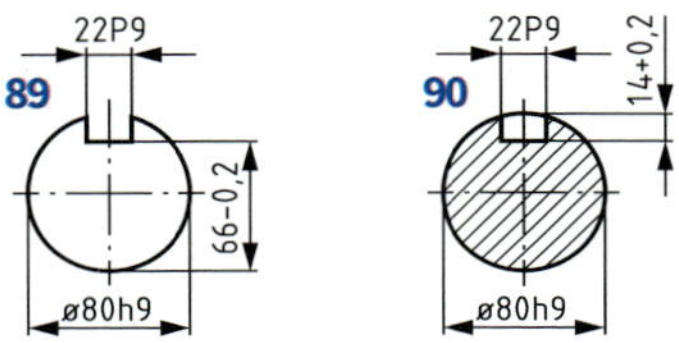

Nuten für Passfedern und Keile werden bei durchgehenden Nuten nach **89** und bei nicht durchgehenden Nuten nach **90** bemaßt.

91
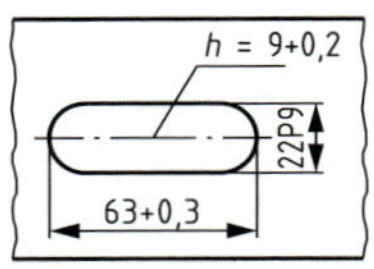

h = Nuttiefe

92
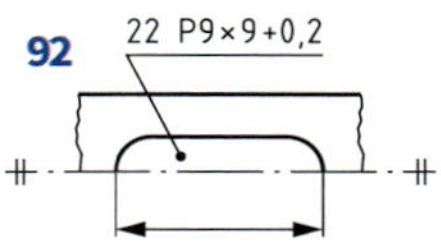

Ist in einer Darstellung nur die Draufsicht erforderlich, genügt die vereinfachte Darstellung nach **91** oder **92**.

93
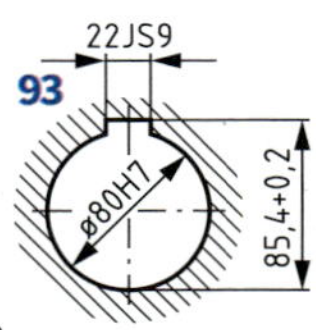

93 Nuten in zylindrischen Bohrungen werden entsprechend bemaßt.

94
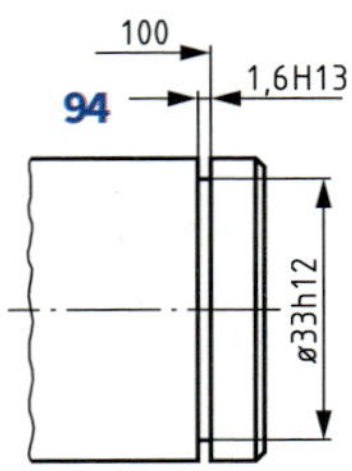

95
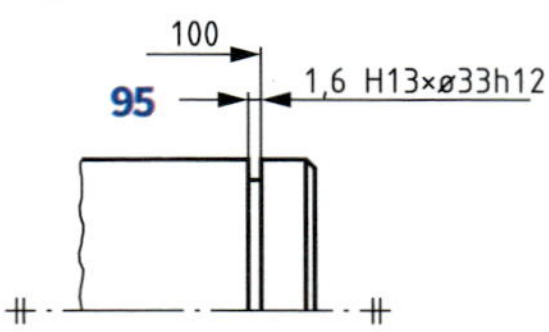

Einstiche, z. B. für Sicherungsringe, werden gemäß **94** oder vereinfacht gemäß **95** bemaßt.

Die Bemaßung der Einstiche in Naben erfolgt sinngemäß.

96
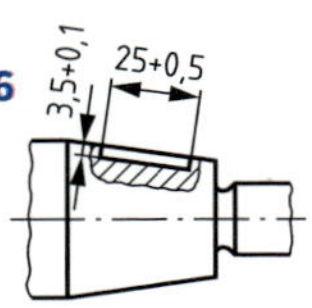

97
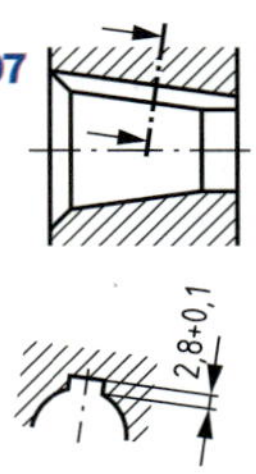

Verläuft der **Nutgrund** parallel zur Mantellinie eines Kegels, so ist die Tiefe nach **96** zu bemaßen. Bei kegeligen Nabenbohrungen ist entsprechend zu bemaßen. **97**

98
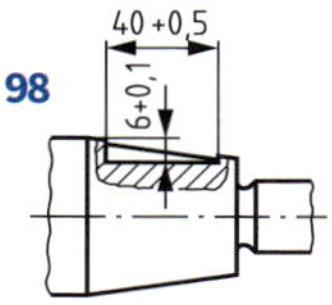

99
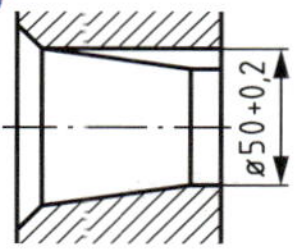

98 Wenn der Nutgrund parallel zur Kegelachse verläuft, so ist die Tiefe von der Mantellinie des größeren Zylinders aus zu bemaßen. Dabei ist die Toleranz des Durchmesser zu berücksichtigen.

99 Nuten in kegeligen Nabenbohrungen, deren Nutgrund parallel zur Kegelachse verläuft, werden entsprechend bemaßt.

100
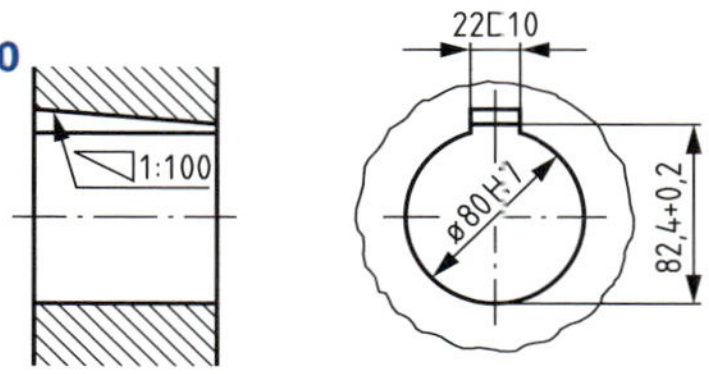

100 Bei der Bemaßung von Nuten für Keile ist die Richtung der Neigung durch das Symbol ◺ zu kennzeichnen.

101
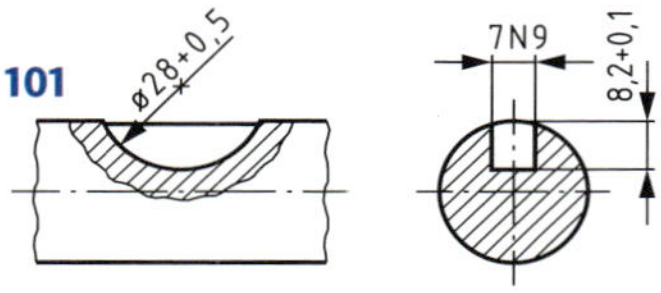

Nuten für Scheibenfedern werden gemäß **101** bemaßt.

102
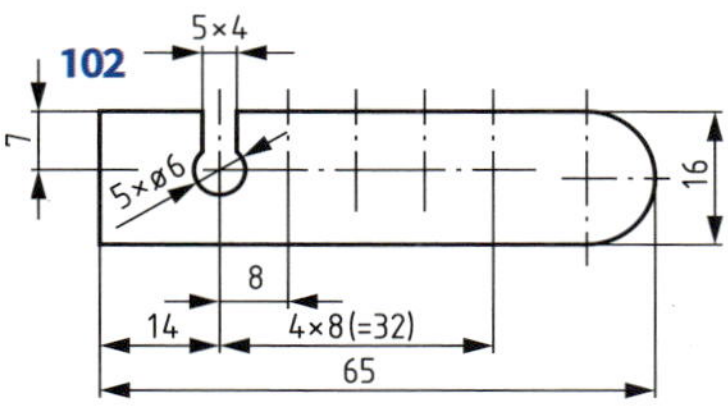

103
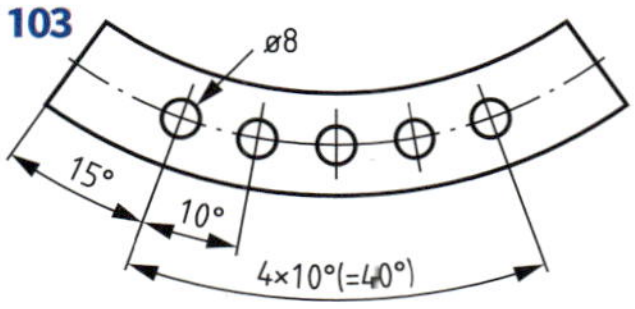

Längen- oder Winkelmaße für sich wiederholende Formelemente mit gleichem Abstand, sog. Teilungen, werden gemäß **102** und **103** bemaßt. Das Gesamtmaß wird als Hilfsmaß angegeben. Die Formelemente dürfen vereinfacht dargestellt werden.

Die Gegenstände können auch unterbrochen dargestellt werden.

104
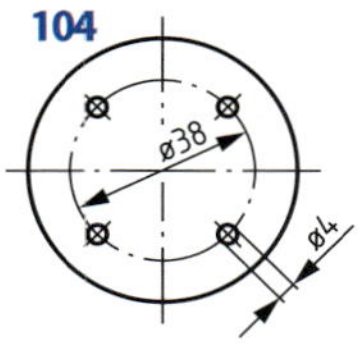

105
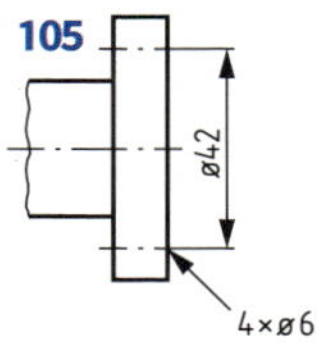

Sich wiederholende Bohrungen auf einem **Lochkreis** werden gemäß **104** dargestellt und bemaßt.

Wenn nur die Seitenansicht dargestellt wird, werden Lochkreis, Anzahl und Durchmesser der Bohrungen vereinfacht angegeben. **105**

106
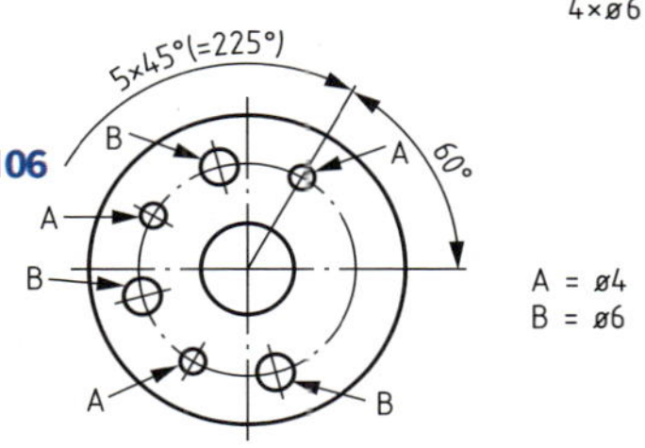

Unterschiedliche, sich wiederholende Formelemente werden mit Großbuchstaben gekennzeichnet. Die Bedeutung der Buchstaben ist in der Nähe der Darstellung anzugeben. **106**

Die Angabe von Buchstaben und die direkte Bemaßung dürfen kombiniert werden.

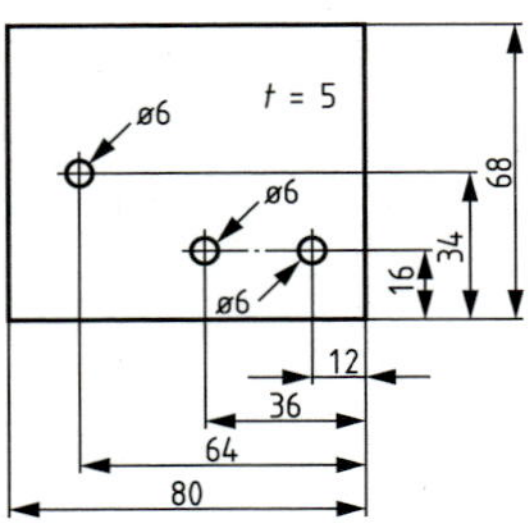

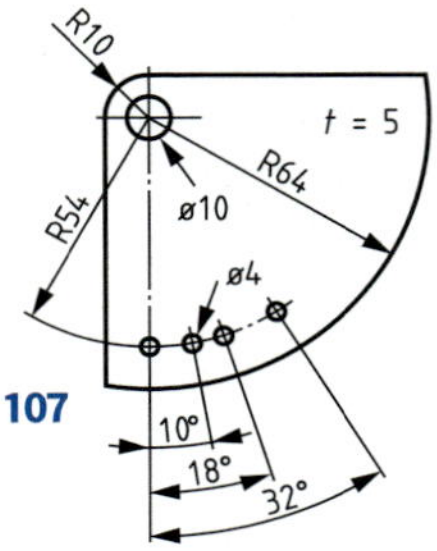

107

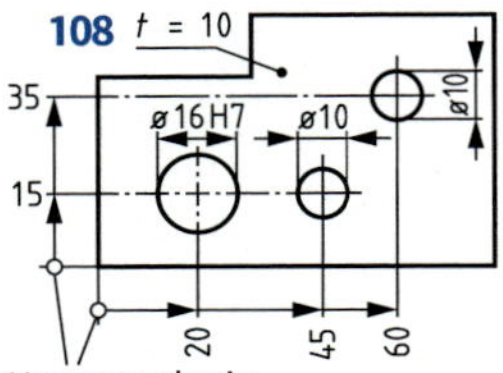

108

Ursprungskreis

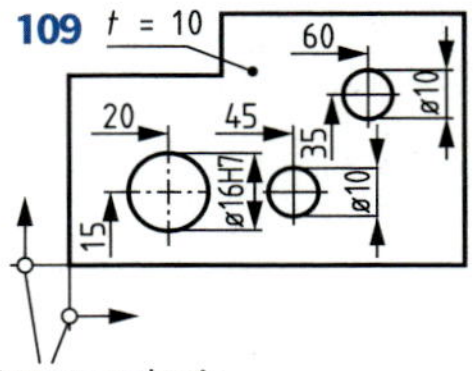

109

Ursprungskreis

110

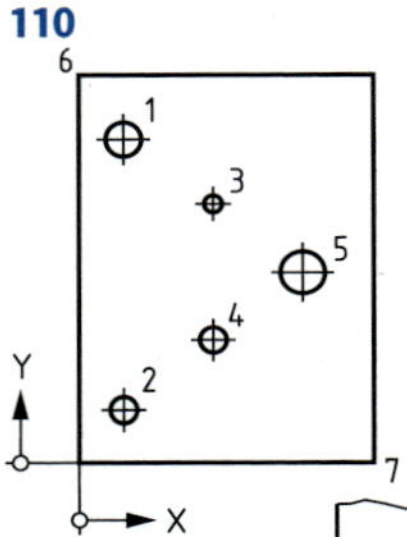

Pos	x	y	d
1	10	75	Ø 8
2	10	12	Ø 6
3	30	60	Ø 4
4	30	28	Ø 6
5	50	44	Ø 10
6	0	90	–
7	66	0	–

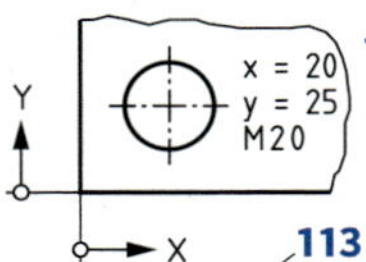

111

113

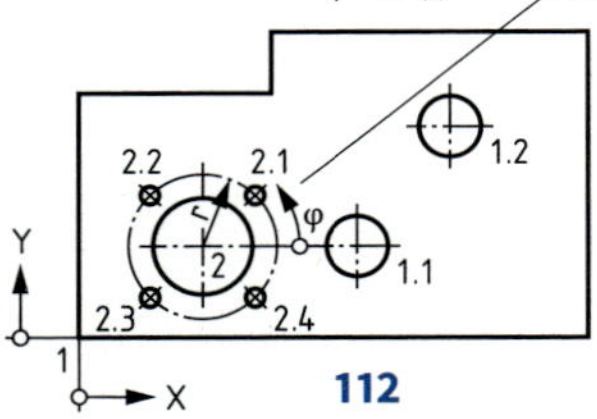

112

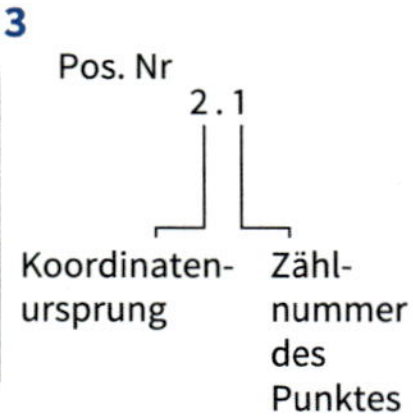

Koordinaten-Ursprung	Koordinaten (Maße in mm)					
	Pos. Nr.	x	y	*r*	*φ*	*d*
1	1	0	0	–	–	–
1	1.1	45	15	–	–	10
1	1.2	60	35	–	–	10
1	2	20	15	–	–	16
2	2.1			12	45°	3
2	2.2			12	135°	3
2	2.3			12	225°	3
2	2.4			12	315°	3

Anordnung von Maßen:

Parallelbemaßung
Die Maßlinien werden parallel oder konzentrisch zueinander eingetragen. **107**

Fortlaufende Bemaßung
Von einem Ursprung aus werden auf je einer gemeinsamen Maßlinie die Maßzahlen in jeweils einer Richtung eingetragen. Werden bezogen auf den Ursprung auch Maße in der Gegenrichtung eingetragen, sind die Maßzahlen mit einem Minuszeichen zu versehen. **108**

Fortlaufende Bemaßung kann auch mit abgebrochenen Maßlinien erfolgen. **109**

Koordinatenbemaßung
Ausgehend von einem Ursprung werden die **kartesischen Koordinaten** durch Längenmaße festgelegt und in eine Tabelle eingetragen. **110**

Theoretisch genaue Maße werden in der Tabelle gekennzeichnet. In einer weiteren Spalte können Positionstoleranzen mittels des entsprechenden Symbols angegeben werden (siehe DIN EN ISO 1101).

Koordinaten dürfen auch direkt an den Koordinatenpunkten angegeben werden. Dabei können sie mit den Maßen der Formelemente kombiniert werden. **111**

Einem Koordinatenhauptsystem dürfen Nebensysteme zugeordnet werden. **112**

Die Koordinatensysteme und die einzelnen Positionen werden fortlaufend mit arabischen Ziffern benummert.

Polarkoordinaten werden durch einen Radius *r* und einen Winkel *φ* festgelegt. Sie sind immer positiv und ausgehend von der Polarachse entgegen dem Uhrzeigersinn festgelegt. **113**

Bemaßung an Rohteilen

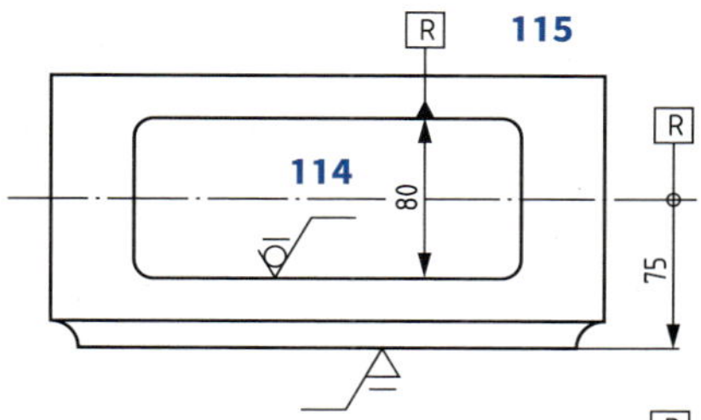

115

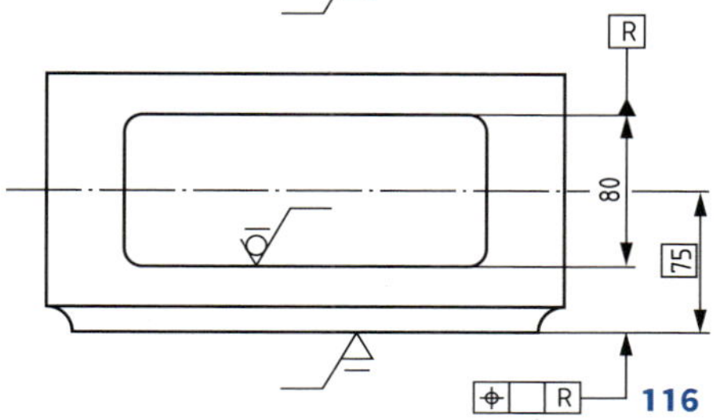

116

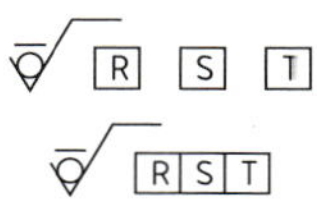

117

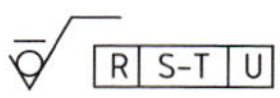

118

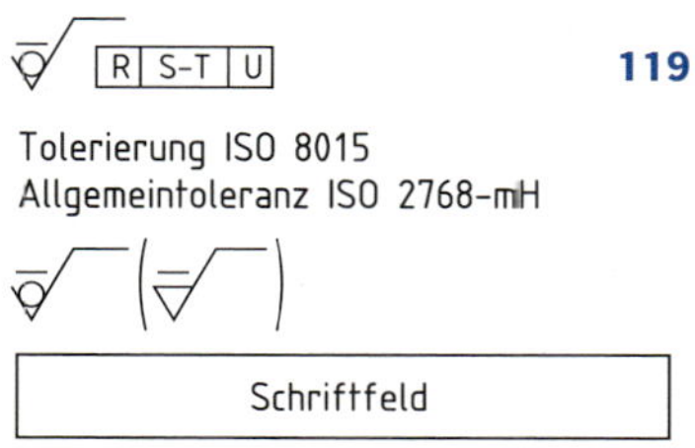

119

Bearbeitete Formelemente an Rohteilen werden zur Rohkontur festgelegt durch

- Bezugsangaben mit Bezugsmaß oder
- Bezugsangaben mit Form- und Lagetoleranzen.

Bezugselemente werden mit Bezugsdreiecken und Bezugsbuchstaben (R, S, T) gekennzeichnet. Zusätzlich ist das Symbol (...) („ohne materialabtrennende Bearbeitung") anzugeben. **114**

Mit einem Ursprungssymbol am Bezugsmaß wird der Ausgang einer Bearbeitung oder einer Messung festgelegt. Das Ursprungssymbol liegt auf einer Maßhilfslinie oder Mittellinie. **115**

Zur Kennzeichnung des „Bezuges roh" wird der Bezugsbuchstabe am Bezugsdreieck des Bezugselementes und am Ursprungssymbol des Bezugsmaßes angegeben.

Anstelle der Bezugsmaße können Form- und Lagetoleranzen für den Bezug zwischen der Ausgangsform (roh) und den materialabtrennend bearbeiteten Geometrieelementen eingetragen werden. **116**

Bezugselemente, die kein Bezugssystem mit einem gemeinsamen Nullpunkt bilden, werden in getrennten Bezugsrahmen angegeben. **117**
In Bezugssystemen mit einem gemeinsamen Nullpunkt ist die Rangfolge der Elemente festzulegen, die Bezugsrahmen werden aneinander gereiht. Im Bedarfsfall wird eine Bezugsmittelebene angegeben. **118**

Für Bezugsmaße ohne Toleranzangabe gelten die festgelegten Allgemeintoleranzen nach DIN ISO 2768-1. Werden andere Anforderungen gestellt, müssen Maßtoleranzen eingetragen werden. Für materialabtrennend bearbeitete Elemente gelten die festgelegten Allgemeintoleranzen für Form und Lage nach DIN ISO 2768-2. Werden andere Anforderungen gestellt, müssen Form- und Lagetoleranzen eingetragen werden. **119**

Die Angabe des Symbols für die Oberflächenbeschaffenheit, die Bezugsbuchstaben und die Tolerierungen sind in der Nähe des Schriftfeldes zu wiederholen.

Schraffuren
Hatchings

DIN EN ISO 123-3: 2022-02

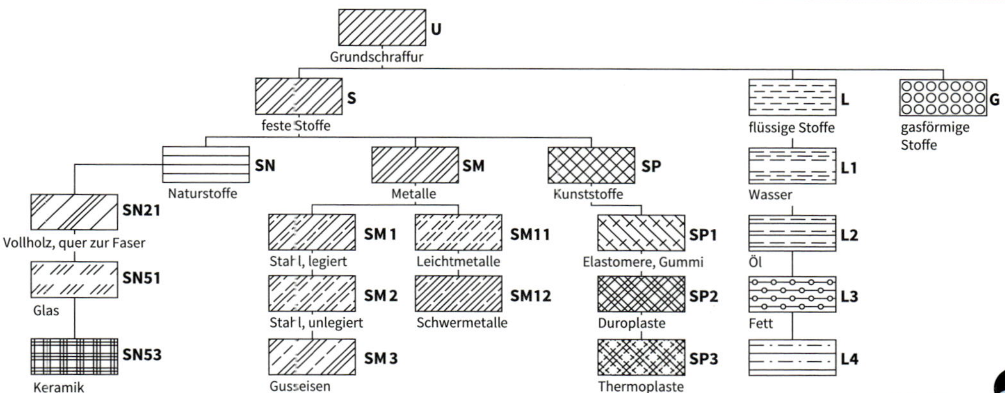

Schraffuren

Geometrische Produktspezifikation (GPS) – Grundlagen
Geometrical product specification (GPS) – Fundamentals

DIN EN ISO 8015: 2011-09

ISO GPS betrifft alle Normen zur Geometriebeschreibung von Werkstücken und die Zuordnung von Toleranzen.
Es werden grundlegende Annahmen für das Lesen von Technischen Zeichnungen festgelegt.
Die GPS dient der Kommunikation zwischen Konstruktion, Fertigung und Qualitätssicherung.
Ziel ist es, die Funktionsfähigkeit von Bauteilen sicher zu stellen.

Geometrische Produktspezifikation **GPS** DIN EN ISO 8015	Maße	Verfahrentechnische Allgemeintoleranzen DIN ISO 2768-1
		Dimensionelle Tolerierung Längenmaße DIN EN ISO 14405-1
		Dimensionelle Tolerierung, andere als Längenmaße DIN EN ISO 14405-2
		Toleranzsystem Längenmaße DIN EN ISO 286-1
	Form und Lage	Formtoleranzzonen DIN EN ISO 1101
		Lagetoleranzzonen DIN EN ISO 1101
		Allgemeintoleranzen für Form und Lage DIN ISO 2768-2, DIN EN ISO 13920, DIN EN ISO 8062-3
	Zusammenhang zwischen Maß, Form und Lage	Unabhängigkeitsprinzip DIN EN ISO 8015
		Hüllbedingung DIN EN ISO 2692
		Maximum-Material- und Minimum-Material-Bedingung DIN EN ISO 2692
		Reziprozitätsbedingung DIN EN ISO 2692
	Oberflächenbeschaffenheit	Angabe der Oberflächenbeschaffenheit Begriffe, Kenngrößen, Spezifikationsoperatoren DIN EN ISO 21920-1,2,3

DIN EN ISO 129-1 „Technische Produktdokumentation (TPD) – Angabe von Maßen und Toleranzen – Grundlagen“ gilt auch weiterhin.

Annahmen und Grundsätze (Auszug)

Für die Interpretation einer Zeichnung wird angenommen, dass

- die **Funktionsgrenzen** eines Werkstückes experimentell oder theoretisch an einem Prototypen ermittelt werden,
- die **Toleranzgrenzen** mit den Funktionsgrenzen übereinstimmen,
- das **Funktionsniveau** des Werkstücks innerhalb der Toleranzgrenze zu 100 % funktioniert.

GPS-Spezifikationen gelten bei Referenztemperatur (20 °C) und bei nicht verschmutztem Werkstück.
Sie gelten für Werkstücke mit theoretisch unendlich großer Steifigkeit in freiem Zustand.
Die GPS-Spezifikationen werden in Zeichnungsangaben durch Spezifikationsoperatoren festgelegt.

Grundsätze	Erläuterung
Grundsatz des Aufrufens	Werden das ISO-GPS-System oder Symbole zutreffender Normen in der Produktspezifikation aufgerufen, gilt das gesamte ISO-GPS-System als aufgerufen.
Grundsatz des Geometrieelementes	Wenn nicht anders angegeben, gilt jede GPS-Spezifikation für ein Geometrieelement oder die Beziehung zwischen Geometrieelementen.
Grundsatz der Unabhängigkeit	Maß-, Form- und Lagetoleranzen an einem Geometrieelement dürfen unabhängig voneinander auftreten und jeweils voll augenutzt werden. Jede Toleranz wird für sich separat geprüft und beurteilt. Die Ermittlung der Maßabweichung erfolgt über die Zweipunktmessung, die keine Aussage über Formabweichungen zulässt.
Grundsatz der Standardfestlegung	Standardspezifikationsoperatoren werden durch die GPS-Normen festgelegt und sind somit nicht unmittelbar in einer Zeichnung sichtbar. Ausnahmen durch entsprechende GPS-Modifikationssymbole.
Grundsatz der Dualität	Durch Spezifikationsoperatoren sind die Messgrößen und Messbedingungen, unabhängig von einem Messsystem, in Zeichnungen vollständig und eindeutig anzugeben.
Grundsatz der allgemeinen Spezifikation	Für alle Merkmale eines Geometrieelementes oder Beziehungen zwischen Geometrieelementen, für die keine individuellen GPS-Spezifikationen festgelegt wurden, gelten die allgemeinen GPS-Spezifikationen, die in der Nähe des Schriftfeldes angegeben sind. Änderungen müssen durch entsprechende Angaben in der Zeichnung oder im Schriftfeld vorgenommen werden.

Durch die einzelnen Angaben in einer technischen Zeichnung oder einem anderen Dokument wird das komplette ISO-GPS-System aufgerufen.

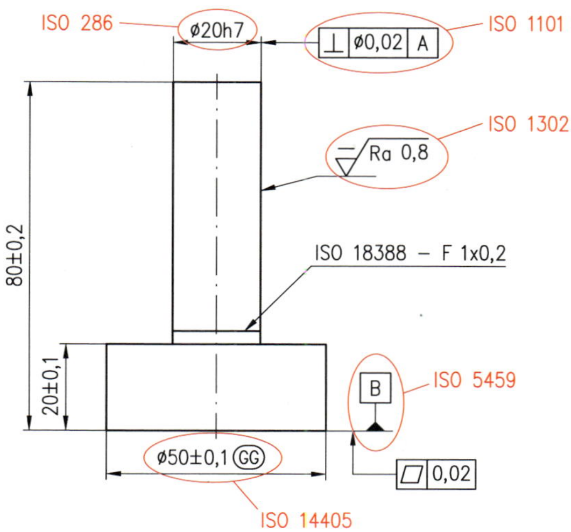

Wird keine standardmäßige GPS-Spezifikation der ISO angewandt, ist dies über dem Schriftfeld mit dem Symbol AD (Altered Default) zu kennzeichnen. Abgewandelte standardmäßige GPS-Spezifikation muss in einem besonderen Dokument festgelegt werden.

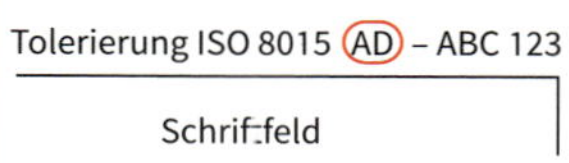

Angabe von Maßtoleranzen

DIN EN ISO 129-1: 2022-02

1
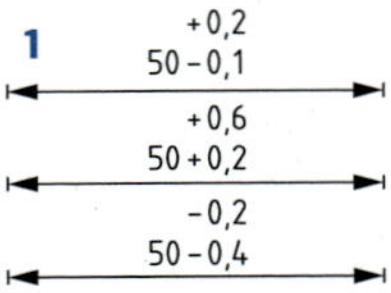

2
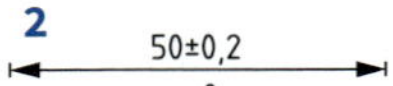

3
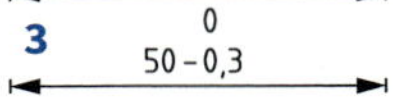

4
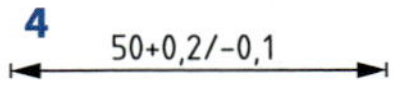

5
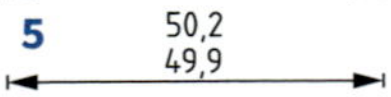

6
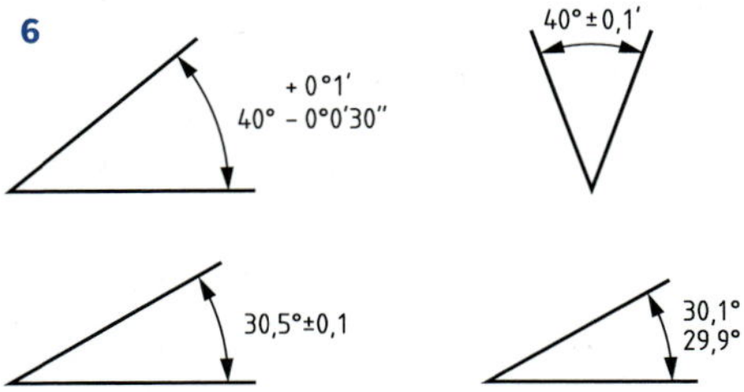

7
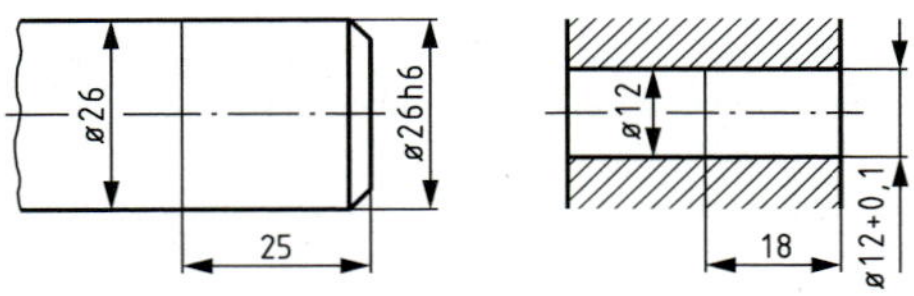

8
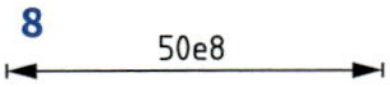

9
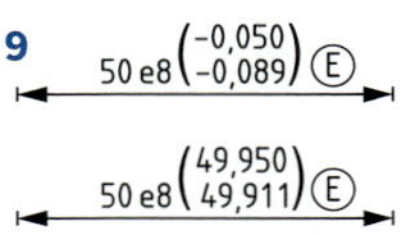

10
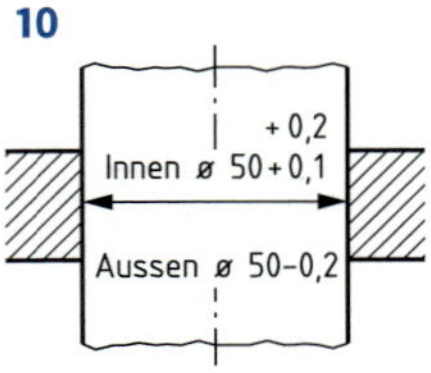

11
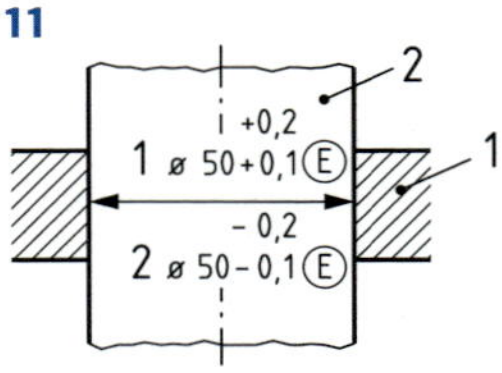

12
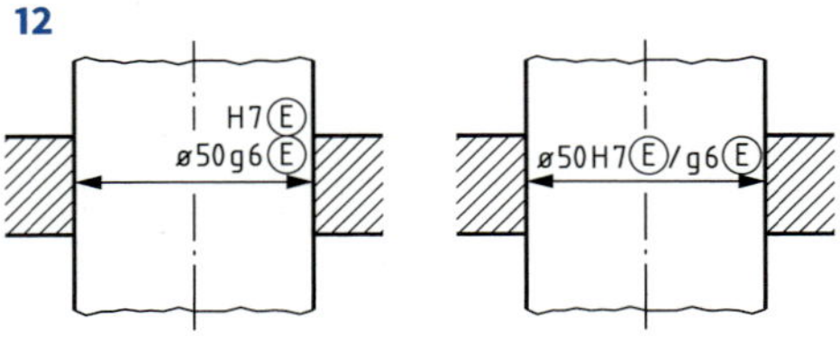

Maßtoleranzen werden durch Grenzabmaße angegeben.

Alle Toleranzen gelten im Endzustand, einschließlich Oberflächenüberzügen, sofern nichts anderes vorgeschrieben ist.

Die **Abmaße** sind mit Vorzeichen vorzugsweise in gleicher Schriftgröße hinter dem Nennmaß einzutragen. Die Schriftgröße der Abmaße darf auch eine Stufe kleiner als die des Nennmaßes gewählt werden. **1**

Haben oberes und unteres Abmaß den gleichen Betrag, steht der Wert für das Abmaß mit dem Vorzeichen ± nur einmal hinter dem Nennmaß. **2**

Wenn ein Abmaß Null ist, darf dies durch eine „0“ angegeben werden. **3**

Nennmaß und Abmaße können in dieselbe Zeile eingetragen werden. **4**

Grenzmaße dürfen als Höchst- und Mindestmaß angegeben werden. **5**

Beim Eintragen von Winkelmaßen werden die Einheiten für das Winkel-Nennmaß und die Abmaße immer angegeben. **6** Ansonsten sind die Regeln für das Eintragen von Toleranzen für Längenmaße anzuwenden.

Wenn Toleranzen nur für einen bestimmten Bereich gelten, so wird dies durch eine schmale Volllinie (ISO 128-01.1) gekennzeichnet. **7**

Die **Kurzzeichen der Toleranzklasse** sind vorzugsweise in gleicher Schriftgröße hinter dem Nennmaß einzutragen. **8**

Falls erforderlich, können die Werte der Abmaße oder die Grenzmaße zusätzlich in Klammern angegeben werden. **9**

Toleranzklasse und zutreffende Abmaße können auch in Tabellenform in der Zeichnung angegeben werden.

Bei Gegenständen, die zusammengebaut dargestellt werden, ist das Innenmaß über dem Außenmaß einzutragen. **10**

Die Zuordnung der Maße ist durch Wortangabe **10** oder Positionsnummern **11** zu kennzeichnen. Die Angabe von Positionsnummern ist vorzuziehen.

Alle Maße können auch oberhalb einer Maßlinie eingetragen werden.

Die Kurzzeichen der Toleranzklasse für das Innenmaß werden über oder vor der Toleranzklasse für das Außenmaß eingetragen. **12**

Allgemeintoleranzen für Längen- und Winkelmaße und für Form und Lage
General tolerances for linear and angular dimensions and for form and position

Grenzabmaße für Längenmaße

DIN ISO 2768-1: 1991-06

Toleranzklasse	Grenzabmaße in mm für Nennmaßbereiche in mm							
	0,5 bis 3	über 3 bis 6	über 6 bis 30	über 30 bis 120	über 120 bis 400	über 400 bis 1000	über 1000 bis 2000	über 2000 bis 4000
f (fein)	± 0,05	± 0,05	± 0,1	± 0,15	± 0,2	± 0,3	± 0,5	–
m (mittel)	± 0,1	± 0,1	± 0,2	± 0,3	± 0,5	± 0,8	± 1,2	± 2
c (grob)	± 0,2	± 0,3	± 0,5	± 0,8	± 1,2	± 2	± 3	± 4
v (sehr grob)	–	± 0,5	± 1	± 1,5	± 2,5	± 4	± 6	± 8

Grenzabmaße für Rundungshalbmesser und Fasenhöhen (gebrochene Kanten)

Toleranzklasse	Grenzabmaße in mm für Nennmaßbereiche in mm		
	0,5 bis 3	über 3 bis 6	über 6
f (fein) m (mittel)	± 0,2	± 0,5	± 1
c (grob) v (sehr grob)	± 0,4	± 1	± 2

Grenzabmaße für Winkelmaße

Toleranzklasse	Grenzabmaße in Winkeleinheiten für Längenbereiche des **kürzeren Schenkels** in mm				
	bis 10	über 10 bis 50	über 50 bis 120	über 120 bis 400	über 400
f (fein) m (mittel)	± 1°	± 0°30'	± 0°20'	± 0°10'	± 0°5'
c (grob)	± 1°30'	± 1°	± 0°30'	± 0°15'	± 0°10'
v (sehr grob)	± 3°	± 2°	± 1°	± 0°30'	± 0°20'

Zeichnungseintragung ISO 2768-m z. B. für die Toleranzklasse „mittel“ in das vorgesehene Feld des Schriftfeldes

Allgemeintoleranzen für Form und Lage

DIN ISO 2768-2: 1991-04

Toleranzklasse	Allgemeintoleranzen in mm für Geradheit und Ebenheit für Nennmaßbereiche in mm						Lauftoleranzen in mm
	bis 10	über 10 bis 30	über 30 bis 100	über 100 bis 300	über 300 bis 1000	über 1000 bis 3000	
H	0,02	0,05	0,1	0,2	0,3	0,4	0,1
K	0,05	0,1	0,2	0,4	0,6	0,8	0,2
L	0,1	0,2	0,4	0,8	1,2	1,6	0,5

Toleranzklasse	Rechtwinkligkeitstoleranzen in mm für Nennmaßbereiche für den kürzeren Schenkel in mm				Symmetrietoleranzen in mm für Nennmaßbereiche in mm			
	bis 100	über 100 bis 300	über 300 bis 1000	über 1000 bis 3000	bis 100	über 100 bis 300	über 300 bis 1000	über 1000 bis 3000
H	0,2	0,3	0,4	0,5	0,5			
K	0,4	0,6	0,8	1	0,6		0,8	1
L	0,6	1	1,5	2	0,6	1	1,5	2

Zeichnungseintragungen:
ISO 2768-mK: Toleranzklasse m für Maßtoleranz und Toleranzklasse K für Form- und Lagetoleran
ISO 2768-K: soll die Allgemeintoleranz für Maße nicht gelten

Empfohlene Zuordnung von Rauheitswerten zu den Toleranzgraden IT
Recommended assignment of roughness values to the tolerance grades

Nennmaßbereich in mm	Toleranzgrade	IT 5	IT 6	IT 7	IT 8	IT 9	IT 10	IT 11
		Nennmaßbereich in µm						
von 1 bis 6	Rz	2,5	4	6,3	6,3	10	16	25
	Ra	0,4	0,8	0,8	1,6	1,6	3,2	6,3
über 6 bis 10	Rz	2,5	4	6,3	10	16	25	40
	Ra	0,4	0,8	0,8	1,6	3,2	6,3	12,5
über 10 bis 18	Rz	4	4	6,3	10	16	25	40
	Ra	0,8	0,8	0,8	1,6	3,2	6,3	12,5
über 18 bis 80	Rz	4	6,3	10	16	16	40	63
	Ra	0,8	0,8	1,6	3,2	3,2	6,3	12,5
über 80 bis 250	Rz	6,3	10	16	25	25	40	63
	Ra	0,8	1,6	1,6	3,2	3,2	6,3	12,5
über 250 bis 500	Rz	6,3	10	16	25	40	63	100
	Ra	0,8	1,6	1,6	3,2	6,3	12,5	25

Maßtoleranzen für Formteile und Bearbeitungszugaben
Dimensional tolerances for moulded parts and machining allowances

DIN EN ISO 8062-3: 2023-05

Nennmaß in mm		Längenmaßtoleranzen für Maßtoleranzgrade (DCTG)															
über	bis	1	2	3	4	5	6	7	8	9	10	11	12	13	14	15	15 wt[1)]
	10	0,09	0,13	0,18	0,26	0,36	0,52	0,74	1,0	1,5	2,0	2,8	4,2	–	–	–	–
10	16	0,1	0,14	0,20	0,28	0,38	0,54	0,78	1,1	1,6	2,2	3,0	4,4	–	–	–	–
16	25	0,11	0,15	0,22	0,30	0,42	0,58	0,82	1,2	1,7	2,4	3,2	4,6	6	8	10	12
25	40	0,12	0,17	0,24	0,32	0,46	0,64	0,90	1,3	1,8	2,6	3,6	5,0	7	9	11	14
40	63	0,13	0,18	0,26	0,36	0,50	0,70	1,0	1,4	2,0	2,8	4,0	5,6	8	10	12	16
63	100	0,14	0,20	0,28	0,40	0,56	0,78	1,1	1,6	2,2	3,2	4,4	6,0	9	11	14	18
100	160	0,15	0,22	0,30	0,44	0,62	0,88	1,2	1,8	2,5	3,6	5,0	7,0	10	12	16	20
160	250	–	0,24	0,34	0,50	0,70	1,0	1,4	2,0	2,8	4,0	5,6	8,0	11	14	18	22
250	400	–	–	0,40	0,56	0,78	1,1	1,6	2,2	3,2	4,4	6,2	9,0	12	16	20	25
400	630	–	–	–	0,64	0,90	1,2	1,8	2,6	3,6	5,0	7,0	10,0	14	18	22	28
630	1000	–	–	–	–	1,0	1,4	2,0	2,8	4,0	6,0	8,0	11,0	16	20	25	32
1000	1600	–	–	–	–	–	1,6	2,2	3,2	4,6	7,0	9,0	13,0	18	23	29	37
1600	2500	–	–	–	–	–	–	2,6	3,8	5,4	8,0	10,0	15,0	21	26	33	42
2500	4000	–	–	–	–	–	–	–	4,4	6,2	9,0	12,0	17,0	24	30	38	49

Das Toleranzfeld ist symmetrisch zum Nennmaß anzuordnen.
Die Toleranz der Wanddicke in den Graden DCTG 1 bis DCTG 15 muss einen Grad höher als die Toleranz für andere Maße sein.
Ist z. B. auf der Zeichnung die Allgemeintoleranz DCTG 8 angegeben, muss die Toleranz der Wanddicke DCTG 9 sein.

[1)] wt: wall thickness – gilt nur für Wanddicken, die allgemein mit Grad DCTG 15 festgelegt sind.

Form- und Lagetoleranzen für Formteile

Größtes Außenmaß		Grad der erforderlichen Bearbeitungszugabe (RMAG) in mm									
		RMAG A	RMAG B	RMAG C	RMAG D	RMAG E	RMAG F	RMAG G	RMAG H	RMAG J	RMAG K
–	≤40	0,1	0,1	0,2	0,3	0,4	0,5	0,5	0,7	1,0	2,0
>40	≤63	0,1	0,2	0,3	0,3	0,4	0,5	0,7	1,0	1,4	3,0
>63	≤100	0,2	0,3	0,4	0,5	0,7	1,0	1,4	2,0	2,8	4,0
>100	≤160	0,3	0,4	0,5	0,8	1,1	1,5	2,2	3,0	4,0	6,0
>160	≤250	0,3	0,5	0,7	1,0	1,4	2,0	2,8	4,0	5,5	8,0
>250	≤400	0,4	0,7	0,9	1,3	1,8	2,5	3,5	5,0	7,0	10,0
>400	≤630	0,5	0,8	1,1	1,5	2,2	3,0	4,0	6,0	9,0	12,0
>630	≤1000	0,6	0,9	1,2	1,8	2,5	3,5	5,0	7,0	10,0	14,0
>1000	≤1600	0,7	1,0	1,4	2,0	2,8	4,0	5,5	8,0	11,0	16,0
>1600	≤2500	0,8	1,1	1,6	2,2	3,2	4,5	6,0	9,0	13,0	18,0
>2500	≤4000	0,9	1,3	1,8	2,5	3,5	5,0	7,0	10,0	14,0	20,0

Zeichnungseintragungen
Allgemeintoleranz ISO 8062-3: DCTG 10-RMA 5 (RMAG H)
Nennmaß 250…400 mm, DCTG 4,4 mm, RMA 5 mm
Wenn eine örtliche Bearbeitungszugabe auf einer Fläche des Formteils erforderlich ist, muss sie individuell nach ISO 1302 Festgelegt werden, z. B.

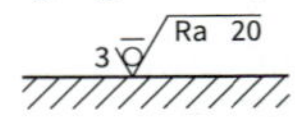

Allgemeintoleranzen für Schweißkonstruktionen
General tolerances for welded constructions

DIN EN ISO 13920: 2023-08

Toleranzklasse	Nennmaßbereich in mm										
	2 bis 30	über 30 bis 120	über 120 bis 400	über 400 bis 1000	über 1000 bis 2000	über 2000 bis 4000	über 4000 bis 8000	über 8000 bis 12 000	über 12 000 bis 16 000	über 16 000 bis 20 000	über 20 000
Grenzabmaße für Längenmaße											
A	± 1	± 1	± 1	± 2	± 3	± 4	± 5	± 6	± 7	± 8	± 9
B	± 1	± 2	± 2	± 3	± 4	± 6	± 8	± 10	± 12	± 14	± 16
C	± 1	± 3	± 4	± 6	± 8	± 11	± 14	± 18	± 21	± 24	± 27
D	± 1	± 4	± 7	± 9	± 12	± 16	± 21	± 27	± 32	± 36	± 40
Geradheits-, Ebenheits- und Parallelitätstoleranz											
E	–	0,5	1,0	1,5	2,0	3	4	5	6	7	8
F	–	1,0	1,5	3,0	4,5	6	8	10	12	14	16
G	–	1,5	3,0	5,5	9,0	11	16	20	22	25	25
H	–	2,0	5,0	9,0	14,0	18	26	32	36	40	40

Die übrigen in DIN ISO 1101 definierten Form- und Lagetoleranzen dürfen in der Regel innerhalb der für den jeweiligen Nennmaßbereich zulässigen Abweichungen liegen (s. Tabellen „Allgemeintoleranzen für Längen" und „Zulässige Grenzabmaße für Winkelmaße"). In besonderen Fällen müssen die Form- und Lagetoleranzen entsprechend DIN ISO 1101 eingetragen werden.

Zeichnungseintragungen **EN ISO 13920 - BG**
Toleranzklasse B für Maßtoleranz und Toleranzklasse G für Ebenheitstoleranz

Grenzabmaße für Winkelmaße			
Toleranzklasse	Abmaße in Grad und Minuten für Nennmaßbereiche in mm (Länge des kürzeren Schenkels)		
	bis 400	über 400 bis 1000	über 1000
A	± 20'	± 15'	± 10'
B	± 45'	± 30'	± 20'
C	± 1°	± 45'	± 30'
D	± 1°30'	± 1°15'	± 1°

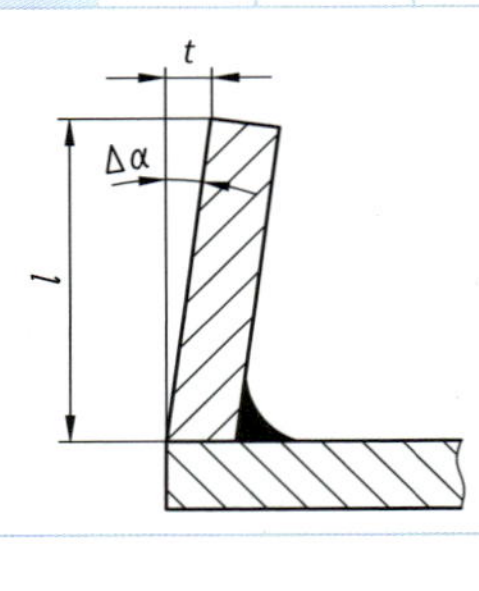

Lineare Größenmaße – Begriffe

Begriff	Erklärung	
Größenmaßelement	Größenmaßelemente können sein: ein Zylinder, eine Kugel, zwei parallele gegenüberliegende Ebenen, ein Kreis, zwei parallele gegenüberliegende Geraden und zwei gegenüberliegende Kreise (z. B. die Wanddicke eines Rohres).	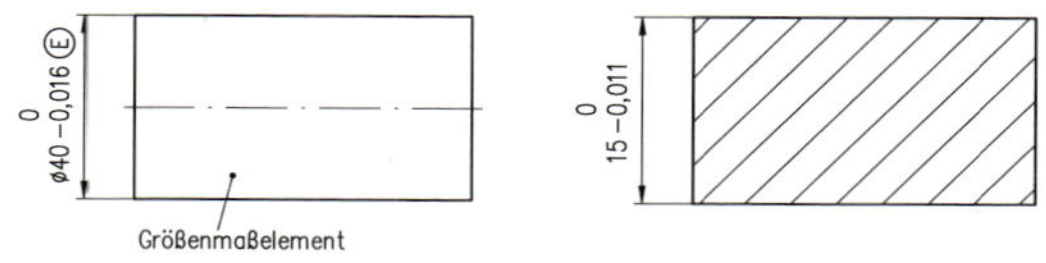
Größenmaß	Lineare Größenmaße können sein: der Durchmesser eines Zylinders oder der Abstand zwischen zwei parallelen gegenüberliegenden Ebenen, zwei gegenüberliegenden Geraden und zwei konzentrischen Kreisen.	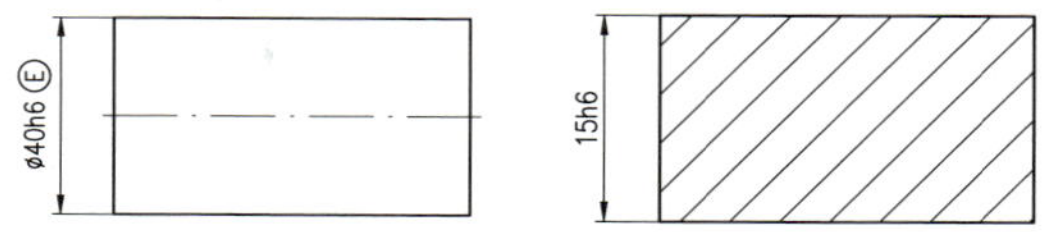
Hüllbedingung für ein äußeres Größenmaßelement	Kombination aus dem Zweipunktgrößenmaß LP der unteren Grenze des Größenmaßes (LLS) und dem kleinsten umschriebenen Größenmaß der oberen Grenze des größenmaßes (ULS).	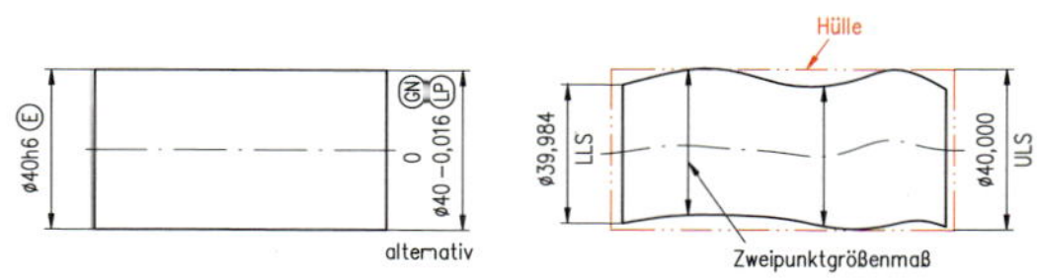
Hüllbedingung für ein inneres Größenmaßelement	Kombination aus dem Zweipunktgrößenmaß LP, angewendet auf die obere Grenze des Größenmaßes (ULS) und dem größten einbeschriebenen Größenmaß, angewendet auf die untere Grenze des Größenmaßes (LLS).	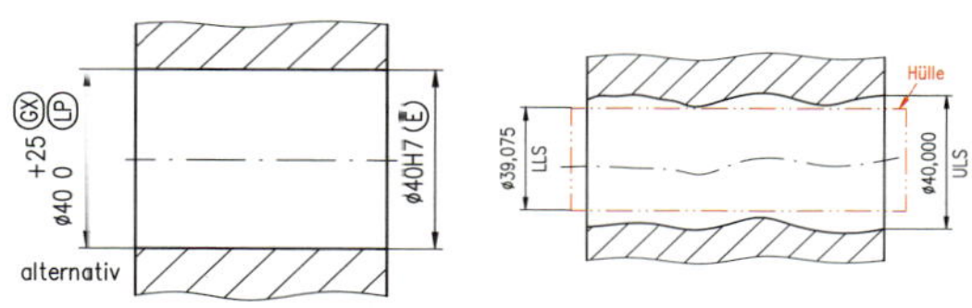
Alle Zweipunktgrößenmaße liegen zwischen dem Maximal-Materialmaß MMS und dem Minimum-Materialmaß LMS.		

Spezifikationsmodifikatoren für lineare Größenmaße und Winkelgrößenmaße

Modifikator-symbol	Beschreibung	L W[1]	Modifikator-symbol	Beschreibung	L W[1]
(LP)	Zweipunktgrößenmaß	L	(CC)	Umfangbezogener Durchmesser	L
(LS)	Örtliches Spärisches Größenmaß	L	(CA)	Flächenbezogener Durchmesser	L
(LC)	Zwei-Linien-Winkelgrößenmaß mit Minimax-Zuordnungs-kriterium	W	(CV)	Volumenbezogener Durchmesser	L
			(SX)	Größtes Größenmaß	L, W
(LG)	Zwei-Linien-Winkelgrößenmaß (nach Gauß)	W	(SN)	Kleinstes Größenmaß	L, W
(GG)	Gemitteltes Maß über das gesamte Geometrieelement (global, Gauß)	L, W	(SA)	Mittleres Größenmaß (arithmetischer Mittelwert der Größenmaße)	L, W
(GX)	Größtes einbeschriebenes Geometrieelement (Pferch-Element) für innere GE, z. B. Bohrungen	L	(SM)	Median Größenmaß	L, W
			(SD)	Mittelwert aus größtem und kleinstem Größenmaß	L, W
(GN)	Kleinstes umschriebenes Geometrieelement (Hüllelement) für äußere GE, z. B. Bolzen	L	(SR)	Spanne der Größenmaße	L, W
(GC)	Minmax-Maß, es minimiert die Abstände zwischen dem extrahierten und dem assoziierten GE ohne Materialbedingungen (Tschebyschew-Kriterium)	L, W	(SQ)	Standardabweichung der Größenmaße	L, W

[1] L: Längenmaße, W: Winkelmaße

Ergänzende Spezifikationsmodifikatoren

Symbol	Beschreibung	Zeichnungseintragung
für lineare Größenmaße		
UF	vereinigtes Größenmaßelement	UF 2x ø20±0,2 (GN)
(E)	Hüllbedingung	20±0,2 (E)
/ Länge	beliebiger eingeschränkter Teilbereich eines Geometrie-elementes	ø20±0,2 (GG) / 6
ACS	beliebiger Querschnitt	ø20±0,2 (GX) ACS
SCS	festgelegter Querschnitt	ø20±0,2 (GX) SCS
ALS	beliebiger Längsschnitt	ø20±0,2 (GX) ALS
Anzahl x	mehr als ein Geometrieelement toleriert	2x 20±0,2 (E)
CT	gemeinsam toleriertes Größenmaßelement	2x ø20±0,2 (E) CT
(F)	Bedingung für den freien Zustand (nicht formstabile Werkstücke)	ø20±0,2 (PL)(SA)(F)
◄──►	eingeschränkte Tolerierung zwischen ...	ø20±0,2 A ◄──► B
⟨1⟩	Markierung, Kennzeichnung	20±0,1 ⟨1⟩
für Winkelgrößenmaße		
/ linearer Abstand	beliebiger beschränkter Teilbereich des Winkelgrößen-maßelements	30°±1°/10
/ Winkelabstand	beliebiger beschränkter Teilbereich des Winkelgrößen-maßelements	30°±1°/10 (nicht für prismatisches Element)
SCS	festgelegter Querschnitt	30°±1° SCS (nicht für rotationssymmetrisches Element)
Anzahl x	mehr als ein Winkelgrößenmaßelement toleriert	2x 30°±1°
CT	gemeinsam toleriertes Winkelgrößenmaßelement	2x 30°±1° CT
(F)	Bedingung für den freien Zustand (nicht formstabile Werkstücke)	30°±1° (F)
◄──►	eingeschränkte Tolerierung zwischen ...	30°±1° A ◄──► B

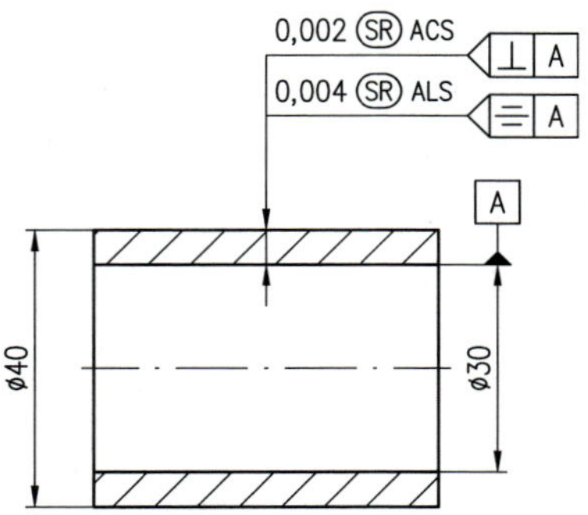

Der Spezifikationsoperator SR legt für die Dicke fest:
obere Grenze 0,002 gilt für die Spanne der Größenmaße im beliebigen Querschnitt
obere Grenze 0,004 gilt für die Spanne der Größenmaße im beliebigen Längsschnitt

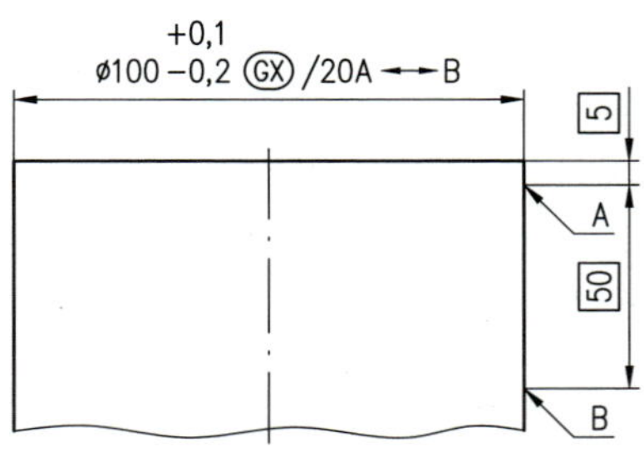

Der Spezifikationsoperator GX gilt sowohl für die obere als auch für die untere Grenze des Größenmaßes und legt den größten einbeschriebenen Zylinderdurchmesser für jeden beliebigen Teilbereich der angegebenen Länge zwischen A und B fest.

Markierung: z. B.: [20±0,1 ⟨1⟩] – [20±0,2 ⟨1⟩]
⟨1⟩ vor der Wärmebehandlung
⟨1⟩ nach der Wärmebehandlung
DieAnforderung ist in der Nähe des Schriftfeldes oder in einem angefügten Dokument anzugeben.

Die festgelegten allgemeinen geometrischen Spezifikationen und Größenmaßspezifikationen gelten ausschließlich für integrale Geometrieelemente. Ein integrales Geometrieelement ist ein Element, das zur realen Oberfläche des Werkstücks oder zu einem Oberflächenmodell gehört, z. B. die Haut eines Werkstücks.
Eine allgemeine geometrische Spezifikation und eine allgemeine Größenmaßspezifikation – lineare Größenmaß- oder Winkelgrößenmaßspezifikation – wird in der technischen Produktdokumentation (TPD) angegeben, wenn es sich nicht um eine individuelle Spezifikation handelt.
Allgemeine Größenmaßspezifikationen gelten für jedes Größenmaßelement, das durch eine Größenmaßangabe den Nennwert des linearen Größenmaßes oder Winkelgrößenmaßes festlegt.

Bezeichnung nach DIN EN ISO 22081

Es werden zwei Arten von allgemeinen Spezifikationen festgelegt, die im oder nah dem Schriftfeld angegeben werden:

- allgemeine geometrische Spezifikationen mit einem Flächenprofil
- allgemeine Größenmaßspezifikationen
  - Linear size
  - Angular size

Es muss ein Bezugssystem festgelegt werden.
Ausnahmen:
- Festlegung einer individuellen Toleranz
- theoretisch genaues Maß (TED)
- Hilfsmaß

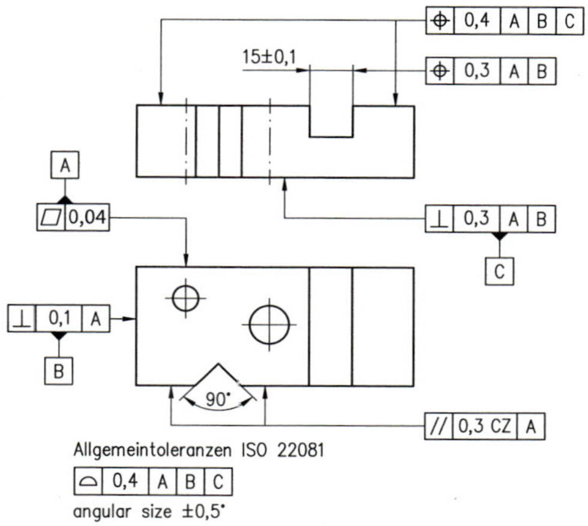

Bezeichnung nach DIN 2769

⌓ 0,4 | A | B | C → DIN 2769-B3
Linear size ± 0,4 → DIN 2769-b
Angular size ± 0,5 → DIN 2769-2

Allgemeintoleranzwerte

DIN 2769: 2023-04

Flächenprofile

	Maß SD der kleinsten umschriebenen Kugel des Teils in mm							
	1	2	3	4	5	6	7	8
Kennbuchstabe	Toleranzwerte							
A	0,1	0,1	0,2	0,3	0,4	0,6	1,0	2,0
B	0,2	0,2	0,4	0,6	1,0	1,6	2,4	4,0
C	0,4	0,6	1,0	1,6	2,4	4,0	6,0	8,0
D	0,6	1,0	2,0	3,0	5,0	8,0	12,0	16,0

Linear size – Lineares Größenmaß

	Nennmaßbereich in mm							
über	0	3	6	30	120	400	1000	2000
bis einschließlich	3	6	30	120	400	1000	2000	4000
Toleranzklasse	Toleranzwerte							
a	± 0,05	± 0,05	± 0,1	± 0,15	± 0,2	± 0,3	± 0,5	± 1,0
b	± 0,1	± 0,1	± 0,2	± 0,3	± 0,5	± 0,8	± 1,2	± 2,0
c	± 0,2	± 0,3	± 0,5	± 0,8	± 1,2	± 2,0	± 3,0	± 4,0
d	± 0,3	± 0,5	± 1,0	± 1,5	± 2,5	± 4,0	± 6,0	± 8,0

Linear size bezieht sich in der Regel auf Durchmesser von Zylindern und Kreisen bzw. den Abstand von zwei gegenüberliegenden parallelen Ebenen. Die Tabellenwerte können nicht auf abgeleitete Geometrieelemente, z. B. Mittellinien, Mittelachsen oder Mittelflächen, angewendet werden.

Angular size – Winkelgrößenmaß

	Länge der kürzesten Winkelseite in mm				
über	0	10	50	120	400
bis einschließlich	10	50	120	400	–
Toleranzklasse	Toleranzwerte				
1	± 1°	± 0°30'	± 0°20'	± 0°10'	± 0°5'
2	± 1°30'	± 1°	± 0°30'	± 0°15'	± 0°10'
3	± 3°	± 2°	± 1°	± 0°30'	± 0°20'

Angular size bezieht sich auf Kegel, Kegelstümpfe und Keile. Die Tabellenwerte können nicht auf abgeleitete Geometriewerte, z. B. Mittellinien, Mittelachsen oder Mittelflächen, angewendet werden.

Begriffe

Geometrieelement	geometrische Gestalt, durch ein Längen- oder Winkelmaß als Größenmaß definiert
Nenn-Geometrieelement	theoretisch genaues, vollständiges Geometrieelement, durch eine technische Zeichnung oder andere Mittel definiert

Maximum-Material-Größenmaß und Minimum-Material-Größenmaß

Äußeres lineares Größenmaßelement	Inneres lineares Größenmaßelement
Der Wert des Maximum-Material-Größenmaßes MMS (maximum material size) ist gleich der oberen Grenze eines Größenmaßes (ULS) (upper limit of size).	Der Wert des Maximum-Material-Größenmaßes MMS ist gleich der unteren Grenze eines Größenmaßes (LLS).
Der Wert des Minimum-Material-Größenmaßes LMS (least material size) ist gleich der unteren Grenze eines Größenmaßes (LLS) (lower limit of size).	Der Wert des Minimum-Material-Größenmaßes LMS ist gleich der oberen Grenze eines Größenmaßes (ULS).

Maximum-Material-Bedingung (MMR)

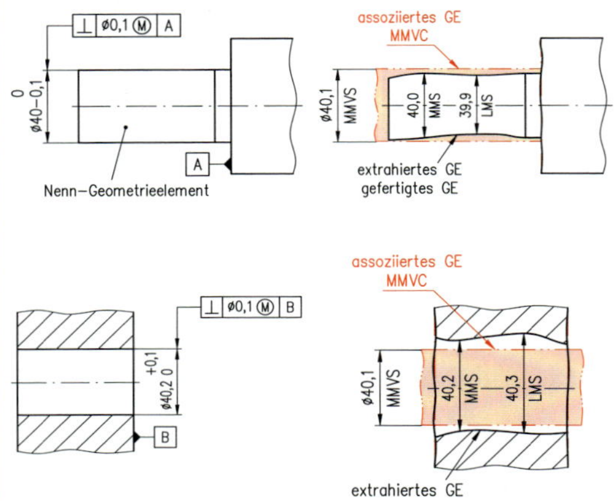

Die Maximum-Material-Bedingung (MMR) beschränkt die maximale Ausdehnung eines Geometrieelements. Damit wird eine Passungsfähigkeit gewährleistet.

Das extrahierte Geometrieelement darf das Größenmaß des assoziierten Geometrieelementes MMVS mit einem Durchmesser ø = 40,1 mm nicht überschreiten.

Das extrahierte Geometrieelement muss überall einen örtlichen Durchmesser größer als LMS = 39,9 mm und kleiner als MMS = 40,0 mm haben.

Die Richtung des MMVC ist senkrecht zum Bezug A.

Minimum-Material-Bedingung (LMR)

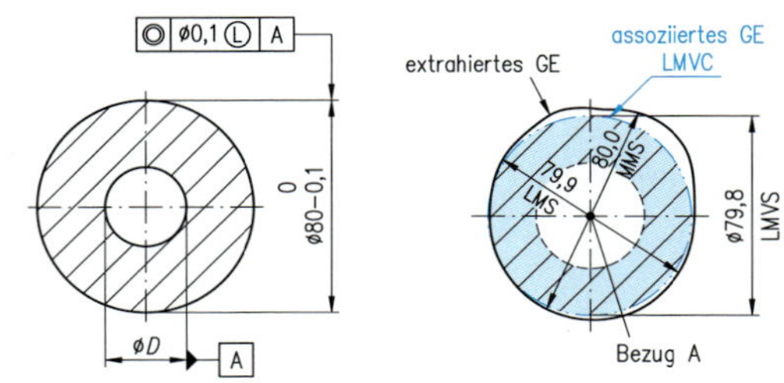

Die Minimum-Material-Bedingung (LMR) beschränkt die minimale Ausdehnung eines Geometrieelements.

Das assoziierte Geometrieelement LMVC mit dem Durchmesser ø = 79,8 mm, muss vollständig im Material enthalten sein.

Das extrahierte Geometrieelement muss überall einen örtlichen Durchmesser kleiner als MMS = 80,0 mm und größer als LMS = 79,9 mm haben.

Die Richtung des LMVC ist parallel zum Bezug A.

Reziprozitätsbedingung (RPR)

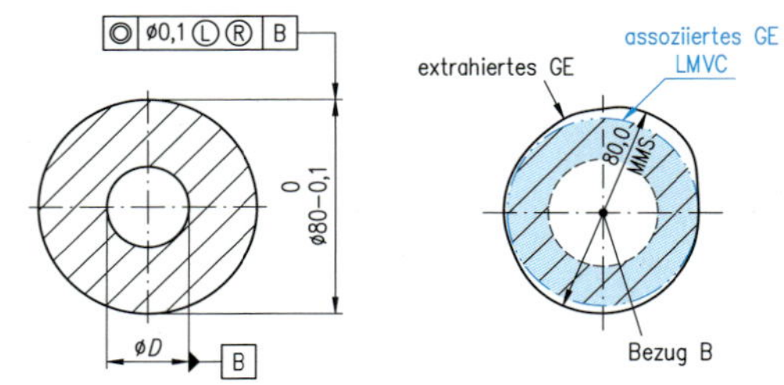

Die RPR ermöglicht eine Vergrößerung der Maßtoleranz, wenn die geometrische Abweichung den LMVC nicht voll ausnutzt.

Das assoziierte Geometrieelement LMVC mit dem Durchmesser ø = 79,8 mm, muss vollständig im Material enthalten sein.

Das extrahierte Geometrieelement muss überall einen örtlichen Durchmesser kleiner als MMS = 80,0 mm haben.

Die RPR erlaubt, dass die LLS das LMS unterschreitet, der örtliche Durchmesser darf kleiner als 79,9 mm sein, bis zum LMVS.

Die Richtung des LMVC ist parallel zum Bezug B.

Bezüge und Bezugssysteme

Begriff	Erläuterung
Bezug	Ein Bezug ist eine theoretisch exakte Sollgeometrie; er wird durch eine Ebene, eine Gerade, einen Punkt oder eine Kombination aus diesen definiert.
Bezugselement	Ein Bezugselement ist ein reales integrales Geometrieelement, welches zur Bildung eines Bezugs verwendet wird; es kann eine vollständige Fläche, ein Teil dieser Fläche oder ein Längen-Größenmaß-element sein.
gemeinsamer Bezug	Ein Bezug, der aus zwei oder mehreren Bezugselementen gebildet wird.
Bezugsstelle	Teil eines Bezugselements, welches ein Punkt, eine Strecke oder eine Fläche sein kann.
Bezugssystem	Menge aus zwei oder mehreren Bezugselementen in einer festgelegten Anordnung.
Größenmaßelement	Ein Größenmaßelement ist eine geometrische Form, die durch ein Längen- oder Winkel-Größenmaß definiert ist.
Situationselement	Punkt, Gerade, Ebene oder Schraubenlinie, von denen ausgehend der ort und/oder die Richtung eines Geometrieelements festgelegt werden kann.
integrales Geometrieelement	Fläche oder Linie auf einer Fläche
assoziiertes Geometrieelement	Ein assoziiertes Geometrieelement dient zur Bildung eines Bezugs, dabei simuliert es die Berührung zwischen der realen Oberfläche des Werkstücke und anderen Komponenten.
Kollektionsfläche	Eine Kollektionsfläche besteht aus zwei oder mehreren Flächen, welche gemeinsam als eine einzelne Fläche betrachtet werden.
Nebenbedingung	Einschränkung des assoziierten Geometrieelements

Symbol	Beschreibung
Bezugsstellensymbole	
	Kennzeichen für den Bezug
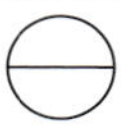	Bezugsstellenrahmen für einzelne Bezugsstellen
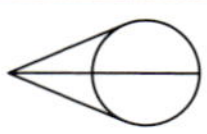	Bezugsstellenrahmen für bewegliche Bezugsstellen
X	punktförmige Bezugsstellen
	geschlossene linienförmige Bezugsstellen
	nicht geschlossen linienförmige Bezugsstellen
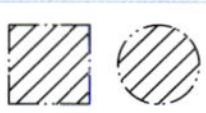	flächenförmige Bezugsstellen

Symbol	Beschreibung
Modifikationssymbole	
[PD]	Flankendurchmesser
[MD]	Außendurchmesser
[LD]	Kerndurchmesser
[ACS]	jeder beliebige Querschnitt
[ALS]	jeder beliebige Längsschnitt
[CF]	Berührendes Geometrieelement
[DV]	Veränderlicher Abstand für gemeinsamen Bezug
[PT]	Situationselement Punkt
[SL]	Situationselement Gerade
[PL]	Situationselement Ebene
><	nur für Nebenbedingung der Richtung

Beispiele:

Drehteil

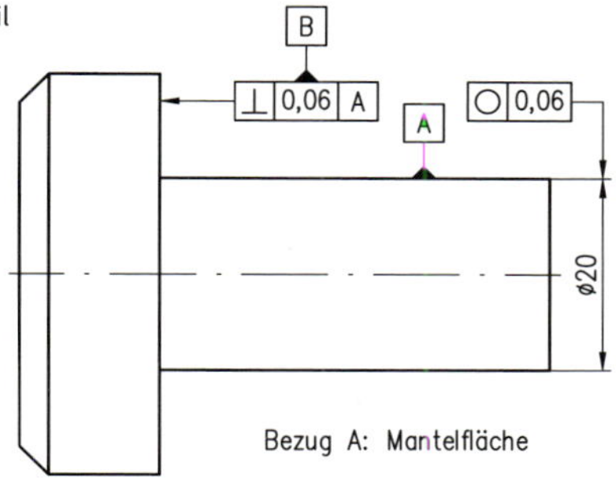

Flachteil

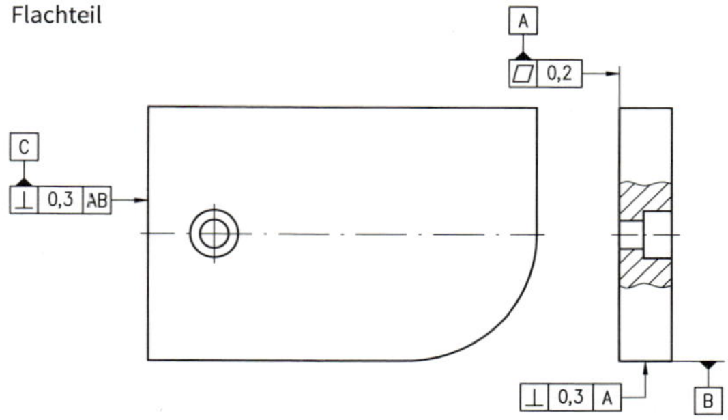

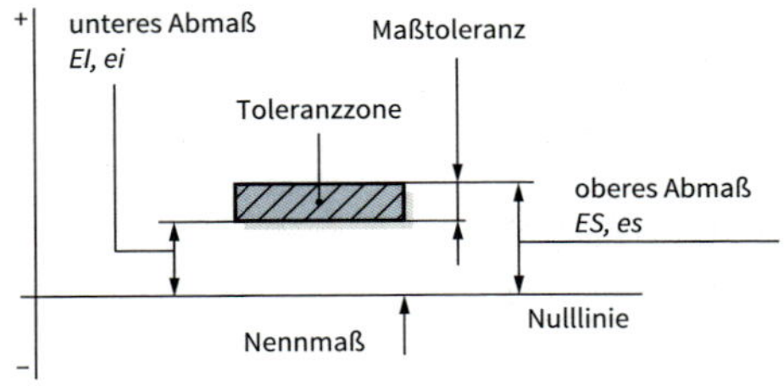

Maßtoleranz:

Bohrung: $T = G_{oB} - G_{uB}$

$T = ES - EI$

Welle: $T = G_{oW} - G_{uW}$

$T = es - ei$

Benennung	Erklärung
Welle	Begriff zur Beschreibung eines äußeren Formelementes eines Werkstückes einschließlich nichtzylindrischer Formelemente
Bohrung	Begriff zur Beschreibung eines inneren Formelementes eines Werkstückes einschließlich nichtzylindrischer Formelemente
Nennmaß	Maß, von dem die Grenzmaße abgeleitet werden (bisher Kurzzeichen *N*)
Nulllinie	In der grafischen Darstellung die Linie, die dem Nennmaß entspricht
Maßtoleranz	Höchstmaß minus Mindestmaß oder oberes Abmaß minus unteres Abmaß (bisher Kurzzeichen *T*)
Grenzabmaße	Oberes Abmaß *ES* (Bohrung), *es* (Welle) oder unteres Abmaß *EI* (Bohrung), *ei* (Welle)
Grenzmaße	Höchstmaß oder Mindestmaß (bisher Kurzzeichen G_o oder G_u)
Mindestmaß LLS (lower limit of size)	Bohrung: $G_{uB} = N + EI$ Welle: $G_{uW} = N + ei$
Höchstmaß ULS (upper limit of size)	Bohrung: $G_{oB} = N + ES$ Welle: $G_{oW} = N + es$

Grenzabmaße für Wellen

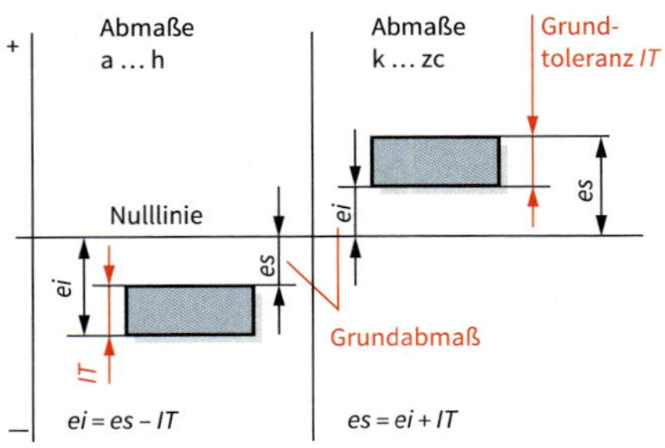

Grenzabmaße für Bohrungen

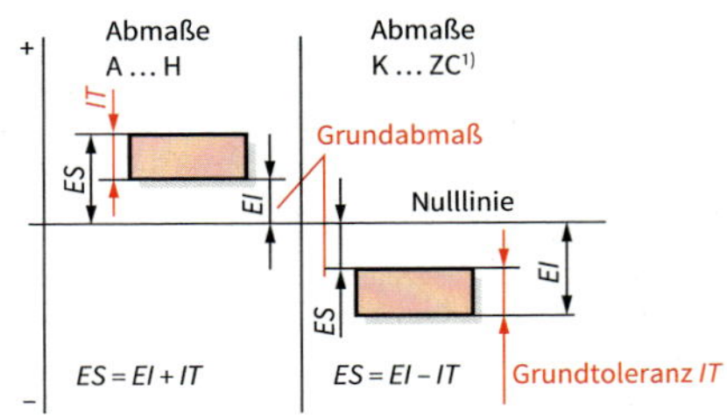

1) nicht gültig
- für Grundtoleranzgrade ≤ *IT* 8 bei Toleranzzone K
- Toleranzklasse M8

Benennung	Erklärung
Grundabmaß	Das Abmaß, das die Lage der Toleranzzone in Bezug zur Nulllinie festlegt (oberes oder unteres Abmaß, das der Nulllinie am nächsten liegt), Kennzeichnung durch Großbuchstaben für eine Bohrung und Kleinbuchstaben für eine Welle
Grundtoleranz *IT*	Jede zum ISO-System gehörende Toleranz
Grundtoleranzgrad	Gruppe von Toleranzen, die dem gleichen Genauigkeitsniveau für alle Nennmaße zugeordnet sind, z. B. *IT* 8

Benennung	Erklärung
Toleranzgrad	Zahl des Grundtoleranzgrades
Toleranzklasse	Benennung für eine Kombination eines Grundabmaßes und eines Toleranzgrades, z. B. H8
Toleranzzone	In der grafischen Darstellung das Intervall zwischen dem Höchstmaß und dem Mindestmaß
Passung	Differenz zwischen den Maßen zweier zu fügender Formelemente

Spielpassung

$G_{uB} \geq G_{oW}$

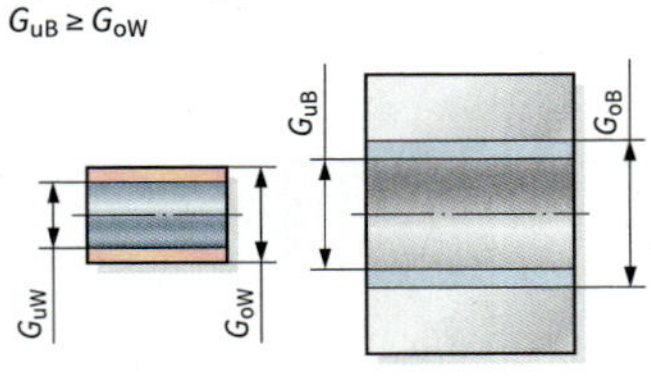

Höchstspiel P_{SH}

$P_{SH} = G_{oB} - G_{uW}$

Mindestspiel P_{SM}

$P_{SM} = G_{uB} - G_{oW}$

Übermaßpassung

$G_{oB} \leq G_{uW}$

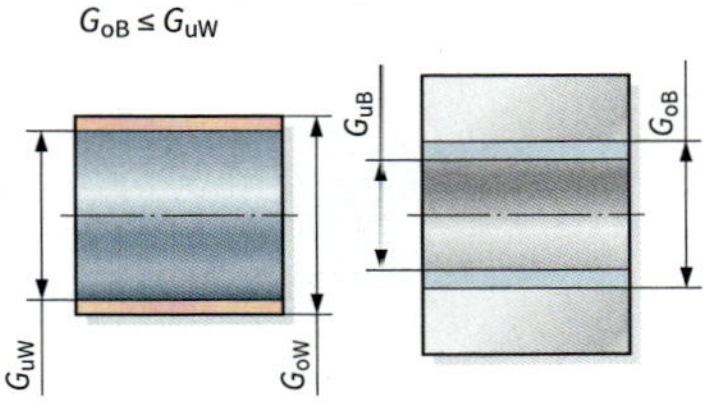

Höchstübermaß $P_{ÜH}$

$P_{ÜH} = G_{uB} - G_{oW}$

Mindestübermaß $P_{ÜM}$

$P_{ÜM} = G_{oB} - G_{uW}$

Übergangspassung

Spiel oder Übermaß

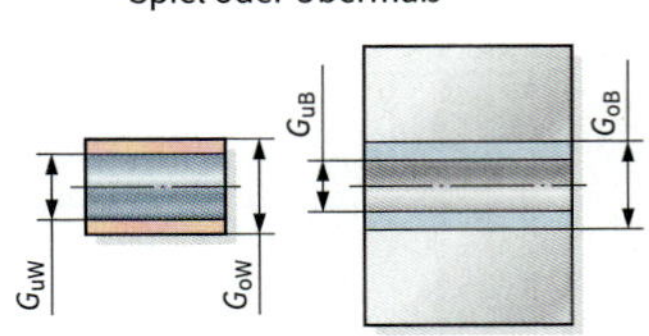

Höchstspiel P_{SH}

$P_{SH} = G_{oB} - G_{uW}$

Höchstübermaß $P_{ÜH}$

$P_{ÜH} = G_{uB} - G_{oW}$

Toleranzen und Passungen, Excel-Rechenblatt

Passungssystem Einheitsbohrung

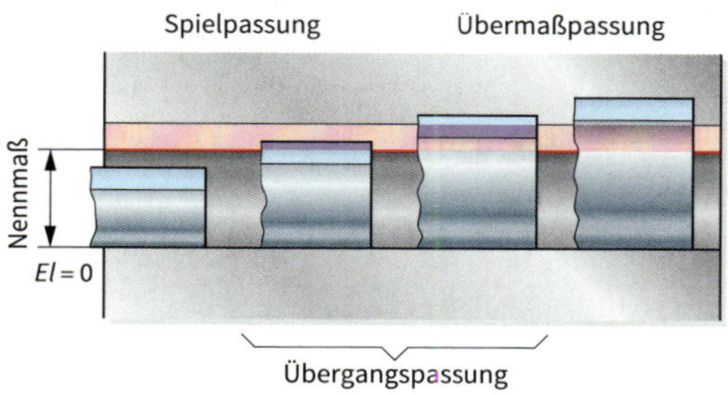

Passungssystem Einheitsbohrung
Passungssystem, in dem das untere Abmaß der Bohrung Null ist.

Passungssystem Einheitswelle

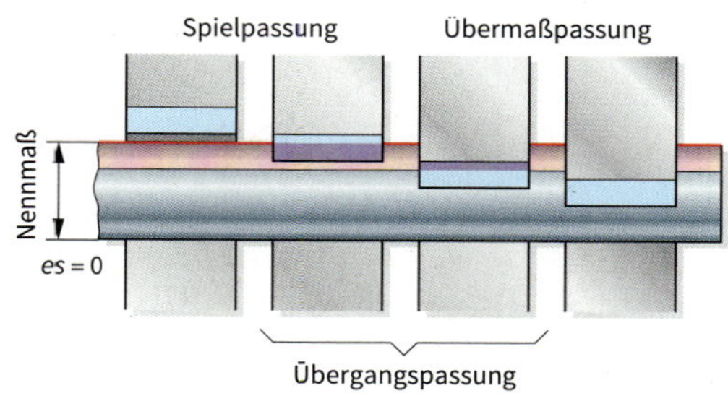

Passungssystem Einheitswelle
Passungssystem, in dem das obere Abmaß der Welle Null ist.

Passungssystem Einheitsbohrung

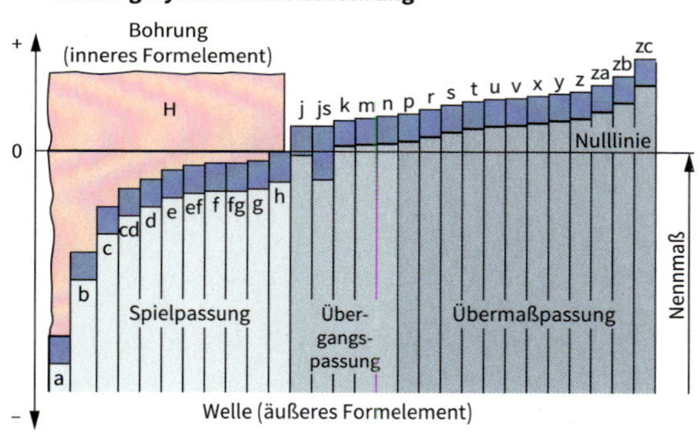

Passungssystem Einheitswelle

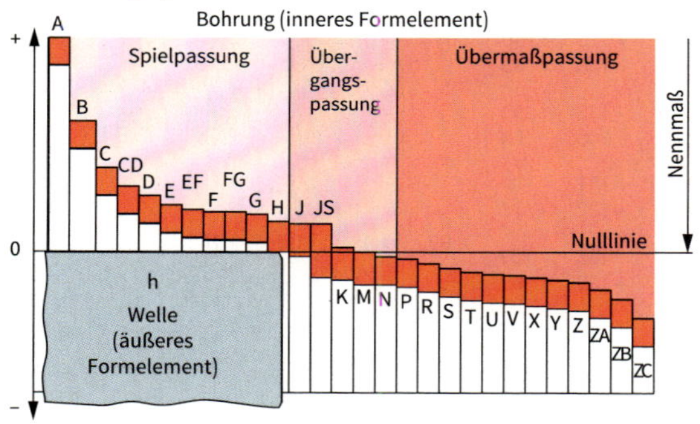

Die Maßtoleranz ist eine Funktion des Nennmaßes. Sie wird durch eine Zahl (Toleranzgrad) ausgedrückt.

Die Lage der Toleranzzone zur Nulllinie wird durch einen, in einigen Fällen durch zwei Buchstaben gekennzeichnet.

Dabei gilt:
- Großbuchstaben für Bohrungen
- Kleinbuchstaben für Wellen

Mit JS bzw. js werden J- bzw. j-Toleranzzonen bezeichnet, deren Lage symmetrisch zur Nulllinie ist.

Kennzeichnung eines tolerierten Maßes

55 n 6

Nennmaß – Grundabmaß (Lage der Toleranzzone) – Toleranzgrad

Toleranzklasse

Kennzeichnung einer Passung

Ø 10 H 7 / g 6

H 7 → Toleranzklasse der Bohrung
g 6 → Toleranzklasse der Welle
Ø 10 → Nennmaß der gepaarten Teile

Beispiel: Passungen
Passung Ø 15 H7/f7: ges.: G_{oB}, G_{oW}, G_{uB}, G_{uW}, P_{SH}, P_{SM}, P_T

	Bohrung	Welle
N	15 mm	15 mm
ES / es	+0,018 mm	– 0,016 mm
EI / ei	0,000 mm	– 0,034 mm
$G_o = N + ES / ei$	15,018 mm	14,984 mm
$G_u = N + EI / ei$	15,000 mm	14,966 mm
$P_{SH} = G_{oB} - G_{uW}$	+ 0,052 mm	
$P_{SM} = G_{uB} - G_{oW}$	+ 0,016 mm	
$P_T = P_{SH} - P_{SM}$	+ 0,036 mm	

Nennmaßbereich in mm	Grenzabmaße in µm															
	Bohrg.	Welle					Bohrg.	Welle								
	H6	r5	n5	k6	j6	h5	H7	s6	r6	n6	m6	k6	j6	h6	g6	f7
von 1 bis 3	+ 6 0	+ 14 + 10	+ 8 + 4	+ 6 0	+ 4 − 2	0 − 4	+ 10 0	+ 20 + 14	+ 16 + 10	+ 10 + 4	+ 8 + 2	+ 6 0	+ 4 − 2	0 − 6	− 2 − 8	− 6 − 16
über 3 bis 6	+ 8 0	+ 20 + 15	+ 13 + 8	+ 9 + 1	+ 6 − 2	0 − 5	+ 12 0	+ 27 + 19	+ 23 + 15	+ 16 + 8	+ 12 + 4	+ 9 + 1	+ 6 − 2	0 − 8	− 4 − 12	− 10 − 22
über 6 bis 10	+ 9 0	+ 25 + 19	+ 16 + 10	+ 10 + 1	+ 7 − 2	0 − 6	+ 15 0	+ 32 + 23	+ 28 + 19	+ 19 + 10	+ 15 + 6	+ 10 + 1	+ 7 − 2	0 − 9	− 5 − 14	− 13 − 28
über 10 bis 14	+ 11	+ 31	+ 20	+ 12	+ 8	0	+ 18	+ 39	+ 34	+ 23	+ 18	+ 12	+ 8	0	− 6	− 16
über 14 bis 18	0	+ 23	+ 12	+ 1	− 3	− 8	0	+ 28	+ 23	+ 12	+ 7	+ 1	− 3	− 11	− 17	− 34
über 18 bis 24	+ 13	+ 37	+ 24	+ 15	+ 9	0	+ 21	+ 48	+ 41	+ 28	+ 21	+ 15	+ 9	0	− 7	− 20
über 24 bis 30	0	+ 28	+ 15	+ 2	− 4	− 9	0	+ 35	+ 28	+ 15	+ 8	+ 2	− 4	− 13	− 20	− 41
über 30 bis 40	+ 16	+ 45	+ 28	+ 18	+ 11	0	+ 25	+ 59	+ 50	+ 33	+ 25	+ 18	+ 11	0	− 9	− 25
über 40 bis 50	0	+ 34	+ 17	+ 2	− 5	− 11	0	+ 43	+ 34	+ 17	+ 9	+ 2	− 5	− 16	− 25	− 50
über 50 bis 65	+ 19	+ 54 + 41	+ 33	+ 21	+ 12	0	+ 30	+ 72 + 53	+ 60 + 41	+ 39	+ 30	+ 21	+ 12	0	− 10	− 30
über 65 bis 80	0	+ 56 + 43	+ 20	+ 2	− 7	− 13	0	+ 78 + 59	+ 62 + 43	+ 20	+ 11	+ 2	− 7	− 19	− 29	− 60
über 80 bis 100	+ 22	+ 66 + 51	+ 38	+ 25	+ 13	0	+ 35	+ 93 + 71	+ 73 + 51	+ 45	+ 35	+ 25	+ 13	0	− 12	− 36
über 100 bis 120	0	+ 69 + 54	+ 23	+ 3	− 9	− 15	0	+ 101 + 79	+ 76 + 54	+ 23	+ 13	+ 3	− 9	− 22	− 34	− 71
über 120 bis 140		+ 81 + 63						+ 117 + 92	+ 88 + 63							
über 140 bis 160	+ 25 0	+ 83 + 65	+ 45 + 27	+ 28 + 3	+ 14 − 11	0 − 18	+ 40 0	+ 125 + 100	+ 90 + 65	+ 52 + 27	+ 40 + 15	+ 28 + 3	+ 14 − 11	0 − 25	− 14 − 39	− 43 − 83
über 160 bis 180		+ 86 + 68						+ 133 + 108	+ 93 + 68							
über 180 bis 200		+ 97 + 77						+ 151 + 122	+ 106 + 77							
über 200 bis 225	+ 29 0	+ 100 + 80	+ 51 + 31	+ 33 + 4	+ 16 − 13	0 − 20	+ 46 0	+ 159 + 130	+ 109 + 80	+ 60 + 31	+ 46 + 17	+ 33 + 4	+ 16 − 13	0 − 29	− 15 − 44	− 50 − 96
über 225 bis 250		+ 104 + 84						+ 169 + 140	+ 113 + 84							
über 250 bis 280	+ 32	+ 117 + 94	+ 57	+ 36	+ 16	0	+ 52	+ 190 + 158	+ 126 + 94	+ 66	+ 52	+ 36	+ 16	0	− 17	− 56
über 280 bis 315	0	+ 121 + 98	+ 34	+ 4	− 16	− 23	0	+ 202 + 170	+ 130 + 98	+ 34	+ 20	+ 4	− 16	− 32	− 49	− 108
über 315 bis 355	+ 36	+ 133 + 108	+ 62	+ 40	+ 18	0	+ 57	+ 226 + 190	+ 144 + 108	+ 73	+ 57	+ 40	+ 18	0	− 18	− 62
über 355 bis 400	0	+ 139 + 114	+ 37	+ 4	− 18	− 25	0	+ 244 + 208	+ 150 + 114	+ 37	+ 21	+ 4	− 18	− 36	− 54	− 119
über 400 bis 450	+ 40	+ 153 + 126	+ 67	+ 45	+ 20	0	+ 63	+ 272 + 232	+ 166 + 126	+ 80	+ 63	+ 45	+ 20	0	− 20	− 68
über 450 bis 500	0	+ 159 + 132	+ 40	+ 5	− 20	− 27	0	+ 292 + 252	+ 172 + 132	+ 40	+ 23	+ 5	− 20	− 40	− 60	− 131

Nennmaßbereich in mm	Grenzabmaße in µm													
	Bohrg. H8	Welle							Bohrg. H11	Welle				
		x8	u8	s8	h9	f7	e8	d9		h9	h11	d9	c11	a11
von 1 bis 3	+ 14 0	+ 34 + 20	–	+ 28 + 14	0 – 25	– 6 – 16	– 14 – 28	– 20 – 45	+ 60 0	0 – 25	0 – 60	– 20 – 45	– 60 – 120	– 270 – 330
über 3 bis 6	+ 18 0	+ 46 + 28	–	+ 37 + 19	0 – 30	– 10 – 22	– 20 – 38	– 30 – 60	+ 75 0	0 – 30	0 – 75	– 30 – 60	– 70 – 145	– 270 – 345
über 6 bis 10	+ 22 0	+ 56 + 34	–	+ 45 + 23	0 – 36	– 13 – 28	– 25 – 47	– 40 – 76	+ 90 0	0 – 36	0 – 90	– 40 – 76	– 80 – 170	– 280 – 370
über 10 bis 14	+ 27	+ 67 + 40	–	+ 55	0	– 16	– 32	– 50	+ 110	0	0	– 50	– 95	– 290
über 14 bis 18	0	+ 72 + 45		+ 28	– 43	– 34	– 59	– 93	0	– 43	– 110	– 93	– 205	– 400
über 18 bis 24	+ 33	+ 87 + 54	–	+ 68	0	– 20	– 40	– 65	+ 130	0	0	– 65	– 110	– 300
über 24 bis 30	0	+ 97 + 64	+ 81 + 48	+ 35	– 52	– 41	– 73	– 117	0	– 52	– 130	– 117	– 240	– 430
über 30 bis 40	+ 39	+ 119 + 80	+ 99 + 60	+ 82	0	– 25	– 50	– 80	+ 160	0	0	– 80	– 120 – 280	– 310 – 470
über 40 bis 50	0	+ 136 + 97	+ 109 + 70	+ 43	– 62	– 50	– 89	– 142	0	– 62	– 160	– 142	– 130 – 290	– 320 – 480
über 50 bis 65	+ 46	+ 168 + 122	+ 133 + 87	+ 99 + 53	0	– 30	– 60	– 100	+ 190	0	0	– 100	– 140 – 330	– 340 – 530
über 65 bis 80	0	+ 192 + 146	+ 148 + 102	+ 105 + 59	– 74	– 60	– 106	– 174	0	– 74	– 190	– 174	– 150 – 340	– 360 – 550
über 80 bis 100	+ 54	+ 232 + 178	+ 178 + 124	+ 125 + 71	0	– 36	– 72	– 120	+ 220	0	0	– 120	– 170 – 390	– 380 – 600
über 100 bis 120	0	+ 264 + 210	+ 198 + 144	+ 133 + 79	– 87	– 71	– 126	– 207	0	– 87	– 220	– 207	– 180 – 400	– 410 – 630
über 120 bis 140		+ 311 + 248	+ 233 + 170	+ 155 + 92									– 200 – 450	– 460 – 710
über 140 bis 160	+ 63 0	+ 343 + 280	+ 253 + 190	+ 163 + 100	0 – 100	– 43 – 83	– 85 – 148	– 145 – 245	+ 250 0	0 – 100	0 – 250	– 145 – 245	– 210 – 460	– 520 – 770
über 160 bis 180		+ 373 + 310	+ 273 + 210	+ 171 + 108									– 230 – 480	– 580 – 830
über 180 bis 200		+ 422 + 350	+ 308 + 236	+ 194 + 122									– 240 – 530	– 660 – 950
über 200 bis 225	+ 72 0	+ 457 + 385	+ 330 + 258	+ 202 + 130	0 – 115	– 50 – 96	– 100 – 172	– 170 – 285	+ 290 0	0 – 115	0 – 290	– 170 – 285	– 260 – 550	– 740 – 1030
über 225 bis 250		+ 497 + 425	+ 356 + 284	+ 212 + 140									– 280 – 570	– 820 – 1110
über 250 bis 280	+ 81	+ 556 + 475	+ 396 + 315	+ 239 + 158	0	– 56	– 110	– 190	+ 320	0	0	– 190	– 300 – 620	– 920 – 1240
über 280 bis 315	0	+ 606 + 525	+ 431 + 350	+ 251 + 170	– 130	– 108	– 191	– 320	0	– 130	– 320	– 320	– 330 – 650	– 1050 – 1370
über 315 bis 355	+ 89	+ 679 + 590	+ 479 + 390	+ 279 + 190	0	– 62	– 125	– 210	+ 360	0	0	– 210	– 360 – 720	– 1200 – 1560
über 355 bis 400	0	–	+ 524 + 435	+ 297 + 208	– 140	– 119	– 214	– 350	0	– 140	– 360	– 350	– 400 – 760	– 1350 – 1710
über 400 bis 450	+ 97	–	+ 587 + 490	+ 329 + 232	0	– 68	– 135	– 230	+ 400	0	0	– 230	– 440 – 840	– 1500 – 1900
über 450 bis 500	0		+ 637 + 540	+ 349 + 252	– 155	– 131	– 232	– 385	0	– 155	– 400	– 385	– 480 – 880	– 1650 – 2050

Nennmaß-bereich in mm	Grenzabmaße in µm															
	Welle	Bohrung					Welle	Bohrung								
	h5	P6	N6	M6	J6	H6	h6	S7	R7	N7	M7	K7	J7	H7	G7	F8
von 1 bis 3	0 −4	−6 −12	−4 −10	−2 −8	+2 −4	+6 0	0 −6	−14 −24	−10 −20	−4 −14	−2 −12	0 −10	+4 −6	+10 0	+12 +2	+20 +6
über 3 bis 6	0 −5	−9 −17	−5 −13	−1 −9	+5 −3	+8 0	0 −8	−15 −27	−11 −23	−4 −16	0 −12	+3 −9	+6 −6	+12 0	+16 +4	+28 +10
über 6 bis 10	0 −6	−12 −21	−7 −16	−3 −12	+5 −4	+9 0	0 −9	−17 −32	−13 −28	−4 −19	0 −15	+5 −10	+8 −7	+15 0	+20 +5	+35 +13
über 10 bis 14	0 −8	−15 −26	−9 −20	−4 −15	+6 −5	+11 0	0 −11	−21 −39	−16 −34	−5 −23	0 −18	+6 −12	+10 −8	+18 0	+24 +6	+43 +16
über 14 bis 18																
über 18 bis 24	0 −9	−18 −31	−11 −24	−4 −17	+8 −5	+13 0	0 −13	−27 −48	−20 −41	−7 −28	0 −21	+6 −15	+12 −9	+21 0	+28 +7	+53 +20
über 24 bis 30																
über 30 bis 40	0 −11	−21 −37	−12 −28	−4 −20	+10 −6	+16 0	0 −16	−34 −59	−25 −50	−8 −33	0 −25	+7 −18	+14 −11	+25 0	+34 +9	+64 +25
über 40 bis 50																
über 50 bis 65	0 −13	−26 −45	−14 −33	−5 −24	+13 −6	+19 0	0 −19	−42 −72	−30 −60	−9 −39	0 −30	+9 −21	+18 −12	+30 0	+40 +10	+76 +30
über 65 bis 80								−48 −78	−32 −62							
über 80 bis 100	0 −15	−30 −52	−16 −38	−6 −28	+16 −6	+22 0	0 −22	−58 −93	−38 −73	−10 −45	0 −35	+10 −25	+22 −13	+35 0	+47 +12	+90 +36
über 100 bis 120								−66 −101	−41 −76							
über 120 bis 140	0 −18	−36 −61	−20 −45	−8 −33	+18 −7	+25 0	0 −25	−77 −117	−48 −88	−12 −52	0 −40	+12 −28	+26 −14	+40 0	+54 +14	+106 +43
über 140 bis 160								−85 −125	−50 −90							
über 160 bis 180								−93 −133	−53 −93							
über 180 bis 200	0 −20	−41 −70	−22 −51	−8 −37	+22 −7	+29 0	0 −29	−105 −151	−60 −106	−14 −60	0 −46	+13 −33	+30 −16	+46 0	+61 +15	+122 +50
über 200 bis 225								−113 −159	−63 −109							
über 225 bis 250								−123 −169	−67 −113							
über 250 bis 280	0 −23	−47 −79	−25 −57	−9 −41	+25 −7	+32 0	0 −32	−138 −190	−74 −126	−14 −66	0 −52	+16 −36	+36 −16	+52 0	+69 +17	+137 +56
über 280 bis 315								−150 −202	−78 −130							
über 315 bis 355	0 −25	−51 −87	−26 −62	−10 −46	+29 −7	+36 0	0 −36	−169 −226	−87 −144	−16 −73	0 −57	+17 −40	+39 −18	+57 0	+75 +18	+151 +62
über 355 bis 400								−187 −244	−93 −150							
über 400 bis 450	0 −27	−55 −95	−27 −67	−10 −50	+33 −7	+40 0	0 −40	−209 −272	−103 −166	−17 −80	0 −63	+18 −45	+43 −20	+63 0	+83 +20	+165 +68
über 450 bis 500								−229 −292	−109 −172							

Nennmaß-bereich in mm	Grenzabmaße in µm															
	Welle h9	Bohrung									Welle h11	Bohrung				
		X9	P9	J9	H8	H11	F8	E9	D10	C11		H11	D10	D11	C11	A11
von 1 bis 3	0 − 25	− 20 − 45	− 6 − 31	± 12,5	+ 14 0	+ 60 0	+ 20 + 6	+ 39 + 14	+ 60 + 20	+ 120 + 60	0 − 60	+ 60 0	+ 60 + 20	+ 80 + 20	+ 120 + 60	+ 330 + 270
über 3 bis 6	0 − 30	− 28 − 58	− 12 − 42	± 15	+ 18 0	+ 75 0	+ 28 + 10	+ 50 + 20	+ 78 + 30	+ 145 + 70	0 − 75	+ 75 0	+ 78 + 30	+ 105 + 30	+ 145 + 70	+ 345 + 270
über 6 bis 10	0 − 36	− 34 − 70	− 15 − 51	± 18	+ 22 0	+ 90 0	+ 35 + 13	+ 61 + 25	+ 98 + 40	+ 170 + 80	0 − 90	+ 90 0	+ 98 + 40	+ 130 + 40	+ 170 + 80	+ 370 + 280
über 10 bis 14	0	− 40 − 83	− 18	± 21,5	+ 27	+ 110	+ 43	+ 75	+ 120	+ 205	0	+ 110	+ 120	+ 160	+ 205	+ 400
über 14 bis 18	− 43	− 45 − 88	− 61		0	0	+ 16	+ 32	+ 50	+ 95	− 110	0	+ 50	+ 50	+ 95	+ 290
über 18 bis 24	0	− 54 − 106	− 22	± 26	+ 33	+ 130	+ 53	+ 92	+ 149	+ 240	0	+ 130	+ 149	+ 195	+ 240	+ 430
über 24 bis 30	− 52	− 64 − 116	− 74		0	0	+ 20	+ 40	+ 65	+ 110	− 130	0	+ 65	+ 65	+ 110	+ 300
über 30 bis 40	0	− 80 − 142	− 26	± 31	+ 39	+ 160	+ 64	+ 112	+ 180	+ 280 + 120	0	+ 160	+ 180	+ 240	+ 280 + 120	+ 470 + 310
über 40 bis 50	− 62	− 97 − 159	− 88		0	0	+ 25	+ 50	+ 80	+ 290 + 130	− 160	0	+ 80	+ 80	+ 290 + 130	+ 480 + 320
über 50 bis 65	0	− 122 − 196	− 32	± 37	+ 46	+ 190	+ 76	+ 134	+ 220	+ 330 + 140	0	+ 190	+ 220	+ 290	+ 330 + 140	+ 530 + 340
über 65 bis 80	− 74	− 146 − 220	− 106		0	0	+ 30	+ 60	+ 100	+ 340 + 150	− 190	0	+ 100	+ 100	+ 340 + 150	+ 550 + 360
über 80 bis 100	0	− 178 − 265	− 37	± 43,5	+ 54	+ 220	+ 90	+ 159	+ 260	+ 390 + 170	0	+ 220	+ 260	+ 340	+ 390 + 170	+ 600 + 380
über 100 bis 120	− 87	− 210 − 297	− 124		0	0	+ 36	+ 72	+ 120	+ 400 + 180	− 220	0	+ 120	+ 120	+ 400 + 180	+ 630 + 410
über 120 bis 140		− 248 − 348								+ 450 + 200					+ 450 + 200	+ 710 + 460
über 140 bis 160	0 − 100	− 280 − 380	− 43 − 143	± 50	+ 63 0	+ 250 0	+ 106 + 43	+ 185 + 85	+ 305 + 145	+ 460 + 210	0 − 250	+ 250 0	+ 305 + 145	+ 395 + 145	+ 460 + 210	+ 770 + 520
über 160 bis 180		− 310 − 410								+ 480 + 230					+ 480 + 230	+ 830 + 580
über 180 bis 200		− 350 − 465								+ 530 + 240					+ 530 + 240	+ 950 + 660
über 200 bis 225	0 − 115	− 385 − 500	− 50 − 165	± 57,5	+ 72 0	+ 290 0	+ 122 + 50	+ 215 + 100	+ 355 + 170	+ 550 + 260	0 − 290	+ 290 0	+ 355 + 170	+ 460 + 170	+ 550 + 260	+ 1030 + 740
über 225 bis 250		− 425 − 540								+ 570 + 280					+ 570 + 280	+ 1110 + 820
über 250 bis 280	0	− 475 − 605	− 56	± 65	+ 81	+ 320	+ 137	+ 240	+ 400	+ 620 + 300	0	+ 320	+ 400	+ 510	+ 620 + 300	+ 1240 + 920
über 280 bis 315	− 130	− 525 − 655	− 186		0	0	+ 56	+ 110	+ 190	+ 650 + 330	− 320	0	+ 190	+ 190	+ 650 + 330	+ 1370 + 1050
über 315 bis 355	0	− 590 − 730	− 62	± 70	+ 89	+ 360	+ 151	+ 265	+ 440	+ 720 + 360	0	+ 360	+ 440	+ 570	+ 720 + 360	+ 1560 + 1200
über 355 bis 400	− 140	− 660 − 800	− 202		0	0	+ 62	+ 125	+ 210	+ 760 + 400	− 360	0	+ 210	+ 210	+ 760 + 400	+ 1710 + 1350
über 400 bis 450	0	− 740 − 895	− 68	± 77,5	+ 97	+ 400	+ 165	+ 290	+ 480	+ 840 + 440	0	+ 400	+ 480	+ 630	+ 840 + 440	+ 1900 + 1500
über 450 bis 500	− 155	− 820 − 975	− 223		0	0	+ 68	+ 135	+ 230	+ 880 + 480	− 400	0	+ 230	+ 230	+ 880 +480	+ 2050 + 1650

Grundtoleranzgrade IT

Nennmaß in mm	Grundtoleranzgrade IT																	
	Grundtoleranzen in µm											Grundtoleranzen in mm						
	1	2	3	4	5	6	7	8	9	10	11	12	13	14	15	16	17	18
bis 3	0,8	1,2	2	3	4	6	10	14	25	40	60	0,1	0,14	0,25	0,4	0,6	1	1,4
über 3 bis 6	1	1,5	2,5	4	5	8	12	18	30	48	75	0,12	0,18	0,3	0,48	0,75	1,2	1,8
über 6 bis 10	1	1,5	2,5	4	6	9	15	22	36	58	90	0,15	0,22	0,36	0,58	0,9	1,5	2,2
über 10 bis 18	1,2	2	3	5	8	11	18	27	43	70	110	0,18	0,27	0,43	0,73	1,1	1,8	2,7
über 18 bis 30	1,5	2,5	4	6	9	13	21	33	52	84	130	0,21	0,33	0,52	0,84	1,3	2,1	3,3
über 30 bis 50	1,5	2,5	4	7	11	16	25	39	62	100	160	0,25	0,39	0,62	1	1,6	2,5	3,9
über 50 bis 80	2	3	5	8	13	19	30	46	74	120	190	0,3	0,46	0,74	1,2	1,9	3	4,6
über 80 bis 120	2,5	4	6	10	15	22	35	54	87	140	220	0,35	0,54	0,87	1,4	2,2	3,5	5,4
über 120 bis 180	3,5	5	8	12	18	25	40	63	100	160	250	0,4	0,63	1	1,6	2,5	4	6,3
über 180 bis 250	4,5	7	10	14	20	29	46	72	115	185	290	0,46	0,72	1,15	1,85	2,9	4,6	7,2
über 250 bis 315	6	8	12	16	23	32	52	81	130	210	320	0,52	0,81	1,3	2,1	3,2	5,2	8,1
über 315 bis 400	7	9	13	18	25	36	57	89	140	230	360	0,57	0,89	1,4	2,3	3,6	5,7	8,9
über 400 bis 500	8	10	15	20	27	40	63	97	155	250	400	0,63	0,97	1,55	2,5	4	6,3	9,7
über 500 bis 630	9	11	16	22	32	44	70	110	175	280	440	0,7	1,1	1,75	2,8	4,4	7	11
über 630 bis 800	10	13	18	25	36	50	80	125	200	320	500	0,8	1,25	2	3,2	5	8	12,5
über 800 bis 1000	11	15	21	28	40	56	90	140	230	360	560	0,9	1,4	2,3	3,6	5,6	9	14
über 1000 bis 1250	13	18	24	33	47	66	105	165	260	420	660	1,05	1,65	2,6	4,2	6,6	10,5	16,5
über 1250 bis 1600	15	21	29	39	55	78	125	195	310	500	780	1,25	1,95	3,1	5	7,8	12,5	19,5
über 1600 bis 2000	18	25	35	46	65	92	150	230	370	600	920	1,5	2,3	3,7	6	9,2	15	23
über 2000 bis 2500	22	30	41	55	78	110	175	280	440	700	1100	1,75	2,8	4,4	7	11	17,5	28
über 2500 bis 3150	26	36	50	68	96	135	210	330	540	860	1350	2,1	3,3	5,4	8,6	13,5	21	33

Grundabmaße

Wahl des Passungssystems

Die Funktion einer Passung wird neben den Maßen u. a. auch durch die Form-, Richtungs- und Lageabweichung, die Oberflächenbeschaffenheit, die Dichte des Materials, die Arbeitstemperatur sowie die Wärmebehandlung und das Material der zu fügenden Teile bestimmt.

Das Passungssystem Einheitsbohrung (Bohrung H) wird für die allgemeine Anwendung verwendet. Diese Auswahl vermeidet eine unnötige Vielzahl von Werkzeugen, z. B. Reibahlen und Messzeugen, z. B. Lehren.

Das Passungssystem Einheitswelle (Welle h) wird nur dort angewendet, wo es wirtschaftliche Vorteile bietet, z. B. Montieren mehrerer Teile mit Bohrungen, auf einer Welle aus gezogenem Stahl ohne vorherige spanende Bearbeitung.

Eine wirtschaftliche Fertgung erfordert eine Einschränkung der Zahl der Toleranzintervalle, deren Paarung zu allgemein anwendbaren und bevorzugten Passungen führt. Nur in Sonderfällen sollte von dieser Empfehlung abgewichen werden.

Bevorzugte Passungen

Spielpassungen		Übergangspassungen	Übermaßpassungen
System Einheitsbohrung			
H7	g6, h6	js6, k6, m6	p6, r6, s6
H8	f7, h7, e8		
H9	e8		
H11	b11, c11		
System Einheitswelle			
h6	G7, H7	JS7, K7, N7	P7, R7, S7
h7	F8, H8		
h9	F8, H8, E9, H9, B11, D10		

Übermaßpassung

Kurzzeichen	Beschreibung		Anwendungsbeispiele
H8/x8 (H8/u8)	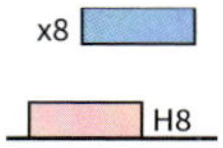	Teile können nur unter hohem Druck oder durch Schrumpfen gefügt werden, zusätzliche Sicherung nicht erforderlich.	Kupplungen auf Wellen, Buchsen in Radnaben, Zahnkränze auf Zahnkörpern
H7/r6	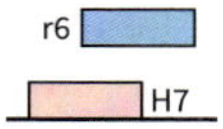		

Übergangspassung

Kurzzeichen	Beschreibung		Anwendungsbeispiele
H7/n6	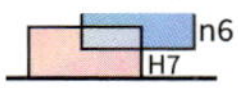	Teile können nur unter hohem Druck gefügt werden, Sicherung gegen Verdrehen erforderlich.	Zahn- und Schneckenräder, Lagerbuchsen, Antriebsräder
H7/k6	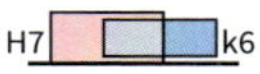	Teile lassen sich unter geringem Kraftaufwand fügen, Sicherung gegen Verdrehen und Verschieben erforderlich.	Riemenscheiben, Bremsscheiben, Lagerinnenringe für mittlere Belastung
H7/j6	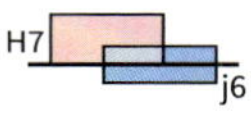	Teile lassen sich von Hand zusammenschieben, Sicherung gegen Verdrehen und Verschieben erforderlich.	Häufig auszubauende Teile, Handräder, Lagerschalen, Wechselräder

Spielpassung

Kurzzeichen	Beschreibung		Anwendungsbeispiele
H7/h6	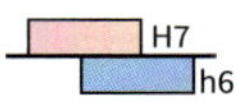	Gleitsitzteile, durch Hand verschiebbar	Pinolen auf Reitstock, Dichtungsringe
H8/h9	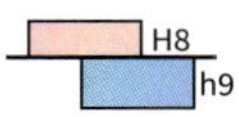	Teile haben kaum Spiel, sie sind von Hand verschiebbar	Scheiben, Räder, Stellringe, Hebel
H7/g6	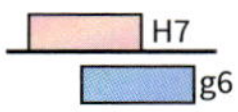	Laufsitzteile mit geringem Spiel	Schieberäder, verschiebbare Kupplungen
H7/f7	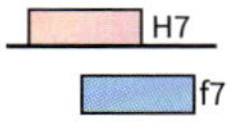	Laufsitzteile mit reichlich Spiel	Lagerpassungen, Gleitführungen
F8/h9	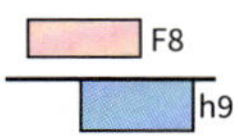		Kolben im Zylinder
D10/h9	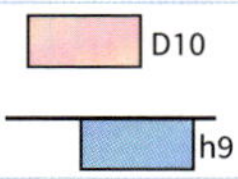	Teile haben sehr reichliches Spiel.	Achsbuchsen für Landmaschinen und Transmissionslager
H11/h11	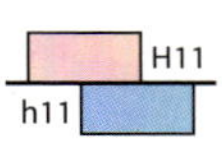	Grobsitz, Teile haben große Toleranzen bei geringem Spiel.	Teile, die verstiftet, verschraubt oder verschweißt werden, Griffe, Hebel
C11/h11	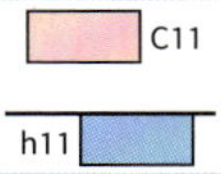	Grobsitz, Teile haben große Toleranzen und große Spiele.	Lager an Landmaschinen und Haushaltsmaschinen
A11/h11	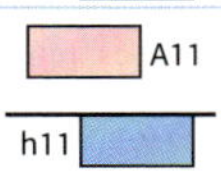	Grobsitz, Teile haben große Toleranzen und sehr lockeren Sitz.	Türangeln, Feder- und Bremsgestänge an Fahrzeugen

Angabe der geometrischen Spezifikation

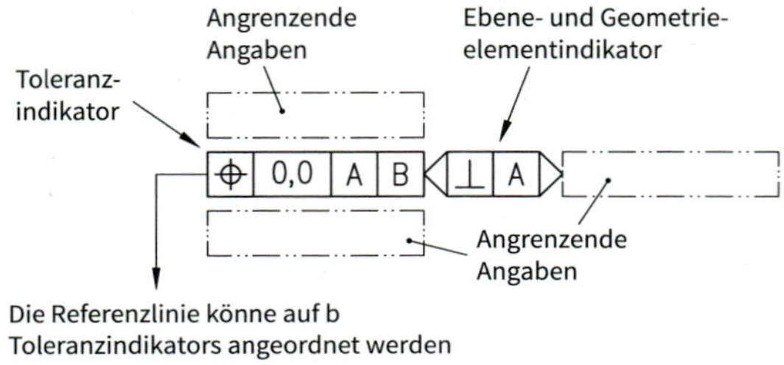

Symbole
nach DIN ISO 7083

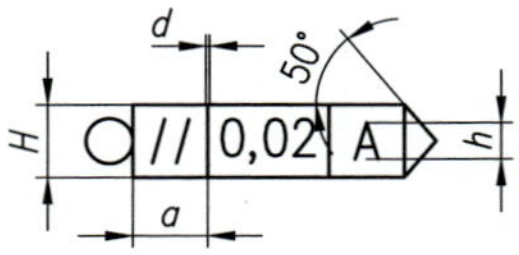

Maße, Schrift BVL

Linienbreite *d*	*H*	*h*	*a*
0,35	7	3,5	7
0,5	10	5	10
0,7	14	7	14

Toleranzindikator

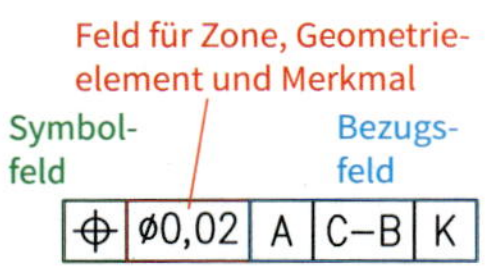

Modifikatoren für die Toleranzzone (Beispiele)

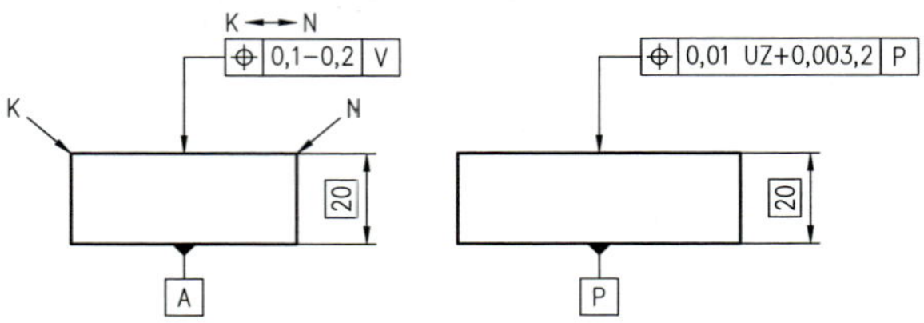

Feld für Zone, Geometrieelement und Merkmal

Die Tabelle gibt die Gruppierung und die Reihenfolge an, in der die Modifikatoren anzugeben sind.
Ausgenommen „Weite und Ausdehnung" sind alle Modifikatoren optional.

Toleranzzone					Toleriertes Geometrieelement				Merkmal			
					Filter							
					Typ	Indizes						
Gestalt	Weite und Ausdehnung	Kombination	Spezifischer versatz	Nebenbedingungen			Ass. Toleriertes Geometrieelement	Abgeleitetes Geometrieelement	Assoziation	Parameter	Materialzustand	Zustand
Ø	0,02	CZ	UZ+0,2	OZ	G	0,8	Ⓒ	Ⓐ	C CE CI	P	Ⓜ	Ⓕ
SØ	0,02-0,01	SZ	UZ–0,25	VA	S	–250	Ⓖ	Ⓟ	G GE GI	V	Ⓛ	
	0,1/70		UZ+0,1:+0,2	><	etc.	0,8–250	Ⓝ	Ⓟ25	X	T	Ⓡ	
	0,1/70x70		UZ+0,1:–0,3			500	Ⓣ	Ⓟ30–8	N	Q		
	0,2/Ø3		UZ–0,1:–0,3			–15	Ⓧ					
	0,2/65x30°					500–15						
	0,3/15°x30°					etc.						
	1	2	3	4	5		6	7	8	9	10	11

Tolerierte Geometrieelemente

Eine geometrische Spezifikation gilt für ein einzelnes vollständiges Geometrieelement, wenn es keine anderen Angaben gibt.

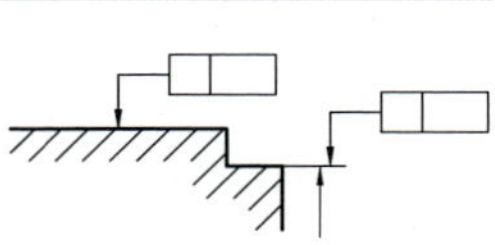

Die Toleranz bezieht sich auf eine Konturlinie oder deren Verlängerung eines Geometrie-elements.

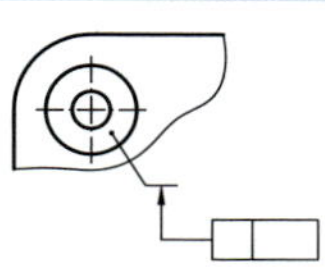

Die Toleranz bezieht sich auf die Fläche eines Geometrie-elements.

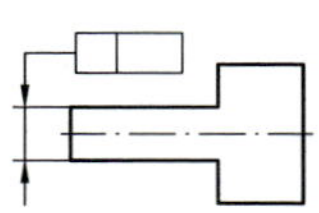

Die Toleranz bezieht sich auf ein abgeleitetes Geometrie-element, z. B. die Mittellinie.

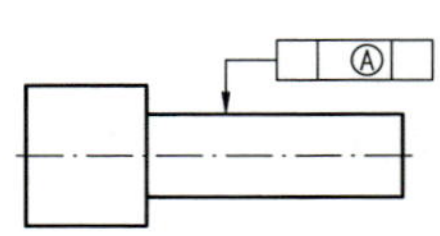

Die Toleranz bezieht sich auf das abgeleitete Geometrie-element, einer Rotationsfläche (Modifikator A).

Spezifikation durch Ebenen

Begriff	Beispiel	Erläuterung
Schnittebene Bezeichnung der Richtung von Linienanforderungen, z. B. Geradheit einer Linie in einer Ebene Ausnahme: Geradheit von Mantellinien, Rundheit Zylinder, Kegel, Kugel Schnittebenen-Indikator 	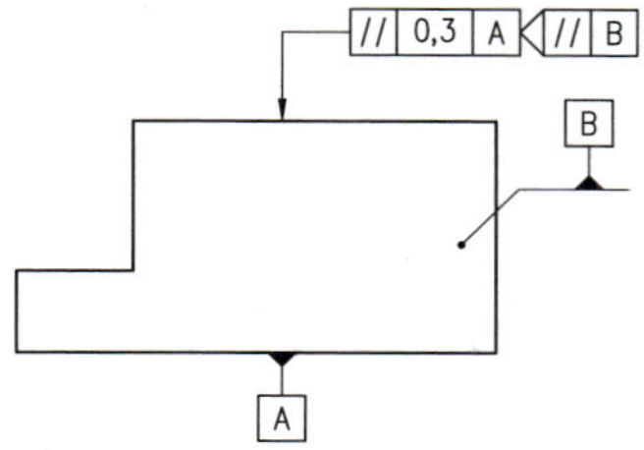	Das tolerierte GE liegt in einer Toleranzzone von 0,3 mm parallel zur Ebene A und parallel zur Schnittebene B.
Orientierungsebene Die Orientierungsebene wird angegeben, wenn - eine Mittellinie oder ein Mittelpunkt und die Toleranzzone durch zwei parallel Ebenen definiert ist oder - ein Mittelpunkt und die Toleranz-zone durch einen Zylinder definiert ist. Orientierungsebenen-Indikator 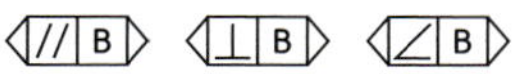	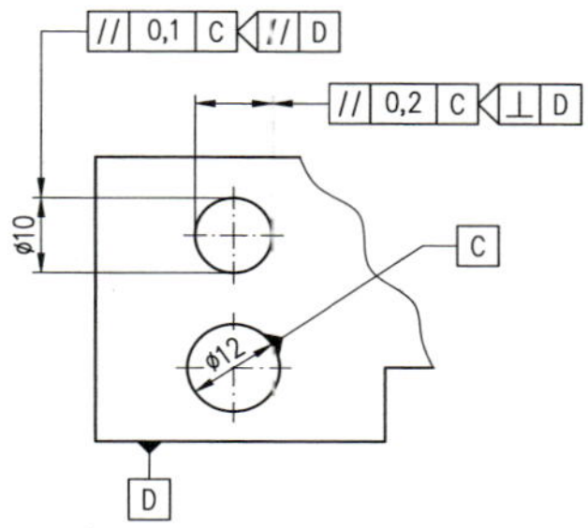	Die tolerierte Mittellinie liegt zwischen zwei Paar paralleler Ebenen, die parallel zur Bezugsachse C sind und einen Abstand von 0,1 bzw. 0,2 voneinander haben. Die Ausrichtung der Ebenen ist in Bezug auf die Bezugsebene B durch Orientierungsebenen-Indikatoren festgelegt.
Richtungselement Das Richtungselement wird zur Defi-nition der Toleranzzone angegeben und - die Toleranzzone nicht rechtwinklig zu ihr steht oder - eine Rundheitsspezifikation auf eine Rotationsfläche angewendet wird, die weder zylindrisch noch kugelförmig ist Richtungselement-Indikator 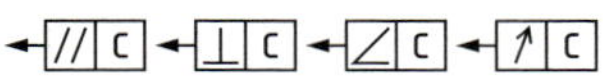	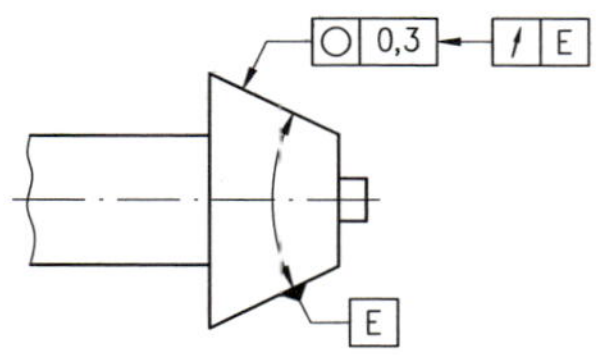	Die Rundheit des Kegels (Toleranz 0,3) ist rechtwinklig zur Mantelfläche festgelegt.
Kollektionsebene Eine Kollektionsebene bezeichnet eine Anzahl von einzelnen Geometrieelementen, deren Schnitt mit jeder Ebene parallel zur Kollektionsebene eine Linie oder einen Punkt ergibt. Die Kollektionsebene wird abgegeben, wenn das „Rundum"-Symbol verwendet wird. Kollektionsebenen-Indikator 	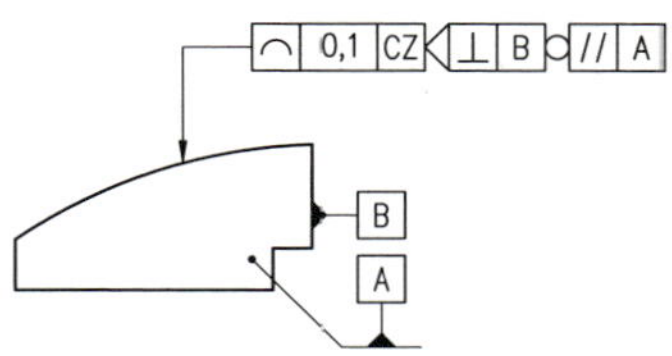	Das Linienprofil umfasst alle GT in einer Toleranzzone von 0,1 mm parallel zur Kollektionsebene A. Die Schnittebene steht senkrecht auf B. CZ legt fest, dass alle GE der Kontur in die Tolerierung einbezogen werden.
Theoretisch exaktes Geometrie-element TEF (theoretically exact feature)	Geometrieelement mit idealer Gestalt, idealem Größenmaß, idealer Richtung und Lage, je nach Anwendung	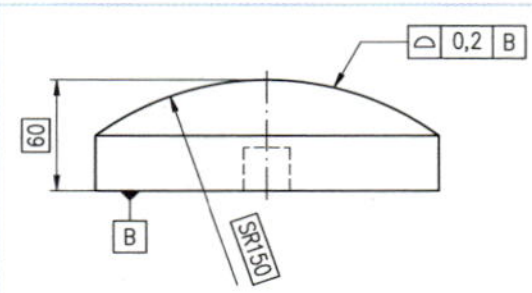
Vereinigtes Geometrieelement	Ein vereintes Geometrieelement ist ein zusammengesetztes integrales Geometrieelement, das als einzelnes Geometrieelement angesehen wird.	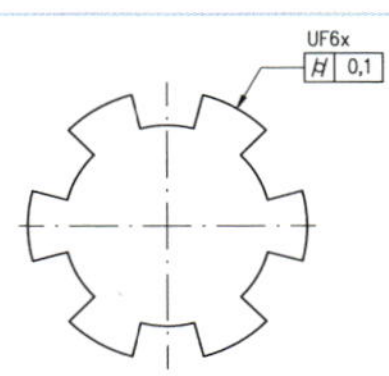

Symbole für Feld für Zone, Geometrieelement (GE) und Merkmal

Symbol	Beschreibung
Modifikatoren zur Kombination von Toleranzzonen	
CZ	kombinierte Zone
SZ	getrennte Zonen
UZ	spezifiziert versetzte Toleranzzone
OZ	unspezifiziert linear versetzte Toleranzzone
VA	unspezifizierte Neigung der Toleranzzone
Modifikatoren für assoziierte und abgeleitete tolerierte Geometrieelemente	
C	Minimax (Tschebyschew)-GE
G	(Gaußsches) Kleinste-Quadrate-GE
N	kleinstes umschriebenes GE
T	Tangentiales GE
X	größtes einbeschriebenes GE
A	abgeleitetes GE
P	projizierte Toleranzzone
Modifikatoren für die Assoziation von Referenzelementen zur Formauswertung	
C	Minimax (Tschebyschew)-GE ohne Nebenbedingung
CE	Von der materialfreien Seite anliegendes Minimax (Tschebyschew)-GE
CI	Von der Materialseite anliegendes Minimax (Tschebyschew)-GE
G	Kleinste-Quadrate (Gauß)-GE ohne Nebenbedingung
GE	Von der materialfreien Seite anliegendes Kleinste-Quadrate (Gauß)-GE
GI	Von der Materialseite anliegendes Kleinste-Quadrate (Gauß)-GE
N	kleinstes umschriebenes GE
X	größtes einbeschriebenes GE
Modifikatoren für Parameter	
T	Abweichungsspanne
P	Spitzenwert
V	Tiefstwert
Q	Standardabweichung

Symbol	Beschreibung
Modifikatoren zur Kombination von Toleranzzonen	
←→	Zwischen
UF	vereinigtes GE
LD	kleinster Durchmesser
MD	größter Durchmesser
PD	Flankendurchmesser
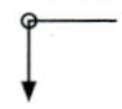	rundum (Profil)
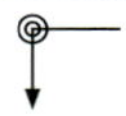	rundherum (Profil)
Zusatzangaben von Geometrieelementen	
ACS	jeder beliebige Querschnitt
	Schnittebenen-Indikator
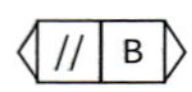	Orientierungsebenen-Indikator
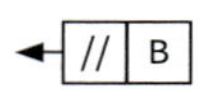	Richtungselement-Indikator
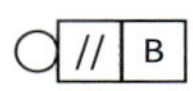	Kollektionsebenen-Indikator
Modifikator für die Materialbedingung	
M	Maximum-Material-Bedingung
L	Minimum-Material-Bedingung
R	Reziprozitätsbedingung
Modifikator für den freien Raum	
F	freier Zustand (nicht formstabile Teile)
Angaben und Modifikatoren für Bezüge	
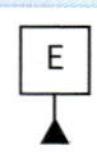	Bezugselement-Indikator
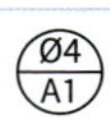	Bezugsstellen-Indikator
CF	berührendes G
><	Nur-Richtung-Modifikator
E	Hüllbedingung

Geometrische Spezifikationen	Merkmal	Symbo	Toleranzzone	Zeichnungseintragung	Erklärung
Form	Gesundheit	—	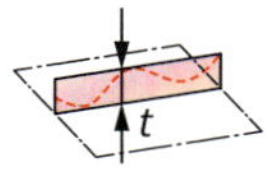	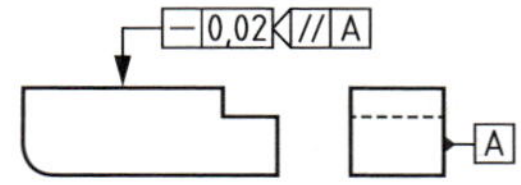	Jede durch den Schnittebenen-Indikator festgelegte Linie auf der oberen Fläche muss zwischen zwei parallelen geraden Linien im Abstand von 0,02 enthalten sein.
			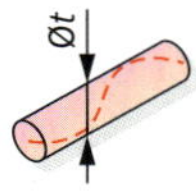	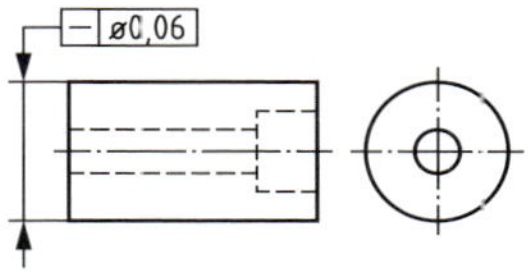	Die Achse des Zylinders muss innerhalb einer zylindrischen Toleranzzone vom Durchmesser 0,06 mm liegen.
	Ebenheit	⏥	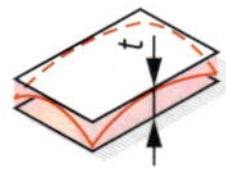	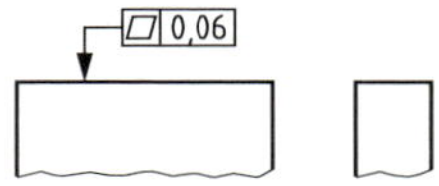	Die Fläche muss zwischen zwei parallelen Ebenen vom Abstand 0,06 mm liegen.
	Rundheit	○	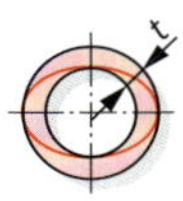	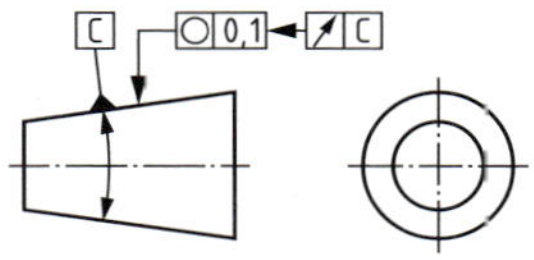	Die Umfangslinie jedes Querschnittes muss zwischen zwei in derselben Ebene liegenden konzentrischen Kreisen vom Abstand 0,1 mm liegen.
	Zylindrizität	⌭	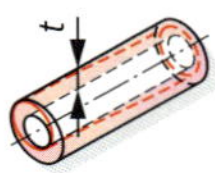	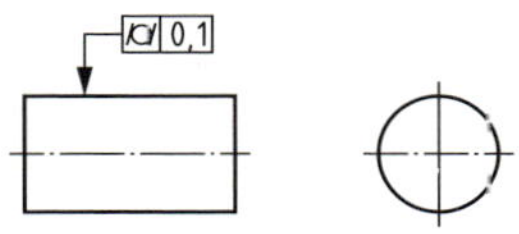	Die Zylindermantelfläche muss zwischen zwei koaxialen Zylindern vom Abstand 0,1 mm liegen.
	Linienprofil	⌒	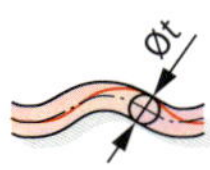	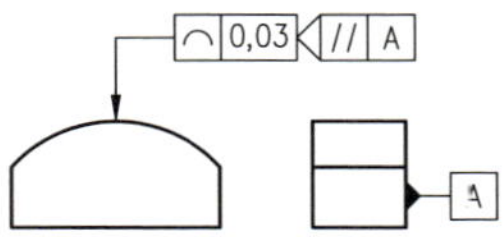	Das tolerierte Profil muss zwischen zwei Linien liegen, die Kreise vom Durchmesser 0,03 mm einhüllen, deren Mitten auf einer Linie von geometrisch-idealer Form liegen.
	Flächenprfil	⌓	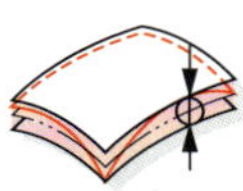 Kugel Øt	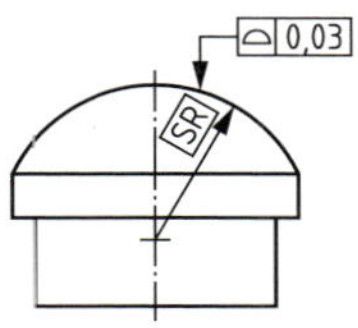	Die betrachtete Fläche muss zwischen zwei Flächen liegen, die Kugeln vom Durchmesser 0,03 mm einhüllen, deren Mitten auf einer Fläche von geometrisch-idealer Form liegen.
Richtung	Parallelität einer Linie	//	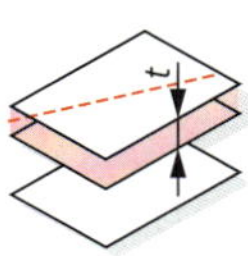	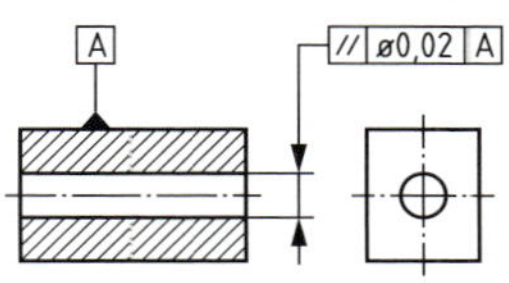	Die tolerierte Achse muss innerhalb eines Zylinders vom Durchmesser 0,02 mm liegen, der parallel zur Bezugsachse A liegt.
	Parallelität einer Fläche		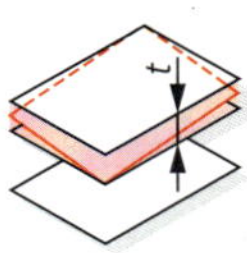	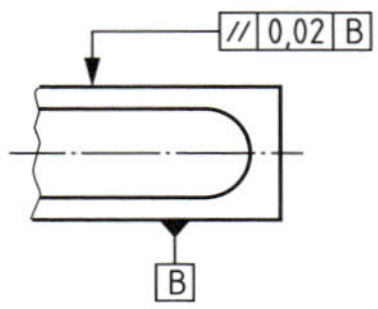	Die tolerierte Fläche muss zwischen zwei zur Bezugsfläche B parallelen Ebenen vom Abstand 0,02 mm liegen.

Geometrische Spezifikationen	Merkmal	Symbol	Toleranzzone	Zeichnungseintragung	Erklärung
Richtung	Rechtwinkligkeit einer Linie zu einer Bezugsfläche	⊥	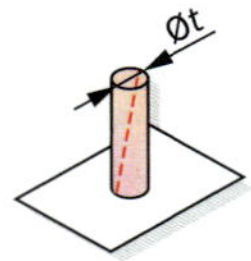	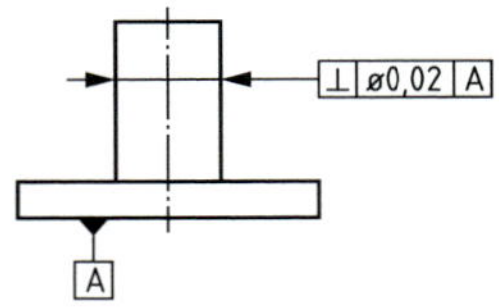	Die tolerierte Achse des Zylinders muss innerhalb eines zur Bezugsfläche A senkrechten Zylinders vom Durchmesser 0,02 mm liegen.
	Rechtwinkligkeit einer Fläche zu einer Bezugslinie		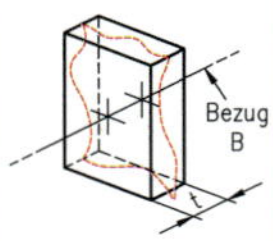	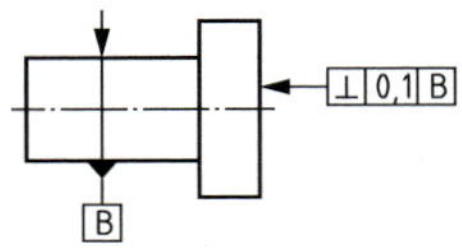	Die tolerierte Planfläche des Werkstückes muss zwischen zwei parallelen und zur Bezugsachse B senkrechten Ebenen vom Abstand 0,1 mm liegen.
	Neigung einer Linie zu einer Bezugsfläche	∠	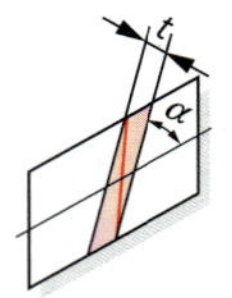	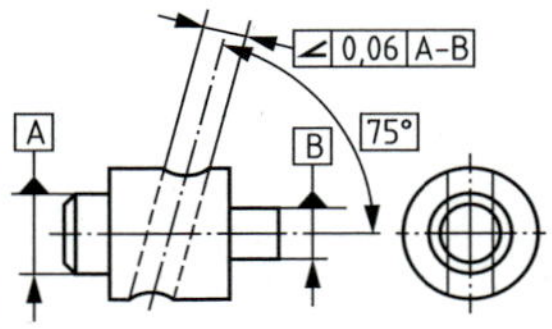	Die tolerierte Achse der Bohrung muss zwischen zwei parallelen Linien vom Abstand 0,06 mm liegen, die im Winkel 75° Δ zur Bezugsachse A-B geneigt sein.
	Neigung einer Fläche zu einer Bezugsfläche		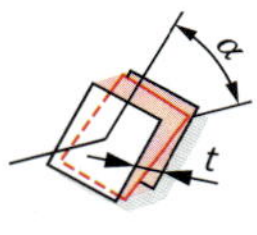	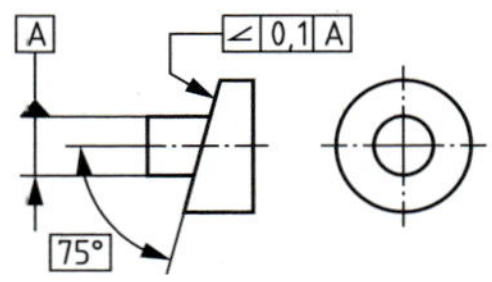	Die tolerierte Fläche muss zwischen zwei parallelen Ebenen vom Abstand 0,1 mm liegen, die um 75° Δ zur Bezugsachse A geneigt sind.
Ort	Position	⌖	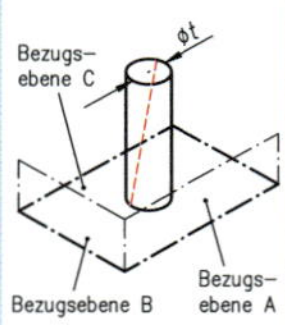	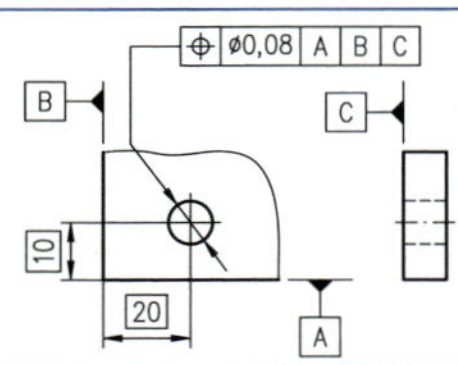	Jede der tolerierten Linien muss zwischen zwei parallelen geraden Linien vom Abstand 0,05 mm liegen, die zur Bezugsfläche A symmetrisch zum theoretisch genauen Ort liegen.
	Konzentrizität	◎	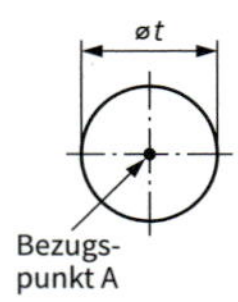	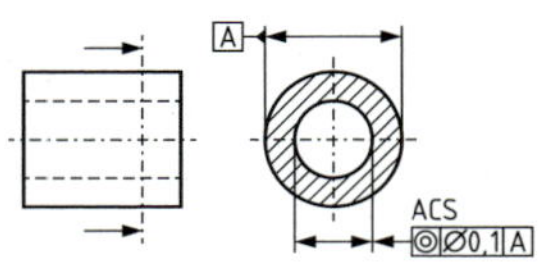	Der extrahierte Mittelpunkt des Innenkreises muss in jedem Querschnitt innerhalb eines Kreises vom Durchmesser 0,1 mm liegen, konzentrisch zum Bezugspunkt A im selben Querschnitt.
	Koaxilität	◎	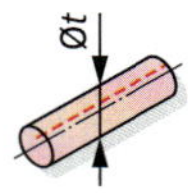	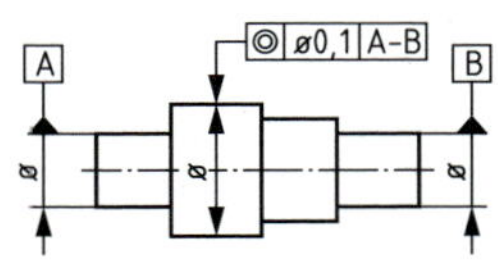	Die Achse des tolerierten Zylinders muss innerhalb eines zur Bezugsachse A-B koaxialen Zylinders vom Durchmesser 0,1 mm liegen.
	Symmetrie	⌯	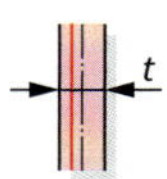	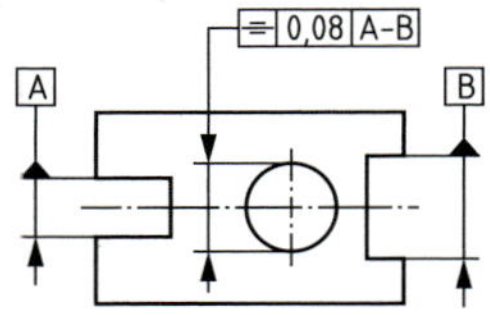	Die Achse der Bohrung muss zwischen zwei parallelen Ebenen vom Abstand 0,08 mm liegen, die symmetrisch zur gemeinsamen Mittelebene der Bezugsnuten A und B liegen.

Geometrische Spezifikationen	Merkmal	Symbol	Toleranzzone	Zeichnungseintragung	Erklärung
Lauf	Rundlauf radial	↗	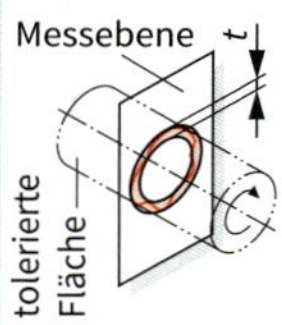	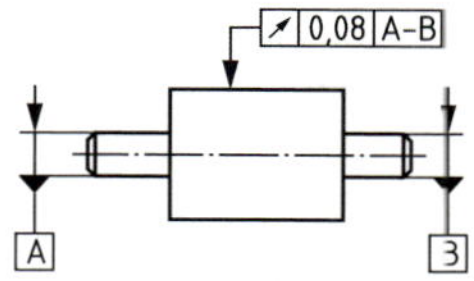	Bei einer Umdrehung um die Bezugsachse A-B darf die Rundlaufabweichung in jeder Messebene 0,08 mm nicht überschreiten.
	Rundlauf axial		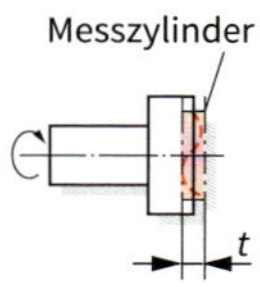	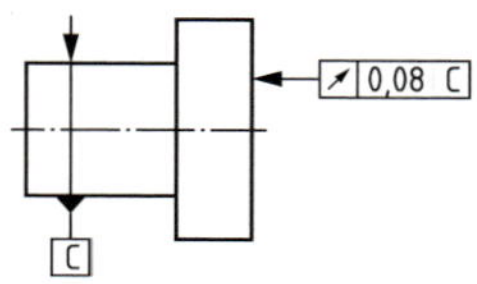	Bei einer Umdrehung um die Bezugsachse C darf die Planlaufabweichung an jeder beliebigen Messposition nicht größer als 0,08 mm sein.
	Gesamtrundlauf radial		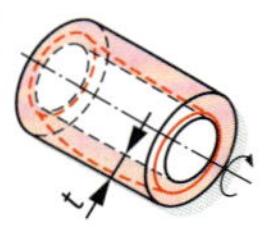	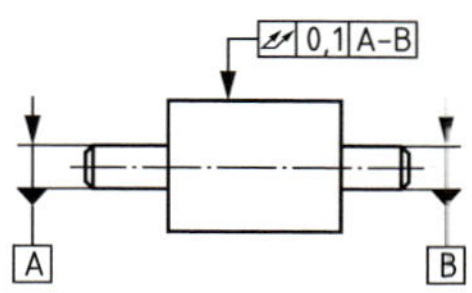	Bei mehrmaliger Drehung um die Bezugsachse A-B und bei axialer Verschiebung zwischen Werkstück und Messgerät müssen alle Punkte der Oberfläche des tolerierten Elementes innerhalb der Gesamt-Rundlauftoleranz von $t = 0{,}1$ mm liegen.
	Gesamtrundlauf axial	⌰	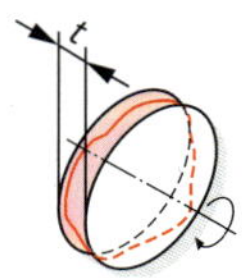	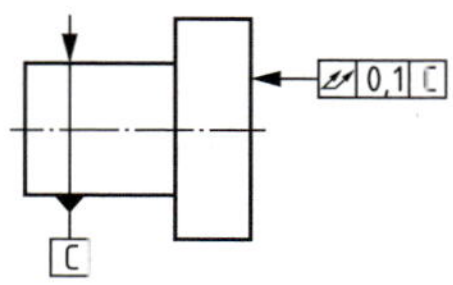	Bei mehrmaliger Drehung um die Bezugsachse C und bei radialer Verschiebung zwischen Werkstück und Messgerät müssen alle Punkte der Oberfläche des tolerierten Elementes innerhalb der Gesamt-Planlauftoleranz von $t = 0{,}1$ mm liegen.

Ergänzende Angaben

Geschlossenes Geometriesystem			
rundum		rundherum	
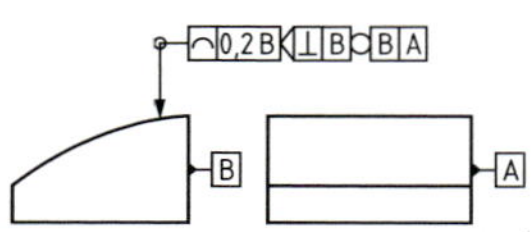	Eine Rundum-Anforderung gilt nur für die durch die Kollektionsebene bezeichneten Flächen, nicht für das gesamte Werkstück (hier: nicht für die Stirnflächen)	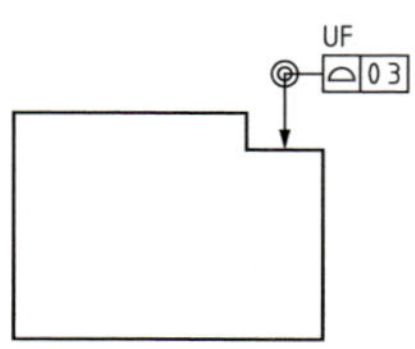	Die Anforderung, die für alle Flächen gilt, wird als ein vereinigtes Geometrieelement angesehen.
Begrenzter Bereich eines Geometrieelements		Eingeschränkte Spezifikation	
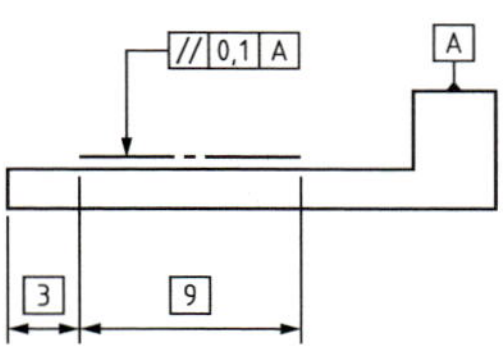	Der begrenzte Bereich wird durch Kennzeichnung mit Linie (ISO 128-04.2) festgelegt. Die Lage und die Maße müssen durch TEDs definiert werden.	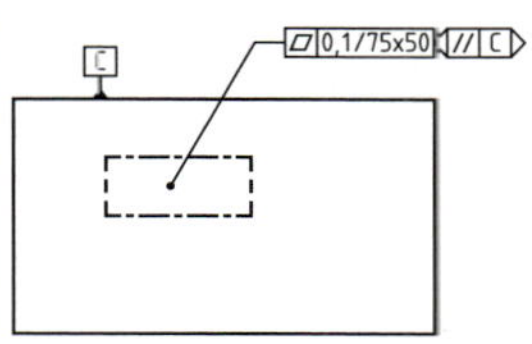	Für die rechtwinklige eingeschränkte Fläche ist ein Orientierungsebenen-Indikator zu verwenden, mit dem die Richtung angegeben wird, für die der erste Wert gilt.

Kegelverhältnis C:

$$C = \frac{D - d}{L} = 2\tan\left(\frac{\alpha}{2}\right)$$

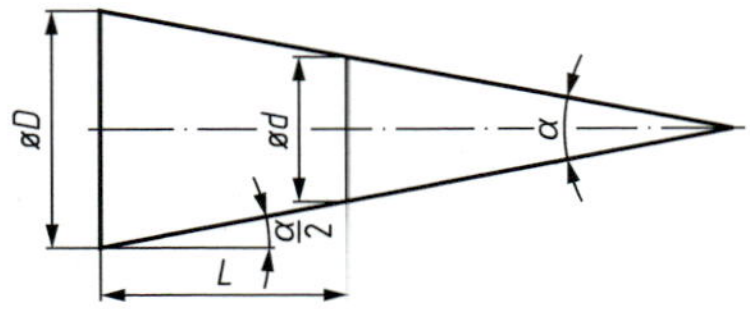

Symbol der Kegelverjüngung

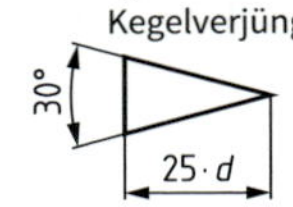

d = Linienbreite

Maßeintragung: Beispiele möglicher Maßkombinationen

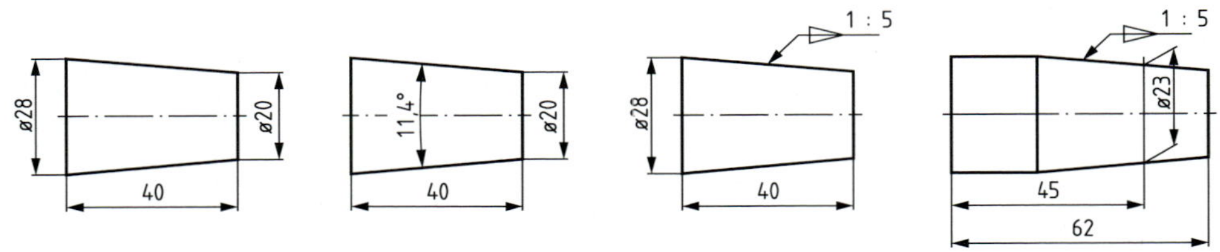

Tolerierung bei festgelegtem Kegelwinkel

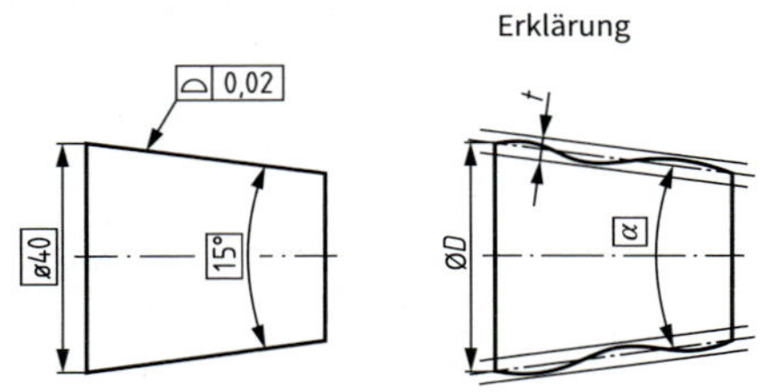

Tolerierung bei festgelegter Kegelverjüngung

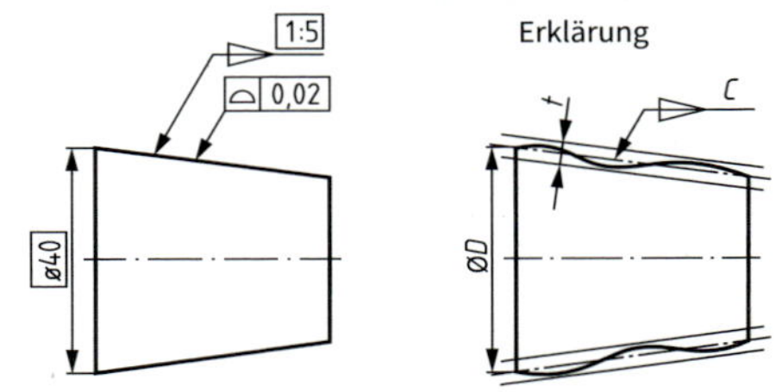

Tolerierung, bei der die Toleranzzone des Kegels gleichzeitig die axiale Lage des Kegels bestimmt

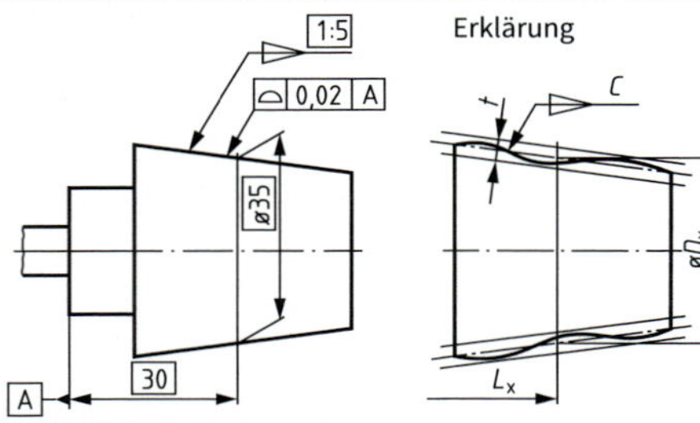

Tolerierung, einem Bezugselement zugeordnet (gleichzeitig: Festlegung der Koaxialität)

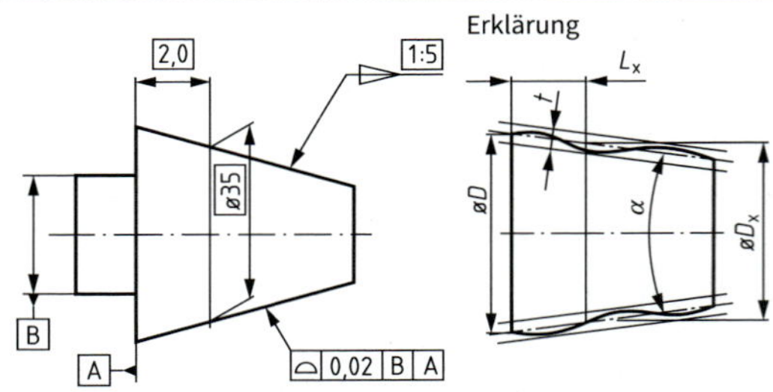

Tolerierung, unabhängig von der Toleranz der axialen Lage des Kegels

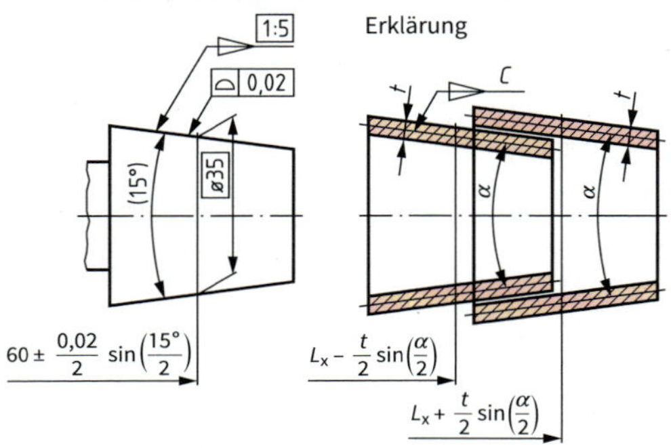

Genormter Kegel (DIN 228)

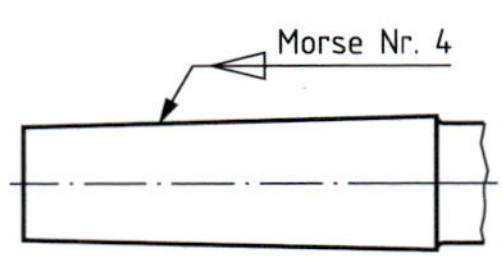

t = Breite der Toleranzzone, hier: 0,02 mm

Gestaltabweichungen

DIN 4760: 1982-06

Gestaltabweichungen sind die Gesamtheit aller Abweichungen der Istoberfläche von der geometrischen Oberfläche.
Die **Istoberfläche** ist das messtechnisch erfasste Abbild der wirklichen Oberfläche eines Formelementes.
Die **geometrische Oberfläche** ist die ideale, durch eine Zeichnung definierte Oberfläche.

Ordnung	1.	2.	3.	4.	5.	6.
bildliche Darstellung	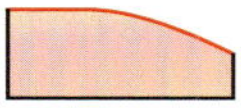 Form-abweichung	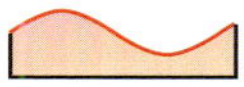 Welligkeit	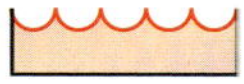 ←	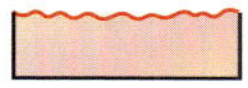 Rauheit	– →	–
Beispiel	Geradheits-, Rundheits-Abweichungen	Wellen	Rillen	Riefen, Schuppen	Gefügestruktur	Gitteraufbau des Werkstoffes
mögliche Entstehungs-ursachen	Durchbiegen der Maschine oder des Werkstückes	Schwingungen der Werkzeug-maschine	Form der Werk-zeugschneide, Vorschub des Werkzeuges	Vorgang der Spanbildung (Reißspan, Auf-bauschneide)	Kristallisations-vorgänge, Korrosions-vorgänge	–

Die Gestaltabweichungen 1.–4. Ordnung überlagern sich in der Regel zur Istoberfläche.

Oberflächenbeschaffenheit – Kenngrößen

DIN EN ISO 21920-2: 2022-12

Oberflächenprofile		Erklärung
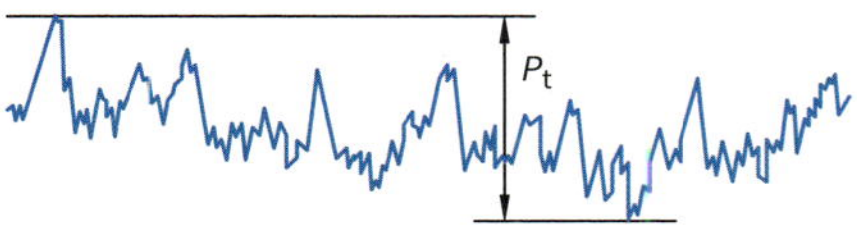	**Primärprofil *P***	Das ungefilterte Primärprofil P ist das tatsächlich gemessene Oberflächenprofil. Durch Filterung des Primärprofils entstehen das Welligkeitsprofil W und das Rauheitsprofil R. Bestimmende Größe für die Grenze zwischen Welligkeit und Rauheit ist die Grenzwellenlänge λ_c. Die Gesamthöhe P_t, W_t bzw. R_t des jeweiligen Profiltyps ist die maximale Höhe zwischen der höchsten Spitze und des tiefsten Teils des Profils der Auswertelänge l_e.
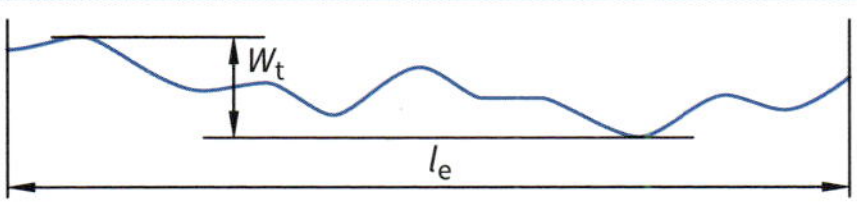	**Welligkeits-profil *W***	
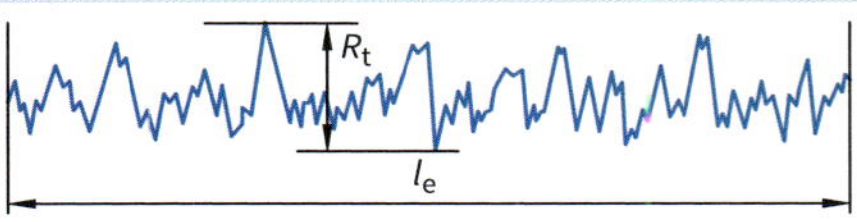	**Rauheitsprofil *R***	
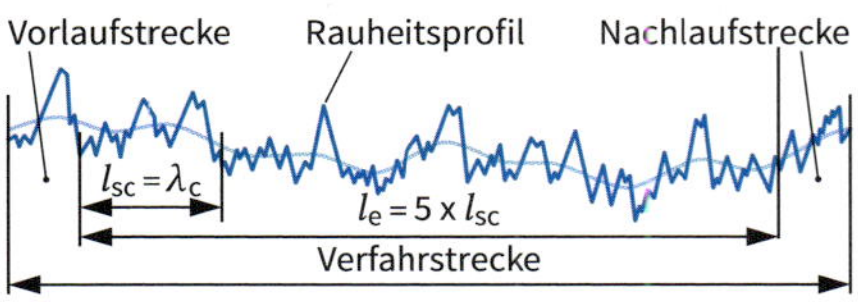	**Auswerte-länge l_e**	Die Auswertelänge l_e wird aus fünf Abschnittlängen l_{sc} gebildet. Die Verfahrensstrecke ist länger als die Auswertelänge. Die Abschnittlängen l_{sc} entsprechen der Grenzwellenlänge λ_c.
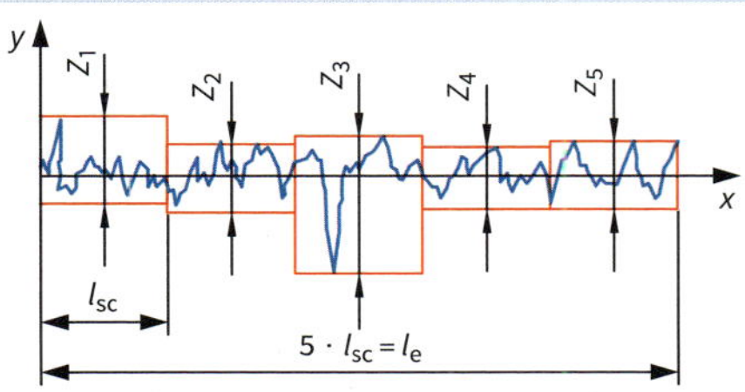	**Gemittelte Rautiefe R_z**	Die gemittelte Rautiefe R_z ist das arithmetische Mittel aus den Einzelrautiefen fünf aneinander grenzender Abschnittlängen l_{sc}. Die Einzelrautiefe Z ist der Abstand des höchsten vom tiefsten Punkt des Profils innerhalb der Abschnittlängen l_{sc}. $R_z = \frac{Z_1 + Z_2 + Z_3 + Z_4 + Z_5}{5}$ Eine Messung von R_z beschreibt genauer die Veränderung der Oberflächenstrukturen als der arithmetische Mittenrauwert R_a.
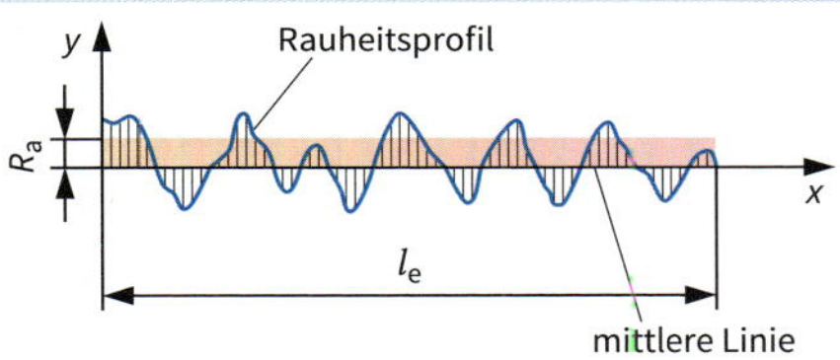	**Arithmetischer Mittelwert R_a**	Der arithmetische Mittelwert R_a ist der arithmetische Mittelwert der Absolutwerte der Ordinatenwerte. Er entspricht der Höhe eines Rechteckes, dessen Länge gleich der Auswertelänge l_e ist und das flächengleich mit der Summe der zwischen Rauheitsprofil und mittlerer Linie eingeschlossenen Flächen ist. Der arithmetische Mittenrauwert kann keine verschiedenen Profilformen erkennen.

Standard-Messbedingungen für die Rauheit

Die Abschnittlänge l_{sc} wird, abhängig von der Werkstückoberfläche, nach den zu erwartenden Rauheitswerten gewählt.
Ist kein Rauheitswert bekannt, wird die Abschnittlänge l_{sc} = 0,8 mm empfohlen. Damit sind die Gesamtmessstrecke und die zugehörige Verfahrstrecke festgelegt.

Standardeinstellungen

Einstellungsklasse	Obere Toleranzgrenze U Untere Toleranzgrenze L		Abschnittlänge l_{sc} in mm ≙ Grenzwellenlänge λ_c [1)]	Auswertelänge l_e in mm	Verfahrstrecke l_n in mm (empfohlen)	Tastspitzen-Radius $r_{tip\,max}$ in µm	Abschnittlänge l_{sc} in µm ≙ Grenzwellenlänge λ_s [2)]
	R_z in µm	R_a in µm					
Sc1	U ≤ 0,16 L ≤ 0,08	U ≤ 0,02 L ≤ 0,01	0,08	0,4	0,48	2	2,5
Sc2	0,16 < U ≤ 0,8 0,08 < L ≤ 0,4	0,02 < U ≤ 0,1 0,01 < L ≤ 0,05	0,25	1,25	1,5	2	2,5
Sc3	0,8 < U ≤ 16 0,4 < L ≤ 8	0,1 < U ≤ 2 0,05 < L ≤ 1	0,8	4	4,8	2	2,5
Sc4	16 < U ≤ 80 8 < L ≤ 40	2 < U ≤ 10 1 < L ≤ 5	2,5	12,5	15	5	8
Sc5	U > 80 L > 40	U > 10 L > 5	8	40	48	10	25

1) für Messungen der Rauheit mit einem Profil-L-Filter, der langwellige Anteile von einem Profil entfernt.
2) für Messungen mit einem Profil-S-Filter, der kurzwellige Anteile von einem Profil entfernt.

Angabe der Oberflächenbeschaffenheit

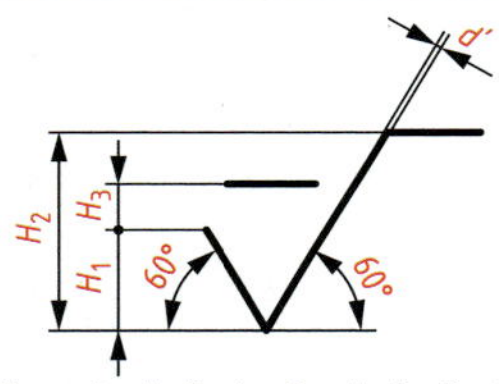

Der Balken oberhalb des Symbols dient zur Abgrenzung dieses Symbols von den in ISO 1302 verwendeten Symbolen.

Linienbr. d'	0,35	0,5	0,7
Höhe H_1	5	7	10
Höhe H_2	11	15	21
Höhe H_3	2,5	3,5	5
Länge l_1	4,5	6	8,5

Symbol	Bedeutung
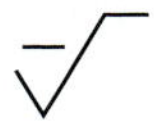	Alle Fertigungsprozesse sind zulässig
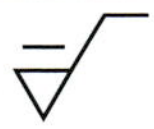	Material muss abgetragen werden
	Material darf nicht abgetragen werden

Lage der Oberflächen-Angaben am Symbol

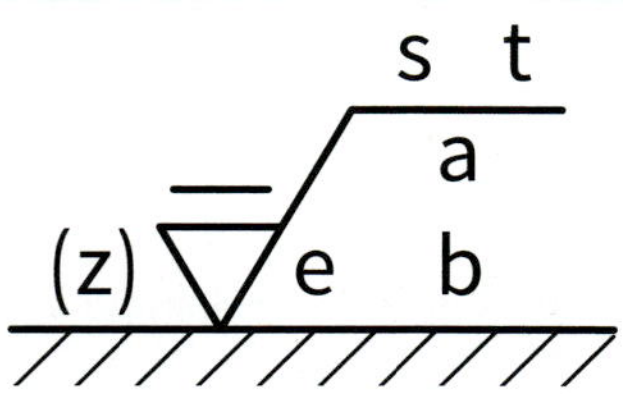

a: Rauheitskenngröße R_a oder R_z in µm, ggf. weitere Angaben
b: bei Angabe von zweiseitigen Profiltoleranzen
s: Fertigungsverfahren, Oberflächenbehandlung
t: Richtung der Oberflächenrillen
e: Profilrichtung

(z): Die Angabe der Bearbeitungszugabe ist nicht mehr festgelegt

Symbole für die Oberflächenstruktur

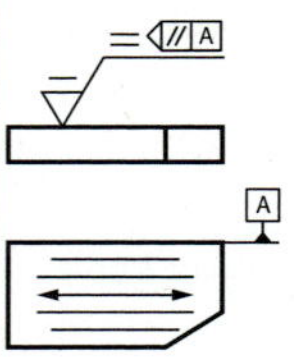	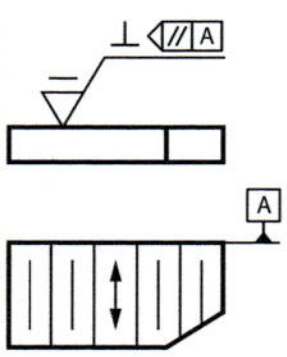	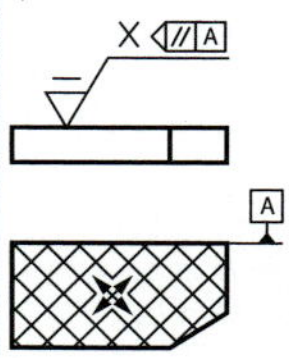	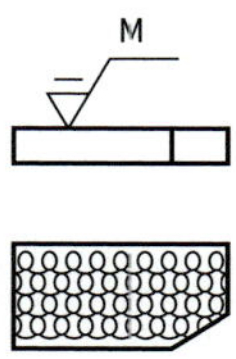	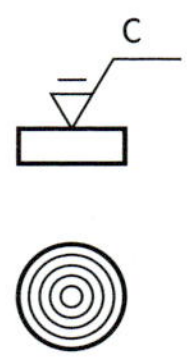	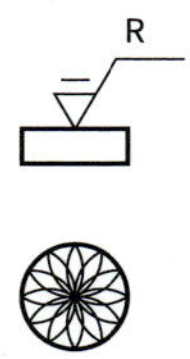	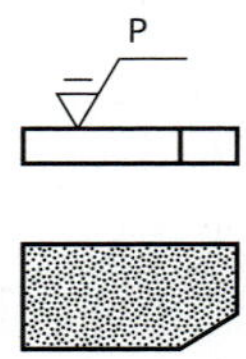
Parallel zur Projektionsebene	Senkrecht zur Projektionsebene	Gekreuzt in 2 schrägen Richtungen zur Projektionsebene	Mehrfache Richtungen	Zentrisch zum Mittelpunkt der Oberfläche, für die das Symbol gilt	Radial zum Mittelpunkt der Oberfläche, für die das Symbol gilt	Nicht rillige Oberflächen, ungerichtet oder hervortretend

 Schnittebenenindikator

 Bezugselementindikator

Angabe der Profilrichtung

Für die Bestimmung der Oberflächenbeschaffenheit ist die Profilposition zu beachten. Sie ist abhängig von der Toleranzakzeptanzregel. In der Profilrichtung ergeben sich die Höchstwerte der Kenngrößen der Rauheit senkrecht zur vorherrschenden Richtung der Bearbeitungsspuren. Die Profilrichtung muss angegeben werden, wenn das Profil in einer bestimmten, nicht standardmäßigen Richtung ermittelt wird.

	senkrecht zur vorherrschenden Richtung		kreisförmig zum Mittelpunkt der Oberfläche, für die das Symbol gilt
	parallel zur vorherrschenden Richtung		unter einem festgelegten Winkel zur vorherrschenden Richtung (0° < n < 90°)

Toleranz-Akzeptanzregeln

Tmax	Die Höchstwert-Toleranzakzeptanzregel ist als Standard festgelegt: kein Messwert darf die Toleranzgrenze überschreiten. Sie bezieht sich auf den Ort auf dem Teil der Oberfläche, an dem die kritischen Werte zu erwarten sind. Wenn dieser Ort nicht eindeutig identifiziert werden kann, müssen getrennte Spuren gleichmäßig über diesen Teil der Oberfläche verteilt werden. Die Angabe gilt für die obere Toleranzgrenze U, die Angabe Tmax entfällt bei der Oberflächenkennzeichnung.	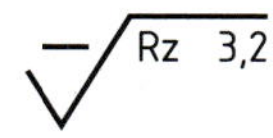
T16 %	Die 16 %-Toleranzakzeptanzregel legt fest, dass die Verletzung der Toleranzgrenze durch höchstens 16 % aller Messwerte einer Kenngröße zulässig ist. Es müssen gleichmäßig verteilte Spuren verwendet werden, um die gesamte Oberfläche zu repräsentieren.	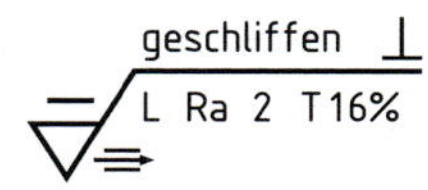
Tmed	Die Median-Toleranzakzeptanzregel legt fest, dass der Medianwert aller Messwerte der betreffenden Kenngröße innerhalb der Toleranzgrenzen liegen muss. (Median ist der Wert, der genau in der Mitte aller Messwerte liegt.)	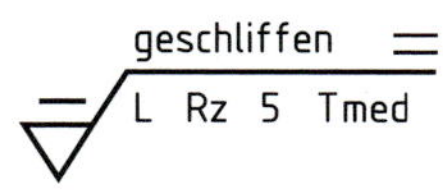

Anordnung der Symbole

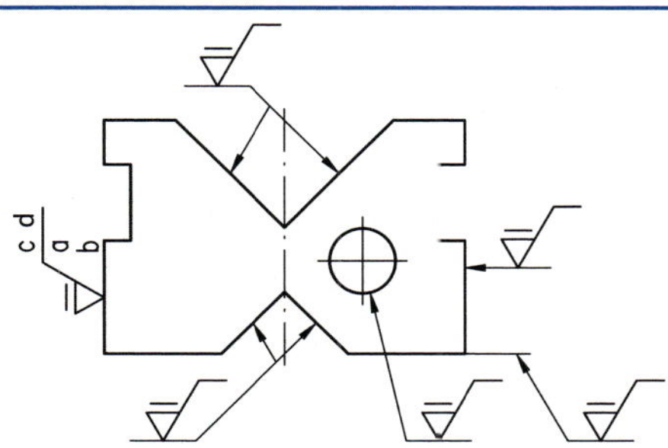

Die Symbole sind so anzuordnen, dass sie mit den Angaben von unten oder von rechts lesbar sind.

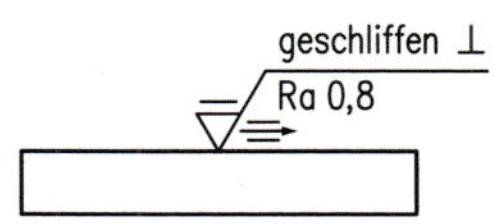

Oberflächenbeschaffenheit hergestellt durch Schleifen $R_a \leq 0{,}8$ µm, Rillenrichtung senkrecht zur Projektionsebene. Profilrichtung parallel zur Schleifrichtung.

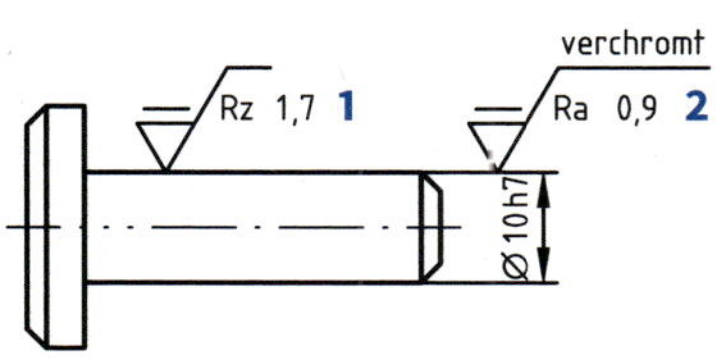

Hinweis in der Nähe des Schriftfeldes:
1 vor dem Verchromen
2 nach dem Verchromen

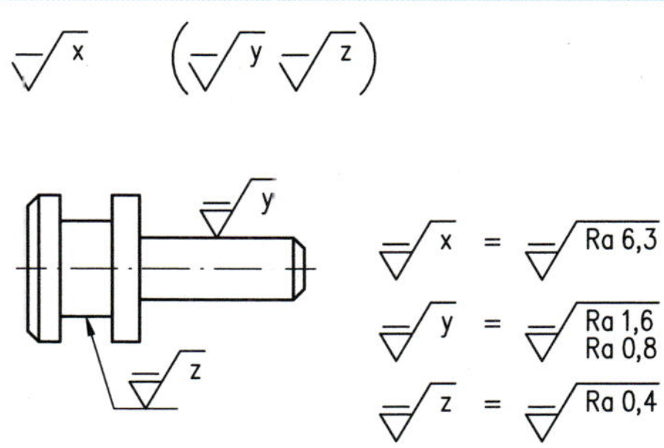

Vereinfachte Angaben müssen erläutert werden.

Erreichbare Oberflächenrauheit
Accessible surface roughness

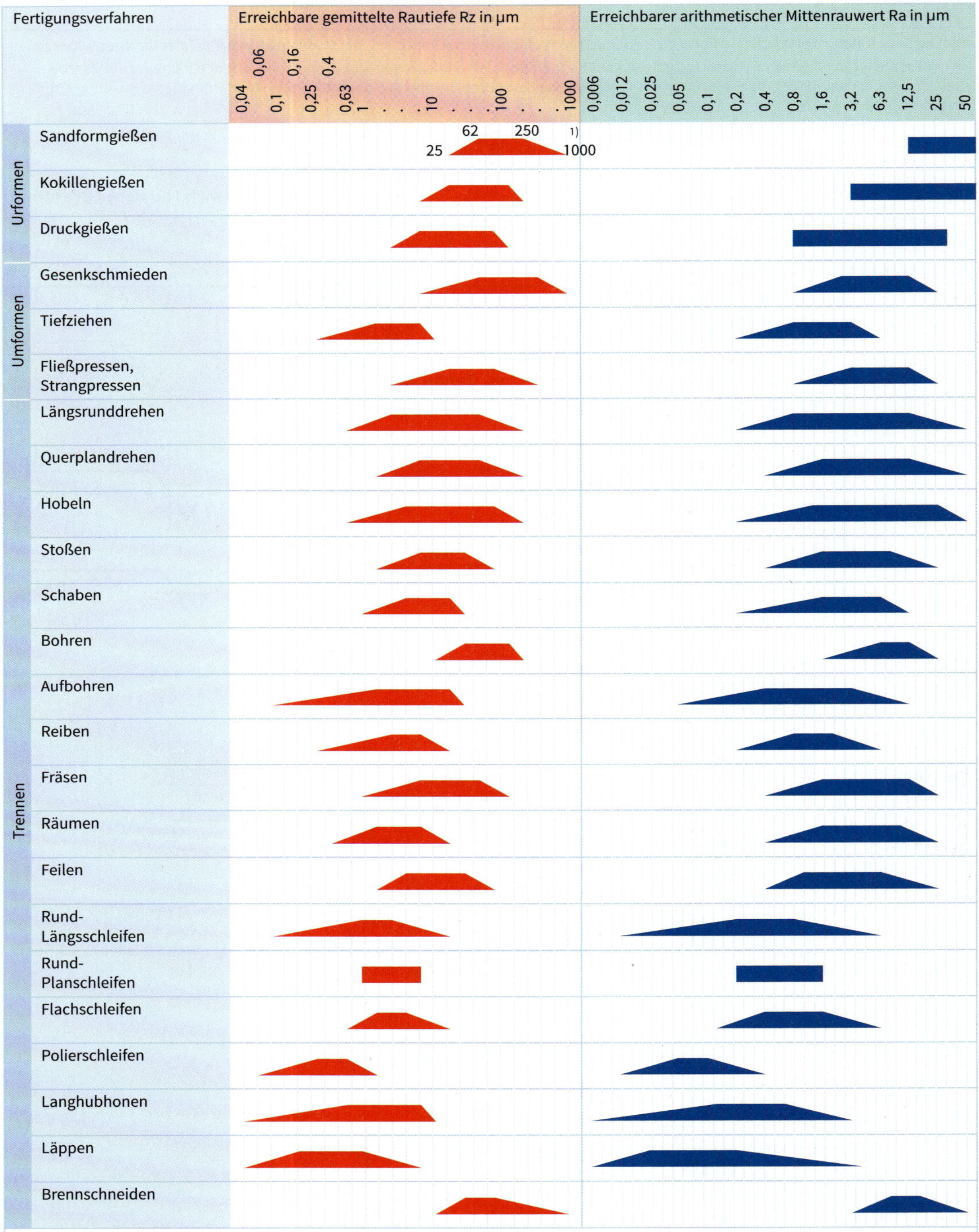

Die in den Tabellen angegebenen Werte sind Orientierungs- und Erfahrungswerte.
Die unteren Werte der jeweiligen Bereiche der erreichbaren Rautiefe Rz dürfen nicht als obere Grenzwerte in einer Zeichnungsangabe verwendet werden.
Soll ein bestimmter Ra- oder Rz-Wert vorgeschrieben werden, so muss dies durch Rauheitsangaben nach DIN ISO 1302 geschehen.
[1] ≥ 25 φm: genau, 63 … 250 φm: üblich, ≤ 1000 φm: grob

Form A
mit geraden Laufflächen ohne Schutzsenkung

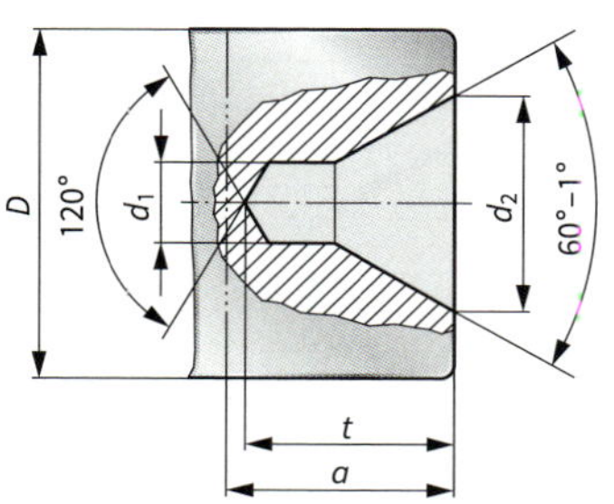

Form B
mit geraden Laufflächen und kegelförmiger Schutzsenkung

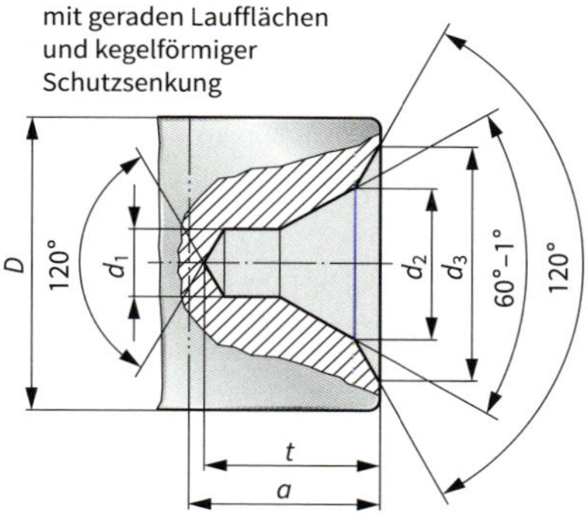

Form R
mit gewölbten Laufflächen ohne Schutzsenkung

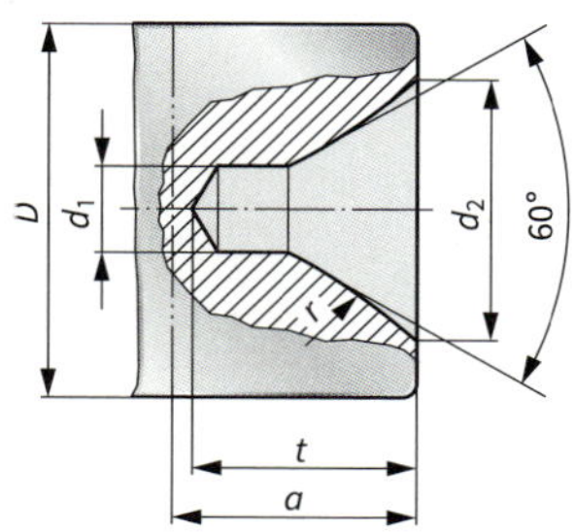

Form D
ohne Schutzsenkung mit gerader Lauffläche

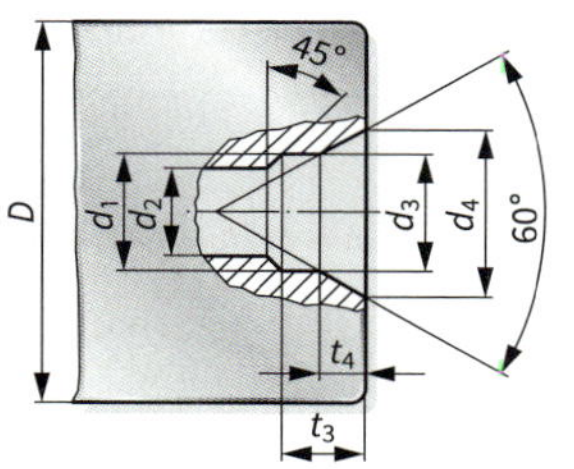

Form DR
mit gewölbter Lauffläche und Gewinde

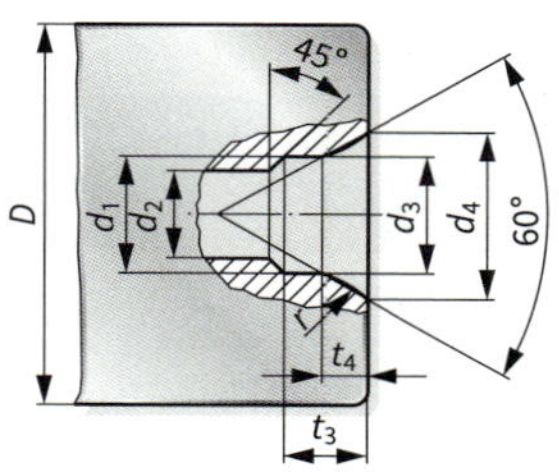

Form S
90°-Zentrierbohrung

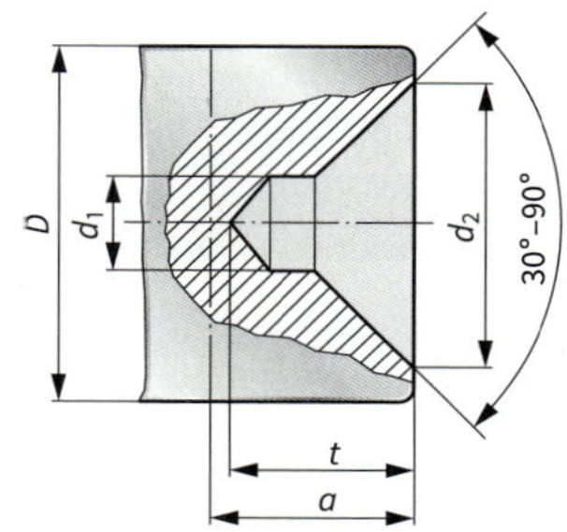

Bei der bildlichen Darstellung von Zentrierbohrungen werden nur die Durchmesser d_1 und d_2 (bzw. d_3, d_4) bemaßt.

Maße für Form A, B, R											
d_1	1	1,25	1,6	2	2,5	3,15	4	5	6,3	8	10
d_2	2,12	2,65	3,35	4,25	5,3	6,7	8,5	10,6	13,2	17	21,2
Form A											
t	1,9	2,3	2,9	3,7	4,6	5,9	7,4	9,2	11,5	14,8	18,4
a[1)]	3	4	5	6	7	9	11	14	18	22	28
Form B											
b	0,3	0,4	0,5	0,6	0,8	0,9	1,2	1,6	1,4	1,6	2
d_3	3,15	4	5	6,3	8	10	12,5	16	18	22,4	28
t	2,2	2,7	3,4	4,3	5,4	6,8	8,6	10,8	12,9	16,4	20,4
a[1)]	3,5	4,5	5,5	6,6	8,3	10	12,7	15,6	20	25	31
Form R											
t	1,9	2,3	2,9	3,7	4,6	5,8	7,4	9,2	11,4	14,7	18,3
r	3,15	4	5	6,3	8	10	12,5	16	20	25	31,5
a[1)]	3	4	5	6	7	9	11	14	18	22	28

Die Zentrierbohrungen der Form A, B, R und der zentrierende Teil der Bohrung der Form C werden mit entsprechenden Zentrierbohrern nach DIN 333 hergestellt.

Die Größe der Zentrierbohrung wird durch das Werkstückgewicht, die Festigkeitswerte des Werkstücks und die Zerspanungsgrößen bestimmt.

Für die Maße d_1 und d_2 und den Wellendurchmesser D der Formen A, B, R soll gelten:

$\frac{D}{d_2} \geq 3$ oder $\frac{D}{d_1} \geq 6{,}3$

$d_2 \leq \frac{D}{3}$ oder $d_1 \leq \frac{D}{6{,}3}$

Maße für Form D und DR										
d_1	M3	M4	M5	M6	M8	M10	M12	M16	M20	M24
d_2	2,5	3,3	4,2	5,0	6,8	8,5	10,2	14,0	17,5	21,0
d_3	3,2	4,3	5,3	6,4	8,4	10,5	13	17	21	25
d_4	5,3	6,7	8,1	8,6	12,2	14,9	18,1	23	28,4	34,2
t_3	2,6	3,2	4	5	6	7,5	9,5	12	15	18
t_4	1,8	2,1	2,4	2,8	3,3	3,8	4,4	5,2	6,4	8
r	4	5	6,3	8	10	16	20	25	31,5	40

Zentrierbohrung
DIN 332 – A 5 x 10,6
Bezeichnung einer Zentrierbohrung der Form A mit d_1 = 5 mm und d_2 = 10,6 mm

Maße für Form S							
d_1	12,5	16	20	25	31,5	40	50
d_2	50	63	80	100	125	160	200
t	30	35	45	55	65	85	105
a[1)]	50	55	70	90	100	120	140

Für die Maße d_1 und d_2 und den Wellendurchmesser D der Form S soll gelten:

$\frac{D}{d_2} \geq 3$ oder $\frac{D}{d_1} \geq 12$

[1)] Das Abstechmaß a gilt für Zentrierbohrungen, die nicht am Werkstück verbleiben.

Zentrierbohrungen – Vereinfachte Darstellung
Centre bore holes – simplified representation

DIN ISO 6411: 1997-11

→ *Die vereinfachte Darstellung besteht aus dem Symbol und der Bezeichnung.*

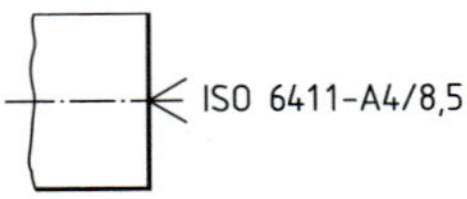

Zentrierbohrung Form A,
$d_1 = 4$ mm, $d_2 = 8{,}5$ mm
muss am fertigen Teil verbleiben

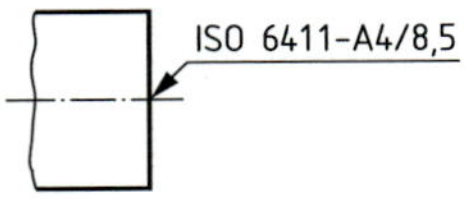

Zentrierbohrung Form A,
$d_1 = 4$ mm, $d_2 = 8{,}5$ mm
darf am fertigen Teil verbleiben

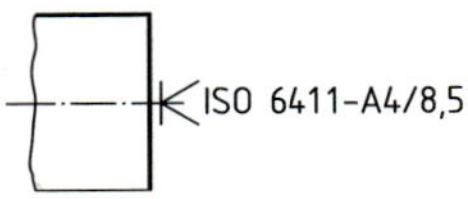

Zentrierbohrung Form A,
$d_1 = 4$ mm, $d_2 = 8{,}5$ mm
darf nicht am fertigen Teil verbleiben

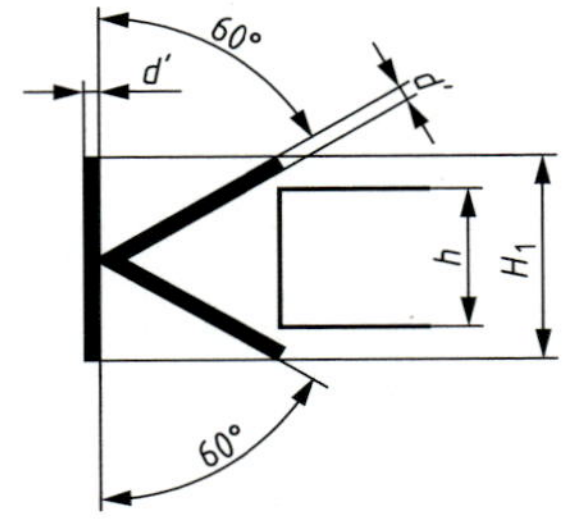

Maße der Symbole:
Linienbreite für die Konturen des Teiles: 0,5 mm

h = 3,5 mm
d' = 0,35 mm
H_1 = 5 mm

Werkstückkanten
Edges

DIN EN ISO 13715: 2020-01

	Begriffe		
Außenkante	Abtragung 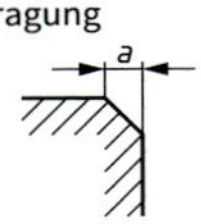	scharfkantig 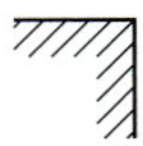	Grat 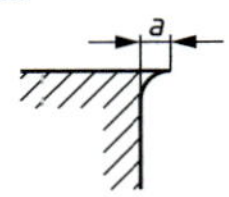
Innenkante	Abtragung 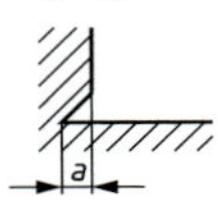	scharfkantig 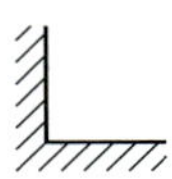	Übergang 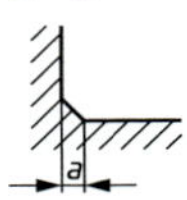
Empfohlene Kantenmaße *a* in mm	– 0,1; – 0,3; – 0,5; – 1; – 2,5	+ 0,05; + 0,02; – 0,02; – 0,05	+ 2,5; + 1; + 0,5; + 0,3; + 0,1

Kantenzustände		
Symbol	Außenkante	Innenkante
+	Grat zugelassen Abtragung nicht zugelassen	Übergang zugelassen Abtragung nicht zugelassen
–	Abtragung gefordert Grat nicht zugelassen	Abtragung gefordert Übergang nicht zugelassen
±	Grat oder Abtragung zugelassen	Abtragung oder Übergang zugelassen
	nur mit einer Maßangabe zulässig	

Die Zeichnungsangaben erfolgen durch das Symbol und die Maßangaben ggf. mit Angabe der Grat- oder Abtragungsrichtung

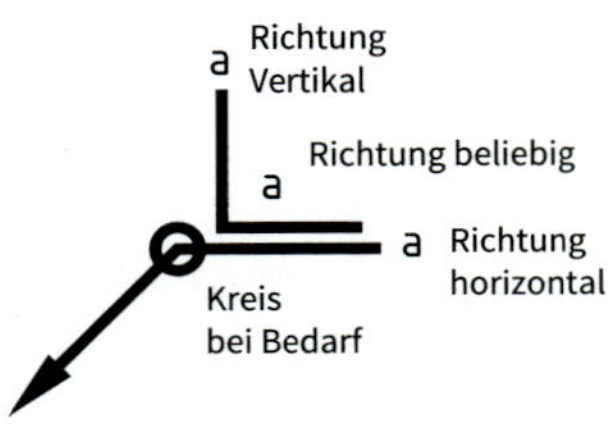

Auf die Norm ISO 13715 ist im Schriftfeld oder in dessen Nähe hinzuweisen:

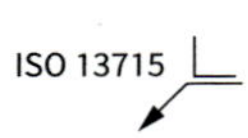

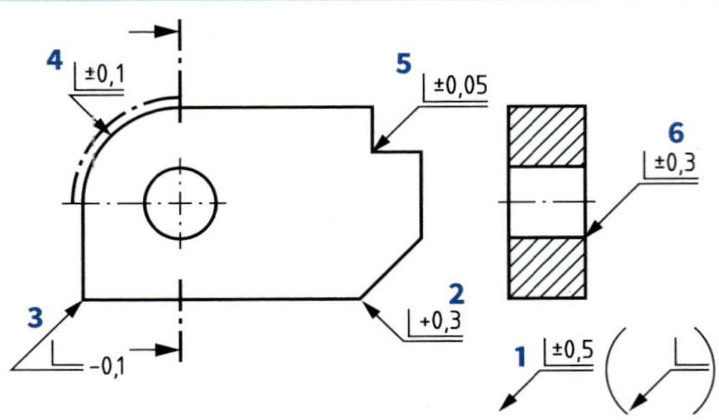

1 Die einmalige Angabe an geeigneter Stelle der Zeichnung gilt für alle Kanten. Zusätzliche Kantenzustände werden in Klammern einzeln oder vereinfacht durch das Grundsymbol angegeben.
2 Außenkante gratig bis 0,3 mm, Gratrichtung beliebig.
3 Außenkante gratig bis 0,1 mm, Gratrichtung horizontal.
4 Außenkante gratig oder gratfrei, obere und untere Grenze ± 0,1 mm, für eine vorgeschriebene Länge (Strich-Punkt-Linie (ISO 128-04.2))
5 Innenkante scharfkantig mit Übergang oder Abtragung bis 0,05 mm.
6 Umlaufende Kante der Bohrung gratig bis 0,3 mm.

Härteangaben

Die Angaben zur Wärmebehandlung werden in der Nähe des Schriftfeldes eingetragen. Wenn erforderlich, wird die Messstelle zur Überprüfung der Wärmebehandlung mit dem Symbol ⏚ gekennzeichnet. Allen Härtewerten sind möglichst große, jedoch funktionsgerechte Plus-Toleranzen zuzuordnen.

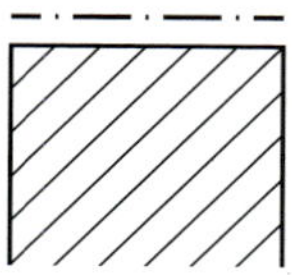	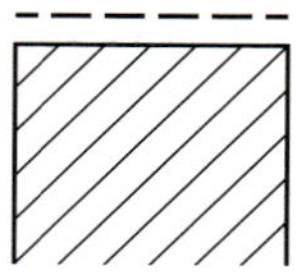	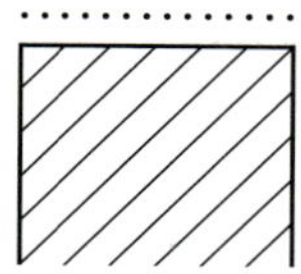	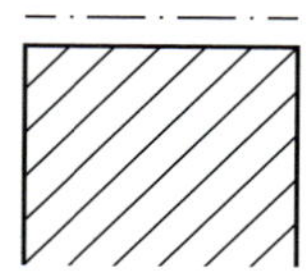
Kennzeichnung der Bereiche, die randschichtgehärtet oder einsatzgehärtet sein sollten Breite Strichpunktlinie (ISO 128-24–04.2)	Kennzeichnung der Bereiche, die randschichtgehärtet oder einsatzgehärtet sein dürfen Breite Strichlinie (ISO 128-24–02.2)	Kennzeichnung der Bereiche, die nicht wärmebehandelt sein dürfen Breite Punktlinie (ISO 128-24–07.2)	Kennzeichnung der erwarteten oder gewünschten randschichtgehärteten Bereiche Schmale Strichpunktlinie (ISO 128-24 – 04.1)

Begriffe

CHD	Härtetiefe Einsatzhärten	HTO	Wärmebehandlungsanweisung Dokument eines wärmebehandelten Teils
CD	Aufkohlungstiefe	HTO	Wärmebehandlungsplan Anweisung zur Wärmebehandlung
CLT	Verbindungsschichtdicke	IOD	Randoxidationstiefe
NHD	Nitrierhärtetiefe	OLT	Oxidschichtdicke
SHD	Einhärtungstiefe Randschichthärten		

Anwendungsbeispiele

Gleiche Härtewerte

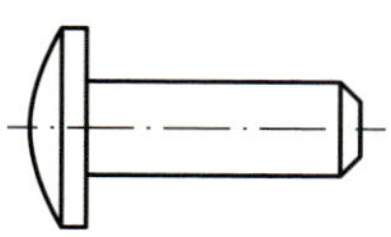

einsatzgehärtet und angelassen nach HTO ···
(60 + 4) HRC
CHD 0,5 + 0,3
— Toleranz der Einhärtungstiefe (0,3)
— Einhärtungstiefe (0,5)

Unterschiedliche Härtewerte

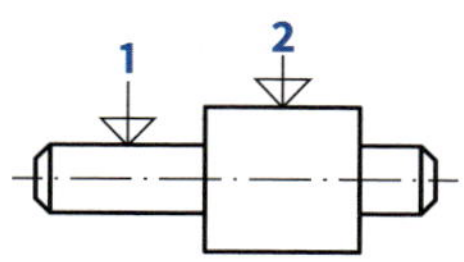

einsatzgehärtet und angelassen
1: (58 + 4) HRC;
CHD = 0,8 + 0,4
2: (600 + 100) HV30;
CHD = 0,5 + 0,3

Nicht wärmebehandelt

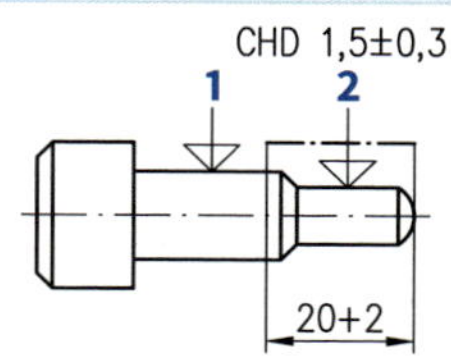

einsatzgehärtet und angelassen
1: (61 + 3) HRC;
2: (32 + 8) HRC;
CHD = 1,5 + 0,3
··· nicht aufgekohlt

Örtlich begrenzte Härtung

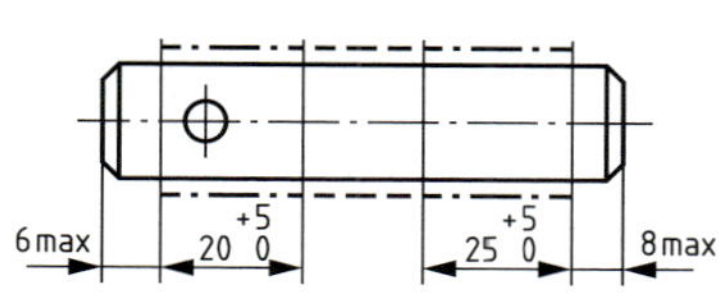

–·–·– randschichtgehärtet, ganzes Teil angelassen
(525 + 100) HV 10
SHD 425 = 0,4 + 0,4
— Toleranz der Einhärtungstiefe (0,4)
— Grenzhärte (425)
— Einhärtungstiefe (0,4)

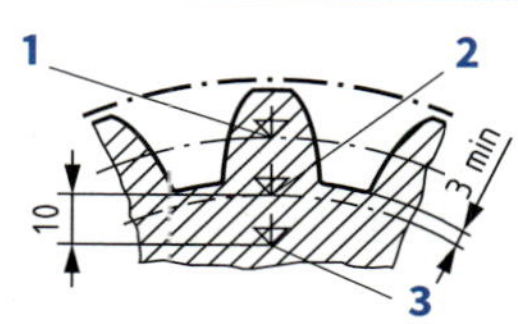

–·–·– randschichtgehärtet, ganzes Teil angelassen
1: (56 + 6) HRC; **2**: (52 + 4) HRC; **3**: ≤ 30 HRC

Grenzhärte ≙ 80 % der vorgeschriebenen Oberflächen-Mindesthärte

Bezeichnung in technischen Dokumenten

DIN 50 960-2: 2006-01; DIN EN ISO 27830: 2018-03

Die Angabe von Überzügen erfolgt als Ergänzung des Symbols zur Kennzeichnung der Oberfläche nach DIN ISO 1302. Wird das Symbol nicht angewandt, muss die Benennung „Galvanischer Überzug" hinzugesetzt werden. Ein einheitlicher, allseitiger Überzug wird in der Nähe des Schriftfeldes angegeben.

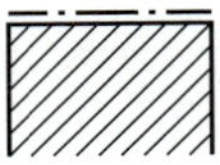

Kennzeichnung der Bereiche, die einen Überzug erhalten müssen

breite Strichpunktlinie (ISO 128-04-2.1)

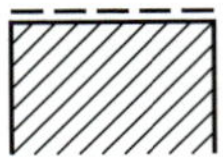

Kennzeichnung der Bereiche, die einen Überzug erhalten dürfen

breite Strichlinie (ISO 128-02.2.1)

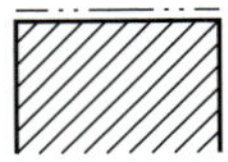

Kennzeichnung der Bereiche, die keinen Überzug erhalten dürfen

schmale Strich-Zweipunkt-linie (ISO 128-05.1.8)

Aufbau der Bezeichnung

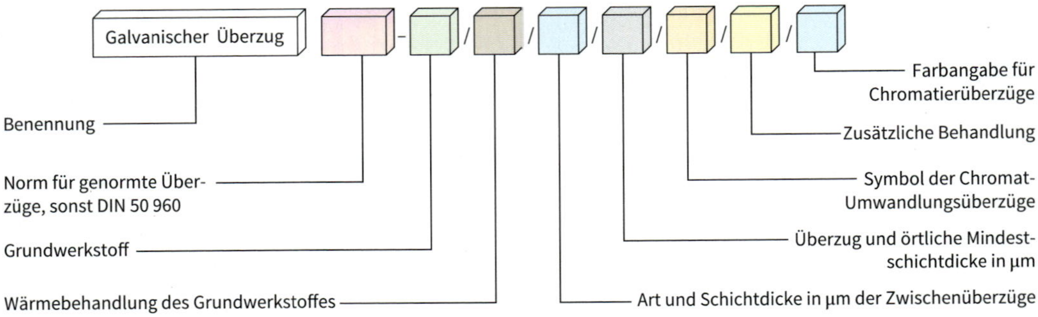

Galvanische Überzüge, Ergänzungen

Normen für Überzüge

DIN EN ISO 2081	Galvanische Zn-Überzüge
DIN EN ISO 4526	Galvanische Nickelüberzüge für technische Zwecke
DIN EN ISO 1456	Galvanische Ni- und Ni-Cr-Überzüge, Cu-Ni- und Cu-Ni-Cr-Überzüge
DIN EN ISO 2082	Galvanische Cd-Überzüge
DIN EN ISO 6158	Galvanische Chromüberzüge

Grundwerkstoffe

Fe	Eisen oder Stahl
Zn	Zink + Leg.
Cu	Kupfer + Leg.
Al	Aluminium + Leg.
Mg	Magnesium + Leg.
PL	Kunststoff

Wärmebehandlung des Grundwerkstoffes

SR Behandlung zur Spannungsentlastung

HR Behandlung zur Verminderung der Wasserstoffversprödung

HT Behandlung für andere Zwecke

Mindesttemperatur in °C in Klammern

Haltedauer in Stunden,

z. B. HT (190) 3

Chemische Symbole der Überzüge

Pb	Blei
Cd	Cadmium
Cr	Chrom
Au	Gold
Cu	Kupfer
Ni	Nickel
Pd	Palladium
Ag	Silber
Zn	Zink
Sn	Zinn

Symbole der Chromatierüberzüge

A	farblos
B	gebleicht
C	irisierend
F	schwarz

Zusätzliche Behandlung (ausgenommen Umwandlungsüberzüge)

Tx	mit oder ohne Versiegelung
T0	ohne Versiegelung
T2nL	Versiegelung ohne integrierten Schmierstoff
T2yL	Versiegelung mit integriertem Schmierstoff
T3	Anwendung organischer Farben
T7nL	Top Coat ohne integrierten Schmierstoff
T7yL	Top Coat mit integriertem Schmierstoff

Der Angabe des Überzuges und der Schichtdicke kann eine Angabe zur Wärmebehandlung des Überzuges folgen.

Ein doppelter Schrägstrich in der Bezeichnung weist auf eine fehlende Angabe hin.

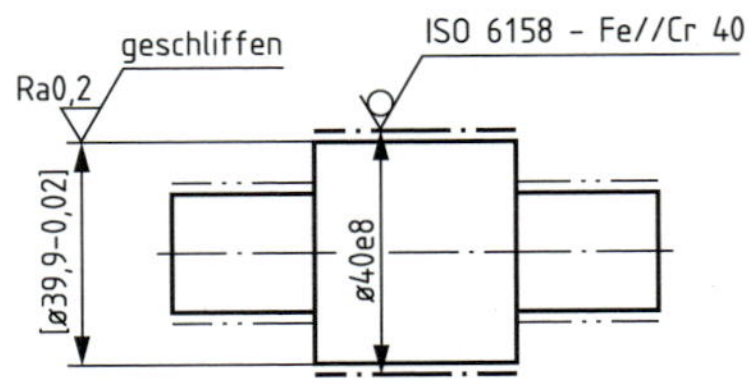

Chromüberzug auf der Funktionsfläche eines Gegenstandes aus Stahl, Schichtdicke 40 µm.
Bei der **Maßbeschichtung** wird das Vorbereitungsmaß Ø 39.9 – 0,02 in [ ] angegeben.
Eine allseitige Beschichtung ist mit dem Symbol für die Oberflächenbeschaffenheit über dem Schriftfeld der Zeichnung anzugeben.

Urheberrechtsgesetz

UrhG: 2017-09

Die Urheber von Werken der Literatur, Wissenschaft und Kunst genießen für ihre Werke Schutz nach Maßgabe dieses Gesetzes (UrhG, §1).

Urheber	Als Urheber wird der Schöpfer eines Werkes bezeichnet, z. B. ein Autor oder ein Programmierer. Der Urheber muss eine natürliche Person sein. Der Urheber hat das Recht, über die Verwertung seines Werkes zu entscheiden. Auch nach dem Tod des Urhebers bleibt das Recht bestehen und kann durch Erben in Anspruch genommen werden.
Werk	Ein Werk ist eine persönlich-geistige Schöpfung. Es müssen u. a. folgende Voraussetzungen erfüllt werden: Das Werk muss – durch Menschen geschaffen, – eine kreative Leistung darstellen und – durch Sehen oder Hören wahrnehmbar sein. Werke sind u. a. Schriftwerke, Computerprogramme, Filmwerke, Technische Zeichnungen, Skizzen und Tabellen. Gesetze, Verordnungen und amtliche Entscheidungen fallen nicht unter das Urheberrecht.
Zitate	Die Verwendung von Zitaten ist zulässig, wenn z. B. in wissenschaftlichen Arbeiten der Inhalt erläutert wird. Die Quelle, aus der das Zitat stammt, ist stets anzugeben.
Verwertung	Soll ein Werk von der Öffentlichkeit wahrgenommen werden, bedarf es einer Verwertung. Der Urheber kann diese selber wahrnehmen oder übertragen. Unter Verwertung versteht man Nutzungsarten wie – Vervielfältigung, – Verbreitung und – Bearbeitung des Werkes. Der Urheber muss jeder dieser Verwertungen vertraglich zustimmen. Durch den Vertrag wird u. a. die Entlohnung des Urhebers geregelt. Für die Verwertung eines Werkes im **Internet** gelten insbesondere – das Vervielfertigungsrecht, § 16 UrhG Der Urheber eines Werkes entscheidet darüber, ob und wer sein Werk kopieren darf. Dabei kann es sich um eine Fotokopie, einen Abdruck, eine Tonaufnahme oder auch einen Download handeln. – das Recht der öffentlichen Zugänglichmachung, § 19a UrhG Das Recht der öffentlichen Zugänglichmachung regelt die Verbreitung eines Werkes über das Internet. Der Urheber hat danach das ausschließliche Recht, sein Werk öffentlich wiederzugeben.
Urheberrechts-verletzungen	Zu den häufigsten Verstößen gegen das Urheberrecht im Internet zählen unerlaubte Vervielfältigungen, z. B. beim Kopieren und weiterem Verwenden eines Bildes. Bei der Verletzung seiner Rechte kann der Urheber folgendes verlangen:

Unterlassung	Beseitigung	Schadenersatz
	Beispiele	
ein geschütztes Bild darf zukünftig nicht mehr verwendet werden	ein geschütztes Bild ist aus der Veröffentlichung zu entfernen	für ein geschütztes Bild ist dem Urheber ein Honorar zu zahlen

Das Copyrightzeichen © stellt ein Symbol zur Kennzeichnung eines bestehenden Schutzes dar.
Die Verwendung des Copyrightzeichens ist nach deutschem Recht für den urheberrechtlichen Schutz ohne Bedeutung.

Datenschutz-Grundverordnung

DSGVO: 2018-05

Die Datenschutz-Grundverordnung schützt die Grundrechte und Grundfreiheiten natürlicher Personen und insbesondere deren Recht auf Schutz personenbezogener Daten (DSGVO Art. 1 (2)).

Eine natürliche Person ist der Mensch als Träger von Rechten und Pflichten.

Eine juristische Person ist u. a. ein Verein, eine GmbH, eine AG, eine Körperschaft des öffentlichen rechts (z. B. IHK)

Diese Verordnung gilt für die ganz oder teilweise automatisierte Verarbeitung personenbezogener Daten sowie für die nichtautomatisierte Verarbeitung personenbezogener Daten, die in einem Dateisystem gespeichert sind oder gespeichert werden sollen (DSGVO Art. 2 (1)).

Die Datenschutz-Grundverordnung (DSGVO), gültig für die gesamte Europäische Union, wird ergänzt und konkretisiert durch das nationale Bundesdatenschutzgesetz (BDSG) (2017-07).

Grundsätze für die Verarbeitung	Art. 5	Personenbezogene Daten müssen u. a. – rechtmäßig, sicher und in einer für die betroffene Person nachvollziehbaren Weise verarbeitet werden; – für festgelegte, eindeutige und legitime Zwecke erhoben werden; – dem Zweck angemessen und auf das notwendige inhaltliche und zeitliche Maß beschränkt sein; – sachlich richtig und auf dem neuesten Stand sein. *§3 BDSG legt fest, dass die Verarbeitung personenbezogener Daten durch eine öffentliche Stelle, wenn sie z. B. für die Ausübung öffentlicher Gewalt erforderlich ist, zulässig ist.* Personenbezogene Daten sind u. a. Name, Alter, Geschlecht, Geburtsdatum, Adresse, E-Mail-Adresse, Kontonummer, KFZ-Kennzeichen.
Rechtmäßigkeit der Verarbeitung	Art. 6 Art. 7	Die Verarbeitung ist nur rechtmäßig, wenn die betroffene Person ihre Einwilligung zu der Verarbeitung der Daten für bestimmte Zwecke gegeben hat. Die betroffene Person kann ihre Einwilligung jederzeit widerrufen.
Verarbeitung besonderer Kategorien	Art. 9	Die Verarbeitung personenbezogener Daten, aus denen u. a. die ethnische Herkunft, religiöse Überzeugungen oder die Gewerkschaftszugehörigkeit hervorgehen, sowie Gesundheitsdaten oder der sexuellen Orientierung einer natürlichen Person ist untersagt. Dies gilt nicht, wenn u. a. – die betroffene Person in die Verarbeitung der Daten ausdrücklich eingewilligt hat; – die Verarbeitung erforderlich ist, um z. B. den Vorschriften aus dem Arbeitsrecht und dem Recht der sozialen Sicherheit nachkommen zu können. *Nach §22 BDSG sind angemessene und spezifische Maßnahmen zur Wahrung der Interessen der betroffenen Person vorzusehen.*
Informationspflicht	Art. 13	Werden personenbezogene Daten bei der betroffenen Person erhoben, so teilt der Verantwortliche der betroffenen Person zum Zeitpunkt der Erhebung dieser Daten Folgendes mit: – den Namen und die Kontaktdaten des Verantwortlichen, – gegebenenfalls die Kontaktdaten des Datenschutzbeauftragten, – die Zwecke, für die die personenbezogenen Daten verarbeitet werden sollen, sowie die Rechtsgrundlage für die Verarbeitung, – die Dauer, für die die personenbezogenen Daten gespeichert werden, – Recht auf Auskunft über die betreffenden personenbezogenen Daten. Ein Verantwortlicher ist eine natürliche oder juristische Person, Behörde, Einrichtung oder andere Stelle, die über die Zwecke und Mittel der Verarbeitung von personenbezogenen Daten entscheidet.

Datenschutz-Grundverordnung

DSGVO: 2018-05

Recht auf Löschung	Art. 17	Die betroffene Person hat das Recht, zu verlangen, dass personenbezogene Daten unverzüglich gelöscht werden, und der Verantwortliche ist verpflichtet, personenbezogene Daten unverzüglich zu löschen, wenn u. a. – die personenbezogenen Daten für die Zwecke, für die sie erhoben wurden, nicht mehr notwendig sind; – die betroffene Person ihre Einwilligung widerruft; – die personenbezogenen Daten unrechtmäßig verarbeitet wurden.
Recht auf Datenübertragbarkeit	Art. 20	Die betroffene Person hat das Recht, die sie betreffenden personenbezogenen Daten in einem lesbaren Format zu erhalten. Die personenbezogenen Daten können direkt von einem Verantwortlichen einem anderen Verantwortlichen übermittelt werden, soweit dies technisch machbar ist und die betroffene Person dies wünscht.
Widerspruchsrecht	Art. 21 (2)	Werden personenbezogene Daten verarbeitet, um Direktwerbung zu betreiben, so hat die betroffene Person das Recht, jederzeit Widerspruch gegen die Verarbeitung sie betreffender personenbezogener Daten zum Zwecke derartiger Werbung einzulegen.
Datenschutz und Sicherheit der Verarbeitung	Art. 25 Art. 32	Der Verantwortliche trifft geeignete technische und organisatorische Maßnahmen, die sicherstellen, dass nur personenbezogene Daten zweckgebunden verarbeitet werden und das angemessene Schutzniveau gewährleistet ist.
Datenschutzbeauftragter	Art. 37	Der Verantwortliche in einem Unternehmen, einer Behörde oder öffentlichen Stelle benennt einen Datenschutzbeauftragten. *Nach §38 BDSG ist ein Datenschutzbeauftragter zu ernennen, wenn mindestens zehn Personen ständig mit der automatisierten Verarbeitung personenbezogener Daten beschäftigt sind.* Der Datenschutzbeauftragte hat u. a. folgende Aufgaben: – Unterrichtung und Beratung des und der Beschäftigten, die Verarbeitungen durchführen, hinsichtlich ihrer Pflichten nach dieser Verordnung; – Überwachung der Einhaltung dieser Verordnung sowie der Strategien des Verantwortlichen für den Schutz personenbezogener Daten einschließlich der Zuweisung von Zuständigkeiten, der Sensibilisierung und Schulung der an den Verarbeitungsvorgängen beteiligten Mitarbeiter und der diesbezüglichen Überprüfungen; – Zusammenarbeit mit der Aufsichtsbehörde; – Anlaufstelle für Beschwerden.
Allgemeine Bedingungen für die Verhängung von Geldbußen	Art. 83	Verstößt ein Verantwortlicher vorsätzlich oder fahrlässig gegen Bestimmungen dieser Verordnung, sind Geldbußen von bis zu 20 000 000 EUR oder im Fall eines Unternehmens von bis zu 4 % seines gesamten weltweit erzielten Jahresumsatzes des vorangegengenen Geschäftsjahrs möglich. *§42 BDSG sieht auch Freiheitsstrafen von bis zu drei Jahren vor.*
Datenverarbeitung im Zusammenhang mit einem Beschäftigungsverhältnis	Art. 88	Rechtsvorschriften der einzelnen EU-Mitgliedsstaaten oder Kollektivvereinbarungen (z. B. Tarifverträge) regeln Vorschriften zur Gewährleistung des Schutzes der Rechte und Freiheiten hinsichtlich der Verabeitung personenbezogener Beschäftigtendaten. *§26 BDSG regelt die Datenverarbeitung für Zwecke des Beschäftigungsverhältnisses u. a. für Zwecke* *– der Einstellung,* *– der Erfüllung des Arbeitsvertrags einschließlich der Erfüllung von durch Rechtsvorschriften oder durch Kollektivvereinbarungen festgelegten Pflichten,* *– der Beendigung des Beschäftigungsverhältnisses.*

Der ordnungsgemäße Betrieb einer Datenverarbeitung ist die Voraussetzung für eine sichere Produktion.
Hardware, Software und Daten sind gegen Verlust, Beschädigung und Missbrauch zu schützen.

Beschädigungen und Missbrauch

Manipulationen	Absichtliche Verfälschungen in der Software
Hacker	Personen, die amateurhaft/professionell Schwachstellen aufdecken, um Schäden anzurichten oder solche zu vermeiden.
Trojaner	Programme (z. B. als Bildschirmschoner) zum Einschmuggeln von getarnten Viren.
Viren	Eigenständiges Programmelement in einem Wirtsprogramm. Ein Virus besitzt die Fähigkeit, sich selbst zu kopieren und dadurch in ein zuvor nicht infiziertes Programm einzudringen. – Bootsektorviren greifen in die Konfiguration des Betriebssystems ein. – Makroviren sind direkt im Dokument gespeichert.
Wanzen	Fehler in der Software ohne selbstständige Ausbreitung
Würmer	Übertragen sich selbstständig von Rechner zu Rechner über Netze, z. B. als Anlage einer E-Mail

Sicherheitsmaßnahmen

Virenschutz	Virenscanner, Sperren der Laufwerke
Kryptographie	Verschlüsselung, öffentliche oder private Schlüssel (Codes), Signatur
Datensicherung	Kontinuierlich durch Spiegeln der Festplatten oder Backupserver Periodisch durch Komplettsicherung

Technisch-organisatorische Schutzmaßnahmen

Zutritt	Unbefugten wird der Zutritt zur Datenverarbeitungsanlage verwehrt (z. B. Raumsicherung, Schlüsselregelung)
Zugang	Unbefugten wird die Nutzung der Daten verwehrt (z. B. Passwort)
Zugriff	Nur Zugriffsberechtigte können auf die geschützten Daten zugreifen und diese bearbeiten (z. B. Prüfung der Zugriffsberechtigten)
Weitergabe	Bei der Weitergabe der Daten wird sichergestellt, dass diese nicht unbefugt gelesen, kopiert oder verändert werden können (z. B. durch Quittierung)
Eingabe	Eingaben, Veränderungen oder Entfernungen von Daten müssen dokumentiert werden.
Auftrag	Daten dürfen nur entsprechend den Weisungen des Auftraggebers bearbeitet werden (z. B. durch Auftragsbeschreibung)
Verfügbarkeit	Daten sind gegen zufällige Zerstörung oder Verlust zu schützen (z. B. Gebäudeschutz, Dienstahlschutz)
Organisation	Die zu unterschiedlichen Zwecken erhobenen Daten müssen getrennt verarbeitet werden können (z. B. Richtlinien für Verfahren und Dokumentation)

Schutz vor Computerviren aus dem Internet

Einstellung am Computer	Sicherheitsfunktionen aktivieren
	Aktuelles Virenschutz-Programm einsetzen
	Anzeige aller Dateitypen aktivieren
	Makro-Virenschutz von Anwenderprogrammen aktivieren
	Sicherheitseinstellungen am Browser auf gewünschte Stufe einstellen
Verhalten beim Download	Programme nur von vertrauenswürdigen Internet-Seiten laden
	Angabe über die Größe der Datei mit der tatsächlichen Größe der Datei nach dem Download überprüfen.
	Vor der Installation Daten mit aktuellem Viren-Schutzprogramm überprüfen
	Gepackte Dateien erst entpacken und dann auf Viren überprüfen

Empfang von E-Mails	Nicht sinnvolle E-Mails von unbekannten Absendern nicht öffnen, sondern löschen (SPAM).
	Datei-Anhänge nur von vertrauenswürdigen Absendern öffnen
	Prüfen, ob der Text der Nachricht auch zum Absender passt.
	Ausführbare Programme (z. B. *.COM, *.EXE), oder Bildschirmschoner (*.SCR) nicht öffnen.
Versenden von E-Mails	Prüfen, ob sich E-Mails im Postausgang befinden, die nicht vom Benutzer verfasst sind.
	Der Aufforderung zur Weiterleitung von Warnungen, Mails oder Anhängen an Freunde nicht nachkommen.

Werkstofftechnik

3

Bezeichnung von Stählen

Stahlsorten

Gusseisen

Nichteisenmetalle

Kunststoffe

Stahlerzeugnisse

Erzeugnisse aus Nichteisenmetallen und Kunststoffen

Werkstoffprüfung

→ *Stahl ist ein Werkstoff, dessen Masseanteil an Eisen größer ist als der jedes anderen Elementes, dessen C-Gehalt im Allgemeinen kleiner als 2 % ist und der andere Elemente enthält.*

Einteilung nach der chemischen Zusammensetzung

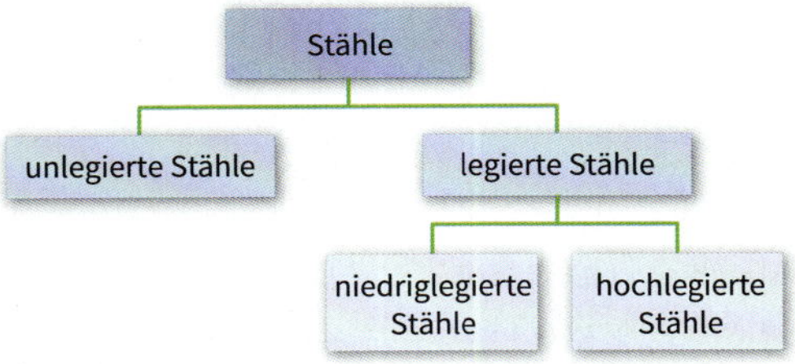

Stähle sind legiert, wenn der Grenzgehalt wenigstens eines Elementes erreicht oder überschritten wird.

Grenzgehalte für die Einteilung unlegierter und legierter Stähle

Element	Masseanteil in %	Element	Masseanteil in %
Al	0,30	Ni	0,30
B	0,001	Pb	0,40
Bi	0,10	Se	0,10
Co	0,30	Si	0,60
Cr	0,30	Te	0,10
Cu	0,40	Ti	0,05
La	0,10	V	0,10
Mn	1,65	W	0,30
Mo	0,08	Zr	0,05
Nb	0,06	sonstige	0,10

Einteilung nach Hauptgüteklassen

Unlegierte Qualitätsstähle

Stahlsorten mit festgelegten Anforderungen an Zähigkeit, Korngröße und Umformbarkeit; eine Wärmebehandlung ist nur bedingt möglich. Die Stahlsorten umfassen auch die bisherigen Grundstähle.

Beispiele:
- Unlegierte Baustähle
- Einsatzstähle
- Vergütungsstähle
- Schweißgeeignete Feinkornbaustähle

Legierte Qualitätsstähle

Stahlsorten mit besonderen Anforderungen an Zähigkeit, Korngröße und Umformbarkeit; sie sind im Allgemeinen nicht zum Vergüten oder Oberflächenhärten vorgesehen.

Beispiele:
- Stähle für den Stahlbau
- Schweißgeeignete Feinkornbaustähle
- Stähle für Schienen und Spundbohlen
- Stähle für warm- oder kaltgewalzte Flacherzeugnisse

Unlegierte Edelstähle

Stahlsorten mit höherem Reinheitsgrad als unlegierte Qualitätsstähle mit genauer Einstellung der chemischen Zusammensetzung. Sie sind zum Vergüten und Oberflächenhärten vorgesehen. Der Höchstgehalt an P und S beträgt ≤ 0,020 %.

Beispiele:
- Stähle für den Stahlbau
- Einsatzstähle
- Vergütungsstähle
- Federstähle
- Werkzeugstähle

Legierte Edelstähle

Stahlsorten mit genauer Einstellung der chemischen Zusammensetzung und verbesserten Eigenschaften durch besondere Herstellungs- und Prüfbedingungen außer nichtrostenden Stählen.

Beispiele:
- Maschinenbaustähle
- Stähle für Druckbehälter
- Wälzlagerstähle
- Werkzeugstähle
- Warmfeste Stähle

Nichtrostende Stähle

Nichtrostende Stähle sind Stähle mit einem Masseanteil

Cr ≥ 10,5 % und C ≤ 1,2 %.

Die Stähle werden weiter nach folgenden Kriterien unterteilt:

nach dem Nickelgehalt in
- Ni < 2,5 %,
- Ni ≥ 2,5 %,

nach den Haupteigenschaften in
- korrosionsbeständig,
- hitzebeständig,
- warmfest.

Grenzgehalte für die Einteilung der schweißgeeigneten legierten **Feinkornbaustähle** in Qualitäts- und Edelstähle

Element	Masseanteil in %
Cr	0,50
Cu	0,50
Mn	1,80
Mo	0,10
Nb	0,08
Ni	0,50
Ti	0,12
V	0,12
Zr	0,12

Für nicht genannte Elemente gilt die obere Tabelle.

Ein Feinkornbaustahl gilt als Qualitätsstahl, wenn die maßgebenden Gehalte unter den angegebenen Grenzwerten liegen.

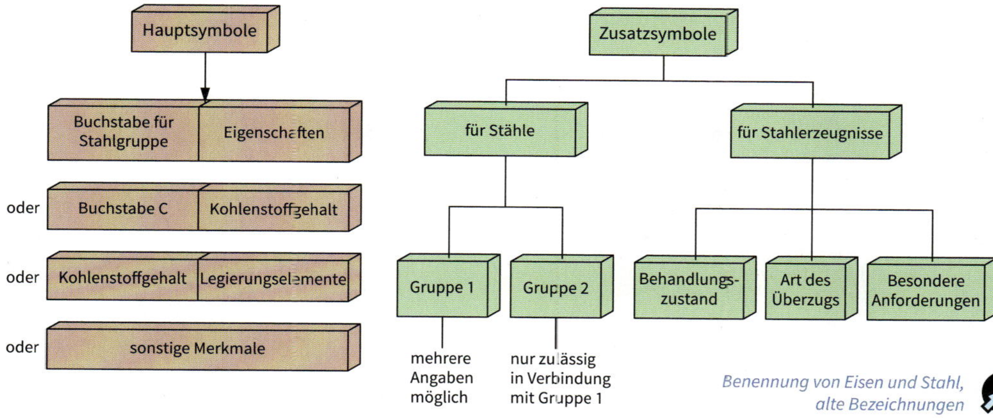

Benennung von Eisen und Stahl, alte Bezeichnungen

Werkstoffbezeichnungen, neu – alt

	Buchstabe	Eigenschaften	Zusatzsymbole für Stähle – Gruppe 1	Zusatzsymbole für Stähle – Gruppe 2
Stähle für den Stahlbau	**S** G... = Stahlguss	Mindeststreckgrenze R_e in MPa für die geringste Erzeugnisdicke Beispiel: **S 355 K2 G3** (G3:) voll beruhigt vergossener Stahl	Kerbschlagarbeit 27 J / 40 J / 60 J – Prüftemperatur °C: JR KR LR +20 J0 K0 L0 0 J2 K2 L2 –20 J3 K3 L3 –30 J4 K4 L4 –40 J5 K5 L5 –50 J6 K6 L6 –60 für Feinkornbaustähle A ausscheidungshärtend M thermomechanisch gewalzt N normalgeglüht oder normalisierend gewalzt Q vergütet G andere Güten (evtl. mit Ziffern) (s. Stähle für den Maschinenbau)	C mit besonderer Kaltumformbarkeit D für Schmelztauchüberzüge E für Emaillierung F zum Schmieden H für Hohlprofile L für Niedrigtemperatur M thermomechanisch gewalzt N normalgeglüht oder normalisierend gewalzt P Spundwandstahl Q vergütet S für Schiffsbau T für Rohre W wetterfest evtl. Symbole für vorgeschriebene zusätzliche Elemente und einer Ziffer (= 10fache des Gehalts)
Stähle für den Druckbehälterbau	**P** G... = Stahlguss	Mindeststreckgrenze R_e in MPa für die geringste Erzeugnisdicke Beispiel: **P 355 N H** GP 240 GH	für Feinkornbaustähle M thermomechanisch gewalzt N normalgeglüht oder normalisierend gewalzt Q vergütet T für Rohre B für Gasflaschen S für einfache Druckbehälter G andere Güten (evtl. mit Ziffern)	H für Hochtemperatur L für Niedrigtemperatur R für Raumtemperatur X für Hoch- und Niedrigtemperatur
Stähle für Leitungsrohre	**L**	Mindeststreckgrenze R_e in MPa für die geringste Erzeugnisdicke Beispiel: **L 360 NB**	für Feinkornbaustähle M thermomechanisch gewalzt N normalgeglüht oder normalisierend gewalzt Q vergütet G andere Güten (evtl. mit Ziffern)	Anforderungsklasse (evtl. mit Ziffern)
Höherfeste Stähle für Flacherzeugnisse zum Kaltumformen	**H** **HT**	Mindeststreckgrenze R_e in MPa Beispiel: **H 420 M** wenn Mindestzugfestigkeit R_m angegeben wird	M thermomechanisch gewalzt P phosphorlegiert B bake hardening[1] X Dualphasengefüge G andere Güten (evtl. mit Ziffern)	D für Schmelztauchüberzüge

[1] Bake-hardening-Stahl: bei Raumtemperatur alterungsbeständig mit geringer Streckgrenze, der unter Wärme, z. B. Lackeinbrennen, zusätzlich verfestigt.

	Buchstabe	Eigenschaften	Zusatzsymbole für Stähle – Gruppe 1	Zusatzsymbole für Stähle – Gruppe 2
Stähle für Flacherzeugnisse zum Kaltumformen	**D**	C kaltgewalzt D warmgewalzt X kalt- oder warmgewalzt gefolgt von 2stelliger Zahl für d. Stahlsorte Beispiel: **DC 04** **DC 03 + ZE**	D für Schmelztauchüberzüge EK für konventionelles Emaillieren ED für direktes Emaillieren H für Hohlprofile T für Rohre G andere Güten (evtl. mit Ziffern) evtl. Symbole für vorgeschriebene zusätzliche Elemente und einer Ziffer (= 10fache des Gehalts)	
Stähle für Verpackungsbleche und -band	**T**	Mindeststreckgrenze R_e in MPa H kontinuierlich geglühte Sorten S losweise geglühte Sorten Beispiel: **TH 550**		
Stähle für den Maschinenbau	**E**	Mindeststreckgrenze R_e in MPa für die geringste Erzeugnisdicke Beispiel: **E 355**	G andere Güten (evtl. mit Ziffer) G1 unberuhigt vergossen G2 beruhigt vergossen G3 voll beruhigt vergossen G4 voll beruhigt vergossen, vorgeschriebener Lieferungszustand	C mit besonderer Kaltziehbarkeit

	Buchst.	Kohlenstoffgehalt	Zusatzsymbole für Stähle
Unlegierte Stähle Mn-Gehalt < 1 % außer Automatenstähle	**C**	100 × mittlerer C-Gehalt Beispiel: **C 35 E**	E vorgeschriebener max. Schwefel-Gehalt R vorgeschriebener Bereich für Schwefel-Gehalt D zum Drahtziehen C mit besonderer Kaltumformbarkeit S für Federn U für Werkzeuge W für Schweißdraht G andere Güten (evtl. mit Ziffern)

	Buchst.	Kohlenstoffgehalt	Legierungselemente
Unlegierte Stähle, Mn-Gehalt > 1 % **Legierte Stähle,** Gehalt der einzelnen Leg.-elemente < 5 %	**ohne** G… = Stahlguss	100 × mittlerer C-Gehalt Beispiel für unleg. Stahl: **28 Mn 6** Beispiel für leg. Stahl: **42 CrMo 4** G 20Mo 5	Buchstaben für die charakteristischen Legierungselemente, geordnet nach abnehmenden Gehalten gefolgt von Zahlen, getrennt durch Bindestrich, die dem mittleren prozentualen Gehalt der Elemente × Faktor entsprechen, geordnet in der Reihenfolge der Legierungselemente (Faktoren siehe Tabelle unten)
Legierte Stähle, mind. ein Leg.-element ≥ 5 %	**X** G… = Stahlguss	100 × mittlerer C-Gehalt Beispiel: **X 22 CrMoV 12-1** GX7 CrNi Mo 12-1	Buchstaben für die charakteristischen Legierungselemente, geordnet nach abnehmenden Gehalten gefolgt von Zahlen, getrennt durch Bindestrich, die dem mittleren prozentualen Gehalt der Elemente entsprechen, geordnet in der Reihenfolge der Legierungselemente

Elemente	Faktor
Cr, Co, Mn, Ni, Si, W	4
Al, Be, Cu, Mo, Nb, Pb, Ta, Ti, V, Zr	10
C, Ce, N, P, S	100
B	1000

	Buchst.	Legierungselemente
Schnellarbeitsstähle	**HS**	Zahlen, getrennt durch Bindestrich, die den prozentualen Gehalt der Legierungselemente in folgender Reihenfolge angeben: W-Mo-V-Co; Beispiel: **HS 7-4-2-5**
	HSS	Schnellarbeitsstahl mit weniger als 4,5 % Co und weniger als 2,6 % V
	HSS-E	Schnellarbeitsstahl mit mind. 4,5 % Co und/oder mind. 2,6 % V

weitere Stähle:

Betonstähle	**B**	Angabe der Mindeststreckgrenze	**Stähle für Schienen**	**R**	Mindestzugfestigkeit
Spannstähle	**Y**	Nennwert der Zugfestigkeit	**Elektroblech und -band**	**M**	max. Ummagnetisierungsverlust

Zusatzsymbole für Stahlerzeugnisse

Symbole für den Behandlungszustand	
+A	weichgeglüht
+AC	geglüht zur Erzielung kugeliger Karbide
+AR	wie gewalzt, ohne besondere Wärmebehandlung
+AT	lösungsgeglüht
+C	kaltverfestigt
+TCxxx	kaltverfestigt auf R_m = xxx N/mm²
+CPxxx	kaltverfestigt auf $R_{p0,2}$ = xxx N/mm²
+CR	kaltgewalzt
+DC	Lieferzustand dem Hersteller überlassen
+FP	behandelt auf Ferrit-Perlit-Gefüge
+HC	warm-kalt geformt
+I	isothermisch behandelt
+LC	leicht kalt nachgezogen bzw. leicht nachgewalzt
+M	thermomechanisch gewalzt
+N	normalgeglüht oder normalisierend gewalzt
+NT	normalgeglüht und angelassen
+P	ausscheidungsgehärtet
+Q	abgeschreckt
+QA	luftgehärtet
+QO	ölgehärtet
+QT	vergütet
+QW	wassergehärtet
+RA	rekristallationsgeglüht
+S	kaltscherbar
+SR	spannungsarm geglüht
+T	angelassen
+TH	behandelt auf Härtespanne
+U	unbehandelt
+WW	warmverfestigt

Um Verwechslungen zu vermeiden, kann allen Symbolen der Buchstabe T voran gestellt werden, z. B. +TA.

Symbole für die Art des Überzuges	
+A	feueraluminiert
+AS	mit Al-Si-Leg. überzogen
+AZ	mit Al-Zn-Leg. überzogen
+CE	elektrolytisch verchromt
+CU	Cu-Überzug
+IC	anorganisch beschichtet
+OC	organisch beschichtet
+S	feuerverzinnt
+SE	elektrolytisch verzinnt
+T	schmelztauchveredelt mit Pb-Sn-Leg.
+TE	elektrolytisch mit Pb-Sn-Leg. überzogen
+Z	feuerverzinkt
+ZA	mit Zn-Al-Leg. überzogen
+ZE	elektrolytisch verzinkt
+ZF	diffusionsgeglühte Zinküberzüge
+ZM	Zn-Mg-Überzug
+ZN	Zn-Ni-Überzug

Um Verwechslungen zu vermeiden, kann allen Symbolen der Buchstabe S voran gestellt werden, z. B. +SA.

Symbole für besondere Anforderungen	
+CH	Kernhärtbarkeit
+H	mit besonderer Härtbarkeit
+Zxx	Mindestbrucheinschnürung senkrecht zur Oberfläche von xx %

Einfluss der Legierungselemente auf die Stahleigenschaften
Influence of the alloying elements on the properties of steel

beeinflusste Eigenschaft	Legierungselement												
	C	Si	S	P	Al	Co	Cr	Cu	Mn[1]	Mo	Ni[1]	V	W
Zugfestigkeit	+	+	o	+	o	+	+	+	+	+	+	+	+
Streckgrenze	+	+	o	+	o	+	+	+	+ | –	+	+ | –	+	+
Bruchdehnung	–	–	–	–	o	–	–	o	o | +	–	o | ++	o	–
Kerbschlagarbeit	–	–	–	––	–	–	–	o	o	+	o | ++	+	o
Warmfestigkeit	+	+	o	o	o	+	+	+	o	+	+ | ++	+	++
Warmumformbarkeit	–	–	––	–	–	–	–	––	+ | ––	–	– | ––	+	–
Zerspanbarkeit	–	–	++	+	o	o	o	o	– | ––	–	– | ––	o	–
Härte	–	+	o	+	o	+	+	+	+ | ––	+	+ | –	+	+
Nitrierbarkeit	/	–	o	o	++	o	+	o	o	+	o	+	+
Korrosionsbeständigkeit	o	o	–	o	o	o	++	+	o	o	o | +	+	o
Verschleißfestigkeit	/	––	o	o	o	++	+	o	– | o	+	o	+	++

++ = starke Erhöhung, + = Erhöhung, o = gleichbleibend oder ohne Bedeutung, – = Verminderung, –– = starke Verminderung, / = ohne Angabe

[1] Angaben für perlitische Stähle | austenitische Stähle

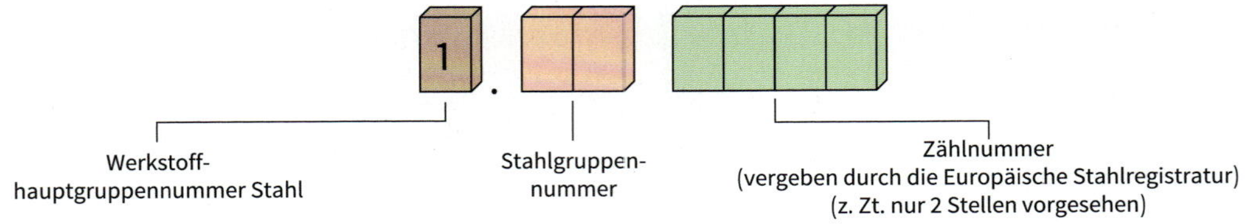

Stahlgruppennummer

unlegierte Stähle	
00, 90	**Grundstähle**
	Qualitätsstähle
01, 91	Allgem. Baustähle, R_m < 500 N/mm²
02, 92	Sonstige, nicht für Wärmebehandlung vorgesehene Baustähle, R_m < 500 N/mm²
03, 93	Stähle mit < 0,12 % C, R_m < 400 N/mm²
04, 94	Stähle mit 0,12 % ≤ C < 0,25 % oder 400 N/mm² ≤ R_m < 500 N/mm²
05, 95	Stähle mit 0,25 % ≤ C < 0,55 % oder 500 N/mm² ≤ R_m < 700 N/mm²
06, 96	Stähle mit ≥ 0,55 % C, R_m ≥ 700 N/mm²
07, 97	Stähle mit höherem P- oder S-Gehalt
	Edelstähle
10	Stähle mit bes. physikalischen Eigenschaften
11	Bau-, Maschinenbau- und Behälterstähle mit < 0,50 % C
12	Maschinenbaustähle mit ≥ 0,50 % C
13	Bau-, Maschinenbau- und Behälterstähle mit bes. Anforderungen
14	frei
15 … 18	Werkzeugstähle
19	frei

legierte Stähle	
	Qualitätsstähle
08, 98	Stähle mit bes. physikalischen Eigenschaften
09, 99	Stähle für verschiedene Anwendungsbereiche
	Edelstähle
20 … 28	Werkzeugstähle
29	frei
30, 31	frei
32	Schnellarbeitsstähle mit Co
33	Schnellarbeitsstähle ohne Co
34	frei
35	Wälzlagerstähle
36, 37	Stähle mit bes. magnetischen Eigenschaften
38, 39	Stähle mit bes. physikalischen Eigenschaften
40 … 45	nichtrostende Stähle
46	chem. beständige u. hochwarmfeste Ni-Leg.
47, 48	Hitzebeständige Stähle
49	Hochwarmfeste Werkstoffe
50 … 84	Bau-, Maschinenbau- und Behälterstähle geordnet nach Legierungselementen
85	Nitrierstähle
86	frei
87 … 89	nicht für Wärmebehandlung bestimmte Stähle, hochfeste schweißgeeignete Stähle

Begriffsbestimmungen für Stahlerzeugnisse
Definition of steel products
DIN EN 10079: 2007-06

Begriff		Symbol/ Kurzzeichen	Erklärung
deutsch	englisch		
Flacherzeugnis	flat product	–FL	Erzeugnis mit rechteckigem Querschnitt, bei dem die Breite viel größer als die Dicke ist
Stab- oder Formstahl	bar	–B	Erzeugnis in Form gerader Stäbe, nicht in Form von Ringen geliefert
Draht	wire	–W	durch Warm- oder Kaltumformen hergestellt, zu Ringen aufgewickelt
Schmiedestück	forging	–FO	Erzeugnis, das durch Druckumformen in die annähernd endgültige Form gebracht wird
Gussstück	casting	–C	Erzeugnis, dessen endgültige Form und Maße unmittelbar durch die Erstarrung des Stahles in Formen erzeugt wird
nahtloses Rohr	seamless tube	–TS	durch Walzen oder Strangpressen geformtes Rohr
geschweißtes Rohr	welded tube	–TW	zu einem kreisförmigen Profil eingeformtes Flacherzeugnis mit anschließend verschweißten Kanten
Band	strip	–	warmgewalztes Flacherzeugnis, zu Rollen aufgewickelt, Mindestbreite 600 mm
Blech	plate and sheet	–	kaltgewalztes Flacherzeugnis, Mindestbreite 600 mm
Winkelprofil	angle	L	warmgewalzte Erzeugnisse, deren Querschnitt dem Buchstaben L ähnelt
T-Profil	T-section	T	warmgewalzte Erzeugnisse, deren Querschnitt dem Buchstaben T ähnelt
große Profile	heavy section	I, H, U	warmgewalzte Erzeugnisse, deren Querschnitt den Buchstaben I, H oder U ähnelt

Unlegierte Baustähle – warmgewalzt

DIN EN 10025-2: 2019-10

Kurzname	Werkstoffnummer	bisheriger Kurzname	Zugfestigkeit R_m in MPa [1]	Streckgrenze R_{eH} in MPa für Erzeugnisdicken in mm ≤ 16	> 16 ≤ 40	> 40 ≤ 63	> 63 ≤ 80	> 80 ≤ 100	Bruchdehnung A_5 in % [2]	Kerbschlagarbeit in J [3] bei −20° … +20 °C	Bemerkungen
S 185	1.0035	St 33	290 … 510	185	175	175	175	175	18		
S 235 JR	1.0038	St 37-2	360 … 510	235	225	215	215	215	26	27	für gering beanspruchte Teile im Maschinenbau und Stahlbau, gut bearbeitbar
S 235 J0	1.0114	St 37-3U									
S 235 J2	1.0117	–							24		
S 275 JR	1.0044	St 44-2	410 … 560	275	265	255	245	235	23	27	für mittelmäßig beanspruchte Teile, z. B. Achsen, Hebel
S 275 J0	1.0143	St 44-3U									
S 275 J2	1.0145	–							21		
S 355 JR	1.0045	–	470 … 630	355	345	335	325	315	22	27	für hoch beanspruchte Teile im Maschinen- und Stahlbau, z. B. Brücken, Kräne
S 355 J0	1.0553	St 52-3U									
S 355 J2	1.0577	–									
S 355 K2	1.0596	–							20		
E 295	1.0050	St 50-2	470 … 610	295	285	275	265	255	20	–	für mittelmäßig beanspruchte Teile im Maschinenbau
E 335	1.0060	St 60-2	570 … 710	335	325	315	305	295	16	–	für höher beanspruchte Teile im Maschinenbau
E 360	1.0070	St 70-2	670 … 830	360	355	345	335	325	11		

[1] für Erzeugnisdicken $3 \le t \le 100$
[2] für Längsproben, Erzeugnisdicken $3\ \text{mm} \le t \le 40\ \text{mm}$
[3] für Erzeugnisdicken $150 < t \le 250$

Lieferzustand

Stahlsorte und Gütegruppe	Lieferzustand Flacherzeugnisse	Langerzeugnisse
S 185	nach Vereinbarung	
S 235 JR, S 235 JO	nach Vereinbarung	
S 275 JR, S 275 JO		
S 355 JR, S 355 JO		
S 235 J2 G3, S 275 J2 G3	normalgeglüht	nach Vereinbarung
S 235 J2 G3, S 355 K2 G3		
S 235 J2 G4, S 275 J2 G4	nach Wahl des Herstellers	
S 355 J2 G4, S 355 K2 G4		
E 295, E 335, E 360	nach Vereinbarung	

Mindestbiegeradien beim Abkanten von Flacherzeugnissen

– quer zur Walzrichtung –

Kurzname	Nenndicken in mm > 3 ≤ 4	> 4 ≤ 5	> 5 ≤ 6	> 6 ≤ 7	> 7 ≤ 8
S 235 JRC	5	6	8	10	12
S 235 J0C					
S 235 J2C	6	8	10	12	16
S 275 JRC	5	8	10	12	16
S 275 J0C					
S 275 J2C	6	10	12	16	20
S 355 J0C	6	8	10	12	16
S 355 J2C					
S 355 K2C	8	10	12	16	20

Technologische Eigenschaften

Schweißbarkeit	Warmumformbarkeit	Kaltumformbarkeit
Stähle der Gütegruppen JR, JO, J2 sind im Allgemeinen mit allen Verfahren schweißbar. Die Schweißeignung verbessert sich von JR bis K2.	Für normalgeglühte und normalisierend gewalzte Erzeugnisse ist die Warmumformbarkeit gewährleistet.	Kaltbiegen, Abkanten und Kaltbördeln sind bis zu einer Nenndicke $t \le 30$ mm gewährleistet, wenn die gewünschte Eignung bei Bestellung vereinbart war (Zusatzsymbol C).

Warmgewalzte Erzeugnisse aus schweißgeeigneten Feinkornbaustählen

DIN EN 10025-3: 2019-10; DIN EN 10025-4: 2019-10

Kurzname	Werkstoffnummer	bisheriger Kurzname	Lieferzustand [1]	Zugfestigkeit R_m in MPa [2]	Streckgrenze R_{eH} in MPa für Erzeugnisdicken in mm					Bruchdehnung A_5 in % [3]	Bemerkungen und Verwendung
					≤ 16	> 16 ≤ 40	> 40 ≤ 68	> 68 ≤ 90	> 90 ≤ 100		
S 275 N	1.0490	StE 285	N	370 … 510	275	265	255	245	235	24	Die Stähle sind auch mit festgelegten Mindestwerten der Kerbschlagarbeit bis –50 °C erhältlich.
S 275 M	1.8818	–	M	360 … 510							
S 355 N	1.0545	StE 355	N	470 … 630	355	345	335	325	315	22	
S 355 M	1.8823	StE 355 TM	M	440 … 600							Sie erhalten das Zusatzsymbol NL oder ML, z. B. S 275 NL
S 420 N	1.8902	StE 420	N	520 … 680	420	400	390	370	360	19	
S 420 M	1.8825	StE 420 TM	M	470 … 630							
S 460 N	1.8901	StE 460	N	550 … 720	460	440	430	410	400	17	
S 460 M	1.8827	StE 420 TM	M	500 … 680							

[1] N = normalgeglüht oder normalisierend gewalzt; M = thermomechanisch gewalzt
[2] für Erzeugnisdicken ≤ 100 mm
[3] für Erzeugnisdicken ≤ 16 mm

Warmgewalzte Baustähle mit höherer Streckgrenze

DIN EN 10025-6: 2020-02

Kurzname	Werkstoffnummer	bisheriger Kurzname	Streckgrenze R_{eH} in MPa für Erzeugnisdicken in mm			Zugfestigkeit R_m in MPa für Erzeugnisdicken in mm			Bruchdehnung A_5 in %	Kerbschlagarbeit in J [1] bei	
			≥ 3 ≤ 50	> 50 ≤ 100	> 100 ≤ 150	≥ 3 ≤ 50	> 50 ≤ 100	> 100 ≤ 150		0 °C	–20 °C
S460Q	1.8908	–	460	440	400	550 … 720		500 … 670	17		
S500Q	1.8924	StE500V	500	480	440	590 … 770		540 … 720	17		
S550Q	1.8904	StE550V	550	530	490	640 … 820		590 … 770	16		
S620Q	1.8914	StE620V	620	580	560	700 … 890		650 … 830	15	40	30
S690Q	1.8931	StE690V	690	650	630	770 … 940	760 … 930	710 … 900	14		
S890Q	1.8940	–	890	830	–	940 … 1100	880 … 1100	–	11		
S960Q	1.8941	–	960	–	–	980 … 1150	–	–	10		

[1] gemessen an Längsproben

Stähle für Flamm- und Induktionshärten

DIN EN 10083-2: 2006-10; DIN EN 10083-3: 2007-01

Kurzname	Werkstoffnummer	Oberflächenhärte HRC min.	Bemerkungen
Unlegierte Vergütungsstähle			
C35E / C35R	1.1181 / 1.1180	48	
C45E / C45R	1.1191 / 1.1201	55	
C50E / C50R	1.1206 / 1.1241	56	
C55E / C55R	1.1203 / 1.1209	58	Die oben angegebenen Werte gelten für den vergüteten und für den oberflächengehärteten Zustand, mit anschließendem Entspannen bei 150 °C bis 180 °C für 1 Stunde.
Legierte Vergütungsstähle			
45Cr2	1.7006	54	
37Cr4 / 37CrS4	1.7034 / 1.7038	51	
41Cr4 / 41CrS4	1.7035 / 1.7039	53	
42CrMo4 / 42CrMoS4	1.7225 / 1.7227	53	
50CrMo4	1.7228	58	

Einsatzstähle, warmgeformt

DIN EN ISO 683-3: 2022-06

Kurzname	Werkstoff-nummer	Härte HB [1]	Eigenschaften nach Einsatzhärtung			Verwendung
			Zugfestigkeit R_m [2] in MPa	Streckgrenze R_e [2] in MPa	Bruchdehnung A_5 [2] in %	
C 10 E[3]	1.1121	131	> 400	295	16	Verschleißteile geringer Festigkeit, z. B. Bolzen, Gelenke
C 15 E[3]	1.1141	143	> 600	355	14	
16 MnCr 5	1.7131	207	> 900	590	10	Getriebeteile, z. B. Wellen, Bolzen, Zahnräder
16 MnCr S5	1.7139					
20 MnCr 5	1.7147	217	> 1000	685	8	
20 MnCr S5	1.7149					
20 MoCr 4	1.7321	207	> 800	590	10	
20 MoCr S4	1.7323					
18 CrNiMo 7-6	1.6587	229	> 1100	785	8	hochbeanspruchte Getriebeteile, z. B. Antriebsritzel
20 NiCrMo 2-2	1.6523	212	> 800	590	10	

[1] Behandlungszustand weichgeglüht (+A)
[2] für Erzeugnisdicken 16 mm < d < 40 mm
[3] Die Stähle sind auch mit einem vorgeschriebenen Bereich des S-Gehaltes lieferbar, z. B. C 10 R

Nitrierstähle, warmgeformt

DIN EN 10085: 2001-07

Kurzname	Werkstoff-nummer	Härte HB [1]	Zugfestigkeit R_m [2] in MPa	Dehngrenze $R_{p\,0,2}$ in MPa	Bruchdehnung A_5 in %	Verwendung
31 CrMo V 9	1.8519	248	1000 … 1200	800	11	für hochbeanspruchte, verschleißfeste Teile, z. B. Kurbelwellen, Ventilspindeln, Heißdampfarmaturenteile
34 CrAlMo 5-10	1.8507		800 … 1000 [3]	600 [3]	14 [3]	
34 CrAlNi 7	1.8550		850 … 1050	650	12	
40 CrMoV 13-9	1.8523		950 … 1150	750	11	

[1] Behandlungszustand weichgeglüht (+A)
[2] Angabe der mechanischen Eigenschaften an vergüteten Proben, $d \le 100$ mm
[3] Angabe der mechanischen Eigenschaften an vergüteten Proben, $d \le 70$ mm

Automatenstähle, warmgeformt

DIN EN ISO 683-4: 2018-09

Kurzname	Werkstoff-nummer	unbehandelt		vergütet			Verwendung
		Härte HBW max.	Zugfestigkeit R_m in MPa	Dehngrenze $R_{p\,0,2}$ in MPa	Zugfestigkeit R_m in MPa	Bruchdehnung A in %	
nicht für die Wärmebehandlung bestimmte Stähle							
11 S Mn 30[1]	1.0715	169	380 … 570	–	–	–	für Teile mit geringer Beanspruchung, z. B. Griffe, Stifte, Scheiben
11 S Mn 37[1]	1.0736						
Einsatzstähle							
10 S 20[1]	1.0721	156	360 … 530	–	–	–	Bolzen, Stifte
15 S Mn 13	1.0725	178	430 … 600	–	–	–	Kleinteile
Vergütungsstähle							
35 S 20[1]	1.0726	198	520 … 680	380	600 … 750	16	für Teile mit hoher Beanspruchung, z. B. Wellen, Spindeln, Stifte, Schrauben
36 S Mn 14[1]	1.0764	219	560 … 750	420	670 … 820	15	
38 S Mn 28[1]	1.0760	2013	530 … 730	420	700 … 850	15	
44 S Mn 28[1]	1.0762	241	630 … 820	420	700 … 850	16	
46 S 20[1]	1.0727	222	590 … 760	430	650 … 800	13	

Angabe der mechanischen Eigenschaften an Proben von über 16 mm bis 40 mm Dicke.

[1] Die Stähle werden auch mit einem Zusatz von Blei für verbesserte Zerspanung geliefert.

Vergütungsstähle, warmgeformt

DIN EN ISO 683-1: 2018-09, DIN EN ISO 683-2: 2018-09

Kurzname	Werkstoffnummer	bisheriger Kurzname	Hauptgüteklasse[1]	Zugfestigkeit R_m in MPa [2]	Streckgrenze R_{eH}/ Dehngrenze $R_{p\,0,2}$ in MPa für Querschnitt mit d in mm			Bruchdehnung A_5 in % [2]	Verwendung
					$d \le 16$	$16 < d \le 40$	$40 < d \le 100$		
C 22	1.0402	C 22	UQ	470 … 620	340	290	–	22	für niedrig beanspruchte Teile mit kleinem Vergütungsquerschnitt, z. B.: Achsen, Wellen
C 22 E[3]	1.1151	Ck 22	UE						
C 25	1.0406	C 25	UQ	500 … 650	370	320	–	21	
C 25 E[3]	1.1158	Ck 25	UE						
C 30	1.0528	C 30	UQ	550 … 700	400	350	300	20	
C 30 E	1.1178	Ck 30	UE						
C 35	1.0501	C 35	UQ	600 … 750	430	380	320	19	
C 35 E[3]	1.1181	Ck 35	UE						
C 45	1.0503	C 45	UQ	650 … 800	490	430	370	16	
C 45 E[3]	1.1191	Ck 45	UE						
C 60	1.0601	C 60	UQ	800 … 950	580	520	450	13	
C 60 E[3]	1.1221	Ck 60	UE						
23 Mn 6	1.1054	23 Mn 6	UE	650 … 800	550	440	400	18	Allgemeiner Maschinenbau
28 Mn 6	1.1170	28 Mn 6	UE	700 … 850	590	490	440	15	
42 Mn 6	1.1055	42 Mn 6	UE	800 … 950	690	590	480	14	
38 Cr 2	1.7003	38 Cr 2	LE	700 … 850	550	450	350	15	allgemeiner Motorenbau, z. B.: Kurbelwellen, Wellen, Zahnräder
38 Cr S2	1.7023	28 Cr S2	LE						
46 Cr 2	1.7006	46 Cr 2	LE	800 … 950	650	550	400	14	
46 Cr S2	1.7025	46 Cr S2	LE						
34 Cr 4	1.7033	34 Cr 4	LE	800 … 950	700	590	460	14	
34 Cr S4	1.7037	34 Cr S4	LE						
37 Cr 4	1.7034	37 Cr 4	LE	850 … 1000	750	630	510	13	
37 Cr S4	1.7038	37 Cr S4	LE						
41 Cr 4	1.7035	41 Cr 4	LE	900 … 1100	800	660	560	12	
41 CrS 4	1.7039	41 Cr S4	LE						
25 CrMo 4	1.7218	25 CrMo 4	LE	800 … 950	700	600	450	14	Turbinenteile, Pleuelstangen, Ritzelwellen, Achsen, Wellen mit hoher Festigkeit und Zähigkeit
25 CrMo S4	1.7213	25 CrMo S4	LE						
34 CrMo 4	1.7220	34 CrMo 4	LE	900 … 1100	800	650	550	12	
34 CrMo S4	1.7226	34 CrMo S4	LE						
42 CrMo 4	1.7225	42 CrMo 4	LE	1000 … 1200	900	750	650	11	
42 CrMo S4	1.7227	42 CrMo S4	LE						
50 CrMo 4	1.7228	50 CrMo 4	LE	1000 … 1200	900	780	700	10	
30 CrNiMo 8	1.6580	30 CrNiMo 8	LE	1250 … 1450	1050	1050	900	9	hochbeanspruchte Teile im Fahrzeug- und Getriebebau, z. B.: Kurbelwellen, Antriebsachsen
34 CrNiMo 6	1.6582	34 CrNiMo 6	LE	1100 … 1300	1000	900	800	10	
36 CrNiMo 4	1.6511	36 CrNiMo 4	LE	1000 … 1200	900	800	700	11	
41 CrNiMo 2	1.6584	41 CrNiMo 2	LE	900 … 1100	840	740	640	11	
41 CrNiMo S2	1.6588	41 CrNiMo S2	LE						
51 CrV 4	1.8159	50 CrV 4	LE	1000 … 1200	900	800	700	10	

[1] UQ = unlegierter Qualitätsstahl, UE = unlegierter Edelstahl, LE = legierter Edelstahl

[2] für einen Querschnitt mit 16 mm < $d \le 40$ mm im vergüteten Zustand

[3] Die Stähle sind auch mit einem vorgeschriebenen Bereich des S-Gehaltes lieferbar, z. B. C 22 R

Flacherzeugnisse aus Druckbehälterstählen

DIN EN 10028-2: 2017-10, DIN EN 10028-3: 2017-10

Kurzname	Werkstoffnummer	bisheriger Kurzname	Lieferzustand [1]	Hauptgüteklasse [2]	Zugfestigkeit R_m in MPa	Streckgrenze R_{eH}/Dehngrenze $R_{p\,0,2}$ in MPa						Bruchdehnung A_5 in %
						20 °C	100 °C	200 °C	300 °C	400 °C	500 °C	
Unlegierte und legierte warmfeste Stähle												DIN EN 10028-2: 2017-10
P 235 GH	1.0345	HI	+N	UQ	360 … 480 [3]	235 [3]	214	182	153	133	–	24
P 265 GH	1.0425	HII	+N	UQ	410 … 530	265	241	205	173	150	–	22
P 295 GH	1.0481	17Mn4	+N	UQ	460 … 580	295	268	228	192	167	–	21
P 355 GH	1.0473	19Mn6	+N	UQ	510 … 650	355	323	275	232	202	–	20
16Mo3	1.5415	15Mo3	+N	LE	440 … 590	275	264	233	194	159	141	22
13CrMo4-5	1.7335	13CrMo44	+NT	LE	450 … 600	300	285	252	216	186	164	19
10CrMo9-10	1.7380	10CrMo910	+NT	LE	480 … 630	310	266	248	236	212	185	18
13CrMoV9-10	1.7703	–	+NT	LE	600 … 780	450	395	375	365	360	–	18
Schweißgeeignete Feinkornbaustähle, normalgeglüht												DIN EN 10028-3: 2017-10
P275 NH [4]	1.0487	WStE285	–	UQ	390 … 510	275	250	213	179	156	–	24
P275 NL1 [4]	1.0488	TStE285	–	UQ			–	–	–	–	–	
P275 NL2	1.1104	EStE285	–	UE			–	–	–	–	–	
P355 N	1.0562	StE355	–	UQ	490 … 630	355	–	–	–	–	–	22
P355 NH	1.0565	WStE355	–	UQ			323	275	232	202	–	
P355 NL1	1.0566	TStE355	–	UQ			–	–	–	–	–	
P355 NL2	1.1106	EStE355	–	UE			–	–	–	–	–	
P460NH	1.8935	WStE460	–	LE	570 … 720	460	419	356	300	261	–	16
P460NL1	1.8915	TStE460	–	LE			–	–	–	–	–	
P460NL2	1.8918	EStE460	–	LE			–	–	–	–	–	

[1] N = normalgeglüht oder normalisierend gewalzt, NT = normalgeglüht und angelassen
[2] UQ = unlegierter Qualitätsstahl, UE = unlegierter Edelstahl, LE = legierter Edelstahl
[3] für Erzeugnisdicken ≤ 16 mm, bei 13 CrMoV 9-10 für Erzeugnisdicken ≤ 60 mm
[4] NH = warmfeste Stähle, NL = kaltzähe Stähle (Reihe 1 und Reihe 2)

i www.euro-inox.de
www.edelstahl-rostfrei.de

Druckbehälterstähle, Wärmebehandlung

Stahlrohre für Rohrleitungen für brennbare Materialien

DIN EN 10208-1: 2009-07

Kurzname	Werkstoffnummer	Zugfestigkeit R_m in MPa	Streckgrenze R_{eH} in MPa	Bruchdehnung A_5 in %	Herstellungsverfahren	Kurzzeichen	Bemerkungen
L 210 GA	1.0319	335 … 475	210	25	nahtlos	S	vergütete Rohre werden
L 235 GA	1.0458	370 … 510	235	23			mit +Q und
L 245 GA	1.0459	415 … 555	245	22	elektrisch geschweißt	EW	thermomechanische
L 290 GA	1.0483	415 … 555	290	21	stumpfgeschweißt	BW	gelieferte Rohre werden
L 360 GA	1.0499	460 … 620	360	20	unterpulvergeschweißt	SAW	mit +M gekennzeichnet

Nahtlose Stahlrohre für Druckbeanspruchung
Geschweißte Stahlrohre für Druckbeanspruchung

DIN EN 10216-1: 2004-07
DIN EN 10217-1: 2005-04

Kurzname	Werkstoffnummer	Zugfestigkeit R_m in MPa	Streckgrenze R_{eH} in MPa			Bruchdehnung A in % [2]	Kerbschlagarbeit KV in J bei	
			$t \le 16$	$16 < t \le 40$	$40 \le t \le 60$		0 °C	−10 °C
P195TR1	1.0107	320 … 440	195	185	175 [1]	27	–	–
P195TR2	1.0108						40	28
P235TR1	1.0254	360 … 500	235	225	215 [1]	25	–	–
P235TR2	1.0255						40	28
P265TR1	1.0258	410 … 570	265	255	245 [1]	21	–	–
P265TR2	1.0259						40	28

[1] keine Angaben für geschweißte Rohre
[2] in Längsrichtung

Kurzname	Werkstoffnummer	Korrosionsbeständigkeit nach Schweißen	Dicke t in mm[1]	Zugfestigkeit R_m in MPa	Dehngrenze $R_{p\,0,2}$ in MPa	Bruchdehnung A in %	Verwendung
Ferritische Stähle							
Standardgüten							
X2CrNi12	1.4003	nein	≤ 100	450…600	260	20	Apparatebau, Fördertechnik
X6Cr13	1.4000	nein	≤ 25	400…630	230	20	Haushaltsgeräte, Beschläge
X6CrMoS17	1.4105	nein	≤ 10 10 < t ≤ 16 16 < t ≤ 40 40 < t ≤ 63 63 < t ≤ 100	530…780 500…780 430…730 430…730 430…630	330 310 250 250 250	7 7 12 12 20	Automatendrehteile, Automobilindustrie
X6CrMo17-1	1.4113	nein	≤ 10 10 < t ≤ 16 16 < t ≤ 40 40 < t ≤ 63 63 < t ≤ 100	540…700 500…700 440…700 440…700 440…660	340 320 280 280 280	8 12 15 15 18	erhöhte Korrosionsbeständigkeit Automobilteile, Fensterrahmen
Sondergüten							
X3CrNb17	1.4511	ja	≤ 10 10 < t ≤ 16 16 < t ≤ 40 40 < t ≤ 50	500…750 480…750 400…700 400…700	320 300 240 240	8 10 15 15	Lebensmittelindustrie, Autoindustrie, Befestigungselemente
X6CrMoNb17-1	1.4526	ja	≤ 10 10 < t ≤ 16 16 < t ≤ 40 40 < t ≤ 50	540…700 500…700 440…700 440…700	340 320 280 280	8 12 15 15	PKW-Zierteile, Fassadenbauteile

Kurzname	Werkstoffnummer	Wärmebehandlungszustand[2]	Dicke t in mm[1]	Zugfestigkeit R_m in MPa	Dehngrenze $R_{p\,0,2}$ in MPa	Bruchdehnung A in %	Verwendung
Martensitische Stähle, wärmebehandelt							
Standardgüten							
X12Cr13	1.4006	+A +QT650	– ≤ 160	≤ 730 650…850	– 450	– 15	Lebensmittelindustrie, Pet, rochemische Industrie
X20Cr13	1.4021	+A +QT800	– ≤ 160	≤ 760 800…950	– 600	– 12	Pumpenteile, Ventilkegel, Kücheneinrichtungen
X30Cr13	1.4028	+A +QT850	– ≤ 160	≤ 800 850…1000	– 650	– 10	Federn, Schrauben, Schneidwarenindustrie
X39Cr13	1.4031	+A +QT800	– ≤ 160	≤ 800 800–1000	– 650	– 10	Kücheneinrichtungen, Schneidwerkzeuge
X50CrMoV15	1.4116	+A	–	≤ 900	–	–	Schneidwerkzeuge
X39CrMo17-1	1.4122	+A +QT750	– ≤ 160	≤ 730 650…850	– 500	– 12	Wellen. Spindeln, Armaturenteile bis ca. 600°C
Sondergüten							
X70CrMo15	1.4109	+A	≤ 100	≤900	–	–	Stahl für schneidende Werkzeuge
X105CrMo17	1.4125	+A	≤ 100	–	–	–	Kugellager
X90CrMoV18	1.4112	+A	≤ 100	–	–	–	Messer, Wälzlager
Ausscheidungshärtende Stähle, wärmebehandelt							
Standardgüten							
X5CrNiCuNb16-4	1.4542	+AT +P930 +P1070	≤ 100	≤ 1200 930…1100 1070…1270	– 720 1000	– 16 10	Schrauben und Spindeln im Armaturenbau
X7CrNiAl17-7	1.4568	+AT	≤ 30	≤ 850	–	–	Ventile, Federn
Sondergüten							
X1CrNiMoAl-Ti12-9-2	1.4530	+AT +P1200	≤ 150	≤ 1200 ≥ 1200	– 1200	– 12	Schrauben, Armaturen
X5NiCrTi-MoVB25-15-2	1.4606	+AT +P880	≤ 50	≤ 700 880…1150	250 550	35 20	Schrauben, Armaturen

[1] Dicke t = Durchmesser d = Schlüsselweite s
[2] +A = geglüht, +QT = vergütet, +AT = lösungsgeglüht, +P = ausscheidungsgehärtet

Kurzname	Werkstoff-nummer	Dicke t in mm[1]	Zug-festigkeit R_m in MPa	Dehn-grenze $R_{p\,0,2}$ in MPa	Bruchdehnung A in %		Verwendung
					längs	quer	
Austenitische Stähle, lösungsgeglüht							
Standardgüten							
X10CrNi18-8	1.4310	≤ 40	500 … 750	195	40		Bleche, Federn
X2CrNi18-9	1.4307	≤ 160 160 < t ≤ 250	500 … 700	175	45 –	– 35	Autoindustrie, chemische Industrie
X2CrNi19-11	1.4306	≤ 160 160 < t ≤ 250	460 … 680	180	45 –	– 35	Nahrungsmittelindustrie
X2CrNiN18-10	1.4311	≤ 160 160 < t ≤ 250	550 … 760	270	40 –	– 30	Milch- und Brauerreiindustrie
X5CrNi18-10	1.4301	≤ 160 160 < t ≤ 250	500 … 700	190	45 –	– 35	Nahrungsmittelindustrie
X8CrNiS18-9	1.4305	≤160	500 … 750	190	35	–	Nahrungsmittelindustrie, Foto- und Textilindustrie
X6CrNiTi18-10	1.4541	≤ 160 160 < t ≤ 250	500 … 700	190	40 –	– 30	Film- und Fotoindustrie
X4CrNi18-12	1.4303	≤ 160 160 < t ≤ 250	500 … 700	190	45 –	– 35	Schrauben, Muttern, Kaltfließpressteile
X2CrNiMoN17-11-2	1.4406	≤ 160 160 < t ≤ 250	580 … 800	280	40 –	– 30	Textilindustrie, Brauereien, Molkereien
X5CrNiMo17-12-2	1.4401	≤ 160 160 < t ≤ 250	500 … 700	200	40 –	– 30	chemische Industrie, Brauereien
X6CrNiMoTi17-12-2	1.4571	≤ 160 160 < t ≤ 250	500 … 700	200	40 –	– 30	Foto- und Farbenindustrie
X2CrNiMoN17-13-3	1.4429	≤ 160 160 < t ≤ 250	580 … 800	280	40 –	– 30	erhöhte chemische Beständigkeit, Apparatebau
X3CrNiMo17-13-3	1.4436	≤ 160 160 < t ≤ 250	500 … 700	200	40 –	– 30	erhöhte chemische Beständigkeit, geschweißte Teile
X1NiCrMoCu25-20-5	1.4539	≤ 160 160 < t ≤ 250	530 … 730	230	35 –	– 30	besonders gut beständig gegen Phosphor-, Schwefel- und Salzsäuremedien
Sondergüten							
X5CrNi17-7	1.4319	≤ 16	500 … 700	190	45	–	chemische Industrie, Medizintechnik
X5CrNiN19-9	1.4315	≤ 40	550 … 750	270	40	–	
X6CrNiMoNb17-12-2	1.4580	≤ 160 160 < t ≤ 250	510 … 740	215	35 –	– 30	chemische Industrie
X2CrNiMo18-15-4	1.4438	≤ 160 160 < t ≤ 250	500 … 700	200	40 –	– 30	chemische Industrie, Meerestechnik
Austenitisch-ferritische Stähle, lösungsgeglüht							
Standardgüten							
X3CrNiMoN27-5-2	1.4460	≤ 160	620 … 880	450	20	–	Teile für hohe chemischen und mechanische Beanspruchung
X2CrNiMoN22-5-3	1.4462	≤ 160	650 … 880	450	25	–	hohe Beständigkeit in chlorhaltigen Medien
Sondergüten							
X2CrNiN23-4	1.4362	≤ 160	600 … 830	400	25	–	hochfester Werkstoff im chemischen Apparatebau
X2CrNiMo-CuWN25-7-4	1.4501	≤ 160	730 … 930	530	25	–	hochbeanspruchte Teile in Chemie- und Abwasseranlagen

[1] Dicke t = Durchmesser d = Schlüsselweite s

Kaltgewalzte Flacherzeugnisse aus weichen Stählen zum Kaltumformen

DIN EN 10 130: 2007-02

Stahlsorte	alter Kurzname nach DIN 1623	Werkstoffnummer	Oberflächenart	Zugfestigkeit R_m in MPa	Streckgrenze R_{eH} in MPa	Bruchdehnung A_{80} in % [1)]
unlegierter Qualitätsstahl						
DC 01	St 12	1.0330	A–B	270 ... 410	140 ... 280	28
DC 03	RR St 13	1.0347	A–B	270 ... 370	140 ... 240	34
DC 04	St 14	1.0338	A–B	270 ... 350	140 ... 210	38
DC 05	–	1.0312	A–B	270 ... 330	140 ... 180	40
legierter Qualitätsstahl						
DC 06	–	1.0873	A–B	270 ... 360	120 ... 170	41
DC 07	–	1.0898	A–B	250 ... 310	100 ... 150	44

[1)] A_{80}: Bruchdehnung bei einer Anfangsmesslänge L_0 = 80 mm

Oberflächenart		
A	(O3)[2)]	Fehler, die eine spätere Umformung oder Beschichtung nicht beeinträchtigen, sind zulässig.
B	(O5)	Das einheitliche Aussehen einer Qualitätslackierung oder eines elektrolytischen Überzuges darf nicht beeinträchtigt werden.

Oberflächenausführung		
b	besonders glatt	$R_a \leq 0{,}4$ µm
g	glatt	$R_a \leq 0{,}9$ µm
m	matt	0,6 µm < $R_a \leq 1{,}9$ µm
r	rau	R_a > 1,6 µm

[2)] alte Bezeichnung nach DIN 1623

Blech EN 10 130 – DC 03-A-m oder **Blech EN 10 130 – 1.0347-A-m**
Bezeichnung eines Bleches aus der Stahlsorte DC 03, Oberflächenart A, Oberflächenausführung matt

Kaltgewalzte Flacherzeugnisse aus Stahl mit hoher Streckgrenze zum Kaltumformen

DIN EN 10268: 2013-12

Kurzname[1)]	Werkstoffnummer	Zugfestigkeit R_m in MPa	Dehngrenze $R_{p0,2}$ in MPa	Streckgrenzenerhöhung nach Wärmeeinwirkung in MPa	Bruchdehnung A_{80} in % (quer)
HC 180 Y	1.0922	330 ... 400	180 ... 230	–	35
HC 180 B	1.0395	290 ... 360	180 ... 230	35	34
HC 220 Y	1.0925	340 ... 420	220 ... 270	–	34
HC 220 B	1.0396	320 ... 400	220 ... 270	35	32
HC 260 Y	1.0928	380 ... 440	260 ... 320	–	31
HC 260 B	1.0400	360 ... 440	260 ... 320	35	29
HC 260 LA	1.0480	350 ... 430	260 ... 330	–	26
HC 300 B	1.0444	390 ... 480	300 ... 360	35	26
HC 300 LA	1.0489	380 ... 480	300 ... 380	–	23
HC 340 LA	1.0548	410 ... 510	340 ... 420	–	21
HC 380 LA	1.0550	440 ... 580	380 ... 480	–	19
HC 420 LA	1.0556	470 ... 600	420 ... 520	–	17

[1)] B: bake-hardening-Stähle mit zusätzlicher Verfestigung durch Wärmeeinwirkung
LA: Stähle niedriglegiert, um die geforderten Streckgrenzenwerte zu erreichen
Y: höherfeste Stähle mit kontrollierter Zusammensetzung

Blech EN 10268 – HC260Y-A-m (Blech EN 10268 – 1.0928-A-m)
Bezeichnung eines Bleches aus der Stahlsorte HC260Y (1.0928), Oberflächenart A, Oberflächenausführung matt (m)

Rolle EN 10268 – HC220B-B-m (Rolle EN 10268 – 1.0396-B-m)
Bezeichnung einer Rolle aus der Stahlsorte HC220B (1.0396), Oberflächenart B, Oberflächenausführung matt (m)

Schmelztauchveredelte Flacherzeugnisse aus Stahl

DIN EN 10 346: 2015-10; DIN EN 10 143: 2006-09

Kurzname	Werkstoffnummer	verfügbare Überzüge	Streckgrenze/ Dehngrenze $R_e/R_{p0,2}$ in MPa	Zugfestigkeit R_m in MPa	Bruchdehnung A_{80} in %	Garantie für die Festigkeitswerte	Güteklasse für die Kaltumformung
Weiche Stähle zum Kaltumformen							
DX51D	1.0917	+Z, +ZF, +ZA, ZM, +AZ, +AS	–	270…500	22	1 Monat	Maschinenfalzgüte
DX52D	1.0918	+Z, +ZF, +ZA, ZM, +AZ, +AS	140…300	270…420	26	1 Monat	Ziehgüte
DX53D	1.0951	+Z, +ZF, +ZA, ZM, +AZ, +AS	140…260	270…380	30	1 Monat	Tiefziehgüte
DX54D	1.0952	+Z, +ZA	120…220	260…350	36	6 Monate	Sondertiefziehgüte
DX54D	1.0952	+AS	120…220	260…350	34	6 Monate	Sondertiefziehgüte
DX56D	1.0963	+Z, +ZA	120…180	260…350	39	6 Monate	Spezialtiefziehgüte
DX56D	1.0963	+ZF, +ZM	120…180	260…350	37	6 Monate	Spezialtiefziehgüte
DX57D	1.0853	+Z, +ZA	120…170	260…350	41	6 Monate	Supertiefziehgüte
DX57D	1.0853	+ZF, +ZM	120…170	260…350	39	6 Monate	Supertiefziehgüte
Stähle für das Bauwesen							
S220GD	1.0241	+Z, +ZF, +ZA, ZM, +AZ	220	300	20		
S250GD	1.0242	+Z, +ZF, +ZA, ZM, +AZ, +AS	250	330	19		
S280GD	1.0244	+Z, +ZF, +ZA, ZM, +AZ, +AS	280	360	18		
S320GD	1.0250	+Z, +ZF, +ZA, ZM, +AZ, +AS	320	390	17		
S350GD	1.0259	+Z, +ZF, +ZA, ZM, +AZ, +AS	350	420	16		
S550GD	1.0531	+Z, +ZF, +ZA, ZM, +AZ	550	580	–		

Verfügbare Überzüge

- Z Zink (99 % Zn)
- ZF Zink-Eisen-Legierung (durch nachfolgendes Glühen 8…12 % Fe-Anteil)
- ZA Zink-Aluminium-Überzug (Schmelzbad mit 5 % Al)
- AZ Aluminium-Zink-Überzug (Schmelzbad mit 55 % Al)
- AS Aluminium-Silizium-Überzug (Schmelzbad mit 8…11 % Si, Rest Al)
- ZM Zink-Magnesium-Überzug

Theoretische Anhaltswerte für die Auflagen-Schichtdicke für verzinkte Bleche

Auflagenkennzahl		Z100	Z140	Z200	Z225	Z275	Z350	Z450	Z600
Schichtdicke in µm	Typischer Wert	7	10	14	16	20	25	32	42
	Bereich	5…12	7…15	10…20	11…22	15…27	19…33	24…42	32…55

Oberflächenarten

A	Unregelmäßigkeiten wie Riefen, Kratzer, Poren, unterschiedliche Oberflächenstruktur, streifenförmige Markierungen zulässig
B	durch Kaltnachwalzen, geringe Unregelmäßigkeiten wie leichte Kratzer zulässig
C	durch Kaltnachwalzen, eine Blechseite muss Qualitätslackierung ermöglichen, sonst wie B

Oberflächenbehandlung

C	chemisch passiviert, z. B. Chromatieren	P	phosphatiert, Verbesserung der Haftung und Schutzwirkung ein Beschichtung
O	geölt, vermindert eine Korrosion	PO	phosphatiert und geölt
CO	chemisch passiviert und geölt, erhöhter Korrosionsschutz	S	versiegelt, Auftragen organischer Lackschichten

Blech EN 10143 – 0,8X1200x2500 – Stahl EN 10346 – DX54D+Z200 – M – B – P

Bezeichnung eines Bleches nach EN 10143, Dicke t = 0,8 mm, einer Breite b = 1200 mm und einer Länge l = 2500 mm aus Stahl DX54D+Z nach EN 10346, Auflagenkennzahl 200, Ausführung Zn-Überzug M[1)], Oberflächenart B und Oberflächenbehandlung P.

In der DIN EN 10243 sind die Grenzabmaße für die Nenndicken, Nennbreiten und Nennlängen sowie Formtoleranzen geregelt. Maße mit eingeschränkten Toleranzen bekommen in der Bezeichnung den Zusatz „S". Die eingeschränkte Ebenheitstoleranz wird mit „FS" bezeichnet. Für das obige Beispiel gilt dann:

Blech EN 10143 – 0,8SX1200Sx2500FS – Stahl EN 10346 – DX54D+Z200 – M – B – P

[1)] N: übliche Zinkblume, M: kleine Zinkblume

Wälzlagerstähle

DIN EN ISO 683-17: 2015-02

Kurzname	Werkstoff-nummer	Stahlsorte	Behandlungs-zustand	Härte HB	Bemerkungen und Verwendung
100 Cr 6	1.3505	durchhärtende Stähle	+AC	207	Kugeln, Rollen **bis 30 mm** Ringe, Scheiben **bis 50 mm**
100 CrMn Si 6-4	1.3520		+AC	217	
18 NiCrMo 14-6	1.3533	Einsatzstahl	+S +AC	255 241	weicher, zäher Kern, bei großen Abmessungen
43 CrMo 4	1.3563	Vergütungsstahl	+S	255	vorwiegend verwendet zum Randschichthärten
80 MoCrV 42-16	1.3551	warmharter Stahl	+AC	255	Kugeln, Rollen, Nadeln, Ringe
X 108 CrMo 17	1.3543	nichtrostender Stahl	+AC	248	Kugeln, Rollen, Nadeln, Ringe

Warmgewalzte Stähle für vergütbare Federn – Federstähle

DIN EN 10 089: 2008-01

Kurzname	Werk-stoff-nummer	Härte HB		Zugfestigkeit R_m in MPa	Streckgrenze $R_{p\,0,2}$ in MPa	Bruch-dehnung A_5 in %	Verwendung
		weichgeglüht	geglüht auf kugelige Karbide				
38 Si 7	1.5023	217	200	1300 … 1600	1150	8	Federringe Federplatten
54 SiCr 6	1.7102	248	230	1450 … 1750	1300	6	Blattfedern
61 SiCr 7	1.7108	248	230	1550 … 1850	1400	5,5	Schraubenfedern, Tellerfedern
55 Cr 3	1.7176	248	230	1400 … 1700	1250	3	Schraubenfedern
51 CrV 4	1.8159	248	230	1350 … 1650	1200	6	höchstbeanspruchte Schrauben- und Tellerfedern, Drehstabfedern
52 CrMoV 4	1.7701	248	230	1450 … 1750	1300	6	wie 51 CrV 4, jedoch für größere Abmessungen

Runder Federstahldraht

DIN EN 10 270-1: 2017-09; DIN EN 10 270-2: 2012-01

Draht-sorte	Werkstoff-nummer	Zugfestigkeit R_m [1] in MPa für Nenndurchmesser d in mm												Bemerkungen und Verwendung
		0,4	0,6	0,8	1,0	1,5	2,0	3,0	4,0	5,0	6,0	8,0	10,0	
Patentiert gezogener Federdraht aus unlegierten Stählen														
SL	werden nicht verwendet	–	–	–	1970	1840	1750	1620	1520	1450	1390	1300	1230	Zug- und Druckfedern
SM		2550	2400	2300	2220	2080	1970	1830	1730	1650	1580	1480	1400	geringe
SH		2830	2670	2560	2470	2310	2200	2040	1930	1840	1770	1660	1570	↓ statische und
DM		2250	2400	2300	2220	2080	1970	1830	1730	1640	1580	1490	1400	dynamische Belastung
DH		2830	2670	2560	2470	2310	2200	2040	1930	1840	1770	1660	1570	hohe
Vergüteter Federstahldraht														
FDC	werden nicht verwendet	–	1900 2100	1900 2100	1860 2060	1760 1940	1720 1890	1620 1770	1550 1700	1500 1610	1460 1650	1400 1550	1360 1510	Federn mit mäßiger Dauerschwing-belastung
VDC		–	1850 2000	1850 2000	1850 1950	1700 1800	1670 1770	1500 1700	1550 1650	1540 1640	1520 1620	1420 1520	1390 1490	Federn mit hoher Dauerschwing-belastung

[1] Angabe der oberen Grenzwerte für R_m

SL: niedrige Zugfestigkeit, statisch; **SM**: mittlere Zugfestigkeit, statisch; **SH**: hohe Zugfestigkeit, statisch; **DM**: mittlere Zugfestigkeit, dynamisch; **DH**: hohe Zugfestigkeit, dynamisch; **FDC**: niedrige Zugfestigkeit, statisch; **VDC**: niedrige Zugfestigkeit, hohe Dauerfestigkeit

Federdraht EN 10 270 - 1 – SM – 2,0
Bezeichnung eines Federstahldrahtes, Drahtsorte SM, Nenndurchmesser 2,0 mm

Kurzname	Werkstoff-nummer	bisheriger Kurzname	Härte HBW weichgeglüht	Verwendung
Unlegierte Kaltarbeitsstähle				
C 45 U	1.1730	C 45 W	207	Handwerkzeuge aller Art, z. B.: Zangen, Hämmer, Schraubendreher, Spitz- und Kreuzmeißel
C 70 U	1.1620	C 70 W2	183	Drucklufteinsteckwerkzeuge in Berg- und Straßenbau
C 80 U	1.1525	C 80 W1	192	Messer, Meißel, Körner, Stemmeisen, Schlaghämmer, Kaltschlagwerkzeuge, Baumscheren
C 105 U	1.1545	C 105 W1	212	Prägewerkzeuge, Lochstempel, Dorne, Durchschläge, Schlaghämmer, Hobelmesser
Legierte Kaltarbeitsstähle				
21 MnCr 5	1.2162	21 MnCr 5	217	Werkzeuge für die Kunststoffbearbeitung, die einsatzgehärtet werden
60 WCrV 8	1.2550	60 WCrV 7	229	Schneidwerkzeuge, Scherenmesser, Holzbearbeitungswerkzeuge, Körner, Handmeißel
90 MnCrV 8	1.2842	90 MnCrV 8	229	Schneidwerkzeuge, Gewindeschneidringe, Tiefziehwerkzeuge, Industriemesser, Messwerkzeuge
102 Cr 6	1.2067	100 Cr 6	223	Drehbankspitzen, Gewindebohrer, Lehren, Dorne, Holzbearbeitungswerkzeuge, Kaltwalzen
45 NiCrMo 16	1.2767	X 45 NiCrMo 4	285	Höchstbeanspruchte Massivprägewerkzeuge, Besteckstanzen, Scherenmesser, Biegewerkzeuge
X 38 CrMo 16	1.2316	X 36 CrMo 17	300 [1]	Werkzeuge für die Verarbeitung von chemisch angreifenden Kunststoffen
X 153 CrMoV 12	1.2379	X 155 CrVMo 12-1	255	Metallsägen, Kaltschermesser, Gewindewalzwerkzeuge
X 210 Cr 12	1.2080	X 210 Cr 12	248	Hochleistungsschnitt- und -stanzwerkzeuge, Stempel, Messer, Räumnadeln
X 210 CrW 12	1.2436	X 210 CrW 12	255	Schneidwerkzeuge, Führungsleisten, Sandstrahldüsen, Ziehdorne, Holzfräser
Warmarbeitsstähle				
32 CrMoV 12-28	1.2365	X 32 CrMoV 3-3	229	Druckgussformen, Press- und Lochdorne an Stangenpressen
55 NiCrMoV 7	1.2714	56 NiCrMoV 7	248	kleinere Gesenke, Pressstempel, Formteilpressgesenke
X 37 CrMoV 5-1	1.2343	X 38 CrMoV 5-1	229	Druckgussformen für Leichtmetallverarbeitung, Zylinder und Kolben an Kaltkammermaschinen
X 40 CrMoV 5-1	1.2344	X 40 CrMoV 5-1	229	Presswerkzeuge, Druckgießformen für Leichtmetalle
X38CrMoV5-3	1.2367	X38CrMoV5-3	235	hochbeanspruchte Werkzeuge für Schrauben- und Mutternfertigung
X30WCrV9-3	1.2581	X30WCrV9-3	240	Schrauben- und Mutternmatrizen Druckgussformen für Leicht- und Schwermetalle
Schnellarbeitsstähle				
HS 3-3-2	1.3333	HS 3-3-2	255	Spiralbohrer, Fräser, Reibahlen
HS 2-9-2	1.3348	HS 2-9-2	269	Fräser, Gewindebohrer, Zähne und Segmente für Kreissägen
HS 6-5-2 C	1.3343	HS 6-5-2	269	Spiralbohrer, Gewindebohrer, Fräser, Reibahlen, Räumnadeln, Kreissägeblätter
HS 6-5-3	1.3344	HS 6-5-3	269	Hochleistungsfräser, hochbeanspruchte Reibahlen, Räumnadeln mit bester Schnitthaltigkeit und Zähigkeit
HS 6-5-2-5	1.3243	HS 6-5-2-5	269	hochbeanspruchte Spiralbohrer, Profilwerkzeuge, Drehstähle, Schruppwerkzeuge ausgezeichneter Zähigkeit
HS 2-9-1-8	1.3247	HS 2-9-1-8	277	Gesenk- und Gravierfräser, Kaltfließpress- und Schnittstempel
HS 10-4-3-10	1.3207	HS 10-4-3-10	302	Drehstähle für Schrupp- und Schlichtarbeiten, Formstähle, insbesondere für Automatenbearbeitung

Bezeichnung der Schnellarbeitsstahlgruppen für Schneidwerkzeuge (DIN ISO 11054)	
HSS	Schnellarbeitsstahl mit weniger als 4,5 % Co und weniger als 2,6 % V
HSS-E	Schnellarbeitsstahl mit mind. 4,5 % Co und oder mind. 2,6 % V

[1] Stahl wird üblicherweise im vergüteten Zustand geliefert.

Stahlguss für allgemeine Anwendung

DIN EN 10293: 2010-06

Kurzname	Werkstoff-nummer	Zugfestigkeit R_m in MPa	Streckgrenze $R_{p\,0,2}$ in MPa	Bruch-dehnung A in %	Kerbschlag-arbeit KV in J bei 20 °C	Bemerkungen und Verwendung
GE 200	1.0420	380 … 530[1]	200	25	27	für formenreiche Werkstücke, gut gieß- und schweißbar
GE 240	1.0446	450 … 600[1]	240	22	27	
GE 300	1.0558	600 … 750[2]	300	15	27	
G 20 Mn 5	1.6220	480 … 620[2]	300	20	27	

[1] $t \leq 300$, [2] $t \leq 30$

Stahlguss für Druckbehälter

DIN EN 10213: 2016-10

Kurzname	Werkstoff-nummer	Zugfestig-keit R_m in MPa	Dehngrenze $R_{p\,0,2}$ in MPa bei °C				Bruch-dehnung A_5 in %	Verwendung
			20	100	200	400		
GP 240 GH	1.0619	420 … 600	240	210	175	130	22	Hochdruckgehäuse für Dampfturbinen, Pumpengehäuse, Heißdampfarmaturen; verwendbar bis 500 °C
G 20 Mo 5	1.5419	440 … 590	245	–	190	150	22	
G 17 CrMo 5-5	1.7357	490 … 690	315	–	250	200	20	
G 17 CrMo 9-10	1.7379	550 … 740	400	–	355	315	18	
G 17 CrMoV 5-10	1.7706	590 … 780	440	–	385	335	15	
GX 8 CrNi 12	1.4107	600 … 800	500	–	410	370	16	
GX 15 CrMo 5	1.7365	630 … 760	420	–	390	370	16	
GX 23 CrMoV 12-1	1.4931	740 … 880	540	–	450	390	15	

Korrosionsbeständiger Stahlguss

DIN EN 10283: 2019-06

Kurzname	Werk-stoff-nummer	Zugfestigkeit R_m in MPa	Dehnung $R_{p\,0,2}$ in MPa	Dehnung $R_{p\,0,1}$ in MPa	Bruch-dehnung A in %	Schweißbedingungen: Vorwärm-temperatur in °C	Wärmebehandlung nach dem Schweißen: kleinere Schweißstellen[1]	Wärmebehandlung nach dem Schweißen: größere Schweißstellen[1]
Martensitischer Stahlguss								
GX 7 CrNiMo 12-1	1.4008	590	440	–	15	150 … 200	+ T	+ T
GX 4 CrNi 13-4	1.4317	760	550	–	15	20 … 200	+ T	+ T
GX 4 CrNiMo 16-5-1	1.4405	760	540	–	15	kein Vorwärmen	+ T	+ T
Austenitischer Stahlguss								
GX 5 CrNi 19-10	1.4308	440	175	200	30	kein Vorwärmen	+ AT	+ AT
GX 5 CrNiNb 19-10	1.4552	440	175	200	25		–	–
GX 5 CrNiMo 19-11-2	1.4408	440	185	210	30		+ AT	+ AT
GX 5 CrNiMoNb 19-11-2	1.4581	440	185	210	25		–	–
GX 2 NiCrMo 28-20-2	1.4458	430	165	190	30	20 … 100	–	+ AT
Austenitisch-ferritischer Stahlguss								
GX 4 CrNiN 26-7	1.4347	590	420	–	20	20 … 100	+ AT	+ AT
GX 2 CrNiMoN 25-6-3	1.4468	650	480	–	22		+ AT	+ AT
GX 2 CrNiMoCuN 25-6-3-3	1.4517	650	480	–	22		+ AT	+ AT
GX 2 CrNiMoN 26-7-4	1.4469	650	480	–	22		+ AT	+ AT

[1] T: Anlassen; AT: Lösungsglühen + Wasserabschrecken

Bezeichnung von Gusseisenwerkstoffen durch Kurzzeichen

DIN EN 1560: 2011-05

Werkstoffbezeichnungen, neu – alt

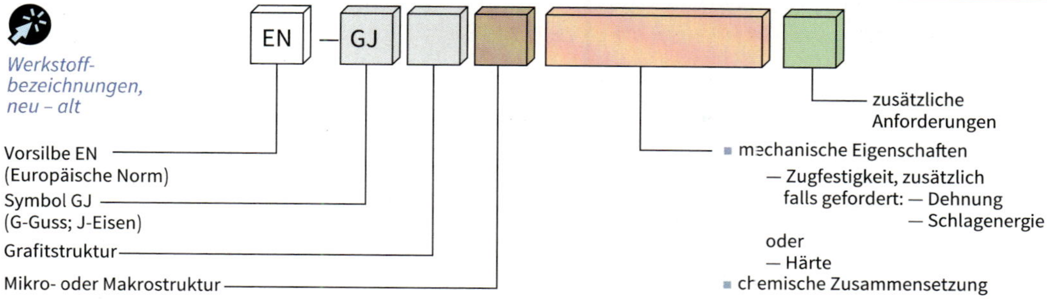

Grafitstruktur	
L	lamellar
S	kugelig
M	Temperkohle
V	vermikular (wurmförmig)
N	grafitfrei (Hartguss)
Y	Sonderstruktur

Mikro- oder Makrostruktur	
A	Austenit
R	Ausferrit[1]
F	Ferrit
P	Perlit
M	Martensit
L	Ledeburit
Q	abgeschreckt
T	vergütet
B	nicht entkohlend geglüht*
W	entkohlend geglüht*
	* nur für Temperguss

Zusätzliche Anforderungen	
D	Rohgussstück
H	wärmebehandeltes Gussstück
W	schweißgeeignet
Z	zusätzlich festgelegte Anforderungen

Mechanische Eigenschaften

Angabe der **Zugfestigkeit** und Angabe eines Buchstabens zur Beschreibung der Probestücke

C Probestück einem Gussstück entnommen
(leer) Probestück gegossen

zusätzlich, falls erforderlich

- Angabe der Dehnung in %
- Angabe der Prüftemperatur für die Schlagenergie

RT Raumtemperatur
LT Tieftemperatur

Angabe der **Zugfestigkeit**
EN - GJS - 400 - 18 - RT
Bezeichnung eines Gusseisens mit Kugelgrafit, einer Mindestzugfestigkeit $R_m = 400\ N/mm^2$, einer Dehnung $A = 18\ \%$, Schlagenergie bei Raumtemperatur gemessen

Angabe der **Härte**
EN - GJS - HB 150
Bezeichnung eines Gusseisens mit Kugelgrafit und einer Härte von 150 HB

Angabe der chemischen Zusammensetzung

Buchstabe X und die Angabe der wesentlichen Legierungselemente in fallender Reihenfolge und deren Gehalte in fallender Reihenfolge.

EN - GJL - XNiMn 13-7
Bezeichnung eines legierten Gusseisens mit Lamellengrafit, mit 13 % Ni und 7 % Mn

[1] Gemisch aus feinnadeligem Ferrit und Austenit

Bezeichnung der Gusseisenwerkstoffe durch Werkstoffnummer

DIN EN 1560: 2011-05

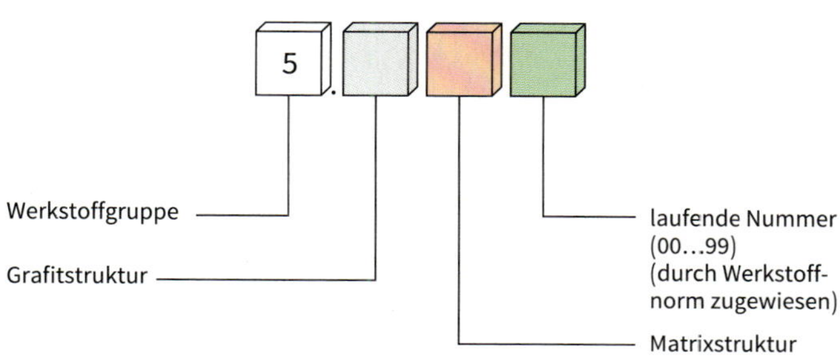

Eisen-Gusswerkstoffe, alte Bezeichnungen

Graphitstruktur	
1	Lamellar
2	Vermikular
3	Kugelig
4	Temperkohle
5	Graphitfrei
6–8	Reserve
9	Andere

Matrixstruktur	
1	Ferrit
2	Ferrit/Perlit
3	Perlit
4	Ausferrit
5	Austenit
6	Ledeburit
7-8	Reserve
9	Andere

Gusseisen mit Lamellengrafit

DIN EN 1561: 2012-01

Zugfestigkeit als kennzeichnende Eigenschaft					
Kurzname	Werkstoff-nummer	bisheriger Kurzname	Wanddicke in mm über	Wanddicke in mm bis	Zugfestigkeit R_m in MPa
EN-GJL-150	5.1200	GG-15	2,5	50	150
			50	100	130
			100	200	110
EN-GJL-200	5.1300	GG-20	2,5	50	200
			50	100	180
			100	200	160
EN-GJL-250	5.1301	GG-25	2,5	50	250
			50	100	220
			100	200	200
EN-GJL-300	5.1302	GG-30	2,5	50	300
			50	100	260
			100	200	240
EN-GJL-350	5.1303	GG-35	2,5	50	350
			50	100	310
			100	200	280

Brinellhärte als kennzeichnende Eigenschaft						
Kurzname	Werkstoff-nummer	bisheriger Kurzname	Wanddicke in mm über	Wanddicke in mm bis	Brinellhärte HB 30 min.	Brinellhärte HB 30 max.
EN-GJL-HB 155	5.1101	GG-150 HB	2,5	50	–	155
			50	100	–	–
EN-GJL-HB 175	5.1201	GG-170 HB	2,5	50	115	175
			50	100	105	165
EN-GJL-HB 195	5.1304	GG-190 HB	5	50	135	195
			50	100	125	185
EN-GJL-HB 215	5.1305	GG-220 HB	5	50	155	215
			50	100	145	205
EN-GJL-HB 235	5.1306	GG-240 HB	10	50	175	235
			50	100	160	220
EN-GJL-HB 255	5.1307	GG-260 HB	20	50	195	255
			50	100	180	240

Im Allgemeinen wird die Zugfestigkeit als kennzeichnende Eigenschaft angegeben. Die Angabe der Brinellhärte wird dann bevorzugt, wenn die Gussstücke auf Verschleiß beansprucht werden. Die chemische Zusammensetzung der Gusssorten bleibt weitgehend dem Hersteller überlassen.

Bemerkungen und Verwendung: gut gießbar; sehr gute Dämpfungseigenschaften, die mit steigender Festigkeit abnehmen;
korrosionsbeständig;
Getriebegehäuse, Ständer für WZ-Maschinen, Turbinengehäuse, Führungsleisten

Gusseisen mit Vermikulargraphit

Gusseisen mit Kugelgrafit

DIN EN 1563: 2019-04

Zugfestigkeit als kennzeichnende Eigenschaft					
Kurzname	Werkstoff-nummer	bisheriger Kurzname	Zugfestigkeit R_m in MPa	Dehngrenze $R_{p\,0,2}$ in MPa	Bruchdehnung A in %
EN-GJS-350-22	5.3102	–	350	220	22
EN-GJS-400-18	5.3105	–	400	240	18
EN-GJS-400-15	5.3106	GGG-40	400	250	15
EN-GJS-450-10	5.3107	–	450	310	10
EN-GJS-500-7	5.3200	GGG-50	500	320	7
EN-GJS-600-3	5.3201	GGG-60	600	370	3
EN-GJS-700-2	5.3300	GGG-70	700	420	2
EN-GJS-800-2	5.3301	GGG-80	800	480	2

Mechanische Eigenschaften gelten an getrennt gegossenen Probestücken.
Die chemische Zusammensetzung bleibt weitgehend dem Hersteller überlassen.

Bemerkungen und Verwendung: gute Bearbeitbarkeit, Verschleißfestigkeit nimmt mit der Festigkeit zu;
Kurbelwellen, Walzen, Zahnräder, schlagbeanspruchte Teile im Fahrzeugbau

Austenitisches Gusseisen

DIN EN 13835: 2012-04

Kurzname	Werkstoff-nummer	Gra-fit-form	Zug-festigkeit R_m in MPa min	0,2 %-Dehn-grenze $R_{p\,0,2}$ in MPa min	Bruch-dehnung A in % min	Brinell-härte HB min	Eigenschaften und Verwendung
EN-GJLA-XNiCuCr15-6-2	5.1500	L	170	–	–	120	gute Korrosionsbeständigkeit, gute Gleiteigenschaften; Pumpen, Ventile, Buchsen
EN-GJSA-XNiCr20-2	5.3500	S	370	210	7	140	gute Korrosions- und Hitzebeständigkeit, gute Gleiteigenschaften; Pumpen, Ventile, Buchsen, Abgaskrümmer
EN-GJSA-XNiMn23-4	5.3501	S	440	210	25	150	hohe Duktilität, bis −196 °C zäh, nicht magnetisierbar; Gussstücke für Kältetechnik
EN-GJSA-XNiCrNb20-2	5.3502	S	370	210	7	140	geeignet für Schweißkonstruktionen; Pumpen, Ventile, Buchsen, Abgaskrümmer
EN-GJSA-XNi22	5.3503	S	370	170	20	130	Hohe Duktilität, bis −100 °C zäh, geringe Korrosions- und Hitzebeständigkeit; Pumpen, Ventile, Buchsen, Abgaskrümmer, nicht magnetisierbare Gussstücke
EN-GJSA-XNi35	5.3504	S	370	210	20	130	geringe thermische Ausdehnung, thermoschockbeständig; maßbeständige Teile für Werkzeugmaschinen, wissenschaftliche Instrumente
EN-GJSA-XNiSiCr35-5-2	5.3505	S	370	200	10	130	besonders hitzebeständig, hohe Duktilität; Gehäuseteile für Gasturbinen, Abgaskrümmer, Turbolader-Gehäuse
EN-GJLA-XNiMn13-7	5.1501	L	140	–	–	120	nicht magnetisierbar; Gehäuse für Schaltanlagen, Isolierflansche, Klemmen, Druckdeckel für Turbogeneratoren
EN-GJSA-XNiMn13-7	5.3506	S	390	210	15	120	
EN-GJSA-XNiCr30-3	5.3507	S	370	210	7	140	gute Korrosions- und Hitzebeständigkeit, besonders thermoschockbeständig; Pumpen, Kessel, Ventile, Filterteile, Abgaskrümmer, Turbolader-Gehäuse
EN-GJSA-XNiSiCr30-5-5	5.3508	S	390	240	–	170	besonders hohe Beständigkeit gegen Korrosion, Erosion, Hitze; Pumpen Fittings, Abgaskrümmer, Turbolader-Gehäuse
EN-GJSA-XNiCr35-3	5.3509	S	370	210	7	140	geringe thermische Ausdehnung, thermoschockbeständig, erhöhte Warmfestigkeit; Gehäuseteile für Gasturbinen

Temperguss

DIN EN 1562: 2019-06

Kurzname	Werkstoff-nummer	bisheriger Kurzname	Zug-festigkeit R_m in MPa	Dehn-grenze $R_{p\,0,2}$ in MPa	Bruch-dehnung A_3 in %	Brinell-härte HBW	Bemerkungen und Verwendung
Nicht entkohlend geglühter Temperguss							
EN-GJMB-350-10	5.4101	GTS-35-10	350 [1]	200 [1]	10 [1]	≤ 150	alle Sorten gut spanbar;
EN-GJMB-450-6	5.4205	GTS-45-06	450	270	6	150 … 200	Fittings, Förderkettenglieder, Schlossteile, Fahrwerkteile, Steuerkurvenscheiben
EN-GJMB-500-5	5.4206		500	300	5	165 … 215	
EN-GJMB-550-4	5.4207	GTS-55-04	550	340	4	180 … 230	
EN-GJMB-600-3	5.4208		600	390	3	195 … 245	
EN-GJMB-650-2	5.4300	GTS-65-02	650	430	2	210 … 260	
EN-GJMB-700-2	5.4301	GTS-70-02	700	530	2	240 … 290	
Entkohlend geglühter Temperguss							
EN-GJMW-350-4	5.4200	GTW-35-04	350 [1]	– [1]	4 [1]	230	alle Sorten gut spanbar;
EN-GJMW-400-5	5.4202	GTW-40-05	400	220	5	220	Getriebegehäuse, Schaltgabeln, Bremstrommeln, Kurbelwellen, Pleuel, Hebel
EN-GJMW-450-7	5.4203	GTW-45-07	450	260	7	220	
EN-GJMW-360-12	5.4201	GTW-S-38-12	360	190	12	200	für Schweißkonstruktionen ohne Wärmenachbehandlung

[1] Angabe der mechanischen Eigenschaften an Proben mit 12 mm Durchmesser.

Numerisches Bezeichnungssystem für Aluminium-Knetwerkstoffe

DIN EN 573-1: 2005-02

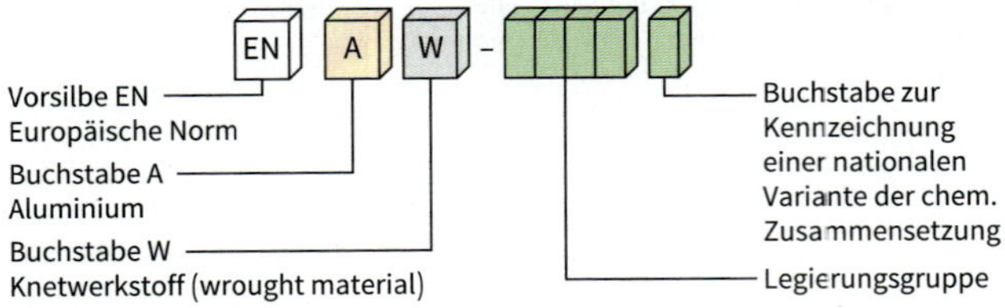

EN AW - 5052
Bezeichnung einer Al-Knetlegierung mit 2,5 % Mg

Legierungsgruppen	
Serie	**Hauptlegierungselement**
1000 …	≥ 99,00 % Al
2000 …	Cu
3000 …	Mn
4000 …	Si
5000 …	Mg
6000 …	Mg + Si
7000 …	Zn
8000 …	sonstige Legierungselemente

Bezeichnungssystem mit chemischen Symbolen für Aluminium-Knetwerkstoffe

DIN EN 573-2: 1994-12

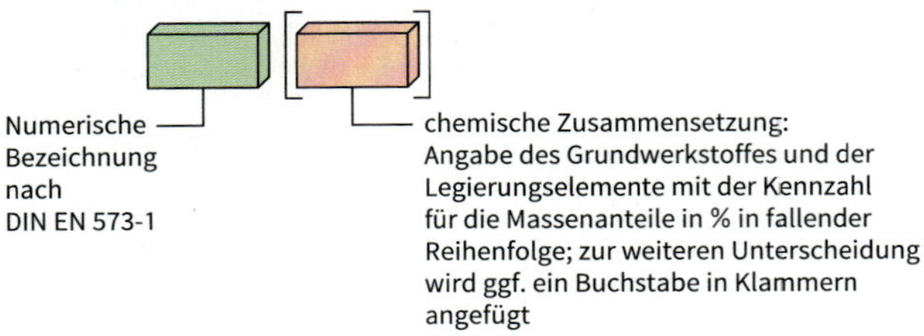

EN AW - 5052 [Al Mg 2,5]
Bezeichnung einer Al-Knetlegierung mit 2,5 % Mg

EN AW-Al Mg 2,5
Auf die Angabe der Legierungsgruppe kann verzichtet werden

Bezeichnung der Werkstoffzustände für Halbzeug

DIN EN 515: 2017-05

Kurzzeichen	Bedeutung
F	Herstellungszustand
O	weichgeglüht
H12	kaltverfestigt, 1/4 hart
H14	kaltverfestigt, 1/2 hart
H16	kaltverfestigt, 3/4 hart
H18	kaltverfestigt, 4/4 hart (voll durchgehärtet)
W	lösungsgeglüht (instabil)
T1	abgeschreckt aus der Warmumformungstemperatur und kalt ausgelagert
T4	lösungsgeglüht und kalt ausgelagert
T6	lösungsgeglüht und warm ausgelagert
T8	lösungsgeglüht, kalt umgeformt und warm ausgelagert

Werkstoffzustände, Ergänzung

Numerisches Bezeichnungssystem für Aluminium-Gusswerkstoffe

DIN EN 1780-1: 2003-01

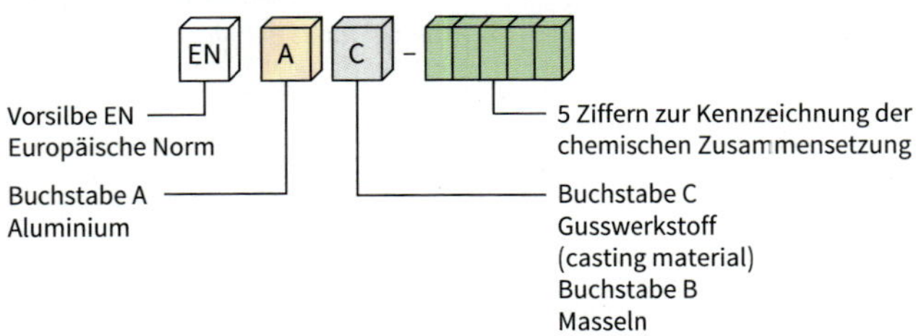

EN AC - 45 000
Bezeichnung einer Al-Gusslegierung mit ca. 6 % Si und ca. 4 % Cu

Bezeichnungssystem mit chemischen Symbolen für Aluminium-Gusswerkstoffe

DIN EN 1780-2: 2003-01

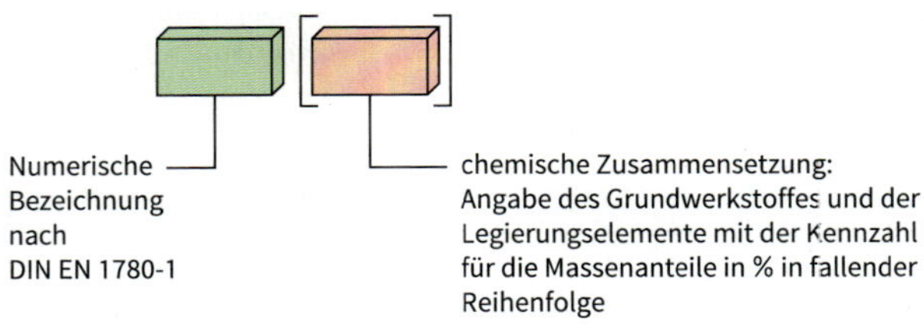

EN AC - 45 000 [Al Si 6 Cu 4]
Bezeichnung einer Al-Gusslegierung mit ca. 6 % Si und 4 % Cu
EN AC-Al Si 6 Cu 4
Auf die Angabe der Legierungsgruppe kann verzichtet werden

Kennzeichnung der chemischen Zusammensetzung

unlegiertes Aluminium:

1. Ziffer	1
2. Ziffer	0
3. und 4. Ziffer	Angabe des min. Al-Gehaltes ≙ 2 Ziffern rechts hinter dem Komma für den Al-Gehalt Beispiel: AB-10 970 für Al 99,97
5. Ziffer	0 1)

legiertes Aluminium:

1. Ziffer		2. Ziffer	
2	Cu	1	Al Cu
4	Si	1	Al Si Mg Ti
		2	Al Si 7 Mg
		3	Al Si 10 Mg
		4	Al Si
		5	Al Si 5 Cu
		6	Al Si 9 Cu
		7	Al Si (Cu)
		8	Al Si Cu Ni Mg
5	Mg	1	Al Mg
7	Zn	1	Al Zn Mg

3. Ziffer	nicht festgelegt
4. Ziffer	0
5. Ziffer	0 1)

1) 5. Ziffer bei Legierungen für Luft- und Raumfahrt nie 0.

Aluminium und Aluminium-Knetlegierungen für stranggepresste Halbzeuge

DIN EN 755-2: 2016-10

Werkstoffbezeichnung	bisheriges Kurzzeichen	Werkstoffzustand[1)]	Zugfestigkeit R_m in MPa	Dehngrenze $R_{p\,0,2}$ in MPa	Bruchdehnung A_5 in %	Verwendung
EN AW-1050 A [Al 99,5]	Al 99,5	O	60 … 95	20	23	Apparate, Geschirr, Nahrungsmittelindustrie,
EN AW-1350 [E Al 99,5]	E Al	H 112	60	–	23	elektrischer Leiterwerkstoff
EN AW-2007 [Al Cu 4 Pb Mg Mn]	Al Cu Mg Pb	T 4	330 … 370	210 … 250	6	Automatenlegierung
EN AW-2017 A [Al Cu 4 Mg Si (A)]	Al Cu Mg 1	T 4	360 … 380	220 … 260	10	Maschinenbau, Fahrzeugbau, Niete
EN AW-2024 [Al Cu 4 Mg 1]	Al Cu Mg 2	T 3	400 … 450	270 … 310	6	Verbindungselemente, z. B. Niete, Schrauben
EN AW-3103 [Al Mn 1]	Al Mn 1	O	95 … 135	35	20	Bedachungen, Kältetechnik, Wärmetauscher
EN AW-5005 A [Al Mg 1 (C)]	Al Mg 1	O	100 … 150	40	16	Teile für Fassaden- und Fahrzeugbau, Metallwaren
EN AW-5019 [Al Mg 5]	Al Mg 5	O	250 … 320	110	13	Apparate, Bauwesen, Drehteile, Reflektoren
EN AW-5754 [Al Mg 3]	Al Mg 3	O	180 … 250	80	15	Apparatebau, Fahrzeugbau, Schiffbau, Nahrungsmittelindustrie, Schrauben, Niete
EN AW-5083 [Al Mg 4,5 Mn 0,7]	Al Mg 4,5 Mn	O	270	110	10	Fahrzeugbau, Schiffbau, Druckbehälter
EN AW-6012 [Al Mg Si Pb]	Al Mg Si Pb	T 6	260 … 310	200 … 260	6	Automatenlegierung, Drehteile
EN AW-6060 [Al Mg Si]	Al Mg Si 0,5	T 6	190	150	6	Fenster, Türen, Teile für die Nahrungsmittelindustrie
EN AW-6101 B [E Al Mg Si (B)]	E-Al Mg Si 0,5	T 6	215	160	6	elektrischer Leiterwerkstoff, Stromschienen
EN AW-6082 [Al Si 1 Mg Mn]	Al Mg Si 1	T 6	270 … 295	200 … 250	6	Maschinenbau, Fahrzeugbau, Schrauben
EN AW-7020 [Al Zn 4,5 Mg 1]	Al Zn 4,5 Mg 1	T 6	340 … 350	275 … 290	8	Schweißkonstruktionen im Maschinen- und Fahrzeugbau
EN AW-7075 [Al Zn 5,5 Mg Cu]	Al Zn Mg Cu 1,5	T 6	470 … 540	400 … 480	5	Maschinenbau, Fahrzeugbau, Flugzeugbau

[1)] O: weichgeglüht; H 112: durch Warm- oder Kaltumformen geringfügig kaltverfestigt; T 3: lösungsgeglüht, kalt umgeformt und kalt ausgelagert; T 4: lösungsgeglüht und kalt ausgelagert; T 6: lösungsgeglüht und warm ausgelagert

Aluminium-Gusslegierungen

DIN EN 1706: 2021-10

Werkstoffbezeichnung	bisheriges Kurzzeichen	Werkstoffzustand[1)]	Zugfestigkeit R_m in MPa	Dehngrenze $R_{p\,0,2}$ in MPa	Bruchdehnung A_5 in %	Brinellhärte HBW	Verwendung
EN AC-21000 [Al Cu 4 Mg Ti]	G-Al Cu 4 Ti Mg	T 4	300	200	5	90	Fahrzeugbau, Flugzeugbau
EN AC-42100 [Al Si 7 Mg 0,3]	G-Al Si 7 Mg	T 6	230	190	2	75	Flugzeugbau, Gussstücke mittlerer Wanddicke
EN AC-43000 [Al Si 10 Mg]	G-Al Si 10 Mg	T 6	220	180	1	75	Motorenbau, Gussstücke geringer Wanddicke
EN AC-44200 [Al Si 12]	G-Al Si 12	F	150	70	5	50	dünnwandige, druck- und schwingungsfeste Gussstücke
EN AC-45000 [Al Si 6 Cu 4]	G-Al Si 6 Cu 4	F	150	90	1	60	Maschinenbau, Zylinderköpfe
EN AC-51100 [Al Mg 3]	G-Al Mg 3	F	140	70	3	50	Apparate, Armaturen, chemische Industrie
EN AC-51300 [Al Mg 5]	G- Al Mg 5	F	160	90	3	55	chemische Industrie, Nahrungsmittelindustrie
EN AC-51400 [Al Mg 5 (Si)]	G-Al Mg 5 Si	F	160	100	3	60	warmfeste Gussstücke, chemische Industrie

[1)] F: Gusszustand; T 4: lösungsgeglüht und kalt ausgelagert; T 6: lösungsgeglüht und warm ausgelagert

Bezeichnung von Kupfer-Legierungen durch Werkstoffnummern

DIN EN 1412: 2017-01

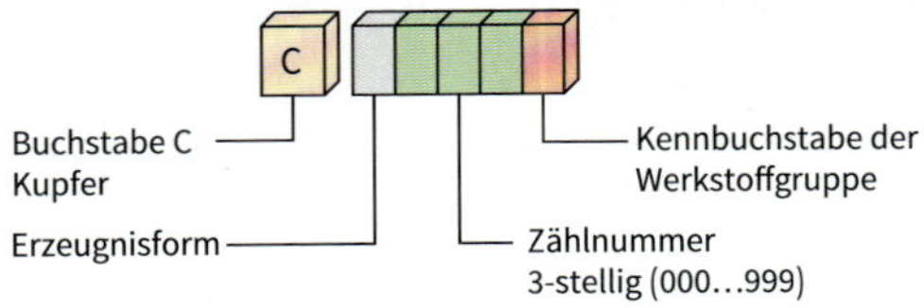

Erzeugnisform	
B	Blockform (z. B. Masseln) zum Umschmelzen
C	Gusserzeugnisse
F	Schweißzusatzwerkstoffe und Hartlote
M	Vorlegierungen
R	Raffiniertes Kupfer
S	Werkstoff in Form von Schrott
W	Knetwerkstoff

Kennbuchstabe der Werkstoffgruppe

Kennbuchstabe	Werkstoffgruppe
A oder B	Kupfer
C oder D	niedriglegierte Cu-Legierungen (Leg.-Elem. < 5 %)
E oder F	Kupfersonderlegierungen (Leg.-Elem. ≥ 5 %)
G	Cu-Al-Legierungen
H	Cu-Ni-Legierungen
J	Cu-Ni-Zn-Legierungen
K	Cu-Sn-Legierungen
L oder M	Cu-Zn-Legierungen (Zweistoff-Legierungen)
N oder P	Cu-Zn-Pb-Legierungen
R oder S	Cu-Zn-Legierungen (Mehrstoff-Legierungen)

CC 750 S
Bezeichnung einer Cu-Gusslegierung mit ca. 33 % Zn und ca. 2 % Pb

Bezeichnung von Kupfer-Gusslegierungen durch Werkstoffkurzzeichen

DIN EN 1982: 2017-11

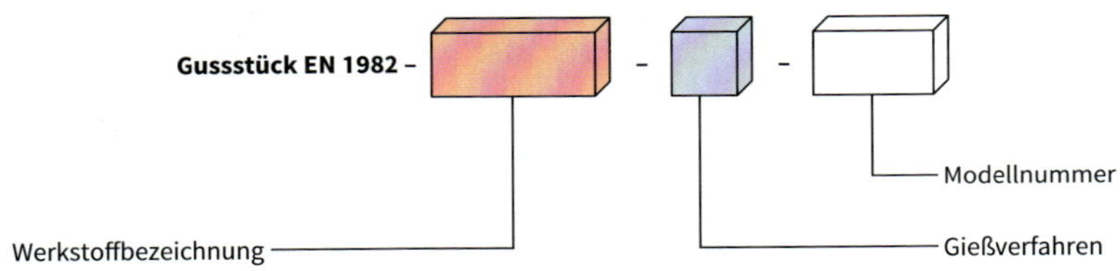

Gießverfahren	
GS	Sandguss
GM	Kokillenguss
GZ	Schleuderguss
GC	Strangguss
GP	Druckguss

Gussstück EN 1982 – CuAl10Ni3Fe2-c – GS – 1234 oder **Gussstück EN 1982 – CC332-G – GS – 1234**
Bezeichnung eines Gussstückes aus CuAl10Ni3Fe2-C, hergestellt im Stranggussverfahren, Modell 1234

Nichteisenmetalle, alte Bezeichnungen

Kupfer

Kurzzeichen[1]	Werkstoff-nummer	bisheriges Kurzzeichen	Cu-Gehalt in %	Bemerkungen und Verwendung
Cu-ETP	CR004 A	E-Cu 58	99,90	sauerstoffhaltiges Kupfer zur Herstellung von Halbzeugen oder Gussstücken
Cu-OF	CR008 A	OF-Cu	99,95	sauerstofffreies Kupfer zur Herstellung von Halbzeugen mit hohen Anforderungen an Wasserstoffbeständigkeit
Cu-PHC	CR020 A	SE-Cu	99,95	mit Phosphor desoxidiertes, sauerstofffreies Kupfer zur Herstellung von Halbzeug mit hoher elektrischer Leitfähigkeit, gut umformbar, schweiß- und hartlötbar
Cu-DLP	CR023 A	SW-Cu	99,90	mit Phosphor desoxidiertes, sauerstofffreies Kupfer zur Herstellung von Halbzeug ohne festgelegte elektrische Leitfähigkeit, gut schweiß- und hartlötbar
Cu-DHP	CR024 A	SF-Cu	99,90	mit Phosphor desoxidiertes, sauerstofffreies Kupfer zur Herstellung von Halbzeug, hoher Phosphorrestgehalt, sehr gut schweiß- und hartlötbar

[1] ETP: elektrolytisch hergestelltes zähes Kupfer – electrolytic tough-pitch
OF: sauerstofffrei – oxygen free
PHC: hohe Leitfähigkeit – phosphorized, high-conductivity
DLP: niedriger Phosphorrestgehalt – phosphorized, low residual phosphorus
DHP: hoher Phosphorrestgehalt – phosphorized, high residual phosphorus

i www.kupferinstitut.de

Kupfer-Gusslegierungen

DIN EN 1982: 2017-11

Kurzzeichen	Werkstoff-nummer	bisheriges Kurzzeichen	Zugfestigkeit R_m in MPa	Dehngrenze $R_{p\,0,2}$ in MPa	Bruchdehnung A in %	Brinellhärte HB	Verwendung
Kupfer-Zink-Gusslegierungen							
Cu Zn 33 Pb 2-C	CC 750 S	G-Cu Zn 33 Pb	180	70	12	45	Konstruktionswerkstoff, Gehäuse für Gas- und Wasserarmaturen
Cu Zn 39 Pb 1 Al-C	CC 754 S	G-Cu Zn 37 Pb	220	80	15	65	Gas- und Wasserarmaturen, Beschläge
Cu Zn 15 As-C	CC 760 S	G-Cu Zn 15	160	70	20	45	Konstruktionswerkstoff, sehr gut lötbar
Cu Zn 16 Si 4-C	CC 761 S	G-Cu Zn 15 Si 4	400	230	10	100	für hochbeanspruchte, dünnwandige Konstruktionsteile, gute Korrosionsbeständigkeit
Cu Zn 25 Al 5 Mn 4 Fe 3-C	CC 762 S	G-Cu Zn 25 Al 5	750	450	8	180	Gleitlager, Schneckenradkränze
Cu Zn 35 Mn 2 Al 1 Fe 1-C	CC 765 S	G-Cu Zn 35 Al 1	450	170	20	110	Druckmuttern, Schiffsschrauben
Cu Zn 38 Al-C	CC 767 S	G-Cu Zn 38 Al	380	130	30	75	gut gießbar, für verwickelte Konstruktionen
Kupfer-Zinn-Gusslegierungen							
Cu Sn 10-C	CC 480 K	G-Cu Sn 10	250	130	18	70	korrosions- und meerwasserbeständig, Pumpengehäuse
Cu Sn 11 Pb 2-C	CC 482 K	G-Cu Sn 12 Pb	240	130	5	80	Gleitlager, Gleitleisten, Buchsen
Cu Sn 12-C	CC 483 K	G-Cu Sn 12	260	140	7	80	Spindelmuttern, Schnecken- und Schraubenräder
Cu Sn 12 Ni 2-C	CC 484 K	G-Cu Sn 12 Ni	280	160	12	85	korrosions- und meerwasserbeständig, Armaturen
Kupfer-Zinn-Blei-Gusslegierungen							
Cu Sn 5 Zn 5 Pb 5-C	CC 491 K	G-Cu Sn 5 Zn Pb	200	90	13	60	Armaturen, Pumpengehäuse, gut gießbar
Cu Sn 7 Zn 2 Pb 3-C	CC 492 K	G-Cu Sn 6 Zn Ni	230	130	14	65	Armaturen, druckdichte Gussteile
Cu Sn 7 Zn 4 Pb 7-C	CC 493 K	G-Cu Sn 7 Zn Pb	230	120	15	60	Buchsen, Gleitlagerschalen, gute Notlaufeigenschaften
Cu Sn 10 Pb 10-C	CC 495 K	G-Cu Pb 10 Sn	180	80	8	60	Lagerwerkstoff, verschleißfest
Cu Sn 7 Pb 15-C	CC 496 K	G-Cu Pb 15 Sn	170	80	8	60	Lagerwerkstoff, gute Notlaufeigenschaften
Cu Sn 5 Pb 20-C	CC 497 K	G-Cu Pb 20 Sn	150	70	5	45	Verbundwerkstoff mit guten Gleiteigenschaften
Kupfer-Aluminium-Gusslegierungen							
Cu Al 10 Fe 2-C	CC 331 G	G-Cu Al 10 Fe	500	180	18	100	Gehäuse, Buchsen, Schaltgabeln, Ritzel
Cu Al 10 Ni 3 Fe 2-C	CC 332 G	G-Cu Al 9 Ni	500	180	18	100	korrosionsbeständig, gut schweißbar, gut geeignet für Mischkonstruktionen
Cu Al 10 Fe 5 Ni 5-C	CC 333 G	G-Cu Al 10 Ni	600	250	13	140	korrosionsbeständig, gute Dauerschwingfestigkeit
Cu Al 11 Fe 6 Ni 6-C	CC 334 G	G-Cu Al 11 Ni	680	320	5	170	Pumpen, Turbinenschaufeln, Propeller, chemische Industrie

Kupfer-Knetlegierungen

DIN EN 12 163: 2016-11; DIN EN 12 167: 2016-11; DIN EN 1652: 1998-03

Kennzeichen	Werkstoffnummer	Zustand [1)]	Härte HB	Zugfestigkeit R_m in MPa	Dehngrenze $R_{p\,0,2}$ in MPa	Bruchdehnung A_5 in %	Bemerkungen und Verwendung
Kupfer-Aluminium-Legierungen							
Cu Al 10 Fe 1	CW 305 G	R 530 H 130 R 630 H 155	– 130 – 155	530 – 630 –	290 – 490 –	10 – 5 –	hohe Festigkeit, korrosionsbeständig, noch kalt umformbar; Kondensatorböden, Bleche für chemischen Apparatebau
Cu Al 10 Ni 5 Fe 4	CW 307 G	R 680 H 170 R 740 H 200	– 170 – 200	680 – 740 –	320 – 400 –	10 – 8 –	hohe Festigkeit, korrosionsbeständig; Wellen, Schrauben, Verschleißteile, Schneckenräder, Lagerbuchsen
Cu Al 11 Fe 3 Ni 6	CW 308 G	R 740 H 220 R 830 H 240	– 220 – 240	740 – 830 –	420 – 550 –	5 – – –	hohe Festigkeit, korrosionsbeständig; hoch belastete Lagerteile, Getriebe- und Schneckenräder, Ventilsitze
Kupfer-Zinn-Legierungen							
Cu Sn 6	CW 452 K	R 340 H 080 R 420 H 120	– 80 – 120	340 – 420 –	270 – 220 –	45 – 30 –	Federn, besonders für Elektroindustrie, Steckverbinder, Siebdrähte
Cu Sn 8	CW 453 K	R 390 H 085 R 450 H 135	– 85 – 135	390 – 450 –	280 – 280 –	45 – 26 –	Gleitelemente, besonders für dünnwandige Gleitlagerbuchsen
Kupfer-Nickel-Legierungen							
Cu Ni 10 Fe 1 Mn	CW 352 H	R 280 H 070 R 350 H 100	– 70 – 100	280 – 350 –	90 1 150 –	30 – 10 –	ausgezeichneter Widerstand gegen Erosion, Kavitation und Korrosion, gut schweißbar; Wärmetauscher, Apparatebau, Bremsleitungen
Cu Ni 25	CW 350 H	R 290 H 070	– 70	290 –	100 –	– –	Münzlegierung, Plattierwerkstoff
Cu Ni 30 Mn 1 Fe	CW 354 H	R 340 H 080 R 420 H 110	– 80 – 110	340 – 420 –	120 – 180 –	30 – 14 –	ausgezeichneter Widerstand gegen Erosion, Kavitation und Korrosion, gut schweißbar; Ölkühler
Kupfer-Nickel-Zink-Legierungen							
Cu Ni 12 Zn 24	CW 403 J	R 450 H 125 R 540 H 160	– 125 – 160	450 – 540 –	200 – 400 –	12 – 5 –	gut kalt umformbar; Tiefziehteile, Tafelgerät, Federn
Cu Ni 18 Zn 20	CW 409 J	R 480 H 140 R 580 H 170	– 140 – 170	480 – 580 –	250 – 400 –	11 – – –	anlaufbeständiger als Cu Ni 12 Zn 24; Federn
Cu Ni 18 Zn 19 Pb 1	CW 408 J	R 420 H 110 R 520 H 130	– 110 – 130	420 – 520 –	260 – 420 –	20 – – –	für spanabhebende Bearbeitung, Feinmechanik, Optik, Schlüssel

[1)] R: Mindestzugfestigkeit; H: Mindesthärte

Kupfer und Kupfer-Legierungen
Copper and copper alloys

Kupfer-Knetlegierungen

DIN EN 12 163: 2016-11; DIN EN 12 167: 2016-11; DIN EN 1652: 1998-03

Kennzeichen	Werkstoffnummer	Zustand [1]	Härte HB	Zugfestigkeit R_m in MPa	Dehngrenze $R_{p\,0,2}$ in MPa	Bruchdehnung A_5 in %	Bemerkungen und Verwendung
Kupfer-Zink-Legierungen							
Cu Zn 15	CW 502 L	R 340	–	340	200	22	sehr gut kalt umformbar, gut geeignet zum Drücken, Prägen, Treiben
		H 100	100	–	–	–	
		R 430	–	430	350	10	
		H 130	130	–	–	–	
Cu Zn 40	CW 509 L	R 360	–	360	300	20	gut warm und kalt umformbar, geeignet zum Nieten, Stauchen, Bördeln, Biegen
		H 100	100	–	–	–	
		R 410	–	410	230	12	
		H 120	120	–	–	–	
Cu Zn 36 Pb 3	CW 603 N	R 400	–	400	200	12	gut spanbar und kalt umformbar, Automatenlegierung
		H 100	100	–	–	–	
		R 480	–	480	350	8	
		H 125	125	–	–	–	
Cu Zn 40 Pb 2	CW 617 N	R 430	–	430	220	10	sehr gut spanbar, gut warm umformbar; Legierung für spanende Bearbeitung; Uhrenmessing
		H 120	120	–	–	–	
		R 500	–	500	350	8	
		H 135	135	–	–	–	
Cu Zn 31 Si 1	CW 708 R	R 460	–	460	250	22	für gleitende Beanspruchung auch bei höherer Belastung, Lagerbuchsen, Führungen
		H 115	115	–	–	–	
		R 530	–	530	330	12	
		H 140	140	–	–	–	
Cu Zn 36 Sn 1 Pb	CW 712 R	R 340	–	340	160	25	Konstruktionswerkstoff, gute Beständigkeit gegen Witterungseinflüsse, für erhöhte Anforderung an gleitende Beanspruchung
		H 080	80	–	–	–	
		R 400	–	400	200	20	
		H 105	105	–	–	–	
Cu Zn 39 Sn 1	CW 719 R	R 400	–	400	180	15	Konstruktionswerkstoff, gut warmumformbar, Apparatebau, Wärmetauscher
		H 105	105	–	–	–	
		R 450	–	450	250	10	
		H 120	120	–	–	–	

[1] Angabe der mechanischen Eigenschaften nach DIN 9715

Nickel und Nickel-Legierungen
Nickel and nickel alloys

Kennzeichen	Werkstoffnummer	chemische Zusammensetzung Masseanteile in %	Zugfestigkeit R_m in MPa	Dehngrenze $R_{p\,0,2}$ in MPa	Bruchdehnung A_5 in %	Bemerkungen und Verwendung
Hüttennickel						DIN 1701: 1980-05
H-Ni 99,96	2.4011	≥ 99,96 Ni; ≤ 0,01 Co	–	–	–	Hüttennickel dient zur Herstellung von Nickelsorten und Ni-Legierungen sowie als Legierungselement
H-Ni 99,95	2.4017	≥ 99,95 Ni; ≤ 0,1 Co	–	–	–	
H-Ni 99,90	2.4021	≥ 99,90 Ni; ≤ 0,5 Co	–	–	–	
H-Ni 99,5	2.4022	≥ 99,5 Ni; 1,0 Co	–	–	–	
Nickel-Knetlegierungen						DIN 17 742: 2020-12; DIN 17 743: 2002-09; DIN 17 744: 2020-012
Ni Cr 15 Fe F 55	2.4816.10	72 Ni + Co (≤ 1,0 Co); 14 … 17 Cr; 6 … 10 Fe	550	200	30	hitze- und korrosionsbeständige Bauteile, Zündkerzen
Ni Cu 30 Fe F 45	2.4360.10	63 Ni + Co (≤ 1,0 Co); 28 … 34 Cr; 1,0 … 2,5 Fe	450	175	30	korrosionsbeständige Bauteile
Ni Cu 30 Al F 62	2.4375.40	63 Ni + Co (≤ 1,0 Co); 2,2 … 3,5 Al; 27 … 34 Cu; 0,5 … 2,0 Fe; 0,3 … 1,0 Ti	620	270	25	aushärtbare Legierungen für korrosionsbeständige Bauteile
Ni Cr 21 Mo 6 Cu F 55	2.4641.10	39 … 46 Ni; ≤ 0,2 Al; ≤ 1,0 Co; 20 … 23 Cr; 1,5 … 3,0 Cu; 5,5 … 7,0 Mo; 0,6 … 1,0 Ti	550	240	30	Halbzeuge für korrosionsbeständige Bauteile

Bezeichnungssystem für Magnesium-Gusslegierungen

DIN EN 1754: 1997-08

Bezeichnung durch Nummern

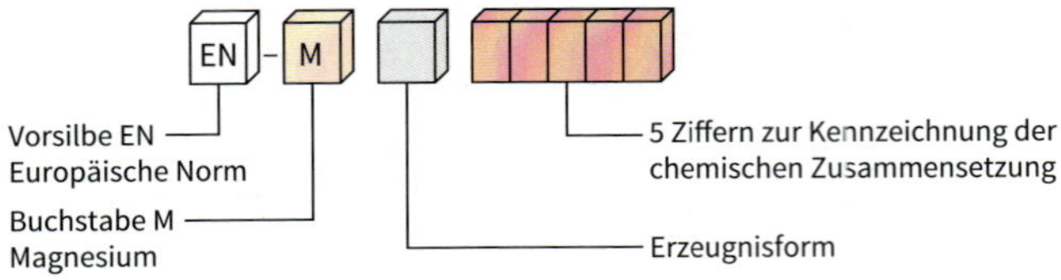

Erzeugnisform	
A	Anoden
B	Blockmetalle
C	Gussstücke

EN-MC 21110
Bezeichnung einer Mg-Gusslegierung für Gussstücke mit ca. 8 % Al und 1 % Zn

Kennzeichnung der chemischen Zusammensetzung

1. Ziffer **Hauptleg.-element**

1	Mg
2	Al
3	Zn
4	Mn
5	Si
6	–
7	Zr
8	Ag
9	Y

2. und 3. Ziffer **Legierungsgruppe**

00	Mg
11	Mg Al Zn
12	Mg Al Mn
13	Mg Al Si
21	Mg Zn Cu

4. und 5. Ziffer
Angabe von Legierungs-untergruppen zur weiteren Unterscheidung

Bezeichnung durch Kurzzeichen

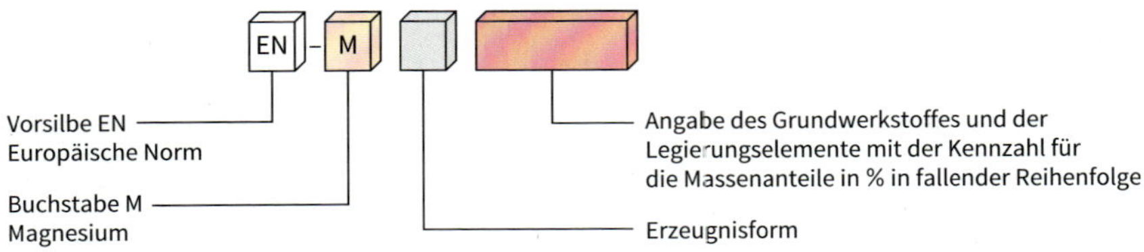

EN-MC Mg Al 8 Zn 1
Bezeichnung einer Mg-Gusslegierung mit ca. 8 % Al und 1 % Zn

Nichteisenmetalle, alte Bezeichnungen

Magnesium-Druckgusslegierungen

DIN EN 1753: 2019-12

Kurzzeichen	Werkstoff-nummer[1)]	bisheriges Kurzzeichen	Zugfestig-keit R_m in MPa	Dehn-grenze $R_{p\,0,2}$ in MPa	Bruch-dehnung A_5 in %	Brinell-härte HB	Verwendung
EN-MC Mg Al 8 Zn 1	EN-MC 3.5315-D-F	G-Mg Al 8 Zn 1	200 … 250	140 … 160	1 … 7	60 … 85	Motorenbau, für stoßbeanspruchte Stücke
EN-MC Mg Al 9 Zn 1 (A)	EN-MC 3.5316-D-F	G-Mg Al 9 Zn 1	200 … 260	140 … 170	1 … 6	65 … 85	Fahrzeugbau, Flugzeugbau, Armaturen
EN-MC Mg Al 6 Mn	EN-MC 3.5322-D-F	G-Mg Al 6 Mn	190 … 250	120 … 150	4 … 14	50 … 65	Getriebe- und Motorengehäuse, Autofelgen
EN-MC Mg Al 4 Si	EN-MC 3.5326-D-F	G-Mg Al 4 Si 1	200 … 250	120 … 150	3 … 12	55 … 80	Motorengehäuse langzeitig wärmebelastbar

1) D: Druckguss, F: im Rohgusszustand gemessen

Magnesium-Knetlegierungen

DIN 1729-1: 1982-08

Kurz-zeichen	Werkstoff-nummer	Zugfestigkeit R_m in MPa	Dehngrenze $R_{p\,0,2}$ in MPa	Bruch-dehnung A_{10} in %	Brinell-härte HB	Eigenschaften und Verwendung
Mg Mn 2 F 20	3.5200.08	200	145	1,5	40	korrosionsbeständig, gut schweißbar, leicht verformbar; Verkleidungen, Kraftstoffbehälter, Anoden, Halbzeug
Mg Al 3 Zn F 24	3.5312.08	240	155	10	45	mittlere Festigkeit, schweißbar, verformbar; Halbzeuge, Sonderzwecke
Mg Al 6 Zn F 25	3.5612.08	250	175	6	55	mittlere bis hohe Festigkeit, beschränkt schweißbar; Halbzeuge, Gesenkschmiedestücke
Mg Al 8 Zn F 29	3.5812.08	290	205	10	60	höchste Festigkeit, Halbzeuge, Gesenkschmiedestücke

Kurzzeichen	Werkstoffnummer	chem. Zusammensetzung Masseanteile in %	Bemerkungen und Verwendung
Blei			DIN EN 12659: 1999-11
–	PB 990 R[1)]	99,99 Pb	Herstellung von Bleimennige, Bleiweiß, optische Gläser, Akkumulatorenplatten, Bleche, Rohre für die chemische Industrie
–	PB 985 R	99,985 Pb	
–	PB 970 R	99,97 Pb	Ausgangswerkstoff für Legierungen, Hartblei für chemische Anlagen
–	PB 940 R	99,94 Pb	
[1)] Reinblei			
Zinn			DIN EN 610: 1995-09
Sn 99,99		99,99 Sn	Überzugsmaterial für Weißblech, Ziergegenstände, Orgelpfeifen
Sn 99,95		99,95 Sn	
Sn 99,93		99,93 Sn	Lieferform: Masseln, die zum Wiedereinschmelzen geeignet sind
Sn 99,90		99,90 Sn	
Sn 99,85		99,85 Sn	
Titan			DIN 17850: 1990-11
Ti 1	3.7025	Ti 1; ≤ 0,15 Fe; ≤ 0,12 O_2	korrosionsbeständig besonders gegen oxidierende und Chlorionen enthaltende Medien, meerwasser- und seeluftbeständig; chemischer Apparatebau, Galvanotechnik, Luft- und Raumfahrzeugbau
Ti 2	3.7035	Ti 2; ≤ 0,20 Fe; ≤ 0,18 O_2	
Ti 3	3.7055	Ti 3; ≤ 0,25 Fe; ≤ 0,25 O_2	
Ti 4	3.7065	Ti 4; ≤ 0,30 Fe; ≤ 0,35 O_2	

Primärzink

DIN EN 1179: 2003-09

Sortenklassifizierung	Farbkodierung	chem. Zusammensetzung Masseanteile in %	Bemerkungen und Verwendung
Z1	weiß	99,995 Zn	lösliche Anoden, Ätzplatten, Tiefziehmessing, Tiefziehneusilber, Zinkbleche, -bänder, -drähte
Z2	gelb	99,99 Zn	
Z3	grün	99,95 Zn	
Z4	blau	99,5 Zn	Verzinkung, Zinkbleche, -bänder, Legierungsmaterial
Z5	schwarz	98,5 Zn	

Legierungen

Kurzzeichen	Werkstoffnummer	Zugfestigkeit R_m in MPa	Dehngrenze $R_{p\,0,2}$ in MPa	Bruchdehnung A_5 in %	Bemerkungen und Verwendung
Titanlegierungen					DIN 17851: 1990-11
Ti Al 5 Sn 2,5 F 79	3.7115.10	790	760	6 … 8	gut schweißbar, korrosionsbeständig, unmagnetisch
Ti Al 6 V 4 F 89	3.7165.10	890	820	8 … 18	Luft- und Raumfahrt, Armaturen
		Angabe der Eigenschaften von Blechen DIN 17860			
Zink-Gusslegierungen					DIN EN 12844: 1999-01
ZP2 (G-Zn Al 4 Cu3)	ZP0 430	335	270	5	Gussstücke aller Art, Blechumformwerkzeuge, Guss-, Blas- und Tiefziehformen für Kunststoffe
ZP3 (GD-Zn Al 4)	ZP0 400	280	200	10	
ZP5 (GD-Zn Al 4 Cu1)	ZP0 410	330	250	5	
ZP6 (G-Zn Al 6 Cu1)	ZP0 610	–	–	–	
ZP8 (–)	ZP0 810	370	220	8	
ZP12 (–)	ZP1 110	400	300	5	
ZP16 (–)	ZP0 010	220	–	–	
ZP27 (–)	ZP2 720	425	370	2,5	

Kennzeichnung

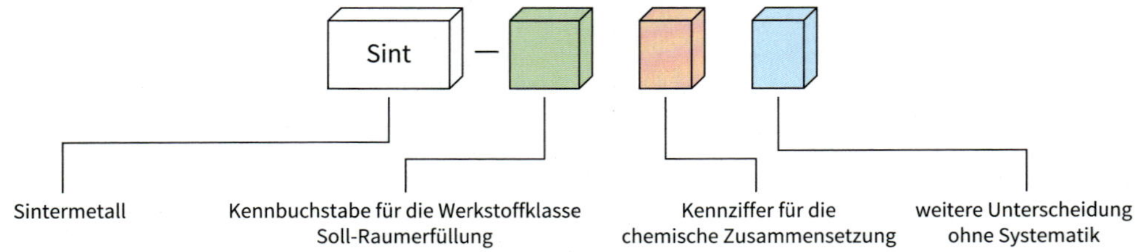

Werkstoffklasse			Chemische Zusammensetzung	
Kennbuchstabe	Raumerfüllung R_x in %	bevorzugtes Einsatzgebiet	Kennziffer	chemische Zusammensetzung
AF	< 73	Filter	0	Sintereisen/Sinterstahl, 0 … 1 % Cu, mit oder ohne C
A	75 (± 2,5)	Gleitlager	1	Sinterstahl, 1 … 5 % Cu, mit oder ohne C
B	80 (± 2,5)	Gleitlager, Formteile	2	Sinterstahl, > 5 % Cu, mit oder ohne C
C	85 (± 2,5)	Gleitlager, Formteile	3	Sinterstahl, mit oder ohne C und Cu, ≤ 6 % andere Leg.-Elemente
D	90 (± 2,5)	Formteile	4	Sinterstahl, mit oder ohne C und Cu, > 6 % andere Leg.-Elemente
E	94 (± 1,5)	Formteile	5	Sinterlegierungen mit > 60 % Cu
F	> 95,5	sintergeschmiedete Formteile	6	Sinterbuntmetalle, die nicht in 5 enthalten sind
			7	Sinterleichtmetalle
			8 9	Reserve

Sintermetalle für Filter

Kurzzeichen	Werkstoff	Dichte ϱ in g/cm³	Filterfeinheit in μm
Sint-AF 40	Rostfreier Sinterstahl Cr- und Ni-haltig	3,8 … 5,6	3, 10, 20, 80, 150
Sint-AF 50	Sinterbronze	5,0 … 6,5	8, 20, 80, 150, 200

Die Filterfeinheit wird im Kurzzeichen angegeben, z. B. Sint-AF 40-20

Sintermetalle für Lager und Formteile mit Gleiteigenschaften

Kurzzeichen	Werkstoff	Radiale Bruchfestigkeit in MPa	Härte HB
Sint-A 00 Sint-B 00 Sint-C 00	Sintereisen	> 150 > 180 > 220	> 25 > 30 > 40
Sint-A 10 Sint-B 10 Sint-C 10	Sinterstahl Cu-haltig	> 160 > 190 > 230	> 35 > 40 > 55
Sint-A 20 Sint-B 20	Sinterstahl, höher Cu-haltig	> 180 > 200	> 30 > 45
Sint-A 50 Sint-B 50 Sint-C 50	Sinterbronze	> 120 > 170 > 200	> 25 > 30 > 35

Sinterschmiedestähle für Formteile

Kurzzeichen	Werkstoff	Härte HB	
		geschmiedet	vergütet
Sint-F 00	C- und Mn-haltig	> 140	> 220
Sint-F 30	C-, Mn, Ni-, Mo- und Cr-haltig	> 160	> 260
Sint-F 31	C-, Mn, Ni, Mo-haltig	> 180	> 300

Sintermetalle für Formteile

Kurzzeichen	Werkstoff		Zugfestigkeit R_m in MPa	Härte HB
Sint-D 00 Sint-E 00	Sintereisen		170 240	> 50 > 60
Sint-D 01	Sinterstahl	C-haltig	300	> 90
Sint-D 10 Sint-E 10	Sinterstahl	Cu-haltig	250 340	> 80 > 110
Sint-C 11 Sint-C 21	Sinterstahl	Cu- und C-haltig	390 460	> 115 > 130
Sint-C 30 Sint-D 30 Sint-E 30	Sinterstahl	Cu-, Ni- und Mo-haltig	360 460 570	> 100 > 125 > 160
Sint-D 36	Sinterstahl	Cu- und P-haltig	350	> 95
Sint-D 39	Sinterstahl	Cu-, Ni-, Mo-, und C-haltig	560	> 160
Sint-C 40 Sint-C 42 Sint-C 43	Rostfreier Sinterstahl, hoch Cr-haltig		> 330 > 420 > 510	> 110 > 170 > 180
Sint-E 73	Cu-haltig		180	> 65

Sintermetalle für Formteile mit weichmagnetischen Eigenschaften

Kurzzeichen	Werkstoff	Zugfestigkeit R_m in MPa	Härte HB
Sint-C 02 Sint-D 02 Sint-E 02	Sintereisen	150 200 240	> 35 > 40 > 50
Sint-C 38 Sint-D 38	Sintereisen, P-haltig	250 230	> 55 > 65

Einteilung der Kunststoffe nach Ausgangsprodukten

Kunststoffe (Plaste)

- **umgewandelte Naturstoffe**
  - Milcheiweiß
    - Kunsthorn
  - Zellulose
    - Zellstoff
  - Naturkautschuk
    - Gummi
- **synthetisch hergestellte Stoffe** (aus Kohle, Erdöl, Erdgas, Kalk, Wasser, Luft)
  - Polymerisate
    - Polyethylene, Polyvinylchloride, Polysterole u. a.
  - Polykondensate
    - Polyamide, Phenoplaste, Aminoplaste u. a.
  - Polyaddukte
    - Polyurethane, Epoxidharze, Polyesterharze u. a.

Einteilung der Kunststoffe nach Eigenschaften

Kunststoffe

- **Elastomere**
  gummielastisch, nicht warm umformbar und nicht schweißbar
- **Thermoplaste**
  warm umformbar und schweißbar
- **Duroplaste**
  nicht warm umformbar und nicht schweißbar

Kurzzeichen für Polymere

DIN EN ISO 1043-1: 2016-09

Kurzzeichen	Bezeichnung	Kurzzeichen	Bezeichnung
AB	Acrylnitril-Butadien	PEI	Polyetheremit
ABAK	Acrylnitril-Butadien-Acrylat	PESU	Polyethersulfon
ABS	Acrylnitril-Butadien-Styrol	PET	Poly(ethylenterephtalat)
ACS	Acrylnitril-(chloriertes Polyethylen)-Styrol	PF	Phenol-Formaldehyd
AMMA	Acrylnitril-Methylmethacrylat	PI	Polyimid
ASA	Acrylnitril-Styrol-Acrylat	PIB	Polyisobutylen
CA	Celluloseacetat	PMI	Polymethacrylimid
CAB	Celluloseacetobutyrat	PMMA	Polymethylmethacrylat
CF	Kresol-Formaldehyd	POM	Polyoxymethylen, Polyformaldehyd, Polyacetal
CMC	Carboxymethylcellulose	PP	Polypropylen
CN	Celluslosenitrat	PPS	Polyphenylensulfid
CP	Cellulosepropionat	PPSU	Polyphenylensulfon
CTA	Cellulosetriacetat	PS	Polystyrol
EC	Ethylcellulose	PSU	Polysulfon
EP	Epoxidharz	PTFE	Polytetrafluorethylen
EVAC	Ethylen-Vinylacetat	PUR	Polyurethan
MC	Methylcellulose	PVAC	Polyvinylacetat
MF	Melamin-Formaldehyd	PVAL	Polyvinylalkohol
MBS	Methylacrylat-Butadien-Styrol	PVB	Poly(vinylbutyral)
MP	Melamin-Phenolharz	PVC	Polyvinylchlorid
PA	Polyamid	PVC-C	chloriertes Polyninylchlorid
PAI	Plyamidimid	PVDC	Polyvinylidenchlorid
PAK	Polyacrylat	PVDF	Polyvinylidenfluorid
PAN	Polyacrylnitril	PVF	Polyvinylfluorid
PB	Ploybuten	PVFM	Poly(vinylformal), Poly(vinylformaldehyd)
PBAK	Polybutylacrylat	PVK	Poly(N-vinylcarbazol)
PBT	Poly(butylenterephtalat)	SAN	Styrol-Acrylnitril
PC	Polycarbonat	SB	Styrol- Butadien
PCTFE	Polychlortrifluorethylen	SI	Silikon
PE	Polyethylen	SMS	Styrol-α-Methylstyrol
PE-C	chloriertes Polyethylen	UF	UREA-Formaldehydharz
PE-HD	Polyethylen, hohe Dichte	UP	Ungesättigtes Polyesterharz
PE-LD	Polyethylen, niedrige Dichte	VCE	Vinylchlorid-Ethylen
PEEK	Polyetheretherketon	VCEMAK	Vinylchlorid-Ethylen-Methacrylat

Kennbuchstaben zur Kennzeichnung besonderer Eigenschaften

Kennbuchstabe	Bedeutung	Kennbuchstabe	Bedeutung	Kennbuchstabe	Bedeutung	Kennbuchstabe	Bedeutung
A	amorph	H	hoch	R	erhöht, hart, Resol	U	ultra, weichmacherfrei, ungesättigt
B	bromiert	I	schlagzäh				
C	chloriert, kristallin	L	linear, niedrig	S	gesättigt, sulfoniert, duroplastisch		
D	Dichte	M	mittel, molekular			V	sehr
E	versäumt, epoxidiert	N	normal			W	Gewicht
		O	orientiert	T	temperaturbeständig, schlagzäh modifiziert	X	vernetzt, vernetzbar
F	flexibel, flüssig, fluoriert	P	weichmacherhaltig, thermoplastisch				

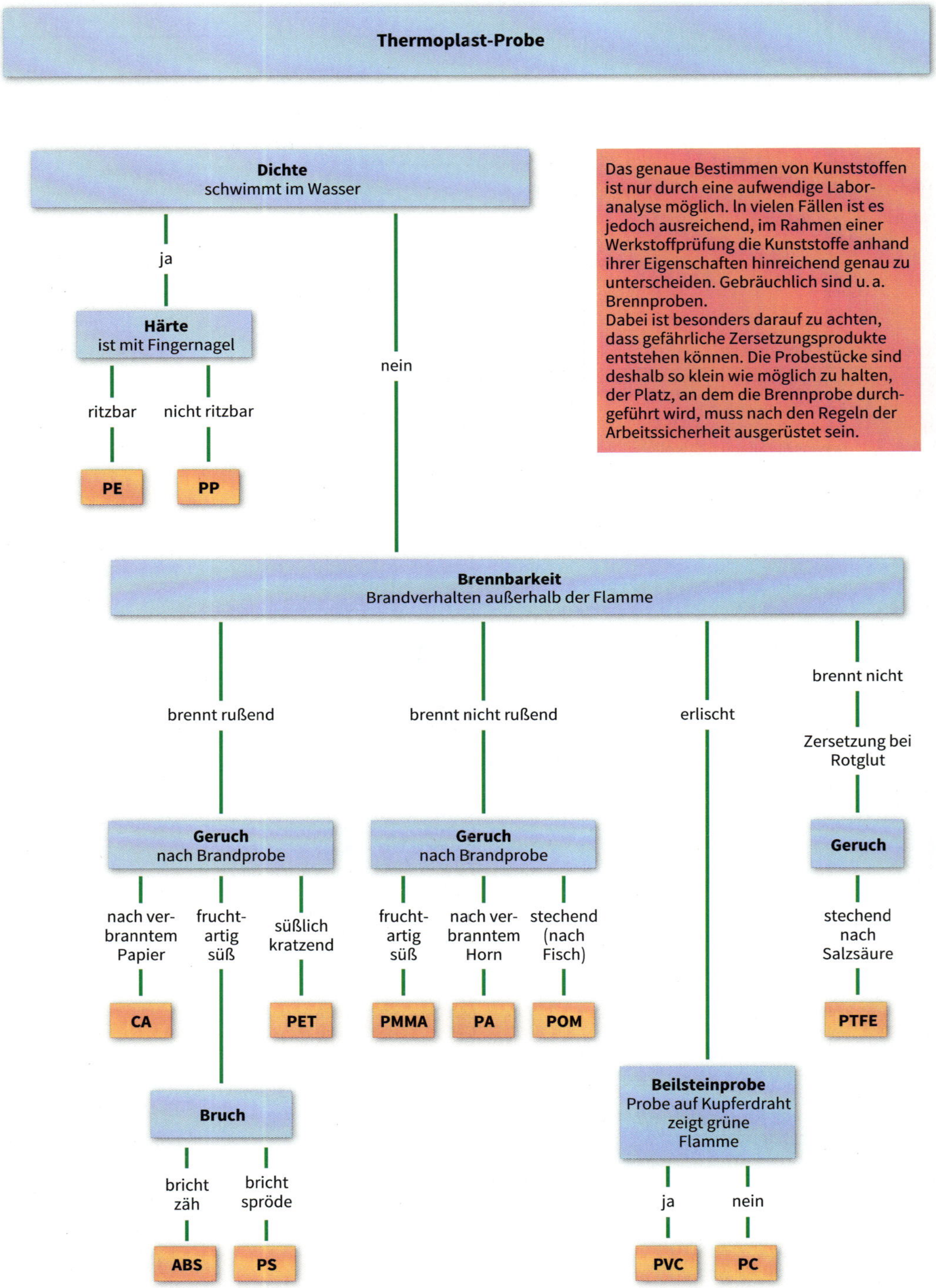

Das genaue Bestimmen von Kunststoffen ist nur durch eine aufwendige Laboranalyse möglich. In vielen Fällen ist es jedoch ausreichend, im Rahmen einer Werkstoffprüfung die Kunststoffe anhand ihrer Eigenschaften hinreichend genau zu unterscheiden. Gebräuchlich sind u. a. Brennproben.
Dabei ist besonders darauf zu achten, dass gefährliche Zersetzungsprodukte entstehen können. Die Probestücke sind deshalb so klein wie möglich zu halten, der Platz, an dem die Brennprobe durchgeführt wird, muss nach den Regeln der Arbeitssicherheit ausgerüstet sein.

Erkennungsmerkmale

Kurzzeichen	Bezeichnung	Handelsnamen	Dichte in kg/dm³	Festigkeit MPa	Kerbschlagzähigkeit a_k in kJ/m²	Anwendungstemperatur in °C bis	Chemische Beständigkeit[5] Mineralöl	Benzin	Trichlorethylen	verdünnte Säuren	verdünnte Laugen	Bemerkungen und Verwendung
PE	Polyethylen	Baylon, Hostalen, Lupolen, Vestolen	0,92 … 0,96	8 …[1] 30	–	80 … 105	b	bb	bb	b	b	Dichtungen, Handgriffe, Hohlkörper, Folien, Isoliermaterial in der Elektrotechnik
PP	Polypropylen	Hastalen PP, Novolen, Vestolen P	0,91	30 …[1] 37	4 … 7	110	b	u	bb	b	b	Teile für Haushaltsmaschinen, Gehäuse, Ventilatoren, Transportkästen
PVC hart	Polyvinylchlorid hart	Hostalit Vinoflex Vestolit	1,38 … 1,40	50 …[2] 60	4	60 … 70	b	b	u	b	b	Rohrleitungen, Dachrinnen, Behälter für chemische Industrie, Öl- und Getränkeflaschen
PVC weich	Polyvinylchlorid weich		1,20 … 1,35	10 …[2] 30	–	40 … 60	b	b	u	b	b	Dichtungen, Fußbodenbeläge, Abdeckfolien, Spielzeug, Bekleidung
PS	Polystyrol	Hostyren N. Polystyrol, Vestyron	1,05	40 …[3] 65	2	70 … 80	bb	bb	u	b	b	Verpackungen mit hohem Oberflächenglanz und Durchsichtigkeit, Leuchten, Wegwerfgeschirr
SB	Styrol/Butadien	Hostyren S. Polystyrol 400 Vestyron 500	1,04	20 …[3] 50	4 … 14	75	bb	u	u	bb	bb	technische Teile mit guter Zähigkeit und gutem Oberflächenglanz, Gehäuse, Toilettenartikel, Spielwaren
SAN	Polystyrol/ Acrylnitril	Luran, Vestoran	1,08	70 …[3] 80	4 … 6	90	b	b	u	b	b	Gehäuseteile, Schaugläser, Verpackungen
ABS	Acrylnitril/Butadien/Styrol	Novodur, Terluran	1,04	35 …[1] 50	8 … 19	85 … 100	b	b	u	b	b	Gehäuse, Sitzmöbel, verchromte Zierleisten, Bootskörper, Schutzhelme
PMMA	Polymethylmethacrylat	Degulan, Deglas, Plexiglas, Resarit	1,19	64 …[2] 75	2	65 … 85	b	b	u	bb	b	Verglasungen, optische Gläser, Schreib- und Zeichengeräte, Leuchten, sanitäre Installationsteile
PA	Polyamide	Durethan, Ultramid, Vestamid, Nylon	1,14	40 …[1] 80	15 … o.B[4]	80 … 140	b	b	bb	bb	bb	Zahnräder, Riemenscheiben, Gleitlager, Gehäuse, Türbeschläge, Folien, Borsten, als Faser: Perlon
POM	Polyoxymethylen	Hostaform, Ultraform	1,39 … 1,42	65 …[1] 70	–	100 … 150	b	b	bb	bb	bb	Zahnräder, Laufräder, Getriebeteile in Haushaltsgeräten, Feuerzeugtanks
PC	Polycarbonat	Makrolon	1,20	… 60[1]	35	… 130	b	u	u	bb	u	Maschinenteile, Sicherheitsverglasung, Schutzhelme, Lineale, Schriftschablonen
PET	Polyethylenterephthalat	Hostaphen Mylar	1,58	47	4	−20 … 100	b	b	b	bb	bb	Flaschen, Dosen, Folien
PTFE	Polytetrafluorethylen	Hostaflon TF Teflon	2,16	20 … 40[3]	16	260 … 280	b	b	b	b	b	Schläuche, Dichtungen, Gleitlager, Beschichtungen, Laborgeräte
PCTFE	Polychlortrifluorethylen	Hostaflon C 2	2,13	32 …[1] 42	8 … 9	150	b	b	b	b	b	Schläuche, Dichtungen, Laborgeräte
CA	Celluloseacetat	Cellidor A, U, S	1,2 … 1,3	35 …[1] 42	8 … 10	60 … 110	b	b	b	bb	u	Lenkräder, Leuchten, Knöpfe, Werkzeuggriffe, Stuhlsitzflächen, Brillengestelle, Kämme, Schreibmaschinentasten
CP	Celluloseproprionat	Cellidor CP	1,2	30[2]	26							
PUR	Polyurethan-Elastomere	Desmopan Vulkollan Urepan	1,2	25 …[3] 55	–	−40 … 110	b	b	u	bb	bb	Lager, Buchsen, Schläuche, Zahnriemen, Dichtungen, Rollen und Laufrollenbeläge, Skischuhe

[1] Streckspannung
[2] Zugfestigkeit
[3] Reißfestigkeit
[4] Probe nicht gebrochen
[5] b: beständig bb: bedingt beständig u: unbeständig

Kunststoffe – Duroplaste
Plastics – thermosetting plastics

Kunststoff Kurzzeichen	Handelsname	Dichte ρ in g/cm³	Zugfestigkeit σ_m in MPa	Bruchdehnung ε_b in %	E-Modul E in MPa	Gebrauchstemperatur t in °C	Brennbarkeit
PF	Vyncolit, Ridurid, Catalin, Bakelite	1,40	25	0,4 … 0,8	5600 … 12000	−50 … 110	brennt mit heller, rußender Flamme, erlischt nach Entfernen der Zündquelle
MF	Bakelite, Resopal, Hornit	1,50	30	0,6 … 0,9	4900 … 9100	−50 … 80	
UF	Bakelite, Resamin, Urecoll, Carbalit	1,50	30	0,5 … 1,0	7000 … 10500	−50 … 70	
UP	Resipol, Leguval, Palatal, Vestopol, Rütapal	2,0	30	0,6 … 1,2	14000 … 20000	−50 … 150	leicht entflammbar, leuchtende rußende Flamme
EP	Bakelite, EpoxinV, Araldit, Rütapox, Supraplast	1,90	30 … 40	4	21500	−50 … 130	flammwidrige und selbstverlöschende Materialien lieferbar

Kunststoff Kurzzeichen	Chemikalienbeständigkeit		Eigenschaften	Verwendung
	nicht beständig gegen	beständig gegen		
PF	starke Säuren und Laugen, kochendes Wasser (je nach Typ)	schwache Säuren und Laugen, Alkohol, Benzol, Fette, Öle, chlorierte KW	hohe Festigkeit, Steifigkeit und Härte, wärmeformbeständig, spannungsrissbeständig, befriedigende elektrische Isoliereigenschaften	Schaltergehäuse, Verteilerkästen, Bedienknöpfe, Schraubkappen, Zahnräder
MF	starke Säuren und Laugen, oxidierend und reduzierend wirkende Stoffe	schwache Säuren und Laugen, Fette, Öle, Lösungsmittel, erhöht heißwasserbeständig	hohe Oberflächenhärte, kratzfest, hoher Oberflächenglanz, wärmebeständig, geringe Schwindung, hohe Kriechstromfestigkeit, sehr gute elektrische Eigenschaften. befriedigende elektrische Isoliereigenschaften	Verschraubungen, Beschläge, Gehäuse, Haus- und Küchengeräte
UF	starke Säuren und Laugen, oxidierend und reduzierend wirkende Stoffe, kochendes Wasser	schwache Säuren und Laugen, Fette, Öle, Lösungsmittel	hohe Festigkeit, Steifigkeit und Oberflächenhärte, hoher Oberflächenglanz, sehr gute elektrische Eigenschaften, befriedigende elektrische Isoliereigenschaften	Schaltergehäuse, Steckdosen, Stecker, Beschläge, Bedienknöpfe, Sanitärartikel
UP	Aceton, Ethanol, Benzol Laugen und Säuren, Ameisensäure, Methanol	Salzsäure, Akkusäure, Milchsäure, schwache Laugen, Benzin, Dieselkraftstoff, Fette, Terpentilöl, Tetrachlorkohlenstoff	hohe Festigkeit, Steifigkeit und Härte, wärmeformbeständig, maßhaltig, spannungsrissbeständig, hohe Kriechstromfestigkeit, gute dielektrische Eigenschaften, gute elektrische Isoliereigenschaften	Stecker, Sicherungsautomaten, Verteilerkappen, Zündspulen, Elektrowerkzeuggehäuse, Getränketanks, Sportboote, Tennisschläger
EP	starke Säuren und Laugen, Ammoniak, Aceton, Ester	schwache Säuren und Laugen, Alkohol, Benzol, Benzin, Fette, Öle, Lösungsmittel	geringe Schwindung, hohe Maßhaltigkeit, spannungsrissbeständig, gute Haftung auf allen Werkstoffen, sehr gute elektrische Isoliereigenschaften, gute Kriechstromfestigkeit	Elektrotechnische Formteile, Fassungen, Stecker, Gehäuse, Klemmleisten, Teile mit Metalleinlagen

Elastomere

Kurzzeichen Bezeichnung	Dichte ρ in g/cm³	Zugfestigkeit σ_m in MPa[1]	Bruchdehnung ε_b in %	Anwendungstemperatur *t* in °C	Bemerkung und Verwendung
NR Naturkautschuk	0,93	22 (28)	600	−60 … +60	hohe Festigkeit, wenig ölbeständig Reifen, Formartikel aller Art
IR Isopren-Kautschuk	0,93	1 (24)	500	−60 … +60	
BR Butadien-Kautschuk	0,94	2 (18)	450	−60 … +90	abriebfest Reifen, Fördergurte, Keilriemenartikel
SBR Styrol-Butadien-Kautschuk	0,94	5 (25)	500	−30 … +70	hohe Festigkeit, wenig ölbeständig Reifen, Fördergurte, Form- und Extrusionsartikel
CR Chloropren-Kautschuk	1,25	11 (25)	400	−30 … +90	abriebfest, ölbeständig Fördergurte, Keilriemen, Dichtungen
NBR Acrylnitril-Butadien-Kautschuk	1,00	6 (25)	450	−20 … +110	öl- und treibstoffbeständig, zähelastisch, heißwasserfest Radialwellendichtringe, O-Ringe, Hydraulikschläuche
IIR Butylkautschuk	0,93	5 (21)	600	−30 … +120	hohe Luftdichtigkeit, gute Hitzebeständigkeit Auto- und Fahrradschläuche, Kabelisolierungen
EPDM Ethylen-Propylen-Dien-Kautschuk	0,86 … 0,88	4 (25)	500	−50 … +120	unbeständig gegen Öl und Benzin, hohe Alterungs-, Hitzebeständigkeit Form- und Extrusionsartikel, Dichtungen, Stoßfänger, Kühlwasserschläuche
CO Epichlorhydrin-Kautschuk	1,27 … 1,36	5 (15)	250	−40 … +150	beständig gegen Öl, Fett und Treibstoff Dichtungen
CSM Chlorsulfoniertes Polyethylen	1,08 … 1,27	18 (20)	300	−30 … +100	beständig gegen Öl, Fett, Treibstoff, hohe Chemikalienresistenz Form- und Extrusionsartikel, Isolierwerkstoff
PUR Polyurethan	1,25	20 (30)	450	−30 … +100	verschleißfest Riemen, Dichtungen
FPM Fluor-Polymer-Kautschuk	1,85	2 (15)	450	−40 … +190	sehr hohe Chemikalien- und Hitzebeständigkeit, schwer entflammbar Formartikel, Behälterauskleidungen
VMQ Silikon-Kautschuk	1,25	1 (10)	250	−80 … > 200	alterungs-, witterungs- und temperaturbeständig medizinisch-pharmazeutische Artikel

[1] Die Klemmerwerte gelten für verstärkte Elastomere

Schaumstoffe

Schaumstoff Gruppe	Rohstoffbasis	Dichte ρ in kg/m³	Anwendungstemperatur *t* in °C	Wärmeleitfähigkeit λ in W/(m·K)	Bemerkung und Verwendung
zäh-hart	Polystyrol	15 … 30	70 … 80	0,035	wenig elastisch, feuchtebeständig, nicht UV-beständig Wärme-und Trittschalldämmung
	Polyvinylchlorid	50 … 130	60	0,038	beständig gegen Säuren und Laugen Wärme- und Trittschalldämmung
	Polyurethan	20 … 100	80	0,021	hohe Steifigkeit, warmformbeständig Isolierungen, Verkleidungen, Fahrzeug- und Machinenbau
spröde-hart	Phenolharz	40 … 100	130	0,025	gute Wärmedämmung Isolierung im Bauwesen
	Harnstoffharz	5 … 15	90	0,030	
halbhart	Polyethylen	25 … 40	< 100	0,036	gute Elastizität, strapazierfähige Oberflächenhaut, gleit- und rutschsicher Armlehnen, Stoßfänger, Kopfstützen
	Polyvinylchlorid	50 … 70	−60 … +50	0,036	
weich	Polyurethan Typ Polyester	20 … 45	−40 … +100	0,045	hohe Belastbarkeit und Dauerelastizität, gute Schwingungsdämpfung und Schallabsorption Schuhsohlen, Armlehnen für Büromöbel, Haushaltsgeräte
	Polyurethan Typ Polyether				
	Melaminharz	9	< 150	0,035	brandsicher, temperaturbeständig Akustikplatten, Automobilbau, Flugzeugbau

Richtwerte für das Spritzgießen von Thermoplasten

Kurzname	Temperaturen in °C		Spritzdruck in bar	Schwindung in %	Toleranzgruppe		
	Masse	Werkzeug			Allgemein-toleranzen	Maße mit direkt eingetragenen Abmaßen	
						Reihe 1[1)]	Reihe 2[1)]
PE-LD	160…270	20… 70	400… 800	1,5…3,0	150	140	130
PE-HD	200…300	10… 90	600…1200	1,5…5,0			
PP	200…300	20…100	1200…1800	1,2…2,5	150	140	130
PS	170…280	10… 60	600…1800	0,45…0,6	130	120	110
SB	190…280	30… 60			130	120	110
SAN	200…260	30… 80			130	120	110
ABS	200…260	40… 60			130	120	110
PVC-U (hart)	170…210	20… 60	800…1600	0,5…0,7	130	120	110
PVC-P (weich)	160…190	20… 60	600…1000	1,0…2,0	–	–	–
PMMA	190…290	40… 80	500…1200	0,4…0,8	130	120	110
POM	180…230	40…120	1200…1500	1,9…2,3	140	130	120
PA 6	240…290	60…100	–	0,8…2,5	130	120	110
PC	270…380	80…120	1300…1800	0,7…0,8	130	120	110
PET	260…280	90…140	1200…1500	1,3…1,5	130	120	110
CA	180…220	40… 80	800…1200	0,4…0,7	140	130	120
CP	190…230	40… 80			140	130	120
PF	120…140	155…190	1000…2500	0,2…0,9	140	130	120
MF	120…140	155…190	1000…2500	0,2…1,0	140	130	120
UF	120…140	130…160	1000…2000	0,5…0,8	140	130	120

1) Reihe 1: Einhalten der Toleranzen ohne besonderen Aufwand;
Reihe 2: Einhalten der Toleranzen mit erhöhtem Fertigungsaufwand

Toleranzen für Kunststoff-Formteile

Toleranz-gruppe	Kenn-buch-stabe[1)]	Nennmaßbereich in mm über … bis												
		0…1	1…3	3…6	6…10	10…15	15…22	22…30	30…40	40…53	53…70	70…90	90…120	120…160
Allgemeintoleranzen														
150	A	±0,23	± 0,25	±0,27	±0,30	±0,34	±0,38	±0,43	±0,49	±0,57	±0,68	±0,81	±0,97	±1,20
	B	±0,13	±0,15	±0,17	±0,20	±0,24	±0,28	±0,33	±0,39	±0,47	±0,58	±0,71	±0,87	±1,10
140	A	±0,20	±0,21	±0,22	±0,24	±0,27	±0,30	±0,34	±0,38	±0,43	±0,50	±0,60	±0,70	±0,85
	B	±0,10	±0,11	±0,1^2	±0,14	±0,17	±0,20	±0,24	±0,28	±0,33	±0,40	±0,50	±0,60	±0,75
130	A	±0,18	±0,19	±0,20	±0,21	±0,23	±0,25	±0,27	±0,30	±0,34	±0,38	±0,44	±0,51	±0,60
	B	±0,08	±0,09	±0,10	±0,11	±0,13	±0,15	±0,17	±0,20	±0,24	±0,28	±0,34	±0,41	±0,50
Toleranzen für Maße mit direkt eingetragenen Abmaßen														
140	A	0,40	0,42	0,44	0,48	0,54	0,60	0,68	0,76	0.86	1,00	1.20	1,40	1,70
	B	0,20	0,22	0,24	0,28	0,34	0,40	0,48	0,56	0,66	0,80	1,00	1,20	1,50
130	A	0,36	0,38	0,40	0,42	0,46	0,50	0,54	0,60	0,68	0,76	0,88	1,02	1,20
	B	0,16	0,18	0,20	0,22	0,26	0,30	0,34	0,40	0,48	0,56	0,68	0,82	1,00
120	A	0,32	0,34	0,36	0,38	0,40	0,42	0,46	0,50	0,54	0,60	0,68	0,78	0,90
	B	0,12	0,14	0,16	0,18	0,20	0,22	0,26	0,30	0,34	0,40	0,48	0,58	0,70
110	A	0,18	0,20	0,22	0,24	0,26	0,28	0,30	0,32	0,36	0,40	0,44	0,50	0,58
	B	0,08	0,10	0,12	0,14	0,16	0,18	0,20	0,22	0,26	0,30	0,34	0,40	0,48

1) A: für nicht werkzeuggebundene Maße; B: für werkzeuggebundene Maße

Verstärkte Kunststoffe
Reinforced plastics

Grundwerkstoff	Faserart 1)	Faseranteil in %	Dichte ϱ in g/cm³	Zugfestigkeit/Streckspannung in MPa		Dehnung ε in %	E-Modul E in MPa	Gebrauchstemperatur t in °C max.	Verwendung
				σ_B	σ_S				
PP Polypropylen	GF	30	1,17	107	–	5	7 100	100	Gehäuse, Verpackungsbänder, Behälter
POM Polyacetal	GF	30	1,56	–	140	3	10 000	110	Kfz-Teile, Zahnräder, Lager, Gehäuse
PA Polyamid	GF	35	1,40	–	160	5	10 000	130	Zahnräder, Führungs- und Kupplungsteile, Gehäuseteile
PC Polycarbonat	GF	30	1,44	–	75	3,5	5 500	115	Schaltkästen, Zählergehäuse, Pumpenteile, Büromaschinenteile, Verkehrszeichen
PET Polyethylenterephthalat	GF	33	1,52	165	–	2	1 150	100	Führungs- und Lagerelemente
PBT Polybutylenterephthalat	GF	30	1,52	135	–	3	9 000	100	Lagerwerkstoff
PPS Polyphenylsulfid	GF GFM	40 65	1,60 1,90	116 83	– –	0,9 0,5	11 700 12 400	200 200	Pumpengehäuse, Laufräder, Lagerbuchsen
PEEK Polyetheretherketon	GF CF	30 30	1,49 1,44	157 208	– –	2,2 1,3	10 300 13 000	250 250	Automobil- und Luftfahrtindustrie, Metallersatz
PAI Polyamidimid	GF CF	30 30	1,56 1,50	205 205	– –	7 6	11 700 19 900	260 260	Hebel, Ventilplatten, Kolbenringe, Metallersatz
UP ungesättigtes Polyesterharz	GF	35 65	1,45 1,80	100 300	– –	– –	7 000 18 000	150 150	Behälter, Tanks, Rohre
EP Epoxidharz	GF	50 65	1,60 1,80	220 350	– –	– –	10 000 18 000	150 150	Behälter, Bootskörper, Karosserieteile

1) GF = Glasfaser, GFM = Glasfaser und mineralische Füllstoffe, CF = Kohlefaser

Keramische Werkstoffe
Ceramic materials

Werkstoff		Dichte ϱ in g/cm³	Biegefestigkeit σ_b in MPa	E-Modul E in MPa	Längenausdehnungskoeffizient α in 10^{-6}/K	Verwendung
Aluminiumoxid	Al_2O_3	4	400	390 000	6,5	verschleißfeste Teile im Maschinenbau, Schneidstoffe, Umformwerkzeuge, Schleifmittel
Zirkoniumdioxid	ZrO_2	6,1	600	210 000	10	Umformwerkzeuge, Messsonden
Siliciumkarbid	SiC	2,4	400	380 000	3,5 … 4,0	Schleifmittel, Lager, Ventile, Brennkammern
Siliciumnitrid	Si_3N_4	3,3	800	320 000	8	Schneidstoffe, Turbinenschaufeln
Kubisches Bornitrid	CBN	3,4	550	680 000	4	Schneidstoffe, Schleifmittel
Polykristalliner Diamant	D	3,5	1 100	960 000	1	Werkzeuge zur Präzisionsbearbeitung, Schleifmittel, Schneidstoffe

Bezeichnungen

DIN EN 60 893-1: 2004-12

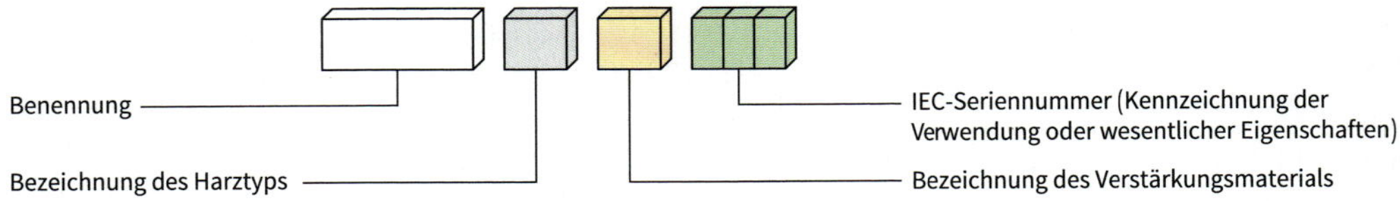

Schichtpressstoff PF CP 204
Bezeichnung eines Schichtpressstoffes aus Phenol-Formaldehyd-Harz mit Zellulosepapier und der Seriennummer 204

Harztypen		Verstärkungsmaterial	
Kurzname	Bezeichnung	Kurzname	Bezeichnung
PF	Phenol-Formaldehyd-Harz	CP	Zellulosepapier
UP	(ungesättigtes) Polyesterharz	CC	Baumwollgewebe
EP	Epoxidharz	WV	Holzfurniere
MF	Melamin-Formaldehyd-Harz	GC	Glasgewebe
SI	Siliconharz	GM	Glasmatte
PI	Polyimidharz	PC	Polyesterfasergewebe
		CR	zusammengesetztes Verstärkungsmittel

Tafeln aus Schichtpressstoffen

DIN EN 60 893-3: 2004-09

Schichtpressstofftypen			bisherige Bezeichnung nach DIN 7735-2	Eigenschaften	Verwendung
Harztyp	Verstärkungsmaterial	IEC-Seriennummer[1]			
EP	CP	201	HP 2361.1	gute mechanische Festigkeit, gut stanzbar, gute elektrische Isoliereigenschaften	Präzisionsstanzteile im Mikroschalterbau, Platten für gedruckte Schaltungen
	GC	201	Hgw 2372	sehr gute mechanische Festigkeit, sehr gute elektrische Isoliereigenschaften auch bei hoher Feuchtigkeit	Elektromaschinenbau, Schalterbau, Transformatorenbau
		203	Hgw 2372.4	wie EP GC 201, jedoch bis 155 °C einsetzbar	
	GM	201	–	besonders hohe mechanische Festigkeit, sehr gute elektrische Isoliereigenschaften auch bei hoher Feuchtigkeit	
MF	GC	201	Hgw 2272	hohe mechanische Festigkeit, beständig gegen Lichtbogen	Platten, Rohre, Formteile
PF	CC	201	Hgw 2082	sehr gute mechanische Eigenschaften	Lagerschalen, Zahnräder, Rollen
		203	Hgw 2083	bessere spanende Bearbeitbarkeit als PF CC 201	
	CP	201	Hp 2061	gute mechanische Eigenschaften, gute elektrische Isoliereigenschaften	Stanzteile in der Autoelektronik, Montageplatten für Schalttafeln
		203	Hp 2061.6	gute elektrische Isoliereigenschaften	Radio- und Fernsehtechnik
SI	GC	202	Hgw 2572	hohe Kriechstromfestigkeit, bis 180 °C einsetzbar	Elektromaschinenbau, Transformatorenbau
UP	GM	201	Hm 2471	hohe mechanische Festigkeit, warmfest	Wickelzylinder für Trockentransformatoren
		202	Hm 2471	wie UP GM 201, jedoch sehr hohe elektrische Durchschlagfestigkeit	Trennwände und Schalthebel in Hochspannungsschaltern

[1] IEC: International Electrotechnical Commission

Kurzzeichen	bisherige Werkstoff-nummer	chem. Zusammensetzung Masseanteile in %	Brinell-Härte nach ISO 4384-1 … 2	Mindest-härte der Welle	Dehn-grenze $R_{p\,0,2}$ in MPa	Verwendung
Zinn-Gusslegierungen für Verbundgleitlager						DIN ISO 4381: 2015-05
Sn Sb 8 Cu 4	2.3792	88 … 90 Sn; 7 … 8 Sb; 3 … 4 Cu; 0,35 Pb; 0,1 As	22	160 HB	47	gute Gleiteigenschaften für mittlere bis hohe Belastungen und Gleitgeschwindigkeiten
Kupfer-Gusslegierungen für Massiv- und Verbundgleitlager						DIN ISO 4382-1: 1992-11
Legierungen für Massiv- und Verbundgleitlager						
Cu Pb 9 Sn 5	2.1815	80 … 87 Cu; 4 … 6 Sn; 8 … 10 Pb; 2,0 Zn; 2,0 Ni	55 … 60	250 HB	60 … 130	weiche Legierung, für mittlere Belastungen und mittlere bis hohe Gleitgeschwindigkeiten
Cu Pb 15 Sn 8	2.1817	75 … 79 Cu; 7 … 9 Sn; 13 … 17 Pb; 2,0 Zn; 2,0 Ni	60 … 65	250 HB	80 … 100	
Cu Pb 20 Sn 5	2.1818	66 … 73 Cu; 18 … 23 Pb; 4 … 6 Sn	45 … 50	200 HB	60 … 80	
Cu Al 10 Fe 5 Ni 5	2.1819	> 76 Cu; 0,2 Sn; 0,1 Pb; 0,5 Zn; 3,5 … 5,5 Fe; 3,5 … 6,5 Ni; 8 … 11 Al	140	55 HRC	250 … 280	sehr harte Legierung, gehärtete Wellen erforderlich
Legierungen für Massivgleitlager						
Cu Sn 10 P	2.1811	89,5 … 97,0 Cu; 10,0 … 11,5 Sn; 0,25 Pb; 0,1 Ni	70 … 95	55 HRC	130 … 170	für gehärtete Wellen bei hoher Belastung und Gleitgeschwindigkeit
Cu Sn 12 Pb 2	2.1812	79 … 83 Cu; 11 … 13 Sn; 1 … 2,5 Pb	80 … 90	55 HRC	130 … 150	
Cu Pb 5 Sn 5 Zn 5	2.1813	84 … 86 Cu; 4 … 6 Sn; 4 … 6 Pb; 4 … 6 Zn; 2,5 Ni	60 … 65	250 HB	90 … 100	für geringe Belastung
Kupfer-Knetlegierungen für Massivgleitlager						DIN ISO 4382-2: 1992-11
Cu Sn 8 P	2.1830	90,0 … 92,5 Cu; 7,5 … 9,0 Sn	80 … 160	55 HRC	200 … 480	für gehärtete Wellen bei hoher Belastung und Gleitgeschwindigkeit
Cu Zn 31 Si 1	2.1831	63 … 68 Cu; 28 … 33 Zn; 0,7 … 1,3 Si	100 … 160		250 … 450	
Cu Zn 37 Mn 2 Al 2 Si	2.1832	57 … 60 Cu; 32 … 40 Zn; 1,0 … 2,5 Al; 0,3 … 1,3 Si; 1,5 … 3,5 Mn	150		300	hoher Verschleißwiderstand, brauchbar bei Mangel-schmierung
Cu Al 9 Fe 4 Ni 4	2.1833	78 … 87 Cu; 8,0 … 11,0 Al; 2,5 … 5,0 Ni; 2,5 … 4,5 Fe; 3,0 Mn	160		400	sehr harte Legierung, gehärtete Wellen erforderlich

Verbundwerkstoffe für dünnwandige Gleitlager DIN ISO 4383: 2015-11

Kurzzeichen Lagerschicht	Härte der Lagemetalle HB gegossen	gesintert	gewalzt u. geglüht	Härte Welle	Eigenschaften und Verwendung
SnSb8Cu4	> 22	–	–	220 HB	für niedrig belastete Lager, gute Korrosionsbeständigkeit; Buchsen
CuPb10Sn10	70 … 130	60 … 90	–	53 HRC	sehr hohe Dauer- und Schlagfestigkeit Pleuellager, Gleitscheiben
CuPb17Sn5	60 … 95	–	–	50 HRC	
CuPb24Sn4	60 … 90	45 … 70	–	48 HRC	hohe Dauer- und Schlagfestigkeit, für hohe Gleitgeschwindigkeiten; gerollte Buchsen, Gleitscheiben
CuPb24Sn	55 … 80	40 … 60	–	45 HRC	hohe Dauerfestigkeit, übliche Verwendung mit galvanischer Gleitschicht
CuPb30	–	30 … 45	–	270 HB	mittlere Dauerfestigkeit, auch für harte Wellen einsetzbar; Hauptlager, gerollte Buchsen
AlSn20Cu	–	–	30 … 40	250 HB	mittlere Dauerfestigkeit, gute Eigenschaften bei Grenzreibung
AlSn6Cu	–	–	35 … 45	45 HRC	mittlere bis hohe Dauerfestigkeit, gute Korrosionsbeständigkeit, übliche Verwendung mit galvanischer Gleitschicht für harte Wellen
AlSi11Cu	–	–	45 … 60	230 HV	
AlSn12SiCu	–	–	45 HV … 65 HV	50 HRC	hohe Dauerfestigkeit, gute Korrosionsbeständigkeit Pleuellager, Gleitscheiben
AlZn5Si1,5Cu1Pb1Mg	–	–	45 … 70	45 HRC	hohe Dauerfestigkeit, üblicherweise mit galvanischer Gleitschicht; Haupt- und Pleuellager

Thermoplastische Kunststoffe für Gleitlager

DIN ISO 6691: 2001-05

Kennzeichnung

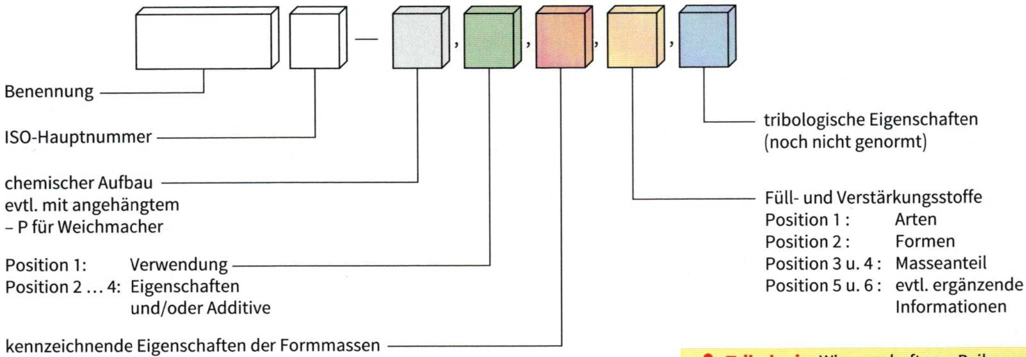

i **Tribologie:** Wissenschaft von Reibung, Verschleiß und Schmierung

Thermoplast ISO 6691-PA6, MR, 14-030 N, GF 20
Bezeichnung eines Polyamid 6 für Spritzgussverarbeitung mit Entformungshilfsmittel, der Viskositätszahl 140 ml/g, einem Elastizitätsmodul ~ 3000 N/mm² und schnell erstarrend, verstärkt mit ca. 20 % Glasfaseranteile

Kurzzeichen für den chemischen Aufbau der Formmassen

Kurzzeichen	Gruppe/Name
PA	Polyamid
POM	Polyoxymethylen
PET	Polyethylenterephthalat
PBT	Polybuthylenterephthalat
PE	Polyethylen
PTFE	Polytetrafluorethylen
PI PPS	Polyimid
P	Weichmacher

Polyamide werden durch Anhängen von Zahlen weiter unterteilt.

Verwendung

E	Extrusion
G	Allgemeine Verwendung
M	Spritzgießen
Q	Pressen
R	Rotationsformen
X	ohne Angabe

Eigenschaft oder Additiv

A	Verarbeitungsstabilisator
F	Brandschutzmittel
H	Wärmealterungs-stabilisator
L	Licht- und Witterungs-stabilisator
R	Entformungshilfsmittel
S	Verarbeitungsgleit-hilfsstoff

Kennzeichnende Eigenschaften der Formmassen

Die für die Kennzeichnung geeigneten Eigenschaften sind bei den einzelnen Formmassen unterschiedlich.

Formmasse	kennzeichnende Eigenschaften
PA	Ziffern für Viskositätszahl und Elastizitäts-modul getrennt durch Bindestrich, „N“ für schnell erstarrende Produkte
PE	Ziffern für Dichte und Schmelzindex, getrennt durch Bindestrich
PET, PBT	Ziffern für die Viskositätszahl
POM, PTFE, PI	noch nicht genormt

Arten der Füll- und Verstärkungsstoffe

C	Kohlenstoff
G	Glas
K	Kreide
S	synth. organ. Material
T	Talkum
X	ohne Angabe

Füllstoffe – ergänzende Informationen

GR	Grafit
MO	Molybdändisulfid
OL	Mineralöl
PE	Polyethylen
TF	Polytetrafluorethylen

Formen der Füll- und Verstärkungsstoffe

D	Pulver
F	Fasern
S	Kugeln
X	ohne Angabe

Masseanteile in %

01	≥ 0,1 … 1,5
02	> 1,5 … 3
05	> 3 … 7,5
10	> 7,5 … 12,5
15	> 12,5 … 17,5
20	> 17,5 … 22,5
25	> 22,5 … 27,5
30	> 27,5 … 32,5
35	> 32,5 … 37,5
40	> 37,5 … 42,5
45	> 42,5 … 47,5
50	> 47,5 … 55
60	> 55 … 65
70	> 65 … 75
80	> 75 … 85
90	> 85

Anwendungsbereiche

PA	Stoß- und schwingbeanspruchte Lager, Bremsgestängebuchsen, Landmaschinenlager, Federaugenbuchsen
POM	Gut bei Trockenlauf oder Mangelschmierung, Gleitlager für Feinwerktechnik, Haushaltsgeräte
PET, PBT	Gleitlageranwendung ähnlich POM Unterwasseranlagen, Gleitlager für oszillierende Bewegungen
PE	Gleitlager für Anlagen in sandführenden Gewässern, Straßen- und Landmaschinenbau, Tieftemperaturlager, Chemieanlagen
PTFE	Gleitlager in Chemieanlagen, Hochfrequenztechnik, Brückenlager
PI	Gleitlager im Tunnelofen

Weitere Bezeichnungen siehe Norm

Gerollte Buchsen

DIN ISO 3547-4:2000-11

Kurz-zeichen	Bezeichnung[1)]	Brinellhärte nach ISO 4384-1		Verwendung
		Stahl HB 1/30/10	Lagerwerkstoff	
T1	Stahl/ PbSb15SnAs	130	16 HV bis 20 HV	sehr gute Notlaufeigenschaften, mäßige Belastbar- keit; Pumpen, Kompressoren, automatische Getriebe,
T2	Stahl/ SnSb8Cu4	130	17 HV bis 24 HV	wie T1, in korrosiver Umgebung mit Dochtschmierung; Kältetechnik
S1	Stahl/ G-CuPb24Sn	125	55 HB bis 80 HB	hohe Belastbarkeit; automatische Getriebe, Lenkungen, Nockenwellen, Pumpen
S2	Stahl/ P-CuPb24Sn	125	40 HB bis 60 HB	
S3	Stahl/ G-CuPb24Sn4	125	60 HB bis 90 HB	wie S1 und S2; besser geeignet zum Prägen von Nuten. Sehr hohe Belastbarkeit; Transmissions- wellen, Lenkungen, Pumpen.
S4	Stahl/ P-CuPb24Sn4	125	45 HB bis 90 HB	
S5	Stahl/ G-CuPb10Sn10	125	70 HB bis 130 HB	
S6	Stahl/ P-CuPb10Sn10	125	60 HB bis 90 HB	
R1	Stahl/ AlSn6Cu	170	35 HB bis 45 HB	hohe Belastbarkeit; Getriebe und hydraulische Pumpen
R2	Stahl/ AlSn20Cu	170	30 HB bis 40 HB	gute Notlaufeigenschaften, mäßige Belastbar-keit; Kälteanlagen, Kompressoren, Pumpen
P1	Stahl/ aufgesinterte Zinnbronze bzw. Blei-Zinn- Bronze, Füllung und Deckschicht aus PTFE	140	–	geringe Reibung; Federbeine von Kraftfahrzeu-gen, Hebelwerke, Gelenklager, Pumpen und Hubmagnete; Betriebsbereich von 200 °C bis + 280 °C, als Trockenlagerwerkstoff geeignet.
P2	Stahl/ aufgesinterte Zinnbronze bzw. Blei-Zinn-Bronze, beschichtet mit Thermoplast	140	–	Hohe Belastbarkeit, mit Anlaufschmierung; Krane, Hebezeuge, Aufzüge, Verpackungs-maschinen und Landmaschinen, mit Tempera-turbegrenzung

1) G: gegossen, P:gesintert

Mineralguss
Mineral cast

Mineralguss besteht aus mineralischen Füllstoffen wie Quarzkies, Quarzsand und Gesteinsmehl und einem geringen Anteil Epoxid-Binder. Das Material wird gemischt und als homogene Masse kalt oder warm in Gießformen aus Holz, Stahl oder Kunststoff gegossen. Nach wenigen Stunden Aushärtezeit kann das Teil entformt werden und ist montagefertig. Der Werkstoff ist auch bekannt unter der Bezeichnung Polymerbeton oder Reaktionsharzbeton.

Sorte	Firmen-bezeichnung Beispiel	Dichte ϱ in g/cm³	E-Modul E in MPa	Druckfestig-keit σ_{dB} in MPa	Biegezug-festigkeit β_{BZ} in MPa	Verwendung
I	EPUMENT 145/B	ca. 2,4	40000 ...45000	130...150	30...35	hohe Steifigkeit, niedriges Kriechverhalten unter La-steinwirkung, geringe Wärmeleitfähigkeit, thermischer Ausdehnungskoeffizient angepasst an Stahl, Gießen großvolumiger Maschinenkomponenten, z. B. Ständer, Gestelle bis 15 Mg, Füllen von Schweißkonstruktionen
II	EPUMENT 140/8BB	ca. 2,3	35000 ...40000	130...150	30...35	höchste Steifigkeit, sehr gutes Dämpfungsverhalten, geringe Wärmeleitfähigkeit, thermischer Ausdehnungs-koeffizient angepasst an Stahl, Gießen mittlerer Ma-schinenkomponenten, z. B. Ständer, Tische, Gestelle bis 2 Mg), Füllen von Schweißkonstruktionen
III	EPUMENT 140/5	ca. 2,3	30000 ...35000	140...160	35...45	bestes Dämpfungsverhalten, geringe Wärme-leitfähigkeit, Gießen von kleinen Maschinenelementen, z. B. Schlitten, Gestellen bis 500 kg, Füllen von Schweiß-konstruktionen, Vorrichtungen und Werkzeugen

Warmgewalzte Stahlprofile – Übersicht

Warmgewalzte I-Träger

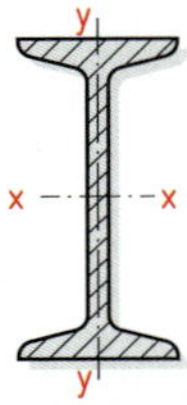

Schmaler I-Träger DIN 1025-1

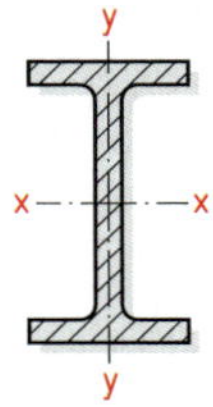

Mittelbreiter I-Träger I PE-Reihe DIN 1025-5

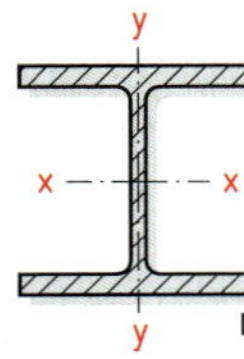

Breiter I-Träger I PB-Träger I PBI-Träger DIN 102 5-2, 3

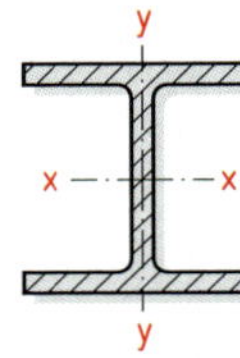

Breiter I-Träger I PBv-Reihe DIN 1025-4

Warmgewalzter Winkelstahl

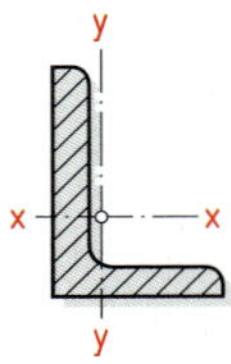

Rundkantiger Winkelstahl DIN EN 10 056-1

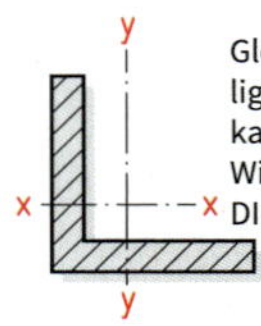

Gleichschenkliger, scharfkantiger Winkelstahl DIN 1022

Warmgewalzter, rundkantiger U-Stahl

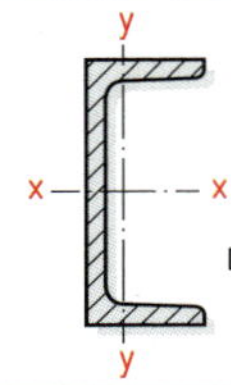

DIN 1026-1

Warmgewalzter, rundkantiger Z-Stahl

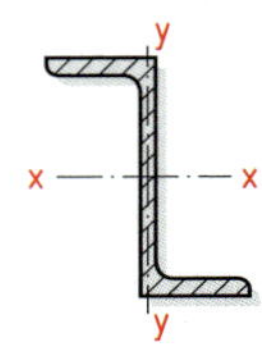

DIN 1027

Warmgewalzter T-Stahl

Rundkantiger, hochstegiger T-Stahl DIN EN 10 055

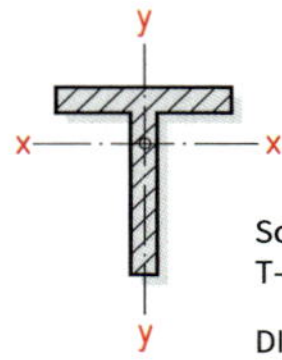

Scharfkantiger T-Stahl DIN 59 051

Warmgefertigte Stahlrohre

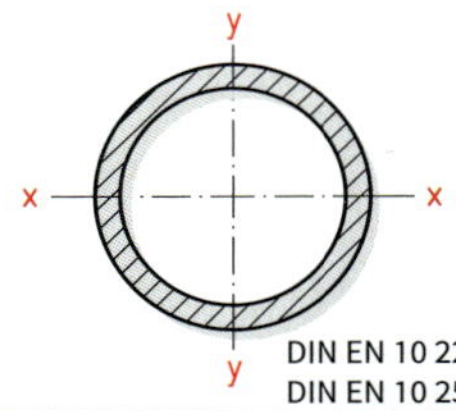

DIN EN 10 220
DIN EN 10 255

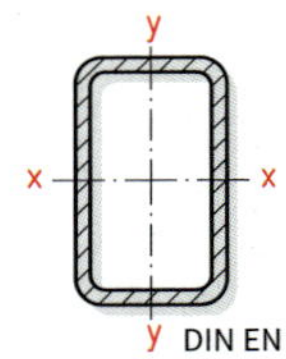

DIN EN 10 210-2

Warmgewalzter Rundstab

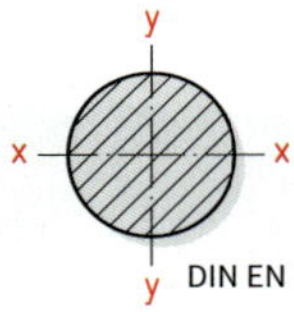

DIN EN 10 060

Warmgewalzter Vierkantstab

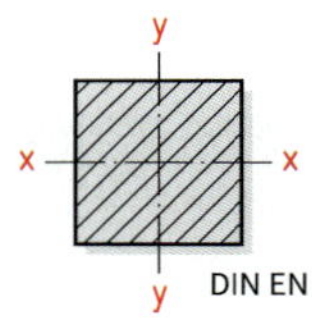

DIN EN 10 059

Warmgewalzter Sechskantstab

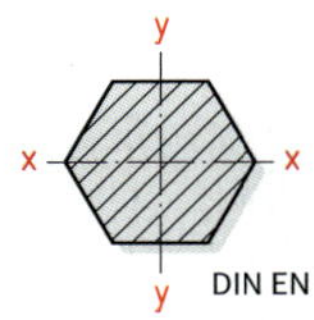

DIN EN 10 061

Warmgewalzter Flachstab

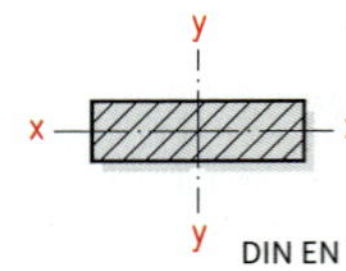

DIN EN 10 058

Abkürzungen von Benennungen für Halbzeug

Benennung	Abkürzung			Bildzeichen
Band	Bd	BD	bd	
Blech	Bl	BL	bl	
Draht	Dr	DR	dr	
Folie	Fol	FOL	fol	
Platte	Pl	PL	pl	
Rohr	Ro	RO	ro	∅
Tafel	Tfl	TFL	tfl	
Profile				
– Flach	Fl	FL	fl	▭
– Rund	Rd	RD	rd	∅
– Sechskant	6 kt	6 KT	6 kt	⬡
– T	T	T	t	T
– U	U	U	u	[
– Vierkant (Quadrat)	4 kt	4 KT	4 kt	□
– Winkel, rundkantig	L	L	l	
– Winkel, scharfkantig	LS	LS	ls	L

Benennung	Abkürzung			Bildzeichen
Profile				
– Doppel-T, schmalflanschig	I	I	i	I
– Doppel-T, breitflanschig	IB	IB	ib	
– Doppel-T, breitflanschig, mit parallelen Flanschflächen	IPB[1]	IPB	ipb	
– Doppel-T, breitflanschig, mit parallelen Flanschflächen leichte Ausführung	IPBl[1]	IPBl	ipbl	
– Doppel-T, breitflanschig, mit parallelen Flanschflächen verstärkte Ausführung	IPBv[1]	IPBv	ipbv	
– Doppel-T, mittelbreit mit parallelen Flanschflächen	IPE	IPE	ipe	
– Z	Z	Z	z	⌐

[1] nach EURONORM 53–62: IPB = HE … B, IPBl = HE … A, IPBv = HE … M

Warmgewalzte I-Träger, mittelbreite Träger

DIN 1025-5: 1994-03

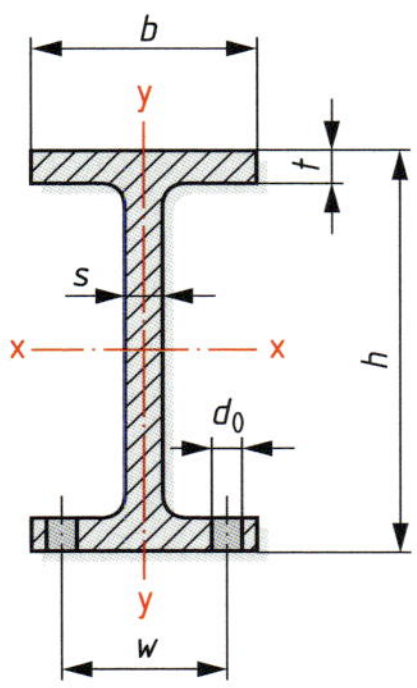

Kurzzeichen IPE	h mm	b mm	s mm	t mm	Für die Biegeachse x – x: I_x cm⁴	W_x cm³	y – y: I_y cm⁴	W_y cm³	A cm²	m′ kg/m	Schrauben und Anreißmaße DIN SPEC 18085[1)]: d mm	d_0 mm	w mm
80	80	46	3,8	5,2	80,1	20,0	8,49	3,69	7,64	6,00	–	–	–
100	100	55	4,1	5,7	171	34,2	15,9	5,79	10,3	8,10	–	–	–
120	120	64	4,4	6,3	318	53,0	27,7	8,65	13,2	10,4	–	–	–
140	140	73	4,7	6,9	541	77,3	44,9	12,3	16,4	12,9	–	–	–
160	160	82	5,0	7,4	869	109	68,3	16,7	20,1	15,8	–	–	–
180	180	91	5,3	8,0	1 320	146	101	22,2	23,9	18,8	M12	13,5	56
200	200	100	5,6	8,5	1 940	194	142	28,5	28,5	22,4	M12	13,5	60
220	220	110	5,9	9,2	2 770	252	205	37,3	33,4	26,2	M16	18	66
240	240	120	6,2	9,8	3 890	324	284	47,3	39,1	30,7	M16	18	74
270	270	135	6,6	10,2	5 790	429	420	62,2	45,9	36,1	M16	18	78
300	300	150	7,1	10,7	8 360	557	604	80,5	53,8	42,2	M22	24	86
330	330	160	7,5	11,5	11 770	713	788	98,5	62,6	49,1	M24	26	94
360	360	170	8,0	12,7	16 270	904	1040	123	72,7	57,1	M24	26	96
400	400	180	8,6	13,5	23 130	1160	1320	146	84,5	66,3	M24	26	106
450	450	190	9,4	14,6	33 740	1500	1680	176	98,8	77,6	M27	30	110
500	500	200	10,2	16,0	48 200	1930	2140	214	116	90,7	M30	33	118

(auch als halbierter I-Träger)
Normallängen:
$h < 300$: 8 m … 16 m
$h \geq 300$: 8 m … 18 m
Werkstoff:
Stahl nach DIN EN 10 025

[1)] DIN SPEC 18085: 2014-08: Anordnung von Schrauben in warmgewalzten Stahlprofilen

IPE-Träger, Ergänzung

I-Profil DIN 1025-5 – IPE 200 DIN EN 10 025-2 – S 235 JR
Bezeichnung eines warmgewalzten mittelbreiten I-Trägers, Höhe $h = 200$ mm aus S 235 JR

Anordnung von Schrauben

Warmgewalzte breite I-Träger, verstärkte Ausführung

DIN 1025-4: 1994-03

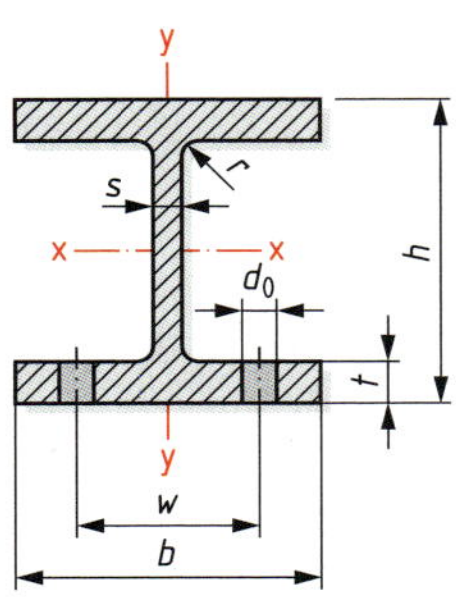

Kurzzeichen IPBv (HEM)	h mm	b mm	s mm	t mm	Für die Biegeachse x – x: I_x cm⁴	W_x cm³	y – y: I_y cm⁴	W_y cm³	A cm²	m′ kg/m	Schrauben und Anreißmaße DIN SPEC 18085[2)]: d mm	d_0 mm	w mm
100	120	106	12	20	1 140	190	399	75,3	53,2	41,8	M12	13,5	66
120	140	126	12,5	21	2 020	288	703	112	66,4	52,1	M16	18	76
140	160	146	13	22	3 290	411	1 140	157	80,6	63,2	M22	22	86
160	180	166	14	23	5 100	566	1 760	212	97,1	76,2	M24	26	96
180	200	186	14,5	24	7 480	748	2 580	277	113	88,9	M27	30	106
200	220	206	15	25	10 640	967	3 650	354	131	103	M30	33	116
220	240	226	15,5	26	14 600	1 220	5 010	444	149	117	M36	39	126
240	270	248	18	32	24 290	1 800	8 150	657	200	157	M36	39	136
260	290	268	18	32,5	31 310	2 160	10 450	780	220	172	M36	39	142
280	310	288	18,5	33	39 550	2 550	13 160	914	240	189	M36	39	150
300	340	310	21	39	59 200	3 480	19 400	1250	303	238	M36	39	160
320	359	309	21	40	68 130	3 800	19 710	1280	312	245	M36	39	160
340	377	309	21	40	76 370	4 050	19 710	1280	316	248	M36	39	160
360	395	308	21	40	84 870	4 300	19 520	1270	319	250	M36	39	160
400	432	307	21	40	104 100	4 820	19 330	1260	326	256	M36	39	160
450	478	307	21	40	131 500	5 500	19 340	1260	335	263	M36	39	160
500	524	306	21	40	161 900	6 180	19 150	1250	344	270	M36	39	160

(auch als halbierter I-Träger)
Normallängen:
4 m … 15 m
Werkstoff:
Stahl nach DIN EN 10 025

[2)] DIN SPEC 18085: 2014-08: Anordnung von Schrauben in warmgewalzten Stahlprofilen, zweireihige Schraubenanordnung

I-Profil DIN 1025-4 – IPBv 320 DIN EN 10 025-2 – S 235 JR
Bezeichnung eines warmgewalzten breiten I-Trägers, IPBv-Reihe, von einer Höhe $h = 320$ mm aus S 235 JR

IPB-Träger, Ergänzungen

Anordnung von Schrauben

Warmgewalzte breite I-Träger, IPB-Reihe und IPBI-Reihe

DIN 1025-2: 1995-11; DIN 1025-3: 1994-03

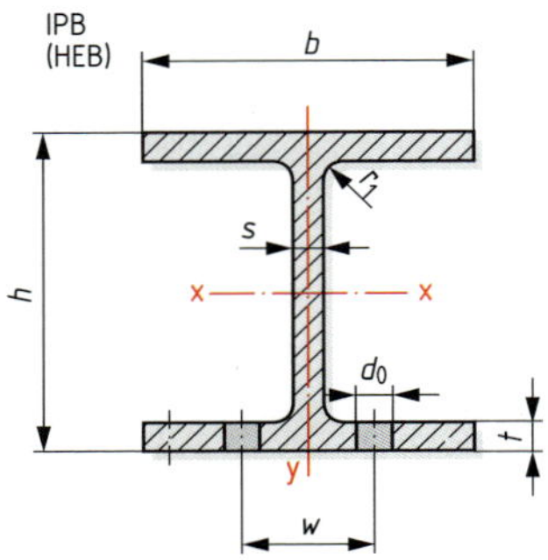

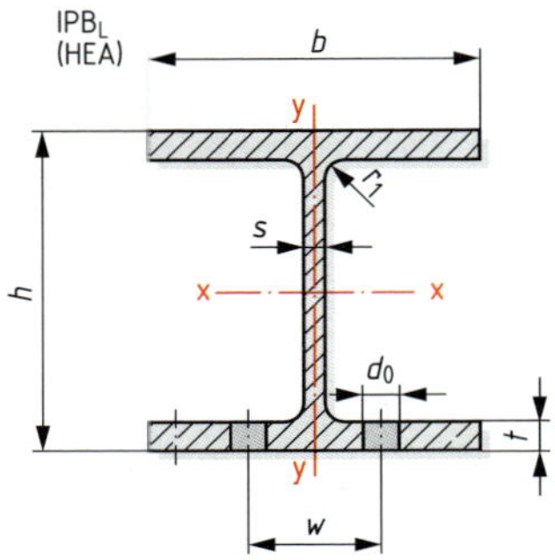

(auch als halbierter I-Träger)

Normallänge: $h < 300$ mm: 8 … 16 m
$h \geq 300$ mm: 8 … 18 m

Werkstoff: Stahl EN 10025-2

Kurz-zeichen						Für die Biegeachse						Schrauben und Anreißmaße DIN SPEC 18085		
						x – x		y – y						
IPB (HEB)	h mm	b mm	s mm	t mm	r_1 mm	I_x cm⁴	W_x cm³	I_y cm⁴	W_y cm³	A cm²	m' kg/m	d	d_0	w
100	100	100	6	10	12	450	89,9	167	33,5	26,0	20,4	M12	13,5	60
120	120	120	6,5	11	12	864	144	318	52,9	34,0	26,7	M16	18	70
140	140	140	7	12	12	1510	216	550	78,5	43,0	33,7	M22	22	80
160	160	160	8	13	15	2490	311	889	111	54,3	42,6	M24	26	90
180	180	180	8,5	14	15	3830	426	1360	151	65,3	51,2	M27	30	100
200	200	200	9	15	18	5700	570	2000	200	78,1	61,3	M30	33	110
220	220	220	9,5	16	18	8090	736	2840	258	91,0	71,5	M36	39	118
240	240	240	10	17	21	11260	938	3920	327	106	83,2	M36	39	126
260	260	260	10	17,5	24	14920	1150	5130	395	118	93,0	M36	39	132
280	280	280	10,5	18	24	19270	1380	6590	471	131	103	M36	39	138
300	300	300	11	19	27	25170	1680	8560	571	149	117	M36	39	144
320	320	300	11,5	20,5	27	30820	1930	9240	616	161	127	M36	39	150
220	400	300	13,5	24	27	57680	2880	10820	721	198	155	M36	39	160
240	500	300	14,5	28	27	107200	4290	12620	842	239	187	M36	39	160
260	600	300	15,5	30	27	171000	5700	13530	902	270	212	M36	39	160
280	700	300	17	32	27	256900	7340	14400	963	306	241	M36	39	160
300	800	300	17,5	33	30	359100	8980	14900	994	334	262	M36	39	160
IPBI (HEA)														
100	96	100	5	8	12	349	72,8	134	26,8	21,2	16,7	M12	13,5	60
120	114	120	5	8	12	606	106	231	38,5	25,3	19,9	M16	18	70
140	133	140	5,5	8,5	12	1030	155	389	55,6	31,4	24,7	M22	22	80
160	152	160	6	9	15	1670	220	616	76,9	38,8	30,4	M24	26	90
180	171	180	6	9,5	15	2510	294	925	103	45,3	35,5	M27	30	100
200	190	200	6,5	10	18	3690	389	1340	134	53,8	42,3	M30	33	110
220	210	220	7	11	18	5410	515	1950	178	64,3	50,5	M36	39	118
240	230	240	7,5	12	21	7760	675	2770	231	76,8	60,3	M36	39	126
260	250	260	7,5	12,5	24	10450	836	3670	282	86,8	68,2	M36	39	132
280	270	280	8	13	24	13670	1010	4760	340	97,3	76,4	M36	39	138
300	290	300	8,5	14	27	18260	1260	6310	421	112	88,3	M36	39	144
320	310	300	9	15,5	27	22920	1480	6990	466	124	97,6	M36	39	160
400	390	300	11	19	27	45070	2310	8560	571	159	125	M36	39	160
500	490	300	12	23	27	86970	3550	10370	691	198	155	M36	39	160
600	590	300	13	25	27	141200	4790	11270	751	226	178	M36	39	160
700	690	300	14,5	27	27	215300	6240	12180	812	260	204	M36	39	160
800	790	300	15	28	30	303400	7680	12640	843	286	224	M36	39	160

I-Profil DIN 1025-2 – IPB 260 DIN EN 10 025-2 – S 235 JR
Bezeichnung eines breiten I-Trägers mit parallelen Flanschflächen, $h = 260$ mm aus S 235 JR

Anordnung von Schrauben

I-Profil DIN 1025-3 – IPBI 240 DIN EN 10 025-2 – S 235 JR
Bezeichnung eines breiten I-Trägers mit parallelen Flanschflächen leichte Reihe, $h = 240$ mm aus S 235 JR

IPB-Träger, Ergänzung

Warmgewalzter gleichschenkliger rundkantiger T-Stahl

DIN EN 10 055: 1995-12

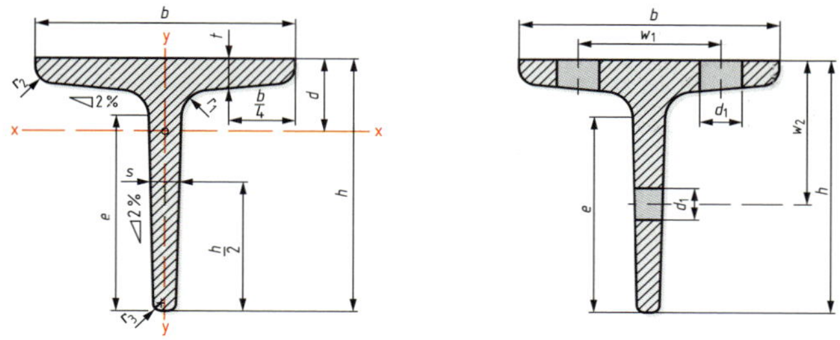

Normallänge: 6 m … 12 m

Werkstoff: Stahl nach DIN EN 10 025

Kurzzeichen						Querschnitt		Abstand der x-Achse	Für die Biegeachse				Maße nach DIN 997 (zurückgez.)			
									x – x		y – y					
T	$h = b$ mm	$s = t$ mm	r_1 mm	r_2 mm	r_3 mm	A cm²	m' kg/m	d cm	I_x cm⁴	W_x cm³	I_y cm⁴	W_y cm³	w_1 mm	w_2 mm	d_1 mm	e mm
30	30	4	4	2	1	2,26	1,77	0,85	1,72	0,80	0,87	0,58	17	17	4,3	21
35	35	4,5	4,5	2,5	1	2,97	2,33	0,99	3,10	1,23	1,57	0,90	19	19	4,3	25
40	40	5	5	2,5	1	3,77	2,96	1,12	5,28	1,84	2,58	1,29	21	22	6,4	29
50	50	6	6	3	1,5	5,66	4,44	1,39	12,1	3,36	6,06	2,42	30	30	6,4	37
60	60	7	7	3,5	2	7,94	6,23	1,66	23,8	5,48	12,2	4,07	34	35	8,4	45
70	70	8	8	4	2	10,6	8,23	1,94	44,5	8,79	22,1	6,32	38	40	11	53
80	80	9	9	4,5	2	13,6	10,7	2,22	73,7	12,8	37,0	9,25	45	45	11	61
100	100	11	11	5,5	3	20,9	16,4	2,74	179	24,6	88,3	17,7	60	60	13	77
120	120	13	13	6,5	3	29,6	23,2	3,28	366	42,0	178	29,7	70	70	17	93
140	140	15	15	7,5	4	39,9	31,3	3,80	660	64,7	330	47,2	80	75	21	109

T-Profil EN 10 055 – T50 – DIN EN 10 025-2 – S 235 JO
Bezeichnung eines warmgewalzten gleichschenkligen rundkantigen T-Stahls mit einer Höhe $h = 50$ mm aus S 235 JO

Warmgewalzter U-Stahl

DIN 1026-1: 2009-09

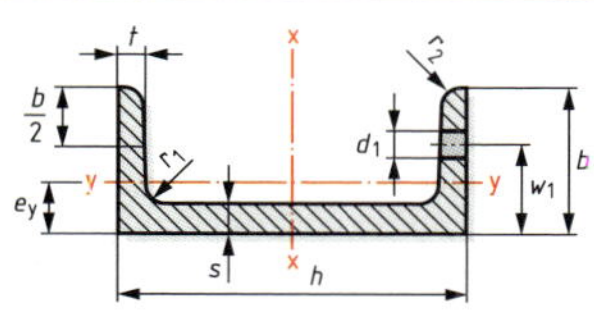

$b_1 = \frac{b}{2}$ bei $h \leq 300$ $b_1 = \frac{b - t_s}{2}$ bei $h > 300$

Neigung bei
$h \leq 300$ mm: 8 %; $h > 300$ mm: 5 %

$r_1 = t$ $r_2 \approx \frac{t}{2}$

bei U 40x20 ist $r_1 = 5$ mm

Normallänge: 8 m … 16 m
Werkstoff:
Stahl nach DIN EN 10 025

Kurzzeichen					Abstand der y-Achse	Für die Biegeachse						Maße nach DIN 997 (zurückgez.)	
						x – x		y – y					
U	h mm	b mm	s mm	t mm	e_y cm	I_x cm⁴	W_x cm³	I_y cm⁴	W_y cm³	A cm²	m' kg/m	d_1 mm	w_1 mm
30 × 15	30	15	4	4,5	0,52	2,53	1,69	0,38	0,39	2,21	1,74	4,3	10
30	30	33	5	7	1,31	6,39	4,26	5,33	2,68	5,44	4,27	8,4	20
40 × 20[3]	40	20	5	5,5	0,67	7,58	3,79	1,14	0,86	3,66	2,87	6,4	11
40	40	35	5	7	1,33	14,1	7,05	6,68	3,08	6,21	4,87	8,4	20
50 × 25	50	25	5	6	0,81	16,8	6,73	2,49	1,48	4,92	3,86	8,4	16
50	50	38	5	7	1,37	26,4	10,6	9,12	3,75	7,12	5,59	11	20
60	60	30	6	6	0,91	31,6	10,5	4,51	2,16	6,46	5,07	8,4	18
80	80	45	6	8	1,45	106	26,5	19,4	6,36	11,0	8,64	13[1]	25
100	100	50	6	8,5	1,55	206	41,2	29,3	8,49	13,5	10,6	13	30
120	120	55	7	9	1,60	364	60,7	43,2	11,1	17,0	13,4	17/13[2]	30
160	160	65	7,5	10,5	1,84	925	116	85,3	18,3	24,0	18,8	21/17[2]	35
200	200	75	8,5	11,5	2,01	1910	191	148	27,0	32,2	25,3	23/21[2]	40
260	260	90	10	14	2,36	4820	371	317	47,7	48,3	37,9	25	50
300	300	100	10	16	2,70	8030	535	495	67,8	58,8	46,2	28	55

U-Profil DIN 1026-1 – U 200 DIN EN 10 025-2 – S 235 JR
Bezeichnung eines warmgewalzten rundkantigen U-Stahls mit einer Höhe $h = 200$ mm aus S 235 JR

U-Stahl, Ergänzung

[1] Genormte Schrauben für HV-Verbindungen sind hier nicht anwendbar.
[2] Sind für d_1 zwei Werte angegeben, dann gilt der kleinere Wert für HV-Schrauben.

Warmgewalzter gleichschenkliger rundkantiger Winkelstahl

DIN EN 10 056-1: 2017-06

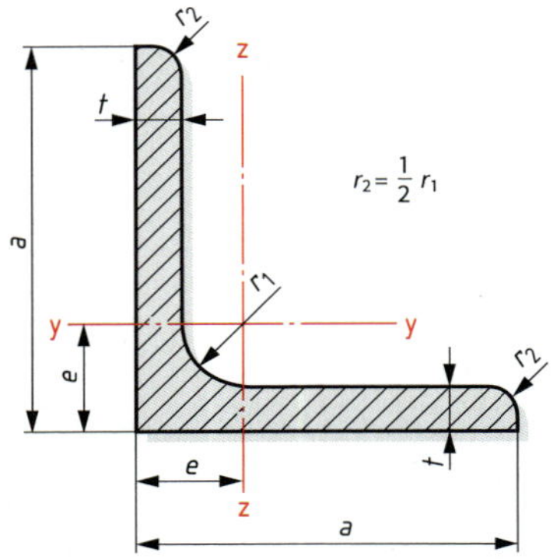

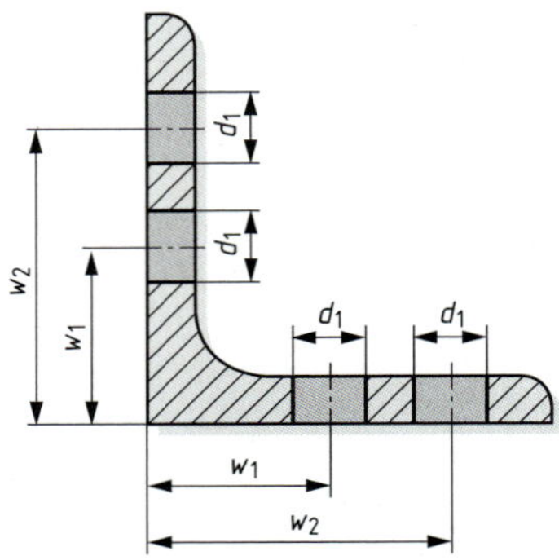

Normallänge: 6 m … 12 m Werkstoff: Stahl nach DIN EN 10 025

Kurzzeichen					Für die Biegeachse y-y und z-z				Maße nach DIN 999 (zurückgezogen)		
L	a mm	t mm	r_1 mm	e cm	$I_y = I_z$ cm⁴	$W_y = W_z$ cm³	A cm²	m' kg/m	d_1 mm	w_1 mm	w_2 mm
30 × 30 × 3	30	3	5	0,835	1,40	0,65	1,74	1,36	8,4	17	–
30 × 30 × 4	30	4	5	0,878	1,80	0,85	2,27	1,78	8,4	17	–
35 × 35 × 4	35	4	5	1,00	2,95	1,18	2,67	2,09	11	18	–
40 × 40 × 4	40	4	6	1,12	4,47	1,55	3,08	2,42	11	22	–
40 × 40 × 5	40	5	6	1,16	5,43	1,91	3,79	2,97	11	22	–
50 × 50 × 4	50	4	7	1,36	8,97	2,46	3,89	3,06	13	30	–
50 × 50× 5	50	5	7	1,40	11,0	3,05	4,80	3,77	13	30	–
50 × 50 × 6	50	6	7	1,45	12,8	3,61	5,69	4,47	13	30	–
60 × 60 × 5	60	5	8	1,64	19,4	4,45	5,82	4,57	17	35	–
60 × 60 × 6	60	6	8	1,69	22,8	5,29	6,91	5,42	17	35	–
60 × 60 × 8	60	8	8	1,77	29,2	6,89	9,03	7,09	17	35	–
65 × 65 × 7	65	7	9	1,85	33,4	7,18	8,70	6,83	21	35	–
70 × 70 × 6	70	6	9	1,93	36,9	7,27	8,13	6,38	21	40	–
70 × 70 × 7	70	7	9	1,97	42,3	8,41	9,40	7,38	21	40	–
75 × 75 × 6	75	6	9	2,05	45,8	8,41	8,73	6,85	23	40	–
75 × 75 × 8	75	8	9	2,14	59,1	11,0	11,4	8,99	23	40	–
80 × 80 × 8	80	8	10	2,26	72,2	12,6	12,3	9,63	23	45	–
80 × 80 × 10	80	10	10	2,34	87,5	15,4	15,1	11,9	23	45	–
90 × 90 × 7	90	7	11	2,45	92,6	14,1	12,2	9,61	25	50	–
90 × 90 × 8	90	8	11	2,50	104	16,1	13,9	10,9	25	50	–
90 × 90 × 9	90	9	11	2,54	116	17,9	15,5	12,2	25	50	–
90 × 90 × 10	90	10	11	2,58	127	19,8	17,1	13,4	25	50	–
100 × 100 × 8	100	8	12	2,74	145	19,9	15,5	12,2	25	55	–
100 × 100 × 10	100	10	12	2,82	177	24,6	19,2	15,0	25	55	–
100 × 100 × 12	100	12	12	2,90	207	28,1	22,7	17,8	25	55	–
120 × 120 × 10	120	10	13	3,31	331	36,0	23,2	18,2	25	50	80
120 × 120 × 12	120	12	13	3,40	368	42,7	27,5	21,6	25	50	80
130 × 130 × 12	130	12	14	3,64	472	50,4	30,0	23,6	25	50	90
150 × 150 × 10	150	10	16	4,03	624	56,9	29,3	23,0	28	60	105
150 × 150 × 12	150	12	16	4,12	737	67,7	34,8	27,3	28	60	105
150 × 150 × 15	150	15	16	4,25	898	83,5	43,0	33,8	28	60	105
160 × 160 × 15	160	15	17	4,49	1100	95,6	46,1	36,2	28	60	115
180 × 180 × 16	180	16	18	5,02	1680	130	55,4	43,5	28	60	135
180 × 180 × 18	180	18	18	5,10	1870	145	61,9	48,6	28	60	135
200 × 200 × 16	200	16	18	5,52	2340	162	61,8	48,5	28	65	150
200 × 200 × 18	200	18	18	5,60	2600	181	69,1	54,3	28	65	150
200 × 200 × 20	200	20	18	5,68	2850	199	76,3	59,9	28	65	150

EN 10056-1 – L 80x80x10 – EN 10025-2 – S235JR

Bezeichnung eines warmgewalzten gleichschenkligen rundkantigen Winkelstahles mit einer Schenkelbreite a = 80 mm, einer Schenkeldicke t = 10 mm aus S 235 JR

Winkelstahl, Ergänzung

Warmgewalzter ungleichschenkliger rundkantiger Winkelstahl

DIN EN 10 056-1: 2017-06

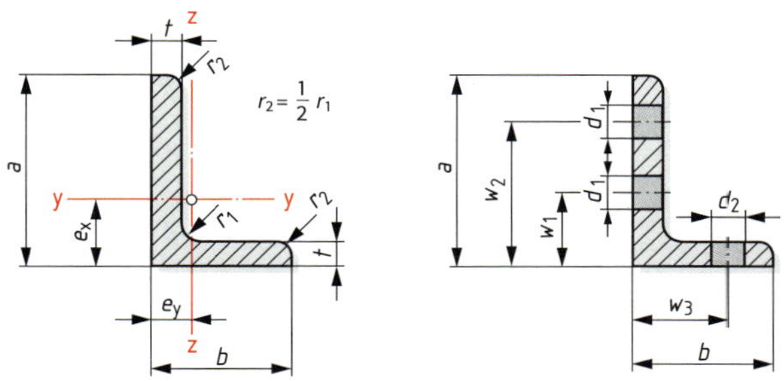

Normallänge: 6 m … 12 m
Werkstoff: Stahl nach DIN EN 10 025

Kurzzeichen							Für die Biegeachsen y – y		z – z				Maße nach DIN 998 (zurückgezogen)				
L	a mm	b mm	t mm	r_1 mm	e_x cm	e_y cm	I_y cm⁴	W_y cm³	I_z cm⁴	W_z cm³	A cm²	m' kg/m	d_1 1) mm	d_2 1) mm	w_1 mm	w_2 mm	w_3 mm
30 × 20 × 3	30	20	3	4	0,99	0,50	1,25	0,62	0,44	0,29	1,43	1,12	8,4	4,3	17	–	12
30 × 20 × 4	30	20	4	4	1,03	0,54	1,59	0,81	0,55	0,38	1,86	1,46	8,4	4,3	17	–	12
40 × 20 × 4	40	20	4	4	1,47	0,48	3,59	1,42	0,60	0,39	2,26	1,77	11	4,3	22	–	12
45 × 30 × 4	45	30	4	4,5	1,48	0,74	5,78	1,91	2,05	0,91	2,87	2,25	13	8,4	25	–	17
50 × 30 × 5	50	30	5	5	1,73	0,74	9,36	2,86	2,51	1,11	3,78	2,96	13	8,4	30	–	17
60 × 30 × 5	60	30	5	5	2,17	0,68	15,6	4,07	2,63	1,14	4,28	3,36	17	8,4	35	–	17
60 × 40 × 5	60	40	5	6	1,96	0,97	17,2	4,25	6,11	2,02	4,79	3,76	17	11	35	–	22
60 × 40 × 6	60	40	6	6	2,00	1,01	20,1	5,03	7,12	2,38	5,68	4,46	17	11	35	–	22
65 × 50 × 5	65	50	5	6	1,99	1,25	23,2	5,14	11,9	3,19	5,54	4,35	21	13	35	–	30
70 × 50 × 6	70	50	6	7	2,23	1,25	33,4	7,01	14,2	3,78	6,89	5,41	21	13	40	–	30
75 × 50 × 6	75	50	6	7	2,44	1,21	40,5	8,01	14,4	3,81	7,19	5,65	23	13	35	–	30
75 × 50 × 8	75	50	8	7	2,52	1,29	52,0	10,4	18,4	4,95	9,41	7,39	23	13	35	–	30
80 × 40 × 6	80	40	6	7	2,85	0,88	44,9	8,73	7,59	2,44	6,89	5,41	23	11	45	–	22
80 × 40 × 8	80	40	8	7	2,94	0,96	57,6	11,4	9,61	3,16	9,01	7,07	23	11	45	–	22
80 × 60 × 7	80	60	7	7	2,51	1,52	59,0	10,7	28,4	6,34	9,38	7,36	23	17	45	–	35
100 × 50 × 6	100	50	6	8	3,51	1,05	89,9	13,8	15,4	3,89	8,71	6,84	25	13	55	–	30
100 × 50 × 8	100	50	8	8	3,60	1,13	116	18,2	19,7	5,08	11,4	8,97	25	13	55	–	30
100 × 75 × 8	100	75	8	10	3,10	1,87	133	19,3	64,1	11,4	13,5	10,6	25	23	55	–	40
100 × 75 × 10	100	75	10	10	3,19	1,95	162	23,8	77,6	14,0	16,6	13,0	25	2)	55	–	40
100 × 75 × 12	100	75	12	10	3,27	2,03	189	28,0	90,2	16,5	19,7	15,4	25	2)	2)	–	2)
120 × 80 × 8	120	80	8	11	3,83	1,87	226	27,6	80,8	13,2	15,5	12,2	25	23	50	80	45
120 × 80 × 10	120	80	10	11	3,92	1,95	276	34,1	98,1	16,2	19,1	15,0	25	23	50	80	45
120 × 80 × 12	120	80	12	11	4,00	2,03	323	40,4	114	19,1	22,7	17,8	25	23	50	80	45
135 × 65 × 8	135	65	8	11	4,78	1,34	291	33,4	45,2	8,75	15,5	12,2	2)	2)	2)	2)	2)
135 × 65 × 10	135	65	10	11	4,88	1,42	356	41,3	54,7	10,8	19,1	15,0	2)	2)	2)	2)	2)
150 × 100 × 10	150	100	10	12	4,81	2,34	553	54,2	199	25,9	24,2	19,0	28	25	60	105	55
150 × 100 × 12	150	100	12	12	4,89	2,42	651	64,4	233	30,7	28,7	22,5	28	25	60	105	55
200 × 100 × 10	200	100	10	15	6,93	2,01	1220	93,2	210	26,3	29,2	23,0	28	25	65	150	55
200 × 100 × 12	200	100	12	15	7,03	2,10	1440	111	247	31,3	34,8	27,3	28	25	65	150	55

EN 10056-1 – L 100x50x6 – EN 10025-2 – S235JR

Bezeichnung eines warmgewalzten ungleichschenkligen rundkantigen Winkelstahls mit den Schenkelbreiten a = 100 mm und b = 50 mm, Schenkeldicke t = 6 mm aus S 235 JR

Winkelstahl, Ergänzung

1) Haben Niete und Schrauben einen kleineren als den hier angegebenen Durchmesser, können dennoch die gleichen Anreißmaße verwendet werden.
2) Werte nicht genormt

Warmgewalzter Rundstab (DIN EN 10 060: 2004-02), Warmgewalzter Vierkantstab (DIN EN 10 059: 2004-02), Warmgewalzter Sechskantstab (DIN EN 10 061: 2004-02)

Maße *d, a, s*[1] in mm	Masse *m'* in kg/m[2]			Maße *d, a, s*[1] in mm	Masse *m'* in kg/m[2]			Maße *d, a, s*[1] in mm	Masse *m'* in kg/m[2]		
	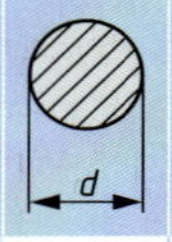	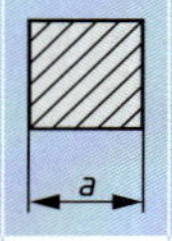				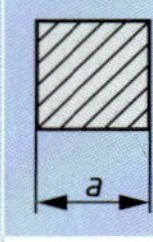			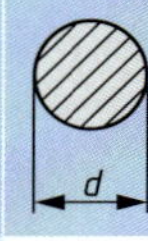	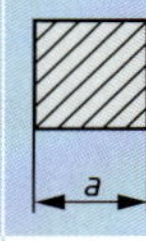	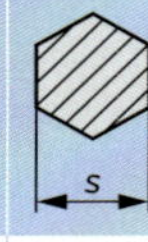
8	–	0,505	–	32 (31,5)	6,31	8,04	6,75	90 (88)	49,9	63,6	52,6
10	0,617	0,785	–	35 (35,5)	7,55	9,62	8,56	95 (93)	55,6	–	58,8
12	0,888	1,13	–	36	7,99	–	–	100 (103)	61,7	78,5	72,1
13	1,04	1,33	1,15	38 (37,5)	8,90	–	9,56	110	74,6	95,0	–
14	1,21	1,54	1,33	40 (39,5)	9,86	12,6	10,6	120	88,8	113	–
15	1,39	1,77	1,53	45 (42,5)	12,5	15,9	12,3	130	104	133	–
16	1,58	2,01	1,74	48 (47,5)	14,2	–	15,3	140	121	154	–
18	2,00	2,54	2,20	50	15,4	19,6	–	150	139	177	–
19	2,23	–	2,46	52	16,7	–	18,4	160	158	–	–
20 (20,5)	2,47	3,14	2,86	55	18,7	23,7	–	170	178	–	–
22 (22,5)	2,98	3,80	3,44	60	22,2	28,3	–	180	200	–	–
24 (23,5)	3,55	4,52	3,75	63 (62)	24,5	–	26,1	190	223	–	–
25 (25,5)	3,85	4,91	4,42	65 (67)	26,0	33,2	30,5	200	247	–	–
26	4,17	5,31	–	70 (72)	30,2	38,5	35,2	220	298	–	–
27	4,49	–	–	75	34,7	44,2	–	250	385	–	–
28 (28,5)	4,83	6,15	5,52	80 (78)	39,5	50,2	41,4				
30	5,55	7,07	–	85 (83)	44,5	–	46,8				

[1] Die in Klammern gesetzten Maße gelten für Sechseckstäbe statt der nicht in Klammern gesetzten Maße.
[2] mit einer Dichte $\varrho = 7{,}85$ kg/dm³ berechnet.

Normlänge je nach Durchmesser oder Seitenlänge: 3 … 13 m; Werkstoff: Stahl EN 10 025.

Rundstab EN 10 060-50 Stahl EN 10 025 – S 235 JR
Bezeichnung eines warmgewalzten Rundstahles, Nenndurchmesser $d = 50$ mm aus S 235 JR

Warmgewalzter Flachstab

DIN EN 10 058: 2019-02

Breite in mm	Masse *m'* in kg/m[1] für die Dicke *t* in mm											
	5	6	8	10	12	15	20	25	30	35	40	50
10	0,393	–	–	–	–	–	–	–	–	–	–	–
12	0,471	0,565	–	–	–	–	–	–	–	–	–	–
14	0,589	0,707	0,942	1,18	–	–	–	–	–	–	–	–
16	0,628	0,754	1,00	1,26	–	–	–	–	–	–	–	–
20	0,785	0,942	1,26	1,57	1,88	2,36	–	–	–	–	–	–
25	0,981	1,18	1,57	1,96	2,36	2,94	–	–	–	–	–	–
30	1,18	1,41	1,88	2,36	2,83	3,53	4,71	5,89	–	–	–	–
35	1,37	1,65	2,20	2,75	3,30	4,12	5,50	6,87	–	–	–	–
40	1,57	1,88	2,51	3,14	3,77	4,71	6,28	7,85	9,42	–	–	–
45	1,77	2,12	2,83	3,53	4,24	5,30	7,07	8,83	10,6	–	–	–
50	1,96	2,36	3,14	3,93	4,71	5,89	7,85	9,81	11,8	–	–	–
60	2,36	2,83	3,77	4,71	5,65	7,07	9,42	11,8	14,1	16,5	18,8	–
70	2,75	3,30	4,40	5,50	6,59	8,24	11,0	13,7	16,5	19,2	22,0	–
80	3,14	3,77	5,02	6,28	7,54	9,42	12,6	15,7	18,8	22,0	25,1	31,4
90	3,53	4,24	5,65	7,07	8,48	10,6	14,1	17,7	21,2	24,7	28,3	35,3
100	3,93	4,71	6,28	7,85	9,42	11,8	15,7	19,6	23,6	27,5	31,4	39,3

[1] errechnet mit einer Dichte $\varrho = 7{,}85$ kg/dm³

Normallängen: 3 … 13 m; Werkstoff nach DIN EN 10 025, DIN EN 10 083, DIN EN 10 084, DIN 10 087

Flachstab EN 10 058 – 30 × 15 Stahl EN 10 025 – S 235 JR
Bezeichnung eines warmgewalzten Flachstabes mit der Breite 30 mm und der Dicke 15 mm aus S 235 JR

Nahtlose Stahlrohre und Geschweißte Stahlrohre

DIN EN 10 220: 2003-03

Außendurchmesser *D* in mm	Masse *m'* in kg/m[1)] für Wanddicke *T* in mm																
	1,6	2	2,3	2,6	2,9	3,2	4	4,5	5	5,6	6,3	7,1	8	10	12,5	16	20
10,2	0,339	0,404	0,448	0,487	–	–	–	–	–	–	–	–	–	–	–	–	–
13,5	0,470	0,567	0,635	0,699	0,758	0,813	–	–	–	–	–	–	–	–	–	–	–
17,2	0,616	0,750	0,845	0,936	1,02	1,10	1,30	1,41	–	–	–	–	–	–	–	–	–
21,3	0,777	0,952	1,08	1,20	1,32	1,43	1,71	1,86	2,01	–	–	–	–	–	–	–	–
26,9	0,998	1,23	1,40	1,56	1,72	1,87	2,26	2,49	2,70	2,94	3,20	3,47	–	–	–	–	–
33,7	1,27	1,56	1,78	1,99	2,20	2,41	2,93	3,24	3,54	3,88	4,26	4,66	5,07	–	–	–	–
42,4	1,61	1,99	2,27	2,55	2,82	3,09	3,79	4,21	4,61	5,08	5,61	6,18	6,79	7,99	–	–	–
48,3	1,84	2,28	2,61	2,93	3,25	3,56	4,37	4,86	5,34	5,90	6,53	7,21	7,95	9,45	11,0	–	–
60,3	2,32	2,88	3,29	3,70	4,11	4,51	5,55	6,19	6,82	7,55	8,39	9,32	10,3	12,4	14,7	17,5	–
76,1	2,94	3,65	4,19	4,71	5,24	5,75	7,11	7,95	8,77	9,74	10,8	12,1	13,4	16,3	19,6	23,7	27,7
88,9	3,44	4,29	4,91	5,53	6,15	6,76	8,38	9,37	10,3	11,5	12,8	14,3	16,0	19,5	23,6	28,8	34,0
114,3	–	5,54	6,35	7,16	7,97	8,77	10,9	12,2	13,5	15,0	16,8	18,8	21,0	25,7	31,4	38,8	46,5

Rohr EN 10 220 – 88,9 × 5 – P 235 TR 1
Bezeichnung eines nahtlosen Stahlrohres von 88,9 mm Außendurchmesser und 5 mm Wanddicke aus P 235 TR 1

Nahtlose Präzisionsstahlrohre

DIN EN 10 305-1: 2016-08

Außendurchmesser *D* in mm	Masse *m'* in kg/m[1)] für Wanddicke *T* in mm															
	0,5	0,8	1	1,5	2	2,5	3	4	5	6	8	10	12	14	16	18
5	0,056	0,083	0,099	–	–	–	–	–	–	–	–	–	Werkstoff:			
6	0,068	0,103	0,123	0,166	0,197	–	–	–	–	–	–	–	E 215			
8	0,092	0,142	0,173	0,240	0,296	0,339	–	–	–	–	–	–	E 235			
10	0,117	0,182	0,222	0,314	0,395	0,462	0,519	–	–	–	–	–	E 355			
15	0,179	0,280	0,345	0,499	0,641	0,771	0,888	1,09	1,23	–	–	–				
20	0,240	0,379	0,469	0,684	0,888	1,08	1,26	1,58	1,85	2,07	–	–	Normallänge: 2 … 7 m			
30	0,364	0,576	0,715	1,05	1,38	1,70	2,00	2,56	3,08	3,55	4,34	4,93				
40	0,487	0,773	0,962	1,42	1,87	2,31	2,74	3,55	4,32	5,03	6,31	7,40	–	–	–	–
50	–	–	1,21	1,79	2,37	2,93	3,48	4,54	5,55	6,51	8,29	9,86	–	–	–	–
70	–	–	1,70	2,53	3,35	4,16	4,96	6,51	8,01	9,47	12,2	14,8	17,2	19,3	–	–
100	–	–	–	–	4,83	6,01	7,18	9,47	11,7	13,9	18,2	22,2	26,0	29,7	33,1	36,4

Rohr EN 10 305 – 1 – 50 × ID44 – E235 + N
Bezeichnung eines Rohres aus E 235 normalgeglüht vom Außendurchmesser $d = 50$ mm und einem Innendurchmesser $D_1 = 44$ mm

Mittelschwere Gewinderohre

DIN EN 10255: 2007-07

Außendurchmesser d_1	Whitworth Rohrgewinde	Nennweite DN	Wanddicke *T*	Masse *m'* in kg/m[1)]	Muffe nach DIN EN 10241		Außendurchmesser d_1	Whitworth Rohrgewinde	Nennweite DN	Wanddicke *T*	Masse *m'* in kg/m[1)]	Muffe nach DIN EN 10241	
					Außendurchmesser	Länge						Außendurchmesser	Länge
10,2	R 1/8	6	2,0	0,404	15	17	48,3	R 1 1/2	40	3,2	3,56	54,5	48
13,5	R 1/4	8	2,3	0,641	18,5	25	60,3	R 2	50	3,6	5,03	66,2	56
17,2	R 3/8	10	2,3	0,839	21,3	26	76,1	R 2 1/2	65	3,6	6,42	82,0	65
21,3	R 1/2	15	2,6	1,21	26,6	34	88,9	R 3	80	4,0	8,36	95,0	71
26,9	R 3/4	20	2,6	1,56	31,8	36	114,3	R 4	100	4,5	12,20	121,4	83
33,7	R 1	25	3,2	2,41	39,5	43	139,7	R 5	125	5,0	16,60	146,3	92
42,4	R 1 1/4	32	3,2	3,10	48,3	48	165,1	R 6	150	5,0	19,80	173,3	92

Werkstoff: vollberuhigter Stahl nach Wahl des Herstellers
Rohre nahtlos (S) oder längsnahtgeschweißt (W)
S-Rohr EN 10255 – 33,7 × 3,2
Bezeichnung eines nahtlosen Gewinderohres mit dem Außendurchmesser $d = 33{,}7$ mm und einer Wanddicke $T = 3{,}2$ mm

1) Errechnet mit einer Dichte 7,85 kg/dm³ und glatte Enden

Kaltgefertigte geschweißte quadratische und rechteckige Stahlrohre

DIN EN 10 219-2: 2019-07

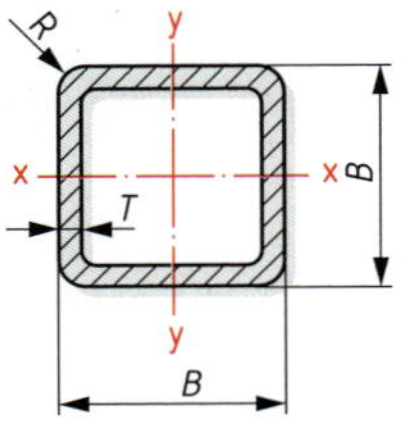

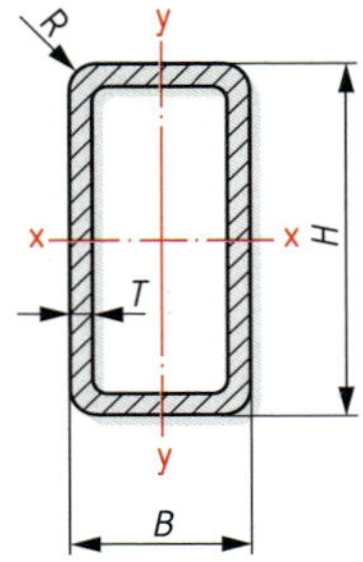

Normallänge: 4 … 16 m

Werkstoff: Unlegierte Baustähle und Feinkornstähle

Kurzzeichen:
CFRHS = kaltgefertigtes quadratisches oder rechteckiges Hohlprofil

Zulässige Rundung *R*

Wanddicke *T*		Rundung *R*
–	bis 6	1,6 … 2,4 *T*
über 6	bis 10	2,0 … 3,0 *T*
über 10		2,4 … 3,6 *T*

Quadratische Stahlrohre

Nennmaß	Wanddicke	für die Biegeachse $x-x=y-y$		Querschnitt	Masse
B mm	T mm	I_x cm^4	W_x cm^3	A cm^2	m' kg/m
20	2,0	0,692	0,692	1,34	1,05
25	2,0	1,48	1,19	1,74	1,36
30	2,0	2,72	1,81	2,14	1,68
	2,5	3,16	2,10	2,59	2,03
	3,0	3,50	2,34	3,01	2,36
40	2,0	6,94	3,47	2,94	2,31
	3,0	9,32	4,66	4,21	3,30
	4,0	11,1	5,54	5,35	4,20
50	2,0	14,1	5,66	3,74	2,93
	3,0	19,5	7,79	5,41	4,25
	4,0	23,7	9,49	6,95	5,45
60	3,0	35,1	11,7	6,61	5,19
	4,0	43,6	14,5	8,55	6,71
	5,0	50,5	16,8	10,4	8,13
70	3,0	57,5	16,4	7,81	6,13
	4,0	72,1	20,6	10,1	7,97
	5,0	84,6	24,2	12,4	9,70
80	4,0	111	27,8	11,7	9,22
	6,0	149	37,3	16,8	13,2
	8,0	168	42,1	20,8	16,4
90	4,0	162	36,0	13,3	10,5
	6,0	220	49,0	19,2	15,1
	8,0	255	56,6	24,0	18,9
100	4,0	226	45,3	14,9	11,7
	6,0	311	62,3	21,6	17,0
	8,0	366	73,2	27,2	21,4
120	6,0	562	93,7	26,4	20,7
	8,0	677	113	33,6	26,4
	10,0	777	129	40,6	31,8
140	6,0	920	131	31,2	24,5
	8,0	1127	161	40,0	31,4
	10,0	1312	187	48,6	38,1
150	8,0	1412	188	43,2	33,9
	10,0	1653	220	52,6	41,3
	12,0	1780	237	60,1	47,1

CFRHS – EN 10 219 – S 235 JR – 60 × 60 × 4
Bezeichnung eines quadratischen Hohlprofils mit der Seitenlänge $B = 60$ mm und der Wanddicke $T = 4{,}0$ mm aus S 235 JR

Rechteckige Stahlrohre

Nennmaß	Wanddicke	für die Biegeachse $x-x$		für die Biegeachse $y-y$		Querschnitt	Masse
$H \times B$ mm	T mm	I_x cm^4	W_x cm^3	I_y cm^4	W_y cm^3	A cm^2	m' kg/m
40 × 20	2,0	4,05	2,02	1,38	1,34	2,14	1,68
	3,0	5,21	2,60	1,68	1,68	3,01	2,36
50 × 30	2,0	9,54	3,81	4,29	2,86	2,94	2,31
	3,0	12,8	5,13	5,70	3,80	4,21	3,30
	4,0	15,3	6,10	6,69	4,46	5,35	4,20
60 × 40	2,0	18,4	6,14	9,83	4,92	3,74	2,93
	3,0	25,4	8,46	13,4	6,72	5,41	4,25
	4,0	31,0	10,3	16,3	8,14	6,95	5,45
80 × 40	3,0	52,3	13,1	17,6	8,78	6,61	5,19
	4,0	64,8	16,2	21,5	10,7	8,55	6,17
	5,0	75,1	18,8	24,6	12,3	10,4	8,13
90 × 50	3,0	81,9	18,2	32,7	13,1	7,81	6,13
	4,0	103	22,8	40,7	16,3	10,1	7,97
	5,0	121	26,8	47,4	18,9	12,4	9,70
100 × 50	3,0	106	21,3	36,1	14,4	8,41	6,60
	4,0	134	26,8	44,9	18,0	10,9	8,59
	5,0	158	31,6	52,5	21,0	13,4	10,5
100 × 80	4,0	189	37,9	134	33,5	13,3	10,5
	5,0	226	45,2	160	39,9	16,4	12,8
	6,0	258	51,7	182	45,5	19,2	15,1
120 × 60	4,0	241	40,1	81,2	27,1	13,3	10,5
	6,0	328	54,7	109	36,3	19,2	15,1
	8,0	375	62,6	124	41,3	24,0	18,9
120 × 80	4,0	295	49,1	157	39,3	14,9	11,7
	6,0	406	67,7	215	53,8	21,6	17,0
	8,0	476	79,3	252	62,9	27,2	21,4
140 × 80	4,0	430	61,4	180	45,1	16,5	13,0
	6,0	597	85,3	248	62,0	24,0	18,9
	8,0	708	101	293	73,3	30,4	23,9
150 × 100	6,0	835	111	444	88,8	27,6	21,7
	8,0	1008	134	536	107	35,2	27,7
	10,0	1162	155	614	123	42,6	33,4
160 × 80	6,0	836	105	281	70,2	26,4	20,7
	8,0	1001	125	335	83,7	33,6	26,4
	10,0	1146	143	380	95,0	40,6	31,8

CFRHS – EN 10 219 – S 355 J2G3 – 120 × 60 × 6
Bezeichnung eines rechteckigen Hohlprofils mit den Seitenlängen $H = 120$ mm und $B = 60$ mm, der Wanddicke $T = 6{,}0$ mm aus S 355 J2G3

Warmgefertigte quadratische und rechteckige Stahlrohre für den Stahlbau

DIN EN 10 210-2: 2019-07

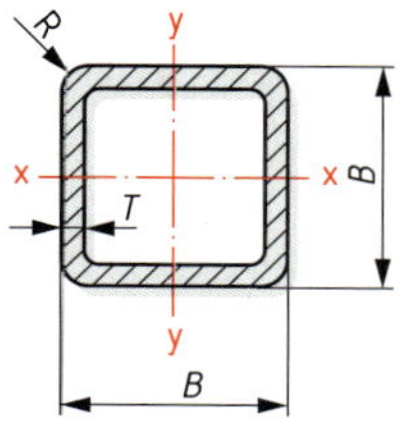

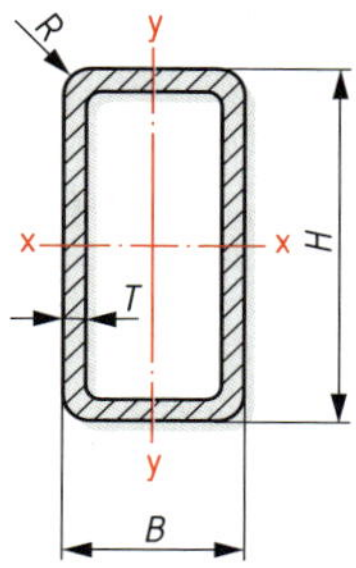

Normallänge: 4 … 16 m

Werkstoff: Unlegierte Baustähle und Feinkornstähle

$R = 3 \cdot T$

Kurzzeichen:
HFRHF = warmgefertigte quadratische oder rechteckige Hohlprofile

Stahlrohre, Ergänzungen

Quadratische Stahlrohre

Nennmaß $B \times B$ mm	Wanddicke T mm	für die Biegeachse $x-x=y-y$: I_x cm⁴	für die Biegeachse $x-x=y-y$: W_x cm³	Querschnitt A cm²	Masse m' kg/m
40	3,2	10,2	5,11	4,60	3,61
	4,0	11,8	5,91	5,59	4,39
50	3,2	21,2	8,49	5,88	4,62
	4,0	25,0	9,99	7,19	5,64
60	4,0	45,4	15,1	8,79	6,90
	6,3	61,6	20,5	13,1	10,5
	8,0	69,7	23,2	16,0	12,5
70	4,0	74,7	21,3	10,4	8,15
	6,3	104	29,7	15,6	12,3
	8,0	120	34,2	19,2	15,0
80	4,0	114	28,6	12,0	9,41
	6,3	162	40,5	18,1	14,2
	8,0	189	47,3	22,4	17,5
90	4,0	166	37,0	13,6	10,7
	6,3	238	53,0	20,7	16,2
	8,0	281	62,6	25,6	20,1
100	6,3	336	67,1	23,2	18,2
	8,0	400	79,9	28,8	22,6
	10,0	462	92,4	34,9	27,4
120	6,3	603	100	28,2	22,2
	8,0	726	121	35,2	27,6
	10,0	852	142	42,9	33,7
140	6,3	984	141	33,3	26,1
	8,0	1195	171	41,6	32,6
	10,0	1416	202	50,9	40,0
160	8,0	1831	229	48,0	37,6
	12,5	2576	322	72,1	56,6
	16,0	3028	379	89,4	70,0
180	8,0	2661	296	54,4	42,7
	12,5	3790	421	82,1	64,4
	16,0	4504	500	102	80,2
200	8,0	3709	371	60,8	47,7
	12,5	5336	534	92,1	72,3
	16,0	6394	639	115	90,3

HFRHF – EN 10 210 – 100 × 100 × 5
Stahl EN 10 025 – S 235 JR
Bezeichnung eines quadratischen Hohlprofils mit der Seitenlänge $B = 100$ mm und der Wanddicke $T = 5{,}0$ mm aus S 235 JR

Rechteckige Stahlrohre

Nennmaß $H \times B$ mm	Wanddicke T mm	für die Biegeachse $x-x$: I_x cm⁴	für die Biegeachse $x-x$: W_x cm³	für die Biegeachse $y-y$: I_y cm⁴	für die Biegeachse $y-y$: W_y cm³	Querschnitt A cm²	Masse m' kg/m
50 × 30	3,2	14,2	5,68	6,20	4,13	4,60	3,61
	4,0	16,5	6,60	7,08	4,72	5,59	4,39
	5,0	18,7	7,49	7,89	5,26	6,73	5,28
60 × 40	3,2	27,8	9,27	14,6	7,29	5,88	4,62
	4,0	32,8	10,9	17,0	8,52	7,19	5,64
	5,0	38,1	12,7	19,5	9,77	8,73	6,85
80 × 40	4,0	68,2	17,1	22,2	11,1	8,79	6,90
	6,3	93,3	23,3	29,2	14,6	13,1	10,2
	8,0	106	26,5	32,1	16,1	16,0	12,5
90 × 50	4,0	107	23,8	41,9	16,8	10,4	8,15
	6,3	150	33,3	57,0	22,8	15,6	12,3
	8,0	174	38,6	64,6	25,8	19,2	15,0
100 × 50	4,0	140	27,9	46,2	18,5	11,2	8,78
	6,3	197	39,4	63,0	25,2	16,9	13,3
	8,0	230	46,0	71,7	28,7	20,8	16,3
100 × 60	4,0	198	31,6	70,5	23,5	12,0	9,41
	6,3	225	45,0	98,1	32,7	18,1	14,2
	8,0	264	52,8	113	37,8	22,4	17,5
120 × 60	6,3	398	59,7	116	38,8	20,7	16,2
	8,0	425	70,8	135	45,0	25,6	20,1
	10,0	488	81,4	152	50,5	30,9	24,3
140 × 80	6,3	646	92,3	265	66,2	25,7	20,2
	8,0	776	111	314	78,5	32,0	25,1
	10,0	908	130	362	90,5	38,9	30,6
160 × 80	6,3	903	113	299	74,8	28,2	22,2
	8,0	1091	136	356	89,0	35,2	27,6
	10,0	1284	161	411	103	42,9	33,7
180 × 100	6,3	1407	156	557	111	33,3	26,1
	8,0	1713	190	671	134	41,6	32,6
	10,0	2036	226	787	157	50,9	40,0
200 × 120	8,0	2529	253	1128	188	48,0	37,6
	10,0	3026	303	1337	223	58,9	46,3
	12,5	3576	358	1562	260	72,1	56,6

HFRHF – EN 10 210 – 90 × 50 × 6
Stahl EN 10 025 – S 235 JR
Bezeichnung eines rechteckigen Hohlprofils mit den Seitenlängen $H = 90$ mm und $B = 50$ mm, der Wanddicke $T = 4{,}0$ mm aus S 235 JR

Kaltgewalzte Verpackungsblecherzeugnisse

DIN EN 10 202: 2022-07

Stahlsorte		$R_{p\,0,2}/R_{eL}$ in N/mm²
Kurzname	Werkstoffnummer	
Chargengeglühtes Material (BA)		
TS 245	1.0372	245
TS 275	1.0375	275
TS 340	1.9336	340
TS 480	1.9337	480
Kontinuierlich geglühtes Material (CA)		
TH 330	1.9331	330
TH 435	1.0378	435
TH 520	1.0384	520
TH 620	1.0374	620

Einfach reduzierte Erzeugnisse: Nenndicken: 0,16 … 0,49 mm
Doppelt reduzierte Erzeugnisse: Nenndicken: 0,12 … 0,29 mm

Zinnüberzüge für Weißblech:
0,6-1,0 – 1,4 – 2,0 – 2,8 – 4,0 – 5,0 – 5,6 – 8,4 – 11,2 – 14,0 – 15,1 g/m².

Weißblech
Tafel EN 10 202-TS 275 - BA - ST-E 2,0/2,0 – 0,22 × 600 × 800
Bezeichnung eines Weißbleches, Stahlsorte TS 275, chargengeglüht (BA), Oberfläche stone finish (ST) (gerichtete Oberflächenstruktur), beidseitig mit 2,0 g/m² verzinnt (E), Passivierung 311 (in Natriumdichromatlösung), Dicke 0,22 mm, Breite 600 mm und Länge 800 mm.

BA: kaltgewalztes Band als dicht gewickeltes Coil geglüht
CA: kaltgewalztes Band in Bandform geglüht

Kaltgewalztes Breitband und Blech aus unlegierten Stählen

DIN EN 10 131: 2006-09

Dicke	Breite	Masse m'' in kg/m² 1)
0,35	600 … 2000 (auch für Stäbe < 600, die vom Band abgesägt sind)	2,75
0,40		3,14
0,50		3,93
0,60		4,71
0,70		5,50
0,80		6,28
0,90		7,07
1,00		7,85
1,20		9,42
1,50		11,78
2,00		15,70
2,50		19,63
3,00		23,55

Werkstoff:
alle Stähle nach DIN EN 10 130

Band EN 10 131 – 0,80 × 1200
Stahl EN 10 130 – DC 04 Am

Bezeichnung eines Bandes von 0,80 mm Dicke und 1200 mm Breite aus DC 04 Am

1) Errechnet mit einer Dichte 7,85 kg/dm³

Warmgewalztes Blech und Band

DIN EN 10 051: 2011-02

Produkt	Breite in mm	Dicke in mm
Blech Breitband	≥ 600	2 … 25
Band (aus Breitband längsgeteilt)	< 600	

Werkstoff:
alle unlegierten und legierten Stähle

Blech EN 10 051 – 2,0 × 1500 GK × 2500
Stahl EN 10 083-1 – 34 Cr 4
Bezeichnung eines Bleches, 2 mm dick, 1500 mm breit mit geschnittenen Kanten (GK), 2500 mm lang aus 34 Cr 4

Band EN 10 051 – 5,0 × 500 Stahl EN 10 025 – S 235 JR
Bezeichnung eines Bandes, 5 mm dick, 500 mm breit mit Naturwalzkanten aus Stahl S 235 JR

Stahldraht

DIN EN 10 218-2: 2012-03

Durchmesserbereich in mm	Grenzabmaße in mm Toleranzklasse T3	Durchmesserbereich in mm	Grenzabmaße in mm Toleranzklasse T3	Durchmesserbereich in mm	Grenzabmaße in mm Toleranzklasse T3
0,05 bis < 0,12	± 0,006	0,91 bis < 1,42	± 0,025	5,67 bis < 8,17	± 0,060
0,12 bis < 0,15	± 0,008	1,42 bis < 2,05	± 0,030	8,17 bis < 11,12	± 0,070
0,15 bis < 0,23	± 0,010	2,05 bis < 2,78	± 0,035	11,12 bis < 14,52	± 0,080
0,23 bis < 0,33	± 0,012	2,78 bis < 3,63	± 0,040	14,52 bis < 18,37	± 0,090
0,33 bis < 0,52	± 0,015	3,63 bis < 4,60	± 0,045	18,37 bis < 22,68	± 0,100
0,52 bis < 0,91	± 0,020	4,60 bis < 5,67	± 0,050	22,68 bis ≤ 25	± 0,120

$T1 = 0{,}035 \cdot \sqrt{d}$ für dickverzinkten Draht
$T2 = 0{,}027 \cdot \sqrt{d}$ für verzinkten Draht
$T3 = 0{,}021 \cdot \sqrt{d}$
$T4 = 0{,}015 \cdot \sqrt{d}$ für blanken Draht mit steigender Präzision (T3–T5)
$T5 = 0{,}010 \cdot \sqrt{d}$

Werkstoff: unlegierte Stähle
Draht EN 10 218-Ø1,0 T3
Bezeichnung eines blanken Drahtes, Durchmesser d = 1,0 mm, Toleranzklasse T3

Blankstahlerzeugnisse
Bright steel products

DIN EN 10 278: 1999-12

Flachstab	Vierkantstab	Sechskantstab	Rundstab
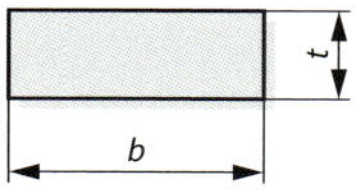	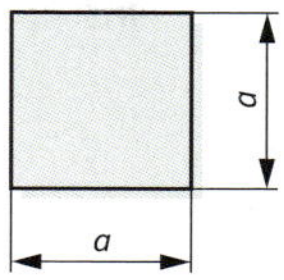	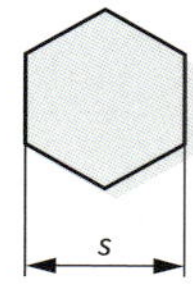	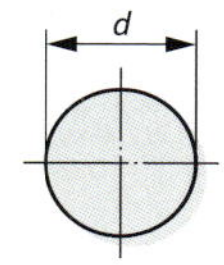
$A = b \cdot t$	$A = a \cdot a$	$A = 0{,}866 \cdot s^2$	$A = \frac{d^2 \cdot \pi}{4}$

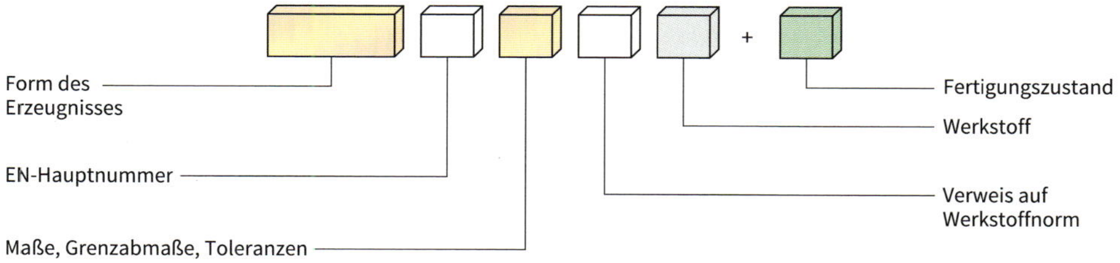

Rund EN 10 278 – 24 h9 x Lager 6000 EN 10 277 – 36 S Mn 14 +A +C oder
Rund EN 10 278 – 24 h9 x Lager 6000 EN 10 277 – 1.0764 +A +C

Bezeichnung eines Rundstabes mit dem Durchmesser d = 24 mm, dem Toleranzfeld h9, mit einer Lagerlänge l = 6000 mm aus 36 S Mn 14 (Werkstoffnummer: 1.0764) nach DIN EN 10 277-3, Fertigzustand: weichgeglüht und kaltgezogen

Toleranzfelder

Erzeugnis	Fertigzustand	Nennmaß		Toleranzfeld nach ISO 286-2
		b		
Flachstab	gezogen (+ C)		≤ 100	h 11
		> 100	≤ 150	+0,50 … −0,50
		> 150	≤ 200	+1,00 … −1,00
		> 200	≤ 300	+2,00 … −2,00
		> 300	≤ 400	+2,50 … −2,50
		t		
		> 3	≤ 60	h 11
		> 60	≤ 100	h 12
Vierkantstab	gezogen (+ C)	*a*		h 11, h 12
Sechskantstab	gezogen (+ C)	*s*		h 11, h 12
Rundstab	gezogen (+ C), geschält (+ SH)	*d*		h 9 … h 12
	geschliffen (+ SL), poliert (+ PL)			h 6 … h 12

Längenarten

Längenart	Länge in mm	Grenzabmaße in mm
Herstelllänge	3000 … 9000	± 500
Lagerlänge	3000 oder 6000	0/+200
Genaulänge	bis 9000	nach Vereinbarung mind. ± 5

Unterlängen:
Abmessung ≤ 25 mm: ≤ 5 % der Stäbe (mind. 2/3 der Nennlänge)
Abmessung > 25 mm: ≤ 10 % der Stäbe (mind. 2/3 der Nennlänge)

Auf Bestellung werden Stäbe ohne Unterlängen geliefert.

Lieferzustände

DIN EN 10 277: 2018-09

Werkstoffgruppe	Norm	Lieferzustände				Erläuterungen	
Stähle für allgemeine Verwendung	DIN EN 10 277	+ SH	+ C			+ SH	geschält
Automatenstähle		+ SH	+ C			+ C	kaltgezogen
Automateneinsatzstähle		+ SH	+ C			+ A + SH	weichgeglüht + geschält für legierte Stähle
Automatenvergütungsstähle		+ SH	+ C	+ C + QT	+ QT + C	+ A + C	weichgeglüht + kaltgezogen
Einsatzstähle		+ SH	+ C	+ A + SH	+ A + C	+ C + QT	kaltgezogen + vergütet
Vergütungsstähle		+ SH	+ A + SH	+ C + QT	+ QT + C	+ QT + C	vergütet + kaltgezogen

Blanker Flachstab

Breite *b* in mm	Masse *m'* in kg/m[1)]																
	Dicke *t* in mm																
	1,6	2,0	2,5	3,0	4,0	5,0	6,0	8,0	10	12	16	20	25	30	32	40	50
5	–	0,079	0,098	0,118	–	–	–	–	–	–	–	–	–	–	–	–	–
6	–	0,094	0,118	0,141	0,188	–	–	–	–	–	–	–	–	–	–	–	–
8	0,100	0,126	0,157	0,188	0,251	0,341	0,377	–	–	–	–	–	–	–	–	–	–
10	0,126	0,157	0,196	0,236	0,314	0,393	0,471	–	–	–	–	–	–	–	–	–	–
12	1,151	0,188	0,236	0,283	0,377	0,471	0,565	0,754	–	–	–	–	–	–	–	–	–
14	0,176	0,220	0,275	0,330	0,440	0,550	0,659	0,879	–	–	–	–	–	–	–	–	–
16	0,201	0,251	0,314	0,377	0,502	0,628	0,754	1,00	1,26	–	–	–	–	–	–	–	–
20	0,251	0,314	0,393	0,471	0,628	0,785	0,942	1,26	1,57	1,88	2,51	–	–	–	–	–	–
25	–	0,393	0,491	0,598	0,78	0,981	1,18	1,57	1,96	2,36	3,14	3,93	–	–	–	–	–
28	–	0,440	–	0,659	0,879	1,10	1,32	1,76	2,20	2,64	3,52	4,40	–	–	–	–	–
32	–	0,502	0,628	0,754	1,00	1,26	1,51	2,01	2,51	3,01	4,02	5,02	6,28	–	–	–	–
36	–	0,565	0,707	0,848	1,13	1,41	1,70	2,26	2,83	3,39	4,52	5,65	–	–	–	–	–
40	–	0,628	–	0,942	1,26	1,57	1,88	2,51	3,14	3,77	5,02	6,28	7,85	9,42	10,0	–	–
45	–	0,707	–	1,06	1,41	1,77	2,12	2,83	3,53	4,24	5,65	7,07	8,83	10,6	11,3	–	–
50	–	0,785	–	1,18	1,57	1,96	2,36	3,14	3,93	4,71	6,28	7,85	9,81	11,8	12,6	–	–
56	–	–	–	1,32	1,76	2,20	–	3,52	4,40	5,28	7,03	8,79	11,0	–	14,1	–	–
63	–	–	–	1,48	1,98	2,47	2,98	3,96	4,95	5,93	7,91	9,98	12,4	–	15,8	19,8	–
70	–	–	–	–	2,20	2,75	3,30	4,40	5,50	6,59	8,79	11,0	13,7	16,5	–	22,0	–
80	–	–	–	–	–	3,14	3,77	5,02	6,28	7,54	10,0	12,6	15,7	18,8	–	25,1	31,4
90	–	–	–	–	–	3,35	4,24	5,65	7,07	8,48	11,3	14,1	17,7	–	–	–	–
100	–	–	–	–	–	3,93	4,71	6,28	7,85	9,42	12,6	15,7	19,6	23,6	–	31,4	39,3
125	–	–	–	–	–	4,91	5,89	7,85	9,81	11,8	15,7	19,6	24,5	–	31,4	39,3	49,1
140	–	–	–	–	–	–	6,59	8,79	11,0	13,2	–	–	–	–	–	–	–
160	–	–	–	–	–	–	–	–	12,6	–	–	25,1	31,4	37,7	–	–	–
180	–	–	–	–	–	–	–	–	14,1	–	–	28,3	35,3	42,4	–	–	–
200	–	–	–	–	–	–	–	–	15,7	–	–	31,4	39,3	47,1	50,2	62,8	78,5

1) Errechnet mit einer Dichte 7,85 kg/dm³.

Blanker Stabstahl

Maße *d*, *a*, *s* in mm	Masse *m'* in kg/m[1)]			Maße *d*, *a*, *s* in mm	Masse *m'* in kg/m[1)]			Maße *d*, *a*, *s* in mm	Masse *m'* in kg/m[1)]		
	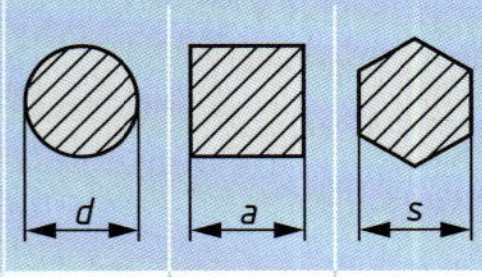 *d*	*a*	*s*		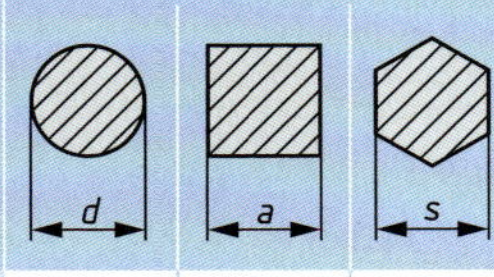 *d*	*a*	*s*		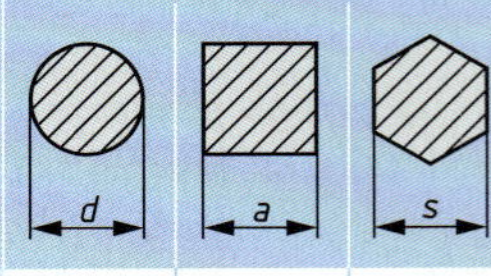 *d*	*a*	*s*
2	0,0247	0,0341	0,0272	11	0,746	0,950	0,823	27	4,49	[5,72]	4,96
2,5	0,0385	–	0,0425	12	0,888	1,13	0,979	30	5,55	[7,07]	6,12
3	0,0555	0,0707	0,0612	13	1,04	1,33	1,15	32	6,31	8,04	6,96
3,5	0,0755	0,0962	0,0833	14	1,21	1,54	1,33	36	7,99	10,2	8,81
4	0,0986	0,126	0,109	15	1,39	–	1,53	38	8,90	–	9,82
4,5	0,125	0,159	0,138								
5	0,154	0,196	0,170	16	1,58	2,01	1,74	40	9,86	12,6	–
				17	1,78	–	1,96	45	12,5	15,9	–
5,5	0,187	0,237	0,206	18	2,00	2,54	–	50	15,4	19,6	17,0
6	0,222	0,283	0,245	19	2,23	–	2,45	60	22,2	–	24,5
7	0,302	0,385	0,333	20	2,47	3,14	–	70	30,2	38,5	33,3
8	0,395	0,502	0,435	21	2,72	–	3,00	80	39,5	50,2	43,5
9	0,499	0,636	0,551	22	2,98	3,80	3,29	90	49,9	–	55,1
10	0,617	0,785	0,680	24	3,55	–	3,92	100	61,7	78,5	68,0

1) Errechnet mit einer Dichte 7,85 kg/dm³.

Bleche und Bänder

DIN EN 1652: 1998-03

Dicke	Breite	Masse m'' in kg/m^2 [1)]
0,2	↑	1,78
0,3		2,67
0,4		3,56
0,5		4,45
0,6		5,34
0,7		6,23
0,8		7,12
0,9		8,01
1,0		8,90
1,2	… 1250	10,68
1,5		13,35
2,0		17,80
2,5		22,25
3,0		26,70
3,5		31,15
4,0		35,60
5,0		44,50
6,0		53,40
7,0		62,30
8,0		71,20
9,0		80,10
10,0	↓	89,00

Rundstangen

DIN EN 12 163: 2016-11

Durchmesser	Masse m' in kg/m [1)]
0,5	0,00175
1,0	0,00699
2,0	0,0279
3,0	0,0629
4,0	0,112
5,0	0,175
6,0	0,252
8,0	0,447
10,0	0,699
12	1,01
14	1,37
16	1,79
18	2,26
20	2,79
25	4,37
32	7,16
36	9,06
40	11,2
50	17,5
60	25,2
70	34,2
80	44,7

Drähte

DIN EN 12 166: 2016-11

Durchmesser	Masse m' in kg/1000 m [1)]
0,1	0,0699
0,2	0,280
0,3	0,629
0,4	1,12
0,5	1,75
0,6	2,52
0,7	3,42
0,8	4,47
0,9	5,66
1,0	6,99
2	28,0
3	62,9
4	112
5	175
6	252
7	342
8	447
9	566
10	699
12	1010
14	1370
16	1790

Blech EN 1652 – Cu Zn 36 – R480 – 0,5 × 600 × 2000
Bezeichnung eines Bleches aus Cu Zn 36, einer Mindestzugfestigkeit R_m = 480 N/mm², mit 0,5 mm Dicke, 600 mm Breite, 2000 mm Länge
Stange EN 12 163 – Cu Zn 37 – R370 – RND 18
Bezeichnung einer Rundstange aus Cu Zn 37, einer Mindestzugfestigkeit R_m = 370 N/mm², mit 18 mm Außendurchmesser

Kupfer und Kupferlegierungen für Halbzeug

Kurzzeichen	Werkstoffnummer	Umrechnungsfaktor für die Masse
Cu-PHC	CW 020 A	1
Cu-DLP	CW 023 A	1
Cu-DHP	CW 024 A	1
Cu Zn 10	CW 501 L	0,989
Cu Zn 15	CW 502 L	0,989
Cu Zn 20	CW 503 L	0,977
Cu Zn 30	CW 505 L	0,955
Cu Zn 36	CW 507 L	0,944
Cu Zn 40	CW 509 L	0,944
Cu Zn 20 Al 2As	CW 702 R	0,944
Cu Zn 36 Pb 3	CW 603 N	0,955
Cu Zn 39 Pb 2	CW 612 N	0,944
Cu Sn 6	CW 452 K	0,989
Cu Sn 8	CW 453 K	0,989
Cu Ni 12 Zn 24	CW 403 J	0,977
Cu Ni 18 Zn 20	CW 409 J	0,977
Cu Ni 10 Fe 1 Mn	CW 352 H	1
Cu Ni 30 Mn 1 Fe	CW 354 H	1
Cu Al 6 Si 2 Fe	CW 301 G	0,865
Cu Al 10 Fe 3 Mn 2	CW 306 G	0,865
Cu Al 10 Ni 5 Fe 4	CW 307 G	0,854
Cu Si 3 Mn 1	CW 116 C	0,989
Cu Be 2	CW 101 C	0,932
Cu Cr 1	CW 105 C	1

Rohre – nahtlos gezogen

DIN EN 12 449: 2019-12

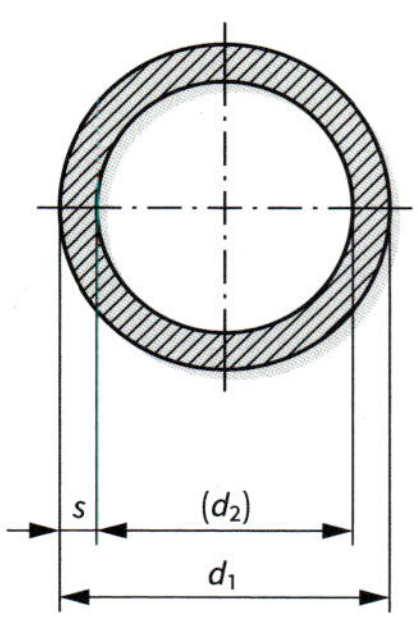

Rohr EN 12 499 – CuNi10Fe1Mn – H075 – OD25x2,0
Bezeichnung eines Rohres aus CuNi10Fe1Mn, Mindesthärte 75 HB, Außendurchmesser 25 mm und 2,0 mm Wanddicke

Außendurchmesser d_1	Masse m' in kg/m [1)] für die Wanddicke s in mm: 0,5	0,75	1,0	1,5	2,0	2,5	3,0	4,0	5,0
5	0,06	0,09	0,11	–	–	–	–	–	–
10	0,13	0,19	0,25	0,36	0,45	–	–	–	–
15	0,20	0,30	0,39	0,57	0,73	0,87	1,01	1,23	–
20	–	0,40	0,53	0,78	1,01	1,22	1,43	1,79	2,10
25	–	–	0,67	0,99	1,29	1,57	1,85	2,35	2,80
30	–	–	0,81	1,20	1,57	1,92	2,26	2,91	3,50
35	–	–	0,95	1,40	1,85	2,27	2,68	3,47	4,19
40	–	–	1,09	1,61	2,12	2,62	3,10	4,03	4,89
50	–	–	1,37	2,03	2,68	3,32	3,94	5,14	6,29
55	–	–	1,51	–	2,96	3,67	4,36	5,70	6,99
60	–	–	1,65	–	3,24	4,02	4,78	6,26	7,69
70	–	–	1,93	2,87	3,80	4,72	5,62	7,38	9,09
80	–	–	–	–	4,36	–	6,46	8,50	10,49
89	–	–	–	–	4,87	–	7,21	9,51	11,6
100	–	–	–	–	5,48	–	8,14	10,7	13,3
108	–	–	–	–	–	7,37	8,81	11,6	14,4
114	–	–	–	–	–	7,79	9,31	12,3	–
133	–	–	–	–	–	9,12	10,9	14,4	17,9
159	–	–	–	–	–	10,9	13,1	17,3	21,5
194	–	–	–	–	–	13,4	16,0	21,2	26,4
200	–	–	–	–	–	–	16,5	21,9	27,3
250	–	–	–	–	–	–	20,7	27,5	34,2
273	–	–	–	–	–	–	22,6	30,1	37,4
315	–	–	–	–	–	–	–	34,8	43,4

[1)] Errechnet mit einer Dichte ϱ = 8,90 kg/dm³. Für Cu-Werkst. mit einer anderen Dichte ist entsprechend der obigen Tab. umzurechnen.

Gezogene und stranggepresste Aluminiumprofile

Gezogene Aluminiumprofile — DIN EN 754-1 ... 8: 2016-10
Stranggepresste Aluminiumprofile — DIN EN 755-1 ... 9: 2016-10

Vierkantstangen

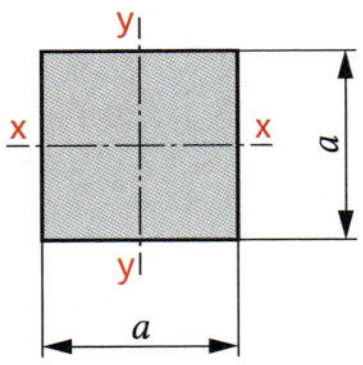

Rechteckstangen

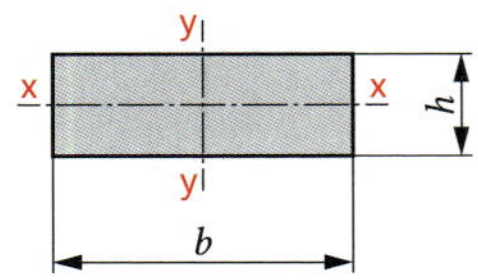

Vierkantrohre

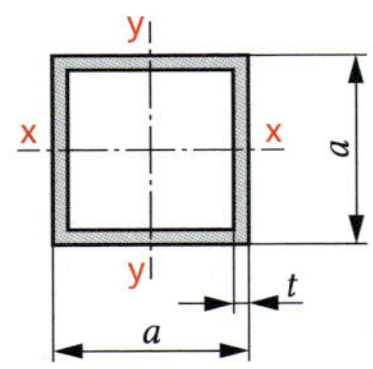

Rechteckrohre

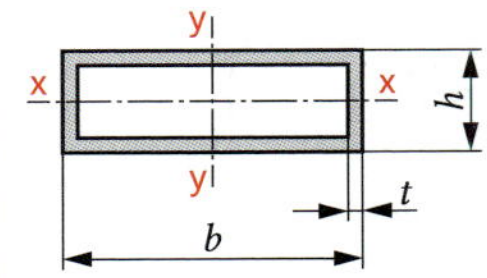

Rundstangen

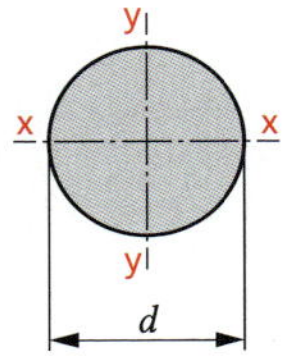

Rundrohre

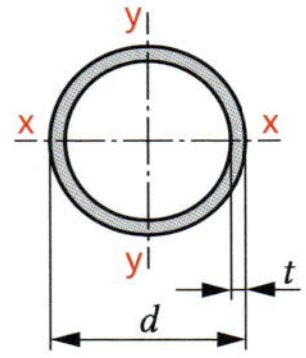

Gleichschenklige Winkel

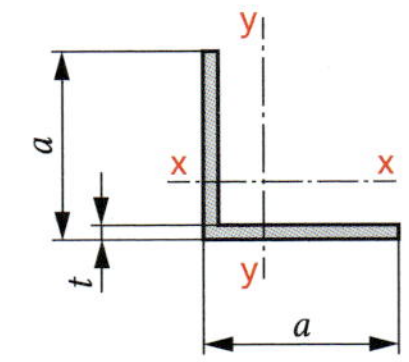

Ungleichschenklige Winkel

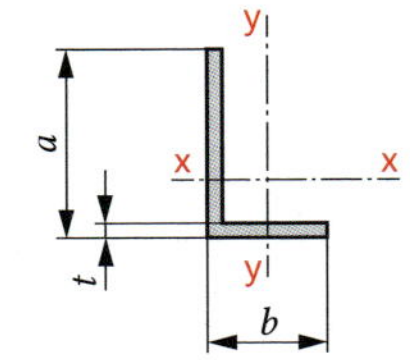

Sechseckstangen

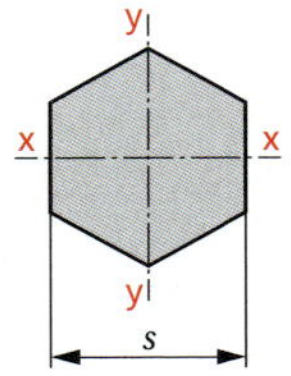

T-Profil

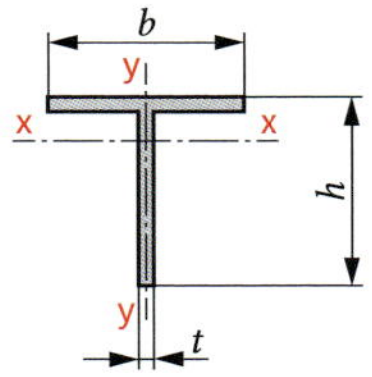

U-Profil

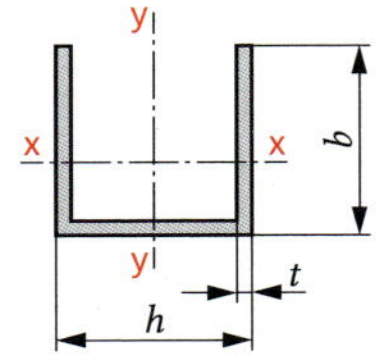

Z-Profil

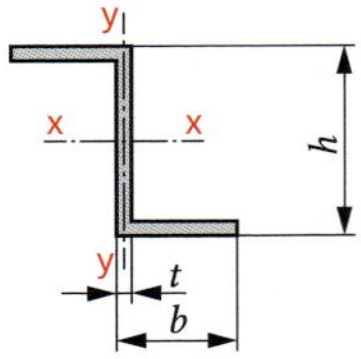

Neben den genannten Profilen werden von den Herstellern vielfältige Aliminiumprofile für unterschiedlichste Anwendungen angeboten.

Aluminium und Aluminium-Knetlegierungen für Halbzeuge

Al-Profile, Bezeichnung

		EN AW-Al 99,8 (A)	EN AW-Al 99,5	EN AW-Al Si Fe (A)	EN AW-Al Mn 1	EN AW-Al Mg 1 (C)	EN AW-Al Mg 3	EN AW-Al Mg 5	EN AW-Al Mg 4,5 Mn 0,7	EN AW-Al Mg Si	EN AW-Al Si 1 Mg Mn	EN AW-Mg Si Pb	EN AW-Al Cu 4 Mg Si (A)	EN AW-Al Cu 4 Pb Mg Mn	EN AW-Al Zn 4,5 Mg 1	EN AW-Al Zn 5,5 Mg Cu
Umrechnungsfaktor für die Masse		1	1	1	1,011	0,996	0,985	1,004	0,985	1	1	1,019	1,037	1,056	1,026	1,037
Folien	DIN EN 546		●	●	●											
Bänder und Bleche	DIN EN 485	●	●	●	●		●		●		●		●		●	●
Stangen – gezogen	DIN EN 754		●		●	●	●	●	●	●	●	●	●	●	●	●
Stangen – stranggepresste	DIN EN 755		●		●	●	●	●	●	●	●	●	●	●	●	●
Rohre – gezogen	DIN EN 754		●		●	●	●	●	●	●	●	●	●	●	●	●
Rohre – stranggepresste	DIN EN 755		●		●	●	●	●	●	●	●	●	●	●	●	●

Rohre, nahtlos gezogen

DIN EN 754-7: 2016-10

Rohr EN 754 – 20 × 2 – EN AW – 5754 [AlMg3]

Bezeichnung eines Rohres aus Al Mg 3 von 20 mm Außendurchmesser und 2 mm Wanddicke

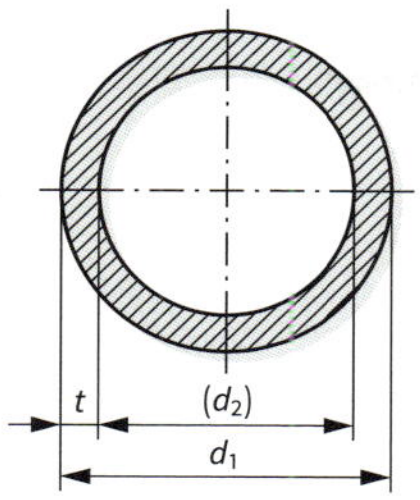

Außen-durchmesser d_1 in mm	Masse m' in kg/m[1)] für Wanddicke t in mm							
	0,5	1	2	3	4	5	10	16
5	0,019	0,034	–	–	–	–	–	–
10	0,040	0,076	0,136	0,178	–	–	–	–
15	0,062	0,119	0,221	0,306	0,373	–	–	–
20	–	0,161	0,306	0,433	0,543	0,636	–	–
30	–	0,246	0,475	0,687	0,882	1,06	–	–
40	–	0,331	0,645	0,942	1,22	1,48	2,54	–
50	–	0,416	0,814	1,20	1,56	1,91	3,39	4,61
60	–	0,500	0,984	1,45	1,90	2,33	4,24	5,98
80	–	–	1,32	1,96	2,58	3,18	5,94	8,70
100	–	–	1,66	2,47	3,26	4,03	7,64	11,4
125	–	–	2,10	3,10	4,10	5,09	9,64	14,8
160	–	–	2,68	4,00	5,29	6,57	12,7	19,6
200	–	–	3,36	5,01	6,65	8,27	16,1	25,0

Vierkantstangen

Seiten-länge a in mm	Quer-schnitt S in mm²	Masse m' in kg/m[1)]
3	9	0,0243
4	16	0,0432
5	25	0,0675
6	36	0,0972
7	49	0,132
8	64	0,173
9	81	0,219
10	100	0,270
15	225	0,607
20	400	1,08
30	900	2,43
40	1600	4,32
50	2500	6,75

Flachstangen

Breite b Dicke h in mm	Quer-schnitt S in mm²	Masse m' in kg/m[1)]
10 × 5	50	0,135
10 × 8	80	0,216
12 × 5	60	0,162
12 × 10	120	0,324
15 × 5	75	0,203
15 × 10	150	0,405
20 × 5	100	0,20
20 × 10	200	0,540
25 × 10	250	0,675
30 × 5	150	0,405
30 × 10	300	0,810
40 × 10	400	1,08
50 × 10	500	1,35

Sechskantstangen

Schlüssel-weite s in mm	Quer-schnitt S in mm²	Masse m' in kg/m[1)]
10	86,6	0,234
12	124,70	0,337
15	194,85	0,526
17	250,27	0,676
19	312,63	0,844
22	419,14	1,132
24	498,82	1,347
27	631,31	1,705
32	886,78	2,394
36	1122,33	3,030
41	1455,77	3,931
46	1832,46	4,948
50	2165,0	5,846

Rundstangen

Durch-messer d in mm	Quer-schnitt S in mm²	Masse m' in kg/m[1)]
3	7,069	0,0191
4	12,57	0,0339
5	19,63	0,0530
6	28,27	0,0763
7	38,48	0,104
8	50,27	0,136
9	63,62	0,172
10	78,54	0,212
16	201,1	0,543
20	314,2	0,848
30	706,9	1,91
40	1257	3,39
50	1963	5,30

Quadratische Vierkantrohre

Seiten-länge a Wand-dicke t in mm	Quer-schnitt S in mm²	Masse m' in kg/m[1)]
15 × 15 × 2	104	0,281
20 × 20 × 2	144	0,389
30 × 30 × 2	224	0,605
35 × 35 × 2	264	0,713
40 × 40 × 2	304	0,821
40 × 40 × 4	576	1,555
50 × 50 × 2	384	1,037
50 × 50 × 4	736	1,987
60 × 60 × 4	896	2,419
70 × 70 × 4	1056	2,851
80 × 80 × 4	1216	3,283
90 × 90 × 4	1376	3,715
100 × 100 × 4	1536	4,147

Gleichschenklige Winkel

Schenkel-länge a Wand-dicke t in mm	Quer-schnitt S in mm²	Masse m' in kg/m[1)]
10 × 10 × 2	36	0,097
15 × 15 × 2	56	0,151
20 × 20 × 2	76	0,205
25 × 25 × 2	96	0,259
30 × 30 × 2	116	0,313
35 × 35 × 2	136	0,367
40 × 40 × 4	304	0,821
50 × 50 × 4	384	1,037
60 × 60 × 4	464	1,253
60 × 60 × 6	684	1,847
70 × 70 × 6	804	2,171
80 × 80 × 8	1216	3,283
100 × 100 × 10	1900	5,130

Bänder und Bleche

DIN EN 485-4: 2019-05

Dicke t in mm	Breite	Masse m'' in kg/m²[1)]
0,4	Bänder … 2600; Bleche und Platten … 3500	1,03
0,5		1,35
1,0		2,70
1,5		4,05
2,0		5,40
4,0		10,8
6,0		16,2
10,0		27,0
15		40,5
20		54,0
30		81,0
40		108
50		135

Folien

DIN EN 546-2: 2007-03

Dicke t in mm	Breite	Masse m'' in kg/m²[1)]
0,005	nach Angaben des Herstellers	13,5
0,010		27,0
0,015		40,5
0,020		54,0
0,025		67,5
0,030		81,0
0,035		94,5
0,040		108,0
0,045		121,5
0,050		135,0
0,100		270,0
0,150		405,0
0,200		540,0

Bezeichnung eines stranggepressten Winkelprofils aus Al Mg Si mit den Schenkellängen 25 mm × 25 mm und der Wanddicke 2 mm:

Winkel EN 755 – 25x25x2 – EN AW 6060 [AlMgSi]

Bezeichnung eines Bandes aus Al 99,5 F 9 von 0,25 mm Dicke:

Band EN 485-4 – BD-0,25 – EN AW 1050 [Al99,5F9]

(BD: Band, BL: Blech)

1) Errechnet mit einer Dichte ϱ = 2,70 kg/dm³ – Für Al-Werkstoffe mit anderer Dichte ist entsprechend umzurechnen.

Rohre aus Polypropylen (PP)

DIN 8077: 2008-09

Außen-durchmesser d in mm	Rohrserie S[1]											
	20		16		12,5		8		5		2,5	
	Wanddicke e in mm	Masse m' in kg/m[2]	Wanddicke e in mm	Masse m' in kg/m[2]	Wanddicke e in mm	Masse m' in kg/m[2]	Wanddicke e in mm	Masse m' in kg/m[2]	Wanddicke e in mm	Masse m' in kg/m[2]	Wanddicke e in mm	Masse m' in kg/m[2]
20	–	–	–	–	–	–	–	–	1,9	0,107	3,4	0,172
40	–	–	–	–	1,8	0,217	2,4	0,283	3,7	0,412	6,7	0,671
50	–	–	1,8	0,274	2,0	0,301	3,0	0,434	4,6	0,638	8,3	1,04
75	1,9	0,438	2,3	0,528	2,9	0,647	4,5	0,973	6,8	1,41	12,5	2,34
110	2,7	0,903	3,4	1,12	4,2	1,37	6,6	2,09	10,0	3,01	18,3	5,01
140	3,5	1,48	4,3	1,80	5,4	2,23	8,3	3,32	12,7	4,87	23,3	8,12
160	4,0	1,91	4,9	2,32	6,2	2,92	9,5	4,33	14,6	6,38	26,6	10,6
200	4,9	2,92	6,2	3,68	7,7	4,50	11,9	6,75	18,2	9,95	33,2	16,5

Rohr DIN 8077 – 140 × 5,4 – PP
Bezeichnung eines Rohres mit d = 140 mm und e = 5,4 mm

[1] Die Rohrserienzahl ist durch das Verhältnis d/s definiert ($2\,S \approx \frac{d}{e} - 1$); [2] errechnet mit einer Dichte ϱ = 0,910 g/cm³.

Rohre aus Polyethylen PE 80, PE 100

DIN 8074:2011-12

Außen-durchmesser d_n in mm	Rohrserie S[1]											
	20		16		12,5		8,3		5		2,5	
	Wanddicke e_n in mm	Masse m' in kg/m[2]	Wanddicke e_n in mm	Masse m' in kg/m[2]	Wanddicke e_n in mm	Masse m' in kg/m[2]	Wanddicke e_n in mm	Masse m' in kg/m[2]	Wanddicke e_n in mm	Masse m' in kg/m[2]	Wanddicke e_n in mm	Masse m' in kg/m[2]
10	–	–	–	–	–	–	–	–	–	–	1,8	0,048
20	–	–	–	–	–	–	–	–	2,0	0,118	3,4	0,182
40	–	–	–	–	1,8	0,229	2,3	0,288	3,7	0,434	6,7	0,708
50	–	–	1,8	0,290	2,0	0,317	2,9	0,445	4,6	0,673	8,3	1,10
75	1,9	0,462	2,3	0,557	2,9	0,683	4,3	0,987	6,8	1,48	12,5	2,47
90	2,2	0,647	2,8	0,800	3,5	0,988	5,1	1,40	8,2	2,14	15,0	3,54
110	2,7	0,952	3,4	1,19	4,2	1,45	6,3	2,10	10,0	3,18	18,3	5,29
140	3,5	1,56	4,3	1,90	5,4	2,35	8,0	3,37	12,7	5,13	23,3	8,56
160	4,0	2,02	4,9	2,45	6,2	3,08	9,1	4,40	14,6	6,74	26,6	11,2
200	4,9	3,08	6,2	3,88	7,7	4,74	11,4	6,86	18,2	10,5	33,2	17,4
250	6,2	4,88	7,7	5,98	9,6	7,38	14,2	10,7	22,7	16,3	41,5	27,2
315	7,7	7,59	9,7	9,47	12,1	11,7	17,9	16,9	28,6	25,9	52,3	43,2
400	9,8	12,2	12,3	15,2	15,3	18,8	22,7	27,2	36,3	41,7	66,5	69,6
500	12,3	19,2	15,3	23,6	19,1	29,2	28,3	42,3	45,4	65,2	–	–
630	15,4	30,2	19,3	37,5	24,1	46,4	35,7	67,2	57,2	103	–	–
800	19,6	48,7	24,5	60,4	30,6	74,7	45,3	108	–	–	–	–
1000	24,5	75,9	30,6	94,1	38,2	117	56,6	169	–	–	–	–

Rohr DIN 8074 – 90 × 5,1 – PE 100 oder **Rohr DIN 8074 – 90 – S8,3 – PE 100**
Bezeichnung eines Rohres mit d_n = 90 mm und e_n = 5,1 mm aus PE, Festigkeitsklasse 100

[1] Die Rohrserienzahl ist durch das Verhältnis d_n/e_n definiert ($2\,S \approx \frac{d_n}{e_n} - 1$); [2] errechnet mit einer Dichte ϱ = 0,960 g/cm³.

Rohre aus weichmacherfreiem Polyvinylchlorid

DIN 8062: 2009-10

Außen-durchmesser d in mm	Rohrserie S									
	63 p_{max} = 1,6 bar[1]		25 p_{max} = 4,0 bar[1]		16,7 p_{max} = 6,0 bar[1]		10 p_{max} = 10bar[1]		6,3 p_{max} = 16 bar[1]	
	Wanddicke e in mm	Masse m' in kg/m[2]	Wanddicke e in mm	Masse m' in kg/m[2]	Wanddicke e in mm	Masse m' in kg/m[2]	Wanddicke e in mm	Masse m' in kg/m[2]	Wanddicke e in mm	Masse m' in kg/m[2]
16	–	–	–	–	–	–	–	–	1,2	0,091
20	–	–	–	–	–	–	–	–	1,5	0,139
40	–	–	–	–	–	–	1,9	0,355	3,0	0,533
50	–	–	–	–	1,5	0,366	2,4	0,560	3,7	0,821
75	–	–	1,5	0,556	2,2	0,793	3,6	1,24	5,6	1,85
110	1,8	0,946	2,2	1,18	3,2	1,66	5,3	2,65	8,1	3,91
160	1,8	1,41	3,2	2,44	4,7	3,49	7,7	5,55	11,8	8,23
200	1,8	1,77	3,9	3,67	5,9	5,44	9,6	8,64	14,7	12,8
250	2,0	2,43	4,9	5,73	7,3	8,43	11,9	13,3	18,4	12,0

Rohr DIN 8062 – 110 × 3,2 – PVC-U
Bezeichnung eines Rohres mit d = 110 mm, s = 3,2 mm aus PVC-U (= PVC hart)

[1] Angabe des Betriebsüberdrucks p_{max} bei 20 °C und 50 Betriebsjahren, [2] Errechnet mit einer Dichte ϱ = 1,4 g/cm³.

Spannungsarten

Merkmale	Spannungsart			
	Normalspannung		Scherspannung	
Bildliche Darstellung	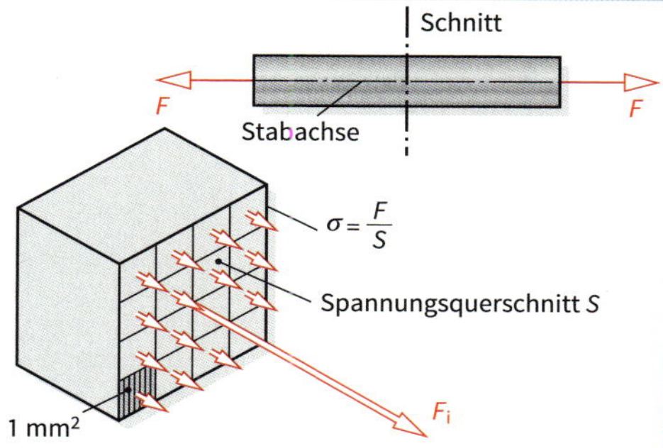		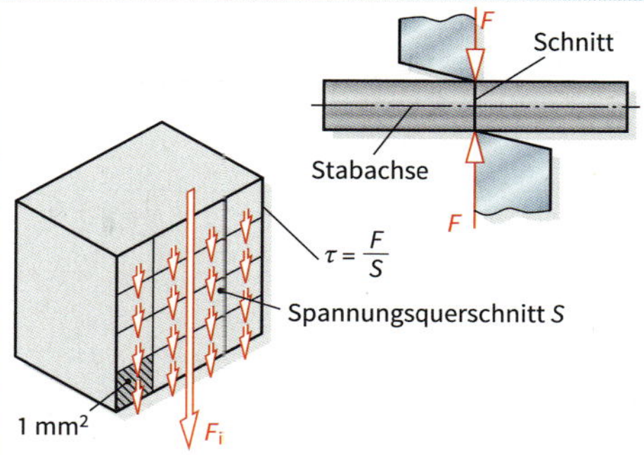	
Kraftverlauf	senkrecht zur Querschnittsfläche		parallel zur Querschnittsfläche	
Formel; Bezeichnung der Größen	$\sigma = \frac{F}{S}$	σ: Normalspannung F: Normalkraft S: Querschnitt	$\tau = \frac{F}{S}$	τ: Scherspannung F: Querkraft S: Querschnitt

Beispiel:
Rundstab EN 10 060-20-s235JR, $F = 25$ kN, $\tau_a = ?$

$\tau_a = \frac{F}{S}$ $\tau_a = 25\,000\ \text{N}/\frac{\pi}{4} \cdot 20^2\ \text{mm}^2 = 79{,}577\ \text{N/mm}^2 = 79{,}577\ \text{MPa}$

Grundbeanspruchungsarten

Merkmale	Beanspruchung auf					
	Zug	Druck	Abscherung	Biegung	Verdrehung (Torsion)	Knickung
Bildliche Darstellung	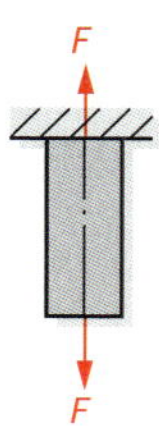	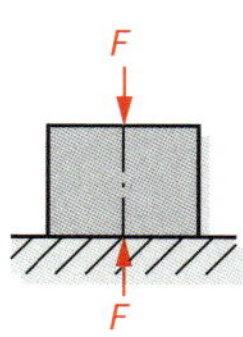	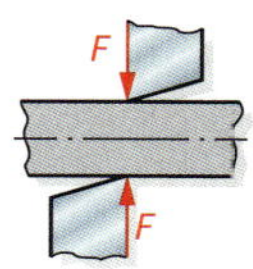	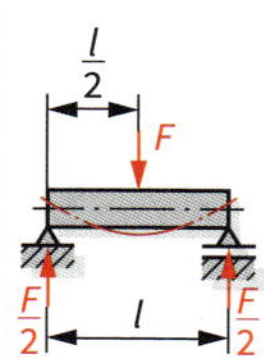	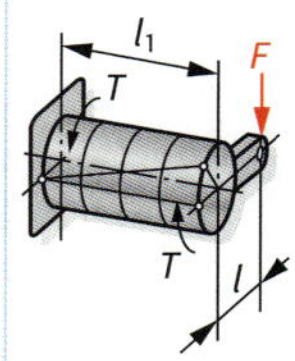	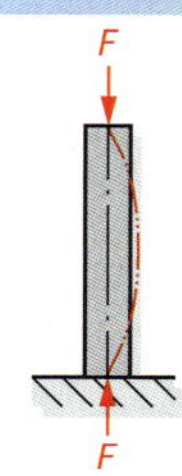
Zerstörung durch	Zerreißen	Zerquetschen	Abscheren	Zerbrechen	Abdrehen	Knicken
Spannungsart; Formelzeichen	Zugspannung σ_z	Druckspannung σ_d	Scherspannung τ_a	Biegespannung σ_b	Torsions-spannung τ_t	Knickspannung σ_k
Festigkeit; Formelzeichen	Zugfestigkeit R_m	Druckfestigkeit σ_{dB}	Scherfestigkeit τ_{aB}	Biegefestigkeit σ_{bB}	Torsions-festigkeit τ_{tB}	Knickfestigkeit σ_{kB}
Grenzwert der bleibenden Formänderung	Streckgrenze R_e 0,2 %-Dehn-grenze $R_{p\,0,2}$[1)]	Quetsch-grenze σ_{dF} 0,2 %-Stauch-grenze $\sigma_{d\,0,2}$[1)]	–	Biegefließ-grenze σ_{bF}	Torsions-fließgrenze τ_{tF}	–
Bleibende Formänderung	Dehnung ε Bruchdehnung A	Stauchung ε_d Bruchstauchung ε_{dB}	–	Durchbiegung f	Verdreh-winkel φ	–

[1)] Mit der 0,2 %-Dehngrenze $R_{p\,0,2}$ (0,2 %-Stauchgrenze $\sigma_{d\,0,2}$) wird bei solchen Werkstoffen gerechnet, die keine ausgeprägte Streckgrenze R_e (Quetschgrenze σ_{dF}) aufweisen.

Sicherheitszahlen ν

Werkstoff	St, GS, Al (zäh; hart)			GJL, GJS, GJMB, GJMW		
Belastungsfall	I	II	III	I	II	III
Sicherheitszahl ν	1,2 … 1,5	1,8 … 2,4	3 … 4	2 … 4	3 … 5	5 … 6

Maximale Festigkeitswerte σ_{max} bzw. τ_{max}

Belastungsfall / Maximaler Festigkeitswert bei Beanspruchung auf	statisch	dynamisch	
	I: ruhend	**II: schwellend**	**III: dynamisch wechselnd**
	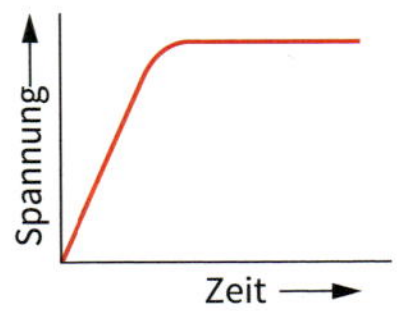	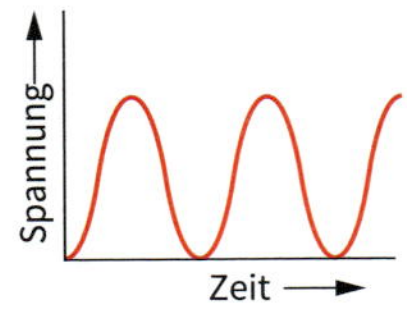	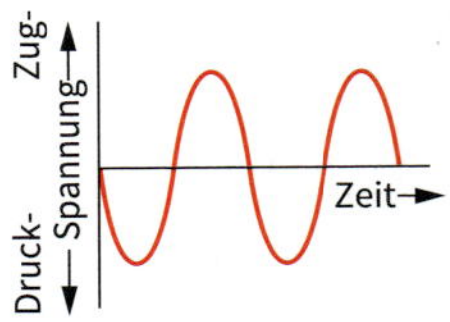
Zug	Mindestzugfestigkeit R_m oder Streckgrenze R_e oder 0,2 %-Dehngrenze $R_{p\,0,2}$	Zug-Schwellfestigkeit σ_{zSch}	Zug-Druck-Wechselfestigkeit σ_{zdW}
Druck	Druckfestigkeit σ_{dB} oder Quetschgrenze σ_{dF} oder 0,2 % Stauchgrenze $\sigma_{d\,0,2}$	Druck-Schwellfestigkeit σ_{dSch}	Zug-Druck-Wechselfestigkeit σ_{zdW}
Abscherung	Scherfestigkeit τ_{aB}	–	–
Biegung	Biegefestigkeit σ_{dB} oder Biegefließgrenze σ_{bF}	Biege-Schwellfestigkeit σ_{bSch}	Biege-Wechselfestigkeit σ_{bW}
Torsion (Verdrehung)	Torsionsfestigkeit τ_{tB} oder Torsionsfließgrenze τ_{tF}	Torsions-Schwellfestigkeit τ_{tSch}	Torsions-Wechselfestigkeit τ_{tW}

Zulässige Spannung

Normalspannung					**Scherspannung**	
$\sigma_{zul} = \frac{\sigma_{max}}{\nu}$	wenn	$\sigma_{max} = R_m$ (spröde Werkstoffe)	$\sigma_{max} = R_e$ (Werkstoffe mit ausgeprägter Fließgrenze)	$\sigma_{max} = R_{p0,2}$ (Werkstoffe ohne ausgeprägte Fließgrenze)	$\tau_{zul} = \frac{\tau_{max}}{\nu}$	σ_{zul} : zulässige Normalspannung τ_{zul} : zulässige Scherspannung σ_{max} : maximale Normalspannung τ_{max} : maximale Scherspannung ν : Sicherheitszahl
	dann	$\sigma_{zul} = \frac{R_m}{\nu}$	$\sigma_{zul} = \frac{R_e}{\nu}$	$\sigma_{zul} = \frac{R_{p0,2}}{\nu}$		

Elastizitätsmodul *E* und Schubmodul *G* in GPa [1)]

Werkstoff	Elastizitäts-Modul *E* (GPa)	Schub-Modul *G* (GPa)	Werkstoff	Elastizitäts-Modul *E* (GPa)	Schub-Modul *G* (GPa)
Stahl; Stahlguss	185 … 216	80 … 83	Antimon	55	20
S235 JR	210	81	Cadmium	50	19
54SiCr6	206	80	Chrom	274	115
C60	206	78	Eisen	211	82
X12CrNi17-7	185	70	Gold	78	27
GE200	210	81	Kobalt	209	76
EN-GJL-150	80 … 90	37	Mangan	198	–
EN-GJL-200	90 … 115	40	Molybdän	329	20
EN-GJL-300	110 … 140	48	Nickel	250	76
EN-GJS-400-15	170 … 185	65	Tantal	190	–
EN-GJS-500-7	170 … 185	64 … 71	Titan	116	44
EN-GJMW-350-4	170	68	Vanadium	128	47
EN-GJMW-400-15	175	67	Wolfram	411	161
Aluminium	70	26	Zink	108	43
Aluminium-Legierung	60 … 80	27	Thermoplaste: PVC hart (PBC-U)	1,5 … 3,6	–
EN AW-6082 [AlSi1MgMn]	70	–	Thermoplaste: Polyamide (PA66)	2	–
EN AW-5019 [AlMg5]	69,5	–	Duroplaste: CFK-Epoxid	140 … 200	–
EN AW-2024 [AlCu4Mg1]	71,5	28	Duroplaste: GFK-Polyester	14 … 40	–
Kupfer	130	48	Elastomere (Styrol-Butadien-Kautschuk)	0,3 … 30	–
Kupfer-Legierung	95 … 152	48	Acrylglas	3 … 4	–
CuZn40 F34	90	40	Buche, Eiche, Teat; parallel zur Faser	12,5	–
CuNi18Zn20F83	135	45	Buche, Eiche, Teak; quer zur Faser	0,6	–
Magnesium	45	–	Granit; dichter Sandstein	10 … 70	–
Magnesium-Legierung	40 … 50	17	Mauerziegel (Voll-, Hohllochziegel) [2)]	3,5 … 22,5	–
MgMn2	45	–	Kalksand-Vollstein [2)]	1,9 … 21,5	–
GD-MgAl9Zn1	44	18	Stahlbeton [2)]	22 … 39	–

[1)] 1 GPa = 1 kN/mm²

[2)] je nach Festigkeitsklasse und Mörtelgruppe

Maximal zulässige Spannungen (in MPa) für die geringsten Erzeugnisdicken mit Sicherheitszahl $\upsilon = 1$

Werkstoffkennwerte		Beanspruchungsart	Zug, Druck				Abscherung		Biegung				Verdrehung (Torsion)			
R_e; $R_{p0,2}$	R_m	Belastungsfall Werkstoffart	I		II	III	I		I		II	III	I		II	III
			zäh	spröde			zäh	spröde	zäh	spröde			zäh	spröde		
		Werkstoff / maximal zul. Spannung	R_e; $R_{p0,2}$ σ_{dF}; $\sigma_{d0,2}$	R_m σ_{dB}	σ_{sSch} σ_{dSch}	σ_{zdW}	τ_{aF}	τ_{aB}	σ_{bF}	σ_{bB}	σ_{bSch}	σ_{zdW}	τ_{tF}	τ_{tB}	τ_{tSch}	τ_{tW}
235	360…510	S235JR	R_e		235	140	$0,6 \cdot R_e$		$1,2 \cdot R_e$		270	180	$0,7 \cdot R_e$		160	105
355	470…630	S355JR	R_e		355	205	$0,6 \cdot R_e$		$1,2 \cdot R_e$		380	255	$0,7 \cdot R_e$		245	150
295	470…610	E295	R_e		295	195	$0,6 \cdot R_e$		$1,2 \cdot R_e$		355	245	$0,7 \cdot R_e$		205	145
335	570…710	E335	R_e		335	235	$0,6 \cdot R_e$		$1,2 \cdot R_e$		400	290	$0,7 \cdot R_e$		230	180
360	670…830	E360	R_e		360	275	$0,6 \cdot R_e$		$1,2 \cdot R_e$		430	345	$0,7 \cdot R_e$		250	205
340	470…620	C22; C22E	R_e		320	200	$0,6 \cdot R_e$		$1,2 \cdot R_e$		375	250	$0,7 \cdot R_e$		235	150
490	650…800	C45; C45E	R_e		450	280	$0,6 \cdot R_e$		$1,2 \cdot R_e$		525	350	$0,7 \cdot R_e$		340	210
650	800…950	46Cr2	R_e		575	360	$0,6 \cdot R_e$		$1,2 \cdot R_e$		675	450	$0,7 \cdot R_e$		450	270
900	1000…1200	50CrMo4	R_e		705	440	$0,6 \cdot R_e$		$1,2 \cdot R_e$		825	550	$0,7 \cdot R_e$		560	330
1050	1250…1450	30CrNiMo8	R_e		800	500	$0,6 \cdot R_e$		$1,2 \cdot R_e$		935	625	$0,7 \cdot R_e$		635	375
295	490…640	C10E	R_e		380	200	$0,6 \cdot R_e$		$1,2 \cdot R_e$		455	250	$0,7 \cdot R_e$		265	150
355	590…780	C15E	R_e		430	320	$0,6 \cdot R_e$		$1,2 \cdot R_e$		515	375	$0,7 \cdot R_e$		300	220
590	780…1080	16MnCr5	R_e		635	400	$0,6 \cdot R_e$		$1,2 \cdot R_e$		720	500	$0,7 \cdot R_e$		450	300
685	980…1270	20MnCr5	R_e		705	440	$0,6 \cdot R_e$		$1,2 \cdot R_e$		825	550	$0,7 \cdot R_e$		505	360
590	880…1180	20MoCr4	R_e		575	360	$0,6 \cdot R_e$		$1,2 \cdot R_e$		675	450	$0,7 \cdot R_e$		435	270
200	380…530	GE200	R_e		220	130	$0,6 \cdot R_e$		$1,2 \cdot R_e$		240	150	$0,7 \cdot R_e$		160	90
240	450…600	GE240	R_e		260	160	$0,6 \cdot R_e$		$1,2 \cdot R_e$		290	180	$0,7 \cdot R_e$		180	100
260	520…650	GE260	R_e		300	180	$0,6 \cdot R_e$		$1,2 \cdot R_e$		330	205	$0,7 \cdot R_e$		210	120
300	600…750	GE300	R_e		350	210	$0,6 \cdot R_e$		$1,2 \cdot R_e$		380	235	$0,7 \cdot R_e$		240	140
300	480…620	G20Mn5	R_e		290	180	$0,6 \cdot R_e$		$1,2 \cdot R_e$		320	200	$0,7 \cdot R_e$		200	120
	150	EN-GJL-150		R_m	60	40		$0,8 \cdot R_m$		R_m	110	70		$0,8 \cdot R_m$	90	60
	200	EN-GJL-200		R_m	70	50		$0,8 \cdot R_m$		R_m	150	90		$0,8 \cdot R_m$	110	80
	300	EN-GJL-300		R_m	110	80		$0,8 \cdot R_m$		R_m	220	140		$0,8 \cdot R_m$	180	100
250	400	EN-GJS-400-15		R_m	200	120		$0,65 \cdot R_m$		R_m	300	195		$0,65 \cdot R_m$	190	110
320	500	EN-GJS-500-7		R_m	260	150		$0,65 \cdot R_m$		R_m	380	224		$0,65 \cdot R_m$	240	140
370	600	EN-GJS-600-3		R_m	310	180		$0,65 \cdot R_m$		R_m	450	248		$0,65 \cdot R_m$	290	170
190	360	EN-GJMW-360-12		R_m	180	110		$0,7 \cdot R_m$		R_m	260	140		$0,7 \cdot R_m$	170	100
220	400	EN-GJMW-400-5		R_m	200	120		$0,7 \cdot R_m$		R_m	300	180		$0,7 \cdot R_m$	190	110
200	350	EN-GJMB-350-10		R_m	180	110		$0,7 \cdot R_m$		R_m	260	140		$0,7 \cdot R_m$	170	100
340	550	EN-GJMB-550-4		R_m	280	170		$0,7 \cdot R_m$		R_m	410	280		$0,7 \cdot R_m$	270	150

Die Werte gelten für Baustähle im normalgeglühten Zustand, für Vergütungsstähle im vergüteten Zustand und für Einsatzstähle für die Kernfestigkeit nach Einsatzhärten und Rückfeinen.

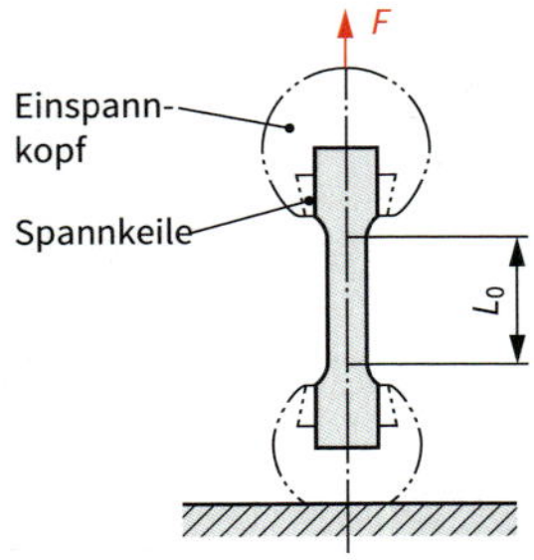

Beim Zugversuch werden mehrere Festigkeits- und Verformungskenngrößen ermittelt. Dazu wird eine Probe bis zum Bruch gedehnt, die erforderliche Zugkraft wird gemessen. Das Verhältnis aus Spannung und Dehnung wird in einem Diagramm aufgezeichnet.

Spannung	$\sigma = \frac{F}{S_0}$	$[\sigma]$ = MPa
Zugfestigkeit	$R_m = \frac{F_m}{S_0}$	$[R_m]$ = MPa
obere Streckgrenze	$R_{eH} = \frac{F_{eH}}{S_0}$	$[R_{eH}]$ = MPa
untere Streckgrenze	$R_{eL} = \frac{F_{eL}}{S_0}$	$[R_{eL}]$ = MPa
0,2 %-Dehngrenze	$R_{p\,0,2} = \frac{F_{0,2}}{S_0}$	$[R_{p\,0,2}]$ = MPa
Verlängerung	$\Delta L = L - L_0$	$[\Delta L]$ = mm
Dehnung	$\varepsilon = \frac{L - L_0}{L_0} \cdot 100\,\%$	
Bruchdehnung	$A = \frac{L_u - L_0}{L_0} \cdot 100\,\%$ L_u = Länge nach Bruch	
Hooke'sches Gesetz	$\sigma \sim \varepsilon_e$	
Das Hooke'sche Gesetz gilt nur im Bereich einer elastischen Verlängerung.	ε_e : Dehnung im elastischen Bereich $\sigma = \frac{E \cdot \varepsilon_e}{100\,\%}$	
Elastizitätsmodul	$E = \frac{\sigma}{\varepsilon_e} \cdot 100\,\%$	$[E]$ = MPa

Zugversuch, Excel-Rechenblatt

Spannung-Dehnung-Diagramm
mit unstetigem Übergang vom elastischen in den plastischen Bereich

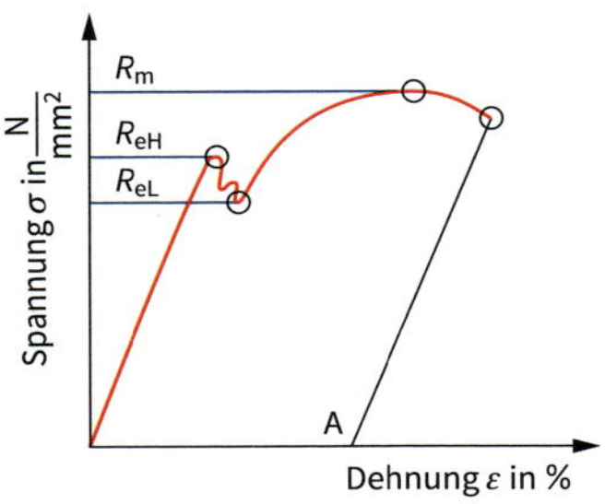

Spannung-Dehnung-Diagramm
mit stetigem Übergang vom elastischen in den plastischen Bereich

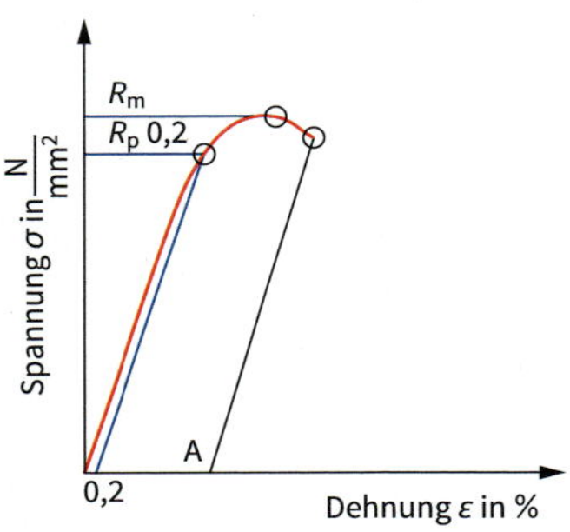

Prüfgeschwindigkeit		
E-Modul des Werkstoffes E in N/mm²	Spannungszunahme $\Delta\sigma$ in MPa · s^{-1} bis R_{eH} min.	max.
< 150 000	2	20
≥ 150 000	6	60
Zunahme der Dehnung im plastischen Bereich ≤ 0,0025 s^{-1}		

Zugproben

DIN 50 125: 2022-08

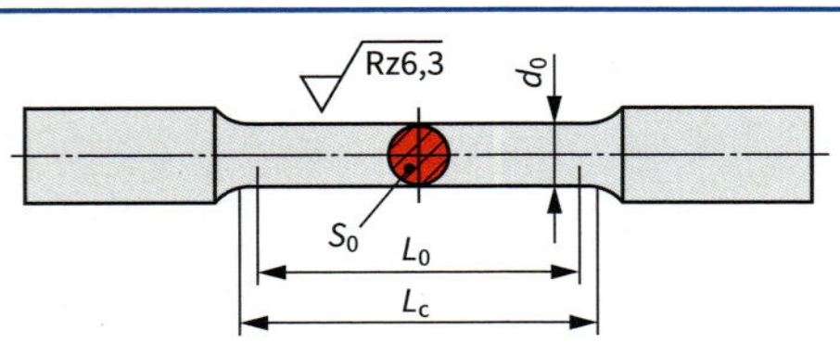

L_c = parallele Länge ($L_c \geq L_0 + d_0$)

In der Regel werden Proportionalstäbe verwandt, $L_0 = 5\,d_0$.
Bei Flachproben ist $L_0 = 5{,}65\,\sqrt{S_0}$.

Bezeichnung einer Zugprobe:

Zugprobe DIN 50 125 – A 12 x 60

- Form A
- Probendurchmesser d_0 in mm
- Anfangsmesslänge L_0 in mm

Benennung	Form	Verwendung
Rundproben mit Zylinderköpfen	A	für allgemeine Prüfungen
Rundprobe mit Gewindeköpfen	B	für Feindehnmessungen
Rundprobe mit Schulterköpfen	C	für Feindehnmessungen
Rundprobe mit Kegelköpfen	D	für Feindehnmessungen
Flachprobe mit Köpfen für Spannkeile	E	zum Prüfen von Blechen und Flachstählen
Abschnitte von Rundstangen, unbearbeitet	F	zum Prüfen von Rundmaterial

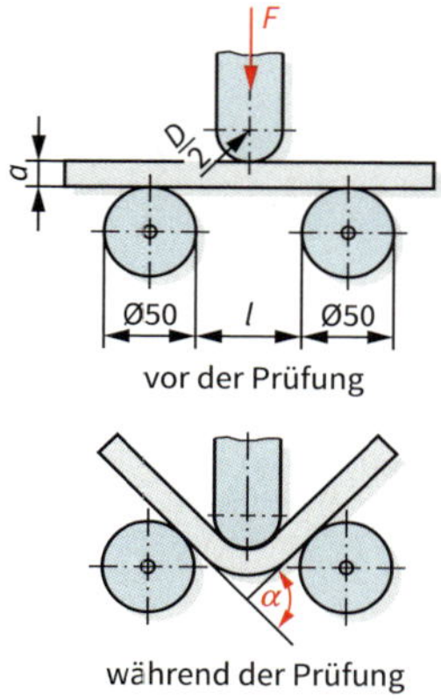

Querschnitt	
recht-eckig	kreis-förmig
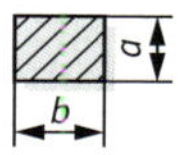	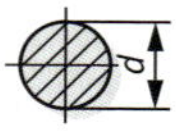
$l = (D + 3a) \pm \frac{a}{2}$	$l = (D + 3d) \pm \frac{d}{2}$

Der Dorndurchmesser D ist den Gütenormen oder Lieferbedingungen der zu prüfenden Werkstoffe zu entnehmen.

Mit Hilfe des technologischen Biegeversuchs (Faltversuch) wird das Umformvermögen eines metallischen Werkstoffes ermittelt. Dazu wird eine rechteckige oder kreisförmige Biegeprobe in einer Vorrichtung zügig gebogen, bis ein bestimmter Biegewinkel erreicht oder das Umformvermögen erschöpft ist.
Der Biegewinkel α ist unter Beanspruchung zu messen.

Probenabmessungen für Bleche, Bänder, Flach- und Rundstücke	
Probenlänge L in mm	abhängig von der Probendicke und der Prüfvorrichtung
Probenbreite b in mm	$b = 20 \ldots 50$
Probendicke a in mm	a: Erzeugungsdicke, falls diese > 25 mm ist, darf sie einseitig auf 25 mm abgearbeitet werden.
Probendurchmesser d in mm	a: 20 … 50 Ab einem Durchmesser $d = 30$ mm darf, bei einem Durchmesser $d > 50$ mm muss die Probe herausgearbeitet werden.

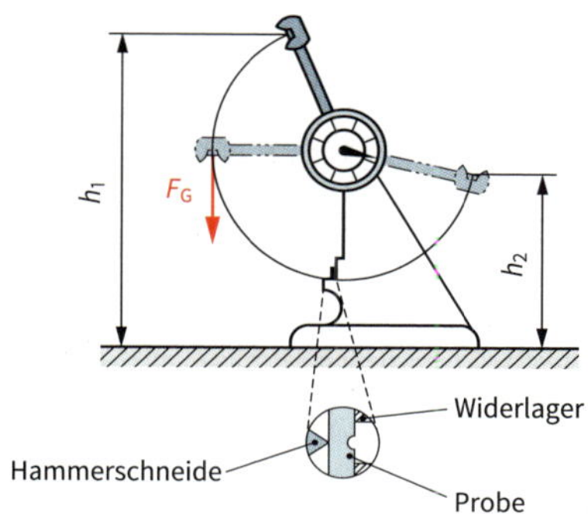

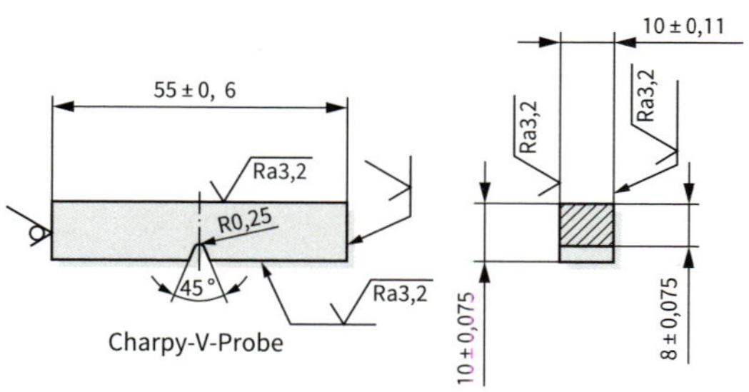

Charpy-V-Probe

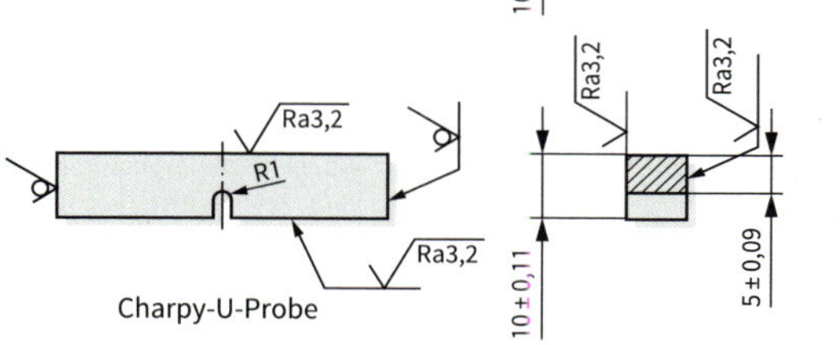

Charpy-U-Probe

[1] DVM: Deutscher Verband für Materialprüfung

Der Kerbschlagbiegeversuch gibt Aufschluss über die Zähigkeit und Verformbarkeit von Stahl und Stahlguss.
Eine Probe wird durch ein Schlagwerk mit einem Schlag durchbrochen oder durch die Widerlager gezogen. Die Schlagarbeit wird in Abhängigkeit von der Temperatur der Probe gemessen.

Kerbschlagarbeit $KV = F_G (h_1 - h_2)$ $[KV] = J$

Kurzzeichen für die Kerbschlagarbeit:

KV = 121 J

Kerbschlagarbeit
Probe mit V-Kerb
(Probe mit U-Kerb: KU)
verbrauchte Schlagarbeit

Arbeitsvermögen des Pendelschlagwerks 300 J
(ein anderes Arbeitsvermögen muss angegeben werden, z. B. KV 150 = 80 J)

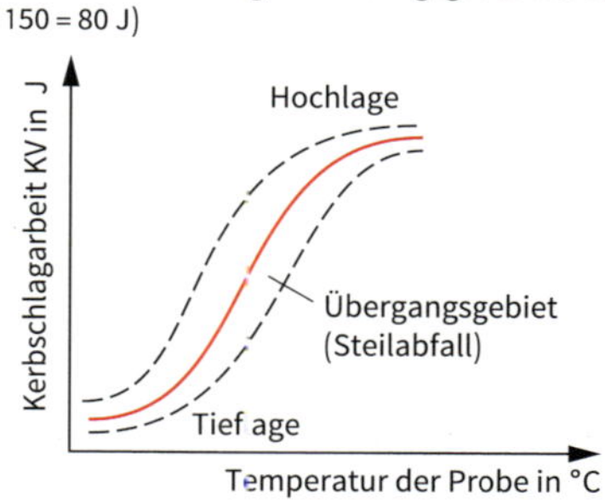

Kerbschlagarbeit-Temperatur-Kurve (schematisch)

Der Kerbschlagbiegeversuch liefert keine Kennwerte für die Festigkeitsberechnung, er wird nur vergleichend angewandt.

$$\textbf{Kerbschlagzähigkeit} = \frac{\text{Kerbschlagarbeit}}{\text{Probenquerschnitt}}$$

Georges Albert Charpy (1865–1945), französicher Techniker

Druckversuch; Tiefungsversuch

Dauerschwingversuch
Continuous vibration test

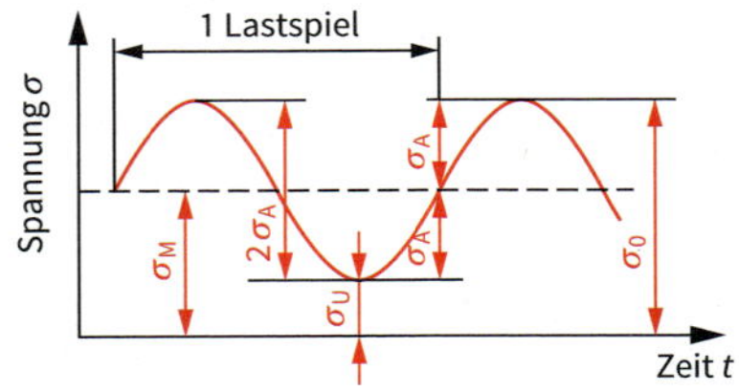

σ_M : Mittelspannung σ_A : Spannungsausschlag
σ_U : Unterspannung $2\sigma_A$: Schwingbreite (Amplitude)
σ_O : Oberspannung

Beispiel einer **Wöhlerkurve**

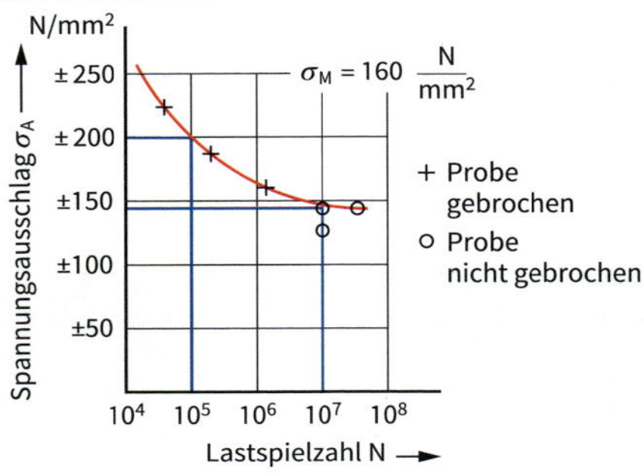

Der Dauerschwingversuch dient zur Ermittlung von Kennwerten für das mechanische Verhalten von Werkstoffen oder Bauteilen bei schwellender oder wechselnder Belastung.

Die **Dauerschwingfestigkeit** ist der um eine Mittelspannung schwingende größte Spannungsausschlag, den eine Probe „unendlich oft" ohne Bruch und zulässige Verformung aushält.

$$\sigma_D = \sigma_M \pm \sigma_A \qquad [\sigma_D] = \text{MPa}$$

Wöhlerversuch

6–10 gleichwertige Proben werden einer Schwingbeanspruchung unterworfen. Bei konstanter Mittelspannung σ_M wird der Spannungsausschlag σ_A von Probe zu Probe so gestaffelt, dass wenigstens eine Probe bricht und die größte Beanspruchung gefunden wird, die ohne Bruch bis zu einer Grenzlastspielzahl ertragen wird.

Grenzlastspielzahl für Stahl: $2 \cdot 10^6 \dots 10 \cdot 10^6$
für Leichtmetalle: $10 \cdot 10^6 \dots 100 \cdot 10^6$

Aus dem Beispiel der Wöhlerkurve ergibt sich:

N	Spannungsausschlag σ_A	Wechselbeanspruchung		Ergebnis
		Zug $\sigma_D = \sigma_M + \sigma_A$	Druck $\sigma_D = \sigma_M - \sigma_A$	
10^7	140	300	20	kein Bruch
10^5	200	360	–40	Bruch

Dauerschwingfestigkeit:

$\sigma_D = \pm 140$ MPa für $\sigma_M =$ MPa

Brucharten
Types of fracture

	Bruchart	Beschreibung	Entstehung
vorwiegend statische Belastung	**Trennbruch**/Sprödbruch 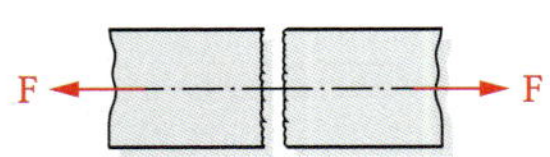	Ebene, glänzende, je nach Gefüge grob- oder feinkörnige Bruchfläche	Trennbruch entsteht bei Werkstoffen mit komplizierten Kristallgittern (z. B. gehärteter Stahl) oder spröden Werkstoffen (z. B. Gusseisen mit Lamellengrafit) unter statischer Beanspruchung. Ein Trennbruch entsteht plötzlich, ohne vorherige Verformung.
	Verformungsbruch 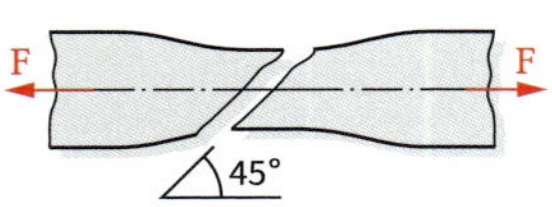	Unebene, matt glänzende, unter 45° liegende Bruchfläche, dabei Einschnürung des Werkstückes	Ein Verformungsbruch entsteht bei zähen Werkstoffen unter statischer Beanspruchung. Er entwickelt sich langsam. Ihm geht eine plastische Formänderung (Einschnürung) voraus.
	Mischbruch 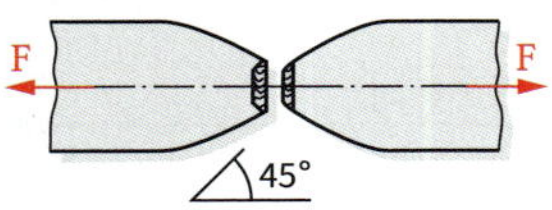	Ebene, glänzende Bruchfläche, umgeben von einer unebenen, matten Bruchfläche, dabei Einschnürung des Werkstückes	Der Mischbruch entsteht bei den meisten Stählen unter Zugbelastung. Er ist eine Kombination aus Verformungsbruch und Trennbruch.
vorwiegend dynamische Belastung	**Dauerbruch** 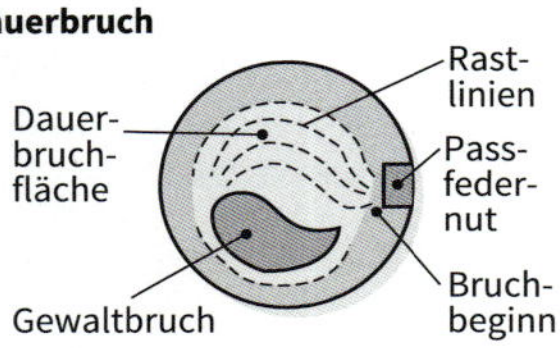	Ebene, matt glänzende Dauerbruchfläche mit Rastlinien, Restbruchfläche körnig und zerklüftet (Gewaltbruch)	Der Dauerbruch geht aus von z. B. Kerben, Nuten, Riefen, Schweißnähten, Gefügeeinschlüssen unter dynamischer Belastung. Die Dauerbruchfläche entsteht fortschreitend über längere Zeit. Ist der verbleibende Restquerschnitt zu klein, führt dies zum endgültigen Bruch (Gewaltbruch).

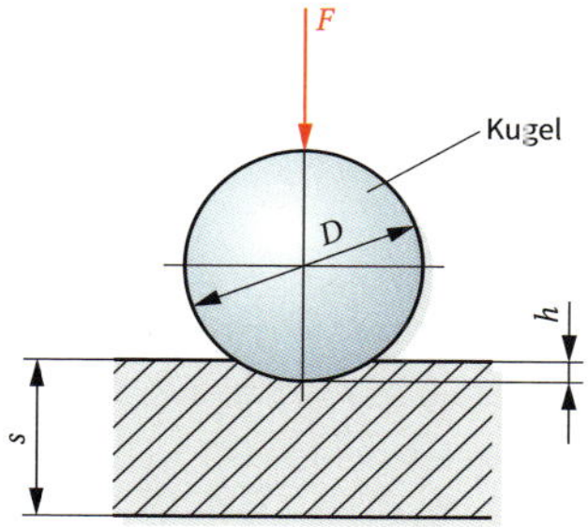

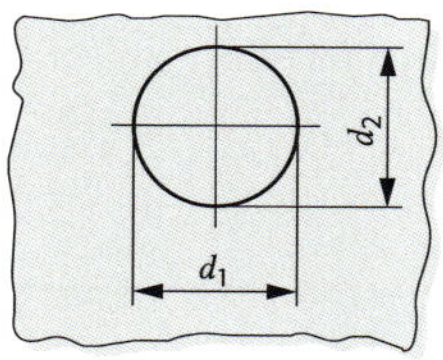

$$d = \frac{d_1 + d_2}{2}$$

Mindestdicke der Probe: $s_{min} = 8 \cdot h$

Bei der Härteprüfung nach Brinell wird eine Hartmetallkugel (W) mit einer Prüfkraft F in die Probe eingedrückt.

$$\text{Brinellhärte} = \text{Konstante} \cdot \frac{\text{Prüfkraft}}{\text{Oberfläche des Eindruckes}}$$

$$\text{HBW} = 0{,}102 \cdot \frac{2\,F}{\pi\,D^2\,(1 - \sqrt{1 - d^2/D^2})}$$

Die Konstante 0,102 ist ein Umrechnungsfaktor für die Prüfkraft. $\left(\approx \frac{1}{g} = \frac{1}{9{,}80665}\right)$

Kurzzeichen für die Angaben des Härtewertes:

600 HBW 5 / 750 / 20

- Brinellhärte 600
- Bezeichnung des Eindringkörpers[1)]
- Prüfkugeldurchmesser D in mm
- Prüfkraft 7355 N = **750** · 9,80665 N
- Einwirkdauer in s

(Angabe entfällt bei Verwendung der üblichen Einwirkdauer)

Übliche Einwirkdauer der Prüfkraft: 10 … 15 s.
Die gesamte Prüfkraft ist innerhalb von 2 … 8 s aufzubringen.
Die Härtewerte werden nicht errechnet, sondern aus Tabellen abgelesen.

[1)] wird eine Stahlkugel verwendet: HBS

i **Johan August Brinell** (1849–1929), schwedischer Ingenieur. Das nach ihm benannte Härteprüfverfahren wurde 1900 auf der Pariser Weltausstellung vorgestellt.

Anwendungsbereiche und Prüfbedingungen

Werkstoffgruppen	Brinellhärte	Beanspruchungsgrad $0{,}102 \cdot \frac{F}{D^2}$ MPa
Stahl, Nickel und Titanlegierungen	–	30
Gusseisen	< 140 ≥ 140	10 30
Kupfer und Kupferlegierungen	< 35 35 … 200 > 200	5 10 30
Leichtmetalle und ihre Legierungen	< 35	2,5
	35 … 80	5 10 15
	> 80	10 15
Blei, Zinn	–	1

Zeichen für die Härte	Kugeldurchmesser D mm	Beanspruchungsgrad $0{,}102 \cdot \frac{F}{D^2}$ MPa	Prüfkraft F N
HBW 10/3000	10	30	29 420
HBW 10/1500	10	15	1 471
HBW 10/1000	10	10	9 807
HBW 10/500	10	5	4 903
HBW 10/250	10	2,5	2 452
HBW 10/100	10	1	980,7
HBW 5/750	5	30	7 355
HBW 5/250	5	10	2 452
HBW 5/125	5	5	1 226
HBW 5/62,5	5	2,5	612,9
HBW 5/25	5	1	245,2
HBW 2,5/187,5	2,5	30	1 839
HBW 2,5/62,5	2,5	10	612,9
HBW 2,5/31,25	2,5	5	306,5
HBW 2,5/15,625	2,5	2,5	153,2
HBW 2,5/6,25	2,5	1	61,29
HBW 1/30	1	30	294,2
HBW 1/10	1	10	98,07
HBW 1/5	1	5	49,03
HBW 1/2,5	1	2,5	24,52
HBW 1/1	1	1	9,807

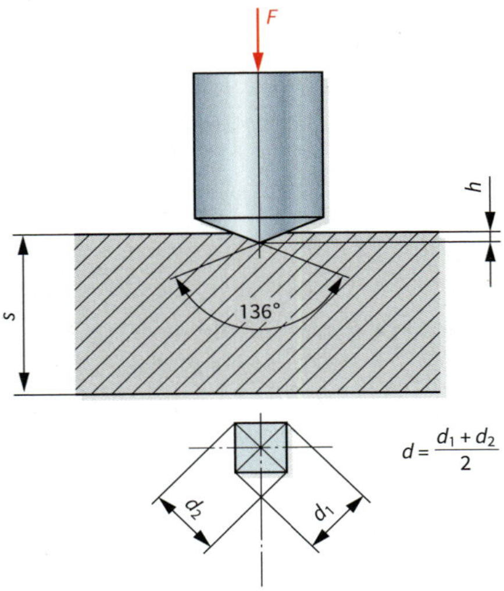

i 1925 entwickeltes Härteprüfverfahren für harte Werkstoffe; benannt nach der britischen Flugzeugbaufirma Vickers.

Mit Hilfe der Härteprüfung nach Vickers werden besonders harte Stoffe, dünne Proben und Schichten untersucht. Eine Diamantpyramide mit einem Winkel von 136° zwischen zwei gegenüber liegenden Flächen wird mit einer Prüfkraft *F* in die Probe eingedrückt.

$$\text{Vickershärte} = \text{Konstante} \cdot \frac{\text{Prüfkraft}}{\text{Oberfläche des Eindruckes}}$$

$$HV = 0{,}102 \; \frac{2\,F \cdot \sin \frac{136°}{2}}{d^2} \approx 0{,}1891 \; \frac{F}{d^2}$$ [1)]

Kurzzeichen für die Angabe des Härtewertes:

500 HV 30 / 20

Vickershärte 500 — **500**

Prüfkraft 294,2 N = **30** · 9,80665 N — **30**

Einwirkdauer in *s* — **20**

(Angabe entfällt bei Verwendung der üblichen Einwirkdauer)

Übliche Einwirkdauer der Prüfkraft: 10 … 15 s.

Die gesamte Prüfkraft ist innerhalb von 2 … 8 s aufzubringen; im Kleinlastbereich mit $v \leq 0{,}2$ mm/s, im Mikrohärtebereich mit $v \leq 0{,}07$ mm/s.

Anzuwendende Prüfkräfte

Konventioneller Härtebereich		Kleinkraftbereich		Mikrohärtebereich		
Härtesymbol	Prüfkraft *F* in N	Härtesymbol	Prüfkraft *F* in N	Härtesymbol	Prüfkraft *F* in N	
HV 5	49,03	HV 0,2	1,961	HV 0,01	0,09807	Die Prüfkraft ist aufgrund des angenommenen und zu überprüfenden Härtewertes zu wählen.
HV 10	98,07	HV 0,3	2,942	HV 0,015	0,1470	
HV 20	196,1	HV 0,5	4,903	HV 0,02	0,1961	
HV 30	294,2	HV 1	9,807	HV 0,025	0,2452	
HV 50	490,3	HV 2	19,61	HV 0,05	0,4903	
HV 100	980,7	HV 3	29,42	HV 0,1	0,9817	

Mindestdicke der Proben

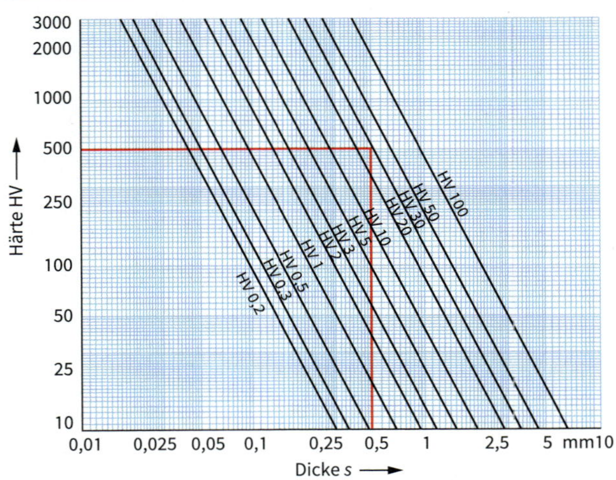

Die Mindestdicke der Proben beträgt:

$s_{min} = 10 \cdot h \triangleq 1{,}5 \cdot d$

Im Diagramm ist die Mindestdicke der Proben in Abhängigkeit von der Härte und der Prüfkraft zu ermitteln.

[1)] Die Konstante 0,102 $\left(= \frac{1}{g} = \frac{1}{9{,}80665}\right)$ ist ein Umrechnungsfaktor für die Prüfkraft.

Härteprüfung nach Rockwell
Rockwell hardness test

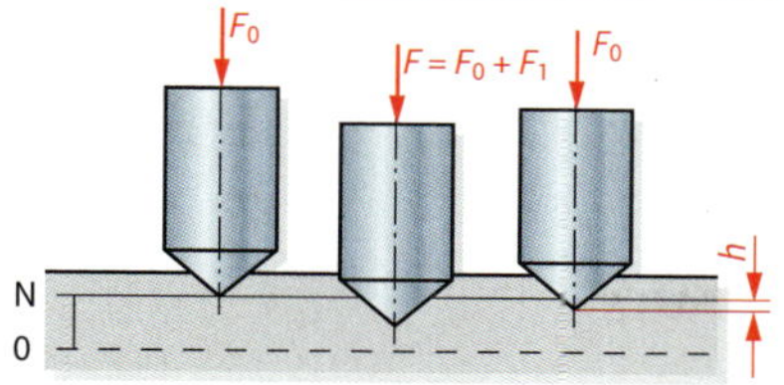

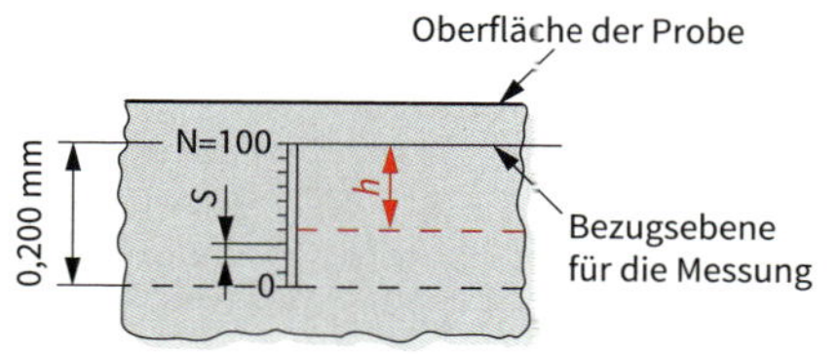

Die Einwirkdauer der Prüfvorkraft F_0 darf 3s nicht überschreiten.

i 1920 von amerikanischem Ingenieur Stanley Rockwell entwickeltes Härteprüfverfahren.

Bei der Härteprüfung nach Rockwell wird ein Eindringkörper in 2 Stufen in die Probe gedrückt. Aus der bleibenden Eindringtiefe h in mm, gemessen nach Kraftminderung von F auf F_0, wird direkt die Rockwellhärte abgeleitet.

$$\text{Rockwellhärte} = N - \frac{h}{S}$$

N = Zahlenwert entsprechend der Skala des Prüfgerätes
h = bleibende Eindringtiefe
S = Skalenteilungskonstante

Kurzzeichen für die Angabe des Härtewertes:

50 HRC

Rockwellhärte 50
Bezeichnung des Verfahrens (Härteskala)

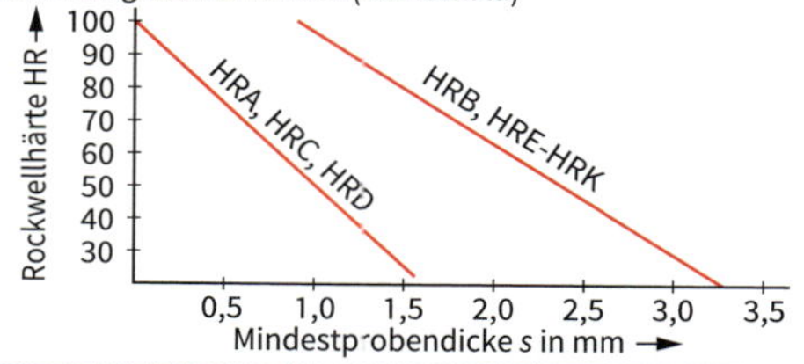

Härte-skala	Symbol für Härte	Eindringkörper	Prüf-vorkraft F_0 in N	Prüf-zusatzkraft F_1 in N	Prüf-gesamtkraft F in N	Anwendungs-bereich	N	S in mm
A C D	HRA HRC HRD	Diamantkegel	98,07	490,3 1373 882,6	588,4 1471 980,7	20 … 95 HRA 20 … 70 HRC 40 … 77 HRD	100	0,002
B E F G H K	HRB HRE HRF HRG HRH HRK	Stahlkugel (S) oder Hartmetall-kugel (W) Ø 1,5875 mm Ø 3,175 mm Ø 1,5875 mm Ø 1,5875 mm Ø 3,175 mm Ø 3,175 mm		882,6 882,6 490,3 1373 490,3 1373	980,7 980,7 588,4 1471 588,4 1471	10 … 100 HRB 70 … 100 HRE 60 … 100 HRF 30 … 94 HRG 80 … 100 HRH 40 … 100 HRK	130	
15 N 30 N 45 N	HR 15 N HR 30 N HR 45 N	Diamantkegel	29,42	117,7 264,8 411,9	147,1 294,2 441,3	70 … 94 HR 15 N 42 … 86 HR 30 N 20 … 77 HR 45 N	100	0,001
15 T 30 T 45 T	HR 15 T HR 30 T HR 45 T	Stahlkugel (S) oder Hartmetall-kugel (W) Ø 1,5875 mm		117,7 264,8 411,9	147,1 294,2 441,3	67 … 93 HR 15 T 29 … 82 HR 30 T 10 … 72 HR 45 T		

Vergleich verschiedener Härteskalen
Comparison of different hardness scales

Ein quantitativer Vergleich der einzelnen Härteskalen ist nur bedingt möglich. Siehe auch DIN EN ISO 18265.

Vergl. mech. Eigenschaften

Umwertung Härtewerte – Zugfestigkeit

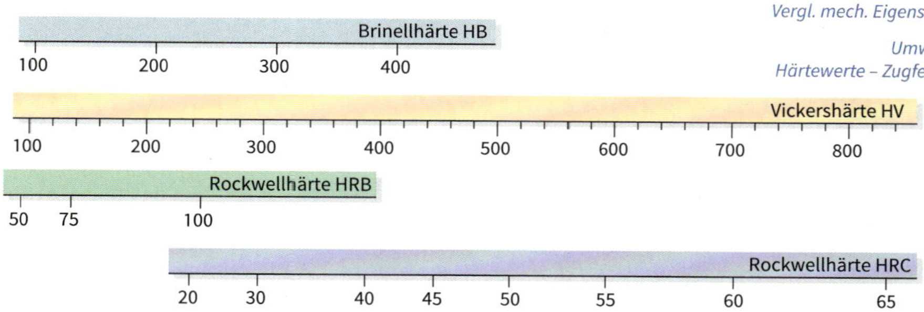

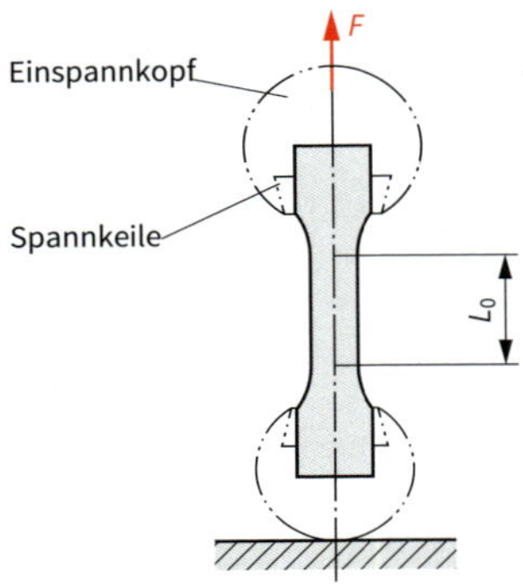

Mit Hilfe des Zugversuches werden mehrere Festigkeitseigenschaften von Kunststoffen beurteilt. Dazu wird ein Probekörper unter festgelegten Bedingungen auf Zug belastet. Die aufgebrachte Zugkraft und die Längenänderung werden gemessen und im Spannung-Dehnung- Diagramm aufgezeichnet.

Zugfestigkeit	$\sigma_m = \frac{F_{max}}{A}$	$[\sigma_M] = \text{MPa}$
Bruchspannung	$\sigma_b = \frac{F}{A}$	$[\sigma_B] = \text{MPa}$
Streckspannung	$\sigma_y = \frac{F_y}{A}$	$[\sigma_y] = \text{MPa}$
x%-Dehnspannung	$\sigma_x = \frac{F}{A}$	$[\sigma_x] = \text{MPa}$
Längenänderung	$\Delta L = L - L_0$	$[\Delta L] = \text{mm}$
Bruchdehnung	$\varepsilon_b = \frac{\Delta L}{L_0} \cdot 100\ \%$	

Zugfestigkeit und Bruchspannung können je nach Werkstoff gleich sein ($\sigma_m = \sigma_b$).

Spannung-Dehnung-Diagramm
mit ausgeprägter Streckspannung

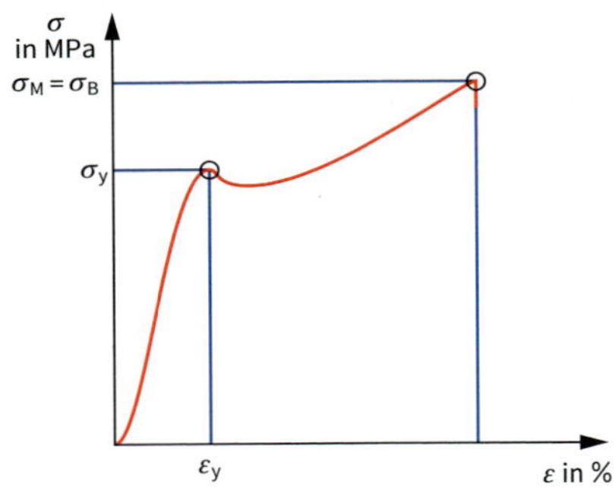

Spannung-Dehnung-Diagramm
ohne ausgeprägte Streckspannung

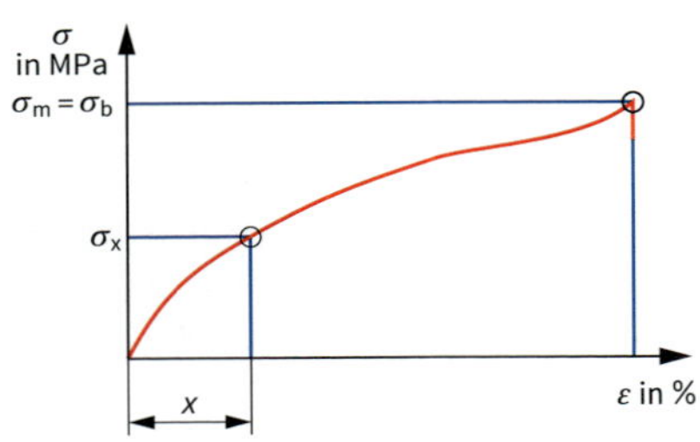

Prüfgeschwindigkeiten	
Prüfgeschwindigkeit in mm/min	**Grenzabweichung in %**
1	± 20 %
2	± 20 %
5	± 20 %
10	± 20 %
20	± 10 %
50	± 10 %
100	± 10 %
200	± 10 %
500	± 10 %

Probekörper

DIN EN ISO 527-2: 2012-06

Probekörper können aus Formmassen hergestellt oder aus Formteilen entnommen sein.

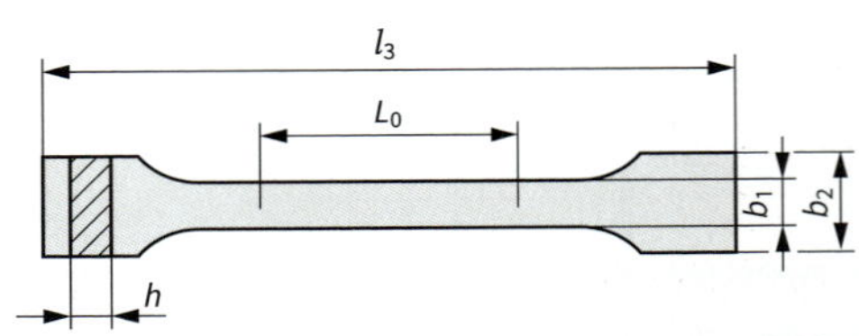

Abmessungen in mm	Probekörper 1 A	Probekörper 1 B
l_3	170	≥ 150
L_0	75,0 ± 0,5	50,0 ± 0,5
b_2	20,0 ± 0,2	20,0 ± 0,2
b_1	10,0 ± 0,2	10,0 ± 0,2
h	4,0 ± 0,2	4,0 ± 0,2

Bezeichnung des Verfahrens

Zugversuch ISO 527-2 / 1A / 50

- Benennung (Zugversuch)
- ISO-Hauptnummer (ISO 527-2)
- Probekörpertyp (1A)
- Prüfgeschwindigkeit (50)

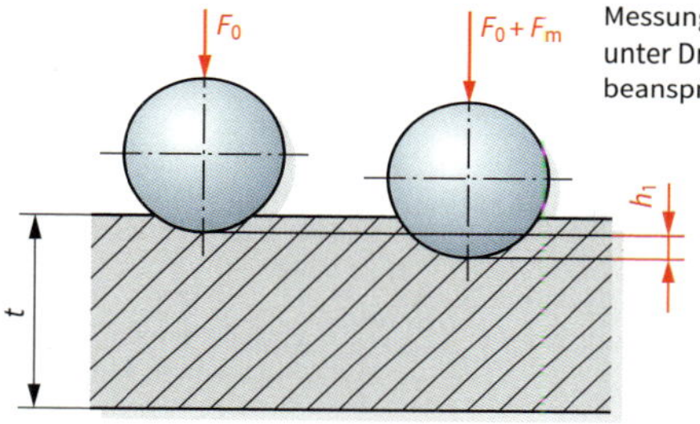

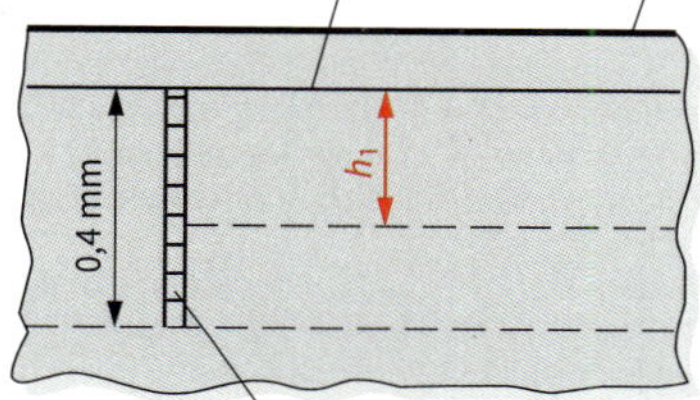

Dicke der Probe: $t = 4$ mm

Mit Hilfe des Eindruckversuches wird die Kugeldruckhärte von Kunststoffen bestimmt. Dazu wird ein Eindringkörper in 2 Stufen in die Probe eingedrückt. Aus der Eindringtiefe, gemessen unter Druckbeanspruchung, wird die Oberfläche des Eindrucks ermittelt.

$$\text{Kugeldruckhärte} = \frac{\text{Prüfkraft}}{\text{Oberfläche des Eindruckes}}$$

$$HB = \frac{1}{d\pi} \cdot \frac{F_m}{h_r} \cdot \frac{0{,}21}{(h - h_r) + 0{,}21} \qquad [HB] = \text{MPa}$$

h_r : reduzierte Eindringtiefe 0,25 mm
h_1 : Eindringtiefe in mm unter Belastung
h_2 : Aufbiegung des Gestells unter Belastung in mm
h : $h_1 - h_2$
F_m : Prüfkraft in N

Kurzzeichen für die Angabe des Härtewertes:

Kugeldruckhärte ISO 2039 – 32 HB 132

- Benennung: Kugeldruckhärte
- ISO-Hauptnummer: ISO 2039
- Härtewert 32 MPa
- Prüfkraft $F_m = 132$ N

Prüfbedingungen

Eindringkörper	gehärtete Stahlkugel $d = 5{,}0 \pm 0{,}05$ mm
Prüfvorkraft F_0	9,8 N ± 1 %
Prüfkraft F_m	49,0 N 132 N 358 N 961 N
	zul. Abweichung ± 1 %
Einwirkdauer	30 s

Ermittlung der Kugeldruckhärte aus der Eindringtiefe

Eindringtiefe h in mm	Kugeldruckhärte in MPa bei F_m in N			
	49	132	358	961
0,15	23,84	64,17	174,04	467,19
0,16	21,84	58,82	159,54	428,25
0,17	20,16	54,30	147,26	395,31
0,18	18,72	50,42	136,75	367,07
0,19	17,47	47,06	127,63	342,60
0,20	16,38	44,12	119,65	321,19
0,21	15,41	41,52	112,61	302,30
0,22	14,56	39,22	106,36	285,50
0,23	13,79	37,15	100,76	270,48
0,24	13,10	35,29	95,72	256,95
0,25	12,48	33,61	91,16	244,72
0,26	11,91	32,09	87,02	233,59
0,27	11,39	30,69	83,24	223,44
0,28	10,92	29,41	79,77	214,13
0,29	10,48	28,24	76,58	205,56
0,30	10,08	27,15	73,63	197,66
0,31	9,70	26,14	70,91	190,34
0,32	9,36	25,21	68,37	183,54
0,33	9,04	24,34	66,02	177,21
0,34	8,73	23,53	63,81	171,30

<table>
<tr><th>Prüfverfahren</th><th>Eignung</th><th>Prüfvorgang</th><th>Anwendung</th></tr>
<tr><td>Eindringverfahren
DIN EN ISO 3452-1: 2022-02
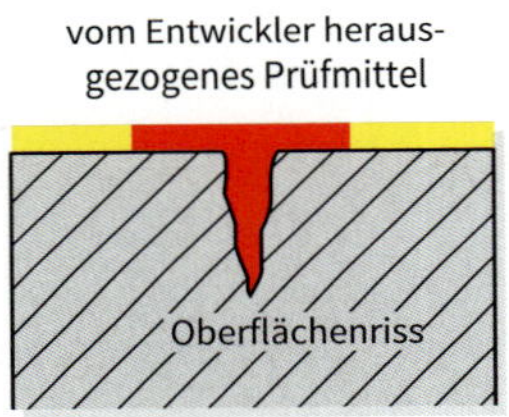
</td><td>Geeignet zum Nachweis von Fehlern, die zur Oberfläche hin offen sind</td><td>1. Vorreinigen,
2. Auftragen der Prüfflüssigkeit und Eindringen durch Kapillarwirkung,
3. Entfernen des überschüssigen Eindringmittels,
4. Auftragen eines Entwicklers, das im Riss verbliebene Prüfmittel wird herausgezogen
5. Inspektion,
6. Protokollieren,
7. Nachreinigen.</td><td>Überprüfung von Werkstoffgefüge, insbesondere der NE-Metalle und nicht magnetisierbaren Stähle auf Risse, Poren, Überlappungen und Bindefehler im Serienverfahren.

Nicht geeignet für poröse Werkstoffe, z. B. Gußstück</td></tr>
<tr><td>Magnetpulverprüfung
DIN EN ISO 9934-1: 2017-03
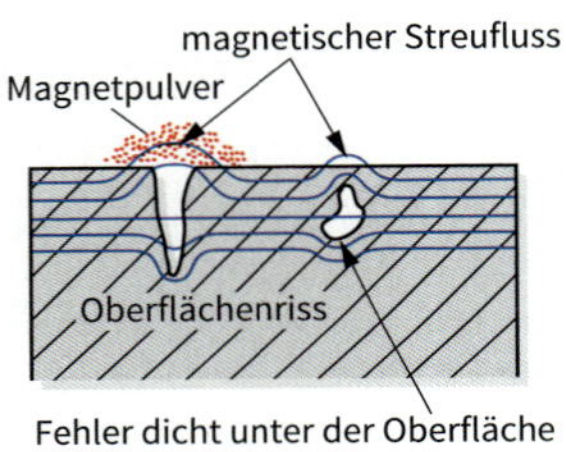
</td><td>Geeignet zum Nachweis von Oberflächenfehlern in ferromagnetischen Werkstoffen</td><td>1. Vorreinigen,
2. Magnetisieren des Werkstückes durch
– Jochmagnetisierung oder
– Spulenmagnetisierung oder
– Stromdurchflutung
3. Nachweis des im Bereich des Fehlers austretenden magnetischen Streuflusses durch Magnetpulver,
4. Protokollieren,
5. Nachreinigen.</td><td>Nachweis von Oberflächeninhomogenitäten, insbesondere von Rissen.

Nach der Prüfung ist ggf. eine Entmagnetisierung vorzunehmen.</td></tr>
<tr><td>Ultraschallprüfung
DIN EN ISO 16810: 2014-07
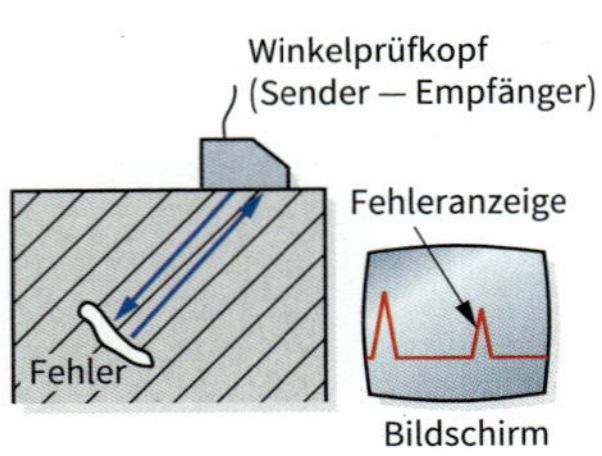
</td><td>Geeignet zum Nachweis von innenliegenden Fehlern, die überwiegend senkrecht zur Strahlungsrichtung liegen</td><td>1. Vorreinigen,
2. Einschallen des Ultraschalles mit Hilfe eines Normalprüfkopfes (senkrechte Einschallung) oder eines Winkelprüfkopfes,
3. Reflexion der Schallwellen an Grenzschichten oder Abnahme des durchlaufenden Schalles,
4. Auswertung der Schallsignale auf einem Bildschirm,
5. Protokollieren,
6. Nachreinigen.</td><td>Überprüfung von Werkstoffgefüge auf Risse, Lunker, Schlackeneinschlüsse im Innern von Werkstücken und Schweißnähten, Dopplungsprüfung, Schichtdickenmessung.</td></tr>
<tr><td>Prüfung mit Röntgen- oder Gammastrahlen
DIN EN ISO 5579: 2014-04
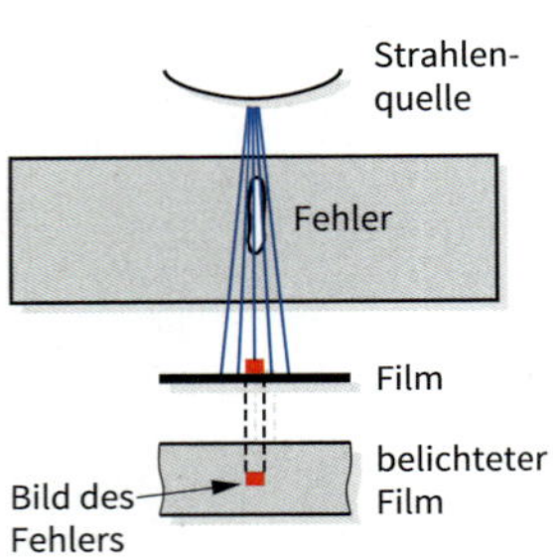
</td><td>Geeignet zum Nachweis von innenliegenden Fehlern, die überwiegend parallel zur Strahlungsrichtung liegen</td><td>1. Durchstrahlung mit Hilfe
– einer Röntgenröhre oder
– eines Radioisotopes (z. B. Co 60, Ir 192)

2. Auswertung des belichteten Filmes,

3. Protokollieren.</td><td>Überprüfung von Werkstoffgefüge auf Risse, Lunker, Schlackeneinschlüsse im Innern von Werkstücken und Schweißnähten.

Strahlenschutzbestimmungen beachten!</td></tr>
</table>

Fertigen von Baueinheiten

4

Spanende Fertigung

Fertigungsplanung

CNC-Technik

Robotik

Spanlose Fertigung

Wärmebehandlung

Qualitätssicherung

Werkzeug-Anwendungsgruppen für Zerspanwerkzeuge aus Schnellarbeitsstahl

DIN 1836: 1984-01

Allgemeine Werkzeug-Anwendungsgruppen	
WZ-Anwendungsgruppe	Anwendungsbereich
N	Werkstoffe mit normaler Festigkeit und Härte
H	Harte und zähharte Werkstoffe
W	Weiche und zähe Werkstoffe und/oder langspanende Werkstoffe und/oder kurzspanende Werkstoffe

Allgemeine Werkzeug-Anwendungsgruppen	
WZ-Anwendungsgruppe	Form des Spanteilers an der Schneide des Schruppfräsers
NF HF	Spanteiler mit flachem Profil 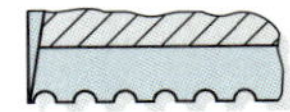
NR HR	Spanteiler mit rundem Profil 

Zu bearbeitender Werkstoff		Zugfestigkeit R_m in MPa oder Härte HB	Werkzeug-Anwendungsgruppe[1]				
			N	H	W	NF/NR	HF/HR
Automatenstahl		370 … 600	🔴		🔵	🔴	
		550 … 1000	🔴	🔵		🔴	🔵
Baustahl		… 600	🔴		🔵	🔴	
		500 … 900	🔴			🔴	
Einsatzstahl	unlegiert	… 600	🔴		🔵	🔴	
	legiert	500 … 800	🔴			🔴	
Nitrierstahl	weichgeglüht	700 … 900	🔴			🔴	
	vergütet	800 … 1250	🔴	🔵		🔴	🔴
Nichtrostender Stahl und nichtrostender Stahlguss		450 … 950	🔴			🔴	
Stahlguss		400 … 1100	🔴			🔴	
Vergütungsstahl	weich- oder normalgeglüht	500 … 750	🔴			🔴	
	unlegiert, vergütet	700 … 1000	🔴			🔴	
	legiert, vergütet	700 … 1000	🔴			🔴	
		900 … 1250	🔴	🔵		🔴	🔴
Werkzeugstahl	legiert, vergütet	900 … 1250	🔴	🔵		🔴	🔴
	unlegiert oder legiert, weichgeglüht,	180 … 240 HB	🔴			🔴	
	hochgekohlt und/oder legiert, weichgeglüht	220 … 300 HB	🔵	🔴		🔵	🔴
Gusseisen	mit Lamellengrafit	100 … 240 HB	🔴			🔴/🔴	
		230 … 320 HB	🔵	🔴		🔴/🔵	🔴
	mit Kugelgrafit	100 … 240 HB	🔴			🔴/🔵	🔵
		230 … 320 HB	🔵	🔴		🔴/–	🔴
Temperguss		100 … 270 HB	🔴			🔴/🔵	🔵
Al-Knet- und Al-Gusslegierungen (Si-Gehalt ≤10 %)		… 180	🔵		🔴		
Al-Gusslegierungen (Si-Gehalt >10 %)		150 … 250	🔴		🔵	🔵/–	
Kupfer		200 … 400	🔵		🔴		
Kupferlegierungen	hoher Cu-Gehalt, geringe Festigkeit	200 … 550	🔵		🔴		
	geringer oder hoher Cu-Gehalt und hohe Festigkeit	250 … 850	🔴		🔵	–/🔵	
	mit spanbrechenden Zusätzen (Pb, P, Te)	250 … 500	🔵	🔴			
Mg-Knet- und Mg-Gusslegierungen		150 … 300	🔴		🔵		
Titanlegierungen	mittlere Festigkeit	… 700	🔴		🔵	🔴/🔴	
	hohe Festigkeit	600 … 1100	🔵	🔴		🔵/–	🔴

1) 🔴 = Regelfall, 🔵 = Sonderfall

Bezeichnung harter Schneidstoffe

DIN ISO 513: 2014-05

Kurzzeichen	Schneidstoffgruppe
HW	Unbeschichtetes Hartmetall, Hauptbestandteil Wolframcarbid (WC) mit Korngröße ≥ 1 µm
HF	Unbeschichtetes Hartmetall, Hauptbestandteil Wolframcarbid (WC) mit Korngröße < 1 µm
HT	Unbeschichtetes Hartmetall, Hauptbestandteil Titancarbid (TiC) oder Titannitrit (TiN) oder beides (cermets)
HC	Hartmetalle, beschichtet
BL	Kubisch-kristallines Bornitrid mit niedrigem Bornitritgehalt
BH	Kubisch-kristallines Bornitrid mit hohem Bornitritgehalt
BC	Kubisch-kristallines Bornitrid, beschichtet

Kurzzeichen	Schneidstoffgruppe
CA	Schneidkeramik, Hauptbestandteil Aluminiumoxid (Al_2O_3)
CM	Mischkeramik, Hauptbestandteil Aluminiumoxid (Al_2O_3), zusammen mit anderen Bestandteilen als Oxiden
CN	Siliziumnitridkeramik, Hauptbestandteil Siliziumnitrit (Si_3N_4)
CR	Schneidkeramik, Hauptbestandteil Aluminiumoxid (Al_2O_3), verstärkt
CC	Schneidkeramik wie oben, jedoch beschichtet
DP	Polykristalliner Diamant
DM	Monokristalliner Diamant

Bezeichnungsbeispiele: **HW-P10, HC-K20, CA-K10**

i **Cermets:** Verbundwerkstoff aus Kermaik (**cer**amic) in einem metallischen Bindemittel (**met**al)

Klassifizierung harter Schneidstoffe

Hauptanwendungsgruppen	Anwendungsgruppen		Werkstoff
P Kennfarbe blau	P01 P10 P20 P30 P40 P50	P05 P15 P25 P35 P45	Stahl und Stahlguss, ausgenommen nichtrostender Stahl mit austenitischem Gefüge
M Kennfarbe gelb	M01 M10 M20 M30 M40	M05 M15 M25 M35	Nichtrostender austenitischer und austenitisch-ferritischer Stahl und Stahlguss
K Kennfarbe rot	K01 K10 K20 K30 K40	K05 K15 K25 K35	Gusseisen mit Lamellengraphit, Gusseisen mit Kugelgraphit, Temperguss
N Kennfarbe grün	N01 N10 N20 N30	N05 N15 N25	Aluminium und andere Nichteisenmetalle, Nichtmetallwerkstoffe
S Kennfarbe braun	S01 S10 S20 S30	S05 S15 S25	Hochwarmfeste Speziallegierungen auf der Basis von Eisen, Nickel und Kobalt. Titan und Titanlegierungen
H Kennfarbe grau	H01 H10 H20 H30	H05 H15 H25	Gehärteter Stahl, gehärtete Gusseisenwerkstoffe, Gusseisen für Kokillenguss

↑ zunehmende Schnittgeschwindigkeit v_c
zunehmende Verschleißfestigkeit

↓ zunehmender Vorschub f
zunehmende Zähigkeit

Geometrische Stufung der Umdrehungsfrequenzen, logarithmische Achsenteilung

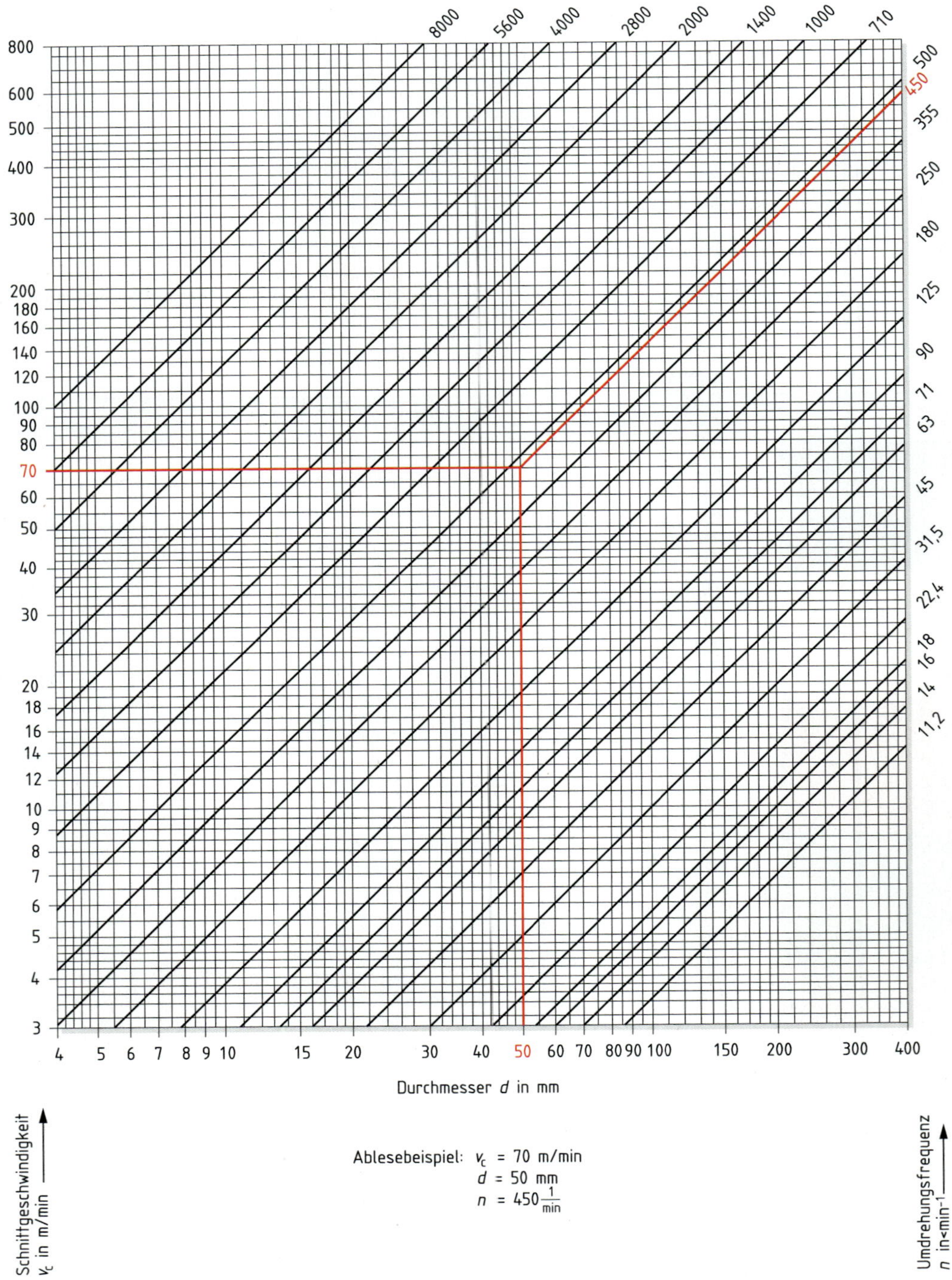

Ablesebeispiel: v_c = 70 m/min
d = 50 mm
n = $450 \frac{1}{\text{min}}$

Umdrehungsfrequenzen für Werkzeugmaschinen

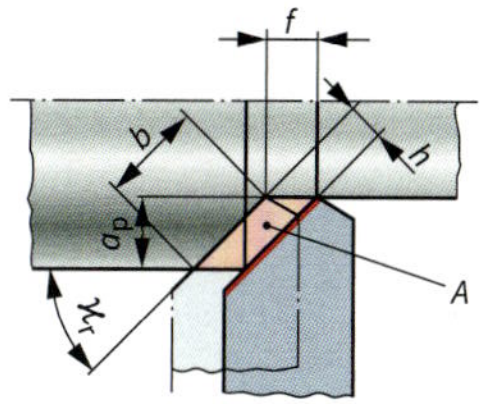

Die spezifische Schnittkraft k_c ist die Kraft, die benötigt wird, um einen Span mit dem Spanungsquerschnitt von $A = 1\ mm^2$ vom Werkstück zu trennen.

f = Vorschub in mm
a_p = Schnitttiefe in mm
h = Spanungsdicke in mm
b = Spanungsbreite in mm
$\varkappa_r$ = Einstellwinkel in °
A = Spanungsquerschnitt in mm^2
m_c = Werkstoffkonstante
$k_{c1.1}$ = Hauptwert der spez. Schnittkraft in MPa bei $b = 1$ mm, $h = 1$ mm, $\varkappa = 90°$

$$k_c = \frac{k_{c1.1}}{h^{m_c}}$$

Da sich die spezifische Schnittkraft k_c mit der Schnittgeschwindigkeit ändert, ist bei Berechnung der Schnittkraft F_c mit einen Korrekturfaktor K zu rechnen.

Schnittgeschwindigkeit v_c in m/min	Korrekturfaktor K
> 10 … 30	1,25
> 30 … 80	1,1
> 80	1,0

$$F_c = A \cdot k_c \cdot K$$

Bei verschlissener Werkzeugschneide erhöht sich die Schnittkraft F_c um den Faktor 1,3 … 1,5.

Werkstoff	m_c	Spezifische Schnittkraft k_c in MPa Spanungsdicke h in mm													Hauptwert der spez. Schnittkraft k_c 1.1 ↓				
		0,05	0,063	0,08	0,1	0,125	0,16	0,20	0,25	0,315	0,4	0,5	0,63	0,8	1,0	1,25	1,6	2,0	2,5
S 235 JR	0,17	2960	2850	2730	2630	2540	2430	2340	2250	2170	2080	2000	1930	1850	1780	1710	1640	1580	1520
E 295	0,26	4340	4080	3840	3620	3430	3210	3020	2850	2690	2530	2380	2250	2110	1990	1880	1760	1660	1570
E 335	0,17	3510	3380	3240	3120	3000	2880	2770	2670	2570	2470	2370	2280	2190	2110	2030	1950	1880	1810
E 360	0,30	5550	5180	4820	4510	4220	3920	3660	3430	3200	2980	2780	2600	2420	2260	2120	1960	1840	1720
C 45 E	0,14	3380	3270	3160	3060	2970	2870	2780	2700	2610	2520	2450	2370	2290	2220	2150	2080	2020	1950
C 60 E	0,18	3650	3500	3360	3220	3100	2960	2850	2730	2620	2510	2410	2310	2220	2130	2050	1960	1800	1810
16 Mn Cr 5	0,26	4580	4310	4050	3820	3610	3380	3190	3010	2840	2660	2510	2370	2230	2100	1980	1860	1750	1660
18 Cr Ni 6	0,30	5550	5180	4820	4510	4220	3920	3660	3430	3200	2980	2780	2600	2420	2260	2120	1940	1840	1720
20 Mn Cr5	0,25	4530	4270	4020	3810	3600	3380	3200	3030	2860	2690	2550	2400	2260	2140	2020	1900	1800	1700
55 Ni Cr Mo V 6 N	0,24	3570	3380	3190	3020	2870	2700	2560	2430	2300	2170	2050	1940	1840	1740	1650	1560	1470	1400
34 Cr Mo 4	0,21	4200	4000	3810	3630	3470	3290	3140	3000	2850	2720	2590	2470	2350	2240	2140	2030	1940	1850
42 Cr Mo 4	0,26	5450	5130	4820	4550	4290	4030	3800	3580	3380	3170	2990	2820	2650	2500	2360	2210	2090	1970
50 Cr V 4	0,26	4840	4560	4280	4040	3810	3580	3370	3180	3000	2820	2660	2500	2350	2220	2100	1970	1850	1750
Nichtrostende Stähle	0,18	4370	4190	4020	3860	3710	3550	3410	3270	3140	3010	2890	2770	2650	2550	2450	2340	2250	2160
EN-GJL-150	0,21	1780	1700	1610	1540	1470	1400	1330	1270	1210	1150	1100	1050	1000	950	910	860	820	780
EN-GJL-200	0,25	2160	2040	1920	1810	1720	1610	1530	1440	1360	1280	1210	1150	1080	1020	960	910	860	810
EN-GJL-250	0,26	2530	2380	2240	2110	1990	1870	1760	1660	1570	1470	1390	1310	1230	1160	110	1030	970	910
EN-GJS-400	0,25	2138	2010	1896	1794	1703	1595	1500	1421	1341	1272	1196	1129	1069	1005	948	897	845	798
EN-GJS-600	0,48	4423	3958	3529	3171	2849	2530	2273	2043	1828	1630	1464	1311	1169	1050	943	838	753	676
EN-GJS-800	0,44	4230	3821	3439	3118	2826	2535	2298	2083	1882	1694	1536	1387	1249	1132	1026	920	834	756
Al-Sn-Legierungen	0,17	2960	2850	2730	2630	2540	2430	2430	2250	2170	2080	2000	1930	1850	1780	1710	1640	1580	1520
Al-Zn-Legierungen	0,18	1340	1280	1230	1180	1130	1090	1040	1000	960	920	820	850	810	780	750	720	690	660
Mg-Legierungen	0,19	490	470	450	430	420	400	380	360	350	330	320	310	290	280	270	260	250	240

Die Werte wurden im Drehversuch ermittelt und gelten u. a. für folgende Bedingungen: HM-Werkzeug (ohne Verschleiß), $v_c = 100 \ldots 120$ m/min, $\alpha_0 = 5°$, $\gamma_0 = 6°$ für langspanende Werkstoffe, $\gamma_0 = 2°$ für kurzspanende Werkstoffe, $\varkappa_r = 60°$.

Schmierstoffe – Bearbeitungsmedien für die Zerspanung

DIN 51385: 2013-12

Benennung	Kennbuchstaben	Erklärung	Wirkung	Anwendung
nichtwassermischbarer Kühlschmierstoff	SCN	Kühlschmierstoff, der nicht mit Wasser gemischt wird	zunehmende Schmierung zunehmende Kühlung	Spanen schwer zerspanbarer Werkstoffe mit niedriger Schnittgeschwindigkeit, hohe Oberflächengüte, Korrosionsschutz
emulgierbarer Kühlschmierstoff	SCEM	wassermischbarer Kühlschmierstoff, der bei Mischung eine Öl-in-Wasser-Emulsion bildet		Spanen mit hoher Schnittgeschwindigkeit beim Spanen leicht bearbeitbarer Werkstoffe bei hohen Arbeitstemperaturen, gute Kühlwirkung, geringe Schmierwirkung
Kühlschmierstoff-Emulsion	SCEMW	mit Wasser gemischter emulgierbarer Kühlschmierstoff, gebrauchsfertig		
wasserlöslicher Kühlschmierstoff	SCES	wassermischbarer Kühlschmierstoff, der bei Mischung mit Wasser eine echte Lösung ergibt		Spanen mit hoher Schnittgeschwindigkeit, gute Kühlwirkung, geringe Schmierwirkung
Kühlschmierstoff-Lösung	SCESW	mit Wasser gemischter wasserlöslicher Kühlschmierstoff, gebrauchsfertig		

Hinweise für die Anwendung von Kühlschmierstoffen

Kühlschmierstoff	Zusammensetzung	
SCN nichtwassermischbarer Kühlschmierstoff	N	Kühlschmierstoff, der nicht mit Wasser gemischt ist
	N1	mit Fettstoffzusätzen
	N2	mit wild wirkenden EP-Zusätzen
	N3	mit Fettstoff- und mild wirkenden EP-Zusätzen
	N4	mit aktiv wirkenden EP-Zusätzen
	N5	mit Fettstoff- und aktiv wirkenden EP-Zusätzen

Kühlschmierstoff	Zusammensetzung	
SCE wassermischbarer Kühlschmierstoff	E	Kühlschmierstoff, der mit Wasser gemischt wird, Öl-in-Wasser
	E1	1…2 % Öl
	E2	2…5 % Öl
	E5	5…10 % Öl
	E10	10 % Öl

EP: Extreme Pressure (hochdruckfest)
Zusätze aus Cl-, P-, S- und N-Verbindungen zur Erhöhung der Druckfestigkeit des Kühlschmierstoffes

Fertigungsverfahren		Werkstoff Stahl normal spanbar	Stahl schwer spanbar	Gusseisen Temperguss	Kupfer und Kupferlegierungen	Leichtmetalle[1]
Sägen		E2	E2 E10-EP	trocken E2	N1…N3 E2	N1…N3 E2
Bohren		E2	E10-EP N4, N5	trocken E2	N1…N3 E2	N1…N3 E2
Tiefbohren		N3	N5	N3	N3	N3
Reiben		N2, N3 E10	N3…N5	trocken N1	N1…N3	N1…N3
Drehen	Schruppen	E2	E10 N4, N5	trocken	trocken N1	E2 N1…N3
	Schlichten	E2 N3	E10 N4, N5	trocken E2	trocken N1, N2	trocken N1…N3
Automatendrehen		N1…N3	N4, N5	N1…N3	N1…N3	N1…N3
Fräsen		E2 N2, N3	N4, N5 E10-EP	trocken E2	N1…N3 E2	N1…N3 E2
Räumen		N2, N3 E10	N4, N5	E2	N1…N3	N1…N3
Schleifen		E1	E1	E1	E1	E1
Honen, Läppen		N2, N3	N4, N5	N2	–	–
Gewindeschneiden		N3	N5	N3 N5	N3	N3
Gewindefräsen		N2, N3	N4, N5	N2	N1…N3	N1…N3
Zahnradstoßen, Zahnradfräsen		N3	N5	E5 N2	N2, N3	N2, N3

[1] Mg oder Mg-Legierungen nut trocken spanen oder nur mit Öl verwenden

Man unterscheidet:

Überflutungsschmierung: Die Bearbeitungsstelle wird drucklos großflächig mit Kühlschmierstoffen KSS überspült.

Minimalmengenschmierung MMS: Es werden zur Zerspanung nur ca. 5 ml bis 50 ml Schmierstoff pro Prozessstunde eingesetzt.

Zufuhr des Schmierstoffes bei der Minimalmengenschmierung MMS

Äußere Zufuhr	Vorteile	Nachteile
Ausrüsten der MZ-maschinen mit Sprühdosen am Spindelkopf	■ Einfache Nachrüstung mit geringem Aufwand ■ Geringe Investitionskosten ■ Keine speziellen Werkzeuge erforderlich ■ Schnelles Ansprechverhalten	■ Begrenzte Einstellmöglichkeit der Düsen durch unterschiedliche WZ-längen und WZ-durchmesser ■ Mögliche Sichtbehinderung durch den Sprühstrahl beim Zerspanen ■ Mögliche Streuverluste des Sprühstrahles
Besonders geeignet bei einfachen Standardprozessen, z. B. Sägen, Bohren, Fräsen und Drehen. Manuelle Einstellung des Schmiersystems.		
Innere Zufuhr	**Vorteile**	**Nachteile**
Zufuhr durch die Maschinenspindel und das Werkzeug	■ Optimale Schmierung der Eingriffsstelle für jedes Werkzeug auch bei schwer zugänglichen Bearbeitungsstellen ■ Keine Streu- oder Sprühverluste ■ Schmierstoffmenge für jedes Werkzeug optimierbar	■ Spezielle Werkzeuge erforderlich ■ Höhere Investitionskosten ■ Eignung der Maschine ist Voraussetzung
Der Schmierstoff steht während des gesamten Bearbeitungsvorganges an den kritischen Stellen kontinuierlich zur Verfügung. Dadurch lassen sich sehr große Bohrungstiefen und sehr hohe Schnittgeschwindigkeiten realisieren. Systeme lassen sich direkt über die Werkzeugmaschinensteuerung steuern		

Einsatzbereiche der Minimalmengenschmierung MMS und Trockenbearbeitung

Fertigungsverfahren	Werkstoff					
	Stahl		Gusseisen	Kupfer und Kupferlegierung	Aluminium	
	Automatenstahl Vergütungsstahl	Hochleg. Stahl Wälzlagerstahl			Guss-legierungen	Knet-legierungen
Sägen	MMS	MMS	MMS	trocken	MMS 1)	MMS 1)
Bohren	trocken/MMS 1)	MMS 2)	trocken 1)	trocken/MMS	MMS 2)	MMS
Tieflochbohren	MMS 2)	–	MMS 1)	MMS	MMS 2)	MMS
Reiben	MMS 3)	MMS	MMS 2)	–	MMS 2), 3)	MMS
Drehen	trocken/MMS 1)	trocken/MMS 1)	trocken 1)	trocken/MMS	trocken/MMS	trocken/MMS 1)
Fräsen	trocken/MMS 1)	trocken/MMS 2)	trocken 1)	trocken/MMS	MMS 1)	MMS
Gewindeschneiden	MMS 1)	MMS 1)	MMS 1)	MMS	MMS 1)	MMS

Werkzeugbeschichtung: 1) TiN: Titan-Nitrid-Beschichtung, 2) TiAlN: Titan-Aluminium-Beschichtung, 3) PKD: Polykristaline Diamant-Leiste

Kühlschmierstoffbedarf bei der Minmalmengenschmierung MMS

Zerspanungsverfahren							
Geometrisch bestimmte Schneide					Geometrisch unbestimmte Schneide		
Sägen	Fräsen	Drehen	Bohren	Reiben	Schleifen	Honen	Läppen

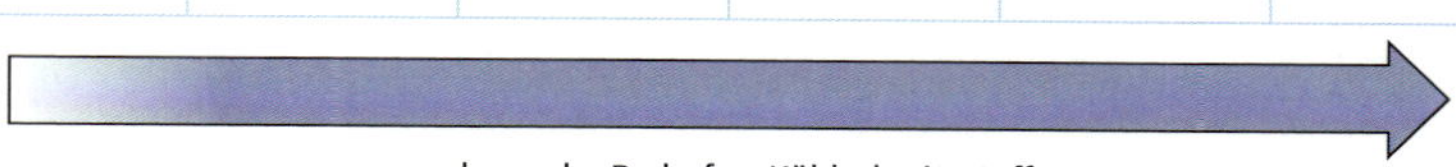

zunehmender Bedarf an Kühlschmierstoffen

Ermittlung der einzustellenden Arbeitswerte

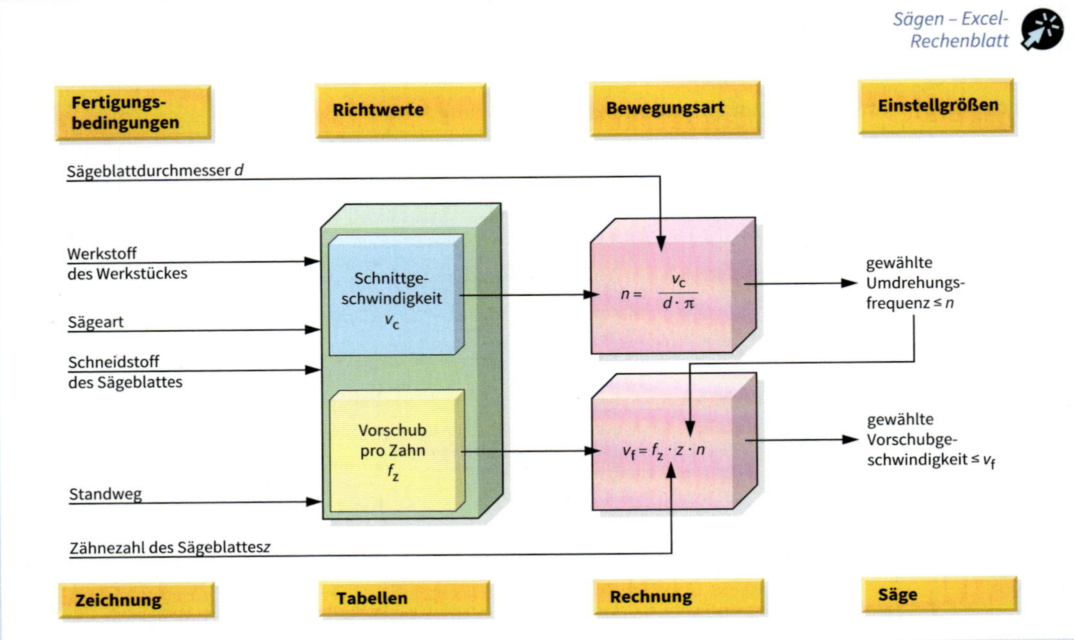

Richtwerte für das Sägen

Werkstoff	R_m in N/mm²	Sägebänder HSS Ø 100…300 v_c in m/min	Sägebänder HSS Ø 400…800 v_c in m/min	Kreissägeblätter HSS v_c in m/min	Kreissägeblätter HSS f_z in mm	Kreissägeblätter HM v_c in m/min	Kreissägeblätter HM f_z in mm
Allg. Baustähle	< 500	85… 95	60… 75	25…50	abhängig vom Material des Sägeblattes und den maschinellen Bedingungen	150… 250	0,01 …0,03
	500…850	65… 70	48… 50	15…30		100… 180	0,005…0,025
Automatenstähle	< 850	85… 95	60… 75	15…30		100… 180	0,005…0,025
unlegierte Vergütungsstähle	< 700	65… 70	48… 50	15…30		100… 180	0,005…0,025
	700…850	65… 70	48… 50				
legierte Vergütungsstähle	850…1000	55… 60	40… 50	10…20		60… 120	0,005…0,015
	1000…1200	36… 40	25… 32	10…15		20… 60	0,002…0,010
unlegierte Einsatzstähle	< 750	85… 95	60… 75	15…30		100… 180	0,005…0,025
legierte Einsatzstähle	<1000	55… 60	40… 50	10…20		60… 120	0,005…0,015
Wergzeugstähle	< 850	50… 55	35… 45	15…30		100… 180	0,005…0,025
	850…1100	50… 55	35… 45	10…20		60… 120	0,005…0,015
	1100…1400	25… 30	20… 24	7…15		20… 60	0,002…0,010
verschleißfeste Konstruktionsstähle	1350	30… 35	22… 28	5…10		20… 60	0,002…0,010
nichtrostende Stähle	< 700	30… 35	22… 28	7…15		60… 160	0,005…0,015
	< 850	20… 25	15… 20				
Aluminiumlegierung	< 350	2100…2500	1300…2000	800…1500		400…2000	0,01 …0,04
CuZn-Legierungen	< 600	120	120	400…1000		200… 600	0,01 …0,04
CuSn-Legierungen	650…850	85… 95	60… 75	120… 200		150… 300	0,02 …0,06
Thermoplaste	–	50… 400	50… 400	1500…2400		3000…4500	0,03 …0,05

Sägeblätter für Handsägen

DIN 6494:1999-10

Schneidstoff: HSS

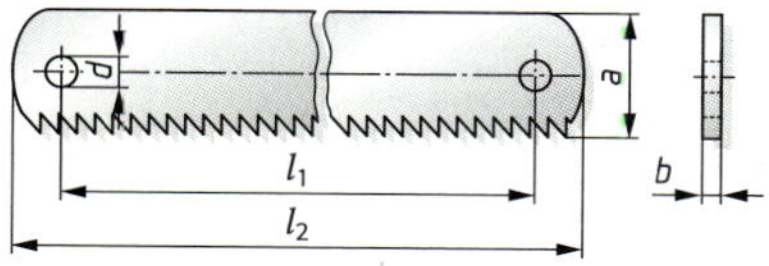

Steigung P = 25 mm / Anzahl Zähne

Bezeichnung:

Sägeblatt DIN 6494 – 300 x 12,5 x 0,63 x 0,8

- Sägeblatt für Handsägen
- Länge l_1 = 300 mm
- Breite a = 12,5 mm
- Dicke b = 0,63 mm
- Steigung P = 0,8 mm

Sägeblätter für Bügelsägemaschinen

DIN 6495:1999-10

Schneidstoff: HSS

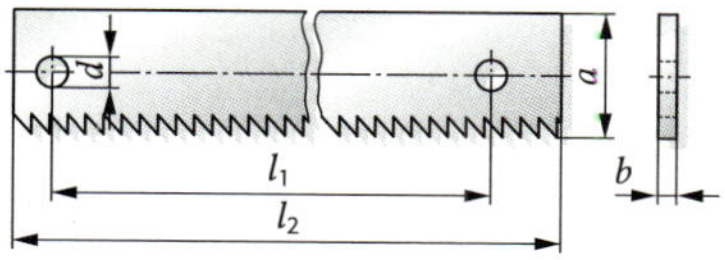

Steigung P = 25 mm / Anzahl Zähne

Bezeichnung:

Sägeblatt DIN 6495 – 400 x 30 x 1,5 x 2,5

- Sägeblatt für Handsägen
- Länge l_1 = 400 mm
- Breite a = 30 mm
- Dicke b = 1,5 mm
- Steigung P = 2,5 mm

WZ-Aus-wahl

Metallkreissägeblätter

DIN 1837: 1970-08; DIN 1838: 1979-08

Schneidstoff: HSS, HSS-E-TiN beschichtet, HM

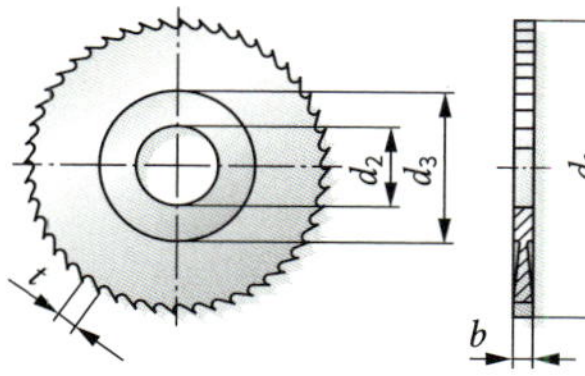

Bezeichnung:

Kreissägeblatt DIN 1837 – 100 x 2 AN – HSS

- Kreissägeblatt, feingezahnt
- Durchmesser d_1 = 100 mm
- Dicke b = 100 mm
- Zahnform A, Werkzeug-Anwendungsgruppe N
- Schneidstoff: Schnellarbeitsstahl

WZ-Aus-wahl

Metallkreissägeblätter – Zahnformen

DIN 1840: 1970-08

Benennung	Kurz-zeichen	Spanwinkel γ für Werkzeugtyp			Anwendung
		N	H	W	
Winkelzahn 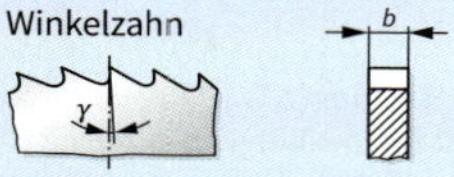	A				Kreissägeblatt feinverzahnt
Winkelzahn mit wechselseitiger Abkantung 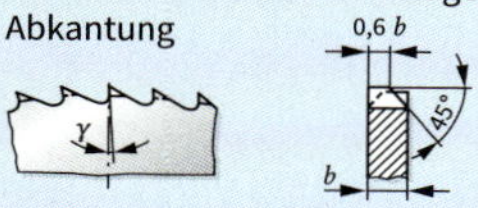	Aw	5° ± 2°	0° ± 2°	10° ± 2°	Kreissägeblatt feinverzahnt Sonderausführung
Bogenzahn 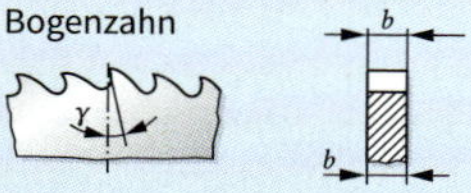	B				Kreissägeblatt feinverzahnt bei t ≥ 3 ,15 mm Kreissägeblatt grobverzahnt
Bogenzahn mit wechselseitiger Abkantung 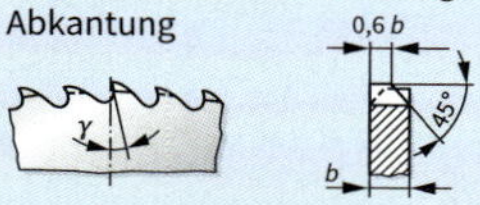	Bw	15° ± 2°	8° ± 2°	25° ± 2°	Kreissägeblatt feinverzahnt bei t ≥ 3 ,15 mm und b ≥ 2 mm Kreissägeblatt grobverzahnt bei b ≥ 2 mm
Bogenzahn mit Vor- und Nachschneider 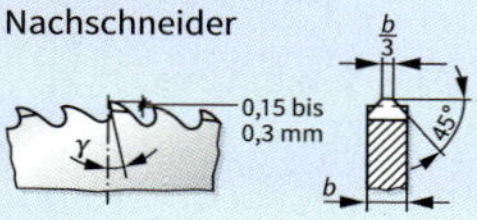	C (HZ)				Kreissägeblatt feinverzahnt bei t ≥ 3,15 mm und b ≥ 2 mm Kreissägeblatt grobverzahnt bei b ≥ 2 mm

Begriffe

DIN 6581: 1985-10; DIN 6584: 1982-10

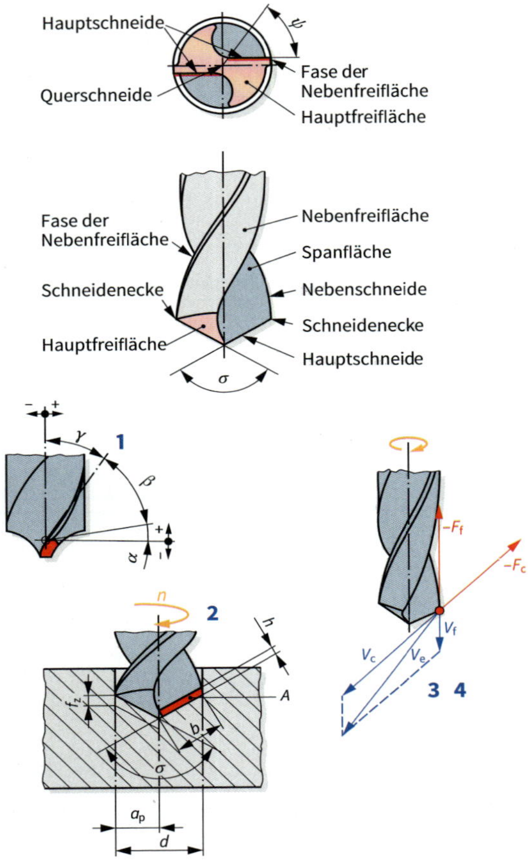

1 Winkel am Schneidkeil

α : Seitenfreiwinkel
β : Seitenkeilwinkel
γ : Seitenspanwinkel (Drallwinkel)
σ : Spitzenwinkel
ψ : Querschneidenwinkel $\psi = 49° \dots 55°$)

2 Spanungsgrößen

b : Spanungsbreite
h : Spanungsdicke
A : Spanungsquerschnitt

Einstellgrößen

f : Vorschub
f_z : Vorschub/Schneide
a_p : Schnitttiefe
n : Umdrehungsfrequenz in 1/min

$$A = b \cdot h = a_p \cdot f_z$$

$$A = \frac{d \cdot f}{4}$$

$$b = \frac{a_p}{\sin\frac{\sigma}{2}}$$

$$h = f_z \cdot \sin\frac{\sigma}{2} = \frac{f}{2} \cdot \sin\frac{\sigma}{2}$$

3 Geschwindigkeiten

v_c : Schnittgeschwindigkeit in m/min
v_f : Vorschubgeschwindigkeit in mm/min
v_e : Wirkgeschwindigkeit

$$v_c = d \cdot \pi \cdot n$$

$$v_f = f \cdot n$$

4 Kräfte am Schneidkeil

F_c : Schnittkraft je Schneide
F_f : Vorschubkraft

$$F_c = A \cdot k_c \cdot K$$

$$k_c = \frac{k_{c1.1}}{h^{m_c}}$$

k_c : spez. Schnittkraft in MPa
$k_{c1.1}$: Hauptwert der spez. Schnittkraft in MPa bei $b = 1$ mm, $h = 1$ mm, $\varkappa = 90°$
m_c: Werkstoffkonstante
K : Korrekturfaktor für Schnittgeschwindigkeit

Schnittleistung

$$P_c = F_c \cdot v_c$$

P_c : Schnittleistung in W
v_c : Schnittgeschwindigkeit in m/s

Zeitspanungsvolumen

Q : Zeitspanungsvolumen in cm^3/min

$$Q = A \cdot v_c$$

Beispiel:

Werkstoff 42CrMo4, $d = 20$ mm, $f = 22$ mm, $A = ?$

$A = a_p \cdot f \qquad a_p = \frac{d}{2} = \frac{20\text{ mm}}{2} = 10\text{ mm}$

$A = 10\text{ mm} \cdot 22\text{ mm} = 220\text{ mm}^2$

Auswahl der Bohrertypen

Werkstoff		WZ-Anwendungsgruppe DIN 1836	Seitenspanwinkel γ in °	Spitzenwinkel σ in °
Werkstoffe mit mittlerer Härte und Festigkeit	unlegierter und niedriglegierter Stahl, Gusseisen	N	19 … 40	118
	Kupferlegierungen hoher Festigkeit, Al-Legierungen (> 10 % Si)			130
harte und zähharte oder kurzspanende Werkstoffe	hochlegierter Werkzeugstahl	H	10 … 19	118
	Hartguss			130
	Thermoplaste			80
weiche, zähe oder langspanende Werkstoffe	Kupfer und Kupferlegierungen geringer Festigkeit, Aluminium, Al-Legierungen (< 10 % Si)	W	27 … 45	130

Ermittlung der einzustellenden Arbeitswerte

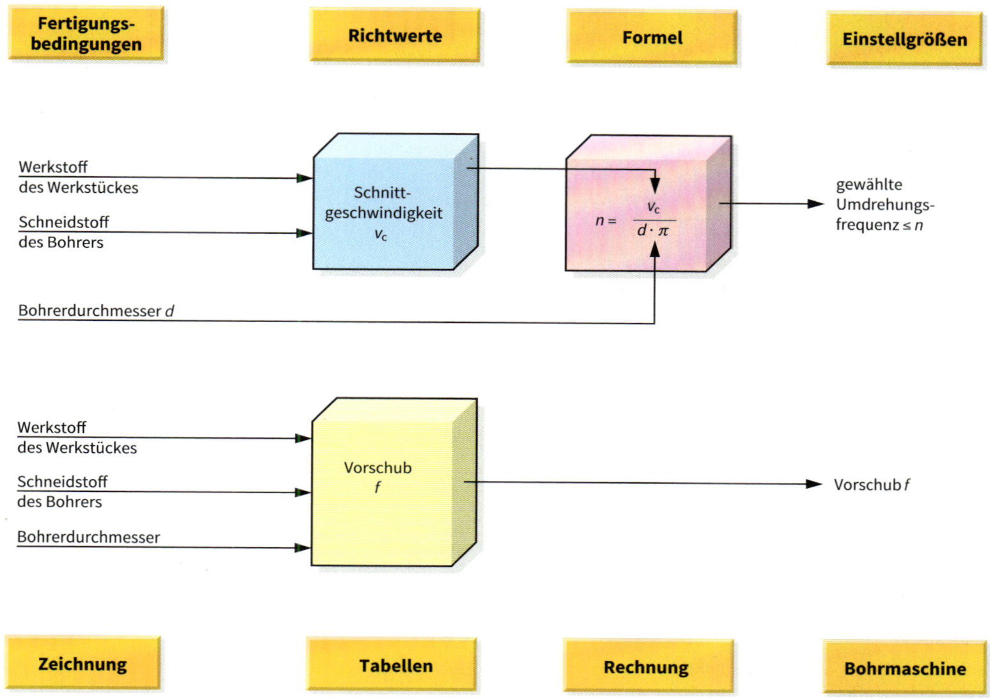

Bohren – Excel-Rechenblatt

Richtwerte für das Gewindebohren mit Maschinen-Gewindebohrern

Werkstoff		R_m in MPa	v_c in m/min	Kühlschmierstoff
Stahl		≤ 500	10…20	Schneidöl, Emulsion
		≤ 700	10…15	Schneidöl, Emulsion
		≤ 900	5…10	Schneidöl, Emulsion
Vergütete Stähle		≤ 1100	4…6	Schneidöl
Werkzeugstähle		≥ 1100	2…5	Schneidöl
Nichtrostende Stähle		≤ 1100	5…10	Schneidöl
Gusseisen GJS		> 180 HB	6…20	Schneidöl, Emulsion
GJM			10…15	Schneidöl, Emulsion
Aluminiumlegierungen	kurzspanig	< 350	20…30	Schneidöl
	langspanig		10…15	Schneidöl
Titanlegierungen		< 850	2…6	Schneidöl
Kupfer		< 400	10…15	Schneidöl, Emulsion
CuZn-Legierungen	kurzspanig	< 600	20…30	Schneidöl, Emulsion
	langspanig		10…15	Schneidöl, Emulsion
CuSn-Legierungen		< 600	6…10	Schneidöl, Emulsion
Thermoplaste		–	5…15	Trennmittel
Duroplaste		–	5…15	trocken

Emulsion: Bohröl in Wasser 1:10…1:15

Richtwerte für das Bohren mit Spiralbohrer aus HSS

Werkstoff		R_m in MPa oder HBW/HRC	v_c in m/min [1]	Bohrer – Durchmesser d in mm: 2	5	8	12	16	25	40	KSS [2]
				f in mm							
Allgemeiner Baustahl		< 500	30 … 50	0,05	0,12	0,20	0,25	0,30	0,40	0,40	E
		500 … 850	25 … 35								
Automatenstahl		< 850	25 … 35	0,05	0,12	0,20	0,25	0,30	0,35	0,40	E
		850 … 1000	20 … 30	0,03	0,07	0,10	0,16	0,20	0,25	0,32	
Einsatzstahl	unleg.	< 750	25 … 35	0,03	0,07	0,10	0,16	0,20	0,25	0,32	E/S
	leg.	800 … 1000	15 … 20	0,02	0,05	0,08	0,12	0,14	0,18	0,23	S
		> 1000 … 1200	8 … 12								
Nitrierstahl		850 … 1000	10 … 15	0,02	0,05	0,08	0,12	0,14	0,18	0,23	
		> 1000 … 1200	8 … 12								
Vergütungsstahl	unleg.	< 700	25 … 35	0,03	0,07	0,10	0,16	0,20	0,25	0,32	E/S
		700 … 850	20 … 30								
		> 850 … 1000	25 … 35	0,02	0,06	0,09	0,14	0,18	0,22	0,30	
	leg.	850 … 1000	15 … 20	0,02	0,05	0,08	0,12	0,14	0,18	0,23	E/S
		> 1000 … 1200	8 … 12								
Werkzeugstahl		< 850	10 … 15	0,02	0,05	0,08	0,12	0,14	0,18	0,23	E/S
		850 … 1400	6 … 12								
Schnellarbeitsstahl		830 … 1200	6 … 10	0,02	0,05	0,08	0,12	0,14	0,18	0,23	E/S
Nichtrostender Stahl		< 700	10 … 20								E
		700 … 1100	6 … 15	0,02	0,05	0,08	0,12	0,14	0,18	0,24	
Gehärtete Stähle		45 … 55 HRC	7 … 9	0,02	0,05						t
		> 55 … 60 HRC	4 … 6	–	–						
Federstähle		< 1200	5 … 10	0,02	0,05	0,08	0,12	0,14	0,18	0,23	E/S
Verschleißfeste Konstrunktionsstähle		1350	8 … 10	0,02	0,05	0,08	0,12	0,15	0,30	0,40	E
		> 1350 … 1800	4 … 6	–	–	0,06	0,10	0,13	0,22	0,30	
Gusseisen	GJL	< 180 HBW	20 … 30	0,05	0,12	0,20	0,25	0,30	0,40	0,40	t/M
		> 180 HBW		0,04	0,10	0,16	0,20	0,25	0,32	0,32	
	GJS, GJM	> 180 HBW	25 … 35	0,05	0,12	0,20	0,25	0,30	0,40	0,40	E/M
		180 … 260 HBW	18 … 22	0,04	0,10	0,16	0,20	0,25	0,32	0,32	
Magnesiumlegierungen		150 … 300	100 … 120	0,12	0,18	0,28	0,36	0,36	0,45	0,56	T
Aluminiumlegierungen	langsp.	< 350	40 … 100	0,05	0,14	0,18	0,22	0,30	0,40	0,45	E
	kurzsp.		30 … 60								
	Al-Guss <10 % Si		30 … 50	0,03	0,08	0,14	0,20	0,25	0,30	0,40	
Titanlegierung		< 850	3 … 8	0,02	0,05	0,08	0,12	0,14	0,18	0,23	S
		850 … 1200	3 … 6								
Cu, niedrig legiert		< 400	35 … 65	0,05	0,14	0,18	0,22	0,30	0,40	0,45	E/S/M
CuZn-Legierungen	kurzsp.	< 600	60 … 100	0,08	0,18	0,25	0,30	0,35	0,40	0,50	
	langsp.		35 … 60	0,05	0,15	0,22	0,25	0,35	0,40	0,50	
CuSn-Legierungen	kurzsp.	< 600	25 … 50	0,05	0,08	0,14	0,20	0,25	0,30	0,40	
		650 … 850									
	langsp.	< 850	15 … 35								
		850 … 1200									
Thermoplast		–	20 … 40	0,05	0,08	0,14	0,20	0,25	0,30	0,40	t
Duroplast		–	10 … 20								t

Bei beschichteten Bohrern kann die Schnittgeschwindigkeit v_c um 20 % … 30 % erhöht werden.

[1] Bei normalen Zerspanungsbedingungen wird ein Zwischenwert gewählt, bei nicht eindeutigen Bedingungen wird mit dem kleinsten Arbeitswert begonnen.

[2] KSS: Kühlschmierstoff E: Emulsion, S: Schneidöl (nichtwassermischbarer KSS), M: MMS (Minimalmengenschmierung), t: trocken

Richtwerte für das Reiben mit Maschinenreibahlen aus Schnellarbeitsstahl

Werkstoff	R_m in N/mm²	v_c in m/min	*f* in mm für Reibahlendurchmesser *d* in mm				
			5	12	16	25	40
unlegierter Stahl	… 700	8 … 10	0,10	0,20	0,25	0,35	0,40
	700 … 900	6 … 8	0,10	0,20	0,25	0,35	0,40
legierter Stahl	> 900	4 … 6	0,08	0,15	0,20	0,25	0,35
Gusseisen	≤ 250	8 … 10	0,15	0,25	0,30	0,40	0,50
	≥ 250	4 … 6	0,10	0,20	0,25	0,35	0,40
Cu-Legierungen	–	15 … 20	0,15	0,25	0,30	0,40	0,50
Al-Legierungen	–	… 40	0,10	0,30	0,40	0,60	1,00

Reibuntermaße

Werkstoff	Untermaße in mm für Reibahlendurchmesser *d* in mm			
	≤ 10	11 … 20	21 … 30	31 … 50
Stahl, Stahlguss, Gusseisen	0,10	0,15	0,30	0,40
	0,15	0,25	0,30	0,35
Cu-, Al-Legierungen	0,20	0,35	0,50	0,70
	0,20	0,30	0,40	0,50

Reibahlen aus Schnellarbeitsstahl (gelb)
hartmetallbestückte Reibahlen (grün)

Richtwerte für das Reiben mit hartmetallbestückten Reibahlen

Werkstoff	R_m in N/mm²	v_c in m/min	*f* in mm und a_p in mm für Reibahlendurchmesser *d* in mm					
			< 10		10 … 24		> 24 … 40	
			f	a_p	*f*	a_p	*f*	a_p
Stahl	≤ 1000	8 … 12	0,15 … 0,25	0,02 …	0,20 … 0,40	0,05 …	0,30 … 0,50	0,12 …
	> 1000	6 … 10	0,12 … 0,20	0,05 …	0,15 … 0,30	0,12	0,20 … 0,40	0,20
Stahlguss	≤ 500	8 … 12	0,15 … 0,25	0,02 …	0,20 … 0,40	0,05 …	0,30 … 0,50	0,12 …
	> 500	6 … 10	0,12 … 0,20	0,05 …	0,50 … 0,30	0,12	0,20 … 0,40	0,20
Gusseisen	≤ 200 HB	8 … 15	0,20 … 0,30	0,03 …	0,30 … 0,50	0,06 …	0,40 … 0,70	0,15 …
	> 200 HB	6 … 12	0,15 … 0,25	0,06 …	0,20 … 0,40	0,15	0,30 … 0,50	0,25
Cu-Legierungen	–	15 … 30	0,20 … 0,30	0,03 … 0,06 …	0,30 … 0,50	0,06 … 0,15	0,40 … 0,70	0,15 … 0,25
Al-Legierungen	–	15 … 20	0,20 … 0,30	0,03 … 0,06 …	0,30 … 0,50	0,06 … 0,15	0,40 … 0,70	0,15 … 0,25

Senken
Countersinking

Richtwerte für das Senken mit Senkern aus Schnellarbeitsstahl

Werkstoff	R_m in N/mm² (HB)	v_c in m/min	Vorschub *f* in mm für Senkerdurchmesser *d* in mm							
			5	10	16	20	25	30	40	50
Stahl	≤ 750	33	0,14	0,28	0,40	0,45	0,45	0,50	0,56	0,63
	≤ 1300	27	0,10	0,25	0,34	0,36	0,40	0,50	0,56	0,63
Gusseisen	≤ 245 HB	21	0,11	0,28	0,40	0,36	0,45	0,50	0,56	0,63
Cu-Sn-Legierungen	–	33	0,10	0,25	0,32	0,36	0,40	0,45	0,50	0,56
Cu-Zn-Legierungen	–	67	0,11	0,28	0,36	0,40	0,45	0,50	0,56	0,63
Al-Legierungen, lang spanend	–	105	0,13	0,32	0,40	0,45	0,50	0,56	0,63	0,71
Al-Legierungen, kurz spanend	–	133	0,18	0,40	0,50	0,56	0,63	0,71	0,80	0,90
Hartgewebe	–	33	0,08	0,18	0,22	0,25	0,28	0,32	0,36	0,40

Spiralbohrer

DIN 338: 2006-11

Kurze Spiralbohrer mit Zylinderschaft
Schneidstoff: HSS

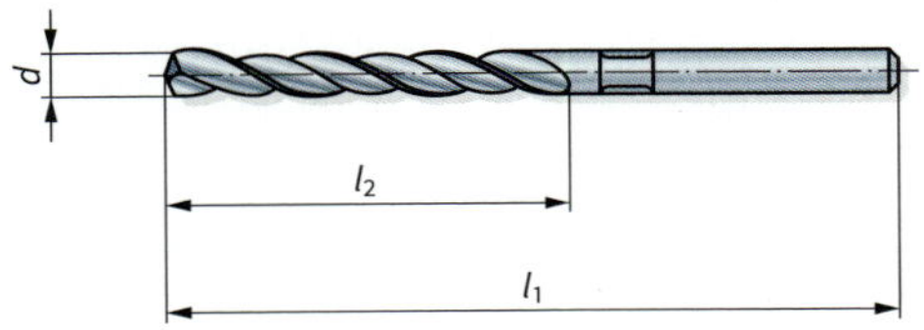

Lange Spiralbohrer mit Zylinderschaft	DIN 340
Spiralbohrer mit Morsekegelschaft	DIN 345
Spiralbohrer mit größerem Morsekegelschaft	DIN 346

Bezeichnung:

Bohrer DIN 338 – 8 – HSS

- Spiralbohrer mit Zylinderschaft
- Durchmesser $d = 8$ mm
- Schneidstoff

Senker

DIN 335: 2007-12; DIN 373: 2007-12

Kegelsenker 90°
Schneidstoff: HSS

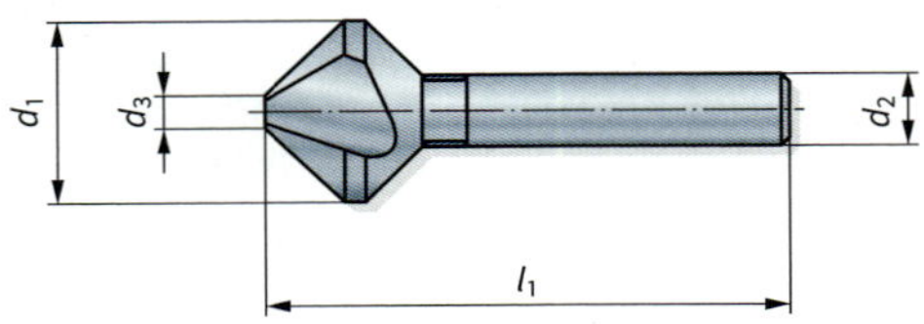

Form A: mit Zylinderschaft, 5 – 7 Schneiden
Form B: mit Morsekegelschaft, 6 – 18 Schneiden
Form C: mit Zylinderschaft, 3 Schneiden
Form D: mit Morsekegelschaft, 3 Schneiden

Bezeichnung:

Senker DIN 335 – C 16,5 – HSS

- Kegelsenker 90°
- Form C
- Durchmesser $d_1 = 16{,}5$ mm
- Schneidstoff

Flachsenker mit Führungszapfen
Schneidstoff: HSS

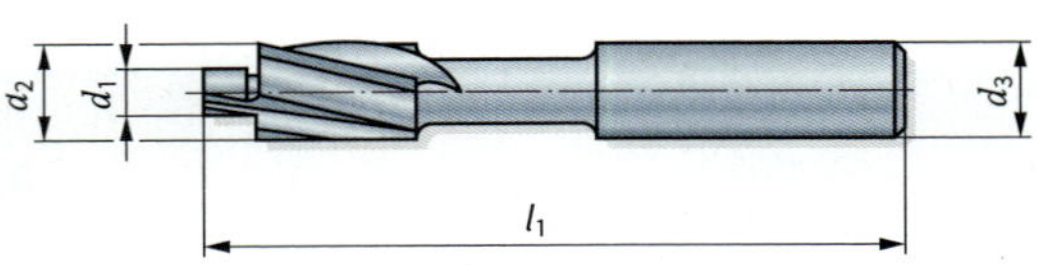

Bezeichnung:

Senker DIN 373 – 8 x 4,5 – HSS

- Flachsenker
- Durchmesser $d_2 = 8$ mm
- Durchmesser $d_1 = 16{,}5$ mm
- Schneidstoff

Reibahlen

DIN 212-2: 2011-02

Maschinenreibahle
Schneidstoff: HSS-E

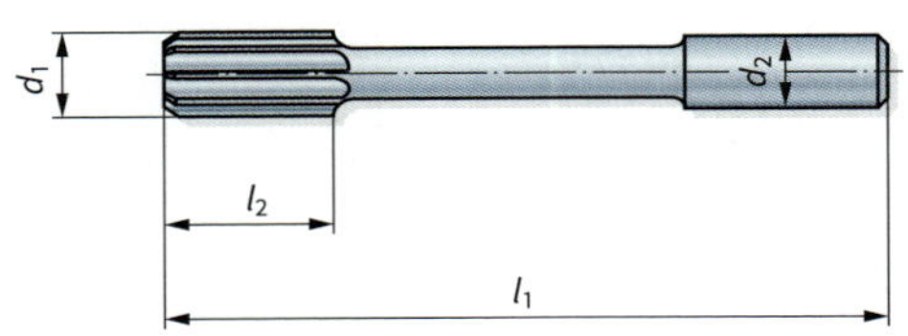

Form A: geradegenutete Reibahle
Form B: drallgenutete Reibahle
Form C: Schäl-Reibahle

Bezeichnung:

Reibahle DIN 212-2 – A 6H7 – HSS-E

- Maschinenreibahle
- Form A
- Durchmesser $d_1 = 6$ mm, Toleranz H7
- Schneidstoff

Begriffe

DIN 6581: 1985-10; DIN 6584: 1982-10

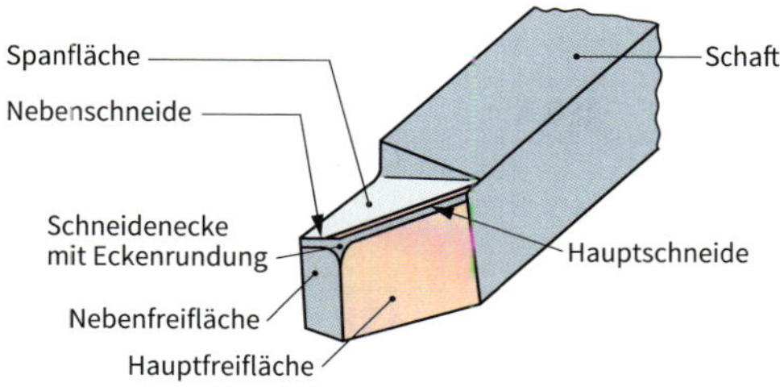

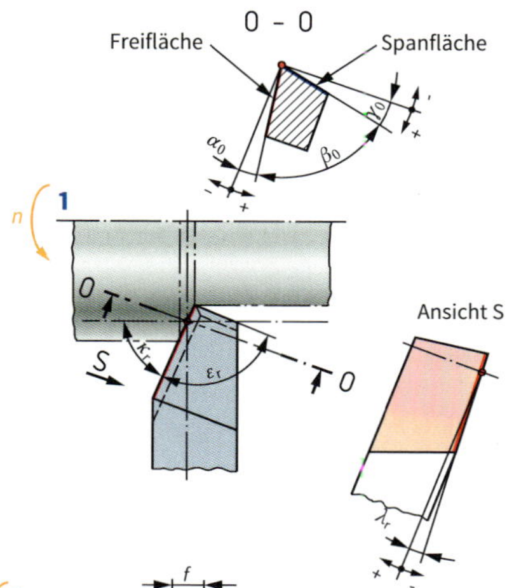

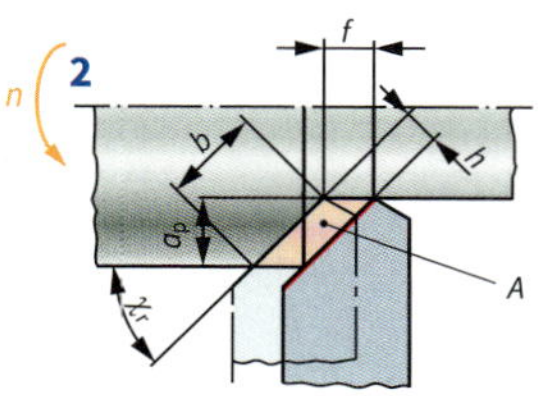

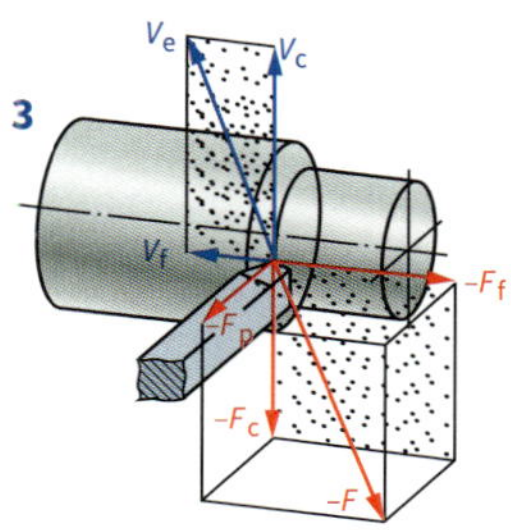

1 Winkel am Schneidkeil

α_0 : Freiwinkel — $\alpha_0 = \alpha$
β_0 : Keilwinkel — $\beta_0 = \beta$ bei $\lambda_s = 0°$
γ_0 : Spanwinkel — $\gamma_0 = \gamma$
λ_s : Neigungswinkel
$\varkappa_r$: Einstellwinkel
ε_r : Eckenwinkel

$$\alpha_0 + \beta_0 + \gamma_0 = 90°$$

2 Spanungsgrößen

b : Spanungsbreite
h : Spanungsdicke
A : Spanungsquerschnitt

Einstellgrößen

f : Vorschub
a_p : Schnitttiefe
n : Umdrehungsfrequenz in 1/min

$$A = a_p \cdot f = b \cdot h$$

$$b = \frac{a_p}{\sin \varkappa_r} \qquad h = f \cdot \sin \varkappa_r$$

3 Geschwindigkeiten

d : Durchmesser in mm
v_c : Schnittgeschwindigkeit in m/min
v_f : Vorschubgeschwindigkeit in mm/min
v_e : Wirkgeschwindigkeit

$$v_c = d \cdot \pi \cdot n \qquad v_f = f \cdot n$$

3 Kräfte am Schneidkeil

F : Zerspankraft
F_c : Schnittkraft
F_f : Vorschubkraft
F_p : Passivkraft

$$F_c = A \cdot k_c \cdot K$$

$$k_c = \frac{k_{c\,1.1}}{h^{m_c}}$$

$$F_c = b \cdot h^{(1-m_c)} \cdot k_{c\,1.1}$$

k_c : spez. Schnittkraft in MPa
$k_{c\,1.1}$: Hauptwert der spez. Schnittkraft in MPa bei $b = 1$ mm, $h = 1$ mm und $\varkappa = 90°$
m_c : Werkstoffkonstante
K : Korrekturfaktor für Schnittgeschwindigkeit

Beispiel:

Werkstoff E 360, $v_c = 180$ m/min, $f = 0{,}25$ mm, $a_p = 3$ mm, $\varkappa = 45°$, $P_c = ?$

$P_c = F_c \cdot v_c$ $\quad F_c = A \cdot k_c$ $\quad A = a_p \cdot f = 3\text{ mm} \cdot 0{,}25\text{ mm} = 0{,}75\text{ mm}^2$

$F_c = 0{,}75\text{ mm}^2 \cdot 3920\text{ MPa}$ (lt. Tabelle)

k_c für $h = f \cdot \sin \varkappa = 0{,}25\text{ mm} \cdot \sin 45° = 0{,}1768\text{ mm}$

$F_c = 2940$ N

$$P_c = \frac{2940\text{ N} \cdot 180\text{ m/min}}{60\text{ s/min}} = 8820\text{ W}$$

Schnittleistung

P_c : Schnittleistung in W
F_c : Schnittkraft in N
v_c : Schnittgeschwindigkeit in m/s

$$P_c = F_c \cdot v_c$$

Zeitspanungsvolumen

Q : Zeitspanungsvolumen in cm^3/min

$$Q = A \cdot v_c$$

Ermittlung der einzustellenden Arbeitswerte

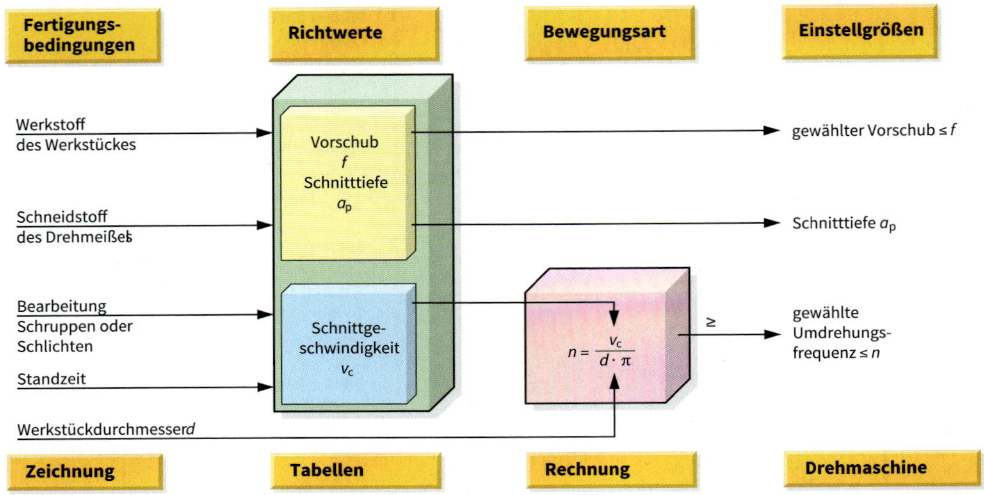

Drehen – Excel-Rechenblatt

Richtwerte für das Drehen mit HSS-Werkzeugen

Werkstoff		R_m in MPa oder HBW	Freiwinkel α in °	Spanwinkel γ in °	Neigungswinkel λ in °	Schruppen v_c in m/min[1] (f in mm 0,3…0,6; a_p in mm 3,0…6,0)	Schlichten v_c in m/min[1] (f in mm 0,1…0,3; a_p in mm 0,5…1,0)
Allgemeiner Baustahl		< 500	8	14…18	0…−4	35…65	60…75
		500…850				25…50	50…70
Automatenstahl		< 850				35…75	35…45
		850…1000				20…50	25…35
Einsatzstahl		< 750				25…50	35…45
		450…1000				20…30	25…40
Vergütungsstahl		< 850				25…40	35…50
		850…1000				20…30	30…45
Werkzeugstahl		< 850				18…30	25…35
Nichtrostender Stahl		< 700				20…25	20…30
		700…850				10…20	15…25
Gusseisen	GJL		8	0…10	0…−4	30…40	40…50
						15…20	20…35
	GJM					20…50	40…60
Aluminiumlegierungen		nicht ausgehärtet	10	25…35	4	120…180	160…200
		ausgehärtet		18…30		80…120	100…120
		Guss		12…25		50…80	80…100
CuZn-Legierungen		< 600	10	18…30	4	80…100	100…120
CuSn-Legierungen		< 600				60…80	60…80
Thermoplast		–	5…10	0…5	4	200…300	250…400
Duroplast		–		15…25		60…80	80…100
GFK, CFK		–				60…80	80…100

[1] Bei normalen Zerspanungsbedingungen wird ein Zwischenwert gewählt, bei nicht eindeutigen Bedingungen wird mit dem kleinsten Arbeitswert begonnen.

Richtwerte für das Runddrehen mit Hartmetall-Wendeschneidplatten (beschichtet)

Werkstoff		Rm in MPa oder HBW/HRC	Schruppen v_c in m/min [1]	Schruppen f in mm [1]	Schruppen a_p in mm [1]	Schlichten v_c in m/min [1]	Schlichten f in mm [1]	Schlichten a_p in mm [1]	KSS [2]
Allgemeiner Baustahl		< 500	160…230	0,4…0,7	3,5…6,0	200…320	0,12…0,35	0,5…2,2	t
		500…850							
Automatenstahl		< 850	120…200	0,5…0,8	4,0…8,0	200…320	0,12…0,35	0,5…2,2	t
		850…1000	100…200			180…280			
Einsatzstahl	unleg.	< 750	160…230	0,4…0,7	3,5…6,0	200…320	0,12…0,35	0,5…2,2	t
	leg.	800…1000	100…200	0,5…0,8	4,0…8,0	180…280			
		> 1000	50…100			130…260	0,1…0,3	0,3…1,8	E
Nitrierstahl		< 1000	30…280	0,1…0,3	0,7…2,0	30…80	0,1…0,3	0,7…2,0	E
		≥ 1000							
Vergütungsstahl	unleg.	< 700	160…230	0,4…0,7	3,5…6,0	200…320	0,12…0,35	0,5…2,2	t
		700…850	120…200						
		≥ 850…1000	100…200	0,5…0,8	4,0…8,0	180…280	0,12…0,35	0,5…2,2	t
	leg.	850…1000	100…200			180…280	0,1…0,3	0,3…1,8	t
		≥ 1000…1200	50…100			130…260			E
Werkzeugstahl		< 850	100…200	0,5…20,8	4,0…8,0	180…280	0,12…0,35	0,5…2,2	t
		850…1100	50…100			130…260	0,1…0,3	0,3…1,8	E
		≥ 1100…1400	30…80	0,1…0,3	0,7…2,0	30…80	0,1…0,3	0,7…2,0	E
Schnellarbeitsstahl		830…1200	30…80	0,1…0,3	0,7…2,0	38…80	0,1…0,3	0,7…2,0	E
Nichtrostender Stahl		< 700	80…150	0,4…0,8	4,0…8,0	180…260	0,1…0,3	1,5…3,0	t
		850…1100	60…120			140…220	0,1…0,3	1,2…3,0	E
Gehärtete Stähle		45…60 HRC	60…220	0,05…0,3	0,05…0,5	60…220	0,05…0,3	0,05…0,5	t
		60…67 HRC	50…190	0,05…0,25	0,05…0,4	50…190	0,05…0,25	0,05…0,4	t
Gusseisen	GJL	< 180 HBW	180…280	0,2…0,5	2,0…5,0	200…320	0,12…0,3	0,5…2,2	t
		≥ 180 HBW	130…230			170…280			
	GJS, GJM	> 180 HBW	130…230			170…280			
		> 260 HBW	100…200			150…250			
Aluminiumlegierungen	langsp.	< 350	500…1000	0,1…0,4	0,5…6,0	500…1000	0,1…0,4	0,5…0,6	E
	kurzsp.		350…600			350…600			
	Al-Guss, < 10 % Si		350…600			350…600			
Titanlegierung		850…1200	30…80	0,1…0,3	0,7…0,2	30…80	0,1…0,3	0,7…2,0	E
Cu, niedrig legiert		< 400	200…350	0,1…0,4	0,5…6,0	200…350	0,1…0,4	0,5…6,0	E
CuZn-Legierungen	kurzsp.	< 600	180…280	0,2…0,5	2,0…5,0	200…320	0,12…0,3	0,5…2,2	t
	langsp.		200…350	0,1…0,4	0,5…6,0	200…350	0,1…0,4	0,5…6,0	E
CuSn-Legierungen	kurzsp.	< 600	180…280	0,2…0,5	2,0…5,0	200…320	0,12…0,3	0,5…2,2	t
		650…580							
	langsp.	< 850	150…220	0,1…0,4	0,5…6,0	150…220	0,1…0,40	0,5…6,0	E
		850…1200	120…200			120…200			
Thermoplast		–	500…1000			500…1000	0,1…0,4	0,5…6,0	E
Duroplast		–	350…600			350…600			
GFK und CFK		–	350…600			350…600			

[1] Bei normalen Zerspanungsbedingungen wird ein Zwischenwert gewählt, bei nicht eindeutigen Bedingungen wird mit dem kleinsten Arbeitswert begonnen.

[2] KSS: Kühlschmierstoff, t: trocken, E: Emulsion

Richtwerte für das Abstechdrehen mit Hartmetall-Wendeschneidplatten (beschichtet)

Werkstoff		R_m in MPa oder HBW	v_c in m/min [1]	Stechbreite in mm		KSS [2]
				2	3…5	
				f in mm		
Allgemeiner Baustahl		< 500	100…140	0,05…0,20	0,08…0,30	t
		≥ 500…850				
Automatenstahl		< 850	80…120			
		≥ 850…1000				
Einsatzstahl	unleg.	< 750	100…140			
	leg.	< 1000	80…120			
		≥ 1000	60…100	0,05…0,18	0,08…0,25	E
Nitrierstahl		< 1000	20…860	0,05…0,18	0,08…0,25	E
Vergütungsstahl	unleg.	700…850	80…120	0,05…0,20	0,08…0,30	
		≥ 850…1000	80…120			
	leg.	850…1000	80…120			
		≥ 1000…1200	80…100	0,05…0,18	0,08…0,25	E
Werkzeugstahl		< 850	80…120	0,05…0,20	0,08…0,30	t
		850…1100	60…100	0,05…0,18	0,08…0,25	E
		≥ 1100…1400	20…60			
Nichtrostender Stahl		< 850	60…100	0,05…0,18	0,08…0,25	E
		< 1100	60…100			
Gusseisen	GJL	< 180 HBW	100…160	0,08…0,22	0,08…0,30	t
		≥ 180 HBW	60…120	0,08…0,20	0,08…0,25	
	GJS,	> 180 HBW	60…120			
	GJM	> 260 HBW	60…100			
Aluminiumlegierungen		< 350	160…300	0,05…0,20	0,08…0,30	E
Titanlegierung		850…1200	20…60	0,05…0,18	0,08…0,25	E
CuZn-Legierungen		< 600	100…160	0,05…0,20	0,08…0,30	t/E
CuSn-Legierungen		≥ 600…1200	100…160	0,05…0,20	0,08…0,30	t/E
Thermoplast		–	160…300	0,05…0,20	0,08…0,30	E
Duroplast		–				
GFK und CFK		–				

[1] Bei normalen Zerspanungsbedingungen wird ein Zwischenwert gewählt, bei nicht eindeutigen Bedingungen wird mit dem kleinsten Arbeitswert begonnen. [2] KSS: Kühlschmierstoff, t: trocken, E: Emulsion, kurzspanend: trocken, langspanend: mit Emulsion

Richtwerte für das Stechdrehen mit Hartmetall-Wendeschneidplatten (beschichtet)

Werkstoff		R_m in MPa oder HBW	v_c in m/min [1]	Stechbreite in mm		
				2	3	4
				f in mm		
Allgemeiner Baustahl		< 500	280…320	0,05…0,15	0,07…0,20	0,08…0,25
		500…850	230…270			
Automatenstahl		< 850	230…270	0,05…0,15		
		850…1000	190…230			
Einsatzstahl	unleg.	< 750	230…270	0,05…0,15		
	leg.	< 1000	190…230			
		≥ 1000	110…150		0,06…0,17	0,07…0,20
Nitrierstahl		< 1000	130…170	0,05…0,15	0,06…0,17	0,07…0,20
Vergütungsstahl	unleg.	700…850	190…230		0,07…0,20	0,08…0,25
		≥ 850…1000	130…170			
	leg.	850…1000	130…170			
		≥ 1000…1200	110…170		0,06…0,17	0,07…0,20
Werkzeugstahl		< 850	190…230	0,05…0,15	0,07…0,20	0,08…0,25
		850…1100	130…170		0,06…0,17	0,07…0,20
		≥ 1100…1400	110…150			
Nichtrostender Stahl		< 850	130…170	0,05…0,15	0,06…0,17	0,07…0,20
		< 1100	120…160			
Gusseisen	GJL	< 180 HBW	260…300	0,05…0,15	0,07…0,20	0,08…0,25
		≥ 180 HBW				
	GJS,	> 180 HBW			0,06…0,17	0,07…0,20
	GJM	> 260 HBW				
Aluminiumlegierungen		< 350	620…680 [2]	–	0,03…0,08	0,04…0,10
Titanlegierung		850…1200	60…80	0,05…0,15	0,06…0,17	0,07…0,20
CuZn-Legierungen		< 600	520…580 [2]	–	0,03…0,05	0,04…0,10
CuSn-Legierungen		≥ 600…1200				

[1] Bei normalen Zerspanungsbedingungen wird ein Zwischenwert gewählt, bei nicht eindeutigen Bedingungen wird mit dem kleinsten Arbeitswert begonnen. [2] PKD-Schneidplatten

Richtwerte für das Gewindedrehen mit Hartmetall-Wendeschneidplatten

Werkstoff		R_m in MPa oder HBW	v_c in m/min [1]	KSS [2]
Allgemeiner Baustahl		< 850	70 … 200	Öl, E
Automatenstahl		< 850	70 … 180	
		850 … 1000	70 … 150	
Einsatzstahl	unleg.	< 750	70 … 180	
	leg.	< 1000	70 … 160	
	leg.	≥ 1000	50 … 120	
Nitrierstahl		> 1000	50 … 130	
Vergütungsstahl	unleg.	700 … 850	70 … 180	
		≥ 850 … 1000	50 … 160	
	leg.	850 … 1000	50 … 150	
		≥ 1000 … 1200	45 … 120	
Werkzeugstahl		< 850	50 … 120	
		850 … 1100	50 … 130	
		≥ 1100 … 1400	50 … 120	
Schnellarbeitsstahl		830 … 1200	40 … 100	
Nichtrostender Stahl		< 850	60 … 150	
		< 1100	70 … 120	
Gusseisen	GJL	< 180 HBW	80 … 220	
		≥ 180 HBW		
	GJS,	> 180 HBW	80 … 150	
	GJM	> 260 HBW	80 … 130	
Aluminiumlegierungen	kurzsp.	< 350	100 … 350	
	Al-Guss > 10 % Si		75 … 250	
Titanlegierung		850 … 1200	25 … 100	
CuZn-Legierungen		< 600	75 … 250	
CuSn-Legierungen		< 600	75 … 200	
		600 … 1200		
Thermoplast		–	70 … 350	E
Duroplast		–	70 … 350	
GFK und CFK		–	40 … 130	

Steigung P in mm = f in mm	Anzahl der Schritte
0,50	4 … 6
0,75	4 … 7
1,00	4 … 8
1,25	5 … 9
1,50	6 … 10
1,75	7 … 12
2,00	7 … 12
2,50	8 … 12
3,00	9 … 16
3,50	10 … 18
4,00	11 … 18
4,50	11 … 19
5,00	12 … 20

Beim 1. Schritt ist $a_p < 0{,}5$ mm zu wählen. Schlichtschnitte erfolgen nach dem Gewindedrehen zur Oberflächenverbesserung der Flanken; Mindestaufmaß im Radius ≥ 0,015 mm

[1] Bei normalen Zerspanungsbedingungen wird ein Zwischenwert gewählt, bei nicht eindeutigen Bedingungen wird mit dem kleinsten Arbeitswert begonnen. [2] KSS: Kühlschmierstoff, E: Emulsion

Richtwerte für das Drehen mit Bornitrid – CBN

Werkstoff	Härte	Feinstschlichten kontinuierliche Schnitte		Allgemeine Bearbeitung kontinuierliche und unterbrochene Schnitte	
		v_c in m/min		v_c in m/min	
		$a_p = 0{,}05 … 2$ mm		$a_p = 0{,}1 … 0{,}3$ mm	
		$f = 0{,}08$ mm	$f = 0{,}15$ mm	$f = 0{,}1$ mm	$f = 0{,}2$ mm
Stahl	45 … 55 HRC	250	220	220	170
	55 … 60 HRC			220	120
	60 … 67 HRC			150	100

Richtwerte für das Drehen mit Diamantwerkzeugen – PKD

Werkstoff		R_m in MPa	v_c in m/min	v_c in m/min
			$a_p = 0{,}1 … 2{,}5$ mm	
			$f = 0{,}01$ mm	$f = 0{,}4$ mm
Aluminium-legierungen	langsp.	< 350	2000	300
	kurzsp.		2000	
	Al-Guss, > 10 % Si		1500	
CuZn-Legierungen	kurzsp.	< 600	1500	300
	langsp.			
CuSn-Legierungen	kurzsp.	< 600		
		650 … 850		
	langsp.	< 850		
		850 … 1200		
GFK und CFK		–	600	150

Erreichbare theoretische Rautiefe

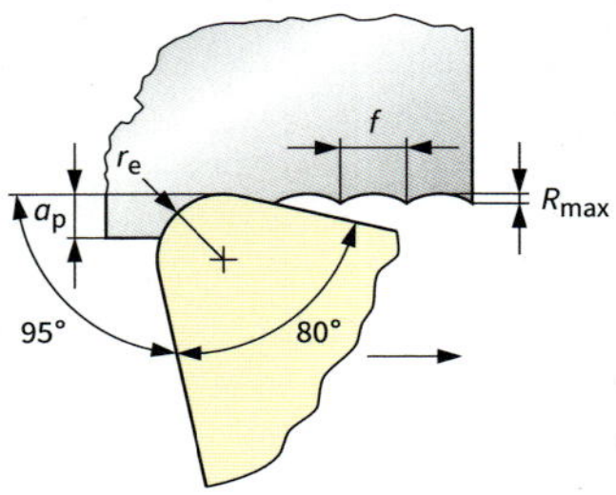

Der Vorschub kann näherungsweise berechnet werden:

für eckige / für runde Schneidplatten

$$f \approx \sqrt{8 \cdot r_\varepsilon \cdot \frac{R_{theor}}{1000}} \qquad f \approx \sqrt{8 \cdot \frac{d}{2} \cdot \frac{R_{theor}}{1000}}$$

$$R_{theor} \approx R_z$$

r_ε: Eckenradius der Schneidplatte
d: Durchmesser der Schneidplatte

Eckenradius r_ε in mm / Durchmesser d in mm	R_{theor}					
	1,6	6,3	12,5	25	32	100
	f in mm					
Eckige Schneidplatten						
0,2	0,05	0,08	0,3			
0,4	0,07	0,11	0,17	0,22		
0,8	0,10	0,15	0,24	0,30	0,38	
1,2		0,19	0,29	0,37	0,46	
1,6			0,34	0,43	0,54	1,08
2,4			0,42	0,53	0,66	1,32
Runde Schneidplatten						
6	0,20	0,31	0,49	0,62		
8	0,23	0,36	0,56	0,72		
10	0,25	0,40	0,63	0,80	1,00	
12		0,44	0,69	0,88	1,10	
16		0,51	0,80	1,01	1,26	2,54
20			0,89	1,13	1,42	2,94
25				1,26	1,58	3,33

Kegeldrehen

Kegeldrehen mit Oberschlittenverstellung

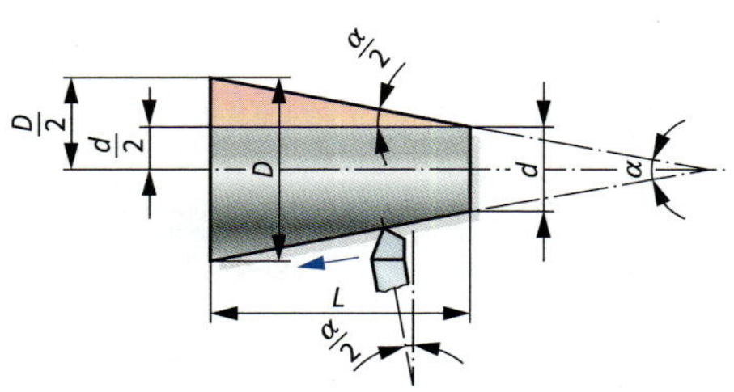

Der Oberschlitten wird so um den Winkel $\frac{\alpha}{2}$ gedreht, dass der Vorschub des Drehmeißels parallel zur Kegelmantellinie verläuft.

$$\tan\frac{\alpha}{2} = \frac{D-d}{2 \cdot L}$$

$$\tan\frac{\alpha}{2} = \frac{C}{2}$$

Kegeldrehen mit Oberschlittenverstellung ist auch dann noch möglich, wenn wegen zu großer Kegelneigung das Kegeldrehen mit Reitstockverstellung ausgeschlossen ist.

Kegeldrehen mit Reitstockverstellung

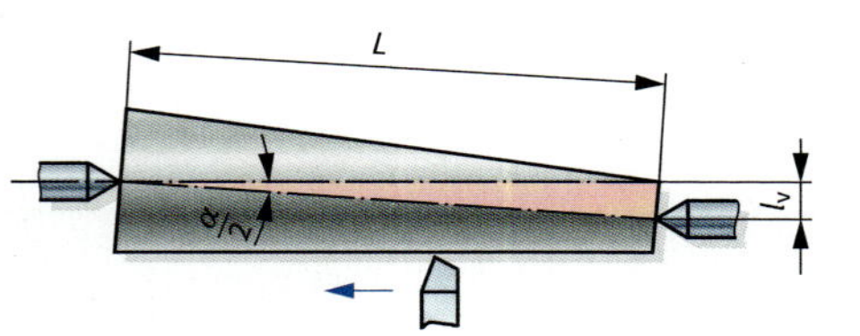

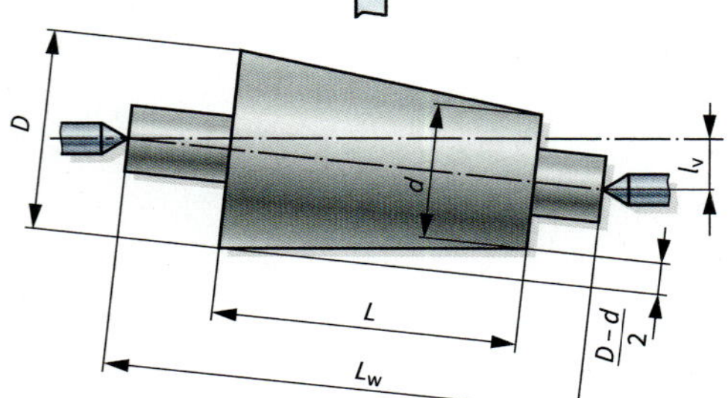

Der Reitstock wird so um das Verstellmaß l_v verschoben, dass der Vorschub des Drehmeißels parallel zur Kegelmantellinie verläuft.

$$l_v = L \cdot \sin\frac{\alpha}{2}$$

da bei kleinen Winkeln

$$\sin\frac{\alpha}{2} \approx \tan\frac{\alpha}{2}$$

$$l_v = \frac{D-d}{2}$$

Für Werkstücke, deren Werkstücklänge L_w größer als die Kegellänge L ist, gilt:

$$l_v = L_w \cdot \sin\frac{\alpha}{2}$$

$$\tan\frac{\alpha}{2} = \frac{D-d}{2 \cdot L} \text{ und } \tan\frac{\alpha}{2} \approx \frac{l_v}{L_w}$$

$$l_v = \frac{D-d}{2} \cdot \frac{L_w}{L}$$

$$l_{v\,zul.} \leq \frac{1}{50} \cdot L_w$$

Drehmeißel – Übersicht

Benennung	Drehmeißel mit HS-Schneide	Drehmeißel mit gelöteter HM-Schneidplatte, DIN 4982	
	Norm (zurückgezogen)	Norm (zurückgezogen)	Kennzahl nach ISO
Gerader Drehmeißel	DIN 4951	DIN 4951	1
Gebogener Drehmeißel	DIN 4952	DIN 4972	2
Innendrehmeißel	DIN 4953	DIN 4973	8
Inneneckdrehmeißel	DIN 4954	DIN 4974	9
Spitzer Drehmeißel	DIN 4955	DIN 4975	–
Breiter Drehmeißel	DIN 4956	DIN 4976	4
Abgesetzter Drehmeißel	–	DIN 4977	5
Abgesetzter Eckdrehmeißel	–	DIN 4978	3
Abgesetzter Seitendrehmeißel	DIN 4960	DIN 4980	6
Stechdrehmeißel	DIN 4961	DIN 4981	7
Innen-Stechdrehmeißel	DIN 4963	–	–

Ausführung eines Drehmeißels aus Schnellarbeitsstahl	
V	Drehmeißel vollständig aus Schnellarbeitsstahl
S	Drehmeißel mit stumpfgeschweißtem Schneidkopf aus Schnellarbeitsstahl
P	Drehmeißel mit einer Schneidplatte aus Schnellarbeitsstahl

Anwendung der Drehmeißel

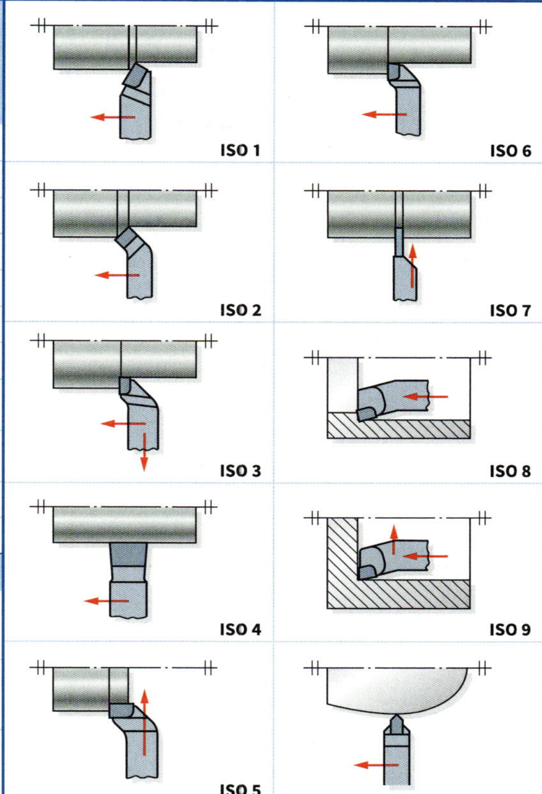

Bezeichnung eines Drehmeißels mit einer Schneide aus HS

Drehmeißel DIN 4960 – R 20 20 V

- Drehmeißel: Benennung
- DIN 4960: DIN-Haupt-Nr.
- R: rechter Drehmeißel
- 20 20: Schaft 20 x 20
- V: Ausführung

Bezeichnung eines Drehmeißels mit HM-Schneidplatte

Drehmeißel DIN 4971 – R 32 32 – K 20

- Drehmeißel: Benennung
- DIN 4971: DIN-Haupt-Nr.
- R: rechter Drehmeißel
- 32 32: Schaft 32 x 32
- K 20: Zerspanungshauptgruppe

Wendeschneidplatten für verschiedene Dreharbeiten

Außenlängsdrehen

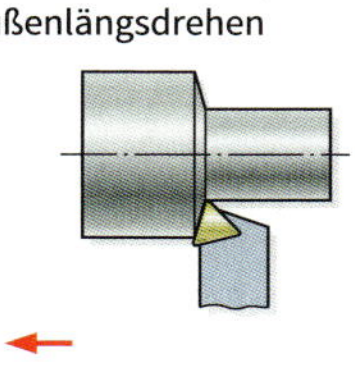

Außenplandrehen

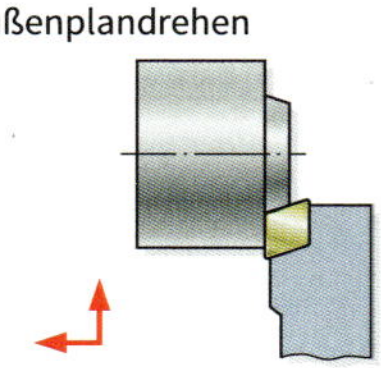

Innenlängsdrehen

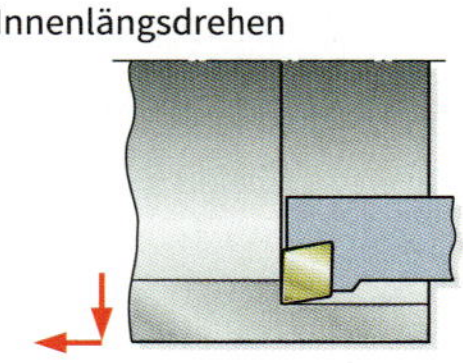

Außenkonturdrehen

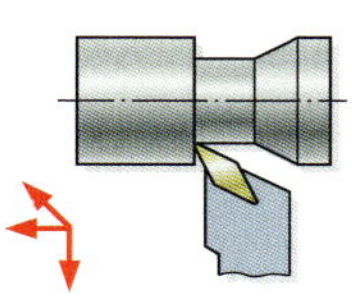

Einstechdrehen

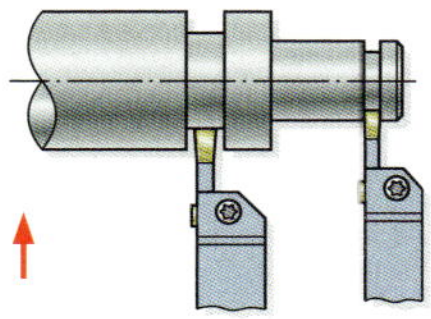

Außengewindedrehen

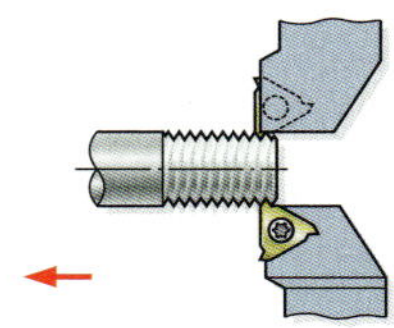

Bezeichnung von Wendeschneidplatten

DIN ISO 1832: 2017-06

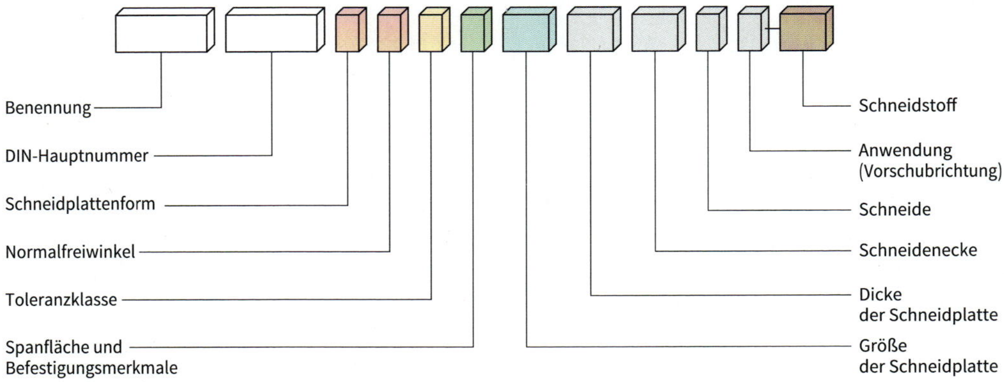

Schneidplatte ISO 3364 – TPGN 16 04 08 EN – HW-P20
Unbeschichtete dreieckige Wendeschneidplatte aus Hartmetall P 20 nach DIN 4968 mit einem Freiwinkel von 11°, der Toleranzklasse G, ohne Spanformer und ohne Bohrung für die Befestigung, mit der Seitenlänge l = 16,5 mm, der Dicke s = 4,76 mm, dem Eckenradius 0,8 mm, Schneiden gerundet, rechts- und linksschneidend.

Kennbuchstaben für die Schneidplattenform

Kennbuchstabe	Grundform	Eckenwinkel E_r in °	Merkmale
H	sechseckig	120	gleichseitig, gleichwinklig
O	achteckig	135	
P	fünfeckig	108	
S	quadratisch	90	
T	dreieckig	60	
C D E M V	rhombisch	80 55 75 86 35	gleichseitig, ungleichwinklig
W	sechseckig mit geändertem Eckenwinkel	80	
L	rechteckig	90	ungleichseitig, gleichwinklig
A B K	rhomboidisch	85 82 55	ungleichseitig, ungleichwinklig
R	rund	–	–

Kennbuchstaben für die Toleranzklassen

Kennbuchstabe	Grenzabweichung in mm für *m*	*s*	*d*
A	± 0,005	± 0,025	± 0,025
F			± 0,013
C	± 0,013	± 0,025	± 0,025
H			± 0,013
E	± 0,025	± 0,025	± 0,025
G		± 0,05 … ± 0,13	
J	± 0,005	± 0,025	von ± 0,05 bis ± 0,15
K	± 0,013		
L	± 0,025		
M	von ± 0,08 bis ± 0,20	± 0,05 … ± 0,13	von ± 0,05 bis ± 0,15
N		± 0,025	
U	von ± 0,13 bis ± 0,38	± 0,13	von ± 0,08 bis ± 0,25

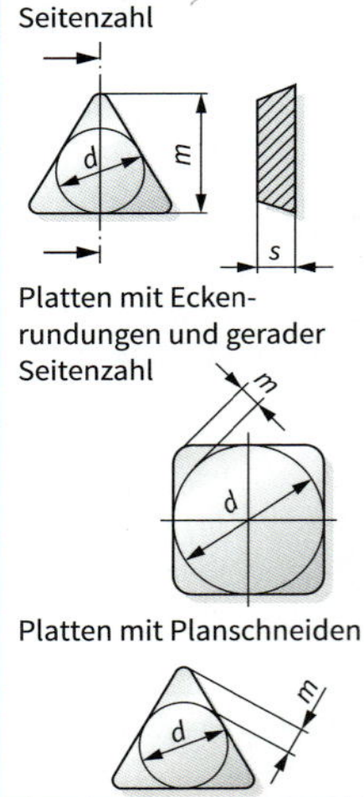

Kennbuchstaben für den Normalfreiwinkel α_n

Kennbuchstabe	α_n in °
A	3
B	5
C	7
D	15
E	20
F	25
G	30
N	0
P	11
O	besondere Beschreibung erforderlich

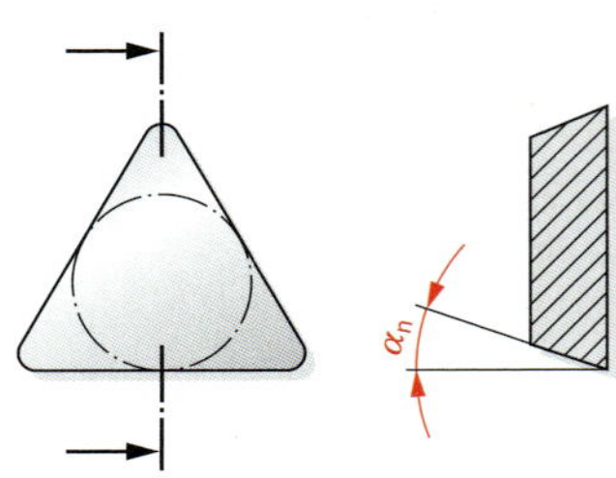

Bezeichnung von Wendeschneidplatten

DIN ISO 1832: 2017-06

Kennbuchstaben für Spanfläche und Befestigungsmerkmale			
Kenn-buch-stabe	Spanbrecher	Bohrung für die Befestigung	
N	ohne	ohne	
A		mit	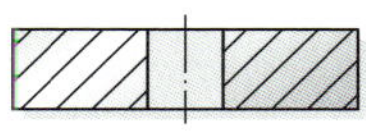
R	auf einer Spanfläche	ohne	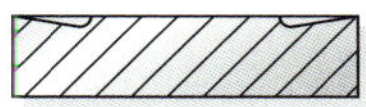
M		mit	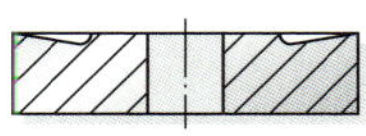
F	auf beiden Spanflächen	ohne	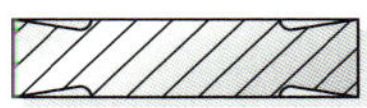
G		mit	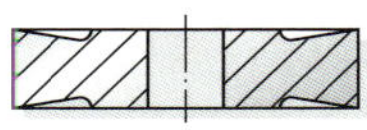
X	Wendeschneidplatten mit besonderer Beschreibung		

Kennzahlen für die Größe		
Kennzahl	Seitenlänge l bei gleichseitigen Platten in mm	Bei ungleichseitigen Platten wird als Kennzahl die Länge der längeren Schneide in mm entsprechend angegeben. Bei diesen Platten ist das vorangehende Symbol ein X (siehe Kennbuchstaben für Spanformer und Befestigungsmerkmale).
09	9,525	
11	11	
12	12,7	
15	15,875	
16	16,5	
19	19,5	
22	22	
25	25,4	
27	27,5	

Bei runden Platten wird als Kennzahl der Durchmesser in mm entsprechend angegeben.

Kennzeichnung der Ausführung der Schneidenecke

Kennzahlen für Platten mit Eckenrundungen

Kennzahl	Eckenradius ε_r in mm
00	scharfkantig
02	0,2
04	0,4
08	0,8
12	1,2
16	1,6

Runde Schneidplatten haben an Stelle einer Kennzahl das Kennzeichen MO

Kennbuchstaben für Wendeschneidplatten mit Planschneiden Einstellwinkel/Normal-Freiwinkel

Kenn-buch-stabe	Einstell-winkel $\varkappa_r$ in °	Kenn-buch-stabe	Normal-Freiwinkel α'_n in °
A	45	A	3
D	60	B	5
E	75	C	7
F	85	D	15
P	90	E	20
		F	25
		G	30
		N	0
		P	11

Kennbuchstabe für besondere Ausführungen: Z

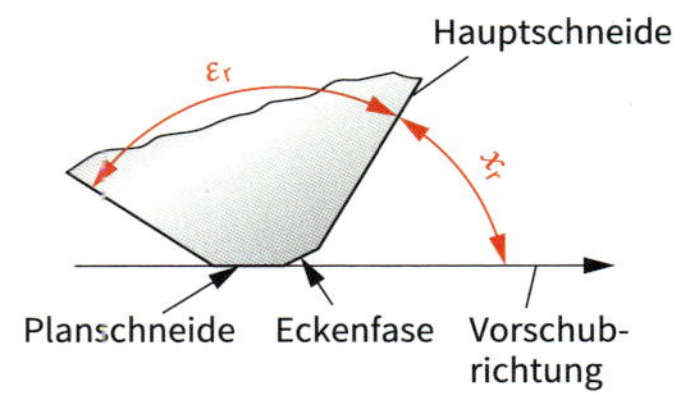

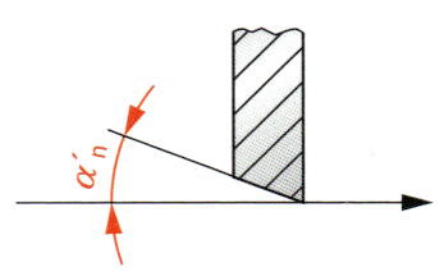

Kennzahlen für die Dicke

Kenn-zahl	Dicke s in mm	Kenn-zahl	Dicke s in mm
01	1,59	05	5,56
T1	1,98	06	6,35
02	2,38	07	7,94
03	3,18	09	9,52
T3	3,97	12	12,7
04	4,76		

Kennbuchstaben für die Ausführung der Schneiden

Kenn-buch-stabe	Ausführung der Schneiden
F	scharfkantig
E	gerundet
T	gefast (Spanflächenfasen)
S	gefast und gerundet
K	doppelgefast
P	doppelgefast und gerundet

Kennbuchstaben für die Anwendung (Vorschubrichtung)

Kenn-buch-stabe	Vorschubrichtung
R	nur rechtsschneidend
L	nur linksschneidend
N	rechts- und linksschneidend

Bezeichnung von Klemmhaltern für Wendeschneidplatten

ISO 5608: 2012-08

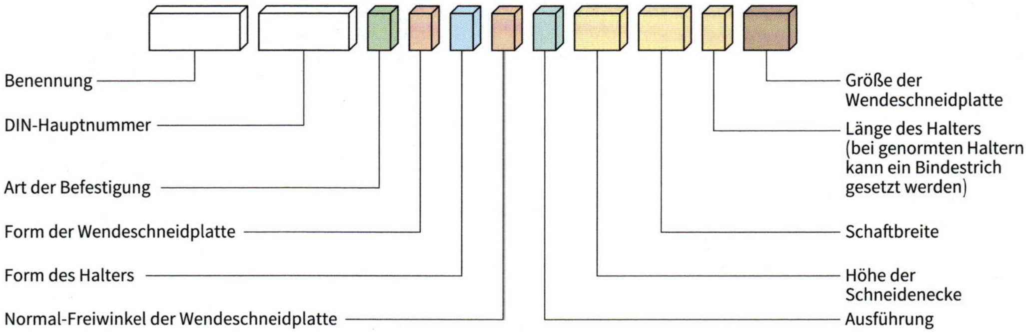

Der Bezeichnung wird ggf. ein Kennbuchstabe für besondere Toleranzen angefügt.

Halter DIN 4985 – CTJDL 16 CA P 16
Kurzklemmhalter, dreieckige Wendeschneidplatte von oben geklemmt, Form des Halters J, Normal-Freiwinkel der Platte 15°, linker Halter mit Schneideckenhöhe h_1 = 16 mm, Schaftbreite CA, Länge 170 mm, Größe der Wendeschneidplatte 16,5 mm.

Kennbuchstaben für die Art der Befestigung

Kennbuchstabe	Art der Befestigung	Wendeschneidplatte	
C	von oben geklemmt	ohne Bohrung	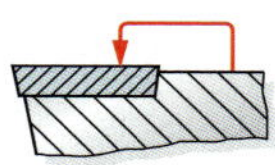
M	von oben und über Bohrung geklemmt	mit zylindrischer Bohrung	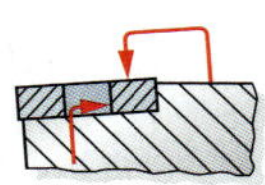
P	über Bohrung geklemmt		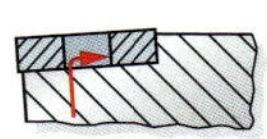
S	durch Bohrung aufgeschraubt	mit Befestigungssenkung	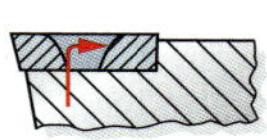

Kennbuchstaben für die Form der Wendeschneidplatten

s. DIN ISO 1832

Kennbuchstaben für den Normal-Freiwinkel α_n der Wendeschneidplatte

s. DIN ISO 1832

Kennbuchstaben für die Ausführung

Kennbuchstabe	Ausführung
R	rechter Halter
L	linker Halter
N	neutral (beidseitig)

Kennzahlen für die Höhe der Schneidenecke

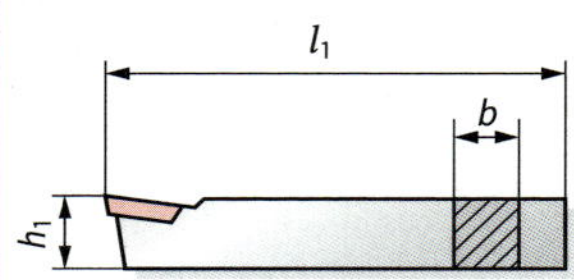

Kennzahl = Höhe h_1 der Schneidenecke in mm, immer zweistellig angeben, z. B. für h_1 = 8 mm → Kennzahl 08.
(Ziffern hinter dem Komma bleiben unberücksichtigt)

Kennbuchstaben für die Form des Halters

Kennbuchstabe	Form	Kennbuchstabe	Form	Kennbuchstabe	Form
A	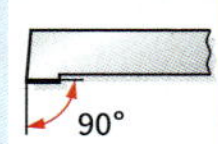 90°	H	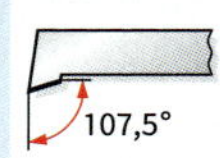 107,5°	R	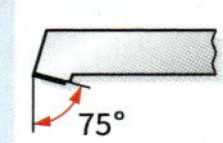 75°
B	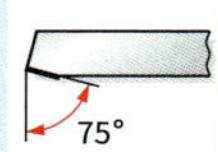 75°	J	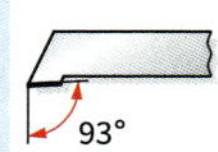 93°	S	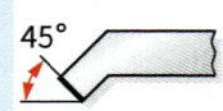 45°
C	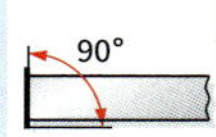 90°	K	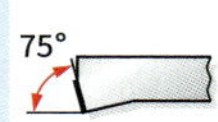 75°	T	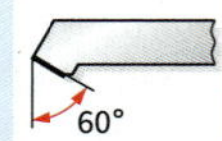 60°
D	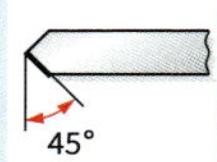 45°	L	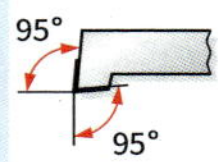 95° 95°	U	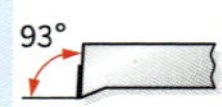 93°
E	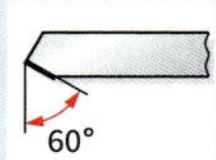 60°	M	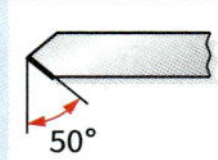 50°	V	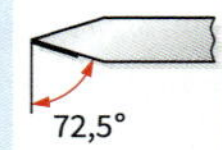 72,5°
F	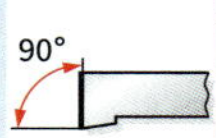 90°	N	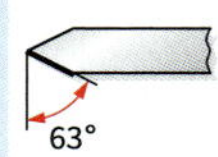 63°	W	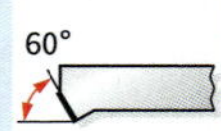 60°
G	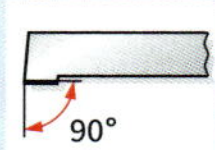 90°	P	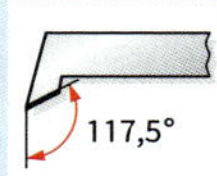 117,5°	Y	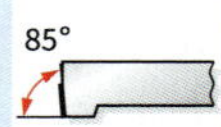 85°

Form D und S auch mit runden Wendeschneidplatten (Grundform R)

Bezeichnung von Klemmhaltern für Wendeschneidplatten

ISO 5608: 2012-08

Kennbuchstaben für die Länge

Kennbuchstabe	l_1 in mm	Kennbuchstabe	l_1 in mm	Kennbuchstabe	l_1 in mm
A	32	J	110	S	250
B	40	K	125	T	300
V	50	L	140	U	350
D	60	M	150	V	400
E	70	N	160	W	450
F	80	P	170	X	Sonderlänge
G	90	Q	180		
H	100	R	200	Y	500

Kennzahlen bzw. Kennbuchstaben für die Schaftbreite

Kennzahl = Breite b in mm, immer zweistellig angeben, z. B. für h_1 = 8 mm → Kennzahl 08.
(Ziffern hinter dem Komma bleiben unberücksichtigt.)

Bei Kurzklemmhaltern: Kennbuchstabe C + kennzeichnender Buchstabe (z. B. CA)

Kennzahlen für die Größe der Wendeschneidplatte

s. DIN ISO 1832

Wendeschneidplatten aus Hartmetall und Schneidkeramik

DIN ISO 6987

Grundform	Schneidstoff: Hartmetall								Schneidstoff: Schneidkeramik mit Eckenrundungen ohne Bohrung	
	mit Eckenrundungen DIN EN 6987						mit Planschneiden ohne Bohrung			
	ohne Bohrung		mit zylindrischer Bohrung		mit Senkbohrung					
	l	s	$l(d_1)$	s	$l(d_1)$	s	l	s	$l(d_1)$	s
	in mm		in mm		in mm		in mm		in mm	
dreieckig	11,0	3,18	11,0	3,18	9,6	2,38	11,0	3,175	11,0	3,18
	16,5	3,18	16,5	3,18	11,0	2,38	16,5	3,175	16,5	4,76
		4,76		4,76	13,6	3,18	22	4,76		7,94
	22,0	4,76	22,0	4,76	16,5	3,97			22,0	7,94
			27,5	6,35	22,0	4,76				
quadratisch	9,525	3,18	9,525	3,18	9,525	3,18	12,7	3,175	12,7	4,76
	12,7	3,18	12,7	4,76		3,97		4,76		7,94
		4,76	15,875	6,35	12,7	4,76	15,875	4,76	15,875	7,94
	15,875	4,76	19,05	4,76	15,875	5,56			19,05	7,94
	19,05	4,76		6,35	19,05	6,35				
			25,4	7,94						
rhombisch	–	–	12,9	4,76	6,4	2,38	–	–	12,9	4,76
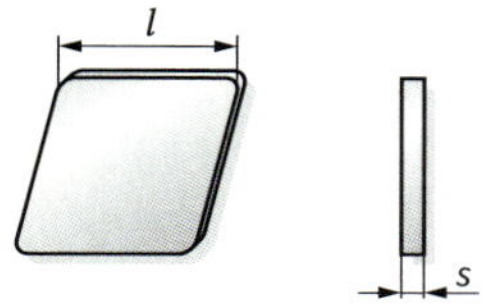			15,5	6,35	8,1	3,18				7,94
			16,1	6,35	9,7	3,18			16,1	7,94
			19,3	6,35		3,97				
					12,9	4,76				
					16,1	5,56				
rund	–	–	9,525	3,18	6,0	2,38	–	–	12,7	4,76
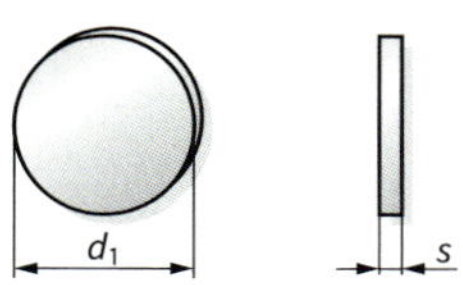			12,7	4,76	8,0	3,18				7,94
			15,875	6,35	10,0	3,97			15,875	7,94
			19,05	6,35	12,0	4,76			19,05	7,94
			25,4	9,52	16,0	5,56			25,4	9,52
					20,0	6,35				
					25,0	7,94				
					32,0	9,52				

Begriffe

DIN 6581: 1985-10; DIN 6584: 1982-10

Fräsmesserkopf

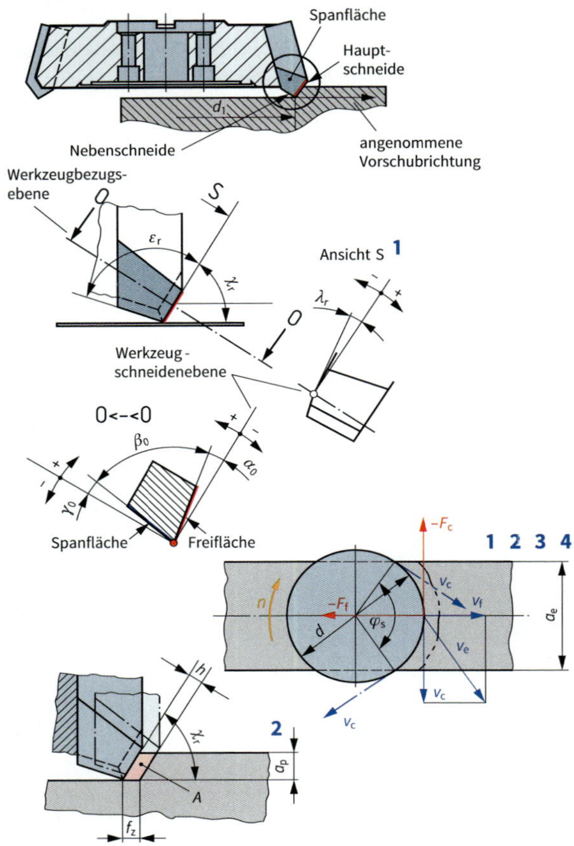

Walzenstirnfräser

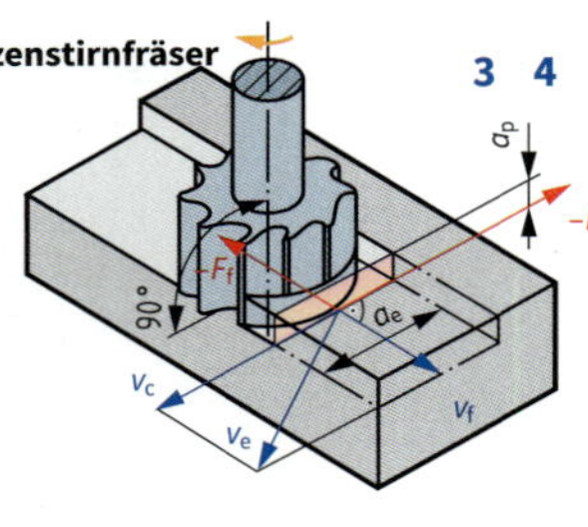

Beispiel:

Werkstoff EN-GJL-HB 215, Messerkopf K10, $z = 4$, $d = 200$ mm, $a_p = 5$ mm, $f_z = 0{,}5$ mm, $a_e = 180$ mm, $Q = ?$

$Q = a_p \cdot a_e \cdot v_f$

$v_f = \dfrac{v_c}{d \cdot \pi} \cdot f_z \cdot z = \dfrac{100\ \text{m/min}}{0{,}2\ \text{m} \cdot \pi} \cdot 0{,}5\ \text{mm} \cdot 4 = 1114\ \dfrac{\text{mm}}{\text{min}}$ (v_c lt. Tabelle)

$Q = 5\ \text{mm} \cdot 180\ \text{mm} \cdot 1114\ \dfrac{\text{mm}}{\text{min}}$

$Q = 1003\ \dfrac{\text{cm}^3}{\text{min}}$

1 Winkel am Schneidkeil

α_0 : Freiwinkel — $\alpha_0 = \alpha$
β_0 : Keilwinkel — $\beta_0 = \beta$ bei $\lambda_s = 0°$
γ_0 : Spanwinkel — $\gamma_0 = \gamma$

$\varkappa_r$: Einstellwinkel
ε_r : Eckenwinkel
φ_s : Eingriffswinkel
λ_s : Neigungswinkel

$$\alpha_0 + \beta_0 + \gamma_0 = 90°$$

2 Spanungsgrößen

b : Spanungsbreite
h : Spanungsdicke
z : Anzahl der Schneiden
z_e : Anzahl der im Eingriff stehenden Schneiden
A : Spanungsquerschnitt

Einstellgrößen

f : Vorschub
a_p : Schnitttiefe
a_e : Arbeitseingriff
n : Umdrehungsfrequenz in 1/min

$$A = b \cdot h \cdot z_e = a_p \cdot f_z \cdot z_e$$

$$b = \frac{a_p}{\sin \varkappa_r} \qquad h = f_z \cdot \sin \varkappa_r$$

$$\sin \frac{\varphi_s}{2} = \frac{a_e}{d}$$

3 Geschwindigkeiten

v_c : Schnittgeschwindigkeit in m/min
v_f : Vorschubgeschwindigkeit in mm/min
v_e : Wirkgeschwindigkeit
f_z : Vorschub/Schneide
z : Anzahl der Schneiden

$$v_f = n \cdot f = n \cdot f_z \cdot z \qquad f = f_z \cdot z$$

$$v_c = d \cdot \pi \cdot n$$

4 Kräfte am Schneidkeil

F_c : Schnittkraft
F_f : Vorschubkraft
k_c : spezifische Schnittkraft in MPa
$k_{c\,1.1}$: Hauptwert der spez. Schnittkraft in MPa bei $b = 1$ mm, $h = 1$ mm und $\varkappa = 90°$
m_c : Werkstoffkonstante
K : Korrekturfaktor für Schnittgeschwindigkeit

$$F_c = A \cdot k_c \cdot K \qquad k_c = \frac{k_{c\,1.1}}{h^{m_c}}$$

Es muss mit der mittleren Spanungsdicke gerechnet werden.

Schnittleistung

P_c = Schnittleistung in W
v_c = Schnittgeschwindigkeit in m/s

$$P_c = F_c \cdot v_c$$

Zeitspanungsvolumen

$$Q = a_p \cdot a_e \cdot v_f$$

Ermittlung der einzustellenden Arbeitswerte

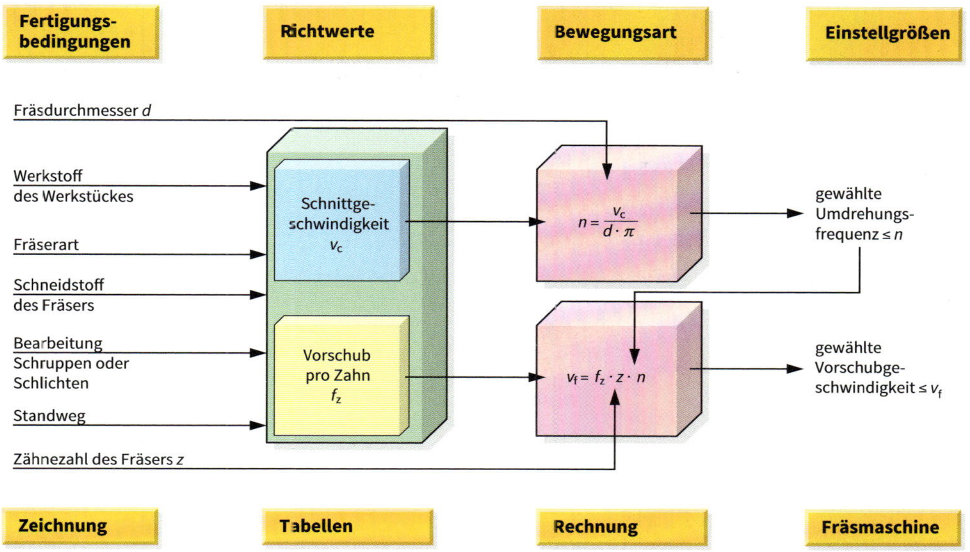

Fräsen – Excel-Rechenblatt

Richtwerte für das HSC-Schlichten mit Schaftfräser aus beschichteten Vollhartmetall

Werkstoff		R_m in MPa oder HBW/HRC	v_c in m/min [1]	Durchmesser d in mm				
				4	6	8	10	12
				a_p = 2 mm	a_p = 3 mm	a_p = 4,5 mm	a_p = 6 mm	a_p = 7,5 mm
				f_z = 0,056 …0,081 mm [1]	f_z = 0,066 …0,094 mm [1]	f_z = 0,080 …0,115 mm [1]	f_z = 0,092 …0,132 mm [1]	f_z = 0,100 …0,144 mm [1]
				a_e in mm	a_e in mm	a_e in mm	a_e in mm	a_e in mm
Einsatzstahl	leg.	< 1000	300…360	0,12	0,15	0,20	0,25	0,25
		≥ 1000	280…340					
Nitrierstahl		< 1000	300…360	0,12	0,15	0,20	0,25	0,25
		≥ 1000	280…340					
Vergütungs-stahl	unleg.	850…1000	300…360	0,12	0,15	0,20	0,25	0,25
	leg.	850…1000	300…360					
		≥ 1000…1000	280…340					
Werkzeugstahl		< 850	300…360	0,12	0,15	0,20	0,25	0,25
		850…1000	280…340					
		≥ 1100…1400	210…270	0,10	0,15	0,20	0,25	0,25
Schnellarbeitsstahl		830…1200	210…270	0,10	0,15	0,20	0,25	0,25
Gehärtete Stähle		45…55 HRC	160…240	0,10	0,15	0,20	0,25	0,25
		55…60 HRC	90…140	0,07	0,12	0,15	0,20	0,25
		60…67 HRC	75…120					
Gusseisen	GJS, GJM	> 180 HB	300…360	0,12	0,15	0,20	0,25	0,25
		> 260 HB	300…360					
Titanlegierung		< 850	210…270	0,10	0,15	0,20	0,25	0,25
		850…1200	90…140	0,07	0,12	0,15	0,20	0,25

HSC: High Speed Cutting

[1] Bei normalen Zerspanungsbedingungen wird ein Zwischenwert gewählt, bei nicht eindeutigen Bedingungen wird mit dem kleinsten Arbeitswert begonnen.

Richtwerte für das Walzenstirnfräsen

Werkstoff		R_m in MPa oder HBW/HRC	HSS unbeschichtet			HSS beschichtet		
			v_c in m/min[1]	$a_e = 0{,}75$ d, $a_p = 0{,}2$ d[1]		v_c in m/min[1]	$a_e = 0{,}75$ d, $a_p = 0{,}2$ d[1]	
				$d = 40$ mm	$d = 80$ mm		$d = 40$ mm	$d = 80$ mm
				f_z in mm[1]			f_z in mm[1]	
Allhemeiner Baustahl		< 500	25…30	0,055	0,085	60…75	0,065	0,100
		500…850						
Automatenstahl		< 850	25…30	0,055	0,085	60…75	0,065	0,100
		850…1000						
Einsatzstahl	unleg.	< 750	25…30			60…75		0,100
	leg.	< 1000	25…30	0,055	0,085	60…75	0,065	0,120
		≥ 1000						0,100
Nitrierstahl		< 1000	18…25	0,055	0,085	50…60	0,065	0,120
		≥ 1000						
Vergütungsstahl	unleg.	< 700	25…30			60…75		0,100
		700…850	18…25			50…60		
		850…1000	18…25	0,055	0,085	50…60	0,065	0,120
	leg.	850…1000	18…25			50…60		0,100
		≥ 1000…1200	10…18			35…45		0,120
Werkzeugstahl		< 850	25…30			60…75		
		850…1100	18…25	0,055	0,085	50…60	0,065	0,120
		≥ 1100…1400	10…18			35…45		
Schnellarbeitsstahl		830…1200	18…25	0,055	0,085	50…60	0,065	0,120
verschleißfeste Konstruktionsstähle		1350	18…25	0,055	0,085	–	0,065	0,100
		1800	–	–	–	–	–	–
Federstähle		< 1500	18…25	0,055	0,085	50…60	0,065	0,100
Nichtrostender Stahl	aust.	< 700	6…12			24…32		
		< 850	6…12	0,055	0,085	24…32	0,065	0,100
	mart.	< 1100	10…18			35…45		
Gusseisen	GJL	< 180 HBW	18…25			50…60		
		≥ 180 HBW	10…18	0,055	0,085	35…45	0,065	0,100
	GJS, GJM	> 180 HBW	18…25			50…60		
		> 260 HBW	10…18			35…45		
Aluminiumlegierungen	langsp.		180…220			330…370		
	kurzsp.	< 350		0,055	0,085		0,065	0,100
	Al-Guss, > 10 % Si		–			–		
Titanlegierung		< 850	25…30	0,055	0,085	60…75	0,065	0,100
		850…1200	10…18			35…45		
Cu, niedrig legiert		< 400	50…70	0,055	0,085	80…100	0,065	0,100
CuZn-Legierungen	kurzsp.	< 600	50…70	0,055	0,085	80…100	0,065	0,100
	langsp.		40…60			70…90		
CuSn-Legierungen	kurzsp.	< 600	–	–	–	–	–	–
		650…850						
	langsp.	< 850	–	–	–	–	–	–
		850…1200						
Thermoplast		–	180…220	0,055	0,085	330…370	0,065	0,100
Duroplast		–	140…180			260…340		

[1] Bei normalen Zerspanungsbedingungen wird ein Zwischenwert gewählt, bei nicht eindeutigen Bedingungen wird mit dem kleinsten Arbeitswert begonnen.

Richtwerte für das Konturfräsen mit Schaftfräser – HSS beschichtet

Werkstoff		R_m in MPa oder HBW/HRC	Schruppen				Schichten				KSS
			Durchmesser d in mm				Durchmesser d in mm				
			v_c in m/min	4	8	12	v_c in m/min	4	8	12	
				$a_e = 0,5 \times d$, $a_p = 1,0 \times d$				$a_e = 0,5 \times d$, $a_p = 1,0 \times d$			
				f_z in mm	f_z in mm	f_z in mm		f_z in mm	f_z in mm	f_z in mm	
Allgemeiner Baustahl		< 500	78	0,009	0,017	0,037	84	0,010	0,020	0,044	E
		500 … 850	64	0,007	0,015	0,032	70	0,008	0,018	0,038	
Automatenstahl		< 850	69	0,007	0,015	0,032	75	0,008	0,018	0,038	E
		850 … 1000	64				70				
Einsatzstahl	unleg.	< 750	55	0,007	0,015	0,032	60	0,008	0,018	0,038	E
	leg.	< 1000	46	0,007	0,015	0,032	50	0,008	0,018	0,038	
		≥ 1000	41	0,008	0,017	0,037	45	0,010	0,020	0,044	
Nitrierstahl		< 1000	39	0,007	0,015	0,032	42	0,008	0,021	0,038	E
		≥ 1000	32	0,009	0,017	0,037	35	0,010	0,020	0,044	
Vergütungsstahl	unleg.	< 700	64				70				E
		700 … 850	55	0,007	0,015	0,032	60	0,008	0,018	0,038	
		≥ 850 … 1000	41				45				
	leg.	850 … 1000	41	0,007	0,015	0.032	45	0,008	0,018	0,038	
		≥ 1000 … 1200	39	0,009	0,017	0.037	42	0,010	0,020	0,044	
Werkzeugstahl		< 850	35	0,007	0,015	0.032	38	0,008	0,018	0,038	E
		850 … 1100	29	0,009	0,017	0.037	32	0,010	0,020	0,044	
		≥ 1100 … 1400	25				27				
Schnellarbeitsstahl		830 … 1200	21	0,009	0,017	0,037	23	0,010	0,020	0,044	E
verschleißfeste Konstruktionsstähle		1350	18	0,009	0,017	0,037	20	0,008	0,020	0,044	E
		1800	7				8				
Federstähle		< 1500	14	0,009	0,017	0,037	15	0,010	0,020	0,044	E
Nichtrostender Stahl	aust.	< 700	23	0,007	0,015	0,032	25	0,008	0,018	0,038	E
		< 850	17				18				
	mart.	< 1100	14	0,009	0,017	0,037	15	0,010	0,020	0,044	
Gusseisen	GJL	< 180 HBW	60	0,007	0,015	0,032	65	0,008	0,018	0,038	E
		≥ 180 HBW	46				50				
	GJS, GJM	> 180 HBW	37				40				
		> 260 HBW	26				28				
Aluminiumlegierungen	langsp.	< 350	200	0,010	0,024	0,049	219	0,012	0,028	0,058	E
	kurzsp.		120	0,014	0,033	0,062	129	0,016	0,040	0,072	
	Al-Guss, > 10 % Si		100	0,018	0,039	0,069	109	0,022	0,046	0,082	
Titanlegierung		< 850	16	0,009	0,017	0,037	17	0,010	0,020	0,044	E
		850 … 1200	9				10				
Cu, niedrig legiert		< 400	92	0,014	0,033	0,062	99	0,016	0,040	0,072	E
CuZn-Legierungen	kurzsp.	< 600	92	0,014	0,033	0,062	99	0,016	0,040	0,072	t
	langsp.		83				89				t
CuSn-Legierungen	kurzsp.	< 600	83	0,014	0,033	0,062	89	0,016	0,040	0,072	t
		650 … 850	64				70				t
	langsp.	< 850	51	0,014	0,033	0,062	55	0,016	0,040	0,072	E
		850 … 1200	41	0,018	0,039	0,069	45	0,022	0,046	0,082	E
Thermoplast		–	51	0,014	0,033	0,062	55	0,016	0,040	0,072	t

Richtwerte für das Planfräsen mit Wendeschneidplatten, $\kappa = 45°$ (MTC[1])

Werkstoff		R_m in MPa oder HBW/HRC	trocken v_c in m/min[2]	nass v_c in m/min[2]	$a_p = 3{,}5$ mm: $a_e = (0{,}5\ldots1) \times d$[3], f_z in mm[2]	$a_p = 3{,}5$ mm: $a_e = 0{,}3 \times d$, f_z in mm[2]	$a_p = 3{,}5$ mm: $a_e = 0{,}1 \times d$, f_z in mm[2]
Allgemeiner Baustahl		< 500	250…350	200…260	0,12…0,42	0,18…0,46	0,21…0,49
		500…850	220…250	200…230	0,12…0,35	0,18…0,39	0,19…0,46
Automatenstahl		< 850	230…270	200…250	0,12…0,32	0,16…0,36	0,18…0,42
		850…1000	220…270	190…230	0,12…0,29	0,14…0,34	0,16…0,39
Einsatzstahl	unleg.	< 750	200…260	180…220	0,12…0,38	0,21…0,42	0,25…0,49
	leg.	< 1000	150…180	130…170	0,12…0,35	0,18…0,39	0,22…0,45
		≥ 1000	160…190	140…180	0,12…0,32	0,15…0,35	0,19…0,41
Nitrierstahl		< 1000	120…150	100…140	0,12…0,29	0,15…0,32	0,16…0,38
		≥ 1000			0,12…0,27	0,13…0,30	0,15…0,35
Vergütungsstahl	unleg.	< 700	200…260	180…220	0,12…0,46	0,22…0,47	0,25…0,49
		700…850	190…250	175…215	0,12…0,42	0,20…0,44	0,23…0,46
		≥ 850…1000	150…200	140…180	0,12…0,38	0,18…0,41	0,21…0,48
	leg.	850…1000	190…250	175…215	0,12…0,35	0,16…0,34	0,18…0,46
		≥ 1000…1200	150…200	140…180	0,12…0,31	0,14…0,28	0,16…0,41
Werkzeugstahl		< 850	120…150	100…140	0,12…0,20	0,13…0,30	0,15…0,35
		850…1100	100…130	95…115	0,10…0,18	0,12…0,28	0,13…0,32
		≥ 1100…1400	95…115	80…110	0,10…0,17	0,11…0,27	0,12…0,29
Schnellarbeitsstahl		830…1200	80…140	95…115	0,10…0,17	0,11…0,27	0,12…0,29
gehärtete Stähle		45…55 HCR	30…70	–	0,08…0,16	0,10…0,24	0,11…0,27
		55…60 HCR	20…60	–	0,06…0,13	0,09…0,21	0,10…0,25
		60…67 HCR	20…50	–	0,06…0,12	0,08…0,19	0,08…0,21
verschleißfeste Konstruktionsstähle		1350	140…250	–	0,12…0,29	0,15…0,32	0,16…0,38
		1800	120…230	–	0,10…0,27	0,13…0,30	0,15…0,35
Federstähle		< 1500	95…115	95…115	0,10…0,25	0,12…0,27	0,13…0,32
Nichtrostender Stahl	aust.	< 700	–	80…120	0,12…0,27	0,13…0,30	0,14…0,32
		< 850	–	70…110	0,10…0,25	0,12…0,28	0,13…0,30
	mart.	< 1100	–	60…100	0,10…0,27	0,13…0,30	0,16…0,32
Gusseisen	GJL	< 180 HB	220…250	190…230	0,14…0,42	0,18…0,46	0,21…0,53
		≥ 180 HB	115…145	95…130	0,14…0,35	0,16…0,37	0,19…0,49
	GJS, GJM	> 180 HB	220…250	190…225	0,12…0,32	0,14…0,35	0,17…0,44
		> 260 HB	200…240	180…220	0,14…0,29	0,14…0,32	0,17…0,41
Aluminiumlegierungen	langsp.	< 350	600…850	600…850	0,08…0,25	0,11…0,32	0,14…0,33
	kurzsp.		400…600	400…600	0,08…0,22	0,11…0,28	0,13…0,31
	Al-Guss, > 10 % Si		250…500	250…500	0,08…0,21	0,08…0,25	0,11…0,28
Titanlegierung		< 850	–	65…95	0,12…0,22	0,15…0,24	0,18…0,27
		850…1200	–	55…75	0,12…0,20	0,14…0,21	0,17…0,24
Cu, niedrig legiert		< 400	–	180…450	0,08…0,18	0,11…0,32	0,14…0,33
CuZn-Legierungen	kurzsp.	< 600	–	160…440	0,08…0,22	0,11…0,28	0,13…0,31
	langsp.		–	200…470	0,12…0,28	0,16…0,32	0,18…0,35
CuSn-Legierungen	kurzsp.	< 600	–	170…440	0,09…0,22	0,11…0,28	0,13…0,31
		650…850	–	160…420	0,09…0,20	0,11…0,25	0,11…0,28
	langsp.	< 850	–	160…420	0,13…0,28	0,16…0,32	0,18…0,35
		850…1200	–	140…380	0,09…0,20	0,11…0,25	0,13…0,28

Für alle Stahlsorten und Kupfersorten werden TiC/TiN-beschichtete Schneidplatten, für Aluminiumsorten und Kunststoffe werden unbeschichtete Schneidplatten verwandt.

1) MTC: Multi-Task-Cutting

2) Bei normalen Zerspanungsbedingungen wird ein Zwischenwert gewählt, bei nicht eindeutigen Bedingungen wird mit dem kleinsten Arbeitswert begonnen.

3) d = Durchmesser des Fräsers

Richtwerte für das Eckfräsen mit Wendeschneidplatten, $\kappa = 90°$ (MTC [1])

Werkstoff		R_m in MPa oder HBW/HRC	trocken v_c in m/min [2]	nass v_c in m/min [2]	$a_p = 3{,}5$ mm: $a_e = (0{,}5\ldots1) \times d$ [3]	$a_e = 0{,}3 \times d$	$a_e = 0{,}1 \times d$
					f_z in mm [2]		
Allgemeiner Baustahl		< 500	320…360	260…300	0,11…0,20	0,13…0,25	0,15…0,35
		500…850	220…300	190…230			
Automatenstahl		< 850	310…350	250…290	0,11…0,20	0,13…0,25	0,15…0,35
		850…1000	200…240	170…210	0,11…0,19	0,12…0,24	0,14…0,33
Einsatzstahl	unleg.	< 750	340…380	260…300	0,11…0,20	0,13…0,25	0,15…0,35
	leg.	< 1000	150…210	130…170	0,11…0,19	0,12…0,24	0,14…0,33
		≥ 1000	150…210	130…170	0,11…0,18	0,12…0,23	0,13…0,30
Nitrierstahl		< 1000	140…220	130…170	0,11…0,19	0,12…0,24	0,14…0,33
		≥ 1000	150…210	130…170	0,11…0,18	0,12…0,23	0,13…0,30
Vergütungsstahl	unleg.	< 700	260…300	210…250	0,11…0,20	0,13…0,25	0,15…0,35
		700…850	230…290	190…230			
		≥ 850…1000	220…280	190…230	0,11…0,19	0,12…0,24	0,14…0,33
	leg.	850…1000	220…260	180…220	0,11…0,19	0,12…0,24	0,14…0,30
		≥ 1000…1200	220…260	180…220			
Werkzeugstahl		< 850	140…220	130…170	0,11…0,19	0,12…0,24	0,14…0,33
		850…1100	150…210	130…170	0,11…0,18	0,12…0,23	0,14…0,30
		≥ 1100…1400	130…170	100…140	0,11…0,17	0,11…0,22	0,12…0,28
Schnellarbeitsstahl		830…1200	130…170	100…140	0,11…0,17	0,11…0,22	0,12…0,28
verschleißfeste Konstruktionsstähle		1350	40…60	40…60	0,11…0,15	0,11…0,20	0,11…0,25
		1800	20…40	20…40	0,11…0,14	0,11…0,18	0,11…0,22
Federstähle		< 1500	110…150	110…150	0,11…0,18	0,12…0,23	0,13…0,30
Nichtrostender Stahl	aust.	< 700	120…180	80…120	0,11…0,18	0,12…0,23	0,15…0,30
		< 850	120…180	80…120	0,11…0,17	0,12…0,22	0,15…0,28
	mart.	< 1100	90…150	70…100	0,11…0,15	0,11…0,20	0,11…0,25
Gusseisen	GJL	< 180 HB	230…270	190…230	0,11…0,20	0,13…0,25	0,15…0,35
		≥ 180 HB	220…260	180…220			
	GJS, GJM	> 180 HB	130…170	110…150	0,11…0,19	0,12…0,24	0,14…0,33
		> 260 HB	120…160	100…140			
Aluminiumlegierungen	langsp.	< 350	300…1000	300…1000	0,11…0,20	0,13…0,25	0,15…0,30
	kurzsp.		200…800	200…800			
	Al-Guss, > 10 % Si		200…600	200…600	0,11…0,19	0,12…0,24	0,14…0,30
Cu, niedrig legiert		< 400	200…600	200…600	0,11…0,15	0,11…0,20	0,12…0,20
CuZn-Legierungen	kurzsp.	< 500	200…600	200…600	0,11…0,15	0,11…0,20	0,12…0,20
	langsp.						
CuSn-Legierungen	kurzsp.	< 500					
		650…850					
	langsp.	< 850					
		850…1200					
Thermoplast		–	300…1000	300…1000	0,11…0,20	0,13…0,25	0,15…0,30
Duroplast		–	200…900	200…900			
GFK und CFK		–	200…600	200…600			

Für alle Stahlsorten und Gusseisensorten werden TiC/TiN-beschichtete Schneidplatten, für Aluminium- und Kupfersorten und Kunststoffe werden unbeschichtete Schneidplatten verwandt.

[1] MTC: Multi-Task-Cutting

[2] Bei normalen Zerspanungsbedingungen wird ein Zwischenwert gewählt, bei nicht eindeutigen Bedingungen wird mit dem kleinsten Arbeitswert begonnen.

[3] d = Durchmesser des Fräsers

Fräswerkzeuge – Bezeichnung
Schaltfräser und Fräswerkzeuge mit Bohrung aus Vollstahl/Vollhartmetall oder mit Schneidplatten

DIN ISO 11529: 2014-10

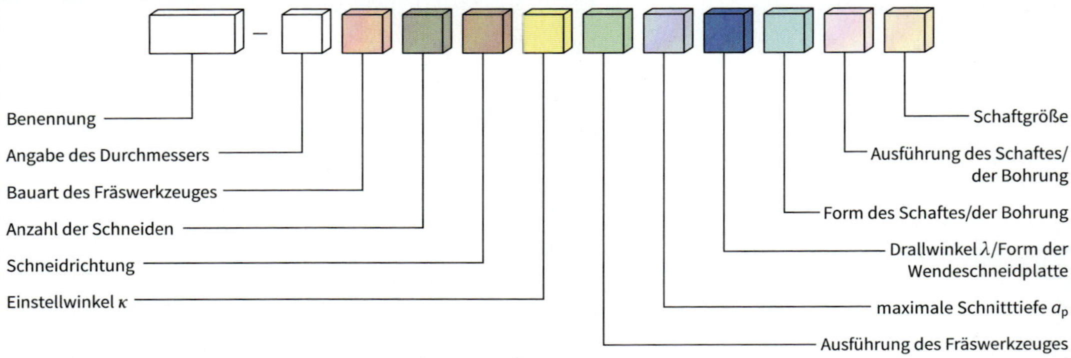

Schaltfräser 32 G 04 R 090 A 012 S ZYL 10 032

Bezeichnung eines Schaltfräsers aus Vollstahl/Vollhartmetall, Durchmesser $d = 32$ mm; umfangsschneidend, 4 Schneiden, rechts schneidend, Einstellwinkel $\kappa = 90°$, gerade, durchgehende Schneiden, maximale Schnitttiefe $a_p = 12$ mm, Drallwinkel $\lambda = 20 \ldots 25°$, gerader Zylinderschaft, glatte Spabbfläche, Schaftdurchmesser $d = 32$ mm

Bauart des Fräswerkzeuges

Symbol	Ausführung
A	Planfräser, Eckfräser (Vorschub 90° zur Drehachse)
B	Planfräser, Eckfräser (Vorschub 90° und 45° zur Drehachse)
C	Scheibenfräser, dreiseitig schneidend
D	Schlitz- oder Trennfräser
E	Einseitiger Scheibenfräser
F	T-Nutenfräser
G	zylindrischer oder kegeliger Schaftfräser, umfangsschneidend, Walzenfräser
H	zylindrischer oder kegeliger Schaftfräser, umfangs- und zentrumsschneidend
J	zylindrischer oder kegeliger Schaftfräser, umfangsschneidend, schräg eintauchend
K	Kopier-/Vollradiusfräser, zentrumsschneidend
L	zylindrischer oder kegeliger Schaftfräser, umfangs- und zentrumsschneidend
M	Senkfräser
P	Doppelseitiger Scheibenfäser
T	Gewindefräser

Anzahl der Schneiden

Angabe der Anzahl der wirksamen Schneiden durch eine zweistellige Zahl, ggf. ergänzt durch eine vorangestellte 0, z. B. 2 wirksame Schneiden → 02

Angabe der Schneidrichtung

Symbol	Schneidrichtung
L	links
R	rechts
N	neutral

Angabe des Durchmessers

Angabe des Durchmessers durch eine dreistellige Zahl, ggf. ergänzt durch eine vorangestellte 0, z. B. 032

Angabe des Einstellwinkel κ

Angabe des Winkels durch eine zweistellige Zahl. Bei Fräsern mit runden Schneidplatten und Schaftfräsern Typ K wird 00 angegeben.

Ausführung des Fräswerkzeuges

Symbol	Ausführung
A	Vollstahl/Vollhartmetall mit geraden Schneiden
B	Vollstahl/Vollhartmetall mit unterbrochenen Schneiden
D	mit gelöteten Schneidplatten und geraden Schneiden
E	mit gelöteten Schneidplatten und unterbrochenen Schneiden
F	mit mechanisch geklemmten Schneidplatten und geraden Schneiden
G	mit mechanisch geklemmten Schneidplatten und unterbrochenen Schneiden
C	Schneidplatte von oben geklemmt
P	Schneidplatte über Bohrung geklemmt
S	Schneidplatte über Bohrung aufgeschraubt
T	Schneidplatte über Bohrung tangential befestigt
V	Schneidplatte ohne Bohrung, tangential befestigt
W	Schneidplatte ohne Bohrung, mit Keil befestigt
X	Sonderausführung

Angabe der maximalen Schnitttiefe a_p

Angabe der maximalen Schnitttiefe a_p durch eine dreistellige Zahl, ggf. ergänzt durch eine vorangestellte 0, z. B. 060.

Ist a_p kleiner als 10 mm, wird die Schnitttiefe angegeben durch T gefolgt vom Wert in 1/10 in mm, z. B. $a_p = 6{,}5$ mm → T65

Fräswerkzeuge – Bezeichnung
Schaltfräser und Fräswerkzeuge aus Vollstahl/Vollhartmetall oder mit Schneidplatten

DIN ISO 11529: 2014-10

Drallwinkel

Winkel	Symbol		Winkel	Symbol	
	Rechts-drall	Links-drall		Rechts-drall	Links-drall
0°	A	A	$20° < \lambda \leq 25°$	F	S
$0° < \lambda < 5°$	B	M	$25° < \lambda \leq 30°$	G	T
$5° < \lambda \leq 10°$	C	N	$30° < \lambda \leq 35°$	H	U
$10° < \lambda \leq 15°$	D	P	$35° < \lambda \leq 40°$	J	V
$15° < \lambda \leq 20°$	E	Q	$40° < \lambda \leq 55°$	K	W

Form der Wendeschneidplatte

Symbol	Form	Typ
H	sechseckig	gleichseitig und gleichwinklig
O	achteckig	
P	fünfeckig	
S	quadratisch	
T	dreieckig	
C	rhombisch, $\varepsilon = 80°$	gleichseitig, aber ungleichwinklig
D	rhombisch, $\varepsilon = 55°$	
E	rhombisch, $\varepsilon = 75°$	
M	rhombisch, $\varepsilon = 86°$	
V	rhombisch, $\varepsilon = 35°$	
W	rhombisch, $\varepsilon = 80°$	
L	rechteckig	ungleichseitig, aber gleichwinklig
A	rhomboidisch, $\varepsilon = 85°$	ungleichseitig und ungleichwinklig
B	rhomboidisch, $\varepsilon = 82°$	
K	rhomboidisch, $\varepsilon = 55°$	
R	rund	rund
X	mit anderen Formen von Wendeschneidplatten bestückt	
Y	mit mehr als einer Form von Wendeschneidplatten bestückt	

Form und Ausführung des Schaftes/der Bohrung

Form	Ausführung	Bild
ZYL	01 Gerader Zylinderschaft	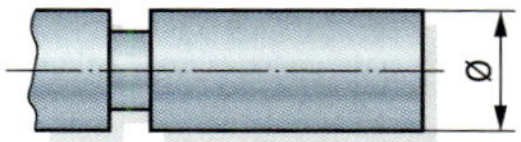
	03 Gerader Zylinderschaft mit Befestigungsgewinde	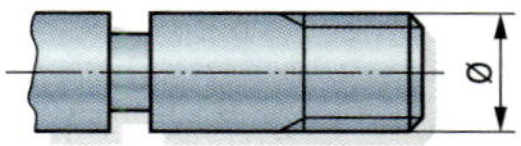
	10 Gerader Zylinderschaft mit glatter Spannfläche	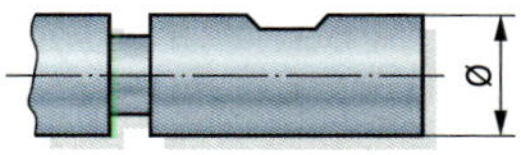
MKG	1x [1] Morsekegel ohne Befestigungsgewinde	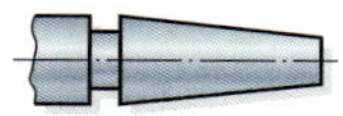
	4x [1] Morsekegel mit Befestigungsgewinde und Mitnehmer	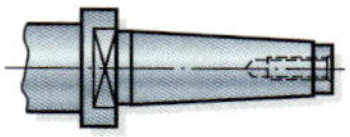
SKG	1x [1] Steilkegelschaft 7/24	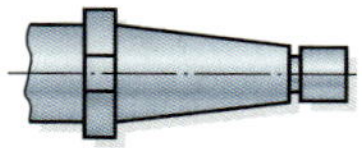
HSK	01 Kegel-Hohlschaft Form A	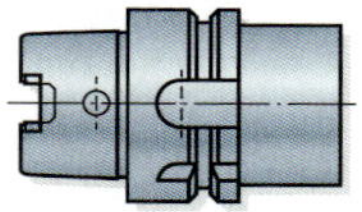
FDA	22 Fräskopfaufnahme mit Quernut und Zylinderschraube mit Innensechskant	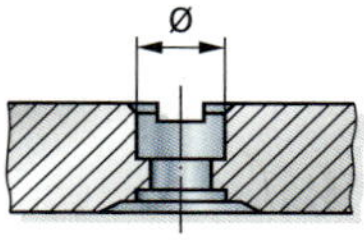
	12 Fräskopfaufnahme mit Quernut und Fräseranzugs-schraube	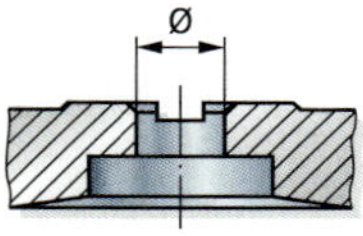
SPK	01 Haltedorn mit Schraubenlochkreis	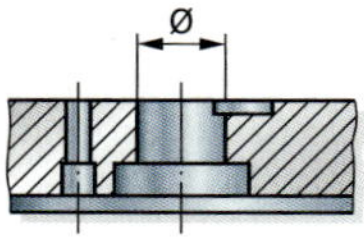
CCS	01 Polygonaler Hohlschaftkegel mit Planalage	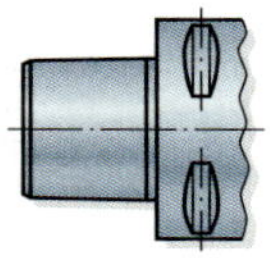

Angabe der Größe des Schaftes/der Bohrung

Angabe der Größe des Schaftes oder des Bohrungsdurchmessers durch eine zweistellige Zahl, ggf. ergänzt durch eine vorangestellte 0. Bei Morsekegelschäften und bei Steilkegelschäften wird die Nummer des Kegels angegeben.

[1] an der zweiten Stelle des Symbols für die Ausführung stehen Hinweise zur Kühlmittelzufuhr:
0: ohne Kühlmittelzufuhr
1: zentrale (axiale) Kühlmittelzufuhr
6: dezentrale Kühlmittelzufuhr
7: zentrale und dezentrale Kühlmittelzufuhr

Scheibenfräser

DIN 885-1: 2021-02

Schneidstoff: HSS

Form A:
kreuzverzahnt

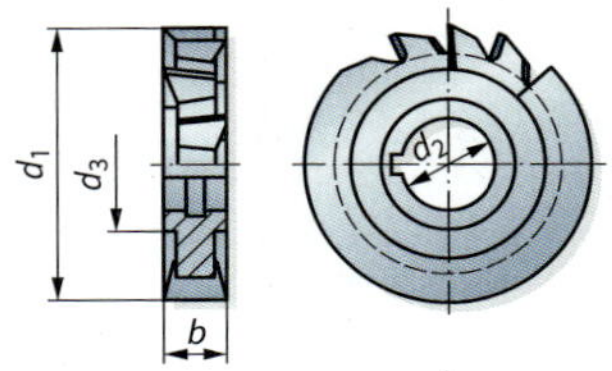

Form B:
geradverzahnt

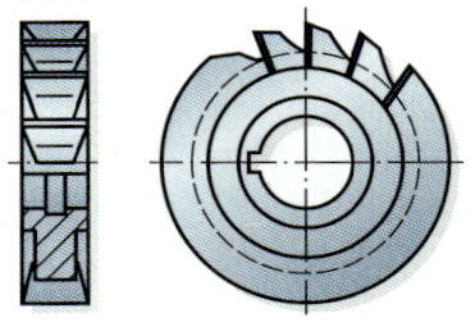

Bezeichnung:

Fräser DIN 885 – A 80 x 6 N – HSS

- Scheibenfräser
- Form A
- Durchmesser d_1 = 80 mm
- Breite b = 6 mm
- WZ-Anwendungsgruppe N
- Schneidstoff

Walzenstirnfräser

DIN 1880-1: 2020-10

Schneidstoff: HSS

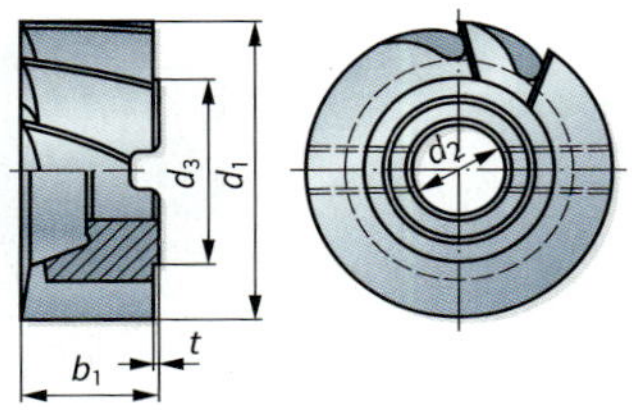

Bezeichnung:

Fräser DIN 1880 – 63 N – HSS

- Walzenstirnfräser
- Durchmesser d_1 = 63 mm
- WZ-Anwendungsgruppe N
- Schneidstoff

Schaftfräser mit Zylinderschaft

DIN 844-1:1989-04; DIN 844-2: 1990-04

Schneidstoff: HSS

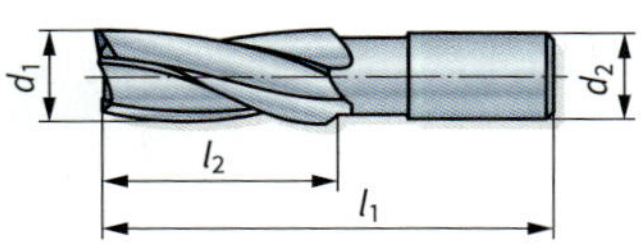

Form A: mit glattem Zylinderschaft
Form B: mit seitlichen Mitnahmeflächen
Form D: mit Anzugsgewinde
Form E: mit geneigter Spannfläche

Bezeichnung:

Fräser DIN 844 – A 18 K – N – Z3 – HSS

- Schaftfräser
- Form A
- Durchmesser d_1 = 18 mm
- kurze Ausführung
- WZ-Anwendungsgruppe N
- Anzahl der Schneiden z = 3
- Schneidstoff

Langlochfräser mit Zylinderschaft

DIN 327-2: 1990-04

Schneidstoff: HSS

Form A:
geradgenutet

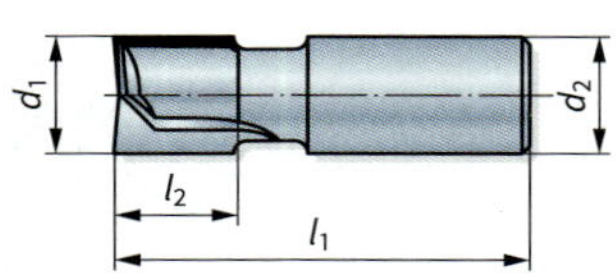

Form B:
drallgenutet

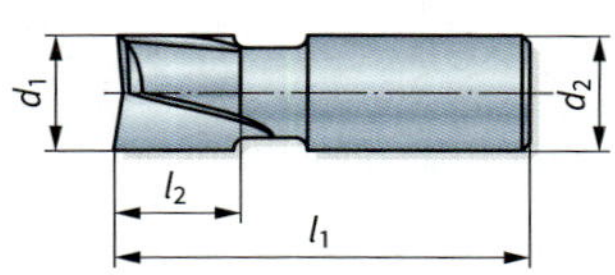

Bezeichnung:

Fräser DIN 327 – A 20 K – Z2 – HSS

- Langlochfräser
- Form A
- Durchmesser d_1 = 20mm
- für allgemeine Anwendung
- Anzahl der Schneiden z = 3
- Schneidstoff

K: für allgemeine Anwendung
KF: für Feinwerktechnik

Teilen

Direktes Teilen

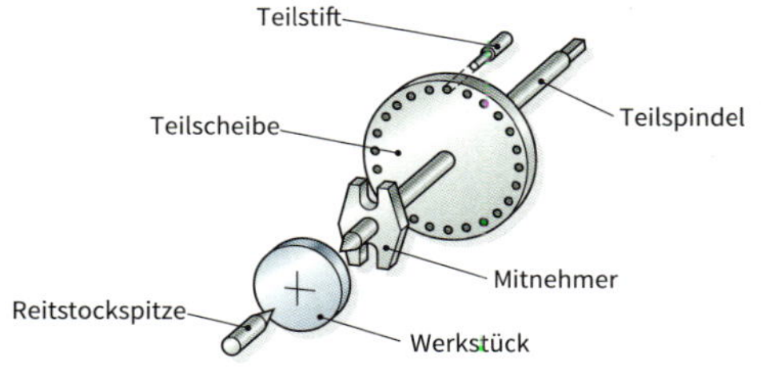

$$n_L = \frac{n_T}{T}$$

$$n_L = \frac{\alpha \cdot n_T}{360°}$$

n_L : Anzahl der Lochabstände bzw. Rastenabstände je Teilschritt
n_T : Anzahl der Lochabstände bzw. Rastenabstände auf der Teilscheibe
T : Teilzahl des Werkstückes
α : Teilungswinkel des Werkstückes

Indirektes Teilen

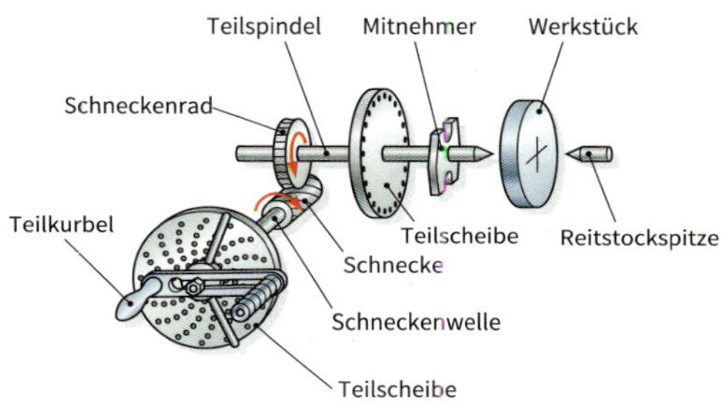

$$n_k = \frac{i}{T}$$

$$n_k = \frac{i \cdot \alpha}{360°}$$

n_k : Teilkurbelumdrehung pro Teilschritt
i : Übersetzungsverhältnis des Schneckengetriebes
T : Teilzahl des Werkstückes
α : Teilungswinkel des Werkstückes

Beispiel:

$i = 40, \alpha = 32°, n_k = ?$, Lochkreis = ?

$n_k = \frac{i \cdot \alpha}{360°} = \frac{40 \cdot 32°}{360°} = \frac{32}{9} = 3\frac{5}{9} = 3\frac{15}{27}$ 27er Lochkreis

Ausgleichsteilen (Differenzialteilen)

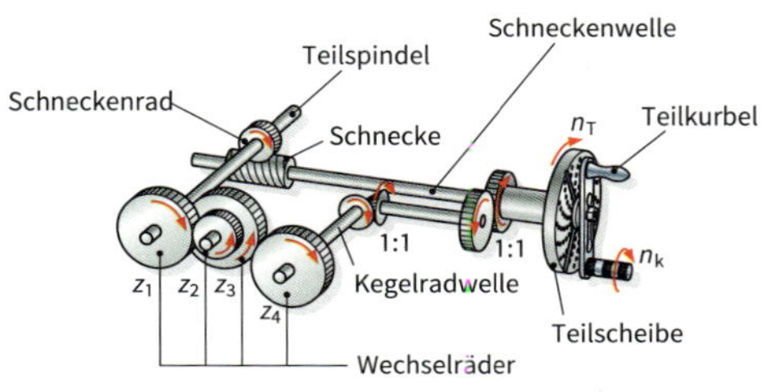

$$n_k = \frac{i}{T'}$$

$$\frac{z_1 \cdot z_3}{z_2 \cdot z_4} = \frac{i}{T'} \cdot (T' - T)$$

n_k : Teilkurbelumdrehung pro Teilschritt
i : Übersetzungsverhältnis des Schneckengetriebes
T' : Hilfsteilzahl
T : Teilzahl des Werkstückes
$z_1 \dots z_4$: Zähnezahlen der Wechselräder

Vorhandene Lochkreise (Anzahl der Löcher)	
15 – 16 – 17 – 18 – 19 – 20 21 – 23 – 27 – 29 – 31 – 33 37 – 39 – 41 – 43 – 47 – 49	oder 17 – 19 – 23 – 24 – 25 – 27 – 28 – 29 – 30 31 – 33 – 37 – 39 – 41 – 42 – 43 – 47 – 49 51 – 53 – 57 – 59 – 61 – 63

Aufbaumöglichkeiten für das Wechselrädergetriebe

Drehrichtung	einfache Übersetzung	doppelte Übersetzung	Drehrichtung	einfache Übersetzung	doppelte Übersetzung
gleichgerichtet $T' > T$	Fall 1 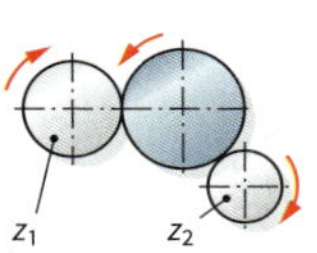	Fall 2 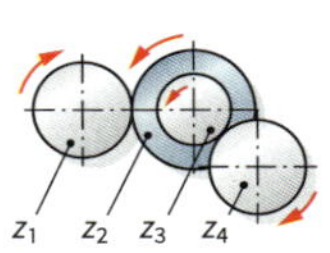	entgegengesetzt $T' < T$	Fall 3 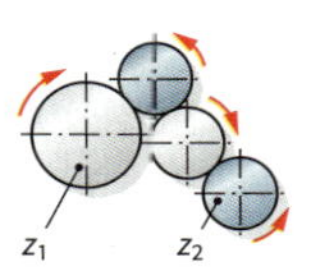	Fall 4 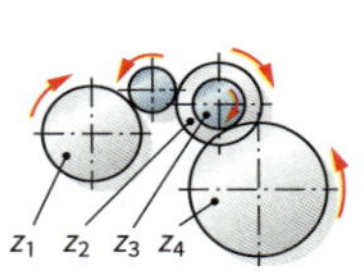

Zähnezahlen der Wechselräder: 24; 24; 28; 32; 36; 40; 44; 48; 56; 64; 72; 80; 84; 86; 96; 100

Begriffe

Umfangs-Planschleifen

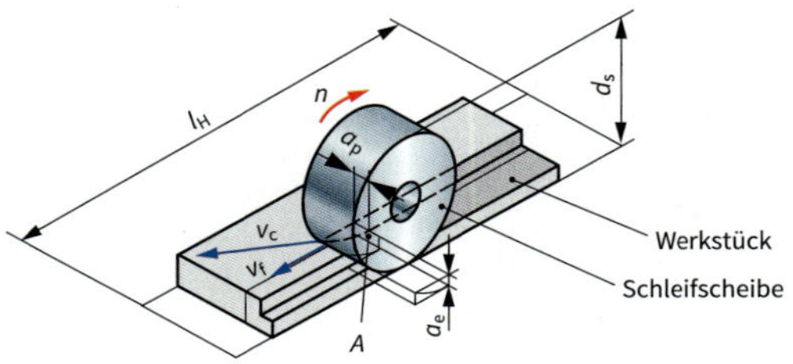

Spanungsgrößen

d : Schleifscheibendurchmesser
a_p : Schnitttiefe
a_e : Arbeitseingriff
A : Spanungsquerschnitt
f : Vorschub

$A = a_p \cdot a_e$

$a_p = f$

Geschwindigkeiten

v_c : Schnittgeschwindigkeit in m/s
n : Umdrehungsfrequenz der Schleifscheibe
v_f : Vorschubgeschwindigkeit des Werkstückes in m/min
l_H : Länge des Hubes
n_H : Hubzahl pro Zeiteinheit
v_w : Umfangsgeschwindigkeit des Werkstückes

Seitenplanschleifen

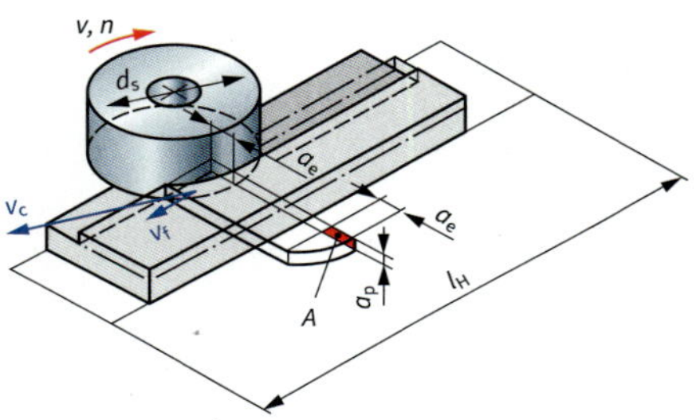

$v_c = d \cdot \pi \cdot n$

$v_f = l_H \cdot n_H$

q : Geschwindigkeitsverhältniszahl

$q = \frac{v_c}{v_f}$ beim Planschleifen

$q = \frac{v_c}{v_w}$ beim Rundschleifen

Umfangs-Außen-Rundschleifen

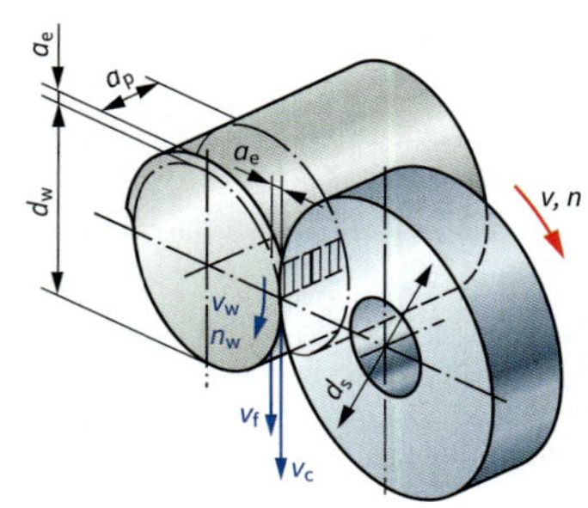

Zeitspanungsvolumen

Q : Zeitspanungsvolumen in cm³/min

$Q = A \cdot v_f$

Beispiel:

Werkstoff: Stahl gehärtet
Umfangsplanschleifen
$a_e = 0{,}02$ mm, $a_p = 20$ mm, $v_f = 30$ m/min (lt. Tabelle), $Q = ?$

$Q = A \cdot v_f$

$A = a_p \cdot a_e = 20\ \text{mm} \cdot 0{,}02\ \text{mm} = 0{,}4\ \text{mm}^2$

$Q = 0{,}4\ \text{mm}^2 \cdot \frac{30\ \text{m} \cdot 100\ \text{mm}}{\text{min/m}} = 12\,000\ \frac{\text{mm}^3}{\text{min}}$

$Q = 12\ \frac{\text{cm}^3}{\text{min}}$

Geschwindigkeitsverhältniszahl *q* (Richtwerte)

Werkstoff	Planschleifen (Flachschleifen) mit			Rundschleifen		spitzenloses Schleifen
	gerader Scheibe	Segmenten	Topfscheibe	außen	innen	
Stahl, gehärtet oder ungehärtet	80	50	50	125	80	125
Gusseisen	63	40	40	100	63	80
Kupfer, Cu-Legierungen	50	32	32	80	50	50
Leichtmetalle	32	20	20	50	32	50

Schleifkörper aus gebundenem Schleifmittel

DIN ISO 525: 2022-01

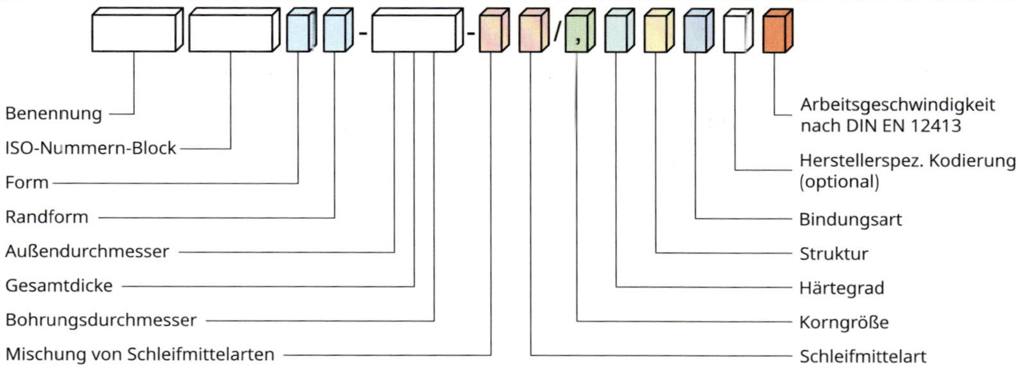

Gerade Schleifscheibe ISO 603-1 1 B 300 × 20 × 127 – 51 A/F60 L 6 V – 35 m/s

Gerade Schleifscheibe für Außenrundschleifen nach ISO 603-1, Form 1, Randform B, Durchmesser D = 300, Breite T = 20 mm, Bohrungsdurchmesser H = 127 mm, Mischung von Schleifmittelarten nach Herstellerangabe 51, Schleifmittel A Korund, Körnung 60, Härtegrad L, Struktur 6, keramische Bindung V und Arbeitshöchstgeschwindigkeit 35 m/s.

DIN ISO 603: Maßnormen für Schleifscheiben

Schleifmittel

Herstellerspezifische Kodierung für die Mischung von Schleifmittelarten, z. B. weißes und braunes Al_2O_3.

Schleifmittelart

Name		Kurzzeichen	Mohs-Härte	Anwendung
Normalkorund Braunes Al-Oxid	94 % Al_2O_3	A	9	zähe Werkstoffe (unlegierter, ungehärteter Stahl, Stahlguss, Temperguss)
Edelkorund Weißes Al-Oxid	99 % Al_2O_3		9,3	harte Werkstoffe (legierter, gehärteter Stahl, Titan, Glas)
Siliziumkarbid	SiC	C	9,5	weiche Werkstoffe (Kupfer, Aluminium, Kunststoffe) harte Werkstoffe (Gusseisen, Hartguss, Hartmetall, Glas)
Zirkonkorund	$Al_2O_3 + ZrO_2$	Z	–	nichtrostender Stahl

Korngröße

Körnung	Körnungsnummer
Makrokörnung F4 … F220	
grob	4 5 6 7 8 10 12 14 16 20 22 24
mittel	30 36 40 46 54 60
fein	70 80 90 100 120 150 180 220
Mikrokörnung F230 … F1200	
sehr fein	230 240 280 320 400 500 600 800 1000 1200

Körnung von Diamantschleifmitteln von 0,5 µm … 300 µm
Bezeichnung: D 0,5 … D 300

Härtegrad

Härtegrad	Bezeichnung
äußerst weich	A B C D
sehr weich	E F G
weich	H I J K
mittel	L M N O
hart	P Q R S
sehr hart	T U V W
äußerst hart	X Y Z

Randformen für Schleifscheiben

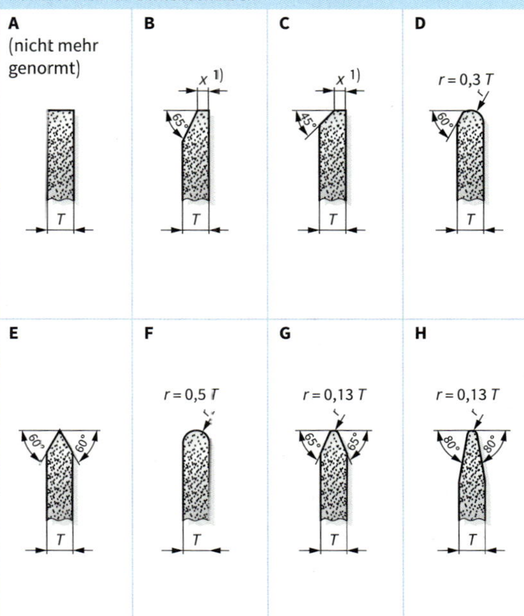

1) x: 0,25 × T (max. 3,2 mm)

Bindung

Kurzzeichen	Bindungsart
V	Keramische Bindung
R	Gummibindung
RF	faserverstärkt
B	Kunstharzbindung
BF	faserstoffverstärkt
E	Schelllackbindung
MG	Magnesitbindung
PL	Plastikbindung

Struktur

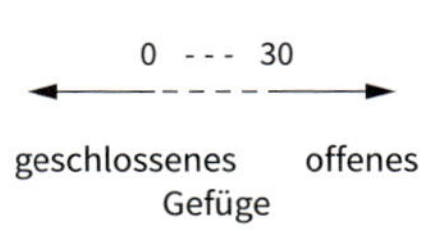

Benennung *Maßbuchstaben* Form nach DIN ISO 525	Maschinenart	Anwendungsart[1]	Arbeitshöchstgeschwindigkeit v_s in m/s Bindung							
			V	B	BF	R	RF	E	MG	PL
Gerade Schleifscheibe *D* x *T* x *H* Form 1 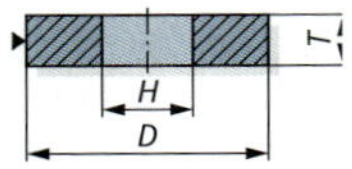	Ortsfeste Schleifmaschinen	Zwangsgeführtes Schleifen	40	50	63	50	–	40	25	50
		Handgeführtes Schleifen	35	50	63	50	50	40	25	50
	Handschleif-maschinen	Zwangsgeführtes Schleifen	–	50	80	50	80	–	–	50
Einseitig konische Schleifscheibe *D*/*J* x *T* x *H* Form 3 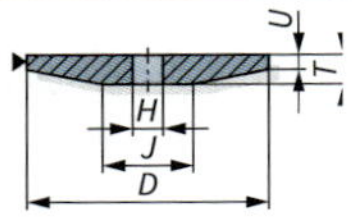	Ortsfeste Schleifmaschinen	Zwangsgeführtes Schleifen	40	50	–	50	–	–	–	50
Einseitig ausge-sparte Schleif-scheibe *D* x *T* x *H* – *P* x *F* Form 5 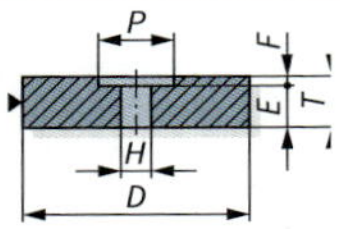	Ortsfeste Schleifmaschinen	Zwangsgeführtes Schleifen	40	50	–	50	–	–	–	50
		Handgeführtes Schleifen	35	50	–	50	–	–	–	50
	Handschleif-maschinen	Freihandschleifen	–	50	80	50	80	–	–	50
Schleifteller *D*/*J* x *T* x *H* Form 12 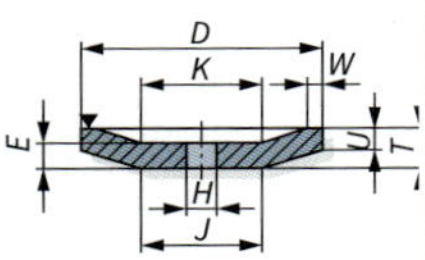	Ortsfeste Schleifmaschinen	Zwangsgeführtes Schleifen	32	40	–	40	–	–	–	40
		Handgeführtes Schleifen	32	40	–	40	–	–	–	–
Zweiseitig ver-jüngte Schleif-scheibe *D*/*K* x *T*/*N* x *H* Form 21 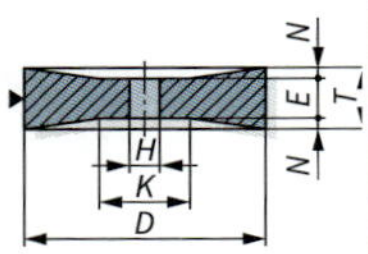	Ortsfeste Schleifmaschinen	Zwangsgeführtes Schleifen	40	50	–	50	–	–	–	–
Gekröpfte Schleifscheibe *D* x *U* x *H* Form 27 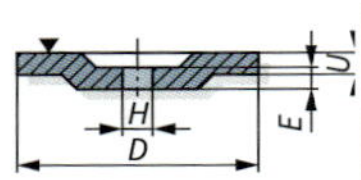	Handschleif-maschinen	Freihandschleifen	–	–	80	–	–	–	–	–
Gerade Trenn-schleifscheibe *D* x *T* x *H* Form 41 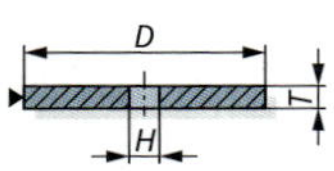	Ortsfeste Trenn-schleifmaschinen	Zwangsgeführtes Schleifen	–	80	100	63	80	63	–	–
		Handgeführtes Schleifen	–	80	100	63	80	63	–	–
	Ortsveränderliche Trennschleif-maschinen	Handgeführtes Trennschleifen	–	–	100	–	–	–	–	–
	Handtrennschleif-maschinen	Freihandschleifen	–	–	80	–	–	–	–	–
Gekröpfte Trennschleif-scheibe *D* x *U* x *H* Form 42 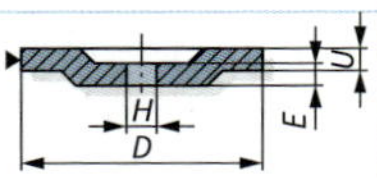	Ortsfeste Trenn-schleifmaschine	Zwangsgeführtes Trennschleifen	–	–	100	–	80	–	–	–
		Handgeführtes Trennschleifen	–	–	100	–	80	–	–	–
	Ortsveränderliche Trennschleif-maschinen	Handgeführtes Schleifen	–	–	80	–	80	–	–	–
	Handtrennschleif-maschinen	Freihandschleifen	–	–	80	–	–	–	–	–
Schleifstifte *D* x *T* x *S* Form 52 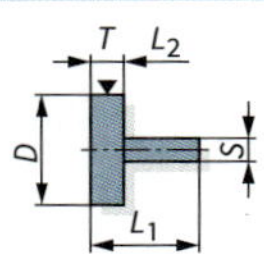	Ortsfeste Schleifmaschinen	Zwangsgeführtes Schleifen	40	50	–	50	–	–	–	50
	Handschleif-maschinen	Freihandschleifen	50	50	–	50	–	–	–	50

[1] Zwangsgeführtes Schleifen: Vorschubbewegung von Werkzeug und/oder Werkstück durch mechanische Hilfsmittel.
Handgeführtes Schleifen: Vorschubbewegung von Werkzeug und/oder Werkstück durch Bedienperson von Hand.
Freihandschleifen: Schleifmaschine wird gänzlich von Hand geführt.

Verwendungseinschränkungen und Farbkennzeichnungen

DIN EN 12413: 2019-12

Verwendungseinschränkungen	DSA 101-3: 1992-10
VE 1	Nicht zulässig für Freihand- und handgeführtes Schleifen
VE 2	Nicht zulässig für Freihandtrennschleifen
VE 3	Nicht zulässig für Nassschleifen
VE 4	Zulässig nur für geschlossene Arbeitsbereiche (z. B. für ortsfeste Maschinen mit besonderen Schutzvorrichtungen)
VE 6	Nicht zulässig für Seitenschleifen *Sicherheitszeichen*

Farbkennzeichnungen	
Arbeitshöchstgeschwindigkeit v_s in m/s	Farbstreifen
50	1 × blau
63	1 × gelb
80	1 × rot
100	1 × grün
125	1 × blau + 1 × gelb

Richtwerte für Schnittgeschwindigkeit v_c, Umfangsgeschwindigkeit v_w bzw. Vorschubgeschwindigkeit v_f

Werkstoff	Planschleifen (Flachschleifen)				Rundschleifen					Trennschleifen
	mit Umfang		mit Stirnseite		Außenrundschleifen			Innenrundschleifen		
	v_c in $\frac{m}{s}$	v_f in $\frac{m}{min}$	v_c in $\frac{m}{s}$	v_f in $\frac{m}{min}$	v_c in $\frac{m}{s}$	v_w in $\frac{m}{min}$ Schruppen	v_w in $\frac{m}{min}$ Schlichten	v_c in $\frac{m}{s}$	v_f in $\frac{m}{min}$	v_c in $\frac{m}{s}$
Stahl, weich	25 … 32	10 … 35	20 … 25	6 … 25	25 … 32	12 … 15	8 … 12	25	18 … 21	45 … 80
Stahl, gehärtet	25 … 32	10 … 32	20 … 25	6 … 25	25 … 32	14 … 18	8 .. 12	25	21 … 24	45 … 80
Stahl, legiert	25 … 32	10 … 35	20 … 25	6 … 25	25 … 35	14 … 18	10 … 14	25	20 … 25	45 … 80
Gusseisen	25 … 31	10 … 35	20 … 25	6 … 25	25	12 … 15	9 .. 12	25	21 … 24	45 … 80
Al-Legierungen	16 … 20	15 … 40	16 … 20	20 … 45	16 … 20	20 … 40	24 … 30	12 … 20	30 … 40	–
Cu-Legierungen	25	15 … 40	16 … 20	20 … 45	25 … 35	18 … 21	15 … 18	25	21 … 27	45 … 80
Hartmetall	8 … 15	4	8 … 15	4	8 … 15	5	4	8 … 15	8	45

Auswahl von Schleifscheiben ($v_c \leq 35$ m/s)

	Werkstoff		Schleifmittel	gerade Schleifscheibe		Schleiftopf				Schleifsegment	
				Schleifscheibendurchmesser in mm							
				bis 200		bis 200		über 200 … 350			
				Körnung	Härte	Körnung	Härte	Körnung	Härte	Körnung	Härte
Planschleifen	Stahl, ungehärtet		A	46	J	46	J	40	J	24	J
	Stahl, gehärtet,	HRC ≤ 63	A	46	H	40	H	24	H	24	G
		HRC > 63	A	46	G	40	G	30	G	30	F
	Stahl, vergütet, $R_m \leq 1200 \frac{N}{mm^2}$		A	46	H	46	H	30	G	24	H
	HSS, gehärtet,	HRC ≤ 63	A	46	F	46	F	30	F	30	E
		HRC > 63	A	46	E	46	E	30	E	30	D
	Hartmetall		C	60	H	60	H	54	H	46	H
	Gusseisen		A	46	J	46	J	40	J	30	J

	Werkstoff		Schleifmittel	Schleifscheibendurchmesser in mm							
				bis 16		über 16 … 36		über 36 … 80		über 80 … 125	
				Körnung	Härte	Körnung	Härte	Körnung	Härte	Körnung	Härte
Innenrundschleifen	Stahl, ungehärtet		A	80	L	60	K	46	K	46	J
	Stahl, gehärtet,	HRC ≤ 63	A	80	K	60	K	46	J	46	I
		HRC > 63	A	80	K	60	J	46	I	46	H
	Stahl, vergütet, $R_m \leq 1200 \frac{N}{mm^2}$		A	80	K	60	K	46	J	46	I
	Hartmetall		D	D 100	–	D 150	–	D 200	–	D 250	–
	Gusseisen		C	80	K	60	J	46	H	40	H

	Werkstoff		Schleifmittel	Schleifscheibendurchmesser in mm					
				bis 350		über 350 … 450		über 450 … 600	
				Körnung	Härte	Körnung	Härte	Körnung	Härte
Außenrundschleifen	Stahl, ungehärtet		A	60	L	60	L	60	L
	Stahl, gehärtet,	HRC ≤ 63	A	60	K	54	K	46	K
		HRC > 63	A	60	K	54	K	46	K
	Stahl, vergütet, $R_m \leq 1200 \frac{N}{mm^2}$		A	60	K	54	K	46	K
	HSS, gehärtet,	HRC ≤ 63	A	60	I	54	I	46	I
		HRC > 63	C	60	I	54	I	46	I
	Hartmetall		C	80	H	60	H	–	–
	Gusseisen		C	60	J	46	J	40	J

Zerspanungsgrößen

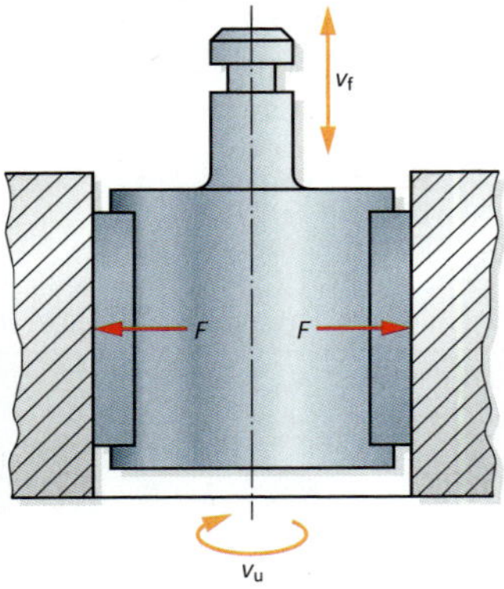

$$v_c = \sqrt{v_u^2 + v_f^2}$$

$$\tan \frac{\alpha}{2} = \frac{v_f}{v_u}$$

$$p = \frac{F}{A}$$

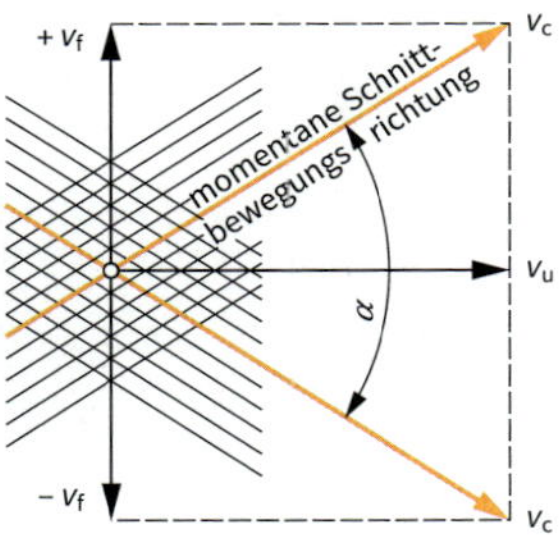

v_c: Schnittgeschwindigkeit
v_u: Umfangsgeschwindigkeit
v_f: Vorschubgeschwindigkeit
α : Überdeckungswinkel der Bearbeitungsrillen
p : Honstein-Anpressdruck
F : Honstein-Anpresskraft
A : Summe aller Honstein-Wirkflächen

Richtwerte für Geschwindigkeiten und Bearbeitungszugaben

Werkstoff	Umfangsgeschwindigkeit v_u in m/min		Vorschubgeschwindigkeit v_f in m/min		Bearbeitungszugabe in mm für Nennndurchmesser in mm		
	Vorhonen	Fertighonen	Vorhonen	Fertighonen	≤ 15	über 15 … 100	> 100
Stahl, ungehärtet	18 … 22	20 … 25	9 … 11	10 … 13	0,02 … 0,05	0,03 … 0,08	0,06 … 0,25
Stahl, gehärtet	14 … 21	16 … 24	5 … 8	6 … 9	0,01 … 0,03	0,02 … 0,05	0,03 … 0,1
Stahl, legiert	23 … 28	25 … 30	10 … 12	11 … 13	0,02 … 0,05	0,03 … 0,08	0,06 … 0,3
Gusseisen	23 … 28	25 … 30	10 … 12	11 … 13	0,02 … 0,05	0,03 … 0,08	0,06 … 0,3
Kugelgrafitguss	20 … 23	22 … 25	8 … 10	10 … 12	0,02 … 0,05	0,03 … 0,08	0,06 … 0,3
Aluminium	22 … 25	24 … 26	9 … 11	10 … 13	0,02 … 0,05	0,03 … 0,08	0,06 … 0,3
Kupfer-Zinn-Legierungen	21 … 26	24 … 30	12 … 16	14 … 18	0,02 … 0,05	0,03 … 0,08	0,06 … 0,3

Richtwerte für Honstein-Anpressdruck

Verfahren	Honstein-Anpressdruck in N/cm²			
	Honwerkzeuge mit keramischer Bindung	Honwerkzeuge mit Kunstharzbindung	Bornitrid-Honwerkzeuge	Diamant-Honwerkzeuge
Vorhonen	50 … 250	200 … 400	200 … 400	300 … 700
Fertighonen	20 … 100	40 … 250	100 … 200	100 … 300

Auswahl von Honsteinen

Die Bezeichnungen für Schleifmittel, Körnung, Härte, Gefüge und Bindung von Honsteinen entsprechen den Bezeichnungen für Schleifscheiben.

Werkstoff	Verfahren[1)]	Schleif-mittel	Körnung	Härte	Gefüge	Bindungsart	erreichbare Rautiefen Ra in µm
Stahl, R_m ≤ 500 MPa	I	A	70	R	1	B	0,8 … 1,6
	II	A	400	R	5	B	0,2 … 0,4
	III	A	1200	M	2	B	0,025 … 0,1
Stahl, R_m > 500 … 800 MPa	I	A	80	R	3	B	0,4 … 1,0
	II	A	400	O	5	B	0,2 … 0,3
	III	A	800	N	3	B	0,025 … 0,2
Gusseisen	I	C	80	L	3	V	0,4 … 0,8
	II	C	240	M	7	V	0,2 … 0,3
Hartmetall	I	D	D 100	–	–	sinter-	0,4 … 1,0
	II	D	D 150	–	–	metallische	0,2 … 0,3
	III	D	D 200	–	–	Bindung	0,025 … 0,1
Nichteisenmetalle	I	A	70	O	3	V	0,4 … 1,0
	II	A	400	O	1	V	0,2 … 0,3
	III	C	1000	M	5	V	0,025 … 0,1

1) I: Vorhonen; II: Fertighonen; III: Nachhonen (Glätten)

Kunststoff	Schneidstoff	Drehen: Freiwinkel α_0 in °	Drehen: Spanwinkel γ_0 in °	Drehen: Einstellwinkel $\varkappa_r$ in °	Drehen: v_c in m/min	Drehen: f in mm	Drehen: a_p in mm	Fräsen: Freiwinkel α_0 in °	Fräsen: Spanwinkel γ_0 in °	Fräsen: v_c in m/min
Duroplaste Schichtpressstoffe und Pressstoffe mit organischen Füllstoffen	HS	5 … 10	15 … 25	45 … 60	… 80	0,05 … 0,5	… 10	… 15	15 … 25	… 80
	HM	5 … 10	10 … 15	45 … 60	… 400	0,05 … 0,5	… 10	… 10	5 … 15	… 1000
Schichtpressstoffe und Pressstoffe mit anorganischen Füllstoffen	HM	5 … 11	0 … 12	45 … 60	… 40	0,05 … 0,5	… 10	… 10	5 … 15	… 1000
Thermoplaste PMMA	HS	5 … 10	0 … 4	≈ 15	200 … 300	0,1 … 0,2	… 6	2 … 10	1 … 5	… 2000
PS SAN ABS SB		5 … 10	0 … 2	≈ 15	50 … 60	0,1 … 0,2	… 2	2 … 10	1 … 5	… 2000
POM		5 … 10	0 … 5	45 … 60	200 … 500	0,1 … 0,5	… 6	5 … 10	… 10	… 400
PC		5 … 10	0 … 5	45 … 60	200 … 500	0,1 … 0,5	… 6	5 … 10	… 10	… 1000
PTFE		10 … 15	15 … 20	9 … 11	100 … 300	0,05 … 0,25	… 6			
PVC, CA		5 … 10	0 … 5	45 … 60	200 … 500	0,1 … 0,2	… 6	5 … 10	… 15	… 1000
CAB								5 … 25		
PE, PP, PA		5 … 15	0 … 10	45 … 60	200 … 500	0,1 … 0,2	… 6	5 … 15	… 15	… 1000

Kunststoff	Schneidstoff	Bohren: Freiwinkel α_0 in °	Bohren: Seitenspanwinkel γ_f in °	Bohren: Spitzenwinkel σ in °	Bohren: v_c in m/min	Bohren: f in mm	Sägen: Freiwinkel α_0 in °	Sägen: Spanwinkel in ° γ_K [1]	Sägen: Spanwinkel in ° γ_B [1]	Sägen: Zahnteilung t in mm	Sägen: v_{cK} [1] in m/min	Sägen: v_{cB} [1] in m/min
Duroplaste Schichtpressstoffe und Pressstoffe mit organischen Füllstoffen	HS	6 … 8	6 … 10	100 … 120	30 … 40	0,4 … 0,6	30 … 40	5 … 8	5 … 8	4 … 8	… 3000	… 2000
	HM	6 … 8		100 … 120	100 … 120	0,4 … 0,6	10 … 15	3 … 6	5 … 8	8 … 18	… 5000	
Schichtpressstoffe und Pressstoffe mit anorganischen Füllstoffen	HM	6 … 8		80 … 100	20 … 40	0,4 … 0,6						
	Diamant	–	0 … 6	–	20 … 40	0,4 … 0,6	Diamantkorn				1000 … 2000	… 3000
Thermoplaste PMMA	HS (HM)	3 … 8	0 … 4	60 … 90	20 … 60	0,1 … 0,5	30 … 40	0 … 4	0 … 8	2 … 8	–	… 3000
PS		3 … 8	3 … 5	60 … 90	20 … 60	0,1 … 0,5	30 … 40 (10 … 15 bei HM)	5 … 8 (0 … 5 bei HM)	0 … 8	2 … 8	–	… 3000
SAN, ABS		5 … 8	3 … 5	60 … 90	30 … 80	0,1 … 0,5						
SB		8 … 10	3 … 5	60 … 75	30 … 80	0,1 … 0,5						
POM		5 … 8	3 … 5	60 … 90	50 … 100	0,1 … 0,5						
PC		5 … 8	3 … 5	60 … 90	50 … 120	0,2 … 0,5						
PTFE		16	3 … 5	130	100 … 300	0,1 … 0,3						
PVC, CA, CAB		8 … 10	3 … 5	80 … 110	30 … 80	0,1 … 0,5						
PE, PP, PA		10 … 12	3 … 5	60 … 90	50 … 100	0,2 … 0,5						

[1] K: Kreissägen, B: Bandsägen

Steilkegelschäfte für Werkzeuge und Spannzeuge

DIN 2080-1: 1978-12; DIN 2080-2: 1979-09

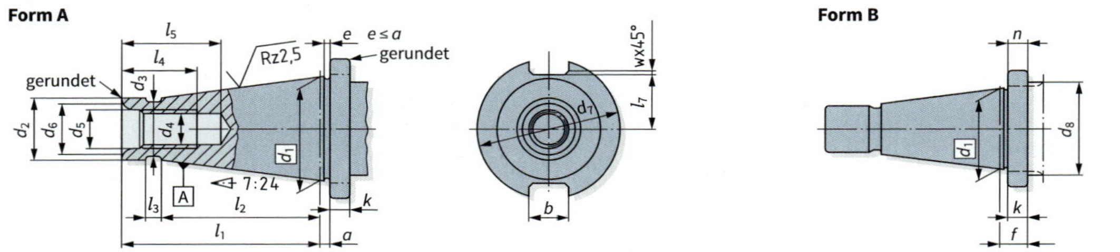

Steilkegelschaft DIN 2080 – A 60 AT 4

Bezeichnung eines Steilkegelschaftes der Form A Nr. 60 mit Kegelwinkel-Toleranzqualität IT 4

Kegel-Nr.	a ±0,2	b H12	d_1	d_2	d_3	d_4	d_5	d_6	d_7	d_8	k	l_1	l_2	l_3	l_4	l_5	l_6	l_7	f	k	n
30	1,6	16,1	31,75	17,4	16,5	M 12	13	16	50	36	8	68,4	48,4	3	24	33,5	5,5	16,2	9,5	8	9
40	1,6	16,1	44,45	25,3	24	M 16	17	21,5	63	50	10	93,4	65,4	5	32	42,5	8,2	22,5	11,5	10	11
45	3,2	19,3	57,15	32,4	30	M 20	21	26	80	68	12	106,8	82,8	6	40	52,5	10	29	15,1	12	13
50	3,2	25,7	69,85	39,6	38	M 24	26	32	97,5	78	12	126,8	101,8	8	47	61,5	11,5	35,3	15,1	12	16
60	3,2	25,7	107,95	60,2	58	M 30	32	44	156	136	16	206,8	161,8	10	59	76	14	60	19,1	16	16
70[1)]	4	32,4	165,1	92	90	M 36	38	52	230	–	20	296	252	14	70	89	16	86	–	–	–

[1)] nur Form A

Morsekegel und metrische Kegel

DIN 228-1: 1987-05; DIN 228-2: 1987-03

Form A Kegelschaft mit Anzugsgewinde

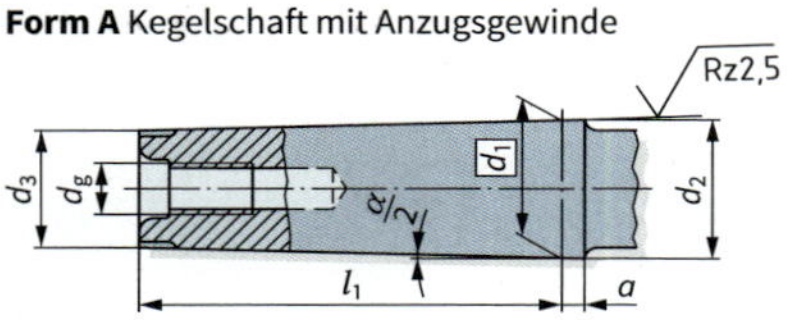

Form B Kegelschaft mit Austreiblappen

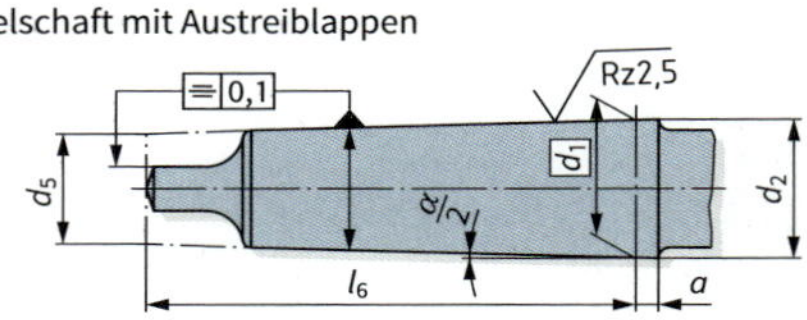

Form C Kegelhülse für Kegelschäfte mit Anzugsgewinde

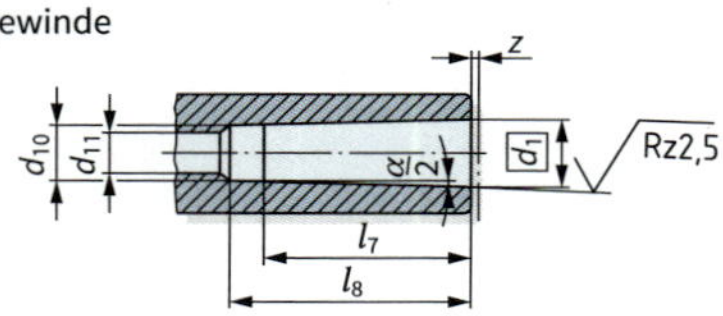

Form D Kegelhülse für Kegelschäfte mit Austreiblappen

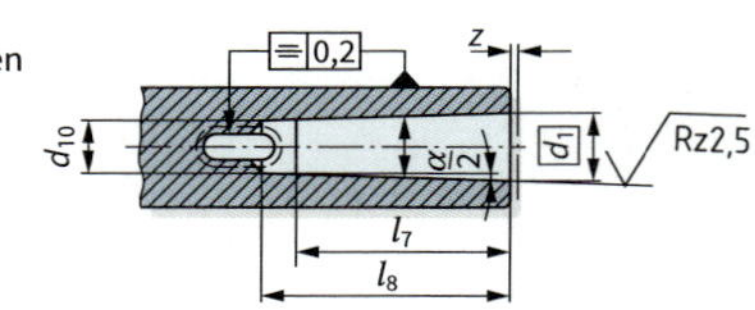

Kegelschaft DIN 228 – MK – A 5 IT 6

Bezeichnung eines Morsekegelschaftes (MK), Form A der Größe 5 und Kegelwinkel-Grundtoleranzgrad IT 6

Kegelhülse DIN 228 – ME – D 80 IT 6

Bezeichnung einer metrischen Kegelhülse (ME), Form D der Größe 80 und Kegelwinkel-Grundtoleranzgrad IT 6

Kegel	Größe	Kegelschaft DIN 228-1								Kegelhülse DIN 228-2						
		d_1	d_2	d_3	d_g	d_5	l_1	l_6	a	d_{10}H11	d_{11}	l_8	l_7	z[1)]	Verjüngung	$\alpha/2$
Metrische Kegel (ME)	4	4	4,1	2,9	–	–	23	–	2	3	–	25	20	0,5	1 : 20 = 0,05	1°25'56''
	6	6	6,2	4,4	–	–	32	–	3	4,6	–	34	28	0,5		
Morse-Kegel (MK)	0	9,045	9,2	6,4	–	6,1	50	56,5	3	6,7	–	52	45	1	1 : 19,212	1°29'27''
	1	12,065	12,2	9,4	M 6	9	53,5	62	3,5	9,7	7	56	47	1	1 : 20,047	1°25'43''
	2	17,780	18	14,6	M 10	14	64	75	5	14,9	11,5	67	58	1	1 : 20,020	1°25'50''
	3	23,825	24,1	19,8	M 12	19,1	81	94	5	20,2	14	84	72	1	1 : 19,922	1°26'16''
	4	31,267	31,6	25,9	M 16	25,2	102,5	117,5	6,5	26,5	18	107	92	1	1 : 19,254	1°29'15''
	5	44,399	44,7	37,6	M 20	36,5	129,5	149,5	6,2	38,2	23	135	118	1	1 : 19,002	1°30'26''
	6	63,348	63,8	53,9	M 24	52,4	182	210	8	54,8	27	188	164	1	1 : 19,180	1°29'36''
Metrische Kegel (ME)	80	80	80,4	70,2	M 30	69	196	220	8	71,5	33	202	170	1,5	1 : 20 = 0,05	1°25'56''
	100	100	100,5	88,4	M 36	87	232	260	10	90	39	240	200	1,5		
	120	120	120,6	106,6	M 36	105	268	300	12	108,5	39	276	230	1,5		
	160	160	160,8	143	M 48	141	340	380	16	145,5	52	350	290	2		
	200	200	201	179,4	M 48	177	412	460	20	182,5	52	424	350	2		

[1)] Das Kegelprüfmaß d_1 kann maximal im Abstand z vor der Kegelhülse liegen.

Werkzeugmaschinen

Bildzeichen	Bedeutung	Bildzeichen	Bedeutung	Bildzeichen	Bedeutung
	Vorschub, allgemein		Spindel		Drehendes Werkzeug, allgemein
	Schneller Vorschub, Eilgang		Spannzange		Werkzeug einsetzen oder Werkzeug ausstoßen
	Einrichten		Drehfutter, Spannfutter		Werkzeug klemmen oder Werkzeug lösen
	Positionieren		Planscheibe		Hobeln
	Schwenkbiegen, Abkanten		Spindelstock		Senkrecht-Stoßen
	Biegen, 3 Walzen		Reitstock		Waagerecht-Stoßen
	Scherschneiden		Bohren		Außenräumen
	Längsdrehen		Gewindebohren		Innenräumen
	Plandrehen		Reiben, allgemein		Schleifen, allgemein
	Außendrehen		Fräsen		Planschleifen
	Innendrehen		Fräsen im Gleichlauf		Außenrundschleifen
	Gewinde herstellen		Fräsen im Gegenlauf		Innenrundschleifen
	Werkzeugkühlung mit Flüssigkeit		Fräser, allgemein		Außenhonen
	Werkzeugbruch; Drehen, Hobeln		Messerkopf, Messerwelle		Innenhonen
	Revolverkopf		Werkzeugmagazin, zentralgeführt		Läppen

Begriff	Kurzzeichen	Bedeutung
Auftragszeit für den arbeitsausführenden Menschen		
Tätigkeitszeit	t_t	Vorgabezeit, durch die ein Fortschritt am Werkstück entsteht
beeinflussbare/unbeeinflussbare Tätigkeitszeit	t_{tb}/t_{tu}	Vorgabezeiten, die durch Anstrengung und Geschicklichkeit beeinflusst/ nicht beeinflusst werden können
persönliche/sachliche Verteilzeit[1)]	t_p/t_s	Gelegentlich vorkommende, unvorhersehbare Zeiten, die persönlich (z. B. Gespräch mit Vorgesetzten)/sachlich (z. B. zwischenzeitliches Reinigen des Arbeitsplatzes) bedingt sind
Wartezeit	t_w	Vorgabezeit, bei der fertigungsbedingt gewartet werden muss
Rüstzeit	t_r	Vorgabezeit für Vor- und Nachbereiten von Arbeitsplatz, Werkzeugen und Maschinen
Rüstgrundzeit	t_{rg}	Vorgabezeit für planmäßiges Rüsten
Rüstverteilzeit[1)]	t_{rv}	Unregelmäßige, unvorhersehbare, über das regelmäßige Rüsten hinausgehende Zeit
Rüsterholungszeit	t_{rer}	Planmäßige Erholungszeit während des Rüstens
Grundzeit	t_g	Vorgabezeit für planmäßiges Ausführen ohne Erholungs- und Verteilzeiten
Erholungszeit	t_{er}	Planmäßige Erholungszeit während des Ausführens
Verteilzeit	t_v	Unregelmäßige, unvorhersehbare, über das regelmäßige Ausführen hinausgehende Zeit
Zeit je Einheit	t_e	Vorgabezeit für den arbeitsausführenden Menschen an einer Einheit des Auftrags
Ausführungszeit	t_a	Vorgabezeit zur Ausführung der Arbeit an allen Einheiten des Auftrags
Auftragszeit	T	Vorgabezeit für den arbeitsausführenden Menschen
Betriebsmittel-Belegungszeit		
Hauptnutzungszeit	t_h	Vorgabezeit, durch die ein Fortschritt am Werkstück entsteht
beeinflussbare/unbeeinflussbare Hauptnutzungszeit	t_{hb}/t_{hu}	Vorgabezeiten, die durch Anstrengung und Geschicklichkeit beeinflusst/ nicht beeinflusst werden können
Nebennutzungszeit	t_n	Vorgabezeit für planmäßige Vorbereitung, Beschickung, Entleerung oder Unterbrechung des Betriebsmittels
beeinflussbare/unbeeinflussbare Nebennutzungszeit	t_{nb}/t_{nu}	Vorgabezeiten, die durch Anstrengung und Geschicklichkeit beeinflusst/ nicht beeinflusst werden können
Brachzeit	t_b	Verfahrensbedingte Unterbrechung in der planmäßigen Nutzung des Betriebsmittels
Betriebsmittel-Rüstzeit	t_{rB}	Vorgabezeit für Vor- und Nachbereiten des Betriebsmittels
Betriebsmittel-Rüstgrundzeit	t_{rgB}	Vorgabezeit für planmäßiges Rüsten des Betriebsmittels
Betriebsmittel-Rüstverteilzeit[1)]	t_{rvB}	Unregelmäßige, unvorhersehbare, über das planmäßige Rüsten hinausgehende Zeit
Betriebmittel-Grundzeit	t_{gB}	Vorgabezeit für die planmäßige Belegung des Betriebsmittels während der Fertigung
Betriebsmittel-Verteilzeit[1)]	t_{vB}	Unregelmäßige, unvorhersehbare, über die planmäßige Belegung hinausgehende Zeit
Betriebsmittelzeit je Einheit	t_{eB}	Vorgabezeit für das Betriebsmittel an einer Einheit des Auftrags
Betriebsmittel-Ausführungszeit	t_{aB}	Vorgabezeit zur Ausführung der Arbeit an allen Einheiten des Auftrags
Betriebsmittel-Belegungszeit	T_{bB}	Vorgabezeit für das zu belegende Betriebsmittel
Kostenrechnung		
Werkstoffeinzelkosten	*WEK*	Kosten für benötigten Werkstoff einschließlich Verschnitt und Abfall
Werkstoffgemeinkosten[2)]	*WGK*	Kosten für Einkauf, Lagerung, Verwaltung des Werkstoffs
Werkstoffkosten	*WK*	Summe der Werkstoffeinzel- und Werkstoffgemeinkosten
Fertigungslohnkosten	*FLK*	Produktive Löhne
Fertigungsgemeinkosten[2)]	*FGK*	Kosten für Betriebsleitung, Transport, Werkzeuge, sonstige Hilfs- und Betriebstoffe, Ausbildungswesen, Instandhaltung, Sozialkosten, Abschreibung
Fertigungssonderkosten	*FSK*	Auftragsgebundene Entwicklungs-, Modell-, Vorrichtungs- und Werkzeugkosten
Maschineneinzelkosten	*MEK*	Abschreibung, Verzinsung, Instandhaltung, Energiekosten, anteilige Raumkosten
Fertigungskosten	*FK*	Fertigungslohn-, Fertigungsgemein-, Fertigungssonder- und Maschineneinzelkosten
Herstellkosten	*HK*	Summe der Werkstoff- und Fertigungskosten
Verwaltungs- und Vertriebskosten[3)]	*VVK*	Kosten für Rechnungswesen, Verkauf, Kundendienst, Werbung, Personalkosten, Betriebsrat, Ausbildungswesen, kaufmännische Verwaltung
Selbstkosten	*SK*	Kosten für die Produktion einer Ware
Gewinn	*G*	Durch den Verkauf der Ware angestrebter Erlös
Nettoverkaufspreis	*NVP*	Verkaufspreis einer Ware ohne Mehrwertsteuer

[1)] Unregelmäßig auftretende und unvorhersehbare Zeiten (Gespräche mit Vorgesetzten, Stromausfall, Zusatzarbeiten) werden durch einen prozentualen Zuschlag zu den Grundzeiten berücksichtigt.

[2)] Gemeinkosten können nicht für ein einzelnes Produkt erfasst werden. Sie werden auf alle hergestellten Produkte verteilt und als prozentualer Zuschlag zu Werkstoffeinzel- und Fertigungslohnkosten berücksichtigt.

[3)] Verwaltungs- und Vertriebskosten werden durch einen prozentualen Zuschlag zu den Herstellkosten, der angestrebte Gewinn durch einen prozentualen Zuschlag zu den Selbstkosten berücksichtigt.

Auftragszeit nach REFA[1)]
Job time in accordance to REFA

Definition der Begriffe: S. 196

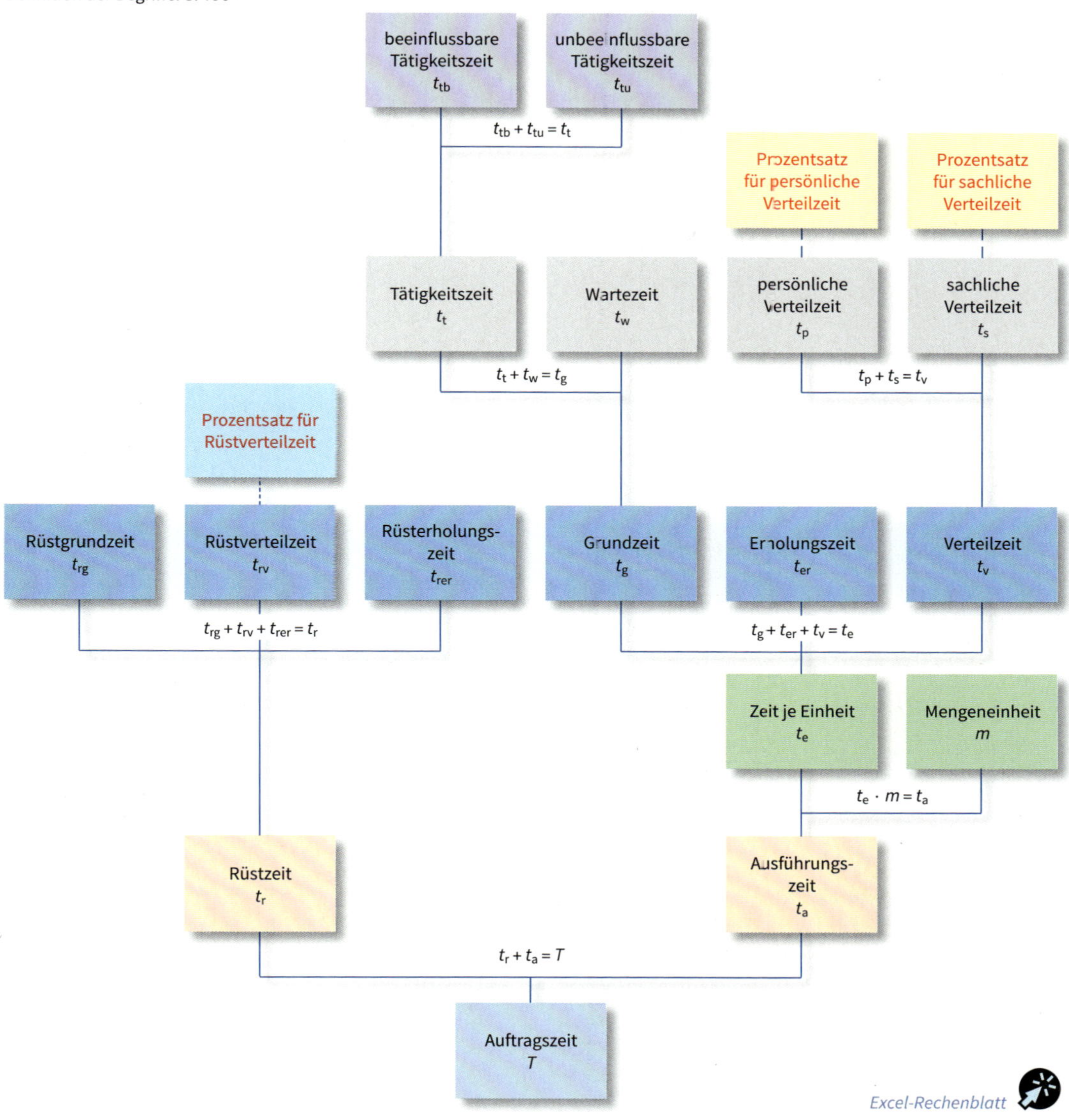

Excel-Rechenblatt

Beispiel: Auftragszeit für das Drehen von 6 Gewindebolzen

Rüstgrundzeit: 13,5 min	$t_r = t_{rg} + t_{rv} = 13{,}5\ \text{min} + 0{,}1 \cdot 13{,}5\ \text{min} = 14{,}85\ \text{min}$
unbeeinflussbare Tätigkeitszeit: 44,7 min	$t_g = t_{tu} + t_{tb} = 44{,}7\ \text{min} + 2{,}5\ \text{min} = 47{,}2\ \text{min}$
beeinflussbare Tätigkeitszeit: 2,5 min	$t_v = 0{,}09 \cdot t_g = 0{,}09 \cdot 47{,}2\ \text{min} = 4{,}25\ \text{min}$
Rüstverteilzeit: 10 % von Rüstgrundzeit	$t_e = t_g + t_v = 47{,}2\ \text{min} + 4{,}25\ \text{min} = 51{,}45\ \text{min}$
Verteilzeit: 9 % von Grundzeit	$t_a = m \cdot t_e = 6 \cdot 51{,}45\ \text{min} = 308{,}7\ \text{min}$
	$T = t_r + t_a = 14{,}85\ \text{min} + 308{,}7\ \text{min} = 323{,}55\ \text{min}$
	Auftragszeit $T = 323{,}55$ min

[1)] REFA: Verband für Arbeitsstudien und Betriebsorganisation (1924 in Berlin als „**Re**ichsausschuss **f**ür **A**rbeitszeitermittlung" gegründet).

Betriebsmittel-Belegungszeit nach REFA[1]

Resource holding time in accordance to REFA

Definition der Begriffe: S. 196

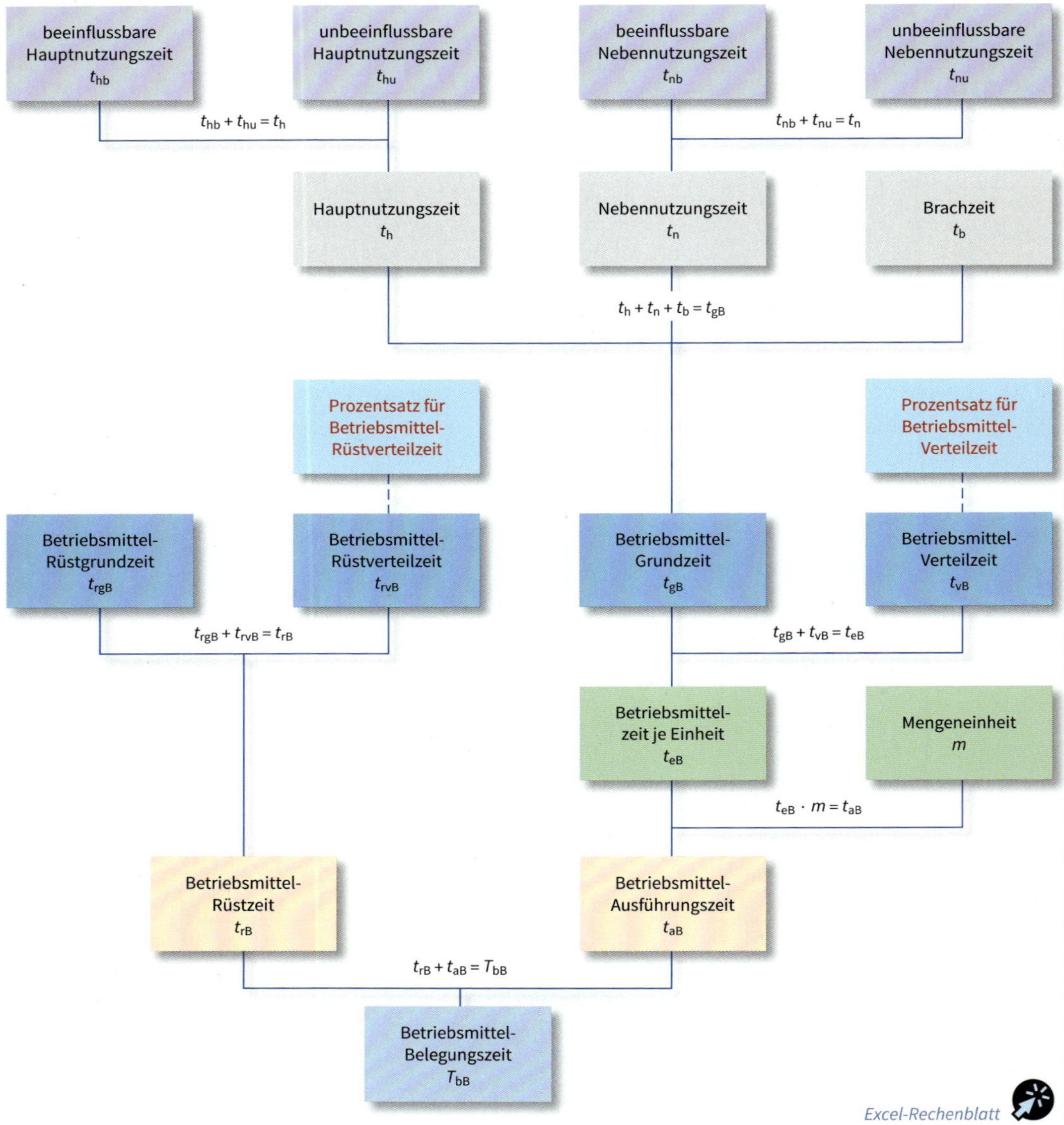

Excel-Rechenblatt

Beispiel: Belegungszeit für das Fräsen von 25 Spannbacken

Betriebsmittel-Rüstgrundzeit: 18,5 min

unbeeinflussbare Hauptnutzungszeit: 6,2 min

unbeeinflussbare Nebennutzungszeit: 4,5 min

Betriebsmittel-Rüstverteilzeit: 18 % von Betriebsmittel-Rüstgrundzeit

Betriebsmittel-Verteilzeit: 12 % von Betriebsmittel-Grundzeit

$t_{rB} = t_{rgB} + t_{rvB} = 18{,}5\ \text{min} + 0{,}18 \cdot 18{,}5\ \text{min} = 21{,}83\ \text{min}$

$t_{gB} = t_{hu} + t_{nu} = 6{,}2\ \text{min} + 4{,}5\ \text{min} = 10{,}7\ \text{min}$

$t_{eB} = t_{gB} + t_{vB} = 10{,}7\ \text{min} + 0{,}12 \cdot 10{,}7\ \text{min} = 11{,}98\ \text{min}$

$t_{aB} = m \cdot t_{eB} = 25 \cdot 11{,}98\ \text{min} = 299{,}60\ \text{min}$

$T_{bB} = t_{rB} + t_{aB} = 21{,}83\ \text{min} + 299{,}6\ \text{min} = 321{,}43\ \text{min}$

Betriebsmittel-Belegungszeit $T_{bB} = 321{,}43$ min

[1] REFA: Verband für Arbeitsstudien und Betriebsorganisation (1924 in Berlin als „**Re**ichsausschuss **f**ür **A**rbeitszeitermittlung" gegründet).

Definition der Begriffe: S. 196

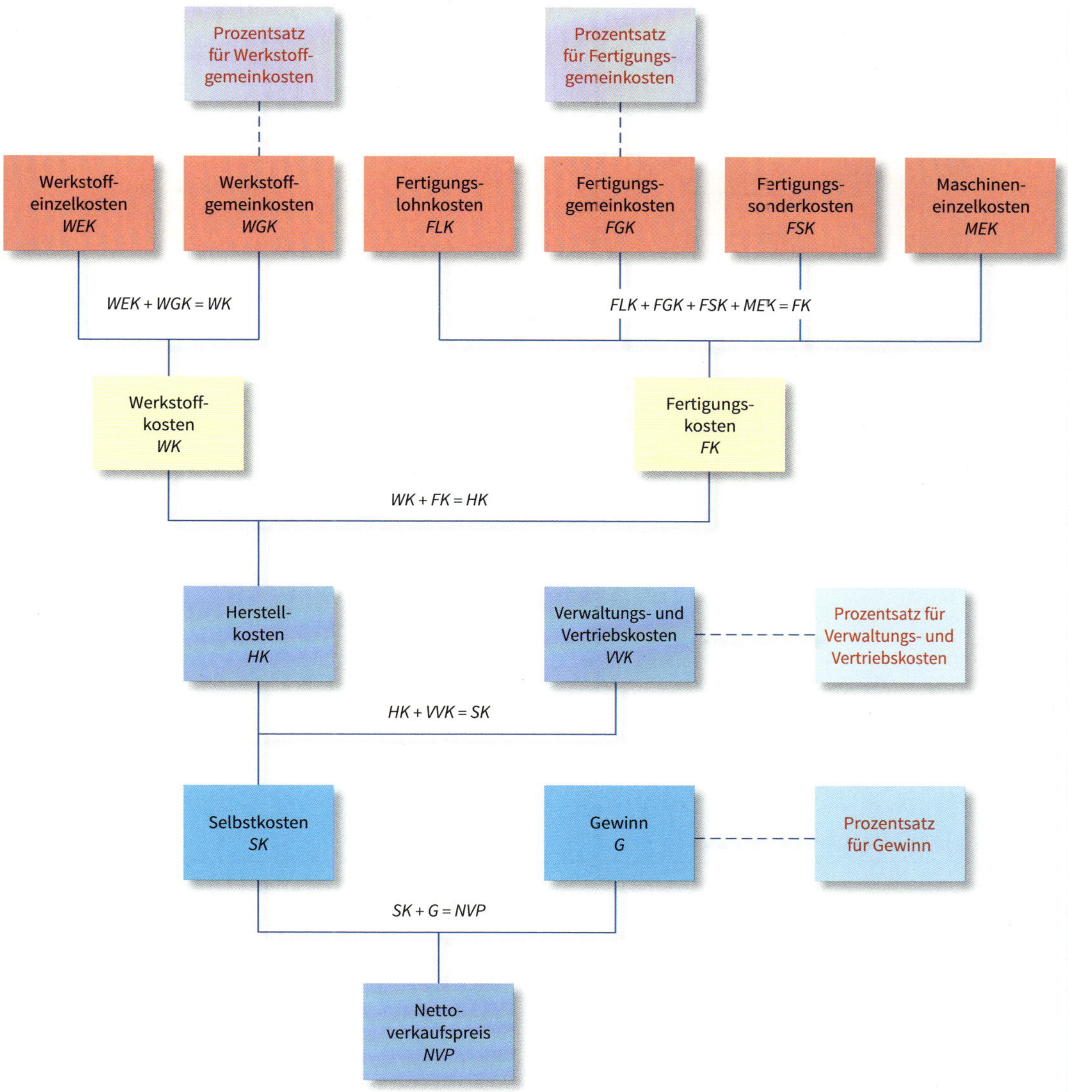

Excel-Rechenblatt

Beispiel: Nettoverkaufspreis

Werkstoffeinzelkosten: 1270,00 €	WK = WEK + WGK = 1270,00 € + 0,05 · 1270,00 € = 1333,50 €
Werkstoffgemeinkosten: 5 % von WEK	FK = FLK + FGK + MEK = 6720,00 € + 1,7 · 6720,00 € + 980,00 € = 19 124,00 €
Fertigungslohnkosten: 6720,00 €	HK = WK + FK = 1333,50 € + 19 124,00 € = 20 457,50 €
Fertigungsgemeinkosten: 170 % von FLK	SK = HK + VVK = 20 457,50 € + 0,1 · 20 457,50 € = 22 503,25 €
Maschineneinzelkosten: 980,00 €	NVP = SK + G = 22 503,25 € + 0,1 · 22 503,25 € = 24 753,58 €
Verwaltungs- und Vertriebskosten: 10 % von HK	
Gewinn: 10 % von SK	**Nettoverkaufspreis = 24 753,58 €**

Hauptnutzungszeit beim Drehen

Längsrunddrehen

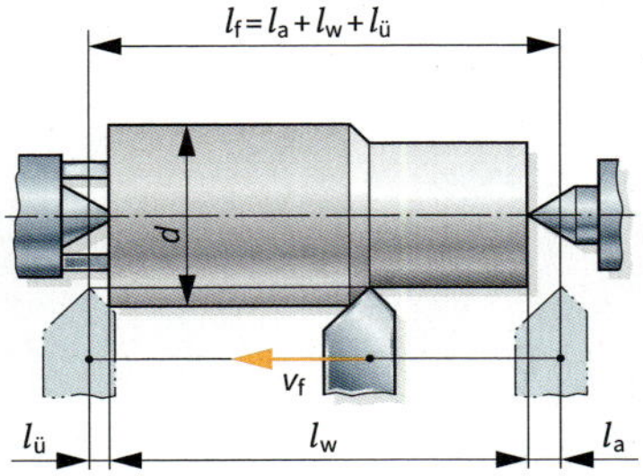

$$t_{hu} = \frac{l_f \cdot i}{f \cdot n}$$

$$l_f = l_a + l_w + l_ü$$

$$n = \frac{v_c}{d \cdot \pi}$$

t_{hu} : unbeeinflussbare Hauptnutzungszeit
l_f : Vorschubweg
l_a : Anlauflänge
l_w : Werkstücklänge
$l_ü$: Überlauflänge
i : Anzahl gleichartiger Vorgänge
f : Vorschub
n : Umdrehungsfrequenz

v_c : Schnittgeschwindigkeit
d : Durchmesser des Werkstückes

Beispiel:

$d = 16$ mm; $v_c = 70$ m/min; $l_w = 1050$ mm; $l_a = l_ü = 2{,}5$ mm;
$f = 0{,}2$ mm; i = 2; $t_{hu} = ?$

$$t_{hu} = \frac{l_f \cdot i}{f \cdot n} \qquad n = \frac{v_c}{d \cdot \pi}$$

$$l_f = l_a + l_w + l_ü$$
$$= 2{,}5\text{ mm} + 1050\text{ mm} + 2{,}5\text{ mm} = 1055\text{ mm}$$

$$t_{hu} = \frac{1055\text{ mm} \cdot 2 \cdot 16\text{ mm} \cdot \pi}{0{,}2\text{ mm} \cdot 70 \cdot 1000\text{ mm/min}} \qquad t_{hu} = 7{,}58\text{ min}$$

Querplandrehen

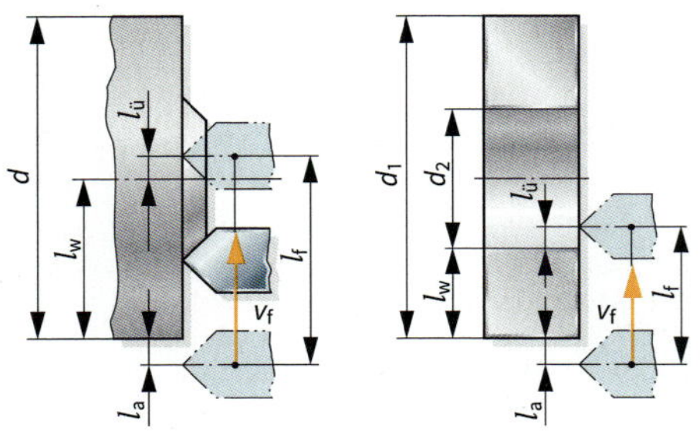

Maschinen mit gestuftem Getriebe:

$n_{tats.} \leq n$

Maschinen mit stufenlosem Getriebe:

$n = n_{tats.}$

$$t_{hu} = \frac{l_f \cdot i \cdot d \cdot \pi}{f \cdot v_c}$$

Für Maschinen mit stufenlosem Getriebe kann auch mit der Schnittgeschwindigkeit gerechnet werden:

v_c : Schnittgeschwindigkeit

Drehen – Excel-Rechenblatt

Hauptnutzungszeit beim Gewindedrehen

Gewinde mit Gewindeauslauf

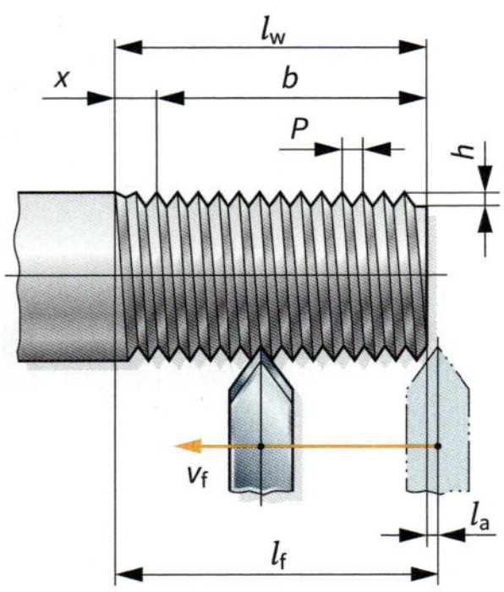

$$t_{hu} = \frac{l_f \cdot i \cdot g}{P \cdot n}$$

$$i = \frac{h}{a_p}$$

t_{hu} : unbeeinflussbare Hauptnutzungszeit
l_f : Vorschubweg
i : Anzahl gleichartiger Vorgänge
g : Gangzahl des Gewindes
P : Steigung
n : Umdrehungsfrequenz
h : Gewindetiefe
a_p : Schnitttiefe (Zustellung)

Gewinde mit Gewindeauslauf:

$l_f = l_a + l_w$

$l_w = b + x$

b : nutzbare Gewindelänge
x : Gewindeauslauf nach DIN 76

Gewinde mit Gewindefreistich:

$l_f = l_a + l_w + l_ü$ $\qquad l_w = b$

Gewinde mit Gewindefreistich

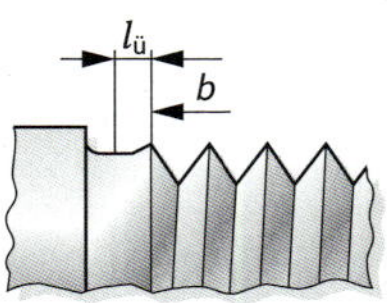

Beispiel:

M16, $b = 50$ mm, $l_a = 2$ mm, $x = 5$ mm, $v_c = 6$ m/min,
$a_p = 0{,}8$ mm, $P = 2$ mm, $h = 1{,}23$ mm, $g = 1$, $t_{hu} = ?$

$$t_{hu} = \frac{l_f \cdot i \cdot g}{P \cdot n} = \frac{(b + x + l_a) \cdot i \cdot g \cdot d \cdot \pi}{P \cdot v_c} = \frac{(50 + 5 + 2)\text{ mm} \cdot 2 \cdot 1 \cdot 16\text{ mm} \cdot \pi \cdot \text{min}}{2\text{ mm} \cdot 6000\text{ mm}}$$

$$i = \frac{h}{a_p} = \frac{1{,}23\text{ mm}}{0{,}8\text{ mm}} = 1{,}5 \rightarrow i = 2 \qquad t_{hu} = 0{,}48\text{ min}$$

Hauptnutzungszeit beim Bohren, Reiben, Senken

Bohren

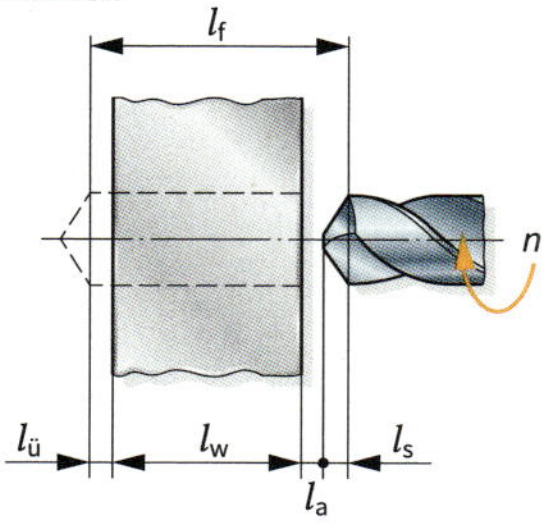

Reiben

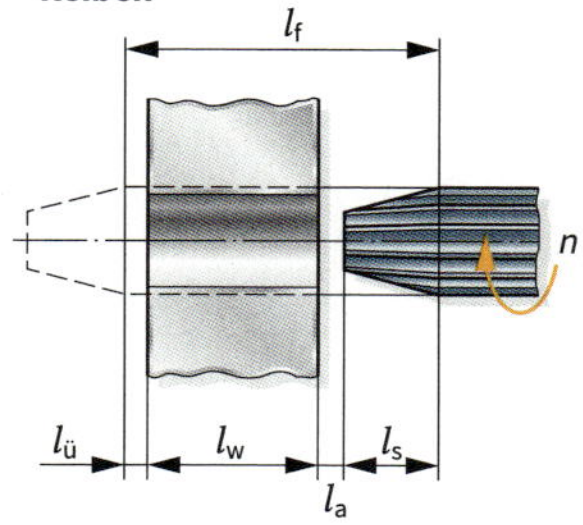

Flachsenken

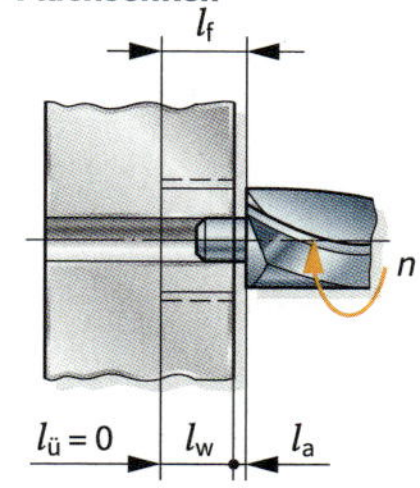

$$t_{hu} = \frac{l_f \cdot i}{f \cdot n}$$

$$t_{hu} = \frac{l_f \cdot i \cdot d \cdot \pi}{f \cdot v_c}$$

$$l_f = l_a + l_s + l_w + l_ü$$

$$l_s = d \cdot \frac{1}{2 \cdot \tan\frac{\sigma}{2}}$$

t_{hu} : unbeeinflussbare Hauptnutzungszeit
l_f : Vorschubweg
f : Vorschub
n : Umdrehungsfrequenz
v_c : Schnittgeschwindigkeit
l_a : Anlauflänge
l_w : Werkstücklänge
$l_ü$: Überlauflänge
i : Anzahl gleichartiger Vorgänge
d : Durchmesser des Bohrers
σ : Spitzenwinkel des Bohrers
l_s : Spitzenlänge des Bohrers
Anschnittlänge der Reibahle

Bohren – Excel-Rechenblatt

Beispiel:

$d = 20$ mm; $n = 355$ min^{-1}; $l_w = 40$ mm; $l_a = l_ü = 0{,}5$ mm; $f = 0{,}16$ mm; $t_{hu} = ?$

$t_{hu} = \frac{l_f}{f \cdot n}$ $\quad l_f = l_a + l_s + l_w + l_ü$ $\quad l_s = 0{,}3 \cdot d = 0{,}3 \cdot 20\text{ mm} = 6\text{ mm}$ $\quad l_f = 0{,}5\text{ mm} + 6\text{ mm} + 40\text{ mm} + 0{,}5\text{ mm} = 47\text{ mm}$

$t_{hu} = \frac{47\text{ mm}}{0{,}16\text{ mm} \cdot 355\text{ min}^{-1}}$ $\quad t_{hu} = 0{,}83$ min

Richtwerte für die Spitzenlängen

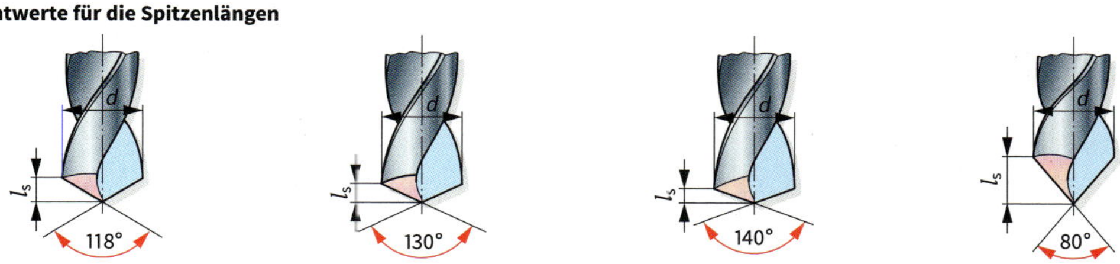

$l_s = 0{,}3 \cdot d$ | $l_s = 0{,}23 \cdot d$ | $l_s = 0{,}18 \cdot d$ | $l_s = 0{,}6 \cdot d$

Hauptnutzungszeit beim Abtragen durch Erodieren

Schneiderodieren

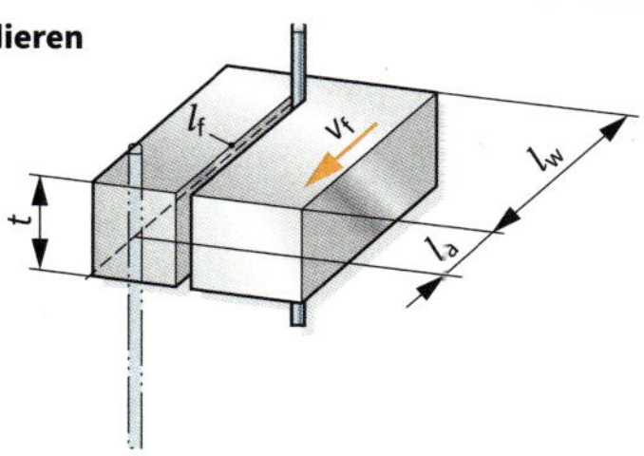

$$t_{hu} = \frac{l_f \cdot i}{v_f}$$

$$A_c = v_f \cdot t$$

$$l_f = l_a + l_w$$

t_{hu} : unbeeinflussbare Hauptnutzungszeit
l_f : Vorschubweg
i : Anzahl gleichartiger Vorgänge
v_f : Vorschubgeschwindigkeit
A_c : Schneidrate
t : Werkstückdicke
l_a : Anlauflänge

Senkerodieren

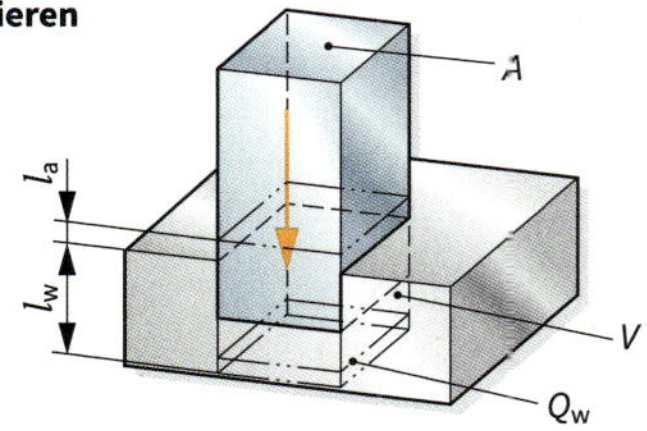

$$t_{hu} = \frac{A \cdot l_f \cdot i}{Q_w}$$

$$l_f = l_a + l_w$$

Q_w : spezifisches Abtragsvolumen
A : Querschnitt des abzutragenden Volumens
l_w : Höhe des abzutragenden Volumens
i : Anzahl gleichartiger Vorgänge
l_f : Vorschubweg
l_a : Anlauflänge

Hauptnutzungszeit beim Fräsen

Umfangsplanfräsen

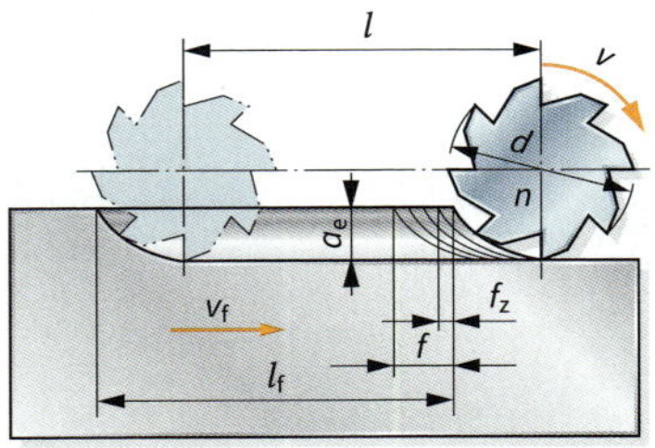

$$t_{hu} = \frac{l_f \cdot i}{v_f}$$

t_{hu} : unbeeinflussbare Hauptnutzungszeit
l_f : Vorschubweg
i : Anzahl der gleichen Schnitte
v_f : Vorschubgeschwindigkeit in $\frac{mm}{min}$
a_e : Arbeitseingriff
a_p : Schnitttiefe

Stirn-Umfangsplanfräsen

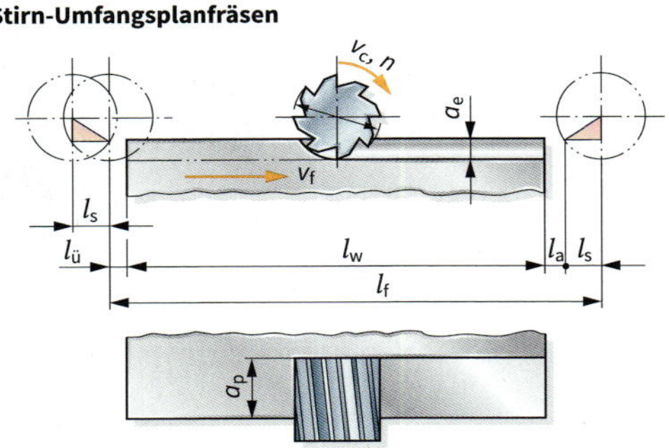

Schruppen: $l_f = l_s + l_a + l_w + l_ü$

Schlichten: $l_f = 2 \cdot l_s + l_a + l_w + l_ü$

Vorschub je Fräserumdrehung

$f = f_z \cdot z$

$$v_f = f_z \cdot z \cdot n$$

$l_f = l_s + l_a + l_w + l_ü$

$l_s = \sqrt{a_e \cdot d - a_e^2}$

f : Vorschub je Fräserumdrehung
f_z : Vorschub je Fräserzahn
z : Zähnezahl des Fräsers
n : Umdrehungsfrequenz des Fräsers
l_a : Anlauflänge
l_w : Werkstücklänge
$l_ü$: Überlauflänge
l_s : Anschnittlänge

Maschinen mit gestuftem Getriebe

$n = \frac{v_c}{d \cdot \pi}$

$n_{tats} \leq n$

$v_{f\,tats} \leq v_f$

v_c : Schnittgeschwindigkeit in $\frac{m}{min}$
d : Fräserdurchmesser

$$t_{hu} = \frac{l_f \cdot i}{f_z \cdot z \cdot n}$$

Fräsen – Excel-Rechenblatt

Beispiel:

$d = 80$ mm, $z = 8$ mm, $l_w = 500$ mm, $a_e = 3$ mm, $f_z = 0{,}16$ mm, $l_a = 2$ mm, $l_ü = 1$ mm, $v_c = 35$ m/min, $t_{hu} = ?$

$l_s = \sqrt{a_e \cdot d - a_e^2} = \sqrt{3\ \text{mm} \cdot 80\ \text{mm} - (3\ \text{mm})^2}$

$l_s = 15{,}2$ mm

$l_f = l_s + l_a + l_w + l_ü$
$= 15{,}2$ mm $+ 2$ mm $+ 500$ mm $+ 1$ mm $= 518{,}2$ mm

n (aus Tabelle) $= 125\ \text{min}^{-1}$

$t_{hu} = \frac{l_f}{f_z \cdot z \cdot n} = \frac{518{,}2\ \text{mm}}{0{,}16\ \text{mm} \cdot 8 \cdot 125\ \text{min}^{-1}}$ $\quad t_{hu} = 3{,}25$ min

Stirnplanfräsen

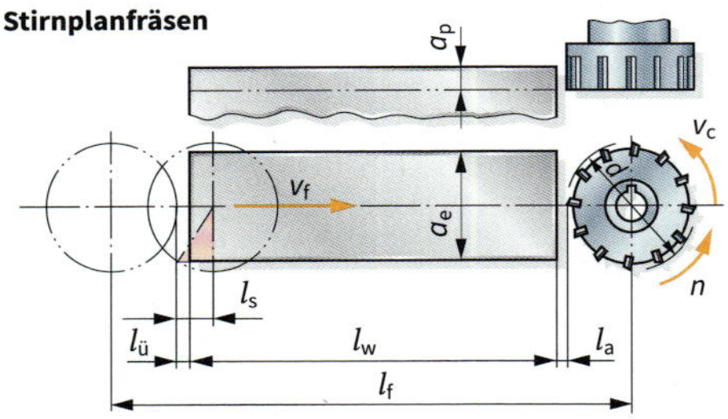

Schruppen: $l_f = \frac{d}{2} + l_a + l_w + l_ü - l_s$

Schlichten: $l_f = \frac{d}{2} + l_a + l_w + l_ü + \frac{d}{2}$

Maschinen mit stufenlosem Getriebe

$n = n_{tats}$

$n_{tats} = \frac{v_c}{d \cdot}$

$v_{f\,tats} = f_z \cdot z \cdot n_{tats}$

$l_s = \frac{1}{2}\sqrt{d^2 - a_e^2}$

$$t_{hu} = \frac{l_f \cdot i \cdot d \cdot}{f_z \cdot z \cdot v_c}$$

Nutenfräsen

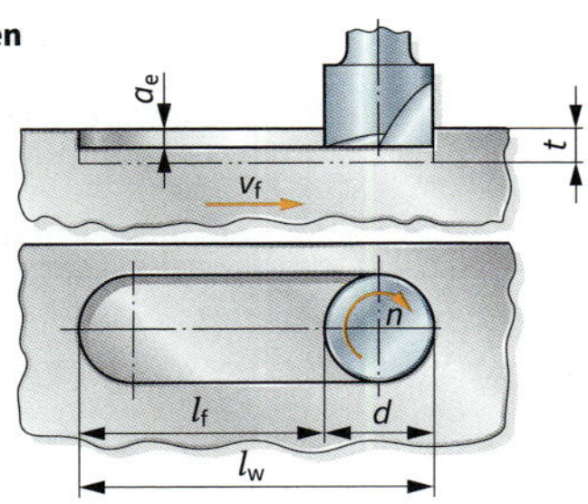

Nut geschlossen: $l_f = l_w - d$

Nut einseitig offen: $l_f = l_w + l_a - \frac{d}{2}$

Nut beidseitig offen: $l_f = \frac{d}{2} + l_a + l_w + l_ü$

$i = \frac{t}{a_e}$

t : Nuttiefe
a_e : Arbeitseingriff

Hauptnutzungszeit beim Schleifen

Rundschleifen

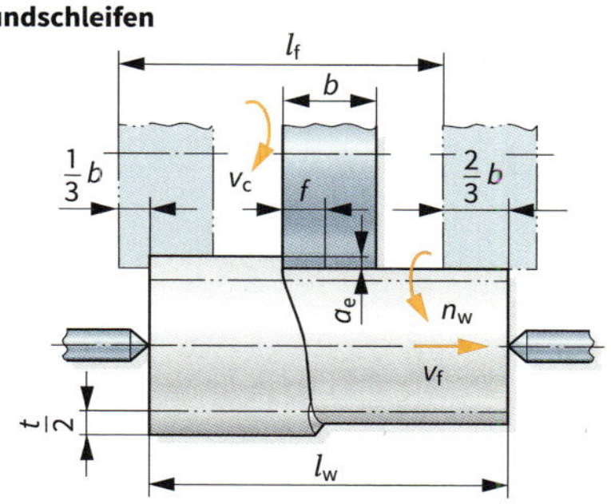

Welle ohne Ansatz

$$l_f = l_w - \frac{1}{3}\,b$$

Welle mit Ansatz

$$l_f = l_w - \frac{2}{3}\,b$$

$$t_{hu} = \frac{l_f \cdot i}{v_f}$$

t_{hu} : unbeeinflussbare Hauptnutzungszeit
l_w : Werkstücklänge
l_f : Vorschubweg
i : Anzahl gleicher Schnitte
v_f : Vorschubgeschwindigkeit in $\frac{mm}{min}$
b : Breite der Schleifscheibe
t : Schleifzugabe
a_e : Arbeitseingriff

Kreisförmige Bewegung des Werkstückes:

$v_f = f \cdot n_w$

$i = \frac{t}{2\,a_e}$

f : Vorschub (entspricht a_p: Schnitttiefe)
n_w : Umdrehungsfrequenz des Werkstückes
b_w : Werkstückbreite

$$t_{hu} = \frac{l_f \cdot i}{f \cdot n_w}$$

$$t_{hu} = \frac{l_f \cdot i \cdot d_w \cdot \pi}{f \cdot v_w}$$

d_w : Wirkdurchmesser des Werkstückes
v_w : Umfangsgeschwindigkeit des Werkstückes in $\frac{mm}{min}$

Planschleifen

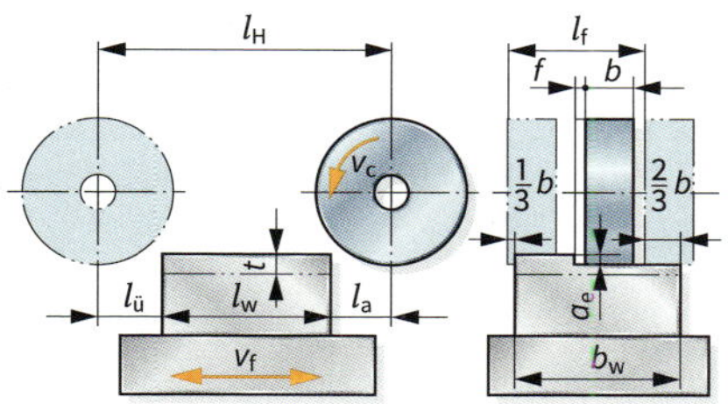

Fläche ohne Ansatz

$$l_f = b_w - \frac{1}{3}\,b$$

$$l_H = l_a + l_w + l_ü$$

Fläche mit Ansatz

$$l_f = b_w - \frac{2}{3}\,b$$

Beispiel:

$l_w = 360$ mm, $d = 52$ mm, $b = 40$ mm, $t = 0{,}3$ mm, $a_e = 0{,}2$ mm, $n_w = 63\ \text{min}^{-1}$, $f = 5$ mm, $t_{hu} = ?$

$t_{hu} = \frac{l_f}{f \cdot n_w}$ $\quad l_f = l_w - \frac{1}{3} \cdot b = 360\ \text{mm} - \frac{1}{3} \cdot 40\ \text{mm} = 346{,}7\ \text{mm}$

$i = \frac{f}{2 \cdot a_e} = \frac{0{,}8\ \text{mm}}{2 \cdot 0{,}2\ \text{mm}} = 2$ $\quad t_{hu} = \frac{346{,}7\ \text{mm} \cdot 2}{5\ \text{mm} \cdot 63\ \text{min}^{-1}}$ $\quad t_{hu} = 2{,}2$ min

Geradlinige Bewegung des Werkstückes:

$$t_{hu} = \frac{l_f \cdot i}{n_H \cdot f}$$

$v_f = l_H \cdot n_H$

v_f : Schlittengeschwindigkeit
l_H : Hublänge
n_H : Hubzahl des Schlittens
l_a : Anlauflänge
$l_ü$: Überlauflänge
l_w : Werkstückbreite

Längs-Außen-Profilschleifen

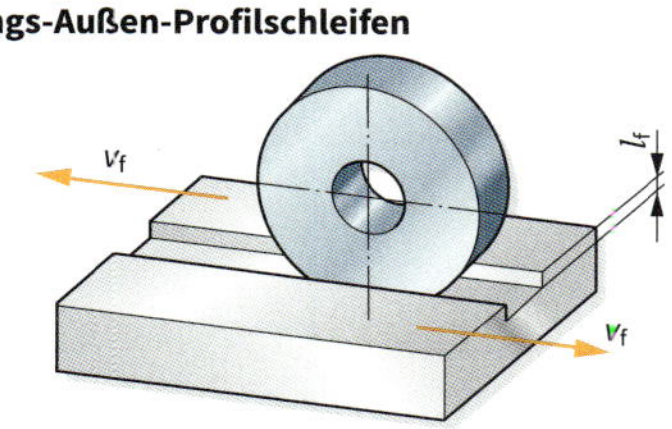

$i = \frac{l_f}{a_e}$

$$t_{hu} = \frac{l_f \cdot i}{f \cdot n_H}$$

l_f : Vorschubweg (Profiltiefe)
a_e : Arbeitseingriff
f : Vorschub
n_H : Hubzahl des Schlittens pro Zeiteinheit

Längs-Seiten-Planschleifen

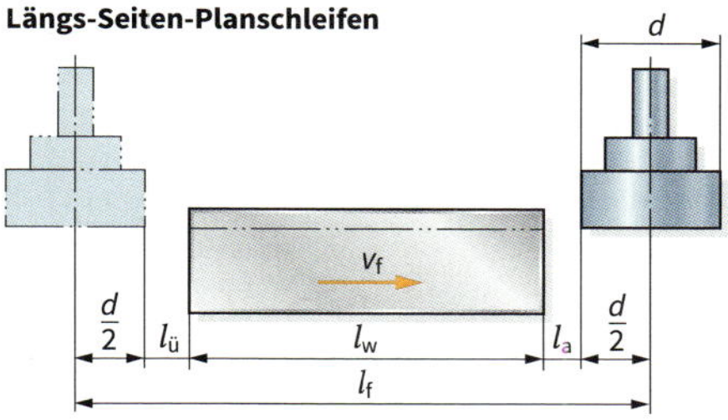

$$l_f = l_a + l_w + l_ü + d$$

$t_{hu} = \frac{i}{n_H}$

$v_f = l_H \cdot n_H$

$$t_{hu} = \frac{l_f \cdot i}{v_w}$$

i : Anzahl gleicher Schnitte
n_H : Hubzahl des Schlittens
l_H : Hublänge
v_f : Werkstückgeschwindigkeit = Geschwindigkeit des Schlittens in $\frac{mm}{min}$
l_f : Vorschubweg
l_a : Anlauflänge
$l_ü$: Überlauflänge
d : Durchmesser der Schleifscheibe

Analoge Geräte	Messbereich	Skalenteilung	Messgenauigkeit
Strichmaßstab DIN 866 	*0 … 3000 mm*	*1/0,5mm*	*1 mm*
Messschieber DIN 862 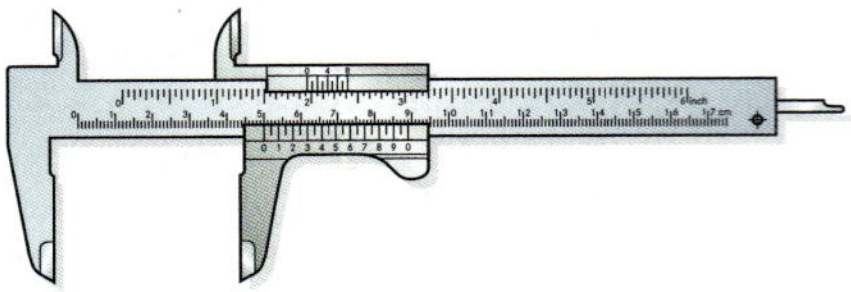	*0 … 300 mm*	*1/10-Nonius*	*0,1 mm*
		1/20-Nonius	*0,05 mm*
Bügelmessschraube DIN 863-1 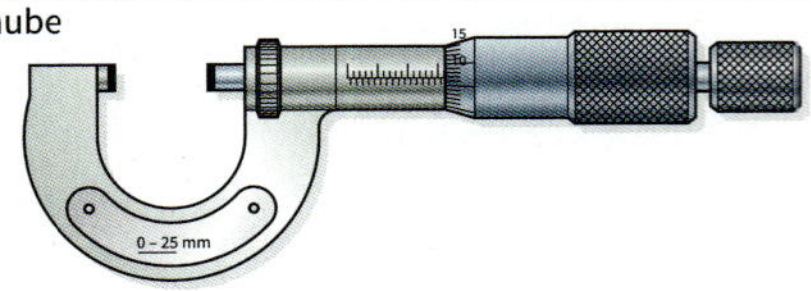	*0 … 1000 mm*	*Skalenhülse 0,5 mm* *Skalentrommel 0,02 mm*	*0,01 mm*
Innenmessschraube DIN 863-4 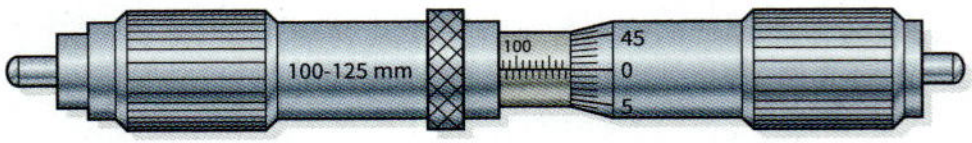	*0 … 25 mm*		*0,01 mm*
Messuhr DIN 878 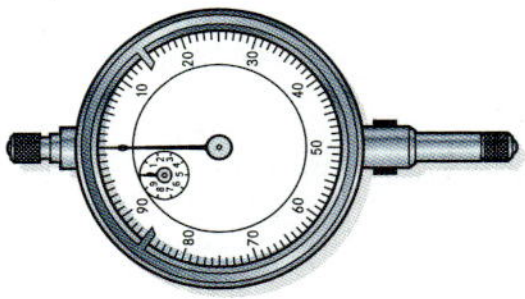	*0 … 10 mm*	*0,01 mm*	*0,01 mm*
Universalwinkelmesser (Werksnorm) 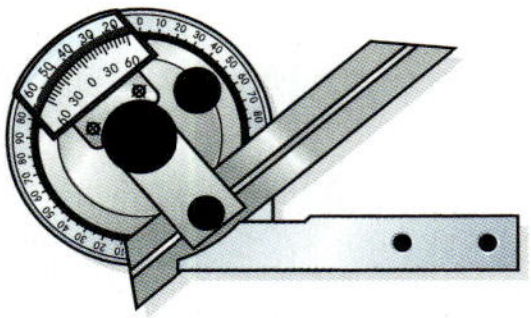	*360°*	*5'*	*5'*
Digitale Geräte (auch mit USB-Anschluss)	**Messbereich**	**Skalenteilung**	**Messgenauigkeit**
Digitalmessschieber DIN 862 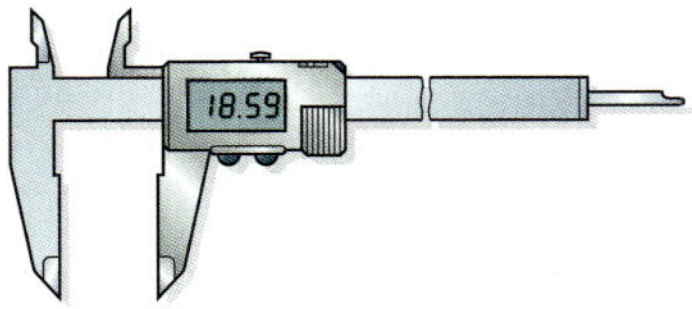		*0,01 mm*	*0,01 mm*
Digitale Bügelmessschraube DIN 863-1 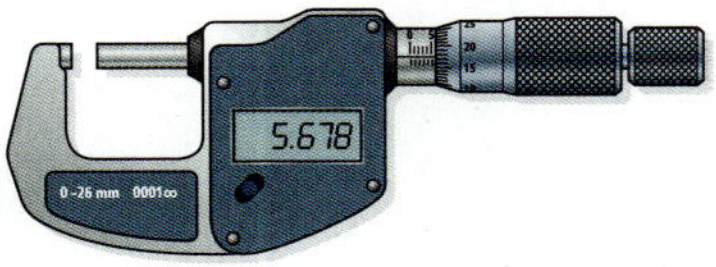	*0 … 300 mm*	*0,001 mm*	*0,001 mm*
Digitale Messuhr (Werksnorm) 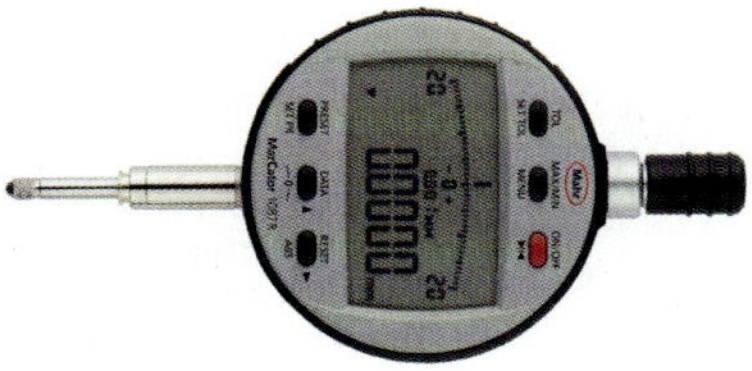	*0 … 25 mm*	*0,01/ 0,0005 mm umschaltbar*	*0,01/ 0,0005 mm*

Koordinatenachsen an CNC-Werkzeugmaschinen

DIN 66217: 1975-12

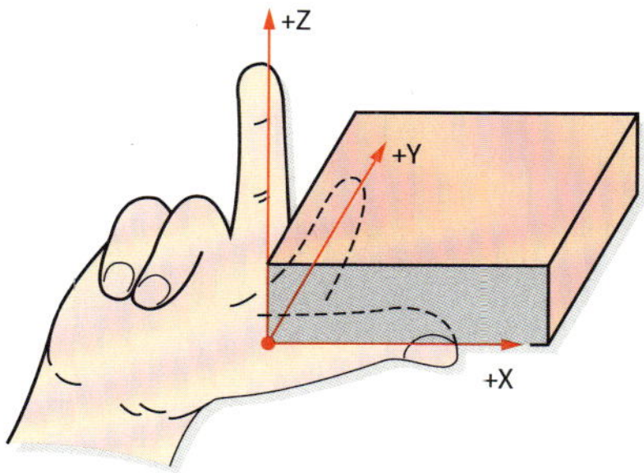

Achsbezeichnung bei senkrechter Z-Achse (Hauptspindel)

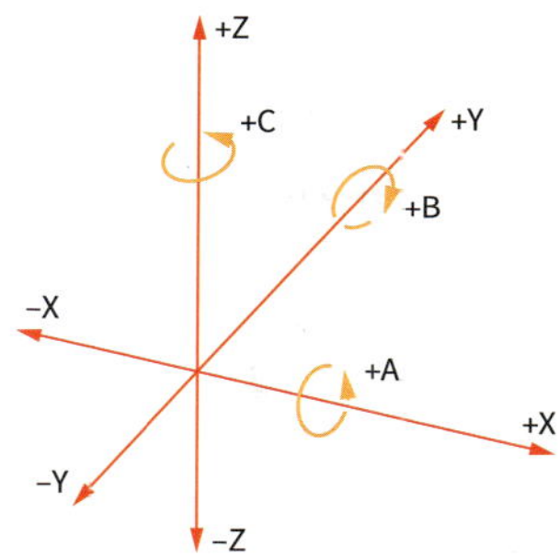

A, B und C bezeichnen Drehungen (Drehbewegungen), um die X-, Y- und Z-Achse

Kartesisches Koordinatensystem bei senkrechter Z-Achse

Bewegungsrichtungen an CNC-Werkzeugmaschinen

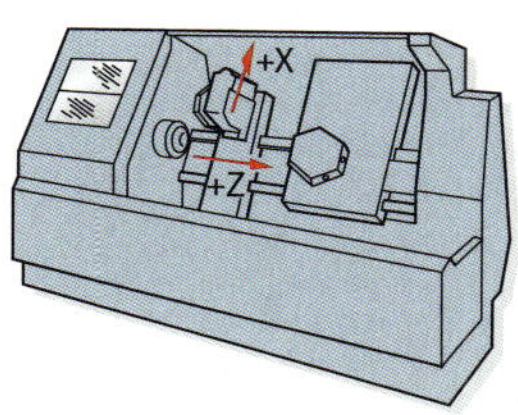

Schrägbrettdrehmaschine Werkzeug hinter Drehmitte

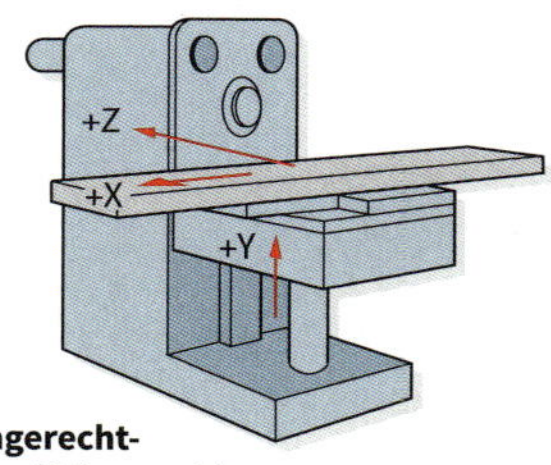

Waagerecht-Konsolfräsmaschine

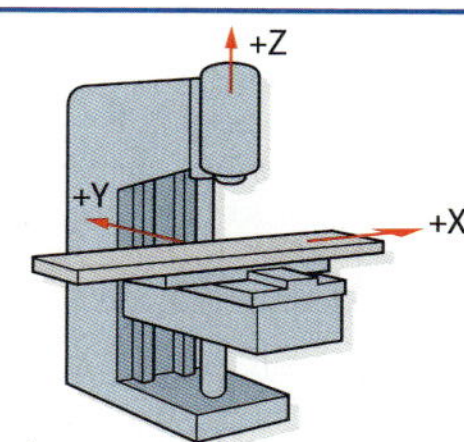

Senkrecht-Konsolfräsmaschine

Z-Achse: fällt mit der Arbeitsspindel zusammen, positive Richtung verläuft vom Werkstück zum Werkzeug
X-Achse: liegt parallel zur Aufspannfläche; soll möglichst horizontal verlaufen
Y-Achse: ist durch Lage und Richtung von Z- und X-Achse festgelegt

Bezugspunkte an CNC-Werkzeugmaschinen

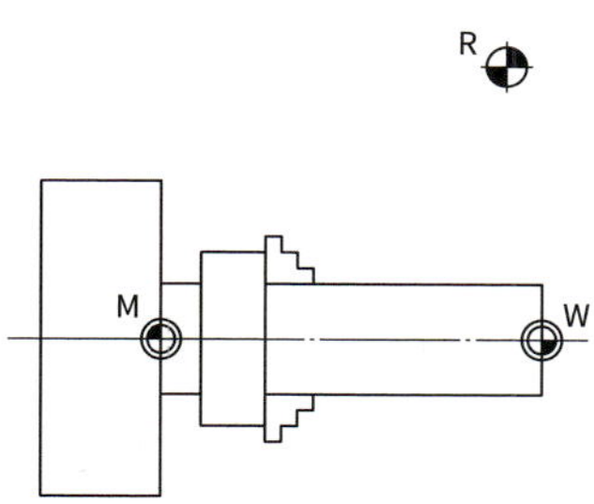

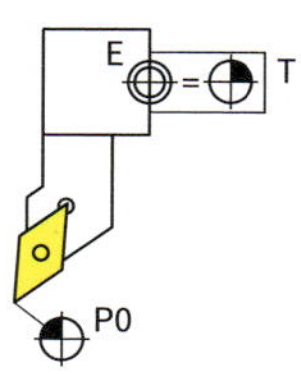

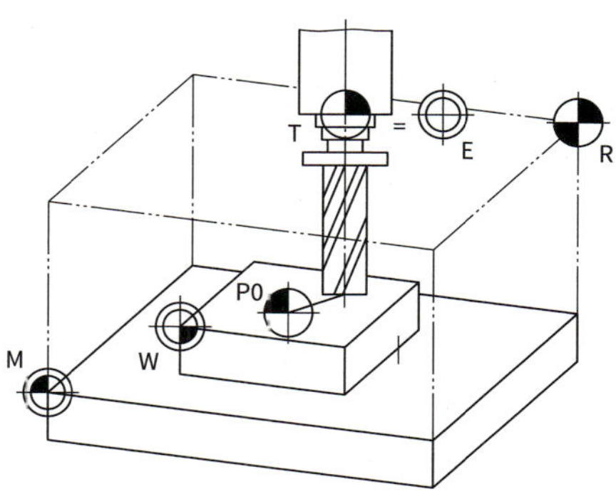

	**Maschinennullpunkt M** Ursprung des Maschinen-Koordinatensystems		**Referenzpunkt R** Ursprung des Wegmess-systems der Maschine		**Werkstücknullpunkt W** Ursprung des Werkstück-Koordinatensystems
	**Werkzeugträger-Bezugspunkt T** In der Mitte der Planfläche der Werkzeugaufnahme		**Werkzeugeinstellpunkt E** Bei eingesetztem Werkzeug = Werkzeugträger-Bezugspunkt		**Programmstartpunkt P0** Position des 1. Werkzeugs vor dem Programmstart

Programmaufbau für CNC-Maschinen

DIN 66 025-1: 1983-01

Ein Programm besteht aus Daten, die in Form von Programmsätzen in die Steuerung eingegeben werden. Jeder Satz kann aus mehreren Wörtern bestehen. Die Wörter eines Satzes können enthalten: programmtechnische Anweisungen, geometrische Anweisungen, technologische Anweisungen. Jedes Wort besteht aus einem Adressbuchstaben und einer Schlüsselzahl; z. B. G01

Number	**G**o		**F**eed	**S**peed	**T**ool	**M**iscellaneous
N40	G00	X50 Z-120	F0.35	S1400	T05	M03
Satznummer (40)	Wegbedingung (Eilgang)	Koordinaten des Zielpunktes	Vorschub (0,35 mm)	Umdrehungs-frequenz (1400 $\frac{1}{min}$)	Werkzeug (Nr. 5)	Zusatzfunktion (Spindel dreht im Uhrzeigersinn)
programmtechn. Anweisungen	geometrische Anweisungen		technologische Anweisungen			

Adressbuchstaben

Buchstabe	Bedeutung	Buchstabe	Bedeutung
A	Drehung um die X-Achse	M	Zusatzfunktion
B	Drehung um die Y-Achse	N	Satz-Nr.
C	Drehung um die Z-Achse	O	frei verfügbar
D	Werkzeugkorrekturspeicher (oder frei verfügbar)	P	dritte Bewegung parallel zur X-Achse
E	zweiter Vorschub (oder frei verfügbar)	Q	dritte Bewegung parallel zur Y-Achse
F	Vorschub	R	dritte Bewegung parallel zur Z-Achse
G	Wegbedingung	S	Spindelumdrehungsfrequenz oder Schnittgeschwindigkeit
H	frei verfügbar	T	Werkzeug-Nr.
I	Interpolationsparameter oder Gewindesteigung parallel zur X-Achse	U	zweite Bewegung parallel zur X-Achse
J	Interpolationsparameter oder Gewindesteigung parallel zur Y-Achse	V	zweite Bewegung parallel zur Y-Achse
		W	zweite Bewegung parallel zur Z-Achse
K	Interpolationsparameter oder Gewindesteigung parallel zur Z-Achse	X	Bewegung in Richtung X-Achse
		Y	Bewegung in Richtung Y-Achse
L	frei verfügbar	Z	Bewegung in Richtung Z-Achse

DIN- und PAL-Zusatzfunktionen (Vergleich)

Code	DIN 66 025[2]	PAL-Drehen	PAL-Fräsen
M00 [4]	Programmierter Halt	Programmierter Halt	Programmierter Halt
M01 [4]	Wahlweiser Halt		
M02 [4]	Programmende		
M03 [3]	Arbeitsspindel EIN im Uhrzeigersinn	Spindel einschalten; Drehrichtung rechts (Uhrzeigersinn)	Spindel einschalten; Drehrichtung rechts (Uhrzeigersinn)
M04 [3]	Arbeitsspindel EIN im Gegenuhrzeigersinn	Spindel einschalten; Drehrichtung links (Gegenuhrzeigersinn)	Spindel einschalten; Drehrichtung links (Gegenuhrzeigersinn)
M05 [4]	Arbeitsspindel HALT	Spindel ausschalten	Spindel ausschalten
M06	Werkzeugwechsel		Werkzeugwechsel
M07 [3]	Kühlschmiermittel Nr. 2 EIN	2. Kühlmittelpumpe einschalten	2. Kühlmittelpumpe einschalten
M08 [3]	Kühlschmiermittel Nr. 1 EIN	Kühlmittelpumpe einschalten	Kühlmittelpumpe einschalten
M09 [4]	Kühlschmiermittel AUS	Kühlmittelpumpe ausschalten	Kühlmittelpumpe ausschalten
M10	Klemmen	Reitstock-Pinole lösen[4]	
M11	Lösen	Reitstock-Pinole setzen[3]	
M13	vorläufig frei verfügbar		Spindeldrehung rechts + Kühlmittel ein
M14	vorläufig frei verfügbar		Spindeldrehung links + Kühlmittel ein
M15	vorläufig frei verfügbar		Spindel und Kühlmittel ausschalten
M17	vorläufig frei verfügbar	Unterprogramm Ende[4]	Unterprogramm Ende[4]
M30 [4]	Programmende mit Rücksetzen	Hauptprogramm Ende	Hauptprogramm Ende
M60	Werkstückwechsel[4]		Konstanter Vorschub[3] (Werkzeugschneide)
M61	vorläufig frei verfügbar		Konstanter Vorschub mit Beeinflussung an Innen- und Außenecken[3]

[1] **P**rüfungs**A**ufgaben- und **L**ehrmittelentwicklungsstelle
[2] Auswahl für Fräs- und Bohrmaschinen, Lehrenbohrwerke, Drehmaschinen, Bearbeitungszentren
[3] sofort wirksam [4] wirksam nach Abarbeitung der anderen Satzinhalte (grau) gespeichert wirksam (gelb) satzweise wirksam

DIN- und PAL-Wegbedingungen (Vergleich)

<table>
<tr><th>Code</th><th>DIN 66025</th><th>PAL-Drehen</th><th>PAL-Fräsen</th></tr>
<tr><td>G00</td><td>Punktsteuerungsverhalten</td><td colspan="2">Verfahren im Eilgang</td></tr>
<tr><td>G01</td><td>Geraden-Interpolation</td><td colspan="2">Linear-Interpolation im Arbeitsgang</td></tr>
<tr><td>G02</td><td>Kreis-Interpolation im Uhrzeigersinn</td><td colspan="2">Kreis-Interpolation im Uhrzeigersinn</td></tr>
<tr><td>G03</td><td>Kreis-Interpolation Gegenuhrzeigersinn</td><td colspan="2">Kreis-Interpolation Gegenuhrzeigersinn</td></tr>
<tr><td>G04</td><td>Verweilzeit</td><td colspan="2">Verweildauer</td></tr>
<tr><td>G08</td><td>Geschwindigkeitszunahme</td><td></td><td></td></tr>
<tr><td>G09</td><td>Geschwindigkeitsabnahme</td><td colspan="2">Genauhalt</td></tr>
<tr><td>G10</td><td>vorläufig frei verfügbar</td><td></td><td>Verfahren im Eilgang in Polarkoordinaten</td></tr>
<tr><td>G11</td><td>vorläufig frei verfügbar</td><td></td><td>Linear-Interpolation mit Polarkoordinaten</td></tr>
<tr><td>G12</td><td>vorläufig frei verfügbar</td><td></td><td>Kreis-Interpolation Uhrzeigers. Polarkoord.</td></tr>
<tr><td>G13</td><td>vorläufig frei verfügbar</td><td></td><td>Kreis-Interpol. Gegenuhrzeigers. Polarkoord.</td></tr>
<tr><td>G14</td><td>vorläufig frei verfügbar</td><td>Werkzeugwechselpunkt anfahren</td><td>Werkzeugwechselpunkt anfahren</td></tr>
<tr><td>G15</td><td>vorläufig frei verfügbar</td><td>Schwenken um eine Bearbeitungsebene</td><td>Schwenken um eine Bearbeitungsebene</td></tr>
<tr><td>G16</td><td>vorläufig frei verfügbar</td><td>Inkrementale Drehung der aktuellen Bearbeitungsebene</td><td>Inkrementale Drehung der aktuellen Bearbeitungsebene</td></tr>
<tr><td>G17</td><td>Ebenenauswahl XY</td><td>Stirnseitenbearbeitungsebenen</td><td>Ebenenanwahl 2½D-Bearbeitung</td></tr>
<tr><td>G18</td><td>Ebenenauswahl ZX</td><td>Drehebenenanwahl</td><td>Ebenenanwahl 2½D-Bearbeitung</td></tr>
<tr><td>G19</td><td>Ebenenauswahl YZ</td><td>Mantelflächenbearbeitungsebenen</td><td>Ebenenanwahl 2½D-Bearbeitung</td></tr>
<tr><td>G22</td><td>vorläufig frei verfügbar</td><td colspan="2">Unterprogrammaufruf</td></tr>
<tr><td>G23</td><td>vorläufig frei verfügbar</td><td colspan="2">Programmteilwiederholung</td></tr>
<tr><td>G24</td><td>vorläufig frei verfügbar</td><td></td><td>Modale Adressen für Fräszyklen</td></tr>
<tr><td>G29</td><td>vorläufig frei verfügbar</td><td colspan="2">Bedingte Programmsprünge</td></tr>
<tr><td>G30</td><td>vorläufig frei verfügbar</td><td>Umspannen</td><td></td></tr>
<tr><td>G31</td><td>vorläufig frei verfügbar</td><td>Gewindezyklus</td><td></td></tr>
<tr><td>G32</td><td>vorläufig frei verfügbar</td><td>Gewindebohrzyklus</td><td></td></tr>
<tr><td>G33</td><td>Gewindeschneiden</td><td>Gewindestrehlgang</td><td></td></tr>
<tr><td>G34</td><td>vorläufig frei verfügbar</td><td></td><td>Eröffnung Konturtaschenzyklus mit Vorbohren</td></tr>
<tr><td>G35</td><td>vorläufig frei verfügbar</td><td></td><td>Schrupptechnologie des Konturtaschenzyklus</td></tr>
<tr><td>G36</td><td>vorläufig frei verfügbar</td><td></td><td>Restmaterial Schrupptechnologie des Konturtaschenzyklus</td></tr>
<tr><td>G37</td><td>vorläufig frei verfügbar</td><td></td><td>Schlichttechnologie des Konturtaschenzyklus</td></tr>
<tr><td>G39</td><td>vorläufig frei verfügbar</td><td></td><td>Abschluss Konturtaschenzyklus</td></tr>
<tr><td>G40</td><td>Aufheben der Werkzeugkorrektur</td><td>Abwahl der Schneidenradiuskorrektur</td><td>Abwahl der Fräserradiuskorrektur</td></tr>
<tr><td>G41</td><td>Werkzeugbahnkorrektur, links</td><td>Schneidenradiuskorrektur, links</td><td>Anwahl der Fräserradiuskorrektur links</td></tr>
<tr><td>G42</td><td>Werkzeugbahnkorrektur, rechts</td><td>Schneidenradiuskorrektur, rechts</td><td>Anwahl der Fräserradiuskorrektur rechts</td></tr>
<tr><td>G45</td><td>vorläufig frei verfügbar</td><td>Lineares tangentiales An- oder Abfahren an eine Kontur</td><td>Lineares tangentiales An- oder Abfahren an eine Kontur</td></tr>
<tr><td>G46</td><td>vorläufig frei verfügbar</td><td>Tangentiales An- oder Abfahren an eine Kontur im Viertelkreis</td><td>Tangentiales An- oder Abfahren an eine Kontur im Viertelkreis</td></tr>
<tr><td>G47</td><td>vorläufig frei verfügbar</td><td>Tangentiales An- oder Abfahren an eine Kontur im Halbkreis</td><td>Tangentiales An- oder Abfahren an eine Kontur im Halbkreis</td></tr>
<tr><td>G49</td><td>vorläufig frei verfügbar</td><td></td><td>Konturfräszyklus</td></tr>
<tr><td>G50</td><td>vorläufig frei verfügbar</td><td colspan="2">Aufheben von inkrementellen Nullpunktverschiebungen und Drehungen</td></tr>
<tr><td>G53</td><td>Aufheben der Verschiebung</td><td colspan="2">Alle Nullpunktverschiebungen und Drehungen aufheben</td></tr>
<tr><td>G54–G57</td><td>Verschiebung 1 … 4</td><td colspan="2">Einstellbare absolute Nullpunkte</td></tr>
<tr><td>G58</td><td>Verschiebung 5</td><td></td><td>Inkrem. Nullpunktversch. polar und Drehung</td></tr>
<tr><td>G59</td><td>Verschiebung 6</td><td colspan="2">Inkrementelle Nullpunktverschiebung kartesisch und Drehung</td></tr>
<tr><td>G66</td><td>vorläufig frei verfügbar</td><td></td><td>Spiegeln um X- und/oder Y-Achse</td></tr>
<tr><td>G67</td><td>vorläufig frei verfügbar</td><td></td><td>Skalieren (Vergrößern/Verkleinern/ Aufheben)</td></tr>
<tr><td>G69</td><td>vorläufig frei verfügbar</td><td></td><td>Mehrkantzyklus</td></tr>
<tr><td>G70</td><td>Maßangaben in Inch</td><td colspan="2">Umschalten auf Maßeinheit Inch</td></tr>
<tr><td>G71</td><td>Maßangaben in Millimeter</td><td colspan="2">Umschalten auf Maßeinheit Millimeter</td></tr>
<tr><td>G72</td><td>vorläufig frei verfügbar</td><td></td><td>Rechtecktaschenfräszyklus</td></tr>
<tr><td>G73</td><td>vorläufig frei verfügbar</td><td></td><td>Kreistaschen- und Zapfenfräszyklus</td></tr>
<tr><td>G74</td><td>Anfahren Referenzpunkt</td><td></td><td>Nutenfräszyklus</td></tr>
<tr><td>G75</td><td>vorläufig frei verfügbar</td><td></td><td>Kreisbogennut-Fräszyklus</td></tr>
<tr><td>G76</td><td>vorläufig frei verfügbar</td><td></td><td>Mehrfachzyklusaufruf auf einer Geraden, einem Rahmen oder Gitter</td></tr>
<tr><td>G77</td><td>vorläufig frei verfügbar</td><td></td><td>Mehrfachzyklusaufruf auf einem Teilkreis</td></tr>
<tr><td>G78</td><td>vorläufig frei verfügbar</td><td></td><td>Zyklusaufruf an einem Punkt (Polarkoordin.)</td></tr>
<tr><td>G79</td><td>vorläufig frei verfügbar</td><td></td><td>Zyklusaufruf an Punkt (kartes. Koordinaten)</td></tr>
<tr><td>G80</td><td>Aufheben Arbeitszyklus</td><td>Abschluss einer Bearbeitungszyklus-Konturbeschreibung</td><td>Abschluss einer Bearbeitungszyklus-Konturbeschreibung</td></tr>
<tr><td>G81</td><td>Arbeitszyklus 1</td><td>Längsschruppzyklus</td><td>Bohrzyklus</td></tr>
<tr><td>G82</td><td>Arbeitszyklus 2</td><td>Planschruppzyklus</td><td>Tiefbohrzyklus</td></tr>
<tr><td>G83</td><td>Arbeitszyklus 3</td><td>Konturparalleler Schruppzyklus</td><td>Tiefbohrzyklus mit Spanbruch und Entspänen</td></tr>
<tr><td>G84</td><td>Arbeitszyklus 4</td><td>Bohrzyklus</td><td>Gewindebohrzyklus</td></tr>
<tr><td>G85</td><td>Arbeitszyklus 5</td><td>Freistichzyklus</td><td>Reibzyklus</td></tr>
<tr><td>G86</td><td>Arbeitszyklus 6</td><td>Radialer Stechzyklus</td><td>Ausdrehzyklus</td></tr>
<tr><td>G87</td><td>Arbeitszyklus 7</td><td>Radialer Konturstechzyklus</td><td>Bohrfräszyklus</td></tr>
<tr><td>G88</td><td>Arbeitszyklus 8</td><td>Axialer Stechzyklus</td><td>Innengewindefräszyklus</td></tr>
<tr><td>G89</td><td>Arbeitszyklus 9</td><td>Axialer Konturstechzyklus</td><td>Außengewindefräszyklus</td></tr>
<tr><td>G90</td><td>absolute Maßangaben</td><td>Absolutmaßangabe einschalten</td><td>Absolutmaßangabe einschalten</td></tr>
<tr><td>G91</td><td>inkrementale Maßangaben</td><td>Kettenmaßangabe einschalten</td><td>Kettenmaßangabe einschalten</td></tr>
<tr><td>G92</td><td>Speicher setzen</td><td>Drehzahlbegrenzung</td><td></td></tr>
<tr><td>G94</td><td>Vorschubgeschwindigkeit in mm/min</td><td>Vorschub in Millimeter pro Minute</td><td>Vorschub in Millimeter pro Minute</td></tr>
<tr><td>G95</td><td>Vorschub in mm/U</td><td>Vorschub in Millimeter pro Umdrehung</td><td>Vorschub in Millimeter pro Umdrehung</td></tr>
<tr><td>G96</td><td>Konstante Schnittgeschwindigkeit</td><td>Konstante Schnittgeschwindigkeit</td><td>Konstante Schnittgeschwindigkeit</td></tr>
<tr><td>G97</td><td>Angabe der Spindeldrehzahl in 1/min</td><td>Konstante Drehzahl</td><td>konstante Drehzahl</td></tr>
</table>

gespeichert wirksam (selbsthaltend)   satzweise wirksam

Elementare Arbeitsbewegungen

G00 Verfahren im Eilgang

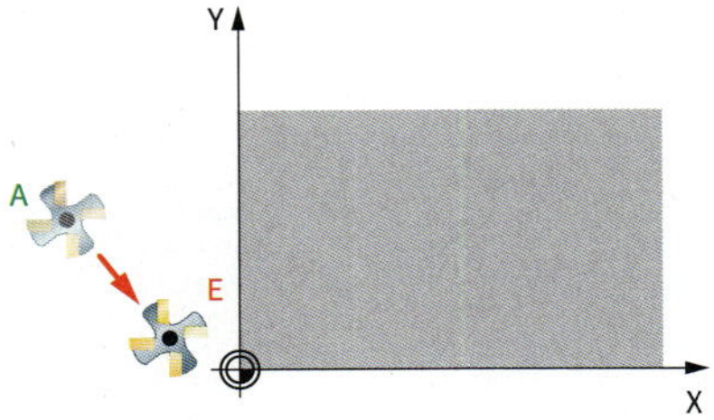

G01 Linearinterpolation im Arbeitsgang

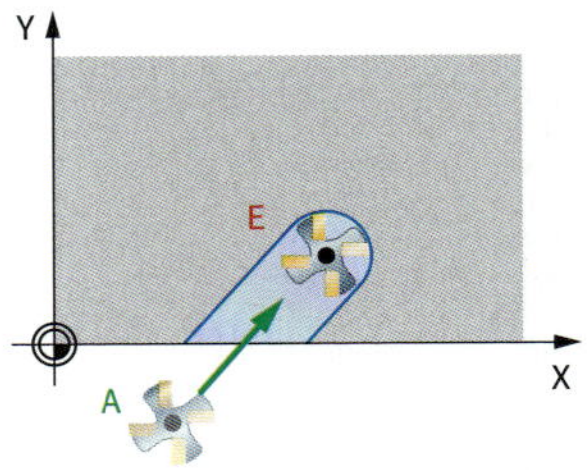

G02 Kreisinterpolation im Uhrzeigersinn

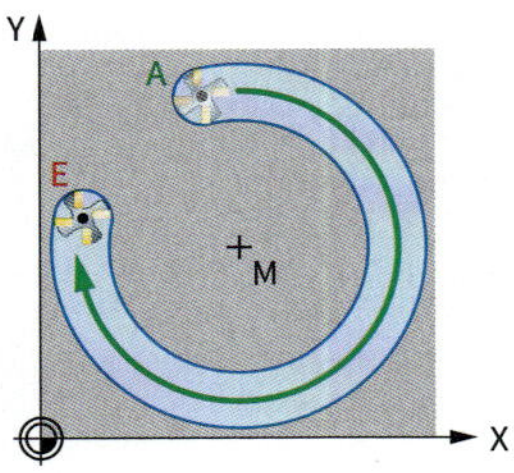

G03 Kreisinterpolation im Gegenuhrzeigersinn

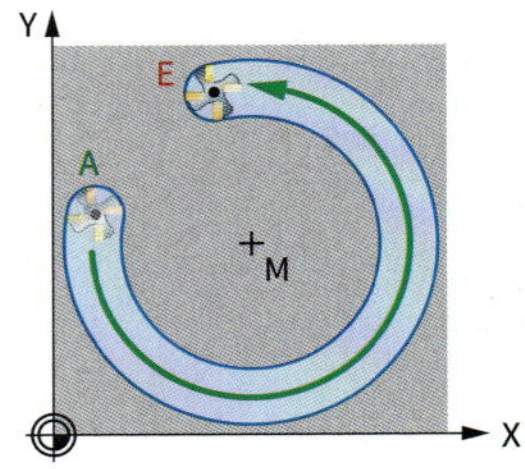

Bahnkorrekturen

G41 Fräserradiuskorrektur links

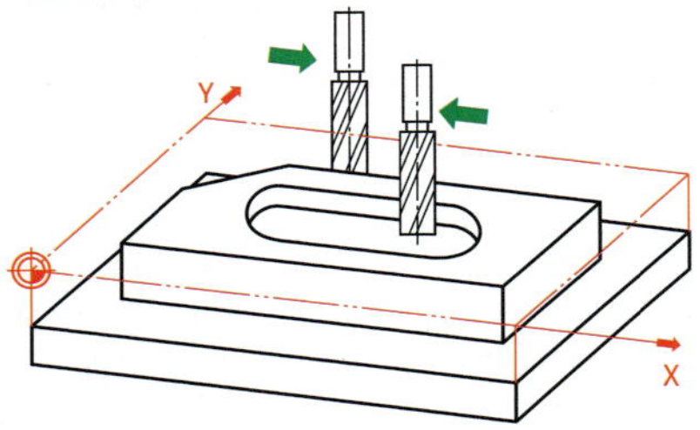

G42 Fräserradiuskorrektur rechts

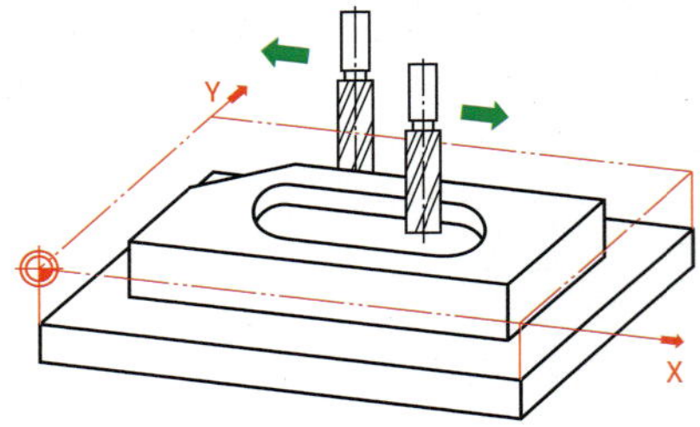

Werkzeugkorrekturen (nicht genormt)

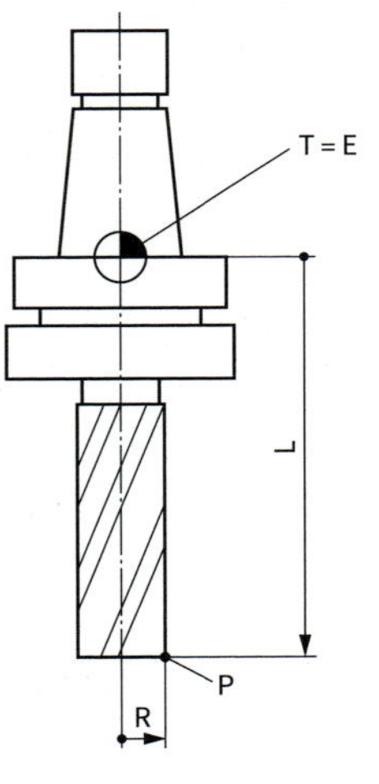

L: Werkzeuglänge
R: Werkzeugradius
T: Werkzeugträger-Bezugspunkt
E: Werkzeugeinstellpunkt
P: Werkzeugschneidenpunkt

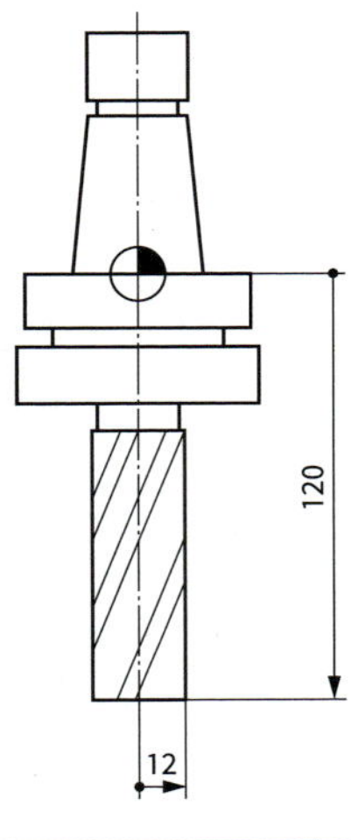

Werkzeugkorrekturspeicher

TC …	
L	120
R	12

Für jedes Werkzeug gibt es neun Korrekturspeicher (TC1 – TC9)

Im Werkzeugspeicher werden abgelegt Werkzeuglänge L und Werkzeugradius R

Linearinterpolation G00/G01

G90 (Werkstückkoordinatensystem)

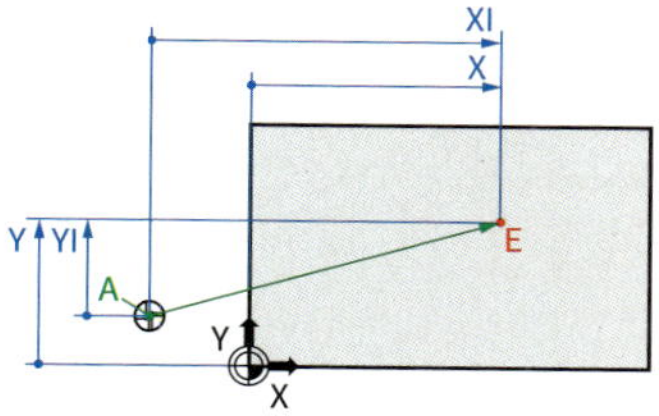

G91 (Werkzeugkoordinatensystem)

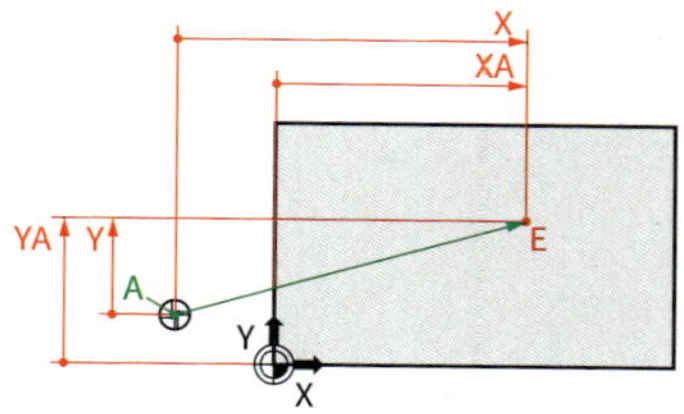

Adressen

bei G90 (Werkstückkoordinatensystem):

- X absolute X-Koordinate
- Y absolute Y-Koordinate
- XI inkrementale X-Koordinate
- YI inkrementale Y-Koordinate

bei G91 (Werkzeugkoordinatensystem):

- X inkrementale X-Koordinate
- Y inkrementale Y-Koordinate
- XA absolute X-Koordinate
- YA absolute Y-Koordinate

Kreisinterpolation G02/G03

G90 (Werkstückkoordinatensystem)

G02

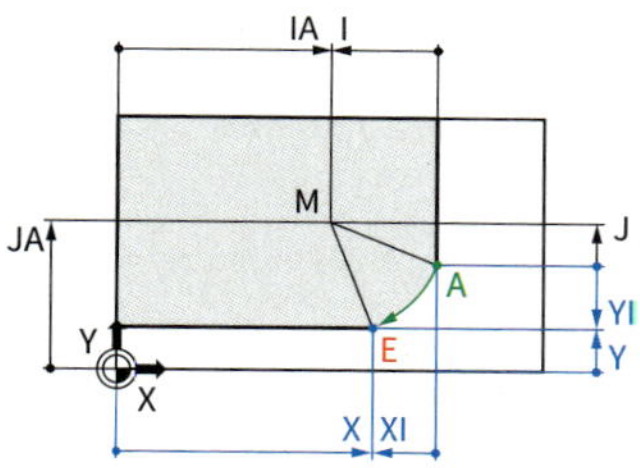

G03

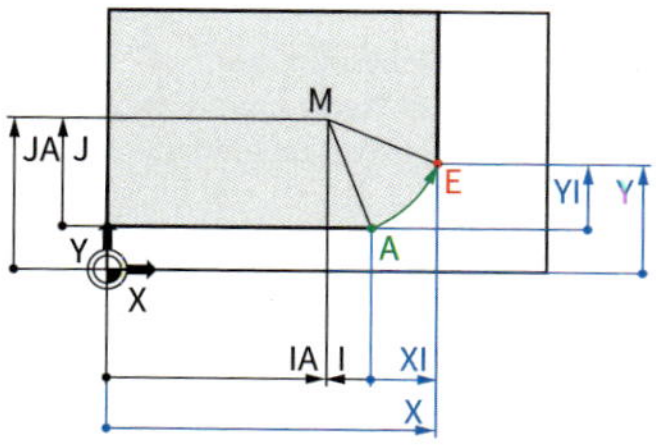

G91 (Werkzeugkoordinatensystem)

G02

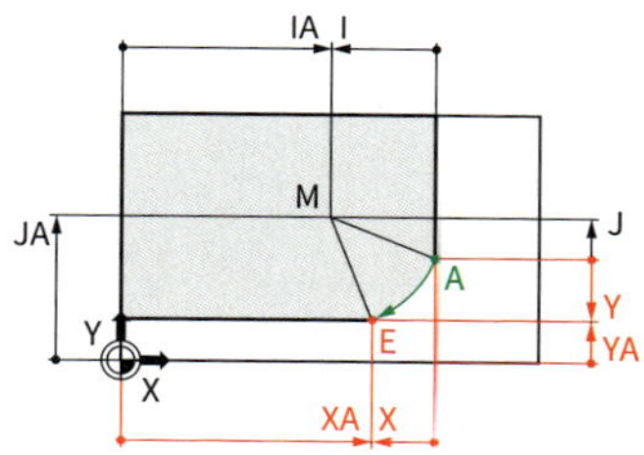

G03

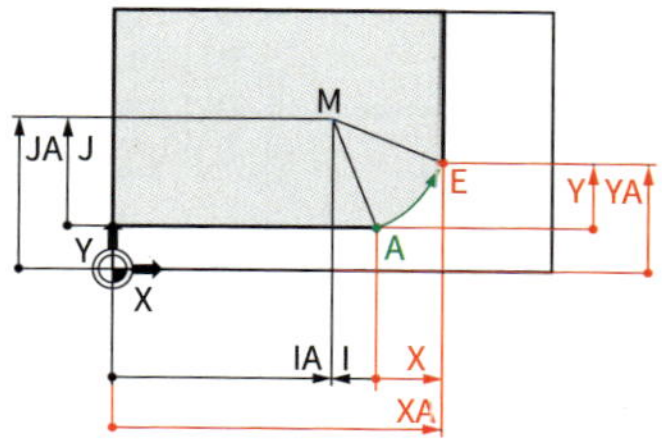

Adressen

bei G90 (Werkstückkoordinatensystem):

- X absolute X-Koordinate
- Y absolute Y-Koordinate
- XI inkrementale X-Koordinate
- YI inkrementale Y-Koordinate

bei G91 (Werkzeugkoordinatensystem):

- X inkrementale X-Koordinate
- Y inkrementale Y-Koordinate
- XA absolute X-Koordinate
- YA absolute Y-Koordinate

bei G90 und G91:

- I inkrementale X-Koordinatendifferenz zwischen Anfangspunkt A und Kreismittelpunkt M
- J inkrementale Y-Koordinatendifferenz zwischen Anfangspunkt A und Kreismittelpunkt M
- IA absolute X-Mittelpunktkoordinate in Werkstückkoordinaten
- JA absolute Y-Mittelpunktkoordinate in Werkstückkoordinaten

A Anfangspunkt der Bewegung (= aktuelle Werkzeugposition)
E Endpunkt der Bewegung

G00 Verfahren im Eilgang
Adressen: X/XA/XI Y/YA/YI Z/ZA/ZI (F S M TC TR TL)

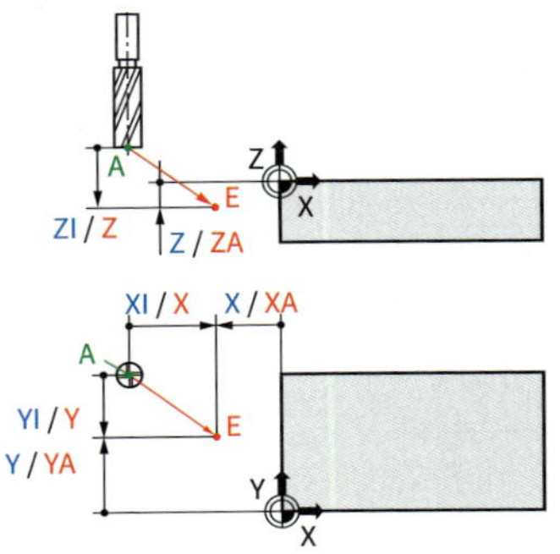

G01 Linearinterpolation im Arbeitsgang
Adressen: X/XA/XI Y/YA/YI Z/ZA/ZI D AS RN H (E F S M TC TR TL)

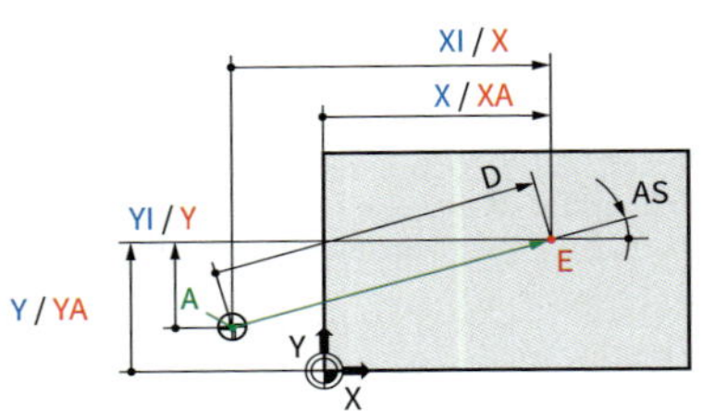

G10 Verfahren im Eilgang mit Polarkoordinaten
Adressen: RP AP/AI I/IA J/JA Z/ZA/ZI (F S M TC TR TL)

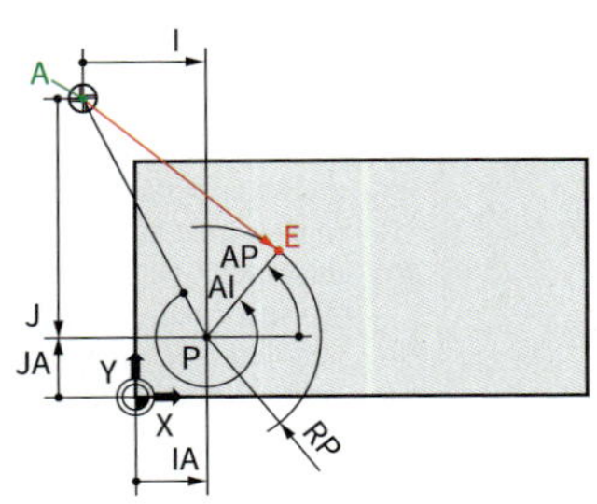

G11 Linearinterpolation mit Polarkoordinaten
Adressen: RP AP/AI I/IA J/JA Z/ZA/ZI RN (E F S M TC TR TL)

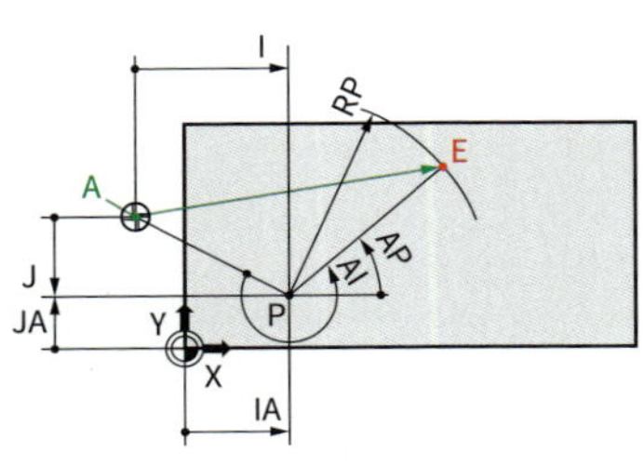

bei G90 (Werkstückkoordinatensystem):

- X absolute X-Koordinate
- Y absolute Y-Koordinate
- Z absolute Z-Koordinate
- XI inkrementale X-Koordinate
- YI inkrementale Y-Koordinate
- ZI inkrementale Z-Koordinate

bei G91 (Werkzeugkoordinatensystem):

- X inkrementale X-Koordinate
- Y inkrementale Y-Koordinate
- Z inkrementale Z-Koordinate
- XA absolute X-Koordinate
- YA absolute Y-Koordinate
- ZA absolute Z-Koordinate

bei G90 und G91:

- D Länge der Verfahrstrecke in der Beabeitungsebene (immer positiv)
- AS Anstiegswinkel der Geraden in der Bearbeitungsebene bezogen auf die positive 1. Geometrieachse (G17: X-Achse)
- RN Übergangselement zum nächsten Konturelement[1)]
  - RN+ Verrundungsradius zum nächsten Konturelement
  - RN– Fasenbreite zum nächsten Konturelement
- H Auswahlkriterium für Doppellösungen[1)] (falls D, aber nicht AS programmiert wird)
  - H1 kleinerer Anstiegswinkel zur positiven 1. Geometrieachse
  - H2 größerer Anstiegswinkel zur positiven 1. Geometrieachse
- RP Polarradius
- AP Polarwinkel bezogen auf die positive 1. Geometrieachse (G17: X-Achse)
- AI Polarwinkel inkremental bezogen auf die aktuelle Werkzeugposition
- I X-Koordinatendifferenz zwischen Anfangspunkt A und Polarzentrum P
- J Y-Koordinatendifferenz zwischen Anfangspunkt A und Polarzentrum P
- IA X-Koordinate des Polarzentrums P absolut in Werkstückkoordinaten
- JA Y-Koordinate des Polarzentrums P absolut in Werkstückkoordinaten
- E Feinkonturvorschub
- F Vorschub
- S Spindeldrehzahl/Schnittgeschwindigkeit
- M Zusatzfunktionen
- TC Anwahl der Korrekturwertspeichernummer
- TR inkrementelle Veränderung des Werkzeugradius
- TL inkrementelle Veränderung der Werkzeuglänge

[1)] Voreinstellungen: RN0 H1

- A Anfangspunkt der Bewegung (= aktuelle Werkzeugposition)
- E Endpunkt der Bewegung

Übergangselemente Fase/Radius

Beispiel

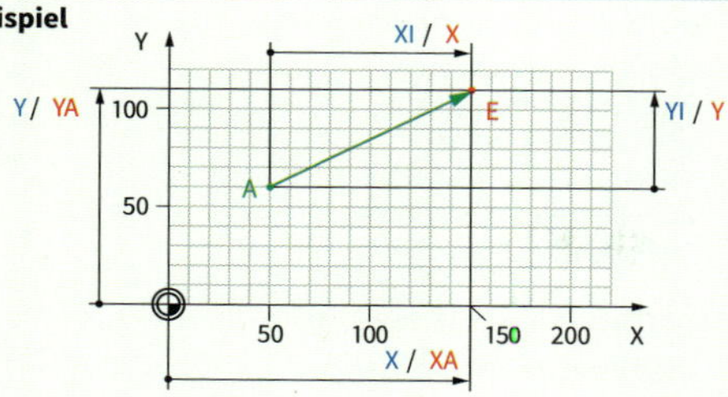

	G90	G01	X150	Y110
oder	G90	G01	XI100	Y110
oder	G90	G01	X150	YI50
oder	G90	G01	XI100	YI50
oder	G91	G01	X100	Y50
oder	G91	G01	XA150	Y50
oder	G91	G01	X100	YA110
oder	G91	G01	XA150	YA110

Beispiel

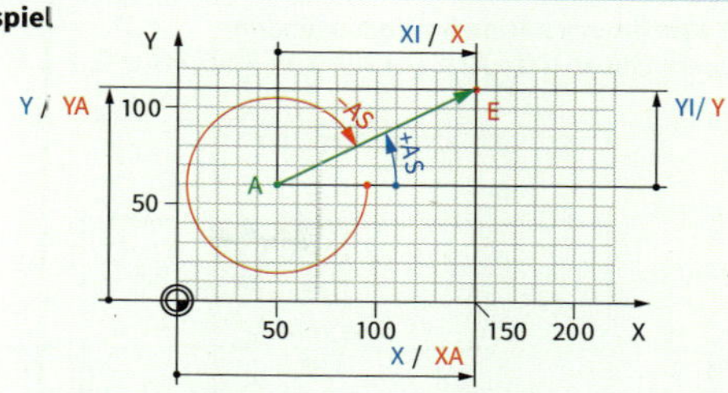

	G90	G01	X150	AS26,57
oder	G90	G01	Y110	AS-333,43
oder	G90	G01	XI100	AS26,57
oder	G90	G01	YI50	AS-333,43
oder	G91	G01	X100	AS26,57
oder	G91	G01	Y50	AS-333,43
oder	G91	G01	XA150	AS26,57
oder	G91	G01	YA110	AS-333,43

Beispiel

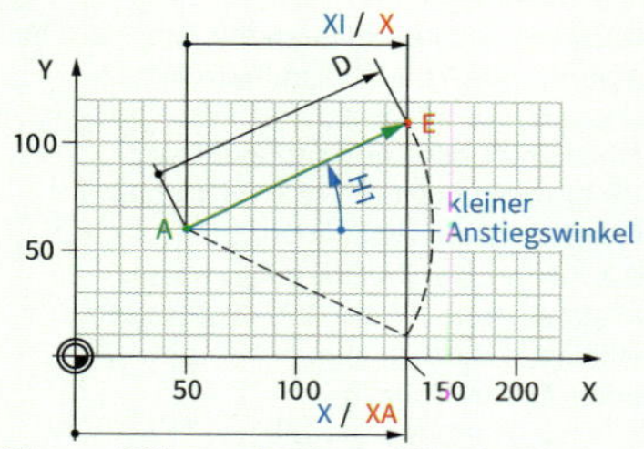

	G90	G01	X150	D111,8	H1
oder	G90	G01	XI100	D111,8	H1
oder	G91	G01	X100	D111,8	H1
oder	G91	G01	XA150	D111,8	H1

Beispiel

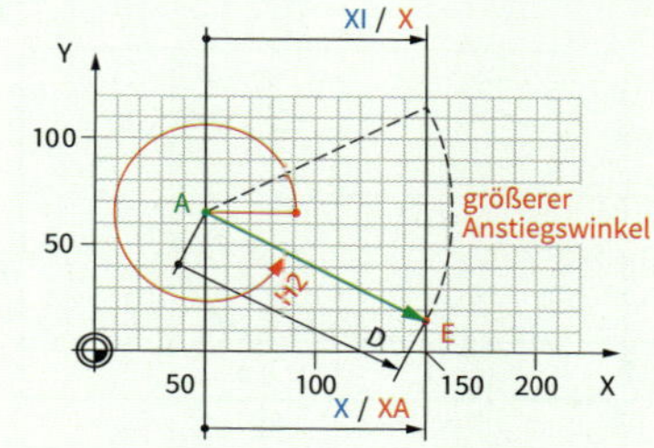

	G90	G01	X150	D111,8	H2
oder	G90	G01	XI100	D111,8	H2
oder	G91	G01	X100	D111,8	H2
oder	G91	G01	XA150	D111,8	H2

Beispiel

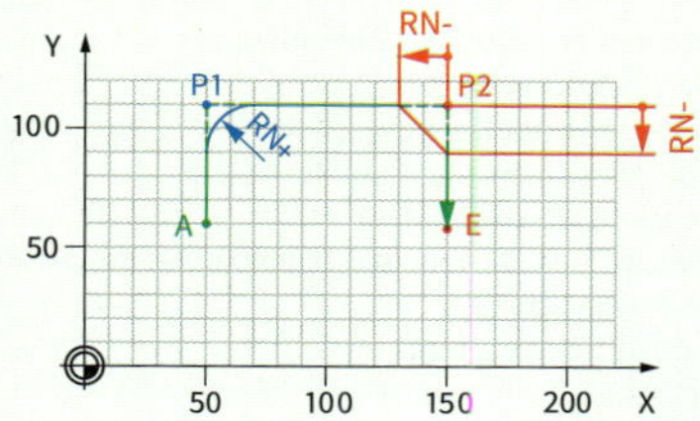

G90	G01	X50	Y110	RN20
G90	G01	X150	Y110	RN-20
G90	G01	X150	Y70	

Beispiel

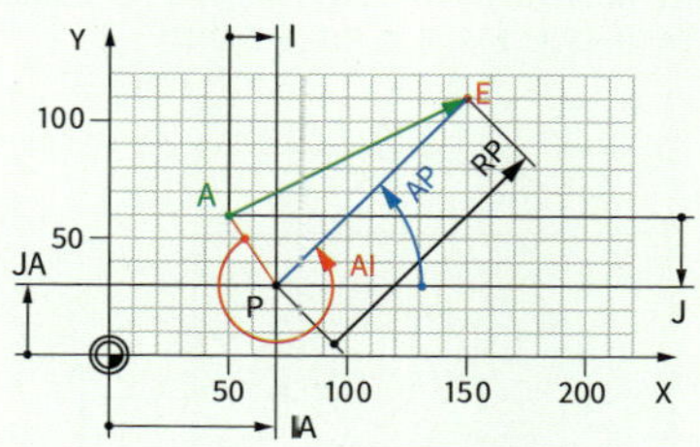

	G90	G11	RP111,8	AP45	I20	J-30
oder	G90	G11	RP111,8	AI281,24	IA70	JA30
oder	G90	G11	RP111,8	AP45	I20	JA30

Beispiel

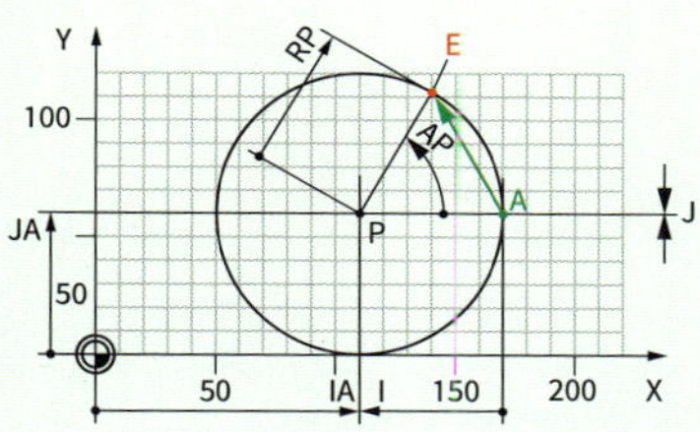

	G90	G11	RP60	AP60	I-60	J0
oder	G90	G11	RP60	AP60	IA110	J0
oder	G90	G11	RP60	AP60	I-60	JA60
oder	G90	G11	RP60	AP60	IA110	JA60

Beispiel

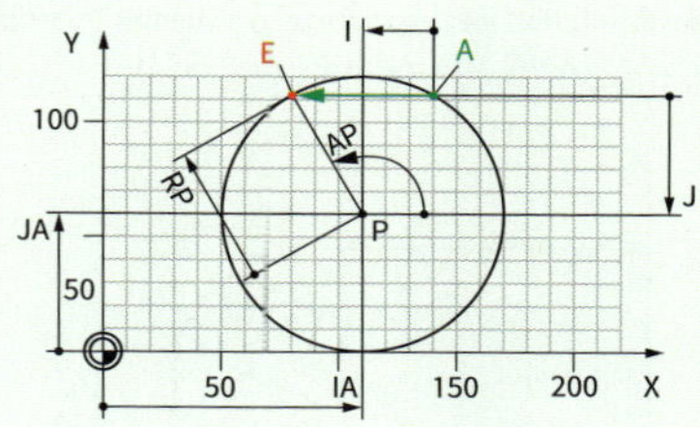

	G90	G11	RP60	AP120	I-30	J-51,96
oder	G90	G11	RP60	AP120	IA110	J-51,96
oder	G90	G11	RP60	AP120	I-30	JA60
oder	G90	G11	RP60	AP120	IA110	JA60

G02 Kreisinterpolation im Uhrzeigersinn
Adressen: X/XA/XI Y/YA/YI Z/ZA/ZI I/IA J/JA R AO RN O (E F S M)

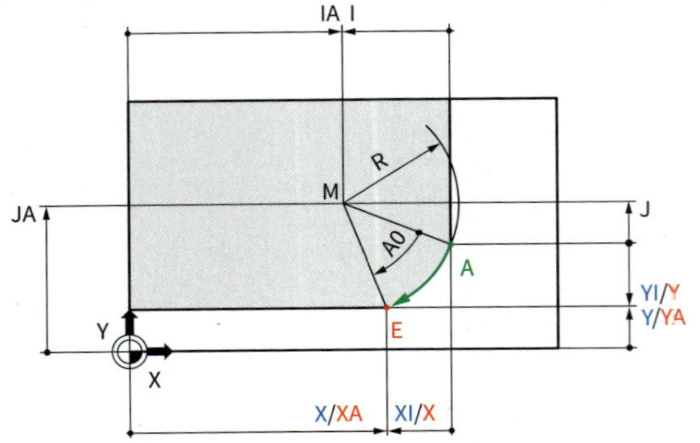

G03 Kreisinterpolation im Gegenuhrzeigersinn
Adressen: X/XA/XI Y/YA/YI Z/ZA/ZI I/IA J/JA R AO RN O (E F S M)

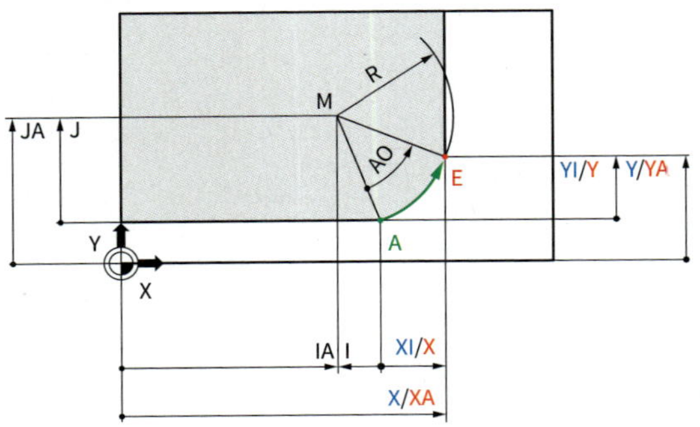

G12 Kreisinterpolation im Uhrzeigersinn mit Polarkoordinaten
Adressen: Z/ZA/ZI AP/AI I/IA J/JA RN (E F S M)

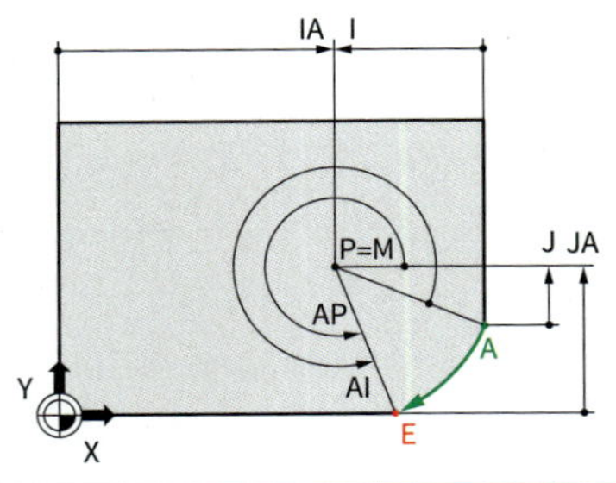

G13 Kreisinterpolation im Gegenuhrzeigersinn mit Polarkoordinaten
Adressen: Z/ZA/ZI AP/AI I/IA J/JA RN (E F S M)

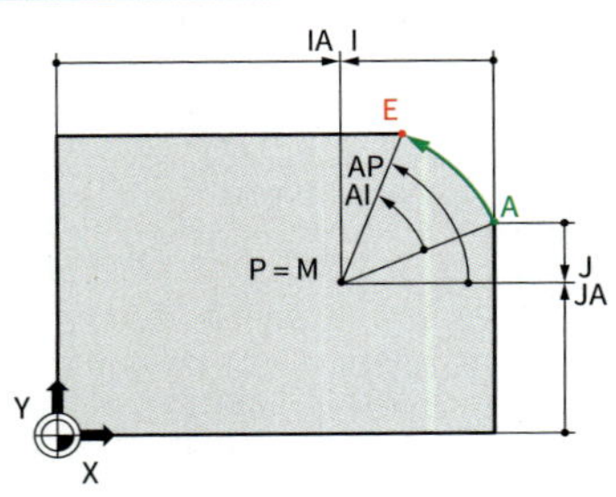

bei G90 (Werkstückkoordinatensystem):

X	absolute X-Koordinate
Y	absolute Y-Koordinate
Z	absolute Z-Koordinate
XI	inkrementale X-Koordinate
YI	inkrementale Y-Koordinate
ZI	inkrementale Z-Koordinate

bei G91 (Werkzeugkoordinatensystem):

X	inkrementale X-Koordinate
Y	inkrementale Y-Koordinate
Z	inkrementale Z-Koordinate
XA	absolute X-Koordinate
YA	absolute Y-Koordinate
ZA	absolute Z-Koordinate

bei G90 und G91:

I	inkrementale X-Koordinatendifferenz zwischen[1] Anfangspunkt A und Kreismittelpunkt M (= Polarzentrum P bei G12/G13)
J	inkrementale Y-Koordinatendifferenz zwischen[1] Anfangspunkt A und Kreismittelpunkt M (= Polarzentrum P bei G12/G13)
IA	X-Koordinate des Kreismittelpunktes M (= Polarzentrum P bei G12/G13) absolut in Werkstückkoordinaten
JA	Y-Koordinate des Kreismittelpunktes M (= Polarzentrum P bei G12/G13) absolut in Werkstückkoordinaten
R	Radius des Kreisbogens R+ kürzerer Bogen R– längerer Bogen
AO	Öffnungswinkel (immer positiv, da Kreisorientierung durch G2/G3 bestimmt ist)
RN	Übergangselement zum nächsten Konturelement[1] RN+ Verrundungsradius zum nächsten Konturelement RN– Fasenbreite zum nächsten Konturelement
O	Auswahlkriterium für Bogenlänge[1] O1 kürzerer Bogen O2 längerer Bogen
AP	Polarwinkel bezogen auf die positive 1. Geometrieachse (G17: X-Achse)
AI	Polarwinkel inkremental bezogen auf die aktuelle Werkzeugposition
E	Feinkonturvorschub
F	Vorschub
S	Spindeldrehzahl/Schnittgeschwindigkeit
M	Zusatzfunktionen

[1] Voreinstellungen: I0 J0 RN0 O1

A	Anfangspunkt der Bewegung (= aktuelle Werkzeugposition)
E	Endpunkt der Bewegung

Beispiel

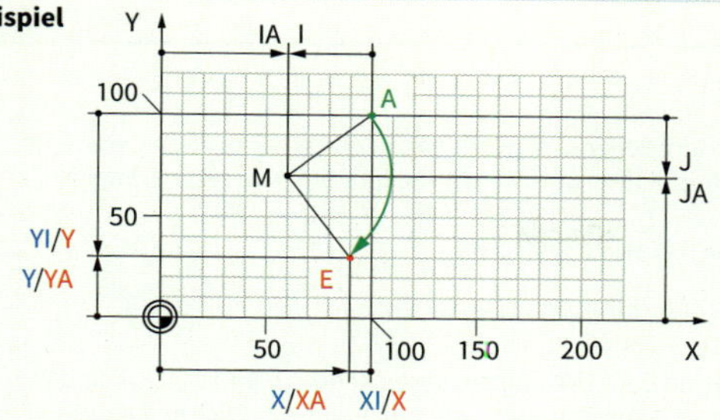

	G90	G02	X90	Y30	I-40	J-30
oder	G90	G02	XI-10	Y30	IA60	J-30
oder	G90	G02	X90	YI-70	I-40	JA70
oder	G90	G02	XI-10	YI-70	IA60	JA70
oder	G91	G02	X-10	Y-70	I-40	J-30
oder	G91	G02	XA90	Y-70	IA60	J-30
oder	G91	G02	X-10	YA30	I-40	JA70
oder	G91	G02	XA90	YA30	IA60	JA70

Beispiel

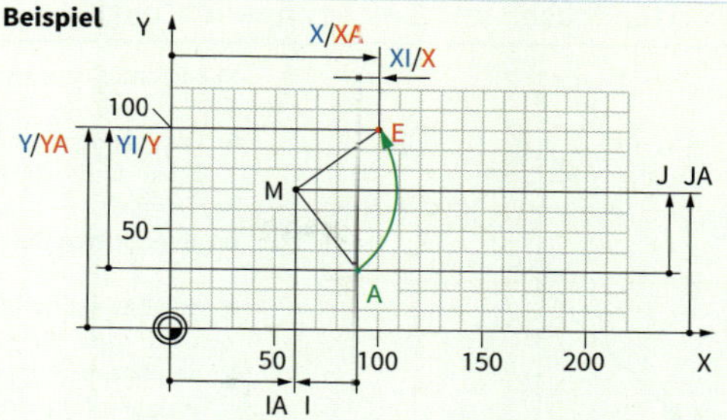

	G90	G03	X100	Y100	I-30	J40
oder	G90	G03	XI10	Y100	IA60	J40
oder	G90	G03	X100	YI70	I-30	JA70
oder	G90	G03	XI10	YI70	IA60	JA70
oder	G91	G03	X10	Y70	I-30	J40
oder	G91	G03	XA100	Y70	IA60	J40
oder	G91	G03	X10	YA100	I-30	JA70
oder	G91	G03	XA100	YA100	IA60	JA70

Beispiel

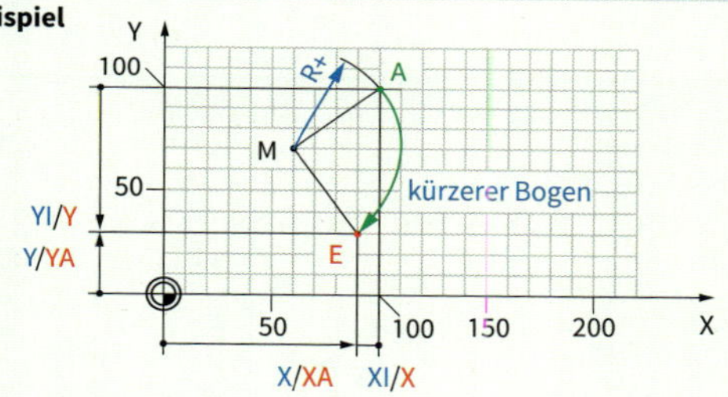

	G90	G02	X90	Y30	R50
oder	G90	G02	XI-10	Y30	R50
oder	G91	G02	X-10	Y-70	R50
oder	G91	G02	XA90	Y-70	R50

Beispiel

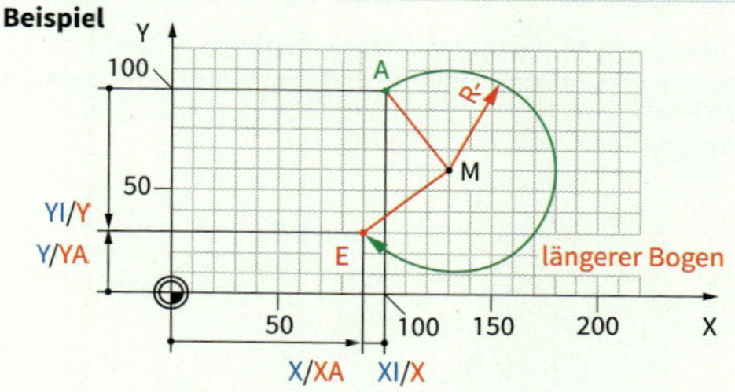

	G90	G02	X90	YI-70	R-50
oder	G90	G02	XI-10	YI-70	R-50
oder	G91	G02	X-10	YA30	R-50
oder	G91	G02	XA90	YA30	R-50

Beispiel

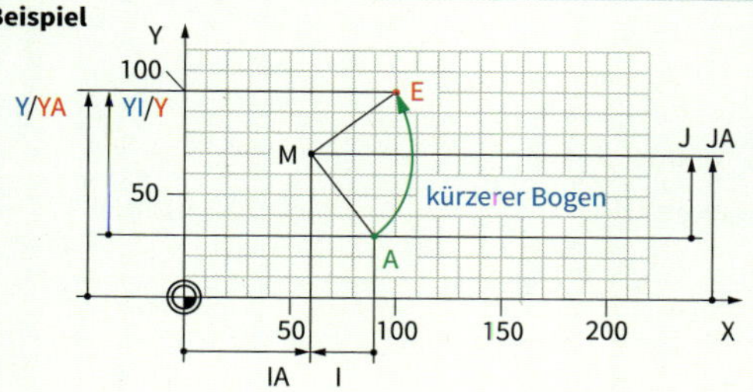

	G90	G03	Y100	I-30	JA70	O1
oder	G90	G03	YI70	IA60	JA70	O1

Beispiel

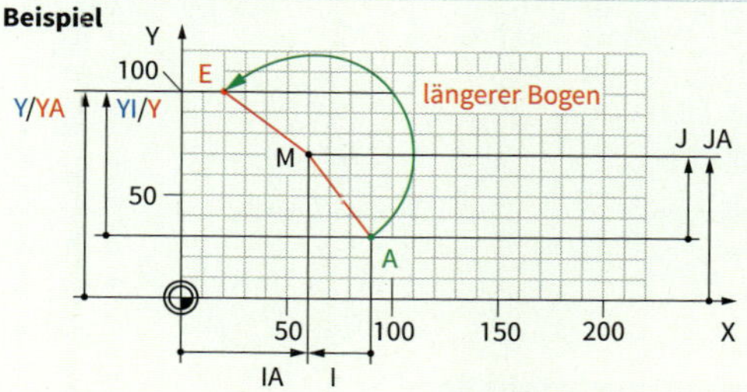

	G91	G03	Y70	I-30	JA70	O2
oder	G91	G03	YA100	IA60	J40	O2

Beispiel

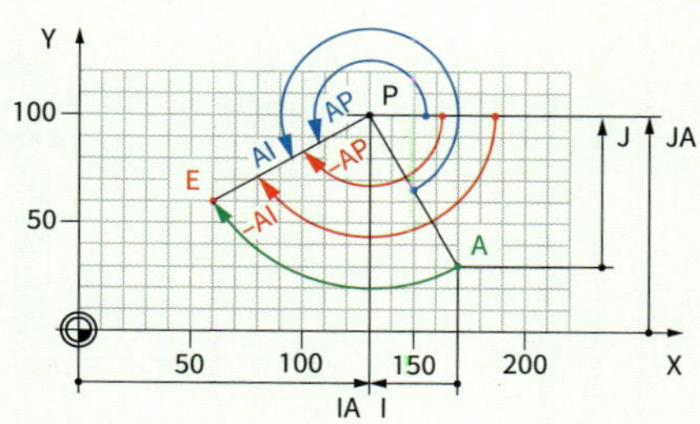

	G12	AP210	I-40	J70
oder	G12	AP-150	I-40	J70
oder	G12	AI270	IA130	JA110
oder	G12	AI-90	IA130	JA110

Beispiel

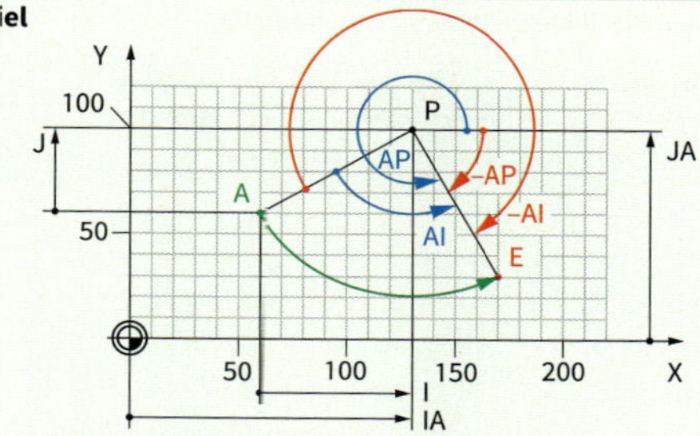

	G13	AP300	I70	J40
oder	G13	AP-60	I70	J40
oder	G13	AI90	IA130	JA100
oder	G13	AI-270	IA130	JA100

Koordinatenachsen und Bewegungsrichtungen

DIN 66217: 1975-12

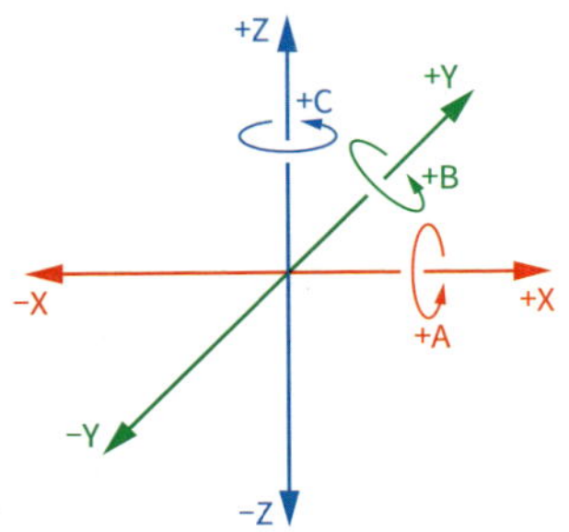

XYZ-Rechtssystem mit

- Festlegung einer Bearbeitungsebene mit einer ersten und einer zweiten Geometrieachse, in der die Kreisinterpolation und die Werkzeugradius-Korrektur erfolgen,
- einer dritten Geometrieachse als Zustellachse,
- den Bezeichnungen X, Y und Z für die Bewegungsachsen,
- den Bezeichnungen A, B und C für Drehungen, deren Achsen parallel zu X, Y und Z verlaufen. Die Drehrichtung ist positiv, wenn die Drehung beim Blick in die positive Richtung der Bewegungsachse im Uhrzeigersinn erfolgt.

Ebenenanwahl für die 2½D-Bearbeitung

Ebenenanwahl	G17	G18	G19
Bearbeitungs-ebene	XY-Ebene 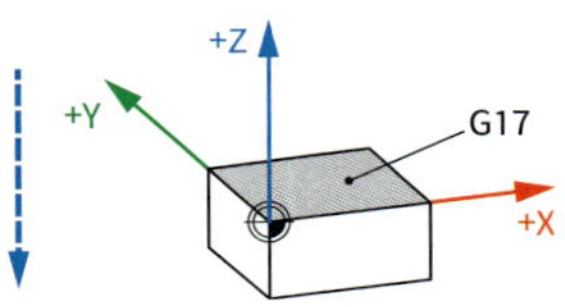	ZX-Ebene 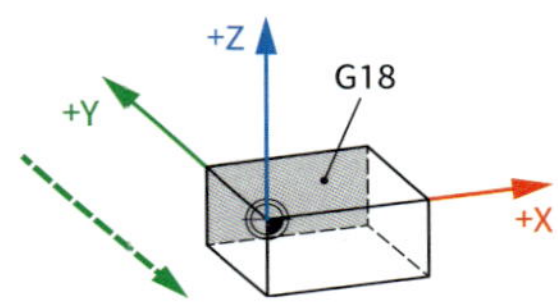	YZ-Ebene 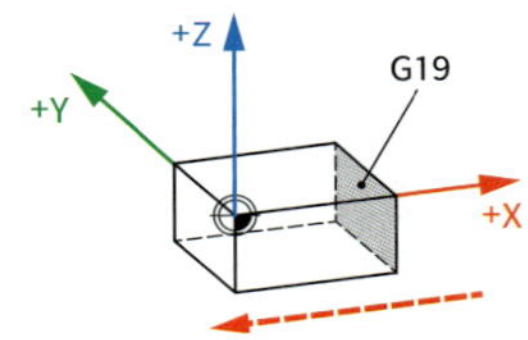
Zustellachse	Z-Achse	Y-Achse	X-Achse
Zustellung in Richtung	negative Z-Achse	negative Y-Achse	negative X-Achse

Adressaustauch-Tabelle

Programmieranweisungen PAL-Fräsen gelten im Allgemeinen für die Bearbeitungsebene G17 (Einschaltzustand). Sie lassen sich auf die Bearbeitungsebenen G18 und G19 übertragen, indem man die Ebenen-Adressen X und Y, die Zustelladresse Z und die Adressen für Kreismittelpunkte systematisch austauscht.

Bearbeitungs-Ebene	Ebenen-Adressen	Zustell-adresse	Absolut-adressen	Inkremental-adressen	Koordinaten-differenz für Mittelpunkte	Absolute Mittelpunkt-koordinaten
G17	X Y	Z	XA YA ZA	XI YI ZI	I J K	IA JA KA
G18	Z X	Y	ZA XA YA	ZI XI YI	K I J	KA IA JA
G19	Y Z	X	YA ZA XA	YI ZI XI	J K I	JA KA IA

G15 Bearbeitungsebenen

G15 IP0
Direkte Programmierung aller NC-Achsen, Realisierung von Polar- und Zylinderkoordinaten mit einer Rundachse

G15 IP1 ... IP4
Kartesische Stirnseiten- und Mantelflächenprogrammierung

G15 IP5
Standard- und Mehrseiten-Bearbeitungsebenenanwahl, (Voreinstellung: IP5)

Ebenenanwahl mit maschinenfesten Raumwinkeln
G15 G17 IP5 AM BM CM XI YI ZI IR H DS Q

Pflichtadressen: G15 G17
G15 Bearbeitungsebene
G17 Interpolationsebene (X-Y-Ebene)

Optionale Adressen:
AM Drehwinkel um die X-Achse des Maschinenkoordinatensystems
BM Drehwinkel um die Y-Achse des Maschinenkoordinatensystems
CM Drehwinkel um die Z-Achse des Maschinenkoordinatensystems

Ausgangsebene	**Schwenken der Ausgangsebenebene**	
	mit Einschwenken der Drehachsen (H1)	**ohne Einschwenken der Drehachsen (H3)**

Schwenken um X-Achse

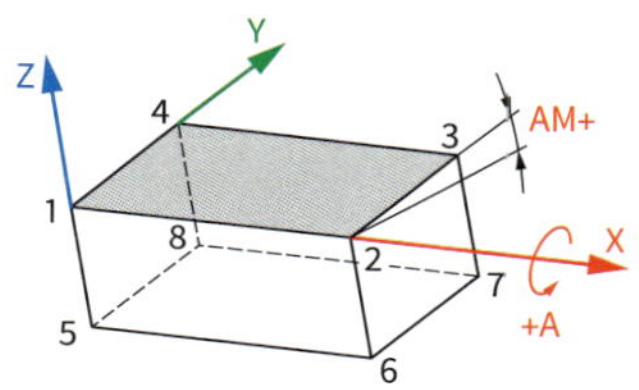

G17 AM H1

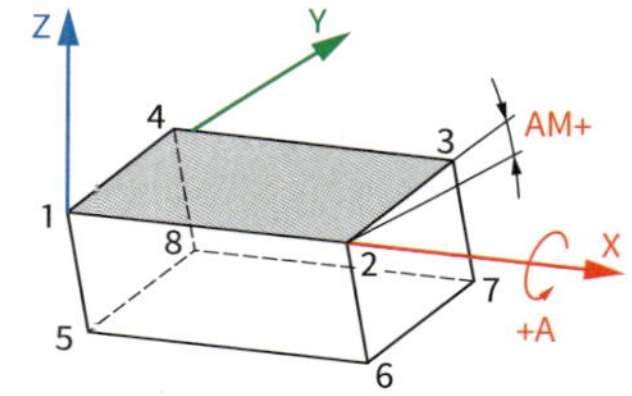

G17 AM H3

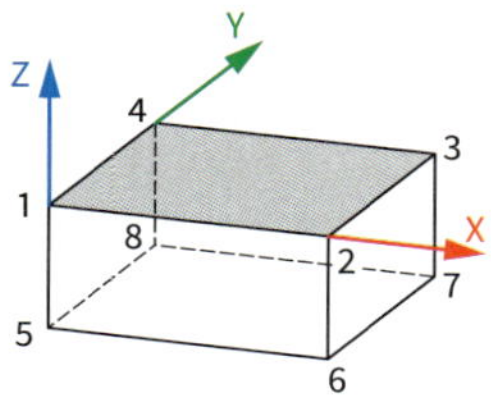

G17
Standardebene

Schwenken um Y-Achse

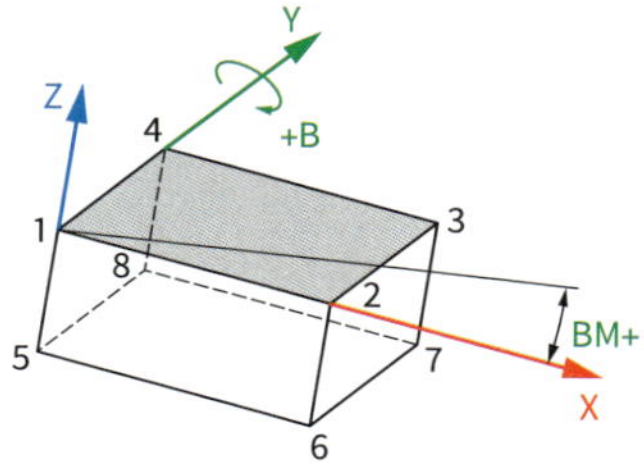

G17 BM H1

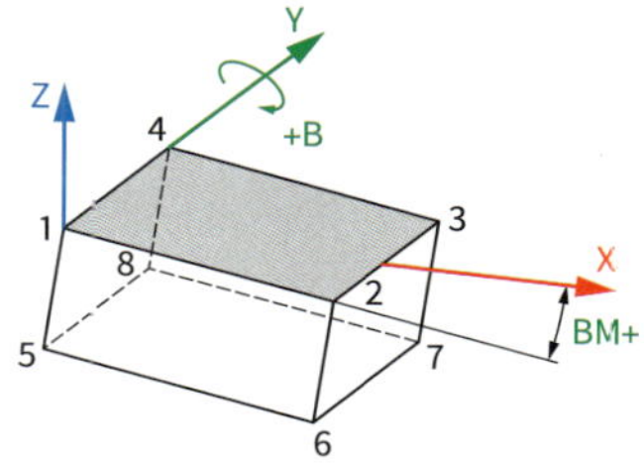

G17 BM H3

Schwenken um Z-Achse

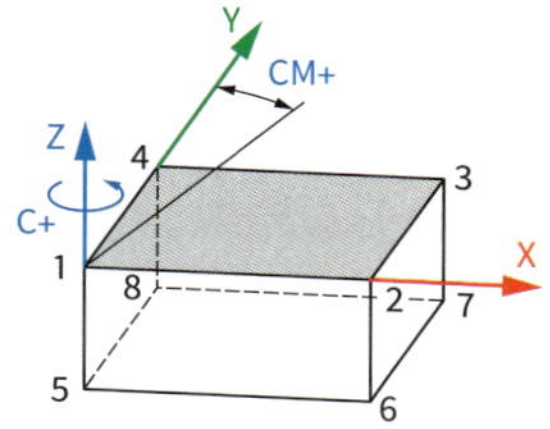

G17 CM H1

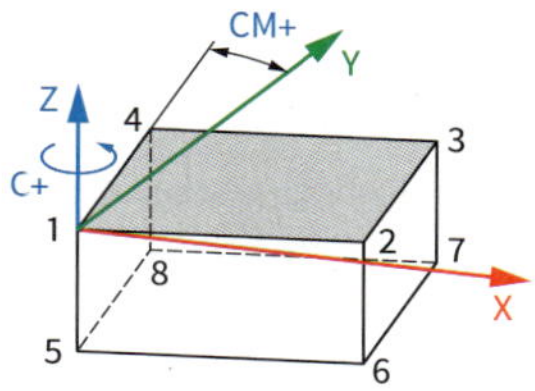

G17 CM H3

Beispiel

Programmierhinweise: Die Drehung der Standardebene wird in der Reihenfolge der programmierten Achsen ausgeführt. Die Reihenfolge der Drehwinkel bestimmt die resultierende Bearbeitungsebene. Es können eine oder zwei oder drei Drehwinkel in beliebiger Reihenfolge programmiert werden. Mit Hilfe der Adressaustausch-Tabelle ist das System auf die Standardebenen G18 und G19 übertragbar.

Ebenenauswahl mit inkementellen Raumwinkeln
G15 G17 IP5 AR BR CR XI YI ZI IR H DS Q

Pflichtadressen: G15 G17

G15 Bearbeitungsebene
G17 Interpolationsebene (X-Y-Ebene)

Optionale Adressen:

AR Drehwinkel um die X-Achse des jeweils aktuellen Koordinatensystems
BR Drehwinkel um die Y-Achse des jeweils aktuellen Koordinatensystems
CR Drehwinkel um die Z-Achse des jeweils aktuellen Koordinatensystems

Direkte Programmierung aller NC-Achsen für Sonderbearbeitungen, Polar- und Zylinderkoordinaten-Programmierung
G15 G17 IP0 FL FW F S M M

Pflichtadressen: G15 G17

G15 Bearbeitungsebene
G17 Interpolationsebene (X-Y-Ebene)

Optionale Adressen:

FL Vorschub in den nicht kartesischen Linearachsen in mm/min, (Voreinstellung: FL500)
FW Vorschub der Rundachsen in Winkelgrad/min, (Voreinstellung: FW720)
F Vorschub
S Drehzahl/Schnittgeschwindigkeit
M Zusatzfunktionen (z. B. Drehrichtung, Kühlschmiermittel)

Rundachs-Interpolation kartesischer Koordinaten auf Stirnseiten und abgewickelten Mantelflächen – Allgemeiner Fall
G15 G17 IP1/IP2 DM

Pflichtadressen: G15 G17

G15 Bearbeitungsebene
G17 Interpolationsebene (X-Y-Ebene)

Optionale Adressen:

DM Durchmesser der Mantelfläche

Rundachs-Interpolation kartesischer Koordinaten auf Stirnseiten und abgewickelten Mantelflächen – Allgemeiner Fall
G15 G17 IP3/IP4

Pflichtadressen: G15 G17

G15 Bearbeitungsebene
G17 Interpolationsebene (X-Y-Ebene)

Optionale Adressen für G15 G17 – Interpolationsadressen

IP0

Sonderbearbeitungsebene zur direkten Programmierung alle NC-Achsen mit Vorschubsteuerung entsprechend der Länge des in den Linearachsen X, Y, Z programmierten Verfahrweges.

Der modale Vorschub F oder FL (bei G94) erfolgt unter Mitführung der im NC-Satz programmierten Rundachsen.

IP1

Kartesische Mantelflächen-Interpolation mit einer virtuellen 1. Geometrieachse und der 2. Geometrieachse als Mantelflächenkoordinaten durch Abwicklung eines Zylinders um eine in der 2. Geomatrieachse und durch den Nullpunkt gehenden Rundachse. Die Zustellung erfolgt in der 3. Geometrieachse.

IP2

Kartesische Mantelflächen-Interpolation mit einer virtuellen 2. Geometrieachse und der 1. Geometrieachse als Mantelflächenkoordinaten durch Abwicklung eines Zylinders um eine in der 1. Geometrieachse und durch den Nullpunkt gehenden Rundachse. Die Zustellung erfolgt in der 3. Geometrieachse.

IP3

Umrechnung der kartesischen Koordinaten der ersten und zweiten Geometrieachse in Polarkoordinaten, deren Winkelwert mit einer in der Zustellachse liegenden und durch den Nullpunkt gehenden Rundachse eingestellt wird. Der Radius wird mit der 1. Geometrieachse festgelegt.

IP4

Umrechnung der kartesischen Koordinaten der ersten und zweiten Geometrieachse in Polarkoordinaten, deren Winkelwert mit einer in der Zustellachse liegenden und durch den Nullpunkt gehenden Rundachse eingestellt wird. Der Radius wird mit der 2. Geometrieachse festgelegt.

IP5

Standard- und Mehrseiten-Bearbeitungsebenenanwahl

- XI inkrementale Nullpunktverschiebung in X
- YI inkrementale Nullpunktverschiebung in Y
- ZI inkrementale Nullpunktverschiebung in Z
- IR Drehwinkelreihenfolge, (Voreinstellung: IR123); (1-Drehung um die X-Achse, 2-Drehung um die Y-Achse, 3-Drehung um die Z-Achse)
- H Ebenen-Einschwenkverhalten
  - H1 Einschwenken der Drehachsen
  - H2 Einschwenken der Drehachsen mit Werkzeugausgleichsbewegung
  - H3 kein Einschwenken der Drehachsen

DS

Verschiebung der virtuellen Schwenkposition (nur bei H2). Es wird die virtuelle Schwenkposition auf der im Werkzeug liegende Zustellachse durch Verschieben des Werkzeugschneidenpunktes um DS festgelegt. Diese Position bleibt beim Einschwenken bezüglich des Werkstückes durch Ausgleichsbewegungen in X, Y und Z erhalten.

- Q Lösungsauswahl
  - Q1 Voreingestellte Ebenen-Einschwenklösung
  - Q2 Alternative Ebenen-Einschwenklösung

Voreinstellungen: IP: IP5, AM/BM/CM: 0, AR/BR/CR: 0, H: H1, DS: DS0, Q: Q1, XI/YI/ZI: 0, IR: IR123, O: 01

G16 Inkrementelle Drehung der Bearbeitungsebene um eine Koordinatenachse

Pflichtadresse: G16

Optionale Adressen: AR BR CR XI YI ZI H DS Q HW

- AR Drehung um die X-Achse
- BR Drehung um die Y-Achse
- CR Drehung um die Z-Achse
- XI inkrementale Nullpunktverschiebung in X
- YI inkrementale Nullpunktverschiebung in Y
- ZI inkrementale Nullpunktverschiebung in Z
- H Einschwenkverhalten
  - H1 Einschwenken
  - H2 Einschwenken mit Werkzeugausgleichsbewegung
  - H3 kein Einschwenken

DS

Verschiebung der virtuellen Schwenkposition (nur bei H2). Diese Position bleibt beim Einschwenken bezüglich des Werkstückes durch Ausgleichsbewegungen in X, Y und Z erhalten.

- Q Lösungsauswahl
  - Q1 Voreingestellte Einschwenklösung
  - Q2 Alternative Einschwenklösung

Die inkrementelle Drehung wird verwendet, wenn eine aktiv geschwenkte Bearbeitungsebene vom Typ G15 IP5 oder G16 um eine weitere Drehung in einer Rundachse des Werkstückkoordinatensystems geschwenkt werden soll.

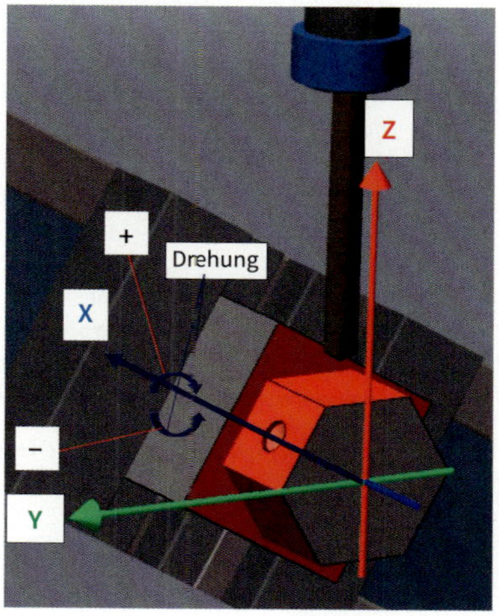

- HW Lösungsauswahl
  - HW1 vertikales Werkzeug
  - HW2 horizontales Werkzeug

Voreinstellungen: XI/YI/ZI: 0, H: H1, DS: DS0, Q: Q1, HW: HW1

Konturtaschenzyklus

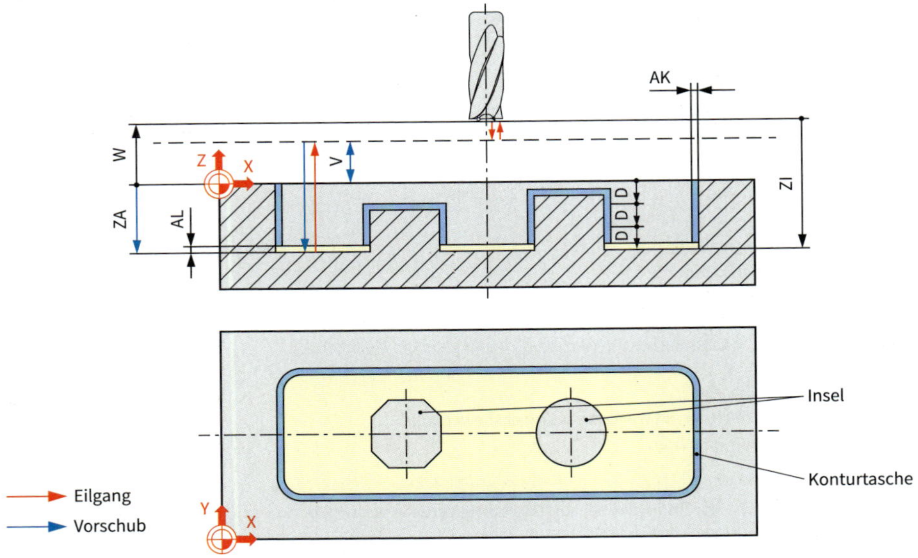

Die Programmierung freier Konturtaschen erfolgt durch die Abfolge der unten angegebenen Befehle.
Entsprechend der Technologie kann zwischen den Befehlen G35, G36 und G37 ausgewählt werden.
Erfolgt die Fertigung des Werkstücks durch Schruppen und Schlichten, muss G35, G36 und G37 programmiert werden.

Code	Beschreibung
G34	Eröffnung des Konturtaschenzyklus mit Vorbohren G34 ZA/ZI RA RI AK AL T TC D DM O U VB DR AB F S M M **Pflichtadressen:** ZA Tiefe der Konturtasche absolut in Werkstückkoordinaten ZI Tiefe der Konturtasche inkremental ab Materialoberfläche **Optionale Adressen:** RA Verrundungsradius für Außenecken, (Voreinstellung: RA0) RI Verrundungsradius für Innenecken, (Voreinstellung: RI0) AK Aufmaß auf die Berandung, (Voreinstellung: AK0) AL Aufmaß auf den Taschenboden, (Voreinstellung: AL0) T Vorbohrwerkzeug D Zustelltiefe (muss gemeinsam mit T programmiert werden), (Voreinstellung: D0) DM minimale Zustelltiefe, (Voreinstellung: DM = Werkzeugradius/2) O Verweilzeit, (Voreinstellung: O2) O1 Verweilzeit in Sekunden O2 Verweilzeit in Umdrehungen U Verweilzeit am Bohrgrund, (Voreinstellung: U1) VB Sicherheitsabstand vom Bohrgrund (zusätzlich zu AL) DR Reduzierwert der Zustelltiefe (Voreinstellung: DR0)
G35	Schrupptechnologie des Konturtaschenzyklus mit HSC-Fräsen G35 T D RM S F E TC TR TX TY TZ DS DE DB V Q O RH DH AE M M OF DM RA **Pflichtadressen:** T Werkzeugnummer D maximale Zustelltiefe ab Materialoberfläche, (Voreinstellung: D = Werkzeugdurchmesser) **Optionale Adressen:** RM Minimalradius der Schruppbewegungen beim HSC-Fräsen, (Voreinstellung: konventionelles Fräsen) S Umdrehungsfrequenz/Schnittgeschwindigkeit F Vorschub beim Fräsen E Vorschub beim Eintauchen, (Voreinstellung: F/2)

G36	Restmaterialschruppen des Konturtaschenzyklus mit HSC-Fräsen G36 T D RM S F E TC TR TX TY TZ DS DE DB V Q O RH DH AE RM M M OF RA DM **Pflichtadressen:** T Werkzeugnummer D maximale Zustelltiefe ab Materialoberfläche, (Voreinstellung: D = Werkzeugdurchmesser) **Optionale Adressen:** RM Minimalradius der Schruppbewegungen beim HSC-Fräsen, (Voreinstellung: konventionelles Fräsen) S Umdrehungsfrequenz/Schnittgeschwindigkeit F Vorschub beim Fräsen E Vorschub beim Eintauchen, (Voreinstellung: F/2)
G37	Schlichttechnologie des Konturtaschenzyklus mit HSC-Fräsen G35 T D RM EC QM S F E H14 TC TR TX TY TZ DS DE V DB Q O RH DH AE M M OF VA DM **Pflichtadressen:** T Werkzeugnummer D maximale Zustelltiefe ab Materialoberfläche, (Voreinstellung: D = Werkzeugdurchmesser) **Optionale Adressen:** RM Minimalradius der Bodenschlichtbewegungen beim HSC-Fräsen, (Voreinstellung: konventionelles Fräsen) EC Anzahl der Leerschnitte, (Voreinstellung: EC0) QM Bearbeitungsart, 1 Schichten, -1 Fasen oder -2 Stufen, (Voreinstellung: QM1) S Umdrehungsfrequenz/Schnittgeschwindigkeit F Vorschub beim Fräsen E Vorschub beim Eintauchen (Voreinstellung: F/2) H Bearbeitungsart, (Voreinstellung: H4) H4 Schlichten erst Rand dann Boden
G38	Konturbeschreibung des Konturtaschenzyklus G38 H V ZA/ZI IA JA **Pflichtadressen:** H1 Tasche H2 Insel H3 Tasche in Insel H4 Loch V Sicherheitsabstand von der Materialoberfläche **Optionale Adressen:** ZA Taschentiefe oder Inselhöhe absolut in Werkstückkoordinaten ZI Taschentiefe oder Inselhöhe inkremental ab Materialoberfläche IA Setzpunkt absolute X-Koordinate des Mittelpunktes JA Setzpunkt absolute Y-Koordinate des Mittelpunktes Kreis: G38 H IA JA R ZA/ZI (R - Radius) Rechteck: G38 H LP BP IA JA ZA/ZI RN AR (LP - Länge in der 1. Geometrieachse, BP - Breite in der 2. Geometrieachse, RN - Verrundung, AR - Drehwinkel) Kontur: G38 H ZA/ZI
G80	Abschluss der Konturbeschreibung nach G38 (Tasche oder Insel) **Pflichtadresse: G80**
G39	Aufruf des Konturtaschenzyklus G39 ZA/ZI V W AN H O X/XA/XI Y/YA/YI **Pflichtadressen:** ZA Koordinate der Materialoberfläche in der Zustellachse Z, absolute Werkstückkoordinaten ZI Materialoberfläche inkremental ab Materialoberfläche Z, inkremental zur aktuellen Werkzeugposition V Sicherheitsabstand von der Materialoberfläche **Optionale Adressen:** W absolute Höhe der Rückzugsebene, (Voreinstellung: Rückzugsebene gleich Sicherheitsebene) AN Winkel für das mäanderförmige Ausräumen, (Voreinstellung: AN0) H Bearbeitungsart, (Voreinstellung: H1) (H1 Schruppen, H2 Planschruppen/Freistellen, H4 Schlichten erst Rand dann Boden, H8 Planschlichten/Freistellen, H14 Schruppen und Schlichten erst Rand dann Boden, H28 Planschruppen und Planschlichten/Freistellen) O Restmaterialschruppen (O1 mit Restmaterialschuppen, O2 ohne Restmaterialschuppen, O3 nur Restmaterialschuppen)

Optionale Adressen zum Konturtaschenfräszyklus G34 bis G39

Optionale Adresse		G34	G35	G36	G37	G39
TC	Korrekturwertregister *Voreinstellung*: TC1	■	■	■	■	–
AB	Sicherheitsabstand zum Rand; der Sicherheitsabstand wirkt zusätzlich zum Aufmaß (AK) *Voreinstellung*: AB0	■	–	–	–	–
F	Vorschub	■	■	■	■	–
S	Umdrehungsfrequenz/Schnittgeschwindigkeit	■	■	■	■	–
M	Zusatzfunktionen (z. B. Drehrichtung, Kühlmittel)	■	■	■	■	–
TR	Inkrementelle Veränderung Werkzeugradiuskorrektur *Voreinstellung*: TR0	–	■	■	■	–
TX	Inkrementelle Veränderung Werkzeugkorrektur in X *Voreinstellung*: TR0	–	■	■	■	–
TY	Inkrementelle Veränderung Werkzeugkorrektur in Y *Voreinstellung*: TR0	–	■	■	■	–
TZ	Inkrementelle Veränderung Werkzeugkorrektur in Z *Voreinstellung*: TR0	–	■	■	■	–
DS	Erste Zustelltiefe *Voreinstellung*: DS0	–	■	■	■	–
DE	Letzte Zustelltiefe *Voreinstellung*: DE0	–	■	■	■	–
DB	Horizontale Zustellung Angabe in Prozent des Werkzeugdurchmessers *Voreinstellung*: DB80% (konventionellles Fräsen), DB10% (HSC-Fräsen)	–	■	■	■	–
V	Sicherheitsabstand *Voreinstellung*: Sicherheitsabstand aus dem Zyklusabschluss (G39)	–	■	■	■	■
Q	Bearbeitungsrichtung Q1 Gleichlauf Q2 Gegenlauf *Voreinstellung*: Q1	–	■	■	■	–
O	Zustellbewegung beim Ausräumen O1 Senkrechtes Eintauchen O2 Helikales Eintauchen *Voreinstellung*: O1	–	■	■	■	siehe Beschreibung
RH	Radius der Mittelpunktbahn bei helikaler Zustellung *Voreinstellung*: 3/4 x Werkzeugradius	–	■	■	■	–
DH	Zustellung pro Helixumdrehung	–	■	■	■	–
AE	Werkzeugeintauchwinkel *Voreinstellung*: AE5	–	■	■	■	–
OF	Vorschuboptimierung OF0 Aus OF1 Ein *Voreinstellung*: OF0	–	■	■	■	–
RA	Prozentuale Aufmaßreduzierung der jeweils darüber liegenden Zustellung *Voreinstellung*: RA0	–	■	■	–	–
DM	Maximale Zustelländerung *Voreinstellung*: DM=D/8	–	■	■	■	–

Optionale Adresse		G34	G35	G36	G37	G39
H	Bearbeitungsart H4 Schlichten erst Rand dann Boden H5 Schlichten erst Boden dann Rand H6 nur Rand H7 nur Boden H8 nur das Schlicht-Restmaterial des Bodens	–	–	–	■	siehe Beschreibung
VA	Prozentuale Aufmaßvergrößerung für das Schichten von Rand und Boden *Voreinstellung*: VA0	–	–	–	■	–
X	Absolute oder inkrementelle X-Koordinate des Bearbeitungsstartpunktes	–	–	–	–	■
XA	Absolute X-Koordinate des Bearbeitungsstartpunktes in Werkstückkoordinaten	–	–	–	–	■
XI	Inkrementelle X-Koordinate des Bearbeitungsstartpunktes zur aktuellen Werkzeugposition	–	–	–	–	■
Y	Absolute oder inkrementelle Y-Koordinate des Bearbeitungsstartpunktes	–	–	–	–	■
YA	Absolute Y-Koordinate des Bearbeitungsstartpunktes in Werkstückkoordinaten	–	–	–	–	■
YI	Inkrementelle Y-Koordinate des Bearbeitungsstartpunktes zur aktuellen Werkzeugposition	–	–	–	–	■

G66 Spiegeln

Adressen X Y

G66 X Y

Pflichtadressen: G66

Optionale Adressen: X/Y

G66 X Spiegeln an der X-Achse
G66 Y Spiegeln an der Y-Achse
G66 XY Spiegeln an der X- und Y-Achse
G66 Spiegelung wird aufgehoben

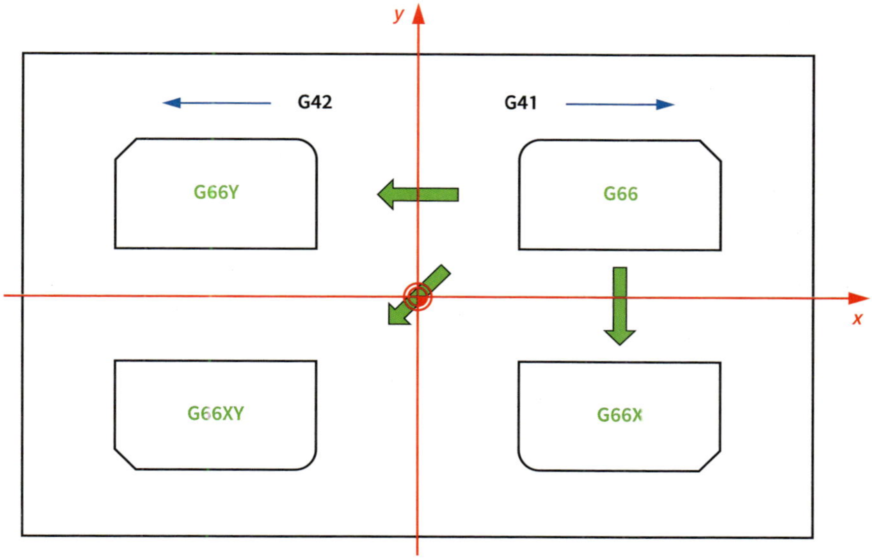

G45 Lineares tangentiales An- oder Abfahren an eine/von einer Kontur
Adressen: G40/G41/G42 G45 DL [WV] [O] [X/XA/XI] [Y/YA/YI] [Z/ZA/ZI] [F] [E] [S] [M] [M]

G45 Lineares tangentiales **Anfahren** an eine Kontur
Adressen: G45 G41/G42 DL WV O X/XA/XI Y/YA/YI Z/ZA/ZI F E S M M

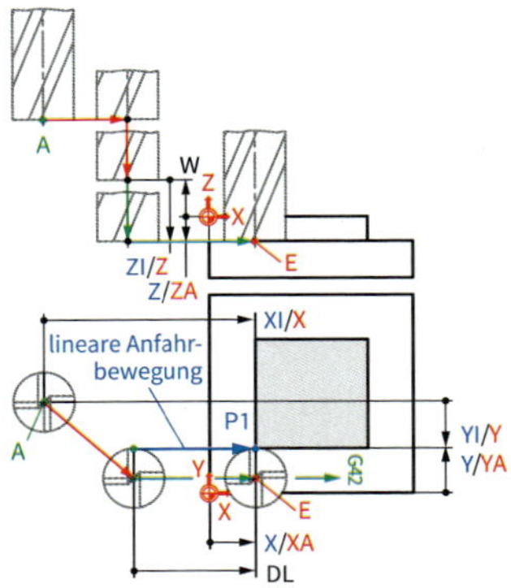

Eilgang
Vorschub

G45 Lineares tangentiales **Abfahren** von der Kontur
Adressen: G45 G40 DL

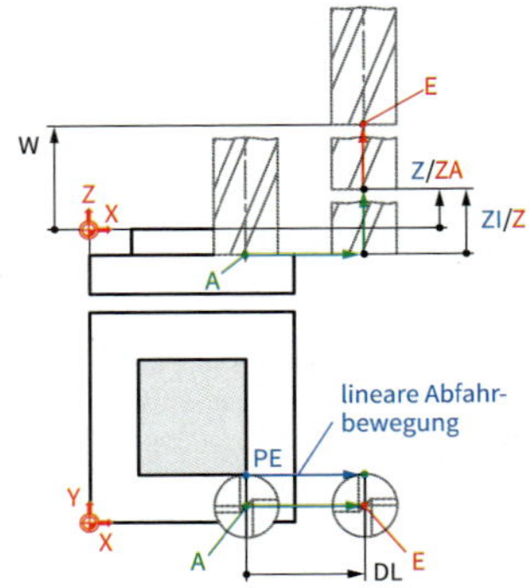

Eilgang
Vorschub

G46 Tangentiales An- oder Abfahren an eine/von einer Kontur im Viertelkreis
Adressen: G40/G41/G42 G46 RR [WV] [O] [X/XA/XI] [Y/YA/YI] [Z/ZA/ZI] [F] [E] [S] [M] [M]

G46 Tangentiales **Anfahren** an eine Kontur im Viertelkreis
Adressen: G46 G41/G42 RR WV O X/XA/XI Y/YA/YI Z/ZA/ZI F E S M M

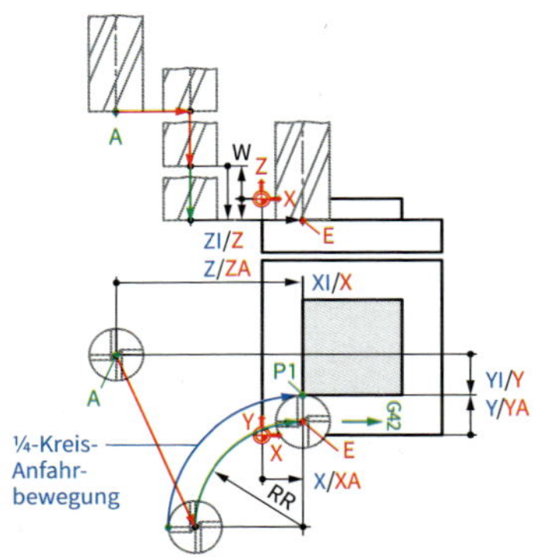

Eilgang
Vorschub

G46 Tangentiales **Abfahren** von der Kontur im Viertelkreis
Adressen: G46 G40 RR

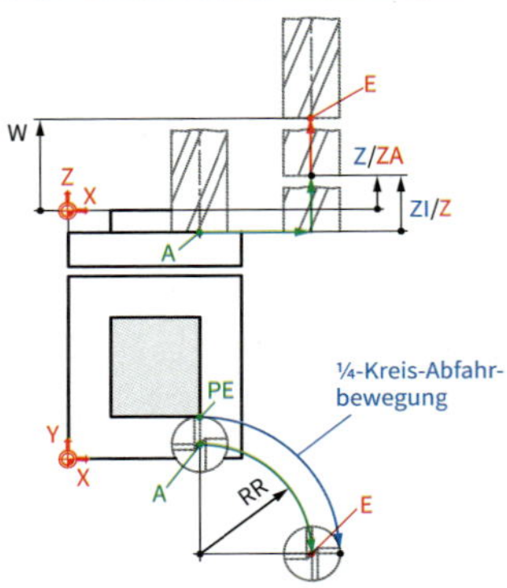

Eilgang
Vorschub

G47 Tangentiales An- oder Abfahren an eine/von einer Kontur im Halbkreis
Adressen: G40/G41/G42 G47 RR [WV] [O] [X/XA/XI] [Y/YA/YI] [Z/ZA/ZI] [F] [E] [S] [M] [M]

G47 Tangentiales **Anfahren** an eine Kontur im Halbkreis
Adressen: G47 G41/G42 RR WV O X/XA/XI Y/YA/YI Z/ZA/ZI F E S M M

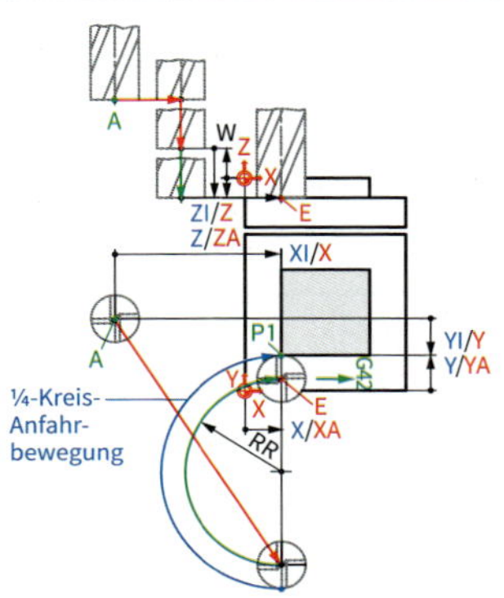

Eilgang
Vorschub

G47 Tangentiales **Abfahren** von der Kontur im Halbkreis
Adressen: G47 G40 RR

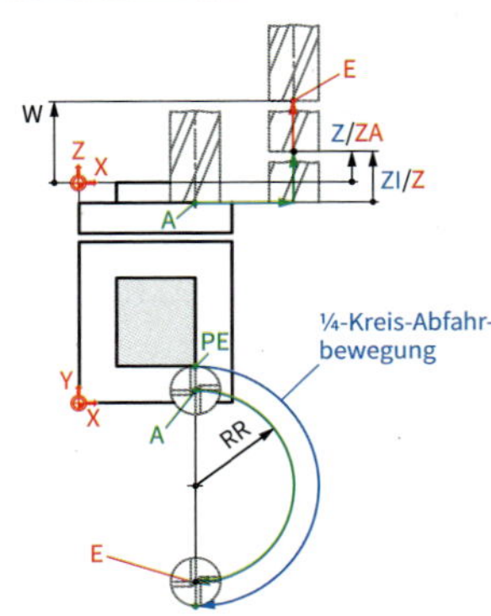

Eilgang
Vorschub

bei G90 (Werkstückkoordinatensystem):

X	absolute X-Koordinate von P1 [1)]
Y	absolute Y-Koordinate von P1 [1)]
Z	Zustellung absolut am Anfahrpunkt in der Z-Achse; [1)] Rückzug absolut am Abfahrpunkt in der Z-Achse [1)]
XI	inkrementale X-Koordinate von P1
YI	inkrementale Y-Koordinate von P1
ZI	Zustellung inkremental am Anfahrpunkt in der Z-Achse; Rückzug inkremental am Abfahrpunkt in der Z-Achse

bei G91 (Werkzeugkoordinatensystem):

X	inkrementale X-Koordinate von P1
Y	inkrementale Y-Koordinate von P1
Z	Zustellung inkremental am Anfahrpunkt in der Z-Achse für G45/G47; Rückzug inkremental am Abfahrpunkt in der Z-Achse für G46/G48
XA	absolute X-Koordinate von P1
YA	absolute Y-Koordinate von P1
ZA	Zustellung absolut am Anfahrpunkt in der Z-Achse; Rückzug absolut am Abfahrpunkt in der Z-Achse

bei G90 und G91:

G40	Abwahl der Fräserradiuskorrektur
G41	Anwahl der Fräserradiuskorrektur links
G42	Anwahl der Fräserradiuskorrektur rechts
DL	Länge der linearen Anfahrtbewegung bei G45 (= Abstand zum 1. Konturpunkt P1); Länge der linearen Abfahrtbewegung bei G45 (= Entfernung vom letzten Konturpunkt PE)
RR	Radius der Anfahr- und Abfahrbewegung bei G46/G47
WV	Sicherheitsebene
E	Vorschub beim Eintauchen/Zustellung (Feinvorschub) [1)]
F	Vorschub beim Fräsen in der XY-Ebene [1)]
S	Drehzahl/Schnittgeschwindigkeit [1)]
M	Zusatzfunktionen
O	Zustellbewegung
O0	Zustellbewegung und An- und Abfahrbewegung getrennt
O1	Zustellung und An- und Abfahrt in einer Bewegung

[1)] Voreinstellungen:

X/Y/Z:	aktuelle Werkzeugposition
W:	aktuelle Werkzeugposition
WV:	aktuelle Position in der Zustellachse vor der Abfahrt oder Zielpunkt der Bewegung nach der Abfahrt
E:	E = F
F:	aktueller Vorschub
S:	aktuelle Spindelrehzahl/Schnittgeschwindigkeit
O:	0-Zustellbewegung und An- und Abfahrbewegung getrennt

A Anfangspunkt E Endpunkt

G49 Konturfräszyklus
Adressen: G40/G41/G42 Z/ZA/ZI ZM V D
(DS DE ZB OA BA OE BE W H AK AL F E S M M DF EC FF SF RA VA)

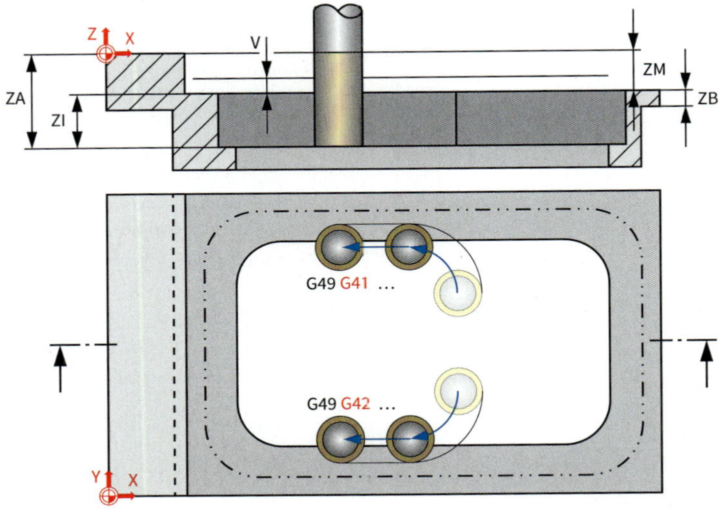

Pflichtadressen:
G40/G41/G42
ZM Materialoberfläche (absolut)
V Sicherheitsabstand von der Materialoberfläche
D Maximale Zustelltiefe

bei G90 (Werkstückkoordinatensystem:
Z Tiefe absolut
ZI Tiefe inkremental

bei G91 (Werkstückkoordinatensystem:
Z Tiefe inkremental
ZA Tiefe absolut

Optionale Adressen:
DS Erste Zustelltiefe, (Voreinstellung: DS0)
DE Letzte Zustelltiefe, (Voreinstellung: DE0)
ZB Oberkante der Materialbearbeitung (absolut)
OA Anfahrbedingung an die Kontur, (Voreinstellung: OA45)
- OA45 lineares Anfahren
- OA46 Anfahren im Viertelkreis
- OA47 Anfahren im Halbkreis

BA Länge oder Radius der Anfahrt, (Voreinstellung: BA0)
OE Anfahrbedingung von der Kontur, (Voreinstellung: OE45)
- OE45 lineares Abfahren
- OE46 Abfahren im Viertelkreis
- OE47 Abfahren im Halbkreis

BE Länge oder Radius der Abfahrbewegung, (Voreinstellung: BE0)
W Absolute Höhe der Rückzugsebene, (Voreinstellung: W=V)
H Bearbeitungsart (Voreinstellung: H1)
- H1 Schruppen
- H4 Schlichten
- H14 Schruppen und Schlichten

AK Aufmaß auf die Kontur, (Voreinstellung: AK0)
AL Aufmaß auf den Boden und dem optionalen oberen Rand, (Voreinstellung: AL0)
F Vorschub
E Eintauchvorschub, (Voreinstellung: F/2)
S Umdrehungsfrequenz/Schnittgeschwindigkeit
M Zusatzfunktionen (z. B. Drehrichtung, Kühlmittel)
DF Zustelltiefe Schlichten, (Voreinstellung: DF=D)
EC Anzahl der Leerschnitte, (Voreinstellung: EC0)
FF Vorschub Schlichten, (Voreinstellung: FF=F)
SF Umdrehungsfrequenz/Schnittgeschwindigkeit Schlichten, (Voreinstellung: SF=S)
RA Prozentuale Aufmaßreduzierung der jeweils darüber liegenden Zustellung, (Voreinstellung: RA0)
VA Prozentuale Aufmaßvergrößerung für das Schlichten von Rand und Boden, (Voreinstellung: VA0)

G22 Unterprogrammaufruf

Adressen: L H /

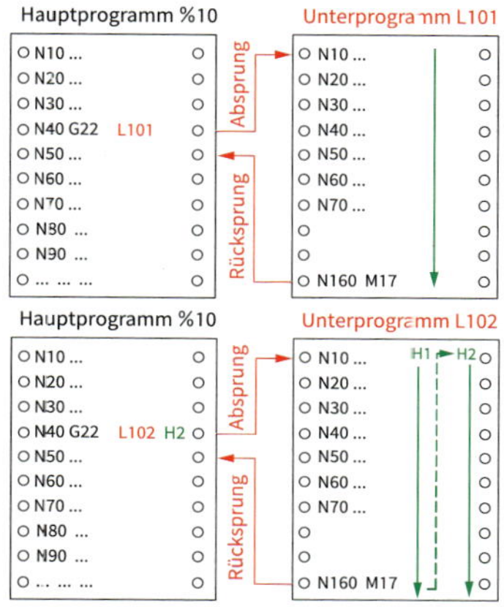

L Programmnummer des Unterprogramms
H Anzahl der Wiederholungen des Unterprogramms[1)]
/ Ausblendebene[1)]

[1)] Voreinstellungen:
H1 keine Ausblendebene

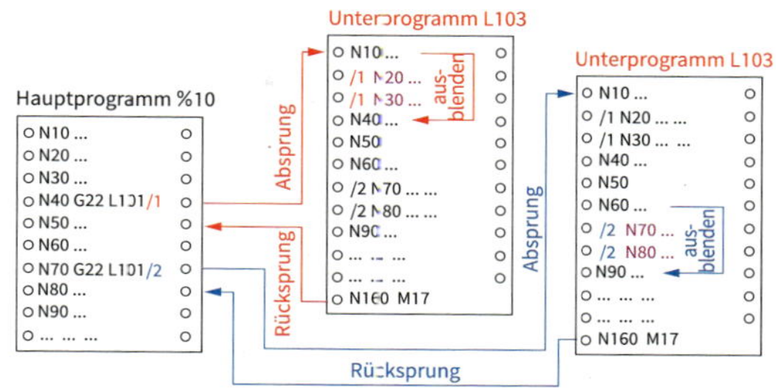

G23 Programmteilwiederholung

Adressen: N N H

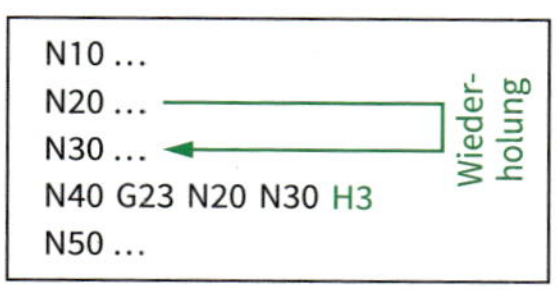

N Startsatznummer
N Endsatznummer
H Anzahl der Wiederholungen

Voreinstellung: H1

G24 Modale Adressen für Fräszyklen

Adressen: CB CM RD SG OH FR VH DF AA BA WA BB WB BC WC BD WD FM DV

Befehl zum Fräsen von Fasern und Stufen, zur Optimierung des Vorschubs und zum HSC-Fräsen.
Alle Fräszyklen verwenden die Adressen, welche die entsprechenden Funktionen unterstützen.

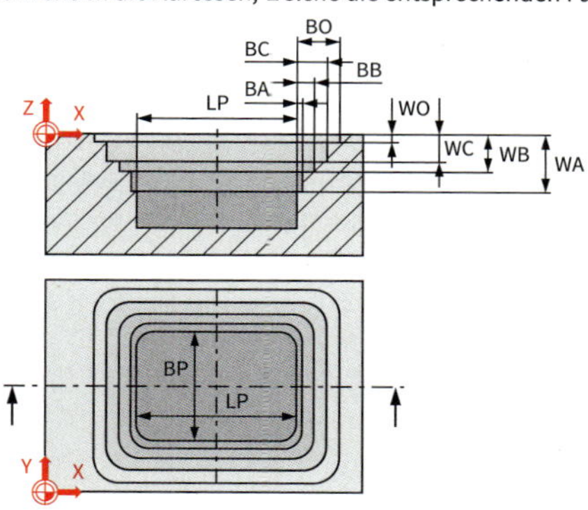

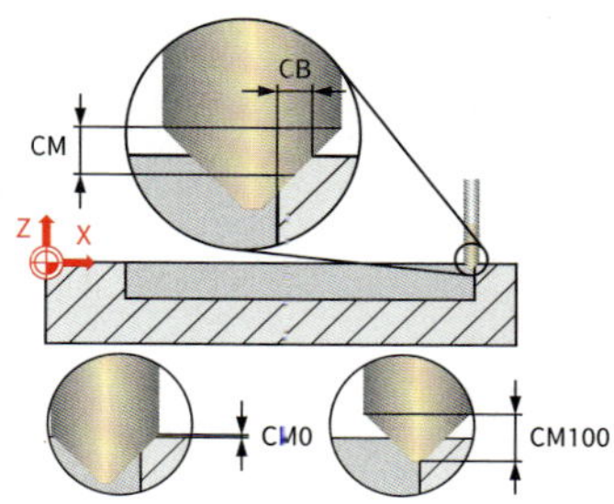

Pflichtadresse: G24

Optionale Adressen:

CB Fasenbreite, (Voreinstellung: CB0)
CM Arbeitsbereich, (Bestimmt, welcher Bereich vom Werkzeug für die Bearbeitung der Fase verwendet wird.), (Voreinstellung: CM50)
BA Breite der 1. Stufe, (Voreinstellung: BA0)
WA Tiefe der 1. Stufe, (Voreinstellung: WA0)
BB Breite der 2. Stufe, (Voreinstellung: BB0)
WB Tiefe der 2. Stufe, (Voreinstellung: WB0)
BC Breite der 3. Stufe, (Voreinstellung: BC0)
WC Tiefe der 3. Stufe, (Voreinstellung: WC0)
BD Breite der 4. Stufe, (Voreinstellung: BD0)
WD Tiefe der 4. Stufe, (Voreinstellung: WD0)
FM Maximaler Vorschub, (Voreinstellung: FM150)
DV Minimale Verfahrweglänge, (Voreinstellung: DV25)

G50 Aufheben von inkrementellen Nullpunktverschiebungen und Drehungen
Adressen: keine

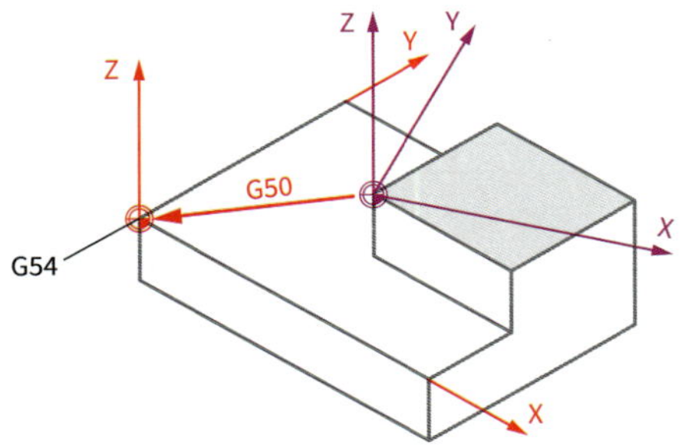

G53 Alle Nullpunktverschiebungen und Drehungen aufheben
Adressen: keine

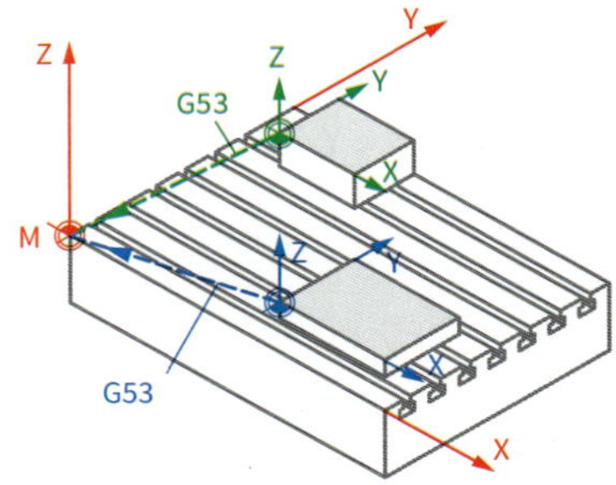

G54 ... G57 Einstellbare absolute Nullpunkte
Adressen: keine

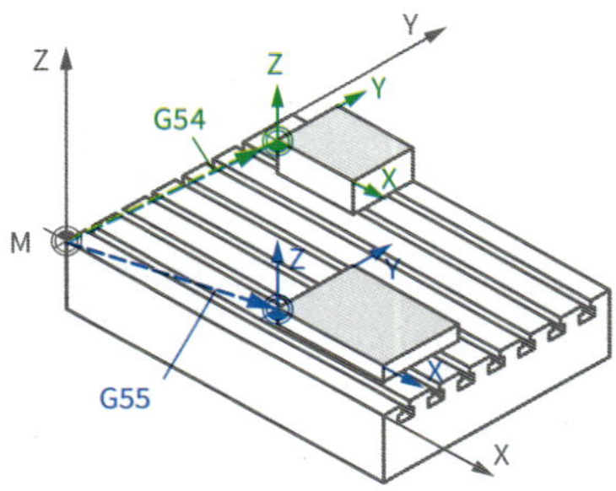

G58 Inkrementelle Nullpunktverschiebung polar und Drehung
Adressen: RP AP ZA/ZI WA/WI AA/AI BA/BI CA/CI

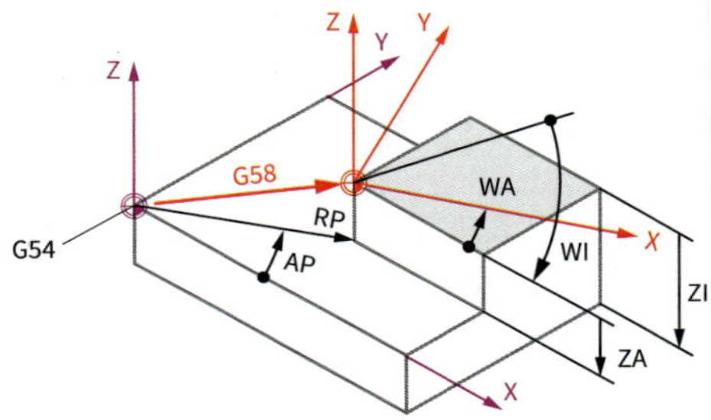

G59 Inkrementelle Nullpunktverschiebung kartesisch und Drehung
Adressen: XA/XI YA/YI ZA/ZI WA/WI AA/AI BA/BI CA/CI

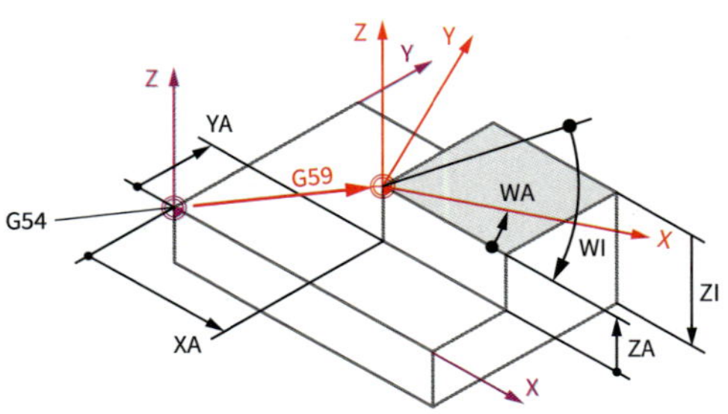

XA	Absolute X-Koordinate des neuen Nullpunktes
YA	Absolute Y-Koordinate des neuen Nullpunktes
ZA	Absolute Z-Koordinate des neuen Nullpunktes
RP	Polarradius
AP	Polarwinkel bezogen auf die positive 1. Geometrieachse (G17: X-Achse)
XI	Inkrementale X-Koordinate des neuen Nullpunktes
YI	Inkrementale Y-Koordinate des neuen Nullpunktes
ZI	Inkrementale Z-Koordinate des neuen Nullpunktes
WA	Absolute Drehung in der Interpolationsebene
WI	Inkrementale Drehung in der Interpolationsebene
AA	Absolute Verschiebung des A-Achs-Nullpunktes
AI	Inkrementale Verschiebung des A-Achs-Nullpunktes
BA	Absolute Verschiebung des B-Achs-Nullpunktes
BI	Inkrementale Verschiebung des B-Achs-Nullpunktes
CA	Absolute Verschiebung des C-Achs-Nullpunktes
CI	Inkrementale Verschiebung des C-Achs-Nullpunktes

G69 Mehrkantzyklus

Pflichtadressen:
ZI/ZA O DK LK DT V

- ZI Inkrementale Tiefe der Freistellfläche in der Zustellachse
- ZA Absolute Tiefe der Freistellfläche in der Zustellachse
- O Anzahl der Kanten
- DK Schlüsselweite (nur für geradzahliges O)
- LK Kantenlänge ohne Verrundungen
- DT Durchmesser der Freistellfläche um das Mehrkantzentrum
- V Sicherheitsabstand von der Materialoberfläche

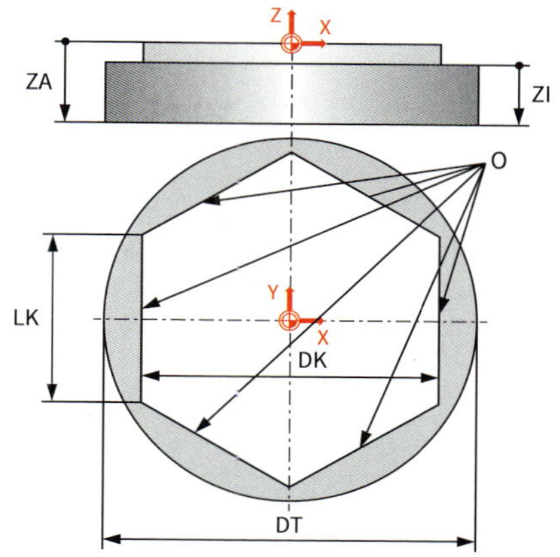

Optionale Adressen:

- D Maximale Zustelltiefe, (Voreinstellung: D = Werkzeugdurchmesser)
- QM Bearbeitungsauswahl, (Voreinstellung: QM1)
  - QM0 Überspringen des Zyklus
  - QM1 Bearbeiten ohne Stufen
  - QM2 Bearbeiten mit Stufen
  - QM5 Messen
  - QM-1 Fasen
  - QM-2 Stufen
- RN Verrundungsradius der Kantenecken, (Voreinstellung: RN0)
- H Bearbeitungsart, (Voreinstellung: H1)
  - H1 Schruppen
  - H4 Schlichten erst Rand dann Boden
  - H5 Schlichten erst Boden dann Rand
  - H6 nur Rand schlichten
  - H7 nur Boden schlichten
  - H14 Schruppen und Schlichten erst Rand dann Boden
  - H15 Schruppen und Schlichten erst Boden dann Rand
  - H16 Schruppen und Schlichten nur Rand
  - H17 Schruppen und Schlichten nur Boden
- W Absolute Höhe der Rückzugsebene, (Voreinstellung: W=V)
- DB Horizontale Zustellung (Angabe in Prozent des Werkzeugdurchmessers), (Voreinstellung: DB80)
- Q Bearbeitungsrichtung, (Voreinstellung: Q1)
  - Q1 Gleichlauf
  - Q2 Gegenlauf
- DS Erste Zustelltiefe, (Voreinstellung: DS0)
- DE Letzte Zustelltiefe, (Voreinstellung: DE0)
- F Vorschub
- E Eintauchvorschub, (Voreinstellung: E=F/2)
- S Umdrehungsfrequenz/Schnittgeschwindigkeit
- M Zusatzfunktion (z. B. Drehrichtung, Kühlmittel)
- AK Aufmaß auf die Kontur, (Voreinstellung: AK0)
- AL Aufmaß auf den Boden, (Voreinstellung: AL0)
- DF Vertikale Zustelltiefe beim Schlichten, (Voreinstellung: DF=D)
- DJ Horizontale Zustellung beim Schlichten (Angabe in Prozent des Werkzeugdurchmessers), (Voreinstellung: DJ=DB)
- QS Bearbeitungsrichtung Schlichten, (Voreinstellung: QS=Q)
  - QS1 Gleichlauf
  - QS2 Gegenlauf
- EC Anzahl der Leerschnitte, (Voreinstellung: EC0)
- FF Vorschub Schlichten, (Voreinstellung: FF=F)
- SF Umdrehungsfrequenz/Schnittgeschwindigkeit Schlichten, (Voreinstellung: SF=S)
- OF Vorschuboptimierung (konstante Spandicke), (Voreinstellung: OF0)
  - OF0 Aus
  - OF1 Ein
- RA Prozentuale Aufmaßreduzierung (darüber liegende Zustellung), (Voreinstellung: RA0)
- VA Prozentuale Aufmaßvergrößerung für das Schlichten von Rand und Boden, (Voreinstellung: VA0)

Taschen- und Nutenfräszyklen G72 ... G75

G72 Rechtecktaschenfräszyklus

Pflichtadressen: ZI/ZA LP BP V

Optionale Adressen:
D RN LZ BZ RZ HA/HI QM OR W AK AL EP DB RH DH/AE DS DE RM DT O Q H BS E F S M DF DJ QS EC FF SF OF RA VA

- ZI Tiefe der Rechtecktasche inkremental ab Materialoberfläche
- ZA Tiefe der Rechtecktasche absolut in Werkstückkoordinaten
- LP Länge der Tasche (1. Geometrieachse)
- BP Breite der Tasche (2. Geometrieachse)
- V Abstand der Sicherheitsebene von der Materialoberfläche

Position, Anzahl und Drehung werden über einen Zyklusaufruf (G76 ... G79) programmiert.

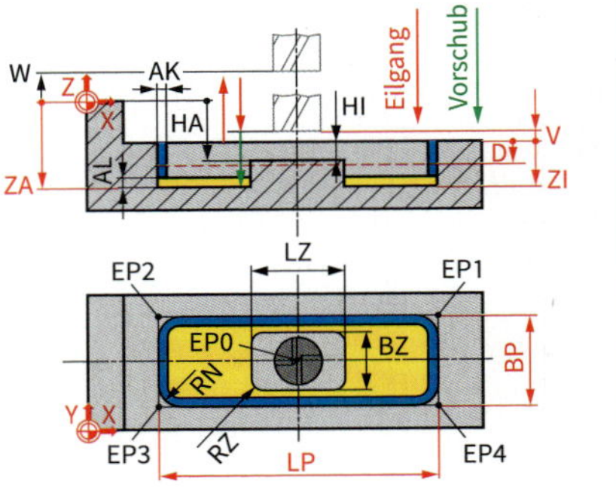

G73 Kreistaschen- und Zapfenfräszyklus

Pflichtadressen: ZI/ZA R V

Optionale Adressen:
D RZ HA/HI QM W AK AL DB RH DH/AE DS DE RM DT O Q H BS E F S M DF DJ QS EC FF SF OF RA VA

- ZI Tiefe der Kreistasche inkremental ab Materialoberfläche
- ZA Tiefe der Kreistasche absolut in Werkstückkoordinaten
- R Radius der Kreistasche
- V Abstand der Sicherheitsebene von der Materialoberfläche

Position und Anzahl werden über einen Zyklusaufruf (G76 ... G79) programmiert.

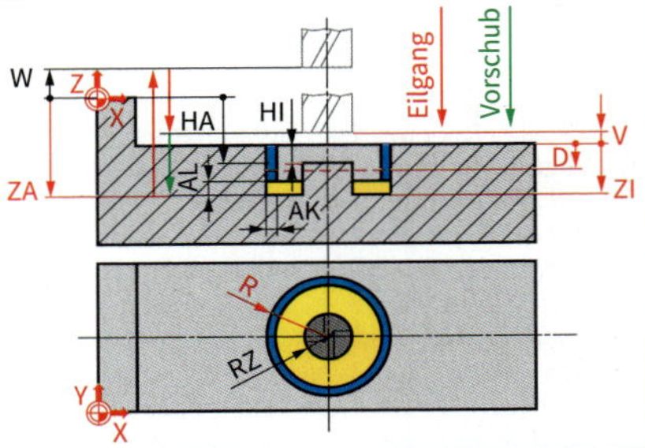

G74 Nutenfräszyklus

Pflichtadressen: ZI/ZA LP BP V

Optionale Adressen:
D QM OV W AK AL EP DB RH DH/AE DB DS DE RM DT O Q H E F S M DF DJ QS EC FF SF OF RA VA

- ZI Tiefe der Nut inkremental ab Materialoberfläche
- ZA Tiefe der Nut absolut in Werkstückkoordinaten
- LP Länge der Nut (1. Geometrieachse)
- BP Breite der Nut (2. Geometrieachse)
- V Abstand der Sicherheitsebene von der Materialoberfläche

Position, Anzahl und Drehung werden über einen Zyklusaufruf (G76 ... G79) programmiert.
Fräserdurchmesser: 55 % ... 90 % der Nutbreite

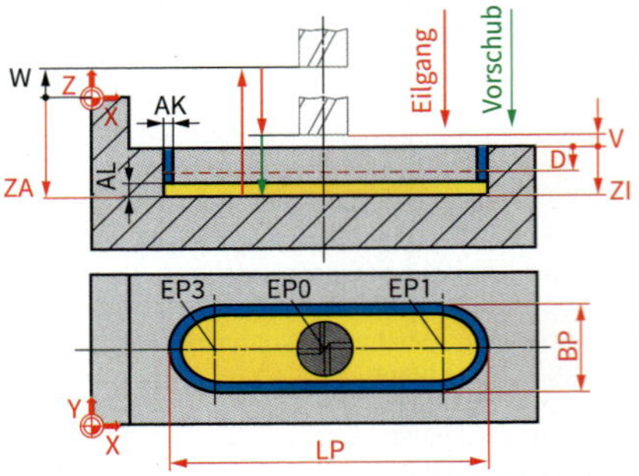

G75 Kreisbogennut-Fräszyklus

Pflichtadressen: ZI/ZA BP RP AN/AO AN/AP AO/AP V

Optionale Adressen:
D EP W QM H Q O OV AK AL RH DH/AE DB DS DE RM DT F E S M M DF DJ QS EC FF SF OF RA VA

- ZI Tiefe der Nut inkremental ab Materialoberfläche
- ZA Tiefe der Nut absolut in Werkstückkoordinaten
- BP Breite der Nut
- RP Radius der Nut
- AN polarer Startwinkel des Mittelpunkts des Nutanfangshalbkreises
- AO polarer Öffnungswinkel zwischen den Mittelpunkten von Nutanfangs- und Nutabschlusshalbkreis
- AP polarer Endwinkel des Mittelpunkts des Nutabschlusshalbkreises
- V Abstand der Sicherheitsebene von der Nutoberkante

Position und Anzahl werden über einen Zyklusaufruf (G76 ... G79) programmiert.
Fräserdurchmesser: 55 % ... 90 % der Nutbreite

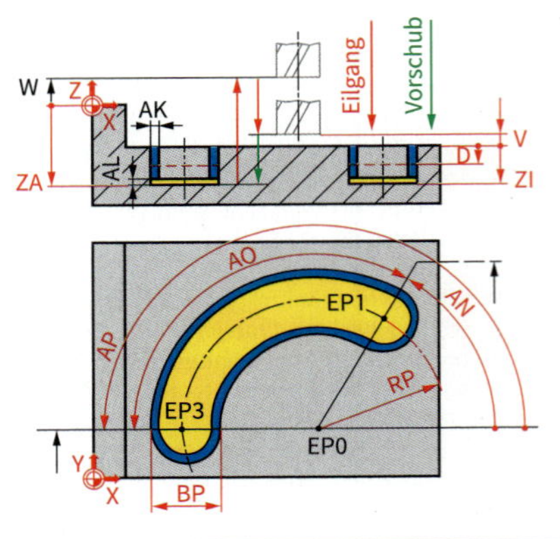

Optionale Adressen und Voreinstellungen für Fräszyklen G72 … G75

(Wird eine optionale Adresse nicht programmiert, so gilt die Voreinstellung.)		G72	G73	G74	G75
W	Höhe der Rückzugsebene absolut in Werkstückkoordinaten; *Voreinstellung:* W = V	■	■	■	■
RN	Eckenradius der abgerundeten Rechtecktasche; *Voreinstellung:* RN0	■	–	–	–
AK	Aufmaß auf die Kontur; *Voreinstellung:* AK0	■	■	■	■
AL	Aufmaß auf den Boden AL negativ: Taschenvertiefung für Durchgangstasche; *Voreinstellung:* AL0	■	■	■	■
EP	Setzpunktfestlegung				
EP0	Taschenmittelpunkt; *Voreinstellung:* EP0	■	–	–	–
EP0	Nutmittelpunkt; *Voreinstellung:* EP3	–	–	■	–
EP0	Mittelpunkt der Kreisbogennut; *Voreinstellung:* EP0	–	–	–	■
EP1	Eckpunkt im 1. Quadranten eines Achsenkreuzes im Taschenmittelpunkt	■	–	–	–
EP1	Mittelpunkt des rechten bzw. oberen Abschlusshalbkreises	–	–	■	–
EP1	Mittelpunkt des Nutanfangshalbkreises	–	–	–	■
EP2	Eckpunkt im 2. Quadranten eines Achsenkreuzes im Taschenmittelpunkt	■	–	–	–
EP3	Eckpunkt im 3. Quadranten eines Achsenkreuzes im Taschenmittelpunkt	■	–	–	–
EP3	Mittelpunkt des linken bzw. unteren Abschlusshalbkreises; *Voreinstellung:* EP3	–	–	■	–
EP3	Mittelpunkt des Nutabschlusshalbkreises	–	–	–	■
EP4	Eckpunkt im 4. Quadranten eines Achsenkreuzes im Taschenmittelpunkt	■	–	–	–
DB	Fräserbahnüberdeckung in Prozent; *Voreinstellung:* DB80	■	■	■	■
RH	Radius der Mittelpunktbahn der Helixzustellung. Bei zu kleinen Taschenmaßen wird der Radius automatisch reduziert. *Voreinstellung:* ¾ Werkzeugradius	■	■	■	■
D	Maximale Zustelltiefe; *Voreinstellung:* D = Werkzeugdurchmesser (konventionelles Fräsen)	■	■	■	■
LZ	Länge der Tasche in der 1. Geometrieachse	■	–	–	–
BZ	Breite der Tasche in der 2. Geometrieachse	■	–	–	–
RZ	bei G72 – Verrundung des optionalen Zapfens bei G73 – Radius des optionalen Zapfens	■	■	–	–
HA	absolute Höhe des Zapfens in der Zustellachse	■	■	–	–
HI	Inkrementale Höhe des Zapfens in der Zustellachse ab Materialoberfläche; *Voreinstellung:* HI0 = Taschenrand	■	■	–	–
O	Zustellbewegung; *Voreinstellung:* O1				
O1	Senkrechtes Eintauchen	■	■	■	■
O2	Helikales Eintauchen in einer Schraubenlinienbewegung (Helix)	■	■	■	■
O3	Pendelndes Eintauchen des Werkzeugs	■	–	■	■
O4	Zustellung im Eilgang bis auf Sicherheitsabstand zum Aufmaß	■	■	■	■
Q	Bearbeitungsrichtung; *Voreinstellung:* Q1				
Q1	Gleichlauf	■	■	■	■
Q2	Gegenlauf	■	■	■	■
Q3	Planen im Schruppbetrieb mit bidirektionaler Bearbeitung	■	–	–	–
H	Bearbeitungsart; *Voreinstellung:* H1				
H1	Schruppen	■	■	■	■
H2	Planschruppen der Rechteckfläche mit Überfräsen des Randes	■	■	–	–
H4	Schlichten erst Rand dann Boden	■	■	■	■
H5	Schlichten erst Boden dann Rand	■	■	■	■
H6	nur Rand schlichten	■	■	■	■
H7	nur Boden schlichten	■	■	■	■
H8	Planschlichten der Tasche/Freistellen des Zapfens mit Überfräsen des Randes	■	■	–	–
H14	Schruppen und Schlichten erst Rand dann Boden	■	■	■	■
H15	Schruppen und Schlichten erst Boden dann Rand	■	■	■	■
H16	Schruppen und Schlichten nur Rand	■	■	■	■
H17	Schruppen und Schlichten nur Boden	■	■	■	■
H28	Planschruppen und Planschichten/Freistellen des Zapfens mit Überfräsen des Randes	■	■	–	–
QM	Bearbeitungsauswahl; *Voreinstellung:* QM1				
QM0	Überspringen des Zyklus	■	■	■	■
QM1	Bearbeiten ohne Stufen	■	■	■	■
QM2	Bearbeiten mit Stufen	■	■	■	■
QM3	HSC-Bearbeiten ohne Stufen	■	■	■	■
QM4	HSC-Bearbeiten mit Stufen	■	■	■	■
QM5	Messen	■	■	■	■
QM-1	Fasen	■	■	■	■
QM-2	Stufen	■	■	■	■

Optionale Adressen und Voreinstellungen für Fräszyklen G72 … G75

(Wird eine optionale Adresse nicht programmiert, so gilt die Voreinstellung.)	G72	G73	G74	G75
OR Planfräsrichtung; *Voreinstellung:* OR1				
OR1 Planfräsen in Richtung der 1. Geometrieachse	■	–	–	–
OR2 Planfräsen in Richtung der 2. Geometrieachse	■	–	–	–
DB Horizontale Zustellung Angabe in Prozent des Werkzeugdurchmessers; *Voreinstellung:* DB80	■	■	■	■
RH Radius der Mittelpunktbahn der Helixzustellung. Der Radius wird bei zu kleinen Taschenabmaßen automatisch reduziert. *Voreinstellung:* RH = ¾ x Werkzeugradius	■	■	■	■
DH Zustellung pro Helixumdrehung	■	■	■	■
AE Werkzeugeintauchwinkel in Winkelgrad bei Helixzustellung; *Voreinstellung:* AE5	■	■	■	■
DS Erste Zustelltiefe; *Voreinstellung:* DS0	■	■	■	■
DE Letzte Zustelltiefe; *Voreinstellung:* DE0	■	■	■	■
RM Minimalradius der Schruppbewegungen; *Voreinstellung:* RM = 3 x Werkzeugdurchmesser	■	■	■	■
DT Horizontale Zustellung beim HSC-Schruppen Angabe in Prozent des Werkzeugdurchmessers; *Voreinstellung:* DT10	■	■	■	■
BS Berandungsfestlegung für Planbearbeitung mit H2, H8, H28 (BS = 0, 1, …, 14); *Voreinstellung:* BS0 Es sind maximal 3 Berandungen möglich.				
BS0 Planbearbeitung ohne Berandung	■	–	–	–
BS1 Berandung in Richtung der positiven 1. Geometrieachse	■	–	–	–
BS2 Berandung in Richtung der negativen 1. Geometrieachse	■	–	–	–
BS4 Berandung in Richtung der positiven 2. Geometrieachse	■	–	–	–
BS8 Berandung in Richtung der negativen 2. Geometrieachse	■	–	–	–
DF Vertikale Zustelltiefe beim Schlichten; *Voreinstellung:* DF0	■	■	■	■
DJ Horizontale Zustellung beim Schlichten Angabe in Prozent des Werkzeugdurchmessers; *Voreinstellung:* DJ=DB	■	■	■	■
QS Bearbeitungsrichtung Schlichten; *Voreinstellung:* QS=Q				
QS1 Gleichlauf	■	■	■	■
QS2 Gegenlauf	■	■	■	■
EC Anzahl der Leerschnitte; *Voreinstellung:* EC0	■	■	■	■
FF Vorschub Schlichten; *Voreinstellung:* FF=F	■	■	■	■
SF Umdrehungsfrequenz/Schnittgeschwindigkeit Schlichten; *Voreinstellung:* SF=S	■	■	■	■
OF Vorschuboptimierung Die Vorschuboptimierung regelt den Vorschub mit dem Ziel einer konstanten Spandicke; *Voreinstellung:* OF0				
OF0 Aus	■	■	■	■
OF1 Ein	■	■	■	■
RA Prozentuale Aufmaßreduzierung der jeweils darüber liegenden Zustellung; *Voreinstellung:* RA0	■	■	■	■
VA Prozentuale Aufmaßvergrößerung für das Schlichten von Rand und Boden; *Voreinstellung:* VA0	■	■	■	■
E Vorschub beim Eintauchen; *Voreinstellung:* E = aktueller Vorschub F	■	■	■	■
F Vorschub beim Fräsen in der X-Y-Ebene; *Voreinstellung:* aktueller Vorschub	■	■	■	■
S Drehzahl/ Schnittgeschwindigkeit; *Voreinstellung:* aktuelle Drehzahl/Schnittgeschwindigkeit	■	■	■	■
M Zusatzfunktionen	■	■	■	■

Beispiel: Die um 10° gedrehte Rechtecktasche 100 x 60 x 10 mit dem Eckenradius von 10 mm wird mit einer maximalen Zustelltiefe von 3 mm und einem Aufmaß von je 0,5 mm auf Rand und Boden durch Schruppen und Schlichten mit gleichem Werkzeug gefertigt. Die Sicherheitsebene liegt 2 mm, die Rückzugebene 10 mm über der Werkstückoberfläche.

1. Beschreibung der Tasche mit G72
G72 Z-10 LP100 BP60 D3 V1 W10 RN10 AK0,5 AL0,5 H14

2. Aufruf, Positionierung und Drehung der Tasche mit G79
G79 X110 Y50 Z0 AR10

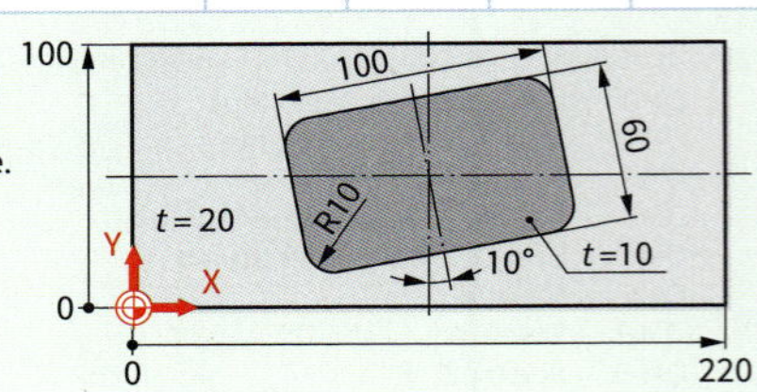

Zyklusaufrufe G76 ... G79

G76 Mehrfachzyklusaufruf auf einer Geraden (Lochreihe), einem Rahmen oder einem Gitter
Adressen: D AS O AR W H X/XA/XI Y/YA/YI Z/ZA/ZI Q AI DI OI

Gerade (Lochreihe)
G76 Q0 D AS O

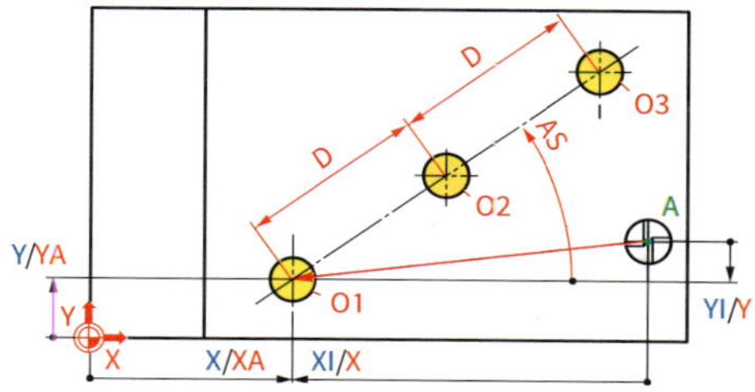

Rahmen
G76 Q1 D AS O

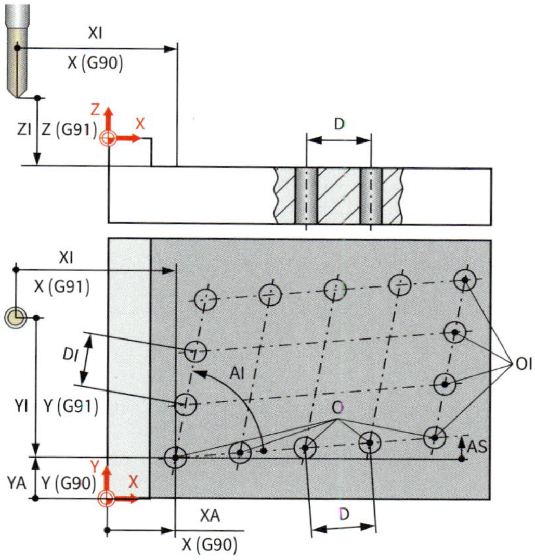

Gitter
G76 Q2 D AS O

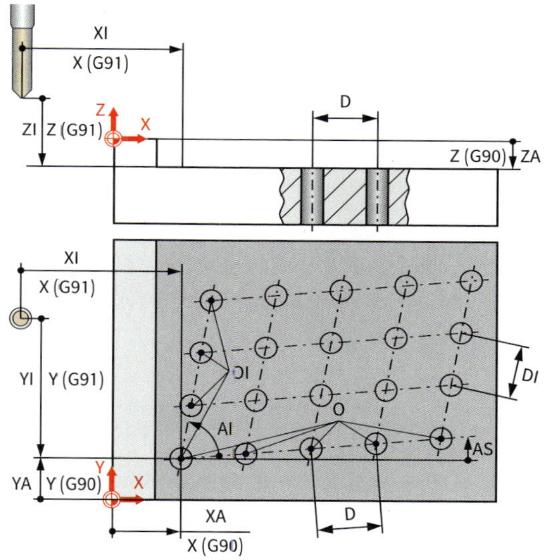

Pflichtadressen zum Mehrfachzyklus G76

- D Abstand der Zyklusaufrufpunkte auf dem ersten Strahl
- AS Winkel des Strahls der Zyklusaufrufe bezogen auf die 1. Geometrieachse
- O Anzahl der Zyklusaufrufpunkte auf dem ersten Strahl

Optionale Adressen zum Mehrfachzyklus G76

- AR Drehwinkel, um den das Zyklusobjekt gedreht wird
- W absolute Höhe der Rückzugsebene, (Voreinstellung: Rückzugsebene gleich Sicherheitsebene)
- H Rückfahrposition, (Voreinstellung: H1)
  - H1 Die Sicherheitsebene wird nach jeder Zyklusausführung angefahren, nach letzter Aufrufposition jedoch die Rückzugsebenen
  - H2 Die Rückzugsebene wird nach jeder Zyklusausführung angefahren
- Q Punktemuster, (Voreinstellung: Q0)
  - Q0 Halbgerade/Strahl
  - Q1 Rahmen
  - Q2 Gitter
- AI Inkrementaler Winkel des zweiten Strahls der Zykluswiederholungen bezüglich der Richtung AS des ersten Strahls, (Voreinstellung: DI = D)
- DI Abstand der Zyklusaufrufe auf dem zweiten Strahl, (Voreinstellung: DI = D)
- OI Anzahl der Aufrufpositionen auf dem zweiten Strahl in Richtung (AS+AI), (Voreinstellung: OI0)

bei G90 (Werkstückkoordinatensystem):

- X absolute X-Koordinate des ersten Punktes
- Y absolute Y-Koordinate des ersten Punktes
- Z absolute Z-Koordinate der Materialoberfläche
- XI inkrementale X-Koordinate des ersten Punktes
- YI inkrementale Y-Koordinate des ersten Punktes
- ZI inkrementale Z-Koordinate der Materialoberfläche

bei G91 (Werkstückkoordinatensystem):

- X inkrementale X-Koordinate des ersten Punktes
- Y inkrementale Y-Koordinate des ersten Punktes
- Z inkrementale Z-Koordinate der Materialoberfläche
- XA absolute X-Koordinate des ersten Punktes
- YA absolute Y-Koordinate des ersten Punktes
- ZA absolute Z-Koordinate der Materialoberfläche

Zyklusaufrufe G76 … G79

G77 Mehrfachzyklusaufruf auf einem Teilkreis (Lochkreis)

Pflichtadressen: R AN/AI AI/AP O

Optionale Adressen: I/IA J/JA Z/ZI/ZA AR Q W H FP

- R Radius des Teilkreises
- AN polarer Winkel des 1. Zyklusaufrufpunktes bezogen auf die positive 1. Geometrieachse (G17: X-Achse)
- AI Inkrementwinkel zwischen zwei benachbarten Zyklusaufrufposition
- AP polarer Winkel der letzten Zyklusaufrufposition bezogen auf die positive 1. Geometrieachse (G17: X-Achse)
- O Anzahl der Zyklusaufrufpunkte auf dem Teilkreis

Ein aktuell aktiver Zyklus wird an den Positionen des programmierten Teilkreises ausgeführt.

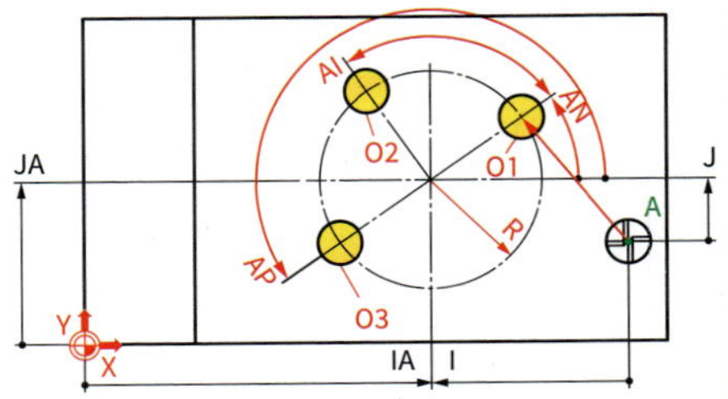

G78 Zyklusaufruf an einem Punkt (Polarkoordinaten)

Pflichtadressen: I/IA J/JA RP AP

Optionale Adressen: Z/ZI/ZA AR W

- I/IA X-Koordinate des Polzentrums
  - I X-Differenz zwischen Istposition und Polzentrum
  - IA absolute X-Koordinate des Polzentrums
- J/JA X-Koordinate des Polzentrums
  - J Y-Differenz zwischen Istposition und Polzentrum
  - JA absolute Y-Koordinate des Polzentrums
- RP Polradius
- AP Polwinkel

Ein aktuell aktiver Zyklus wird an der Position des programmierten Punktes ausgeführt.

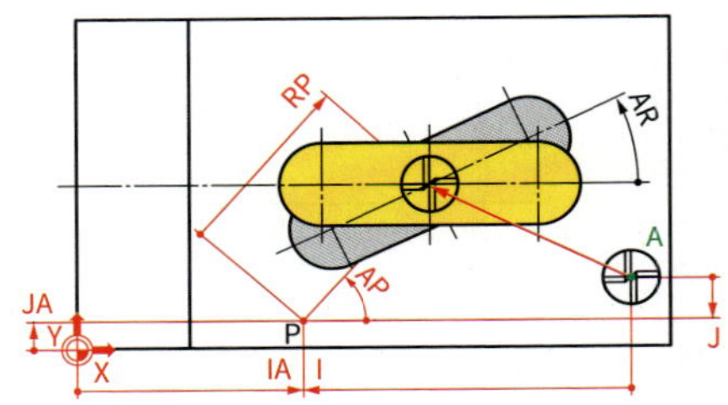

G79 Zyklusaufruf an einem Punkt (kartesische Koordinaten)

Pflichtadressen: –

Optionale Adressen: X/XI/XA Y/YI/YA Z/ZI/ZA AR W

Ein aktuell aktiver Zyklus wird an der Position des programmierten Punktes ausgeführt.

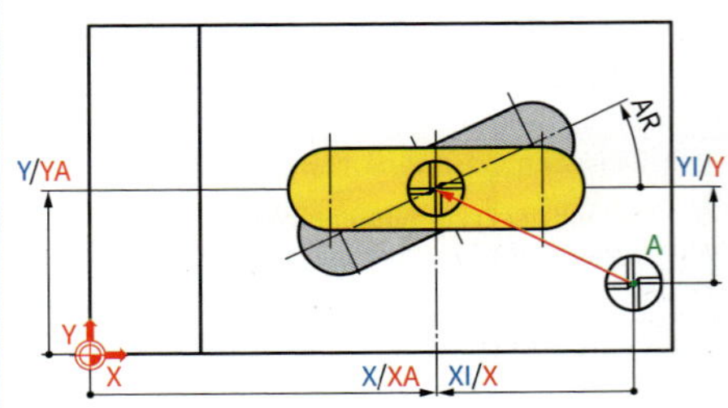

Optionale Adressen und Voreinstellungen für Zyklusaufrufe G76 … G79

(Wird keine optionale Adresse programmiert, so gilt die Voreinstellung.)	G76	G77	G78	G79
X absolute X-Koordinate bei G90	■	–	–	■
XI inkrementale X-Koordinatebei G90; *Voreinstellung*: XI0	■	–	–	■
X inkrementale X-Koordinate bei G91	■	–	–	■
XA absolute X-Koordinate bei G91	■	–	–	■
Y absolute Y-Koordinate bei G90	■	–	–	■
YI inkrementale Y-Koordinate bei G90; *Voreinstellung*: YI0	■	–	–	■
Y inkrementale Y-Koordinate bei G91	■	–	–	■
YA absolute Y-Koordinate bei G91	■	–	–	■

Optionale Adressen und Voreinstellungen für Zyklusaufrufe G76 … G79

(Wird keine optionale Adresse programmiert, so gilt die Voreinstellung.)	G76	G77	G78	G79
Z Materialoberfläche absolut bei G90 ZI Materialoberfläche inkremental bei G90	■	■	■	■
Z Materialoberfläche inkremental bei G91	■	■	■	■
ZA Materialoberfläche absolut bei G91	■	■	■	■
IA X-Mittelpunktkoordinate absolut in Werkstückkoordinaten	–	■	–	–
I X-Koordinatendifferenz zwischen Startpunkt und Teilkreismittelpunkt; *Voreinstellung*: I0	–	■	–	–
JA Y-Mittelpunktkoordinate absolut in Werkstückkoordinaten	–	■	–	–
J Y-Koordinatendifferenz zwischen Startpunkt und Teilkreismittelpunkt; *Voreinstellung*: J0	–	■	–	–
AR Drehwinkel des zu bearbeitenden Objektes, bezogen auf die positive 1. Geometrieachse *Voreinstellung*: AR0	■	■	■	■
Q Orientierung des zu bearbeitenden Objekts Q1 Mitdrehen des Objekts; *Voreinstellung*: Q1	–	■	–	–
Q2 feste Orientierung des zu bearbeitenden Objekts	–	■	–	–
H Rückfahrposition H1 Anfahren der Sicherheitsebene zwischen zwei Positionen; Anfahren der Rückzugebene nach letzter Position; *Voreinstellung*: H1	■	■	–	–
H2 Anfahren der Rückzugebene zwischen zwei Positionen	■	■	–	–
H3 wie H1, jedoch Anfahren des nächsten Zyklusaufrufpunktes auf dem Teilkreis	–	■	–	–

optionale Adresse: ■■■■ möglich / – nicht möglich

Beispiel: Die um 90° gedrehte Nute 66 x 16 x 10 soll viermal auf der um 6° ansteigenden Linie im Abstand von 50,3 mm mit einer maximalen Zustelltiefe von 3 mm durch Schruppen gefräst werden. Die Sicherheitsebene liegt 2 mm, die Rückzugsebene 10 mm über der Werkstückoberfläche.

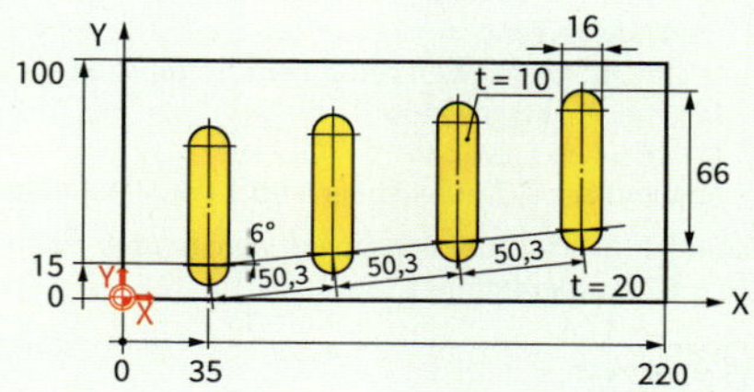

1. Beschreibung der Nute mit G74
G74 Z-10 LP66 BP16 D3 V2 W10

2. Aufruf, Positionierung, Drehung, Anzahl der Nuten mit G76
G76 AS6 D50,3 O4 Q0

Bohr-, Ausdreh- und Gewindezyklen G81 … G89

G81 Bohrzyklus

Pflichtadressen: ZI/ZA V

Optionale Adressen: W F S M

ZI Bohrungstiefe inkremental ab Materialoberfläche
ZA Bohrungstiefe absolut in Werkstückkoordinaten
V Abstand der Sicherheitsebene über der Materialoberfläche

Position und Anzahl der Bohrungen werden über einen Zyklusaufruf (G76 … G79) programmiert.

Erklärung für optionale Adressen und Voreinstellungen s. S. 229–230

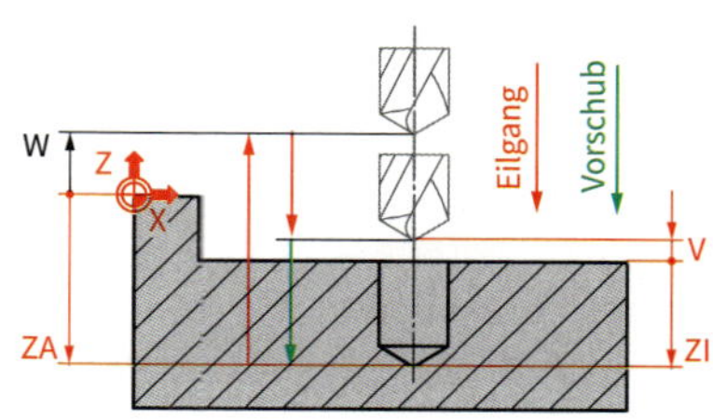

G82 Tiefbohrzyklus mit Spanbruch

Pflichtadressen: ZI/ZA D V

Optionale Adressen: W VB DR DM U O DA E F S M

ZI Bohrungstiefe inkremental ab Materialoberfläche
ZA Bohrungstiefe absolut in Werkstückkoordinaten
D Bohrungstiefe absolut in Werkstückkoordinaten
V Abstand der Sicherheitsebene über der Materialoberfläche

Position und Anzahl der Bohrungen werden über einen Zyklusaufruf (G76 … G79) programmiert.

Erklärung für optionale Adressen und Voreinstellungen s. S. 229–230

ZA, ZI, V, W: wie G81

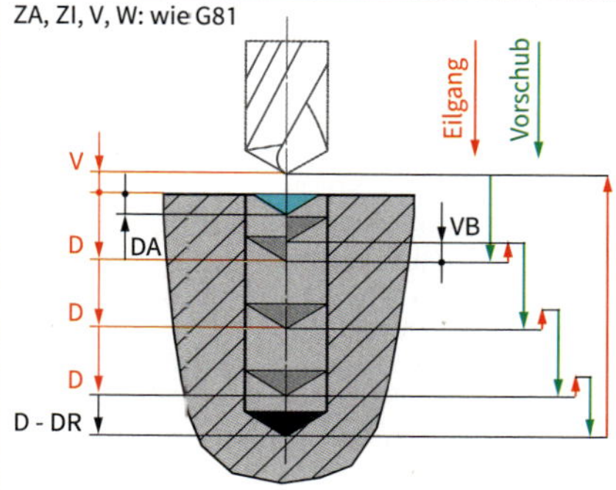

Bohr- Ausdreh- und Gewindezyklen G81 … G89

G83 Tiefbohrzyklus mit Spanbruch und Entspänen

Pflichtadressen: ZI/ZA D V

Optionale Adressen: W VB DR DM U O DA E FR F S M

ZI Bohrungstiefe inkremental ab Materialoberfläche
ZA Bohrungstiefe absolut in Werkstückkoordinaten
D Zustelltiefe
V Abstand der Sicherheitsebene über der Materialoberfläche

Position und Anzahl der Bohrungen werden über einen Zyklusaufruf (G76 … G79) programmiert.

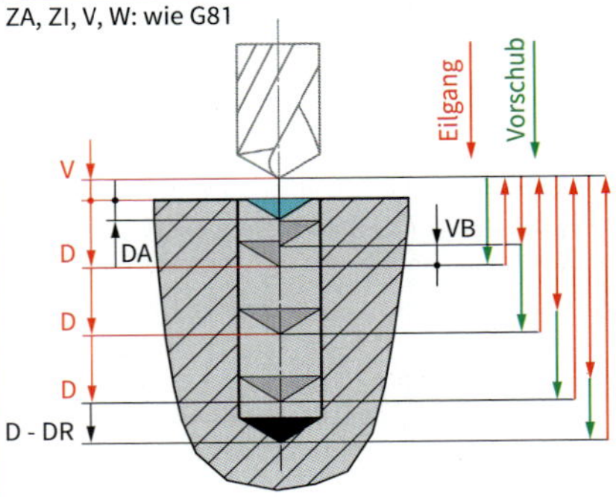

G84 Gewindebohrzyklus

Pflichtadressen: ZI/ZA F M V

Optionale Adressen: W S M

ZI Gewindetiefe inkremental ab Materialoberfläche
ZA Gewindetiefe absolut in Werkstückkoordinaten
F Gewindesteigung
M Drehrichtung des Werkzeugs beim Eintauchen
  M3 bei Rechtsgewinde
  M4 bei Linksgewinde
V Abstand der Sicherheitsebene über der Materialoberfläche

Position und Anzahl der Bohrungen werden über einen Zyklusaufruf (G76 … G79) programmiert.

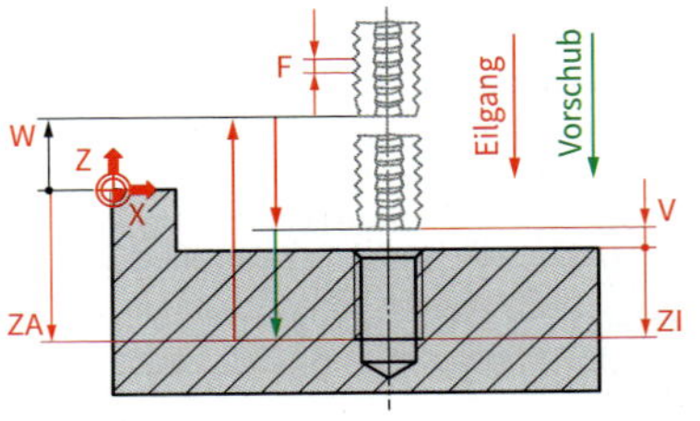

G85 Reibzyklus

Pflichtadressen: ZI/ZA V

Optionale Adressen: W E F S M

ZI Reibtiefe inkremental ab Materialoberfläche
ZA Reibtiefe absolut in Werkstückkoordinaten
V Abstand der Sicherheitsebene über der Materialoberfläche

Position und Anzahl der Bohrungen werden über einen Zyklusaufruf (G76 … G79) programmiert.

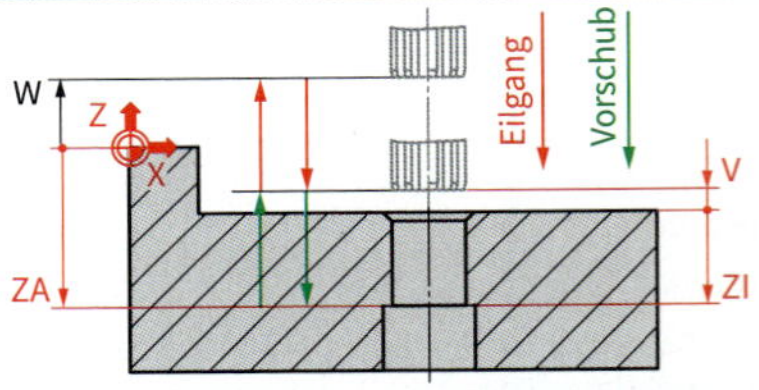

G86 Ausdrehzyklus

Pflichtadressen: ZI/ZA V

Optionale Adressen: W DR F S M

ZI Ausdrehtiefe inkremental ab Materialoberfläche
ZA Ausdrehtiefe absolut in Werkstückkoordinaten
V Abstand der Sicherheitsebene über der Materialoberfläche

Position und Anzahl der Bohrungen werden über einen Zyklusaufruf (G76 … G79) programmiert.

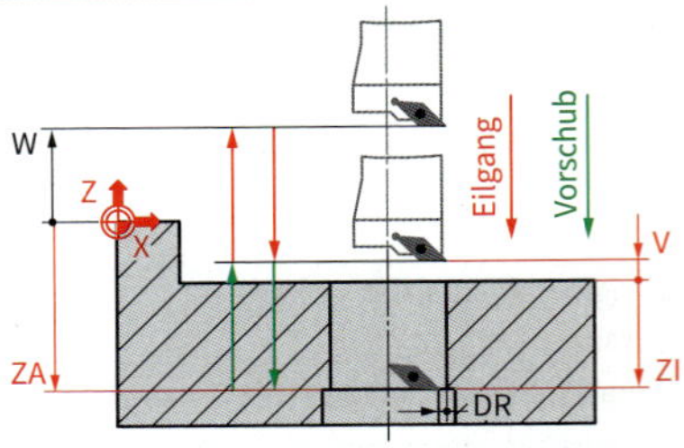

G87 Bohrfräszyklus

Pflichtadressen: ZI/ZA R D V

Optionale Adressen: W BG F S M

ZI Bohrungstiefe inkremental ab Materialoberfläche
ZA Bohrungstiefe absolut in Werkstückkoordinaten
R Radius der Bohrung
D Zustellung pro Schraubenlinie (Steigung pro Helixumdrehung)
V Abstand der Sicherheitsebene über der Materialoberfläche

Position und Anzahl der Bohrungen werden über einen Zyklusaufruf (G76 … G79) programmiert.

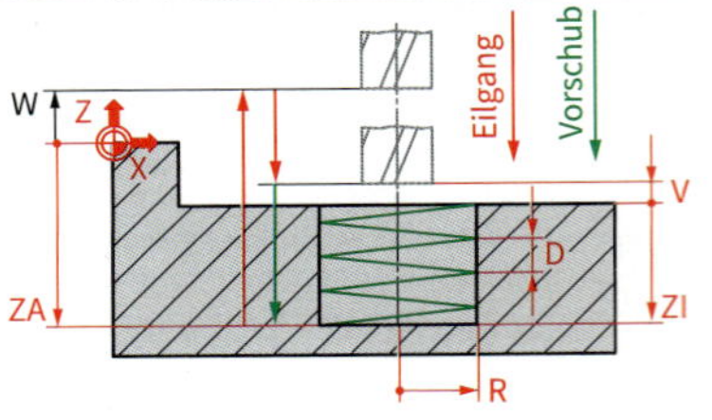

Bohr-, Ausdreh- und Gewindezyklen G81 … G89

G88 Innengewindefräszyklus

Pflichtadressen: ZI/ZA DN D Q V

Optionale Adressen: W BG F S M

ZI Gewindetiefe inkremental ab Materialoberfläche
ZA Gewindetiefe absolut in Werkstückkoordinaten
DN Nenndurchmesser des Innengewindes
D Gewindesteigung (Zustellung pro Helixbewegung)
 D+ Bearbeitung von oben nach unten
 D– Bearbeitung von unten nach oben
Q Gewinderillenzahl des Werkzeugs
V Abstand der Sicherheitsebene über der Materialoberfläche

Position und Anzahl der Bohrungen werden über einen Zyklusaufruf (G76 … G79) programmiert.

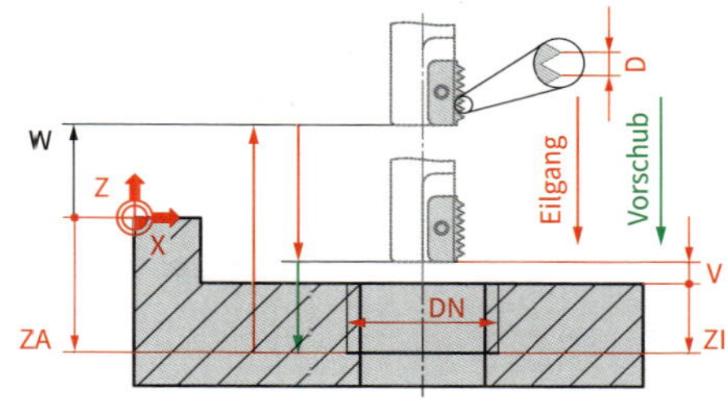

G89 Außengewindefräszyklus

Pflichtadressen: ZI/ZA DN D Q V

Optionale Adressen: W BG F S M

ZI Gewindetiefe inkremental ab Materialoberfläche
ZA Gewindetiefe absolut in Werkstückkoordinaten
DN Kerndurchmesser des Außengewindes
D Gewindesteigung (Zustellung pro Helixbewegung)
 D+ Bearbeitung von oben nach unten
 D– Bearbeitung von unten nach oben
Q Gewinderillenzahl des Werkzeugs
V Abstand der Sicherheitsebene über der Materialoberfläche

Position und Anzahl der Bohrungen werden über einen Zyklusaufruf (G76 … G79) programmiert.

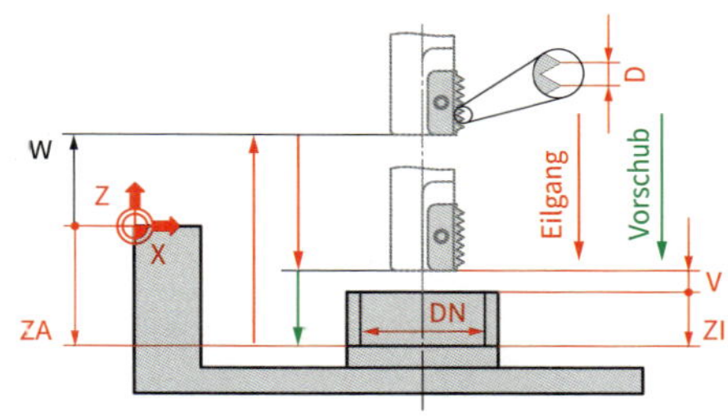

Optionale Adressen und Voreinstellungen für Fräszyklen G81 … G89

(Wird keine optionale Adresse programmiert, gilt die Voreinstellung.)	G81	G82	G83	G84	G85	G86	G87	G88	G89
W Höhe der Rückzugsebene absolut in Werkstückkoordinaten *Voreinstellung*: Rückzugsebene W = Sicherheitsebene V	■	■	■	■	■	■	■	■	■
DA Anbohrtiefe inkremental ab Materialoberfläche *Voreinstellung*: DA0	–	■	■	–	–	■	–	–	–
VB Rückzugsabstand vom Bohrungsgrund; *Voreinstellung*: VB1	–	■	■	–	–	–	–	–	–
DR Reduzierwert der Zustelltiefe; *Voreinstellung*: DR0	–	■	■	–	–	–	–	–	–
DR Freifahrabstand vor dem Herausfahren *Voreinstellung*: DR = 1/20 Werkzeugdurchmesser	–	–	–	–	–	■	–	–	–
DM Mindestzustellung *Voreinstellung*: DM = ½ Werkzeugradius	–	■	■	–	–	–	–	–	–
U Verweilzeit am Bohrgrund zum Spanbruch	–	■	–	–	–	–	–	–	–
Verweilzeit am Bohrgrund zum Spanbruch und Entspänen *Voreinstellung*: U1; 1 Sekunde bei O1; 1 Umdrehung bei O2	–	–	■	–	–	–	–	–	–
O Maßeinheit der Verweilzeit O1 Verweilzeit in Sekunden	–	■	■	–	–	–	–	–	–
O2 Verweilzeit in Umdrehungen; *Voreinstellung*: O2	–	■	■	–	–	–	–	–	–
BG Bearbeitungsrichtung des Werkzeugs BG2 Bearbeitungsrichtung im Uhrzeigersinn *Voreinstellung*: BG2	–	–	–	–	–	–	■	■	■
BG3 Bearbeitungsrichtung im Gegenuhrzeigersinn	–	–	–	–	–	–	■	■	■
E Anbohrvorschub; *Voreinstellung*: E = F	–	■	■	–	–	–	–	–	–
E Rückzug-Vorschub; *Voreinstellung*: E = F	–	–	–	–	■	–	–	–	–
FR Eilgangreduzierung in Prozent der Eilganggeschwindigkeit *Voreinstellung*: FR100; keine Reduzierung	–	–	■	–	–	–	–	–	–
F Vorschub; *Voreinstellung*: aktueller Vorschub	■	■	■	–	■	■	■	■	■
S Drehzahl/ Schnittgeschwindigket *Voreinstellung*: aktuelle Drehzah/ Schnittgeschwindigkeit	■	■	■	■	■	■	■	■	■
M Zusatzfunktionen	■	■	■	■	■	■	■	■	■
optionale Adresse: ■■■■■■■■■ möglich / – nicht möglich									

Fräs- und Bohrwerkezeuge für die CNC-Werkzeugmaschine (Auswahl)

	Technologische Daten							
Werkzeug-Nr.	T1	T2	T3	T4	T5	T6	T7	T8
Werkzeugdurchmesser	10 mm	10 mm	50 mm	63 mm	25 mm	25 mm	20 mm	20 mm
Schnittgeschwindigkeit	25 m/min	120 m/min	32 m/min	30 m/min	32 m/min	32 m/min	32 m/min	30 m/min
Schnitttiefe a_p = max.	–	10 mm	10 mm	10 mm	20 mm	20 mm	15 mm	12 mm
Schneidstoff	HSS	HSS–E	HSS	HSS	HSS	HSS	HSS	HSS
Anzahl der Schneiden	–	4	6	6	5	5	4	4
Vorschubgeschwindigkeit	80 mm/min	300 mm/min	100 mm/min	80 mm/min	160 mm/min	120 mm/min	160 mm/min	120 mm/min

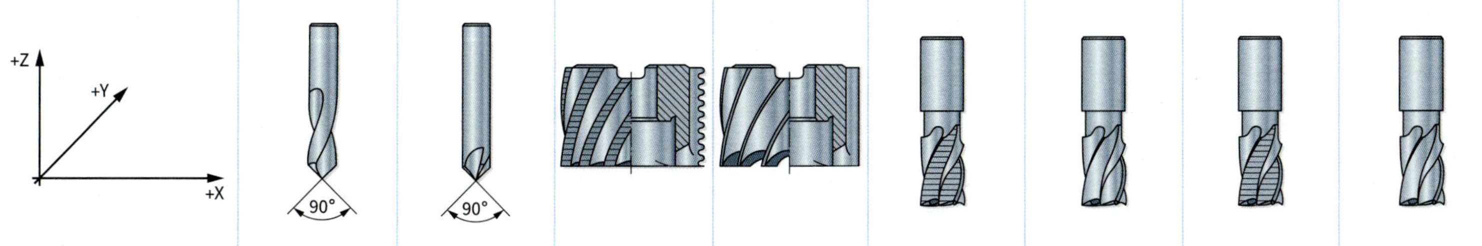

	Technologische Daten							
Werkzeug-Nr.	T9	T10	T11	T12	T13	T14	T15	T16
Werkzeugdurchmesser[1)]	18 mm	12 mm	10 mm	8 mm	8,5 mm	M10	6,8 mm	M8
Schnittgeschwindigkeit[2)]	35 m/min	160 m/min	35 m/min	160 m/min	30 m/min	10 m/min	35 m/min	10 m/min
maximale Schnitttiefe a_p[2)]	8 mm	6	5	4	–	–	–	–
Schneidstoff	HSS–E	HW–P10	HSS–E	HW–P10	HSS	HSS	HSS–E	HSS
Anzahl der Schneiden	4	3	3	3	–	–	–	–
Vorschubgeschwindigkeit[2)]	200 mm/min	420 mm/min	150 mm/min	380 mm/min	120 mm/min	Steig. 1,5 mm	140 mm	Steig. 1,25 mm

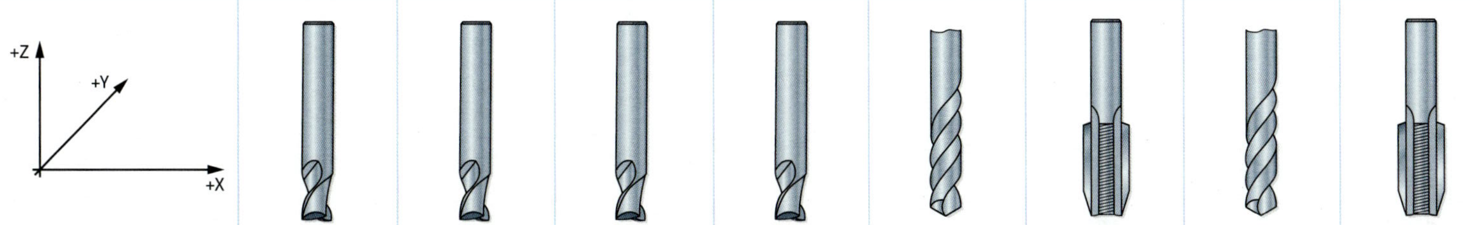

für Baustahl bis Rm = 600 N/mm^2
Alle Schaftfräser mit Zentrumschnitt

Drehwerkzeuge für die CNC-Werkzeugmaschine (Auswahl)

	Technologische Daten							
Werkzeug-Nr.	T01	T02	T03	T04	T05	T06	T07/08	T09
Schneidenradius/Werkzeug Ø	1,2 mm	Ø 10 mm	0,8 mm	0,4 mm	0,15 mm	–	Ø 7,8/ Ø 6,6 mm	Ø 8,7 mm
Schnittgeschwindigkeit	200 m/min	240 m/min	180 m/min	220 m/min	80 m/min	100 m/min	50 m/min	30 m/min
Schnitttiefe a_p = max.	2,5 mm	–	2 mm	0,5 mm	–	–	–	–
Schneidstoff	HW-P 10	HSS	HW-P 10	HW-P 10	HW-P 10	HW-P 10	HSS-E	HSS
Vorschub je Umdrehung/Steigung	0,2 mm	0,1 mm	0,15 mm	0,1 mm	0,1 mm	1,5 mm	0,1 mm	0,1 mm

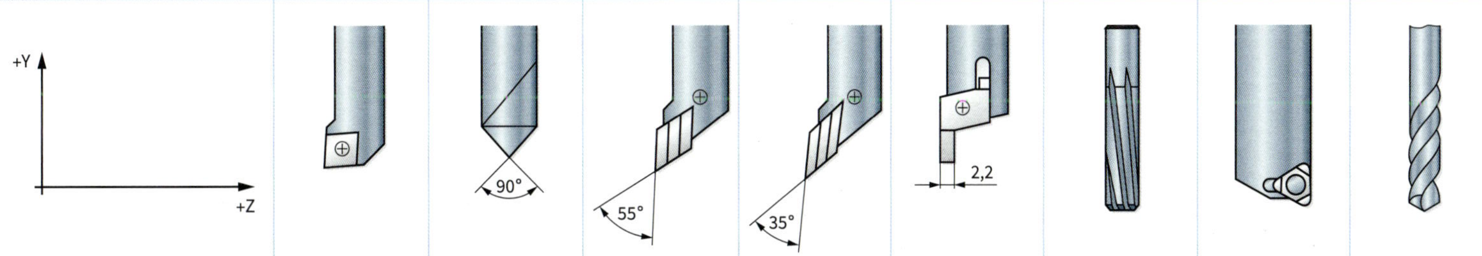

	Technologische Daten							
Werkzeug-Nr.	T10	T11	T12	T13	T14	T15	T16	T17
Querauslage Q/Werkzeug Ø	20 mm	28 mm	19 mm	30 mm	18 mm	20 mm	30 mm	M8
Schneidenradius	–	–	0,4 mm	0,2 mm	0,4 mm	–	0,2 mm	–
Schnittgeschwindigkeit	180 m/min	100 m/min	160 m/min	200 m/min	180 m/min	100 m/min	120 m/min	20 m/min
Schnitttiefe a_p = max.	–	–	1,5 mm	0,5 mm	–	–	–	–
Schneidstoff	HW-P 25	HW-P 10	HW-P 10	HW-P 10	HW-P 10	HW-P 10	HW-P 10	HSS
Vorschub je Umdrehung/Steigung	0,15 mm	0,15 mm	0,2/0,1 mm	0,1/0,05 mm	0,1/0,05 mm	2 mm	0,1 mm	1,25 mm

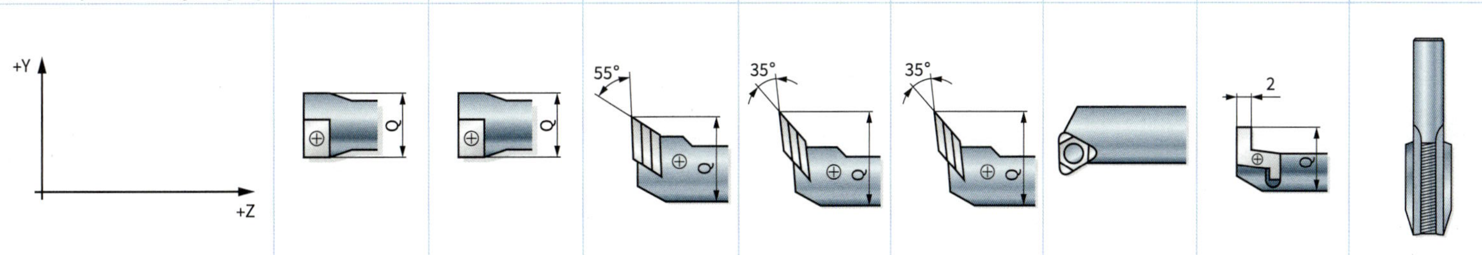

Schnittwerte für Einsatzstahl 16 MnCr5 (Rm ~ 900 $\frac{N}{mm^2}$)

Elementare Arbeitsbewegungen

G00 Verfahren im Eilgang

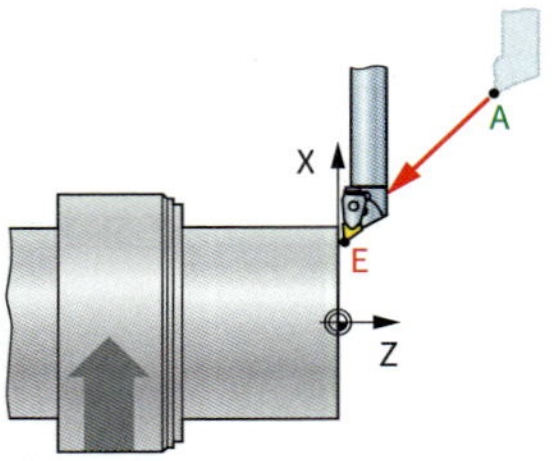

G01 Linearinterpolation im Arbeitsgang

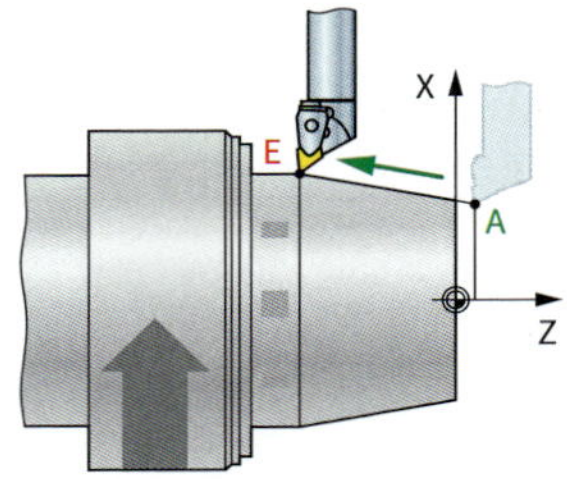

G02 Kreisinterpolation im Uhrzeigersinn

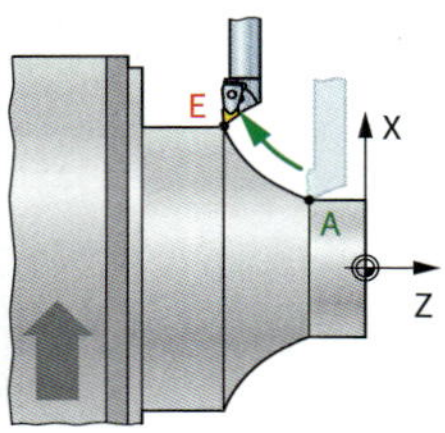

G03 Kreisinterpolation im Gegenuhrzeigersinn

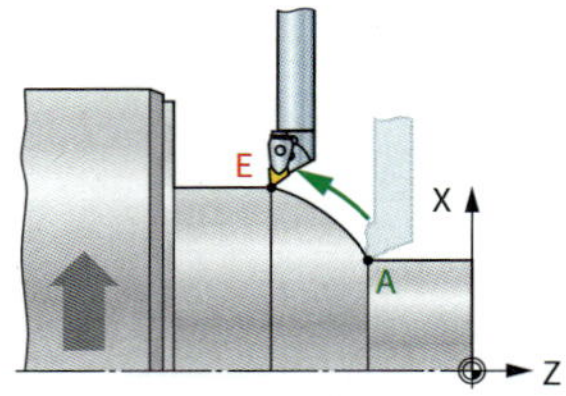

Bahnkorrekturen

G41 Schneidenradiuskorrektur links

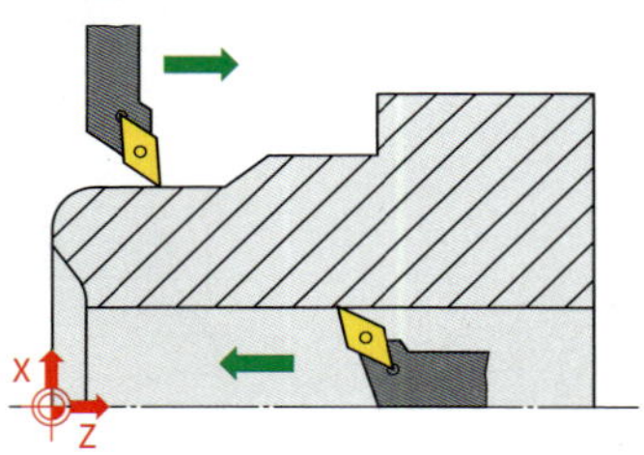

G42 Schneidenradiuskorrektur rechts

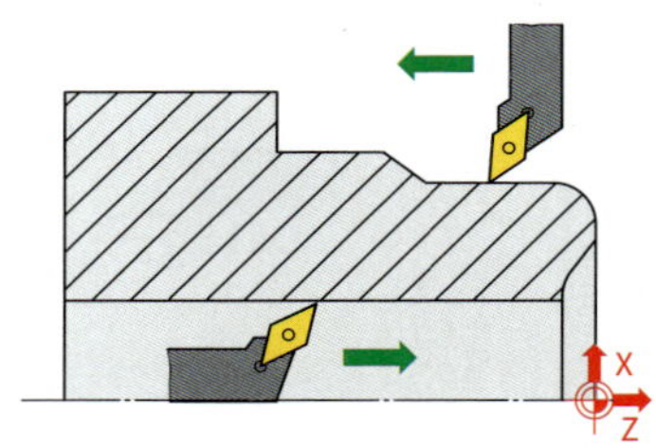

Werkzeugkorrekturen (nicht genormt)

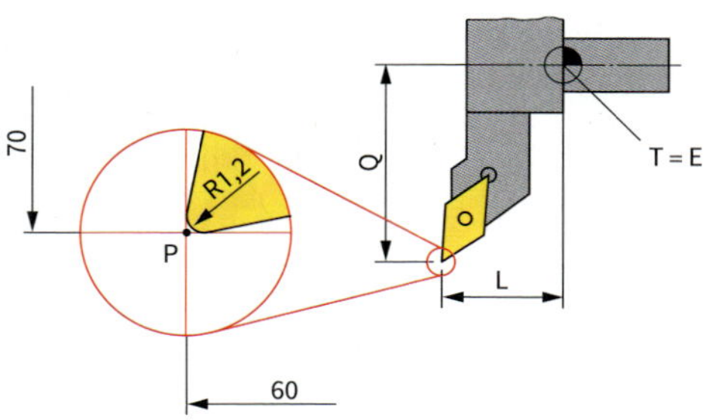

L: Ausspannlänge in Z-Richtung
Q: Querablage in X-Richtung
r_ε: Schneidenradius
T: Werkzeugträger-Bezugspunkt
E: Werkzeugeinstellpunkt
P: theoretischer Schneidenpunkt

Lagekennzahlen K

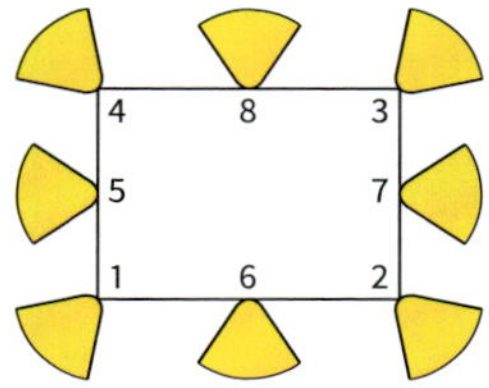

Werkzeugkorrekturspeicher

TC …	
L	60
Q	70
r_ε	1,2
Lagekennzahl	3

Für jedes Werkzeug gibt es neun Korrekturspeicher (TC1–TC9).

Im Werkzeugspeicher werden abgelegt Ausspannlänge L, Querablage Q, Schneidenradius r_ε und die Lagekennzahl K der Werkzeugschneide.

Durch die Angabe von Lagekennzahl K und Schneidenradius r_ε wird bei Bearbeitungen mit Bahnkorrektur an Stelle des theoretischen Schneidenpunktes P der tatsächliche Bearbeitungspunkt berücksichtigt.

Linearinterpolation G00/G01

G90 (Werkstückkoordinatensystem)

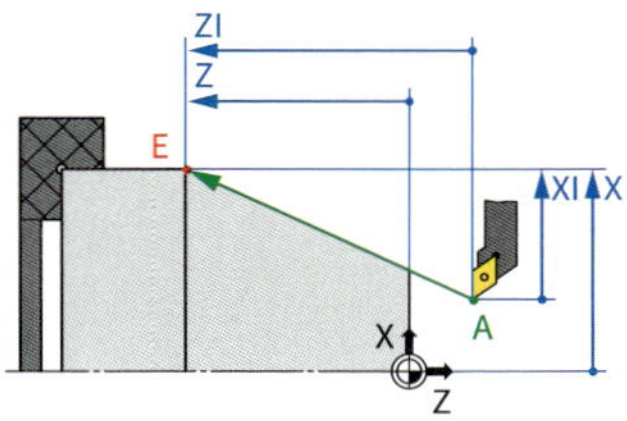

G91 (Werkzeugkoordinatensystem)

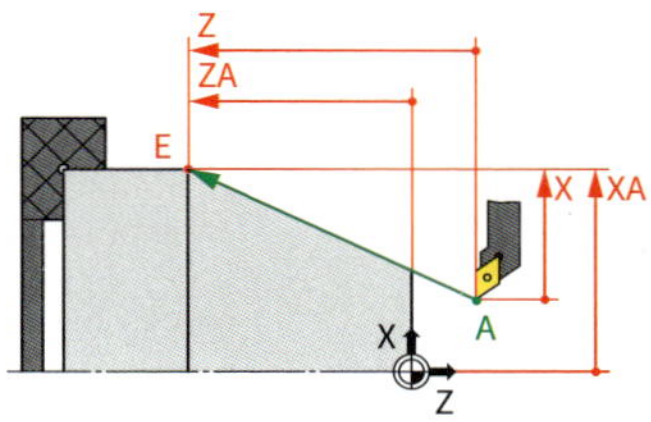

Adressen

bei G90 (Werkstückkoordinatensystem):

X	absolute X-Koordinate als Durchmessermaß
Z	absolute Z-Koordinate
XI	inkrementale X-Koordinate als Radiusmaß
ZI	inkrementale Z-Koordinate

bei G91 (Werkzeugkoordinatensystem):

X	inkrementale X-Koordinate als Radiusmaß
Z	inkrementale Z-Koordinate
XA	absolute X-Koordinate als Durchmessermaß
ZA	absolute Z-Koordinate

Kreisinterpolation G02/G03

G90 (Werkstückkoordinatensystem)

G02

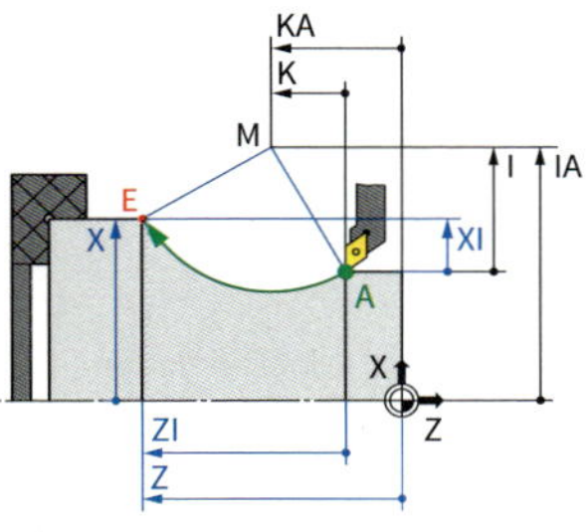

G03

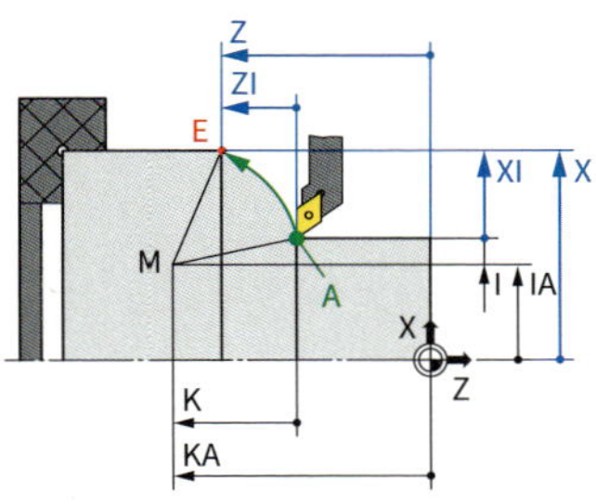

G91 (Werkzeugkoordinatensystem)

G02

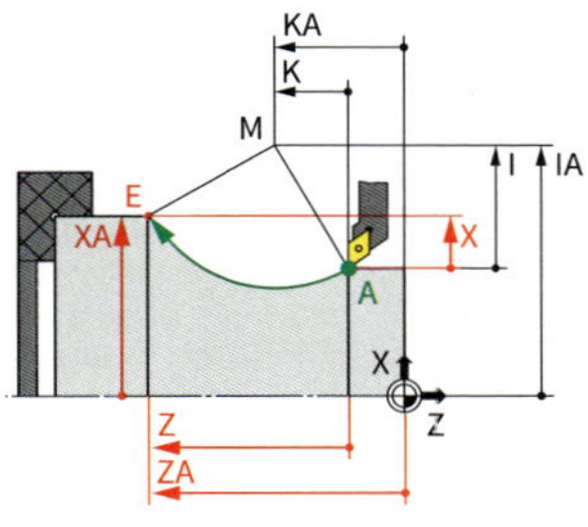

G03

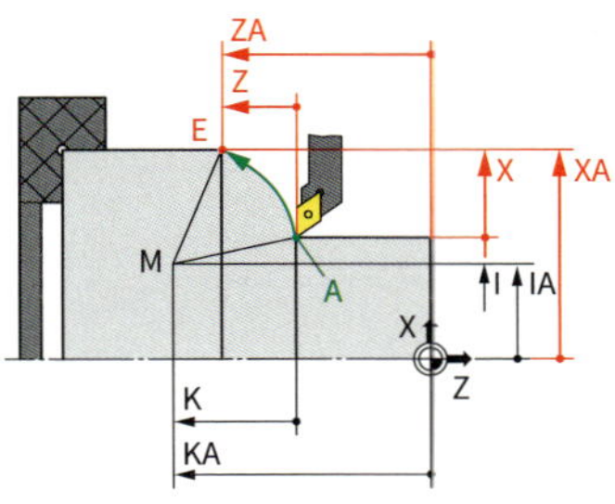

Adressen

bei G90 (Werkstückkoordinatensystem):

X	absolute X-Koordinate als Durchmessermaß
Z	absolute Z-Koordinate
XI	inkrementale X-Koordinate als Radiusmaß
ZI	inkrementale Z-Koordinate

bei G91 (Werkzeugkoordinatensystem):

X	inkrementale X-Koordinate als Radiusmaß
Z	inkrementale Z-Koordinate
XA	absolute X-Koordinate als Durchmessermaß
ZA	absolute Z-Koordinate

bei G90 und G91:

I	inkrementale X-Koordinatendifferenz zwischen Anfangspunkt A und Kreismittelpunkt M als Radiusmaß
K	inkrementale Z-Koordinatendifferenz zwischen Anfangspunkt A und Kreismittelpunkt M
IA	absolute X-Mittelpunktkoordinate in Werkstückkoordinaten als Durchmessermaß
KA	absolute Z-Mittelpunktkoordinate in Werkstückkoordinaten

A	Anfangspunkt der Bewegung (= aktuelle Werkzeugposition)
E	Endpunkt der Bewegung

G00 – Verfahren im Eilgang
Adressen: X/XA/XI Z/ZA/ZI (F S M TC TR TZ TX)

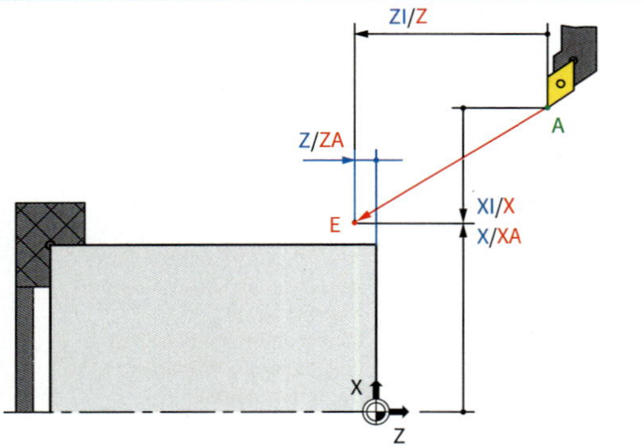

G01 – Linearinterpolation im Arbeitsgang
Adressen: X/XA/XI Z/ZA/ZI D AS RN H (E F S M TC TR TZ TX)

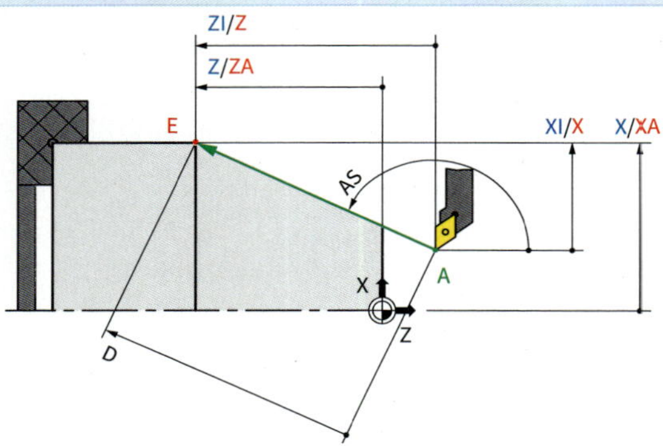

Übergangselement Radius

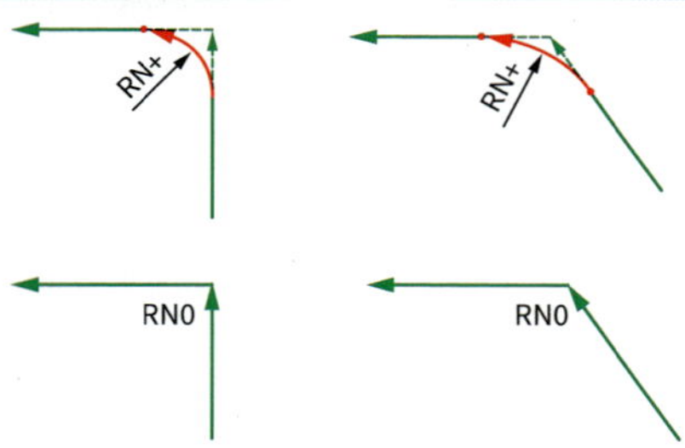

Übergangselement Fase

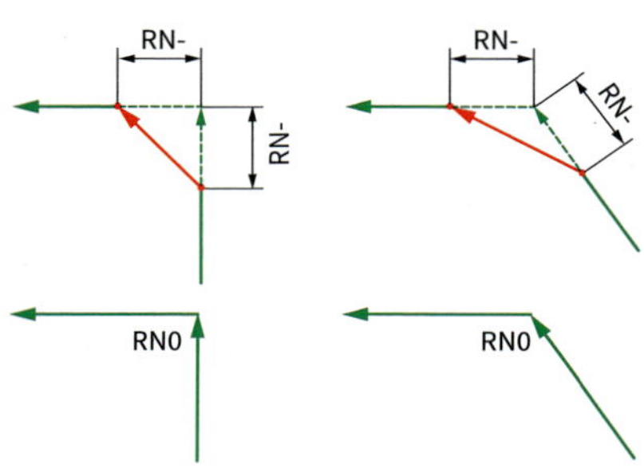

bei G90 (Werkstückkoordinatensystem):

- X absolute X-Koordinate als Durchmessermaß
- Z absolute Z-Koordinate
- XI inkrementale X-Koordinate als Radiusmaß
- ZI inkrementale Z-Koordinate

bei G91 (Werkzeugkoordinatensystem):

- X inkrementale X-Koordinate als Radiusmaß
- Z inkrementale Z-Koordinate
- XA absolute X-Koordinate als Durchmessermaß
- ZA absolute Z-Koordinate

bei G90 und G91:

- D Länge der Verfahrstrecke in der Beabeitungsebene (immer positiv)
- AS Anstiegswinkel der Geraden in der Bearbeitungsebene bezogen auf die positive 1. Geometrieachse (G18: Z-Achse)
- RN Übergangselement zum nächsten Konturelement[1)]
  - RN+ Verrundungsradius zum nächsten Konturelement
  - RN– Fasenbreite zum nächsten Konturelement
- H Auswahlkriterium für Doppellösungen[1)] (falls D, aber nicht AS programmiert wird)
  - H1 kleinerer Anstiegswinkel zur positiven 1. Geometrieachse
  - H2 größerer Anstiegswinkel zur positiven 1. Geometrieachse

- E Feinkonturvorschub auf Übergangselementen
- F Vorschub
- S Spindeldrehzahl/Schnittgeschwindigkeit
- M Zusatzfunktionen
- TC Anwahl der Korrekturwertspeichernummer
- TR inkrementelle Veränderung des Schneidenradiuswertes
- TZ inkrementelle Veränderung des Z-Korrekturwertes
- TX inkrementelle Veränderung des X-Korrekturwertes

[1)] *Voreinstellungen*: RN0 H1

- A Anfangspunkt der Bewegung (= aktuelle Werkzeugposition)
- E Endpunkt der Bewegung

Beispiel

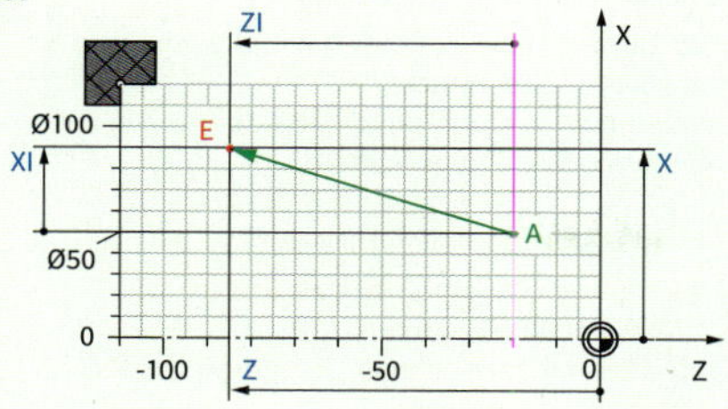

	G90	G01	X90	Z-85
oder	G90	G01	XI20	Z-85
oder	G90	G01	X90	ZI-65
oder	G90	G01	XI20	ZI-65

Beispiel

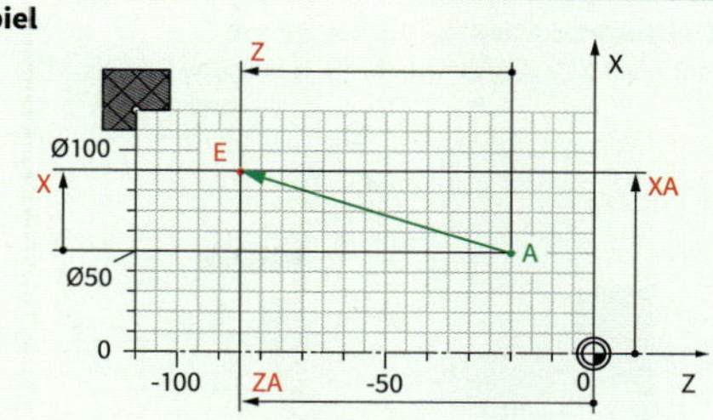

	G91	G01	X20	Z-65
oder	G91	G01	XA90	Z-65
oder	G91	G01	X20	ZA85
oder	G91	G01	XA90	ZA85

Beispiel

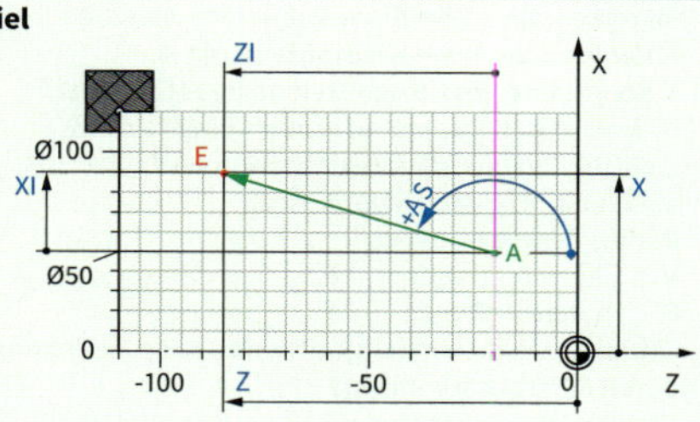

	G90	G01	X90	AS162,9
oder	G90	G01	Z-85	AS162,9
oder	G90	G01	XI20	AS162,9
oder	G90	G01	ZI-65	AS162,9

Beispiel

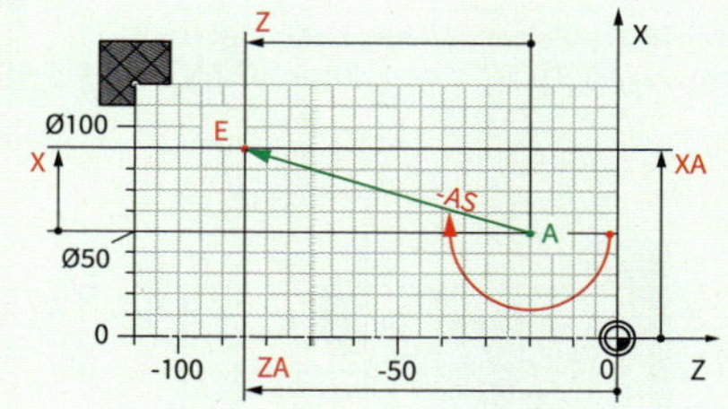

	G91	G01	X20	AS-197,1
oder	G91	G01	Z-65	AS-197,1
oder	G91	G01	XA90	AS-197,1
oder	G91	G01	ZA85	AS-197,1

Beispiel

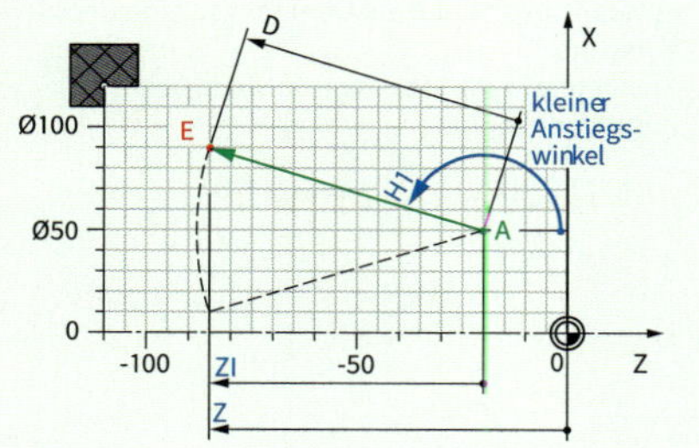

	G90	G01	Z-85	D68	H1
oder	G90	G01	ZI-65	D68	H1

Beispiel

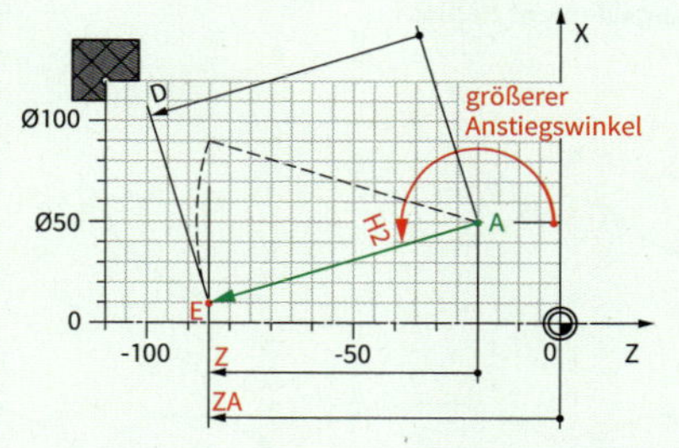

	G91	G01	Z-65	D68	H2
oder	G91	G01	ZA85	D68	H2

Beispiel

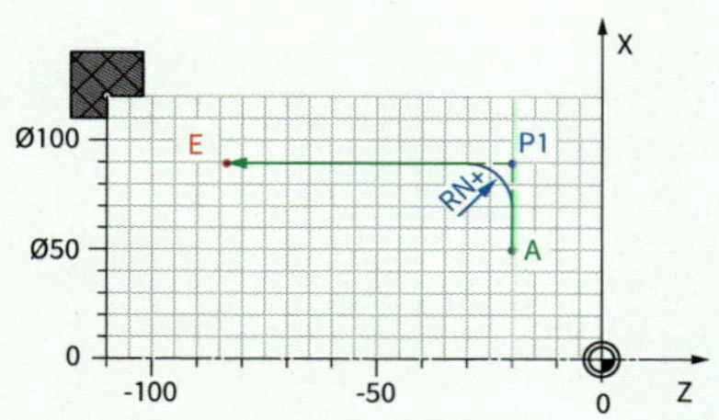

G90	G01	X90	Z-20	RN10
G90	G01	X90	Z-85	

Beispiel

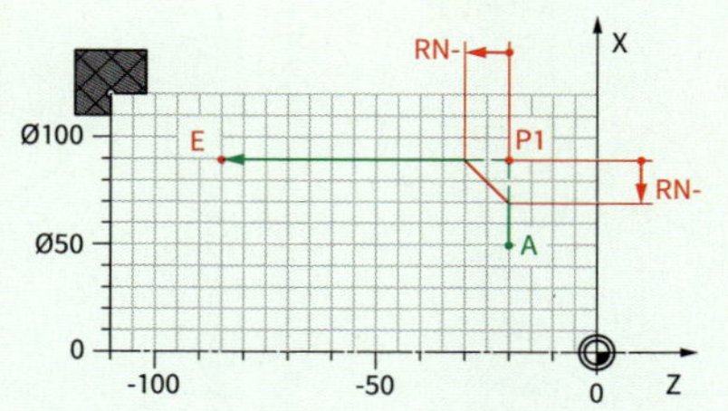

G90	G01	X90	Z-20	RN-10
G90	G01	X90	Z-85	

G02 Kreisinterpolation im Uhrzeigersinn
Adressen: X/XA/XI Z/ZA/ZI I/IA K/KA R AO RN O (E F S M)

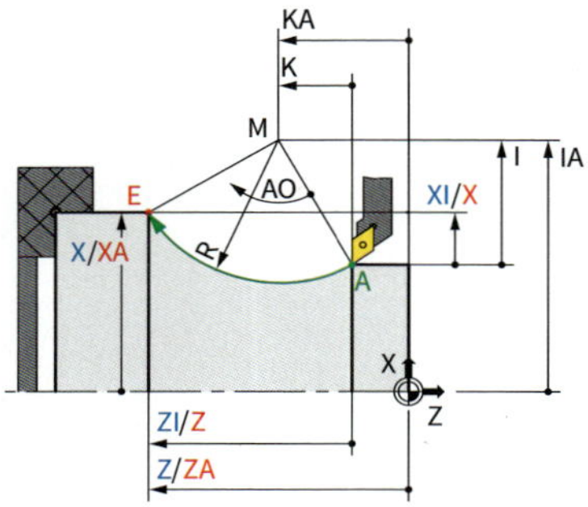

G03 Kreisinterpolation im Gegenuhrzeigersinn
Adressen: X/XA/XI Z/ZA/ZI I/IA K/KA R AO RN O (E F S M)

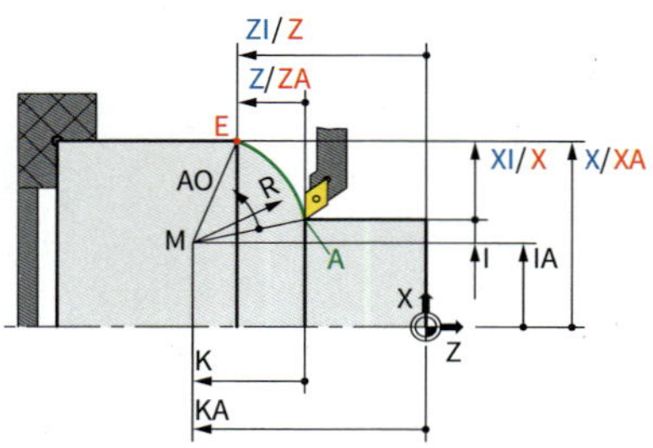

Übergangselement Radius

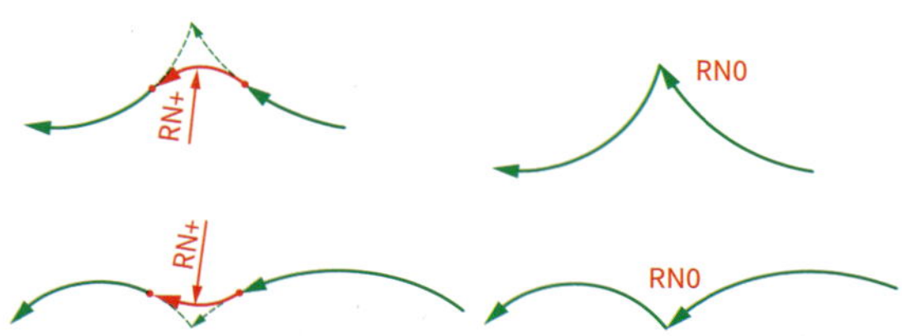

Übergangselement Fase

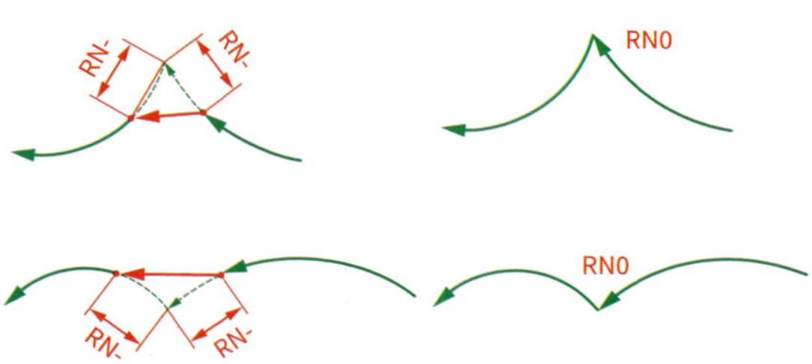

bei G90 (Werkstückkoordinatensystem):

- X absolute X-Koordinate als Durchmessermaß
- Z absolute Z-Koordinate
- XI inkrementale X-Koordinate als Radiusmaß
- ZI inkrementale Z-Koordinate

bei G91 (Werkzeugkoordinatensystem):

- X inkrementale X-Koordinate als Radiusmaß
- Z inkrementale Z-Koordinate
- XA absolute X-Koordinate als Durchmessermaß
- ZA absolute Z-Koordinate

bei G90 und G91:

- I inkrementale X-Koordinatendifferenz zwischen[1] Anfangspunkt A und Kreismittelpunkt M als Radiusmaß
- K inkrementale Z-Koordinatendifferenz zwischen[1] Anfangspunkt A und Kreismittelpunkt M
- IA X-Koordinate des Kreismittelpunktes M absolut in Werkstückkoordinaten als Durchmessermaß
- KA Z-Mittelpunktkoordinate des Kreismittelpunktes M absolut in Werkstückkoordinaten
- R Radius des Kreisbogens[1]
  - R+ kürzerer Bogen
  - R– längerer Bogen
- AO Öffnungswinkel (immer positiv, da Kreisorientierung durch G2/G3 bestimmt ist)
- RN Übergangselement zum nächsten Konturelement[1]
  - RN+ Verrundungsradius zum nächsten Konturelement
  - RN– Fasenbreite zum nächsten Konturelement
- O Auswahlkriterium für Bogenlänge[1]
  - O1 kürzerer Bogen
  - O2 längerer Bogen
- E Feinkonturvorschub auf Übergangselementen
- F Vorschub
- S Spindeldrehzahl/Schnittgeschwindigkeit
- M Zusatzfunktionen

[1] *Voreinstellungen*: I0 K0 RN0 O1

- A Anfangspunkt der Bewegung (= aktuelle Werkzeugposition)
- E Endpunkt der Bewegung

Beispiel

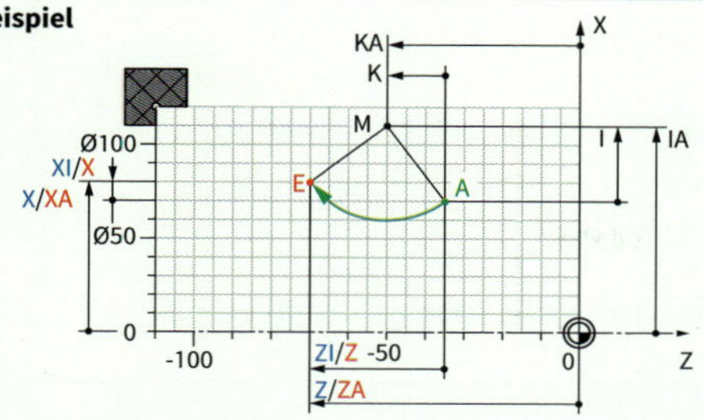

	G90	G02	X80	Z-70	I20	K-15
oder	G90	G02	XI5	Z-70	IA110	K-15
oder	G90	G02	X80	ZI-35	I20	KA-50
oder	G90	G02	XI5	ZI-35	IA110	KA-50
oder	G91	G02	X5	Z-35	I20	K-15
oder	G91	G02	XA80	Z-35	IA110	K-15
oder	G91	G02	X5	ZA-70	I20	KA-50
oder	G91	G02	XA80	ZA-70	IA110	KA-50

Beispiel

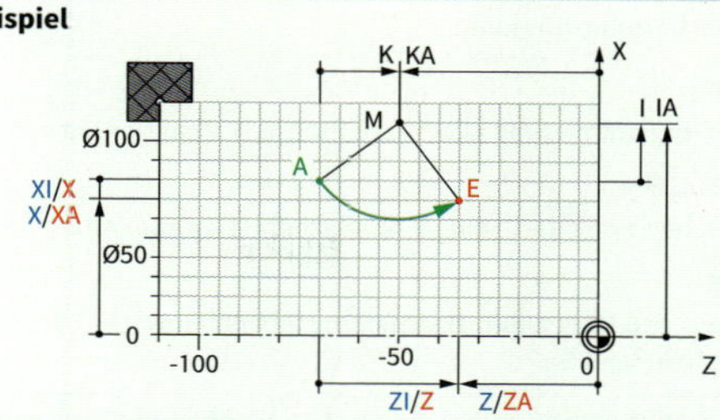

	G90	G03	X70	Z-35	I15	K20
oder	G90	G03	XI-5	Z-35	IA110	K20
oder	G90	G03	X70	ZI35	I15	KA-50
oder	G90	G03	XI-5	ZI35	IA110	KA-50
oder	G91	G03	X-5	Z35	I15	K20
oder	G91	G03	XA70	Z35	IA110	K20
oder	G91	G03	X-5	ZA-35	I15	KA-50
oder	G91	G03	XA70	ZA-35	IA110	KA-50

Beispiel

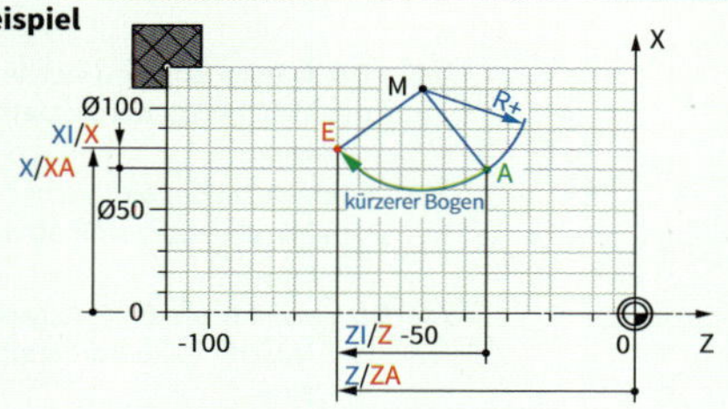

	G90	G02	X80	Z-70	R25
oder	G90	G02	XI5	Z-70	R25
oder	G91	G02	X5	Z-35	R25
oder	G91	G02	XA80	Z-35	R25

Beispiel

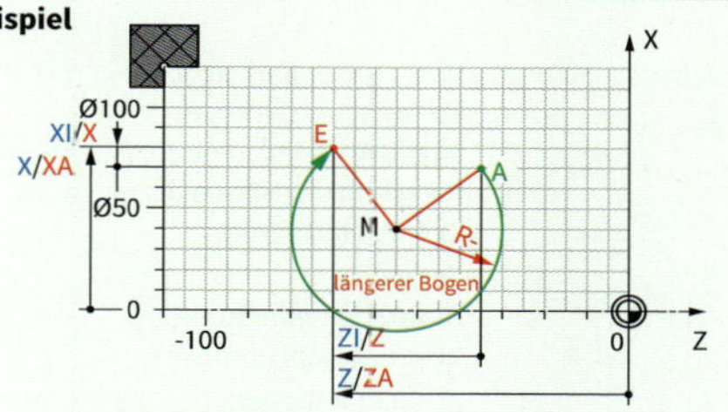

	G90	G02	X80	ZI-35	R-25
oder	G90	G02	XI5	ZI-35	R-25
oder	G91	G02	X5	ZA-70	R-25
oder	G91	G02	XA80	ZA-70	R-25

Beispiel

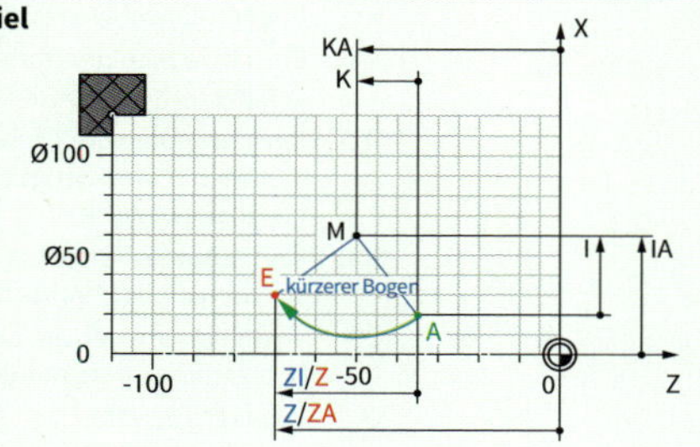

	G90	G02	Z-70	I20	K-15	O1
oder	G90	G02	ZI-35	IA60	KA-50	O1

Beispiel

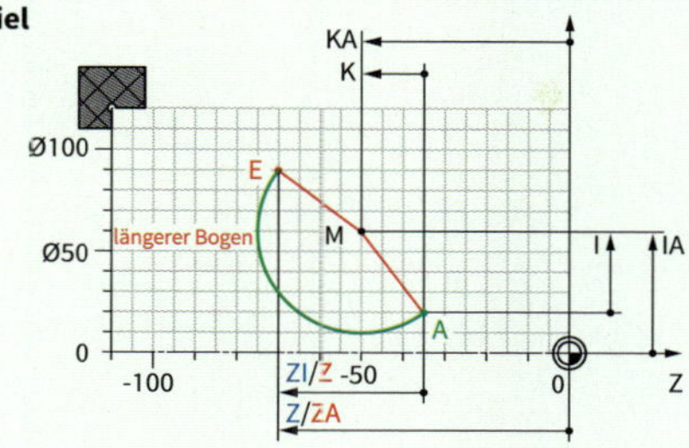

	G91	G02	Z-35	IA60	K-15	O2
oder	G91	G02	ZA-70	IA60	KA-50	O2

Beispiel

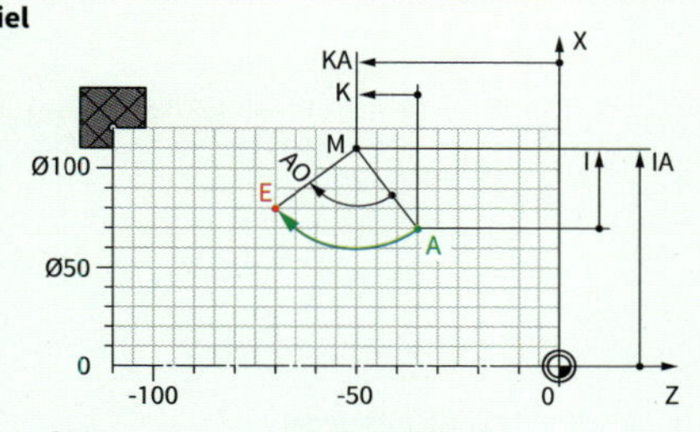

	G02	I20	K-15	AO90
oder	G02	I20	KA-50	AO90
oder	G02	IA110	K-15	AO90
oder	G02	IA110	KA-50	AO90

Beispiel

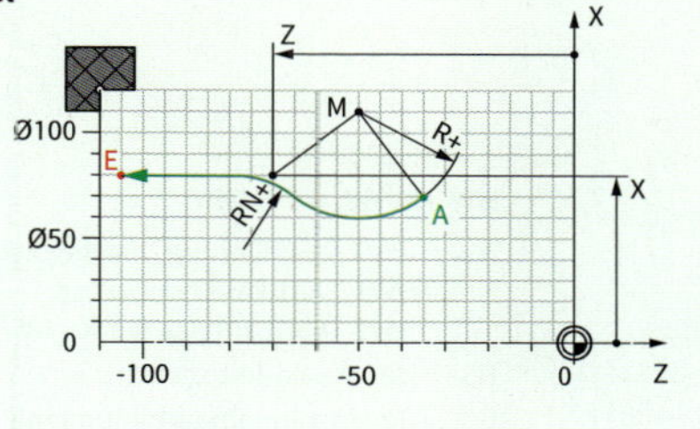

G02	X80	Z-70	R25	RN20
G01	X80	Z-105		

G15 Bearbeitungsebenen

G15 IP0
Direkte Programmierung aller NC-Achsen, z.B. Realisierung von Polar- und Zylinderkoordinaten mit einer Rundachse

G15 IP1 ... IP4
Kartesische Stirnseiten- und Mantelflächenprogrammierung

G15 IP5
Standard- und Mehrseiten-Bearbeitungsebenenanwahl in der aktiven Kreisbogen-Interpolationsebene G17, G18 oder G19, (Voreinstellung: IP5).

G15 G17 Stirnseitenbearbeitung mit angetriebenen Werkzeugen

Gruppe	G15 G17 IP0 Stirnseitenbearbeitung mit Polarkoordinaten	G15 G17 IP3 Stirnseitenbearbeitung mit virtueller Y-Achse	G15 G17 IP5 Stirnseitenbearbeitung mit realer Y-Achse
Pflichtadressen	G15 Bearbeitungsebene G17 Interpolationsebene (X-Y-Ebene) IP0 Interpolationsadresse	G15 Bearbeitungsebene G17 Interpolationsebene (X-Y-Ebene) IP3 Interpolationsadresse	G15 Bearbeitungsebene G17 Interpolationsebene (X-Y-Ebene) IP5 Interpolationsadresse
Optionale Adressen	FL Vorschub in den nicht kartesischen Linearachsen (Zusatzachsen) in mm/min FW Vorschub der Rundachsen in Winkelgrad/min F Vorschub S Umdrehungsfrequenz/ Schnittgeschwindigkeit M Zusatzfunktionen (z. B. Drehrichtung, Kühlschmierstoff) Voreinstellung: FL500, FW720		AM Drehwinkel um die X-Achse des Maschinenkoordinaten-systems BM Drehwinkel um die Y-Achse des Maschinenkoordinaten-systems CM Drehwinkel um die Z-Achse des Maschinenkoordinaten-systems XI Nullpunktverschiebung in X YI Nullpunktverschiebung in Y ZI Nullpunktverschiebung in Z IR Drehwinkelreihenfolge H Ebenen-Einschwenkverhalten H1 Einschwenken der Dreh-achsen H2 Einschwenken der Dreh-achsen mit Werkzeugaus-gleichsbewegung H3 kein automatisches Ein-schwenken der Drehachsen DS Verschiebung der virtuellen Schwenkposition, nur bei H2 Q Lösungsauswahl Q1 voreingestellte Einschwenk-lösung Q2 alternative Einschwenk-lösung Voreinstellung: AM0, BM0, CM0, XI0, YI0, ZI0, IR123, H1, DS0, Q1
	HW HS GS GS GSU HW Werkzeugrichtung (bei Revolvermaschinen) HW1 vertikales Werkzeug HW2 horizontales Werkzeug HS Hauptspindelbearbeitung GS Gegenspindelbearbeitung mit der gleichen Z-Richtung wie auf der Hauptspindel GSU Gegenspindelbearbeitung mit Drehung des X-Y-Z-Koordinatensystems, 180° um die X-Achse Voreinstellung: Aktuell angewählte Werkstückspindel, HW1		

Programmierbare Achsen	**X C Z** 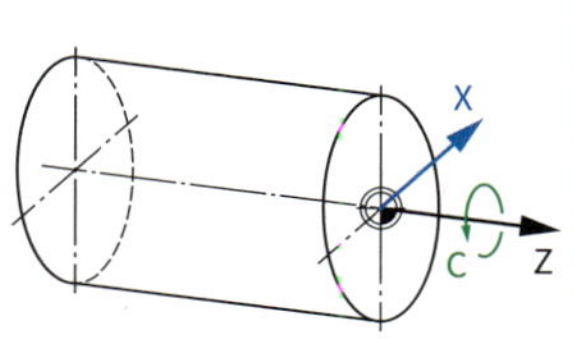	**X Y Z** 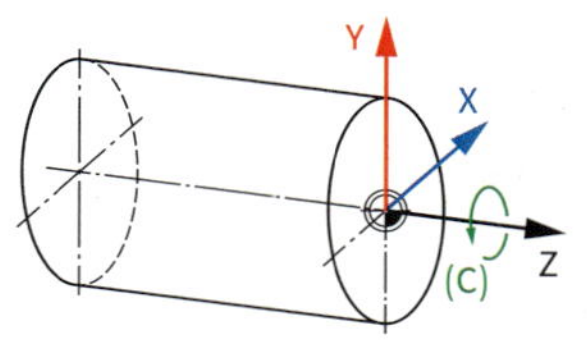	**X Y Z** 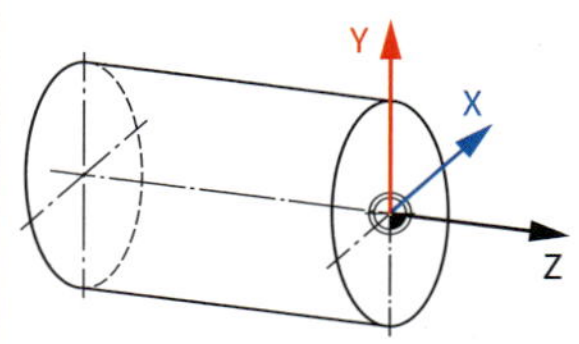
Programmierhinweise	Insbesondere können in Kombination einer Rundachse mit einer Linearachse Polarkoordinaten oder Zylinderkoordinaten programmiert werden. Die Stirnseite mit X und C sowie der Zustellung in Z und die Zylinderfläche mit Z und C sowie der Zustellung in X. Alle NC-Achsen können nur mit den G-Befehlen G0, G1 mit ihren Achswerten und mit den Adressen FL, FW, F, S, M programmiert werden.	In der Kreisbogen-Interpolationsebene ist die Programmierung der Stirnseite in kartesischen Koordinaten X, Y mit der Zustellung in Z möglich. Die virtuelle Y-Achse wird durch eine Polarkoordinateninterpolation der positiven X- und der C-Achse erzeugt. (Standardebene G17)	Der gesamte Befehlsumfang des PAL-Fräsens kann verwendet werden. Die C-Achse wird nicht direkt programmiert. (Standardebene G17)

G15 G18 Drehebenenanwahl

Gruppe	**G15 G18 TURN HS** **Hauptspindelbearbeitung**	**G15 G18 TURN GS** **Gegenspindelbearbeitung**	**G15 G18 TURN GSU** **Gegenspindelbearbeitung mit Drehung des XYZ-Koordinatensystems**
Pflichtadressen	G15 Bearbeitungsebene G18 Interpolationsebene (Z-X-Ebene) TURN Drehebene		
Optionale Adressen *Beispiel*	**DIA RAD DRA HS GS GSU** DIA alle X-Koordinaten im Durchmessermaß RAD alle X-Koordinaten im Radiusmaß DRA XA, IA im Durchmessermaß; XI, I im Radiusmaß; Absolute X-Koordinaten im Durchmessermaß bei G90; inkrementale X-Koordinaten im Radiusmaß bei G91 HS Hauptspindelbearbeitung GS Gegenspindelbearbeitung mit der gleichen Z-Richtung wie auf der Hauptspindel GSU Gegenspindelbearbeitung mit Drehung des XYZ-Koordinatensystems, 180° um die Achse Voreinstellung: Aktuelle angewählte Werkstückspindel, DRA		
Bearbeitungsart	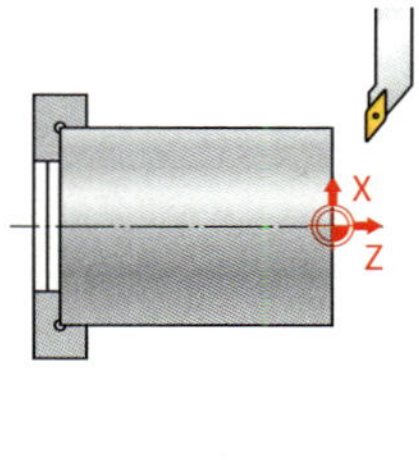	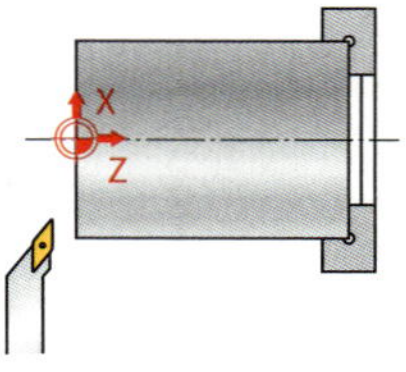	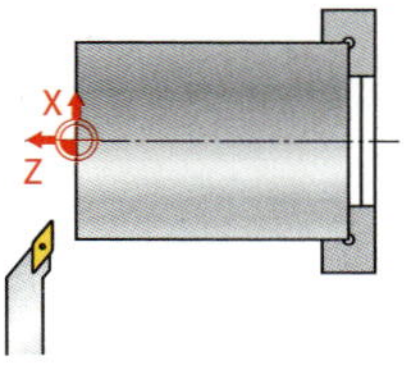

G15 G19 Mantelflächen-/Sehnenflächenbearbeitungsebenen mit angetriebenen Werkzeugen		
Gruppe	**G15 G19 IP0** **Mantelflächen** **mit Zylinderkoordinaten**	**G15 G19 IP1 DM** **Mantelfläche** **mit virtueller Y-Achse**
Pflichtadressen	G15 Bearbeitungsebene G19 Interpolationsebene (Y-Z-Ebene) IP0 Interpolationsadresse	G15 Bearbeitungsebene G19 Interpolationsebene (Y-Z-Ebene) DM Durchmesser, für den die abgewickelte Mantelfläche erzeugt wird IP1 Interpolationsadresse
Optionale Adressen	FL Vorschub in den nicht kartesischen Linearachsen (Zusatzachsen) in mm/min FW Vorschub der Rundachsen in Winkelgrad/min F Vorschub S Umdrehungsfrequenz/Schnittgeschwindigkeit M Zusatzfunktionen (z. B. Drehrichtung, Kühlschmierstoff) Voreinstellung: FL500, FW720	
	HW HS GS GSU HW Werkzeugrichtung (bei Revolvermaschinen) HW1 vertikales Werkzeug HW2 horizontales Werkzeug HS Hauptspindelbearbeitung GS Gegenspindelbearbeitung mit der gleichen Z-Richtung wie auf der Hauptspindel GSU Gegenspindelbearbeitung mit Drehung des XYZ-Koordinatensystems, 180° um die X-Achse Voreinstellung: Aktuell angewählte Werkstückspindel	
Programmierbare Achsen	**Z C X** 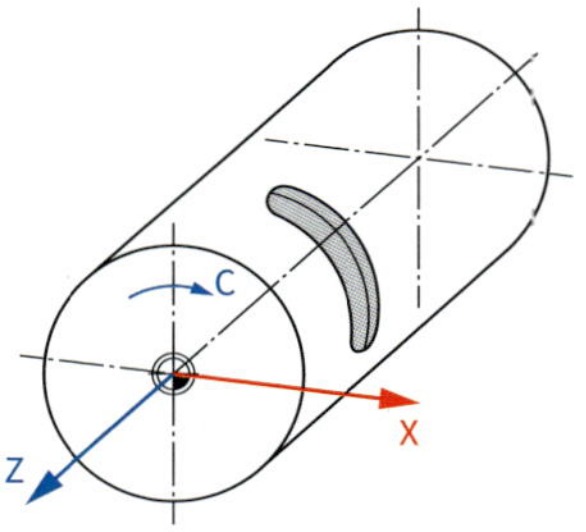 	**Y Z X** 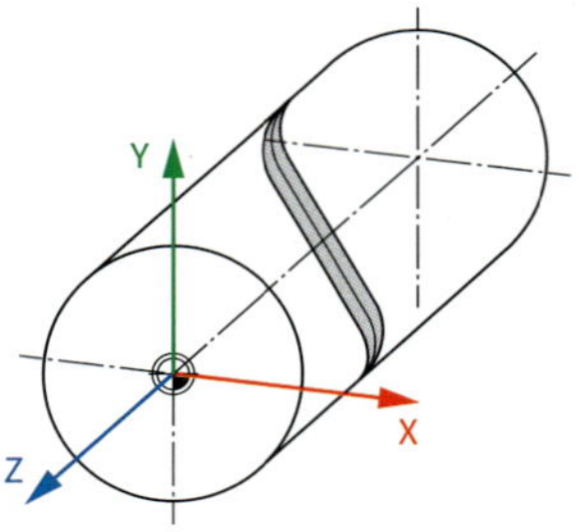
Programm-hinweise	Insbesondere können in Kombination einer Rundachse mit einer Linearachse Polarkoordinaten oder Zylinderkoordinaten programmiert werden. Die Stirnseite mit X und C sowie der Zustellung in Z und die Zylinderfläche mit Z und C sowie der Zustellung in X. Alle NC- Achsen können nur mit den G-Befehlen G0, G1 mit ihren Achswerten und mit den Adressen FL, FW, F, S, M programmiert werden.	In der Kreisbogen-Interpolationsebene G19 ist mit G15 IP1 die Programmierung der im Durchmesser DM abgewickelten Mantelfläche in kartesische Koordinaten Z, Y mit der Zustellung in X möglich.

<table>
<tr><th>Gruppe</th><th>G15 G19 IP5
Sehnenfläche
mit realer Y-Achse</th><th>G15 G19 IP5 BM/BR
Geneigte Sehnenfläche
mit realer Y- und B-Achse</th></tr>
<tr><td>Pflichtadressen</td><td>G15 Bearbeitungsebene
G19 Interpolationsebene (Y-Z-Ebene)
IP5 Interpolationsadresse</td><td>G15 Bearbeitungsebene
G19 Interpolationsebene (Y-Z-Ebene)
IP5 Interpolationsadresse
BM Drehwinkel um die Y-Achse des Maschinenkoordinatensystems
BR Drehwinkel um die Y-Achse des jeweils aktuellen Koordinatensystems</td></tr>
<tr><td rowspan="2">Optionale Adressen</td><td></td><td>AM Drehwinkel um die X-Achse des Maschinenkoordinatensystems
CM Drehwinkel um die Z-Achse des Maschinenkoordinatensystems
AR Drehwinkel um die X-Achse des jeweils aktuellen Koordinatensystems
CR Drehwinkel um die Z-Achse des jeweils aktuellen Koordinatensystems
Voreinstellung: AM0, BM0, CM0, AR0, BR0, CR0</td></tr>
<tr><td colspan="2">XI Nullpunktverschiebung in X
YI Nullpunktverschiebung in Y
ZI Nullpunktverschiebung in Z
IR Drehwinkelreihenfolge
H Ebenen-Einschwenkverhalten
H1 Einschwenken der Drehachsen
H2 Einschwenken der Drehachsen mit Werkzeugausgleichsbewegung
H3 kein automatisches Einschwenken der Drehachsen
DS Verschiebung der virtuellen Schwenkposition, nur bei H2
Q Lösungsauswahl
Q1 voreingestellte Einschwenklösung
Q2 alternative Einschwenklösung
HW Werkzeugrichtung (bei Revolvermaschinen)
HW1 vertikales Werkzeug
HW2 horizontales Werkzeug
HS Hauptspindelbearbeitung
GS Gegenspindelbearbeitung mit der gleichen Z-Richtung wie auf der Hauptspindel
GSU Gegenspindelbearbeitung mit Drehung des XYZ-Koordinatensystems, 180° um die X-Achse
Voreinstellung: Aktuell angewählte Werkstückspindel, BM0, BR0, HW1, XI0, YI0, ZI0, IR123, H1, DS0</td></tr>
<tr><td>Programmierbare Achsen</td><td>Y Z X
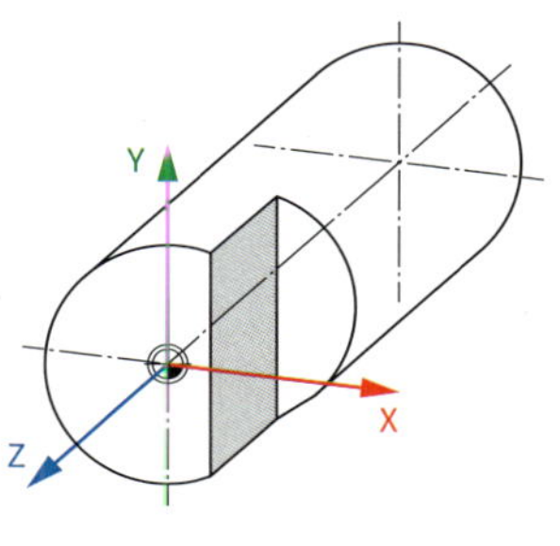
</td><td>Y Z X
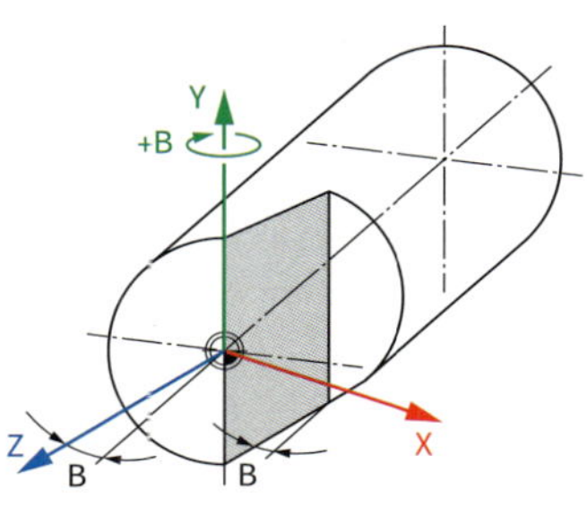
</td></tr>
<tr><td>Programm-hinweise</td><td>Der gesamte Befehlsumfang vom PAL-Fräsen kann verwendet werden (Standardebene G19).</td><td>Der gesamte Befehlsumfang vom PAL-Fräsen kann verwendet werden (Standardebene G19).</td></tr>
</table>

Optionale Adresse für G15 G17/G18/G19 – Interpolationsadressen

IP0

Sonderbearbeitungsebene zur direkten Programmierung aller NC-Achsen mit Vorschubsteuerung entsprechend der Länge des in den Linearachsen X, Y, Z programmierten Verfahrweges.

Der modale Vorschub F oder FL (bei G94) erfolgt unter Mitführung der im NC-Satz programmierten Rundachsen.

IP1

Kartesische Mantelflächen-Interpolation mit einer virtuellen 1. Geometrieachse und der 2. Geometrieachse als Mantelflächenkoordinaten durch Abwicklung eines Zylinders um eine in der 2. Geometrieachse und durch den Nullpunkt gehenden Rundachse.

Die Zustellung erfolgt in der 3. Geometrieachse.

Drehen mit G19: Programmierung der zum Durchmesser DM abgewickelten Mantelfläche im G19 Koordinatensystem YZX mit virtueller Y-Achse durch die Interpolation der C-Achse und Zustellung in X.

Wird realisiert in G19 für CNC-Drehmaschinen mit C-Achse.

IP2

Kartesische Mantelflächen-Interpolation mit einer virtuellen 2. Geometrieachse und der 1. Geometrieachse als Mantelflächenkoordinaten durch Abwicklung eines Zylinders um eine in der 1. Geometrieachse und durch den Nullpunkt gehenden Rundachse.

Die Zustellung erfolgt in der 3. Geometrieachse.

IP3

Umrechnung der kartesischen Koordinaten der ersten und zweiten Geometrieachse in Polarkoordinaten, deren Winkelwert mit einer in der Zustellachse liegenden und durch den Nullpunkt gehenden Rundachse eingestellt wird.

Der Radius wird mit der 1. Geometrieachse festgelegt (Stirnseitenbearbeitung mit rotierendem Koordinatensystem).

Drehen mit G17: Programmierung der Stirnseite im G17 Koordinatensystem XYZ mit virtueller Y-Achse durch Interpolation der C- und X-Achse und Zustellung in Z.

Wird realisiert in G17 für CNC-Drehmaschinen mit C-Achse.

IP4

Umrechnung der kartesischen Koordinaten der ersten und zweiten Geometrieachse in Polarkoordinaten, deren Winkelwert mit einer in der Zustellachse liegenden und durch den Nullpunkt gehenden Rundachse eingestellt wird.

Der Radius wird mit der 2. Geometrieachse festgelegt (Stirnseitenbearbeitung mit rotierendem Koordinatensystem).

IP5

Standard- und Mehrseiten-Bearbeitungsebenenanwahl

Drehen: Spezielle G-Funktionen nach PAL
Turning: Special G-functions according to PAL

G14 Konfigurierten Werkzeugwechselpunkt anfahren
Adressen: H

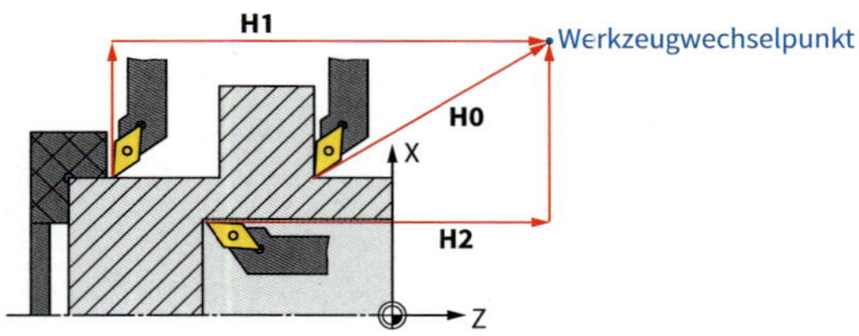

H Wegfahrmöglichkeiten[1)]
- H0 schräg wegfahren (in allen Achsen gleichzeitig)
- H1 erst X-Achse, dann Z-Achse wegfahren
- H2 erst Z-Achse, dann X-Achse wegfahren

[1)] *Voreinstellungen*: H0

G22 Unterprogrammaufruf
Adressen: L H /

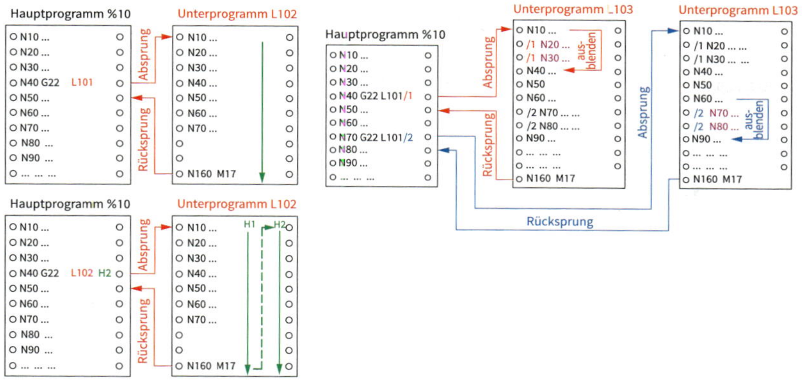

L Programmnummer des Unterprogramms
H Anzahl der Wiederholungen des Unterprogramms[1)]
/ Ausblendebene[1)]

[1)] *Voreinstellungen*:
H1 keine Ausblendebene

G23 Programmteilwiederholung
Adressen: N N H

```
N10 ...
N20 ...
N30 ...
N40 G23 N20 N30 H3
N50 ...
```
Wiederholung

N Startsatznummer
N Endsatznummer
H Anzahl der Wiederholungen

Voreinstellung: H1

Nullpunktverschiebungen

G54 … G57 Einstellbare absolute Nullpunkte
Adressen: keine

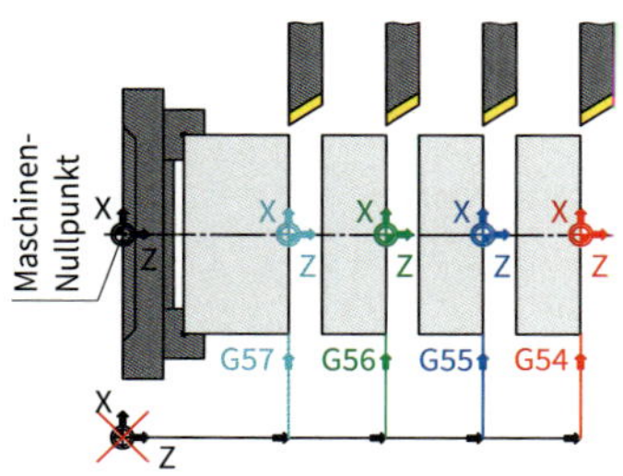

G53 Alle Nullpunktverschiebungen und Drehungen aufheben
Adressen: keine

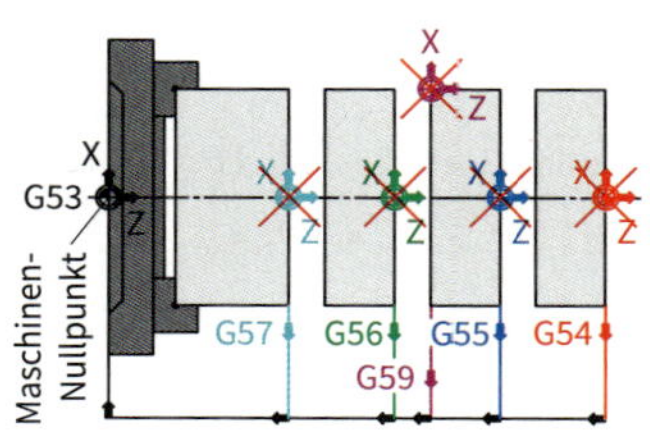

G54 … G57: Die Nullpunktlagen sind im Nullpunktregister der Steuerung gespeichert. Ohne Anwahl eines dieser Nullpunkte verfährt die Maschine im Maschinenkoordinatensystem.
Ein Programmwechsel verändert die definierten einstellbaren Nullpunkte nicht. Sie bleiben erhalten, bis sie durch neue Koordinatenangaben überschrieben werden.

G53: Das Maschinenkoordinatensystem wird aktiviert.

G59 Inkrementelle Nullpunktverschiebung kartesisch und Drehung
Adressen: ZA XA AR

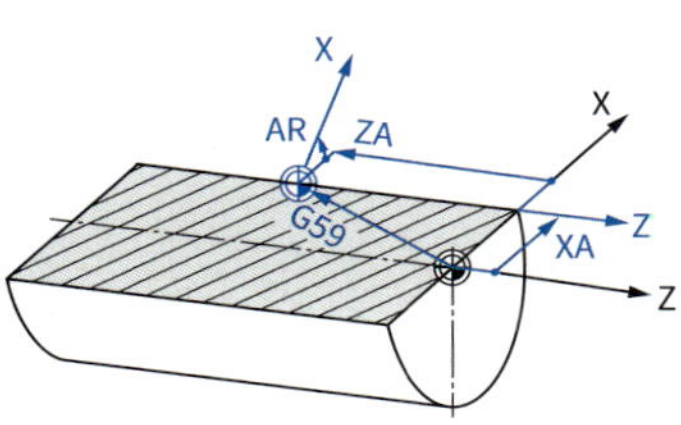

G50 Aufheben von inkrementellen Nullpunktverschiebungen und Drehungen
Adressen: keine

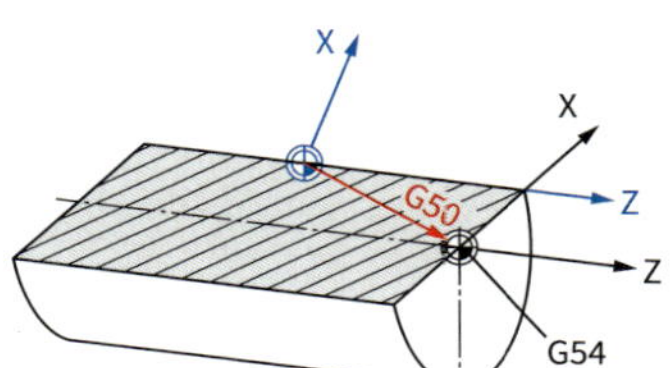

ZA Absolute Z-Koordinate des neuen Nullpunktes
XA Absolute X-Koordinate des neuen Nullpunktes
AR Drehwinkel des neuen Koordinatensystems bezogen auf die Z-Achse

G50 Das Werkstückkoordinatensystem, das zuletzt mit einem der Befehle G54 … G57 aufgerufen wurde, wird aktiviert.

G30 Umspannen/Gegenspindelübernahme

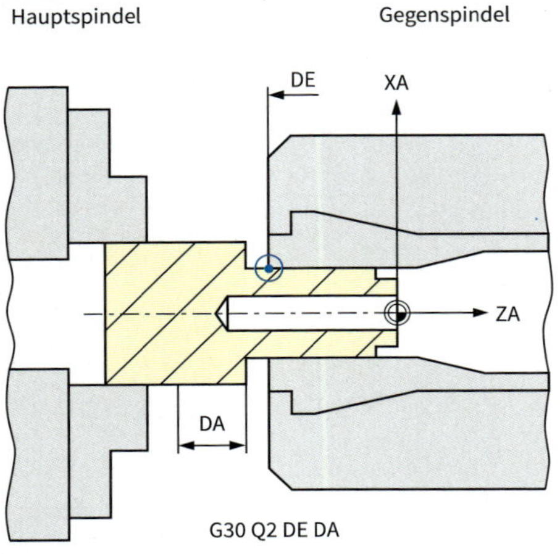

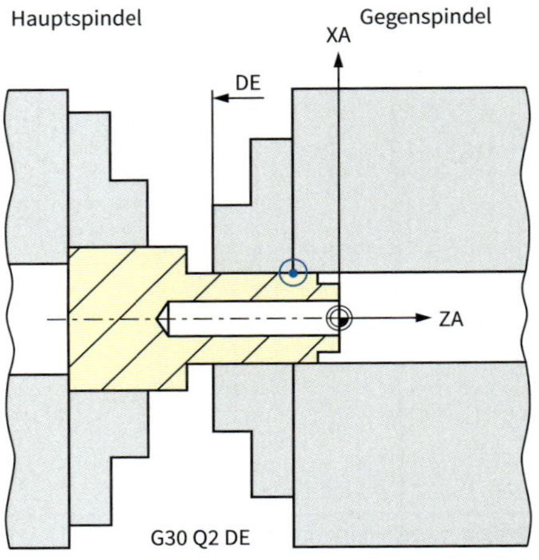

Werkstück umspannen in der Hauptspindel
G30 Q1 DE C

Pflichtadressen: G30 Q1 DE

G30 Werkstück umspannen
Q1 Umspannen des Werkstücks auf der Hauptspindel
DE Einspannposition

Optionale Adressen: C

Werkstück umspannen, Gegenspindel positionieren und spannen
G30 Q2 DE C DA H O M DM V U SP DZ E

Pflichtadressen: G30 Q2 DE

G30 Werkstück umspannen
Q2 Gegenspindel positionieren und spannen
DE Einspannposition der Spannmittelvorderkante im aktuellen ungedrehten Werkstückkoordinatensystem der Hauptspindel

Optionale Adressen: C DA H O M DM V U SP DZ E

Gegenspindelübernahme
G30 Q3 DE C T TC ZA XS XA DA H O M DM V U ZT

Pflichtadressen: G30 Q3 DE

G30 Werkstück umspannen
Q3 Gegenspindel positionieren, spannen und Gegenspindelübernahme
DE Einspannposition der Spannmittelvorderkante im aktuellen ungedrehten Werkstückkoordinatensystem der Hauptspindel

Optionale Adressen: C T TC ZA XS XA DA H O M DM V U ZT

Reitstockpositionierung
G30 Q4 ZA M

Pflichtadressen: G30 Q4 DE

G30 Reitstockpositionierung
Q4 Reitstockpositionierung
ZA absolute Z-Koordinate der Reitstockposition

Optionale Adressen: M

M Pinole setzen mit M11

Optionale Adressen und Voreinstellungen für Umspannen/Gegenspindelübernahme G30

		Q1	Q2	Q3
C	Hauptspindel: Werkstückausrichtung; *Voreinstellung*: C0 Gegenspindel: C-Achs-Differenz der beiden Spindeln bei der Übernahme/dem Umspannen; *Voreinstellung*: C0	■	■	■
T	Abstechwerkzeug; für T muss auch ZA und XS programmiert werden; *Voreinstellung*: kein Abstechen	–	–	■
TC	Korrekturwertregister des Abstechwerkzeuges; *Voreinstellung*: TC1	–	–	■
ZA	Abstechposition (absolut, mit DA optional verschoben) oder Reitstockposition	–	–	■
XS	Abstechstartdurchmesser (absolut)	–	–	■
XA	Abstechenddurchmesser (absolut); *Voreinstellung*: negativ zweifacher Abstechschneideneckenradius	–	–	■
DA	Auszugslänge des Werkstückes nach der Positionierung und dem Spannen durch die Gegenspindel mit Öffnen/Schließen der Werkstückspannung auf der Hauptspindel (vor dem optionalen Abstechen bei Stangenbearbeitung); *Voreinstellung*: DA0	–	■	■
H	Werkstückauszugsmodus H0: Auszug des Werkstückes bei stehender Spindel, Auszug mit der Drehzahl G97 S; *Voreinstellung*: H0	–	■	■
O	Spindelkopplungsmodus für Q2 O0: Gegenspindel mit beiden Werkstückspindeln stehend an die Einspannposition verfahren und spannen, Gegenspindel mit Drehzahl G97 S und Spindelsynchronisation an die Einspannposition verfahren und spannen; *Voreinstellung*: O0	–	■	■
M	Abstechdrehrichtung und Übernahmedrehrichtung M3 oder M4	–	–	■
M	Einspannrichtungen auf Haupt- und Gegenspindel; *Voreinstellung*: M63			
	M63 Einspannrichtung Hauptspindel außen und Gegenspindel außen	–	■	■
	M64 Einspannrichtung Hauptspindel außen und Gegenspindel innen	–	■	■
	M65 Einspannrichtung Hauptspindel innen und Gegenspindel außen	–	■	■
	M66 Einspannrichtung Hauptspindel innen und Gegenspindel innen	–	■	■
DM	Abstand Spannmittelvorderkante zum Gegenspindelbezugspunkt; *Voreinstellung*: Maschinenparameter der PAL-Maschinenkonfiguration	–	■	■
V	Sicherheitsabstand vor der Einspannposition für den Wechsel G0 in G1; *Voreinstellung*: Maschinenparameter der PAL-Maschinenkonfiguration	–	■	■
U	Verweilzeit nach dem Schließen der Gegenspindelspannung; *Voreinstellung*: Maschinenparameter der PAL-Maschinenkonfiguration	–	■	■
ZT	Arbeitsposition; *Voreinstellung*: Referenzposition	–	–	■
SP	Nullpunktspeicher; *Voreinstellung*: Automatik	–	■	■
DZ	Inkrementale Verschiebung in Z; *Voreinstellung*: DZ0	–	■	■
S	Abstechschnittgeschwindigkeit mit G96 in m/min	–	–	■
F	Abstechvorschub mit G95 in mm/Umdrehung	–	–	■
E	Vorschub der Gegenspindelpositionierung am Werkstück mit G94 in mm/min; *Voreinstellung*: Maschinenparameter der PAL-Maschinenkonfiguration	–	■	■

G31 Gewindezyklus

Pflichtadressen: **Z/ZI/ZA X/XI/XA F D**

Optionale Adressen: **ZS XS DA DU Q O H S M**

Z	Z-Gewindeendpunkt absolut bei G90
ZI	Z-Gewindeendpunkt inkremental bei G90 bezogen auf den Gewindestarttpunkt
Z	Z-Gewindeendpunkt inkremental bei G91 bezogen auf den Gewindestartpunkt
ZA	Z-Gewindeendpunkt absolut bei G91
X	X-Gewindeendpunkt absolut bei G90
XI	X-Gewindeendpunkt inkremental bei G90 bezogen auf den Gewindestarttpunkt
X	X-Gewindeendpunkt inkremental bei G91 bezogen auf den Gewindestartpunkt
XA	X-Gewindeendpunkt absolut bei G91
F	Gewindesteigung
D	Gewindetiefe
ZS	Gewindestartpunkt absolut in Z *Voreinstellung*: um DA verschobene akt. Werkzeugposition
XS	Gewindestartpunkt absolut in X *Voreinstellung*: absolute X-Endpunktkoordinate
DA	Gewindeanlaufstrecke; *Voreinstellung*: DA0
DU	Gewindeüberlaufstrecke; *Voreinstellung*: DU0
Q	Anzahl der Schnitte; *Voreinstellung*: Q1
O	Anzahl der Leerdurchläufe; *Voreinstellung*: Q0
AE	Eintauchwinkel zur X-Achse für Zustellung auf der rechten oder linken Flanke; *Voreinstellung*: AE29
H	Zustellart und Restschnittauswahl; *Voreinstellung*: H1 H1 ohne Versatz; Restschnitte aus H2 linke Flanke; Restschnitte aus H3 rechte Flanke; Restschnitte aus H4 Versatz wechselweise rechts/links; Restschnitte aus H11 ohne Versatz; Restschnitte ein H12 linke Flanke; Restschnitte ein H13 rechte Flanke; Restschnitte ein H14 Versatz wechselweise rechts/links; Restschnitte ein; Restschnitte: ½, ¼, ⅛, ⅛ x (D/Q)

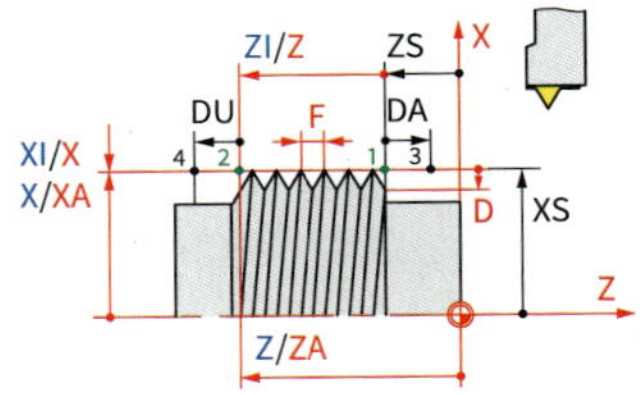

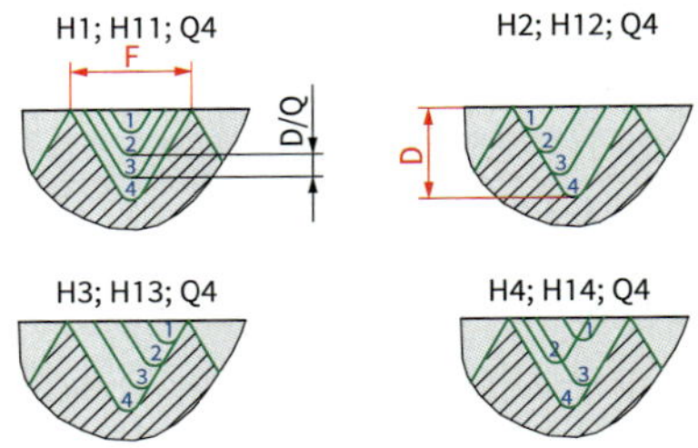

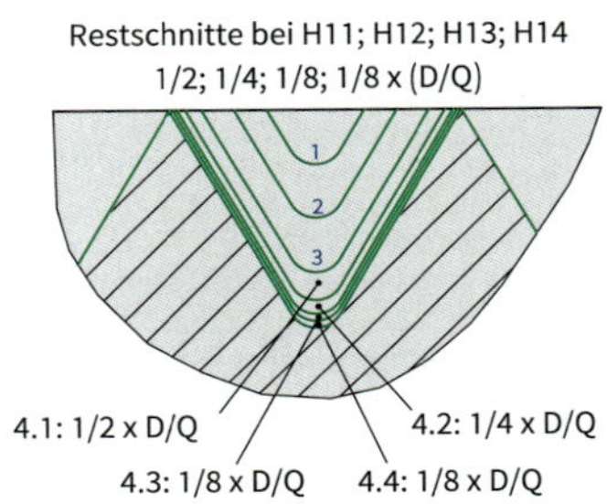

G32 Gewindebohrzyklus

Pflichtadressen: **Z/ZI/ZA F**

Optionale Adressen: **S M**

Z	Z-Gewindeendpunkt absolut bei G90
ZI	Z-Gewindeendpunkt inkremental bei G90
Z	Z-Gewindeendpunkt inkremental bei G91
ZA	Z-Gewindeendpunkt absolut bei G91
F	Gewindesteigung

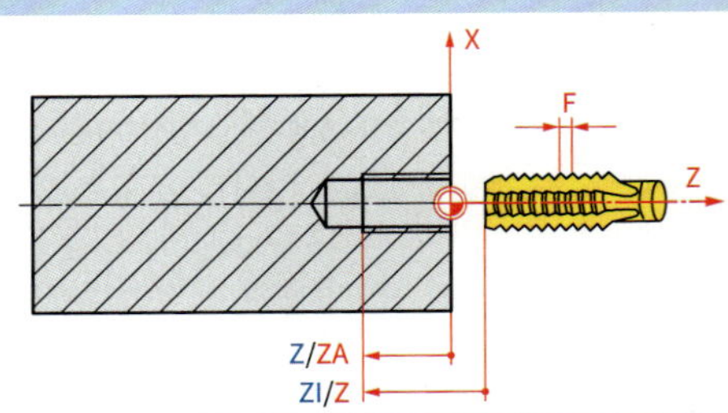

G33 Gewindestrehlgang

Pflichtadressen: **Z/ZI/ZA X/XI/XA**

Optionale Adressen: **F S M**

Z	Z-Gewindeendpunkt absolut bei G90
ZI	Z-Gewindeendpunkt inkremental bei G90
Z	Z-Gewindeendpunkt inkremental bei G91
ZA	Z-Gewindeendpunkt absolut bei G91
X	X-Gewindeendpunkt absolut bei G90
XI	X-Gewindeendpunkt inkremental bei G90
X	X-Gewindeendpunkt inkremental bei G91
XA	X-Gewindeendpunkt absolut bei G91
F	Gewindesteigung

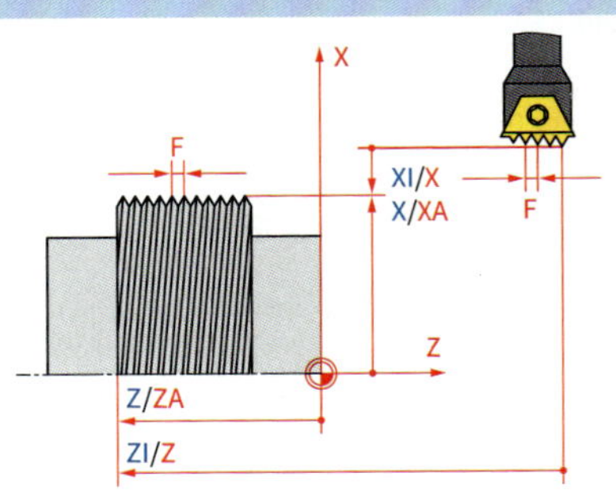

G45 Lineares tangentiales An- oder Abfahren an eine/von einer Kontur
Adressen: G40/G41/G42 G45 DL [Z/ZA/ZI] [X/XA/XI] [F] [E] [S] [M] [M]

G45 Lineares tangentiales **Anfahren** an eine Kontur
Adressen: G45 G41/G42 DL Z/ZA/ZI X/XA/XI

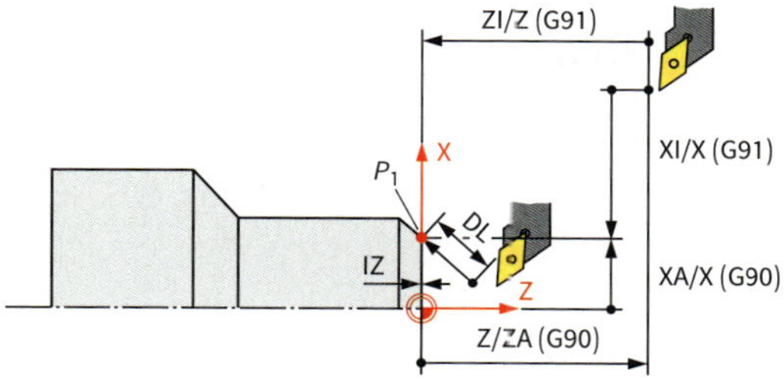

G45 Lineares tangentiales **Abfahren** von der Kontur
Adressen: G45 G40 DL

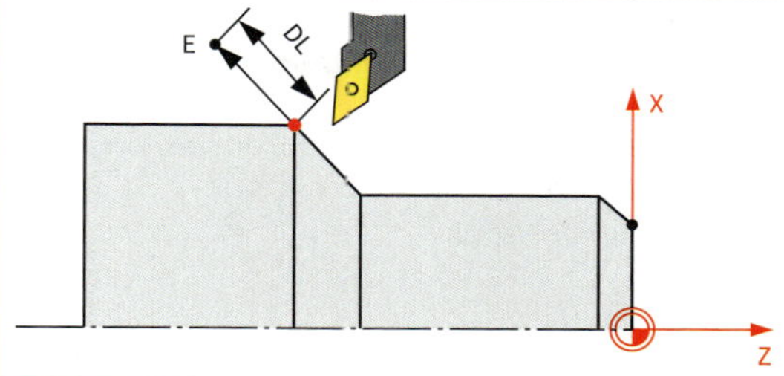

G46 Tangentiales An- oder Abfahren an eine/von einer Kontur im Viertelkreis
Adressen: G40/G41/G42 G46 RR [Z/ZA/ZI] [X/XA/XI] [F] [E] [S] [M] [M]

G46 Tangentiales **Anfahren** an eine Kontur im Viertelkreis
Adressen: G46 G41/G42 RR Z/ZA/ZI X/XA/XI F E S M M

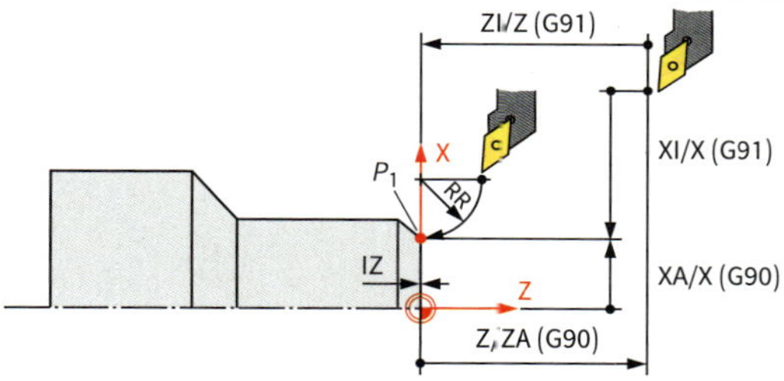

G46 Tangentiales **Abfahren** von der Kontur im Viertelkreis
Adressen: G46 G40 RR

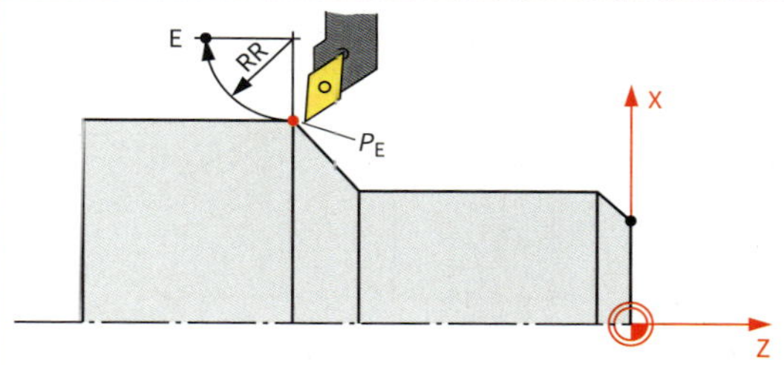

G47 Tangentiales An- oder Abfahren an eine/von einer Kontur im Halbkreis
Adressen: G40/G41/G42 G47 RR [Z/ZA/ZI] [X/XA/XI] [F] [E] [S] [M] [M]

G47 Tangentiales **Anfahren** an eine Kontur im Halbkreis
Adressen: G47 G41/G42 RR Z/ZA/ZI X/XA/XI F E S M M

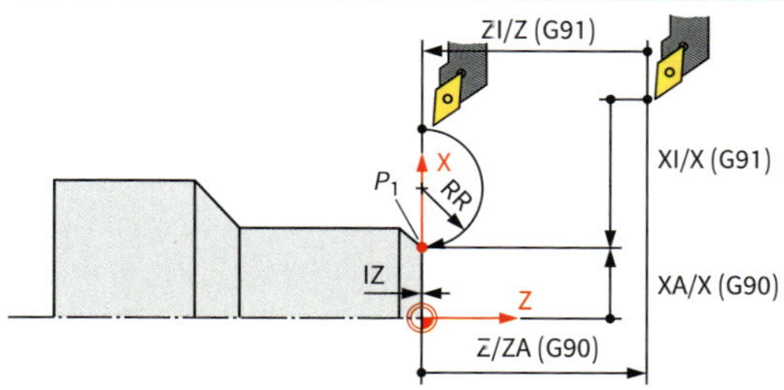

G47 Tangentiales **Abfahren** von der Kontur im Halbkreis
Adressen: G47 G40 RR

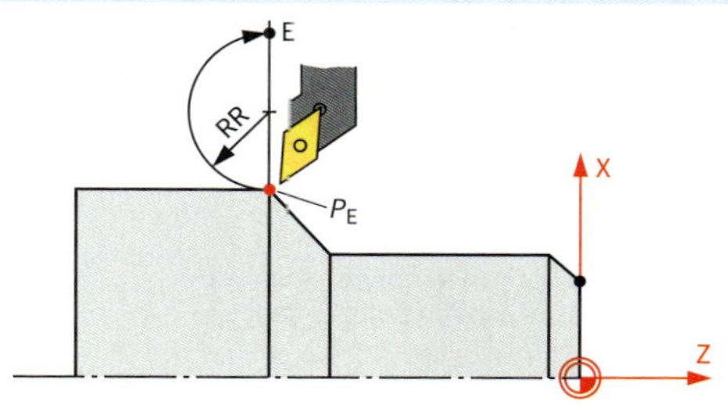

bei G90 (Werkstückkoordinatensystem):

- X absolute X-Koordinate von P1[1]
- Z Zustellung absolut am Anfahrpunkt in der Z-Achse[1]
  Rückzug absolut am Abfahrpunkt in der Z-Achse[1]
- XI inkrementale X-Koordinate von P1
- ZI Zustellung inkremental am Anfahrpunkt in der Z-Achse
  Rückzug inkremental am Abfahrpunkt in der Z-Achse

bei G91 (Werkzeugkoordinatensystem):

- X inkrementale X-Koordinate von P1
- Z Zustellung inkremental am Anfahrpunkt in der Z-Achse
  Rückzug inkremental am Abfahrpunkt in der Z-Achse
- XA absolute X-Koordinate von P1
- ZA Zustellung absolut am Anfahrpunkt in der Z-Achse
  Rückzug absolut am Abfahrpunkt in der Z-Achse

bei G90 und G91:

- G40 Abwahl der Fräserradiuskorrektur
- G41 Anwahl der Fräserradiuskorrektur links
- G42 Anwahl der Fräserradiuskorrektur rechts
- DL Länge der linearen Anfahrbewegung bei G45
  (= Abstand zum 1. Konturpunkt P1)
  Länge der linearen Abfahrbewegung bei G45
  (= Entfernung vom letzten Konturpunkt PE)
- RR Radius der Anfahr- und Abfahrbewegung bei G46/G47
- E Vorschub beim Eintauchen/Zustellung (Feinvorschub)
- F Vorschub beim Fräsen in der XY-Ebene[1]
- S Drehzahl/Schnittgeschwindigkeit[1]
- M Zusatzfunktionen

[1] *Voreinstellungen:*
X/Z: aktuelle Werkzeugposition
E/F: aktueller Vorschub
S: aktuelle Spindeldrehzahl/Schnittgeschwindigkeit

A Anfangspunkt E Endpunkt

Schruppzyklen G81 … G83

G81 Längsschruppzyklus

Pflichtadressen: **D** (zeilenförmiges Abspanen bis zur programmierten Kontur)

Optionale Adressen: **H1/H2/H3/H24 AK AZ AX AE AS AV O Q V E F S M**

D Zustellung

oder

Pflichtadressen: **H4** (Schlichten einer vorgegebenen Kontur)

Optionale Adressen: **AE AS AV O E F S M**

H4 Schlichten der Kontur

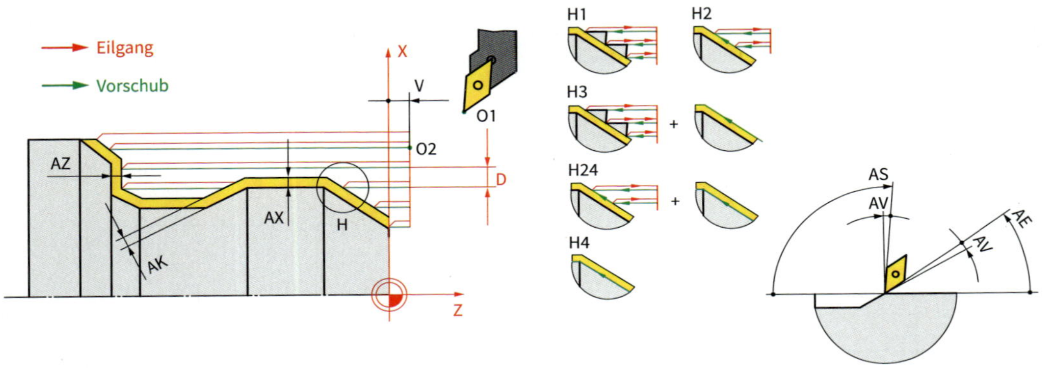

Die Programmierung der Fertigkontur kann erfolgen:

a) nach dem Zyklusaufruf im Hauptprogramm,
b) durch Programmteilwiederholung nach dem Hauptprogramm,
c) in einem Unterprogramm.

Die Konturbeschreibung wird durch den Befehl G80 (Abschluss einer Bearbeitungszyklus-Konturbeschreibung) abgeschlossen.
Die Verfahren gelten auch für die Zyklusaufrufe G82, G83, G87 und G89.

Beispiel

Die Fertigkontur ist mit dem Längsschruppzyklus G81 bei einer Zustellung von 2 mm zu fertigen.

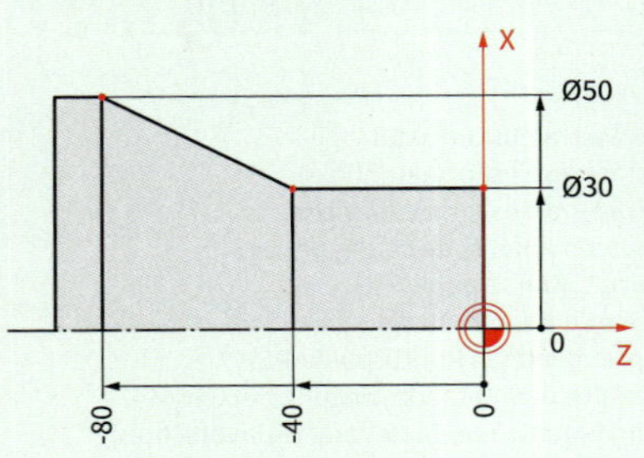

a)

```
N...
N100 G81 D2 ...
N110 G01 X30 Z0
N120 G01 X30 Z-40
N130 G01 X50 Z-80
N140 G80
N...
N... M30
```

b)

```
N...
N100 G81 D2 ...
N110 G23 N200 N220
N120 G80
N...
N... M30
N200 G01 X30 Z0
N210 G01 X30 Z-40
N220 G01 X50 Z-80
```

c)

```
N...
N100 G81 D2 ...
N110 L100
N120 G80
N...
N... M30
L100
N200 G01 X30 Z0
N210 G01 X30 Z-40
N220 G01 X50 Z-80
N230 M17
```

G82 Planschruppzyklus

Pflichtadressen: **D**

Optionale Adressen: **H1/H2/H3/H24 AK AZ AX AE AS AV O Q V E F S M**

D Zustellung

oder

Pflichtadressen: **H4**

Optionale Adressen: **AE AS AV O E F S M**

H4 Schlichten der Kontur

(Programmierung der Kontur: s. G81)

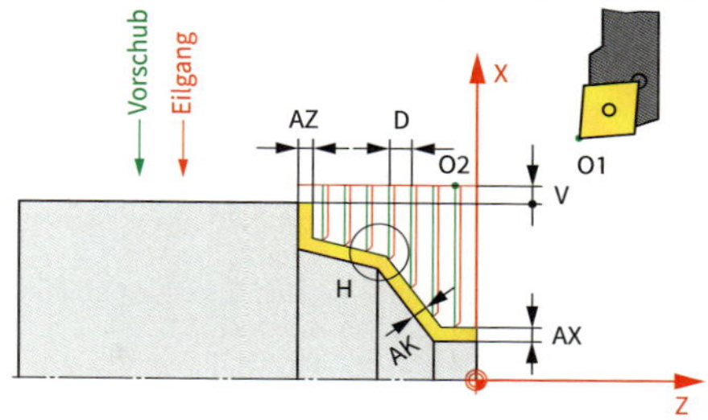

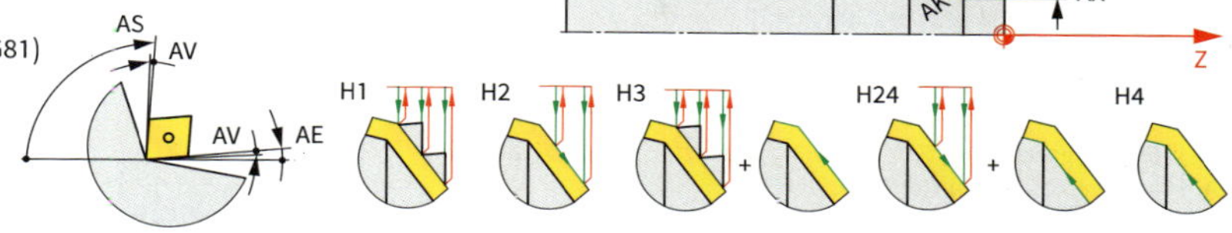

G83 Konturparalleler Schruppzyklus

Pflichtadressen: **D**

Optionale Adressen: **H1/H2/H3/H24 AK AZ AX AE AS AV O Q V E F S M**

D Zustellung

oder

Pflichtadressen: **H4**

Optionale Adressen: **AE AS AV O E F S M**

H4 Schlichten der Kontur

(Programmierung der Kontur: s. G81)

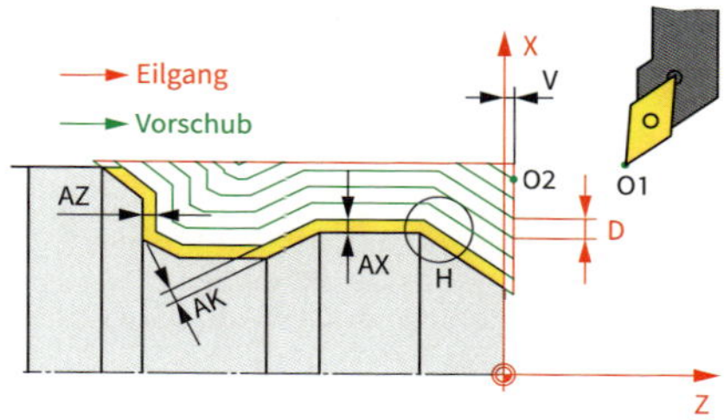

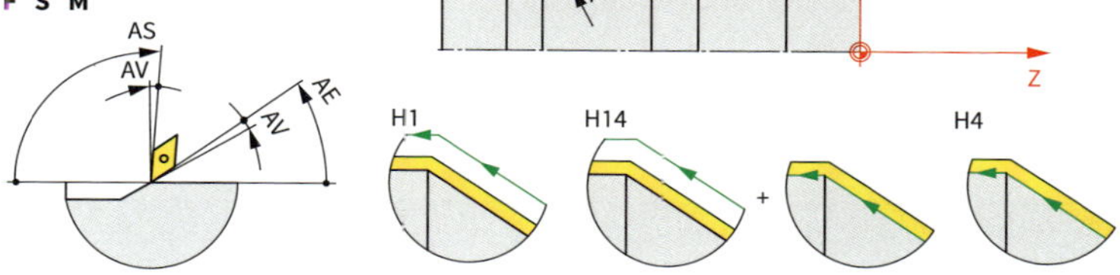

Optionale Adressen und Voreinstellungen für Schruppzyklen G81 ... G83

(Wird eine optionale Adresse nicht programmiert, so gilt die Voreinstellung.)		G81	G82	G83
H	Bearbeitungsart; *Voreinstellung*: H2			
	H1 nur Schruppen; 1 x 45° abheben	■	■	■
	H2 stufenweises Auswinkeln entlang der Kontur	■	■	–
	H3 wie H1 und zusätzlicher Konturschnitt am Ende	■	■	–
	H14 Schruppen und anschließendes Schlichten	–	–	■
	H24 Schruppen mit H2 und anschließendes Schlichten	■	■	–
AK	konturparalleles Aufmaß; *Voreinstellung*: AK0	■	■	■
AZ	Aufmaß in Z-Richtung; *Voreinstellung*: AZ0	■	■	■
AX	Aufmaß in X-Richtung; *Voreinstellung*: AX0	■	■	■
AE	Eintauchwinkel bezogen auf die positive Z-Achse; *Voreinstellung*: aus Korrekturwertspeicher	■	■	■
AS	Austauchwinkel bezogen auf die negative Z-Achse; *Voreinstellung*: aus Korrekturwertspeicher	■	■	■
AV	Sicherheitswinkelabschlag für AE und AS; *Voreinstellung*: AV1	■	■	■
O	Bearbeitungsstartpunkt; *Voreinstellung*: O1			
	O1 aktuelle Werkzeugposition	■	■	■
	O2 aus Kontur berechnet	■	■	■
Q	Leerschnittoptimierung; *Voreinstellung*: Q1			
	Q1 Optimierung aus	■	■	■
	Q2 Optimierung ein	■	■	■
V	Sicherheitsabstand in Z-Richtung; *Voreinstellung*: V1	■	■	■
E	Eintauchvorschub; *Voreinstellung*: E = F	■	■	■
F	Vorschub; *Voreinstellung*: aktueller Vorschub	■	■	■
S	Drehzahl/Schnittgeschwindigkeit; *Voreinstellung*: aktuelle Drehzahl/Schnittgeschwindigkeit	■	■	■
M	Zusatzfunktionen; *Voreinstellung*: aktuelle Zusatzfunktion	■	■	■

optionale Adresse: ■■■ möglich / – nicht möglich

Bohr- und Freistichzyklen G84/G85

G84 Bohrzyklus

Pflichtadressen: ZA/ZI

Optionale Adressen: D V VB DR DM R DA U O FR E F S M

ZA	Bohrungstiefe absolut in Werkstückkoordinaten
ZI	Bohrungstiefe inkremental ab aktueller Werkzeugposition
D	Zustelltiefe (bei keiner Angabe: Zustellung bis Endbohrtiefe)
V	Sicherheitsabstand; *Voreinstellung*: V1
VB	Sicherheitsabstand vor Bohrgrund; *Voreinstellung*: VB1
DR	Reduzierwert der Zustelltiefe; *Voreinstellung*: DR0
DM	Mindestzustellung; *Voreinstellung*: DM = DR oder DM = D, wenn DR = 0
R	Rückzugabestand; *Voreinstellung*: Rückzug zum Startpunkt
DA	Anbohrtiefe; *Voreinstellung*: DA0
U	Verweilzeit am Bohrgrund zum Spanbruch; *Voreinstellung*: U0
O	Auswahl der Verweilzeiteinheit; *Voreinstellung*: O1 O1 Verweilzeit in Sekunden O2 Verweilzeit in Umdrehungen
FR	prozentualer Eilgangreduzierungsfaktor bei Zustellung zum Bohrgrund; *Voreinstellung*: FR100 (keine Reduzierung)
E	Anbohrvorschub; *Voreinstellung*: E = F
F	Vorschub; *Voreinstellung*: aktueller Vorschub
S	Drehzahl/Schnittgeschwindigkeit; *Voreinstellung*: aktuelle Drehzahl/Schnittgeschwindigkeit
M	Zusatzfunktionen; *Voreinstellung*: aktuelle Zusatzfunktionen

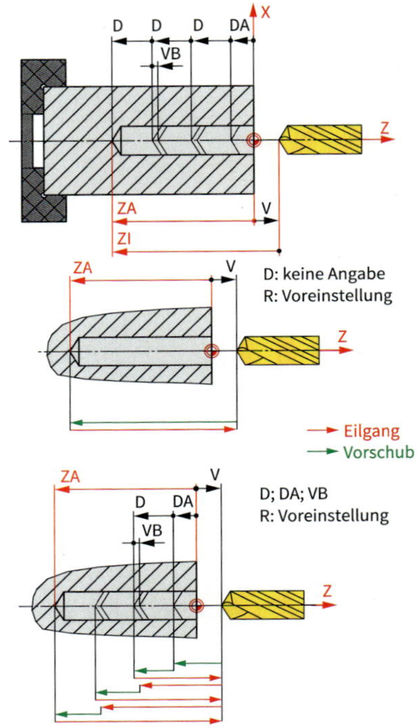

G85 Freistichzyklus

Pflichtadressen: Z/ZA/ZI X/XA/XI

Optionale Adressen: I K RN SX H E F S M

Z	absolute Z-Freistichposition in Werkstückkoordinaten bei G90
ZI	inkrementale Z-Freistichposition bei G90
Z	inkrementale Z-Freistichposition bei G91
ZA	absolute Z-Freistichposition bei G91
X	absolute X-Freistichposition in Werkstückkoordinaten bei G90
XI	inkrementale X-Freistichposition bei G90
X	inkrementale X-Freistichposition bei G91
XA	absolute X-Freistichposition bei G91
I	Freistichtiefe (Pflichtadresse bei H1)
K	Freistichbreite (Pflichtadresse bei H1)
RN	Freistich-Eckenradius; *Voreinstellung*: nach DIN 76 bzw. DIN 509
SX	Bearbeitungszugabe (Schleifaufmaß); *Voreinstellung*: SX0
H	Freistichform; *Voreinstellung*: H1 H1 DIN 76 H2 DIN 509 Form E H3 DIN 509 Form F
E	Eintauchvorschub; *Voreinstellung*: E = 0,25 · F
F	Vorschub; *Voreinstellung*: aktueller Vorschub
S	Drehzahl/Schnittgeschwindigkeit; *Voreinstellung*: aktuelle Drehzahl/Schnittgeschwindigkeit
M	Zusatzfunktionen; *Voreinstellung*: aktuelle Zusatzfunktionen

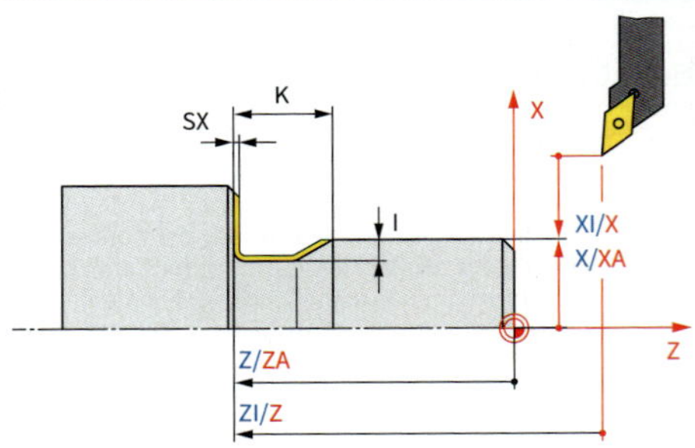

H1

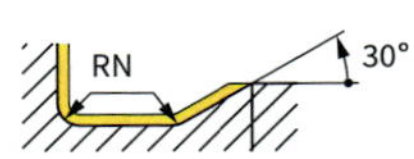

H2

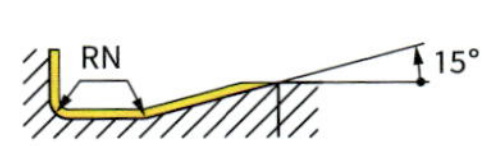

H3

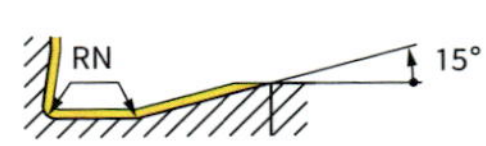

Konturstechzyklen G87/G89

G87 Radialer Konturstechzyklus

Pflichtadressen: **D**

Optionale Adressen: **AK AX H DB O Q V E F S M**

D Zustelltiefe zwischen den Bearbeitungsstufen (Programmierung der Kontur: s. G81)

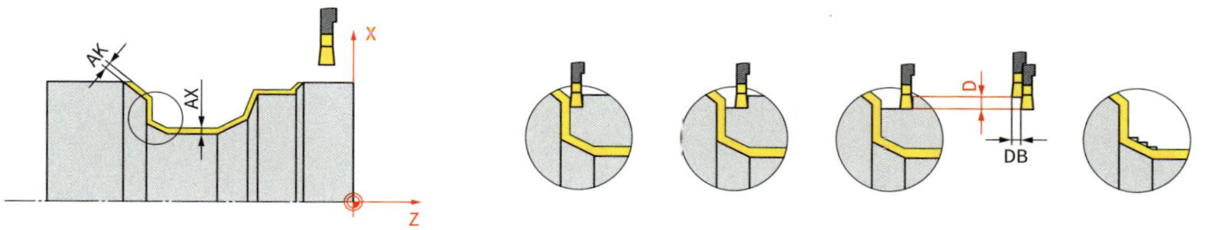

G89 Axialer Konturstechzyklus

Pflichtadressen: **D**

Optionale Adressen: **AK AZ H DB O Q V E F S M**

D Zustelltiefe zwischen den Bearbeitungsstufen (Programmierung der Kontur: s. G81)

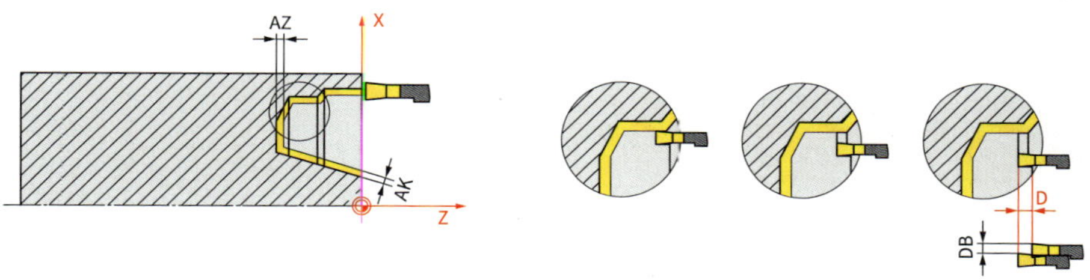

Optionale Adressen und Voreinstellungen für Konturstechzyklen G87/G89

(Wird eine optionale Adresse nicht programmiert, so gilt die Voreinstellung.)		G87	G89
AK	konturparalleles Aufmaß auf die Kontur; *Voreinstellung*: AK0	■	■
AX	Aufmaß durch Konturverschiebung in X-Richtung; *Voreinstellung*: AX0	■	–
AZ	Aufmaß durch Konturverschiebung in Z-Richtung; *Voreinstellung*: AZ0	–	■
H	Bearbeitungsart; *Voreinstellung*: H14		
	H1 Vorstechen	■	■
	H2 Stechdrehen	■	■
	H4 Schlichten	■	■
	H14 Vorstechen und Schlichten	■	■
	H24 Stechdrehen und Schlichten	■	■
DB	Zustellung in Prozent der Meißelbreite beim Stechen; *Voreinstellung*: DB75	■	■
O	Bearbeitungsauswahl; *Voreinstellung*: O1		
	schräges Abstechen der Randstufen für jede Bearbeitungszustellung		
	O1 Bearbeitung in Richtung Z- für jede Zustellung	■	■
	O2 in Z bidirektionale Bearbeitung in den Zustellungen abwechselnd	■	■
	schräges Abstechen der Randstufen am Ende aller Bearbeitungszustellung		
	O11 Bearbeitung in Richtung Z- für jede Zustellung	■	■
	O12 in Z bidirektionale Bearbeitung in den Zustellungen abwechselnd	■	■
Q	Leerschnittoptimierung; *Voreinstellung*: Q1		
	Q1 Optimierung aus	■	■
	Q2 Optimierung ein	■	■
V	Sicherheitsabstand beim Stechen (X-Richtung) oder Stechdrehen (Z-Richtung) bei Leer-Schrittoptimierung; *Voreinstellung*: V1	■	–
	Sicherheitsabstand beim Stechen (Z-Richtung) oder Stechdrehen (X-Richtung) bei Leer-Schrittoptimierung; *Voreinstellung*: V1	–	■
E	Vollmaterial-Einstechvorschub; *Voreinstellung*: E = F	■	■
F	Vorschub; *Voreinstellung*: aktueller Vorschub	■	■
S	Drehzahl/Schnittgeschwindigkeit; *Voreinstellung*: aktuelle Drehzahl/Schnittgeschwindigkeit	■	■
M	Zusatzfunktionen; *Voreinstellung*: aktuelle Zusatzfunktion	■	■

optionale Adresse: ■■ möglich / – nicht möglich

G86 Radialer Stechzyklus

Pflichtadressen: Z/ZA/ZI X/XA/XI ET LE

Optionale Adressen: EB/EO AS AE RO LO LG RG D AK AX EP H DB V F E S M M

X absolute X-Koordinate der Einstichsetzposition bei G90
XI inkrementale X-Koordinate der Einstichsetzposition bei G90
X inkrementale X-Koordinate der Einstichsetzposition bei G91
XA absolute X-Koordinate der Einstichsetzposition bei G91
Z absolute Z-Koordinate der Einstichsetzposition bei G90
ZI inkrementale Z-Koordinate der Einstichsetzposition bei G90
Z inkrementale Z-Koordinate der Einstichsetzposition bei G91
ZA absolute Z-Koordinate der Einstichsetzposition bei G91
ET Tiefe des Einstichs
LE Lage des Einstichs
- LE1 Außeneinstich (in Richtung −X)
- LE2 Inneneinstich (in Richtung +X)

EB Breite des Einstichs am Einstichgrund; *Voreinstellung*: Breite des Werkzeugs am Einstichgrund
EO Breite des Einstichs an der Einstichöffnung; *Voreinstellung*: Breite des Werkzeugs am Einstichgrund
AS Flankenwinkel des Einstichs der in positiver Z-Richtung liegenden Flanke; *Voreinstellung*: AS0
AE Flankenwinkel des Einstichs der in negativer Z-Richtung liegenden Flanke; *Voreinstellung*: AE0
RO Verrundung (> 0) oder Fasenbreite (< 0) an der Einstichöffnung in Richtung Z+; *Voreinstellung*: RO0
LO Verrundung (> 0) oder Fasenbreite (< 0) an der Einstichöffnung in Richtung Z−; *Voreinstellung*: LO0
LG Verrundung (> 0) oder Fasenbreite (< 0) am Einstichgrund in Richtung Z−; *Voreinstellung*: LG0
RG Verrundung (> 0) oder Fasenbreite (< 0) am Einstichgrund in Richtung Z+; *Voreinstellung*: RG0
D Zustelltiefe; *Voreinstellung*: Zustellung bis Endstechtiefe
AK konturparalleles Aufmaß auf die Kontur; *Voreinstellung*: AK0
AX Aufmaß durch Konturverschiebung in X-Richtung; *Voreinstellung*: AX0
EP Setzpunktfestlegung für den Einstich; *Voreinstellung*: EP1
- EP1 Einstichecke der Einstichöffnung in Richtung Z+
- EP2 Einstichecke der Einstichöffnung in Richtung Z−
- EP3 Einstichecke des Einstichgrundes in Richtung Z−
- EP4 Einstichecke des Einstichgrundes in Richtung Z+
- EP5 Mittelpunkt der Einstichöffnung
- EP6 Mittelpunkt des Einstichgrundes

H Bearbeitungsart; *Voreinstellung*: H14
- H1 Vorstechen
- H2 Stechdrehen
- H4 Schlichten
- H14 Vorstechen und Schlichten
- H24 Stechdrehen und Schlichten

DB Zustellung in Prozent der Meißelbreite beim Stechen; *Voreinstellung*: DB75
V Sicherheitsabstand über der Einstichöffnung; *Voreinstellung*: V1
E Vollmaterial-Einstechvorschub; *Voreinstellung*: E = F
F Vorschub; *Voreinstellung*: aktueller Vorschub
S Drehzahl/Schnittgeschwindigkeit; *Voreinstellung*: aktuelle Drehzahl/Schnittgeschwindigkeit
M Zusatzfunktionen (z. B. Drehrichtung, Kühlmittel); *Voreinstellung*: aktuelle Zusatzfunktionen

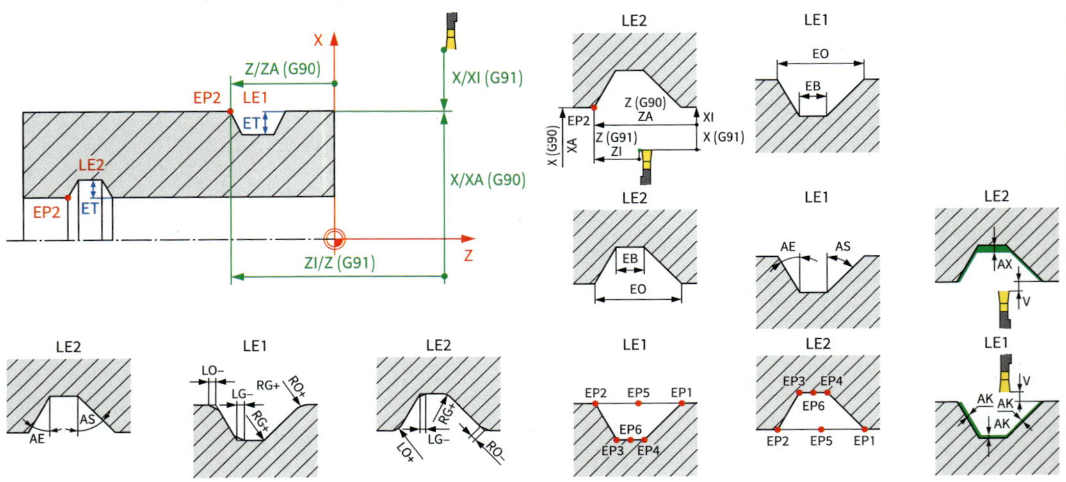

G88 Axialer Stechzyklus

Pflichtadressen: **Z/ZA/ZI X/XA/XI ET LE**

Optionale Adressen: **EB/EO AS AE RO LO LG RG D AK AZ EP H DB V F E S M M**

X	absolute X-Koordinate der Einstichsetzposition bei G90
XI	inkrementale X-Koordinate der Einstichsetzposition bei G90
X	inkrementale X-Koordinate der Einstichsetzposition bei G91
XA	absolute X-Koordinate der Einstichsetzposition bei G91
Z	absolute Z-Koordinate der Einstichsetzposition bei G90
ZI	inkrementale Z-Koordinate der Einstichsetzposition bei G90
Z	inkrementale Z-Koordinate der Einstichsetzposition bei G91
ZA	absolute Z-Koordinate der Einstichsetzposition bei G91
ET	Tiefe des Einstichs
LE	Lage des Einstichs LE1 Stirnseite (in Richtung – Z) LE2 Rückseite (in Richtung + Z)
EB	Breite des Einstichs am Einstichgrund; *Voreinstellung*: Breite des Werkzeugs am Einstichgrund
EO	Breite des Einstichs an der Einstichöffnung; *Voreinstellung*: Breite des Werkzeugs am Einstichgrund
AS	Flankenwinkel des Einstichs der in positiver X-Richtung liegenden Flanke; *Voreinstellung*: AS0
AE	Flankenwinkel des Einstichs der in negativer X-Richtung liegenden Flanke; *Voreinstellung*: AE0
RO	Verrundung (> 0) oder Fasenbreite (< 0) an der Einstichöffnung in Richtung X+; *Voreinstellung*: RO0
LO	Verrundung (> 0) oder Fasenbreite (< 0) an der Einstichöffnung in Richtung X–; *Voreinstellung*: LO0
LG	Verrundung (> 0) oder Fasenbreite (< 0) am Einstichgrund in Richtung X–; *Voreinstellung*: LG0
RG	Verrundung (> 0) oder Fasenbreite (< 0) am Einstichgrund in Richtung X+; *Voreinstellung*: RG0
D	Zustelltiefe; *Voreinstellung*: Zustellung bis Endstechtiefe
AK	konturparalleles Aufmaß auf die Kontur; *Voreinstellung*: AK0
AZ	Aufmaß durch Konturverschiebung in Z-Richtung; *Voreinstellung*: AZ0
EP	Setzpunktfestlegung für den Einstich; *Voreinstellung*: EP1 EP1 Einstichecke der Einstichöffnung in Richtung X+ EP2 Einstichecke der Einstichöffnung in Richtung X– EP3 Einstichecke des Einstichgrundes in Richtung X– EP4 Einstichecke des Einstichgrundes in Richtung X+ EP5 Mittelpunkt der Einstichöffnung EP6 Mittelpunkt des Einstichgrundes
H	Bearbeitungsart; *Voreinstellung*: H14 H1 Vorstechen H2 Stechdrehen H4 Schlichten H14 Vorstechen und Schlichten H24 Stechdrehen und Schlichten
DB	Zustellung in Prozent der Meißelbreite beim Stechen; *Voreinstellung*: DB75
V	Sicherheitsabstand über der Einstichöffnung; *Voreinstellung*: V1
E	Vollmaterial-Einstechvorschub; *Voreinstellung*: E = F
F	Vorschub; *Voreinstellung*: aktueller Vorschub
S	Drehzahl/Schnittgeschwindigkeit; *Voreinstellung*: aktuelle Drehzahl/Schnittgeschwindigkeit
M	Zusatzfunktionen (z. B. Drehrichtung, Kühlmittel); *Voreinstellung*: aktuelle Zusatzfunktionen

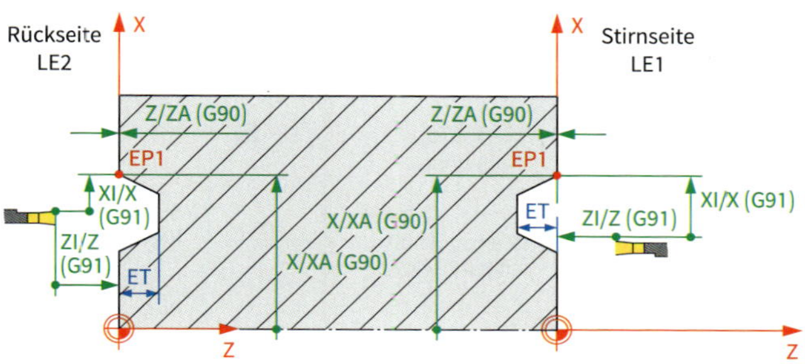

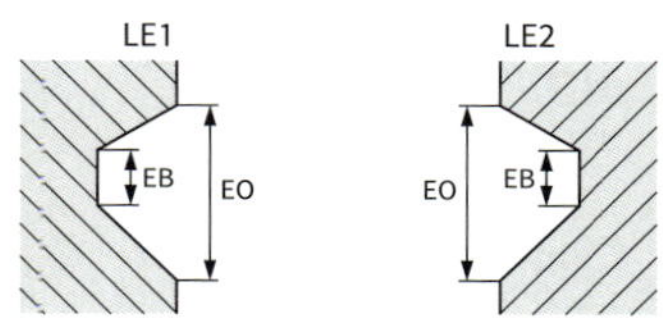

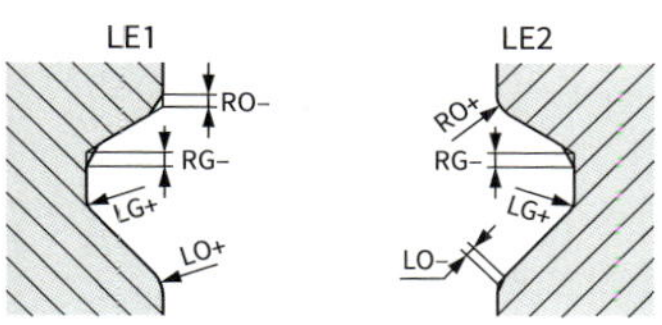

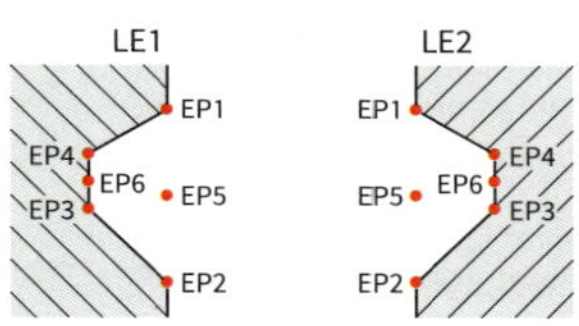

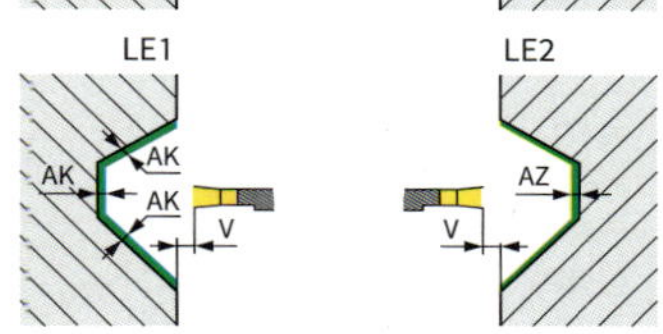

Grundbildzeichen

ISO 2972: 1979-08

Programm ohne Maschinenfunktionen	Satz	Ändern	Korrektur: Kompensation oder Verschiebung	Funktionspfeil
Programm mit Maschinenfunktionen	Speicher	Wechseln	Datenträger	Bezugspunkt; Ursprung

Funktionsbildzeichen

Programmeingabe

- Programm-Anfang
- Programm-Ende
- Programm-Einlesen ohne Maschinenfunktionen
- Programm-Einlesen mit Maschinenfunktionen
- Satzweises Einlesen ohne Maschinenfunktionen
- Satzweises Einlesen mit Maschinenfunktionen
- Suchlauf rückwärts zum Programmanfang ohne Maschinenfunktion
- Programm-Ende, Datenträgerrücklauf, ohne Maschinenfunktionen
- Hauptsatz-Suche vorwärts
- Hauptsatz-Suche rückwärts
- Satznummern-Suche rückwärts
- Satznummern-Suche vorwärts
- Suchlauf vorwärts
- Suchlauf rückwärts

Programmeingabe

- Wahlweise Satzunterdrückung
- Handeingabe
- Unterprogramm

Datenein-/ausgabe

- Daten-Eingabe in einen Speicher
- Daten-Ausgabe aus einem Speicher
- Daten-Ein-/Ausgabe Speicherdialog
- Programmspeicher
- Unterprogramm-Speicher
- Programm ändern
- Daten im Speicher ändern
- Löschen
- Rücksetzen
- Fehlerhafte Programmdaten
- Fehlerhafter Datenträger

Datenspeicher

- Speicherinhalt löschen
- Speicherinhalt rücksetzen
- Vorwarnung, Speicherüberlauf
- Speicherüberlauf
- Speicherfehler

Programmfunktionen

- Absolute Maßangaben, entspricht G90
- Inkrementale Maßangaben, entspricht G91
- Koordinaten-Nullpunkt
- Referenzpunkt
- Werkstück-Nullpunkt
- Startpunkt für erstes Werkzeug
- Nullpunkt-Verschiebung
- Positions-Sollwert programmiert
- Positions-Istwert

Programmfunktionen

- in Position
- Positioniergenauigkeit – fein
- Positioniergenauigkeit – mittel
- Positioniergenauigkeit – grob
- Kontur wiederanfahren
- Positionsfehler
- Werkzeug-Korrektur
- Werkzeuglängen-Korrektur
- Werkzeugdurchmesser-Korrektur
- Werkzeug-Radiuskorrektur
- Schneidenradius-Korrektur
- Programmierter Halt entspricht M00
- Programmierter wahlweiser Halt entspricht M01
- Normale/spiegelbildliche Achssteuerung

Begriffe

Handhaben ist das Schaffen, definierte Verändern oder vorübergehende Aufrechterhalten einer vorgegebenen räumlichen Anordnung[1)] von geometrisch bestimmten Körpern in einem Bezugskoordinatensystem.

Es können weitere Bedingungen – wie z. B. Zeit, Menge und Bewegungsbahn – vorgegeben sein.

1)
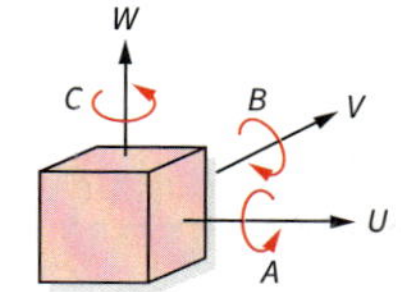

VDI 2861 Bl. 1

Die räumliche Anordnung eines Körpers ergibt sich aus seinen sechs Freiheitsgraden der Bewegung in einem Bezugskoordinatensystem.

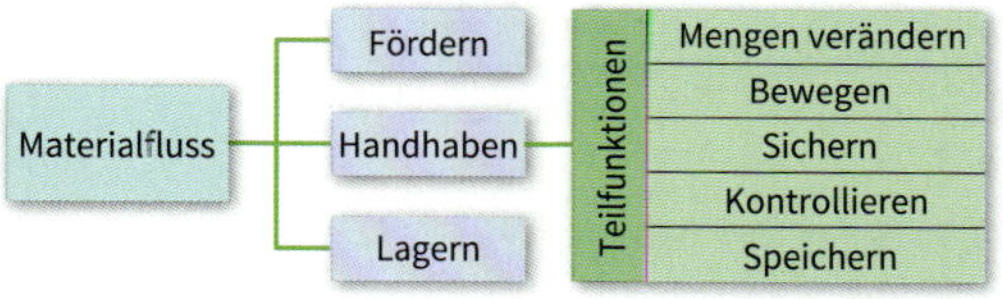

Teilfunktionen der Handhabungstechnik bestehen aus Elementarfunktionen und zusammengesetzten Funktionen.

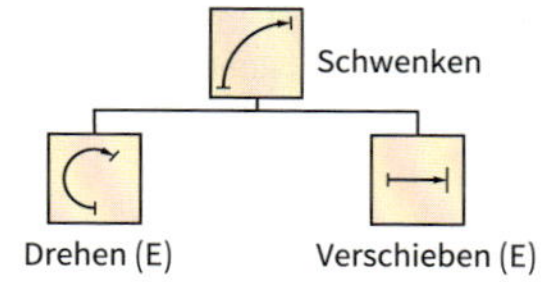

Symbolische Darstellung von Handhabungsfunktionen

Teilfunktion	Elementarfunktionen	zusammengesetzte Funktionen
Mengen verändern	Teilen, Vereinigen	Abteilen, Zuteilen, Verzweigen, Zusammenführen, Sortieren
Bewegen	Verschieben	Orientieren, Positionieren, Ordnen
	Drehen	Schwenken, Führen, Weitergeben, Fördern
Sichern	Halten, Lösen	Spannen, Entspannen
Kontrollieren	Prüfen	Form prüfen, Anwesenheit prüfen, Identität prüfen, Größe prüfen, Farbe prüfen, Gewicht prüfen
		Position prüfen, Orientierung prüfen, Messen, Zählen, Orientierung messen, Position messen
Speichern	(Speichern)	geordnetes Speichern, teilgeordnetes Speichern, ungeordnetes Speichern
Aufgabe	**Verbal:** Ordnen und weiterführen von ungeordneten Kleinteilen	**Symbolisch:** 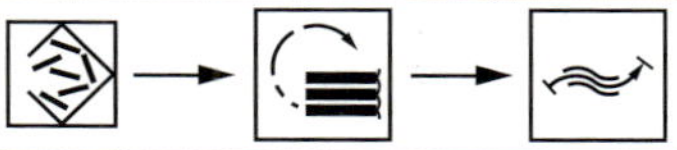

Greifer für Handhabungsgeräte und Industrieroboter (Effektoren)

VDI 2740: 1995-04

Man unterscheidet grundsätzlich zwischen mechanischen, pneumatischen, magnetischen und adhäsiven Greifern, deren Hauptaufgaben das Herstellen, Aufrechterhalten und Lösen der Verbindung zwischen Greifobjekt und dem Handhabungsgerät sind.

Greifprinzipien

1. Haftung durch Magnetismus
2. Haftung durch Oberflächenverhakung
3. Haftung durch Ansaugen
4. Direktes pneumatisches oder hydraulisches Spannen
5. Mechanisches Greifen

Merkmale des Greifobjektes

Material	Geometrie
Anwesenheit, Vorhandensein Masse, Gewicht Aggregatzustand Stabilität, Bruchanfälligkeit Oberflächenbeschaffenheit Oberflächenempfindlichkeit Temperatur	Abmessungen Hauptform (Kugel, Zylinder, Quader) Stapelfähigkeit Standsicherheit Vorzugslage Lagestabilität

Grundaufbau am Beispiel: Scherengreifer

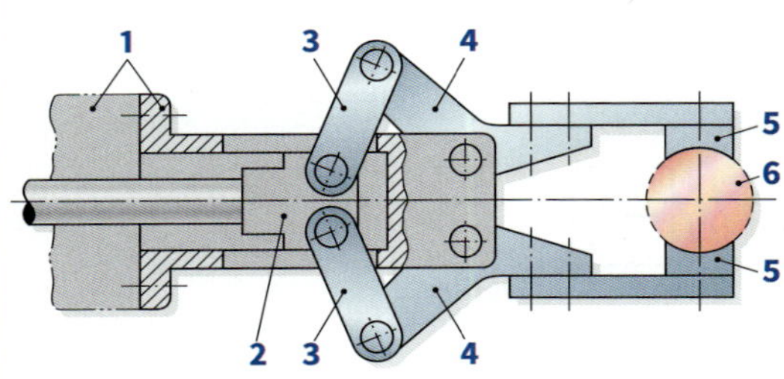

1. Trägerglied:	Verbindung zwischen Greifer und Greiferführungsgetriebe
2. Antriebsglied:	Energie zur Erzeugung der Greifkraft
3. Übertragungsglieder:	Wandlung und Weiterleitung der Antriebsenergie
4. Greiforgane:	Die Greiforgane sind im Regelfall mit einem Informationssystem ausgestattet, das Sensorsignale verarbeitet bzw. weiterleitet.
5. Wirkelemente:	Übertragung der Greifkraft vom Greiforgan auf das Greifobjekt
6. Greifobjekt	

Mechanische Greifer

DIN EN ISO 14 539: 2002-12

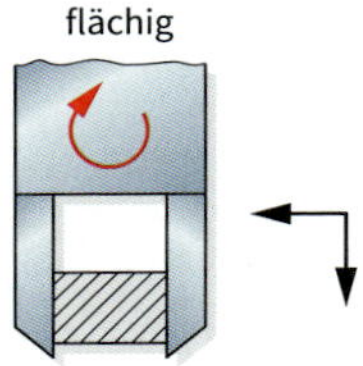

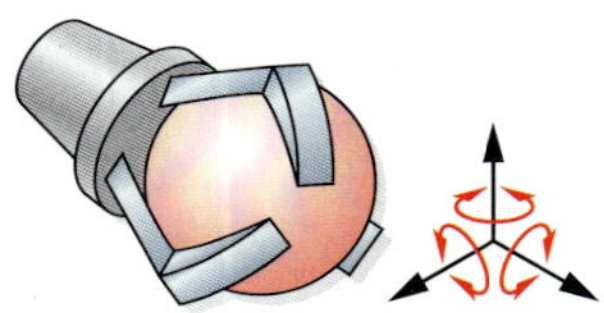

Fingergreifer

Linearer Greifer:	1 Beweglichkeitsgrad
Flächiger Greifer:	3 Beweglichkeitsgrade
Räumlicher Greifer:	bis zu 6 Beweglichkeitsgrade

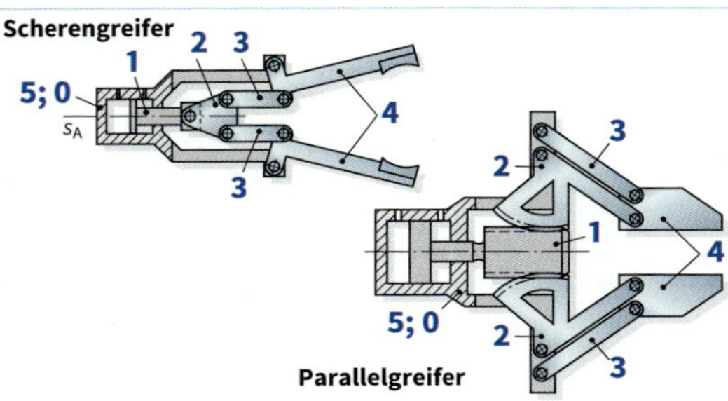

Zangengreifer

Scherengreifer:
Beide Greiffinger drehen sich um eine gestellfeste Achse.
Dieses System wird oft eingesetzt.

Parallelgreifer:
Beide Greiffinger werden parallel zueinander gegenüber dem Greifergehäuse verschoben.

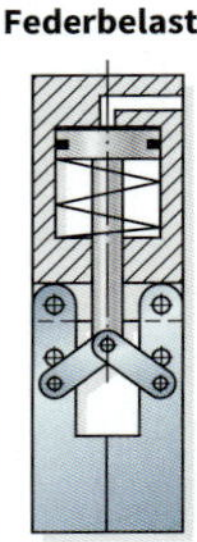

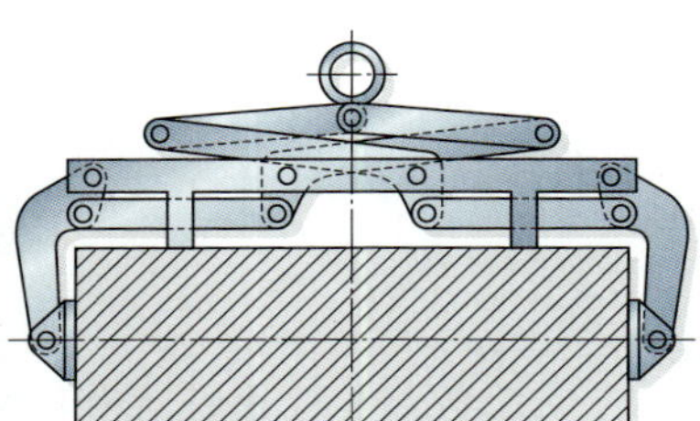

Klemmgreifer

Federbelasteter Greifer:
Die Klemmkraft wird durch eine Feder erzeugt. Das Öffnen des Greifers erfolgt durch Druckluft.

Gewichtsbelasteter Greifer:
Das Eigengewicht des Greifobjekts erzeugt gleichzeitig die Klemmkraft.
Das Öffnen des Greifers erfolgt durch Gewichtsentlastung.

Freiheitsgrade

VDI 2860: 1990-05; VDI 2861: 1988-06

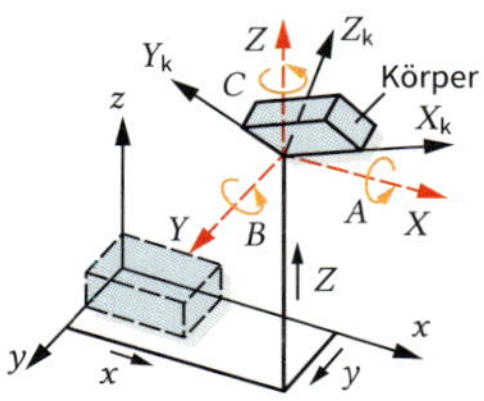

X, Y, Z:	Bezugskoordinatensystem
X_K, Y_K, Z_K:	„Körpereigenes“ Koordinatensystem
A, B, C:	Drehungen

Soll der Körper in das Bezugs-Koordinatensystem überführt werden, sind **drei** Drehungen *A, B, C* und **drei** Verschiebungen in *X, Y, Z* erforderlich.

Ein frei im Raum bewegter Körper lässt sich auf den Achsen *X, Y, Z* translatorisch bewegen. Um jede Achse ist wiederum eine rotatorische Bewegung (Drehungen *A, B, C*) möglich. Die Summe der möglichen unabhängigen Bewegungen (translatorisch und rotatorisch) gegenüber einem Bezugskoordinatensystem bezeichnet man als **Freiheitsgrad** (*f*); $f_{max.} = 6$

Achsen

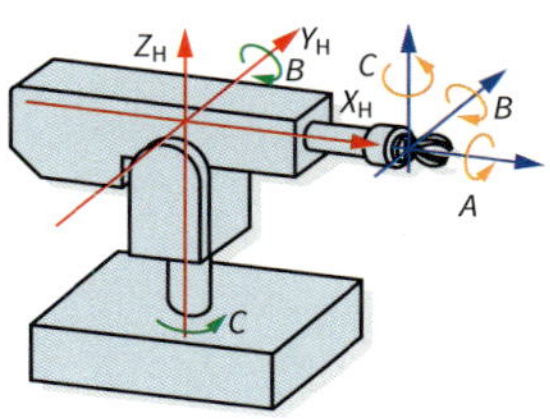

8-Achsen Industrieroboter

8 Bewegungsmöglichkeiten (Achsen)

- (rot) translatorisch in den **Haupt**achsen: X_H, Y_H, Z_H (3)
- (grün) rotatorisch in den **Haupt**achsen: *B, C* (2)
- (orange) rotatorisch in den **Neben**achsen: *A, B, C* (3)

Achsen sind geführte, unabhängig voneinander angetriebene Glieder. Mit translatorischen und rotatorischen Achsen werden definierte Bewegungen zum Positionieren und Orientieren von Objekten ausgeführt.

Hauptachsen:	Bestimmen den Arbeitsraum des Roboters
Nebenachsen:	Im Verhältnis zu den Hauptachsen sind hier nur kleine Positionsänderungen möglich (Drehung des Objektes).

Symbolik und Darstellung

Darstellung

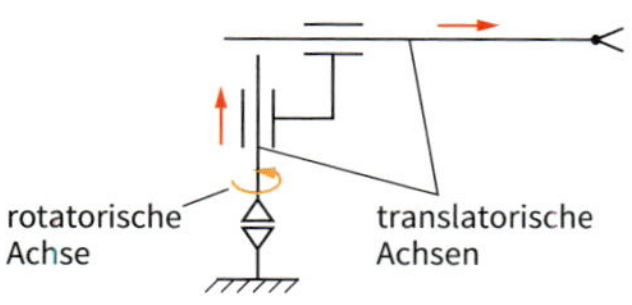

Achsen — DIN 66217

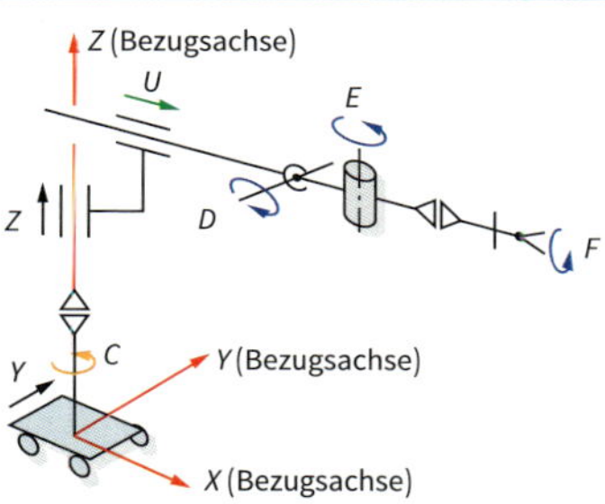

X, Y, Z	(rot) Haupttranslationsachsen, parallel zum Bezugskoordinatensystem
… U, V, W	(grün) Nebentranslationsachse, parallel zu *X, Y, Z* oder beliebiger Achse
A, B, C	(orange) Hauptrotationsachsen, um *X, Y, Z* oder andere Achsen drehend
D, E, F …	(blau) rotatorische Nebenachsen

Bezeichnung	Symbol	Beispiel
Translationsachse		
Translation fluchtend (Teleskop)		
Translation nicht fluchtend	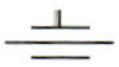	
Verfahrachse	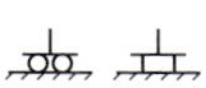	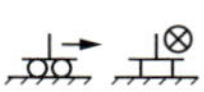
Rotationsachse		
Rotation fluchtend		
Rotation nicht fluchtend	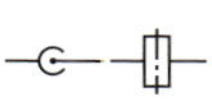	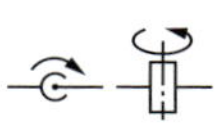
Werkzeuge		Spritzpistole, Schweißzange
Greifer		Zangengreifer
Kennzeichnung von **Systemgrenzen**		echte Schnittstelle, z. B. auswechselbare Werkzeuge
Trennung zwischen Haupt- und Nebenachsen		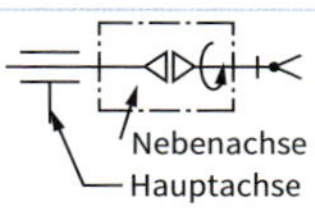

Koordinatensysteme und Drehbewegungen

Alle Koordinatensysteme dieser internationalen Norm werden durch die **DIN 66217** (Rechte-Hand-Regel und Kartesisches Koordinatensystem) dargestellt. Darüber hinaus bestehen das Weltkoordinatensystem, das Basiskoordinatensystem, das Koordinatensystem der mechanischen Schnittstelle und das Werkzeugkoordinatensystem.

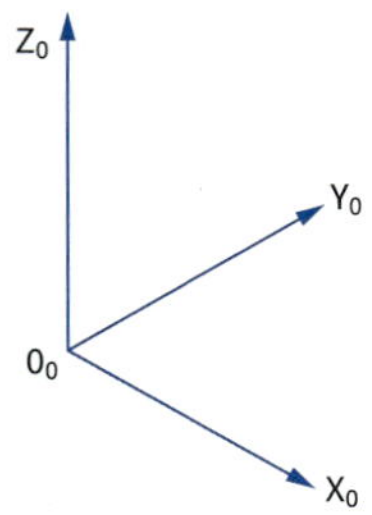

Weltkoordinatensystem

Der Nullpunkt 0_0 und die Achsen sind von den Anwendern entsprechend den Anforderungen zu definieren.

Schreibweise: $0_0 - X_0 - Y_0 - Z_0$

Werkzeugkoordinatensystem (TCS)

Das TCS ist ein Koordinatensystem, bezogen auf den Endeffektor, angebracht an der mechanischen Schnittstelle

Schreibweise: $0_t - X_t - Y_t - Z_t$

Nullpunkt 0_t = Werkzeugmittelpunkt (TCP)

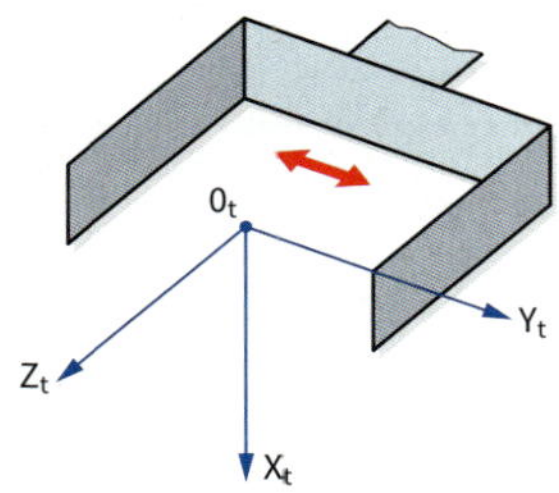

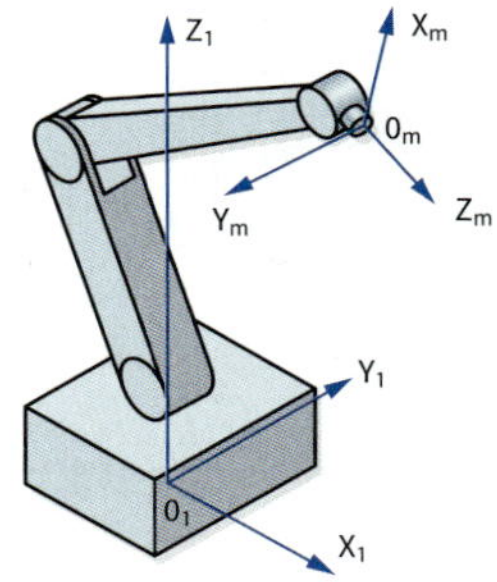

Koordinatensystem der mechanischen Schnittstelle

Schreibweise: $0_m - X_m - Y_m - Z_m$

Nullpunkt 0_m = Mitte der mechanischen Schnittstelle

Anwendungsformen

Basiskoordinatensystem

Das Koordinatensystem bezieht sich auf die Basisaufstellfläche des Roboters.

Schreibweise: $0_1 - X_1 - Y_1 - Z_1$

Der Nullpunkt des Basiskoordinatensystems 0_1, muss vom Hersteller des Roboters definiert werden.

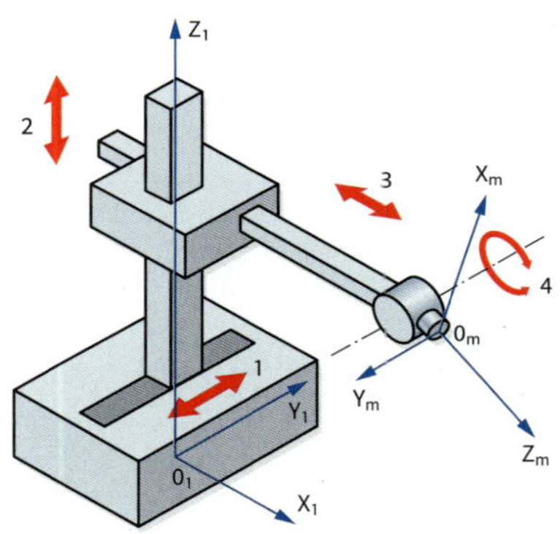

Kartesischer Roboter

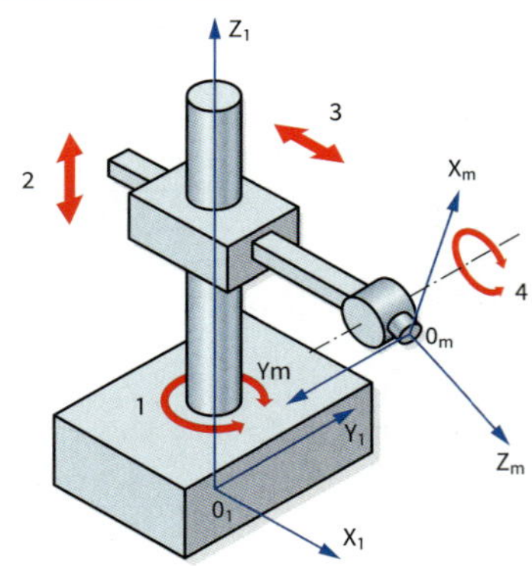

Zylindrischer Roboter

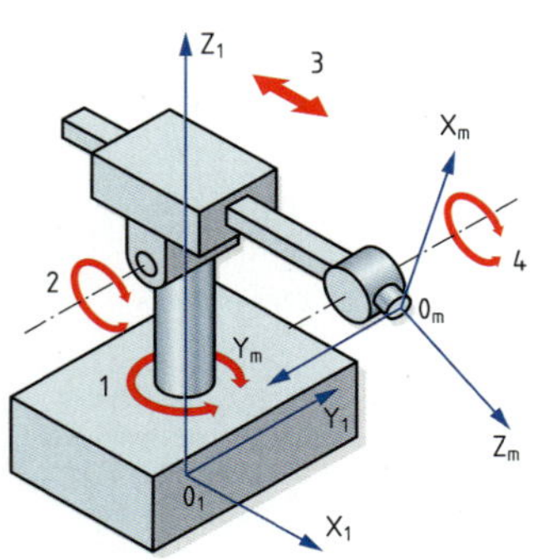

Polarroboter

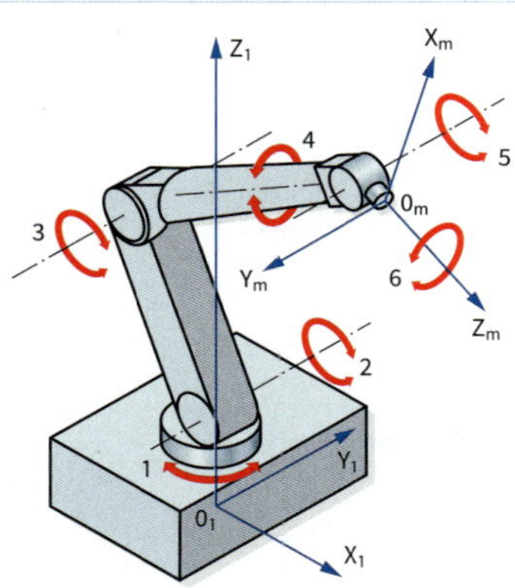

Gelenkroboter

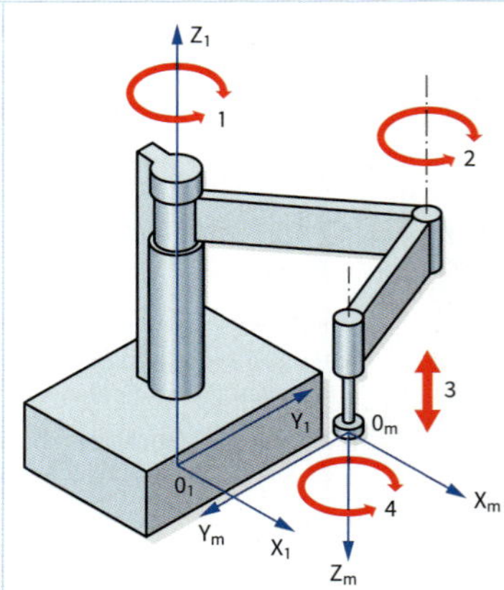

Scararoboter

Farbkennzeichnung von Modellen

DIN EN 12 890: 2000-06

Fläche/Flächenteil \ Guss-Werkstoff	Gusseisen mit Lamellengrafit	Gusseisen mit Kugelgrafit	Stahlguss	Temperguss	Schwermetallguss	Leichtmetallguss
Grundfarbe für Flächen am Modell und im Kernkasten, die am Gussteil unbearbeitet bleiben	rot	violett	blau	grau	gelb	grün
am Gussteil zu bearbeitende Flächen (kleine Flächen ganzflächig streichen)	gelbe Streifen	gelbe Streifen	gelbe Streifen	gelbe Streifen	rote Streifen	gelbe Streifen
Kernmarken	schwarz					
Sitzstellen loser Modellteile am Modell oder im Kernkasten	schwarz umrandet					
Stellen für Abschreckplatten und Marken für einzulegende Dorne	blau	rot	rot	rot	blau	blau
Speiser	gelbe Streifen					

Schwindung

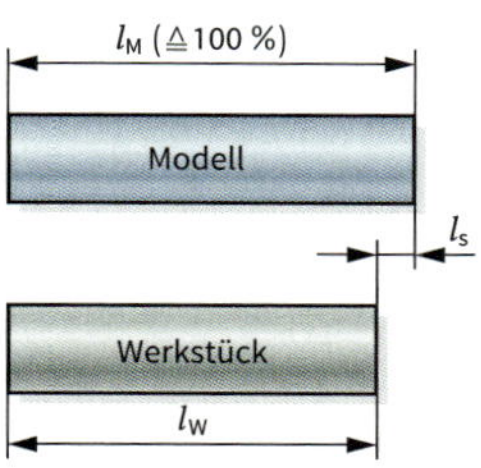

$$l_W = \frac{l_W \cdot 100\,\%}{100\,\% - S} \qquad l_W = l_M - l_s \qquad l_s = \frac{l_M \cdot S}{100\,\%}$$

l_M : Modelllänge
l_W : Werkstücklänge
l_s : Schwindung
S : Schwindmaß

Beispiel:
Werkstoff: Al; l_W = 235 mm; l_M = ? mm

$$l_M = \frac{l_W \cdot 100\,\%}{100\,\% - S} = \frac{235\text{ mm} \cdot 100\,\%}{100\,\% - 1{,}2\,\%} = 237{,}85\text{ mm}$$

Schwindung – Excel-Rechenblatt

Schwindmaße

DIN EN 12 890: 2000-06

Gusswerkstoff	Richtwert in %	Mögliche Abweichung in %[1]	Gusswerkstoff	Richtwert in %	Mögliche Abweichung in %[1]
Gusseisen mit Lamellengrafit	1,0	0,5 … 1,3	Zn-Gusslegierung	1,3	1,1 … 1,5
Gusseisen mit Kugelgrafit, ungeglüht	1,2	0,8 … 2,0	CuSn-Gusslegierungen	1,5	0,8 … 2,0
Gusseisen mit Kugelgrafit, geglüht	0,5	0,0 … 0,8	CuZn-Gusslegierungen	1,2	0,8 … 1,8
Austenitisches Gusseisen	2,5	1,8 … 3,0	CuSnZn-Gusslegierungen	1,3	0,8 … 1,6
Stahlguss	2,0	1,5 … 2,5	CuZn (Mn, Fe, Al)-Gusslegierungen	2,0	1,8 … 2,3
Temperguss, nicht entkohlend geglüht	0,5	0,0 … 1,5	CuAl (Ni, Fe, Mn)-Gusslegierungen	1,9	1,9 … 2,3
Temperguss, entkohlend geglüht	1,6	1,0 … 2,0	Kupfergusswerkstoffe	1,9	1,5 … 2,1
Al-Gusslegierungen	1,2	0,8 … 1,5	Feinzink-Gusslegierungen	1,3	1,1 … 1,5
Mg-Gusslegierungen	1,2	1,0 … 1,5	Gleitlager-Gusslegierungen	0,5	0,4 … 0,6

[1] Die unteren Grenzwerte gelten für Werkstücke mit stark behinderter Schwindung. Die oberen Grenzwerte gelten für Werkstücke mit unbehinderter bzw. geringfügig behinderter Schwindung. Je nach Behinderungsgrad kann es notwendig sein, an unterschiedlichen Stellen eines Werkstücks mit unterschiedlichen Schwindmaßen zu rechnen.

Dichte flüssiger Metalle

Werkstoff	Temperatur in °C	Dichte in kg/dm³	Werkstoff	Temperatur in °C	Dichte in kg/dm³
Aluminium	700	2,38	Eisen mit 9,4 % Ni	1600	7,18
Aluminium	1000	2,30	Eisen mit 8,5 % Mn	1600	7,12
Blei	327	10,65	Eisen mit 13,7 % Cr	1600	7,04
Eisen, rein	1600	6,94	Kupfer	1100	7,92
Eisen mit 0,1 % C	1600	6,93	Kupfer	1600	7,53
Eisen mit 0,5 % C	1600	6,90	Nickel	1500	7,76
Eisen mit 1 % C	1600	6,87	Zink	419	6,92
Eisen mit 2 % C	1600	6,77	Zinn	232	6,99

Tiefziehen

– im Erstzug

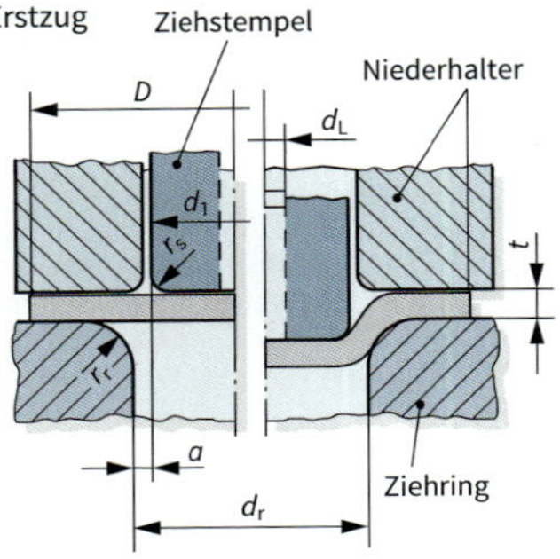

– im Weiterzug

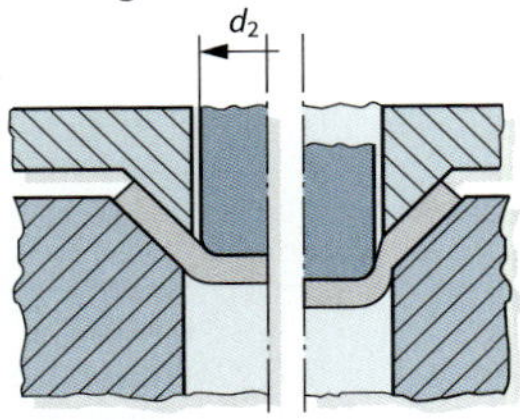

$$\beta_1 = \frac{D}{d_1}$$

$$a = t + k \cdot \sqrt{10 \cdot t}$$

$$d_r = d_1 + 2 \cdot a$$

$$r_s = 4 \cdot t \ldots 5 \cdot t$$

$$r_r = 0{,}035 \cdot [50 + (D - d_1)] \cdot \sqrt{t}$$

$$F_z = (d_1 + t) \cdot \pi \cdot t \cdot R_m \cdot 1{,}2 \frac{\beta_1 - 1}{\beta_{1\,max} - 1}$$

$$F_N = (D^2 - d_N{}^2) \cdot \frac{\pi}{4} \cdot p$$

mit $d_N = d_1 + 2 \cdot a + 2 \cdot r_r$

$$F = F_z + F_N$$

$$\beta_2 = \frac{d_1}{d_2}; \ \beta_3 = \frac{d_2}{d_3} \ldots$$

$$\beta_{ges} = \beta_1 \cdot \beta_2 \cdot \beta_3 \ldots$$

D : Zuschnittdurchmesser
d_1 : Stempeldurchmesser 1. Zug
d_2 : Stempeldurchmesser 2. Zug
d_r : Ziehringdurchmesser
d_L : Durchmesser der Entlüftungsbohrung
a : Ziehspalt
r_s : Ziehstempelradius
r_r : Ziehringradius
k : Werkstofffaktor
t : Blechdicke
β_1 : Tiefziehverhältnis 1. Zug
β_2 : Tiefziehverhältnis 2. Zug
β_{ges} : Gesamttiefziehverhältnis
β_{max} : Grenztiefziehverhältnis
d_r : Ziehringdurchmesser
F_z : Tiefziehkraft
F_N : Niederhalterkraft
d_N : Auflagedurchmesser des Niederhalters
F : Gesamttiefziehkraft
R_m : Mindestzugfestigkeit
A : vom Niederhalter gespannte Werkstückfläche
p : Flächenpressung

Werkstofffaktor k		Richtwerte für Entlüftungsbohrungen		Ziehstempelradius für Erstzug r_s	
Werkstoff	Werkstoff-faktor k	Ø d_1 in mm	Ø d_L in mm	$r : t$	r_s
Tiefziehstahlblech	0,07				
Aluminiumblech	0,02	bis 100	6	bis 0,3	$2 \cdot r_r$
sonstige NE-Bleche	0,04	> 100 … 200	8	> 0,3 … 0,6	$1{,}5 \cdot r_r$
hochwarmfeste Legierungen	0,2	> 200	10	> 0,6	$1{,}0 \cdot r_r$

Schmierstoffe beim Tiefziehen	
Werkstoff	Schmierstoff
Tiefziehstahlblech	Öl + Molybdändisulfid; Talg + Grafit
Al-Blech	Petroleum + Grafit; Talg
Cu-Blech	wie Al-Bleche
CuZn-Blech	warme Rüböl-Seifenwasser-Emulsion

Grenztiefziehverhältnis $\beta_{1\,max}$ und maximale Flächenpressung p_{max} im Niederhalter

Werkstoff	$\beta_{1\,max}$	$\beta_{2\,max}$ ohne Zwischenglühen	$\beta_{2\,max}$ mit Zwischenglühen	Flächen-pressung p_{max} in N/mm²	Werkstoff	$\beta_{1\,max}$	$\beta_{2\,max}$ ohne Zwischenglühen	$\beta_{2\,max}$ mit Zwischenglühen	Flächen-pressung p_{max} in N/mm²
(St 10)	1,7	1,2	1,5	2,5	CuZn 37 h	1,9	1,2	1,7	2,4
DC 01 (St 12)	1,8	1,2	1,6	2,5	EN AW-Al 99,5	2,1	1,6	2,0	1,2
DC 03 (St 13)	1,9	1,25	1,65	2,5	EN AW-AlMg1	1,85	1,3	1,75	1,2
DC 04 (St 14)	2,0	1,3	1,7	2,5	EN AW-AlMn1	1,85	1,3	1,75	1,2
Cu	2,1	1,3	1,9	2,0	EN AW-AlSi1MgMn	2,05	1,4	1,85	1,5
CuZn 37 w	2,1	1,4	2,0	2,0	EN AW-AlCu4Mg1	2,0	1,5	1,8	1,5

Die Werte für $\beta_{1\,max}$ und $\beta_{2\,max}$ gelten bis $D : t = 300$. Sie wurden aufgenommen für $t = 1$ mm und $D_1 = 100$ mm. Bei anderen Blechdicken und/oder Stempeldurchmessern ändern sie sich nur geringfügig.

Beispiel:

Napf ohne Rand: $d_1 = 25$ mm; $h = 15$ mm; $t = 1$ mm; DC04; $D = ?$; $\beta_1 = ?$; $k = ?$; $a = ?$; $F_z = ?$

$$D = \sqrt{d_1^2 + 4 \cdot d_1 \cdot h} = \sqrt{(25\text{ mm})^2 + 4 \cdot 25\text{ mm} \cdot 15\text{ mm}} = 46{,}1\text{ mm}$$

$$\beta_1 = \frac{D}{d_1} = \frac{46{,}1\text{ mm}}{25\text{ mm}} = 1{,}844 \leq \beta_{1max} \quad (\beta_{1max} = 2 \rightarrow \text{Ziehen in 1 Zug möglich})$$

$k = 0{,}07$ (aus Tabelle) $\qquad a = t + k \cdot \sqrt{10 \cdot t} = 1 + 0{,}07\sqrt{10 \cdot 1} = 1{,}22$ mm

$$F_z = (d_1 + t) \cdot \pi \cdot t \cdot R_m \cdot 1{,}2 \cdot \frac{\beta_1 - 1}{\beta_{1max} - 1} \qquad R_m\text{: 270 … 350 N/mm}^2\text{ (aus Tabelle)}$$

$$F_z = (25\text{ mm} + 1\text{ mm}) \cdot \pi \cdot 1\text{ mm} \cdot 350 \frac{\text{N}}{\text{mm}^2} \cdot 1{,}2 \cdot \frac{1{,}844 - 1}{2 - 1} = 28\,954{,}4\text{ N}$$

Durchmesser von Zuschnitten für rotationssymmetrische Tiefziehteile

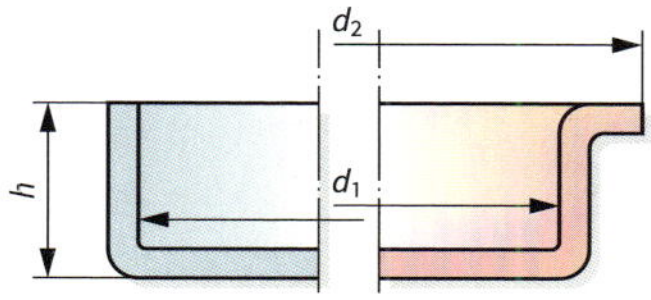

ohne Rand: $D = \sqrt{d_1^2 + 4 \cdot d_1 \cdot h}$

mit Rand: $D = \sqrt{d_2^2 + 4 \cdot d_1 \cdot h}$

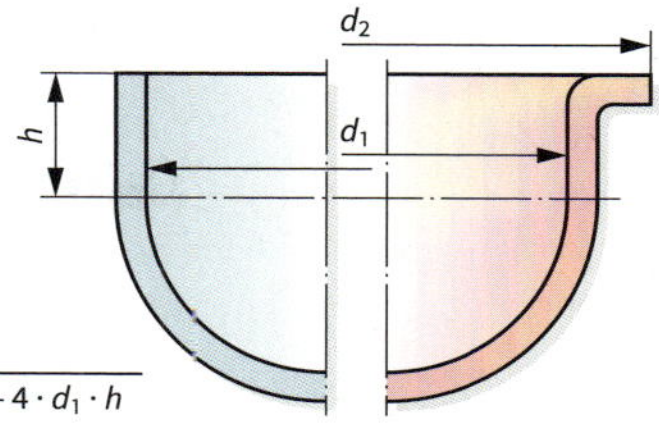

ohne Rand: $D = \sqrt{2 \cdot d_1^2 + 4 \cdot d_1 \cdot h}$

mit Rand: $D = \sqrt{2 \cdot d_1^2 + 4 \cdot d_1 \cdot h + (d_2^2 - d_1^2)}$

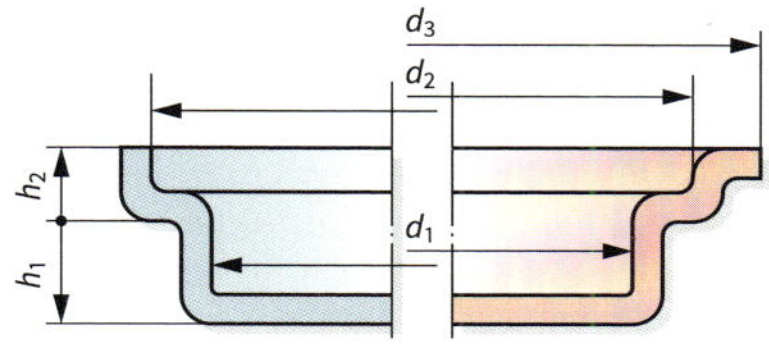

ohne Rand: $D = \sqrt{d_2^2 + 4 \cdot (d_1 \cdot h_1 + d_2 \cdot h_2)}$

mit Rand: $D = \sqrt{d_3^2 + 4 \cdot (d_1 \cdot h_1 + d_2 \cdot h_2)}$

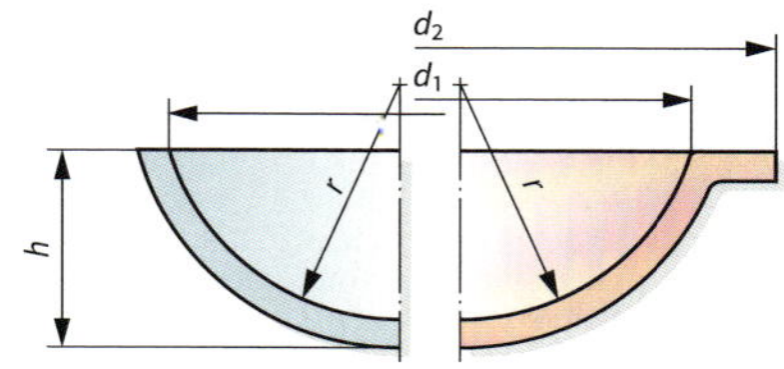

ohne Rand: $D = \sqrt{d_1^2 + 4 \cdot h^2}$

mit Rand: $D = \sqrt{d_2^2 + 4 \cdot h^2}$

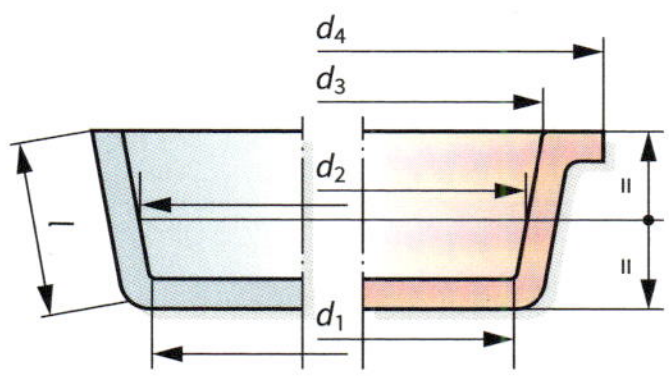

ohne Rand: $D = \sqrt{d_1^2 + 4 \cdot d_2 \cdot l}$

mit Rand: $D = \sqrt{d_1^2 + 4 \cdot d_2 \cdot l + (d_4^2 - d_3^2)}$

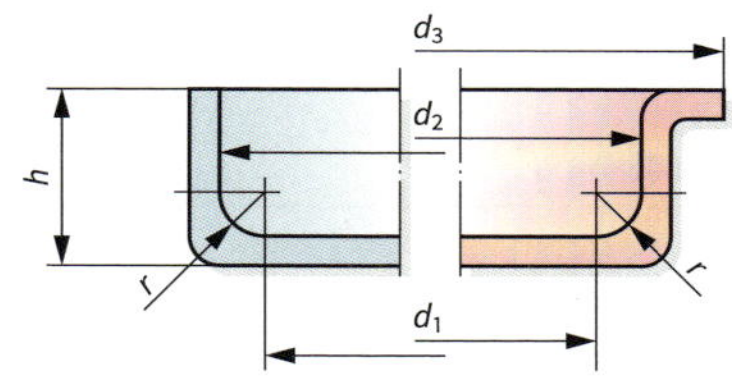

ohne Rand: $D = \sqrt{d_1^2 + 2 \cdot \pi \cdot (d_1 + r) \cdot r + 4 \cdot d_2 \cdot h}$

mit Rand: $D = \sqrt{d_1^2 + 2 \cdot \pi \cdot (d_1 + r) \cdot r + 4 \cdot d_2 \cdot h + (d_3^2 - d_2^2)}$

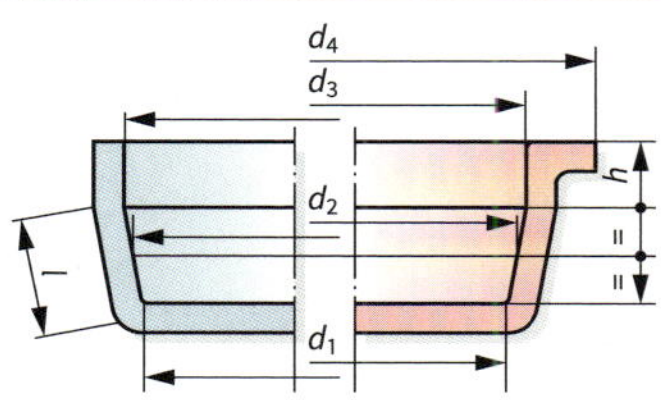

ohne Rand: $D = \sqrt{d_1^2 + 4 \cdot d_2 \cdot l + d_3 \cdot h}$

mit Rand: $D = \sqrt{d_1^2 + 4 \cdot d_2 \cdot l + d_3 \cdot h + (d_4^2 - d_3^2)}$

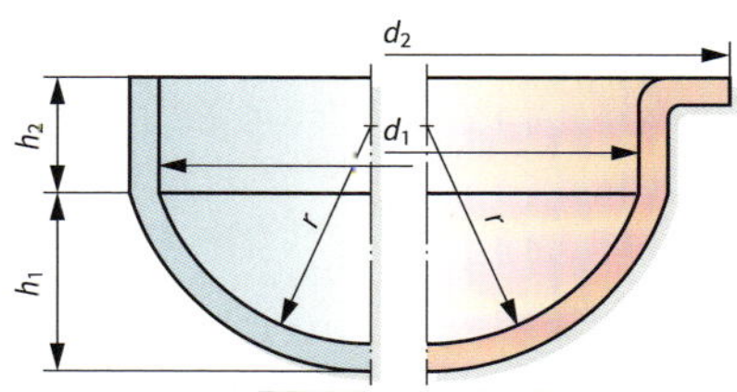

ohne Rand: $D = \sqrt{d_1^2 + 4 \cdot h_1^2 + 4 \cdot d_1 \cdot h_2}$

mit Rand: $D = \sqrt{d_1^2 + 4 \cdot h_1^2 + 4 \cdot d_1 \cdot h_2 + (d_2^2 - d_1^2)}$

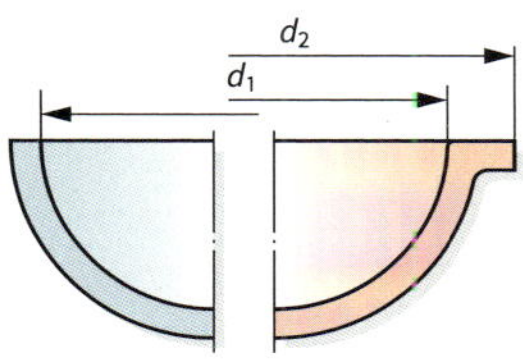

ohne Rand: $D = \sqrt{2 \cdot d_1^2}$

mit Rand: $D = \sqrt{d_1^2 + d_2^2}$

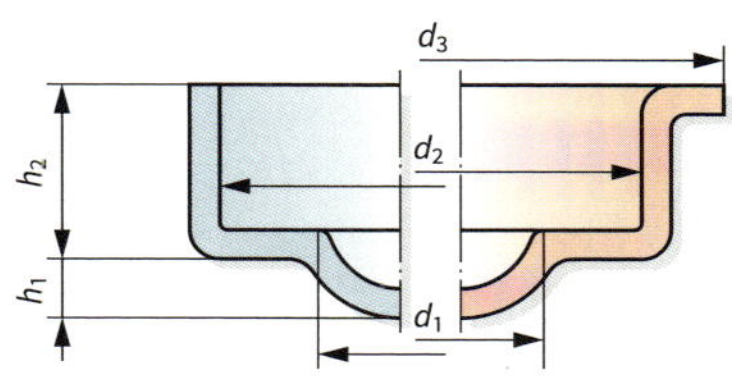

ohne Rand: $D = \sqrt{d_2^2 + 4 \cdot h_1^2 + 4 \cdot d_2 \cdot h_2}$

mit Rand: $D = \sqrt{d_2^2 + 4 \cdot h_1^2 + 4 \cdot d_2 \cdot h_2 + (d_3^2 - d_2^2)}$

Mindestbiegeradius für das Kaltbiegen von Flacherzeugnissen aus Stahl

DIN 6935: 2010-01

Rm in N/mm²	zur Walzrichtung zu biegen	Kleinster zulässiger Biegeradius r in mm für Blechdicke t in mm														
		1	über 1 bis 1,5	über 1,5 bis 2,5	über 2,5 bis 3	über 3 bis 4	über 4 bis 5	über 5 bis 6	über 6 bis 7	über 7 bis 8	über 8 bis 10	über 10 bis 12	über 12 bis 14	über 14 bis 16	über 16 bis 18	über 18 bis 20
bis 390	quer	1	1,6	2,5	3	5	6	8	10	12	16	20	25	28	36	40
	längs	1	1,6	2,5	3	6	8	10	12	16	20	25	28	32	40	45
über 390 bis 490	quer	1,2	2	3	4	5	8	10	12	16	20	25	28	32	40	45
	längs	1,2	2	3	4	6	10	12	16	20	25	32	36	40	45	50
über 490 bis 640	quer	1,6	2,5	4	5	6	8	10	12	16	20	25	32	36	45	50
	längs	1,6	2,5	4	5	8	10	12	16	20	25	32	36	40	50	63

Die Werte gelten für Biegewinkel $\alpha \leq 120°$. Für Biegewinkel $\alpha > 120°$ ist der nächst höhere Tabellenwert zu wählen.

Biegeradien für Bleche und Bänder aus Aluminium und Aluminiumlegierungen

DIN 5520: 2002-07

Werkstoff	Zustand	Kleinster zulässiger Biegeradius *r* in mm für Blechdicke *t* in mm									
		… 0,8	> 0,8 … 1	> 1 … 1,5	> 1,5 … 2,5	> 2,5 … 3	> 3 … 4	> 4 … 5	> 5 … 6	> 6 … 7	> 7 … 8
EN AW-1050-H12	kaltverfestigt, ¼ hart	0,8	1	1,2	1,6	2,5	4	5	6	8	10
EN AW-5754-H111	weichgeglüht, gering kaltverfestigt	0,4	0,6	1,0	2,0	3,0	4,0	6,0	8,0	10,0	14,0
EN AW-5754-H12	kaltverfestigt, ¼ hart	1,2	1,6	2,5	4,0	6,0	10,0	14,0	18,0	–	–
EN AW-5754-H14	kaltverfestigt, ½ hart	1,6	2	3	4	6	8	12	16	–	–
EN AW-5754-H22	kaltverfestigt, ¼ hart, rückgeglüht	0,8	1,0	1,5	3,0	4,5	6,0	8,0	10,0	–	–
EN AW-5083-H111	weichgeglüht, gering kaltverfestigt	0,6	1,0	1,5	2,5	4,0	6,0	8,0	10,0	14,0	20,0
EN AW-5083-H22	kaltverfestigt, ¼ hart, rückgeglüht	1,2	1,6	2,5	4,0	6,0	10,0	16,0	20,0	25,0	32,0
EN AW-6082-T6	lösungsgeglüht, warm ausgelagert	2,5	4,0	5,0	8,0	12,0	16,0	23,0	28,0	36,0	44,0
EN AW-7020-T6	lösungsgeglüht, warm ausgelagert	1,2	1,6	3	4	5	6	8	10	12	16

Die Werte gelten für Kaltbiegen längs und quer zur Walzrichtung für Biegewinkel $\alpha = 90°$.

Biegeradien für Rohre

DIN 25570: 2004-02

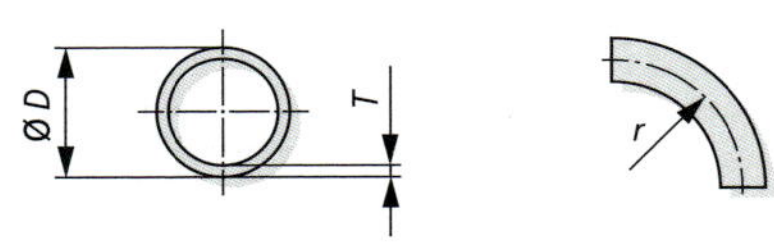

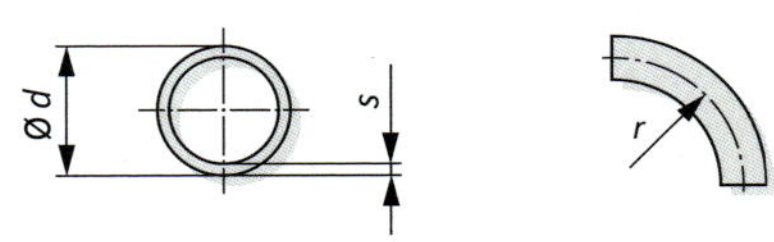

Stahlrohre (E 235; X5CrNi 18–10)				Aluminiumrohre (AlMgSi)		Kupferrohre (Cu-DHP)	
D x T in mm	r_{min} in mm	D x T in mm	r_{min} in mm	D x T in mm	r_{min} in mm	D x T in mm	r_{min} in mm
6 x 1	20	22 x 2	50	16 x 1,5	80	6 x 1	25
8 x 1		22 x 2,5		20 x 1,5	100	8 x 1	35
10 x 1		22 x 3		22 x 1,5		10 x 1,5	40
10 x 2		25 x 2	55	25 x 1,5	110	12 x 1,5	
12 x 1,5	25	25 x 2,5		25 x 3		15 x 1,5	60
12 x 2		25 x 3		28 x 2,5	125	16 x 1,5	
14 x 2	35	30 x 2	80	30 x 1,5		18 x 1,5	80
15 x 2		30 x 2,5		32 x 3	140	22 x 1,5	100
16 x 2		30 x 3		35 x 3	160	28 x 1,5	125
18 x 2	40	35 x 2		40 x 3	180	30 x 2,5	
18 x 2,5		40 x 2,5	100	45 x 2	200	35 x 1,5	160
20 x 1,5	45	40 x 3		50 x 2	250	42 x 1,5	200
20 x 2		45 x 2,5	125	60 x 2	300	57 x 3	250
20 x 2,5		45 x 3		70 x 3	350	70 x 2	300
20 x 3		50 x 2,5	140	75 x 3	400	76 x 3	

Für Umformen durch Biegen werden folgende Biegeradien empfohlen (**fettgedruckte** Werte bevorzugen):
r in mm: 1 1,2 **1,6** 2 **2,5** 3 4 5 **6** 8 **10** 12 **16** **20** **25** 28 **32** 36 **40** 45 **50** **63** **80** **100**
Die Biegeradien entsprechen den Rundungen nach DIN 250.

Gestreckte Länge (neutrale Faser)

Kreisförmig gebogen

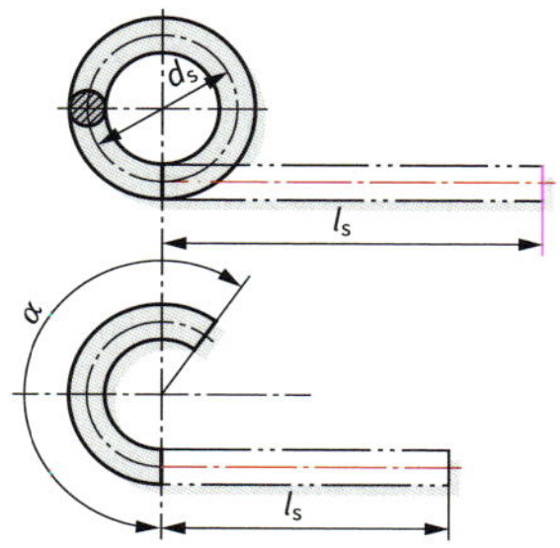

$$l_s = d_s \cdot \pi \qquad d_s = \frac{l_s}{\pi}$$

$$l_s = \frac{d_s \cdot \pi \cdot \alpha}{360°} \qquad d_s = \frac{l_s \cdot 360°}{\pi \cdot \alpha} \qquad \alpha = \frac{l_s \cdot 360°}{d_s \cdot \pi}$$

Beispiel:

$d = 12$ mm; $d_i = 300$ mm; $l_s = ?$ mm

$$l_s = d_s \cdot \pi = \left(d_i + 2 \cdot \frac{d}{2}\right) \cdot \pi =$$

$$= \left(300\text{ mm} + 2 \cdot \frac{12\text{ mm}}{2} \cdot \pi\right) = 980{,}2\text{ mm}$$

l_s : gestreckte Länge
d_s : Durchmesser der Schwerpunktlinie
d_i : Innendurchmesser
d : Durchmesser
α : Biegewinkel
π : 3,14159 …

Gestreckte Länge – Excel-Rechenblatt

Scharfkantig gebogen

a) Ecken gestaucht

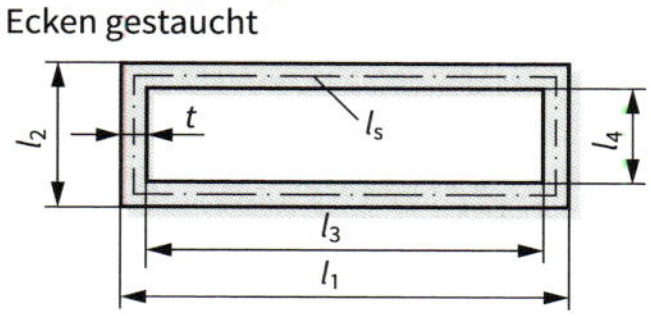

b) Ecken abgerundet

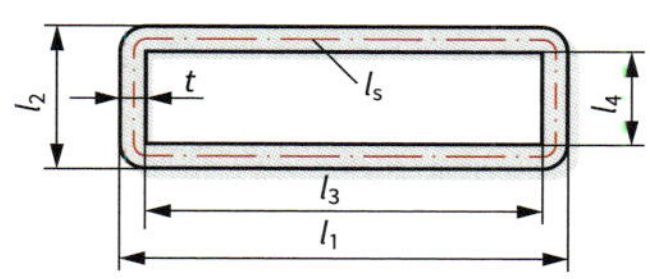

$$l_s = 2 \cdot l_1 + 2 \cdot l_2 - n \cdot t$$
$$l_s = 2 \cdot l_3 + 2 \cdot l_4 + n \cdot t$$

$$l_s = 2 \cdot l_1 + 2 \cdot l_2 + t \cdot \pi - 8 \cdot t$$
$$l_s = 2 \cdot l_3 + 2 \cdot l_4 + t \cdot \pi$$

Beispiel:

$l_1 \times l_2 = 450$ mm × 180 mm; $t = 3$ mm; $l_s = ?$ mm

$l_s = 2 \cdot l_1 + 2 \cdot l_2 - n \cdot t$
$l_s = 2 \cdot 450$ mm $+ 2 \cdot 180$ mm $- 4 \cdot 3$ mm
$l_s = 1248$ mm

l_s : gestreckte Länge
l_1; l_2 : Außenmaße
l_3; l_4 : Innenmaße
n : Anzahl der Biegekanten
t : Werkstückdicke

Zuschnittlänge für 90°-Biegungen

DIN 6935 Beiblatt 1: 2010-01

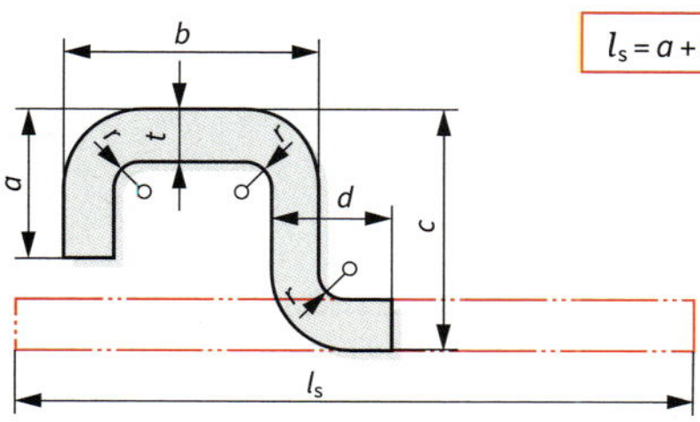

$$l_s = a + b + c + d + \ldots - n \cdot v$$

Ergebnis auf volle Millimeter aufrunden

Beispiel:

$a = 39$ mm; $b = 65$ mm; $c = 55$ mm; $t = 1{,}5$ mm;
$r = 4$ mm; $l_z = ?$ mm
$l_s = a + b + c - n \cdot v$
$l_s = 39$ mm + 65 mm + 55 mm − 3 · 3,7 mm = 147,9 mm
$l_s = 148$ mm (aufgerundet)

l_s : Zuschnittlänge
a, b, c … : Länge der Schenkel (Außenmaße)
r : Biegeradius (Innenmaß)
t : Blechdicke
n : Anzahl der Biegestellen
v : Ausgleichswert

Blechdicke t in mm	Ausgleichswert v je Biegestelle in mm für Biegeradius r in mm (fett: empfohlene Biegeradien)																	
	1	**1,6**	2	**2,5**	3	4	**6**	8	**10**	12	**16**	**20**	**25**	**32**	36	**40**	**50**	**63**
1	1,9	2,1	2,3	2,4	2,6	3,0	3,8	4,7	5,5	6,4	8,1	9,8	119	15,0	16,7	18,4	22,7	28,3
1,5	–	2,9	3,0	3,2	3,3	3,7	4,5	5,3	6,1	7,0	8,7	10,1	12,6	15,6	17,3	19,0	23,3	28,9
2	–	–	–	4,0	4,1	4,5	5,2	5,9	6,7	7,6	9,3	11,0	13,2	16,2	17,9	19,6	23,9	29,5
2,5	–	–	–	4,8	4,9	5,2	5,9	6,7	7,4	8,2	9,9	11,6	13,8	16,8	18,5	20,2	24,5	30,1
3	–	–	–	–	5,8	6,0	7,0	7,4	8,1	8,9	10,5	12,2	14,4	17,4	19,1	20,8	25,1	30,7
3,5	–	–	–	–	–	6,9	7,5	8,2	8,9	9,6	11,2	12,8	15,0	18,0	19,7	21,4	25,7	31,3
4	–	–	–	–	–	–	8,3	8,9	9,6	10,4	11,9	13,4	15,6	18,6	20,3	22,0	28,3	31,9
4,5	–	–	–	–	–	–	9,1	9,7	10,4	11,1	12,6	14,1	16,2	19,2	20,9	22,6	26,9	32,5
5	–	–	–	–	–	–	9,9	10,5	11,2	11,9	13,3	14,9	16,8	19,8	21,5	23,2	27,5	33,1
6	–	–	–	–	–	–	–	12,1	12,7	13,4	14,8	16,3	18,2	21,0	22,7	24,5	28,8	34,3
8	–	–	–	–	–	–	–	–	–	16,5	17,8	19,3	21,1	23,8	25,3	26,9	31,2	36,8
10	–	–	–	–	–	–	–	–	–	–	21,0	22,3	24,1	26,7	28,2	29,7	33,6	39,2
12	–	–	–	–	–	–	–	–	–	–	–	25,4	27,1	29,6	31,1	32,6	36,4	41,6
16	–	–	–	–	–	–	–	–	–	–	–	–	–	35,7	37,1	38,5	42,2	47,1
18	–	–	–	–	–	–	–	–	–	–	–	–	–	–	40,1	41,5	45,1	50,0
20	–	–	–	–	–	–	–	–	–	–	–	–	–	–	–	44,6	48,1	52,9

Zuschnittlänge für beliebige Biegewinkel

DIN 6935 Beiblatt 1: 2010-01

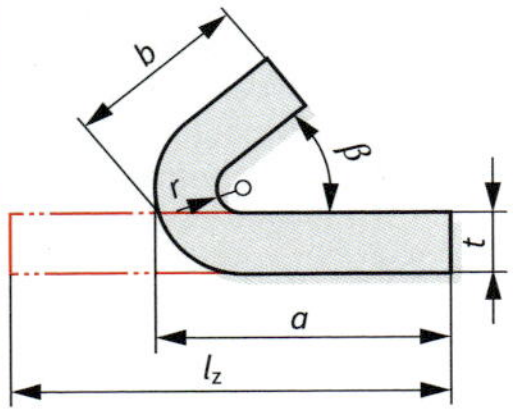

$l_z = a + b - v$

Ergebnis auf volle Millimeter aufrunden

$k = 0{,}65 + 0{,}5 \cdot \log \frac{r}{t}$

Beispiel:

$a = 55$ mm; $b = 45$ mm; $\beta = 55°$; $r = 12$ mm; $t = 2$ mm; $l_z = ?$ mm

$v = 2 \cdot (12\,\text{mm} + 2\,\text{mm}) - \pi \cdot \left(\frac{180° - 55°}{180°}\right) \cdot \left(12\,\text{mm} + \frac{2\,\text{mm}}{2} \cdot 1{,}04\right) = -0{,}45$

$l_z = 55\,\text{mm} + 45\,\text{mm} - (-0{,}45\,\text{mm}) = 100{,}45\,\text{mm} = 101\,\text{mm}$ (aufgerundet)

l_z : Zuschnittlänge
a, b ...: Länge der Schenkel (Außenmaße)
v : Ausgleichswert
r : Biegeradius (Innenmaß)
t : Blechdicke
β : Öffnungswinkel
k : Korrekturfaktor

Öffnungswinkel β	Ausgleichswert v
0° ... 90°	$2 \cdot (r+t) - \pi \cdot \left(\frac{180° - \beta}{180°}\right) \cdot \left(r + \frac{t}{2} \cdot k\right)$
> 90° ... 165°	$2 \cdot (r+t) \cdot \tan\left(\frac{180° - \beta}{2}\right) - \pi \cdot \left(\frac{180° - \beta}{180°}\right) \cdot \left(r + \frac{t}{2} \cdot k\right)$
> 165° ... 180°	0 (vernachlässigbar klein)

Korrekturfaktor k (ausgewählte Werte)							
$r:t$	0,25	0,5	0,75	1,0	1,5	2,0	2,5
k	0,35	0,5	0,59	0,65	0,74	0,8	0,85
$r:t$	3,0	3,5	4,0	4,5	5,0	5,5	6,0
k	0,89	0,92	0,95	0,98	1,0	1,02	1,04

Rückfederung beim Biegen

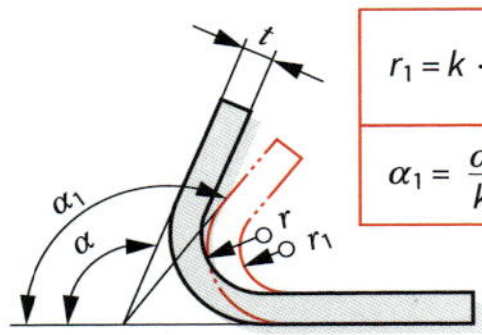

$r_1 = k \cdot \left(r + \frac{t}{2}\right) - \frac{t}{2}$

$\alpha_1 = \frac{\alpha}{k}$

α : Biegewinkel am Werkstück
α_1 : Winkel vor der Rückfederung
r : Biegeradius am Werkstück
r_1 : Radius vor der Rückfederung
t : Blechdicke
k : Rückfederungsfaktor

Werkstoff	Rückfederungsfaktor k für das Verhältnis $r:t$										
	1,0	1,6	2,5	4,0	6,3	10	16	25	40	63	100
S 235 JR	0,98	0,98	0,98	0,97	0,96	0,94	0,91	0,87	0,82	0,74	0,64
S 275 JR	0,98	0,98	0,98	0,98	0,98	0,97	0,96	0,94	0,92	0,87	0,84
C 15 E	0,98	0,98	0,98	0,96	0,94	0,91	0,86	0,78	0,67	0,51	0,25
X12CrNi 18-8	0,99	0,98	0,97	0,95	0,93	0,89	0,84	0,76	0,63	–	–
Cu Zn 33-R290	0,97	0,97	0,96	0,95	0,94	0,93	0,89	0,86	0,83	0,77	0,73
E-Cu F 20	0,98	0,97	0,97	0,96	0,95	0,93	0,90	0,85	0,79	0,72	0,60
EN AW-Al99,5	0,99	0,99	0,99	0,99	0,98	0,98	0,97	0,97	0,96	0,95	0,93
EN AW-AlSi1MgMn	0,98	0,98	0,97	0,96	0,95	0,93	0,90	0,86	0,82	0,76	0,72
EN AW-AlCu4Mg1	0,98	0,98	0,98	0,98	0,97	0,97	0,96	0,95	0,93	0,91	0,87

Schneidkraft, Schneidarbeit

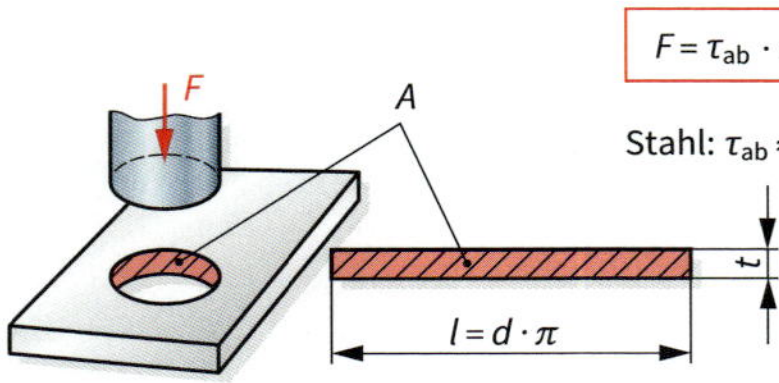

$F = \tau_{ab} \cdot A$

$A = l \cdot t$

$A = d \cdot \pi \cdot t$

Stahl: $\tau_{ab} \approx 0{,}8 \cdot R_m$ Gusseisen: $\tau_{ab} \approx 1{,}1 \cdot R_m$

F : Schneidkraft
W : Schneidarbeit
A : Scherfläche
l : Scherlänge
t : Blechdicke
h : Stempelweg (= Blechdicke)
τ_{ab} : Scherfestigkeit
λ : Neigunswinkel

Parallelschneiden

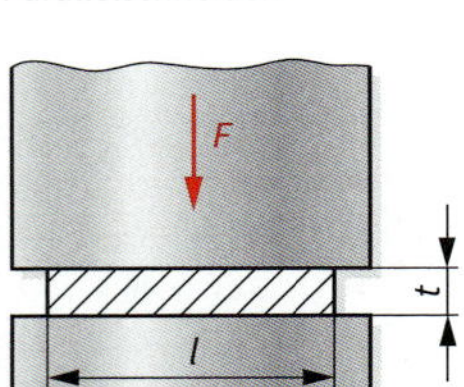

$W = \frac{2}{3} \cdot F \cdot h$

$h = t$

$A = l \cdot t$

Schrägschneiden

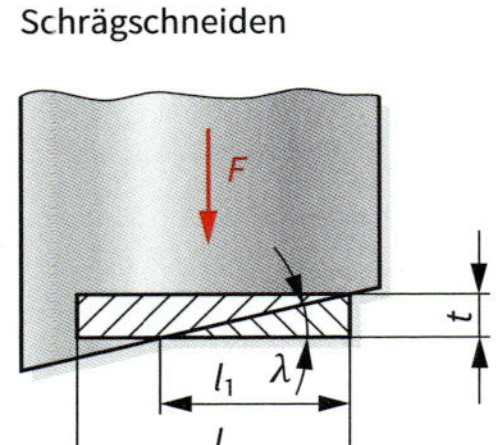

$W = \frac{2}{3} \cdot F \cdot h$

$h \approx (2 \ldots 2{,}5) \cdot t$

$A = \frac{t^2}{2 \cdot \tan \lambda}$

Schneidkraft – Excel-Rechenblatt

Bestimmung der Lage des Einspannzapfens

– für Stempelformen mit bekanntem Schwerpunkt

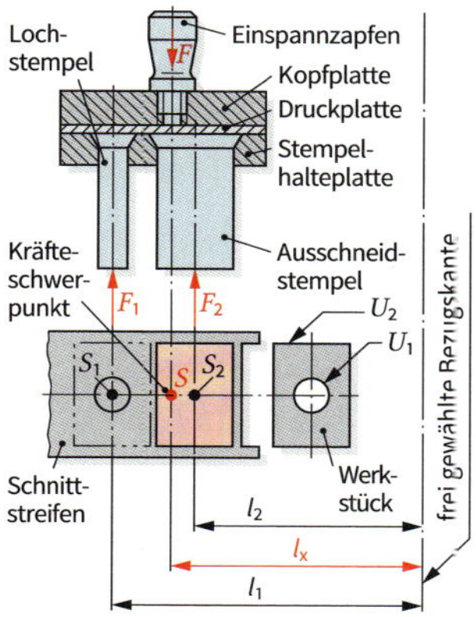

$$l_x = \frac{U_1 \cdot l_1 + U_2 \cdot l_2 + U_3 \cdot l_3 + \ldots + U_n \cdot l_n}{U_1 + U_2 + U_3 + \ldots + U_n}$$

$$l_x = \frac{F_1 \cdot l_1 + F_2 \cdot l_2 + F_3 \cdot l_3 + \ldots + F_n \cdot l_n}{F_1 + F_2 + F_3 + \ldots + F_n}$$

$$F \cdot l_x = F_1 \cdot l_1 + F_2 \cdot l_2 + \ldots$$

$$F \quad = F_1 + F_2 + \ldots$$

l_x : Abstand des Kräfteschwerpunkts von einer frei gewählten Bezugskante
$U_1; U_2 \ldots$: Stempelumfänge
$F_1; F_2 \ldots$: Schneidkräfte
F : Gesamtschneidkraft
$S_1; S_2 \ldots$: bekannte Schwerpunkte
S : Kräfteschwerpunkt
$l_1; l_2 \ldots$: Abstände der Stempelschwerpunkte von einer frei gewälten Bezugskante

Lage des Einspannzapfens – Berechnungsbeispiel

– für Stempelformen mit unbekanntem Schwerpunkt

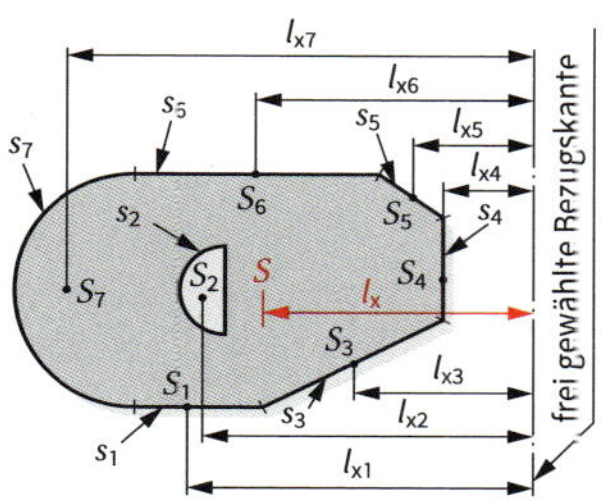

$$l_x = \frac{s_1 \cdot l_{x1} + s_2 \cdot l_{x2} + s_3 \cdot l_{x3} + \ldots + s_n \cdot l_{xn}}{s_1 + s_2 + s_3 + \ldots + s_n}$$

Liegt der Kräfteschwerpunkt bei unsymmetrischen Ausschnitten nicht auf der waagerechten Mittellinie, so wird in Y-Richtung sinngemäß verfahren:

$$l_y = \frac{s_1 \cdot l_{y1} + s_2 \cdot l_{y2} + s_3 \cdot l_{y3} + \ldots + s_n \cdot l_{yn}}{s_1 + s_2 + s_3 + \ldots + s_n}$$

[1] siehe Linienschwerpunkte

$l_x; l_y$: Abstände des Kräfteschwerpunkts von den frei gewählten Bezugskanten
$s_1; s_2 \ldots$: Teil-Schneidkantenlängen mit bekannten Linienschwerpunkten[1]
$l_{x1}; l_{x2} \ldots$: X-Abstände der Linienschwerpunkte von der Bezugskante
$l_{y1}; l_{y2} \ldots$: Y-Abstände der Linienschwerpunkte von der Bezugskante

Schneidstempel- und Schneidplattenmaße

VDI 3368: 1982-05

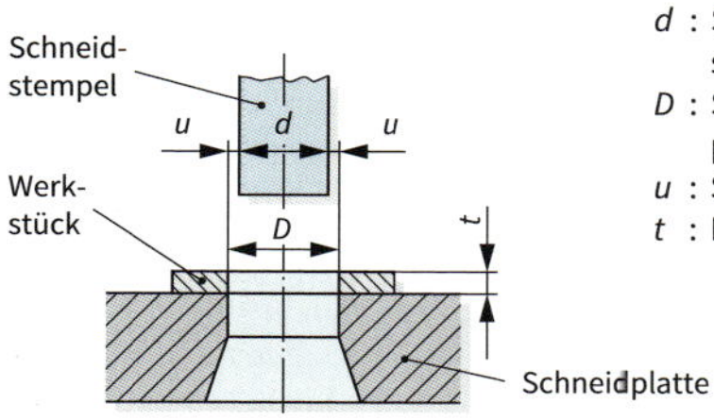

d : Schneidstempelmaß
D : Schneidplattenmaß
u : Schneidspalt
t : Blechdicke

Stempel- und Plattenmaße, Beispiel

Verfahren	Ausschneiden	Lochen
Werkstückform	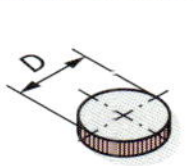	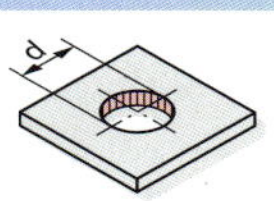
Bauteil mit Sollmaß	Schneidplatte	Schneidstempel
Sollmaß	D	d
Maß für das Gegenelement	$d = D - 2 \cdot u$	$D = d + 2 \cdot u$

Schneidspalt

VDI 3368: 1982-05

Blechdicke t in mm	Schneidplattendurchbruch (Freiwinkel = 0°)				Schneidplattendurchbruch (Freiwinkel > 0°)			
	Schneidspalt u in mm für die Scherfestigkeit τ_{aB} in N/mm²							
	… 250	> 250 … 400	> 400 … 600	> 600	… 250	> 250 … 400	> 400 … 600	> 600
0,1	0,003	0,004	0,005	0,006	0,002	0,003	0,004	0,005
0,2	0,006	0,008	0,010	0,012	0,003	0,005	0,007	0,010
0,3	0,009	0,012	0,015	0,018	0,005	0,008	0,011	0,015
0,4 … 0,6	0,015	0,02	0,025	0,03	0,01	0,015	0,02	0,025
0,7 … 0,8	0,025	0,03	0,04	0,05	0,015	0,02	0,03	0,04
0,9 … 1,0	0,03	0,04	0,05	0,06	0,02	0,03	0,04	0,05
1,5 … 2,0	0,05	0,06 … 0,08	0,08 … 0,1	0,09 … 0,12	0,03	0,04 … 0,05	0,05 … 0,07	0,07 … 0,09
2,5 … 3,0	0,08	0,1 … 0,12	0,13 … 0,15	0,15 … 0,18	0,04	0,05 … 0,06	0,09 … 0,10	0,11 … 0,13
3,5 … 4,0	0,1 … 0,12	0,14 … 0,16	0,18 … 0,20	0,21 … 0,24	0,05 … 0,06	0,08 … 0,09	0,11 … 0,13	0,15 … 0,17
4,5 … 5,0	0,14 … 0,16	0,18 … 0,2	0,22 … 0,25	0,27 … 0,3	0,07 … 0,08	0,11 … 0,13	0,15 … 0,17	0,19 … 0,21

Steg-, Rand- und Seitenschneiderbreiten für metallische Werkstoffe

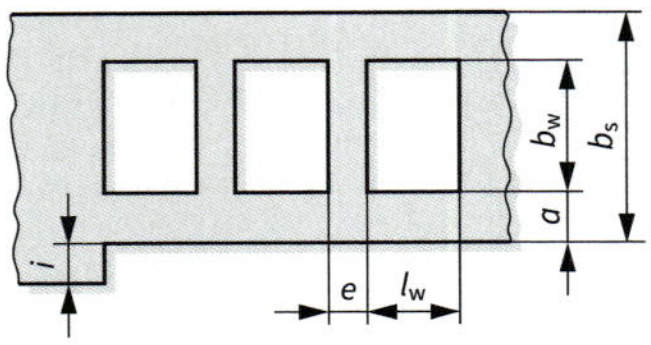

Die Bestimmung von Randbreite a und Stegbreite e geht vom größeren der beiden Maße b_w und l_w aus.

Für Werkstücke mit runden Ausschnitten werden für Randbreite a und Stegbreite e die Werte gewählt, die für $b_w = l_w \leq 10$ mm gelten.

b_s : Streifenbreite
b_w : Werkstückbreite
l_w : Werkstücklänge
t : Blechdicke
a : Randbreite
e : Stegbreite
i : Seitenschneiderbreite

Streifenbreite b_s in mm	Werkstückbreite b_w in mm oder Werkstücklänge l_w in mm (größeres Maß)	Randbreite a und Stegbreite e in mm	Blechdicke t in mm										
			0,1	0,3	0,5	0,75	1,0	1,25	1,5	1,75	2,0	2,5	3,0
bis 100	… 10 oder runde Teile	a	1,0	0,9	0,9	0,9	1,0	1,2	1,3	1,5	1,6	1,9	2,1
		e	0,8	0,8	0,8								
	11 … 50	a	1,9	1,5	1,0	1,0	1,1	1,4	1,4	1,6	1,7	2,0	2,3
		e	1,6	1,2	0,9								
	51 … 100	a	2,2	1,7	1,2	1,2	1,3	1,6	1,6	1,8	1,9	2,2	2,5
		e	1,8	1,4	1,0								
	> 100	a	2,4	1,9	1,5	1,4	1,5	1,8	1,8	2,0	2,1	2,4	2,7
		e	2,0	1,6	1,2								
	Seitenschneiderbreite i		1,5	1,5	1,5	1,5	1,5	1,8	2,2	2,5	3,0	3,5	4,5
> 100 … 200	… 10 oder runde Teile	a	1,2	1,1	1,1	1,0	1,1	1,3	1,4	1,6	1,7	2,0	2,3
		e	0,9	1,0	1,0								
	11 … 50	a	2,2	1,7	1,2	1,2	1,3	1,6	1,6	1,8	1,9	2,2	2,5
		e	1,8	1,4	1,0								
	51 … 100	a	2,4	1,9	1,5	1,4	1,5	1,8	1,8	2,0	2,1	2,4	2,7
		e	2,0	1,6	1,2								
	> 100	a	2,7	2,2	1,7	1,6	1,7	2,0	2,0	2,2	2,3	2,6	2,9
		e	2,2	1,8	1,4								
	Seitenschneiderbreite i		1,5	1,5	1,5	1,5	1,8	2,0	2,5	3,0	3,5	4,0	5,0

Werkstoff-Ausnutzungsgrad

– ohne Seitenschneider

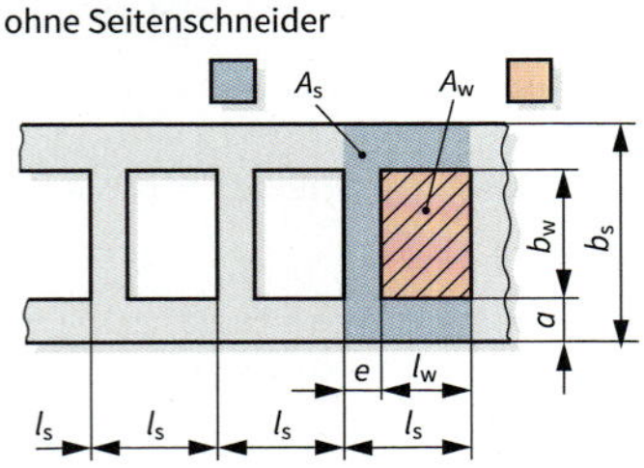

für Ausschnitte beliebiger Form:

$$\eta = \frac{A_w}{A_s}$$

für Ausschnitte mit rechteckiger Form:

$$\eta = \frac{l_w \cdot b_w}{l_s \cdot b_s}$$

$$l_s = l_w + e$$

$$b_s = b_w + 2 \cdot a$$

– mit Seitenschneider

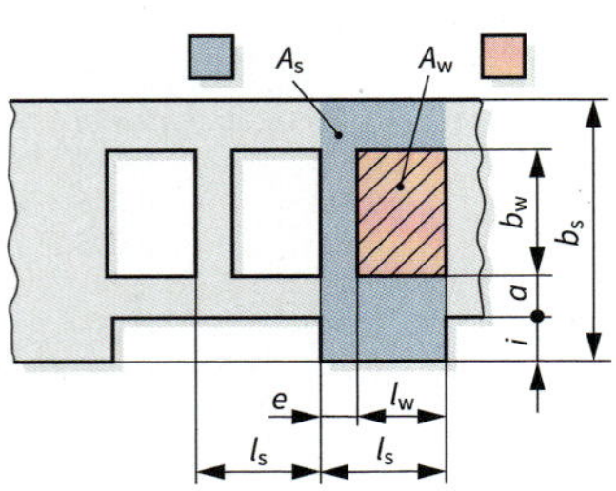

für Ausschnitte beliebiger Form:

$$\eta = \frac{A_w}{A_s}$$

für Ausschnitte mit rechteckiger Form:

$$\eta = \frac{l_w \cdot b_w}{l_s \cdot b_s}$$

$$l_s = l_w + e$$

$$b_s = b_w + 2 \cdot a + i$$

η : Werkstoff-Ausnutzungsgrad
A_w : Werkstückfläche
l_w : Werkstücklänge
b_w : Werkstückbreite
a : Randbreite
e : Stegbreite
i : Seitenschneiderbreite
A_s : benötigte Streifenfläche
l_s : benötigte Streifenlänge (= Vorschub)
b_s : benötigte Streifenbreite

Lochungen und andere Innenformen innerhalb des Schnittteils werden bei der Berechnung des Werkstoff-Ausnutzungsgrades nicht berücksichtigt.

Werkstoff-Ausnutzungsgrad – Beispiele

Leistungswerte und Verbrauchsmegen von Brennschneiddüsen

Werkstückdicke in mm	Schneiddüse in mm	Sauerstoffdruck in bar		Acetylendruck in bar	Gesamtverbrauch Sauerstoff in m³/h	Acetylenverbrauch in m³/h	Schnittfugenbreite in mm	Schnittgeschwindigkeit in mm/min	
		Heizen	Schneiden					Konstruktionsschnitt	Trennschnitt
3	3 … 10	2,0	2,0	0,2	1,64	0,24	1,5	730	870
5			2,0		1,67	0,27		690	840
8			2,5		1,92	0,32		640	780
10			3,0		2,14	0,34		600	740
10	10 … 25	2,5	2,5	0,2	2,46	0,36	1,8	620	750
15			3,0		2,67	0,37		520	690
20			3,5		2,98	0,38		450	640
25			4,0		3,20	0,40		410	600
25	25 … 40	2,5	4,0	0,2	3,20	0,40	2,0	410	600
30			4,3		3,42	0,42		380	570
35			4,5		3,54	0,44		360	550
40			5,0		3,85	0,45		340	530
40	40 … 60	2,5	4,0	0,2	4,95	0,46	2,2	340	540
50			4,5		5,39	0,49		320	500
60			5,0		5,83	0,52		310	460
60	60 … 100	2,5	5,0	0,2	8,56	0,56	3,5	320	480
80			5,5		9,22	0,62	3,5	280	410
100			6,0		9,97	0,67	4,0	260	330

Qualität und Maßtoleranzen thermischer Schnitte

DIN EN ISO 9013: 2017-05

Qualität der Schnitte

Schnittdicke a in mm	Bereich	Rechtwinkligkeits- oder Neigungstoleranz u in mm	Gemittelte Rauhtiefe Rz5 in µm[1)]
3 … 300	1	$0{,}05 + 0{,}003\,a$	$10 + 0{,}6a$[2)]
	2	$0{,}15 + 0{,}007\,a$	$40 + 0{,}8a$[2)]
	3	$0{,}4 + 0{,}01\,a$	$70 + 1{,}2a$[2)]
	4	$0{,}8 + 0{,}02\,a$	$110 + 1{,}8a$[2)]
	5	$102 + 0{,}035\,a$	–

Angabe in technischen Zeichnungen:

√ **1 2 3 4**

1 Norm-Hauptnummer
2 Rechtwinkligkeits- oder Neigungstoleranz u
3 Gemittelte Rauhtiefe Rz5
4 Toleranzklasse

Beispiel: √ ISO 9013 – 342

[1)] 1 x 1 Messung je 1 Meter Schnitt
[2)] a wird als Zahlenwert in mm eingesetzt

Grenzabmaße – Toleranzklassen

Werkstückdicke t in mm	Nennmaße in mm															
	> 0 < 3		≥ 3 < 10		≥ 10 < 35		≥ 35 < 125		≥ 125 < 315		≥ 315 < 1000		≥ 1000 < 2000		≥ 2000 < 4000	
> 0 ≤ 1	±0,04	±0,1	±0,1	±0,3	±0,1	±0,4	±0,2	±0,5	±0,2	±0,7	±0,3	±0,8	±0,3	±0,9	±0,3	±0,9
> 1 ≤ 3,15	±0,1	±0,2	±0,2	±0,4	±0,2	±0,5	±0,3	±0,7	±0,3	±0,8	±0,4	±0,9	±0,4	±1,0	±0,4	±1,1
> 3,15 ≤ 6,3	±0,3	±0,5	±0,3	±0,7	±0,4	±0,8	±0,4	±0,9	±0,5	±1,1	±0,5	±1,2	±0,5	±1,3	±0,6	±1,3
> 6,3 ≤ 10			±0,5	±1,0	±0,6	±1,1	±0,6	±1,3	±0,7	±1,4	±0,7	±1,5	±0,7	±1,6	±0,8	±1,7
> 10 ≤ 50			±0,6	±1,8	±0,7	±1,8	±0,7	±1,8	±0,8	±1,9	±1,0	±2,3	±1,6	±3,0	±2,5	±4,2
> 50 ≤ 100					±1,3	±2,5	±1,3	±2,5	±1,4	±2,6	±1,7	±3,0	±2,2	±3,7	±3,1	±4,9
> 100 ≤ 150					±1,9	±3,2	±2,0	±3,3	±2,1	±3,4	±2,3	±3,7	±2,9	±4,4	±3,8	±5,7
> 150 ≤ 200					±2,6	±4,0	±2,7	±4,0	±2,7	±4,1	±3,0	±4,5	±3,6	±5,2	±4,5	±6,4
> 200 ≤ 250											±3,7	±5,2	±4,2	±5,9	±5,2	±7,2
> 250 ≤ 300											±4,4	±6,0	±4,9	±6,7	±5,9	±7,9

■ (blau): Toleranzklasse 1 ■ (rot): Toleranzklasse 2

Richtwerte für das Laserstrahlschneiden mit CO_2-Laser

Werkstoff	Werkstückdicke *t* in mm	Leistung *P* in W	Bohrungsdurchmesser der Düse *d* in mm	Schneidgas	Gasdruck *p* in bar	Gasverbrauch *V'* in m³/h	Schneidgeschwindigkeit v_c in m/min
Unlegierter Stahl	1	500	0,6 ... 0,8	O_2	3,5 ... 6,0	2,0	15,0
	2	800	0,6 ... 1,2		2,5 ... 4,0	3,0	7,0
	4	1000	0,6 ... 1,2		2,0 ... 4,0	2,7	4,0
	6	1000	1,0 ... 1,5		1,5 ... 3,0	3,2	2,5
Nichtrostender Stahl	1	1000	0,6 ... 1,2	O_2	4,0 ... 6,0	5,0	11,0
	2	1000	0,6 ... 1,2		4,0 ... 6,0	5,0	7,0
	4	1500	0,8 ... 1,5		4,0 ... 5,0	7,0	3,0
	6	1500	1,0 ... 1,5		3,5 ... 5,0	7,0	0,6
	1	1500	1,2 ... 1,5	N_2	6,0	8,0	7,0
	2	1500	1,2 ... 1,5		9,0	12,0	4,0
	4	3000	2,0 ... 2,5		13,0	28,0	3,0
	6	3000	2,5 ... 3,0		14,0	52,0	1,5
Aluminiumlegierung AlMg3	1	1800	1,2 ... 1,5	N_2	12,0	11,0	8,2
	2	1800	1,2 ... 1,5		14,0	15,0	3,6
	4	3000	1,8 ... 2,2		14,0	35,0	1,8
	6	4000	2,0 ... 2,4		16,0	40,0	1,8

Wasserstrahlschneiden

Werkstoff	Dicke *t* in mm	Vorschubgeschwindigkeit v_c in m/min	Werkstoff	Dicke *t* in mm	Vorschubgeschwindigkeit v_c in m/min
Aluminium	1,0 2,0	1,2 0,2	Polyethylen	3,0	0,3
Glasfaserverstärkter Kunststoff	3,5 15,0	2,4 0,2	Polycarbonat	8,0	0,2
Kohlefaserverstärkter Kunststoff	2,5 6,0	2,3 0,1	Wellpappe	6,25 14,0	180,0 80,0
Polyamid	6,5	1,2	Gummi	1,5 25,0	30,0 7,5

Plasmaschneiden

Werkstückdicke *t* in mm	Stromstärke *I* in A	Düsendurchmesser *s* in mm	Schneidgase		Schnittgeschwindigkeit v_c in mm/min	
			Ar l/min	H_2 l/min	Güteschnitt	Trennschnitt
Hochlegierte Stähle						
10	200	2,0	15	10	1250	3500
20	200	2,0	15	12	650	2000
30	280	2,5	20	12	500	1000
40	280	2,5	20	12	350	700
50	280	2,5	20	12	200	600
Aluminium						
10	200	2,0	15	10	4000	6000
20	200	2,0	15	12	1400	3500
30	200	2,0	20	12	750	2500
40	200	2,0	20	12	450	2000
50	280	2,5	20	12	600	1200

Richtwerte für das funkenerosive Schneiden (Drahterodieren)

Werkstück: X 210 Cr 12 (1.2080); Draht: Cu, Durchmesser 0,25 mm; Dielektrium: entsalztes Wasser

Schnittart	Schnellschnitt						Qualitätsschnitt						Präzisionsschnitt					
Werkstückdicke *t* in mm	10	20	30	50	70	100	10	20	30	50	70	100	10	20	30	50	70	100
Arbeitsstrom I_e in A	15						13	13	13	15	15	15	15	15	15	15	15	11
Drahtgeschwindigkeit v_d in mm/min	200						90	90	120	120	120	120	200					
Schneidvorschub v_f in mm/min	12,5	7,2	5,3	3,55	2,15	1,3	3,9	2,45	1,8	1,2	0,9	0,61	8,5	5,5	4,0	2,5	1,7	0,95
Schneidrate A_c in mm²/min	125	144	159	177	150	130	39	48	54	59	63	61	3,45	2,63	1,88	1,25	0,94	0,6
Ra/Rz in µm	1,8/10						1,8/9,5						1,4/7,5					

Senkerodieren	Drahterodieren
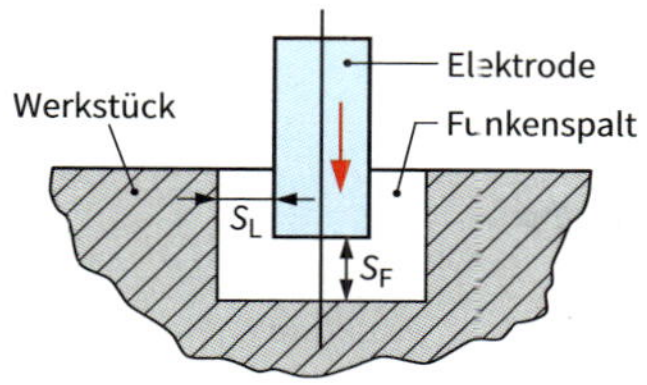	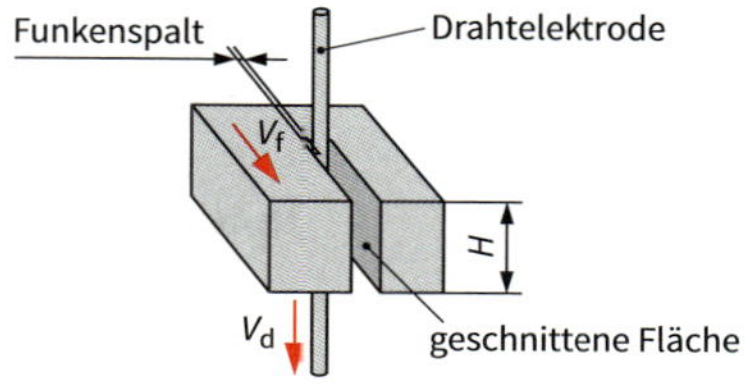

S_L – lateraler Funkenspalt
S_F – frontaler Funkenspalt

v_f – Vorschubgeschwindigkeit in mm/min
v_d – Ablaufgeschwindigkeit in mm/min
H – Schnitthöhe (Werkstückdicke) in mm

Richtwerte für das Senkerodieren

Werkstück: X 210 CrW12 (1.2436) (–); Elektrode: Cu-ETP (+); Dielektrium: Mineralöl																
Stromstufe	1	2	3	4	5	6	7	8	9	10	11	12	13	14	15	16
Arbeitsstrom I_e in A[1]	< 1	2	3	4,5	6	8	12	15	21	26	30	35	42	52	68	77
Spannung U in V	135															
Funkenspalt S_L in µm	19	31	41	44	51	59	65	82	99	129	155	165	190	210	230	260
spez. Abtragsvolumen Q_w in mm^3/min	0,08	1,6	4,8	12	17	25	47	59	104	159	188	217	258	327	265	626
Mittenrauwert Ra in µm	1	1,25	1,6	2,7	3,15	4	5	8	9	10	12	14	16	17	18	19
Rautiefe Rz in µm	6	9	12	17	20	25	29	34	41	44	52	55	62	70	72	74

Werkstück: 55 Ni Cr Mo V 7 (1.2714) (–); Elektrode: Grafit (+); Dielektrium: Mineralöl																
Stromstufe	[illegible]	2	3	4	5	6	7	8	9	10	11	12	13	14	15	16
Arbeitsstrom I_e in A[1]	–	1,5	2,2	3,8	6,5	8	9,5	13	17	20	24	29	37	47	57	67
Spannung U in V	135															
Funkenspalt S_L in µm	–	29	47	52	60	75	84	99	106	116	124	133	145	157	165	220
spez. Abtragsvolumen Q_w in mm^3/min	–	1,5	1,4	2,1	9	16	32	43	72	123	158	205	280	377	412	462
Mittenrauwert Ra in µm	–	2,2	3,15	4	5	6,3	8	8,5	9	9	10	12	13	15	16	18
Rautiefe Rz in µm	–	14	21	25	27	31	35	38	40	42	46	50	53	58	61	71

	Werkstück: HM G 20 (+) Elektrode: Cu-ETP (–) Dielektrium: Mineralöl							Werkstück: HM G 55; Dielektrium: Mineralöl Elektrode: Wolfram-Kupfer (+)					Elektrode: Cu-ETP (+)		
Stromstufe	1	3	7	13	13	16	16	2	5	7	9	13	4	7	9
Arbeitsstrom I_e in A[1]	1	1	3	6	10	8	18	1	4,5	9	17,5	31	4,5	11	20
Spannung U in V	250		135	75				135					135		
Funkenspalt S_L in µm	25	26	28	29	32	33	40	15	30	35	45	60	25	50	70
spez. Abtragsvolumen Q_w in mm^3/min	0,11	0,9	2,5	4,5	10	7	20	1,5	4,5	6	13	41	1,5	7	22
Mittenrauwert Ra in µm	1	1,25	2,5	1,6	2	1,6	2,2	1,25	1,5	2	2,5	3,4	1,25	2,5	3,4
Rautiefe Rz in µm	7	8	10	12	13	12	14	8	10	13	15	22	9	15	22

	Werkstück: EN AW-Al Cu 4 Pb Mg Mn (–) Elektrode: Cu-ETP (+) Dielektrium: Mineralöl					Werkstück: EN AW-Al Cu 4 Pb Mg Mn (–) Elektrode: Grafit (+) Dielektrium: Mineralöl									
Stromstufe	3	7	7	13	13	2	2	3	3	5	5	9	9	13	13
Arbeitsstrom I_e in A[1]	3	9	11	> 40	> 40	1,5	2,5	3	4	5	7	15	20	41	43
Spannung U in V	135					135									
Funkenspalt S_L in µm	50	85	115	260	310	40	50	45	55	65	75	180	210	320	420
spez. Abtragsvolumen Q_w in mm^3/min	25	130	140	1050	800	7	13	20	12	45	45	220	300	870	800
Mittenrauwert Ra in µm	3	7	12	20	22	2,2	3,2	3,0	3,15	6,3	8,2	8	20	17	25
Rautiefe Rz in µm	19	33	50	85	95	14	21	16	20	31	36	35	84	65	115

[1] Der Arbeitsstrom stellt sich bei optimalen Erodierverhältnissen unter den jeweiligen Einstellparametern ein.

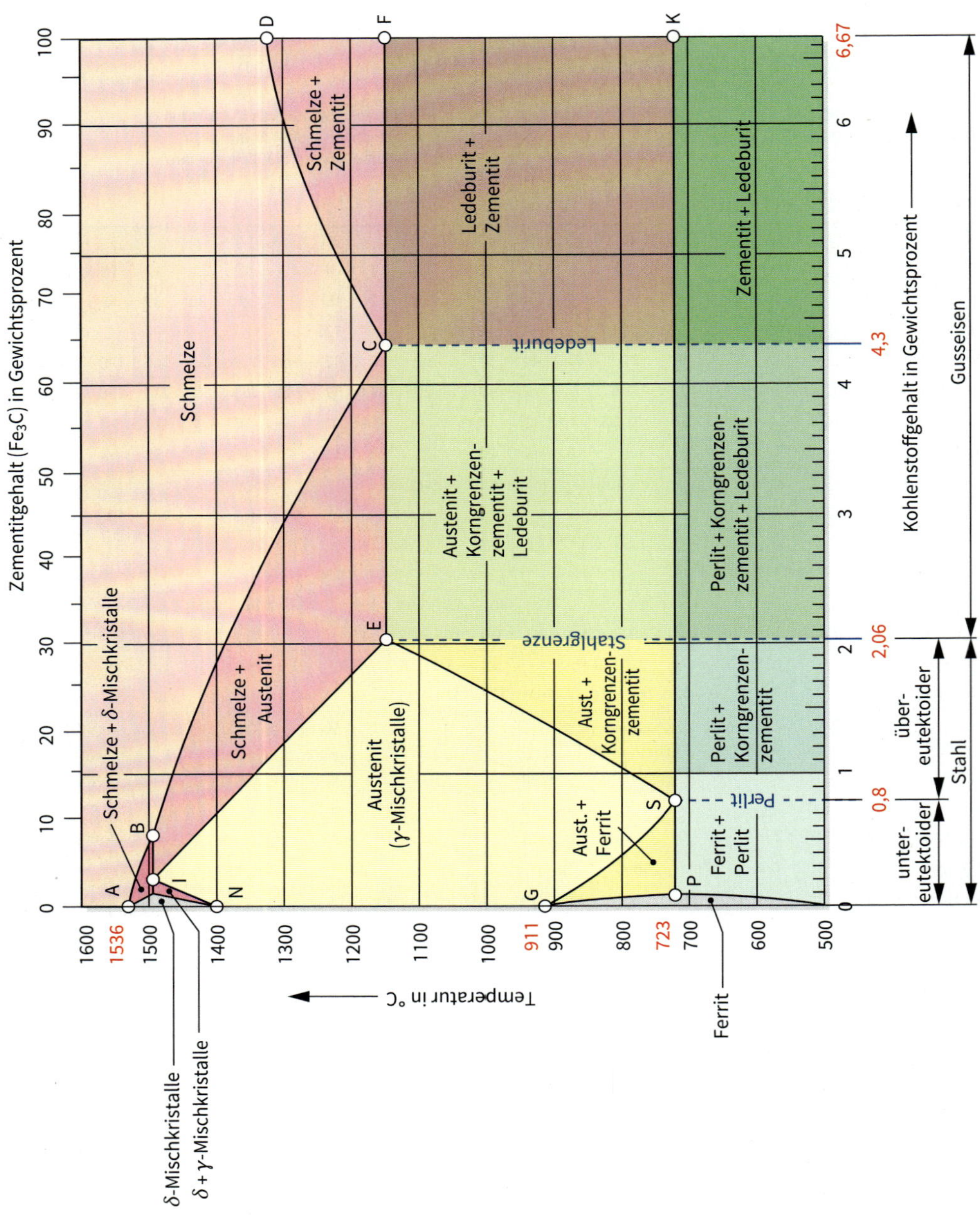
Zementitgehalt (Fe3C) in Gewichtsprozent
0
10
20
30
40
50
60
70
80
90
100
Temperatur in °C
1600
1536
1500
1400
1300
1200
1100
1000
911
900
800
723
700
600
500
A
B
I
N
D
F
C
E
G
S
P
K
Schmelze
Schmelze + δ-Mischkristalle
Schmelze + Austenit
Schmelze + Zementit
Austenit (γ-Mischkristalle)
Aust. + Ferrit
Aust. + Korngrenzen-zementit
Austenit + Korngrenzen-zementit + Ledeburit
Ledeburit + Zementit
Ferrit + Perlit
Perlit + Korngrenzen-zementit
Perlit + Korngrenzen-zementit + Ledeburit
Zementit + Ledeburit
Perlit
Stahlgrenze
Ledeburit
δ-Mischkristalle
δ + γ-Mischkristalle
Ferrit
0,8
2,06
4,3
6,67
1
2
3
4
5
6
Kohlenstoffgehalt in Gewichtsprozent
unter-eutektoider
über-eutektoider
Stahl
Gusseisen

Ausschnitt aus dem Eisen-Kohlenstoff-Diagramm

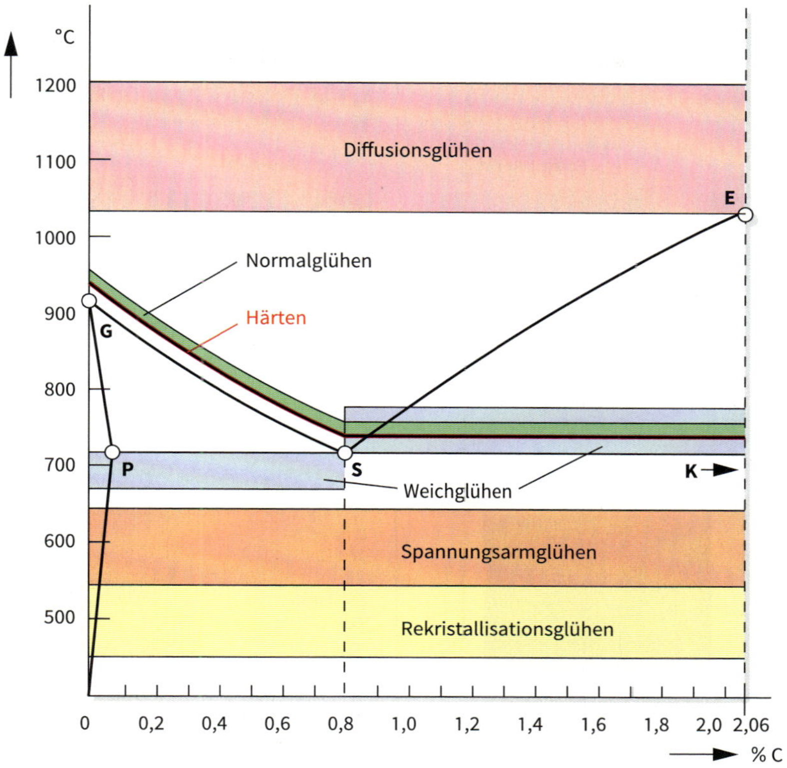

Begriffe der Wärmebehandlung

DIN EN ISO 4885: 2018-07

Altern	Änderung von Eigenschaften von Stählen, die sich abhängig von Zeit und Temperatur nach Warm- oder Kaltumformung durch Diffusion einstellen	**Härtung**	Erwärmen und Halten auf einer Temperatur oberhalb der GSK-Linie mit anschließendem Abschrecken, sodass durch Martensitbildung eine Härtesteigerung eintritt
Diffusionsglühen	Glühen bei hoher Temperatur, um Unterschiede der chemischen Zusammensetzung zu verringern	**Einsatzhärten**	Aufkohlen oder Carbonitrieren mit anschließender, zur Härtung führender Behandlung
Normalglühen	Erwärmen auf eine Temperatur oberhalb der GSK-Linie mit anschließendem Abkühlen in ruhender Luft zum Erreichen eines feinen ferritisch-perlitischen Gefüges	**Vergüten**	Härten und Anlassen bei höherer Temperatur, um gewünschte Kombination der mechanischen Eigenschaften, insbesondere hohe Zähigkeit und Verformbarkeit, zu erreichen
Rekristallisationsglühen	Beseitigung der Festigkeitszunahme nach Kaltumformung ohne Phasenumwandlung	**Abschrecken**	Abkühlen eines Werkstücks mit größerer Geschwindigkeit als bei ruhender Luft
Spannungsarmglühen	Glühen bei einer Temperatur unterhalb der PSK-Linie mit anschließendem langsamen Abkühlen zur Herabsetzung der Eigenspannungen	**Anlassen**	Wärmebehandlung, die nach einem Härten durchgeführt wird, um gewünschte Werte für bestimmte Eigenschaften zu erreichen
Weichglühen	Glühen dicht unterhalb oder dicht oberhalb der PSK-Linie mit anschließendem langsamen Abkühlen zur Verminderung der Härte	**Nitrieren**	Thermochemisches Behandeln zum Anreichern der Randschicht eines Werkstücks mit Stickstoff zur Erreichung einer Oberflächenhärte

Gefügebilder

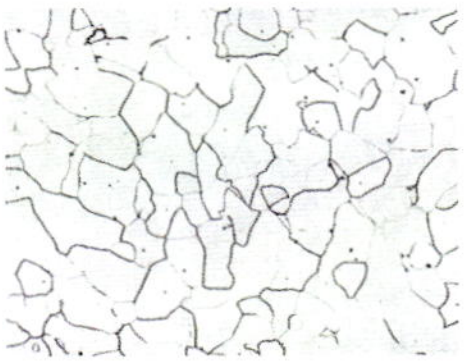

Ferrit

untereutektoider Stahl
Ferrit + Perlit

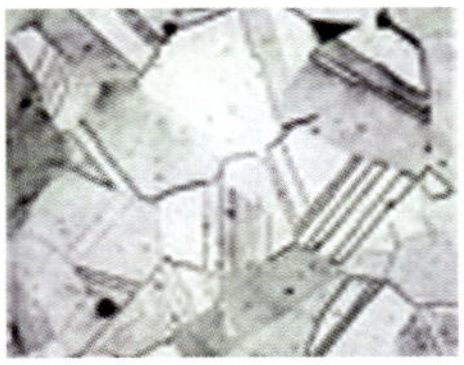

Austenit

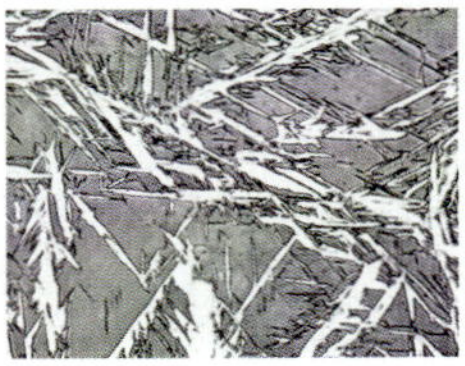

Martensit

eutektoider Stahl
Perlit

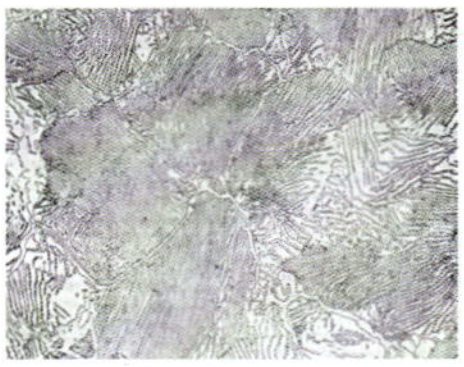

übereutektoider Stahl
Perlit + Zementit

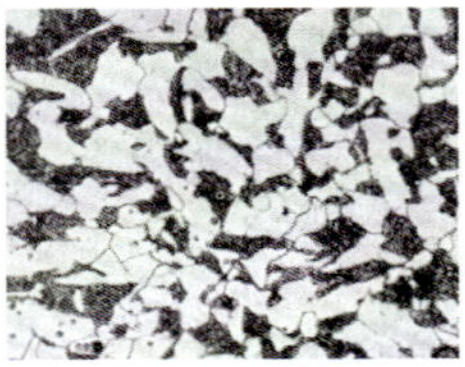

Gefügeveränderung nach
Normalglühen

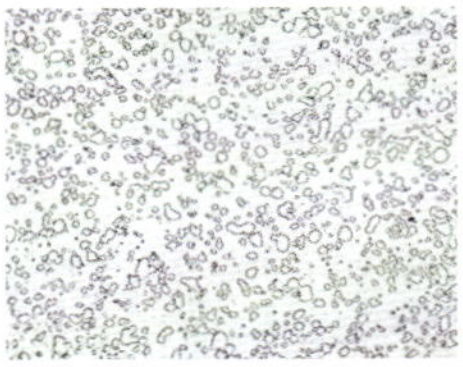

Gefügeveränderung nach
Weichglühen

Glühfarben für Stähle

Dunkelbraun	550 °C
Braunrot	630 °C
Dunkelrot	680 °C
Dunkelkirschrot	740 °C
Kirschrot	780 °C
Hellkirschrot	810 °C
Hellrot	850 °C
gut Hellrot	900 °C
Gelbrot	950 °C
Hellgelbrot	1000 °C
Gelb	1100 °C
Hellgelb	1200 °C
Gelbweiß	1300 °C und darüber

Anlassfarben für unlegierten Werkzeugstahl

Weißgelb	200 °C
Strohgelb	220 °C
Goldgelb	230 °C
Gelbbraun	240 °C
Braunrot	250 °C
Rot	260 °C
Purpurrot	270 °C
Violett	280 °C
Dunkelblau	290 °C
Kornblumenblau	300 °C
Hellblau	320 °C
Blaugrau	340 °C
Grau	360 °C

Einsatzstähle

DIN EN ISO 683-3: 2018-09

Kurzname	Werkstoff-nummer	Gebräuchliche Arten der Einsatzbehandlung	Aufkohlungstemperatur in °C	Kernhärten bei °C	Randhärten bei °C	Abkühlmittel	Anlassen bei °C
C 10 E C 15 E	1.1121 1.1141	Direkthärten, Einfachhärten	880 … 980	880 … 920	780 … 820	Die Wahl des Abkühlmittels richtet sich in Abhängigkeit von den zu erzielenden Eigenschaften nach der Härtbarkeit, der Gestalt und dem Querschnitt des Werkstückes und nach der Wirkung des Abkühlmittels	150 … 200
16 MnCr 5 20 MnCr 5 20 MoCr 4	1.7131 1.7147 1.7321	Einfachhärten Direkthärten		860 … 900			
20 NiCrMo 2-2	1.6523	Direkthärten, Einfachhärten		860 … 900			
18 CrNiMo 7-6	1.6587	Einfachhärten, Direkthärten		830 … 870			

Wärmebehandlungsfolgen beim Einsatzhärten

Direkthärten von Aufkohlungstemperatur

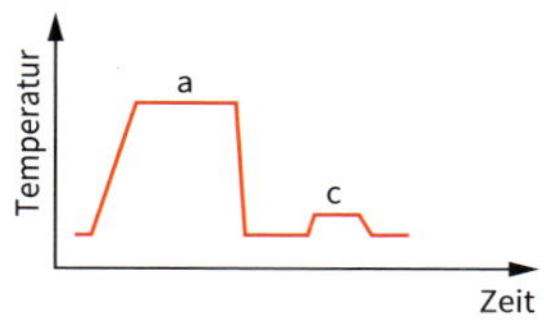

Einfachhärten von Kern- oder Randhärtetemperatur

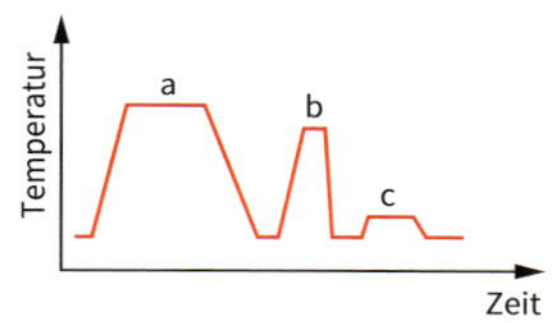

Härten nach isothermischer Umwandlung in der Perlitstufe

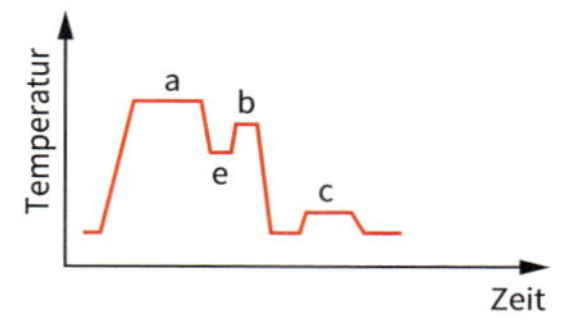

Direkthärten nach Absenken auf Härtetemperatur

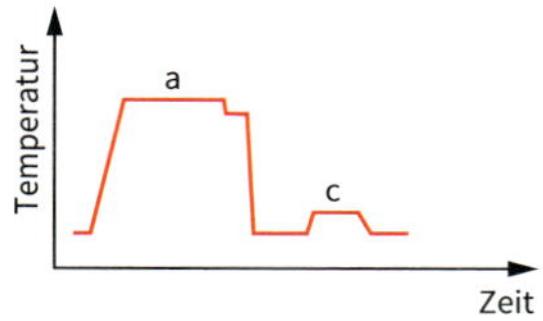

Einfachhärten nach Zwischenglühen (Weichglühen)

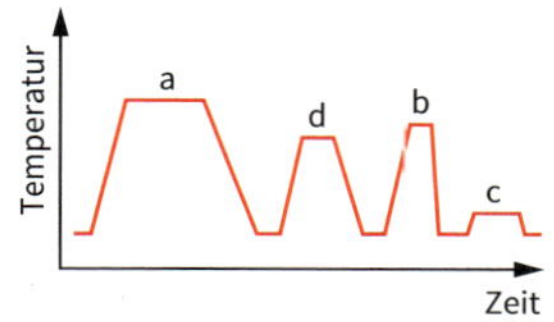

Härten nach isothermischer Umwandlung in der Perlitstufe und Abkühlen auf Raumtemperatur

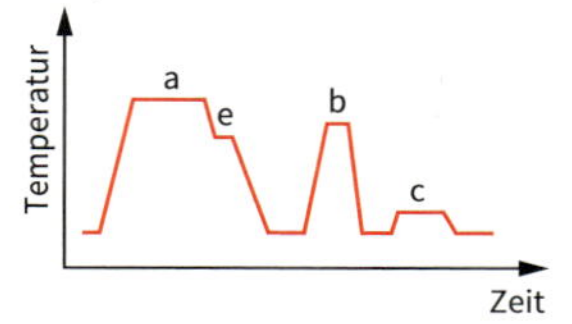

Doppelhärten

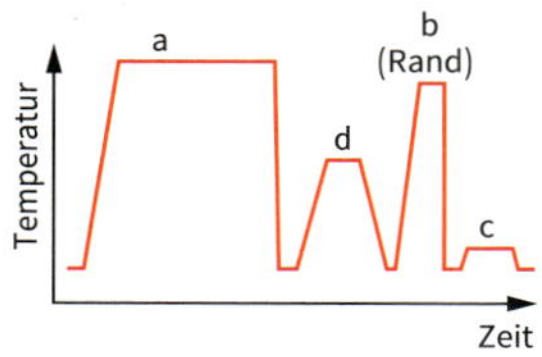

a: Aufkohlen
b: Wiedererwärmen zum Härten
c: Anlassen
d: Zwischenglühen (Weichglühen)
e: Umwandlung in der Perlitstufe

Gewährleistete Härte

Kurzname	Werkstoff-nummer	Härte im Behandlungszustand A[1) HB 30 max.	TH[2) HB 30	FP[3) HB 30
C 10 E	1.1121	131	–	–
C 15 E	1.1141	143	–	–
16 MnCr 5	1.7131	207	156 … 207	140 … 187
20 MnCr 5	1.7147	217	170 … 217	152 … 201
20 MoCr 4	1.7321	207	156 … 207	140 … 187

Kurzname	Werkstoff-nummer	Härte im Behandlungszustand A HB 30 max.	TH HB 30	FP HB 30
20 NiCrMo 2-2	1.6523	212	161 … 212	149 … 194
18 CrNiMo 7-6	1.6587	229	179 … 229	159 … 207

1) A: weichgeglüht
2) TH: wärmebehandelt auf Härtespanne
3) FP: wärmebehandelt auf Ferrit-Perlit-Gefüge und Härtespanne

Vergütungsstähle

DIN EN ISO 683-1: 2018-09; DIN EN ISO 683-2: 2018-09

Kurzname	Werkstoffnummer	Weichglühen bei °C	Normalglühen bei °C	Härten		Anlassen bei °C	Härte in Stirnabschreckversuch in HRC
				in Wasser bei °C	in Öl bei °C		
C 25[1]	1.0406		880 … 920	860 … 900	–		–
C 30[1]	1.0528	650 … 700	870 … 910	850 … 890	–	550 … 660	–
C 35[1]	1.0501		860 … 900	840 … 880	840 … 880	550 … 660	–
C 45[1]	1.0503		840 … 880	820 … 860	820 … 860		–
C 60[1]	1.0601		820 … 860	800 … 840	800 … 810		–
23 Mn 6	1.1054		–	840 … 900	–	550 … 650	51 … 42
28 Mn 6	1.1170	650 … 700	–	830 … 870	830 … 870	540 … 680	54 … 45
42 Mn 6	1.1055		–	–	830 … 880	550 … 650	62 … 55
38 Cr 2[2]	1.7003	650 … 700	–	830 … 870	830 … 870		59 … 51
46 Cr 2[2]	1.7003	650 … 700	–	820 … 860	820 … 860		63 … 54
34 Cr 4[2]	1.7033	680 … 720	–	830 … 870	830 … 870		57 … 49
37 Cr 4[2]	1.7034	680 … 720	–	825 … 865	825 … 865		59 … 51
41 Cr 4[2]	1.7035	680 … 720	–	820 … 860	820 … 860		61 … 53
25 CrMo 4	1.7218	680 … 720	860 … 900	840 … 880	840 … 880		52 … 44
34 CrMo 4	1.7220		850 … 890	830 … 870	830 … 870		57 … 49
42 CrMo 4	1.7225		840 … 880	820 … 860	820 … 860		61 … 53
50 CrMo 4	1.7228		840 … 880	–	820 … 860		65 … 58
30 CrNiMo 8	1.6580	650 … 700	–	–	830 … 860	550 … 660	56 … 48
34 CrNiMo 6	1.6582	650 … 700	–	–	830 … 860	540 … 660	58 … 50
36 CrNiMo 4	1.6511	650 … 700	–	820 … 850	820 … 850	540 … 680	59 … 51
41 CrNiMo 2	1.6584	–	–	830 … 860	830 … 860	540 … 660	60 … 53
51 CrV 4	1.8159	680 … 720	–	–	820 … 860	540 … 680	65 … 57

[1] Die Angaben gelten auch für Stähle mit einem vorgeschriebenen Bereich des S-Gehaltes, z. B.: C 22 R, oder mit einem vorgeschriebenen maximalen S-Gehalt, z. B.: C 22 E.

[2] Die Angaben gelten auch für Stähle mit einem gewährleisteten S-Gehalt, z. B.: 38 Cr S2.

Nitrierstähle

DIN EN 10085: 2001-07

Kurzname	Werkstoffnummer	Weichglühen bei °C	Härte nach dem Weichglühen HB	Härten		Anlassen bei °C	Nitrieren bei °C	Oberflächenhärte nach dem Nitrieren HV
				bei °C	in			
31 CrMoV 9	1.8519	680 … 720	≤ 248	840 … 880	Öl, Wasser	570 … 680	480 … 570	800
34 CrAlMo 5	1.8507	650 … 700		900 … 940	Öl, Wasser	570 … 650		950
34 CrAlNi 7	1.8550	650 … 700		850 … 890	Öl	570 … 660		950
40 CrMoV 13-9	1.8523	680 … 720		870 … 970	Öl, Wasser	580 … 700		800

Automatenstähle

DIN EN ISO 683-4: 2018-09

Kurzzeichen	Werkstoffnummer	Einsetzen bei °C	Abkühlen in	Kernhärten		Randhärten		Anlassen bei °C	Vergüten		
				bei °C	in	bei °C	in		Härten bei °C	in	Anlassen bei °C
Einsatzstähle											
10 S 20	1.0721	880 …	Wasser,	880 …	Wasser	780 …	Wasser,	150 …	–	–	–
15 SMn 13	1.0725	980	Luft	980		820	Öl	200	–	–	–
Vergütungsstähle											
35 S 20	1.0726	–	–	–	–	–	–	–	860 … 890	Wasser oder Öl	540 … 680
36 SMn 14	1.0764	–	–	–	–	–	–	–	860 … 880		
38 SMn 28	1.0760	–	–	–	–	–	–	–	850 … 880		
44 SMn 28	1.0762	–	–	–	–	–	–	–	840 … 870		
46 S 20	1.0727	–	–	–	–	–	–	–	840 … 870		

Werkzeugstähle

DIN EN ISO 4957: 2018-11

Kurzname	Werkstoff-nummer	Härte HB weichgeglüht	Härtetemperatur in °C	Abschreck-mittel [1]	Anlass-temperatur in °C	Härte HRC min.
Unlegierte Kaltarbeitsstähle						
C 45 U	1.1730	207	810	W	180	54
C 70 U	1.1620	183	800	W	180	57
C 80 U	1.1525	192	790	W	180	58
C 105 U	1.1545	212	780	W	180	61
Legierte Kaltarbeitsstähle						
21 MnCr 5	1.2162	217	aufgekohlt, abgeschreckt und angelassen			60
60 WCrV 8	1.2550	229	910	O	180	58
90 MnCrV 8	1.2842	229	790	O	180	60
102 Cr 6	1.2067	223	840	O	180	60
45 NiCrMo 16	1.2767	285	850	O	180	52
X 38 CrMo 16	1.2316	300		vergütet geliefert		300 HB
X 153 CrMoV12	1.2379	255	1020	A	180	61
X 210 Cr 12	1.2080	248	970	O	180	62
X 210 CrW 12	1.2436	255	970	O	180	62
Warmarbeitsstähle						
32 CrMoV 12-28	1.2365	229	1040	O	550	46
55 NiCrMoV 7	1.2714	248	850	O	500	46
X 37 CrMoV 5-1	1.2343	229	1020	O	550	48
X 40 CrMoV 5-1	1.2344	229	1020	O	550	50
Schnellarbeitsstähle						
HS 3-3-2	1.3333	255	1190	A, O, Salzbad	560	62
HS 2-9-2	1.3348	269	1200	A, O, Salzbad	560	64
HS 6-5-2 C	1.3343	269	1210	A, O, Salzbad	560	64
HS 6-5-3	1.3344	269	1200	A, O, Salzbad	560	64
HS 6-5-2-5	1.3243	269	1210	A, O, Salzbad	560	64
HS 2-9-1-8	1.3247	277	1190	A, O, Salzbad	550	66
HS 10-4-3-10	1.3207	302	1230	A, O, Salzbad	560	66

[1] W: Wasser; O: Öl; A: Luft

Stähle für Flamm- und Induktionshärten

DIN EN ISO 683-1: 2018-09; DIN EN ISO 683-2: 2018-09

Kurzname	Werkstoffnummer	Warm-umformen bei °C	Härte HB 30 weich geglüht	Normal-glühen bei °C	Härten bei °C	Ab-schreck-mittel	Anlassen bei °C
Unlegierte Vergütungsstähle							
C35E / C35R	1.1181 / 1.1180	1100 … 850	–	870 ± 5	840 … 880	Wasser oder Öl	550 … 660
C45E / C45R	1.1191 / 1.1201		207	850 ± 5	820 … 860		
C50E / C50R	1.1206 / 1.1241		217	850 ± 5	810 … 850		
C55E / C55R	1.1203 / 1.1209		229	830 ± 5	810 … 850		
Legierte Vergütungsstähle							
37Cr4 / 37CrS4	1.7034 / 1.7038	1050 … 850	235	–	825 … 865	Wasser oder Öl	540 … 680
41Cr4 / 41CrS4	1.7035 / 1.7039		241	–	820 … 860		
42CrMo4 / 42CrMoS4	1.7225 / 1.7227		241	–	820 … 880		
50CrMo4	1.7228		248	–	820 … 870	Öl	

Stähle für vergütbare Federn

DIN EN 10089: 2008-01

Kurzname	Werkstoff-nummer	Weichglühen bei °C	Normalglühen bei °C	Härten		Anlassen bei °C	Kernhärte HRC
				in Wasser bei °C	in Öl bei °C		
38 Si 7	1.5023	640 … 680	830 … 860	880	–	450	≥ 47
54 SiCr 6	1.7102		830 … 860	–	860	450	≥ 54
61 SiCr 7	1.7108		830 … 860	–	860	450	≥ 54
55 Cr 3	1.7176		850 … 880	–	840	400	≥ 54
51 CrV 4	1.8159		850 … 880	–	850	450	≥ 54
52 CrMoV 4	1.7701		850 … 880	–	860	450	≥ 54

Ferritische und Martensitische Stähle

Kurzname	Werkstoff-nummer	Glühen		Abschrecken		Anlassen
		bei °C	Abkühlungsart	bei °C	Abkühlungsart	bei °C
Ferritische Stähle						
X2CrNi12	1.4003	680…740	Luft	–	–	–
X6Cr13	1.4000	750…800	Luft	–	–	–
X6CrMoS17	1.4105	750…850	Luft			
X6CrMo17-1	1.4113	750…850	Luft			
X3CrNb17	1.4511	750…850	Luft			
X6CrMoNb17-1	1.4526	800…860	Luft			
Martensitische Stähle						
X12Cr13	1.4006	–	–	950…1000	Öl, Luft	680…780
X20Cr13	1.4021	745…825	Luft	950…1050	Öl, Luft	600…700
X30Cr13	1.4028	745…825	Luft	950…1050	Öl, Luft	625…675
X39Cr13	1.4031	750…850	Ofen, Luft	950…1050	Öl, Luft	650…700
X50CrMoV15	1.4116	750…850	Ofen, Luft	-		-
X39CrMo17-1	1.4122	750…850	Ofen, Luft	980…1060	Öl	650…750
X70CrMo15	1.4109	750…800	Ofen, Luft	-	-	-
X105CrMo17	1.4125	780…840	Ofen, Luft	-	-	-
X90CrMoV18	1.4112	780…840	Ofen, Luft	-	-	-

Ausscheidungshärtende Stähle

		Wärme-behandlung	Lösungsglühen		Ausscheidungshärten	
			bei °C	Abkühlungsart	bei °C	Abkühlungsart
X5CrNiCuNb16-4	1.4542	+AT +P930 +P1070	1030…1050	Öl, Luft	– 620 550	– Luft Luft
X7CrNiAl17-7	1.4568	+AT	1060…1080	Wasser, Luft	–	–
X1CrNiMoAl-Ti12-9-2	1.4530	+AT +P1200	820…860	Öl, Luft	– 540…560	– Luft
X5NiCrTi-MoVB25-15-2	1.4606	+AT +P880	970…990	Wasser, Öl	- 720	– Luft

Austenitische Stähle

Kurzname	Werkstoff-nummer	Lösungsglühen	
		bei °C	Abkühlungsart
X10CrNi18-8	1.4310	1000…1100	Wasser, Luft
X2CrNi18-9	1.4307	1000…1100	Wasser, Luft
X2CrNi19-11	1.4306	1000…1100	Wasser, Luft
X2CrNiN18-10	1.4311	1000…1100	Wasser, Luft
X5CrNi18-10	1.4301	1000…1100	Wasser, Luft
X8CrNiS18-9	1.4305	1000…1100	Wasser, Luft
X6CrNiTi18-10	1.4541	1020…1120	Wasser, Luft
X4CrNi18-12	1.4303	1000…1100	Wasser, Luft
X2CrNiMoN17-11-2	1.4406	1020…1120	Wasser, Luft
X5CrNiMo17-12-2	1.4401	1020…1120	Wasser, Luft
X6CrNiMoTi17-12-2	1.4571	1020…1120	Wasser, Luft
X2CrNiMoNl 7-13-3	1.4429	1020…1120	Wasser, Luft
X3CrNiMo17-13-3	1.4436	1020…1120	Wasser, Luft
X1NiCrMoCu25-20-5	1.4539	1020…1120	Wasser, Luft
X5CrNi17-7	1.4319	1000…1100	Wasser, Luft
X5CrNiN19-9	1.4315	1000…1100	Wasser, Luft
X6CrNiMoNb17-12-2	1.4580	1020…1120	Wasser, Luft
X2CrNiMo18-15-4	1.4438	1020…1120	Wasser, Luft

Warmumformung austenitischer Stähle

Stahlsorten		Temperatur in °C	Abkühlungs-art
Ferritische Stähle			
Standardgüten		1100…800	Luft
Sondergüten		1100…800	Luft
Martensitische Stähle			
Standardgüten		1100…800	Luft/langsames Abkühlen
Sondergüten		1100…800	langsames Abkühlen
Ausscheidungshärtende Stähle			
Standardgüten		1150…900	Luft
Sondergüten	1.4530	1200…800	Luft
	1.4606	1100…950	Luft, Öl, Wasser
Austenitische Stähle			
Standardgüten		1200…900	Luft
Sondergüten		1150…850	Luft
Austenitisch-ferritische Stähle			
Standardgüten		1200…950	Luft
Sondergüten		1200…1000	Luft

Austenitisch-ferritische Stähle

Kurzname	Werkstoff-nummer	Lösungsglühen		Kurzname	Werkstoff-nummer	Lösungsglühen	
		bei °C	Abkühlungsart			bei °C	Abkühlungsart
X3CrNiMoN27-5-2	1.4460	1020…1100	Wasser, Luft	X2CrNiN23-4	1.4362	950…1050	Wasser, Luft
X2CrNiMoN22-5-3	1.4462		Wasser, Luft	X2CrNiMoCuWN25-7-4	1.4501	1040…1120	Wasser

Aluminium, Aluminium-Knetlegierungen

Kurzzeichen	Weichglühen	
	Temperatur in °C	Glühzeit in h
Reinst- und Reinaluminium		
EN AW-1050 A [Al 99,5]	320 … 350	0,5 … 2[1]
EN AW-1350 [E Al 99,5]	340 … 360	0,5 … 2[1]
Aluminium-Knetlegierungen – nicht aushärtbar		
EN AW-3103 [Al Mn 1]	380 … 420	0,5 … 1[1]
EN AW-5005 A [Al Mg 1 (C)]	360 … 380	1 … 2[1]
EN AW-5754 [Al Mg 3]	360 … 380	1 … 2[1]
EN AW-5019 [Al Mg 5]	360 … 380	1 … 2[1]
EN AW-5083 [Al Mg 4,5 Mn 0,7]	380 … 420	1 … 2[2]

Kurzzeichen	Weichglühen [5]	
	Temperatur in °C	Glühzeit in h
Aluminium-Knetlegierungen – aushärtbar		
EN AW-6060 [Al Mg Si]	360 … 400	1 … 2[3]
EN AW-6101 B [E Al Mg Si (B)]	360 … 400	1 … 2[3]
En AW- 6082 [Al Si 1 Mg Mn]	380 … 420	1 … 2[3]
EN AW-6012 [Al Mg Si Pb]	360 … 400	1 … 2[3]
EN AW-2017 A [Al Cu 4 Mg Si (A)]	380 … 420	2 … 3[3]
EN AW-2007 [Al Cu 4 Pb Mg Mn]	380 … 420	1 … 3[3]
EN AW-2024 [Al Cu 4 Mg 1]	380 … 420	1 … 3[3]
EN AW-7020 [Al Zn 4,5 Mg 1]	400 … 420	2 … 3[4]
EN AW-7075 [Al Zn 5,5 Mg Cu]	380 … 420	2 … 3[4]

[1] Ofenabkühlung, unkontrolliert
[2] 30 … 50 °C/h
[3] ≤ 30 °C/h bis 250 °C, dann unkontrolliert
[4] ≤ 30 °C/h bis 230 °C + 3 … 5 h Haltezeit, dann unkontrolliert
[5] soll nur eine Kaltverfestigung beseitigt werden, 320 … 360 °C in 2 … 3 h

Aushärten von Aluminium-Knetlegierungen

Kurzzeichen	Lösungsglühtemperatur in °C	Abschrecken in	Kaltauslagern Zeit in Tagen	Warmauslagern	
				Temperatur in °C	Zeit in h
EN AW-6060 [Al Mg Si]	525 … 540	Luft/Wasser	5 … 8	155 … 190	4 … 16
EN AW-6101 B [E Al Mg Si (B)]	525 … 540	Luft/Wasser	5 … 8	155 … 190	4 … 16
EN AW-6082 [Al Si 1 Mg Mn]	525 … 540	Wasser/Luft	5 … 8	155 … 190	4 … 16
EN AW-6012 [Al Mg Si Pb]	520 … 530	Wasser bis 65 °C	5 … 8	155 … 190	4 … 16
EN AW-2017 A [Al Cu 4 Mg Si (A)]	495 … 505	Wasser	5 … 8	–	–
EN AW-2024 [Al Cu 4 Mg 1]	495 … 505	Wasser	5 … 8	180 … 195	16 … 24
EN AW-2007 [Al Cu 4 Pb Mg Mn]	480 … 490	Wasser bis 65 °C	5 … 8	–	–
EN AW-7020 [Al Zn 4,5 Mg 1]	460 … 485	Luft	≥ 90	1. Stufe: 90 … 100 2. Stufe: 140 … 160	8 … 12 16 … 24
EN AW-7075 [Al Zn 4,5 Mg Cu]	470 … 480	Wasser	≥ 90	1. Stufe: 115 … 125 2. Stufe: 165 … 180	12 … 24 4 … 6

Kupfer- und Kupferlegierungen

Kurzzeichen	Werkstoffnummer	Weichglühen		Spannungsarmglühen		Lösungsglühen	
		Temperatur in °C	Glühzeit in h	Temperatur in °C	Glühzeit in h	Temperatur in °C	Glühzeit in h
Cu-ETP	CR 004 A	250...500		150 … 200			
Cu-OF	CR 008 A	425–650		150 … 200			
Cu-PHC	CR 020 A	350–650		150 … 200			
Cu-DHP	CR 024 A	350–650		150 … 200			
CuZn15	CW 502 L	425–650		200 … 300			
CuZn36Pb3	CW 603 N	425–600		200 … 300			
CuZn40Pb2	CW 617 N	425–650	0,5–3 [1]	200 … 300		–	–
CuZn31Si1	CW 708 R	500–600		250 … 350			
CuZn37Mn3Al2PbSi	CW 713 R	500–650		350 … 450			
CuSn6	CW 452 K	500–700		200 … 300			
CuSn8	CW 453 K	500–700		200 … 300	1 [1]		
CuNi18Zn20	CW 409 J	600–750		300 … 400			
CuAl10Fe5Ni5-C	CC 333 G			250 … 320		880 … 950	
CuSn5Zn5Pb5-C	CC 491 K			250 … 320		880 … 950	
CuSn7Zn4Pb3-C	CC 492 K			ca. 260		ca. 650	
CuSn10-C	CC 480 K	–	–	ca. 260		ca. 650	0,5 … 3 [1]
CuSn11Pb2-C	CC 482 K			ca. 260		ca. 650	
CuSn12-C	CC 483 K			ca. 260		ca. 650	
CuSn12Ni2-C	CC 484 K			250 … 600		650 … 750	
CuZn39Pb1Al-C	CC 754 S			260 … 320		540 … 600	

[1] Die Glühzeit hängt von der Art des Ofens und der Größe der Teile ab.

PPS – Produktionsplanung- und steuerungssysteme werden zur Planung und Steuerung der Produktion in einem Industzriebetrieb eingesetzt.

Die PPS ist integraler Bestandteil einer computergestützten Fertigung (CIM).

Produktions-programmierung	Festlegung, welche Leistungen vom Unternehmen in den einzelnen Planperioden hergestellt werden sollen.
Materialbedarfs-planung	Angabe der in einer Planungsperiode benötigten Materialien nach Art, Menge, Qualität und Zeitstruktur
Zeit- und Kapazitäts-planung	Gegenüberstellung der in der Materialbedarfsplanung errechneten zeitorientierten Losgrößen und Bestellmengen mit der zur Verfügung stehenden Kapazität, Überprüfung der Durchführbarkeit
Produktions-steuerung	Auftragsfreigabe, Maschinenbelegung/Feinterminierung, Betriebsdaten-erfassung

CIM – Computer Integrated Manufacturing (Computergestützte Fertigung)

Integration der Planungs- und Steuerungsfunktionen mit den technischen Funktionen in einem Fertigungsunternehmen.

CAD – Computer Aided Design (Computergestützte Konstruktion)
Entwurf von Produkten durch Konzipieren, Gestalten und Detaillieren
Erstellen von Konstruktionszeichnungen sowie Stücklisten

CAP – Computer Aided Planning (Computergestützte Arbeitsplanung)
Erstellung von Arbeitsplänen zur Produktion eines Produktes auf der Basis geometrischer Daten von CAD sowie weiterer technologischer Informationen über Eigenschaften von Materialien und Baugruppen

CAM – Computer Aided Manufacturing (Computergestützte Fertigung)
Automatisierte und rechnergesteuerte Fertigung durch Steuerung von NC-Anlage, CNC-Anlage, computergestützten Transportsystemen, flexiblen Fertigungssystemen, Industrierobotern u. a.

CAQ – Computer Aided Quality Assurance (Computergestützte Qualitätssicherung)
Mengen-, Termin- und Qualitätsprüfungen; Ursachenermittlung bei Abweichnungen und Gegensteuerung. *Integration* der CAQ mit anderen Computersystemen im Fertigungsbereich ist erforderlich

BDE – Betriebsdatenerfassung
Manuelle oder automatische Erfassung von Fertigungs- und Betriebsdaten am jeweiligen Entstehungsort im Produktionsprozess.

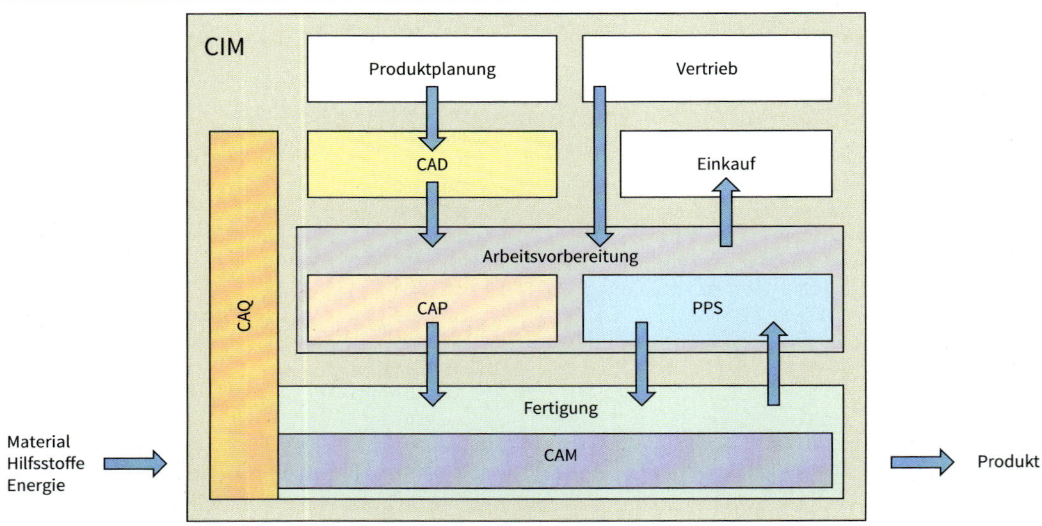

Lastenheft

Das Lastenheft ist die vom Auftraggeber festgelegte Gesamtheit der Forderungen an die Lieferungen und Leistungen eines Auftragnehmers innerhalb eines (Projekt-)Auftrags

(DIN 69901-5: 2009-01)

Die Forderungen sind aus Anwendersicht einschließlich aller Randbedingungen zu beschreiben. Diese sollten quantifizierbar und prüfbar sein.

Im Lastenheft wird definiert, **was** für eine Aufgabe vorliegt und wofür diese zu lösen ist.

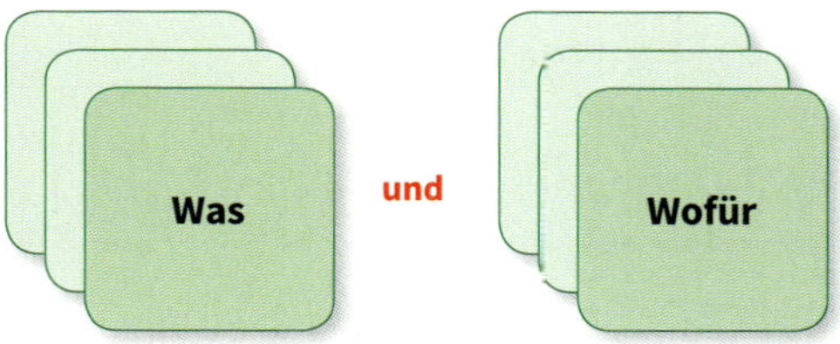

Voraussetzungen für die Erstellung

- Guten Kontakt zwischen allen Beteiligten herstellen
- Wesentliche Anforderungen durch Markt-, Kunden- und Umfeldanalyse ermitteln

Durchführung

- Keine allgemeingültigen Vorgaben
- Umfang und Inhalt ist stark von der Zielsetzung abhängig
- Ermittlung der z. B.
  - Anforderungsträger
  - Produktfaktoren aus Kundensicht
  - Kaufentscheidende Faktoren
  - Anforderungen aus dem Umfeld
  - Anforderungen aus dem Unternehmen
  - Anforderungen des Vertriebs
  - Anforderungen von Lieferanten und von Kooperationspartnern
  - Produktionsprofile
  - …

Vorteile

- Einheitliche Vorgabe für alle am Entwicklungsprozess Beteiligten
- Weniger Missverständnisse und Versäumnisse durch eine systematische Dokumentation
- Rechtsverbindliche Festlegungen

Nachteile

- Hoher Aufwand
- Individuelle Erstellung (keine Standardisierung)
- Statische Problemlösungsstruktur

Einsatzbereich

- Dokumentation der Anforderungen als Abschluss der Planung eines Produktes bzw. einer Dienstleistung
- Prinzipiell für alle Produkte bzw. Dienstleistungen einsetzbar

Pflichtenheft

Das Pflichtenheft enthält die vom Auftragnehmer erarbeiteten Realisierungsvorgaben auf der Basis des vom Auftraggeber vorgegebenen Lastenheftes.

(DIN 69901-5: 2009-01)

Im Pflichtenheft werden die Anwendervorgaben detailliert und in einer Erweiterung die Realisierungsforderungen unter Berücksichtigung konkreter Lösungsansätze beschrieben.

Im Pflichtenheft wird definiert, **wie** und womit die Forderungen zu realisieren sind.

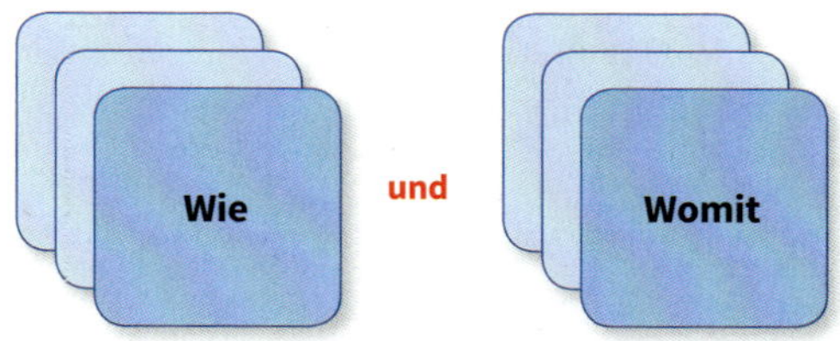

Funktion

- „Roter Faden" während des Ablaufs der Entwicklung, Produktion, …

Wesentliche Bestandteile (Beispiele)

- Name des Prozesses, Projektes, Vorhabens, …
- Verfasser des Pflichtenheftes
- Version
- Ablage der Datei, Dokumentation
- Ziele
- Beschreibung, Nutzen für den Auftraggeber (Kunden)
- aktuelle Situation (z. B. bisheriges System)
- Anforderungen
  - Vollständigkeit
    Alle Details der Anforderungen sind zu definieren.
    Es sollten so wenig wie möglich Aspekte als selbstverständlich eingeschätzt werden.
  - Eindeutigkeit
    Damit keine Missverständnisse entstehen, sind die Anforderungen möglichst mit einfachen Worten zu definieren.
  - Testbarkeit
    Alle Anforderungen müssen überprüfbar sein.
    Dieses ist eine Voraussetzung für die Abnahme durch den Auftraggeber.
- Schnittstellen
  Verbindungen zu anderen Systemen, Projekten usw.
- Unterschriften
  - Projektauftraggeber
  - Projektleiter
  - …

Begriffe der statistischen Auswertung (Formeln s. nächste Seiten)

Indize	Begriffe	Definition / Erläuterung
N	Grundgesamtheit	Gesamtheit aller geprüften Einheiten, z. B. die Wochenproduktion eines Werstücks
P	Fehlerwahrscheinlichkeit (%)	Wahrscheinlichkeit, dass ein Teil fehlerbehaftet ist innerhalb einer Gesamtzahl von Werkstücken
k	Anzahl der Klassen	Näherungszahl: errechnet aus der Gesamtheit der Einzelstichproben
w	Klassenweite	Hängt von der Anzahl der Klassen ab
R	Spannweite	Unterschied zwischen größtem und kleinsten Messwert
$\bar{R}$	Mittlerer Spannweitenwert	Mittelwert der Spannweiten aller Stichproben
n_j	Absolute Häufigkeit	Bestimmt die senkrechte Achse des Histogramms
h_j	Relative Häufigkeit (%)	Bestimmt die prozentuale Häufigkeit
n	Anzahl der Einzelwerte	Einzelwerte sind z. B. die Messwerte aus einer Urliste
x_i	Stichprobeneinzelwert	Einzel- oder Merkmalswert einer Messreihe
x_{max}	Größter Einzelwert	Größter Messwert der Stichprobe (Maximalwert)
x_{min}	Kleinster Einzelwert	Kleinster Messwert der Stichprobe (Minimalwert)
$\bar{x}$	Arithmetischer Mittelwert	Addition aller Einzelwerte dividiert durch den Umfang einer Stichprobe bzw. Anzahl der Einzelwerte
$\bar{\bar{x}}$	Gesamt- oder Prozessmittelwert	Summe der arithmetischen Mittelwerte einer Stichprobe dividiert durch die Anzahl der Stichproben (m)
$\tilde{x}$	Medianwert	Mittlerer Wert einer Stichprobe: Bei ungeraden n wird der mittlere Wert der Reihe gewählt. Bei geraden n werden die beiden Mittelwerte der Reihe addiert und durch 2 geteilt.
S	Standardabweichung	Durchschnittliche Abweichung der Einzelwerte vom arithmetischen Mittelwert
c_m	Maschinenfähigkeitsindex	Der Maschinenfähigkeitsindex liefert eine Aussage über die Eignung einer Fertigungsanlage in der Produktion. Der Index bildet eine Kurzzeitaufnahme einer einzelnen Fertigungsstufe ab und beträgt meist 1,33 bis 1,67.
c_{mk}	Kritischer Maschinenfähigkeitsindex	Der kritische Maschinenfähigkeitsindex gibt die Lage der Toleranzmitte zu den Steuerungen an. Daraus wird abgeleitet, ob ein Prozess fähig oder nicht fähig ist. Er sollte größer oder gleich 1,0 sein.
c_p	Prozessfähigkeitsindex	Im Gegensatz zum Maschinenfähigkeitsindex ist der Prozessfähigkeitsindex eine Langzeitaufnahme. Er soll bewerten, ob der Fertigungsprozess mit genügender Wahrscheinlichkeit die festgelegten Forderungen erfüllen kann. Angestrebt wird üblicherweise ein Wert größer/gleich 1,33.
c_{pk}	Kritischer Prozessfähigkeitsindex	Eine Prozessfähigkeit ist üblicherweise dann gewährleistet, wenn dieser Wert größer/gleich 1,0 ist.
Z_{krit}	Abstand zur Toleranzgrenze	Kleinster Abstand zwischen dem Gesamtmittelwert und den Toleranzgrenzen UTG oder OTG
ς	Prozess-Standardabweichung	Bezogen auf die Grundgesamtheit N
$\hat{\varsigma}$	Geschätzte Standardabweichung	Geschätzter Wert der Prozess-Standardabweichung (gesprochen: Sigma Dach)
OEG UEG	Obere Eingriffsgrenze Untere Eingriffsgrenze	In der Qualitätsregelkarte wird die Grenze angezeigt, bei der der Prozess spätestens korrigiert werden muss.
OWG UWG	Obere Warngrenze Untere Warngrenze	In der Qualitätsregelkarte wird die Grenze angezeigt, bei der eine Prozesskorrektur wahrscheinlich wird.
OTG UTG	Obere Toleranzgrenze Untere Toleranzgrenze	In der Qualitätsregelkarte wird die Grenze angezeigt, bei der der Prozess unterbrochen und neu justiert werden muss.

Qualitätseinflussgrößen

Die Qualität eines Produkts ist von veschiedenen Einflussgrößen abhängig. Diese Einflussgrößen fasst man unter der Bezeichnung „7M“ zusammen.

Einflussgrößen	Auswahlbeispiele
Mensch	Qualifikation, Kreativität, Motivation, Leistung, Innovation
Maschine	Fertigungsqualität, Wiederholgenauigkeit
Material	Werkstoffqualität, Lagerhaltung
Methode	Verfahren der Herstellung, Prüfverfahren, -bedingungen
Milieu (Umwelt)	Luftreinhaltung, Lärmschutz, Entsorgung, Sozialgefüge
Management	Personalpolitik, Mitarbeiterfürsorge, Führungsstil, Lohn
Messbarkeit	Fertigungsposition einzeln zahlenmäßig erfassen

Statistische Prozessregelung

Die Statistische Prozessregelung

- wird in der **Serienfertigung** mit dem Ziel der **Fehlervermeidung** angewendet,
- zeigt die aktuelle Produktqualität auf und sichert diese in der laufenden Produktion,
- erkennt Prozesseinflüsse und kompensiert negative Einflüsse des Prozesses.
- erfasst und dokumentiert Fertigungsdaten für Hersteller und Kunden

Prozesseinflüsse

	Systematische Einflüsse	Zufällige Einflüsse
Prüfwerte (möglicher Werteverlauf)	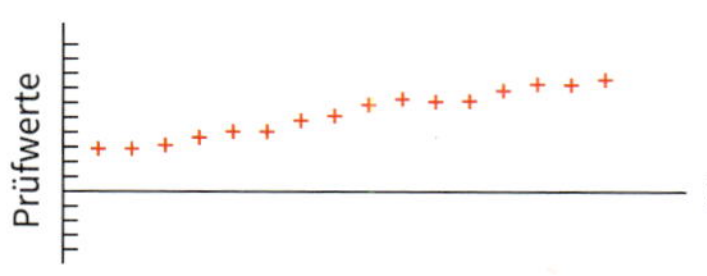	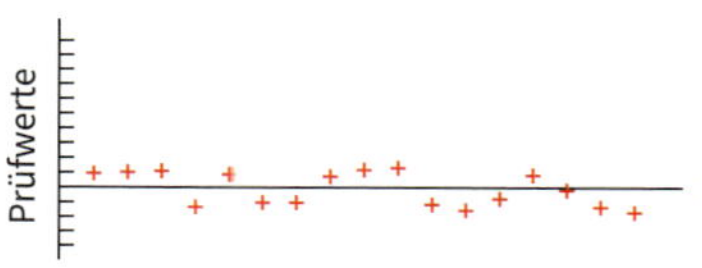
Ursachen (Beispiele)	■ Fehler in der Messzeugkalibrierung ■ Werkzeugverschleiß	■ unterschiedliche Temperaturen der Werkstücke beim Prüfen
Wirkung	unsymmetrische Häufung der Messwerte bei Wiederholung der Messung	symmetrische Häufung der Messwerte um einen bestimmten Wert
Maßnahme	Eichung/Justierung des Messzeugs, andere Messverfahren, Korrekturtabellen	Wiederholungsmessung bei Prüftemperatur 20 °C

Fehlerauswertung

Fehlersammelliste

- Für die Fehlersammelliste müssen Fehler
  1. wahrgenommen,
  2. definiert und
  3. tabellarisch erfasst werden.
- Die Fehler sollen nach Art und Schwere verständlich und eindeutig formuliert sein.
- Die während der Fertigung oder Endprüfung festgestellten Fehler werden als Zählstriche in die Liste eingetragen.
- Die Ergebnisse der Liste sind Grundlage der statistischen Auswertung z. B. in Form eines Histogramms.

Beispiel:

Nr.	Fehlerart	Serie 111	Serie 112	Gesamt
1	Schalter defekt	卌 |	卌 卌	16
2	Spindel schwergängig	||	|||	5
3	Gehäusefehler, Sichtkontrolle	卌 卌 卌 ||||	卌 卌 卌	34
4	Rechts-Linkslauf nicht o.k.	卌 |	卌 ||||	15
5	Futterschlüssel nicht vorh.	||	||||	6

Prüfgegenstand: Bohrmaschine, Nr 3327 — Uhrzeit: 8:00–16:00
Endprüfung: Serien 111 und 112 — Datum: 2006-03-22

Fehlerwahrscheinlichkeit

Die Wahrscheinlichkeit eines fehlerbehafteten Teils innerhalb einer bestimmten Zahl von Werkstücken.

P Wahrscheinlichkeit in %
g Anzahl fehlerhafter Werkstücke
m Gesamtzahl der Werkstücke

$$P = \frac{g \cdot 100\,\%}{m}$$

Histogramm

- In einem **Histogramm** werden die Häufigkeitsverteilungen von Daten in Klassen zusammengefasst.
- Die Darstellung erfolgt als Säulen- oder Balkendiagramm.
- Grundlage ist eine ausreichende Anzahl von Daten bzw. Messungen.
- 50–100 Messungen sind von Vorteil, um Aussagen über die Datenverteilung zu erhalten.

Beispiel: Bolzen mit Nenndurchmesser 10 mm

Häufigkeitstabelle $n = 50$ (Messungen)			
Klasse	w	n_j	h_j (%)
1	> 9,93 … 9,95	2	4 %
2	> 9,95 … 9,97	5	10 %
3	> 9,97 … 9,99	12	24 %
4	> 9,99 … 10,01	15	30 %
5	> 10,01 … 10,03	11	22 %
6	> 10,03 … 10,05	4	8 %
7	> 10,05 … 10,07	1	2 %
		Σ 50	Σ 100 %

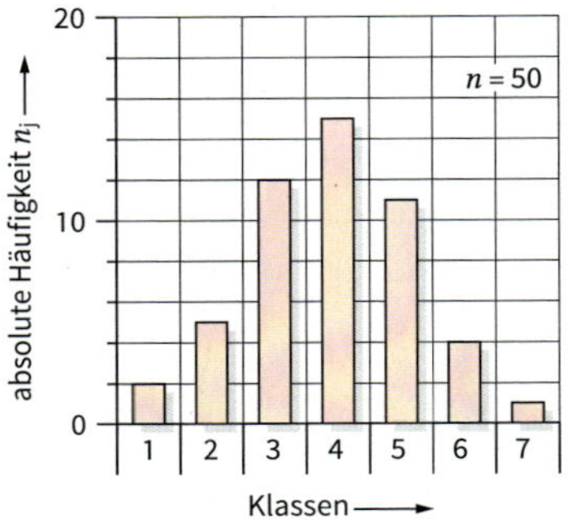

n = Anzahl der Einzelwerte
n_j = absolute Häufigkeit
h_j = relative Häufigkeit in [%]
k = Anzahl der Klassen
w = Klassenweite
R = Spannweite
x_{max} = größter Messwert
x_{min} = kleinster Messwert

$$k \approx \sqrt{n} \qquad w \approx \frac{R}{k}$$

$$R = x_{max} - x_{min}$$

$$h_j = \frac{n_j}{n} \cdot 100\,\%$$

Gaußsche Normalverteilung

- Die Normalverteilungskurve nach Gauß ist ein Hilfsmittel, die **Häufigkeitsverteilung** von Mess- bzw. **Merkmalswerten** aufzuzeigen.
- Grundlage der Berechnung ist eine aus mehreren Messungen bestehende **Stichprobe**.
- Mittels der Stichprobe wird der arithmetische Mittelwert $\bar{x}$ und die Standardabweichung s bestimmt.
- Weicht die Auswertung einer Stichprobe stark von der Normalverteilung ab, so liegt ein systematischer Prozessfehler vor.

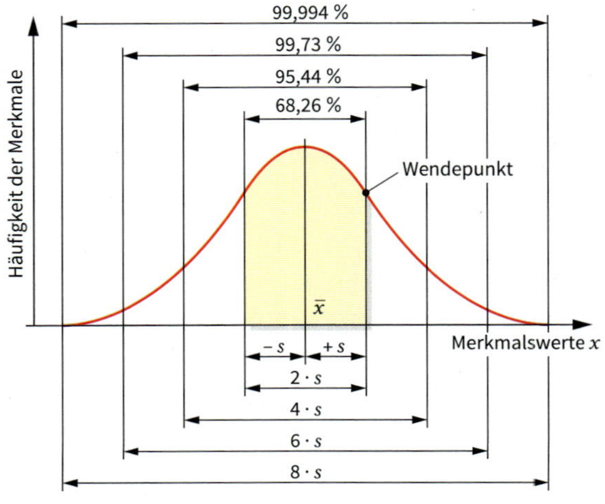

Stichprobenverteilung:

- Der höchste Punkt der Normalverteilungskurve, die Maximumstelle, entspricht dem arithmetischen Mittelwert $\bar{x}$.
- Der Abstand des Wendepunktes von der Maximumstelle entspricht der Standardabweichung s. Je größer der Wert s, desto größer ist die Streuung der Messwerte x.
- Die Standardabweichungen $+s$ und $-s$ kennzeichnen den Bereich, der 68,26 % aller Mess- bzw. Merkmalswerte beinhaltet.
- Wird nicht auf eine Stichprobe, sondern auf die **Grundgesamtheit** Bezug genommen, so wird der arithmetische Mittelwert mit μ und die Standardabweichung mit σ bezeichnet.

Statistische Berechnungen

Arithmetischer Mittelwert

Der Durchschnitt aller erfassten Einzelwerte einer Stichprobe wird als arithmetischer Mittelwert bezeichnet.

$$\bar{x} = \frac{x_1 + x_2 + \ldots + x_n}{n}$$

$\bar{x}$: Arithmetischer Mittelwert einer Stichprobe
x : Einzelwert einer Stichprobe
n : Umfang einer Stichprobe

Gesamtmittelwert

Der Mittelwert der arithmetischen Mittelwerte aller Stichproben wird als Gesamtmittelwert oder auch Prozessmittelwert bezeichnet.

$$\bar{\bar{x}} = \frac{\bar{x}_1 + \bar{x}_2 + \ldots + \bar{x}_n}{m}$$

$\bar{\bar{x}}$: Gesamtmittelwert aller Stichproben
$\bar{x}$: Arithmetischer Mittelwert einer Stichprobe
m : Anzahl der Stichproben

Spannweite

Der Unterschied zwischen dem größten und dem kleinsten Messwert wird als Spannweite bezeichnet. Der Mittelwert der Spannweiten aller Stichproben wird als Gesamtspannweite (Prozessspannweite) bezeichnet.

$$R = x_{max} - x_{min}$$

$$\bar{R} = \frac{R_1 + R_2 + \ldots + R_n}{m}$$

R : Spannweite einer Stichprobe
$\bar{R}$: Mittelwert der Spannweiten aller Stichproben
x_{max} : Maximaler Messwert
x_{min} : Minimaler Messwert
m : Anzahl der Stichproben

Standardabweichungen

Das Maß für die Streuung eines Prozesses wird als Standardabweichung bezeichnet.

$$s = \sqrt{\frac{1}{n-1} \cdot \sum_{i=1}^{n} (x_i - \bar{x})^2}$$

näherungsweise:

$$s = 0{,}4 \cdot \bar{R}$$

s : Standardabweichung einer Stichprobe
x_i : Wert des messbaren Merkmals, z. B. Einzelwert x_1
$\bar{x}$: Arithmetischer Mittelwert der Stichprobe
n : Anzahl der Messwerte der Stichprobe

Maschinen- und Prozessfähigkeit

- Sind die Werte einer Stichprobe mit ihrem arithmetischen Mittelwert weitestgehend deckungsgleich mit der Normalverteilung, dann spricht man von einem zentrierten Prozess, er muss nicht beeinflusst werden.
- Bei starker Abweichung von der Normalverteilung muss in den Prozess eingegriffen werden.
- Statt mit der Standardabweichung „S", wird mit der geschätzten Abweichung „$\hat{\delta}$" gerechnet

Stichproben-Umfang	Faktor d_2
2	1,128
3	1,693
4	2,059
5	2,326
6	2,543
7	2,704

$$\hat{\delta} = \frac{\bar{R}}{d_2}$$

$$c_m = \frac{T}{6 \cdot \hat{\delta}} \geq 1{,}33$$

$$c_{mk} = \frac{Z_{krit}}{3 \cdot \hat{\delta}} \geq 1{,}0$$

$$c_p = \frac{T}{6 \cdot \hat{\delta}} \geq 1{,}33$$

$$c_{pk} = \frac{Z_{krit}}{3 \cdot \hat{\delta}} \geq 1{,}0$$

c_m = Maschinenfähigkeitsindex
T = Toleranz
$\hat{\delta}$ = geschätzte Standardabweichung
c_{mk} = kritischer Maschinenfähigkeitsindex
c_p = Prozessfähigkeitsindex
c_{pk} = kritischer Prozessfähigkeitsindex
Z_{krit} = **kleinster** Abstand zwischen Gesamtmittelwert $\bar{\bar{x}}$ und Toleranzgrenzen UTG oder OTG
$Z_{krit} = \text{OTG} - \bar{\bar{x}}$
$Z_{krit} = \bar{\bar{x}} - \text{UTG}$

Lage bzw. Streuung des Prozesses	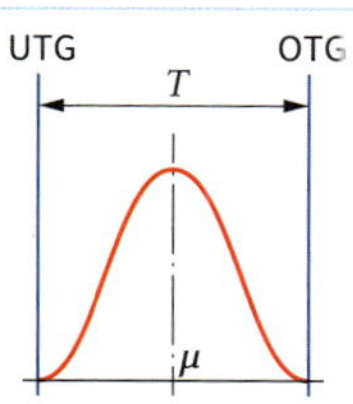 zentriert	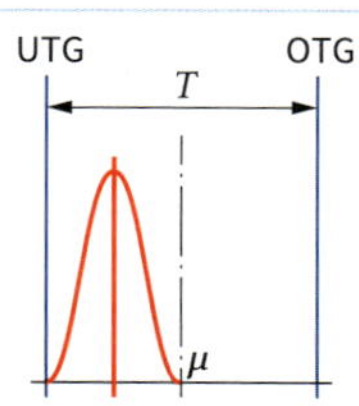 versetzt, innerhalb der Toleranz	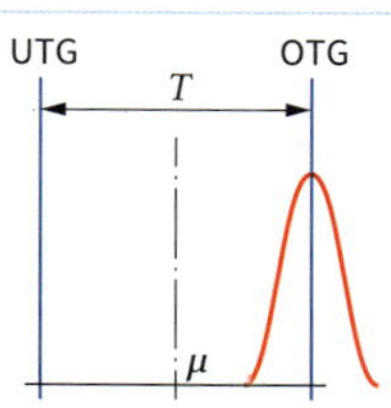 versetzt, außerhalb der Toleranz	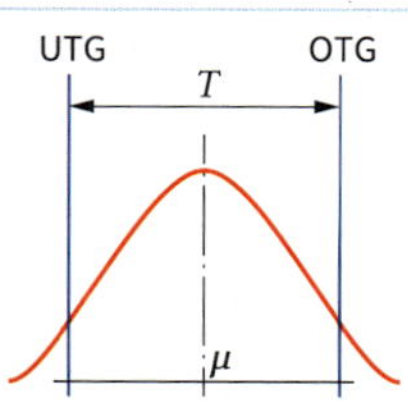 breite Streuung
Prozess-fähigkeit	fähig	nicht fähig	nicht fähig	nicht fähig
Maßnahme	kein Eingriff	nachstellen bzw. zentrieren	nachstellen bzw. zentrieren	Streuung verkleinern

OTG = obere Toleranzgrenze, UTG = untere Toleranzgrenze, μ = Prozessmittelwert

Qualitätsregelkarten (QRK)

- Qualitätsregelkarten werden zur ständigen Prozessüberwachung eingesetzt. Sie zeigen Prozessänderungen an, die systematischen Ursprungs sind.
- Die Aufzeichnung von systematischen Streuungsursachen macht es möglich, notwendige Maßnahmen zur Fehlervermeidung zu ergreifen bzw. ein wiederholtes Auftreten von Fehlern zu vermeiden.
- Grundlage sind regelmäßige und ausreichend häufige Stichproben, um schnell auf Veränderungen im Fertigungsprozess reagieren zu können.
- Wegen der Vergleichbarkeit muss der Stichprobenumfang zu einer Qualitätsregelkarte stets gleich sein.
- In der QRK werden zudem alle gezielten Prozesseinflüsse (z. B. Änderung der Schnittwerte) dokumentiert.

Qualitätsregelkarte nach Shewhart

- Beim Erreichen einer Warngrenze UWG/OWG werden vermehrt Stichproben entnommen.
Beim Erreichen einer Eingriffsgrenze UEG/OEG muss in den Prozess eingegriffen werden.

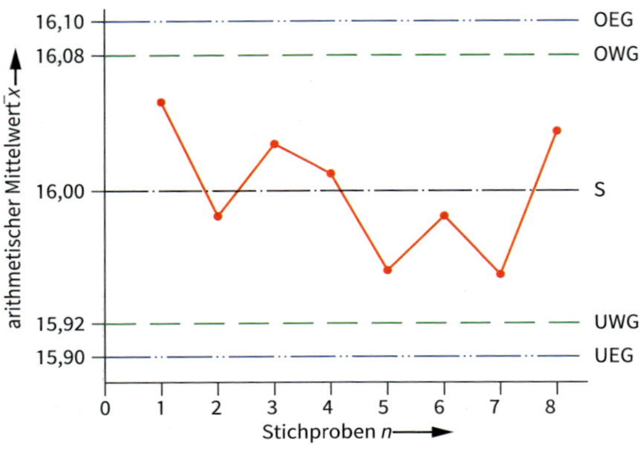

Mittelwertkarte:

OEG: obere Eingriffsgrenze
UEG: untere Eingriffsgrenze
OWG: obere Warngrenze
UWG: untere Warngrenze
S: Sollwert

Aus jeder Stichprobe wird der arithmetische Mittelwert errechnet und in die Qualitätsregelkarte eingetragen.

Zusätzliche Angaben:

Kartenart: Mittelwert-karte	Bezeich-nung: z. B. Nut	Merkmal: Nutbreite	Nennmaß: 16,00 mm	OEG = 16,10 mm UEG = 15,90 mm	Stich-proben: $n = 8$	Stich-proben-umfang: 5	Kontroll-intervall: 35 min	Prüfbeginn: 06:00 Uhr 2012-03-12

Qualitätsregelkarten – Eingriffsgrenzen für Mittelwertkarten

- Die Eingriffsgrenzen entsprechen der Standardabweichung $\pm 3 \cdot s$. Dadurch liegen 99,73 % aller Messwerte innerhalb der Eingriffsgrenzen (Normalverteilung).
- In der Praxis werden die Tabellenwerte A_2 und A_3 zur vereinfachten Berechnung der oberen und unteren Eingriffsgrenze verwendet.
- Die $\bar{x}/s$-Karte bietet genauere Ergebnisse, erfordert aber eine aufwendigere Berechnung.

$$OEG = \bar{\bar{x}} + A_2 \cdot \bar{R}$$
$$UEG = \bar{\bar{x}} - A_2 \cdot \bar{R}$$

Obere und untere Eingriffsgrenzen der **$\bar{x}/\bar{R}$-Karte**

$$OEG = \bar{\bar{x}} + A_3 \cdot \bar{s}$$
$$UEG = \bar{\bar{x}} - A_3 \cdot \bar{s}$$

Obere und untere Eingriffsgrenzen der **$\bar{x}/\bar{s}$-Karte**

$\bar{\bar{x}}$: Gesamtwertmittelwert aller Stichproben (Prozessmittelwert)
A_2 : Konstante zur Berechnung der $\bar{x}/R$-Karte
A_3 : Konstante zur Berechnung der $\bar{x}/s$-Karte
$\bar{R}$: Mittelwert der Spannweiten
$\bar{s}$: Mittelwert der Standardabweichungen
n : Anzahl der Stichproben
OEG : Obere Eingriffsgrenze
UEG : Untere Eingriffsgrenze

Faktor	Stichprobenumfang n								
	2	3	4	5	6	7	8	9	10
A_2	1,880	1,023	0,729	0,577	0,483	0,419	0,373	0,337	0,308
A_3	2,659	1,954	1,628	1,427	1,287	1,182	1,099	1,032	0,973

Qualitätsregelkarten

Die Größe der Stichprobe bestimmt die Art der Regelkarte.

Stichprobengröße	Regelkarte
3–5 Teile	$\bar{x}$/R-Karte
3 oder 5 Teile	$\tilde{x}$/R-Karte[1]
10 und mehr Teile	$\bar{x}$/S-Karte

[1] $\tilde{x}$ Medianwert
Einzelwerte geordnet:
$x_1, x_2, x_3, x_4, x_5,$
$\tilde{x} = x_3$

PreControl-Regelkarte

- Die PC-Regelkarte ist eine einfache Regelkarte, bei der keine komplizierten Berechnungen erfolgen.

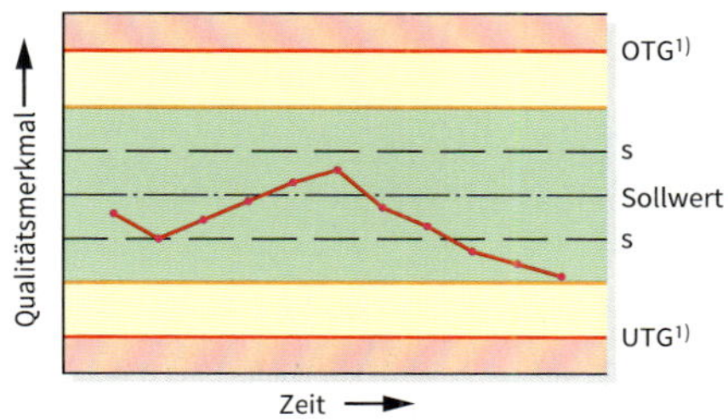

[1] Erfahrungswerte

OTG: obere Toleranzgrenze
UTG: untere Toleranzgrenze
s: Standardabweichung

- Startbedingung: 5 aufeinander folgende geprüfte Teile, die im grünen Bereich liegen.
- Die Regelkarte wird mit 2er Stichproben weitergeführt
- Kontrollintervall: 1/6 der Zeit zwischen zwei Nachstellungen am Prozess

Bereiche grün/gelb: Prozess läuft ohne Eingriff bis zur nächsten Stichprobe weiter

Bereich rot: 1. Prozess unterbrechen; 2. Prozess justieren und neu starten

Prozessverläufe

Natürlicher Verlauf

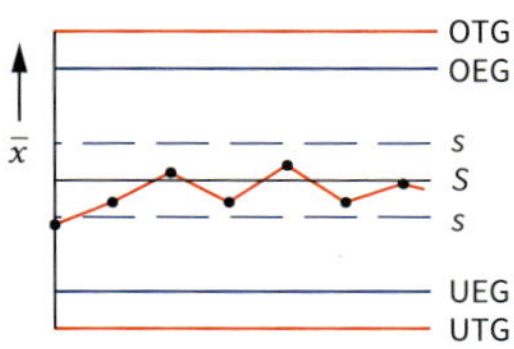

Prozess ist ungestört

Weniger als 6 Punkte liegen oberhalb oder unterhalb des Sollwertes *S*. 70 % der Punkte liegen im mittleren Drittel zwischen UEG und OEG.

Run

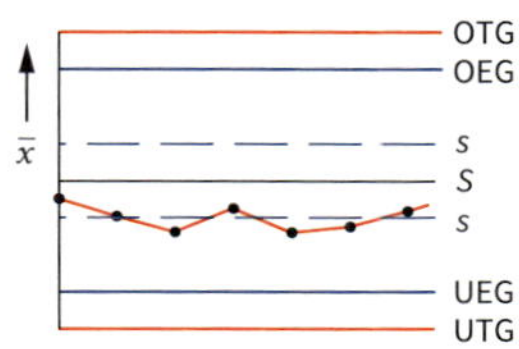

Prozess ist gestört.

Mehr als 6 Punkte liegen unterhalb des Sollwertes *S*. Sofort weitere Stichproben entnehmen, gegebenenfalls muss der Prozess sofort korrigiert werden.

Eingriffsgrenze überschritten

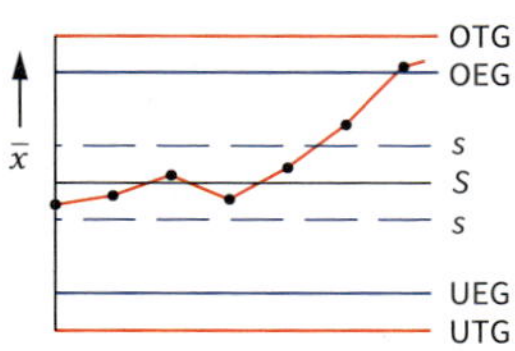

Prozess ist gestört

Die Eingriffsgrenze OEG ist überschritten, der Prozess muss sofort korrigiert werden. Fehlerhafte Teile müssen aussortiert werden.

Trend

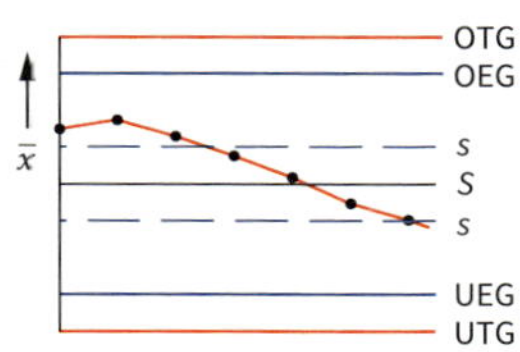

Prozess ist gestört.

Es ist zu erwarten, dass mehr als 6 Punkte unterhalb des Sollwertes liegen. Der Prozess muss sofort korrigiert werden, da das Erreichen von UEG wahrscheinlich ist.

Middle Third

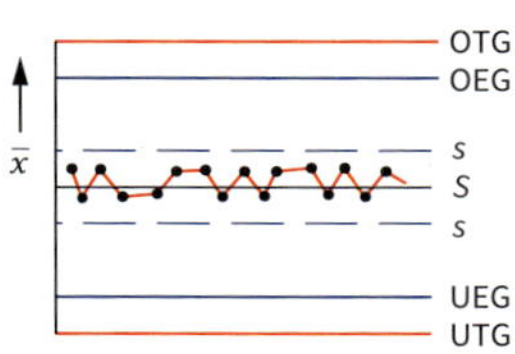

Prozess ist gestört

Mindestens 15 Werte liegen aufeinander folgend innerhalb der Standardabweichung *s*. Die Messergebnisse müssen überprüft werden, da möglicherweise Messfehler vorliegen.

Perioden

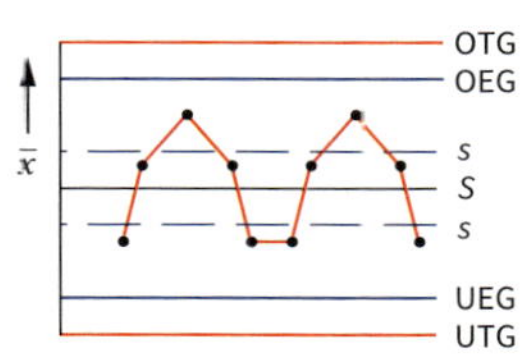

Prozess ist gestört.

Wiederkehrende Gänge im Verlauf der Messwerte. Die Einflüsse auf den Fertigungsprozess müssen untersucht werden.

Statistische Prozesslenkung (SPC)

Fehlersammelkarte

Die Fehlersammelkarte listet die durch Stichproben erfassten Häufigkeiten n_j von Fehlern auf.
Berechnet werden unter Berücksichtigung der Fehlerarten und der Summe fehlerhafter Teile:

- die relative Fehlerhäufigkeit $h_j = \frac{n_j \cdot 100\,\%}{\sum n_j}$
- der Fehleranteil $F_{\%} = \frac{\sum n_j}{n \cdot m} \cdot 100\,\%$

Winkelschleifer	Stichprobenumfang $n = 50$							Prüfintervall 60 min		
fehlerhaft/ Fehler:	Fehlerhäufigkeit je Stichprobe							n_j	h_j (%)	$F_{\%}$
Prüfteil-Nr.	1	2	3	4	5	6	7			
Prüfteil 1	2		5	1			3	11	19	3,13
Prüfteil 2		1			3		1	5	8	1,43
Prüfteil 3			1			1		2	3	0,57
Prüfteil 4	1				1	2		4	7	1,14
Prüfteil 5	4	1		3		6	4	18	31	5,14
Prüfteil 6		5		2	3	1	3	14	24	4,00
Prüfteil 7	1		2				2	5	8	1,43
Gesamt (∑ …)								**59**	**100**	**16,86**

Stichprobenumfang je Prüfteil $n = 50$

ges.: relative Fehlerhäufigkeit h_j und Gesamtfehleranteil $F_{\%}$ für die Fehler Prüfteil 4

m = Anzahl der Prüfteile (7)

$\sum$ geprüfte Teile $n \cdot m = 50 \cdot 7 = 350$

$$h_j = \frac{n_j \cdot 100\,\%}{\sum n_j} = \frac{4 \cdot 100\,\%}{59} = 6{,}78 \approx 7\,\%$$

$$F_{\%} = \frac{n_j}{n \cdot m} \cdot 100\,\% = \frac{4}{50 \cdot 7} \cdot 100\,\% = 1{,}14\,\%$$

Die relative Fehlerhäufigkeit beträgt 7 %, der Fehleranteil an den gesamten Fehlern beträgt 1,14 %.

Pareto-Diagramm

Das Pareto-Diagramm ordnet Auswirkungen von Fehlern. Es zeigt diejenigen Ursachen auf, welche den größten Einfluss auf das Problem haben. Die Auswertung zeigt z. B. Fehlerhäufigkeiten, Fehlerarten und Fehlerkosten.
Das Diagramm liefert Entscheidungshilfen, vor allem, in welcher Reihenfolge in den Prozess eingegriffen werden sollte.

Fehler-Nr.	Fehlerart	Anzahl	Fehlerkosten: Einzelkosten	Fehlerkosten: Gesamtkosten in Euro	Häufigkeit in %	Kumulierte Häufigkeit in %
F1	Prüfteil 1	11	30	330	19	19
F2	Prüfteil 2	5	5	25	8	27
F3	Prüfteil 3	2	20	40	3	30
F4	Prüfteil 4	4	7	28	7	37
F5	Prüfteil 5	18	6	108	31	88
F6	Prüfteil 6	14	5	70	24	91
F7	Prüfteil 7	5	15	75	8	100
	gesamt	**59**	–	**676**	**100**	–

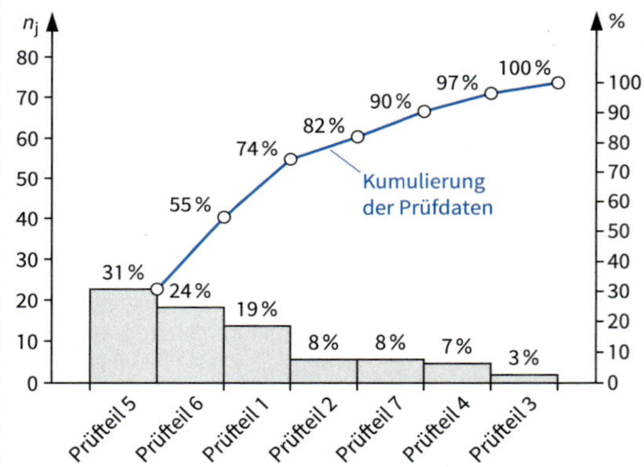

Pareto-Analyse der Fehlerarten

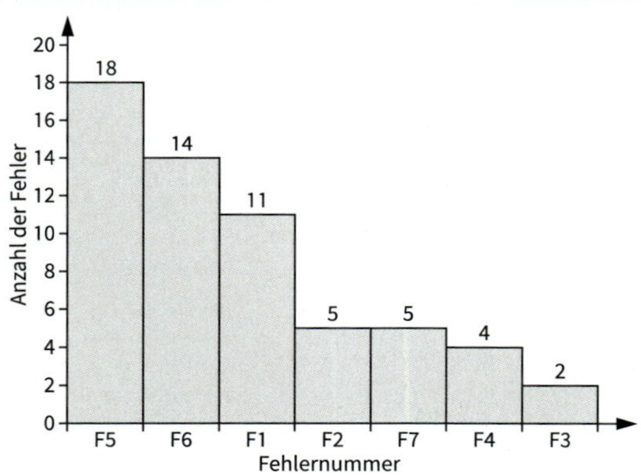

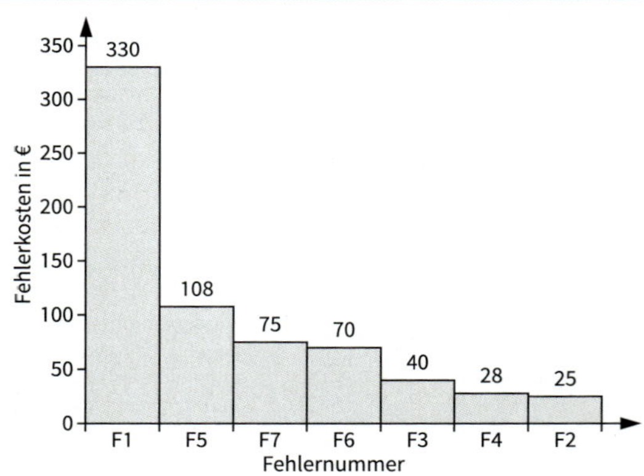

h_j: relative Fehlerhäufigkeit
n_j: Fehlerhäufigkeit
$F_{\%}$: Fehleranteil
n: Umfang einer Stichprobe
$\sum n_j$: Summe aller Fehler
m: Anzahl der Stichproben

Auditierung und Zertifizierung

DIN EN ISO 9001:2015-11

Der Begriff „Audit“ ist nach DIN EN ISO 9000 wie folgt definiert: „Systematischer, unabhängiger und dokumentierter Prozess zur Erlangung von Nachweisen…, um festzustellen, inwieweit Auditkriterien erfüllt werden.“ Mit dem Audit wird von unabhängiger Seite her überprüft, ob die Anforderungen des Qualitätsmanagementsystems in allen Bereichen des Betriebes erfüllt werden.

Die „Zertifizierung“ eines Unternehmens kann dann erfolgen, wenn es ein QM-System auf der Basis der ISO 9001 aufgebaut hat. Eine Zertifizierungsgesellschaft stellt im Rahmen eines Audits fest, ob die QM-Kriterien erfüllt werden. Wenn dies der Fall ist, wird ein Zertifikat, das einem Qualitätsprädikat gleich kommt, erteilt. Viele Betriebe haben schon dieses Zertifikat erworben, nicht zuletzt die meisten Zulieferbetriebe der Automobilindustrie.

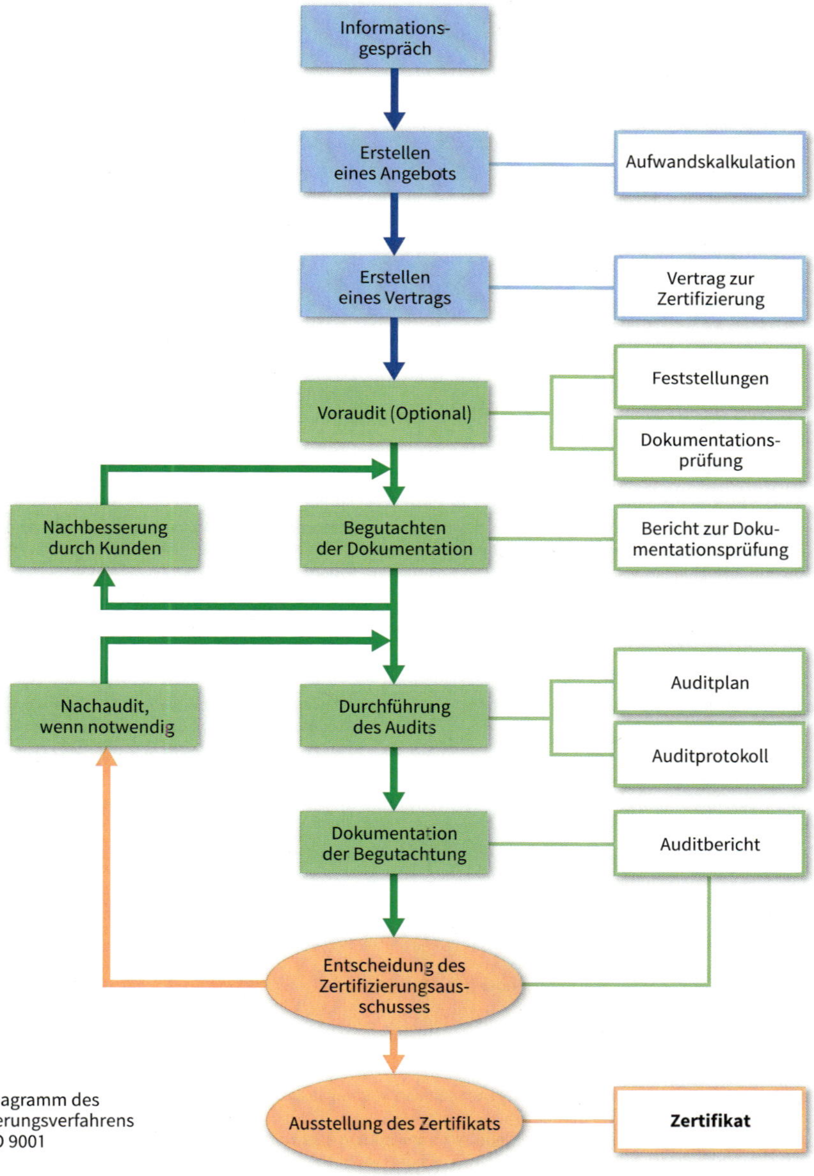

Ablaufdiagramm des Zertifizierungsverfahrens nach ISO 9001

Maschinensicherheitsverordnung

MSV 2010

- Die nationale Maschinensicherheitsverordnung, die ab dem 29.12.2009 von jedem Maschinenhersteller angewendet werden muss, setzt die Maschinenrichtlinie (2006/42/EC) von 2006 um.
- Die Maschinenrichtlinie (2006) dient zur Angleichung der Rechtsvorschriften für den Bereich Maschinen innerhalb der Mitgliedstaaten der Europäischen Union. Sie bietet damit eine bestimmte Rechtssicherheit beim länderübergreifenden Handel von Maschinen.
- Die Verordnung ist grundlegend für die Sicherheits- und Gesundheitsschutzanforderungen beim Einsatz von Maschinen.
- Wird eine Maschine entwickelt ist zugleich eine Risikoermittlung des Produktes durchzuführen.
- Gleichzeitig müssen die Ergebnisse der Risikobeurteilung in die Konstruktion der Maschine einfließen, um den Anforderungen der Verordnung zu entsprechen.

Ablaufplan für die Risikoermittlung an einer Maschine

Dem Begriff Maschine sind zugeordnet:
- Auswechselbare Ausrüstung
- Sicherheitsbauteile
- Lastaufnahmemittel
- Ketten, Seile und Gurte
- Abnehmbare Gelenkwellen

sowie
- unvollständige Maschinen (z. B. Antriebssyteme)

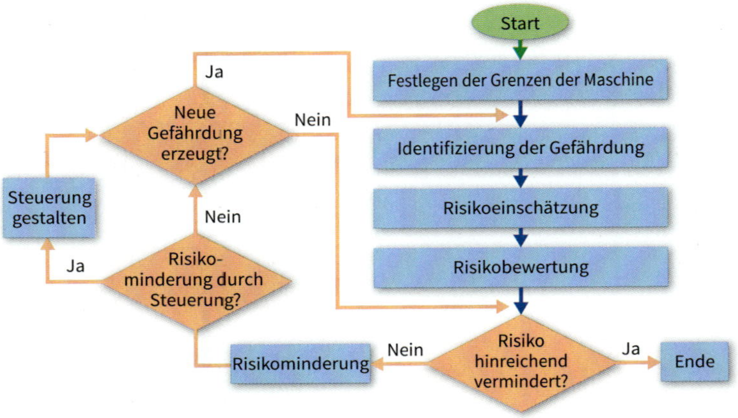

Begriffsbestimmungen (Auszug)

- **Maschine:** Gesamtheit miteinander verbundener Teile oder Vorrichtungen, von denen mindestens eines beweglich ist (Antrieb erfolgt nur maschinell).
- **Sicherheitsbauteil:** Bauteil, das zur Gewährleistung einer Sicherheitsfunktion dient und dessen Ausfall die Sicherheit von Personen gefährdet.
- **Ketten, Seile, Gurte:** Hebezeuge, die ausschließlich für Hebezwecke dienen (gelten als Maschine).
- **Auswechselbare Ausrüstung:** Vorrichtung, die der Bediener einer Maschine selbst anbringt, um deren Funktion zu ändern oder zu erweitern
- **Lastaufnahmemittel:** Bauteil, das nicht zum Hebezeug gehört und das Ergreifen einer Last ermöglicht, die zwischen Maschine und Last angeordnet ist,
- **Abnehmbare Gelenkwelle:** Abnehmbares Bauteil, das zur Kraftübertragung zwischen Antriebsmaschine und einer anderen Maschine dient.
- **Unvollständige Maschine:** Gesamtheit, die fast eine Maschine bildet, für sich genommen jedoch keine bestimmte Funktion erfüllen kann (gilt nicht als Maschine).

Nicht in der Maschinenverordnung verankert

- Spezielle Einrichtungen, die auf Jahrmärkten und Vergnügungsparks zum Einsatz kommen.
- Spezielle Maschinen, die für eine nukleare Verwendung konstruiert wurden oder dort eingesetzt werden.
- Landwirtschaftliche Zugmaschinen, Kraftfahrzeuge und Anhänger, Flugzeuge, Schiffe und Schienenfahrzeuge (ausgenommen hiervon sind Maschinen, die auf diesen Fahrzeugen angebracht werden).
- Maschinen für Forschungszwecke und zur vorübergehenden Verwendung in Laboratorien.
- Elektrische und elektronische Erzeugnisse nach Niederspannungs-Richtlinie: Haushaltsgeräte, Audio- und Videogeräte Informationstechnische Geräte, einfache Büromaschinen, Niederspannungsschaltgeräte- und steuergeräte, Elektromotoren
- Elektrische Hochspannungsausrüstungen: Schalt- und Steuergeräte, Transformatoren

Herstellen von Baugruppen

5

Schweiß- und Lötverbindungen, Kleben

Schraubenverbindungen

Lagerungen

Antriebselemente

Werkzeugbau

Vorrichtungsbau

Stoßart

DIN EN ISO 17 659: 2005-09

Stoßart	Lage der Teile	Beschreibung
Stumpfstoß	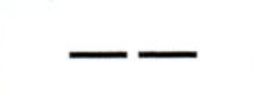	Die Teile liegen in einer Ebene und stoßen stumpf gegeneinander.
Parallelstoß	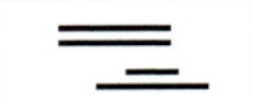	Die Teile liegen parallel aufeinander.
Überlappstoß	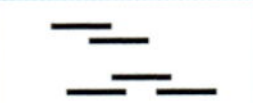	Die Teile liegen parallel aufeinander und überlappen sich.
T-Stoß	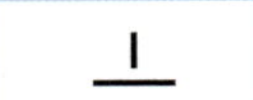	Die Teile stoßen rechtwinklig (T-förmig) aufeinander.
Doppel-T-Stoß	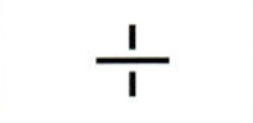	Zwei in einer Ebene liegende Teile stoßen rechtwinklig (doppel-T-förmig) auf ein dazwischen liegendes drittes.
Schrägstoß	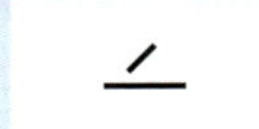	Ein Teil stößt schräg gegen ein anderes.
Eckstoß		Zwei Teile stoßen unter einem Winkel > 30° aneinander (Ecke).
Stirnstoß		Zwei Teile stoßen unter einem Winkel von 0° bis 30° gegeneinander
Mehrfachstoß	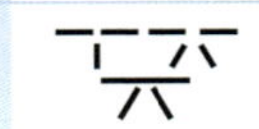	Drei oder mehr Teile stoßen unter beliebigem Winkel aneinander.
Kreuzungsstoß	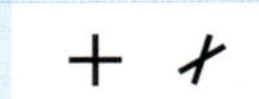	Zwei Teile liegen kreuzend übereinander.

Zeichnerische Darstellung und Symbole

DIN EN ISO 2553: 2022-07

Benennung Symbol der Nahtart	Darstellung (erläuternd / symbolhaft)
Bördelnaht	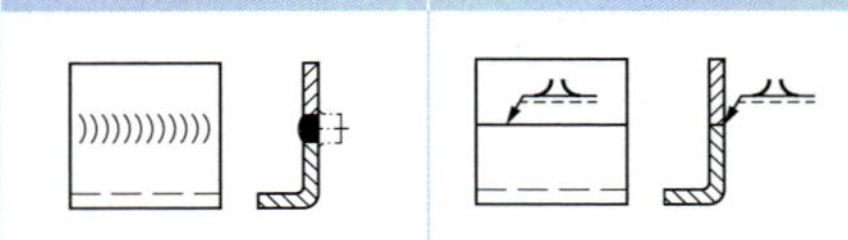
I-Naht	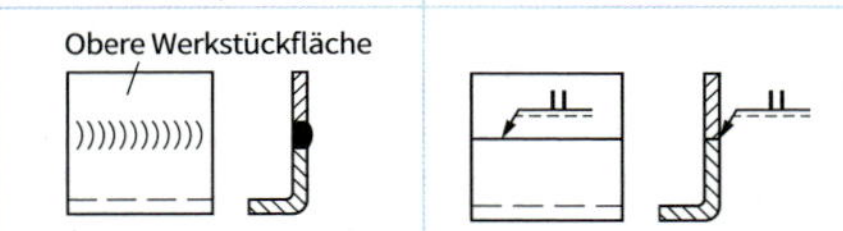
	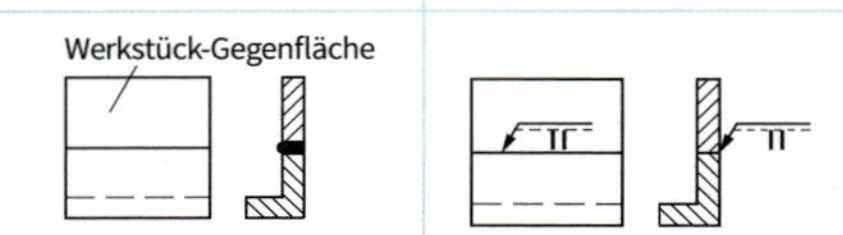
	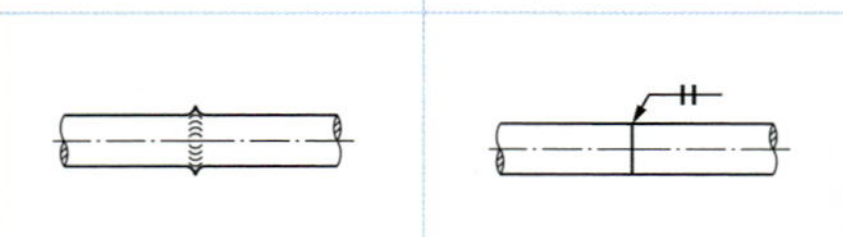
V-Naht	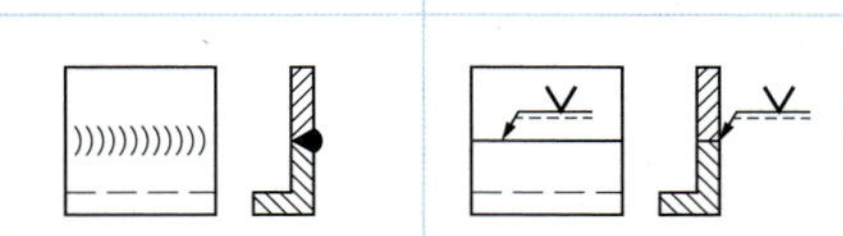
	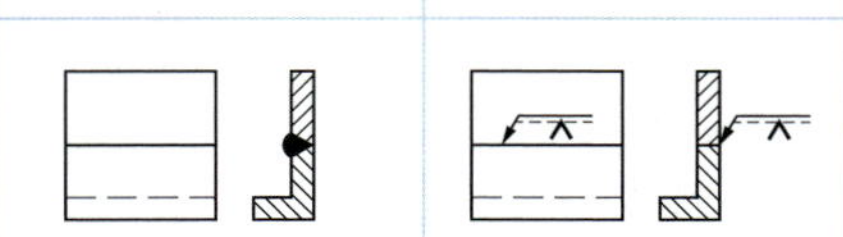
HV-Naht	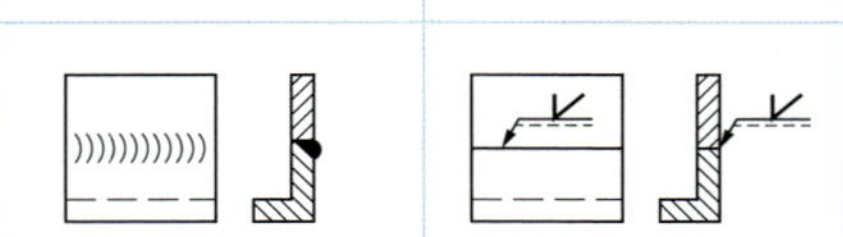
	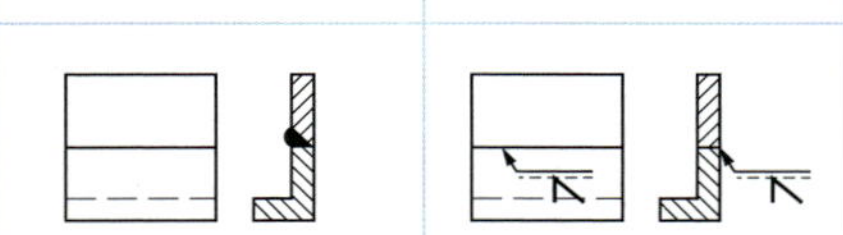
Y-Naht	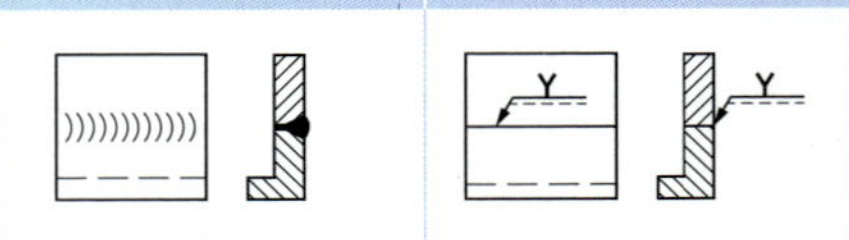
HY-Naht	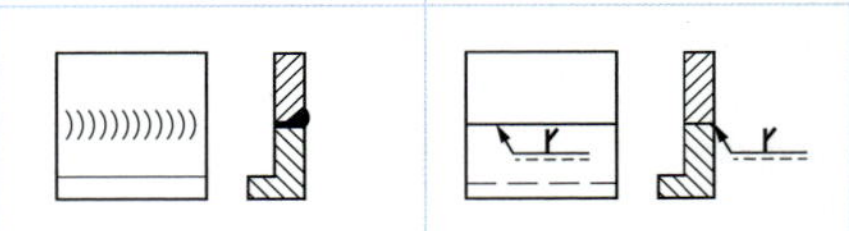
U-Naht	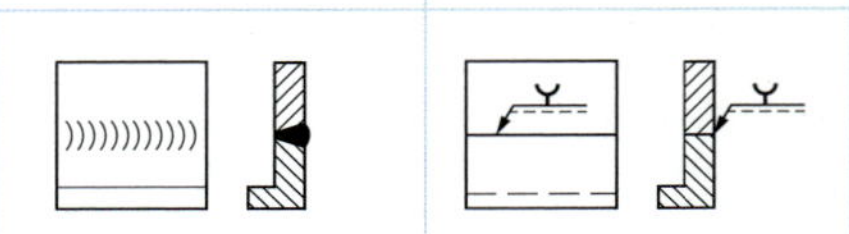
HU-Naht	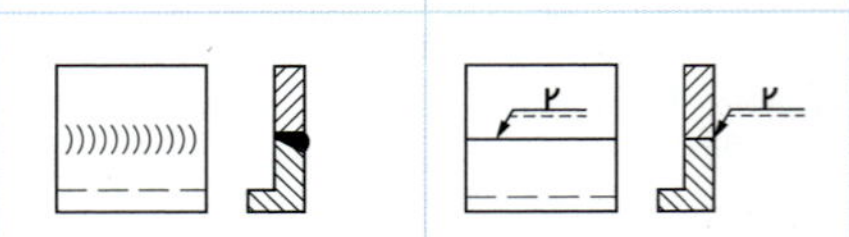
Kehlnaht	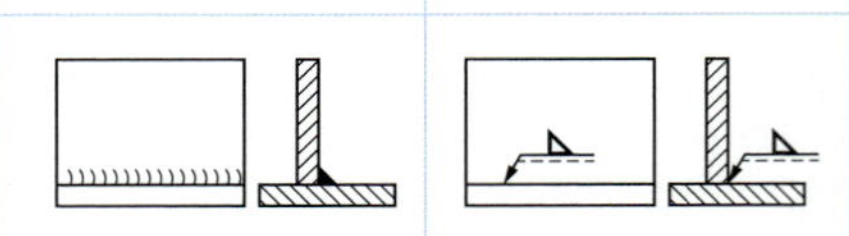
	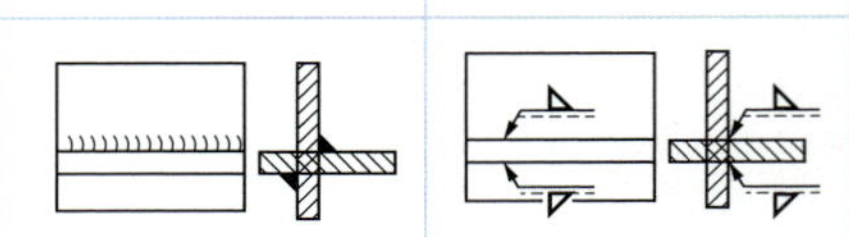
Lochnaht	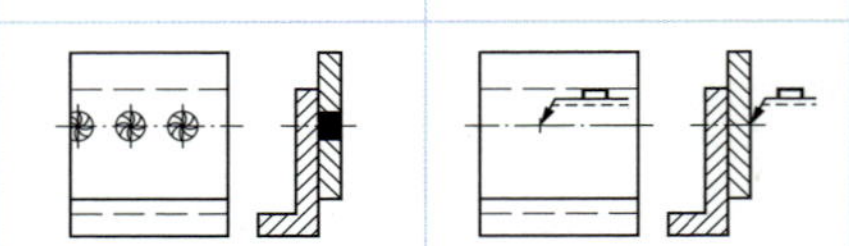
Punktnaht	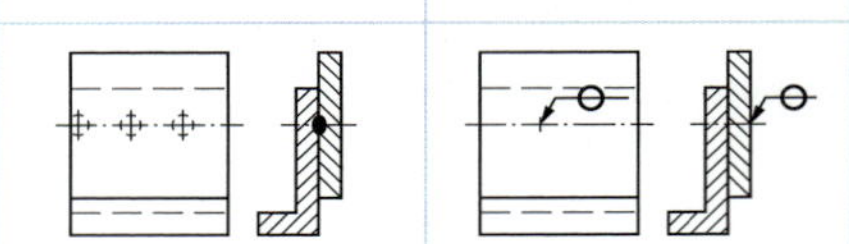

Darstellung von Schweiß- und Lötverbindungen
Representation of welded and soldered joints

Zeichnerische Darstellung und Symbole

DIN EN ISO 2553: 2022-07

Benennung Symbol der Nahtart	Darstellung erläuternd	Darstellung symbolhaft
Liniennaht	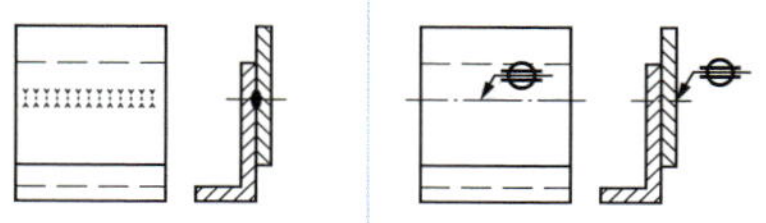	
Steilflankennaht	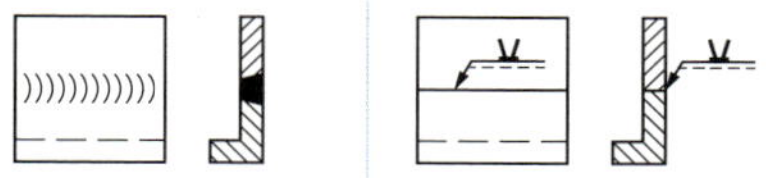	
Halb-Steilflankennaht	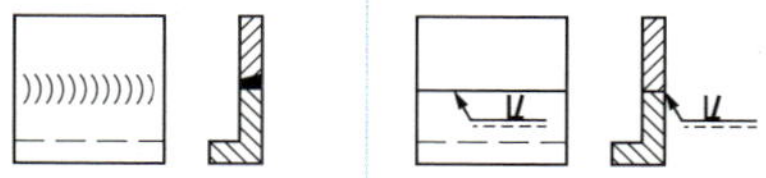	
Stirnnaht	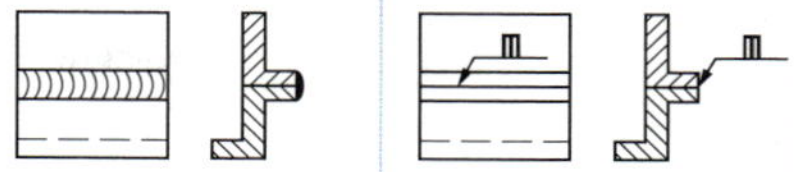	
Bolzenschweißverbindung		
Auftragsschweißung		

Kombination von Grundsymbolen

Benennung Symbol der Nahtart	Darstellung erläuternd	Darstellung symbolhaft
I-Naht geschweißt von beiden Seiten	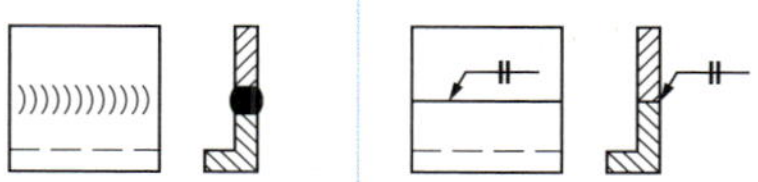	
V-Naht mit Gegenlage	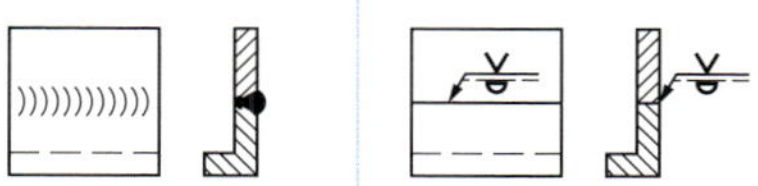	
Doppel-V-Naht (X-Naht)	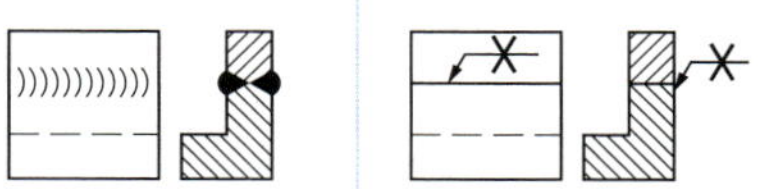	
Doppel-HV-Naht (K-Naht)	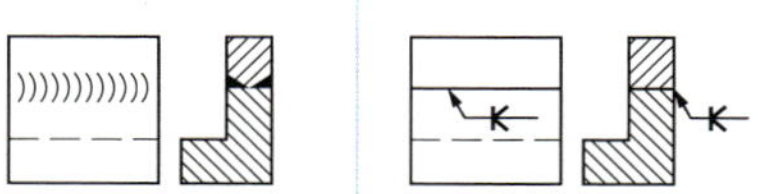	
Doppel-Y-Naht	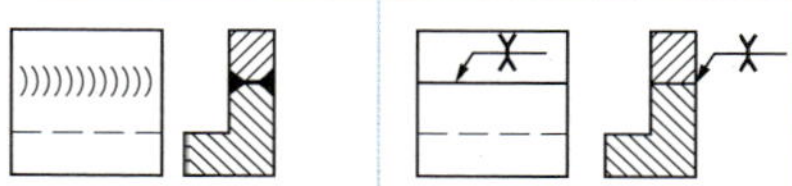	
Doppel-U-Naht	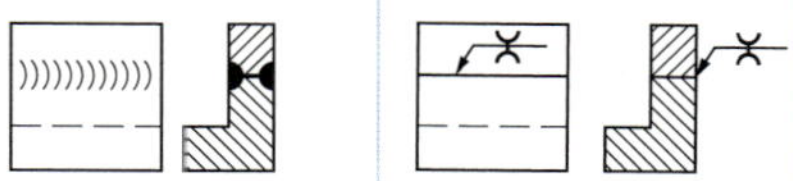	
V-U-Naht	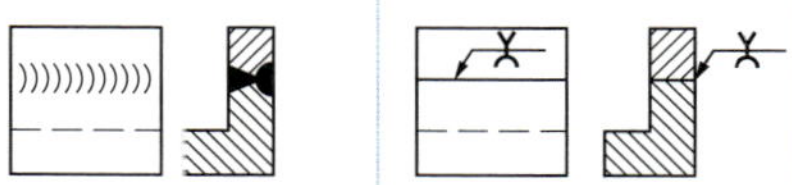	
Doppel-Kehlnaht	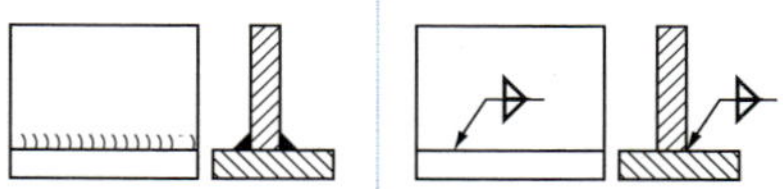	

Zusatzsymbole – Ergänzende Angaben

Zusatzsymbole für die Form der Oberfläche oder der Naht	
Oberflächenform/Nahtform	Symbol
hohl (konkav)	
flach (eben), nachbearbeitet	—
gewölbt (konvex)	
Nahtübergänge kerbfrei	

Ergänzende Angaben für charakteristische Merkmale der Naht	
Merkmal	Symbol
Ringsum-Naht	
Baustellennaht	
Angabe des Schweißprozesses (s. DIN EN 24063)	z. B. 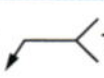 111
Bezugszeichen (Bedeutung ist in der Nähe des Schriftfeldes zu erläutern)	z. B. 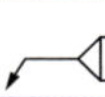 A1

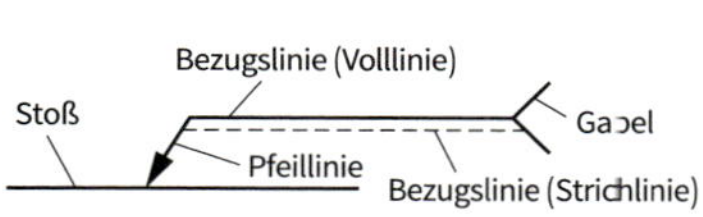

Die Stellung des Symbols zur Bezugslinie gibt die Lage der Naht am Stoß an. Die Pfeillinie zeigt auf die Pfeilseite, die andere Seite ist die Gegenseite. Wird das Symbol auf die Seite der Bezugs-Volllinie gesetzt, befindet sich die Naht auf der Pfeilseite. Wird das Symbol auf die Seite der Bezugs-Strichlinie gesetzt, befindet sich die Naht auf der Gegenseite. Die Bezugs-Strichlinie kann unter oder über der Bezugs-Volllinie gezeichnet werden (System A).

Bemaßung von Schweißnähten

DIN EN ISO 2553: 2022-07

Jedem Symbol dürfen Maße zugeordnet werden. Die Nahtdicke *a* oder die Schenkeldicke *z* werden vor dem Symbol, die Längenmaße hinter dem Symbol eingetragen. Fehlt die Angabe nach dem Symbol, verläuft die Naht ununterbrochen über die gesamte Länge des Werkstückes.

Nahtart	Darstellung erläuternd	Darstellung symbolhaft	Bemerkungen
Bördelnaht	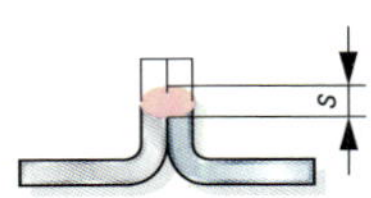	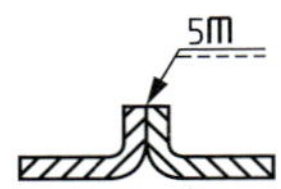	Nahtdicke s = 5 mm Bördelnähte, die nicht durchgeschweißt sind, werden als I-Nähte mit der Nahtdicke s gekennzeichnet.
Nicht durchgeschweißte, unterbrochene I-Naht	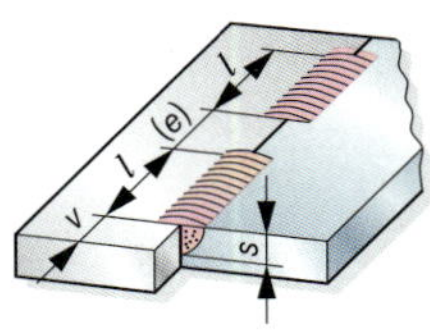	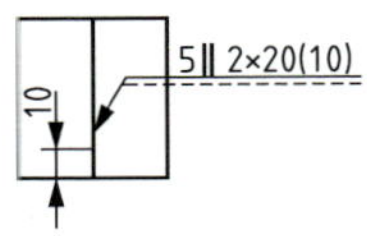	Nahtdicke s = 5 mm Vormaß v = 10 mm Anzahl der Einzelnähte n = 2 Länge der Einzelnähte l = 20 mm Länge der Zwischenräume e = 10 mm
Punktnaht	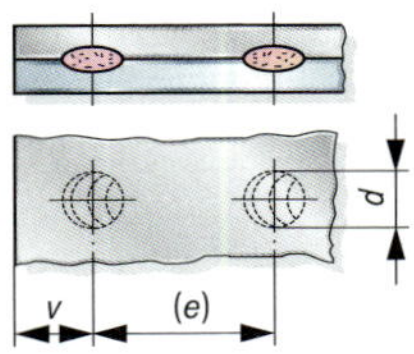	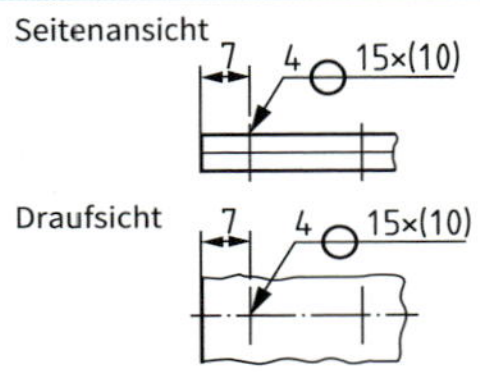	Punktdurchmesser d = 4 mm Punktabstand e = 10 mm Anzahl der Punkte n = 15 Vormaß v = 7 mm
Einfache Kehlnaht	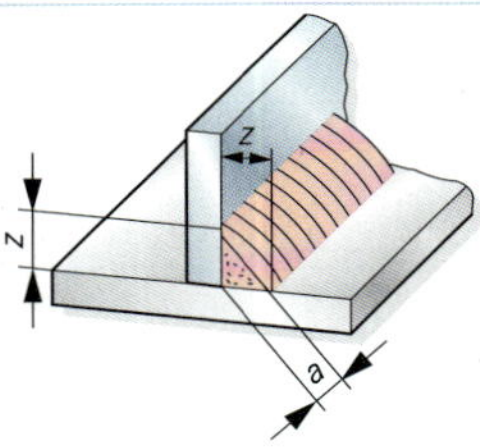	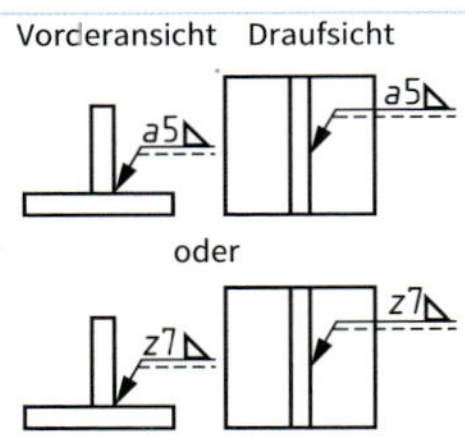	Nahtdicke a = 5 mm Schenkeldicke z = 7 mm
Unterbrochene Kehlnaht ohne Vormaß	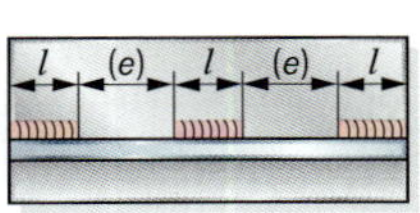	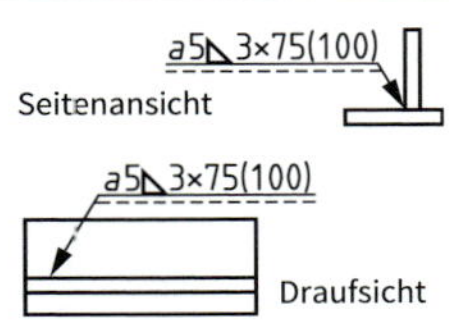	Nahtdicke a = 5 mm Anzahl der Einzelnähte n = 3 Länge der Einzelnähte l = 75 mm Länge der Zwischenräume e = 100 mm
Doppelte Kehlnaht unterbrochen, versetzt, beidseitig mit Vormaß	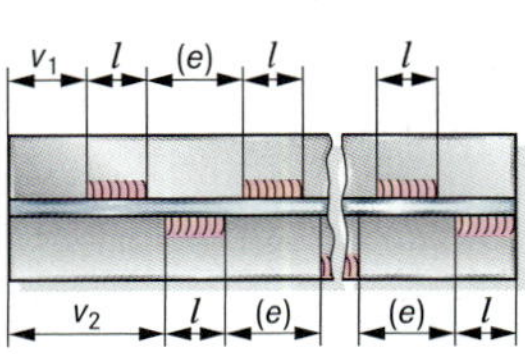	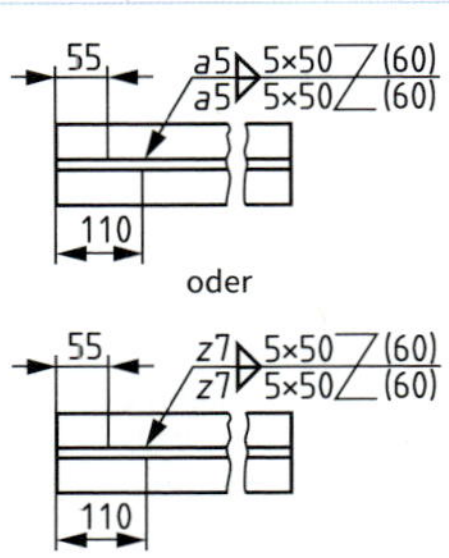	Nahtdicke a = 5 mm Schenkeldicke z = 7 mm Anzahl der Einzelnähte n = 5 Länge der Einzelnähte l = 50 mm Länge der Zwischenräume e = 60 mm Vormaß 1 v_1 = 55 mm Vormaß 2 v_2 = 110 mm  Zeichen für unterbrochene Nähte

Stellung des Symbols bei Kehlnähten

DIN EN ISO 2553: 2022-07

Darstellung erläuternd	Darstellung symbolhaft	
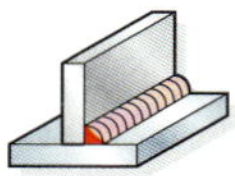	Gegenseite  Pfeilseite Schweißnaht auf der Pfeilseite	Pfeilseite 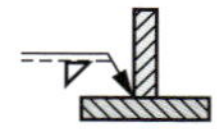 Gegenseite Schweißnaht auf der Gegenseite
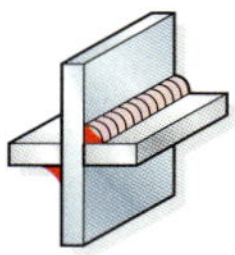	Pfeilseite für A, Gegenseite für B **Stoß A** 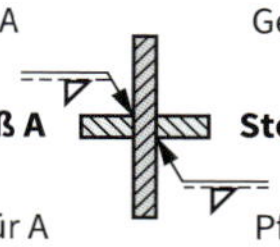 **Stoß B** Gegenseite für A, Pfeilseite für B	Gegenseite für A, Pfeilseite für B **Stoß A** 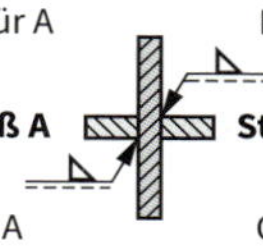 **Stoß B** Pfeilseite für A, Gegenseite für B
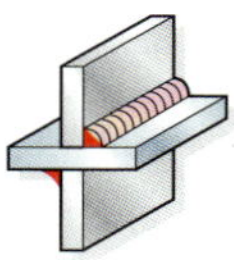	Gegenseite für A, **Stoß A**, Pfeilseite für A 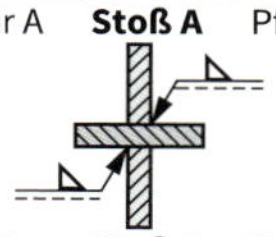 Pfeilseite für B, **Stoß B**, Gegenseite für B	Pfeilseite für A, **Stoß A**, Gegenseite für A 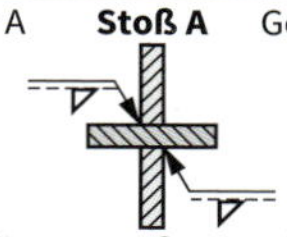 Gegenseite für B, **Stoß B**, Pfeilseite für B

Kennzahlen für Schweiß- und Lötverfahren

DIN EN ISO 4063: 2011-03

Kennzahl	Verfahren
1	Lichtbogenschmelzschweißen
11	Metalllichtbogenschweißen ohne Gas
111	Lichtbogenhandschweißen
13	Metall-Schutzgasschweißen
131	Metall-Inertgasschweißen
135	Metall-Aktivgasschweißen
14	Wolfram-Schutzgasschweißen
141	Wolfram-Inertgasschweißen
15	Plasmaschweißen
2	Widerstandsschweißen
21	Widerstands-Punktschweißen

Kennzahl	Verfahren
3	Gasschmelzschweißen
311	Gasschweißen mit Sauerstoff-Acetylen-Flamme
312	Gasschweißen mit Sauerstoff-Propan-Flamme
4	Pressschweißen
41	Ultraschallschweißen
5	Strahlschweißen
512	Elektronenstrahlschweißen
52	Laserstrahlschweißen
8	Schneiden und Ausfugen
83	Plasmaschneiden
9	Löten
91	Hartlöten
94	Weichlöten

Angaben in der Gabel des Bezugszeichens für eine durchgeschweißte V-Naht mit Gegenlage durch Lichtbogenhandschweißen, geforderte Bewertungsgruppe D DIN EN ISO 5817, geschweißt in Wannenposition nach DIN EN ISO 6947, verwendete Stabelektrode nach DIN EN ISO 2560.

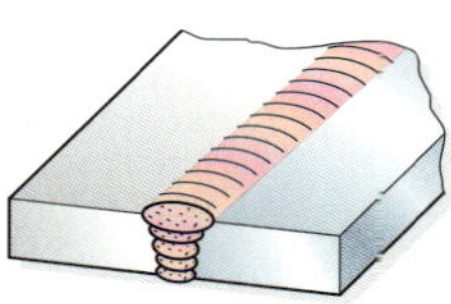

Vorderansicht

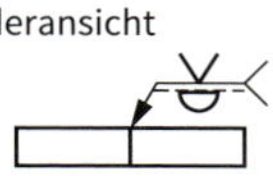

111/ISO 5817-D/ISO 6947-PA/
ISO 2560-A-E 46 0 MnMo RR 1 4 H5

Draufsicht

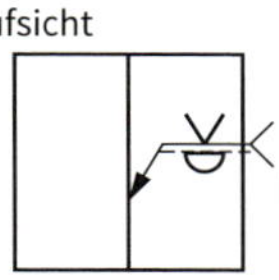

111/ISO 5817-D/ISO 6947-PA/
ISO 2560-A-E 46 0 MnMo RR 1 4 H5

Angaben in der Gabel des Bezugszeichens für eine gelötete Flächennaht, hergestellt durch Weichlöten in Wannenposition mit einem Lot nach DIN EN 29453.

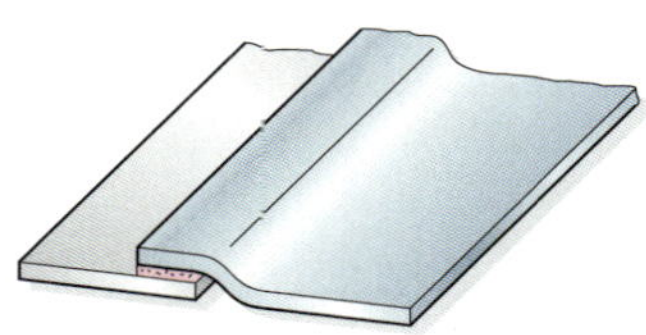

Vorderansicht

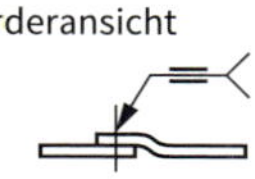

94/w/ISO 9453-S-Pb60Sn40

Draufsicht

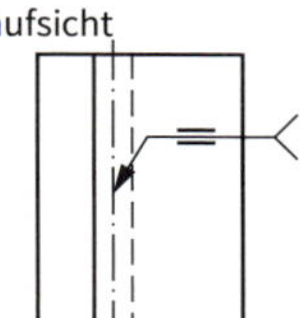

94/w/ISO 9453-S-Pb60Sn40

Benennung Symbol	Materialdicke t in mm	Nahtdarstellung	Maße: Winkel α, β in °	Maße: Spalt b in mm	Maße: Steghöhe c in mm	Empfohlenes Schweißverfahren	Bemerkungen
Bördelnaht 	$t \leq 2$	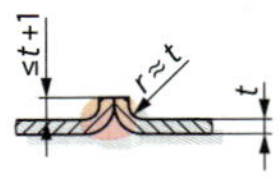	–	–	–	3 111 141 512	meist ohne Zusatzwerkstoff
I-Naht ‖	$t \leq 4$	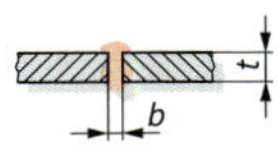	–	$b \approx t$	–	3, 111, 141	keine Nahtvorbereitung
	$3 < t \leq 8$		–	$6 \leq b \leq 8$	–	13	
	$t \leq 15$		–	$b \leq 1$	–	141	beidseitig geschweißt
V-Naht V	$3 < t \leq 10$	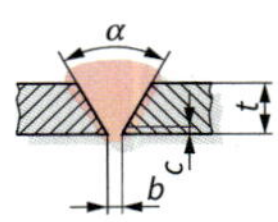	$40° \leq \alpha \leq 60°$	$b \leq 4$	$c \leq 2$	3, 111, 13, 141	ein- oder mehrlagig geschweißt, bei dynamischer Beanspruchung Wurzel gegengeschweißt
	$8 < t \leq 12$		$6° \leq \alpha \leq 8°$	–		52	
Y-Naht Y	$5 \leq t \leq 40$	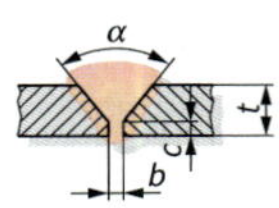	$\alpha \approx 60°$	$1 \leq b \leq 4$	$2 \leq c \leq 4$	111 13 141	beidseitig geschweißt
HV-Naht 	$3 < t \leq 10$	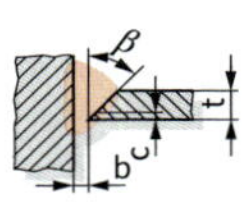	$35° \leq \beta \leq 60°$	$2 \leq b \leq 4$	$1 \leq c \leq 2$	111 13 141	einseitig oder beidseitig geschweißt
Doppel-V-Naht X	$t > 10$	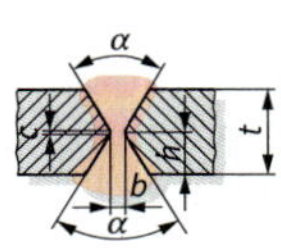	$40° \leq \alpha \leq 60°$	$1 \leq b \leq 3$	$c \leq 2$	13	$h = \frac{t}{2}$ beidseitig geschweißt
			$\alpha \approx 60°$			111 141	
Doppel-HV-Naht K	$t > 10$	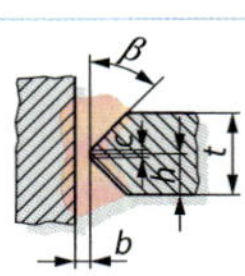	$35° \leq \beta \leq 60°$	$1 \leq b \leq 4$	$c \leq 2$	111 13 141	$h = \frac{t}{2}$ beidseitig geschweißt
Kehlnaht 	$t_1 > 2$ $t_2 > 2$	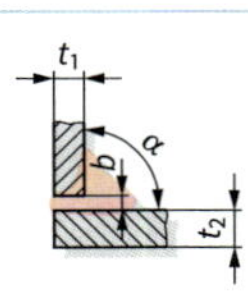	$70° \leq \alpha \leq 100°$	$b \leq 2$	–	3 111 13 141	–
Doppel-Kehlnaht 	$2 \leq t_1 \leq 4$ $2 \leq t_2 \leq 4$	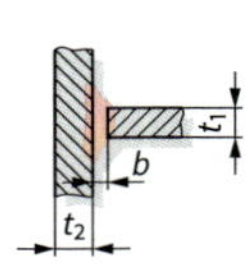	–	$b \leq 2$	–	3 111 13 141	–
	$t_1 > 4$ $t_2 > 4$		–	–			

Schweißnahtvorbereitung für Aluminium
Joint preparation for aluminium

DIN EN ISO 9692-3: 2016-11

Benennung Symbol	Materialdicke t in mm	Nahtdarstellung	Maße: Winkel α, β in °	Maße: Spalt b in mm	Maße: Steghöhe c in mm	Empfohlenes Schweißverfahren	Bemerkungen
Bördelnaht	$t \leq 2$	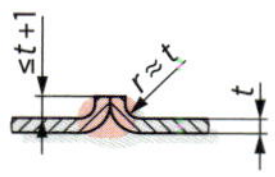	–	–	–	141 142	–
I-Naht 1) MR M	$t \leq 4$	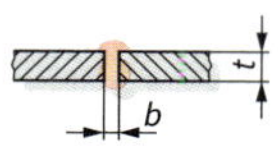	–	$b \leq 1$	–	141	Brechung der Wurzelseite wird empfohlen
	$2 \leq t \leq 4$		–	$b \leq 1{,}5$	–	131	I-Naht mit Schweißbadsicherung
V-Naht 1) MR M	$3 \leq t \leq 5$	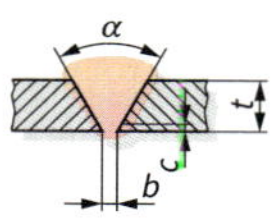	$60° \leq \alpha \leq 90°$	$b \leq 2$	$c \leq 2$	131	–
			$60° \leq \alpha \leq 90°$	$b \leq 4$	$c \leq 2$	131	V-Naht mit Schweißbadsicherung
Y-Naht 1) MR M	$3 \leq t \leq 15$	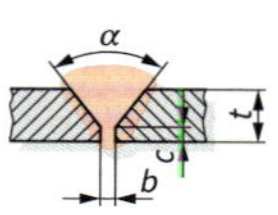	$\alpha \geq 60°$	$b \leq 2$	$c \leq 2$	131 141	–
	$6 \leq t \leq 25$		$\alpha \geq 60°$	$4 \leq b \leq 10$	$c = 3$	131	Y-Naht mit Schweißbadsicherung
			$90° \leq \alpha \leq 120°$	$b \leq 1$	$2 \leq c \leq 2$	141	–
HV-Naht 1) MR M	$4 < t \leq 10$	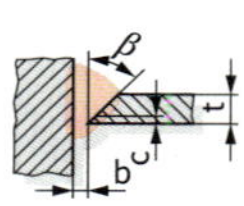	$\alpha \geq 60°$	$b \leq 2$	$c \leq 2$	131	–
			$50° \leq \beta \leq 70°$	$3 \leq b \leq 8$	$c \leq 2$	131 141	HV-Naht mit Schweißbadsicherung
Doppel-V-Naht	$6 \leq t \leq 15$	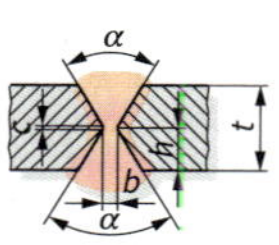	$\alpha \geq 60°$	$b \leq 3$	$c \leq 2$	141	–
	$t > 15$		$\alpha \geq 70°$			131	
Doppel-HV-Naht	$t_1 \geq 8$ $t_2 \geq 8$	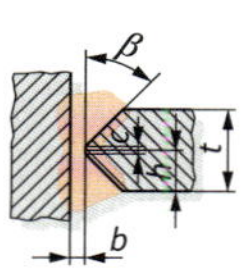	$\beta \geq 50°$	$b \leq 2$	$c \leq 2$	141 131	–
Kehlnaht	–	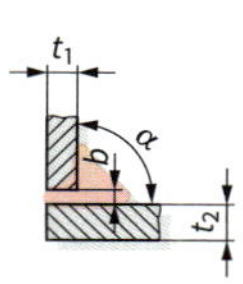	$\alpha \geq 90°$	$b \leq 2$	–	141 131	–
Doppel-Kehlnaht	–	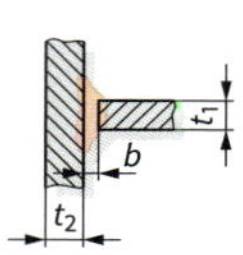	$\alpha \geq 90°$	$b \leq 2$	–	141 131	–

1) MR: entfernbare Schweißnahtsicherung, M: verbleibende Schweißnahtsicherung

Druckgasflaschen

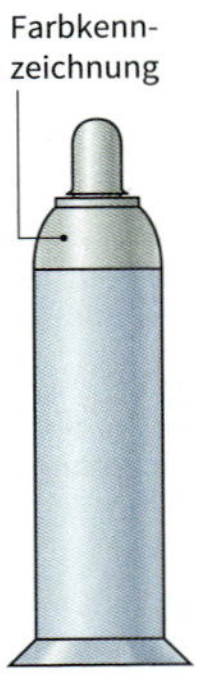

Gasart	Farbkennzeichnung der Flasche nach DIN EN 1089-3: 2011-10	bisher	Anschlüsse der Ventile DIN 477-1: 2012-06	Volumen in l	Druck in bar	Füllmenge
Sauerstoff	weiß	blau	G ¾	40 50	150 200	6000 l 10000 l
Acetylen	kastanienbraun	gelb	Spannbügel	40 50	18 19	6,3 kg 10 kg
Propan	rot	rot	W 21,80 × $\frac{1}{14}$ – LH [1)]	10 50	8,53	4,25 kg 21,25 kg
Wasserstoff	rot	rot	W 21,80 × $\frac{1}{14}$ – LH [1)]	10 50	200	1800 l 8900 l
Stickstoff	schwarz	grün	W 24,32 × $\frac{1}{14}$ [1)]	40 50	150 200	6000 l 10000 l
Kohlendioxid	grau	grau	W 21,80 × $\frac{1}{14}$ [1)]	13,4 40	57,29	10 kg 30 kg
Argon	dunkelgrün	grau	W 21,80 × $\frac{1}{14}$ [1)]	10 50	200	2000 l 10000 l
Helium	braun					
Druckluft	leuchtend grün	grau	G ⅝ Innengewinde	40 50	150 200	6000 l 10000 l

[1)] W: Kurzzeichen für Withworth-Gewinde (Nenndurchmesser in mm × Steigung in ''), LH: Linksgewinde

Mengenberechnung von Gas-Betriebsstoffen

Verfügbare Gasmenge (Flascheninhalt) bei Normaldruck

$$V_{amb} = \frac{p_e \cdot V_{Fl}}{p_{amb}}$$

V_{amb} : Gasvolumen bei Normaldruck
p_{amb} : Normaldruck
V_{Fl} : Flaschenvolumen
p_e : Flaschendruck lt. Inhaltsmanometer

Gasverbrauch von ungelösten Gasen

$$\Delta V = \frac{V_{Fl} \cdot (p_{e1} - p_{e2})}{p_{amb}}$$

$\Delta V = V_1 - V_2$
$\Delta p_e = p_{e1} - p_{e2}$

ΔV : Gasverbrauch
V_1 : Flascheninhalt **vor** der Gasentnahme
V_2 : Flascheninhalt **nach** der Gasentnahme
V_{Fl} : Flaschenvolumen
p_{e1} : Flaschendruck **vor** der Gasentnahme
p_{e2} : Flaschendruck **nach** der Gasentnahme
Δp_e : Druckunterschied

Beispiel:

$V_{Fl} = 40\,l\ O_2$ $p_{e1} = 100$ bar $p_{e2} = 25$ bar $\Delta V = ?$

$$\Delta V = \frac{V_{Fl} \cdot (p_{e1} - p_{e2})}{p_{amb}} = \frac{40\,l\,(100\text{ bar} - 25\text{ bar})}{1\text{ bar}} = 3000\,l$$

Gasverbrauch von gelösten Gasen

$$\Delta V = \frac{V_F \cdot (p_{e1} - p_{e2})}{p_F}$$

für Acetylen: 1 l Aceton löst bei 1 bar Druck 25 l Acetylen

$$V_F = V_L \cdot 25 \cdot p_F$$

Einheitengleichung: $l = l \cdot \frac{l}{l \cdot \text{bar}} \cdot \text{bar}$

ΔV : Gasverbrauch in l
V_F : Füllvolumen in l
p_{e1} : Flaschendruck **vor** der Gasentnahme in bar
p_{e2} : Flaschendruck **nach** der Gasentnahme in bar
p_F : Fülldruck der Flasche in bar
V_L : Volumen Lösungsmittel in l
(13 l Aceton in einer 40 l-Acetylen-Normalflasche und 18 bar Fülldruck)

Grafische Ermittlung des Gasverbrauchs (40-l-Flaschen)

Sauerstoff: Volumen 40 l, Druck 150 bar, Füllmenge 6000 l
Acetylen: Volumen 40 l, Druck 18 bar, Füllmenge 6,3 kg

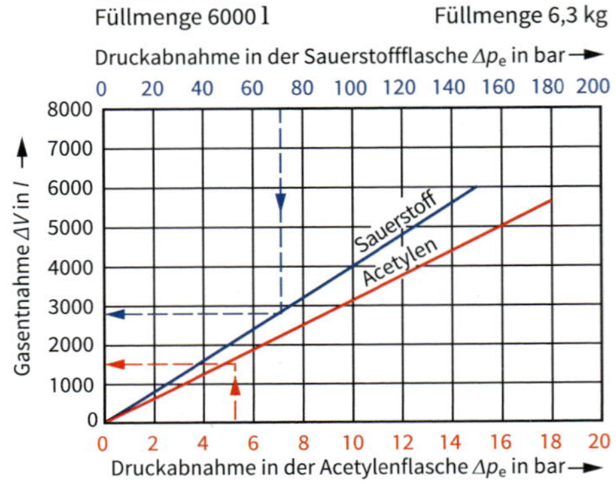

Beispiel: Bei einer Druckabnahme von 70 bar in der Sauerstoffflasche werden ca. 2800 l Sauerstoff entnommen.

Schweißpositionen

DIN EN ISO 6947: 2020-02

Benennung	Kurzz.	bisher	Beschreibung
Wannenposition	PA	w	waagerechtes Arbeiten, Nahtmittellinie senkrecht, Decklage oben
Horizontalposition	PB	h	horizontales Arbeiten, Decklage nach oben
Steigposition	PF	s	steigendes Arbeiten
Fallposition	PG	f	fallendes Arbeiten
Querposition	PC	q	horizontales Arbeiten, Nahtmittellinie horizontal
Überkopfposition	PE	ü	horizontales Arbeiten, Überkopf, Nahtmittellinie senkrecht, Decklage unten
Horizontale Überkopfposition	PD	hü	horizontales Arbeiten, Überkopf, Decklage nach unten

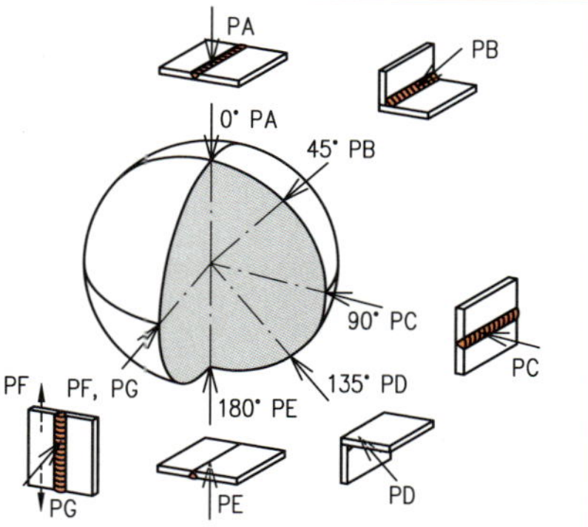

Richtwerte für das Gasschmelzschweißen

Werkstoff: unlegierter Baustahl, Schweißposition: PA

Werkstückdicke *t* in mm	Größe des Schweißeinsatzes	Nahtart	Betriebsdruck in bar: Sauerstoff	Betriebsdruck in bar: Acetylen	Schweißstabdurchmesser mm	Schweißrichtung	Verbrauchswerte: Sauerstoff *l*/h	Verbrauchswerte: Acetylen *l*/h	Verbrauchswerte: Schweißstab g/m	Schweißzeit min/m	Schweißleistung m/h
0,5	1	⋏	2,5	0,03 … 0,8	–	NL	80	80	–	4	15
1	1	⋏			–	NL	80	80	–	9	6,7
1	1	||			1	NL	160	160	12	10	6
1,5	1 … 2	⋏			–	NL	160	160	–	10	6
2	1 … 2	||			2	NL	160	160	35	11	5,5
3	2 … 4	||			2	NR	315	315	65	12	5
4	2 … 4	V			3	NR	315	315	115	15	4
6	4 … 6	V			4	NR	500	500	250	22	2,7

NL: Nachlinksschweißen; NR: Nachrechtsschweißen

Schweißstäbe für das Gasschweißen – Eignung

DIN EN 12 536: 2000-08

Grundwerkstoff: Stahlart	Grundwerkstoff: Stahlsorte	Geeignete Schweißstabklasse: O I	O II	O III	O IV	O V	O VI
Stähle nach DIN EN 10025	S 235 JRG 1, S 235 JRG 2, S 235 J0			×	×		
Stähle für Rohre nach DIN 1615	St 33	×	×	×	×		
Stähle für Rohre nach DIN 1626, DIN 1629	U St 37.0, St 37.0, St 44.0, St 52.0	×	×	×	×		
Stähle für Rohre nach DIN 1628, DIN 1630	St 37.4, St 44.4, St 52.4			×	×		
Stähle nach DIN EN 10028	P 235 GH, P 265 GH, P 295 GH			×	×		
	16 Mo 3				×		
	13 Cr Mo 4-5					×	
	10 Cr Mo 9-10						×
Schweißverhalten	Fließverhalten	dünn fließend	weniger dünn fließend	zäh fließend			
	Spritzer	viele	wenig	keine			
	Poreneingang	ja		nein			

Lieferformen: Durchmesser in mm: 2 – 2,5 – 3 – 4 – 5, Längen in mm: 1000
Stab EN 12 536-O IV
Bezeichnung eines Schweißstabes der Schweißstabklasse IV

Umhüllte Stabelektroden zum Lichtbogenhandschweißen von unlegierten Stählen und Feinkornstählen

DIN EN ISO 2560: 2021-01

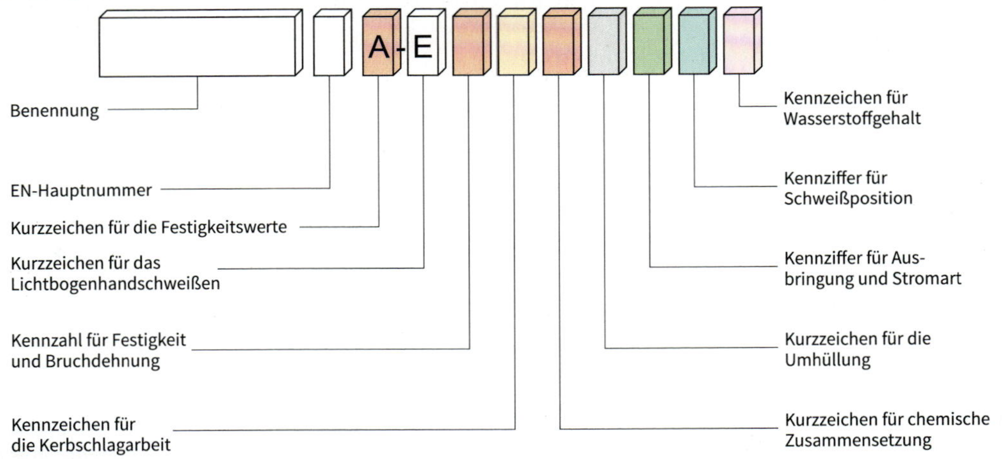

Kennzeichen für die Festigkeitswerte

A	Bezeichnung nach Streckgrenze und Kerbschlagarbeit von 47 J.
B	Bezeichnung nach Zugfestigkeit und Kerbschlagarbeit von 27 J (gebräuchliche Festlegung im Pazifikraum).

Kennzahl für Festigkeit und Bruchdehnung

Kennzahl	Mindeststreckgrenze $R_{eL}/R_{p0,2}$ in N/mm²	Zugfestigkeit R_m in N/mm²	Mindestbruchdehnung A_5 in %
35	355	440 … 570	22
38	380	470 … 600	20
42	420	500 … 640	20
46	460	530 … 680	20
50	500	560 … 720	18

Kennzeichen für die Kerbschlagarbeit

Kennzeichen	Temperatur in °C für Mindestkerbschlagarbeit 47 J.
Z	keine Anforderungen
A	+20
0	0
2	−20
3	−30
4	−40
5	−50
6	−60

Kennzeichen für die chemische Zusammensetzung des Schweißgutes

Legierungskennzeichen	chemische Zusammensetzung Mn	Mo	Ni
Mo	≤ 1,4	0,3 … 0,6	–
MnMo	1,4 … 2,0	0,3 … 0,6	–
1Ni	≤ 1,4	–	0,6 … 1,2
2Ni	≤ 1,4	–	1,8 … 2,6
3Ni	≤ 1,4	–	2,6 … 3,8
Mn1Ni	1,4 … 2,0	–	0,6 … 1,2
1NiMo	≤ 1,4	0,3 … 0,6	0,6 … 1,2
Z	andere vereinbarte Zusammensetzung		
kein Kurzzeichen	≤ 2,0	–	–

Kurzzeichen für die Umhüllung

A sauer-umhüllt	R rutil-umhüllt
B basisch-umhüllt	RR dick-rutil-umhüllt
C zellulose-umhüllt	RA rutil-sauer-umhüllt
	RB rutil-basisch-umhüllt
	RC rutil-zellulose-umhüllt

Rutil: Titanmineral TiO_2

Kennziffer für die Ausbringung und Stromart

Kennziffer	Ausbringung in %	Stromart
1	≤ 105	Wechsel- und Gleichstrom
2	≤ 105	Gleichstrom
3	105 … 125	Wechsel- und Gleichstrom
4	105 … 125	Gleichstrom
5	125 … 160	Wechsel- und Gleichstrom
6	125 … 160	Gleichstrom
7	> 160	Wechsel- und Gleichstrom
8	> 160	Gleichstrom

Kennziffer für Schweißpositionen

s. DIN EN ISO 6947

1 alle Positionen

2 alle Positionen außer PG

3 Stumpfnaht: PA
Kehlnaht: PA, PB

4 Stumpfnaht: PA
Kehlnaht: PA

5 wie 3 und PG

Kennzeichen für den Wasserstoffgehalt

Kennzeichen	Wasserstoffgehalt in ml/100 g Schweißgut
H5	5
H10	10
H15	15

Stabelektrode ISO 2560 – A – E 46 3 1Ni B 5 4 H5

Bezeichnung einer Stabelektrode

Stabelektroden, Ergänzung

Bedeutung:

A: Bezeichnung nach Streckgrenze und Kerbschlagarbeit von 47 J.
E: Lichtbogenhandschweißen
46: Festigkeit und Bruchdehnung
3: Kerbschlagarbeit
1Ni: chem. Zusammensetzung
B: Umhüllungstyp
5: Ausbringung und Stromart
4: Schweißposition
H5: Wasserstoffgehalt

Elektrodenbedarf

Kehlnaht

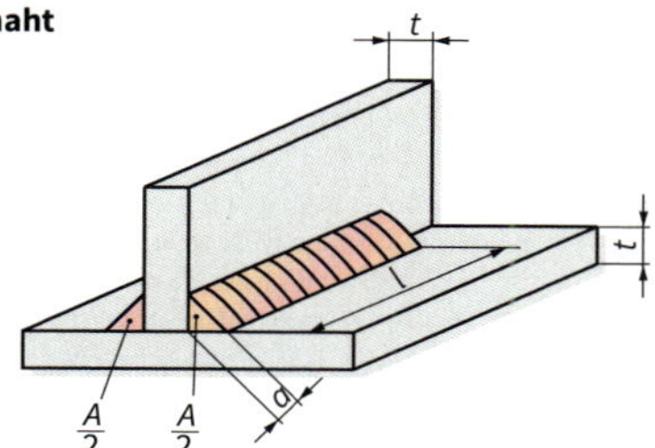

V-Naht

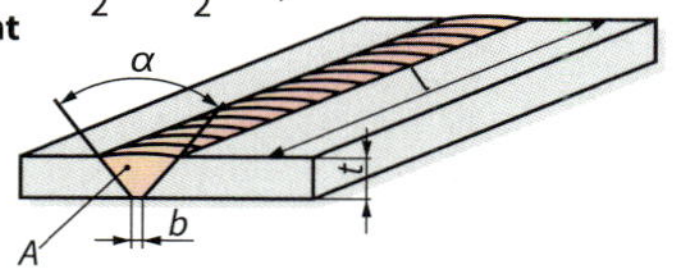

t : Blechdicke
a : Nahtdicke
l : Nahtlänge
A : Nahtquerschnitt

$$A = a^2$$

b : Nahtspaltbreite
α : Nahtöffnungswinkel
c : Nahtformfaktor

$$A = t \cdot (c \cdot t + b)$$

V_N: Nahtvolumen

$$V_N = A \cdot l$$

Nahtformfaktor c		
Nahtöffnungswinkel α in °	V-Naht	X-Naht
60	0,58	0,29
70	0,71	0,36
90	1,00	0,50

V_E: Elektrodenvolumen
k_E: Ausbringungsfaktor (0,9 … 1,8)
i_E : Anzahl der Elektroden

$$i_E = \frac{V_N}{V_E \cdot k_E}$$

Beispiel:

Kehlnaht $a = 7$ mm, $l = 1525$ mm, $l_E = 430$ mm, $d_E = 6$ mm
$k_E = 1{,}25$, $\lambda_E = ?$;

$$i_E = \frac{V_N}{V_E \cdot k_E} = \frac{a^2 \cdot l}{\frac{\pi}{4} d^2 \cdot l_E \cdot k_E} = \frac{49\ \text{mm}^2 \cdot 1525\ \text{mm}}{\frac{\pi}{4} 36\ \text{mm}^2 \cdot 430\ \text{mm} \cdot 1{,}25} \quad i_E = 4{,}9 \approx 5$$

Richtwerte für das Lichtbogenhandschweißen

	Werkstoff: unlegierter Baustahl, Schweißposition: PB; Schweißgut: ISO 2560-A-E 42 0 RR					
	Kehlnahtdicke a in mm	Elektrodenabmessungen $d \times l$ in mm	Strom I in A	Leistungswerte: Schweißgut m in g/m	Abschmelzzeit der Elektrode t in s	Elektrodenverbrauch n in 1/m
Kehlnähte	2	2,5 x 350	85	48	58	4
	4	4,0 x 450	180	155	89	3
	6			325		4
	8			575		4
	10			905		4

	Werkstoff: unlegierter Baustahl, Schweißposition: PA; Schweißgut: ISO 2560-A-E 38 2 RA 12							
	Werkstückdicke t in mm	Öffnungswinkel α in °	Spalt b in mm	Elektrodenabmessungen in mm	Strom I in A	Leistungswerte: Schweißgut m in g/m	Abschmelzzeit der Elektrode t in s	Elektrodenverbrauch n in 1/m
Stumpfnähte (V-Nähte)	4	60	1,0	2,5 x 350	75	103	58	8,5
	6		1,0	3,25 x 450	140	209	79	4,0
	8		1,5			382		
	10		2,0			608		
	15		2,0	4,0 x 450	180	1250	98	
	20		2,0			2125		

Punktschweißen
Spot welding

Richtwerte für das Punktschweißen von Stahlblechen

Einzelblechdicke t in mm	Schweißzeit t in s: Vorhaltezeit	Stromzeit	Nachhaltezeit	Gesamt	Schweißstrom I in kA	Elektrodenhaltekraft F in KN	Durchmesser Schweißpunkt d_{Sp} in mm
0,5	0,3	0,01	0,4	0,71	6,5	1,3	3,5
0,8	0,3	0,16	0,4	0,86	8	2	5,5
1,0	0,3	0,2	0,4	0,9	9,5	2,5	6
1,5	0,3	0,28	0,4	0,98	10	3,1	7
2,0	0,3	0,32	0,4	1,02	12	3,5	8
2,5	0,3	0,4	0,4	1,1	13	4	9
3,0	0,3	0,48	0,4	1,18	14	4,5	10

Drahtelektroden und Schweißgut zum Metall-Schutzgasschweißen von unlegierten Stählen und Feinkornstählen

DIN EN ISO 14341:2020-12

Kurzzeichen	Mindeststreckgrenze $R_{eL}/R_{p0,2}$ in N/mm²	Zugfestigkeit R_m in N/mm²	Bruchdehnung A_5 in %
Einteilung nach Streckgrenze und Kerbschlagarbeit K = 47 J (A)			
35	355	440 … 570	22
38	380	470 … 600	20
42	420	500 … 640	20
46	460	530 … 680	20
50	500	560 … 720	18
Einteilung nach Zugfestigkeit und Kerbschlagarbeit K = 27 J (B)			
43X[1]	330	430 … 600	20
49X	390	490 … 670	18
55X	460	550 … 740	17
57X	490	570 … 770	17

Schweißgut ISO 14341-A-G 46 3 M21 3Si1
Bezeichnung eines Schweißgutes nach Streckgrenze und Kerbschlagarbeit 47 J

ISO 14341	Nummer der Norm
A	Einteilung nach Streckgrenze und Kerbschlagarbeit K = 47 J
G	Drahtelektrode oder Schweißgut für das Metall-Schutzgasschweißen
46	Festigkeit und Bruchdehnung
3	Kerbschlagarbeit bei –30 °C (DIN EN ISO 2560)
M21	Schutzgas (DIN EN ISO 14175)
3Si1	chemische Zusammensetzung

1) X steht für: A: Prüfen im Schweißzustand, P: Prüfen nach Wärmenachbehandlung

Mischgase zum Lichtbogenschweißen und Schneiden

DIN EN ISO 14175: 2008-06

Gasart	chem. Zeichen	Dichte bei 0 °C und 1,101 MPa in kg/m³	Siedetemperatur bei 1,101 MPa in °C	Reaktionsverhalten beim Schweißen
Argon	Ar	1,784	–185,9	inert
Helium	He	0,178	–268,9	inert
Kohlendioxid	CO_2	1,977	– 78,5	oxidierend
Sauerstoff	O_2	1,429	–183,0	oxidierend
Stickstoff	N_2	1,251	–195,8	reaktionsträge
Wasserstoff	H_2	0,090	–252,8	reduzierend

Einteilung der Mischgase

DIN EN ISO 14175: 2008-06

Gruppe	Kennzahl	Komponenten in Vol.-% inert		oxidierend		reduzierend	reaktionsträge	Anwendung	Bemerkungen
		Ar	He	CO_2	O_2	H_2	N_2		
R	1	Rest[1]	–	–	–	0,5 ≤ … 15	–	141, 15, 83 Wurzelschutz Hochleg. CrNi-Stähle	reduzierend
	2	Rest[1]	–	–	–	15 ≤ … 50	–		
I	1	100	–	–	–	–	–	131, 141, 15 Wurzelschutz Al-, Cu-, Ni-Leg.	inert
	2	–	100	–	–	–	–		
	3	Rest	0,5 ≤ … 95	–	–	–	–		
M1	1	Rest[1]	–	0,5 ≤ … 5	–	0,5 ≤ … 5	–	135 hoch leg. CrNi-Stähle	schwach oxidierend
	2	Rest[1]	–	0,5 ≤ … 5	–	–	–		
	3	Rest[1]	–	–	0,5 ≤ … 3	–	–		
	4	Rest[1]	–	0,5 ≤ … 5	0,5 ≤ … 3	–	–		
M2	0	Rest[1]	–	0,5 ≤ … 15	–	–	–	135 unleg. und niedrigleg. Stähle, warmfeste Stähle	
	1	Rest[1]	–	15 ≤ … 25	–	–	–		
	2	Rest[1]	–	–	3 ≤ … 10	–	–		
	3	Rest[1]	–	0,5 ≤ … 5	3 ≤ … 10	–	–		
	4	Rest[1]	–	0,5 ≤ … 15	0,5 ≤ … 3	–	–		
	5	Rest[1]	–	0,5 ≤ … 15	3 ≤ … 10	–	–		
	6	Rest[1]	–	15 ≤ … 25	0,5 ≤ … 3	–	–		
	7	Rest[1]	–	15 ≤ … 25	3 ≤ … 10	–	–		
M3	1	Rest[1]	–	25 ≤ … 50	–	–	–		
	2	Rest[1]	–	–	10 ≤ … 15	–	–		
	3	Rest[1]	–	25 ≤ … 50	2 ≤ … 10	–	–		
	4	Rest[1]	–	5 ≤ … 25	10 ≤ … 15	–	–		
	5	Rest[1]	–	25 ≤ … 50	10 ≤ … 15	–	–		
C	1	–	–	100	–	–	–	135 unleg. Stähle	stark oxidierend
	2	–	–	Rest	0,5 ≤ … 30	–	–		
N	1	–	–	–	–	–	100	83 Wurzelschutz	reaktionsträge bis reduzierend
	2	Rest[1]	–	–	–	–	0,5 ≤ … 5		
	3	Rest[1]	–	–	–	–	0,5 ≤ … 50		
	4	Rest[1]	–	–	–	0,5 ≤ … 10	0,5 ≤ … 5		
	5	–	–	–	–	0,5 ≤ … 50	Rest		

1) Ar darf teilweise durch He ersetzt werden.

Mischgas ISO 14175 – M 21 – ArC – 18 Bezeichnung eines Mischgases der Gruppe M 2 mit einem CO_2-Anteil von 18 %, Rest Ar

Wurzelschutz durch sogenanntes Formieren: Umspülen der Schweißnahtwurzel und der hocherhitzten Nahtrandbereiche mit Schutzgasen bei gleichzeitiger Verdrängung sauerstoffhaltiger Atmosphäre.

Wolframelektroden für Wolfram-Schutzgasschweißen und für Plasmaschneiden und Plasmaschweißen

DIN EN ISO 6848: 2015-12

Kurzzeichen, Zusammensetzung und Kennfarbe

Kurzzeichen	Zusammensetzung Oxidzusatz Art	Zusammensetzung Oxidzusatz in %	Verunreinigungen in %	Kennfarbe
WP	keiner	–	max. 5 %	grün
WCe20	CeO_2	1,8 … 2,2		grau
WLa10	La_2O_3	0,8 … 1,2		schwarz
WLa15	La_2O_3	1,3 … 1,7		gold
WLa20	La_2O_3	1,8 … 2,2		blau
WTh10	ThO_2	0,8 … 1,2		gelb
WTh20	ThO_2	1,7 … 2,2		rot
WTh30	ThO_2	2,8 … 3,2		violett
WZr3	ZrO_2	0,15 … 0,5		braun
WZr8	ZrO_2	0,7 … 0,9		weiß

Durchmesserabstufung in mm:
0,5 – 1,0 – 1,5 – 1,6 – 2,0 – 2,5 – 3,2 – 4,0 – 5,0 – 6,3 – 8,0 – 10,0

Längenabstufung in mm:
50 – 75 – 150 – 300 – 450 – 600

Eignung der Stromart

zu schweißender Werkstoff	Gleichstrom Elektrode negativ	Gleichstrom Elektrode positiv	Wechselstrom
Aluminium ($t \leq 2{,}5$ mm)	2[1)]	2	1
Aluminium ($t > 2{,}5$ mm)	2	3	1
und Al-Legierungen	2	3	1
Magnesium und Mg-Leg.	3	2	1
Kohlenstoffstahl und niedriglegierte Stähle	1	3	3
nichtrostende Stähle	1	3	3
Kupfer	1	3	3
Bronze	1	3	2
Aluminium-Bronze	2	3	1
Silizium-Bronze	1	3	3
Nickel und Ni-Legierungen	1	3	2
Titan	1	3	2

[1)] 1: Stromart für beste Ergebnisse; 2: Stromart für gute Ergebnisse; 3: Stromart nicht zu empfehlen oder nicht möglich

Empfohlene Stromstärkebereiche bei Argonschutz

Elektrodendurchmesser	Gleichstrom I in A, Elektrode negativ: Reines Wolfram	Gleichstrom I in A, Elektrode negativ: Wolfram mit Oxidzusatz	Gleichstrom I in A, Elektrode positiv: Reines Wolfram od. mit Oxidzusatz	Wechselstrom I in A: Reines Wolfram	Wechselstrom I in A: Wolfram mit Oxidzusatz
0,5	2 … 20	2 … 20	nicht anwendbar	2 … 15	2 … 15
1,0	10 … 75	10 … 75	nicht anwendbar	15 … 55	15 … 70
1,5 … 1,6	60 … 150	60 … 150	10 … 20	45 … 90	60 … 125
2,0	75 … 180	100 … 200	15 … 25	65 … 125	85 … 160
2,5	130 … 230	170 … 250	17 … 30	80 … 140	120 … 210
3,2	160 … 310	225 … 330	20 … 35	150 … 190	150 … 250
4,0	275 … 450	350 … 480	35 … 50	180 … 260	240 … 350
5,0	400 … 625	500 … 675	50 … 70	240 … 350	330 … 460
6,3	550 … 875	650 … 950	65 … 100	300 … 450	430 … 575
8,0	–	–	–	–	650 … 830

Die Oxidzusätze erhöhen die Elektronenemission und damit die Lebensdauer der Elektroden. Der Zusatz vermindert das Risiko einer Verunreinigung der Schweißnaht mit Wolfram.
Die Oxidzusätze sind im Wolfram in der Regel fein verteilt. Zusammengesetzte Elektroden bestehen aus einem reinen Wolframkern mit einer Oxidbeschichtung.
Zusammengesetzte Elektroden werden durch einen zweiten rosa Ring gekennzeichnet.

WT 30
Bezeichnung einer Wolframelektrode mit einem Oxidzusatz von 2,8 % … 3,2 % ThO_2

Richtwerte für das MAG-Schweißen

Stumpfnähte (V-Nähte)

Werkstoff: unlegierter Baustahl, Schweißposition: PA, Schweißgut: ISO 14 341-A-G42-5 M21-3Si1 Schutzgas: ISO 14 175-M21

Werkstückdicke t in min	Spalt b in mm	Einstellwerte: Spannung U in V	Einstellwerte: Stromstärke I in A	Einstellwerte: Drahtvorschub v_f in m/min	Einstellwerte: Schutzgasentnahme V in l/min	Lagenzahl	Leistungswerte: Schweißgut m in g/m	Leistungswerte: Schutzgasverbrauch V in l/m	Leistungswerte: Abschmelzzeit t in min/m
6	2,0	21,0	205	8,3	12	2	249	78	6,5
8	2,0	27,5	270	8,1	10 … 15	3	374	100	8,3
10	2,5	28,0	290	9,0	10 … 15	4	591	134	10,6
12	2,5	28,0	290	9,0	10 … 15	4	791	168	12,7
15	3,0	28,5	300	9,2	10 … 15	5	1275	263	19,5
20	3,0	29,0	310	9,5	10 … 15	12	2085	400	29,0

Öffnungswinkel des Spaltes: $\alpha = 50°$; Elektrodendurchmesser $d = 1{,}2$ mm ($d = 1{,}0$ bei $t = 6$ mm)

Kehlnähte

Werkstoff: unlegierter Baustahl, Schweißposition: PB, Schweißgut: ISO 14 341-A-G42-5 M21-3Si1 Schutzgas: ISO 14 175-M21

Werkstückdicke t in min	Spalt b in mm	Einstellwerte: Spannung U in V	Einstellwerte: Stromstärke I in A	Einstellwerte: Drahtvorschub v_f in m/min	Einstellwerte: Schutzgasentnahme V in l/min	Lagenzahl	Leistungswerte: Schweißgut m in g/m	Leistungswerte: Schutzgasverbrauch V in l/m	Leistungswerte: Abschmelzzeit t in min/m
2	0,8	20,0	105	7,3	10	1	44	15	1,5
4	1,0	23,0	220	10,7	10	1	140	21	2,1
6	1,2	29,5	300	9,5	15	1	300	53	3,5
8	1,2	29,5	300	9,5	15	3	545	97	6,4
10	1,2	29,5	300	9,5	15	6	805	143	9,5

Grenzen für Oberflächenunregelmäßigkeiten

Definitionen:
Gebrauchstauglichkeit: Ein Erzeugnis ist tauglich, wenn es einen bestimmten Zweck unter speziellen Bedingungen erfüllt.
Kurze Unregelmäßigkeiten: Eine oder mehrere Unregelmäßigkeiten mit einer Gesamtlänge von max. 25 mm auf jeweils 100 mm Nahtlänge oder max. 25 % der Schweißnahtlänge, die kürzer als 100 mm ist
Systematische Unregelmäßigkeit: Unregelmäßigkeiten, die sich in regelmäßigen Abständen in der Schweißnaht über die untersuchte Länge wiederholen
Projizierte Fläche: Fläche, auf der die über die Schweißnaht verteilten Unregelmäßigkeiten zweidimensional abgebildet werden.
Querschnittsfläche: Fläche, die nach dem Bruch zu beurteilen ist

Kurzzeichen:
a Nahtdicke der Kehlnaht
b Breite der Nahtüberhöhung
d Durchmesser einer Gaspore
h Größe der Unregelmäßigkeit (Höhe und Breite)
l Länge der Unregelmäßigkeit
s Nahtdicke der Stumpfnaht
t Rohrwand- oder Blechdicke
z Schenkellänge einer Kehlnaht

Bewertung von Schweißnähten, Ergänzung

Unregelmäßigkeit	Darstellung	*t* in mm	Grenzwerte für die Unregelmäßigkeit – Bewertungsgruppen: niedrig D	mittel C	hoch B
Risse	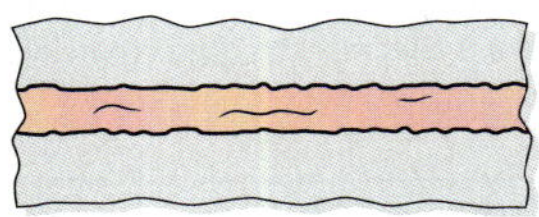		nicht zulässig	nicht zulässig	nicht zulässig
Oberflächenpore	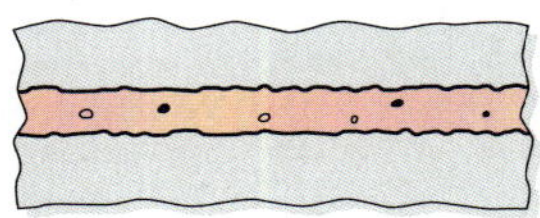	0,5 … 3	$d \le 3\,s$ $d \le 3\,a$	nicht zulässig	nicht zulässig
		> 3	$d \le 3\,s$ $d \le 3\,a$ max. 3,0 mm	$d \le 2\,s$ $d \le 3\,a$ max. 2,0 mm	nicht zulässig
Offener Endkrater	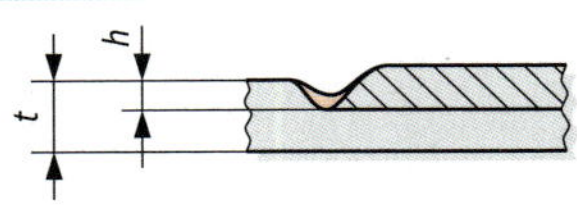	0,5 … 3	$h \le 0{,}2\,t$	nicht zulässig	nicht zulässig
		> 3	$h \le 0{,}2\,t$ max. 2,0 mm	$h \le 0{,}1\,t$ max. 1,0 mm	nicht zulässig
Bindefehler	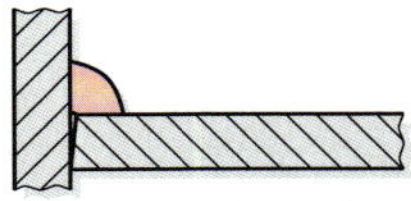		nicht zulässig	nicht zulässig	nicht zulässig
Ungenügender Wurzeleinbrand	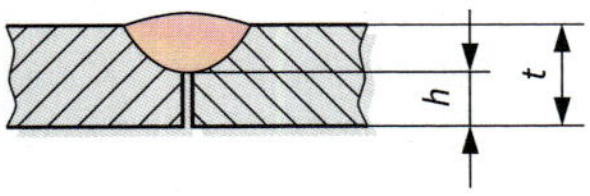	≥ 0,5	kurze Unregelmäßigkeit $h \le 0{,}2\,t$ max. 2,0 mm	nicht zulässig	nicht zulässig
Einbrandkerben	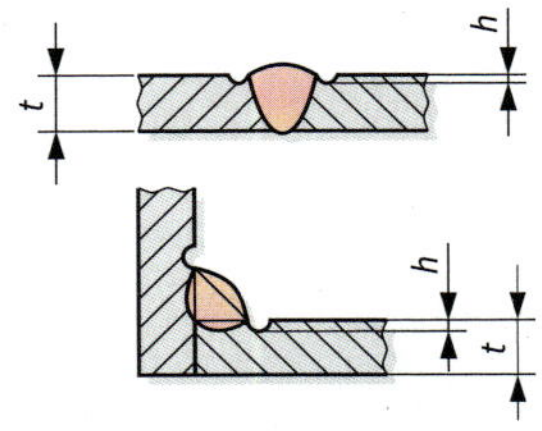	0,5 … 3	kurze Unregelmäßigkeit $h \le 0{,}2\,t$	kurze Unregelmäßigkeit $h \le 0{,}1\,t$	nicht zulässig
		> 3	$h \le 0{,}2\,t$ max. 1,0 mm	$h \le 0{,}1\,t$ max. 0,5 mm	$h \le 0{,}05\,t$ max. 0,5 mm
Wurzelkerbe	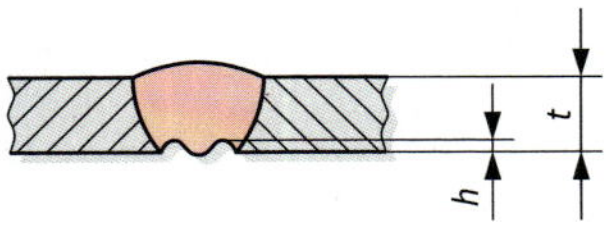	0,5 … 3	$h \le 0{,}2$ mm $+ 0{,}1\,t$	kurze Unregelmäßigkeit $h \le 0{,}1\,t$	nicht zulässig
		> 3	kurze Unregelmäßigkeit $h \le 0{,}2\,t$ max. 2,0 mm	kurze Unregelmäßigkeit $h \le 0{,}1\,t$ max. 1,0 mm	kurze Unregelmäßigkeit $h \le 0{,}05\,t$ max. 0,5 mm

Grenzen für Oberflächenunregelmäßigkeiten

Nahtüberhöhung	Stumpfnaht 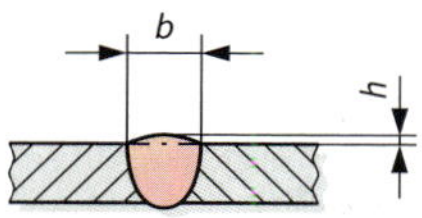	≥ 0,5	$h \leq 1$ mm + 0,25 b max. 10 mm	$h \leq 1$ mm + 0,15 b max. 7 mm	$h \leq 1$ mm + 0,1 b max. 5 mm
	Kehlnaht 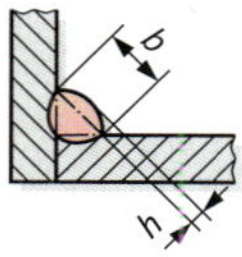	≥ 0,5	$h \leq 1$ mm + 0,25 b max. 5 mm	$h \leq 1$ mm + 0,15 b max. 4 mm	$h \leq 1$ mm + 0,1 b max. 3 mm
Wurzelüberhöhung	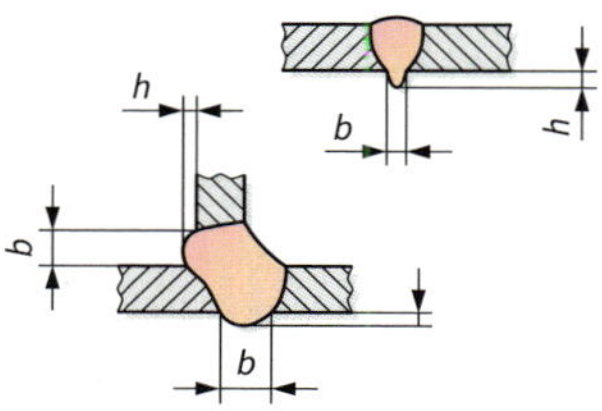	0,5 … 3	$h \leq 1$ mm + 0,6 b	$h \leq 1$ mm + 0,3 b	$h \leq 1$ mm + 0,1 b
		≥ 3	$h \leq 1$ mm + 1,0 b max. 5 mm	$h \leq 1$ mm + 0,6 b max. 4 mm	$h \leq 1$ mm + 0,2 b max. 3 mm
Schweißgutüberlauf	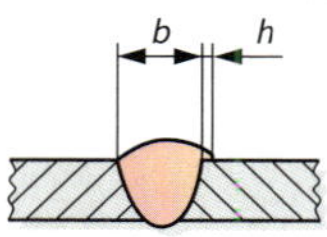	≥ 0,5	$h \leq 0{,}2\,b$	nicht zulässig	nicht zulässig
Verlaufendes Schweißgut Decklagenunterwölbung	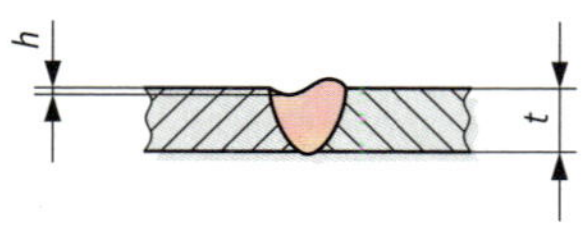	0,5 … 3	kurze Unregelmäßigkeit $h \leq 0{,}25\,t$	kurze Unregelmäßigkeit $h \leq 0{,}1\,t$	nicht zulässig
		≥ 3	kurze Unregelmäßigkeit $h \leq 0{,}25\,t$ max. 2 mm	kurze Unregelmäßigkeit $h \leq 0{,}1\,t$ max. 1 mm	kurze Unregelmäßigkeit $h \leq 0{,}05\,t$ max. 0,5 mm
Übermäßige Ungleichschenkligkeit	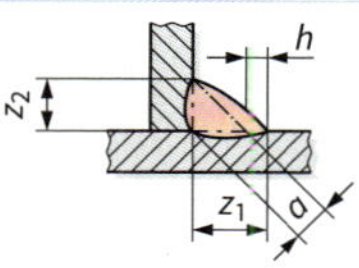	≥ 0,5	$h \leq 2$ mm + 0,2 a	$h \leq 2$ mm + 0,15 a	$h \leq 1{,}5$ mm + 0,15 a
Zu kleine Kehlnahtdicke	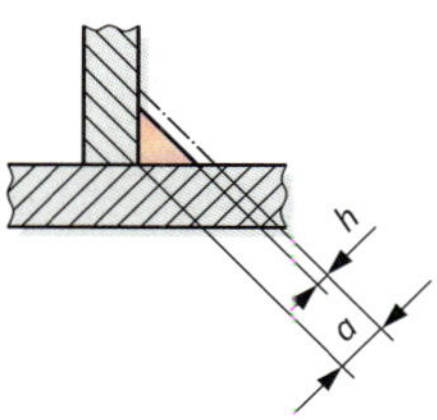	0,5 … 3	kurze Unregelmäßigkeit $h \leq 0{,}2$ mm + 0,1 a	kurze Unregelmäßigkeit $h \leq 0{,}2\,a$	nicht zulässig
		≥ 3	kurze Unregelmäßigkeit $h \leq 0{,}3$ mm + 0,1 a max. 2 mm	kurze Unregelmäßigkeit $h \leq 0{,}3$ mm + 0,1 a max. 1 mm	nicht zulässig
Zu große Kehlnahtdicke	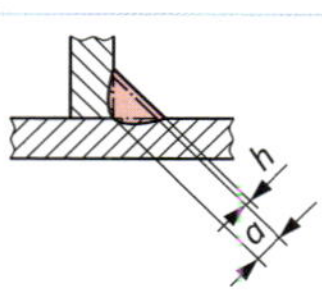	≥ 0,5	zulässig	$h \leq 0{,}1$ mm + 0,2 a max. 4 mm	$h \leq 0{,}1$ mm + 0,15 a max. 3 mm
Schweißspritzer	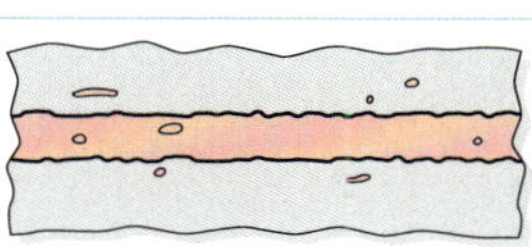	≥ 0,5	zulässig, abhängig von der Anwendung	zulässig, abhängig von der Anwendung	zulässig, abhängig von der Anwendung

Schweißzusätze zum Schmelzschweißen von Kupfer und Kupferlegierungen

DIN EN ISO 24373: 2009-08

Legierungskurzzeichen		Legierungskurzzeichen		Legierungskurzzeichen	
numerisch	chemisch	numerisch	chemisch	numerisch	chemisch
Kupfer – niedriglegiert		**Kupfer – Zinn**		**Kupfer – Aluminium**	
Cu 1897	Cu Ag	Cu 5180	Cu Sn5 P	Cu 6061	Cu Al5 Ni2 Mn
Cu 1898	Cu Sn1	Cu 5210	Cu Sn8 P	Cu 6100	Cu Al7
Kupfer – Silizium		Cu 5211	Cu Sn10 Mn Si	Cu 6180	Cu Al10 Fe
Cu 6511	Cu Si2 Mn1	Cu 5410	Cu Sn12 P	Cu 6240	Cu Al11 Fe3
Cu 6560	Cu Si3 Mn1	**Kupfer – Zink**		Cu 6325	Cu Al8 Fe4 Mn2 Ni2
Cu 6561	Cu Si2 Mn1 Sn1 Zn1	Cu 4700	Cu Zn40 Sn	Cu 6327	Cu Al8 Ni2 Fe2 Mn2
Kupfer – Nickel		Cu 4701	Cu Zn40 Sn Si Mn	Cu 6328	Cu Al9 Ni5 Fe3 Mn2
Cu 7061	Cu Ni10	Cu 6800	Cu Zn40 Ni	**Kupfer – Mangan**	
Cu 7158	Cu Ni30 Mn1 Fe Ti	Cu 6810	Cu Zn40 Fe1 Sn1	Cu 6338	Cu Mn13 Al8 Fe3 Ni2

Eine Zuordnung der Schweißzusätze zu einem Schweißverfahren (z. B. Schutzgasschweißen, WIG-Schweißen oder Plasmaschweißen) gibt es nicht.

Massivdraht ISO 24373 – S Cu 6511

Bezeichnung eines Massivdrahtes der Legierung Cu 6511

Die chemische Zusammensetzung kann in Klammern nachgesetzt werden.

S ist das Kurzzeichen für den Massivdraht oder Massivstab.

Schweißzusätze für das Lichtbogenschweißen von Aluminium und Aluminiumlegierungen

DIN EN 1011-4: 2001-02

Gruppeneinteilung			Auswahl der Zusatzstoffe (Typen)											
Typ	Legierungsbezeichnung	Chemische Bezeichnung	Grundwerkstoff	Al	AlMn	AlMg (< 1 %)	AlMg3	AlMg5	AlMg-Si	AlZn-Mg	AlSi-Cu (< 1 %)	AlMg-Si	AlSi-Cu	AlCu
1	R-1450	Al99,5Ti	Al	4(1)	–	–	–	–	–	–	–	–	–	–
	R-1080A	Al99,8	AlMn	4(1)	3/4	–	–	–	–	–	–	–	–	–
3	R-3103	AlMn1	AlMg (< 1 %)	4(1)	4	4	–	–	–	–	–	–	–	–
4	R-4043A	AlSi5	AlMg3	4/5	5(3)	5	5	–	–	–	–	–	–	–
	R-4046	AlSi10Mg	AlMg5	5	5	5	5	5	–	–	–	–	–	–
	R-4047A	AlSi12(A)	AlMgSi	4/5	4	4	5	5	5	–	–	–	–	–
	R-4018	AlSi7Mg	AlZnMg	5	5	5	5	5	5	5	–	–	–	–
5	R-5249	AlMg2Mn0,8Zr	AlSiCu (< 1 %)	4	4	4	4	4	4	4	4	–	–	–
	R-5754	AlMg3	AlSiMg	4	4	4	4	4	4	4	4	4	–	–
	R-5556A	AlMg5,2Mn	AlSiCu	4	4	4	4	4	4	4	4	4	4	–
	R-5183	AlMg4,5Mn0,7(A)	AlCu	–	–	–	–	–	4	4	4	4	4	4
	R-5087	AlMg4,5MnZr												
	R-5356	AlMg5Cr(A)												

Die Angaben gelten für Guss- und Knetlegierungen.

Schweißverfahren: 131 (MIG), 141 (WIG), 15 (Plasmaschweißen)

Die Auswahl der Typen erfolgt nach optimalen mechanischen Eigenschaften und optimaler Schweißeignung. Die Klammerangaben beziehen sich auf optimalen Korrosionswiderstand, ansonsten gelten auch hierfür die angegebenen Typen.

Nahtarten

DIN 16960-1: 1974-02

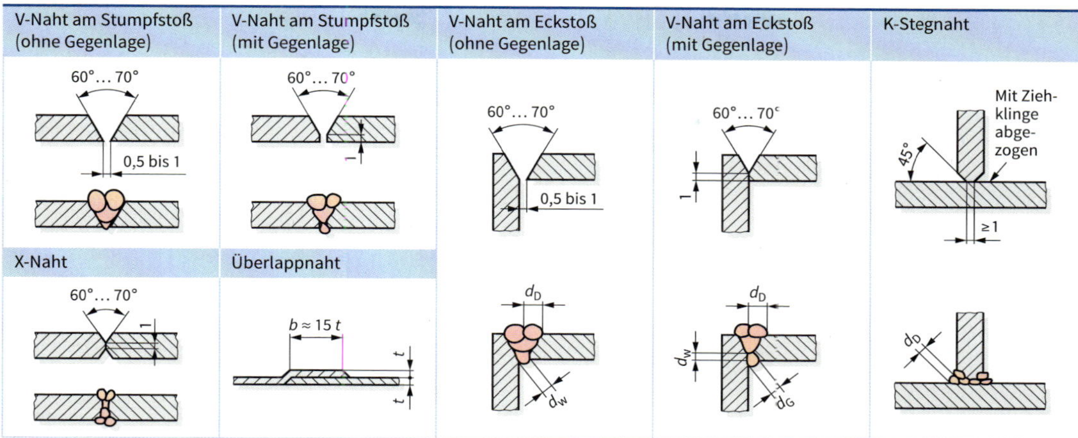

Schweißparameter für das Warmgasschweißen von thermoplastischen Kunststoffen

DVS 2207-3: 2005-04

Schweißverfahren	Werkstoff	Kurzzeichen	Warmgastemperatur in °C	Warmgasvolumenstrom in Nl/min	Schweißgeschwindigkeit in mm/min	Schweißkraft in N Stabdurchmesser 3 mm	Schweißkraft in N Stabdurchmesser 4 mm
WF Warmgasfächelschweißen	Polyethylen hoher Dichte	PE-HD	300 … 320	40 … 50	70 … 90	8 … 10	20 … 25
	Polypropylen	PP	305 … 315		60 … 85		
	Polyvinylchlorid weichmacherfrei	PVC-U	330 … 350		110 … 170		
	Polyvinylchlorid chloriert	PVC-C	340 … 360		55 … 85	15 … 20	
	Polyvinylidenfluorid	PVDF	350 … 370		45 … 50		25 … 30
WZ Warmgasziehschweißen	Polyethylen hoher Dichte	PE-HD	300 … 340	45 … 55	250 … 350	145 … 20	25 … 35
	Polypropylen	PP	300 … 340				
	Polyvinylchlorid weichmacherfrei	PVC-U	350 … 370				
	Polyvinylchlorid chloriert	PVC-C	370 … 390		180 … 220	20 … 25	30 … 35
	Polyvinylidenfluorid	PVDF	365 … 385		200 … 250		
	Polyethylen	PE	350 … 380	50 … 60 Warmgas Stickstoff	220 … 250	10 … 15	keine Angaben
	Tetrafluorethylen-perflourpropylen Copolymerisat	FEP	380 … 390	50 … 60	60 … 80		

Warmgas-Schweißverfahren

Warmgas-fächel-schweißen

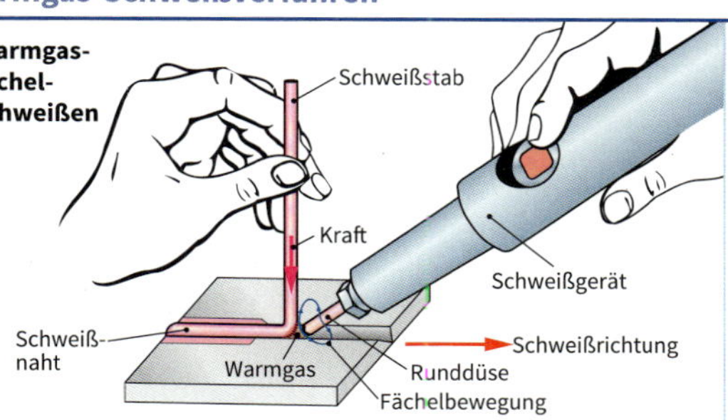

Warmgas-zieh-schweißen

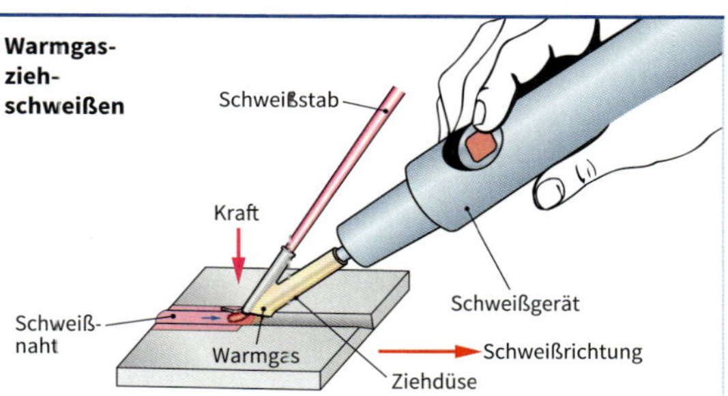

Flussmittel zum Weichlöten

DIN EN ISO 9454-1: 2016-07

Flussmitteltyp	Flussmittelbasis	Flussmittelaktivator	Flussmittelart	Kurzzeichen nach DIN EN 29 454	Kurzzeichen nach DIN 8511 (bisher)	Rückstände
1 Harz	1 Kolophonium 2 ohne Kolophonium	1 ohne Aktivator 2 mit Halogenen aktiviert 3 ohne Halogene aktiviert	A flüssig	für Leichtmetalle 3.1.1. 2.1.3. 2.1.2.	F-LW-1 F-LW-2 F-LW-3	korrodierend
2 organisch	1 wasserlöslich 2 nicht wasserlöslich		B fest	für Schwermetalle 3.2.2. 3.1.1.	F-SW-11 F-SW-12	korrodierend
3 anorganisch	1 Salze	1 mit Ammoniumchlorid 2 ohne Ammoniumchlorid	C Paste	3.1.1. 3.1.2. 2.1.3. 2.1.1. 2.1.2. 1.1.2.	F-SW-21 F-SW-22 F-SW-23 F-SW-24 F-SW-25 F-SW-26	bedingt korrodierend
	2 Säuren	1 Phosphorsäure 2 andere Säuren				
		1 Amine und/oder Ammoniak		1.1.1. 1.1.3.	F-SW-31 F-SW-32	nicht korrodierend

Flussmittel EN 29 454 – 1.1.1. C
Bezeichnung eines Flussmittels vom Typ 1 auf Kolophoniumbasis ohne Aktivator in Pastenform

i **Kolophonium:** gelbes bis braunschwarzes Baumharz

Flussmittel zum Hartlöten

DIN EN ISO 18496: 2021-12

Kurzzeichen	Temperaturbereich in °C	Inhaltsstoffe	Entfernen der Rückstände	Anwendung
für Leichtmetalle				
FL 10	> 550	hygroskopische Chloride und Fluoride	ja, mit Salpeter und/oder heißem Wasser	Al und Al-Legierungen
FL 20	> 550	nicht hygroskopischer Fluoride	im Allgemeinen nein	
für Schwermetalle				
FH 10	550 … 800	Borverbindungen oder Fluoride	ja, waschen oder abbeizen	Universalflussmittel
FH 11	550 … 800	Borverbindungen oder Fluoride und Chloride		Cu-Al-Legierungen
FH 12	550 … 850	Borverbindungen und Fluoride		hochlegierte Stähle, Hartmetalle
FH 20	750 … 1000			Universalflussmittel
FH 21	750 … 1100	Borverbindungen	ja, mechanisch oder abbeizen	Universalflussmittel
FH 30	> 1000	Borverbindungen, Phosphate, Silikate		Kupfer- und Nickellote
FH 40	600 … 1000	Chloride und Fluoride	ja, waschen oder abbeizen	wenn Borfreiheit erforderlich

Zusammensetzung des Kurzzeichens:
F – Flussmittel; L – Leichtmetall; H – Schwermetall, ergänzt durch Zahlen

Lotzusätze für das Hartlöten

DIN EN ISO 17 672: 2017-01

Kurzzeichen	Kennzeichen nach DIN EN ISO 3677	bisheriges Kurzzeichen	Schmelzbereich in °C[1]	Form der Lötstelle	Art der Lotzufuhr	Verwendung Grundwerkstoff
Nickelhartlote						
Ni 610	B-Ni73CrFeSiB(C)-980/1070	L-Ni 1	980 … 1070	Spalt	angelegt oder eingelegt	Nickel, Nickel-Legierungen Kobalt, Kobalt-Legierungen legierte Stähle bedingt Sondermetalle
Ni 612	B-Ni81CrB-1055	–	1055			
Ni 620	B-Ni82CrSiBFe-970/1000	L-Ni 2	970 … 1000			
Ni 630	B-Ni92SiB-980/1040	L-Ni 3	980 … 1040			
Ni 631	B-Ni95SiB-980/1070	L-Ni 4	980 … 1070			
Ni 650	B-Ni71CrSi-1080/1135	L-Ni 5	1080 … 1135			
Ni 670	B-Ni63WCrFeSiB-970/1105	–	970 … 1105			
Ni 700	B-Ni89P-875	L-Ni 6	875			
Ni 710	B-Ni76CrP-890	L-Ni 7	890			
Ni 800	B-Ni66MnSiCu-980/1010	L-Ni 8	980 … 1010			

[1] untere Angabe: Solidustemperatur, obere Angabe: Liquidustemperatur

Lotzusätze für das Hartlöten

DIN EN ISO 17 672: 2017-01

Kurz-zeichen	Kennzeichen nach DIN EN ISO 3677	bisheriges Kurzzeichen	Schmelz-bereich in °C[1]	Form der Lötstelle	Art der Lotzufuhr	Verwendung Grundwerkstoff
Aluminiumhartlote						
Al 105	B-Al95Si-575/630	–	575 … 630	Spalt	angelegt oder eingelegt	Aluminium, Aluminium-Legierungen vom Typ AlMn, AlMnMg, AlMg, AlMgSi,
Al 107	B-Al92Si-575/615	L-AlSi7,5	575 … 615			
Al 110	B-Al90Si-575/590	L-AlSi10	575 … 590			
Al 112	B-Al99Si-575/585	L-AlSi12	575 … 585			lotplattierte Bänder und Bleche
Al 210	B-Al86SiCu-520/585	–	520 … 585			
Al 310	B-Al89SiMg-555/590	–	555 … 590			
Silberhartlote						
Ag 105	B-Ag60CuZnSn-620/685	L-Ag60Sn	620 … 685	Spalt	angelegt oder eingelegt	Edelmetall
Ag 145	B-Ag45CuZnSn-640/680	L-Ag45Sn	640 … 680			Stähle, Temperguss, Kupfer, Kupferlegierungen, Nickel, Nickellegierungen
Ag 134	B-Cu36AgZnSn-630/730	L-Ag34Sn	630 … 730			
Ag 244	B-Ag44CuZn675/735	L-Ag44	675 … 735			Stähle, Temperguss, Kupfer, Kupferlegierungen, Nickel, Nickellegierungen
Ag 230	B-Cu38ZnAg-680/765	L-Ag30	680 … 765			
Ag 225	B-Cu40ZnAg-700/790	L-Ag25	700 … 790			
Ag 212	B-Cu48ZnAg(Si)800/830	L-Ag12	800 … 830			
Ag 205	B-Cu55ZnAg(Si)-820/870	L-Ag5	820 … 870			
–	–	L-Ag67Cd	635 … 720			Edelmetalle
Ag 350	B-Ag50CdZnCu-620/640	LAg50Cd	620 … 640			Edelmetalle, Kupferlegierungen
Ag 345	B-Ag45CdZnCu-605/620	L-Ag45Cd	605 … 620			
Ag 340	B-Ag40ZnCdCu-595/630	L-Ag40Cd	595 … 630			Stähle, Temperguss, Kupfer, Kupferlegierungen, Nickel, Nickellegierungen
Ag 330	B-Ag30CuCdZn-600/690	L-Ag30Cd	600 … 690			
Ag 351	B-Ag50CdZnCuNi-635/655	L-Ag50CdNi	635 … 655			Hartmetall aus Stahl
Ag 485	B-Ag85Mn-960/970	L-Ag85	960 … 970			Nickel und Nickellegierungen
Ag 449	B-Ag49ZnCuMnNi-680/705	L-Ag49	680 … 705			Hartmetall auf Stahl, Wolfram- und Molybdän-Werkstoffe
Ag 427	B-Cu38AgZnMnNi-680/830	L-Ag27	680 … 830			
Kupfer-Phosphorhartlote						
CuP 284	B-Cu80AgP-645/800	L-Ag15P	645 … 800	Spalt	angelegt oder eingelegt	Kupfer
CuP 281	B-Cu89PAg-645/815	L-Ag5P	645 … 815			Kupfer-Zink-Legierungen
CuP 279	B-Cu92PAg-645/825	L-Ag2P	645 … 825			Kupfer-Zinn-Legierungen
CuP 180	B-Cu93P-710/820	L-CuP7	710 … 820			Kupfer, Fe- und Ni-freie Kupfer-legierungen
Kupferhartlote						
Cu 141	B-Cu100(P)-1085	L-SFCu	1083	Spalt	angelegt oder eingelegt	Stähle
Cu 922	B-Cu94Sn(P)-910/1040	L-CuSn6	910 … 1040			Eisen- und Nickelwerkstoffe
Cu 925	B-Cu88Sn(P)-825/990	L-CuSn12	625 … 990			
Cu 470a	B-Cu60Zn(Si)-875/895	L-CuZn40	875 … 895			Stähle, Temperguss, Kupfer
Cu 471	B-Cu60Zn(Sn)(Si)(Mn)-	L-CuZn39Sn	870 … 900			wie Cu 301 und Gusseisen
Cu 773	B-Cu48ZnNi(Si)-890/920	L-CuNi10Zn42	890 … 920			Stähle, Temperguss, Nickel und Nickellegierungen, Gusseisen
–		L-ZnCu42	835 … 845		eingelegt	Neusilber

Vorsatz B von englisch: brazing = Hartlöten

[1] untere Angabe: Solidustemperatur, obere Angabe: Liquidustemperatur

Alle cadmiumhaltigen Hartlote sind auf der Verpackung mit dem Gefahrensymbol „ gesundheitsschädlich" zu kennzeichnen.

Lot ISO 17 672 – Ag 225 oder **Lot ISO 17 672 – B-Cu40ZnAg-700/790**

Bezeichnung eines Hartlotes mit ca. 40 % Cu, Zn und Ag und einem Schmelzbereich von Δt = 700 … 790

Lötzusätze für das Weichlöten

DIN EN ISO 9453: 2021-01

Gruppe	Legierungs-Nr.[1)]	Legierungskurzzeichen[2)]	bisheriges Kurzzeichen nach DIN 1707	Schmelztemperatur in °C[3)]	Verwendung
Zinn-Blei-Legierungen	101	S-Sn 63 Pb 37	L-Sn 63 Pb	183	Miniaturtechnik, Feinwerktechnik, Elektroindustrie
	102	S-Sn 63 Pb 37 E			
	103	S-Sn 60 Pb 40	L-Sn 60 Pb	183 ... 190	Verzinnung, Elektroindustrie, gedruckte Schaltungen
	104	S-Sn 60 Pb 40 E			
	111	S-Pb 50 Sn 50	L-Sn 50 Pb	183 ... 215	Verzinnung, Elektroindustrie
	112	S-Pb 50 Sn 50 E			
	113	S-Pb 55 Sn 45	–	183 ... 226	
	114	S-Pb 60 Sn 40	L-Pb Sn 40	183 ... 235	Feinblechpackungen, Metallwaren
	115	S-Pb 65 Sn 35	–	183 ... 245	Klempnerarbeiten
	116	S-Pb 70 Sn 30	–	183 ... 255	Verzinkte Feinbleche
	117	S-Pb 80 Sn 20	–	183 ... 280	
	123	S-Pb 95 Sn 5	–	300 ... 314	
	124	S-Pb 98 Sn 2	L-Pb Sn 2	320 ... 325	Kühlerbau
Zinn-Blei-Legierungen mit Antimon	131	S-Sn 63 Pb 37 Sb	–	183	Feinwerktechnik
	132	S-Sn 60 Pb 40 Sb	L-Sn 60 Pb (Sb)	183 ... 190	Verzinnung, Feinlötungen
	133	S-Pb 50 Sn 50 Sb	L-Sn 50 Pb (Sb)	183 ... 216	Verzinnung, Feinblechpackungen
	134	S-Pb 58 Sn 40 Sb 2	L-Pb Sn 40 Sb	185 ... 231	Verzinnung, Klempnerarbeiten
	135	S-Pb 69 Sn 30 Sb 1	L-Pb Sn 30 Sb	185 ... 250	Bleilötungen
	136	S-Pb 74 Sn 25 Sb 1	L-Pb Sn 25 Sb	185 ... 263	Kühlerbau (Schmierlot)
	137	S-Pb 78 Sn 20 Sb 2	L-Pb Sn 20 Sb	185 ... 270	Karosseriebau (Schmierlot)
Zinn-Antimon-Legierung	201	S-Sn 95 Sb 5	L-Sn Sb 5	230 ... 240	Kälteindustrie
Zinn-Blei-Bismuth-Legierungen	141	S-Sn 60 Pb 38 Bi 2	–	180 ... 185	Feinlötungen
	142	S-Pb 49 Sn 48 Bi 3	–	178 ... 205	
	301	S-Bi 58 Sn 42	–	139	Niedertemperaturlot
Zinn-Blei-Cadium-Legierungen	151	S-Sn 50 Pb 32 Cd 18	L-Sn Pb Cd 18	145	Feinlötungen, Zinnwaren, Kondensatoren, Schmelzsicherungen
Zinn-Kupfer- und Zinn-Blei-Kupfer-Legierungen	401	S-Sn 99 Cu 1	–	230 ... 240	Kupferrohrinstallation,
	402	S-Sn 97 Cu 3	L-Sn Cu 3	230 ... 250	Klempnerarbeiten
	161	S-Sn 60 Pb 39 Cu 1	L-Sn 60 Pb Cu 2	183 ... 190	Elektronik, gedruckte Schaltungen,
	162	S-Sn 50 Pb 49 Cu 1	L-Sn 50 Pb Cu	183 ... 215	Elektrogerätebau
Zinn-Indium-Legierung	601	S-In 52 Sn 48	–	118	Glas-Metall-Lötungen
Zinn-Silber- und Zinn-Blei-Silber-Legierungen	701	S-Sn 96 Ag 4	(L-Sn Ag 5)[4)]	221	Kupferrohrinstallation, Kältetechnik
	702	S-Sn 97 Ag 3	–	221 ... 230	
	171	S-Sn 62 Pb 36 Ag 2	(L-Sn 63 Pb Ag)[4)]	179	Elektrogerätebau, Miniaturtechnik gedruckte Schaltungen
Blei-Silber- und Blei-Zinn-Silber-Legierungen	181	S-Pb 98 Ag 2	–	304 ... 305	Elektroindustrie
	182	S-Pb 95 Ag 5	L-Pb Ag 5	304 ... 365	für hohe Betriebstemperaturen
	191	S-Pb 93 Sn 5 Ag 2	–	296 ... 301	Elektrotechnik, Elektromotoren

1) Legierungsnummern sind Ersatz für die Werkstoffnummern
2) Vorsatz S- von englisch solder = Lot
3) Die Temperaturen dienen der Information. Sie sind keine festgelegten Anforderungen für die Legierungen. Der kleinere Wert entspricht der Solidustemperatur, der größere Wert der Liquidustemperatur.
4) annähernd vergleichbar mit den neuen Legierungen

Weichlot ISO 9453 – Sn 60 Pb 39 Cu 1 oder Weichlot ISO 9453 – 161

Bezeichnung eines Weichlotes mit dem Kurzzeichen S-Sn 60 Pb 38 Cu 2

Verfahren zur Klebflächenvorbehandlung

Werkstoff	Reinigen	Entfetten	Spülen	bei niedriger Beanspruchung	bei mittlerer Beanspruchung	bei hoher Beanspruchung
Stahl	Entfernen von Schmutz, Zunder, Rost und Farbresten	Entfetten mit organischen Lösemitteln (Aceton, Methylenchlorid, Trichloräthan, Perchlorethylen) Entfetten in anorganischen Entfettungsmitteln (alkalische, neutrale oder saure Lösungen)	Spülen mit vollentsalztem oder destilliertem Wasser	keine Weiterbehandlung	Schmirgeln, Schleifen	Strahlen
Stahl, verzinkt				keine Weiterbehandlung		
Stahl, brüniert				sehr gründlich entfetten		Strahlen
Gusseisen				Gusshaut	Schmirgeln, Schleifen	Strahlen
Aluminium, Aluminiumlegierungen				keine Weiterbehandlung	1. Entfetten durch Beizen 2. Schleifen, Bürsten	1. Strahlen 2. Beizen (27,5 % Schwefelsäure, 7,5 % Natriumdichromat, 65 % vollentsalztes Wasser) 3. evtl. anodisieren
Kupfer, Kupferlegierungen				keine Weiterbehandlung	Schmirgeln, Schleifen	Strahlen
Magnesium				keine Weiterbehandlung	Schmirgeln, Schleifen	1. Strahlen 2. Beizen (20 % Salpetersäure, 15 % Kaliumdichromat, 65 % H_2O)
Titan				keine Weiterbehandlung	Bürsten mit Stahlbürste	Beizen (15 % Flusssäure (50 %ig), 85 % H_2O)

Beanspruchungsgrade:

1. **niedrige Beanspruchung:** Zugscherfestigkeit < 5 N/mm², trockene Atmosphäre, Feinmechanik, Elektrotechnik, einfache Reparaturen.
2. **mittlere Beanspruchung:** Zugscherfestigkeit 5 … 10 N/mm², feuchte Atmosphäre, Öle, Treibstoffe; Maschinenbau, Fahrzeugbau, Reparaturen.
3. **hohe Beanspruchung:** Zugscherfestigkeit 10 N/mm², direkte Berührung mit Ölen, Treibstoffen, wässrigen Lösungen, Lösungsmitteln; Fahrzeugbau, Schiffbau, Behälterbau.

Konstruktionsklebstoffe

Klebstofftyp	Anwendung	Max. Anwendungstemperatur in °C	Mittl. Zugscherfestigkeit bei 20 °C in N/mm²	Abbindebedingungen			Bemerkungen
				Temperatur in °C	Zeit in min	Druck notwendig	
Epoxidharz (EP)	Metall-Metall Metall-Kunststoff Metall-Holz Metall-Keramik	120	10 … 35	20 … 180	> 60	nein	gute Kapillarwirkung, starre Klebung
EP-Polyamid	Metall-Metall Metall-Kunststoff	120	35 … 49	180	60	ja	beste Flexibilität
Polyesterharz (UP)	Metall-Metall Metall-Kunststoff Metall-Holz	80	10 … 20	10 … 30	> 60	nein	nicht für hochfeste Verbindungen
PVC-Plastisole	Metall-Metall Metall-Holz Metall-Kunststoff	80	3 … 6	140 … 200	5 … 30	nein	hohe Flexibilität
Cyanacrylat	Metall-Metall	20	17 … 19	25	0,5 … 5	nein	schnell abbindend
Methyl-Methacrylat	Metall-Metall Metall-Kunststoff Metall-Holz Metall-Keramik	–	10 … 25	80	25	nein	Kleber mittlerer Festigkeit

Gewinde-Übersicht

DIN 202: 1999-11

Gewinde-Benennung	Gewindeprofil	Kennbuchstabe	Kurzzeichen, Beispiel	Nenndurchmesser, Gewindegröße, Rohr-Nennweite	Norm	Anwendung, Beispiel
Metrisches ISO-Gewinde	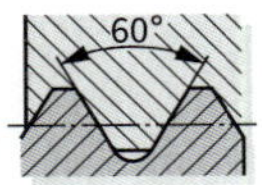	M	M 20	1 mm … 68 mm	DIN 13-1	Regelgewinde
			M 20 × 1	1 mm … 1000 mm	DIN 13-2 … 11	Feingewinde
Metrisches kegeliges Außengewinde	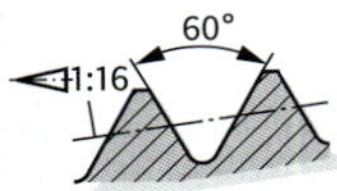		M 36 × 2 keg	6 mm … 60 mm	DIN 158-1	für Verschlussschrauben und Schmiernippel
Zylindrisches Rohrgewinde für nicht im Gewinde dichtende Verbindungen	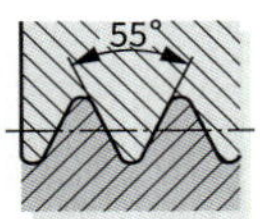	G	G 1 $\frac{1}{4}$ A G 1 $\frac{1}{4}$ B	$\frac{1}{16}$ … 6 inch	DIN ISO 228-1	Außengewinde für Rohre und Rohrverbindungen
			G 1 $\frac{1}{4}$			Innengewinde für Rohre und Rohrverbindungen
Zylindrisches Rohrgewinde für im Gewinde dichtende Verbindungen		Rp	Rp $\frac{3}{4}$	$\frac{1}{16}$ … 6 inch	DIN EN 10226-1	Innengewinde für Gewinderohre und Fittings
			Rp $\frac{1}{8}$	$\frac{1}{8}$ … 1 $\frac{1}{2}$ inch	DIN 3858	Innengewinde für Rohrverschraubungen
Kegeliges Rohrgewinde für im Gewinde dichtende Verbindungen	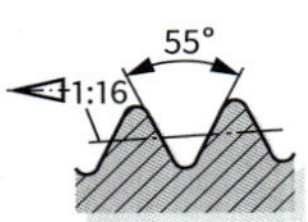	R	R $\frac{3}{4}$	$\frac{1}{16}$ … 6 inch	DIN EN 10226-1	Außengewinde für Gewinderohre und Fittings
			R $\frac{1}{8}$ – 1	$\frac{1}{8}$ … 1 $\frac{1}{2}$ inch	DIN 3858	Außengewinde für Rohrverschraubungen
Metrisches ISO-Trapezgewinde	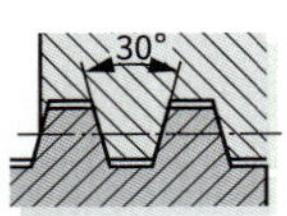	Tr	Tr 40 × 7	8 mm … 300 mm	DIN 103-1 … 8	allgemein
			Tr 40 × 14 P 7			
Metrisches Sägengewinde	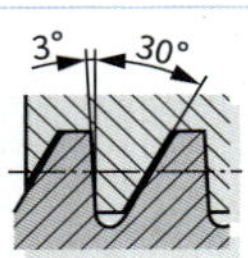	S	S 48 × 8	10 mm … 640 mm	DIN 513-1 … 3	
			S 40 × 14 P 7			
Zylindrisches Rundgewinde	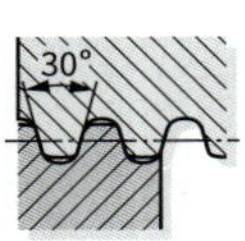	Rd	Rd 40 × $\frac{1}{6}$	8 mm … 200 mm	DIN 405-1/2	
			Rd 40 × $\frac{1}{3}$ P $\frac{1}{6}$			
Blechschrauben-Gewinde	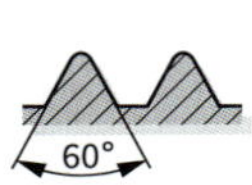	ST	ST 3,5	1,5 mm … 9,5 mm	DIN EN ISO 1478	für Blechschrauben

Elektrogewinde:

Gewinde ausländischer Normen

Gewindeart	Symbol	Gewindeprofil	Beispiel	Land
ISO-UNC-Regelgewinde *ISO Inch screw thread coarse thread series*	UNC	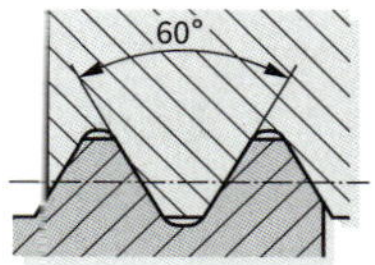	**¼ 20 UNC 2A** ISO-UNC-Gewinde, ¼ inch Nenndurchmesser, 20 Gewindegänge/inch, Passungsklasse 2A	Argentinien, Australien, Großbritannien, Indien, Japan, Norwegen, Schweden, u. a.
ISO-UNF-Feingewinde *ISO Inch screw thread fine thread series*	UNF	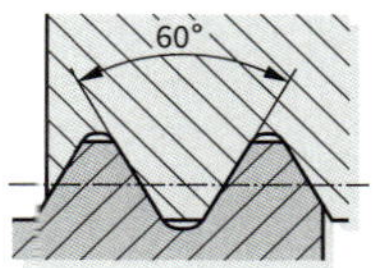	**¼ 28 UNF** ISO-UNF-Gewinde, ¼ inch Nenndurchmesser, 28 Gewindegänge/inch	Argentinien, Australien, Großbritannien, Indien, Japan, Norwegen, Schweden, u. a.
Trocken dichtendes kegeliges Rohrgewinde *Dryseal taper pipe thread*	NPTF	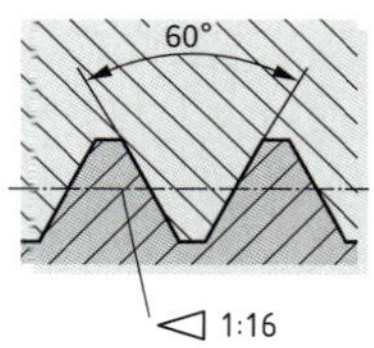	**⅛ 27 NPTF** NPTF-Gewinde, ⅛ inch Nenndurchmesser, 27 Gewindegänge/inch	Brasilien, USA
Trapezgewinde *Acme screw thread*	Acme	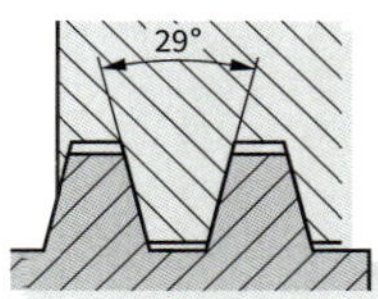	**1 ¾-4 Acme-2G** Acme-Gewinde, 1 ¾ inch Nenndurchmesser, 4 Gewindegänge/inch, Passungsklasse 2G	Australien, Großbritannien, Niederlande, USA

Erläuterungen zu den Gewinde-Kurzzeichen

Kurzzeichen	Erläuterungen
M 20	Metrisches ISO-Gewinde, Regelgewinde, Nenndurchmesser 20 mm
M 20 × 1	Metrisches ISO-Gewinde, Feingewinde, Nenndurchmesser 20 mm, Steigung 1 mm
M 20 – LH	Metrisches ISO-Gewinde, Regelgewinde, Nenndurchmesser 20 mm, Linksgewinde (LH = Left Hand)
M 20 – RH	Metrisches ISO-Gewinde, Regelgewinde, Nenndurchmesser 20 mm, Rechtsgewinde (RH = Right Hand) (bei Teilen mit Rechts- und Linksgewinde)
G 1 ¼	Zylindrisches Rohrinnengewinde (nicht dichtend), Nenndurchmesser 1 ¼ inch
G 1 ¼ A	Zylindrisches Rohraußengewinde (nicht dichtend), Nenndurchmesser 1 ¼ inch, Toleranzklasse A
Rp ¾	Zylindrisches Rohrinnengewinde (dichtend), Nenndurchmesser ¾ inch
R ¾	Kegeliges Rohraußengewinde (dichtend), Nenndurchmesser ¾ inch
R ⅛ – 1	Kegeliges Rohraußengewinde (dichtend), Nenndurchmesser ⅛ inch, Toleranzfeldlage 1 (Normalausführung) (Toleranzfeldlage 2: Kurzausführung)
Tr 40 × 7	Metrisches Trapezgewinde, Nenndurchmesser 40 mm, Steigung 7 mm
Tr 40 × 14 P7	Metrisches Trapezgewinde, Nenndurchmesser 40 mm, Steigung 14 mm, Teilung 7 mm (2-gängig)
S 48 × 8	Metrisches Sägengewinde, Nenndurchmesser 48 mm, Steigung 8 mm
S 40 × 14 P7	Metrisches Sägengewinde, Nenndurchmesser 40 mm, Steigung 14 mm, Teilung 7 mm (2-gängig)
ST 3,5	Gewinde für Blechschrauben, Nenndurchmesser 3,5 mm

Metrisches ISO-Gewinde

DIN 13-1: 1999-11

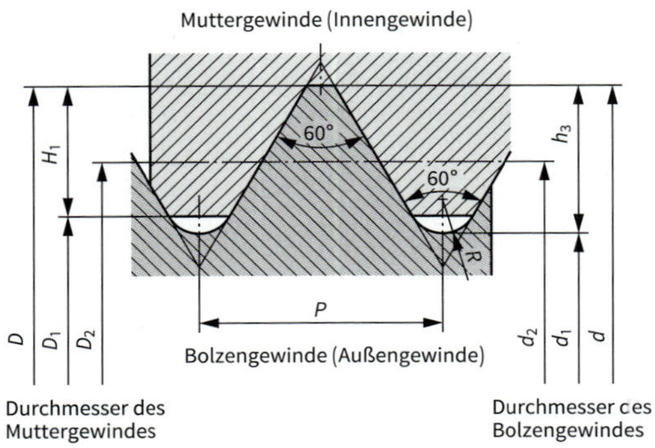

Nenndurchmesser	$d = D$
Steigung	P
Flankenwinkel	60°
Gewindetiefe des Bolzengewindes	$h_3 = 0{,}61343 \cdot P$
Gewindetiefe des Muttergewindes	$H_1 = 0{,}54127 \cdot P$
Rundung	$R = 0{,}14434 \cdot P$
Flankendurchmesser	$d_2 = D_2 = d - 0{,}64952 \cdot P$
Kerndurchmesser des Bolzengewindes	$d_3 = d - 1{,}22687 \cdot P$
Kerndurchmesser des Muttergewindes	$D_1 = d - 2 \cdot H_1$
Spannungsquerschnitt	$S = 0{,}785 \cdot (d - 0{,}9382 \cdot P)^2$

Regelgewinde

Gewinde-Nenndurchmesser $d = D$		Steigung P	Flankendurchmesser $d_2 = D_2$	Kerndurchmesser		Gewindetiefe		Rundung R	Kernlochbohrerdurchmesser	Spannungsquerschnitt S in mm²	Schlüsselweite SW DIN ISO 272
Reihe 1	Reihe 2			Bolzen d_3	Mutter D_1	Bolzen h_3	Mutter H_1				
1	1,1	0,25	0,838	0,693	0,729	0,153	0,135	0,036	0,75	0,460	–
		0,25	0,938	0,793	0,829	0,153	0,135	0,036	0,85	0,588	–
1,2		0,25	1,038	0,893	0,929	0,153	0,135	0,036	0,95	0,732	–
	1,4	0,3	1,205	1,032	1,075	0,184	0,162	0,043	1,10	0,983	–
1,6		0,35	1,373	1,171	1,221	0,215	0,189	0,051	1,25	1,27	3,2
	1,8	0,35	1,573	1,371	1,421	0,251	0,189	0,051	1,45	1,70	–
2		0,4	1,740	1,509	1,567	0,245	0,217	0,058	1,60	2,07	4
	2,2	0,45	1,908	1,648	1,713	0,276	0,244	0,065	1,75	2,48	–
2,5		0,45	2,208	1,948	2,013	0,276	0,244	0,065	2,05	3,39	5
3		0,5	2,675	2,387	2,459	0,307	0,271	0,072	2,5	5,03	5,5
	3,5	0,6	3,110	2,764	2,850	0,368	0,325	0,087	2,9	6,78	–
4		0,7	3,545	3,141	3,242	0,429	0,379	0,101	3,3	8,78	7
	4,5	0,75	4,013	3,580	3,688	0,460	0,406	0,108	3,7	11,3	–
5		0,8	4,480	4,019	4,134	0,491	0,433	0,115	4,2	14,2	8
6		1	5,350	4,773	4,917	0,613	0,541	0,144	5,0	20,1	10
	7	1	6,350	5,773	5,917	0,613	0,541	0,144	6,0	28,9	11
8		1,25	7,188	6,466	6,647	0,767	0,677	0,180	6,8	36,6	13
10		1,5	9,026	8,160	8,376	0,920	0,812	0,217	8,5	58,0	16
12		1,75	10,863	9,853	10,106	1,074	0,947	0,253	10,2	84,3	18
	14	2	12,701	11,546	11,835	1,227	1,083	0,289	12,0	115	21
16		2	14,701	13,546	13,835	1,227	1,083	0,289	14,0	157	24
	18	2,5	16,376	14,933	15,294	1,534	1,353	0,361	15,5	193	27
20		2,5	18,376	16,933	17,294	1,534	1,353	0,361	17,5	245	30
	22	2,5	20,376	18,933	19,294	1,534	1,353	0,361	19,5	303	34
24		3	22,051	20,319	20,752	1,840	1,624	0,433	21,0	353	36
	27	3	25,051	23,319	23,752	1,840	1,624	0,433	24,0	459	41
30		3,5	27,727	25,706	26,211	2,147	1,894	0,505	26,5	561	46
	33	3,5	30,727	28,706	29,211	2,147	1,894	0,505	29,5	694	50
36		4	33,402	31,093	31,670	2,454	2,165	0,577	32,0	817	55
	39	4	36,402	34,093	34,670	2,454	2,156	0,577	35,0	976	60
42		4,5	39,077	36,479	37,129	2,760	2,436	0,650	37,5	1121	65
	45	4,5	42,077	39,479	40,129	2,760	2,436	0,650	40,5	1306	70
48		5	44,752	41,866	42,587	3,067	2,706	0,722	43,0	1473	75
	52	5	48,752	45,866	46,587	3,067	2,706	0,722	47,0	1758	80
56		5,5	52,428	49,252	50,046	3,374	2,977	0,794	50,5	2030	85
	60	5,5	56,428	53,252	54,046	3,374	2,977	0,794	54,5	2362	90
64		6	60,103	56,639	57,505	3,581	3,248	0,866	58,0	2676	95
	68	6	64,103	60,639	61,505	3,581	3,248	0,866	62,0	3055	100

Feingewinde

DIN 13-2 … 9: 1999-11

Feingewinde, Ergänzung

Bezeichnung	Flanken-Ø	Kerndurchmesser		Kernlochbohrerdurchmesser	Bezeichnung	Flanken-Ø	Kerndurchmesser		Kernlochbohrerdurchmesser
		Bolzen	Mutter				Bolzen	Mutter	
$d \times P$	$d_2 = D_2$	d_3	D_1		$d \times P$	$d_2 = D_2$	d_3	D_1	
M 2,5 × 0,35	2,273	2,071	2,121	2,15	M 30 × 1	29,350	28,773	28,917	29,00
M 3 × 0,35	2,773	2,571	2,621	2,65	M 27 × 1,5	26,026	25,16	25,376	25,50
M 3,5 × 0,35	3,273	3,071	3,121	3,15	M 27 × 2	25,701	24,54	24,835	25,00
M 4 × 0,5	3,675	3,387	3,459	3,50	M 28 × 1,5	27,026	26,16	26,376	26,50
M 4,5 × 0,5	4,175	3,887	3,959	4,00	M 28 × 2	26,701	25,54	25,835	26,00
M 5 × 0,5	4,675	4,387	4,459	4,50	M 30 × 1,5	29,026	28,16	28,376	28,50
M 5,5 × 0,5	5,175	4,887	4,959	5,00	M 30 × 2	28,701	27,54	27,835	28,00
M 6 × 0,75	5,513	5,080	5,188	5,20	M 30 × 3	28,051	26,31	26,752	27,00
M 7 × 0,75	6,513	6,080	6,188	6,20	M 32 × 1,5	31,026	30,16	30,376	30,50
M 8 × 0,75	7,513	7,080	7,188	7,20	M 32 × 2	30,701	29,54	29,835	30,00
M 8 × 1	7,350	6,773	6,917	7,00	M 33 × 1,5	32,026	31,16	31,376	31,50
M 9 × 0,75	8,513	8,080	8,188	8,20	M 33 × 2	31,701	30,54	30,835	31,00
M 9 × 1	8,350	7,773	7,917	8,00	M 33 × 3	31,051	29,31	29,752	30,00
M 10 × 0,75	9,513	9,080	9,188	9,20	M 35 × 1,5	34,026	33,16	33,376	33,50
M 10 × 1	9,350	8,773	8,917	9,00	M 36 × 1,5	35,026	34,16	34,376	34,50
M 10 × 1,25	9,188	8,466	8,647	8,80	M 36 × 2	34,701	33,54	33,835	34,00
M 11 × 0,75	10,513	10,080	10,188	10,20	M 36 × 3	34,051	32,31	32,752	33,00
M 11 × 1	10,350	9,773	9,917	10,00	M 38 × 1,5	37,026	36,16	36,376	36,50
M 12 × 1	11,350	10,773	10,917	11,00	M 39 × 1,5	38,026	37,16	37,376	37,50
M 12 × 1,25	11,188	10,466	10,647	10,80	M 39 × 2	37,701	36,54	36,835	37,00
M 12 × 1,5	11,026	10,160	10,376	10,50	M 39 × 3	37,051	35,31	35,752	36,00
M 14 × 1	13,350	12,773	12,917	13,00	M 40 × 1,5	39,026	38,16	38,376	38,50
M 14 × 1,5	13,026	12,160	12,376	12,50	M 40 × 2	38,701	37,54	37,835	38,00
M 15 × 1	14,350	13,773	13,917	14,00	M 40 × 3	38,051	36,31	36,752	37,00
M 15 × 1,5	14,026	13,160	13,376	13,50	M 42 × 1,5	41,026	40,16	40,376	40,50
M 16 × 1	15,350	14,773	14,917	15,00	M 42 × 2	40,701	39,54	39,835	40,00
M 16 × 1,5	15,026	14,160	14,376	14,50	M 42 × 3	40,051	38,31	38,752	39,00
M 17 × 1	16,350	15,773	15,917	16,00	M 42 × 4	39,402	37,09	37,670	38,00
M 17 × 1,5	16,026	15,160	15,376	15,50	M 45 × 1,5	44,026	43,16	43,376	43,50
M 18 × 1	17,350	16,773	16,917	17,00	M 45 × 2	43,701	42,54	42,835	43,00
M 18 × 1,5	17,026	16,160	16,376	16,50	M 45 × 3	43,051	41,31	41,752	42,00
M 18 × 2	18,701	15,546	15,835	16,00	M 45 × 4	42,402	40,09	40,670	41,00
M 20 × 1	19,350	18,773	18,917	19,00	M 48 × 1,5	47,026	46,16	46,376	46,50
M 20 × 1,5	19,026	18,160	18,376	18,50	M 48 × 2	46,701	45,54	45,835	46,00
M 20 × 2	18,701	17,546	17,835	18,00	M 48 × 3	46,051	44,31	44,752	45,00
M 22 × 1	21,350	20,773	20,917	21,00	M 48 × 4	45,402	43,09	43,670	44,00
M 22 × 1,5	21,026	20,160	20,376	20,50	M 50 × 1,5	49,026	48,16	48,376	48,50
M 22 × 2	20,701	19,546	19,835	20,00	M 50 × 2	48,701	47,54	47,835	48,00
M 24 × 1	23,350	22,773	22,917	23,00	M 50 × 3	48,051	46,31	46,752	47,00
M 24 × 1,5	23,026	22,160	22,376	22,50	M 52 × 1,5	51,026	50,16	50,376	50,50
M 24 × 2	22,701	21,546	21,835	22,00	M 52 × 2	50,701	49,54	49,835	50,00
M 27 × 1	26,350	25,773	25,917	26,00	M 52 × 3	50,051	48,31	48,752	49,00
M 28 × 1	27,350	26,773	26,917	27,00	M 52 × 4	49,402	47,09	47,670	48,00

Metrisches kegeliges Außengewinde mit zugehörigem zylindrischen Innengewinde

DIN 158-1: 1997-06

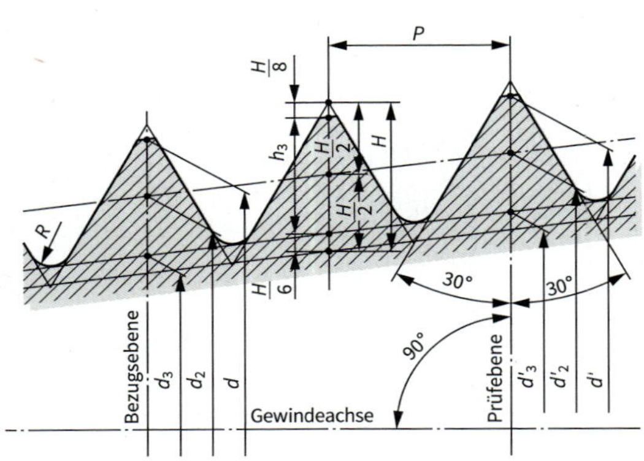

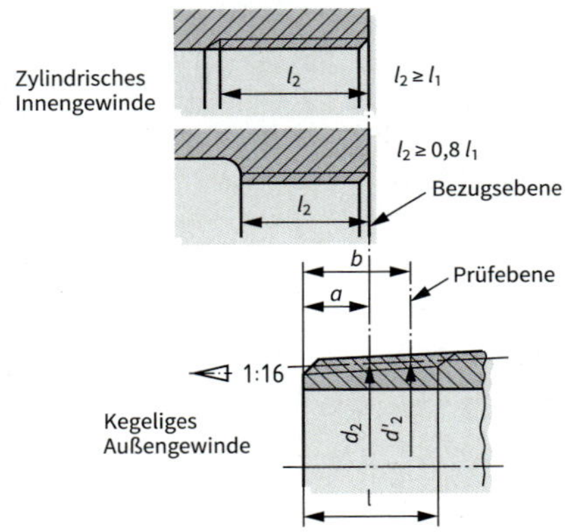

Gewinde	Steigung	Nutzbare Gewindelänge[1)]	Gewindetiefe[1)]	Maße in der Bezugsebene				Maße in der Prüfebene			
				Abstand der Bezugsebene[1)]	Gewindemaße in der Bezugsebene			Abstand der Prüfebene[1)]	Gewindemaße in der Prüfebene		
					Außen-Ø	Flanken-Ø	Kern-Ø				
	P	l_1	h_3 max.	a	$d = D$	$d_2 = D_2$	d_3	b	d'	d'_2	d'_3
M 6 keg	1	5,5	0,659	2,5	6	5,350	4,773	3,5	6,063	5,413	4,836
M 8 × 1 keg		(4,0)	(0,644)	(2,0)	8	7,350	6,773	(3,0)	8,063	7,413	6,836
M 10 × 1 keg					10	9,350	8,773		10,063	9,413	8,836
M 12 × 1,5 keg	1,5	8,5	0,983	3,5	12	11,026	10,160	6,5	12,188	11,214	10,348
M 14 × 1,5 keg		(7,3)	(0,967)	(2,5)	14	13,026	12,160	(5,5)	14,188	13,214	12,348
M 16 × 1,5 keg					16	15,026	14,160		16,188	15,214	14,348
M 18 × 1,5 keg					18	17,026	16,160		18,188	17,214	16,348
M 20 × 1,5 keg					20	19,026	18,160		20,188	19,214	18,348
M 22 × 1,5 keg					22	21,026	20,160		22,188	21,214	20,348
M 24 × 1,5 keg					24	23,026	22,160		24,188	23,214	22,348
M 26 × 1,5 keg					26	25,026	24,160		26,188	25,214	24,348
M 30 × 1,5 keg					30	29,026	28,160		30,188	29,214	28,348
M 36 × 1,5 keg	1,5	10,5	1,014	4,5	36	35,026	34,160	8,0	36,219	35,245	34,379
M 38 × 1,5 keg		(9,0)	(0,983)	(3,4)	38	37,026	36,160	(6,9)	38,219	37,245	36,379
M 42 × 1,5 keg					42	41,026	40,160		42,219	41,245	40,379
M 45 × 1,5 keg					45	44,026	43,160		45,219	44,245	43,379
M 48 × 1,5 keg					48	47,026	46,160		48,219	47,245	46,379
M 52 × 1,5 keg					52	51,026	50,160		52,219	51,245	50,379
M 27 × 2 keg	2	12,0	1,321	5,0	27	25,701	24,546	9,0	27,250	25,951	24,796
M 30 × 2 keg		(10,0)	(1,290)	(4,0)	30	28,701	27,546	(8,0)	30,250	28,951	27,796
M 33 × 2 keg					33	31,701	30,546		33,250	31,951	30,796
M 36 × 2 keg	2	13,0	1,342	6,0	36	34,701	33,546	10,0	36,250	34,951	33,796
M 39 × 2 keg		(11,5)	(1,302)	(4,8)	39	37,701	36,546	(8,8)	39,250	37,951	36,796
M 42 × 2 keg					42	40,701	39,546		42,250	40,951	39,796
M 45 × 2 keg					45	43,701	42,546		45,250	43,951	41,796
M 48 × 2 keg					48	46,701	45,546		48,250	46,951	45,796

Gewinde DIN 158 – M 36 × 2 keg
Bezeichnung eines metrischen kegeligen Außengewindes M 36 × 2 mit nutzbarer Gewindelänge in Regelausführung
Gewinde DIN 158 – M 36 × 2 keg kurz
Bezeichnung in Kurzausführung

Kegeliges Außengewinde nach dieser Norm wird für selbstdichtende Verbindungen angewendet, wie es an Verschlussschrauben, Einschraubstutzen und Schmiernippel vorkommt. Es wird dort eingesetzt, wo eine zylindrische Gewindeverbindung mit Dichtring aus technischen und wirtschaftlichen Gründen nachteilig ist. Die Verbindung des kegeligen Außengewindes mit zylindrischem Innengewinde ist wirtschaftlicher als die Verbindung mit kegeligem Innengewinde, da ein zylindrisches Innengewinde leichter herzustellen ist.
Bei Wirkmedien wie Ölen, sonstigen Flüssigkeiten und Gasen ist eine dichte Verbindung bis M 26 ohne Dichtmittel erreichbar.
Über M 26 ist ein im Gewinde wirkendes Dichtmittel erforderlich.

[1)] Regelausführung (Kurzausführung)

Metrisches ISO-Trapezgewinde

DIN 103-1: 1977-04

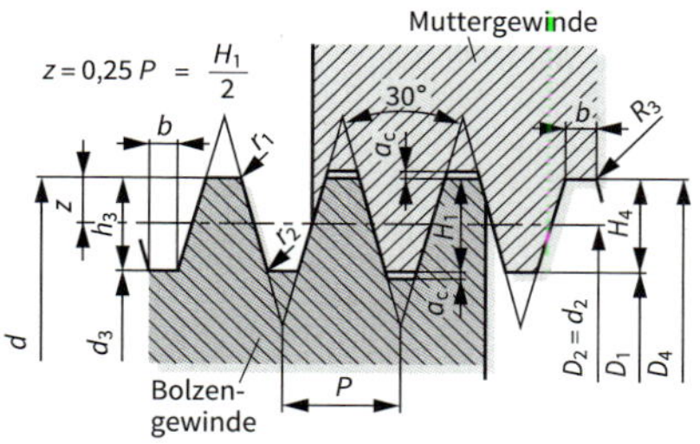

Nenndurchmesser	d
Steigung eingängig	P
Steigung mehrgängig	$P_h = n \cdot P$
Gangzahl	$n = P_h : P$
Flankenwinkel	30°
Gewindetiefe	$h_3 = H_4 = H_1 + a_c = 0{,}5 \cdot P + a_c$
Flankenüberdeckung	$H_1 = 0{,}5 \cdot P$
Spitzenspiel	a_c: (crest = Spitze)
Kerndurchmesser des Bolzengewindes	$d_3 = d - (P + 2 \cdot a_c)$
Kerndurchmesser des Muttergewindes	$D_1 = d - P$
Außendurchmesser des Muttergewindes	$D_4 = d + 2 \cdot a_c$
Flankendurchmesser des Gewindes	$d_2 = D_2 = d - 0{,}5 \cdot P = d - 2 \cdot z$
Rundungen	$r_1 = \max 0{,}5 \cdot a_c$; $r_2 = R_3 = \max a_c$
Drehmeißelbreite	$b = 0{,}366 \cdot P - 0{,}54 \cdot a_c$

Maß	für Steigung P			
	1,5	2 … 5	6 … 12	14 … 44
a_c	0,15	0,25	0,5	1
r_1	0,075	0,125	0,25	0,5
$r_2 = R_3$	0,15	0,25	0,5	1

Gewinde-bezeichnung	Flanken-durchmesser	Kern-Ø Bolzen	Kern-Ø Mutter	Außen-Ø Mutter	Gewindetiefe	Drehmeißelbreite	Gewinde-bezeichnung	Flanken-durchmesser	Kern-Ø Bolzen	Kern-Ø Mutter	Außen-Ø Mutter	Gewindetiefe	Drehmeißelbreite
$d \times P$	$d_2 = D_2$	d_3	D_1	D_4	$b_3 = H_4$	b	$d \times P$	$d_2 = D_2$	d_3	D_1	D_4	$b_3 = H_4$	b
Tr 10 × 2	9	7,5	8	10,5	1,25	0,597	Tr 42 × 7	38,5	34	35	43	4	2,292
Tr 12 × 3	10,5	8,5	9	12,5	1,75	0,963	Tr 44 × 7	40,5	36	37	45	4	2,292
Tr 14 × 3	12,5	10,5	11	14,5	1,75	0,963	Tr 46 × 8	42	37	38	47	4,5	2,658
Tr 16 × 4	14	11,5	12	16,5	2,25	1,329	Tr 48 × 8	44	39	40	49	4,5	2,658
Tr 20 × 4	18	15,5	16	20,5	2,25	1,329	Tr 50 × 8	46	41	42	51	4,5	2,658
Tr 24 × 5	21,5	18,5	19	24,5	2,75	1,695	Tr 52 × 8	48	43	44	53	4,5	2,658
Tr 28 × 5	25,5	22,5	23	28,5	2,75	1,695	Tr 60 × 9	55,5	50	51	61	5	3,024
Tr 30 × 6	27	23	24	31	3,5	1,926	Tr 70 × 10	65	59,5	60	71	5,5	3,390
Tr 32 × 6	29	25	26	33	3,5	1,926	Tr 80 × 10	75	69	70	81	5,5	3,390
Tr 36 × 6	33	29	30	37	3,5	1,926	Tr 90 × 12	84	77	78	91	6,5	4,122
Tr 40 × 7	36,5	32	33	41	4	2,297	Tr 100 × 12	94	87	88	101	6,5	4,122

Für Gewinde ohne Toleranzangabe gilt Toleranzklasse mittel: Toleranzfeld 7 e für Bolzengewinde, 7 H für Muttergewinde

Metrisches Sägengewinde

DIN 513-1: 2020-12

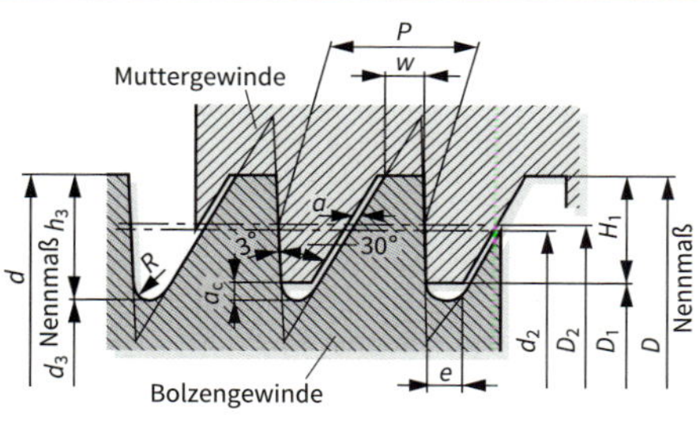

Nenndurchmesser	$D = d$
Steigung des eingängigen Gewindes	P
Flankenwinkel	33° = 30° + 3°
Gewindetiefe des Bolzens	$h_3 = H_1 + a_c$
Gewindetiefe der Mutter	$H_1 = 0{,}75 \cdot P$
Kerndurchmesser des Bolzengewindes	$d_3 = d - 2h_3$
Kerndurchmesser des Muttergewindes	$D_1 = d - 2H_1$
Flankendurchmesser des Bolzengewindes	$d_2 = d - 0{,}75 \cdot P$
Flankendurchmesser des Muttergewindes	$D_2 = d - 0{,}75 \cdot P + 3{,}1758 \cdot a$
Axialspiel	$a = 0{,}1 \cdot \sqrt{P}$
Spitzenspiel (c = crest = Spitze)	$a_c = 0{,}11777 \cdot P$
Profilbreite	$w = 0{,}26384 \cdot P$

Gewinde-bezeichnung	Bolzen		Mutter		Rundung	Gewinde-bezeichnung	Bolzen		Mutter		Rundung
$d \times P$	d_3	h_3	D_1	H_1	R	$d \times P$	d_3	h_3	D_1	H_1	R
S 10 × 2	6,528	1,736	7,0	1,50	0,249	S 40 × 7	27,852	6,074	29,5	5,25	0,870
S 12 × 3	6,794	2,603	7,5	2,25	0,373	S 42 × 7	29,852	6,074	31,5	5,25	0,870
S 14 × 3	8,794	2,603	9,5	2,25	0,373	S 44 × 7	31,852	6,074	33,5	5,25	0,870
S 16 × 4	9,058	3,471	10,0	3,00	0,497	S 46 × 8	32,116	6,942	34,0	6,00	0,994
S 18 × 4	11,058	3,471	12,0	3,00	0,497	S 48 × 8	34,116	6,942	36,0	6,00	0,994
S 20 × 4	13,058	3,471	14,0	3,00	0,497	S 50 × 8	36,116	6,942	38,0	6,00	0,994
S 24 × 5	15,322	4,339	16,5	3,75	0,621	S 60 × 9	44,380	7,810	46,5	6,75	1,118
S 28 × 5	19,322	4,339	20,5	3,75	0,621	S 65 × 10	47,644	8,678	50,0	7,50	1,243
S 30 × 6	19,586	5,207	21,0	4,50	0,746	S 70 × 10	52,644	8,678	55,0	7,50	1,243
S 34 × 6	23,586	5,207	25,0	4,50	0,746	S 75 × 10	57,644	8,678	60,0	7,50	1,243
S 36 × 6	25,586	5,207	27,0	4,50	0,746	S 80 × 10	62,644	8,678	65,0	7,50	1,243
S 38 × 7	25,852	6,074	27,5	5,25	0,870	S 90 × 12	69,174	10,413	72,0	9,00	1,491

Rohrgewinde für nicht im Gewinde dichtende Verbindungen

DIN EN ISO 228-1: 2003-05

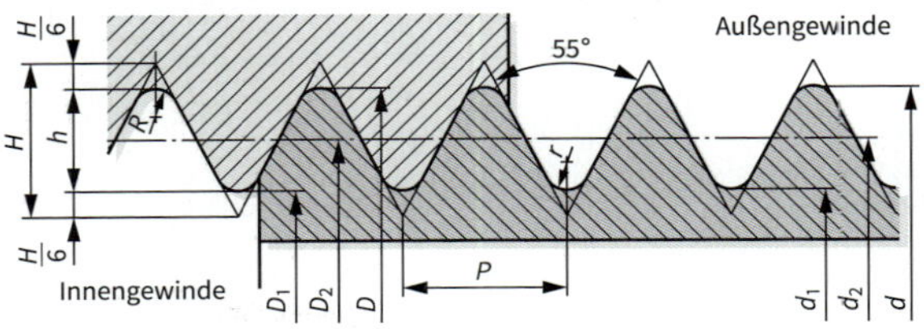

Gewindedurchmesser	$d = D$
Steigung	P
Flankendurchmesser	$d_2 = D_2 = d - h$
Kerndurchmesser	$d_1 = D_1 = d - 2h$
Höhe des Gewindeprofils	$h = 0{,}640327 \cdot P$
Flankenwinkel	55°
Radius	$r = R = 0{,}137329 \cdot P$
Höhe des Grunddreiecks	$H = 0{,}960491 \cdot P$

Das nicht dichtende Gewinde soll lediglich axiale Kräfte aufnehmen. Eine Dichtung des zylindrischen Innen- und Außengewindes wird durch Pressung der Stirnfläche des Innengewindeteiles gegen einen Bund am Außengewindeteil unter Einlegen eines Dichtungsmittels erreicht.

ISO 228-1	EN 10226		ISO 228-1 und EN 10226						EN 10226			
Kurzzeichen Innengewinde	Kurzzeichen Innengewinde	Kurzzeichen Außengewinde	Anzahl der Teilungen auf 25,4 mm	Steigung P	Außendurchmesser $d = D$	Flankendurchmesser $d_2 = D_2$	Kerndurchmesser $d_1 = D_1$	Profilhöhe $h_1 = H_1$	Nennweite der Rohre	Abstand Prüfebene	Rundung $r = R$	Nutzbare Gewindelänge l_e
G 1/16	Rp 1/16	R 1/16	28	0,907	7,723	7,142	6,561	0,581	3	4,0	0,125	6,5
G ⅛	Rp ⅛	R ⅛	28	0,907	9,728	9,147	8,566	0,581	6	4,0	0,125	6,5
G ¼	Rp ¼	R ¼	19	1,337	13,157	12,301	11,445	0,856	8	6,0	0,184	9,7
G ⅜	Rp ⅜	R ⅜	19	1,337	16,662	15,806	14,950	0,856	10	6,4	0,184	10,1
G ½	Rp ½	R ½	14	1,814	20,955	19,793	18,631	1,162	15	8,2	0,249	13,2
G ⅝	–	–	14	1,814	22,911	21,749	20,587	1,162	–	–	–	–
G ¾	Rp ¾	R ¾	14	1,814	26,441	25,279	24,117	1,162	20	9,5	0,249	14,5
G 1	Rp 1	R 1	11	2,309	33,249	31,770	30,291	1,479	25	10,4	0,317	16,8
G 1 ¼	Rp 1 ¼	R 1 ¼	11	2,309	41,910	40,431	38,952	1,479	32	12,7	0,317	19,1
G 1 ½	Rp 1 ½	R 1 ½	11	2,309	47,803	46,324	44,845	1,479	40	12,7	0,317	19,1
G 1 ¾	–	–	11	2,309	53,746	52,267	50,788	1,479	–	–	–	–
G 2	Rp 2	R 2	11	2,309	59,614	58,135	56,656	1,479	50	15,9	0,317	23,4
G 2 ¼	–	–	11	2,309	65,710	64,231	62,752	1,479	–	–	–	–
G 2 ½	Rp 2 ½	R 2 ½	11	2,309	75,184	73,705	72,226	1,479	65	17,5	0,317	26,7
G 2 ¾	–	–	11	2,309	81,534	80,055	78,576	1,479	–	–	–	–
G 3	Rp 3	R 3	11	2,309	87,884	86,405	84,926	1,479	80	20,6	0,317	29,8
G 4	Rp 4	R 4	11	2,309	113,030	111,551	110,072	1,479	100	25,4	0,317	35,8
G 5	Rp 5	R 5	11	2,309	138,430	136,951	135,472	1,479	125	28,6	0,317	40,1
G 6	Rp 6	R 6	11	2,309	163,830	162,351	160,872	1,479	150	28,6	0,317	40,1

Bezeichnungsbeispiele für Rohrgewinde der Nenngröße 1¼:

- für Innengewinde **Rohrgewinde ISO 228 – G1 ¼**
- für Außengewinde, Toleranzklasse A (mittel): **Rohrgewinde ISO 228 – G1 ¼ A**
- für Außengewinde, Toleranzklasse B (grob): **Rohrgewinde ISO 228 – G1 ¼ B**

Rohrgewinde für im Gewinde dichtende Verbindungen

DIN EN 10226-1: 2004-10

Zylindrisches Innengewinde (Kurzzeichen Rp)

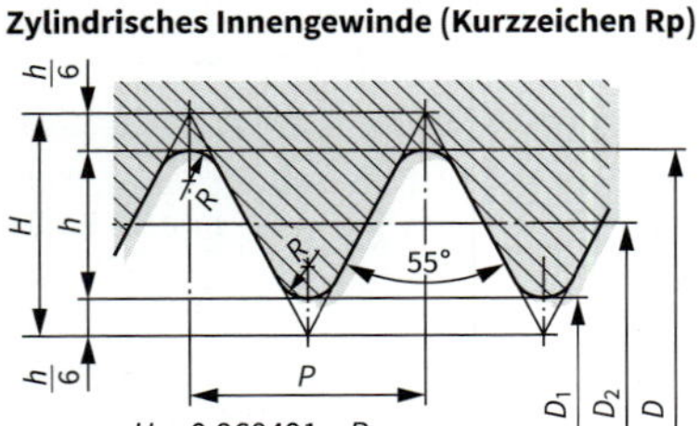

$H = 0{,}960491 \cdot P$
$h = 0{,}640327 \cdot P$
$R = 0{,}137329 \cdot P$

Das Profil des zylindrischen Innengewindes stimmt mit dem nach DIN ISO 228-1 überein.

Kegeliges Außengewinde (Kurzzeichen R)

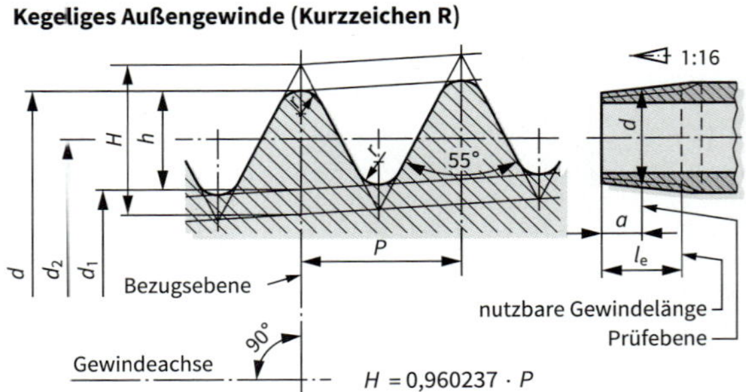

$H = 0{,}960237 \cdot P$
$h = 0{,}640327 \cdot P$
$r = 0{,}137278 \cdot P$

Rohrgewinde EN 10226 – R ¾ Bezeichnung eines kegeligen Rohraußengewindes der Nenngröße ¾
Rohrgewinde EN 10226 – Rp ¾ Bezeichnung eines zylindrischen Rohrinnengewindes der Nenngröße ¾

Whitworth-Gewinde

nicht genormt

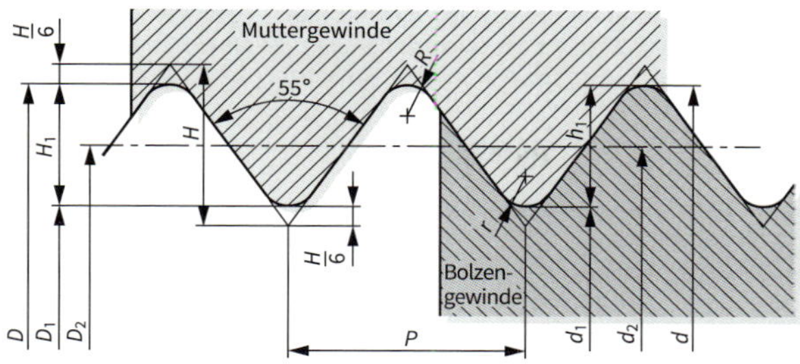

Außendurchmesser	d	$= D$
Kerndurchmesser	d_1	$= D_1 = d - 1{,}28 \cdot P$
Flankendurchmesser	d_2	$= D_2 = d - 0{,}640 \cdot P$
Gangzahl pro inch	z	
Steigung	P	$= \dfrac{25{,}4\ \text{mm}}{z}$
Gewindetiefe	h_1	$= H_1 = 0{,}640 \cdot P$
Rundung	R	$= 0{,}137 \cdot P$
Flankenwinkel		55°

Gewinde-bezeich-nung	Abmessungen in mm für Bolzen- und Muttergewinde						Gewinde-bezeich-nung	Abmessungen in mm für Bolzen- und Muttergewinde					
	Außen-Ø	Kern-Ø	Flan-ken-Ø	Gang-zahl pro inch	Gewin-detiefe	Kern-quer-schnitt		Außen-Ø	Kern-Ø	Flan-ken-Ø	Gang-zahl pro inch	Gewin-detiefe	Kern-quer-schnitt
d	$d = D$	$d_1 = D_1$	$d_2 = D_2$	z	$h_1 = H_1$	mm²	d	$d = D$	$d_1 = D_1$	$d_2 = D_2$	z	$h_1 = H_1$	mm²
¼"	6,35	4,72	5,54	20	0,813	17,5	1 ¼"	31,75	27,10	29,43	7	2,324	577
5/16"	7,94	6,13	7,03	18	0,904	29,5	1 ½"	38,10	32,68	35,39	6	2,711	839
⅜"	9,53	7,49	8,51	16	1,017	44,1	1 ¾"	44,45	37,95	41,20	5	3,253	1131
½"	12,70	9,99	11,35	12	1,355	78,4	2"	50,80	43,57	47,19	4 ½	3,614	1491
⅝"	15,88	12,92	14,40	11	1,479	131,0	2 ¼"	57,15	49,02	53,09	4	4,066	1886
¾"	19,05	15,80	17,42	10	1,627	196,0	2 ½"	63,50	55,37	59,44	4	4,066	2408
⅞"	22,23	18,61	20,42	9	1,807	272,0	3"	76,20	66,91	72,56	3 ½	4,647	3516
1"	25,40	21,34	23,37	8	2,033	358,0	3 ½"	88,90	78,89	83,89	3 ¼	5,000	4888

Kugelgewindetrieb

DIN ISO 3408-1: 2011-04

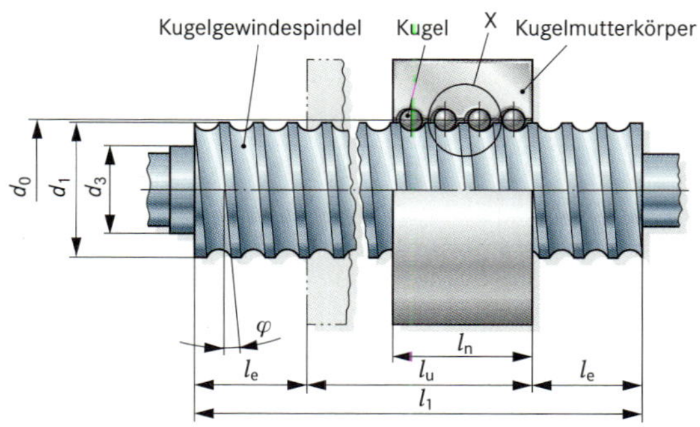

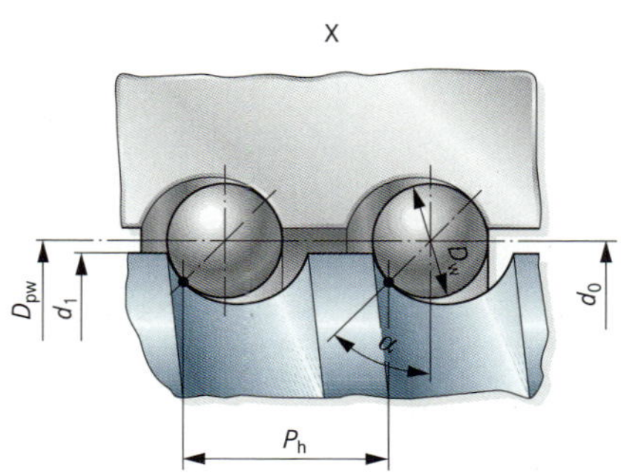

Nenn-steigung P_{h0}	Nenndurchmesser d_0												
	6	8	10	12	16	20	25	32	40	50	63	80	100
2,5	●	●	●	●	●								
5			●	●	●	●	●	●	●	●	●		
10				●	●	●	●	●	●	●	●	●	●
20						●	●	●	●	●	●	●	●
40									●	●	●	●	●

Kugelgewindetrieb DIN 69051 40 × 5 × 1200 – P 3 R

- Benennung
- Nummer der Norm
- Nenndurchmesser d_0 in mm
- Nennsteigung P_{h0} in mm
- Gewindelänge L_1 in mm
- Artt des Kugelgewindetriebs
- Toleranzklasse (5 Toleranzklassen)
- Gewinderichtung rechts, R (oder links, L)

d_1 : Außendurchmesser der Kugelgewindespindel
d_0 : Nenndurchmesser ($d_1 < d_0 \le D_{pw}$)
d_3 : Durchmesser für Lagersitzes
D_{pw} : Kugelmittenkreisdurchmesser
D_w : Nenndurchmesser der Kugel
P_h : Steigung
P_{h0} : Nennsteigung (Maß zur allgemeinen Kennzeichnung der Größe eines Kugelgewindetriebes)
φ : Steigungswinkel
α : Kontaktwinkel zwischen Kugel und Laufbahn
l_1 : Gewindelänge
l_n : Länge der Kugelgewindemutter
l_e : Überlauf
l_u : Nutzweg

	Arten der Kugelgewindetriebe
P	Positionier-Kugelgewindetrieb
T	Transport-Kugelgewindetrieb

Metrisches ISO-Gewinde, Grundlagen des Toleranzsystems

DIN ISO 965-1: 2017-05

Das Kurzzeichen für eine Gewindetoleranz besteht aus Zahlen und Buchstaben. Mit den Zahlen wird der Toleranzgrad (Breite des Toleranzintervalls), mit den großen und kleinen Buchstaben wird das Grundabmaß (Lage der Toleranzintervalle des Mutter- und Bolzengewindes zur Nulllinie) angegeben. Toleranzgrad und Grundabmaß sind abhängig von den Toleranzklassen fein, mittel und grob, den Einschraubgruppen S (kurz), N (normal) und L (lang).

Empfohlene Toleranzklassen

Toleranzklasse	Innengewinde						Außengewinde											
	Toleranzintervall **G**			Toleranzintervall **H**			Toleranzintervall **e**			Toleranzintervall **f**			Toleranzintervall **g**			Toleranzintervall **h**		
	S	N	L	S	N	L	S	N	L	S	N	L	S	N	L	S	N	L
fein	–	–	–	4H	5H	6H	–	–	–	–	–	–	–	(4g)	(5g)	(3h)	4h	(5h)
mittel	(5G)	(6G)	(7G)	5H	**6H**	7H	–	6e	(7e)	–	6f	–	(5g)	**6g**	(7g)	(5h)	6h	(7h)
grob	–	(7G)	(8G)	–	7H	8H	–	(8e)	(9e)	–	–		–	8g	(9g)	–	–	–

Die **fett** gedruckten und normal gedruckten Toleranzklassen sind in der Reihenfolge zu bevorzugen.

Metrisches ISO-Gewinde, Grenzmaße für Regel- und Feingewinde

DIN ISO 965-2: 2017-03

Muttergewinde in Grundabmaß H — **Bolzengewinde in Grundabmaß h** — **Bolzengewinde in Grundabmaß g**

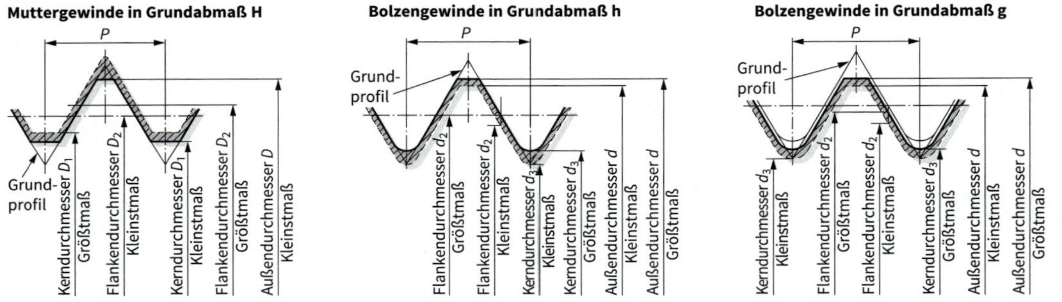

Gewindebezeichnung	Innengewinde – Toleranzklasse 6 H					Außengewinde – Toleranzklasse 6 g				Einschraublänge – Einschraubgruppe N	
	Außen-Ø	Flankendurchmesser		Kerndurchmesser		Außendurchmesser		Flankendurchmesser			
	D_{min}	$D_{2\,min}$	$D_{2\,max}$	$D_{1\,min}$	$D_{1\,max}$	d_{max}	d_{min}	$d_{2\,min}$	$d_{2\,max}$	von	bis
M 3	3,000	2,675	2,775	2,459	2,599	2,980	2,874	2,655	2,580	1,5	4,5
M 4	4,000	3,545	3,663	3,242	3,422	3,978	3,838	3,523	3,433	2	6
M 5	5,000	4,480	4,605	4,134	4,334	4,976	4,826	4,456	4,361	2,5	7,5
M 6	6,000	5,350	5,500	4,917	5,153	5,974	5,794	5,324	5,212	3	9
M 8	8,000	7,188	7,348	6,647	6,912	7,972	7,760	7,160	7,042	4	12
M 10	10,000	9,026	9,206	8,376	8,676	9,968	9,732	8,994	8,862	5	15
M 12	12,000	10,863	11,063	10,106	10,441	11,966	11,701	10,829	10,679	6	18
M 14	14,000	12,701	12,913	11,835	12,210	13,962	13,682	12,663	12,503	8	24
M 16	16,000	14,701	14,913	13,835	14,210	15,962	15,682	14,663	14,503	8	24
M 20	20,000	18,376	18,600	17,294	17,744	19,958	19,623	18,334	18,164	10	30
M 24	24,000	22,051	22,316	20,752	21,252	23,952	23,577	22,003	21,803	12	36
M 30	30,000	27,727	28,007	26,211	26,771	29,947	29,522	27,674	27,462	15	45
M 8 × 1	8,000	7,350	7,500	6,917	7,153	7,974	7,794	7,324	7,212	3	9
M 10 × 1	10,000	9,350	9,500	8,917	9,153	9,974	9,794	9,324	9,212	4	12
M 14 × 1,5	14,000	13,026	13,216	12,376	12,676	13,968	13,732	12,994	12,854	5,6	16
M 16 × 1,5	16,000	15,026	15,216	14,376	14,676	15,968	15,732	14,994	14,854	5,6	16
M 20 × 1,5	20,000	19,026	19,216	18,376	18,676	19,968	19,732	18,994	18,854	5,6	16
M 24 × 2	24,000	22,701	22,925	21,835	22,210	23,962	23,682	22,663	22,493	8,5	25
M 30 × 2	30,000	28,702	28,925	27,835	28,210	29,962	29,682	28,663	28,493	8,5	25

Bezeichnungsbeispiele von Gewinden

Bezeichnung	Erläuterung der Kurzzeichen
M 20 × 2 – 5 H	Metrisches ISO-Gewinde, Feingewinde, Toleranzklasse 5 H für Flanken- und Kerndurchmesser des Innengewindes
M 20 × 2 – 4 H 5 H	Metrisches ISO-Gewinde, Feingewinde, Toleranzklasse 4 H für Flanken-Ø und 5 H für Kern-Ø des Innengewindes

Kennzeichnung von Schrauben und Muttern

Identification of screws and nuts

DIN EN ISO 898-1: 2013-05; DIN EN ISO 898-2: 2012-08

DIN EN ISO 3506-1,2: 2020-08

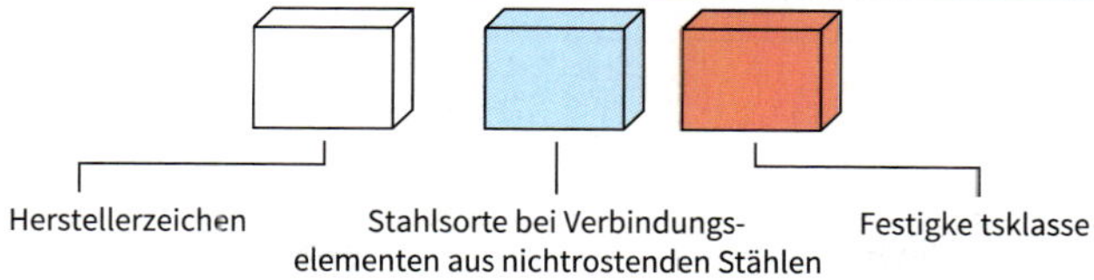

Kennzeichnung von Schrauben

Kennzeichnung einer Sechskantschraube

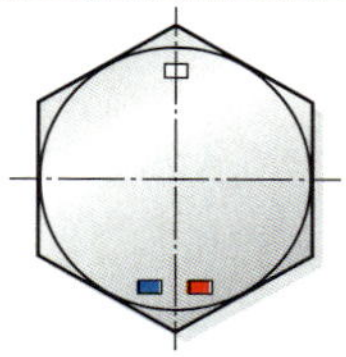

Kennzeichnung einer Zylinderschraube mit Innensechskant

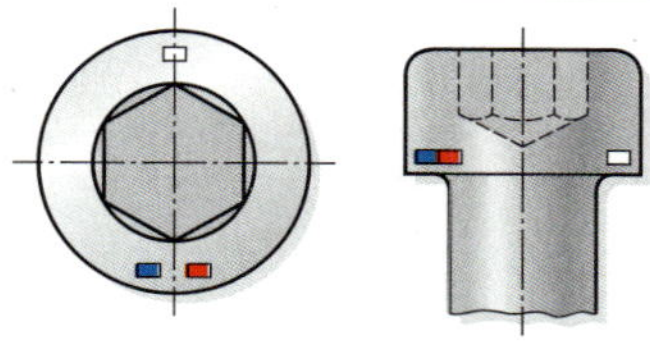

Kennzeichnung einer Flachrundschraube

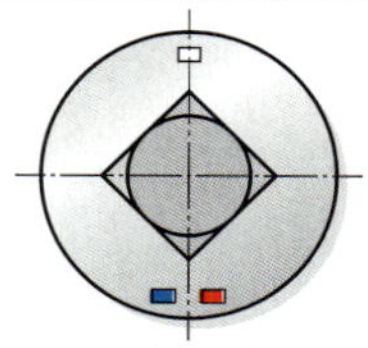

Kennzeichnung einer Stiftschraube

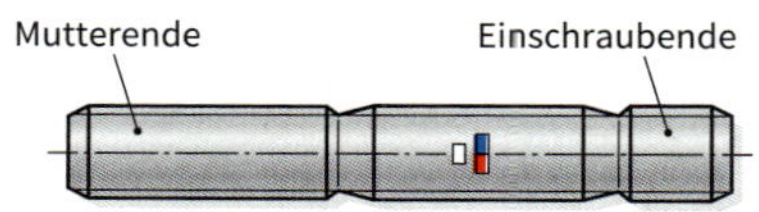

Kennzeichnung auch auf der Stirnfläche des mutterseitigen Endes

Kennzeichnung von Schrauben mit Linksgewinde

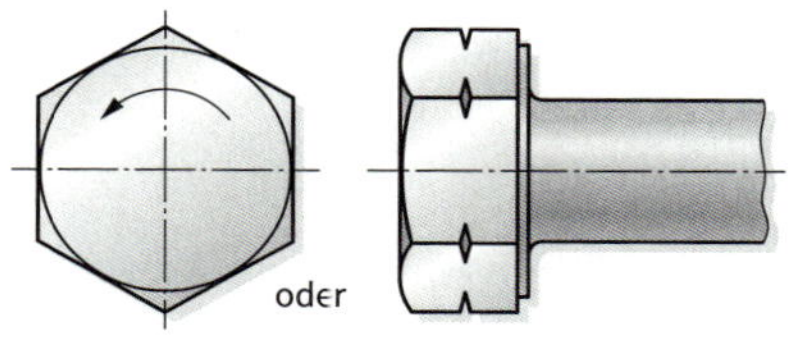

Kennzeichnung auch auf dem Schraubenende

Kennzeichnung von Muttern

Kennzeichnung einer Sechskantmutter

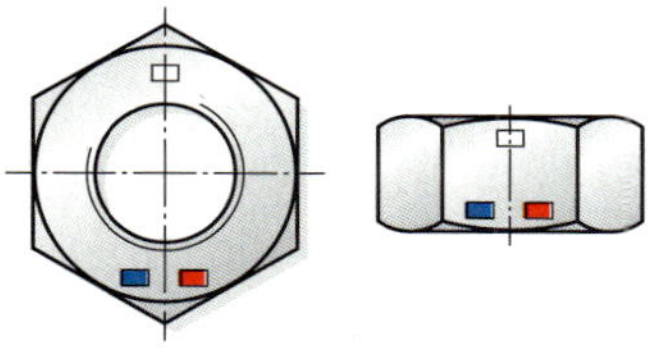

Kennzeichnung durch Rillen nur für Muttern aus nichtrostenden Stählen A2 und A4

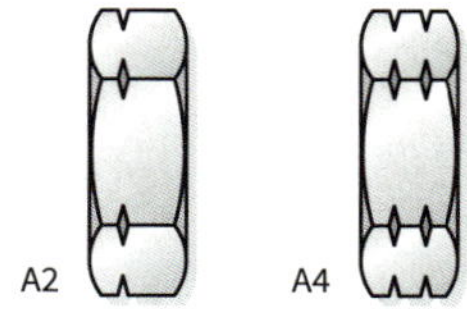

Kennzeichnung von Muttern mit Linksgewinde

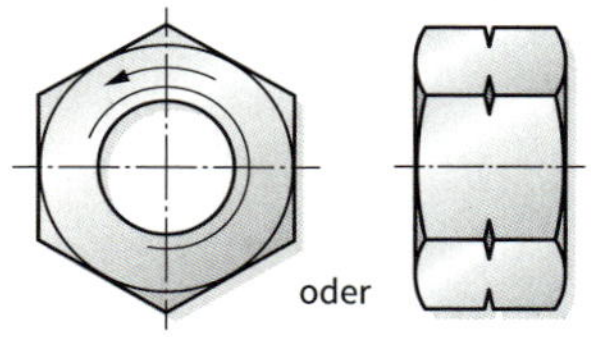

Kennzeichnung von Schrauben und Muttern nach dem Uhrzeigersystem

Festigkeitsklasse	Schraube Mutter	4.6 4		4.8	5.6 5	5.8
Kennzeichen		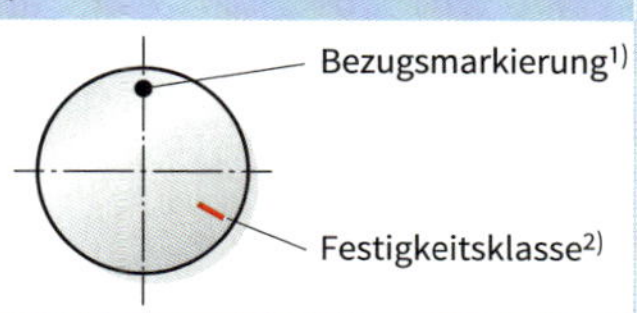 		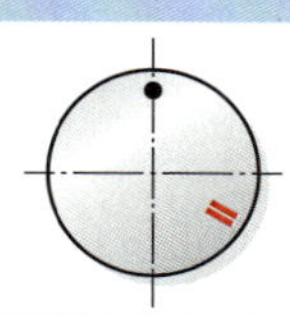	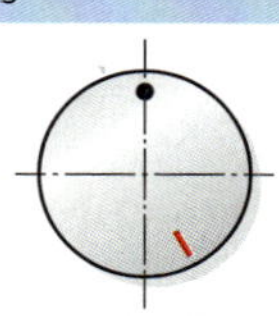	
Festigkeitsklasse	Schraube Mutter	6.8 6	8.8 8	9.8 9	10.9 10	12.9 12
Kennzeichen		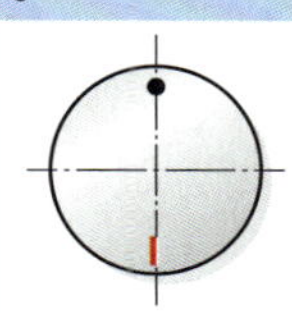	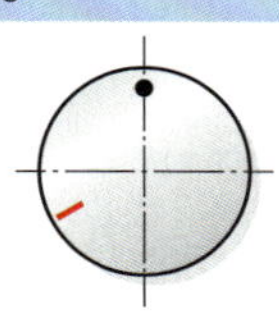	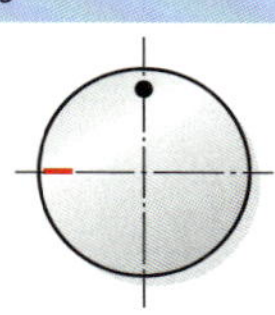	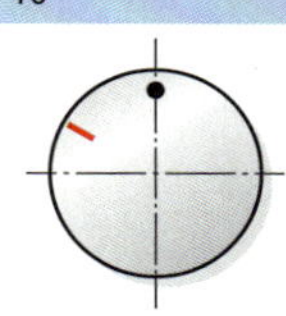	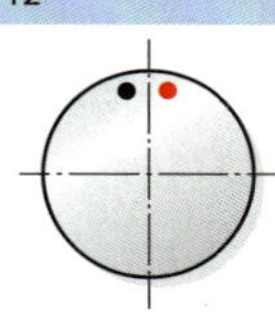

1) Die Bezugsmarkierung (12-Uhr-Position) ist durch einen Punkt oder das Herstellerzeichen festzulegen

2) Die Festigkeitsklasse wird durch Striche und im Fall 12.9 durch eine Punkt gekennzeichnet

Festigkeitsklassen von Schrauben und Muttern

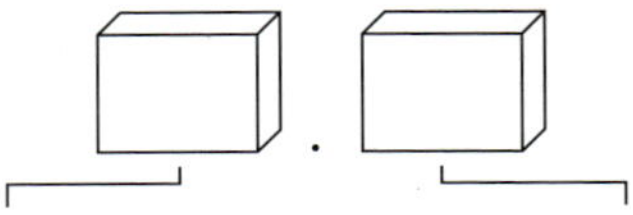

1. Zahl
1/100 der Nennzugfestigkeit R_m in MPa

2. Zahl
10fache des Streckgrenzenverhältnisses

Streckgrenzenverhältnis

$$\frac{R_{eL}}{R_m} = \frac{R_{po,2}}{R_m}$$

Schrauben: **4.6** : Nennzugfestigkeit $R_m = 4 \cdot 100 = 400$ MPa, Nennstreckgrenze $R_{eL} = 6 \cdot 4 \cdot 10 = 240$ MPa
Muttern: **4** : Nennzugfestigkeit $R_m = 4 \cdot 100 = 400$ MPa (es wird nur die Zugfestigkeit angegeben)

Festigkeitsklassen von Schrauben aus Kohlenstoffstahl und legiertem Stahl

DIN EN ISO 898-1: 2013-05

Festigkeitsklasse Regelgewinde M1.6 … M39, Feingewinde M8x1 … M39x3	4.6	4.8	5.6	5.8	6.8	8.8 d ≤ 16 mm	8.8 d > 16 mm	9.8	10.9	12.9
Zugfestigkeit R_m in MPa	400		500		600	800	830	900	1000	1200
Streckgrenze R_{eL} in MPa	240	–	300	–	–	–	–	–	–	–
Dehngrenze $R_{p\,0,2}$ in MPa	–	320	–	400	480	640	660	720	900	1080
Dehngrenze R_{pf} in MPa [1]	–	320	–	400	480	–	–	–	–	–
Bruchdehnung A in % ≥	22	–	20	–	–	12	12	10	9	8

[1] Dehngrenze gemessen an ganzen Schrauben

Festigkeitsklassen von Muttern aus Kohlenstoffstahl und legiertem Stahl

DIN EN ISO 898-2: 2012-08

Regelgewinde M5 … M39 und Feingewinde M8x1 … M39x3

Mutterhöhe	flache Mutter 0,45 D ≤ m_{min} ≤ 0,8 D (Typ 0)		normale Mutter: m_{min} ≥ 0,8 D (Typ 1) hohe Mutter: m_{min} ≥ 0,8 D (Typ 2)					
Typ	0	0	1	1	1, 2	2	1, 2	1, 2
Festigkeitsklasse	**04**	**05**	**5**	**6**	**8**	**9**	**10**	**12**
Gewindebereich	M5 ≤ D ≤ M39		M5 ≤ D ≤ M39		M5 ≤ D ≤ M39 M5 ≤ D ≤ M39	– M5 ≤ D ≤ M39	M5 ≤ D ≤ M39 M5 ≤ D ≤ M39	M5 ≤ D ≤ M39 M5 ≤ D ≤ M39
	M8 x 1 ≤ D ≤ M39 x 3		M8 x 1 ≤ D ≤ M39 x 3		M8 x 1 ≤ D ≤ M39 x 3 M8 x 1 ≤ D ≤ M39 x 3	– –	M8 x 1 ≤ D ≤ M39 x 3 M8 x 1 ≤ D ≤ M39 x 3	– M8 x 1 ≤ D ≤ M16 x 1,5
Fesitgkeitsklasse der zugehörigen Schraube	–	–	5.6	6.8	8.8	9.8	10.9	12.9

Festigkeitsklassen von Schrauben aus nichtrostenden Stählen

DIN EN ISO 3506-1:2020-08

Werkstoffgruppe	Stahlgruppe	Festigkeitsklasse	Gewindenenndurchmesser	R_m in MPa	$R_{p\,0,2}$ in MPa	Bruchdehnung A_L in mm	HV min	HBW min	HRC min	Zustand
Austenitisch	A 1, A 2, A 3, A 4, A 5, A 8	50	d ≤ 39 mm	500	210	0,6 *d*	–	–	–	weich
		70		700	450	0,4 *d*	–	–	–	kalkverfestigt
		80		800	600	0,3 *d*	–	–	–	stark kalkverfestigt
Martensitisch	C 1	50		500	250	0,2 *d*	155	147	–	weich
		70		700	410		220	209	20	vergütet
	C 3	80		800	640		240	228	21	vergütet
	C 4	50		500	250		155	147	–	weich
		70		700	410		220	209	20	vergütet
Ferritisch	F 1	45		450	250		135	128	–	vergütet
		60		600	410		180	171	–	kalkverfestigt

Bezeichnungsbeispiel für austenitischen Stahl, kaltverfestigt, Mindestzugfestigkeit 700 N/mm²: **A 2 – 70**

Festigkeitsklassen von Muttern aus nichtrostenden Stählen

DIN EN ISO 3506-2: 2020-08

Gewindenenndurchmesser $D \leq 39$ mm										
Mutterhöhe	flache Mutter $0{,}5\,D \leq m < 0{,}8\,D$ (Typ 0)					normale Mutter $m \geq 0{,}8\,D$ (Typ 1) hohe Mutter $m \geq 0{,}9\,D$ (Typ 2)				
Typ	0	0	0	0	0	1, 2	1, 2	1 ,2	1, 2	1, 2
Festigkeitsklasse	**020**	**025**	**030**	**035**	**040**	**45**	**50**	**60**	**70**	**80**
Stahlsorte	F1 [1]	A1, A2, A3, A4, A5 C1	F1 [1]	A1, A2, A3, A4, A5,A8 C4	A1, A2, A3, A4, A5, A8 C3	F1 [1]	A1, A2, A3, A4, A5 C1, C4	F1 [1]	A1, A2, A3, A4, A5, A8 C1, C4	A1, A2, A3, A4, A5, A8 C3
Festigkeitsklasse der dazugehörigen Schraube	gleich der Festigkeitsklasse der Mutter oder höher									

[1] Gewindenenndurchmesser $D \leq 24$ mm

Härteklassen von Gewindestiften aus Kohlenstoffstahl und legiertem Stahl

DIN EN ISO 898-5: 2012-09

Regelgewinde M 1,6 … M 30				
Härteklasse	Werkstoff	Wärmebehandlung	Vickershärte HV 10	Brinellhärte HB 30
14 H	Kohlenstoffstahl	–	140 … 290	133 … 276
22 H	Kohlenstoffstahl	gehärtet und angelassen	220 … 300	209 … 285
33 H	Kohlenstoffstahl		330 … 440	314 … 418
45 H	Legierter Stahl		450 … 560	428 … 532

Gewindestift ISO 7435-M5x12-14H : Bezeichnung eines Gewindestiftes mit der Härteklasse 14H

Härteklassen von Gewindestiften aus nichtrostendem Stahl

DIN EN ISO 3506-3:2010-04

Gewindedurchmesser $1{,}6$ mm $\leq d \leq 24$ mm				
Härteklasse	Zustand	Vickershärte HV	Brinellhärte HB	Rockwellhärte HRB
12 H	weich	125 … 209	125 … 213	70 … 95
21 H	kaltverfestigt	≥ 210	≥ 214	≥ 96

Gewindestift ISO 4766-M6x16-A4-21H : Bezeichnung eines Gewindestiftes aus austenitischem Stahl A4 mit einer Vickershärte von mindestens 210 HV

Mechanische Eigenschaften von Schrauben und Muttern aus Nichteisenmetallen

DIN EN 28 839: 1991-12

Werkstoff		Gewindedurchmesser	Zugfestigkeit R_m in MPa	0,2 %-Dehngrenze $R_{p0,2}$ in MPa	Bruchdehnung A in %
Kennzeichen	Kurzzeichen	d	≥	≥	≥
CU 1	Cu-ETP	$d \leq$ M 39	240	160	14
CU 2	CuZn 37	$d \leq$ M 60 M 6 < $d \leq$ M 39	440 370	340 250	11 19
CU 3	Cu Zn 39 Pb 3	$d \leq$ M 60 M 6 < $d \leq$ M 39	440 370	340 250	11 19
CU 4	Cu Sn 6	$d \leq$ M 12 M 12 < $d \leq$ M 39	470 400	340 200	22 33
CU 5	Cu Ni 1 Si	$d \leq$ M 39	590	540	12
CU 6	Cu Zn 40 Mn 1 Pb	M 6 < $d \leq$ M 39	440	180	18
CU 7	Cu Al 10 Ni 5 Fe 4	M 12 < $d \leq$ M 39	640	270	15
AL 1	EN AW-Al Mg 3	$d \leq$ M 10 M 10 < $d \leq$ M 20	270 250	230 180	3 4
AL 2	EN AW-Al Mg 5	$d \leq$ M 14 M 14 < $d \leq$ M 36	310 280	205 200	6 6
AL 3	EN AW-Al Si Mg Mn	$d \leq$ M 60 M 6 < $d \leq$ M 39	320 310	250 260	7 10
AL 4	EN AW-Al Cu 4 Mg Si	$d \leq$ M 10 M 10 < $d \leq$ M 39	420 380	290 260	6 10
AL 5	EN AW-Al Zn 5 Mg 3 Cu	d ≤ M 39	460	380	7

Sechskantschraube ISO 4014-M10 × 50-CU3
Bezeichnung einer Sechskantschraube nach DIN EN 24 014, Gewinde M 10, 50 mm lang aus CuZn 39 Pb 3

Toleranzen für Schrauben und Muttern

DIN EN ISO 4759-1: 2001-04

Gewinde Durchmesser 1,6 … 150 mm	Produktklasse (Ausführung)		
	A (bisher m: mittel)	B (bisher mg: mittelgrob)	C (bisher g: grob)
Toleranzbereich Auflageflächen/Schaft andere Markmale	 eng eng	 eng weit	 weit weit
Innengewinde (Mutter)	6 H	6 H	7 H
Außengewinde (Schraube)	6 g	6 g	8 g[1)]

1) Für Festigkeitsklasse 8.8 und darüber: 6 g

Mindesteinschraubtiefe l_e

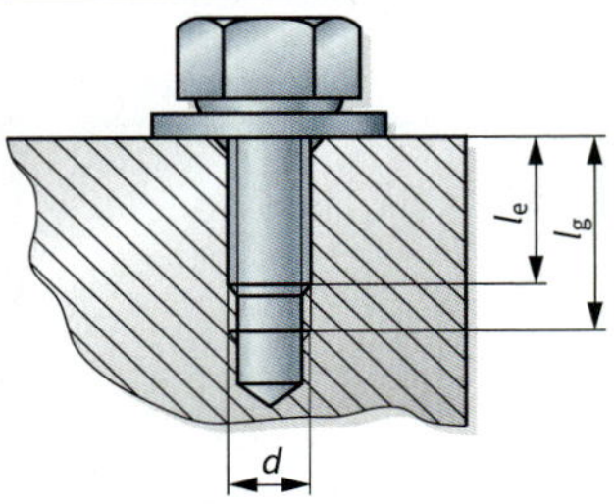

l_e: Mindesteinschraublänge in mm
d: Schraubenduchmesser in mm
l_g: nutzbare Gewindelänge in mm

Werkstoff des Muttergewindes		Festigkeitsklasse			
		4.6	4.8 … 6.8	8.8	10.9 … 12.9
Stahl mit R_m in MPa	≤ 400	0,8 *d*	1,2 *d*	–	–
	> 400 … 600	0,8 *d*	1,2 *d*	1,2 *d*	–
	> 600 … 800	0,8 *d*	1,2 *d*	1,2 *d*	1,2 *d*
	> 800	0,8 *d*	1,2 *d*	1,0 *d*	1,0 *d*
Gusseisen		1,3 *d*	1,5 *d*	1,5 *d*	–
Kupferlewgierungen		1,3 *d*	1,3 *d*	–	–
Leichtmetalle[1)]	Al-Gusslegierungen	1,6 *d*	2,2 *d*	–	–
	Rein-Aluminium	1,6 *d*	–	–	–
	Al-Leg. ausgehärtet	0,8 *d*	1,2 *d*	1,6 *d*	–
	Al-Leg. nicht ausgehärtet	1,2 *d*	1,6 *d*	–	–
Kunststoffe		2,5 *d*	–	–	–

1) Bei dynamischer Belastung ist l_e um 20 % zu erhöhen
Bei Feingewinden ist l_e um 25 % zu erhöhen

Bohrlochtiefe *t*

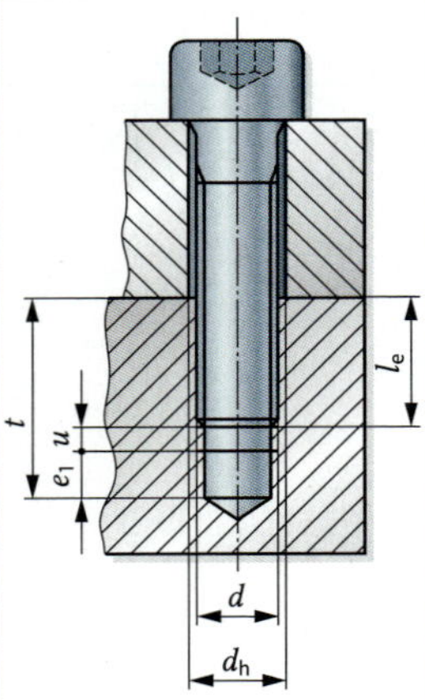

$t \approx l_e + u + e_1$

Gewinde *d*	$u \approx 3\,P$	e_1
M2	1,2	2,3
M3	1,5	2,8
M4	2,1	3,8
M5	2,4	4,2
M6	3,0	5,1
M8	3,75	6,2
M10	4,5	7,3
M12	5,25	8,3
M14	6,0	9,3
M16	6,0	9,3
M18	7,5	11,2
M20	7,5	11,2
M22	7,5	11,2
M24	9,0	13,1
M30	10,5	15,2
M36	12,0	16,8
M42	13,5	18,4
M48	15,0	20,8
M56	16,5	22,4
M64	18,0	24,0

Durchgangslöcher für Schrauben

DIN EN 20 273: 1992-02

Gewinde *d*	Durchgangslochdurchmesser d_H		
	fein (H12)	mittel (H 13)	grob (H 14)
M 1	1,1	1,2	1,3
M 1,2	1,3	1,4	1,5
M 1,6	1,7	1,8	2,0
M 2	2,2	2,4	2,6
M 2,5	2,7	2,9	3,1
M 3	3,2	3,4	3,6
M 4	4,3	4,5	4,8
M 5	5,3	5,5	5,8
M 6	6,4	6,6	7,0
M 8	8,4	9,0	10
M 10	10,5	11	12
M 12	13	13,5	14,5
M 14	15	15,5	16,5
M 16	17	17,5	18,5
M 18	19	20	21
M 20	21	22	24
M 22	23	24	26
M 24	25	26	28
M 30	31	33	35
M 36	37	39	42
M 42	43	45	48
M 48	50	52	56
M 56	58	62	66
M 64	66	70	74
		für Schrauben in Produktklassen A und B	für Schrauben in Produktklasse C

Schaftschrauben

Gewinde	Spannungsquerschnitt	Maximale Vorspannkraft F_v in kN									Maximales Anziehmoment M_A in Nm								
		Festigkeitsklasse									Festigkeitsklasse								
		8.8			10.9			12.9			8.8			10.9			12.9		
d	S	Reibungszahl $\mu_{ges.}$[1]									Reibungszahl $\mu_{ges.}$[1]								
$d \times P$	mm²	0,10	0,16	0,20	0,10	0,16	0,20	0,10	0,16	0,20	0,10	0,16	0,20	0,10	0,16	0,20	0,10	0,16	0,20
Regelgewinde																			
M 5	14,2	6,9	6,1	5,65	10,2	9,0	8,25	11,9	10,5	9,65	4,8	6,4	7,1	7,1	9,3	10	8,3	11	12
M 6	20,1	9,75	8,65	7,95	14,3	12,7	11,7	16,8	14,8	13,6	8,3	11	12	12	16	18	14	19	21
M 8	36,6	17,9	15,9	14,6	26,3	23,3	21,4	30,7	27,3	25,1	20	27	30	30	39	44	35	46	52
M 10	58,0	28,5	25,3	23,2	41,8	37,1	34,1	48,9	43,4	39,9	40	53	60	59	78	87	69	91	100
M 12	84,3	41,5	36,8	33,9	61,0	54,0	49,8	71,5	63,5	58,0	69	92	105	100	135	151	120	155	177
M 16	157	78,5	69,5	64,0	115	102	94,0	135	120	110	170	230	260	250	335	380	290	390	445
M 20	245	126	112	103	180	160	147	210	187	172	340	460	520	490	660	740	570	770	870
M 22	303	158	140	129	224	200	184	263	234	216	470	630	710	660	900	1000	780	1050	1200
M 24	353	182	162	149	259	230	212	303	269	248	590	790	890	840	1150	1250	980	1300	1500
M 27	459	239	213	196	340	303	279	398	355	327	870	1150	1350	1250	1650	1900	1450	1950	2200
M 30	561	291	259	238	414	369	339	484	431	397	1200	1600	1800	1700	2250	2550	1940	2650	3000
Feingewinde																			
M 8×1	39,2	19,6	17,4	16,0	28,7	25,6	23,5	33,6	29,9	27,6	22	29	33	32	43	48	37	50	56
M 10×1	64,5	32,8	29,3	27,0	48,1	43	39,6	56,5	50,5	46,4	44	60	68	64	88	100	76	105	115
M 12×1,5	88,1	44	39,2	36,1	64,5	57,5	53,0	75,5	67,5	62,0	72	96	110	105	140	160	125	165	185
M 16×1,5	167	85,5	76	70,5	125	112	103	147	131	121	180	245	280	265	360	410	310	425	480
M 18×1,5	216	114	102	94,5	163	146	135	191	171	157	270	370	420	385	530	600	450	620	700
M 20×1,5	272	144	129	119	206	184	170	241	216	199	375	520	590	530	740	840	620	860	980
M 22×1,5	333	178	159	147	253	227	210	296	266	245	510	700	800	720	1000	1150	840	1150	1350
M 24×2	384	203	182	168	290	259	239	339	303	280	630	870	950	900	1250	1400	1050	1450	1650
M 27×2	496	264	236	218	375	337	311	439	394	364	920	1300	1450	1300	1800	2100	1550	2150	2450
M 30×2	621	332	298	275	472	424	391	553	496	458	1300	1800	2050	1850	2550	2900	2150	3000	3400

Dehnschrauben

Gewinde	Spannungsquerschnitt	Maximale Vorspannkraft F_v in kN									Maximales Anziehmoment M_A in Nm								
		Festigkeitsklasse									Festigkeitsklasse								
		8.8			10.9			12.9			8.8			10.9			12.9		
d	A_T[1]	Reibungszahl $\mu_{ges.}$[1]									Reibungszahl $\mu_{ges.}$[1]								
$d \cdot P$	mm²	0,10	0,16	0,20	0,10	0,16	0,20	0,10	0,16	0,20	0,10	0,16	0,20	0,10	0,16	0,20	0,10	0,16	0,20
Regelgewinde																			
M 5	10,3	3,9	3,3	2,95	5,7	4,85	4,35	6,65	5,7	5,1	2,7	3,4	3,8	4,0	5,0	5,5	4,6	5,9	6,5
M 6	14,5	5,35	4,55	4,1	7,85	6,7	6,0	9,2	7,8	7,05	4,6	5,8	6,4	6,7	8,5	9,3	7,9	10	11
M 8	26,6	10,5	8,9	8,05	15,3	13,1	11,8	18	15,3	13,8	12	15	17	17	22	24	20	26	28
M 10	42,4	16,4	14	12,6	24,1	20,6	18,5	28,2	24,1	21,7	23	29	32	34	43	47	40	51	56
M 12	61,8	24,7	21,1	19,1	36,3	31,1	28	42,5	36,3	32,8	41	53	58	60	77	85	70	90	100
M 16	117	51,0	44,2	40	75,0	65	59	88	76	69	110	145	160	165	215	235	190	250	275
M 20	182	83,5	72	65,5	119	103	93	139	120	109	225	295	330	325	420	470	375	495	550
M 22	228	102	88	79,5	145	125	113	170	147	133	305	400	440	430	560	630	500	660	740
M 24	263	121	105	94,5	127	149	135	202	174	158	390	510	570	560	730	810	650	850	950
M 27	346	158	137	124	225	195	177	264	228	207	570	760	840	820	1100	1200	960	1250	1400
M 30	420	190	164	149	271	234	212	317	274	248	770	1000	1100	1100	1450	1600	1300	1700	1850
Feingewinde																			
M 8 x 1	29,2	12,1	10,4	9,4	17,7	15,3	13,8	20,8	17,8	16,1	13	17	19	19	25	28	23	30	33
M 10 x 1	49,0	21,3	8,4	16,7	31,2	27	24,5	36,6	31,6	28,6	29	38	42	42	55	62	49	65	72
M 12 x 1,5	65,7	27,9	24	21,7	41,0	35,3	31,9	48	41,3	37,4	45	59	66	67	87	96	78	100	115
M 16 x 1,5	128	57,5	49,7	45,1	84,0	73	66	98,5	85,5	77,5	120	160	180	175	235	265	210	275	310
M 18 x 1,5	166	81,0	71	64,5	116	101	91,5	135	118	107	190	255	290	270	365	410	320	430	480
M 20 x 1,5	210	99,5	86,5	75,5	142	123	112	166	144	1321	260	345	390	365	495	550	430	580	650
M 22 x 1,5	259	127	112	102	182	159	145	212	186	169	360	495	560	520	700	790	600	820	920
M 24 x 2	295	139	121	110	198	172	156	232	202	183	435	580	650	620	830	930	720	970	1100
M 27 x 2	383	180	157	142	256	223	203	300	261	237	630	850	950	900	1200	1350	1050	1400	1600
M 30 x 2	483	237	207	189	335	296	269	395	346	315	920	1050	1400	1300	1750	2000	1550	2100	2350

[1] A_T: Schaftquerschnitt; Schaftdurchmesser $d_T = 0{,}9 \cdot d_3$.
[2] Die Gesamtreibungszahl $\mu_{ges.}$ ist abhängig von der Schmierung und dem Oberflächenzustand der Bauteile.
Die Tabellenwerte berücksichtigen eine 90 %ige Ausnutzung der Streckgrenze des Schraubenwerkstoffes.

Gewindeausläufe – Gewindefreistiche

Gewindeausläufe

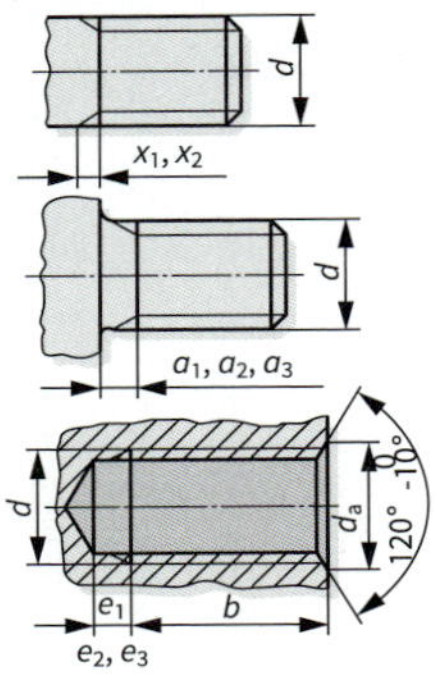

Gewinde-durchmesser	d	M2	M4	M5	M6 N7	M8	M10	M12	M14 M16	M18 M20 M22	M24 M27	M30 M33
Gewindesteigung	P	0,4	0,7	0,8	1	1,25	1,5	1,75	2	2,5	3	3,5
Außengewinde												
Gewindeauslauf	x_1	1	1,75	2	2,5	3,2	3,8	4,3	5	6,3	7,5	9
(Regelfall)	a_1	1,2	2,1	2,4	3	3,75	4,5	5,25	6	7,5	9	10,5
(kurz)	x_2	0,5	0,9	1	1,25	1,6	1,9	2,2	2,5	3,2	3,8	4,5
	a_2	0,8	1,4	1,6	2	2,5	3	3,5	4	5	6	7
(lang)	a_3	–	–	3,2	4	5	6	7	8	10	12	14
Innengewinde												
(Regelfall)	e_1	2,3	3,8	4,2	5,1	6,2	7,3	8,3	9,3	11,2	13,1	15,2
(kurz)	e_2	1,5	2,4	2,7	3,2	3,9	4,6	5,2	5,8	7	8,2	9,5
(lang)	e_3	3,7	6,1	6,8	8,2	10	11,6	13,3	14,8	17,9	21	24,3

b: nutzbare Gewindelänge, d_a: 1 d … 1,5 d

Gewindefreistiche

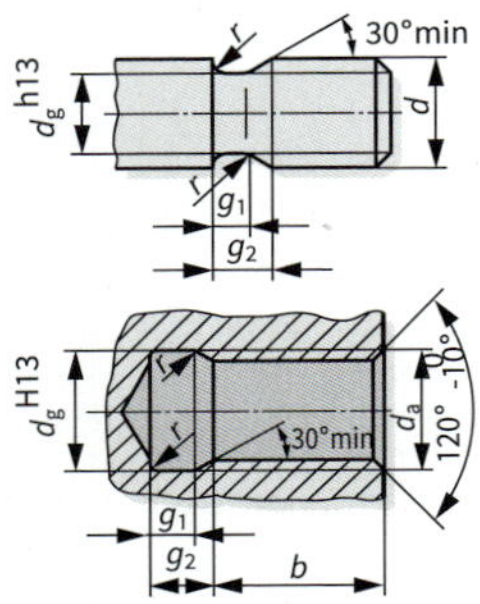

	d	M2	M4	M5	M6 N7	M8	M10	M12	M14 M16	M18 M20 M22	M24 M27	M30 M33
Außengewinde	d_g	d-0,7	d-1,1	d-1,3	d-1,6	d-2	d-2,3	d-2,6	d-3	d-3,6	d-4,4	d-5
	r	0,2	0,4	0,4	0,6	0,6	0,8	1	1	1,2	1,6	1,6
Form A	g_1	0,8	1,5	1,7	2,1	2,7	3,2	3,9	4,5	5,6	6,7	7,7
(Regelfall)	g_2	1,4	2,45	2,8	3,5	4,4	5,2	6,1	7	8,7	10,5	12
Form B	g_1	0,5	0,8	0,9	1,1	1,5	1,8	2,1	2,5	3,2	3,7	4,7
(kurz)	g_2	1	1,75	2	2,5	3,2	3,8	4,3	5	6,3	7,5	9
Innengewinde	d_g	d+0,2	d+0,3	d+0,3	d+0,5	d+0,5	d+0,5	d+0,5	d+0,5	d+0,5	d+0,5	d+0,5
	r	0,2	0,4	0,4	0,6	0,6	0,8	1	1	1,2	1,6	1,6
Form C	g_1	1,6	2,8	3,2	4	5	6	7	8	10	12	14
(Regelfall)	g_2	2,2	3,8	4,2	5,2	6,7	7,8	9,1	10,3	13	15,2	17,7
Form D	g_1	1	1,75	2	2,5	3,2	3,8	4,3	5	6,3	7,5	9
(kurz)	g_2	1,6	2,75	3	3,7	4,9	5,6	6,4	7,3	9,3	10,7	12,7

b: nutzbare Gewindelänge, d_3: 1 d … 1,5 d

Für Feingewinde sind die Maße für Gewindeausläufe oder Gewindefreistiche nach der Steigung P zu wählen.
Gewindefreistich DIN 76-A Bezeichnung eines Gewindefreistiches (Außengewinde) der Form A
Gewindefreistich DIN 76-C Bezeichnung eines Gewindefreistiches (Innengewinde) der Form C

Darstellung von Gewinden
Representation of threads

DIN ISO 6410-1: 1993-12

Sichtbare Gewinde
Grenze der nutzbaren Gewindelänge und
Gewindespitzen: breite Volllinie (ISO 128-01.2.3)

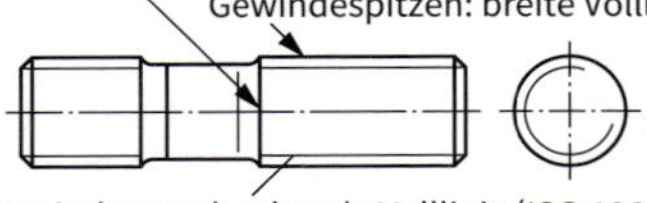

Der ¾-Kreis darf auch eine andere Lage zum Achsenkreuz haben.

Gewindegrund: schmale Volllinie (ISO 128-01.1.8)
Schnitte von Gewindeteilen
Die Schraffur ist bis zu den Gewindespitzen durchzuziehen.

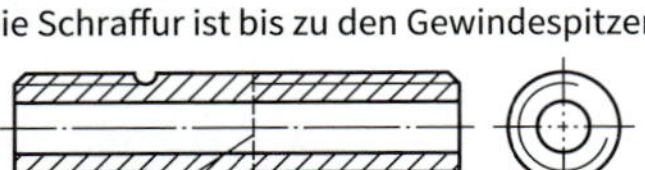

Grenze der nutzbaren Gewindelänge: schmale Strichlinie (ISO 128-02.1.1)
Zusammengebaute Gewindeteiles

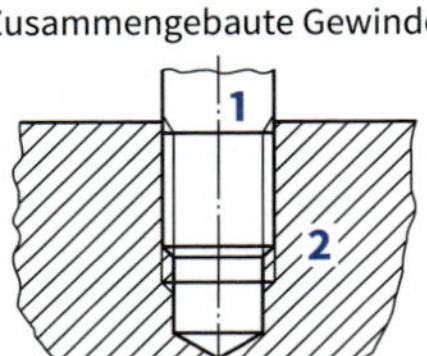

1 Gewindeausläufe sind nur dann zu zeichnen, wenn dies aus Funktionsgründen notwendig ist.

2 Teile mit Außengewinde sind so darzustellen, dass sie Teile mit Innengewinde überdecken.

Verdeckte Gewinde
Gewindespitzen und
Gewindegrund: schmale Strichlinie (ISO 128-02.1.1)

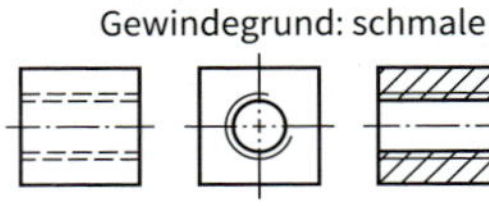

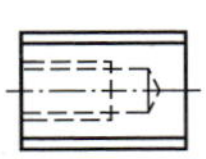

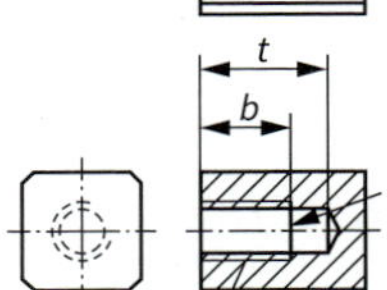

Grenze der nutzbaren Gewindelänge b: breite Volllinie (ISO 128-01.2.4)
t: s. Bohrlochtiefe

Gewindegrund: Schmale Volllinie (ISO 128-01.1.8)

Bezeichnung eines Gewindes siehe DIN 406-11 und DIN 202.

Sechskantschrauben

- DIN EN ISO 4014, DIN EN ISO 4016, DIN EN ISO 8765
- DIN EN ISO 4017, DIN EN ISO 4018, DIN EN ISO 8676
- HV-Schraube DIN EN 14 399-4
- für Stahlkonstruktionen DIN 7990
- Passschraube DIN 7968, DIN EN 14 399-8

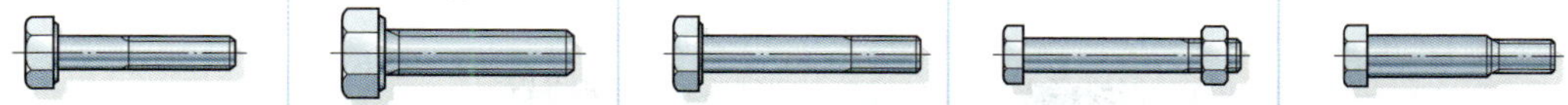

- Passschraube DIN 609
- mit Flansch DIN EN 1665
- mit Dünnschaft DIN EN 24 015

Zylinderschrauben

- mit Schlitz DIN EN ISO 1207
- mit Innensechskant DIN 6912

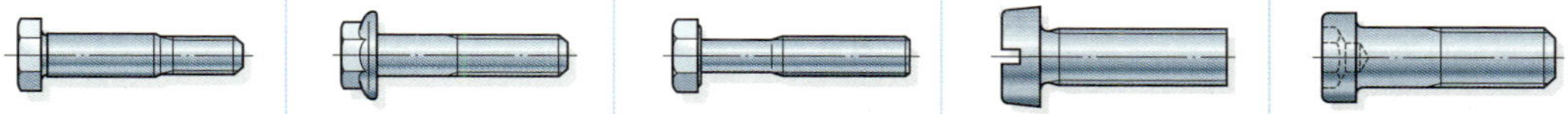

- mit Innensechskant DIN EN ISO 4762, DIN 7984

Senkschrauben

- mit Schlitz DIN EN ISO 2009
- Linsen-Senkschraube mit Schlitz DIN EN ISO 2010
- mit Kreuzschlitz DIN EN ISO 7046
- Linsen-Senkschraube mit Kreuzschlitz DIN EN ISO 7047

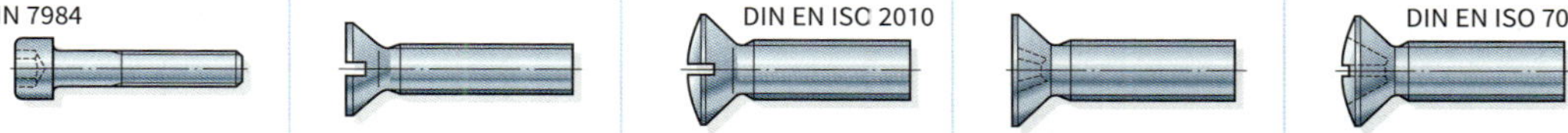

- mit Innensechskant DIN EN ISO 10 642
- für Stahlkonstruktionen mit Schlitz DIN 7969
- mit Nase DIN 604

Flachkopfschrauben

- mit Schlitz DIN EN ISO 1580
- mit Kreuzschlitz DIN EN ISO 7045

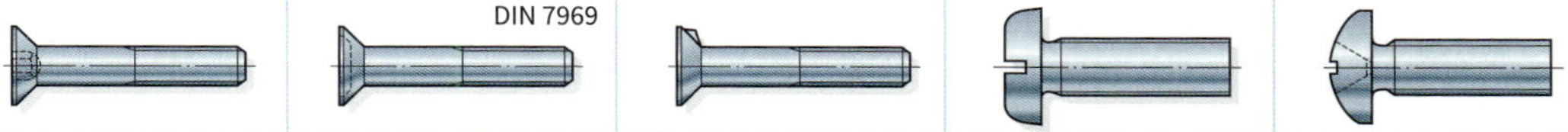

Blechschrauben

- DIN EN ISO 1481
- mit Schlitz DIN EN ISO 1482
- mit Schlitz DIN EN ISO 1483
- mit Kreuzschlitz DIN EN ISO 7049
- mit Kreuzschlitz DIN EN ISO 7050

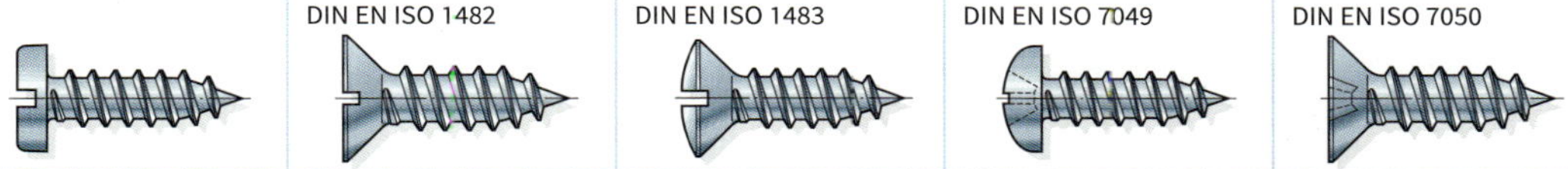

- mit Kreuzschlitz DIN EN ISO 7051

Gewindeschneidschrauben

- DIN 7513, mit Schlitz
- mit Kreuzschlitz DIN 7516

Gewindefurchende Schraube

- DIN 7500-1 (Form DE)

Flachrundschraube

- DIN 603

Hammerschraube

- mit Vierkant DIN 186

Stiftschrauben

- DIN 835; 938; 939

Vierkantschrauben

- DIN 478; 479; 480

Gewindestift mit Schlitz

- mit Kegelkuppe DIN EN ISO 4766
- mit Spitze DIN EN 27 434

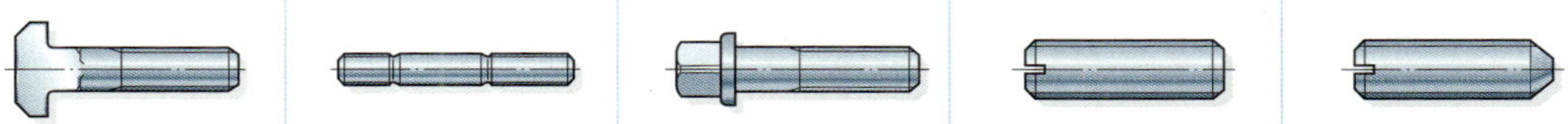

- mit Zapfen DIN EN 27 435
- mit Ringschneide DIN EN 27 436

Gewindestift mit Innensechskant

- mit Kegelkuppe DIN EN ISO 4026
- mit Spitze DIN EN ISO 4027
- mit Zapfen DIN EN ISO 4028

- mit Ringschneide DIN EN ISO 4029

Flügelschraube

- DIN 316

Rändelschrauben

- DIN 464, DIN 653

Augenschraube

- DIN 444

Schraube für T-Nuten

- DIN 787

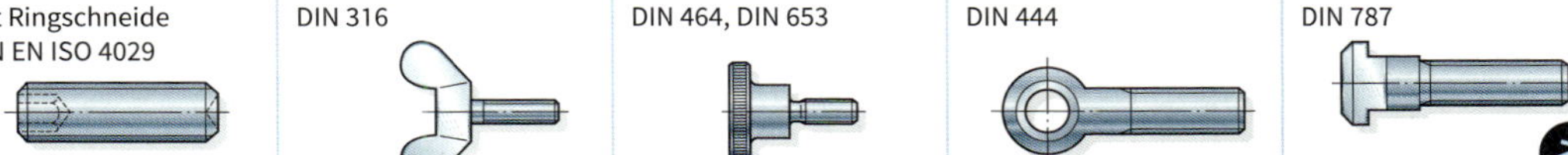

Normenübersicht:

Verschlussschrauben

DIN 906 mit Innensechskant (kegeliges Gewinde)

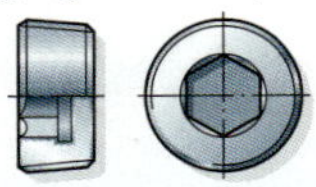

mit Bund und Innensechskant DIN 908 (zylindrisches Gewinde)

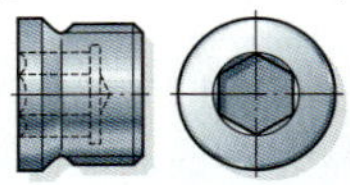

mit Außensechskant DIN 909 (kegeliges Gewinde)

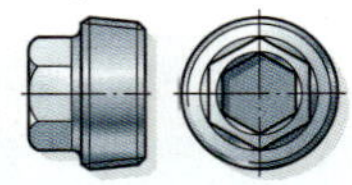

mit Bund und Außensechskant DIN 910 (zylindrisches Gewinde, schwere Ausführung)

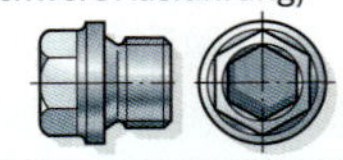

mit Außensechskant DIN 7604 (zylindrisches Gewinde, leichte Ausführung)

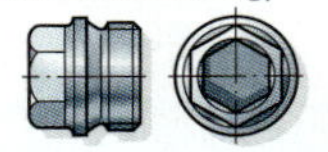

Sechskantmuttern

DIN EN ISO 4032
DIN EN ISO 4033

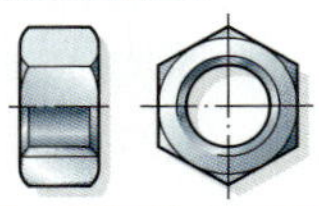

DIN EN ISO 8673
DIN EN ISO 8674

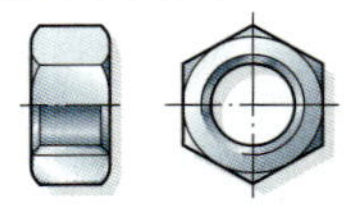

DIN EN ISO 4034
Produktklasse C

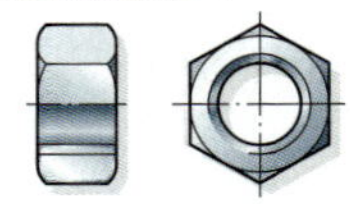

DIN EN ISO 4035
DIN EN ISO 8675

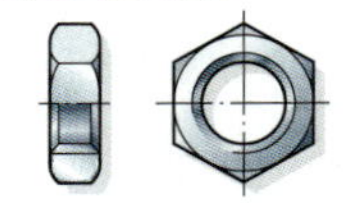

DIN EN ISO 4036

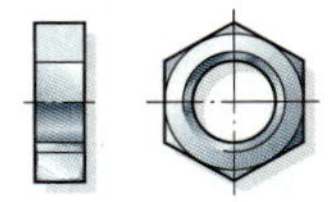

mit Flansch
DIN EN 1661

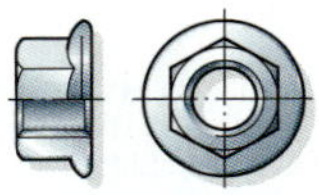

mit nichtmet. Klemmteil
DIN EN ISO 7040,
DIN EN ISO 10 512

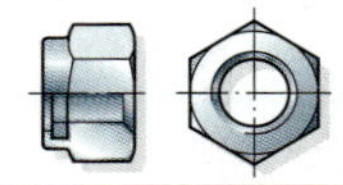

mit met. Klemmteil
DIN EN ISO 7042
DIN EN ISO 10 513

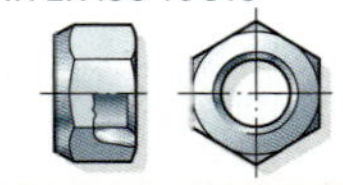

mit Flansch, nichtmet.
DIN EN 1663 Klemmteil

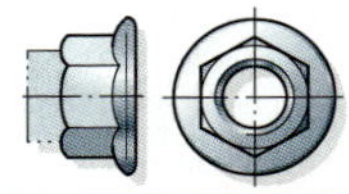

mit Flansch, metall.
DIN EN 1664 Klemmteil

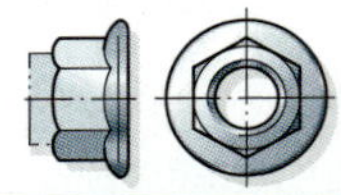

für HV-Verbindungen
DIN EN 14 399-4

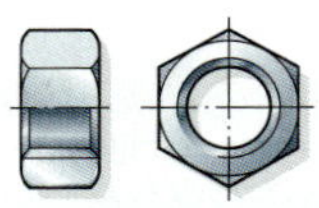

Kronenmuttern

DIN 935-1

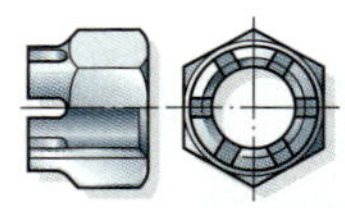

DIN 935-3
Produktklasse C

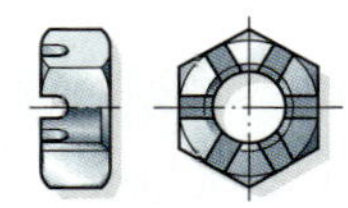

niedrige Form
DIN 979

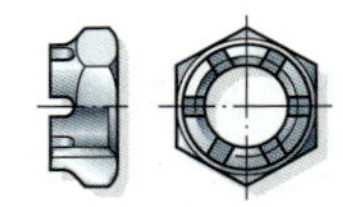

Hutmuttern

niedrige Form
DIN 917

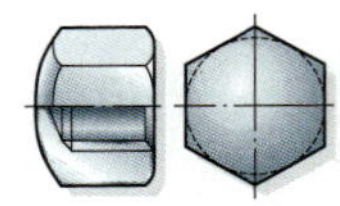

hohe Form
DIN 1587

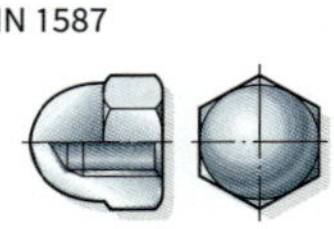

mit Klemmteil
DIN 986

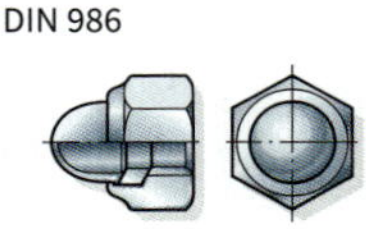

Nutmutter

DIN 981

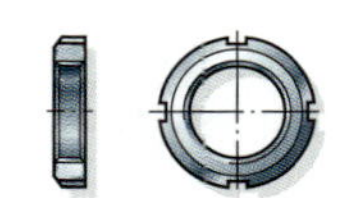

DIN 1804

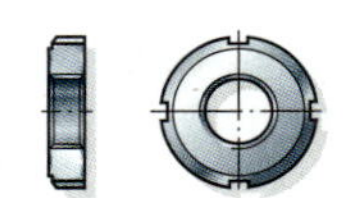

Kreuzlochmutter

DIN 1816

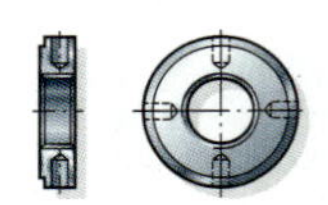

DIN 548

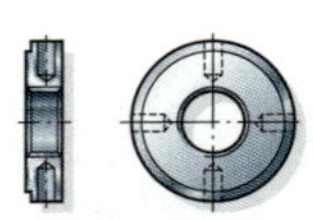

Zweilochmutter

DIN 547

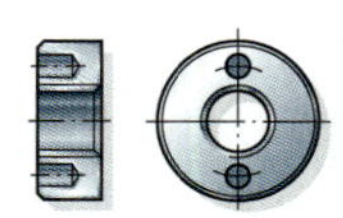

Schlitzmutter

DIN 546

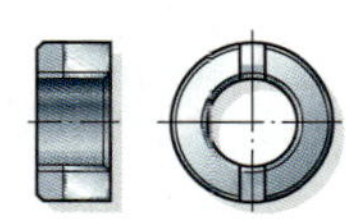

Sechskantmuttern 1,5 d hoch

DIN 6331 mit Bund

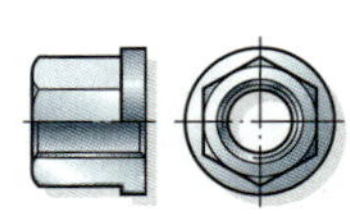

DIN 6330 mit kugeliger Auflagefläche

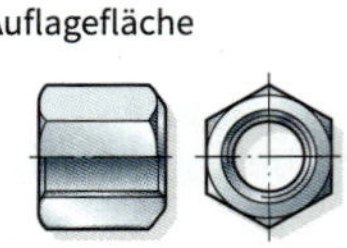

Ringmuttern

DIN 582

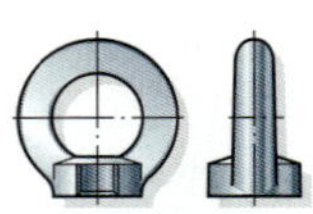

Rohrmutter

DIN 431

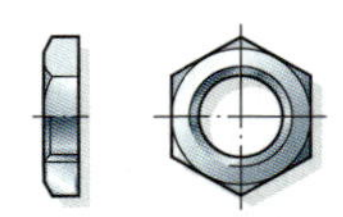

Rändelmuttern

DIN 466 (hohe Form)

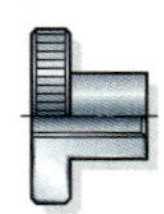

DIN 467 (niedrige Form)

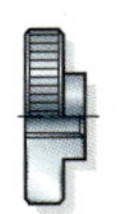

DIN 6303 (mit Stiftloch)

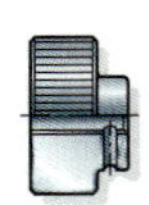

Schweißmutter

Vierkant-, DIN 928

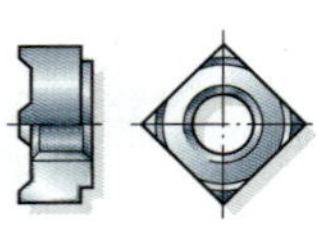

Sechskant-, DIN 929

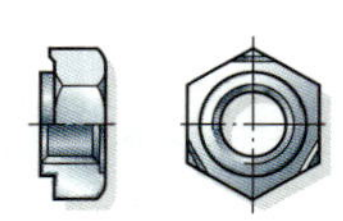

Muttern für T-Nuten

DIN 508

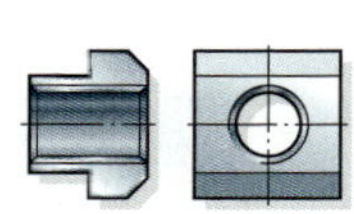

Flügelmutter

DIN 315

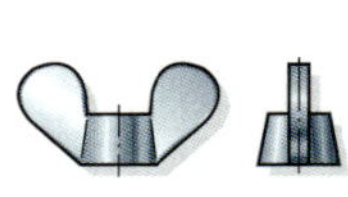

Vierkantmutter

DIN 557, Produktklasse C

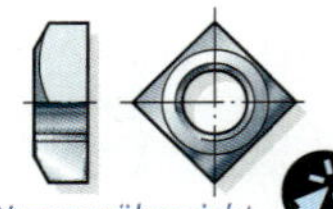

Normenübersicht

Schrauben und Muttern

DIN ISO 6410-3: 1993-12

Sechskantschraube	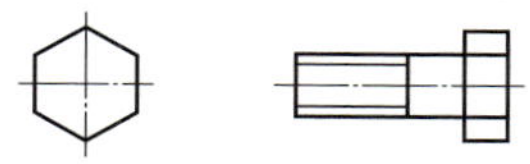	Senkschraube, mit Kreuzschlitz	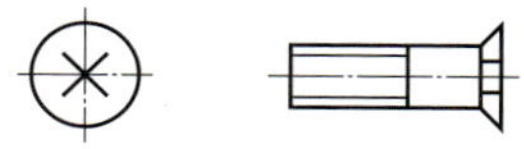
Vierkantschraube	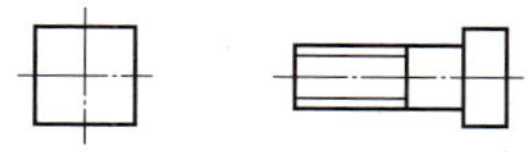	Stiftschraube, mit Schlitz	
Innensechskant	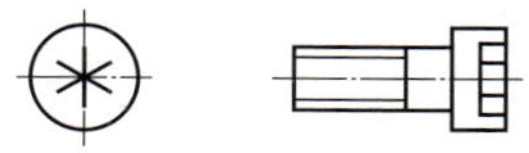	Holzschraube oder selbstschneidende Schraube, mit Schlitz	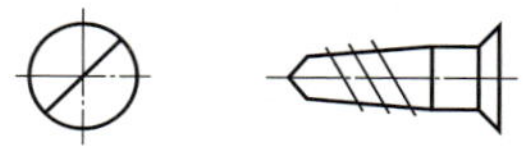
Zylinderschraube, Flachkopf mit Schlitz	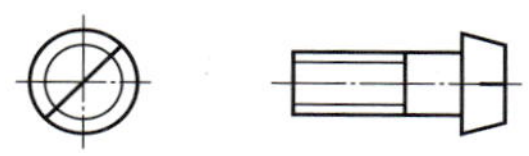	Flügelschraube	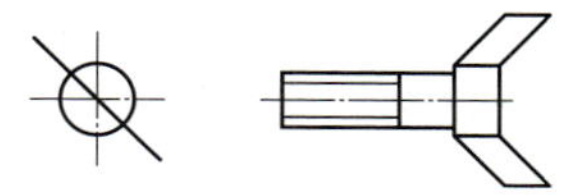
Zylinderschraube, mit Kreuzschlitz	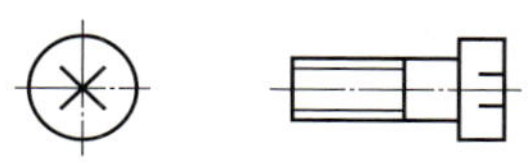	Sechskantmutter	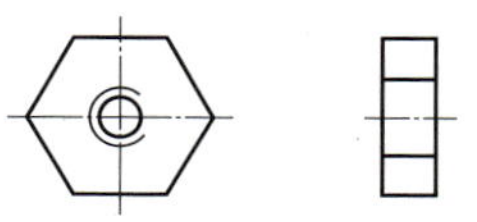
Linsensenkschraube, mit Schlitz		Kronenmutter	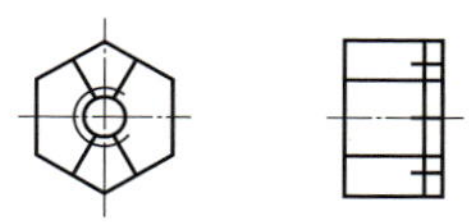
Linsensenkschraube, mit Kreuzschlitz		Vierkantmutter	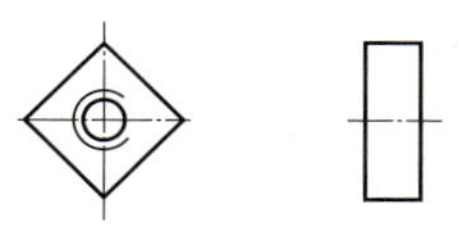
Senkschraube, mit Schlitz		Flügelmutter	

Gewinde

DIN ISO 6410-3: 1993-12

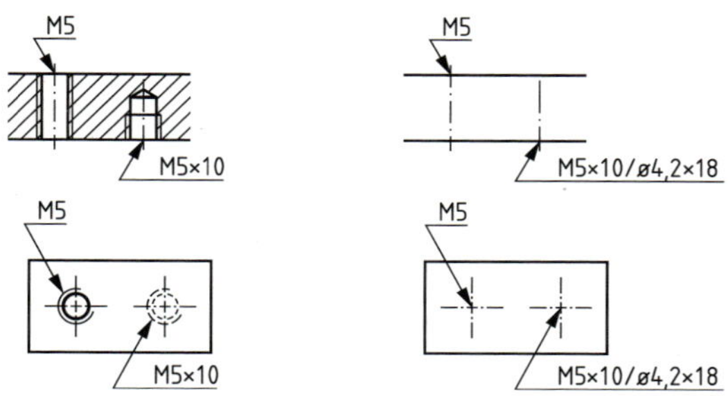

Die Vereinfachung ist zulässig bei Durchmessern ≤ 6 mm (in der Zeichnung) oder bei einem regelmäßigen Muster von Löchern und Gewinden derselben Art und Größe.

Sechskantschrauben

DIN EN ISO 4014: 2022-10; DIN EN ISO 4017: 2022-10; DIN EN ISO 8765: 2022-10; DIN EN ISO 8676: 2022-10

Mit Schaft, metr. Regelgewinde, DIN EN ISO 4014
Mit Schaft, metr. Feingewinde, DIN EN ISO 8765

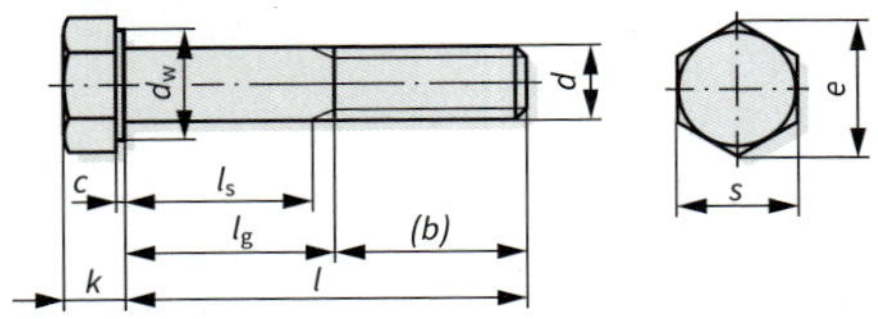

$l_g = l - b$
$l_s = l_g - 5 \cdot P$
l_g = Mindest-Klemmlänge

Mit Gewinde bis Kopf, metr. Regelgewinde, DIN EN ISO 4017
Mit Gewinde bis Kopf, metr. Feingewinde, DIN EN ISO 8676

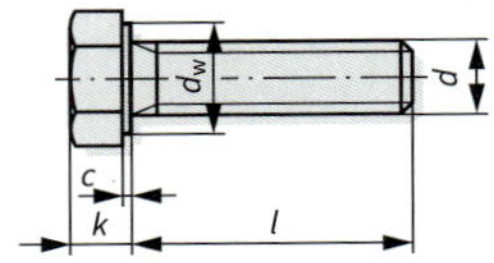

DIN EN ISO 4014; 4017 8765; 8676	Gewinde d / Gewinde $d \times P$		M 4 / –	M 5 / –	M 6 / –	M 8 / M 8 × 1	M 10 / M 10 × 1	M 12 / M 12 × 1,5	M 16 / M 16 × 1,5	M 20 / M 20 × 1,5	M 24 / M 24 × 2
4014	b für $l \leq 125$		14	16	18	22	26	30	38	46	54
8765			–	–	–	22	26	30	38	46	54
4014	d_w	(Produktkl. A)	6,20	7,20	8,88	11,63	14,63	16,63	22,49	28,19	33,61
4017	k_{max}	(Produktkl. A)	2,925	3,65	4,15	5,45	6,58	7,68	10,18	12,715	15,215
8765	s	max.	7	8	10	13	16	18	24	30	36
8676	e_{min}	(Produktkl. A)	7,66	8,79	11,05	14,38	17,77	20,03	26,75	33,53	39,98
	c	max.	0,4	0,5	0,5	0,6	0,6	0,6	0,8	0,8	0,8
4014	l	von	25	25	30	40	45	50	65	80	90
		bis	40	50	60	80	100	120	160	200	240
4017	l	von	8	10	12	16	20	25	30	40	50
		bis	40	50	60	80	100	120	200	200	200
8765	l	von	–	–	–	40	45	50	65	80	100
		bis	–	–	–	80	100	120	160	200	240
8676	l	von	–	–	–	16	20	25	35	40	40
		bis	–	–	–	80	100	120	160	200	200

Längen l: 8, 10, 12, 16, 20, 25, 30, 35 … 70, 80, 90, 100 … 160, 180, 200, 220, 240 mm
Werkstoff: Stahl 4.8, 5.6, 8.8, 10.9, 12.9; nichtrostender Stahl A2-70, A4-70, A4-80, D4-80, D6-80
Ausführung: Produktklasse A: für $d \leq 24$ mm und $l \leq 10\,d$ bzw. 150 mm
Produktklasse B: für $d > 24$ mm oder $l > 10\,d$ bzw. 150 mm
Sechskantschraube ISO 4014 – M 10 × 80 – 8.8
Bezeichnung einer Sechskantschraube mit Schaft und Regelgewinde M 10, l = 80 mm, Festigkeitsklasse 8.8

Sechskantschrauben, Produktklasse C

DIN EN ISO 4016: 2011-06; DIN EN ISO 4018: 2011-07

Mit Schaft, DIN EN ISO 4016

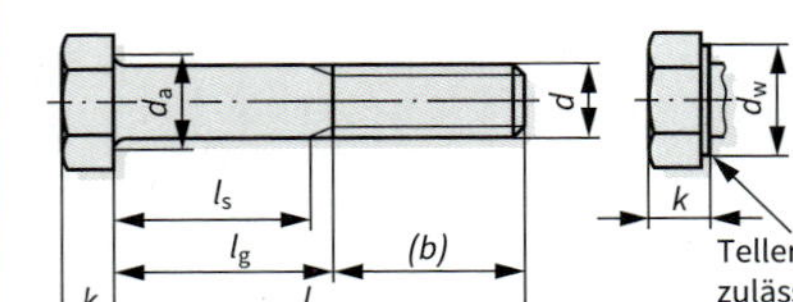

$l_g = l - b$
$l_s = l_g - 5 \cdot P$
l_g = Mindest-Klemmlänge

Mit Gewinde bis Kopf, DIN EN ISO 4018

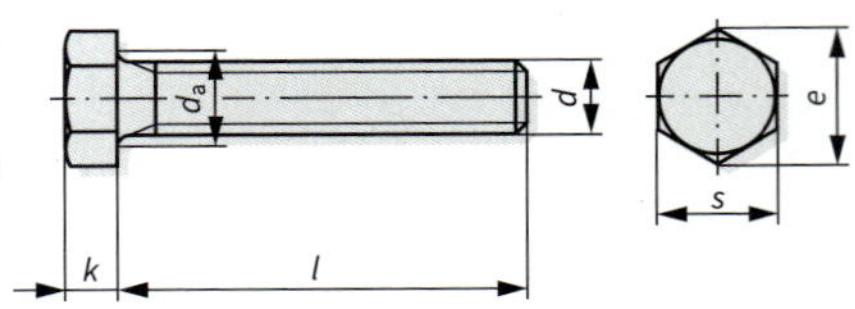

Gewinde d		M 5		M 6		M 8		M 10		M 12		M 16		M 20		M 24		M 30		M 36	
b für $l \leq 125$		16		18		22		26		30		38		46		54		66		–	
d_w	min	6,74		8,74		11,47		14,47		16,47		22		27,7		33,25		42,75		51,11	
k	max	3,875		4,375		5,675		6,85		7,95		10,75		13,4		15,9		19,75		23,55	
s	max	8		10		13		16		18		24		30		36		46		55	
e	min	8,63		10,89		14,2		17,59		19,85		26,17		32,95		39,55		50,85		60,79	
d_a	max	6		7,2		10,2		12,2		14,7		18,7		24,4		28,4		35,4		42,4	
l	von	25	10[1]	30	12[1]	40	16[1]	45	20[1]	55	25[1]	65	30[1]	80	40[1]	100	50[1]	120	60[1]	140	70[1]
	bis	50		60		80		100		120		160		200		240		300		360	

Längenabstufung: 10; 12; 16; 20 … 70 je 5 mm gestuft, 80 … 160 je 10 mm gestuft, 180 … 360 je 20 mm gestuft
Werkstoff: Stahl, Festigkeitsklasse 4.6; 4.8.
Sechskantschraube ISO 4016 – M 10 × 50 – 4.6
Bezeichnung einer Sechskantschraube mit Schaft, d = M 10, l = 50 mm, Festigkeitsklasse 4.6

[1] DIN EN ISO 4018

Sechskantschrauben mit großen Schlüsselweiten, HV-Schrauben

DIN EN 14 399-4: 2015-04

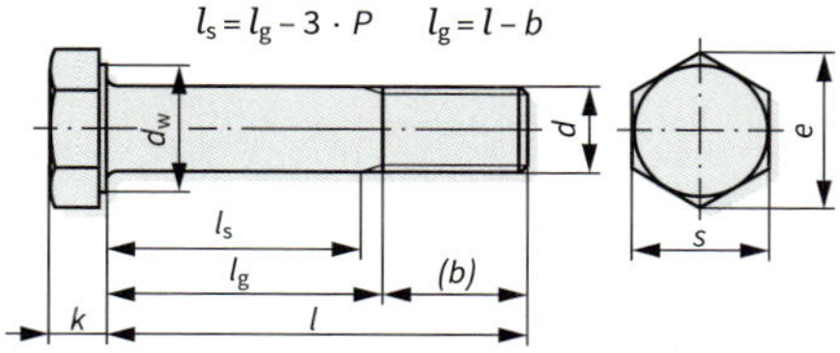

Zugehörige Sechskantmuttern nach EN 14 399-4
Zugehörige Scheiben nach EN 14 399-6

Bezeichnung einer Sechskantschraube mit
d = M 20 und l = 85 mm:
Sechskantschraube EN 14 399-4 – M 20 × 85 – 10.9 – HV

d		M 12	M 16	M 20	M 22	M 24	M 27	M 30
b_{min}		23	28	33	34	39	41	44
c_{max}		0,6	0,6	0,8	0,8	0,8	0,8	0,8
d_w		20,1	24,9	29,5	33,3	38,0	42,8	46,6
e	≈	23,9	29,6	35	39,6	45,2	50,9	55,4
k_{max}		8,45	10,75	13,9	14,9	15,9	17,9	20,05
r_{min}		1,2	1,2	1,5	1,5	1,5	2	2
s_{max}		22	27	32	36	41	46	50
l	von	35	40	45	50	60	70	75
	bis	95	130	155	165	195	200	200

Längenabstufung je 5 mm, Produktklasse C
Werkstoff: Stahl, Festigkeitsklasse 10.9

Klemmlängen

Sechskantschrauben mit Sechskantmuttern für Stahlkonstruktionen

DIN 7990: 2017-08

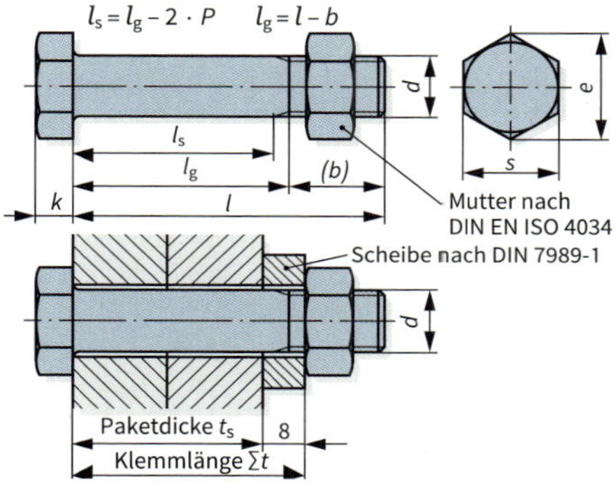

Schraubenkopf wahlweise mit Telleransatz

d		M 12	M 16	M 20	M 24	M 27	M 30
b		20,5	24,5	28,5	33	35,5	38,5
c_{max}		0,6	0,8	0,8	0,8	0,8	0,8
d_w		16,4	22	27,7	33,2	38	42,7
e_{min}		19,85	26,17	32,95	39,55	45,20	50,85
k_{max}		8,45	10,75	13,9	15,9	17,9	20,05
s_{max}		18	24	30	36	41	46
l	von	30	35	40	45	50	55
	bis	120	150	180	200	200	200

Längenabstufung je 5 mm, Produktklasse C
Werkstoff: Stahl, Festigkeitsklasse 4.6; 5.6
Sechskantschraube DIN 7990 – M 16 × 80 – Mu – 4.6 Bezeichnung einer Sechskantschraube mit
d = M 16 und l = 80 mm mit Mutter, Festigkeitsklasse 4.6

Sechskant-Passschrauben mit oder ohne Sechskantmutter für Metallbaukonstruktionen

DIN 7968: 2017-08

Sechskant-Passschrauben, hochfest, mit großen Schlüsselweiten für Metallbaukonstruktionen

DIN EN 14399-8: 2019-06

Sechskant-Passschraube nach DIN 7968 ohne Mutter

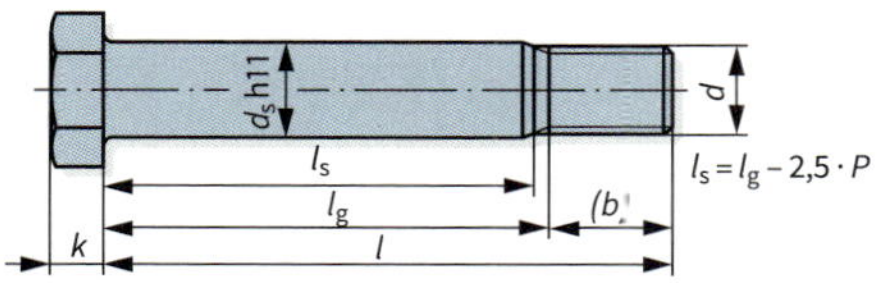

mit Sechskantmutter nach DIN EN ISO 4034

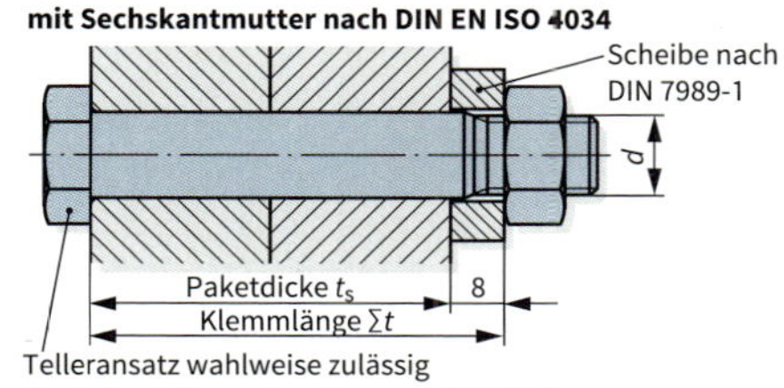

Telleransatz wahlweise zulässig

Sechskant-Passschraube nach DIN 7999

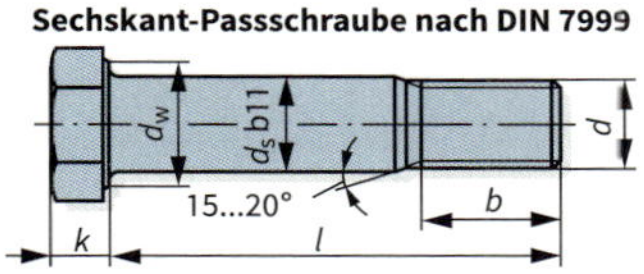

Zugehörige Sechskantmuttern nach DIN 6915
Zugehörige Scheiben nach DIN 6916, DIN 6917 oder DIN 6918

	d		M 12	M 16	M 20	M 24	M 27
DIN 7968 DIN 7999	d_s		13	17	21	25	28
	k_{max}		8,45	10,75	13,9	15,9	17,9
	c_{max}		0,6	0,8	0,8	0,8	0,8
DIN 7968	d_w		16,4	22	27,7	33,2	38
	b	≈	20,5	24,5	28,5	33	35,5
	e	≈	19,9	26,2	33	39,6	45,2
	s_{max}		18	24	30	36	41
	l	von	35	40	45	55	60
		bis	120	160	180	200	200
DIN 7999	$d_{w\,min}$		20,1	24,9	29,5	38,0	42,8
	b		23	28	33	39	41
	e	≈	23,91	29,56	35,03	45,20	50,85
	s		22	27	32	41	46
	l	von	50	65	75	90	95
		bis	95	125	155	185	200

Längenabstufung je 5 mm, Produktklasse C
Werkstoff: Stahl, DIN 7968 Festigkeitsklasse 5.6
EN 14 399 Festigkeitsklasse 10.9
Sechskant-Passschraube DIN 7968 – M 24 × 100 – Mu – 5.6 Bezeichnung einer Sechskant-Passschraube nach DIN 7968
mit d = M 24, l = 100 mm mit Sechskantmutter

Sechskant-Passschrauben mit langem Gewindezapfen

DIN 609: 2016-12

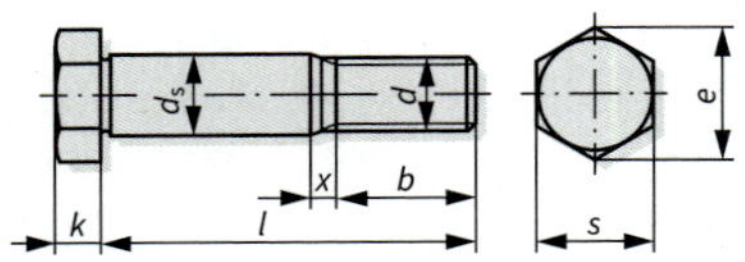

Passschraube DIN 609 – M 12 × 50 – 8.8
Bezeichnung einer Passschraube mit Gewinde M 12, l = 50 mm, Festigkeitsklasse 8.8

Passschraube DIN 609 – M 10 × 1,25 × 60 – SW 16-8.8
Bezeichnung einer Passschraube mit Gewinde M 10 × 1,25, l = 60 mm, neue SW, Festigkeitsklasse 8.8

[1] Für Neukonstruktionen sind SW 16 und SW 18 anzugeben

d $d \times P$		M 8 M 8 × 1	M 10 M 10 × 1,25	M 12 M 12 × 1,25	M 16 M 16 × 1,5	M 20 M 20 × 1,5	M 24 M 24 × 2
b für $l \le 50$ für $50 < l \le 150$ für $l > 150$		14,5 16,5 21,5	17,5 19,5 24,5	20,5 22,5 27,5	25 27 32	28,5 30,5 35,5	– 36,5 41,5
x	min	3,6	3,9	4,2	4,5	5,2	5,8
d_s	k 6	9	11	13	17	21	25
k		5,3	6,4	7,5	10	12,5	15
s		13	16[1] / 17	18[1] / 19	24	30	36
e	≈	14,4	17,8 / 18,9	19,9 / 20,9	26,2	33	40
l	von bis	25 80	30 100	32 120	38 150	45 150	55 150

Längenabstufung: 25; 28; 30; 32; 35; 38; 40; 42; 45; 48; 50 … 150 je 5 mm
Werkstoff: Stahl, Festigkeitsklasse 8.8 nach DIN EN 20 898-1
Nichtrostender Stahl, A2-70 für ≤ M20, A2-50 für > M 20 … M 39
Nichteisenmetall, CU 2 und CU 3 nach DIN EN 28 839
Produktklasse A für ≤ M 10, B für ≥ M12 nach DIN ISO 4759-1

Sechskantschrauben mit Flansch

DIN EN 1665: 1998-11

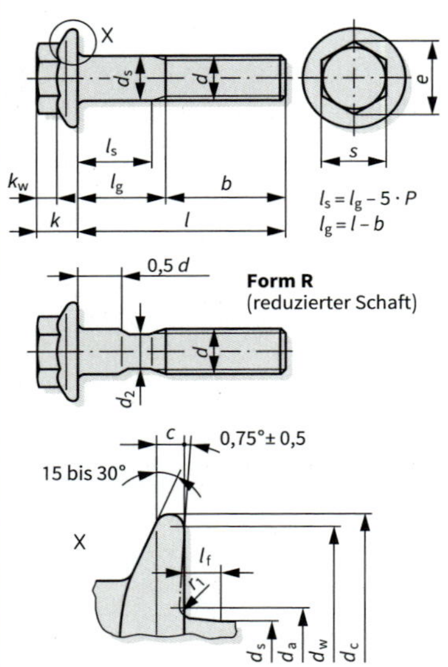

d		M 5	M 6	M 8	M 10	M 12	M 16	M 20
b für $l \le 125$ für $125 < l \le 200$		16 –	18 –	22 28	26 32	30 36	38 44	46 52
d_a	max	5,7	6,8	9,2	11,2	13,7	17,7	22,4
d_c	max	11,8	14,2	18	22,3	26,6	35	43
d_2		≈ Gewindeflankendurchmesser						
d_s	max	5	6	8	10	12	16	20
d_w	min	9,8	12,2	15,8	19,6	23,8	31,9	39,9
e	≈	8,71	10,95	14,26	17,62	19,86	26,51	33,32
s	max	8	10	13	16	18	24	30
k	max	5,8	6,6	8,1	10,4	11,8	15,4	18,9
k_w	min	2,6	3,0	3,9	4,1	5,6	7,3	8,9
r_1	min	0,2	0,25	0,4	0,4	0,6	0,6	0,8
l_f	max	1,4	1,6	2,1	2,1	2,1	3,2	4,2
l	≈ von bis	25 50	30 60	35 80	40 100	45 120	55 160	65 200

Längenabstufung: 30; 35; 40; 45; 50; 55; 60; 65; 70; 80; 90; 100; 110; 120; 130; 140; 150; 160; 180; 200
Werkstoff: Stahl, Festigkeitsklasse 8.8; 10.9; 12.9 nach DIN EN 20 898-1
Nichtrostender Stahl A2-70 nach DIN EN ISO 3506-1
Sechskantschraube DIN EN 1665 – M8 × 60 – 10.9
Bezeichnung für d = M 8, l = 60, Festigkeitsklasse 10.9

Sechskantschrauben mit Dünnschaft

DIN EN 24015: 1991-12

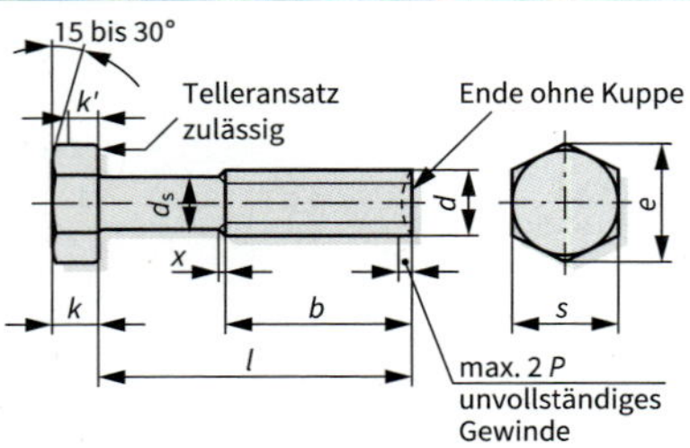

Sechskantschraube ISO 4015 M 10 × 60 – 5.8 Bezeichnung einer Sechskantschraube mit d = M 10, l = 60 mm und der Festigkeitsklasse 5.8

Gewinde d		M 4	M 5	M 6	M 8	M 10	M 12	M 16	M 20
b für $l \le 125$ für $125 < l \le 200$		14 –	16 –	18 –	22 28	26 32	30 36	38 44	46 52
d_s	≈	3,5	4,4	5,3	7,1	8,9	10,7	14,5	18,2
k	max	3,00	3,74	4,24	5,54	6,69	7,79	10,29	12,85
x		1,75	2,0	2,5	3,2	3,8	4,3	5,0	6,3
e	min	7,50	8,63	10,89	14,20	17,59	19,85	26,17	32,95
s	max	7	8	10	13	16	18	24	30
l	von bis	20 40	25 50	25 60	30 80	40 100	45 120	55 150	65 150

Längenabstufung: 20 … 70 je 5 mm, 70 … 150 je 10 mm gestuft
Werkstoff: Stahl 5.8 … 8.8, nichtrostender Stahl A 2-70 Produktklasse B

Zylinderschrauben mit Schlitz

DIN EN ISO 1207: 2011-10

Gewinde annähernd bis Kopf

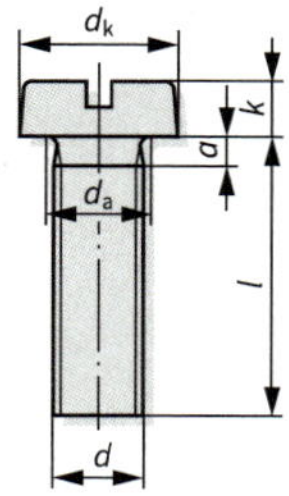

Mit Schaft

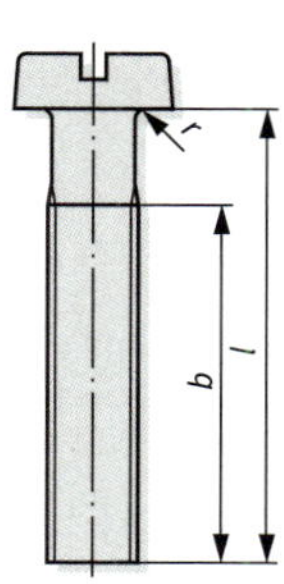

d	M 1,6	M 2	M 2,5	M 3	M 4	M 5	M 6	M 8	M 10
a_{max}	0,7	0,8	0,9	1	1,4	1,6	2	2,5	3
b_{min}	25	25	25	25	38	38	38	38	38
d_{kmax}	3	3,8	4,5	5,5	7	8,5	10	13	16
d_{amax}	2	2,6	3,1	3,6	4,7	5,7	6,8	9,2	11,2
k_{max}	1,1	1,4	1,8	2	2,6	3,3	3,9	5	6
l von	2	3	3	4	5	6	8	10	12
bis	16	20	25	30	40	50	60	80	80

Längenabstufung: 2; 3; 4; 5; 6; 8; 10; 12; 16; 20; 25; 30; 35; 40; 45; 50; 60; 70; 80 mm
Gewinde annähernd bis Kopf: M1 … M3 für $l \leq 30$, M4 … M10 für $l \leq 40$ mm
Werkstoff: Stahl, Festigkeitsklasse 4.8; 5.8;
Nichtrostender Stahl; Festigkeitsklasse A2-50, A2-70
Produktklasse A
Zylinderschraube ISO 1207 – M 5 × 30 – 4.8
Bezeichnung einer Zylinderschraube mit Gewinde M 5, $l = 30$ mm, Festigkeitsklasse 4.8

Zylinderschrauben mit Innensechskant und reduzierter Belastbarkeit – niedriger Kopf, mit Schlüsselführung

DIN 6912: 2021-03

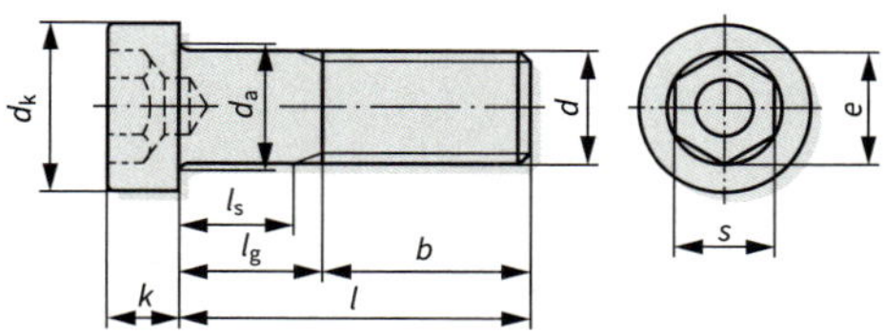

d_k, d_a und *b* siehe DIN 7984 $l_g = l - b$; $l_s = l_g - 5 \cdot P$
Zylinderschraube DIN 6912 – M 10 × 60 – 8.8
Bezeichnungsbeispiel für Schraube M 10, $l = 60$,
Festigkeitsklasse 8.8

d	M 5	M 6	M 8	M 10	M 12	M 16	M 20	M 24
k	3,5	4	5	6,5	7,5	10	12	14
s	4	5	6	8	10	14	17	19
e	4,58	5,72	6,86	9,15	11,43	16	19,44	21,73
l von	10	10	12	16	16	20	30	60
bis	60	70	80	90	100	140	180	200

Längenabstufung: 10; 12; 16; 20; 25; 30; 35; 40 … 200 je 10 mm
Werkstoff: Stahl, Festigkeitsklasse 8.8
Nichtrostender Stahl, A2-70, A4-70 für ≤ M24, A2-50, A4-50 > M24
Produktklasse A

Zylinderschrauben mit Innensechskant

DIN EN ISO 4762: 2004-06

Zylinderschrauben mit Innensechskant mit niedrigem Kopf mit reduzierter Belastbarkeit

DIN 7984: 2022-03

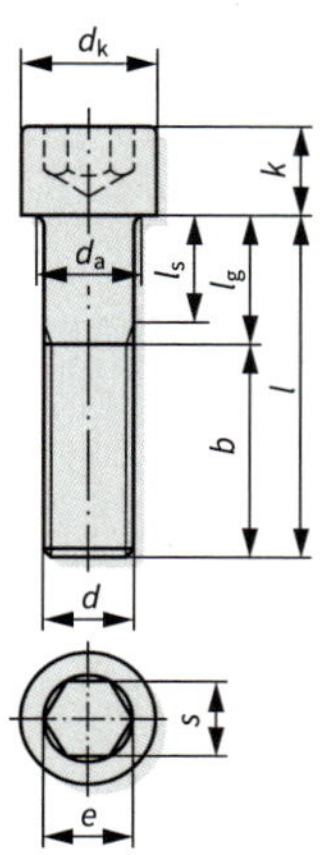

Werkstoff: Stahl, Festigkeitsklasse für ISO 4762: 8.8, 10.9; 12.9, A2-70, A3-70, A4-70, A5-70
DIN 7984: 8.8, 10.9, A2-70, A4-70
Produktklasse A

ISO 4762 und 7984	*d*	M 5	M 6	M 8	M 10	M 12	M 16	M 20	M 24
ISO 4762 und 7984	d_k	8,5	10	13	16	18	24	30	36
	d_a	5,7	6,8	9,2	11,2	13,7	17,7	22,4	26,4
ISO 4762	*b* für $l \leq 125$	22	24	28	32	36	44	52	60
	k	5	6	8	10	12	16	20	24
	s	4	5	6	8	10	14	17	19
	e	4,58	5,72	6,86	9,15	11,43	16	19,44	21,73
	l 1) von	8	10	12	16	20	25	30	35
	bis	25	30	35	40	50	60	70	80
	l 2) von	30	35	40	45	55	65	80	90
	bis	50	60	80	100	120	160	200	200
DIN 7984	*b* für $l \leq 125$	16	18	22	26	30	38	46	54
	k	3,5	4	5	6	7	9	11	13
	s	3	4	5	7	8	12	14	17
	e ≈	3,44	4,58	5,72	8,01	9,15	13,72	16	19,44
	l 1) von	8	10	12	16	20	30	30	40
	bis	25	25	30	35	45	(55)	60	80
	l 2) von	30	30	35	40	50	60	70	90
	bis	–	40	60	90	80	80	100	100

Längenabstufung: 8; 10; 12; 16; 20 … 55 (je 5 mm gestuft); 60 … 200 (je 10 mm gestuft)
Zylinderschraube DIN 7984 – M 10 × 50 – 8.8
Bezeichnung einer Zylinderschraube mit Innensechskant, niedrigem Kopf, $d = M\,10$, $l = 50$
1) Gewinde bis Kopf ($l_{g\,max} = 3 \cdot P$), 2) Schrauben mit Schaft: $l_{g\,max} = l - b$; $l_{s\,min} = l_{g\,max} - 5 \cdot P$

Senkschrauben mit Schlitz
Senkschrauben mit Kreuzschlitz

DIN EN ISO 2009, DIN EN ISO 2010, DIN EN ISO 7046-1 DIN EN ISO 7047: alle 2011-12

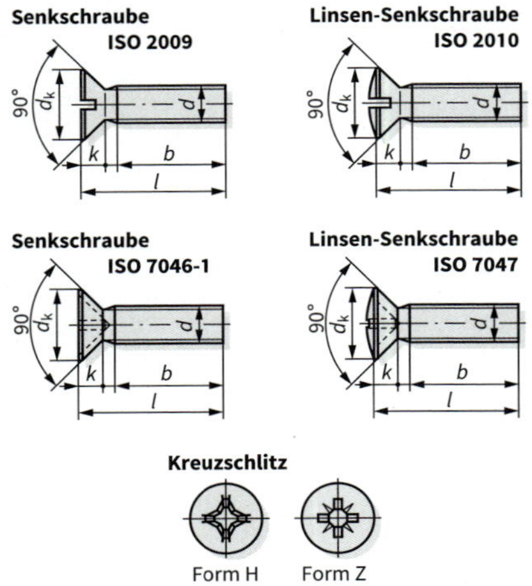

bis M 3: $l \leq 30$ mm → Gewinde bis Kopf
M 4 … M10: $l \leq 50$ mm → Gewinde bis Kopf

Gewinde d			M 1,6	M 2	M 2,5	M 3	M 4	M 5	M 6	M 8	M 10
	b	min	25	25	25	25	38	38	38	38	38
	d_k	max	3	3,8	4,7	5,5	8,4	9,3	11,3	15,8	18,3
	k	max	1	1,2	1,5	1,65	2,7	2,7	3,3	4,65	5
	Kreuzschlitz-Größe		0		1		2		3	4	
DIN EN ISO 2009 DIN EN ISO 2010	l	von	2,5	3	4	5	6	8	8	10	12
		bis	16	20	25	30	40	50	60	80	80
	Längen-abstufung		2,5 – 3 – 4 – 5 – 6 – 8 – 10 – 12 – 16 – 20 – 25 – 30 – 35 – 40 – 45 – 50 – 60 – 70 – 80								
	Werkstoff		Stahl: 4.8; 5.8, Nichtrostender Stahl: A 2-50, A 2-70, Nichteisenmetall, Produktklasse A								
DIN EN ISO 7046-1 DIN EN ISO 7047	l	von	3	3	3	4	5	6	8	10	12
		bis	16	20	25	30	40	50	60	60	60
	Längen-abstufung		3 – 4 – 5 – 6 – 8 – 10 – 12 – 16 – 20 – 25 – 30 – 35 – 40 –45 – 50 – 60								
	Werkstoff		Stahl: 4.8, Nichtrostender Stahl[1]: A 2-50, A 2-70, Nichteisenmetall[1], Produktklasse A								

Senkschraube ISO 7046-1 – M 6 × 50 – 4.8 – Z
Bezeichnung einer Senkschraube mit Gewinde d = M 6, l = 50 mm, Festigkeitsklasse 4.8 und Kreuzschlitz Form Z

[1] nicht für Senkschraube ISO 7046-1

Senkschrauben mit Innensechskant

DIN EN ISO 10 642: 2020-02

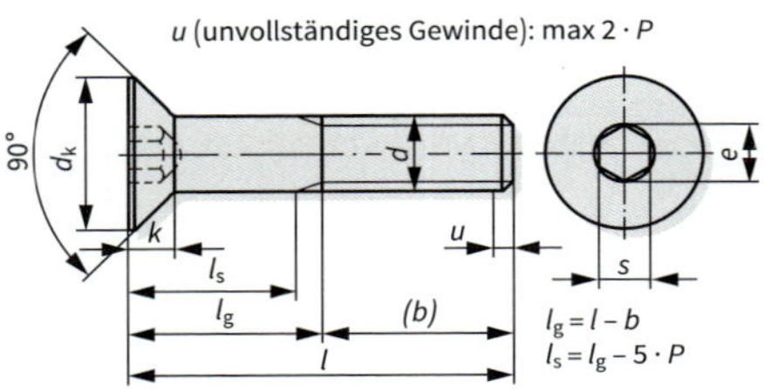

Senkschraube ISO 10 642 – M 10 × 50 – 8.8
Bezeichnung einer Senkschraube mit Innensechskant mit Gewinde d = M 10, Nennlänge l = 50 mm, Festigkeitsklasse 8.8

Gewinde d		M 4	M 5	M 6	M 8	M 10	M 12	M 16	M 20
$l \leq 125$		14	16	18	22	26	30	38	46
b l	> 125 < 200	20	22	24	28	32	36	44	52
d_k	max	8,96	11,2	13,44	17,92	22,4	26,88	33,6	40,32
e	≈	2,87	3,44	4,58	5,72	6,86	9,15	11,43	13,72
s		2,5	3	4	5	6	8	10	12
k	max	2,48	3,1	3,72	4,96	6,2	7,44	8,8	10,16
l	von	8	8	8	10	12	20	30	35
	bis	40	50	50	80	100	100	100	100

Längenabstufung: 8; 10; 12; 16; 20; 25; 30; 35; 40; 50; 60; 70; 80; 90; 100
Werkstoff: Stahl: Festigkeitsklassen 8.8, 10.9, 12.9
Produktklasse A

Senkschrauben mit Schlitz für Stahlkonstruktionen

DIN 7969: 2017-08

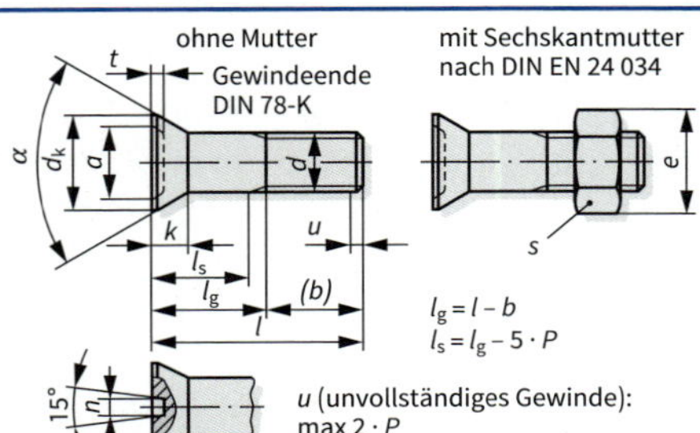

Gewinde d		M 12	M 16	M 20	M 24
α		75° + 5°		60° + 5°	
a		16	22	25	29
b	b_1	22	28	32	38
	b_2	28	35	40	50
d_k		21	28	32	38
s		18	24	30	36
k	max	7,29	9,29	11,85	13,35
n		3	3	3,5	3,5
t		3	3	3,5	3,5
l	von	40	50	60	70
	bis	160	160	160	160

Senkschraube DIN 7969 – M 20 × 90 – Mu – 4.6
Bezeichnung einer Senkschraube mit Schlitz,
mit Gewinde M 20 und Nennlänge l = 90 mm, mit Mutter, Festigkeitsklasse 4.6
b_1 und l_1 bzw. b_2 und l_2 sind jeweils zusammengehörig. Längenabstufung: 20 … 80 je 5 mm, 80 … 160 je 10 mm gestuft
Werkstoff: Stahl, Festigkeitsklasse 4.6, Produktklasse C. **Senkschraube DIN 7969 – M 16 × 60 – 4.6**
Bezeichnung einer Senkschraube mit Schlitz, mit Gewinde M 16, Nennlänge l = 60 mm, ohne Mutter, Festigkeitsklasse 4.6
Klemmlänge $\sum t$ und Packetdicke t_s entsprechend wie DIN 7990

Flachkopfschrauben m. Schlitz, Flachkopfschrauben m. Kreuzschlitz

DIN EN ISO 1580, DIN EN ISO 7045: alle 1994-10

Mit Schlitz nach DIN EN ISO 1580

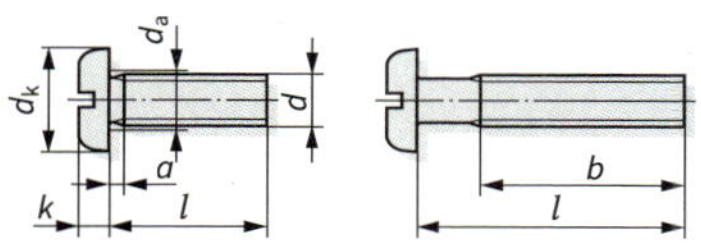

Mit Kreuzschlitz nach DIN EN ISO 7045

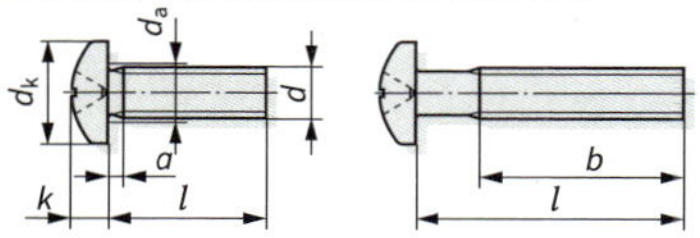

Kreuzschlitz

Form H

Form Z

	Gewinde d		M 1,6	M 2	M 2,5	M 3	M 4	M 5	M 6	M 8	M 10
	a	max	0,7	0,8	0,9	1	1,4	1,6	2	2,5	3
	b	min	25	25	25	25	38	38	38	38	38
	d_k	max	3,2	4	5	5,6	8	9,5	12	16	20
	d_a	max	2	2,6	3,1	3,6	4,7	5,7	6,8	9,2	11,2
DIN ISO 1580	k	max	1	1,3	1,5	1,8	2,4	3	3,6	4,8	6
	l	von	2	2,5	3	4	5	6	8	10	12
		bis	16	20	25	30	40	50	60	80	80
DIN ISO 7045	k	max	1,3	1,6	2,1	2,4	3,1	3,7	4,6	6	7,5
	Kreuzschlitz-Größe		0		1		2		3	4	
	l	von	3	3	3	4	5	6	8	10	12
		bis	16	20	25	30	40	45	60	60	60

Werkstoff: DIN EN ISO 1580, Stahl 4.8, 5.8, nichtrostender Stahl A 2-50, A 2-70
DIN EN ISO 7045, Stahl 4.8, nichtrostender Stahl A 2-50, A 2-70
Produktklasse A

Blechschrauben mit Schlitz
Blechschrauben mit Kreuzschlitz

DIN EN ISO 1481, DIN EN ISO 1482, DIN EN ISO 1483: alle 2011-10
DIN EN ISO 7049, DIN EN ISO 7050, DIN EN ISO 7051: alle 2011-11

Blechschrauben mit Schlitz

Blechschrauben mit Kreuzschlitz

ISO 1481

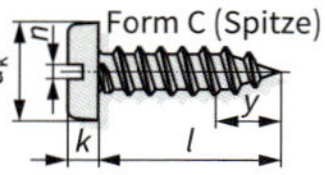

ISO 7049

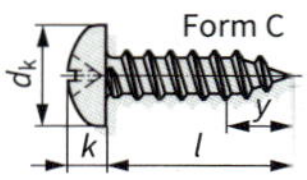

ISO 1482

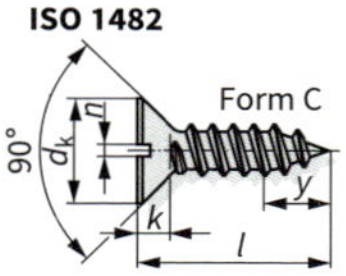

ISO 7050

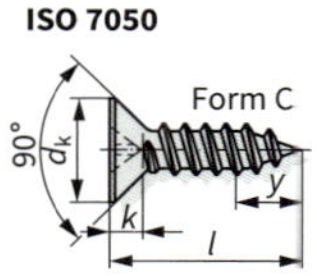

ISO 1483

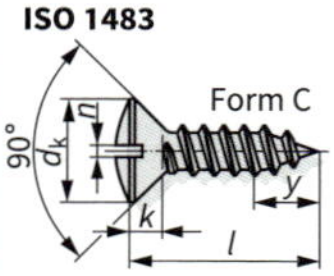

ISO 7051

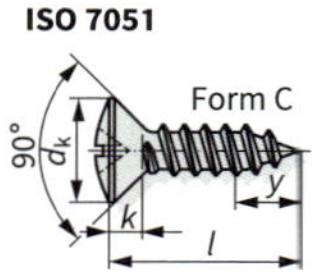

Form R

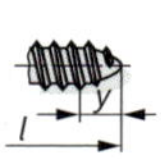

Form F

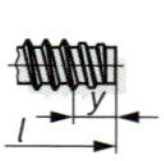

Kreuzschlitz

Form H

Form Z

DIN ISO	Gewinde		ST 2,2	ST 2,9	ST 3,5	ST 4,2	ST 4,8	ST 5,5	ST 6,3
1482, 1483 7050, 7051	d_k	max	3,8	5,5	7,3	8,4	9,3	10,3	11,3
1481, 7049			4	5,6	7	8	9,5	11	12
1482, 1483 7050, 7051	k	max	1,1	1,7	2,35	2,6	2,8	3	3,15
1481			1,3	1,8	2,1	2,4	3	3,2	3,6
7049			1,6	2,4	2,6	3,1	3,7	4	4,6
1481 … 1483 7049 … 7051	y	Form C	2	2,6	3,2	3,7	4,3	5	6
		Form F	1,6	2,1	2,5	2,8	3,2	3,6	3,6
		Form R	–	–	2,7	3,2	3,6	4,3	5,0
1481 … 1483	n		0,5	0,8	1	1,2	1,2	1,6	1,6
7049 … 7051	Kreuzschlitz-Größe		0	1	2			3	
1481	l	von	4,5	6,5	6,5	9,5	9,5	13	13
		bis	16	19	22	25	32	32	38
1482, 7050 7051	l	von	4,5	6,5	9,5	9,5	9,5	13	13
		bis	16	19	25	32	32	38	38
1483	l	von	4,5	6,5	9,5	9,5	9,5	13	13
		bis	16	19	22	25	32	32	38
7049	l	von	4,5	6,5	9,5	9,5	9,5	13	13
		bis	16	19	25	32	38	38	38

Längenabstufung: 4,5; 6,5; 9,5; 13; 16; 19; 22; 25; 32; 38; 45; 50 mm
Werkstoff: Stahl, Produktklasse A, nichtrostender Stahl A2, A4, A5
Blechschraube ISO 7050 – ST 4,2 × 22 – C – Z Bezeichnung einer Senk-Blechschraube mit Gewinde ST 4,2, l = 22 mm, spitze Form C, Kreuzschlitz Form Z

Gewindeschneidschrauben

DIN 7513, DIN 7516: alle 2016-12

Schlitzschrauben nach DIN 7513			Kreuzschlitzschrauben nach DIN 7516			
Form	Bild	Maße nach	Form	Bild	Maße nach	Kreuzschlitz
BE	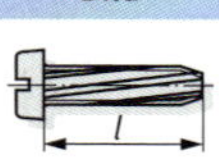	DIN EN ISO 1207	AE	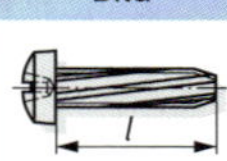	DIN EN ISO 7045	Form H 
FE	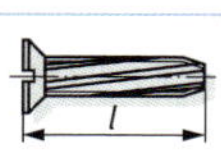	DIN EN ISO 2009	DE	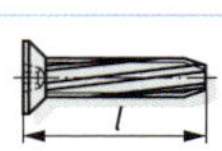	DIN EN ISO 7046	Form Z 
GE	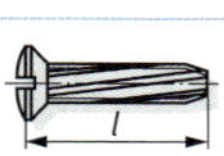	DIN EN ISO 2010	EE	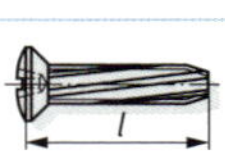	DIN EN ISO 7047	

d		M 3	M 4	M 5	M 6	M 8
Kernloch-Ø d H11		2,7	3,6	4,5	5,5	7,4
l	von	6	8	10	12	16
	bis	20	25	30	35	40

Längenabstufung: 6; 8; 10; 12; 16; 20; 25; 30; 35 und 40 mm
Werkstoff: Stahl nach DIN 17 210, DIN EN 10 083
Schneidschraube
DIN 7516 – DE M5 × 20 – St – H
Bezeichnung einer Kreuzschlitzschraube mit d = M 5, l = 20, Form DE, Kreuzschlitz Form H

Gewindefurchende Schrauben für metrisches ISO-Gewinde

DIN 7500-1: 2009-06

Form	Bild	Bezeichnungsbeispiel
AE	Maße nach DIN EN ISO 1207 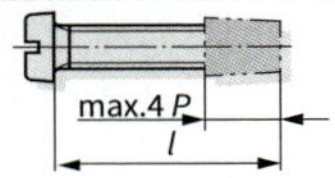	Schraube DIN 7500 – AE M6 × 20 – St
CE	Maße nach DIN EN ISO 7045 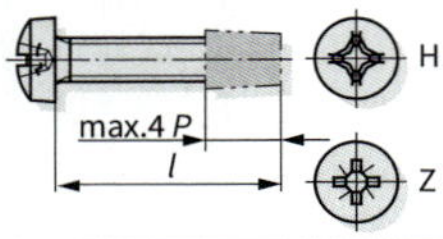	Schraube DIN 7500 – CE M6 × 20 – St – Z[1)]
DE	Maße nach DIN EN ISO 4017 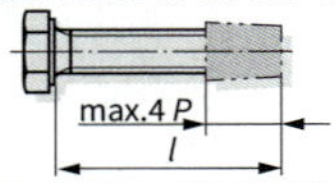	Schraube DIN 7500 – DE M6 × 20 – St
EE	Maße nach DIN EN ISO 4762 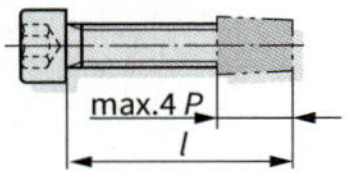	Schraube DIN 7500 – EE M6 × 20 – St
KE	Maße nach DIN EN ISO 2009 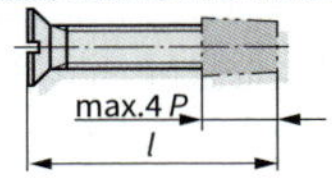	Schraube DIN 7500 – KE M6 × 20 – St
LE	Maße nach DIN EN ISO 2010 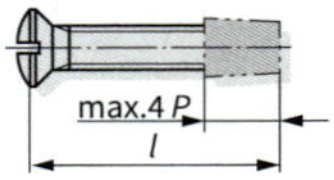	Schraube DIN 7500 – LE M6 × 20 – St
ME	Maße nach DIN EN ISO 7046-2 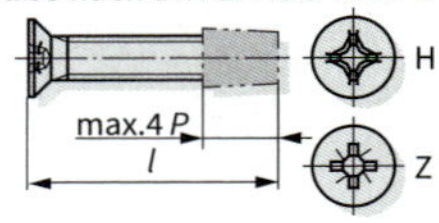	Schraube DIN 7500 – ME M6 × 20 – St – Z[1)]
NE	Maße nach DIN EN ISO 7047 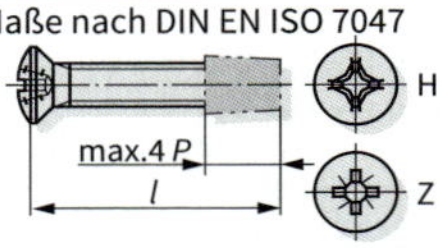	Schraube DIN 7500 – NE M6 × 20 – St – Z[1)]

Werkstoff:
Einsatzstahl nach DIN EN 10 084
Vergütungsstahl nach DIN EN 10 083

Gestaltung des Schraubenendes nach Wahl des Herstellers

Längenabstufung: 3, 4, 5, 6, 8, 10, 12, 16, 20, 25, 30, 35, 40, 45, 50, 55, 60, 70, 80 mm

Gewinde *d*	M 2	M 2,5	M 3	M 3,5	M 4	M 5	M 6	M 8	M 10
Steigung *P*	0,4	0,45	0,5	0,6	0,7	0,8	1	1,25	1,5
Furchbereich max	1,6	1,8	2	2,4	2,8	3,2	4	5	6
l von	3	4	4	5	6	8	8	10	12
bis	16	20	25	25	30	40	50	60	80

[1)] Fehlt in der Bezeichnung der Formbuchstabe H oder Z für den Kreuzschlitz, so gilt Kreuzschlitz H.

Gewindefurchende Schrauben für metrisches ISO-Gewinde, Lochdurchmesser

DIN 7500-2: 2016-04

Gewinde *d*	M 2,5		M3		M 3,5		M 4		M 2,5		M 5		M 6		M 10	
Einschraub-länge	Lochdurchmesser d_h (Toleranzintervall H 11)															
	St	Al	St	Al	St	Al	St	Al	St	Al	St	Al	St	Al	St	Al
2	2,25															
2,5	2,25		2,75													
3	2,3		2,75		3,2											
3,5	2,3		2,75		3,2		3,65									
4	2,3		2,75		3,2		3,65		4,6							
5	2,3		2,75		3,2		3,7		4,6		5,5					
6		2,3	2,75		3,2		3,7		4,6		5,5					
6,5		2,3		2,75	3,2		3,7		4,6		5,5		7,45			
7		2,3		2,75	3,2		3,7		4,65		5,55		7,45			
7,5		2,3		2,75		3,2	3,7		4,65		5,55		7,45			
8				2,75		3,2	3,7		4,65		5,55		7,45		9,35	
9				2,75		3,2		3,7	4,65		5,55		7,45		9,35	
10								3,7	4,65		5,55		7,45		9,35	
10,5										4,65	5,55		7,45		9,35	
12 bis ≤ 15										4,65	5,6		7,45		9,35	
> 15 bis ≤ 16												5,6	7,5		9,35	
> 16 bis ≤ 18														7,5	9,35	
> 18 bis ≤ 20														7,5	9,35	

Flachrundschrauben mit Vierkantansatz

DIN 603: 2017-05

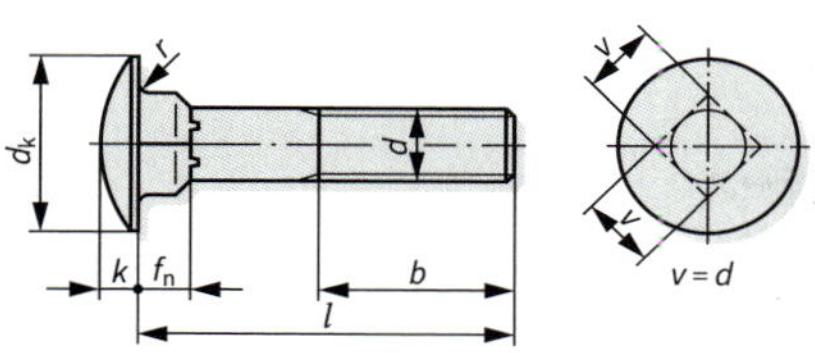

d		M 5	M 6	M 8	M 10	M 12	M 16	M 20
d_k	≈	13,5	16,5	20,6	24,6	30,6	38,8	46,8
k	max	3,3	3,88	4,88	5,38	6,95	8,95	11,0
f_n	max	4,1	4,6	5,6	6,6	8,75	12,9	15,9
b für $l \le 125$		16	18	22	26	30	38	46
b für $125 < l < 200$		22	24	28	32	36	44	52
b für $l > 200$		–	–	41	45	49	57	65
r	≈	0,5	0,5	0,5	0,5	1	1	1
l	von	16	16	20	20	30	55	70
	bis	80	150	150	200	200	200	200

Flachrundschraube DIN 603 – M 12 × 80
Bezeichnung einer Flachrundschraube mit Vierkantansatz, d = M 12, $l = 80$, Festigkeitsklasse nach Wahl des Herstellers

Längenabstufung l: 16, 20, 25, 30, 35, 40, 45, 50, 55, 60, 65, 70, 80, 90, 100, 110, 120, 130, 140, 150, 160, 180 und 200 mm
Werkstoff: Stahl, Festigkeitsklasse 4.6, 4.8, 8.8
Ausführung: Produktklasse C, nichtrostender Stahl A2, A4

Senkschrauben mit Nase

DIN 604: 2017-05

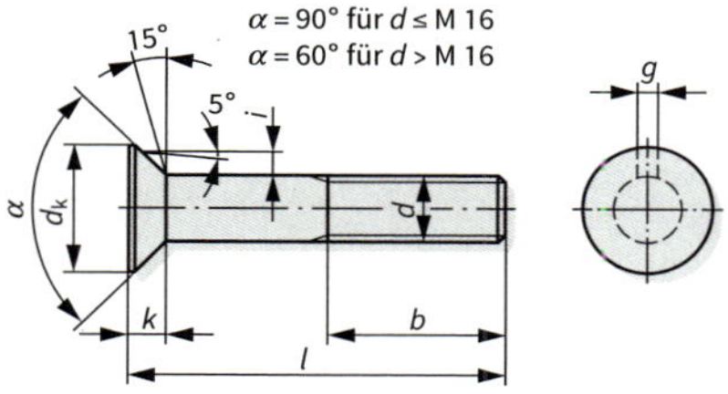

d		M 6	M 8	M 10	M 12	M 16	M 20	M 24
$d_{k\,max}$	≈	12,55	16,55	19,65	24,65	32,8	32,8	38,8
k		4	5	5,5	7	9	11,5	13
i		2,8	3,5	4,2	5,7	7,5	5,7	6,7
g		2,5	3	3,2	3,6	4,2	5,4	6,6
b	für $l \le 125$	18	22	26	30	38	46	54
b	für $l > 125$	24	28	32	36	44	52	60
l	von	20	20	20	25	30	50	60
	bis	100	150	160	160	160	160	160

Senkschraube DIN 604 – M 10 × 60 – 3.6
Bezeichnung einer Senkschraube mit Nase, d = M 10, l = 60, Festigkeitsklasse 3.6

Längenabstufung l: 20, 25, 30, 35, 40, 45, 50, 55, 60, 65, 70, 80, 90, 100, 110, 120, 130, 140, 150, 160 mm
Werkstoff: Stahl, Festigkeitsklasse 4.6, 4.8, 8.8
Ausführung: Produktklasse C

Hammerschrauben mit Vierkant

DIN 186: 2010-09

Form A mit Schaft (Gewindelänge *b*)
Form B mit langem Gewinde

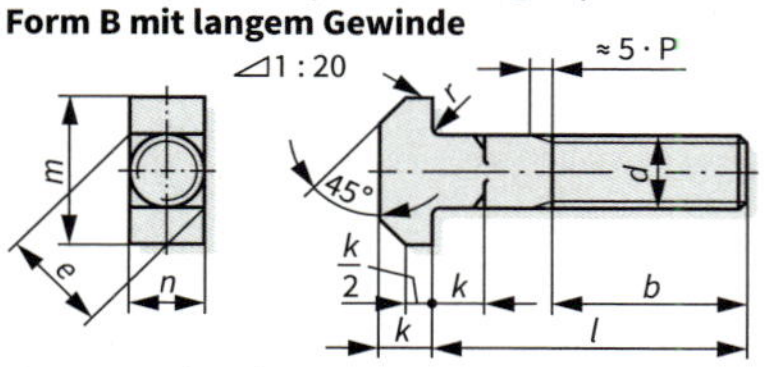

d		M 6	M 8	M 10	M 12	M 16	M 20	M 24
m		16	18	21	26	30	36	43
n		6	8	10	12	16	20	24
k		4,5	5,5	7	8	10,5	13	15
e	≈	6,9	9,2	11,8	14,2	19,3	24,3	29,5
b	für $l \le 120$	18	22	26	30	38	46	54
b	für $l > 120$	–	–	–	–	44	52	60
l	von	30	30	30	40	50	60	70
	bis	60	80	100	120	160	200	200

Hammerschraube DIN 186 – B M 10 × 40 – 3.6 Bezeichnung einer Hammerschraube, d = M 10, $l = 40$, Form B und Festigkeitsklasse 3.6

Längenabstufung l: 30, 40, 50, 60 … 100, 120, 140, 160, 180 und 200 mm
Werkstoff: Stahl, Festigkeitsklasse 3.6 oder 4.6, Produktklasse C

Stiftschrauben

DIN 835: 2010-07; DIN 938: 2012-12; DIN 939: 1995-02

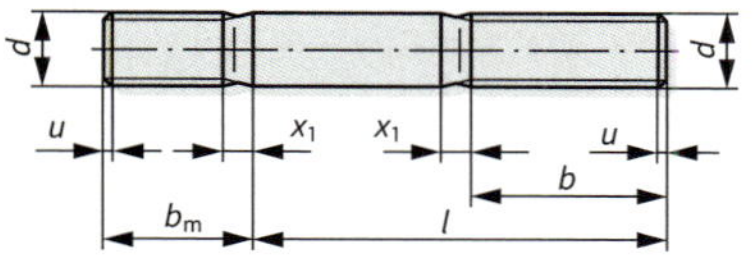

d		M 6	M 8	M 10	M 12	M 16	M 20	M 24
		–	8 × 1	10 × 1,25	12 × 1,25	16 × 1,5	20 × 1,5	24 × 2
b_2	für $l \le 125$	18	22	26	30	38	46	54
b_2	für $l > 125$	24	28	32	36	44	52	60
l	von	25	30	35	40	50	60	70
	bis	60	80	100	120	160	200	200

Stiftschraube DIN 938 – M 12 × 90 – 8.8
Bezeichnung einer Stiftschraube, d = M 12, $l = 90$, Festigkeitsklasse 8.8 nach DIN 938

Längenabstufung l: 25, 30, 35, 40, 45, 50, 55, 60, 65, 70, 75, 80, 90, 100, 110, 120, 130, 140, 150 … 200 mm
DIN 938: $b_m \approx 1\,d$ zum Einschrauben in Stahl
DIN 939: $b_m \approx 1{,}25\,d$ zum Einschrauben in Gusseisen
DIN 835: $b_m \approx 2\,d$ zum Einschrauben in Al-Legierungen
Werkstoff: Stahl, Festigkeitsklasse 5.6, 8.8 oder 10.9
Ausführung: Produktklasse A

Vierkantschrauben

DIN 478, DIN 479, DIN 480: alle 1985-02

DIN 478 mit Bund

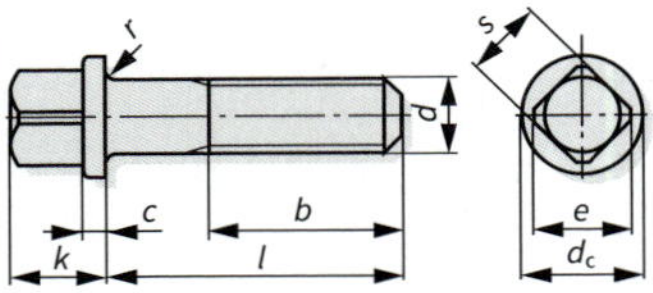

DIN 479 mit Kernansatz

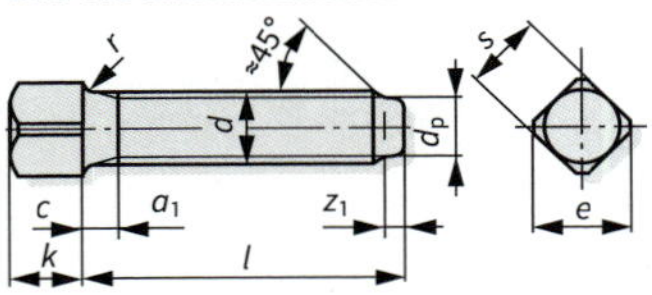

DIN 480 mit Bund und Ansatzkuppe

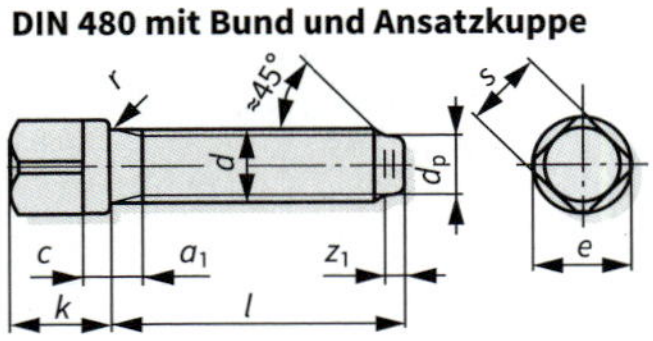

d		M 5	M 6	M 8	M 10	M 12	M 16	M 20	M 24
	s	5	6	8	10	13	16 17	21 22	24
	e	6,5	8	10	13	17	21 22	27 28	32
	d_p	3,5	4	5,5	7	8,5	12	15	18
	r	0,2	0,25	0,4	0,4	0,6	0,6	0,8	0,8
b für $l \leq$ 125		16	18	22	26	30	38	46	54
b für $l >$ 125		–	–	–	32	36	44	52	60
DIN 478	k	7	8	10	13	15	20	25	28
	c	2	2	2	3	3	4	5	6
	d_c	9,5	10,5	13,5	16,5	19,5	25	31	36
l	von	10	10	16	20	25	30	35	35
	bis	30	40	45	60	90	140	180	180
DIN 479	a_1	2,4	3	4	4,5	5,3	6	7,5	9
	k	5	6	8	10	12	16	20	22
	z_1	1,25	1,5	2	2,5	3	4	5	6
l	von	8	8	10	16	20	40	50	55
	bis	40	45	55	60	90	120	140	140
DIN 478	a_1	–	–	4	4,5	5,3	6	7,5	9
	k	–	–	11	13	16	20	25	28
	z_2	–	–	2	2,5	3	4	5	6
	$c \approx$	–	–	3	3	4	4	5	6
l	von	–	–	16	20	25	40	60	60
	bis	–	–	40	60	60	80	120	140

Vierkantschraube DIN 478 – M 12 × 70 – 5.6 Bezeichnung einer Vierkantschraube mit Bund, d = M 12, l = 70, Festigkeitsklasse 5.6

Längenabstufung l für DIN 478: 10, 16, 20, 25 … 60, 70, 80 … 120, 140, 160, 180
l für DIN 479: 8, 10, 16, 20, 25 … 60, 70, 80 … 120, 140
l für DIN 480: 16, 20, 25, 30, 35, 40, 50 … 120, 140
Werkstoff: Stahl, Festigkeitsklasse: 5.6, 5.8, 8.8
Ausführung: Produktklasse A

Gewindestifte mit Schlitz
Gewindestifte mit Innensechskant

DIN EN ISO 4766: 2011-11; DIN EN 27 434, DIN EN 27 435, DIN EN 27 436: alle 1992-10
DIN EN ISO 4026, DIN EN ISO 4027, DIN EN ISO 4028, DIN EN ISO 4029: alle 2004-05

Mit Kegelkuppe
ISO 4766

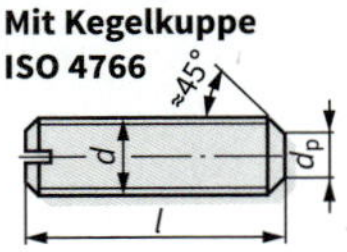

Mit Spitze
ISO 7434

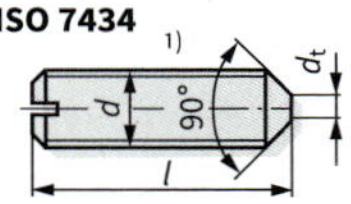

Mit Zapfen
ISO 7435

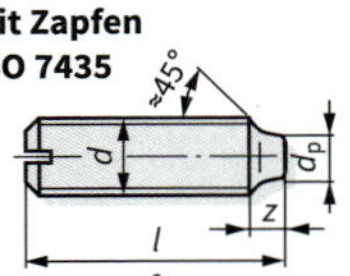

Mit Ringschneide
ISO 7436

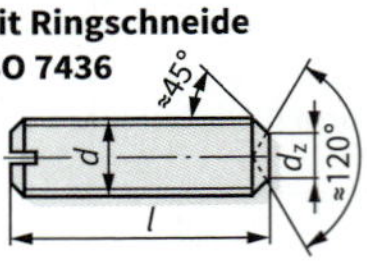

ISO 4026

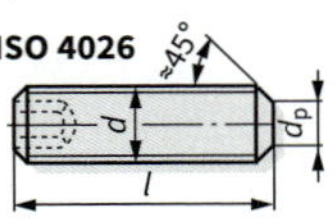

ISO 4027

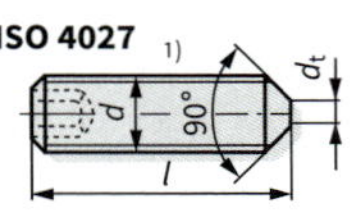

ISO 4028

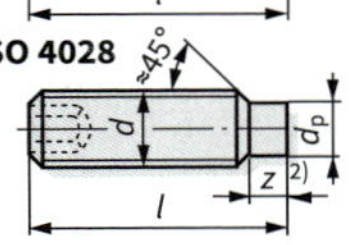

ISO 4029

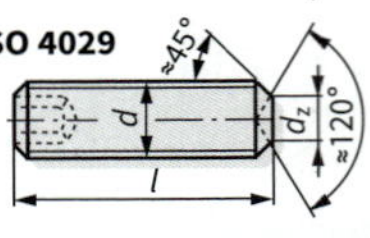

d			M 1,6	M 2	M 2,5	M 3	M 4	M 5	M 6	M 8	M 10	M 12	M 16	M 20
DIN EN 24 766	d_p	max	0,8	1	1,5	2	2,5	3,5	4	5,5	7	8,8	–	–
DIN EN 27 435			0,8	1	1,5	2	2,5	3,5	4	5,5	7	8,5	–	–
ISO 4026			0,8	1	1,5	2	2,5	3,5	4	5,5	7	8,5	12	15
ISO 4028			0,8	1	1,5	2	2,5	3,5	4	5,5	7	8,5	12	15
DIN EN 27 434	d_t	max	0,16	0,2	0,25	0,3	0,4	0,5	1,5	2	2,5	3	–	–
ISO 4027			–	–	–	–	–	–	1,5	2	2,5	3	4	5
DIN EN 27 436	d_z	max	0,8	1	1,2	1,4	2	2,5	3	5	6	8	–	–
ISO 4029			0,8	1	1,2	1,4	2	2,5	3	5	6	8	10	14
DIN EN 27 435	z	max	0,8	1	1,25	1,5	2	2,5	3	4	5	6	–	–
ISO 4028	z	min	0,4	0,5	0,63	0,75	1	1,25	1,5	2	2,5	3	4	5
		max	1,05	1,25	1,5	1,75	2,25	2,75	3,25	4,3	5,3	6,3	8,36	10,36

Längen abhängig vom Gewindedurchmesser, l: 2; 2,5; 3; 4; 5; 6; 8; 10; 12; 16; 20; 25; 30; 35; 40; 45; 50; 55; 60 mm
Werkstoff für Gewindestift mit Schlitz: Stahl 14 H, 22 H, nichtrostender Stahl A 1–50, Produktklasse A
Werkstoff für Gewindestift mit Innensechskant: Stahl 45 H, nichtrostender Stahl A 2–70
Gewindestift ISO 7435 – M 5 × 12 – 14 H
Bezeichnung eines Gewindestiftes mit Schlitz und Zapfen, Gewinde M 5, l = 12 mm und Festigkeitsklasse 14 H

Flügelmuttern und Flügelschrauben

DIN 315: 2016-02; DIN 316: 2016-12

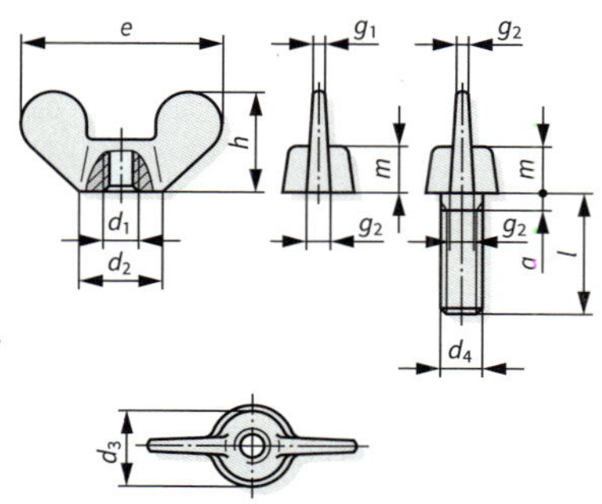

Gewinde an der Auflageseite unter 120° bis auf den Gewindedurchmesser aufgesenkt.

d_1		M 4	M 5	M 6	M 8	M 10	M 12	M 16	M 20	M 24
Steigung P		0,7	0,8	1	1,25	1,5	1,75	2	2,5	3
d_2	max	8	11	13	16	20	23	29	35	44
d_3	max	7	9	11	12,5	16,5	19,5	23	29	37,5
e	max	20	26	33	39	51	65	73	90	110
g_1	max	1,9	2,3	2,3	2,8	4,4	4,9	6,4	6,9	9,4
g_2	max	2,3	2,8	3,3	4,4	5,4	6,4	7,5	8	10,5
h	max	10,5	13	17	20	25	33,5	37,5	46,5	56,5
m	max	4,6	6,5	8	10	12	14	17	21	25
l	von	6	8	8	10	16	16	20	30	35
	bis	20	30	40	50	60	60	60	60	60

Längenabstufungen l: 6, 8, 10, 12, 16, 20, 25, 30, 35, 40, 50 und 60
Werkstoff: Temperguss, Stahl, austenitischer Stahl, CuZn-Legierung
Ausführung: Produktklasse C (Gewindetoleranz 7 H bzw. 8 g)
Flügelmutter DIN 315 – M 6 – GT
Bezeichnung einer Flügelmutter mit Gewinde d_1 = M 6 aus Temperguss (GT), Produktklasse C

Rändelschrauben hohe Form, Rändelschrauben niedrige Form

DIN 464: 2007-01; DIN 653: 2006-08

Rändel nach DIN 82
g_2 nach DIN 76 – A

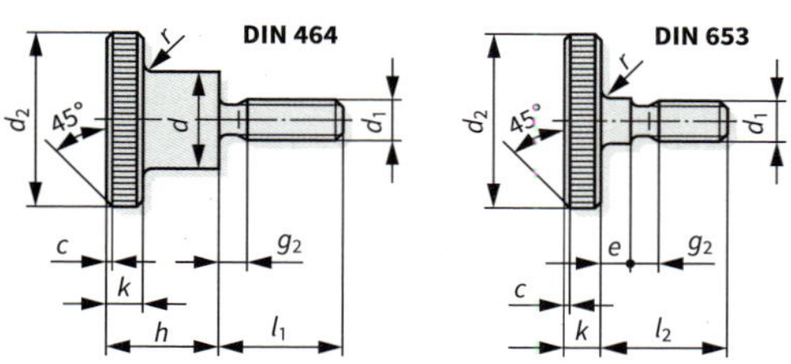

d_1	M 4	M 5	M 6	M 8	M 10
c ≈	0,4	0,4	0,5	0,6	0,8
d_2	16	20	24	30	36
d_3	8	10	12	16	20
e (ab l)	3 (ab l = 20)		4 (20)	5 (25)	6 (30)
h	9,5	11,5	15	18	23
k	3,5	4	5	6	8
r	0,5	1	1	2	2
l_1	5 … 16	6 … 20	8 … 25	12 … 25	20 … 40
l_2	8 … 25	10 … 30	12 … 30	16 … 35	20 … 40

Längenabstufungen l: 5, 6, 8, 10, 12, 16, 20, 25, 30, 35, 40
Rändelschraube DIN 464 – M 5 × 10 – St
Bezeichnung einer hohen Rändelschraube mit d_1 = M 5, l_1 = 10, Werkstoff St = 9 S Mn Pb 28 K

Augenschrauben

DIN 444: 2017-04

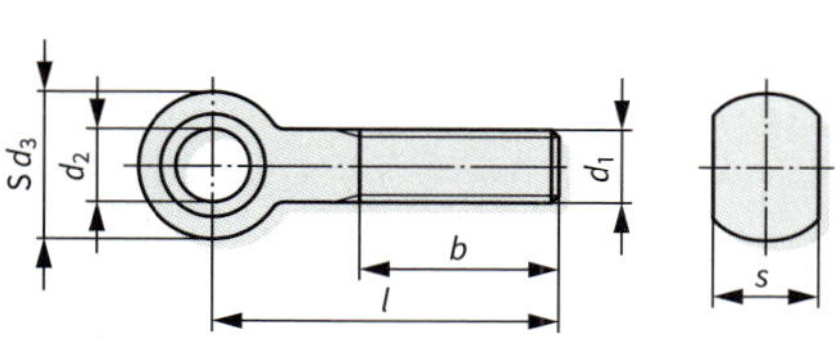

Form A (Produktklasse C)
Form B (Produktklasse B)
Form C (Produktklasse A)
Formen LA, LB, LC: Gewinde bis Auge

d_1		M 6	M 8	M 10	M 12	M 16	M 20
b	für l ≤ 125 mm	18	22	26	30	38	46
	für 125 < l ≤ 200 mm	–	28	32	36	44	52
	für l > 200 mm	–	–	–	49	57	65
d_2 H9		6	8	10	12	16	18
d_3		14	18	20	25	32	40
s	für Form A	9	11	14	17	19	24
	für Formen B und C	7	9	12	14	17	22
l	von	35	40	45	55	70	100
	bis	90	140	150	260	260	260

Längenabstufungen für l ≤ 80 je 5 mm,
für 80 < l ≤ 160 je 10 mm,
für 160 < l ≤ 300 je 20 mm
Werkstoff: Stahl, Festigkeitsklassen 4.6; 5.6
Augenschraube DIN 444 – A M 10 × 70 – 5.6
Bezeichnung einer Augenschraube Form A, d_1 = M 10, l = 70

Schrauben für T-Nuten

DIN 787: 2005-02

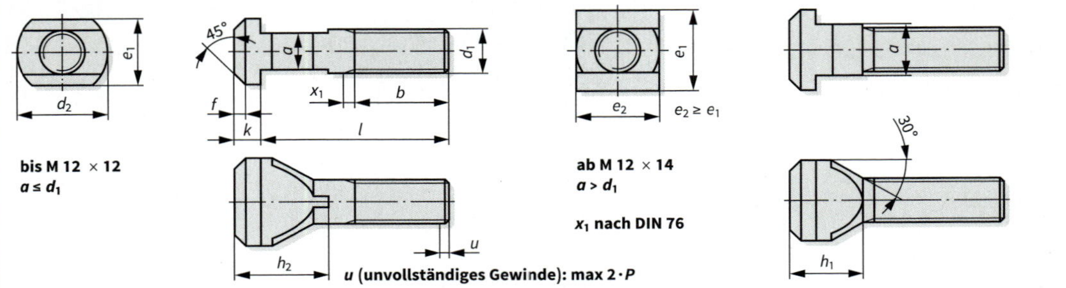

d_1	a	d_2	e_1	f	h_1	h_2	k	l	b	Nut[1]
M 5	5	10	9	1	6,5	10	3	25	18	5
								40	30	
M 6	6	12	10	1,6	8	13	4	25	15	6
								40	28	
								63	40	
M 8	8	16	13	1,6	12	18	6	32	22	8
								50	35	
								80	50	
M 10	10	20	15	1,6	14	21	6	40	30	10
								63	45	
								100	60	
M 12	12	25	18	2,5	16	25	7	50	35	12
								80	55	
								125	75	
								200	120	
M 12	14	28	22	2,5	20	–	8	50	35	14
								80	55	
								125	75	
								200	120	

d_1	a	d_2	e_1	f	h_1	k	l	b	Nut[1]
M 16	18	36	28	2,5	24	10	63	45	18
							100	63	
							160	100	
							250	150	
M 20	22	45	35	2,5	32	14	80	55	22
							125	85	
							200	125	
							315	190	
M 24	28	56	44	4	41	18	100	70	28
							160	110	
							250	150	
							315	240	
M 30	36	70	54	6	50	22	125	80	36
							200	135	
							315	200	
							500	300	
M 36	42	82	65	6	60	26	160	100	42
							250	175	
							400	250	

Werkstoff: Stahl, Festigkeitsklasse 8.8 und 12.9, Produktklasse A

Schraube DIN 787 – M 12 × 12 × 125 – 8.8

Bezeichnung einer Schraube für T-Nuten mit d_1 = M 12, a = 12, l = 125, Festigkeitsklasse 8.8

[1] zugehörige T-Nut nach DIN 650

Muttern für T-Nuten und T-Nuten für Werkzeugmaschinen

DIN 508: 2002-06; DIN 650: 1989-10

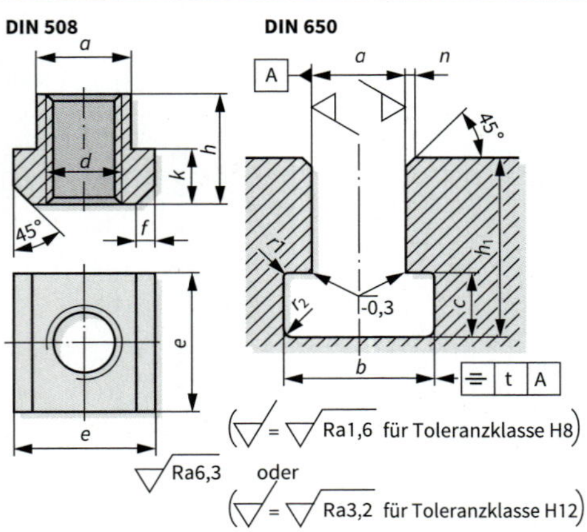

d		M 6	M 8	M 10	M 12	M 16	M 20	M 24	M 30	M 36
a[1]		8	10	12	14	18	22	28	36	42
b		14,5	16	19	23	30	37	46	56	68
c		7	7	8	9	12	16	20	25	32
e		13	15	18	22	28	35	44	54	65
f		1,6	1,6	2,5	2,5	2,5	2,5	4	6	6
h		10	12	14	16	20	28	36	44	52
h_1	max	18	21	25	28	36	45	56	71	85
	min	15	17	20	23	30	38	48	61	74
k		6	6	7	8	10	14	18	22	26
n	max	1	1	1	1,6	1,6	1,6	1,6	2,5	2,5
r_1	max	0,6	0,6	0,6	0,6	1	1	1	1	1,6
r_2	max	1	1	1	1,6	1,6	2,5	2,5	2,5	4
t		0,5							1	

[1] Toleranzklasse H8 für Richt- und Spann-Nuten, H12 für Spann-Nuten

Werkstoff: Stahl nach Wahl des Herstellers, Produktklasse A

Mutter DIN 508 – M 12 × 14

Bezeichnung einer Mutter für T-Nuten mit d = M 12, a = 14

Sechskantmutter Typ 1 (Regelgewinde) Sechskantmutter Typ 2 (Regelgewinde) Sechskantmutter Typ 1 (Feingewinde) Sechskantmutter Typ 2 (Feingewinde)	DIN EN ISO 4032: 2013-04 DIN EN ISO 4033: 2013-04 DIN EN ISO 8673: 2013-04 DIN EN ISO 8674: 2013-04	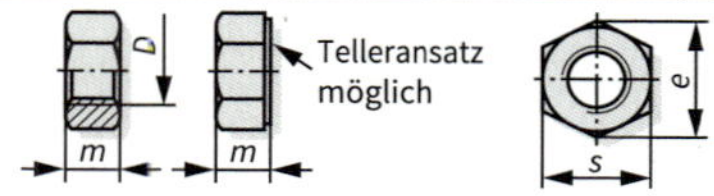
Sechskantmutter (Regelgewinde) Produktklasse C	DIN EN ISO 4034: 2013-04	
Sechskantmutter, niedrige Form (Regelgewinde) Niedrige Sechskantmutter (Feingewinde)	DIN EN ISO 4035: 2013-04 DIN EN ISO 8675: 2013-04	
Niedrige Sechskantmutter ohne Fase (Regelgewinde) m (Typ 2) ≈ 1,1 m (Typ 1)	DIN EN ISO 4036: 2013-04	

Sechskantmuttern mit Regelgewinde

DIN EN ISO	Gewinde *D*	M 2	M 3	M 4	M 5	M 6	M 8	M 10	M 12	M 16	M 20	M 24	M 30	M 36
4032	*e*	4,3	6	7,7	8,8	11,1	14,4	17,8	20	26,8	33	39,6	50,9	60,8
	m	1,6	2,4	3,2	4,7	5,2	6,8	8,4	10,8	14,8	18	21,5	25,6	31
	s	4	5,5	7	8	10	13	16	18	24	30	36	46	55
4033	*e*	–	–	–	8,8	11,1	14,4	17,8	20	26,8	33	39,6	50,9	60,8
	m	–	–	–	5,1	5,7	7,5	9,3	12	16,4	20,3	23,9	28,6	34,7
4034	*e*	–	–	–	8,6	10,9	14,2	17,6	19,9	26,2	33	39,6	50,9	60,8
	m	–	–	–	5,6	6,1	7,9	9,5	12,2	15,9	19	22,3	26,4	31,5
4035	*e*	4,3	6	7,7	8,8	11,1	14,4	17,8	20	26,8	33	39,6	50,9	60,8
	m	1,2	1,8	2,2	2,7	3,2	4	5	6	8	10	12	15	18
4036	*e*	4,2	5,9	7,5	8,6	10,9	14,2	17,6	–	–	–	–	–	–
	m	1,2	1,8	2,2	2,7	3,2	4	5	–	–	–	–	–	–

Sechskantmuttern mit Feingewinde

DIN EN ISO	Gewinde *D* × *P*	M 8 × 1	M 10 × 1	M 12 × 1,5	M 16 × 1,5	M 20 × 1,5	M 24 × 2	M 30 × 2	M 36 × 3	Größen *s* und *e* für alle Muttern siehe DIN EN ISO 4032
8673	*m*	6,8	8,4	10,8	14,8	18	21,5	25,6	31	
8674	*m*	7,5	9,3	12	16,4	20,3	23,9	28,6	34,7	
8675	*m*	4	5	6	8	10	12	15	18	

Festigkeitsklassen (Werkstoffe) und Produktklassen für Sechskantmuttern aus Stahl

DIN EN ISO	Stahl	Norm	Produktklasse	Nichtrostender Stahl	Norm	Produktklasse
4032	M 3 ≤ *D* ≤ M 39: 6; 8; 10	M 3 ≤ *D* ≤ M 39: DIN EN 20 898-2	*D* ≤ M 16 : A *D* > M 16 : B	*D* ≤ M 20: A2-70 M 20 < *D* ≤ M 39: A2-50	*D* ≤ M 39: DIN ISO 3506	*D* ≤ M 16 : A *D* > M 16 : B
4033	9 … 12	DIN EN 20 898-2		–	–	–
4034	*D* ≤ M 16 : 5 M 16 < *D* ≤ M 39: 4; 5	*D* ≤ M 39: DIN EN 20 898-2	C	–	–	–
4035	*D* < M 3 : 14 H M 3 ≤ *D* ≤ M 39: 04; 05	*D* < M 3: DIN EN ISO 898-6 M 3 ≤ *D* ≤ M 39: DIN EN 20 898-2	*D* ≤ M 16 : A *D* > M 16 : B	*D* ≤ M 20: A2-70 M 20 < *D* ≤ M 39: A2-50	*D* ≤ M 39: DIN ISO 3506	*D* ≤ M 16 : A *D* > M 16 : B
4036	min 110 HV	–	B	–	–	–
8673	*D* ≤ 39 mm: 6; 8 *D* ≤ 16 mm: 10	*D* ≤ 39 mm: DIN EN ISO 898-6	*D* ≤ 16 mm : A *D* > 16 mm : B	*D* ≤ 20 mm: A2-70 20 mm < *D* ≤ 39 mm: A2-50	*D* ≤ 39 mm: DIN ISO 3506	*D* ≤ 16 mm : A *D* > 16 mm : B
8674	*D* ≤ 16 mm: 8; 12 *D* ≤ 39 mm: 10	DIN EN ISO 898-6		–	–	–
8675	*D* ≤ 39 mm: 04; 05	*D* ≤ 39 mm: DIN EN ISO 898-6		*D* ≤ 20 mm: A2-70 20 mm < *D* ≤ 39 mm: A2-50	*D* ≤ 39 mm: DIN ISO 3506	*D* ≤ 16 mm : A *D* > 16 mm : B

Produktklassen siehe DIN ISO 4759-1.
Sechskantmutter ISO 4032 – M 10 – 8
Bezeichnung einer Sechskantmutter, Typ 1, mit Gewinde M 10 und Festigkeitsklasse 8

Sechskantmuttern mit Flansch

DIN EN 1661: 1998-02

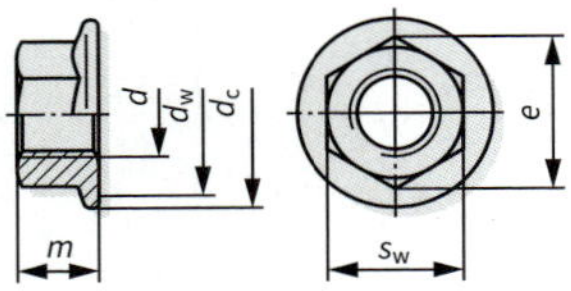

d	M 5	M 6	M 8	M 10	M 12	M 16	M 20
			M 8 × 1	M 10 × 1,25	M 12 × 1,5	M 16 × 1,5	M 20 × 1,5
d_c	11,8	14,2	17,9	21,8	26	34,5	42,8
d_w	9,8	12,2	15,8	19,6	23,8	31,9	39,9
e	8,79	11,05	14,38	16,64	20,03	26,75	32,95
s_w	8	10	13	15	18	24	30
m	5	6	8	10	12	16	20

Sechskantmutter EN-1661 – M 10 – 8 Bezeichnung für eine Sechskantmutter mit dem Nenndurchmesser M 10 und Festigkeitsklasse 8

Werkstoff: Stahl, Festigkeitsklassen 8; 10; 12 nach DIN EN 20 898-2
Nichtrostender Stahl, A 2 – 70 nach DIN ISO 3506
Produktklasse A

Sechskantmuttern mit Klemmteil, Typ 1

DIN EN ISO 7040: 2013-04; DIN EN ISO 10 512: 2013-05

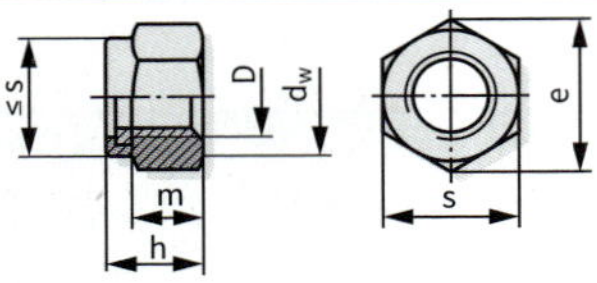

D	M 3	M 4	M 5	M 6	M 8	M 10	M 12	M 16	M 20
	–	–	–	–	M 8 × 1	M 10 × 1	M 12 × 1,5	M 16 × 1,5	M 20 × 1,5
d_w	4,6	5,9	6,9	8,9	11,6	14,6	16,6	22,5	27,7
e	6,01	7,66	8,79	11,05	14,38	17,77	20,03	26,75	32,95
s	5,5	7	8	10	13	16	18	24	30
h	4,5	6	6,8	8	9,5	11,9	14,9	19,1	22,8
m	2,15	2,9	4,4	4,9	6,44	8,04	10,37	14,1	16,9

Klemmteilgestaltung nach Wahl des Herstellers, *m* = Mindestgewindehöhe
Sechskantmutter ISO 7040 – M 8 – 8
Bezeichnung einer Sechskantmutter mit dem Nenndurchmesser M 8 und Festigkeitsklasse 8

Werkstoff: St, Festigkeitsklassen: 8, 10; für Feingewinde: 6, 8, 10
Produktklasse für $d \leq$ M 16: A, für $d >$ M 16: B
Feingewinde: ISO 10 512

Sechskantmuttern mit Klemmteil (Ganzmetallmuttern), Typ 2

DIN EN ISO 7042: 2013-04; DIN EN ISO 10 513: 2013-05

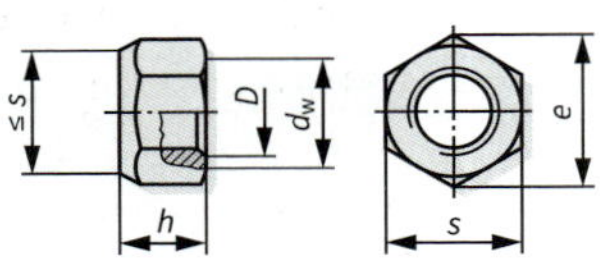

D	M 5	M 6	M 8	M 10	M 12	M 16	M 20
	–	–	M 8 × 1	M 10 × 1,25	M 12 × 1,5	M 16 × 1,5	M 20 × 1,5
h	5,1	6	8	10	12	16	20
w	3,52	3,92	5,15	6,43	8,3	11,28	13,52

Abmessungen für d_w, e und s siehe DIN EN ISO 7040, 10 512
Werkstoff: Stahl, Festigkeitsklassen 5; 8; 10; 12, für Muttern mit Feingewinde: 8, 10, 12;
Produktklasse A für $d \leq$ M16, B für $d >$ M 16
Feingewinde: ISO 10 513

Klemmteilgestaltung nach Wahl des Herstellers
Sechskantmutter ISO 10 513 – M10 × 1,25 – 10
Bezeichnung einer Sechskantmutter mit dem Nenndurchmesser M 10 × 1,25 und Festigkeitsklasse 10

Sechskantmutter mit Flansch und Klemmteil, nichtmetallischer Einsatz

DIN EN 1663: 1998-02

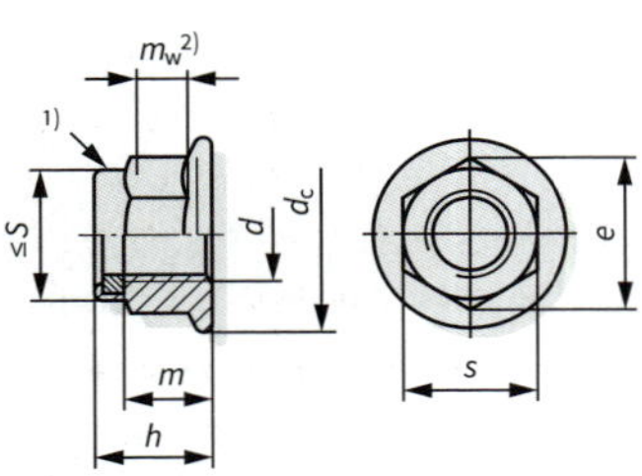

d	M 5	M 6	M 8	M 10	M 12	M 16	M 20
d_c	11,8	14,2	17,9	21,8	26	34,5	42,8
e	8,79	11,05	14,38	16,64	20,03	26,75	32,95
s	8	10	13	16	18	24	30
h	7,1	9,1	11,1	13,5	16,1	20,3	24,8
m	4,7	5,7	7,6	9,6	11,6	15,3	18,7
m_w	2,5	3,1	4,6	5,9	6,8	8,9	10,7

Werkstoff: Stahl, Festigkeitsklassen 8; 10, Produktklasse A für $d \leq$ M 16;
Produktklasse B für $d >$ M 16, Einsatz z. B. PA

Sechskantmutter EN 1663 – M8 – 8
Bezeichnung einer Sechskantmutter mit Flansch und Klemmteil, nichtmetall. Einsatz, für d = M8, Festigkeitsklasse 8

[1] Gestaltung des Klemmteils nach Wahl des Herstellers.
[2] m_W ist die Mindesthöhe für den Schlüsselangriff

Sechskantmuttern mit Klemmteil, nichtmetallischer Einsatz, niedrige Form

DIN EN ISO 10511: 2013-05

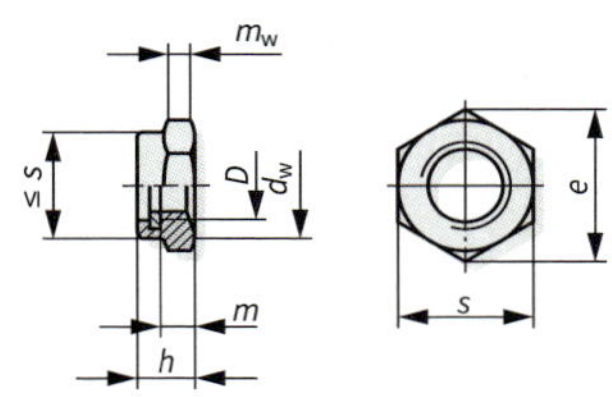

Gewinde D		M 3	M 4	M 5	M 6	M 8	M 10	M 12	M 16	M 20
d_w		4,6	5,9	6,9	8,9	11,6	14,6	16,6	22,5	27,7
e	min	6,01	7,66	8,79	11,05	14,38	17,7	20,03	26,75	32,95
s	max	5,5	7	8	10	13	16	18	24	30
h	max	3,9	5	5	6	6,76	8,56	10,23	12,42	14,9
	min	3,42	4,52	4,52	5,52	6,18	7,98	9,53	11,32	13,1
m	min	2,4	2,9	3,2	4	5,5	6,5	8	10,5	14
m_w	min	1,24	1,56	1,96	2,32	2,96	3,76	4,56	5,94	7,28

m = Mindestgewindehöhe
m_w = Mindesthöhe für den Schlüsselangriff

Klemmteilgestaltung nach Wahl des Herstellers.

Werkstoff: Mutternkörper St, Festigkeitsklassen: 04, 05
Produktklasse A für d ≤ M 16, B für d > M 16
Einsatz: Nichtmetall (z. B. Polyamid)

Sechskantmutter ISO 10511 – M 16 – 04
Bezeichnung einer Sechskantmutter mit Klemmteil, mit nichtmetallischem Einsatz, d = M 16, Festigkeitsklasse 04

Ringmuttern, Ringschrauben

DIN 582: 2018-04; DIN 580: 2018-04

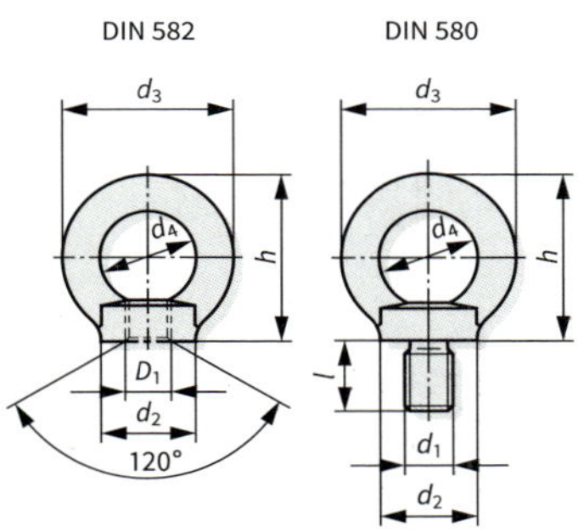

Gewinde D_1/d_1	M 8	M 10	M 12	M 16	M 20	M 24	M 30	M 36	M 42	M 48
l	13	17	20,5	27	30	36	45	54	63	68
h	36	45	53	62	71	90	109	128	147	168
d_2	20	25	30	35	40	50	65	75	85	100
d_3	36	45	54	63	72	90	108	126	144	166
d_4	20	25	30	35	40	50	60	70	80	90
	Höchstzulässige Masse des anzuhängenden Stücks pro Schraube in kg									
m ↑	140	230	340	700	1200	1800	3200	4600	6300	8600
m ≤ 45°	100	170	240	500	860	1290	2300	3300	4500	6100

Werkstoff: C 15E nach DIN 10084, nichtrostender Stahl A2, A3, A4, A5 nach DIN EN ISO 3506-1

Ringmutter DIN 582 – M 24 – C 15E
Bezeichnung einer Ringmutter mit Gewinde D_1 = M 24 aus Stahl C 15E

Sechskant-Spannschlossmuttern

DIN 1479: 2005-09

für d_1 ≤ M 16 mit überschnittenem Gewinde

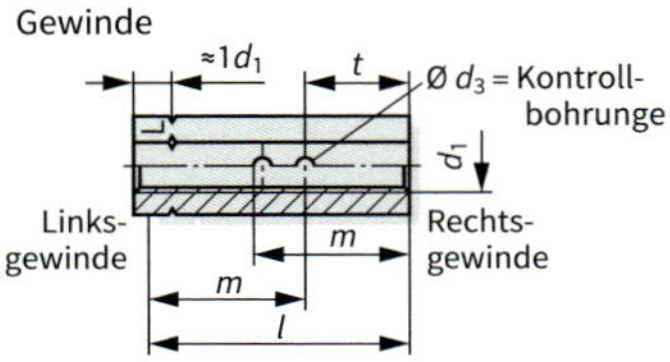

Kennzeichnung des Linksgewindes: wahlweise durch L oder durch Rille über die Sechskantecken

für d_1 > M 16 mit Aussparung

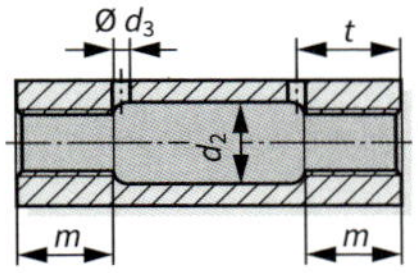

Übrige Maße und Angaben wie oberes Bild.

Gewinde d_1		M 6	M 8	M 10	M 12	M 16	M 20	M 24	M 30
d_2 ≈		–	–	–	–	–	21	26	32
l		30±0,5	35±0,8	45±0,5	55±0,8	75±0,8	95±0,8	115±0,8	125±1,2
m ≈		22,5	25	33	40	55	24	29	36
Sechskant	Schlüsselweite	10	13	16	18	24	30	36	46
	Eckenmaß min	11,05	14,38	17,77	20,03	26,75	33,53	39,98	51,28
Nachstellbarkeit ≈		15	15	21	25	35	47	57	53
d_3		4 ± 0,3							
t		9,5	12	14	17	22	26	31	38

t = Lage der Bohrung zur Kontrolle der Anschlussteile; auch Mindesteinschraublänge

Werkstoff: Stahl, Festigkeitsklasse 5 nach DIN EN 20 898-2 aus Stahl, austenitischer Stahl A4-50 nach DIN EN ISO 3506-2

Gewinde: Toleranzklasse 6H nach DIN ISO 965-2

Spannschlossmutter DIN 1479 – SP – M 20 – 5
Bezeichnung einer Spannschlossmutter (SP) mit Rechts- und Linksgewinde, M 20, Stahl

Hochfeste vorspannbare Garnituren für Schraubenverbindungen im Metallbau (HV)

DIN EN 14 399-4: 2015-04

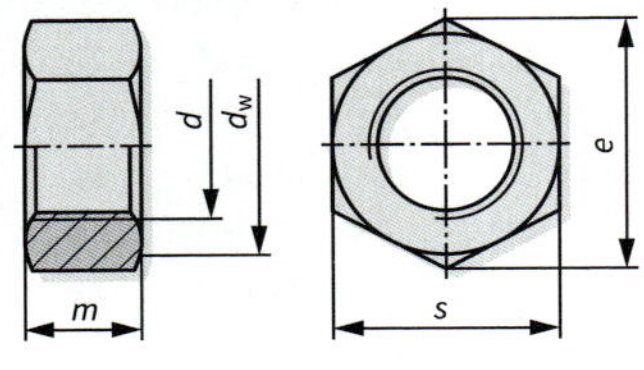

Für HV-Schrauben nach DIN EN 14 399-4

d	M 12	M 16	M 20	M 22	M 24	M 27	M 30	M 36
d_w min	20,1	24,9	29,5	33,3	38	42,8	46,6	55,9
e min ≈	23,9	29,6	35	39,6	45,2	50,9	55,4	66,4
m	10	13	16	18	20	22	24	29
s	22	27	32	36	41	46	50	60

Werkstoff: Stahl, Festigkeitsklasse 10 (DIN EN 20 898-2)
Ausführung: Produktklasse B
Sechskantmutter DIN EN 14 399-4 – M 22 – 10 – HV
Bezeichnung einer Sechskantmutter mit d = M 22

Sechskant-Schweißmuttern

DIN 929: 2013-12

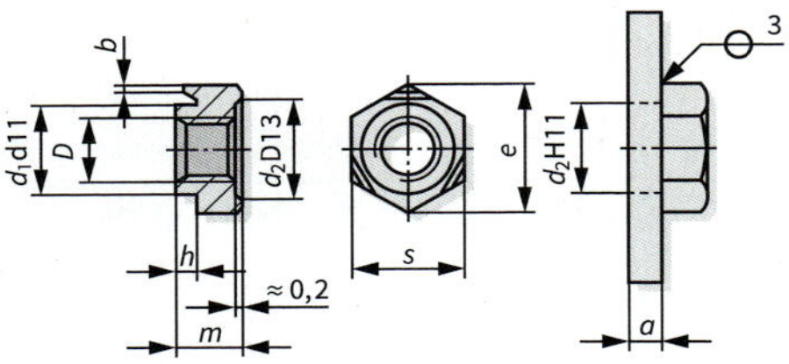

D	b	d_1	e	h	m	s	a_{max}
M 3	0,8	4,5	8,15	0,55	3	7,5	1,5
M 4	0,8	6	9,83	0,65	3,5	9	1,5
M 5	0,8	7	10,95	0,7	4	10	2
M 6	0,9	8	12,02	0,75	5	11	2,5
M 8	1	10,5	15,38	0,9	6,5	14	3
M 10	1,25	12,5	18,74	1,15	8	17	4
M 12	1,25	14,8	20,91	1,4	10	19	5
M 16	1,5	18,8	26,51	1,8	13	24	6

Werkstoff: Stahl mit max. C-Gehalt von 0,25 %
Produktklasse A
Schweißmutter DIN 929 – M 10 – St
Bezeichnung einer Sechskant-Schweißmutter, d = M 10

Vierkant-Schweißmuttern

DIN 928: 2013-12

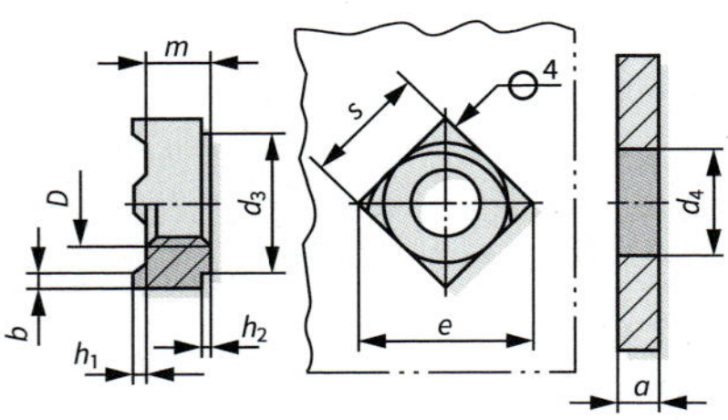

D	d_3	b	h_1	h_2	m	e	s	Anschlussblech	
	min				h 14	min	h 14	a_{max}	d_4 H 11
M 4	6,4	0,8	0,6	1	3,5	9	7	1,5	6
M 5	8,2	1	0,8	1,2	4,2	12	9	2	7
M 6	9,1	1,2	0,8	1,5	5	13	10	2,5	8
M 8	12,8	1,5	1	1,8	6,5	18	14	3	10,5
M 10	15,6	1,8	1,2	2	8	22	17	4	12,5
M 12	17,4	2	1,4	2,5	9,5	25	19	5	14,8

Werkstoff: Stahl mit max. C-Gehalt von 0,25 %
Produktklasse A
Schweißmutter DIN 928 – M 8 – St
Bezeichnung einer Vierkant-Schweißmutter, d = M 8

Sechskant-Kronenmuttern

DIN 935-1: 2013-08

ab M 12

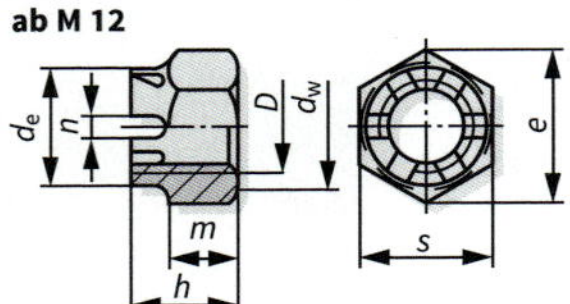

m: Mindesthöhe für den Schlüsselangriff

bis M 10

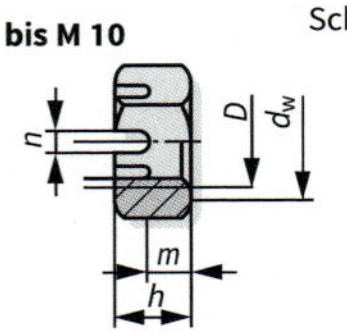

Kronenmutter DIN 935 – M 8 – 8 Bezeichnung einer Kronenmutter, d = M 8, Festigkeitsklasse 8

D	M 6	M 8	M 10	M 12	M 16	M 20	M 24
	–	M 8 × 1	M 10 × 1,25	M 12 × 1,25	M 16 × 1,5	M 20 × 2	M 24 × 2
	–	–	M 10 × 1	M 12 × 1,5	–	M 20 × 1,5	–
d_e max	–	–	–	16	22	28	34
d_w	8,9	11,6	14,6	16,6	22,5	27,7	33,2
e ≈	11,05	14,38	17,8 | 18,9	20 | 21,1	26,75	32,95	39,55
s	10	13	16	18	24	30	36
h	7,5	9,5	12	15	19	22	27
m	3,8	4,9	6,1	7,7	9,8	11,9	14,2
n	2	2,5	2,8	3,5	4,5	4,5	5,5
Splint ISO 1234	1,6 × 14	2 × 16	2,5 × 20	3,2 × 22	4 × 28	4 × 36	5 × 40

Technische Lieferbedingungen

Stahl	Nichtrostender Stahl	Nichteisenmetall
≤ M 39: 6; 8; 10	≤ M 20: A2–70	CU 2; CU 3
> M 39: nach Vereinbarung	> M 20 ≤ M 39: A2–50	
Produktklasse für d ≤ M 16: A, für d > M 16: B		

Sechskant-Hutmuttern

DIN 917: 2021-11; DIN 1587: 2021-11; DIN 986: 2013-08

Niedrige Form nach DIN 917
$D \le$ M 10 $D \ge$ M 12

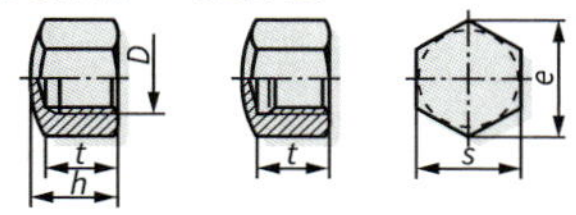

Hohe Form nach DIN 1587
$D \le$ M 10 $D \ge$ M 12

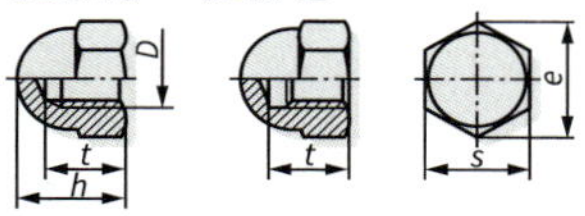

Mit Klemmteil nach DIN 986

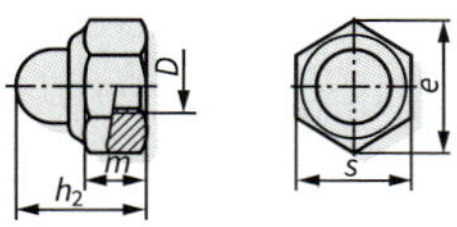

	D	M 4	M 5	M 6	M 8	M 10	M 12	M 16	M 20
	$D \times P$	–	–	–	M 8 × 1	M 10 × 1	M 12 × 1,5	M 16 × 1,5[1)]	M 20 × 2
		–	–	–	–	M 10 × 1,25[1)]	M 12 × 1,25[1)]	–	M 20 × 1,5
DIN 917	h	5,5	7	9	12	14	16	20	25
	t	4,4	5,2	7	9,5	11	13,5	17	21
DIN 1587	h	8	10	12	15	18	22	28	34
	t	5,5	7,5	8	11	13	16	21	26
DIN 986	h_2	9,6	10,5	12	14	18,1	22,5	27,5	35
	m	3,2	4,0	5,0	6,4	7,8	9,6	12,5	14,0
	s	7	8	10	13	16	18	24	30

Werkstoff: **DIN 917** Festigkeitsklasse 5; 6, A1–50 nach DIN ISO 3506, Nichteisenmetall nach DIN EN 28 839, Produktklasse A
DIN 1587 Festigkeitsklasse 6, A1–50 nach DIN ISO 3506, CU 3, CU 6 nach Wahl des Herstellers, Produktklasse A oder B
DIN 986 Festigkeitsklasse 5; 6 (nur Feingewinde), 8; 10, Einsatz Nichtmetall, z. B. Polyamid, Kappe Stahlblech, Produktklasse A1 für $d \le 16$ mm, B für $d > 16$ mm

für M10, M12, M14 und M22 zusätzlich SW angeben
z. B. Hutmutter DIN 917 – M12 – SW 18 – 6

1) Anwendung für DIN 986 möglichst vermeiden

Hutmutter DIN 986 – M 16 – 8
Bezeichnung einer Hutmutter nach DIN 986, D = M 16, Festigkeitsklasse 8

Rändelmuttern hohe Form, niedrige Form

DIN 466, 467: 2006-08

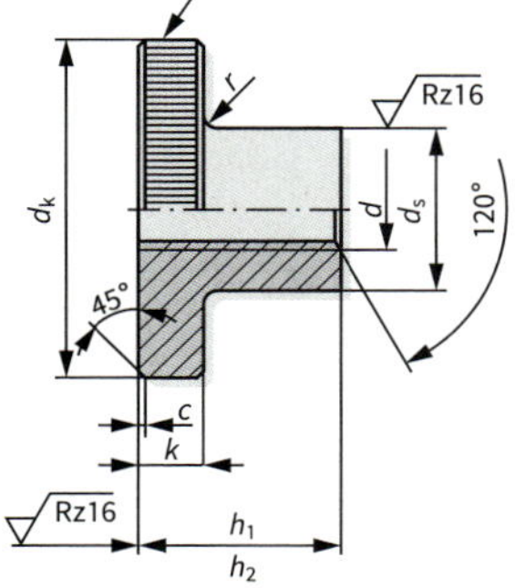

d	M 1	M 1,2	M 1,4	M 1,6	M 2	M 2,5	M 3	M 4	M 5	M 6	M 8	M 10
d_s	2,8	3	3,5	3,8	4,5	5	6	8	10	12	16	20
d_k	5,5	6	7	7,5	9	11	12	16	20	24	30	36
c	Kanten gebrochen					0,3	0,3	0,4	0,4	0,5	0,6	0,8
k	1,5	1,5	2	2	2	2,5	2,5	3,5	4	5	6	8
r	0,5	0,5	0,5	0,5	0,5	0,5	0,5	0,5	1	1	2	2
h_1	2	2	2,5	2,5	2,5	3	3	4	5	6	8	10
h_2	3,5	4	4,7	5	5,3	6,5	7,5	9,5	11,5	15	18	23

h_1 für Rändelmutter niedrige Form nach DIN 467
h_2 für Rändelmutter hohe Form nach DIN 466

Werkstoff: Stahl, nach DIN EN 10 087
Nichtrostender Stahl A1 oder A2 nach DIN EN ISO 3506-2
Nichteisenmetall CU 3 nach DIN EN 28 839

Rändelmutter DIN 467 – M 5 – St
Bezeichnung einer Rändelmutter, niedrige Form, mit Gewinde M 5 aus Stahl

Rändelmuttern

DIN 6303: 2006-08

Form A ohne Stiftloch **Form B mit Stiftloch**

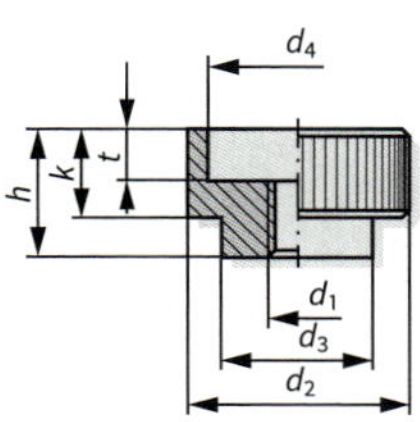

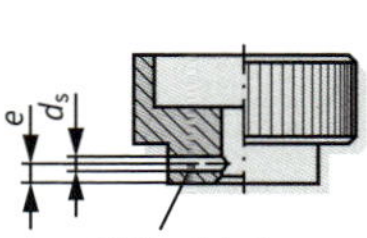

Stiftloch beim Zusammenbau durchgebohrt

d_1	M 5	M 6	M 8	M 10
d_2	20	24	30	36
d_3	14	16	20	28
d_4	15	18	24	30
d_5 H 7	1,5	1,5	2	3
e	2,5	2,5	3	4
h	12	14	17	20
k	8	10	12	14
t	5	6	7	8
Zylinderstift DIN EN 22 338	1,5 m6 × 14	1,5 m6 × 16	2 m6 × 20	3 m6 × 28

Rändel DIN 82 – RAA

Übrige Maße wie Form A

Werkstoff und Produktklasse siehe DIN 466 und DIN 467
Rändelmutter DIN 6303 – A M 8 – St
Bezeichnung einer Rändelmutter Form A mit Gewinde d_1 = M 8

Sechskantmuttern 1,5 · *d* hoch, Kegelpfannen

DIN 6330: 2003-04; DIN 6331: 2003-04; DIN 6319: 2001-10

DIN 6330 mit einseitig kugeliger Auflagefläche

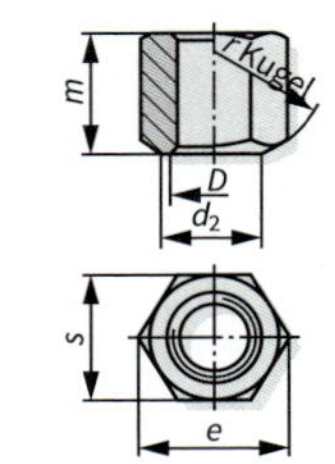

DIN 6331 mit Bund

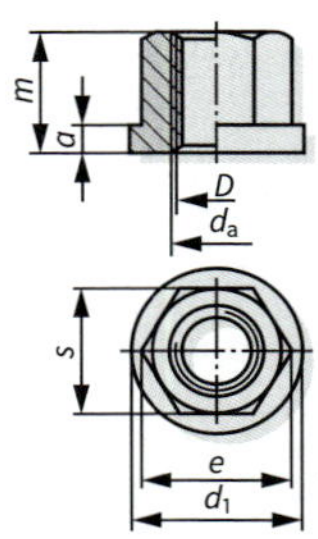

DIN 6319 Kegelpfanne Form G

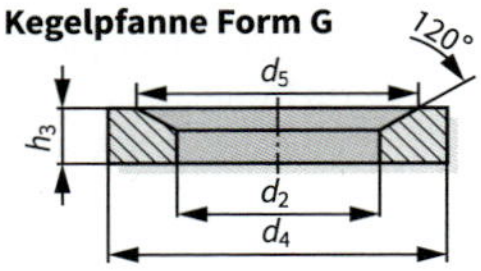

D		M 6	M 8	M 10	M 12	M 16	M 20	M 24	M 27[1]	M 30
d_1	h 13	14	18	22	25	31	37	45	50	58
d_2	h 14	7	9	11,5	14	18	22	26	–	32
d_a	max	6,75	8,75	10,8	13	17,3	21,6	25,9	29,1	32,4
r		9	11	15	17	22	27	32	–	41
m	js15	9	12	15	18	24	30	36	40	45
a	js14	3	3,5	4	4	5	6	6	7	8
e	≈	11,1	14,4	17,8	20	26,8	33,5	40	45,6	51,3
s		10	13	16	18	24	30	36	41	46
d_2	H 13	7,1	9,6	12	14,2	19	23,2	28	–	35
d_4		17	24	30	36	44	50	60	–	68
d_5		11	14,5	18,5	20	26	31	37	–	49
h_3		4	5	5	6	7	8	10	–	12

Werkstoff für Sechskantmuttern nach DIN 6330 und DIN 6331:
Festigkeitsklasse 8, Härte 188 … 302 HV30, Produktklasse A2
Festigkeitsklasse 10, Härte 240 … 302 HV30, Produktklasse A2

Werkstoff für Kegelpfannen nach DIN 6319: Vergütungsstahl

Sechskantmutter DIN 6331–BM12–10
Bezeichnung einer Sechskantmutter mit Bund, *D* = M 12

Kegelpfanne DIN 6319 – G 12
Bezeichnung einer Kegelpfanne Form G, d_2 = 12 mm

[1] nur DIN 6331

Nutmuttern, Kreuzlochmuttern

DIN 1804: 1971-03; DIN 1816: 1971-03

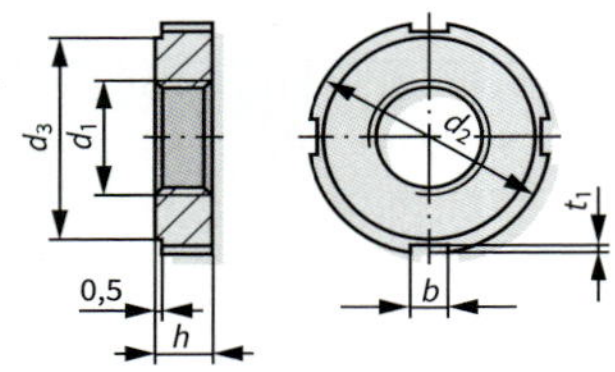

Nutmutter DIN 1804
Zugehöriges Sicherungsblech nach DIN 462

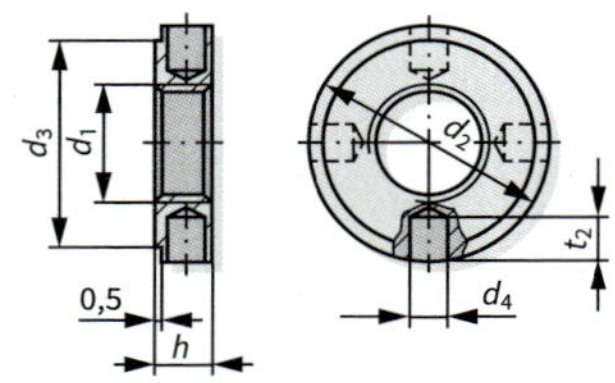

Kreuzlochmutter DIN 1816

d_1	d_2	d_3	d_4	*h*	*b*	t_1	t_2
M 16 × 1,5	32	27	4	7	5	2	6
M 20 × 1,5	36	30	4	8	6	2,5	6
M 24 × 1,5	42	36	4	9	6	2,5	6
M 28 × 1,5	50	43	5	10	7	3	7
M 30 × 1,5	50	43	5	10	7	3	7
M 32 × 1,5	52	45	5	11	7	3	7
M 35 × 1,5	55	48	5	11	7	3	7
M 40 × 1,5	62	54	6	12	8	3,5	8
M 42 × 1,5	62	54	6	12	8	3,5	8
M 45 × 1,5	68	60	6	12	8	3,5	8
M 50 × 1,5	75	67	6	13	8	3,5	10
M 60 × 1,5	90	80	6	13	10	4	10

Nutmutter DIN 1804 – M 40 × 1,5 – h
Bezeichnung einer Nutmutter d_1 = M 40 × 1,5, gehärtet

Ausführungen:
w = ungehärtet und ungeschliffen
h = gehärtet und Planflächen geschliffen

Verschlussschrauben mit Bund und Außensechskant

DIN 910: 2020-02

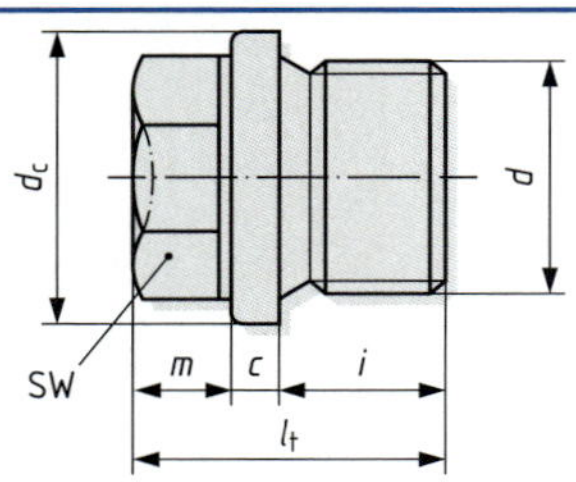

Gewinde *d*	M10 x 1	M12 x 1,5	G 1/4	M16 x 1,5	G 3/8	M20 x 1,5	G 1/2	M24 x 1,5	G 3/4	M30 x 1,5	M36 x 1,5
d_c	14	17	18	21	22	25	26	29	32	36	42
c	3	3	3	3	3	4	4	4	4	4	5
i	8	12	12	12	12	14	14	14	16	16	16
l_t	17	21	21	21	21	26	26	26	30	30	32
m	6	6	6	6	6	8	8	8	10	10	11
SW	10	13	13	16	16	18	18	21	24	24	27

Werkstoffe: Stahl, A1 – A5,
Al1 – Al6, Cu1 – Cu7

Verschlussschraube DIN 910 – M20 x 1,5 – St: Bezeichnung einer Verschlussschraube in Regelausführung mit Gewinde *d* = M20 x 1,5 aus Stahl (St)

Senkdurchmesser für Schrauben mit Zylinderkopf

DIN 974-1: 2008-02

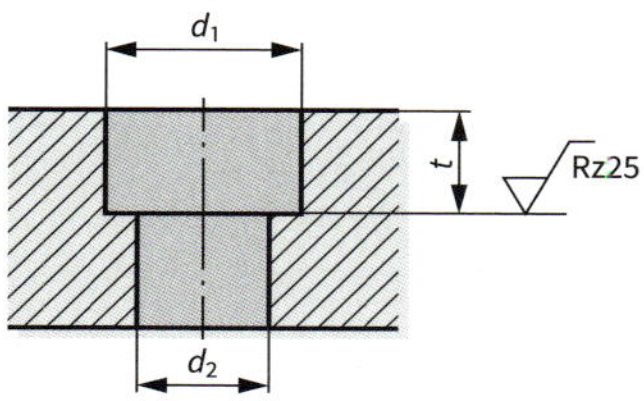

Gewinde-Nenndurchmesser *d*	Zugabe
von 1 bis 1,4	0,2
über 1,4 bis 6	0,4
über 6 bis 20	0,6
über 20 bis 27	0,8
über 27 bis 100	1,0

Beispiel zur Ermittlung der Senktiefe t für eine Zylinderschraube DIN EN ISO 4762 – M 12 × 60 – 12.9 mit Scheibe DIN 433–13–HV300:

Maximale Kopfhöhe: $k_{max} = 12$ mm
Maximale Scheibendicke: $h_{max} = 2{,}2$ mm
Zugabe: 0,6 mm

$$t = k_{max} + h_{max} + \text{Zugabe}$$

$t = 12\text{ mm} + 2{,}2\text{ mm} + 0{,}6\text{ mm} = 14{,}8\text{ mm}$

Gewinde-Nenn-Ø *d*	d_2	Senkdurchmesser d_1 H 13 – ohne Unterlegteile Reihe 1	Reihe 2	Schrauben mit Unterlegteilen Reihe 4	Reihe 5	Reihe 6
1	1,2	2,2	–	–	–	–
1,2	1,4	2,5	–	–	–	–
1,4	1,6	3	–	–	–	–
1,6	1,8	3,5	3,5	–	–	–
1,8	2,1	3,8	–	–	–	–
2	2,4	4,4	5	5,5	6	6
2,5	2,9	5,5	6	6	7	7
3	3,4	6,5	7	7	9	8
3,5	3,9	6,5	8	8	9	9
4	4,5	8	9	9	10	10
5	5,5	10	11	11	13	13
6	6,6	11	13	13	15	15
8	9	15	18	16	18	20
10	11	18	24	20	24	24
12	13,5	20	–	24	26	33
14	15,5	24	–	26	30	40
16	17,5	26	–	30	33	43
18	20	30	–	33	36	46
20	22	33	–	36	40	48
22	24	36	–	40	43	54
24	26	40	–	43	48	58
27	30	46	–	46	54	63
30	33	50	–	54	61	73
33	36	54	–	–	63	–
36	39	58	–	63	69	–

Reihe 1 für Schrauben[1] nach DIN EN ISO 1207, DIN EN ISO 4762, DIN 6912 und DIN 7984 ohne Unterlegteile
Reihe 2 für Schrauben[1] nach DIN ISO 1580 und DIN ISO 7045 ohne Unterlegteile
Reihe 4 für Schrauben mit Zylinderkopf mit Unterlegteilen nach DIN 433-1 und 2, DIN 6902 Form C, DIN 137 Form A, DIN 128, DIN 6905, DIN 6797, DIN 6798 und DIN 6907
Reihe 5 für Schrauben mit Zylinderkopf mit Unterlegteilen nach DIN 125-1 und 2, DIN 6902 Form A, DIN 137 Form B und DIN 6904
Reihe 6 für Schrauben mit Zylinderkopf mit Spannscheiben nach DIN 6796 und DIN 6908

[1] Gilt auch für gewindeschneidende Schrauben nach DIN 7513 und DIN 7516 und gewindefurchende Schrauben nach DIN 7500-1, soweit sie Köpfe nach den angegebenen Maßnormen für Schrauben haben.

Normenübersicht

Senkdurchmesser für Sechskantschrauben und Sechskantmuttern

DIN 974-2: 1991-05

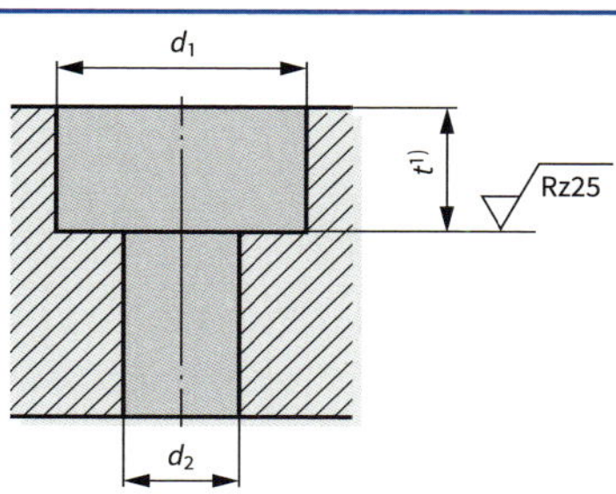

Reihe 1: für Steckschlüssel nach DIN 659, DIN 896, DIN 3112, DIN 3124
Reihe 2: für Ringschlüssel nach DIN 838, DIN 897, DIN 3129
Reihe 3: für Ansenkungen bei beengten Raumverhältnissen (nicht für Spannscheiben)

[1] siehe DIN 974-1

Gewinde-Nenn-Ø *d*	d_2 H13	Schlüssel-weite S	d_1 H13 Reihe 1	Reihe 2	Reihe 3
4	4,5	7	13	15	10
5	5,5	8	15	18	11
6	6,6	10	18	20	13
8	9	13	24	26	18
10	11	16	28	33	22
12	13,5	18	33	36	26
14	15,5	21	36	43	30
16	17,5	24	40	46	33
20	22	30	46	54	40
24	26	36	58	73	48
27	30	41	61	76	54
30	33	46	73	82	61
33	36	50	76	89	69
36	39	55	82	93	73
42	45	65	98	107	82

Senkungen für Senkschrauben

DIN 74: 2020-01

Form A

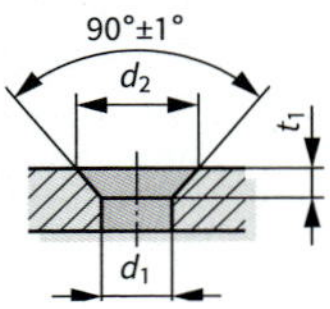

	Gewinde-Ø	1,6	2	2,5	3	4	4,5	5	6	7	8
Form A	d_1 H13[1]	1,8	2,4	2,9	3,4	4,5	5	5,5	6,6	7,6	9
	d_2 H13	3,7	4,6	5,7	6,5	8,6	9,5	10,4	12,4	14,4	16,4
	$t_1 \approx$	0,9	1,1	1,4	1,6	2,1	2,3	2,5	2,9	3,3	3,7

Form E

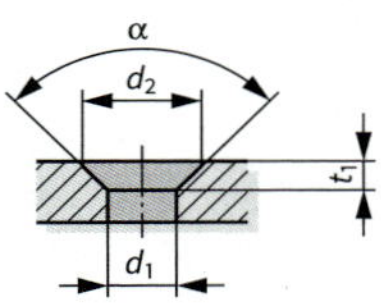

	Gewinde-Ø	10	12	16	20	22	24
Form E	d_1 H13[1]	10,5	13	17	21	23	25
	d_2 H13	19	24	31	34	37	40
	$t_1 \approx$	5,5	7	9	11,5	12	13
	α	75° ± 1°			60° ± 1°		

Form F

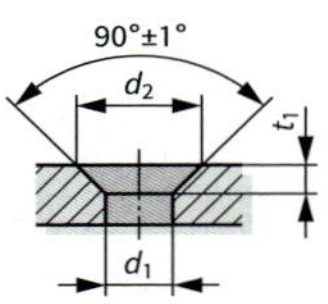

	Gewinde-Ø	3	4	5	6	8	10	12	14	16	20
Form F	d_1 H13[1]	3,4	4,5	5,5	6,6	9	11	13,5	15,5	17,5	22
	d_2 H13	6,9	9,2	11,5	13,7	18,3	22,7	27,2	31,2	34,0	40,7
	$t_1 \approx$	1,8	2,3	3,0	3,6	4,6	5,9	6,9	7,8	8,2	9,4

Form A: Senkholzschrauben DIN 97, DIN 7997
Linsensenk-Holzschrauben DIN 35, DIN 7995
Form E: für Senkschrauben für Stahlkonstruktionen DIN 7969
Form F: für Senkschrauben mit Innensechskant nach DIN EN ISO 10 642

Senkung DIN 74 – A8
Bezeichnung einer Senkung Form A mit Durchgangsloch mittel für Gewindedurchmesser 8 mm

[1] Durchgangsloch mittel nach DIN EN 20 273

Zeichnungseintragungen

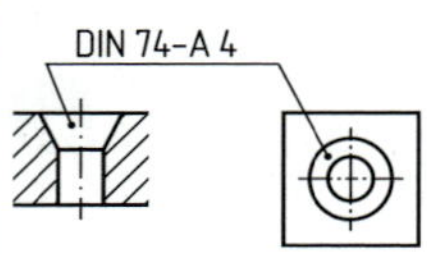

bei Anwendung von Kurzbezeichnung

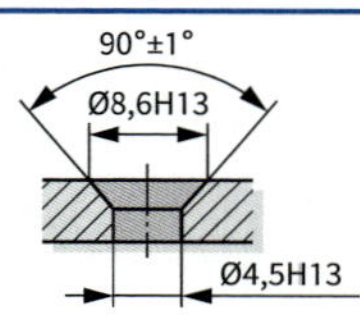

bei Angabe des Senkdurchmessers

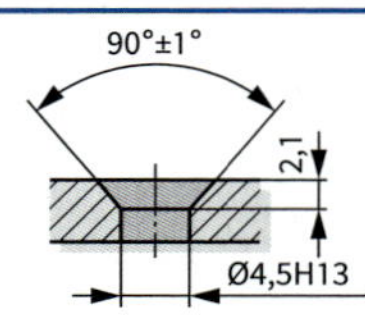

bei Angabe der Senktiefe

Senkungen für Senkschrauben mit Kopfform nach ISO 7721

DIN EN ISO 15 065: 2005-05

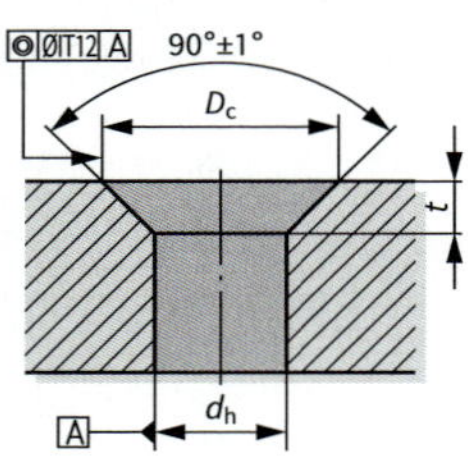

Durchgangsloch d_h nach DIN EN 20 273

Nenngröße	2	3	4	5	6	8	10
Metrische Schrauben	M2	M3	M4	M5	M6	M8	M10
Blech-schrauben	ST2,2	ST2,9	ST4,2	ST4,8	ST6,3	ST8	ST9,5
d_h (mittel) H 13	2,4	3,4	4,5	5,5	6,6	9	11
D_C	4,4	6,3	9,4	10,4	12,6	17,3	20
$t \approx$	1,05	1,55	2,55	2,58	3,13	4,28	4,65

Senkungen für Schrauben nach:
DIN ISO 1482, DIN ISO 1483, DIN ISO 2009, DIN ISO 2010, ISO 15 482, ISO 15 483, ISO 14 584 DIN ISO 7046, DIN ISO 7047, DIN ISO 7050, DIN ISO 7051, ISO 14 586, ISO 14 587

Senkung ISO 15 065 – 5
Bezeichnung einer Senkschraube mit Kopfform nach ISO 7721 mit metrischem Gewinde M 5 oder Blechschraubengewinde St 4,8

Flache Scheiben mit Fase, normale Reihe, Produktklasse A

DIN EN ISO 7090: 2000-11

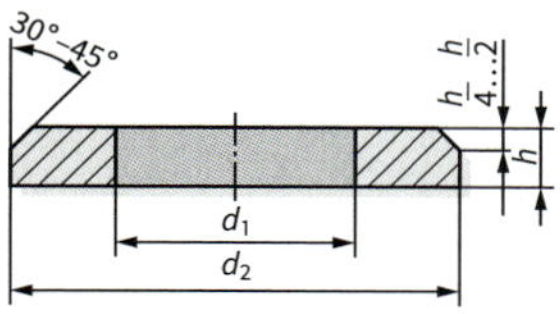

Anwendungsbereiche für Härteklasse 200 HV:
- Sechskantschrauben mit Festigkeitsklassen ≤ 8.8
- Sechskantmuttern mit Festigkeitsklassen ≤ 8
- Sechskantschrauben und -muttern aus nichtrostendem Stahl

Härteklasse 300 HV:
- Sechskantschrauben mit Festigkeitsklassen ≤ 10.9
- Sechskantmuttern mit Festigkeitsklassen ≤ 10

Nenngröße	5	6	8	10	12	16	20
Gewindenenn-Ø	M5	M6	M8	M10	M12	M16	M20
$d_{1\,min}$ (Nennmaß)	5,3	6,4	8,4	10,5	13,0	17,0	21,0
$d_{2\,max}$ (Nennmaß)	10,0	12,0	16,0	20,0	24,0	30,0	37,0
h	0,9 – 1,1	1,4 – 1,8	1,4 – 1,8	1,8 – 2,2	2,3 – 2,7	2,7 – 3,3	2,7 – 3,3
Nenngröße	24	30	36	42	48	56	64
Gewindenenn-Ø	M24	M30	M36	M42	M48	M56	M64
$d_{1\,min}$ (Nennmaß)	25,0	31,0	37,0	45,0	52,0	62,0	70,0
$d_{2\,max}$ (Nennmaß)	44,0	56,0	66,0	78,0	92,0	105,0	115,0
h	3,7 – 4,3	3,7 – 4,3	4,4 – 5,6	7 – 9	7 – 9	9 – 11	9 – 11
Werkstoffe[1)]	Stahl			nichtrostender Stahl			
Stahlsorte	–			A2, A4, F1, C1, C4 (ISO 3506-1)			
Härteklasse	200 HV	300 HV (vergütet)		200 HV			

Scheibe ISO 7090 – 10 – 200 HV – A 4
Bezeichnung einer flachen Scheibe mit Fase, Produktklasse A, mit der Nenngröße 10 aus nichtrostendem Stahl der Stahlsorte A4, Härteklasse 200 HV

1) andere Metalle nach Vereinbarung

Flache Scheiben, normale Reihe, Produktklasse C

DIN EN ISO 7091: 2019-04

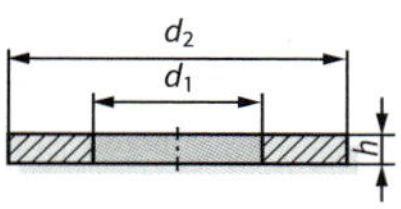

Werkstoff: Stahl;
Härteklasse 100 HV

Nenngröße	4	5	6	8	10	12	16	20	24	30	36	42	48
Gewindenenn-Ø	M4	M5	M6	M8	M10	M12	M16	M20	M24	M30	M36	M42	M48
$d_{1\,min}$ (Nennmaß)	4,5	5,5	6,6	9	11	13,5	17,5	22	26	33	39	45	52
$d_{2\,max}$ (Nennmaß)	9	10	12	16	20	24	30	37	44	56	66	78	92
h (Nennmaß)	0,8	1	1,6	1,6	2	2,5	3	3	4	4	5	8	8

Scheibe ISO 7091 – 8 – 100 HV
Bezeichnung einer Scheibe mit Nenn-Ø 8 mm

Flache Scheiben, kleine Reihe, Produktklasse A

DIN EN ISO 7092: 2019-05

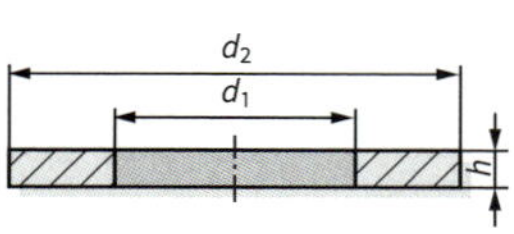

Anwendungsbereich für HV 200: Zylinderschrauben der Festigkeitsklassen ≤ 8.8 oder nichtrostender Stahl

Anwendungsbereich für HV 300: Zylinderschrauben der Festigkeitsklassen ≤ 10.9

Nenngröße	3	4	5	6	8	10	12	16	20	24	30	36
Gewindenenn-Ø	M3	M4	M5	M6	M8	M10	M12	M16	M20	M24	M30	M36
$d_{1\,min}$ (Nennmaß)	3,2	4,3	5,3	6,4	8,4	10,5	13	17	21	25	31	37
$d_{2\,max}$ (Nennmaß)	6	8	9	11	15	18	20	28	34	39	50	60
h (Nennmaß)	0,5	0,5	1	1,6	1,6	1,6	2	2,5	3	4	4	5
Werkstoffe[1)]	Stahl					nichtrostender Stahl						
Stahlsorte	–					A2, A4, F1, C1, C4 (SO 3506-1)						
Härteklasse	200 HV	300 HV (vergütet)				200 HV						

Scheibe ISO 7092 – 10 – 200 HV – A2
Bezeichnung einer flachen Scheibe, kleine Reihe, Produktklasse A, Nenngröße 10 mm, nichtrostender Stahl A2, Härteklasse 200 HV

1) andere Metalle nach Vereinbarung

Scheiben, Produktklasse A, für Bolzen nach DIN EN 22 340 und 22 341

DIN EN 28 738: 1992-10

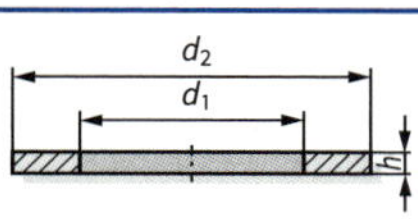

Werkstoff: Stahl, 160–250 HV

d_1 H11 (mittel)	5	6	8	10	12	14	16	20	22	24	25	27	30	40	50	60	80
d_2	10	12	15	18	20	22	24	30	34	37	39	40	44	56	66	78	98
h	1	1,6	2	2,5	3	3	3	4	4	4	4	5	5	6	8	10	12
Für Bolzen-Ø	5	6	8	10	12	14	16	20	22	24	25	27	30	40	50	60	80

Scheibe ISO 8738 – 20 – 180 HV: Bezeichnung einer Scheibe mit d_{1min} = 20 mm und der Härteklasse 180 HV

Scheiben vierkant, keilförmig, für U-Träger
Scheiben vierkant, keilförmig, für I -Träger

DIN 434: 2000-04
DIN 435: 2000-01

DIN 434

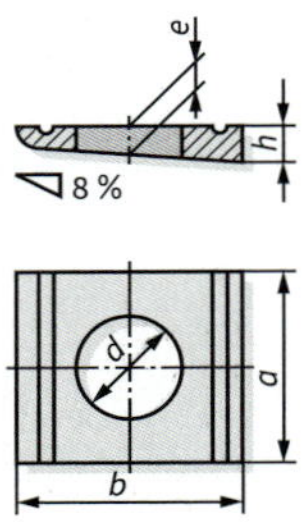

DIN 435

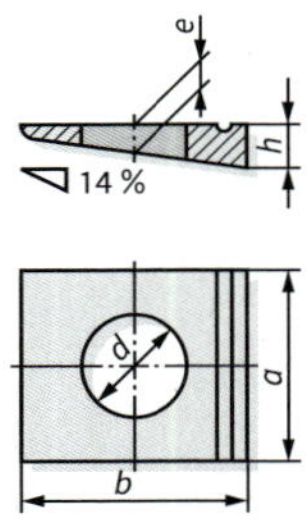

Scheiben für Schraubenverbindungen bis Festigkeitsklasse 5.6

8 %	$e = h - 0{,}04 \cdot b$
14 %	$e = h - 0{,}07 \cdot b$

DIN 434 und DIN 435				DIN 434		DIN 435	
d [1]	für Gewinde	a [2]	b [2]	h [2]	e	h [2]	e
9	M 8	22	22	3,8	2,9	4,6	3,05
11	M 10	22	22	3,8	2,9	4,6	3,05
13,5	M 12	26	30	4,9	3,7	6,2	4,1
17,5	M 16	32	36	5,9	4,45	7,5	5
22	M 20	40	44	7	5,25	9,2	6,1
24	M 22	44	50	8	6	10	6,5
26	M 24	56	56	8,5	6,26	10,8	6,9
30	M 27	56	56	8,5	6,26	10,8	6,9

Werkstoff: St, Härte: 100 HV 10 … 250 HV 10

U-Scheibe DIN 434 – 22
Bezeichnung einer Scheibe für U-Träger und der Nenngröße 22

I-Scheibe DIN 435-11
Bezeichnung einer Scheibe für I-Träger und der Nenngröße 11

[1] Nenngröße; entspricht dem Maß d_{min}
[2] jeweils Nennmaße

Sicherungsscheiben (Haltescheiben) für Wellen

DIN 6799: 2017-06

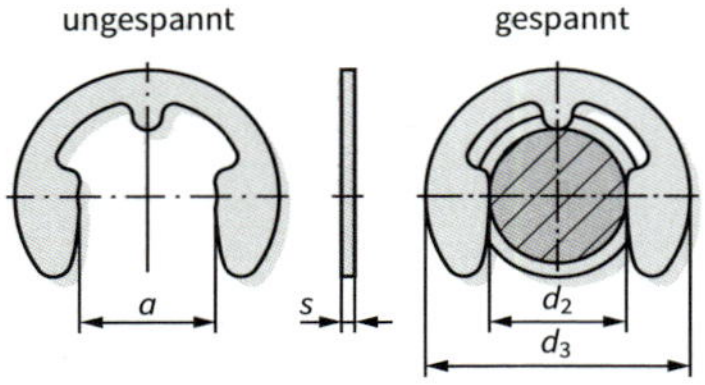

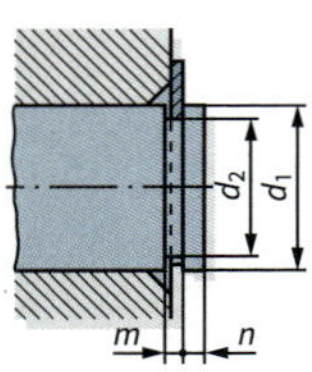

Nut-Ø d_2 Nennmaß	Wellen-Ø d_1		S.-Scheibe			Nut		
	von	bis	s	a	d_3	d_2	m	n
1,5	2	2,5	0,4	1,28	4,25	1,5	0,44	0,8
3,2	4	5	0,6	2,70	7,3	3,2	0,64	1
4	5	7	0,7	3,34	9,3	4	0,74	1,2
5	6	8	0,7	4,11	11,3	5	0,74	1,2
6	7	9	0,7	5,26	12,3	6	0,74	1,2
8	9	12	1	6,52	16,3	8	1,05	1,8
10	11	15	1,2	8,32	20,4	10	1,25	2
12	13	18	1,3	10,45	23,4	12	1,35	2,5
15	16	24	1,5	12,61	29,4	15	1,55	3
24	25	38	2	21,88	44,6	24	2,05	4
30	32	42	2,5	25,80	52,6	30	2,55	4,5

Werkstoff: Federstahl (FSt)
Sicherungsscheibe DIN 6799 – 6 – FSt
Bezeichnung einer Sicherungsscheibe für Nutdurchmesser $d_2 = 6$

Spannscheiben für Schraubenverbindungen

DIN 6796: 2009-08

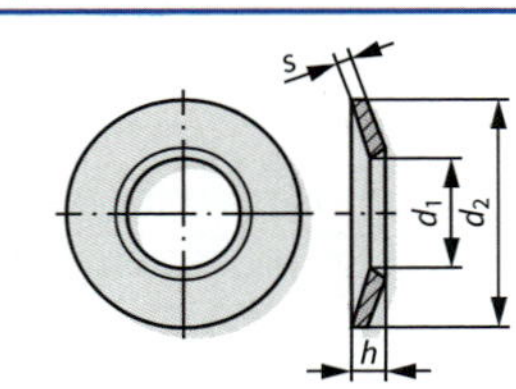

Spannscheiben dieser Norm sind mit kurzen Schrauben der Festigkeitsklassen 8.8 bis 10.9 zu verwenden.

Größe [1]		4	5	6	8	10	12	14	16	18	20
d_1	H14	4,3	5,3	6,4	8,4	10,5	13	15	17	19	21
d_2	h14	9	11	14	18	23	29	35	39	42	45
s		1	1,2	1,5	2	2,5	3	3,5	4	4,5	5
h	max	1,3	1,55	2	2,6	3,2	3,95	4,65	5,25	5,8	6,4
h	min	1,12	1,35	1,7	2,24	2,8	3,43	4,04	4,58	5,08	5,6

Werkstoff: Federstahl (FSt)
Spannscheibe DIN 6796 – 10 – FSt
Bezeichnung einer Spannscheibe von der Größe 10 aus Federstahl
[1] entspricht Gewindenenndurchmesser

Federringe[2)]

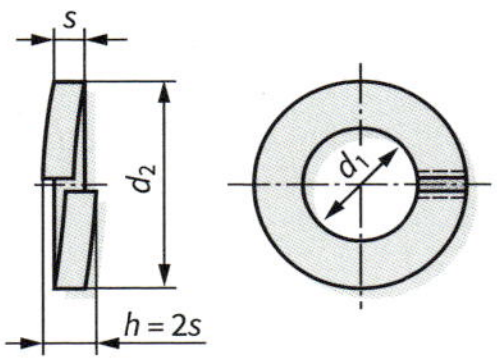

Größe[1)]	3	4	5	6	8	10	12	14	16	18	20	22	24	27	30
d_1 min	3,1	4,1	5,1	6,1	8,1	10,2	12,2	14,2	16,2	18,2	20,2	22,5	24,5	27,5	30,5
d_2 max	6,2	7,6	9,2	11,8	14,8	18,1	21,1	24,1	27,4	29,4	33,6	35,9	40	43	48,2
s	0,7	0,8	1,0	1,3	1,6	1,8	2,1	2,4	2,8	2,8	3,2	3,2	4,0	4,0	6,0

Werkstoff: Federstahl (FSt)
Federring DIN 128 – D 6,1 – FSt
Bezeichnung eines Federringes für Schraube M 6
Federringe dieser Norm sind mit Schrauben der Festigkeitsklasse ≤ 8.8 zu verwenden.

[1)] Auch Gewindedurchmesser

Federscheiben, gewölbt oder gewellt[2)]

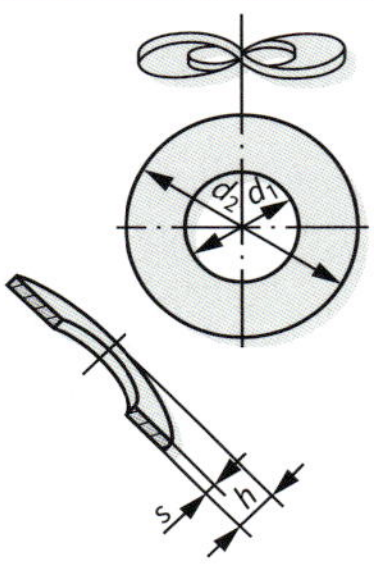

	Größe[1)]	4	5	6	8	10	12	14	16	18	20	24	27	30	33	36
	d_1 H14	4,3	5,3	6,4	8,4	10,5	13	15	17	19	21	25	28	31	34	37
Form B	d_2	9	11	12	15	21	24	28	30	34	36	44	50	56	60	68
	h_{min}	1	1,1	1,3	1,5	2,1	2,5	3	3,2	3,3	3,7	4,1	4,7	5,0	5,3	5,8
	h_{max}	2	2,2	2,6	3	4,2	5	6	6,4	6,6	7,4	8,2	9,4	10,0	10,6	11,6
	s	0,5	0,5	0,5	0,8	1	1,2	1,6	1,6	1,6	1,6	1,8	2	2,2	2,2	2,5

Werkstoff: Federstahl (FSt)
Federscheibe DIN 137 – B 14 – FSt
Bezeichnung einer Federscheibe Form B von der Größe 14 aus Federstahl

Federscheiben dieser Norm sind mit Schrauben der Festigkeitsklassen < 5.8 zu verwenden.

Zahnscheiben[2)]

Form A außenverzahnt

$h \geq 2s_1$

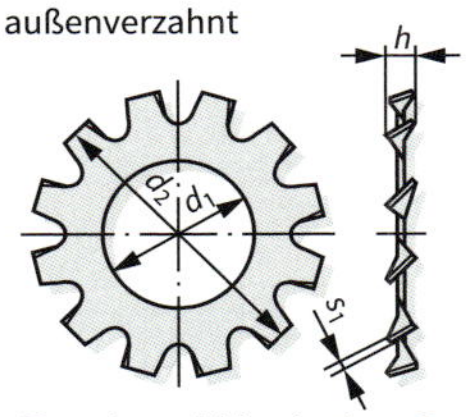

Form J innenverzahnt

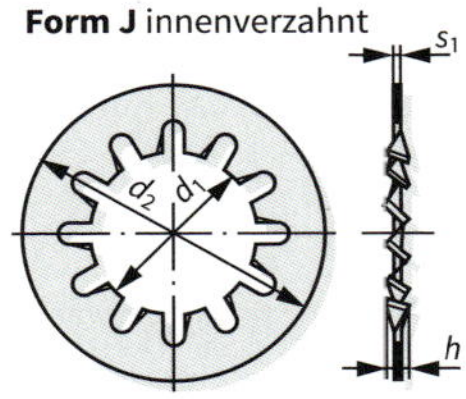

Form V versenkbar

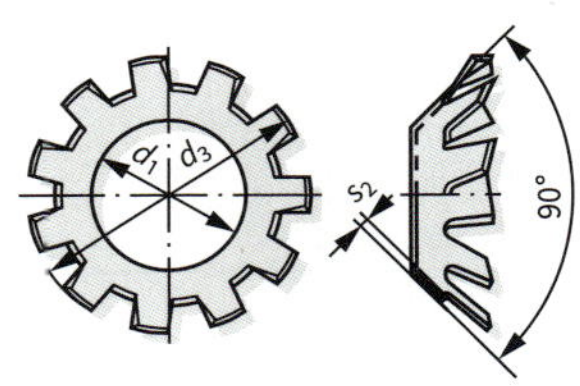

Werkstoff: Federstahl (FSt), Abmaße siehe Fächerscheiben
Zahnscheibe DIN 6797 – A 6,4 – FSt
Bezeichnung einer Zahnscheibe, Form A, $d_1 = 6,4$

Fächerscheiben[2)]

Form A außenverzahnt

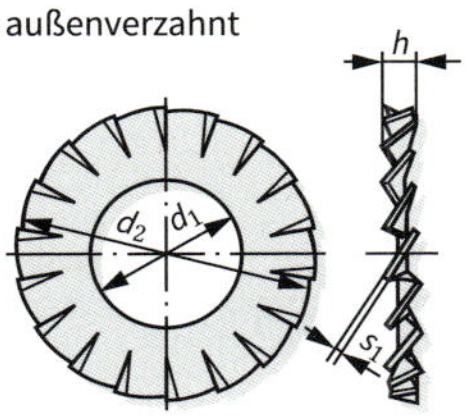

$h \approx 3s_1$

Form J innenverzahnt

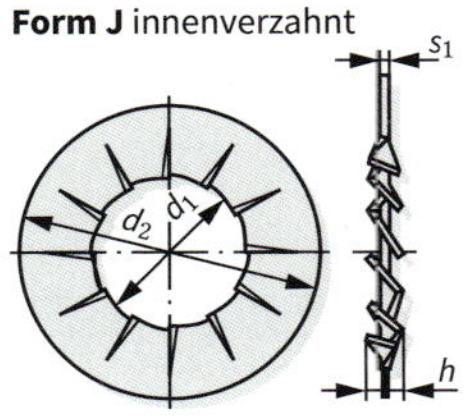

Form V versenkbar

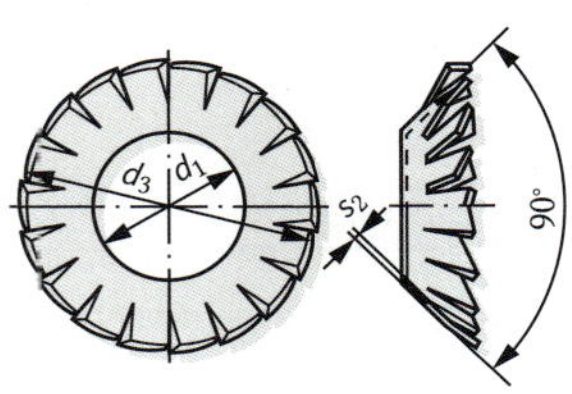

Werkstoff: Federstahl (FSt)
Fächerscheibe DIN 6798 – A 6,4 – FSt
Bezeichnung einer Fächerscheibe, Form A, $d_1 = 6,4$

d_1	4,3	5,3	6,4	8,4	10,5	13	15	17	19	21	23	25
d_2	8	10	11	15	18	20,5	24	26	30	33	36	38
d_3	8	9,8	11,8	15,3	19	23	26,2	30,2	–	–	–	–
s_1	0,5	0,6	0,7	0,8	0,9	1	-	1,2	1,4	1,4	1,5	1,5
s_2	0,25	0,3	0,4	0,4	0,5	0,5	0,6	0,6	–	–	–	–

[1)] Auch Gewindedurchmesser

[2)] Die Normen für Federringe, Federscheiben, Zahnscheiben und Fächerscheiben sind zurückgezogen, da diese Schraubensicherungen bei dynamischer Belastung als nicht sicher gelten. Die Bauteile können jedoch häufig als sogenannte Verliersicherung eingesetzt werden.

Sicherungsbleche mit Innennase für Nutmuttern nach DIN 1804

DIN 462: 1973-09

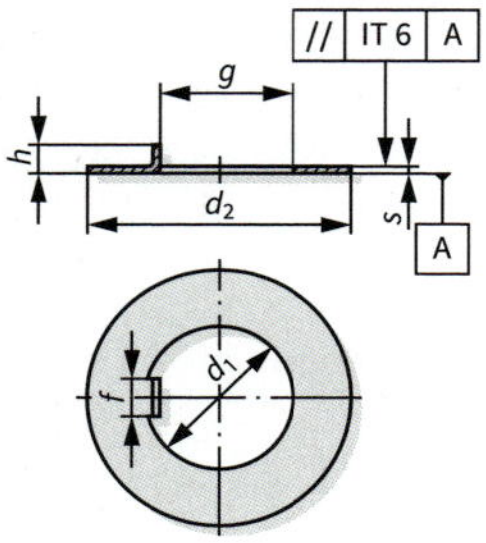

Sicherungsblech						Nut	
d_1 H11	d_2 h11	s	f c11	g H11	h	n H11	t max
10	25	0,8	4	7,4	3	4	7,3
12	28		5	9,3		5	9,2
14	30			11,4			11,3
16	32	1		13,5	4		13,4
18	34		6	15,4		6	15,3
20	36			17,5			17,4
22	40			19,5			19,4
24	42			21,6			21,5
26	45		7	23,5	5	7	23,4
28	50			25,5			25,4
30		1,2		27,5			27,4
32	52			29,6			29,5
35	55			32,6			32,5
38	58		8	35,3		8	35,2
40	62			37,3			37,2
42				39,3			39,2
45	68			42,4			42,2
48	75			45,4			45,2
50				47,4			47,2
60	90	1,5	10	57,3	6	10	62,2

Einbau- und Anschlussmaße

Nutmutter nach DIN 1804

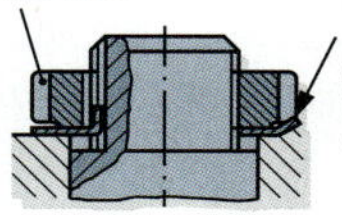

Der Blechrand ist nach dem Festziehen der Nutmutter in eine Nut einzubördeln.

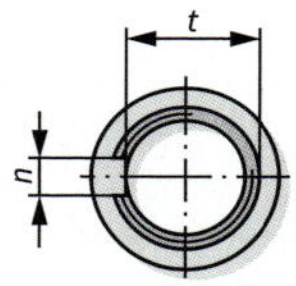

Nut im Gewindezapfen

Ohne Nutmutter und Sicherungsblech dargestellt.

Werkstoff: Band nach DIN EN 10 140

Sicherungsblech DIN 462 – 30

Bezeichnung eines Sicherungsbleches mit Innennase und Lochdurchmesser d_1 = 30 mm

Nutmuttern

DIN 70 852: 1989-06

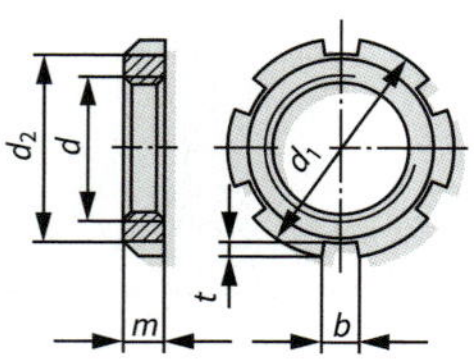

d	M 12 × 1,5	M 16 × 1,5	M 20 × 1,5	M 24 × 1,5	M 30 × 1,5	M 35 × 1,5	M 40 × 1,5	M 48 × 1,5	M 55 × 1,5	M 60 × 1,5
d_1	22	28	32	38	44	50	56	65	75	80
d_2	18	23	27	32	38	43	49	57	67	71
m	6	6	6	7	7	8	8	8	8	9
b	4,5	5,5	5,5	6,5	6,5	7	7	8	8	11
t	1,8	2,3	2,3	2,8	2,8	3,3	3,3	3,8	3,8	4,3

Werkstoff: St

Nutmutter DIN 70 852 – M 24 × 1,5 – St

Bezeichnung einer Nutmutter mit Gewinde M 24 × 1,5

Sicherungsbleche

DIN 70 952: 1976-05

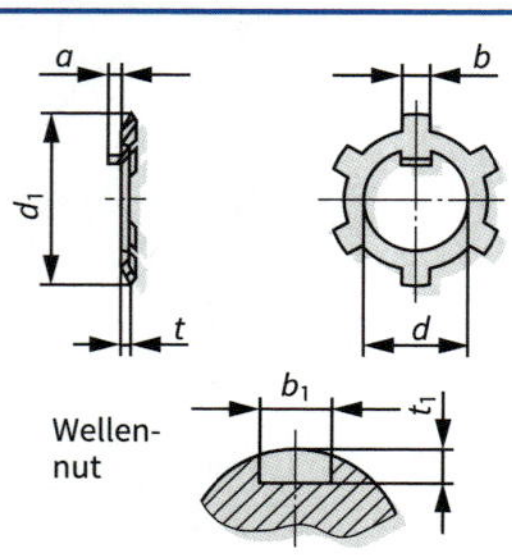

d	12	16	20	24	30	35	40	48	55	60
d_1	24	29	35	40	48	53	59	67	79	83
t	0,75	1	1	1	1,2	1,2	1,2	1,2	1,2	1,5
a	3	3	4	4	5	5	5	5	6	6
b	4	5	5	6	7	7	8	8	10	10
b_1 C11	4	5	5	6	7	7	8	8	10	10
t_1	1,2	1,2	1,2	1,2	1,5	1,5	1,5	1,5	1,5	2

Werkstoff: St (Stahlblech)

Sicherungsblech DIN 70 952 – 24 – St

Bezeichnung eines Sicherungsbleches für Nutmuttern (DIN 70 852) M24

Mitverspannte federnde Elemente	Sicherungseigenschaften			
	Erhaltung der Vorspannung	gegen Verlieren	Verletzung der Oberfläche	Wiederverwendbarkeit
Federring DIN 128[1] Federscheibe DIN 137[1] Spannscheibe DIN 6796 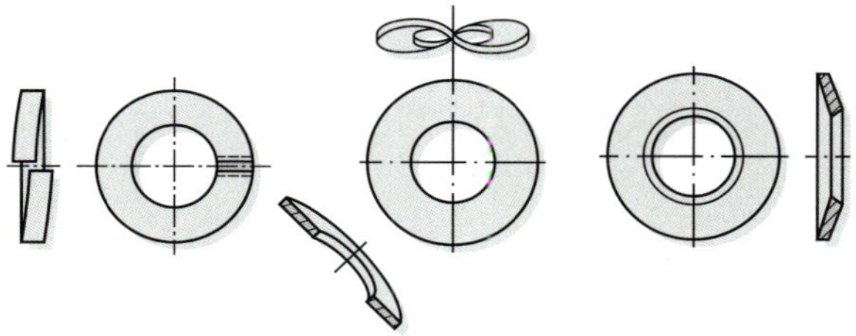	ausreichend bis mangelhaft	ausreichend bis mangelhaft	wenig bis stark	gut bis ausreichend
Formschlüssige Elemente				
Sicherungsblech DIN 462[1] Sicherungsblech DIN 93[1] Kronenmutter DIN 935 (auch mit Splint DIN EN ISO 1234) 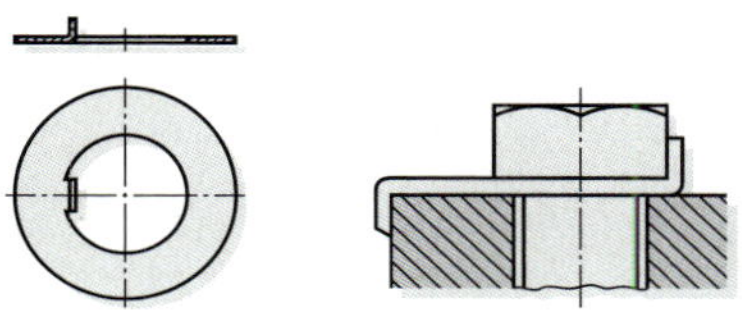	befriedigend bis ausreichend	gut bis ausreichend	keine bis gering	befriedigend bis mangelhaft
Klemmende Elemente				
Muttern mit Klemmteil Kontermuttern DIN ISO 4035 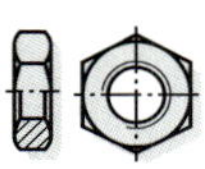 DIN ISO 7040 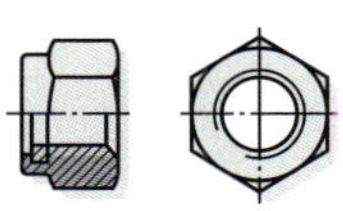 DIN EN 1663 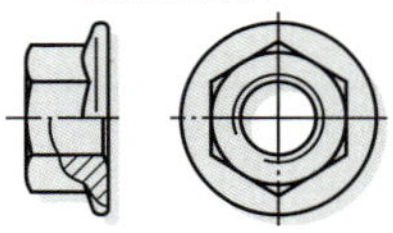 DIN ISO 7042 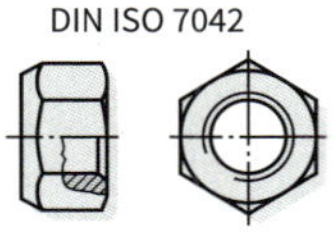 DIN ISO 10511 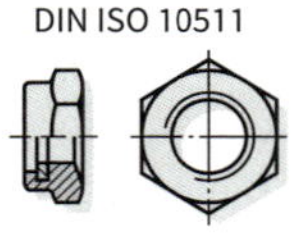	befriedigend bis ausreichend	sehr gut bis gut	keine bis gering	gut bis ausreichend
Sperrende Elemente				
Fächerscheiben DIN 6798[1] Sperrkantscheiben Sperrzahnschrauben 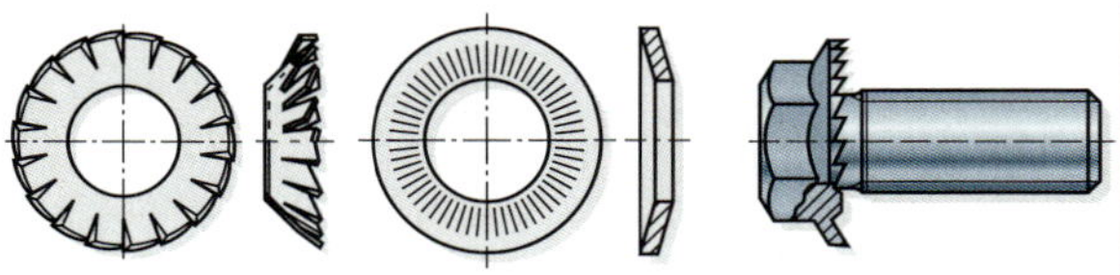	sehr gut bis gut	sehr gut bis gut	gering bis stark	gut bis ausreichend
Klebende Elemente				
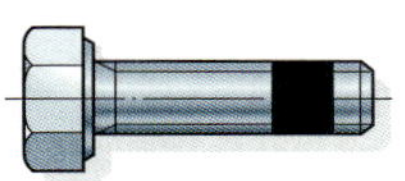 Klemmende Beschichtung „KL" DIN 267-28 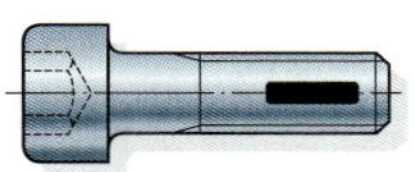 Klebende (stoffschlüssige) Verbindung „MK/MKL" DIN 267-27	sehr gut bis gut	sehr gut bis gut	keine bis gering	ausreichend bis mangelhaft

[1] nicht mehr genormt

Runddraht-Sprengringe

DIN 9925: 2019-12; DIN 9926: 2019-12

Form A für Wellen: DIN 9925

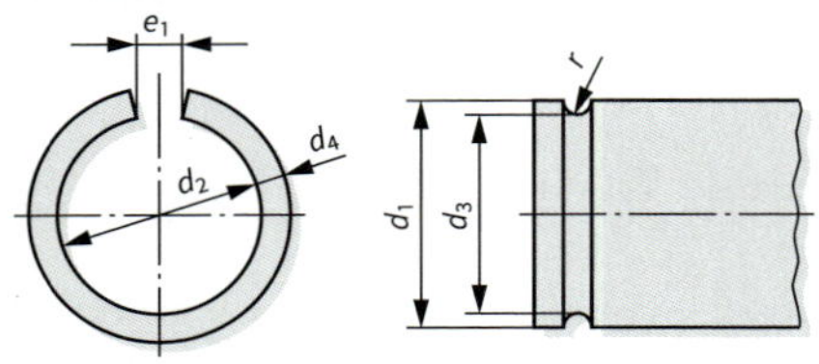

Form B für Bohrungen: DIN 9926

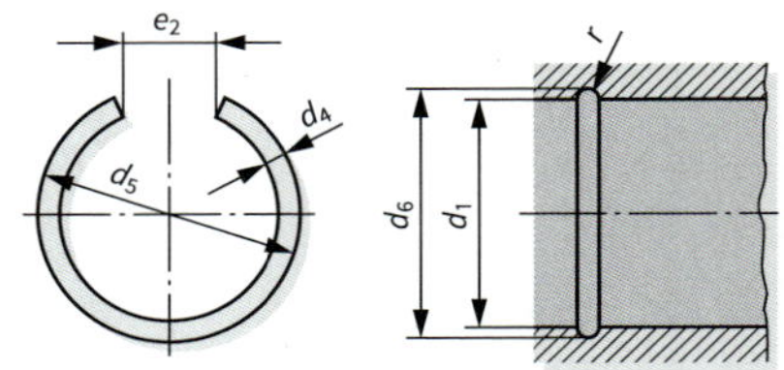

Werkstoff: Federstahldraht nach DIN EN 10 270-1
Sprengring DIN 9925 – 30
Bezeichnung für Sprengring, Wellendurchmesser $d_1 = 30$

[1] gemittelter Wert

d_1	d_2 [1]	d_3	d_4	d_5	d_6	e_1	e_2	r		d_1	d_2 [1]	d_3	d_4	d_5	d_6	e_1	e_2	r
						≈	≈	A	B							≈	≈	
4	3,3	3,5	0,5	–	–	1	–	0,3	–	24	21,5	22	2	26,3	26	3	10	1,1
5	4,3	4,5	0,5	–	–	1	–	0,3	–	25	22,5	23	2	27,3	27	3	10	1,1
6	5,2	5,4	0,6	–	–	1	–	0,4	–	26	23,5	24	2	28,3	28	3	10	1,1
7	6,15	6,4	0,6	7,9	7,6	2	4	0,4		28	25,5	26	2	30,3	30	3	10	1,1
8	7,0	7,2	0,8	8,9	8,6	2	4	0,5		30	27,5	28	2	32,3	32	3	10	1,1
10	9,0	9,2	0,8	10,9	10,8	2	4	0,5		32	28,8	29,5	2,5	34,9	34,5	4	12	1,4
12	10,6	11	1	13,2	13	3	6	0,6		35	31,8	32,5	2,5	37,9	37,5	4	12	1,4
14	12,6	13	1	15,2	15	3	6	0,6		38	34,8	35,5	2,5	40,9	40,5	4	12	1,4
16	14,0	14,4	1,6	17,8	17,6	3	8	0,9		40	36,8	37,5	2,5	42,9	42,5	4	12	1,4
18	16,0	16,4	1,6	19,8	19,6	3	8	0,9		42	38,6	39,5	2,5	45	44,5	4	16	1,4
20	17,5	18	2	22,3	22	3	10	1,1		45	41,6	42,5	2,5	48	47,5	4	16	1,4
22	19,5	20	20	24,3	24	3	10	1,1		48	44,6	45,5	2,5	51	50,5	4	16	1,4

Stellringe

DIN 705: 2019-03

Form A
bis $d_1 = 70$ mit 1 Gewindestift
über $d_1 = 70$ mit 2 Gewindestiften

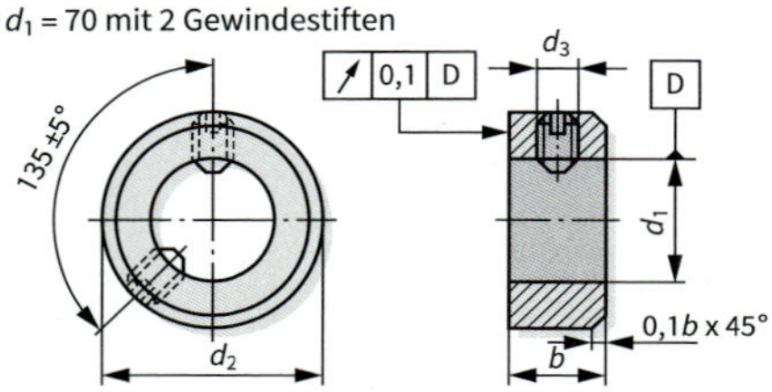

Form B
nur bis $d_1 = 150$
übrige Maße und Angaben wie Form A

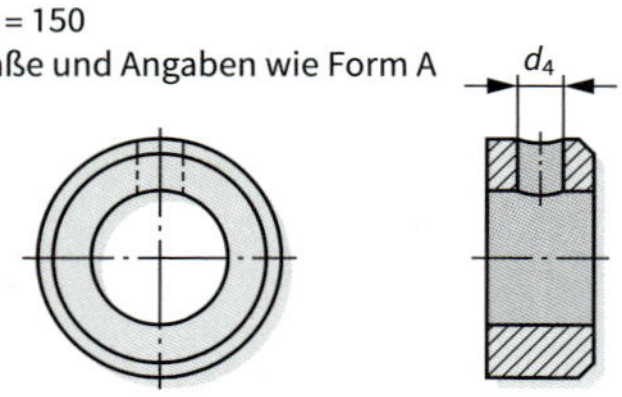

Form C
bis $d_1 = 70$ mit 1 Gewindestift
über $d_1 = 70$ mit 2 Gewindestiften

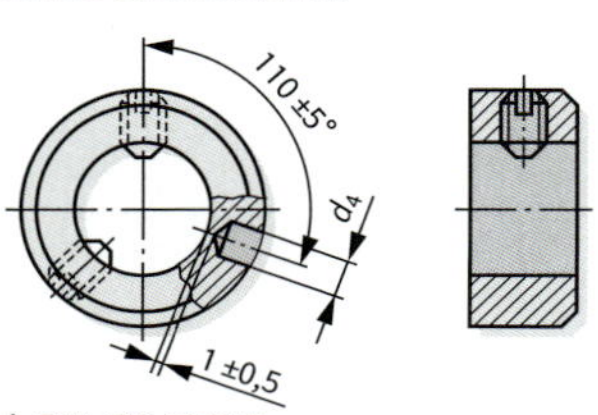

Kanten nach DIN ISO 13 715

d_1 H8	d_2	d_3	d_4	b	Gew.-Stift	Kerbstift	Kegelstift
10	20	M 5	3	10	M 5 × 8	3 × 20	3 × 20
12	22	M 6	4	12	M 6 × 8	4 × 22	4 × 20
14	25	M 6	4	12	M 6 × 8	4 × 24	4 × 25
16	28	M 6	4	12	M 6 × 8	4 × 28	4 × 25
18	32	M 6	5	14	M 6 × 8	5 × 32	5 × 30
20	32	M 6	5	14	M 6 × 8	5 × 32	5 × 30
22	36	M 6	5	14	M 6 × 10	5 × 36	5 × 35
25	40	M 8	6	16	M 8 × 10	6 × 40	6 × 40
28	45	M 8	6	16	M 8 × 12	6 × 45	6 × 45
32	50	M 8	8	16	M 8 × 12	8 × 50	8 × 50
36	56	M 8	8	16	M 8 × 12	8 × 55	8 × 55
40	63	M 8	8	18	M 10 × 16	8 × 60	8 × 60
45	70	M 10	8	18	M 10 × 16	8 × 70	8 × 70
50	80	M 10	10	18	M 10 × 16	10 × 80	10 × 80
70	100	M 10	10	20	M 10 × 20	10 × 100	10 × 100
80	110	M 12	10	22	M 12 × 20	10 × 110	10 × 110
90	125	M 12	12	22	M 12 × 20	12 × 120	12 × 120
100	140	M 12	12	25	M 12 × 25	–	12 × 140
110	160	M 12	12	25	M 12 × 30	–	12 × 160

Werkstoff: Automatenstahl. DIN EN 10 087; nichtrostender Stahl, DIN EN 10 088-3, Nichteisenmetall, DIN EN 28 839

Die Gewindestifte gehören zum Lieferumfang der Stellringe, nicht aber die Kerb- und Kegelstifte.
Stellring DIN 705 – A 40 – St
Bezeichnung eines Stellringes Form A, $d_1 = 40$ mm mit Gewindestift; aus Automatenstahl

Halbrundniete, Nenndurchmesser 1 mm bis 8 mm — DIN 660: 2012-01
Senkniete, Nenndurchmesser 1 mm bis 8 mm — DIN 661: 2011-03

Halbrundniet DIN 660

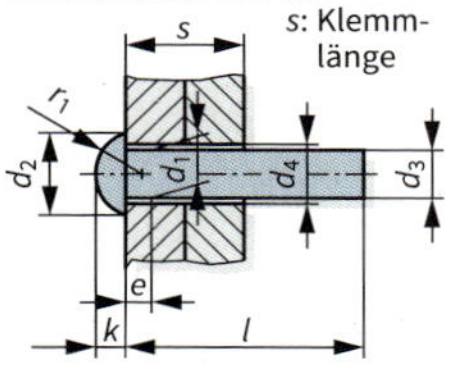

Form A: Halbrundkopf als Schließkopf
Form B: Senkkopf als Schließkopf

Senkniet DIN 661

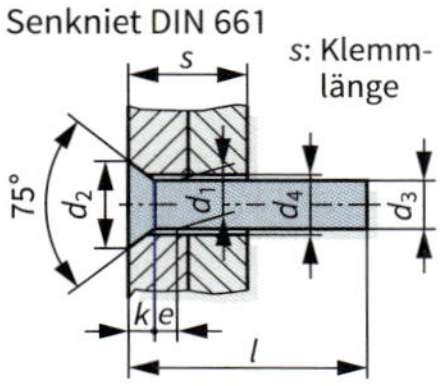

Form A: Halbrundkopf als Schließkopf
Form B: Senkkopf als Schließkopf

	Nenn-Ø d_1		1	1,2	1,6	2	2,5	3	4	5	6	8
	d_2		1,8	2,1	2,8	3,5	4,4	5,2	7	8,8	10,5	14
	d_3	min	0,93	1,13	1,52	1,87	2,37	2,87	3,87	4,82	5,82	7,76
	d_4	H12	1,05	1,25	1,65	2,1	2,6	3,1	4,2	5,2	6,3	8,4
	e	max	0,5	0,6	0,8	1	1,25	1,5	2	2,5	3	4
	r_1	≈	1	1,2	1,6	1,9	2,4	2,8	3,8	4,6	5,7	7,5
DIN 660	k	js14	0,6	0,7	1	1,2	1,5	1,8	2,4	3	3,6	4,8
	l	von	2	2	2	2	3	3	4	5	6	8
		bis	6	8	12	20	25	30	40	40	40	40
	s [1]; [3]	von	0,5	0,5	0,5	0,5	0,5	0,5	1	2	2,5	2,5
		bis	3,5	5	8	14	18	23	30	30	28	27
DIN 661	k	≈	0,5	0,6	0,8	1	1,2	1,4	2	2,5	3	4
	l	von	2	2	2	3	4	5	6	8	10	12
		bis	5	6	8	10	12	16	20	25	30	40
	s [2]; [3]	von	1	1	0,5	1,5	2,5	3,5	3,5	5	6,6	7,5
		bis	3,5	4,5	6	7,5	9,5	12,5	15	20	24	31

Längenabstufung l: 2; 3 … 6; 8 … 22; 25; 28; 30; 32; 35; 38; 40 mm

Werkstoff: Stahl: St = C4C oder C10C
Nichteisenmetall: CuZn37; Cu-DHP, EN AW - Al 99,5
Nichtrostender Stahl: X3CrNiCu18-9-4

Niet DIN 660 - 4 × 20 - St
Bezeichnung eines Halbrundnietes mit Nenndurchmesser d_1 = 5 mm, Länge l = 20 mm, aus Stahl

Halbrundniete, Nenndurchmesser 10 mm bis 36 mm — DIN 124: 2011-03
Senkniete, Nenndurchmesser 10 mm bis 36 mm — DIN 302: 2011-03

Halbrundniet DIN 124

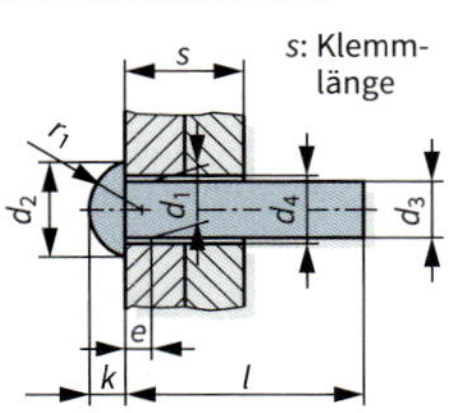

Form A: Halbrundkopf als Schließkopf
Form B: Senkkopf als Schließkopf

Senkniet DIN 302

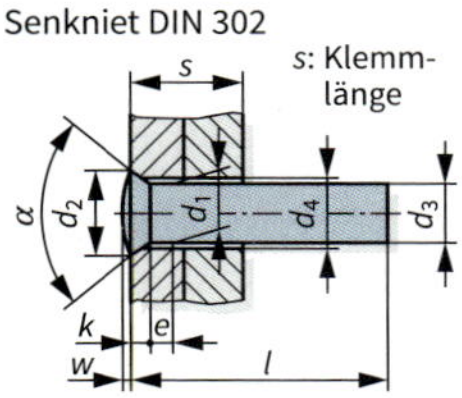

Form A: Halbrundkopf als Schließkopf
Form B: Senkkopf als Schließkopf

	Nenn-Ø d_1		10	12	(14) [4]	16	(18) [4]	20	(22) [4]	24	30	36
	d_2	DIN 124	16	19	22	25	28	32	36	40	48	58
		DIN 302	14,5	18	21,5	26	30	31,5	34,5	38	42,5	51
	d_3	min	9,4	11,3	13,2	15,2	17,1	19,1	20,9	22,9	28,6	34,6
	d_4	H12	10,5	13	15	17	19	21	23	25	31	37
	e	max	5	6	7	8	9	10	11	12	15	18
	r_1	≈	8	9,5	11	13	14,5	16,5	18,5	20,5	24,5	30
DIN 124	k		6,5	7,5	9	10	11,5	13	14	16	19	23
	l	von	16	18	20	24	26	30	34	38	50	60
		bis	50	60	70	80	90	100	110	120	150	160
	s [1]; [3]	von	5	5	4	6	5	6	9	7,3	15	19
		bis	33	38	45	52	59	65	73	78	101	103
DIN 302	k	≈	3	4	5	6,5	8	10	11	12	15	18
	w	≈	1	1	1	1	1	1	2	2	2	2
	α	≈	75°					60°			45°	
	l	von	10	14	18	24	26	30	32	36	45	55
		bis	52	60	70	80	90	100	110	120	150	160
	s [2]; [3]	von	4	10	12	16	16	20	20	22	28	40
		bis	42	48	55	62	70	79	88	96	124	130

Längenabstufung l: 10; 12 … 42; 45; 48; 50; 52; 55; 58; 60; 62; 65; 68; 70; 72; 75; 78; 80; 85; 90 … 160

Werkstoff: Stahl: St = C4C oder C10C oder X3CrNiCu 18-9-4
Nichteisenmetall: CuZn37, Cu-DHP, Al 99,5

Normenübersicht

Niet DIN 302 - 20 × 50 - St
Bezeichnung eines Senknietes mit Nenndurchmesser d_1 = 20 mm, Länge l = 50 mm, aus Stahl

[1] Mit Halbrundkopf als Schließkopf – [2] Mit Senkkopf als Schließkopf – [3] Die angegebenen Klemmlängen sind nur Anhaltswerte. Vor allem für Massenfertigung werden Probenietungen empfohlen. [4] Eingeklammerte Größen sollen möglichst vermieden werden.

Blindniete mit Sollbruchdorn

DIN EN ISO 15977: 2011-02; DIN EN ISO 15978: 2003-04

ISO 15977
Flachkopf

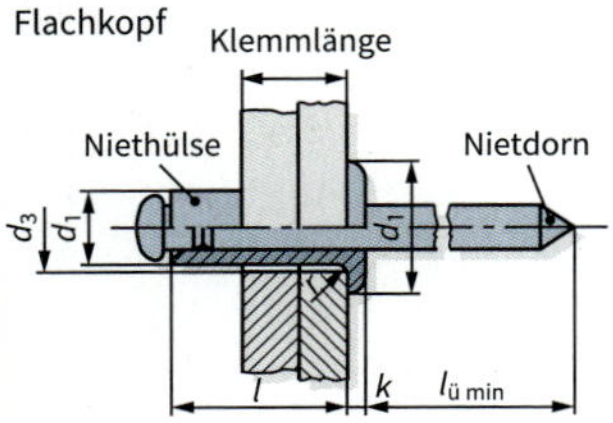

ISO 15978
Senkkopf

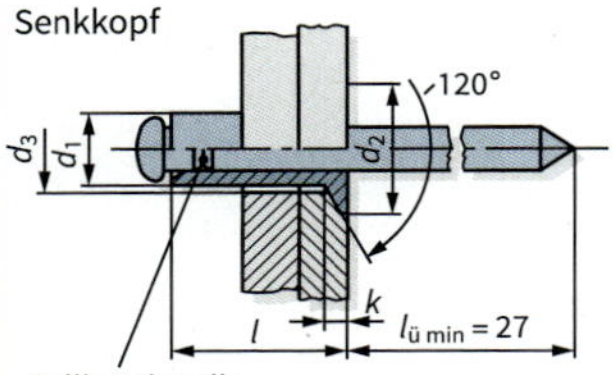

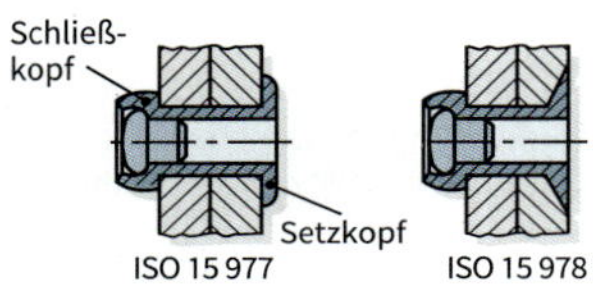

d (Nenn Ø)	2,4	3	3,2	4	4,8	5	6	6,4
d_k max	5	6,3	6,7	8,4	10,1	10,5	12,6	13,4
min	4,2	5,4	5,8	6,9	8,3	8,7	10,8	12,6
d_h (Nietloch Ø)	$2,5^{+0,1}$	$3,1^{+0,1}$	$3,3^{+0,1}$	$4,1^{+0,1}$	$4,9^{+0,1}$	$5,1^{+0,1}$	$6,1^{+0,1}$	$6,5^{+0,1}$
k	1	1,3	1,3	1,7	1,2	2,1	2,5	2,7
d_m	1,55	2	2	2,45	2,95	2,95	3,4	3,9

l (Schaftlänge)	Klemmlängenbereich für Niethülse aus Al, Nietdorn aus St oder A2					
	d = 2,4	d = 3; 3,2	d = 4	d = 4,8; 5	d = 6	d = 6,4
4– 5	0,5 … 2	0,5 … 1,5	–	–	–	–
6– 7	2 … 4	1,5 … 3,5	1 … 3	1,5 … 2,5	–	–
8– 9	4 … 6	3,5 … 5	3 … 5	2,5 … 4	2 … 3	–
10–11	6 … 8	5 … 7	5 … 6,5	4 … 6	3 … 5	–
12–13	8 … 9,5	7 … 9	6,5 … 8,5	6 … 8	5 … 7	3 … 6
16–17	–	9 … 13	8,5 … 12,5	8 … 12	7 … 11	6 … 10
20–21	–	13 … 17	12,5 … 16,5	12 … 15	11 … 15	10 … 14
25–26	–	17 … 22	16,5 … 21,5	15 … 20	15 … 20	14 … 18
30–31	–	–	–	20 … 25	20 … 25	18 … 23

Klasse L	Scherkraft in N	250	400	500	850	1200	1400	2100	2200
	Zugkraft in N	350	550	700	1200	1700	2000	3000	3150
Klasse H	Scherkraft in N	350	550	750	1250	1850	2150	3200	3400
	Zugkraft in N	550	850	1100	1800	2600	3100	4600	4850

Werkstoffe: Niethülse aus Aluminiumlegierung (AIA); Nietdorn aus Stahl (St)
Blindniet ISO 15977 – 5 × 25 – AlA/St – L
Bezeichnung eines Blindnietes mit Flachkopf mit d = 5 mm, l = 25 mm, Niethülse aus einer Aluminiumlegierung , Nietschaft aus Stahl der Klasse L

Spannstifte, geschlitzt, schwere Ausführung

DIN EN ISO 8752: 2009-10

Nenndurchmesser $d_1 \leq 10$ mm

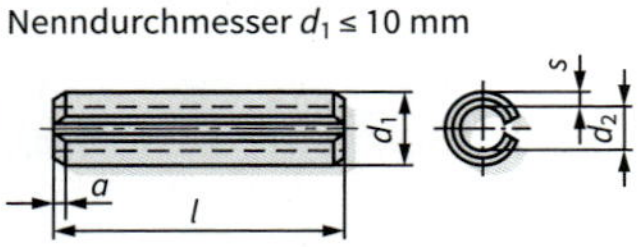

Nenndurchmesser $d_1 > 10$ mm

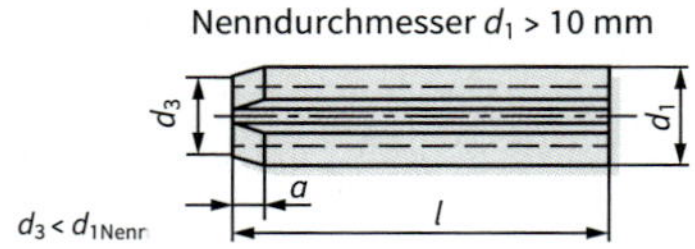

Nennmaß d_1		1	1,5	2	2,5	3	3,5	4	4,5	5	6	8	10	12	14	16	18	20
d_1 vor dem Einbau	min.	1,2	1,7	2,3	2,8	3,3	3,8	4,4	4,9	5,4	6,4	8,5	10,5	12,5	14,5	16,5	18,5	20,5
	max.	1,3	1,8	2,4	2,9	3,5	4	4,6	5,1	5,6	6,7	8,8	10,8	12,8	14,8	16,8	18,9	20,9
d_2 vor dem Einbau	≈	0,8	1,1	1,5	1,8	2,1	2,3	2,8	2,9	3,4	4	5,5	6,5	7,5	8,5	10,5	11,5	12,5
a	min.	0,15	0,25	0,35	0,4	0,5	0,6	0,65	0,8	0,9	1,2	1,6	2	2	2	2	2	3
	max.	0,35	0,45	0,55	0,6	0,7	0,8	0,85	1	1,1	1,4	2	2,4	2,4	2,4	2,4	2,4	3,4
s		0,2	0,3	0,4	0,5	0,6	0,75	0,8	1	1	1,2	1,5	2	2,5	3	3	3,5	4
Mindest-Abscherkraft, zweischnittig	kN	0,7	1,58	2,82	4,38	6,32	9,06	11,24	15,36	17,54	26,04	42,76	70,16	104,1	144,7	171	222,5	280,6
l	von	4	4	4	4	4	4	4	5	5	10	10	10	10	10	10	10	10
	bis	20	20	30	30	40	40	50	50	80	100	120	160	180	200	200	200	200

Längenabstufung l: 4; 5; 6; 8; 10 … 32; 35; 40; 45 … 100; 120; 140; 160; 180; 200 mm

Werkstoff: Stahl (St), Kohlenstoffstahl, gehärtet und angelassen auf eine Härte von 420 … 520 HV 30 oder Silicium-Mangan-Stahl, gehärtet u. angelassen auf eine Härte von 420 … 560 HV30; nichtrostender Stahl (A: austenitisch, C: martensitisch)

Schlitz: Normalfall: Form und Breite des Schlitzes nach Wahl des Herstellers.
Form N: (nicht verhakend) Form und Breite des Schlitzes, die das Nichtverhaken gewährleisten, können zwischen Lieferer und Besteller vereinbart werden.

Anwendung: Der Durchmesser der Aufnahmebohrung muss gleich dem Nenndurchmesser d_1 des Stiftes unter Berücksichtigung der Toleranz H 12 sein. Nach Einbau der Stifte in die kleinste Aufnahmebohrung darf der Schlitz nicht ganz geschlossen sein.

Spannstift ISO 8752 – 8 × 30 – St
Bezeichnung eines Spannstiftes aus Stahl, geschlitzt, schwere Ausführung, mit Nenndurchmesser d_1 = 8 mm und Nennlänge l = 30 mm

Kegelstifte, Kerbstifte, Kerbnägel
Taper pins, grooved pins, grooved drive studs

Kegelstifte mit Innengewinde, ungehärtet

DIN EN 28 736: 1992-10

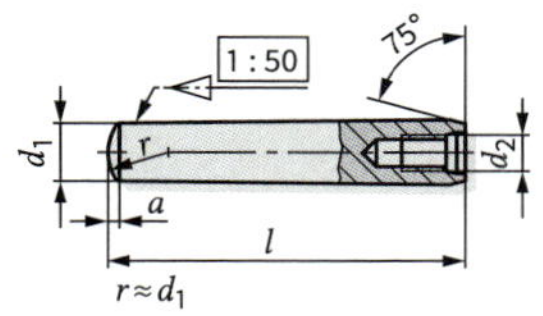

d_1	h10[1)]	6	8	10	12	16	20	25	30	40	50
d_2		M 4	M 5	M 6	M 8	M 10	M 12	M 16	M 20	M 20	M 24
l	von	16	18	22	26	30	35	50	60	80	100
	bis	60	80	100	120	160	200	220	240	260	280

Längenabstufung l: 16; 18…32; 40…100; 120 … 280 mm;
Werkstoff:[2)] Typ A (geschliffen): $R_a = 0{,}8$ µm; Typ B (gedreht): $R_a = 3{,}2$ µm;
Kegelstift ISO 8736 – A – 10 × 32 – St: Bezeichnung eines ungehärteten Kegelstifts mit Innengewinde, Typ A, d_1 = 10 mm, l = 32 mm aus Stahl

Kegelstifte mit Gewindezapfen, ungehärtet

DIN EN 28 737: 1992-10

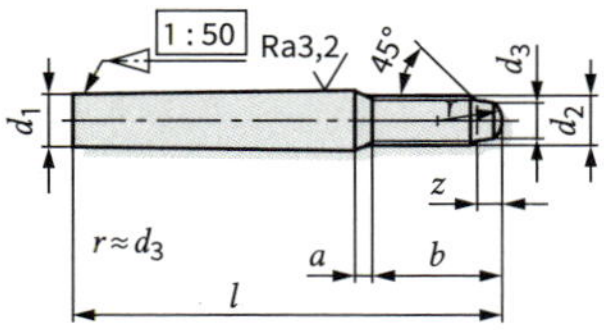

d_1	h10[1)]	5	6	8	10	12	16	20	25	30	40	50
a	max	2,4	3	4	4,5	5,3	6	6	7,5	9	10,5	12
b	min	14	18	22	24	27	35	35	40	46	58	70
d_2		M 5	M 6	M 8	M 10	M 12	M 16	M 16	M 20	M 24	M 30	M 36
d_3	max	3,5	4	5,5	7	8,5	12	12	15	18	23	28
z	max	1,5	1,75	2,25	2,75	3,25	4,3	4,3	5,3	6,3	7,5	9,4
	min	1,25	1,5	2	2,5	3	4	4	5	6	7	9
l	von	40	45	55	65	85	100	120	140	160	190	220
	bis	50	60	85	100	120	160	190	250	280	320	400

Längenabstufung l: 40; 45 … 65; 75; 85; 100; 120 … 160; 190; 220 … 280; 320; 360; 400 mm
Werkstoff: [2)]
Kegelstift ISO 8737 – 10 × 65 – St: Bezeichnung eines ungehärteten Kegelstifts mit Gewindezapfen, d_1 = 10 mm, l = 65 mm aus Stahl

Kerbstifte

DIN EN ISO 8740 … 8745: alle 1998-03

Zylinderkerbstift mit Fase
DIN EN ISO 8740

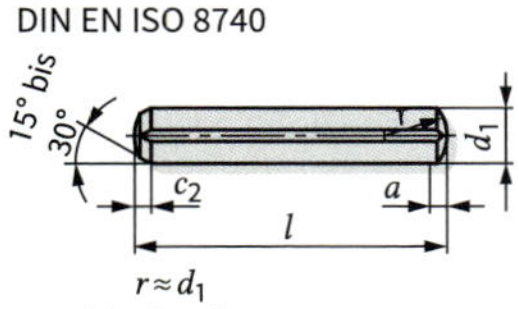

Steckkerbstift DIN EN ISO 8741

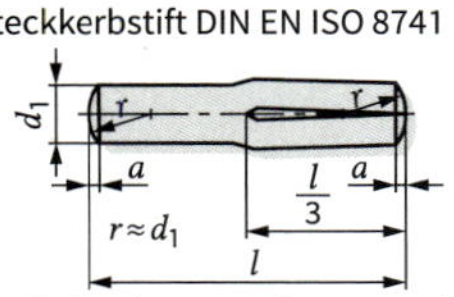

Knebelkerbstift mit kurzer Kerbe
DIN EN ISO 8742

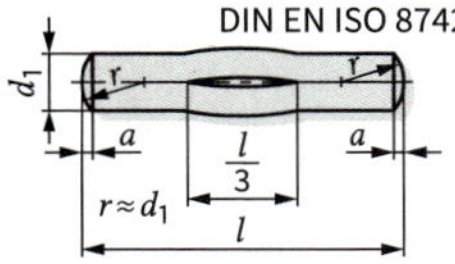

DIN EN ISO	d_1		1,5	2	2,5	3	4	5	6	8	10	12	16
	a	≈	0,2	0,25	0,3	0,4	0,5	0,63	0,8	1	1,2	1,6	2
8740	c_2		0,6	0,8	1	1,2	1,4	1,7	2,1	2,6	3	3,8	4,6
	l	von	8	8	10	10	10	14	14	14	14	18	22
		bis	20	30	30	40	60	60	80	100	100	100	100
8741	l	von	8	8	8	8	10	10	12	14	18	26	26
		bis	20	30	30	40	60	60	80	100	160	200	200
8742	l	von	8	12	12	12	18	18	22	26	32	40	45
		bis	20	30	30	40	60	60	80	100	160	200	200
8744	l	von	8	8	8	8	8	8	10	12	14	14	24
		bis	20	30	30	40	60	60	80	100	120	120	120
8745	l	von	8	8	8	8	10	10	10	14	14	18	26
		bis	20	30	30	40	60	60	80	100	200	200	200

Längenabstufung l: 8; 10 … 32; 35; 40 … 100; 120 … 200 mm; **Werkstoff:** [2)]
Kerbstift ISO 8745 – 6 × 32 – St: Bezeichnung für Passkerbstift mit d_1 = 6 mm, l = 32 mm aus Stahl

Kegelkerbstift
DIN EN ISO
8744

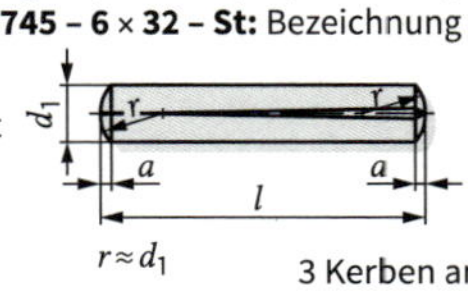

3 Kerben am Umfang

Passkerbstift
DIN EN ISO
8745

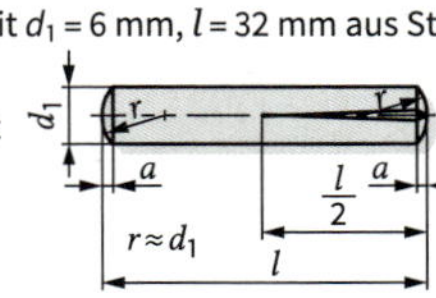

Normen-
übersicht

Halbrundkerbnägel, Senkkerbnägel

DIN EN ISO 8746: 1998-03; DIN EN ISO 8747: 1998-03

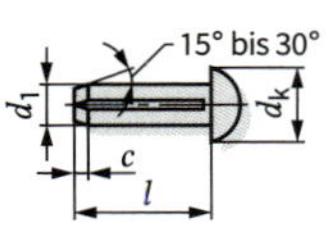

3 Kerben am
Umfang

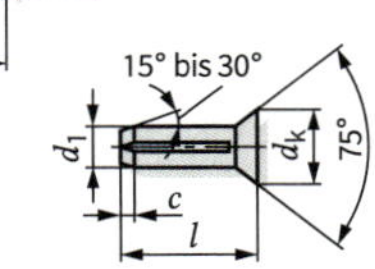

d_1		1,4	1,6	2	2,5	3	4	5	6	8	10	12
d_k		2,6 (2,7)	3	3,7	4,6	5,45	7,25	9,1	10,8	14,4	16	19
c		0,42	0,48	0,6	0,75	0,9	1,2	1,5	1,8	2,4	3,0	3,6
l	von	3	3	3 (4)	3 (4)	4 (5)	5 (6)	6 (8)	8	10	12	16
	bis	6	8	10	12	16	20	25	30	40	40	40

()-Werte für DIN EN ISO 8747
Längenabstufung l: 3; 4; 5; 6; 8 … 12; 16; 20; 25 … 40 mm;
Werkstoff:[2)] **Kerbnagel ISO 8746 – 8 × 40 – St:** Bezeichnung eines Halbrundkerbnagels mit d_1 = 8 mm und l = 40 mm aus Stahl

[1)] Andere Toleranzklassen nach Vereinbarung (z. B. a11; c11; f8)
[2)] Kaltumformstahl (St) (Härte 125 … 245 HV) – Andere Werkstoffe nach Vereinbarung

Spannstifte (Spannhülsen) leichte Ausführung

DIN EN ISO 13 337: 2009-10

Abbildung Spannstifte siehe DIN EN ISO 8752, Abbildung Scheiben siehe DIN 125

Nenndurchmesser d_1		2	2,5	3	3,5	4	4,5	5	6	8	10	12	13	14	16	18	20
	a	0,2	0,25	0,25	0,3	0,5	0,5	0,5	0,7	1,5	2	2	2	2	2	2	2
vor dem Einbau	d_1 min	2,3	2,8	3,3	3,8	4,4	4,9	5,4	6,4	8,5	10,5	12,5	13,5	14,5	16,5	18,5	20,5
	max	2,4	2,9	3,5	4	4,6	5,1	5,6	6,7	8,8	10,8	12,8	13,8	14,8	16,8	18,9	20,9
	d_2 ≈	1,9	2,3	2,7	3,1	3,4	3,8	4,4	4,9	7	8,5	10,5	11	11,5	13,5	15	16,5
	s	0,2	0,25	0,3	0,35	0,5	0,5	0,5	0,75	0,75	1	1	1,2	1,5	1,5	1,7	2
Abscherkraft in kN[1]		0,75	1,2	1,75	2,3	4	4,4	5,2	9	12	20	24	33	42	49	63	79
l	von	4	4	4	4	4	4	5	10	10	10	10	10	10	10	10	10
	bis	30	30	40	40	50	50	80	100	120	160	180	180	200	200	200	200
Für Schraube		–	–	–	–	–	M 3	–	M 4	M 6	–	–	M 10	–	M 12	M 14	–
Scheibe DIN 125		–	–	–	–	–	3,2	–	4,3	6,4	–	–	10,5	–	13	15	–

Längenabstufungen, Schlitz und Werkstoffe siehe DIN EN ISO 8752

Spannstift ISO 13 337 – 8 × 30 – N – St

Bezeichnung eines Spannstiftes aus Stahl, geschlitzt, leichte Ausführung, mit Nenndurchmesser d_1 = 8 mm und Nennlänge l = 30 mm, nicht verhakend (N)

[1] zweischnittig (nicht für austenitisch nichtrostenden Stahl)

Normenübersicht

Zylinderstifte, ungehärtet

DIN EN ISO 2338: 1998-02

1.

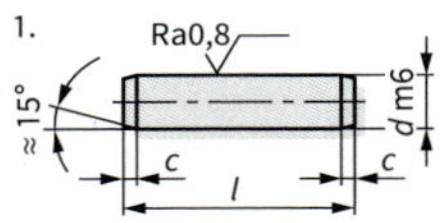

2.

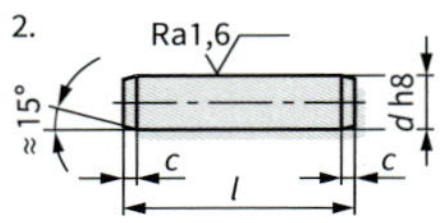

d	m6/h8	0,6	0,8	1	1,2	1,5	2	2,5	3	4	5
c	≈	0,12	0,16	0,2	0,25	0,3	0,35	0,4	0,5	0,63	0,8
l	von	2	2	4	4	4	6	6	8	8	10
	bis	6	8	10	12	16	20	24	30	40	50
d	m6/h8	6	8	10	12	16	20	25	30	40	50
c	≈	1,2	1,6	2	2,5	3	3,5	4	5	6,3	8
l	von	12	14	18	22	26	35	50	60	80	95
	bis	60	80	95	140	180	200	200	200	200	200

Längenabstufung l: 2; 3; 4; 5; 6; 8; 10 … 32; 35; 40; 45 … 100; 120; 160; 180; 200 mm

Werkstoff: Stahl (St), Härte 125 - 245 HV 30, oder austenitisch nichtrostender Stahl (A1)

Zylinderstift ISO 2338 – 12 m6 × 40 – St Bezeichnung eines Zylinderstiftes aus Stahl, ungehärtet, mit Nenndurchmesser d = 12 mm, Toleranzklasse m6 und Nennlänge l = 40 mm

Zylinderstifte, gehärtet

DIN EN ISO 8734: 2019-05

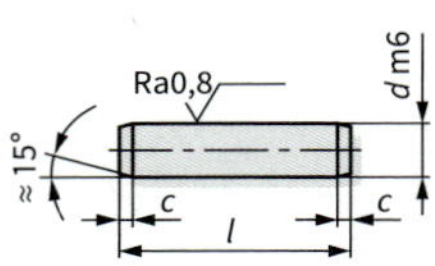

d	m6	1	1,5	2	2,5	3	4	5	6	8	10	12	16	20
c	≈	0,2	0,3	0,35	0,4	0,5	0,63	0,8	1,2	1,6	2	2,5	3	3,5
l	von	3	4	5	6	8	10	12	14	18	22	26	40	50
	bis	10	16	20	24	30	40	50	60	80	100	100	100	100

Längenabstufung l: 3; 4; 5; 6; 8; 10 … 32; 35; 40; 45 … 100 mm

Werkstoff: Stahl (St) Typ A: 550 … 650 HV 30, Typ B: Oberflächenhärte 600 … 700 HV 1, martensitischer nichtrostender Stahl der Sorte C1 (ISO 3506-1), gehärtet

Oberfläche: blank, geölt oder wie vereinbart

Zylinderstift ISO 8734 – 5 × 22 – A – St Bezeichnung eines Zylinderstiftes aus Stahl, gehärtet, Typ A, mit Nenndurchmesser d = 5 mm und Nennlänge l = 22 mm

Kegelstifte, ungehärtet

DIN EN 22 339: 1992-10

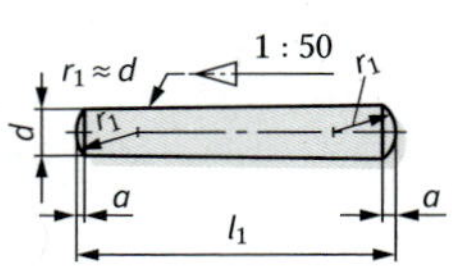

d	h10	0,6	0,8	1	1,2	1,5	2	2,5	3	4	5
a	≈	0,08	0,1	0,12	0,16	0,2	0,25	0,3	0,4	0,5	0,63
l	von	4	5	6	6	8	10	10	12	14	18
	bis	8	12	16	20	24	35	35	45	55	60
d	h10	6	8	10	12	16	20	25	30	40	50
a	≈	0,8	1	1,2	1,6	2	2,5	3	4	5	6,5
l	von	22	22	26	32	40	45	50	55	60	65
	bis	90	120	160	180	200	200	200	200	200	200

Werkstoff: Automatenstahl (St), Kegelstifte Typ A (geschliffen), R_a = 0,8 µm, Typ B (gedreht), R_a = 3,2 µm.

Kegelstift ISO 2339 – A – 8 × 35 – St

Bezeichnung eines Kegelstiftes aus Stahl, Typ A mit d = 8 und l = 35 mm

Übertragen von Drehmomenten mit Stiften

Bolzen ohne und mit Kopf

DIN EN 22 340: 1992-10; DIN EN 22 341: 1992-10

Bolzen ohne Kopf, DIN EN 22 340

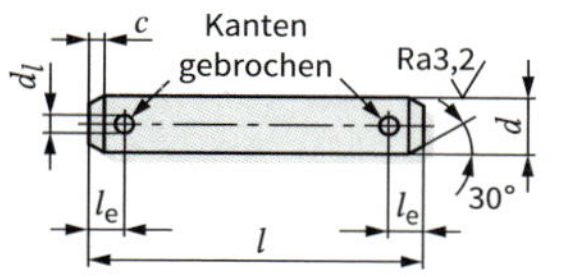

Bolzen mit Kopf, DIN EN 22 341

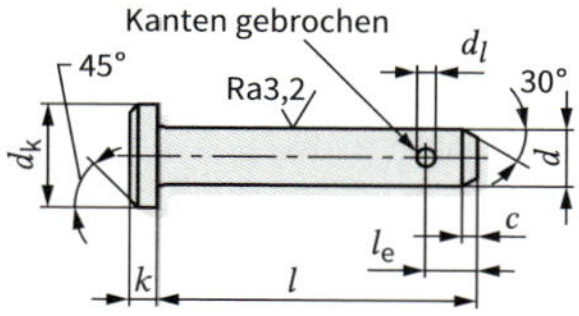

d	h11[1)]	3	4	5	6	8	10	12	14	16	18	20
d_k	h14	5	6	8	10	14	18	20	22	25	28	30
d_l	H13[2)]	0,8	1	1,2	1,6	2	3,2	3,2	4	4	5	5
c	max	1	1	2	2	2	2	3	3	3	3	4
k	js14	1	1	1,6	2	3	4	4	4	4,5	5	5
l_e	min	1,6	2,2	2,9	3,2	3,5	4,5	5,5	6	6	7	8
l	von	6	8	10	12	16	20	24	28	32	35	40
	bis	30	40	50	60	80	100	120	140	160	180	200

Längenabstufung l: 6; 8; 10 … 32; 35; 40 … 100; 120; 140 … 200 mm;
Form A: ohne Splintloch; Form B: mit Splintloch
Werkstoff: St = Automatenstahl (Härte 125 … 245 HV) – Andere Werkstoffe nach Vereinbarung

Bezeichnung eines Bolzens ohne Kopf, Form B, d = 16 mm, l = 100 mm, d_1 = 4 mm aus St:
Bolzen ISO 2340 – B – 16 × 100 × 4 – St

1) Andere Toleranzklassen nach Vereinbarung (z. B. a11; c11; f8)
2) Lochdurchmesser d_l = Nenndurchmesser des Splints

Bolzen mit Kopf und Gewindezapfen

DIN 1445: 2011-02

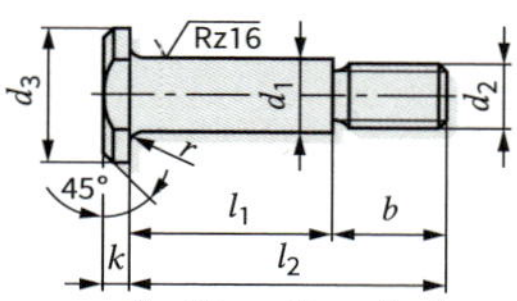

l_2 = Klemmlänge $l_1 + b$

d_1	h11	8	10	12	14	16	18	20	22	24	27	30
b	min	11	14	17	20	20	20	25	25	29	29	36
d_2		M 6	M 8	M 10	M 12	M 12	M 12	M 16	M 16	M 20	M 20	M 24
d_3	h14	14	18	20	22	25	28	30	33	36	40	44
k	js14	3	4	4	4	4,5	5	5	5,5	6	6	8
s		11	13	17	19	22	24	27	30	32	36	36

Längenabstufung l_2 : ab 16 mm … 100 mm wie DIN 1443; 1444; 100 < l_2 ≤ 200 je 10 mm gestuft
Werkstoff: 11 SMn Pb 30
Bezeichnung eines Bolzen, d_1 = 16, Toleranzfeld h 11, Klemmlänge l_1 = 50, l_2 = 70 aus St:
Bolzen DIN 1445 – 16 h 11 × 50 × 70 – St

Splinte

DIN EN ISO 1234: 1998-02

Die Nenngröße entspricht dem Durchmesser des Splintloches

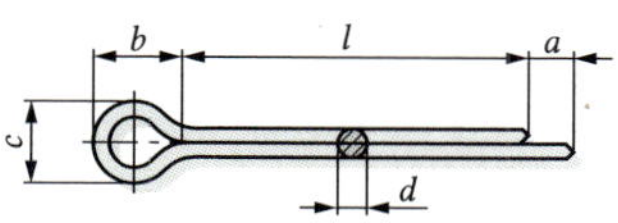

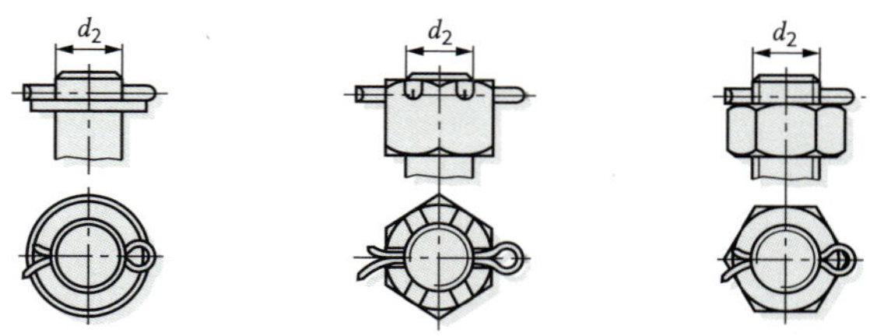

Nenngröße		1	1,2	1,6	2	2,5	3,2	4	5	6,3	8	10	13	16	20
d	max	0,9	1	1,4	1,8	2,3	2,9	3,7	4,6	5,9	7,5	9,5	12,4	15,4	19,3
	min	0,8	0,9	1,3	1,7	2,1	2,7	3,5	4,4	5,7	7,3	9,3	12,1	15,1	19,0
a	max	1,6	2,5	2,5	2,5	2,5	3,2	4	4	4	4	6,3	6,3	6,3	6,3
b	≈	3	3	3,2	4	5	6,4	8	10	12,6	16	20	26	32	40
c	max	1,8	2	2,8	3,6	4,6	5,8	7,4	9,2	11,8	15	19	24,8	30,8	38,5
l	von	6	–	8	10	12	18	20	20	28	36	56	56	100	–
	bis	18	–	32	40	50	80	125	125	140	140	140	140	250	–
Für Schrauben	über	3,5	4,5	5,5	7	9	11	14	20	27	39	56	80	120	170
d_2	bis	4,5	5,5	7	9	11	14	20	27	39	56	80	120	170	–
Für Bolzen	über	3	4	5	6	8	9	12	17	23	29	44	69	110	160
d_2	bis	4	5	6	8	9	12	17	23	29	44	69	110	160	–

Längenabstufung l: 4; 5; 6; 8; 10; 12; 14; 16; 18; 20; 22; 25; 28; 32; 36; 40; 45; 50; 56; 63; 71; 80; 90; 100; 112; 125; 140; …
Werkstoff: St, Cu Zn, Cu, Al-Legierung, A (Austenitischer nichtrostender Stahl)
Bezeichnung eines Splintes mit Nenngröße 4 mm, l = 32 aus Stahl: **Splint ISO 1234 – 4 × 32 – St**

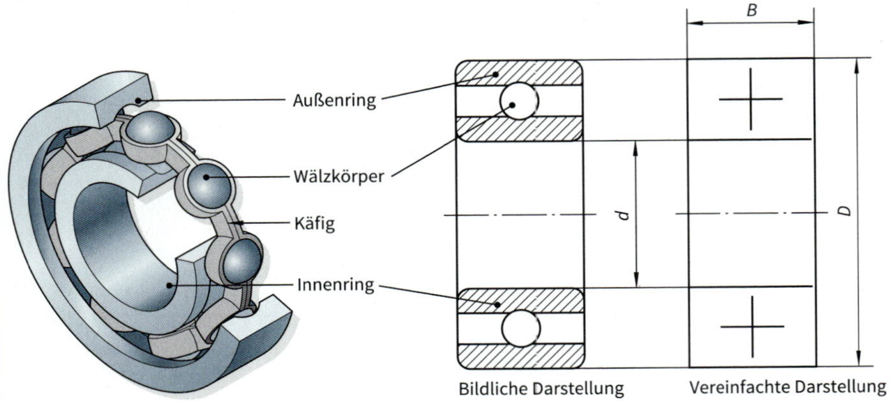

Wälzlager haben genormte Einbaugrößen. Diese richten sich nach den konstruktiven Bedingungen, dem Belastungsfall oder der Drehfrequenz.
Bei der Größenbestimmung richtet man sich im Regelfall nach dem Wellendurchmesser, der die Lagerbohrung „d" festlegt.
Die komplette Lagerbezeichnung besteht aus mehreren Einzelzeichen:

Beispiel: Rillenkugellager DIN 625 62310

An zentraler Stelle steht das Basiszeichen. Aus ihm lassen sich die Lagerart und die wesentlichen Lagerabmaße bestimmen. Es kann, vom Lager abhängig, aus vier oder mehr Ziffern und Buchstaben bestehen.
Vor- und Nachsetzzeichen sowie Ergänzungszeichen sind optional.

Einbaubeispiele

Basiszeichen – 1. Stelle

DIN 623-1: 2020-06

Das 1. Basiszeichen stellt die Kennziffer für die **Lagerart** dar:

Lagerart		Kennziffer	Lagerart		Kennziffer
	Schrägkugellager zweireihig DIN 628	0	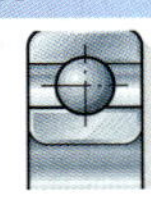	Rillenkugellager DIN 625	6
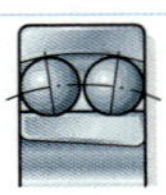	Pendelkugellager DIN 630	1	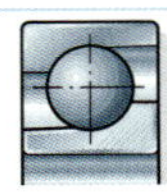	Schrägkugellager DIN 628	7
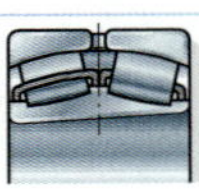	Pendelrollenlager DIN 635	2	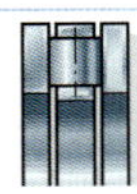	Axial-Zylinderrollenlager	8
	Kegelrollenlager DIN 720	3	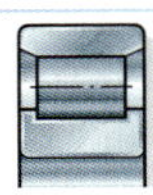	Zylinderrollenlager DIN 5412	N
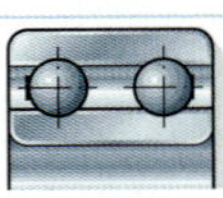	Rillenkugellager (2-reihig)	4	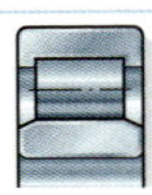	Zylinderrollenlager DIN 5412	NU
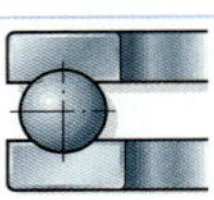	Axial-Rillenkugellager DIN 711	5	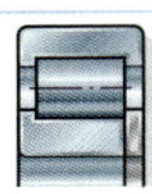	Zylinderrollenlager DIN 5412	NUP

z. B. Lagerkennziffer: **3**0208
└── Kegelrollenlager

Normenübersicht; Bezeichnungsbeispiele; Ausführungen

Basiszeichen – 2. und 3. Stelle (Lagerabmessungen)

DIN 616: 2000-06

Diese Basiszeichen bestimmen die **Lagerbreite** und den **Lagerdurchmesser**; beide zusammen die Maßreihe.

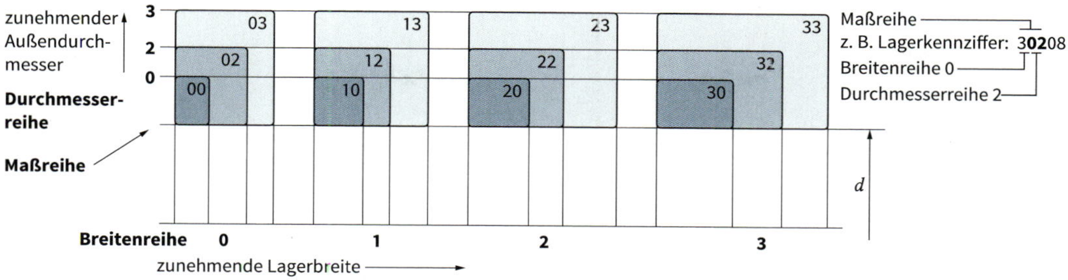

Genormt sind 9 Durchmesserreihen: 7 – 8 – 9 – 0 – 1 – 2 – 3 – 4 – 5
Jedem Nenndurchmesser einer Lagerbohrung *d* sind mehrere Außendurchmesser und Breitenreihen (für Radiallager) bzw. Höhenreihen (für Axiallager) zugeordnet.

Basiszeichen – 4. Stelle

Dieses Basiszeichen bestimmt den Durchmesser der **Lagerbohrung**:

Bohrungs-kennzahl	Bohrungs-Ø *d* (mm)	Bohrungs-kennzahl	Bohrungs-Ø *d* (mm)
00	10	07	35
01	12	08	40
02	15	09	45
03	17	10	50
04	20	11	55
05	25	12	60
06	30	↓	↓

Ab 20 mm Durchmesser der Lagerbohrung ergibt die Bohrungskennzahl mit fünf multipliziert das Maß der Lagerbohrung

z. B. Bohrungskennzahl:

302**08**
08 × 5 = 40 mm Maß der Lagerbohrung

Vorsetzzeichen (Auswahl)

AR	Kugel bzw. Rollenkränze	L	Freie Ringe zerlegbarer Lager
GS	Gehäusescheibe eines Axial-Zylinderrollenlagers	OR	Außenring eines Radiallagers
IR	Innenring eines Axiallagers	OW	Gehäusescheibe eines Axiallagers
IW	Wellenscheibe eines Axiallagers	R	Ring mit Wälzkörpersatz
K	Radial- oder Axial-Zylinderrollenkränze	S	Nichtrostender Stahl
		WS	Wellenscheibe eines Axial-Zylinderrollenlagers

Nachsetzzeichen (Auswahl)

A, B, C	Abweichende Konstruktion	J	Käfig aus Stahlblech gepresst (unterschiedliche Käfigausführungen)
ICN	Lagerluft „Normal“	K	Lager mit kegeliger Bohrung
IC1	Lagerluft kleiner C2	L	Massiv-Käfig aus Leichtmetall
IC2	Lagerluft kleiner CN	LS	Lager mit Dichtscheibe – einseitig
IC3	Lagerluft größer CN	2LS	Lager mit Dichtscheibe – beidseitig
IHV	Lager/Lagerteile aus nichtrostendem, härtbarem Stahl	IP4	Lager mit besonders hoher Laufgenauigkeit

verwendete Normen: DIN 616 Lagerabmessungen, DIN 623-1 Bezeichnung von Wälzlagern, DIN ISO 8826-1/2 Zeichnungsnormen

weiterführende Informationen: www.fag.de

Bezeichnungsbeispiel

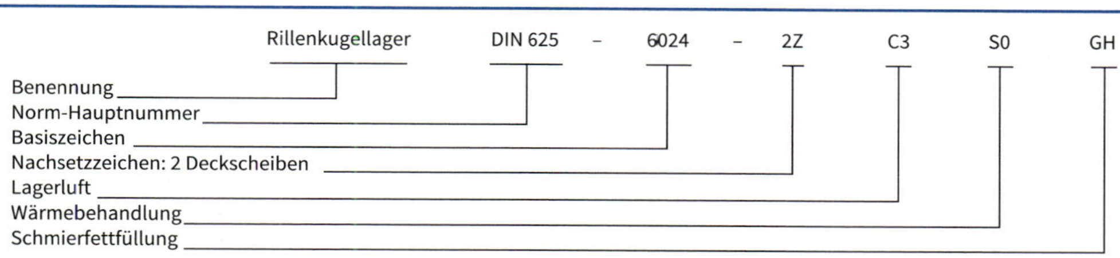

Auswahlkriterien für Wälzlager (Auswahl)

Lagerbauart	Radial-belastung	Axial-belastung	Lager zerlegbar	Fluchtfehler-ausgleich	hohe Drehzahl	geräusch-armer Lauf	Festlager	Loslager
Rillenkugellager[1]	2	3	5	4	1	1	2	3
Schrägkugellager[1]	2	2[2]	5	5	1	2	1	3
Pendelkugellager	2	4	5	1	2	4	3	3
Zylinderollenlager (N, NU)	1	5	1	4	1	3	5	1
Kegelrollenlager	1	1[2]	1	4	3	4	1	4
Pendelrollenlager	1	2	5	1	3	4	2	3
Axial-Rillenkugellager	5	2[2]	1	3	3	4	3	5
Nadellager	1	5	1	5	2	3	5	1

[1] einreihig
[2] in eine Richtung

Eignung: 1 (sehr gut); 2 (gut); 3 (normal); 4 (eingeschränkt); 5 (nicht geeignet)

Rillenkugellager

DIN 625-1: 2011-04

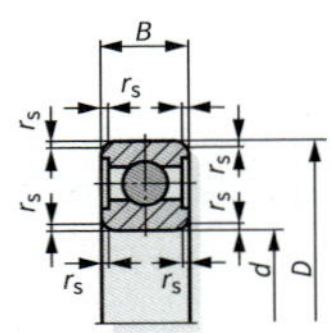

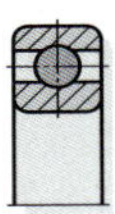

d	Lagerreihe 160 D	B	$r_{s\,min}$	Lagerreihe 60 D	B	$r_{s\,min}$	Lagerreihe 62 D	B	$r_{s\,min}$	Lagerreihe 63 D	B	$r_{s\,min}$	Lagerreihe 64 D	B	$r_{s\,min}$	Bohrgs.-Kennzahl
15	32	8	0,3	32	9	0,3	35	11	0,6	42	13	1	–	–	–	02
20	42	8	0,3	42	12	0,6	47	14	1	52	15	1,1	72	19	1,1	04
25	47	8	0,3	47	12	0,6	52	15	1	62	17	1,1	80	21	1,5	05
30	55	9	0,3	55	13	1	62	16	1	72	19	1,1	90	23	1,5	06
35	62	9	0,3	62	14	1	72	17	1,1	80	21	1,5	100	25	1,5	07
40	68	9	0,3	68	15	1	80	18	1,1	90	23	1,5	110	27	2	08
45	75	10	0,6	75	16	1	85	19	1,1	100	25	1,5	120	29	2	09
50	80	10	0,6	80	16	1	90	20	1,1	110	27	2	130	31	2,1	10
55	90	11	0,6	90	18	1,1	100	21	1,5	120	29	2	140	33	2,1	11
60	95	11	0,6	95	18	1,1	110	22	1,5	130	31	2,1	150	35	2,1	12
65	100	11	0,6	100	18	1,1	120	23	1,5	140	33	2,1	160	37	2,1	13
70	110	13	0,6	110	20	1,1	125	24	1,5	150	35	2,1	180	42	3	14
75	115	13	0,6	115	20	1,1	130	25	1,5	160	37	2,1	190	45	3	15
80	125	14	0,6	125	22	1,1	140	26	2	170	39	2,1	200	48	3	16

Ausführungen
Z : 1 Deckscheibe
2Z : 2 Deckscheiben
RS : 1 Dichtscheibe
2RS : 2 Dichtscheiben
N : Nut im Außenring

Rillenkugellager DIN 625 – 16008 – 2Z
Bezeichnung eines Rillenkugellagers der Lagerreihe 160 mit *d* = 40 mm (Bohrungskennzahl 08), mit 2 Deckscheiben, Toleranzklasse P0 (Normaltoleranz), radiale Lagerluft C0 (normal)

Radial-Schrägkugellager (einreihig), Lagerreihen 72 und 73 (zweireihig), Lagerreihe 33

DIN 628-1: 2008-02, DIN 628-3: 2008-02

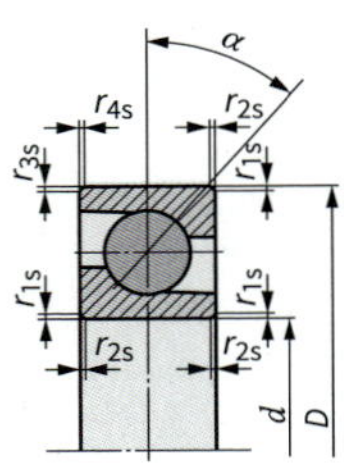

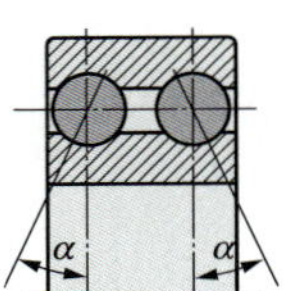

d	D	B	r_{1s} / r_{2s}	r_{3s} / r_{4s}	Basis-zeichen
10	30	9	0,6	0,3	72 00B
12	32	10	0,6	0,3	72 01B
	37	12	1	0,6	73 01B
15	35	11	0,6	0,3	72 02B
	42	13	1	0,6	73 02B
17	40	12	0,6	0,6	72 03B
	47	14	1	0,6	73 03B
20	47	14	1	0,6	72 04B
	52	15	1,1	0,6	73 04B
25	52	15	1	0,6	72 05B
	62	17	1,1	0,6	73 05B
30	62	16	1	0,6	72 06B
	72	19	1,1	0,6	73 06B
35	72	17	1,1	0,6	72 07B
	80	21	1,5	1	73 07B
40	80	18	1,1	0,6	72 08B
	90	23	1,5	1	73 08B

d	D	B	r_{1s} / r_{2s}	r_{3s} / r_{4s}	Basis-zeichen
45	85	19	1,1	0,6	72 09B
	100	25	1,5	1	73 09B
50	90	20	1,1	0,6	72 10B
	110	27	2	1	73 10B
55	100	21	1,5	1	72 11B
	120	29	2	1	73 11B
60	110	22	1,5	1	72 12B
	130	31	2,1	1,1	73 12B
65	120	23	1,5	1	72 13B
	140	33	2,1	1,1	73 13B
70	125	24	1,5	1	72 14B
	150	35	2,1	1,1	73 14B
75	130	25	1,5	1	72 15B
	160	37	2,1	1,1	73 15B
80	140	26	2	1	72 16B
	170	39	2,1	1,1	73 16B

d	D	B	r_{1s} / r_{2s}	r_{3s} / r_{4s}	Basis-zeichen
15	42	19	0,6	0,3	3302
17	47	22,2	0,6	0,6	3303
20	52	22,2	1	0,6	3304
25	62	25,4	1	0,6	3305
30	72	30,2	1	0,6	3306
35	80	34,9	1,1	0,6	3307
40	90	36,5	1,1	0,6	3308
45	100	39,7	1,1	0,6	3309
50	110	44,4	1,1	0,6	3310
55	120	49,2	1,5	1	3311
60	130	54	1,5	1	3312
65	140	58,7	1,5	1	3313
70	150	63,5	1,5	1	3314
75	160	68,3	1,5	1	3315
80	170	68,3	2	1,5	3316
85	180	72	2	1,5	3317

Berührungswinkel $\alpha = 40°$
Einbaumaße nach DIN 5418

Schrägkugellager DIN 628 – 7206B
Bezeichnung eines Schrägkugellagers, Lagerreihe 72, *d* = 30 mm, Toleranzklasse PN

Zylinderrollenlager

DIN 5412-1: 2005-08

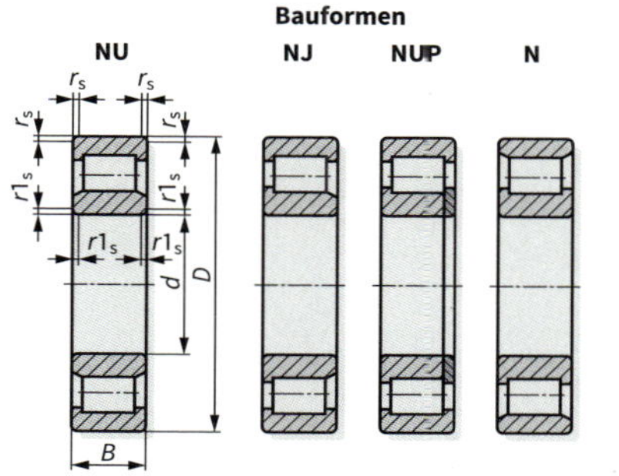

Zyl. Rollenlager DIN 5412 – NJ 212
Bezeichnung eines Zylinderrollenlagers mit d = 60 mm der Bauform NJ in der Maßreihe 02 (Lagerreihe NJ 02)

[1] Bauform NUP nicht genormt

	Maßreihe 02				Maßreihe 03				Bohrgs.-Kennzahl
d	D	B	$r_{s\,min}$	$r_{1s\,min}$	D	B	$r_{s\,min}$	$r_{1s\,min}$	
17	40	12	0,6	0,3	47	14	1	0,6	03
20	47	14	1	0,6	52	15	1,1	0,6	04
25	52[1]	15	1	0,6	62	17	1,1	1,1	05
30	62	16	1	0,6	72	19	1,1	1,1	06
35	72	17	1,1	0,6	80	21	1,5	1,1	07
40	80	18	1,1	1,1	90	23	1,5	1,5	08
45	85	19	1,1	1,1	100	25	1,5	1,5	09
50	90	20	1,1	1,1	110	27	2	2	10
55	100	21	1,5	1,1	120	29	2	2	11
60	110	22	1,5	1,5	130	31	2,1	2,1	12
65	120	23	1,5	1,5	140	33	2,1	2,1	13
70	125	24	1,5	1,5	150	35	2,1	2,1	14
75	130	25	1,5	1,5	160	37	2,1	2,1	15
80	140	26	2	2	170	39	2,1	2,1	16
85	150	28	2	2	180	41	3	3	17
90	160	30	2	2	190	43	3	3	18

Kegelrollenlager

DIN 720: 2008-08

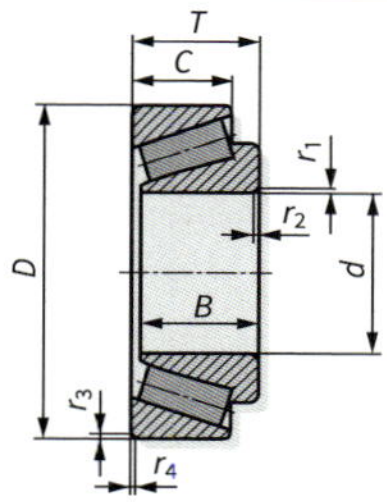

Kegelrollenlager DIN 720 – 302 08
Bezeichnung eines Kegelrollenlagers der Breitenreihe 0 und der Durchmesserreihe 2 und d = 40

	Lagerreihe 302								Lagerreihe 303						
d	D	B	C	T	r_1/r_2 min	r_3/r_4 min	Kurzzeichen	d	D	B	C	T	r_1/r_2 min	r_3/r_4 min	Kurzzeichen
17	40	12	11	13,25	1	1	302 03	15	42	13	11	14,25	1	1	303 02
20	47	14	12	15,25	1	1	302 04	20	52	15	13	16,25	1,5	1,5	303 04
25	52	15	13	16,25	1	1	302 05	25	62	17	15	18,25	1,5	1,5	303 05
30	62	16	14	17,25	1	1	302 06	30	72	19	16	20,75	1,5	1,5	303 06
35	72	17	15	18,15	1,5	1,5	302 07	35	80	21	18	22,75	2	1,5	303 07
40	80	18	16	19,75	1,5	1,5	302 08	40	90	23	20	25,25	2	1,5	303 08
45	85	19	16	20,75	1,5	1,5	302 09	45	100	25	22	27,25	2	1,5	303 09
50	90	20	17	21,75	1,5	1,5	302 10	50	110	27	23	29,25	2,5	2	303 10
55	100	21	18	22,75	2	1,5	302 11	55	120	29	25	31,5	2,5	2	303 11
60	110	22	19	23,75	2	1,5	302 12	60	130	31	26	33,5	3	2,5	303 12
65	120	23	20	24,75	2	1,5	302 13	65	140	33	28	36	3	2,5	303 13
70	125	24	21	26,25	2	1,5	302 14	70	150	35	30	38	3	2,5	303 14
75	130	25	22	27,25	2	1,5	302 15	75	160	37	31	40	3	2,5	303 15
80	140	26	22	28,25	2,5	2	302 16	80	170	39	33	42,5	3	2,5	303 16

Axial-Rillenkugellager, einseitig wirkend

DIN 711: 2010-05

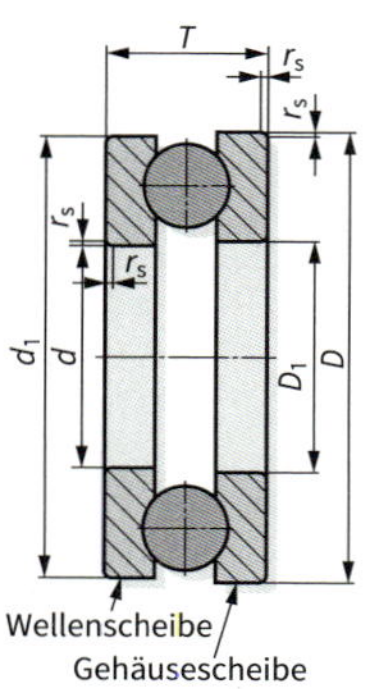

d	D / $d_{1\,max}$	D_1 min	T	r_s min	Kurzzeichen
20	40	22	14	0,6	512 04
25	47	27	15	0,6	512 05
30	52	32	16	0,6	512 06
35	62	37	18	1	512 07
40	68	42	19	1	512 08
45	73	47	20	1	512 09
50	78	52	22	1	512 10
55	90	57	25	1	512 11
60	95	62	26	1	512 12
65	100	67	27	1	512 13
70	105	72	27	1	512 14
75	110	77	27	1	512 15
80	115	82	28	1	512 16
85	125	88	31	1	512 17
90	135	93	35	1,1	512 18
100	150	103	38	1,1	512 20

Axial Rillenkugellager DIN 711 – 51212 Bezeichnung eines einseitig wirkenden Axial-Rillenkugellagers mit d = 60 mm, D = 95 mm

Nadellager m. Innenring, Maßreihe 49

DIN 617: 2008-10

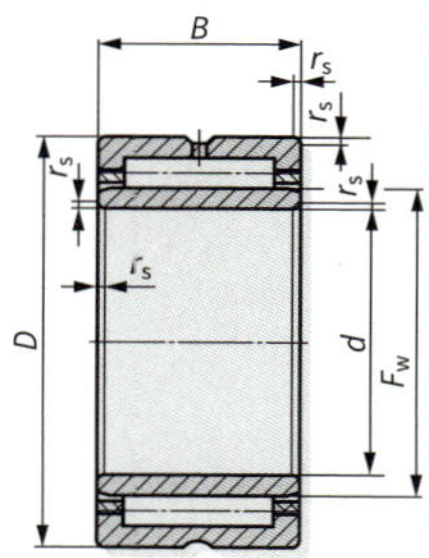

d	F_W	D	B	r_s min	Kurzzeichen
10	14	22	13	0,3	NA 49 00
15	20	28	13	0,3	NA 49 02
20	25	37	17	0,3	NA 49 04
25	30	42	17	0,3	NA 49 05
30	35	47	17	0,3	NA 49 06
35	42	55	20	0,6	NA 49 07
40	48	62	22	0,6	NA 49 08
45	52	68	22	0,6	NA 49 09
50	58	72	22	0,6	NA 49 10
55	63	80	25	1	NA 49 11
60	68	85	25	1	NA 49 12
65	72	90	25	1	NA 49 13
70	80	100	30	1	NA 49 14
75	85	105	30	1	NA 49 15
80	90	110	30	1	NA 49 16
85	100	120	35	1,1	NA 49 17

Nadellager DIN 617 – NA 49 12 Bezeichnung eines Nadellagers mit Innenring d = 60 mm, D = 85 mm, B = 25 mm

Pendelrollenlager, zweireihig

DIN 635-2: 2009-01

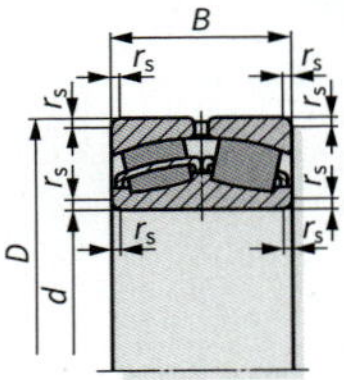

zylindrische Bohrung

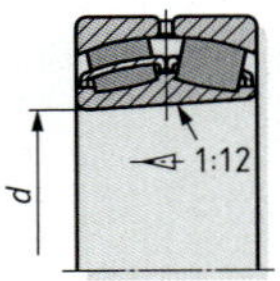

kegelige Bohrung

d	D	B	r_s	Kurzzeichen
20	52	15	1,1	213 04
25	52	18	1	222 05
	62	17	1,1	213 05
30	62	20	1	222 06
	72	19	1,1	213 06
35	72	23	1,1	222 07
	80	21	1,5	213 07
40	80	23	1,1	222 08
	90	23	1,5	213 08
	90	33	1,5	223 08
45	85	23	1,1	222 09
	100	25	1,5	213 09
	100	36	1,5	223 09
50	90	23	1,1	222 10
	110	27	2	213 10
	110	40	2	223 10

d	D	B	r_s	Kurzzeichen
55	100	25	1,5	222 11
	120	29	2	213 11
	120	43	2	223 11
60	110	28	1,5	222 12
	130	31	2,1	213 12
	130	46	2,1	223 12
65	120	31	1,5	222 13
	140	33	2,1	213 13
	140	48	2,1	223 13
70	125	31	1,5	222 14
	150	35	2,1	213 14
	150	51	2,1	223 14
75	130	31	1,5	222 15
	160	37	2,1	213 15
	160	55	2,1	223 15

d	D	B	r_s	Kurzzeichen
80	140	33	2	222 16
	170	39	2,1	213 16
	170	58	2,1	223 16
85	150	36	2	222 17
	180	41	3	213 17
	180	60	3	223 17
90	160	40	2	222 18
	160	52,4	2	232 18
	190	43	3	213 18
	190	64	3	223 18
95	170	43	2,1	222 19
	200	45	3	213 19
	200	67	3	223 19

Pendelrollenlager DIN 635 – 223 13 Bezeichnung eines zweireihigen Pendelrollenlagers mit $d = 65$ mm, zylindrischer Bohrung und $D = 140$ mm

Radial-Pendelkugellager, zweireihig, zylindrische und kegelige Bohrung

DIN 630: 2011-02

ohne Dichtscheiben

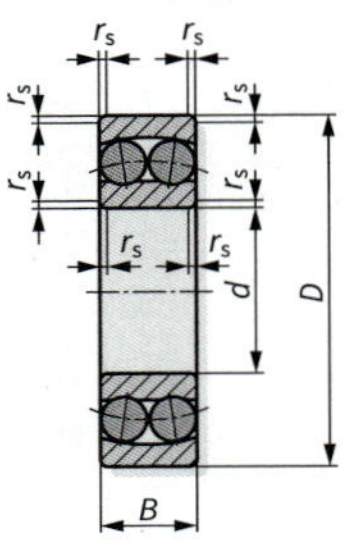

zylindrische Bohrung

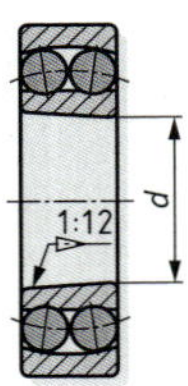

kegelige Bohrung

$d = 15$, nicht mit kegeliger Bohrung

d	Lagerreihe 12			Lagerreihe 22			Lagerreihe 13			Lagerreihe 23			Bohrungskennzahl
	D	B	$r_{s\,min}$	D	B	$r_{s\,min}$	D	B	$r_{s\,min}$	D	B	$r_{s\,min}$	
15	35	11	0,6	35	14	0,6	42	13	1	42	17	1	02
20	47	14	1	47	18	1	52	15	1,1	52	21	1,1	04
25	52	15	1	52	18	1	62	17	1,1	62	24	1,1	05
30	62	16	1	62	20	1	72	19	1,1	72	27	1,1	06
35	72	17	1,1	72	23	1,1	80	21	1,5	80	31	1,5	07
40	60	18	1,1	80	23	1,1	90	23	1,5	90	33	1,5	08
45	85	19	1,1	85	23	1,1	100	25	1,5	100	36	1,5	09
50	90	20	1,1	90	23	1,1	110	27	2	110	40	2	10
55	100	21	1,5	100	25	1,5	120	29	2	120	43	2	11
60	110	22	1,5	110	28	1,5	130	31	2,1	130	46	2,1	12
65	120	23	1,5	120	31	1,5	140	33	2,1	140	48	2,1	13
70	125	24	1,5	125	31	1,5	150	35	2,1	150	51	2,1	14
75	130	25	1,5	130	31	1,5	160	37	2,1	160	55	2,1	15
80	140	26	2	140	33	2	170	39	2,1	170	58	2,1	16
85	150	28	2	150	36	2	180	41	3	180	60	3	17

Pendelkugellager DIN 630 – 1210K Bezeichnung eines Pendelkugellagers der Reihe 12 mit zylindrischer Bohrung $d = 50$ mm (Bohrungskennzahl 10): **Pendelkugellager DIN 630 – 1210** ... mit kegeliger Bohrung

Einbaumaße für Wälzlager

DIN 5418: 1993-02

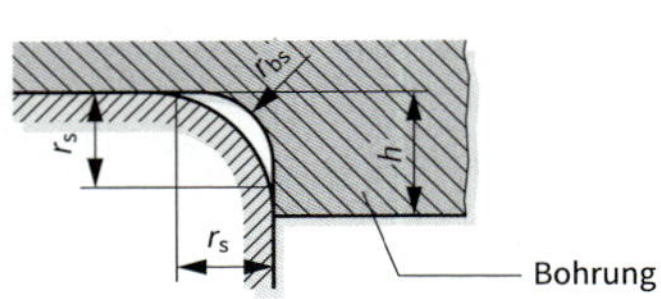

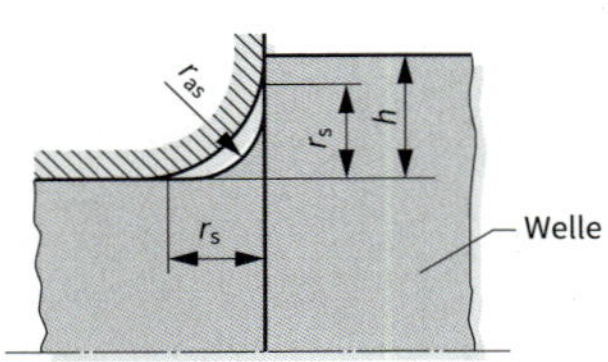

Ersatzweise kann der Freistich Form F nach DIN 509 angewendet werden.

Rundungen und Schulterhöhen für Radiallager und Axiallager (Ausnahme: Kegelrollenlager)

Kantenabstand am Wälzlager	Hohlkehlradius	Schulterhöhe h[1)] Durchmesserreihe nach DIN 616		
r_s	r_{as}; r_{bs}	8; 9; 0	1; 2; 3	4
0,05	0,05	0,2	–	–
0,08	0,08	0,26	–	–
0,1	0,1	0,3	0,6	–
0,2	0,2	0,7	0,9	–
0,3	0,3	1	1,2	–
0,6	0,6	1,6	2,1	–
1	1	2,3	2,8	–
2	2	4,4	5,5	6,5
3	2,5	6,2	7	8
4	3	7,3	8,5	10
5	4	9	10	12

[1)] Bei Axiallagern soll die Schulter mindestens bis zur Mitte der Wellen oder Gehäusescheibe reichen.

Sicherungsringe (Halteringe) für Wellen

DIN 471: 2011-04

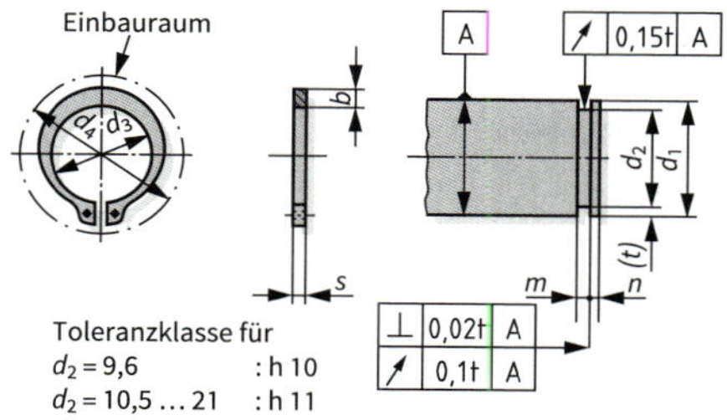

Toleranzklasse für
d_2 = 9,6 : h 10
d_2 = 10,5 … 21 : h 11
d_2 = 22,9 … 96,5 : h 12

Welle d_1	s	d_3	Ring zul. Abw.	b ≈	Nut d_2	m H13	t	n min	d_4
10	1	9,3	+0,10	1,8	9,6	1,1	0,2	0,6	17
11	1	10,2	−0,36	1,8	10,5	1,1	0,25	0,8	18
12	1	11		1,8	11,5	1,1	0,25	0,8	19
13	1	11,9		2	12,4	1,1	0,3	0,9	20,2
14	1	12,9		2,1	13,4	1,1	0,3	0,9	21,4
15	1	13,8		2,2	14,3	1,1	0,35	1,1	22,6
16	1	14,7		2,2	15,2	1,1	0,4	1,2	23,8
17	1	15,7		2,3	16,2	1,1	0,4	1,2	25
18	1,2	16,5		2,4	17	1,3	0,5	1,5	26,2
19	1,2	17,5		2,5	18	1,3	0,5	1,5	27,2
20	1,2	18,5	+0,13	2,6	19	1,3	0,5	1,5	28,4
21	1,2	19,5	−0,42	2,7	20	1,3	0,5	1,5	29,6
22	1,2	20,5		2,8	21	1,3	0,5	1,5	30,8
24	1,2	22,2	+0,21	3	22,9	1,3	0,55	1,7	33,2
25	1,2	23,2	−0,42	3	23,9	1,3	0,55	1,7	34,2
26	1,2	24,2		3,1	24,9	1,3	0,55	1,7	35,5
28	1,5	25,9		3,2	26,6	1,6	0,7	2,1	37,9
30	1,5	27,9		3,5	28,6	1,6	0,7	2,1	40,5
32	1,5	29,6		3,6	30,3	1,6	0,85	2,6	43
34	1,5	31,5	+0,25	3,8	32,3	1,6	0,85	2,6	45,4
35	1,5	32,2	−0,5	3,9	33	1,6	1	3	46,8
36	1,75	33,2		4	34	1,85	1	3	47,8
38	1,75	35,2		4,2	36	1,85	1	3	50,2
40	1,75	36,5	+0,39	4,4	37,5	1,85	1,25	3,8	52,6
42	1,75	38,5	−0,9	4,5	39,5	1,85	1,25	3,8	55,7
45	1,75	41,5		4,7	42,5	1,85	1,25	3,8	59,1
48	1,75	44,5		5	45,5	1,85	1,25	3,8	62,5
50	2	45,8		5,1	47	2,15	1,5	4,5	64,5
52	2	47,8		5,2	49	2,15	1,5	4,5	66,7
55	2	50,8	+0,46	5,4	52	2,15	1,5	4,5	70,2
56	2	51,8	−1,1	5,5	53	2,15	1,5	4,5	71,6
58	2	53,8		5,6	55	2,15	1,5	4,5	73,6
60	2	55,8		5,8	57	2,15	1,5	4,5	75,6
62	2	57,8		6	59	2,15	1,5	4,5	77,8
65	2,5	60,8		6,3	62	2,65	1,5	4,5	81,4
70	2,5	65,5		6,6	67	2,65	1,5	4,5	87
75	2,5	70,5		7	72	2,65	1,5	4,5	92,7
80	2,5	74,5		7,4	76,5	2,65	1,75	5,3	98,1
85	3	79,5		7,8	81,5	3,15	1,75	5,3	103,3
90	3	84,5	+0,54	8,2	86,5	3,15	1,75	5,3	108,5
95	3	89,5	−1,3	8,6	91,5	3,15	1,75	5,3	114,8
100	3	94,5		9	96,5	3,15	1,75	5,3	120,2

Werkstoff: Federstahl C67S oder C75S nach DIN EN 10 132-4.

Sicherungsring DIN 471 – 50 × 2

Bezeichnung eines Sicherungsringes für Wellendurchmesser d_1 = 50 mm und Ringdicke s = 2 mm

Sicherungsringe (Halteringe) für Bohrungen

DIN 472: 2017-06

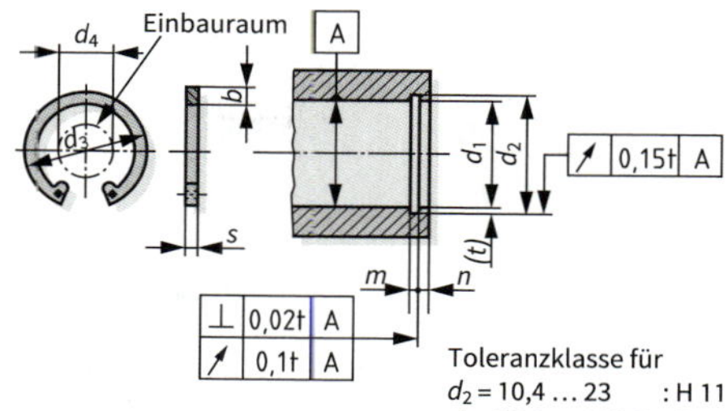

Toleranzklasse für
d_2 = 10,4 … 23 : H 11
d_2 = 25,2 … 103,5 : H 12

Bohr. d_1	s	d_3	Ring zul. Abw.	b ≈	Nut d_2	m H13	t	n min	d_4
10	1	10,8	+0,36	1,4	10,4	1,1	0,2	0,6	3,3
11	1	11,8	−0,10	1,5	11,4	1,1	0,2	0,6	4,1
12	1	13		1,7	12,5	1,1	0,25	0,8	4,9
13	1	14,1		1,8	13,6	1,1	0,3	0,9	5,4
14	1	15,1		1,9	14,6	1,1	0,3	0,9	6,2
15	1	16,2		2	15,7	1,1	0,35	1,1	7,2
16	1	17,3		2	16,8	1,1	0,4	1,2	8
17	1	18,3	+0,42	2,1	17,8	1,1	0,4	1,2	8,8
18	1	19,5	−0,13	2,2	19	1,1	0,5	1,5	9,4
19	1	20,5		2,2	20	1,1	0,5	1,5	10,4
20	1	21,5		2,3	21	1,1	0,5	1,5	11,2
21	1	22,5		2,4	22	1,1	0,5	1,5	12,2
22	1	23,5		2,5	23	1,1	0,5	1,5	13,2
24	1,2	25,9	+0,42	2,6	25,2	1,3	0,6	1,8	14,8
25	1,2	26,9	−0,21	2,7	26,2	1,3	0,6	1,8	15,5
26	1,2	27,9		2,8	27,2	1,3	0,6	1,8	16,1
28	1,2	30,1	+0,5	2,9	29,4	1,3	0,7	2,1	17,9
30	1,2	32,1	−0,25	3	31,4	1,3	0,7	2,1	19,9
32	1,2	34,4		3,2	33,7	1,3	0,85	2,6	20,6
34	1,5	36,5		3,3	35,7	1,6	0,85	2,6	22,6
35	1,5	37,8		3,4	37	1,6	1	3	23,6
36	1,5	38,8		3,5	38	1,6	1	3	24,6
38	1,5	40,8		3,7	40	1,6	1	3	26,4
40	1,75	43,5	+0,9	3,9	42,5	1,85	1,25	3,8	27,8
42	1,75	45,5	−0,39	4,1	44,5	1,85	1,25	3,8	29,6
45	1,75	48,5		4,3	47,5	1,85	1,25	3,8	32
48	1,75	51,5	+1,1	4,5	50,5	1,85	1,25	3,8	34,5
50	2	54,2	−0,46	4,6	53	2,15	1,5	4,5	36,3
52	2	56,2		4,7	55	2,15	1,5	4,5	37,9
55	2	59,2		5	58	2,15	1,5	4,5	40,7
56	2	60,2		5,1	59	2,15	1,5	4,5	41,7
58	2	62,2		5,2	61	2,15	1,5	4,5	43,5
60	2	64,2		5,4	63	2,15	1,5	4,5	44,7
62	2	66,2		5,5	65	2,15	1,5	4,5	46,7
65	2,5	69,2		5,8	68	2,65	1,5	4,5	49
70	2,5	74,5		6,2	73	2,65	1,5	4,5	53,6
75	2,5	79,5		6,6	78	2,65	1,5	4,5	58,6
80	2,5	85,5	+1,3	7	83,5	2,65	1,75	5,3	62,1
85	3	90,5	−0,54	7,2	88,5	3,15	1,75	5,3	66,9
90	3	95,5		7,6	93,5	3,15	1,75	5,3	71,9
95	3	100,5		8,1	98,5	3,15	1,75	5,3	76,5
100	3	105,5		8,4	103,5	3,15	1,75	5,3	80,6

Werkstoff: Federstahl C67S oder C75S nach DIN EN 10 132-4.

Sicherungsring DIN 472 – 50 × 2

Bezeichnung eines Sicherungsringes für Bohrungsdurchmesser d_1 = 50 mm und Ringdicke s = 2 mm

Montage-Zangen: DIN 5254 für Wellen, DIN 5256 für Bohrungen

Sicherungsbleche für Nutmuttern nach DIN 981

DIN 5406: 2011-04

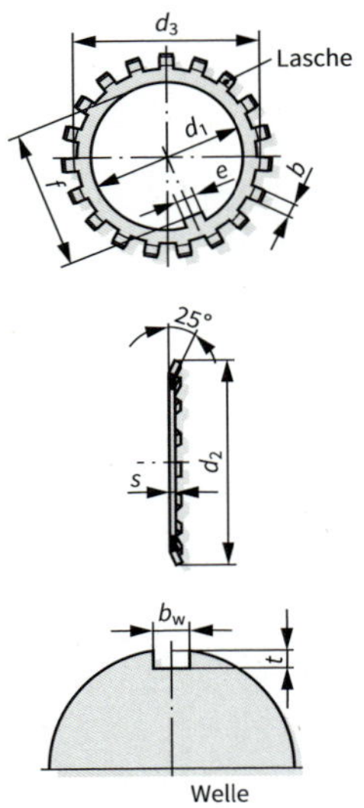

Kurz-zeichen	Zugehörige Nutmutter nach DIN 981	d_1 C11	d_2 js 17	d_3 h 13	e a 15	f C11	b a 15	s min	b_w H11	t +0,5 0	Anzahl der Laschen min
MB 1	KM 1	12	25	17	3	10,5	3	1	4	2	11
MB 2	KM 2	15	28	21	4	13,5	4	1	5	2	11
MB 3	KM 3	17	32	24	4	15,5	4	1	5	2	11
MB 4	KM 4	20	36	26	4	18,5	4	1	5	2	11
MB 5	KM 5	25	42	32	5	23	5	1,25	6	3	13
MB 6	KM 6	30	49	38	5	27,5	5	1,25	6	4	13
MB 7	KM 7	35	57	44	6	32,5	5	1,25	7	4	13
MB 8	KM 8	40	62	50	6	37,5	6	1,25	7	4	13
MB 9	KM 9	45	69	56	6	42,5	6	1,25	7	4	13
MB 10	KM 10	50	74	61	6	47,5	6	1,25	7	4	13
MB 11	KM 11	55	81	67	8	52,5	7	1,25	9	4	17
MB 12	KM 12	60	86	73	8	57,5	7	1,5	9	4	17
MB 13	KM 13	65	92	79	8	62,5	7	1,5	9	4	17
MB 14	KM 14	70	98	85	8	66,5	8	1,5	9	5	17
MB 15	KM 15	75	104	90	8	71,5	8	1,5	9	5	17
MB 16	KM 16	80	112	95	10	76,5	8	1,75	11	5	17
MB 17	KM 17	85	119	102	10	81,5	8	1,75	11	5	17
MB 18	KM 18	90	126	108	10	86,5	10	1,75	11	5	17
MB 19	KM 19	95	133	113	10	91,5	10	1,75	11	5	17
MB 20	KM 20	100	142	120	12	96,5	10	1,75	14	5	17

Werkstoff: Stahl $R_m \geq 350 \ \frac{N}{mm^2}$

Sicherungsblech DIN 5406 – MB 12
Bezeichnung eines Sicherungsbleches für Nutmutter DIN 981 – KM 12

Filzringe

DIN 5419: 2010-05

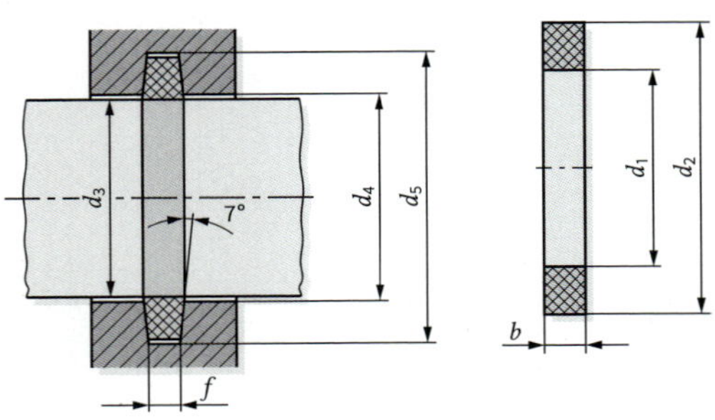

Wellen Ø	Filzring			Ringnutmaße		
d_3 ≤h 11	d_1	d_2	b	d_4 H 12	d_5 H 12	f H 13
20	20	30	4	21	31	3
25	25	37	5	26	38	4
30	30	42		31	43	
35	35	47		36	48	
40	40	52		41	53	
45	45	57		46	58	
50	50	66	6,5	51	67	5
55	55	71		56	72	
60	60	76		61,5	77	
65	65	81		66,5	82	
70	70	88	7,5	71,5	89	6
75	75	93		76,5	94	
80	80	98		81,5	99	
85	85	103		86,5	104	
90	90	110	8,5	92	111	7
95	95	115		97	116	
100	100	124	10	102	125	8

Werkstoff: Wollfilz; M5 nach DIN 61 200 bis d_3 = 38 mm
F2 nach DIN 61 200 ab d_3 = 40 mm

Filzring 30 DIN 5419 M5
Bezeichnung eines Filzringes mit d_1 = 30 mm Bohrungsdurchmesser, d_2 = 42 mm Außendurchmesser, b = 5 mm Breite (für Wellendurchmesser d_3 = 30mm) und Filzhärte M5

Radial-Wellendichtringe

DIN 3760: 1996-09

Form A

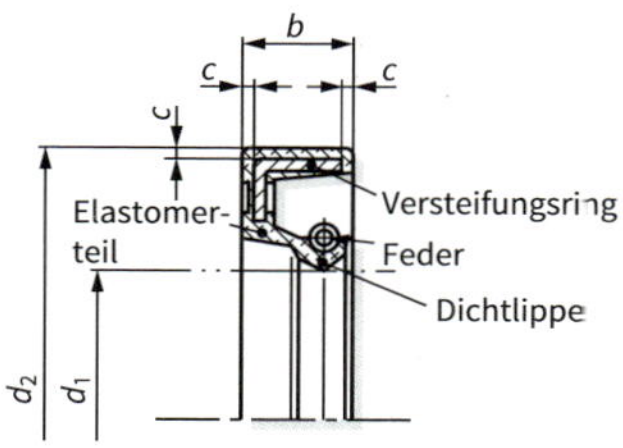

Form AS
mit Schutzlippe
übrige Maße und Angaben wie Form A

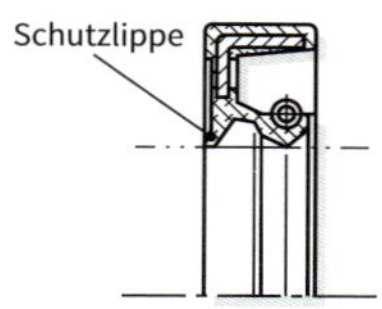

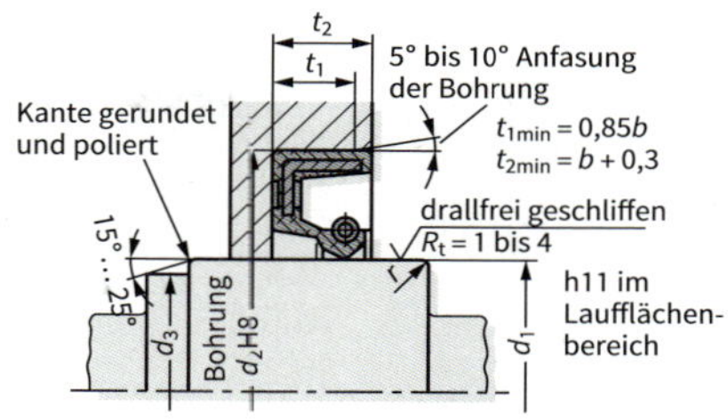

Zugabe für Übermaßpassung (Maße in mm)

Außen-Ø d_2	Zugabe	zulässige Unrundheit
≤ 50	+0,3 +0,15	0,25
50 < d_2 ≤ 80	+0,35 +0,2	0,35
80 < d_2 ≤ 120	+0,35 +0,2	0,5
120 < d_2 ≤ 180	+0,45 +0,25	0,65

Anschrägung der Welle

d_1	d_3	d_1	d_3	d_1	d_3	d_1	d_3
10	8,4	25	22,5	45	41,6	75	70,7
12	10,2	28	25,3	48	44,5	80	75,5
14	12,1	30	27,3	50	46,4	85	80,4
15	13,1	32	29,2	52	48,3	90	85,3
16	14	35	32	55	51,3	100	95
18	15,8	36	33	60	56,1	110	104,7
20	17,7	38	34,9	62	58,1	120	114,5
22	19,6	40	36,8	65	61	125	119,4
24	21,5	42	38,7	70	65,8	130	124,3

Kanten[1] des Wellendichtrings

d_1	c_{min}
10 … 26	0,3
28 … 60	0,4
62 … 80	0,5
85 … 135	0,8
135 … 190	1

[1] abgeschrägt oder gerundet nach Wahl des Herstellers

d_1	d_2	$b \pm 0{,}2$
10	22, 25, 26	7
12	22, 25, 30	7
14	24, 30	7
15	26, 30, 35	7
16	30, 35	7
18	30, 35	7
20	30, 35, 40	7

d_1	d_2	$b \pm 0{,}2$
22	35, 40, 47	7
25	35, 40, 47, 52	7
28	40, 47, 52	7
30	40, 42, 47, 52	7
32	45, 47, 52	7

d_1	d_2	$b \pm 0{,}2$
35	47, 50, 52, 55	7
38	55, 62	7
40	52, 55, 62	7
42	55, 62	8
45	60, 62, 65	8
48	62	8
50	65, 68, 72	8

d_1	d_2	$b \pm 0{,}2$
55	70, 72, 80	8
60	75, 80, 85	8
65	85, 90	10
70	90, 95	10
75	95, 100	10
80	100, 110	10
85	110, 120	12
90	110, 120	12

d_1	d_2	$b \pm 0{,}2$
95	120, 125	12
100	120, 125, 130	12
105	130	12
110	130, 140	12
115	140	12
120	150	12
125	150	12
130	160	12
140	170	15
150	180	15
160	190	15
170	200	15
180	210	15
190	220	15

Werkstoffe: Acrylnitril-Butadien-Kautschuk, NBR oder Fluorkautschuk, FKM
Radial-Wellendichtring DIN 3760 – A 25 × 40 × 7 – FKM
auch
RWDR DIN 3760 – A 25 × 40 × 7 – FKM
Bezeichnung eines Radial-Wellendichtringes (RWDR) Form A für Wellendurchmesser d_1 = 25 mm, Außendurchmesser d_2 = 40 mm und Breite b = 7 mm, Elastomerteil aus Fluorkautschuk (FKM)

O-Ringe, Einbauräume

DIN ISO 3601-1: 2013-11; DIN ISO 3601-2: 2010-08

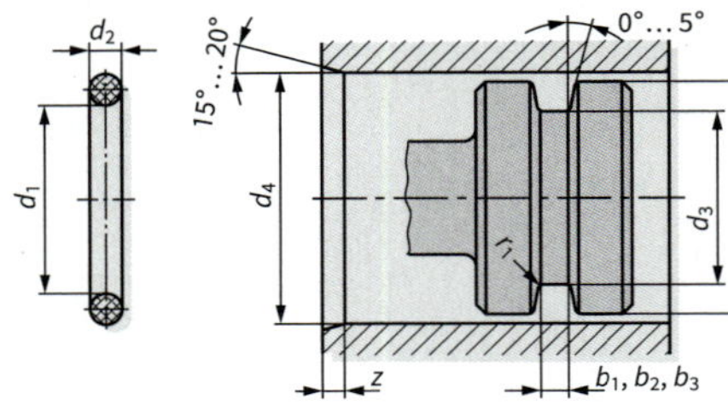

Werkstoffe für O-Ringe nach DIN ISO 3601-5

Kurz-zeichen	Basis-Elastomer	IRHD-Härte[1)]
NBR	Acrylnitril-Butadien-Kautschuk	70
NBR	Acrylnitril-Butadien-Kautschuk	90
FPM/FKM	Fluor-Kautschuk	85
EPDM	Ethylen-Propylen-Dien-Kautschuk	70
MVQ	Siliconkautschuk	70
ACM	Acrylat-Kautschuk	70

Einbauräume, außendichtend, radiale O-Ring-Pressung

Größenbezeichnungen SC	Innen-Ø, O-Ring	Hydraulik, dynamisch / Pneumatik, dynamisch / Hydr., Pneum., statisch	Hydraulik, dynamisch		Pneumatik, dynamisch		Hydr., Pneum., statisch	
	d_1	d_3 H6/H8/H9	d_4 H9	d_9 f7	d_4 H8	d_9 f7	d_4 H8	d_9 f7
$d_2 = 1{,}78$								
008	4,47	4,63	7,31		7,42		7,22	
010	6,07	6,25	8,93		9,06		8,83	
011	7,65	7,87	10,56		10,66		10,42	
013	10,82	11,2	–		–		13,77	
014	12,42	12,83	–		–		15,4	
015	14	14,49	–		–		17,05	
$d_2 = 2{,}62$								
114	15,54	16,03	20,11		20,23		20,09	
115	17,12	17,64	21,71		21,81		21,7	
116	18,72	19,27	23,33		23,44		23,33	
117	20,29	20,97	–		–		24,95	
118	21,9	22,71	–		–		26,58	
119	23,47	24,32	–		–		28,19	
120	25,07	25,96	–		–		29,8	
121	26,64	27,56	–		–		31,43	
122	28,24	29,19	–		–		33,06	
123	29,82	30,88	–		–		34,72	
124	31,42	32,51	–		–		36,35	
125	32,99	34,12	–		–		37,96	
126	34,59	35,75	–		–		39,59	
127	36,17	37,36	–		–		41,20	
128	37,77	38,99	–		–		42,83	
129	39,34	40,67	–		–		44,51	

Größenbezeichnungen SC	Innen-Ø, O-Ring	Hydraulik, dynamisch		Pneumatik, dynamisch		Hydr., Pneum., statisch		statisch, dynamisch
	d_1	d_4 H8	d_9 f7	d_4 H8	d_9 f7	d_4 H8	d_9 f7	d_3 h9
$d_2 = 3{,}53$								
210	18,64	24,97		25,17		24,67		19,32
211	20,22	26,56		26,78		26,56		20,93
212	21,82	28,21		28,41		27,91		22,64
213	23,39	29,81		30,01		29,51		24,24
216	28,17	34,74		34,94		34,44		29,17
217	29,74	36,34		36,54		36,04		30,58
219	32,92	39,58		39,78		39,28		34,04
220	34,52	41,22		41,42		40,92		35,68
221	36,09	42,82		43,02		42,52		37,28
223	40,87	–		–		47,48		42,24
224	44,04	–		–		50,71		45,47
225	47,22	–		–		54,03		48,79
226	50,39	–		–		57,27		52,06
227	53,57	–		–		60,51		55,13
$d_2 = 5{,}33$								
326	40,64	50,54		50,54		50,04		42,0
327	43,82	53,78		53,78		53,28		45,24
329	50,17	60,34		60,34		59,84		51,83
331	56,52	66,82		66,82		66,32		58,31
333	62,87	73,35		73,35		72,85		64,84
334	66,04	76,58		76,58		76,08		68,07
335	69,22	79,82		79,82		79,32		71,31
337	75,57	86,84		86,84		85,80		77,89

Einbauräume, außendichtend, radiale O-Ring-Pressung

Querschnitt-Ø des O-Rings	Hydraulik, bewegt	Hydraulik und Pneumatik, ruhend		Pneumatik, bewegt
d_2	b_1 $^{+0,25}_{0}$	b_2[1)] $^{+0,25}_{0}$	b_3[2)] $^{+0,25}_{0}$	b_1 $^{+0,25}_{0}$
1,78	2,8	4,2	5,6	2,4
2,62	3,8	5,2	6,6	3,6
3,53	5,0	6,4	7,8	4,8
5,33	7,2	9	10,9	6,9

[1)] Mit einem Stützring
[2)] Mit zwei Stützringen

d_2	r_1	z für 15° min	z für 20° min
1,78	+0,4	1,1	0,9
2,62	+0,2	1,5	1,1
3,55	+0,8	1,8	1,4
5,3	+0,4	2,7	2,1

O-Ringe nach DIN ISO 3601-1 für allgemeine industrielle Anwendungen werden in den Toleranzklassen A und B gefertigt. Die Klasse A hat engere Toleranzen als B, sie ist auch für Luftfahrtanwendungen geeignet. O-Ringe mit Sortenmerkmal N sind für allgemeine Anwendungen bestimmt. O-Ringe mit Sortenmerkmal S sind für Anwendungen mit höherem Qualitätsstand (Maß und Oberfläche) bestimmt (DIN ISO 3601-3).

O-Ring ISO 3601-1 – 125 B – 32,99 x 2,62 – N
O-Ring mit der Größenbezeichnungs SC = 125 und der Toleranzklasse B des Durchmessers d_1; dem Nenndurchmesser $d_1 = 32{,}99$ mm und der Schnurstärke 2,62 mm, Sortenmerkmal N

[1)] IRHD: Internationaler Gummihärtegrad

Einbauräume, O-Ring-axialdichtend, Innendruck

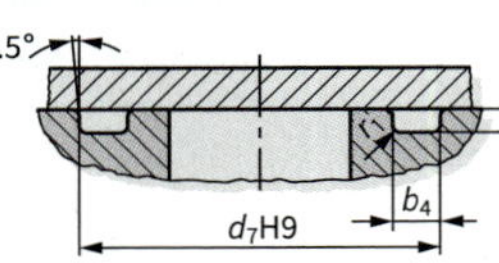

d_2	b_4 $^{+0,2}$ hydrl.	b_4 $^{+0,2}$ pneum.	h $^{+0,10}_{0}$	r_1
2,62	4,0	3,6	2,0	0,3 ± 0,1
3,53	5,3	4,8	2,7	0,6 ± 0,2
5,33	7,6	7,0	4,2	

d_1	d_7 H9	d_1	d_7 H9	d_1	d_7 H9	d_1	d_7 H9	d_1	d_7 H9	d_1	d_7 H9
$d_2 = 2{,}62$		$d_2 = 3{,}53$		$d_2 = 3{,}53$		$d_2 = 3{,}53$		$d_2 = 3{,}53$		$d_2 = 5{,}33$	
31,42	36,65	29,74	36,8	37,69	44,57	53,57	60,63	78,97	86,03	75,57	86,23
34,59	39,83	31,34	38,14	40,87	47,93	56,74	63,80	85,32	92,38	81,92	92,58
39,34	44,58	32,92	39,98	44,04	51,10	59,92	66,98	98,02	105,08	91,44	102,10
44,12	49,35	34,52	41,58	47,22	54,28	63,09	70,15	110,72	117,78	94,62	105,28
48,90	54,13	36,09	43,18	50,39	57,45	69,44	76,50	136,12	143,18	110,49	119,38

Nutmuttern (Wälzlagerzubehör)

DIN 981: 2009-06

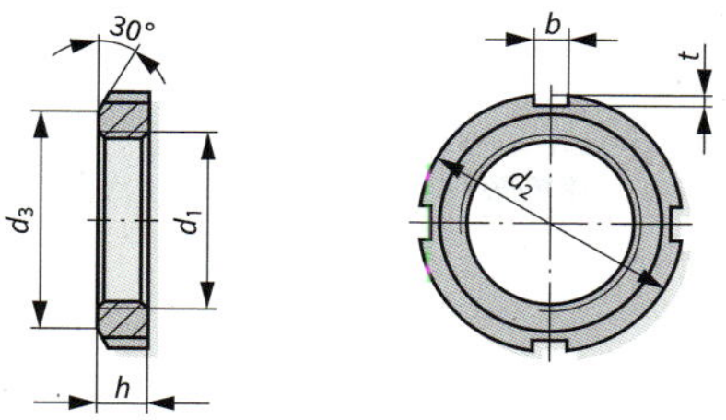

Sicherungsbleche für Nutmuttern MB 2 … MB 16 siehe DIN 5406

Werkstoff: Stahl, $R_m \geq 350$ N/mm²

Nutmutter DIN 981 – KM 5

Bezeichnung einer Nutmutter mit Gewinde M 25 × 1,5

Kurzzeichen	d_1	d_2	d_3	h	b	t
KM 2	M 15 × 1	25	21	5	4	2
KM 3	M 17 × 1	28	24	5	4	2
KM 4	M 20 × 1	32	26	6	4	2
KM 5	M 25 × 1,5	38	32	7	5	2
KM 6	M 30 × 1,5	45	38	7	5	2
KM 7	M 35 × 1,5	52	44	8	5	2
KM 8	M 40 × 1,5	58	50	9	6	2,5
KM 9	M 45 × 1,5	65	56	10	6	2,5
KM 10	M 50 × 1,5	70	61	11	6	2,5
KM 11	M 55 × 2	75	67	11	7	3
KM 12	M 60 × 2	80	73	11	7	3
KM 13	M 65 × 2	85	79	12	7	3
KM 14	M 70 × 2	92	85	12	8	3,5
KM 15	M 75 × 2	98	90	13	8	3,5
KM 16	M 80 × 2	105	95	15	8	3,5

Passscheiben und Stützscheiben

DIN 988: 1990-03

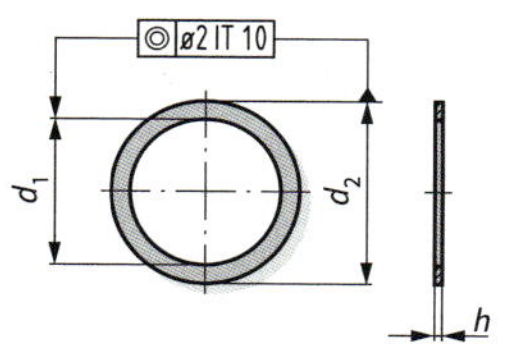

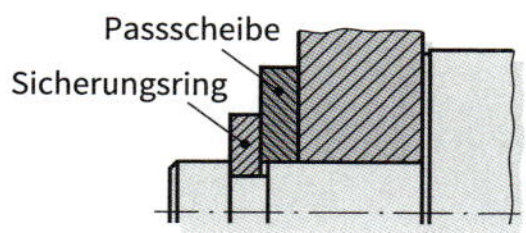

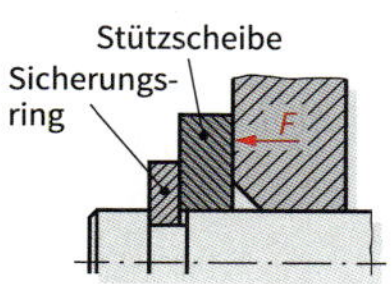

d_1 (D12)	d_2 (d12)	$h_{max.}$	$h_{min.}$
		Stützscheibe	
10	16	1,2	1,15
11	17		
12	18		
13	19	1,5	1,45
14	20		
15	21		
16	22		
17	24		
18	25		
19	26		
20	28	2	1,95
22	30		
22	32		
25	35		
25	36		
26	37		

d_1 (D12)	d_2 (d12)	$h_{max.}$	$h_{min.}$
		Stützscheibe	
28	40	2	1,95
30	42	2,5	2,45
32	45		
35	45		
36	45		
37	47		
40	50		
42	52		
45	55	3	2,94
45	56		
48	60		
50	62		
50	63		
52	65		
55	68		
56	70		

d_1 (D12)	d_2 (d12)	$h_{max.}$	$h_{min.}$
		Stützscheibe	
56	72	3	2,94
60	75		
63	80		
65	85	3,5	3,44
70	90		
75	95		
80	100		
85	105		
90	110		
95	115		
100	120		
100	125		
105	130		
110	140		
120	150		
130	160		

Passscheiben h_{max}: 0,1; 0,15; 0,2; 0,3; 0,5; 1; 1,1; 1,2; 1,3; 1,4; 1,5; 1,6; 1,7; 1,8; 1,9; 2,0 mm

Werkstoff Passscheiben: St, Stützscheiben: FSt

Passscheibe DIN 988 – 50 × 62 × 1,5 Bezeichnung einer Passscheibe mit $d_1 = 50$, $d_2 = 62$, $h_{max} = 1,5$

Stützscheibe DIN 988 – S 40 × 50 Bezeichnung einer Stützscheibe (S) mit $d_1 = 40$, $d_2 = 50$

Spannhülse mit Sicherungsblech und Nutmutter

DIN 5415: 2009-05

Spannhülse mit Kegel 1:12 zur Befestigung von Wälzlagern mit kegeliger Lagerbohrung
Werkstoff Hülse:
St, $R_m \geq 430 \frac{N}{mm^2}$

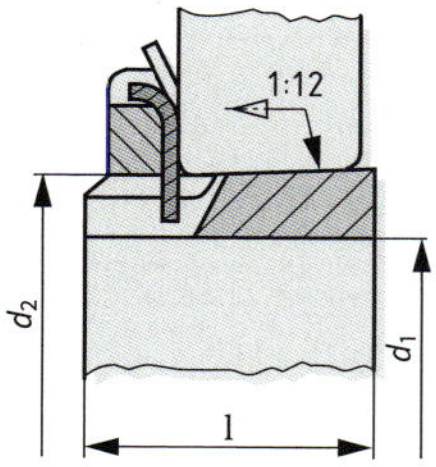

Norm-Ø d_1	Hülse Gewinde d_2	l h 15	zugehörige Teile Nutmutter DIN 981	Blech DIN 5406	Hülse komplett Kurzzeichen	passende Wälzlager Kurzzeichen Pendelkugellager		Pendelrollenlager	
20	M 25 × 1,5	29	KM 5	MB 5	H 305	1305 K	2205 K	–	
25	M 30 × 1,5	31	KM 6	MB 6	H 306	1306 K	2206 K	–	
30	M 35 × 1,5	35	KM 7	MB 7	H 307	1307 K	2207 K	–	
35	M 40 × 1,5	36	KM 8	MB 8	H 308	1308 K	2208 K	21308 K	22208 K
40	M 45 × 1,5	39	KM 9	MB 9	H 309	1309 K	2209 K	21309 K	22209 K
45	M 50 × 1,5	42	KM 10	MB 10	H 310	1310 K	2210 K	21310 K	22210 K
50	M 55 × 2	45	KM 11	MB 11	H 311	1311 K	2211 K	21311 K	22211 K
55	M 60 × 2	47	KM 12	MB 12	H 312	1312 K	2212 K	21312 K	22212 K
60	M 70 × 2	52	KM 14	MB 14	H 314	1314 K	2214 K	21314 K	22214 K
65	M 75 × 2	55	KM 15	MB 15	H 315	1315 K	2215 K	21315 K	22215 K
70	M 80 × 2	59	KM 16	MB 16	H 316	1316 K	2216 K	21316 K	22216 K
75	M 85 × 2	63	KM 17	MB 17	H 317	1317 K	2217 K	21317 K	22217 K
80	M 90 × 2	65	KM 18	MB 18	H 318	1318 K	2218 K	21318 K	22218 K
85	M 95 × 2	68	KM 19	MB 19	H 319	1319 K	2219 K	21319 K	22219 K

Spannhülse DIN 5415 – H 314 Bezeichnung einer Spannhülse mit $d_1 = 60$ mm, $l = 52$ mm, Komplett

Toleranzen für den Einbau von Wälzlagern (bis 500 mm Bohrungsnenndurchmesser)

Mounting tolerances for rolling bearings

DIN 5425-1: 1984-11

Radiallager

Bewegungsverhältnisse		Innenring/Welle					Außenring/Gehäuse				
Beschreibung	Schema	Lastfall	Passung	Belastung	Grundabmaß für Welle[1] Kugellager	Grundabmaß für Welle[1] Rollenlager	Lastfall	Passung	Belastung	Grundabmaß für Welle[1] Kugellager	Grundabmaß für Welle[1] Rollenlager
Innenring rotiert, Außenring steht still, Lastrichtung unveränderlich		Umfangslast für Innenring	fester Sitz erforderlich	niedrig mittel hoch	h k j k m m n	k m k m m p n p	Punktlast für Außenring	fester Sitz zulässig	beliebig	J[2] H G[3] F[3]	
Innenring steht still, Außenring rotiert, Lastrichtung rotiert mit Außenring											
Innenring steht still, Außenring rotiert, Lastrichtung unveränderlich		Punktlast für Innenring	loser Sitz zulässig	beliebig	j h g f		Umfangslast für Außenring	fester Sitz erforderlich	niedrig mittel hoch	J K M –	K M N N P
Innenring rotiert, Außenring steht still, Lastrichtung rotiert mit Innenring											
Kombination von verschiedenen Bewegungsverhältnissen	–	Unbestimmt	Das Grundabmaß wird bestimmt von dem dominierenden Lastfall sowie der Montierbarkeit der Lagerung				Unbestimmt	Das Grundabmaß wird bestimmt von dem dominierenden Lastfall sowie der Montierbarkeit der Lagerung			

Axiallager

Belastungsart	Wellenscheibe/Welle			Gehäusescheibe/Gehäuse		
	Lastfall	Passung	Grundabmaß für Welle[1]	Lastfall	Passung	Grundabmaß für Welle[1]
Kombinierte Last	Umfangslast	fester Sitz erforderlich	j k m	Punktlast	loser Sitz zulässig	H J
	Punktlast	loser Sitz zulässig	j	Umfangslast	fester Sitz erforderlich	K M
Reine Axiallast	–	–	h j k	–	–	H G E

1) Reihenfolge der Grundabmaße von oben nach unten ist nach steigender Lagergröße geordnet.
2) Nicht für geteilte Gehäuse.
3) Diese Grundabmaße werden auch bei Wärmezufuhr von der Welle angewandt.

Toleranzklassen

Wellentoleranzen:	Toleranzgrad 6	z. B.: m6
Gehäusetoleranzen:	Toleranzgrad 7	z. B.: H7

Wälzlagertoleranzen

DIN 620-2: 1988:02

Toleranzklasse P0:	Innen- und Außenring haben etwa die Toleranzklasse h6 nach DIN ISO 286

Empfohlene Werte für die Oberflächenrauheit von Passflächen

Wellen- oder Gehäusedurchmesser in mm		Genauigkeit der Durchmessertoleranzen von Wellen- oder Gehäusepassflächen			
		Toleranzgrad 6		Toleranzgrad 7	
über	bis	Rz in µm	Ra in µm	Rz in µm	Ra in µm
–	80	6,3	1,6	10	3,2
80	500	10	3,2	16	3,2
500	1250	16	3,2	25	6,3

Wälzlager

DIN ISO 8826-1: 1990-12; DIN ISO 8826-2: 1995-10

Bildliche Darstellung	Vereinfachte Darstellung allgemein	detailliert	Bemerkung
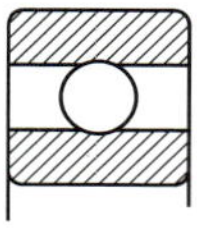	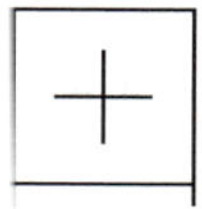	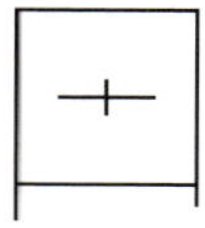	Eine vereinfachte Darstellung wird auf einer oder auf beiden Seiten der Achse angewendet. Das freistehende Kreuz darf die Begrenzungslinien nicht berühren. Alle Linien: DIN 15-A

Elemente für die detaillierte vereinfachte Darstellung

Element	Anwendung
lange, gerade Volllinie	Achse des Wälzlagerelementes ohne Einstellmöglichkeit, z. B.: Radial-Rillenkugellager
lange, gebogene Volllinie	Achse des Wälzlagerelementes mit Einstellmöglichkeit, z. B.: Pendelkugellager
kurze, gerade Volllinie, kreuzt lange Volllinie unter 90°	Lage und Reihenzahl der Wälzelemente, z. B.: zweireihiges Radial-Rillenkugellager

Anstelle der kurzen, geraden Volllinien dürfen die Elemente Kreis und Rechteck zur Darstellung der Wälzkörper angewendet werden.

Element		Anwendung
	Kreis	Kugel
	breites Rechteck	Rolle
	schmales Rechteck	Nadel

Detaillierte vereinfachte Darstellungen

Bildliche Darstellung		Vereinfachte Darstellung detailliert
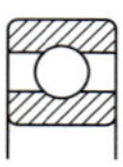 Radial-Rillenkugellager einreihig	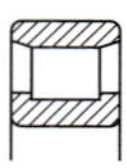 Zylinder-Rillenkugellager einreihig	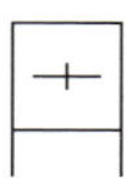
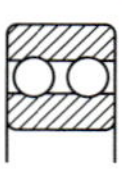 Radial-Rillenkugellager zweireihig	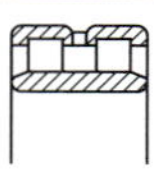 Zylinder-Rillenkugellager zweireihig	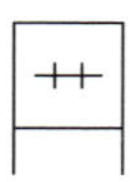
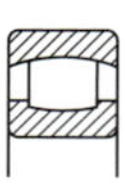 Radial-Pendelrollenlager, einreihig		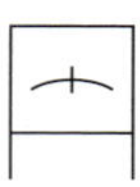
 Radial-Pendelrollenlager, zweireihig		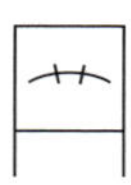
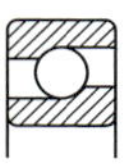 Schrägkugellager, einreihig	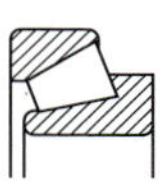 Kegelrollenlager	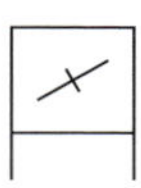

Bildliche Darstellung		Vereinfachte Darstellung detailliert
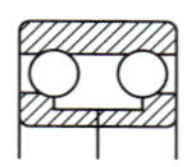 Schrägkugellager, zweireihig, mit geteiltem Innenring		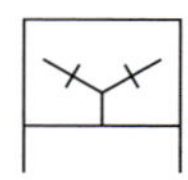
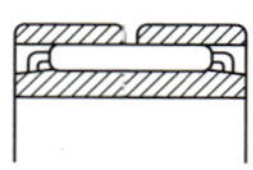 Nadellager, einreihig	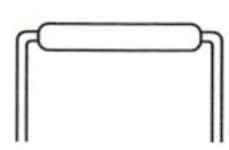 Nadelkranz	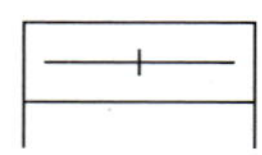
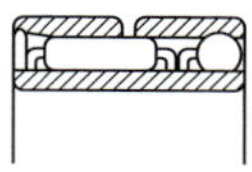 Kombiniertes Radial-Nadellager/Kugellager		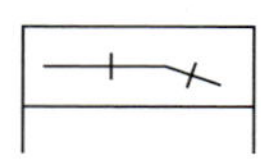
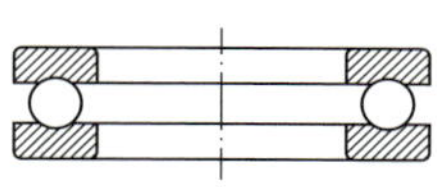 Einseitig wirkendes Axial-Kugellager		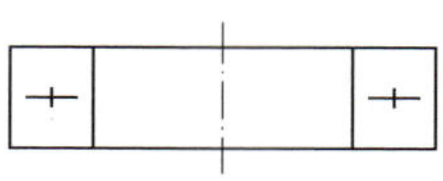
 Axial-Rillenkugellager, einseitig wirkend, mit kugeliger Gehäusescheibe		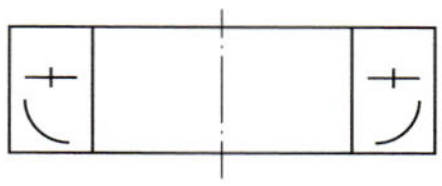

Dichtungen für dynamische Belastungen

DIN ISO 9222-1: 1990-12; DIN ISO 9222-2: 1991-03

Bildliche Darstellung	Vereinfachte Darstellung allgemein	Vereinfachte Darstellung detailliert	Bemerkung
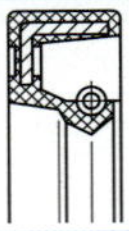	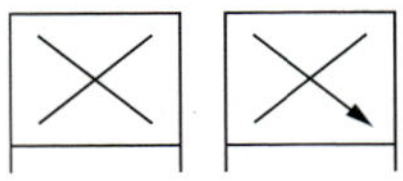 Druck-richtung	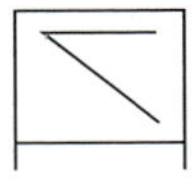	Die vereinfachte Darstellung wird auf einer Seite oder auf beiden Seiten der Achse angewendet. Der Pfeil, der die Dichtrichtung angibt, kann weggelassen werden. Alle Linien: ISO 128-01.2

Elemente für detaillierte vereinfachte Darstellung

Element		Anwendung	Element		Anwendung
——	lange, gerade Volllinie	statisches Dichtelement		kurze, gerade Volllinien, die zum Mittelpunkt des Quadrates zeigen	Dichtlippen von U-Dichtungen, V-Ringen, Packungssätzen
	lange, gerade Volllinie, diagonal zu den Umrissen	dynamisches Dichtelement		T (männlich)	Berührungsfreie Dichtungen, z. B.: Labyrinthdichtungen
	kurze, gerade Volllinien, diagonal zu den Umrissen unter 90° zum Dichtelement	Staublippen, Abstreifringe		U (weiblich)	

Detaillierte vereinfachte Darstellungen

Bildliche Darstellung		Vereinfachte Darstellung detailliert	Bildliche Darstellung		Vereinfachte Darstellung detailliert
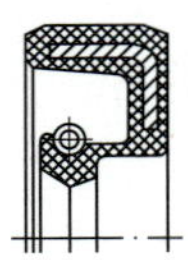	Radial-Wellendichtring ohne Staublippe Ummantelung: Gummi		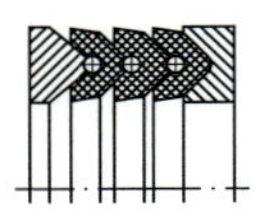	Packung	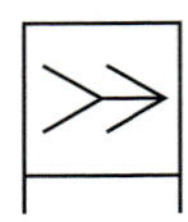
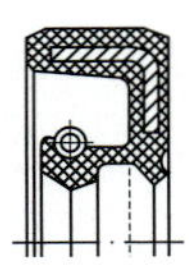	Radial-Wellendichtring mit Staublippe Ummantelung: Gummi	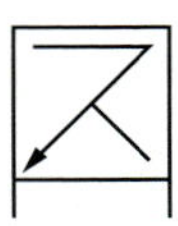		Labyrinth-Dichtung	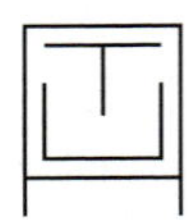
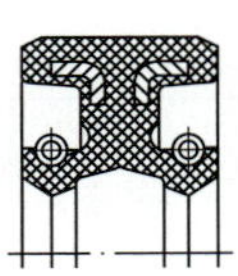	Radial-Wellendichtring ohne Staublippe, doppeltwirkend Ummantelung: Gummi	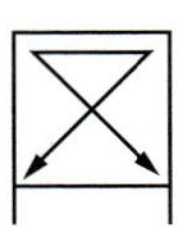			
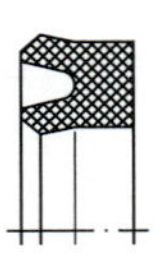	U-Dichtung	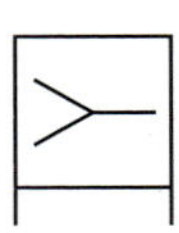			

Anwendungsbeispiel

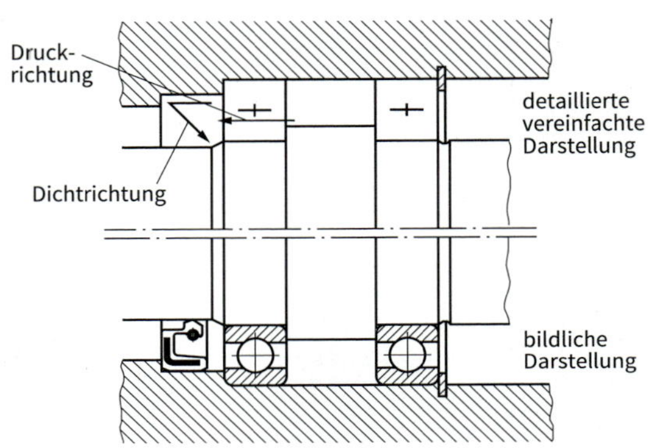

Buchsen für Gleitlager aus Kupferlegierungen

DIN ISO 4379: 1995-10

Form C

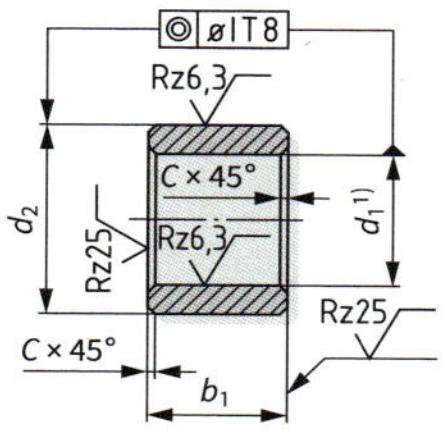

Form F

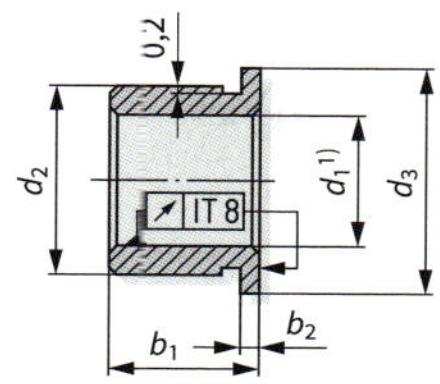

1) ergibt Toleranzklasse H8 nach dem Einpressen

d_1	Form C d_2			Form F Reihe 1 d_2	Form F Reihe 1 d_3	Form F Reihe 1 b_2	Form F Reihe 2 d_2	Form F Reihe 2 d_3	Form F Reihe 2 b_2	Form C und F b_1			Form C und F C
10	12	14	16	12	14	1	16	20	3	6	10	–	0,3
12	12	14	16	14	16	1	18	22	3	10	15	20	0,5
15	17	19	21	17	19	1	21	27	3	10	15	20	0,5
18	20	22	24	20	22	1	24	30	3	12	20	30	0,5
20	23	24	26	23	26	1,5	26	32	3	15	20	30	0,5
22	25	26	28	25	28	1,5	28	34	3	15	20	30	0,5
25	28	30	32	28	31	1,5	32	38	4	20	30	40	0,5
28	32	34	36	32	36	2	36	42	4	20	30	40	0,5
30	34	36	38	34	38	2	38	44	4	20	30	40	0,5
32	36	38	40	36	40	2	40	46	4	20	30	40	0,8
35	39	41	45	39	43	2	45	50	5	30	40	50	0,8
38	42	45	48	42	46	2	48	54	5	30	40	50	0,8
40	44	48	50	44	48	2	50	58	5	30	40	60	0,8
42	46	50	52	46	50	2	52	60	5	30	40	60	0,8
45	50	53	55	50	55	2,5	55	63	5	30	40	60	0,8
48	53	56	58	53	58	2,5	58	66	5	40	50	60	0,8
50	55	58	60	55	60	2,5	60	68	5	40	50	60	0,8

Empfohlene Toleranzklassen für den Einbau

Aufnahmebohrung: H7
Welle: e7, g7 (anwendungsfallabhängig)

Buchse ISO 4379 – C 20 × 23 × 20 – Cu Sn 8
Bezeichnung einer Buchse der Form C mit d_1 = 20 mm, d_2 = 23 mm, b_1 = 20 mm aus Cu SN 8

Buchsen für Gleitlager aus Duroplasten und Thermoplasten

DIN 1850-5, 6: 1998-07

Zylinderbuchse Form P (Duroplaste)

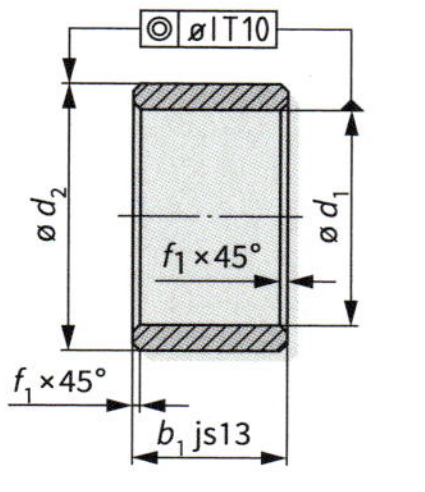

Bundbuchse Form R

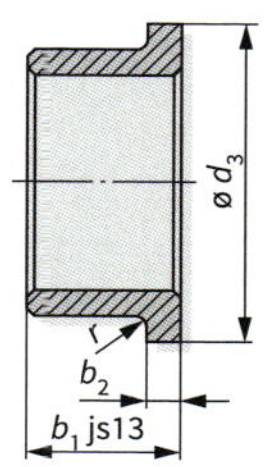

Zylinderbuchse Form S (Thermoplaste)

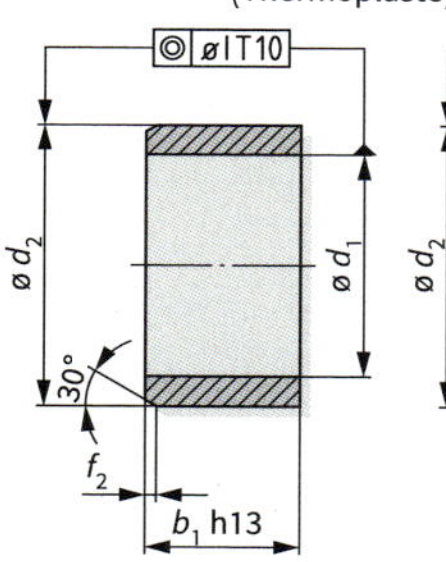

Bundbuchse Form T

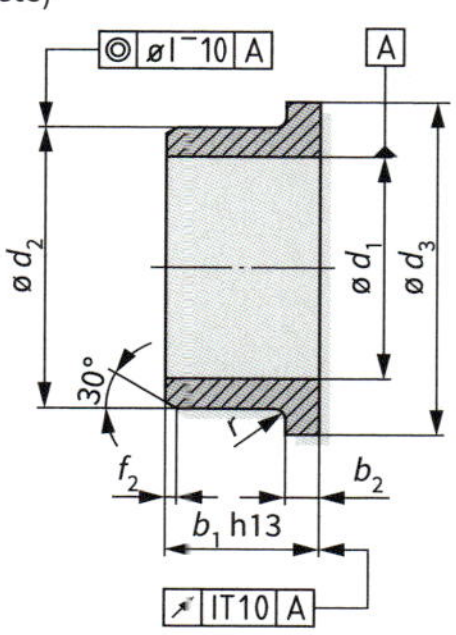

Abmessungen der Formen P, R, S, T

d_1	d_2	d_3 d_{13}	b_1			b_2	f, r max	f_2
15	21	27	10	15	20	3	0,5	0,8
20	26	32	15	20	30	3	0,5	0,8
25	32	38	20	30	40	4	0,5	0,8
30	38	44	20	30	40	4	0,5	0,8
35	45	50	30	40	50	5	0,8	1,2
40	50	58	30	40	60	5	0,8	1,2
45	55	63	30	40	60	5	0,8	1,2
50	60	68	40	50	60	5	0,8	1,2
60	75	83	40	60	80	7,5	0,8	1,2
80	95	105	60	80	100	7,5	1	1,5

Abmaße für d_1 und d_2 der Formen P und R

d_1	über bis	14 18	18 24	24 30	30 40	40 50	50 65	65 80
Abmaße		+0,22 +0,18	+0,27 +0,22	+0,34 +0,28	+0,42 +0,35	+0,5 +0,42	+0,6 +0,51	+0,73 +0,63
d_2	über bis	20 24	24 30	30 38	38 50	50 60	60 80	80 95
Abmaße		+0,14 +0,09	+0,17 +0,11	+0,21 +0,14	+0,26 +0,18	+0,31 +0,22	+0,37 +0,27	+0,45 +0,34

Werkstoff für Formen P und R: FS 74 nach DIN 7708 oder nach Hgw DIN 7735, Ausführung: DIN 7168 – m

Abmaße für d_1, d_2 der Formen S und T der Toleranzklasse A

Tolaranzklasse für d_1 nach dem Einpressen: D12

d_2	über bis	14 18	18 25	25 (33)	(33) 40	40 55	55 200
Abmaße		+0,33 +0,11	+0,45 +0,15	+0,6 +0,2	+0,69 +0,23	+0,9 +0,3	nach Vereinbarung

Werkstoff für Formen S und T: PA 6, PA 66, PA 6 G, PA 11, PA 12, PBTP, PETP, PE, POM

Empfohlene Toleranzklassen für den Einbau

Aufnahmebohrung: H7
Welle: h7 (P und R), h9 (S und T)

Buchse DIN 1850 – S 30 A 40 – PA 66
Bezeichnung einer Buchse der Form S mit d_1 = 30 mm, b_1 = 40 mm, Toleranzklasse A aus PA 66

Buchsen für Gleitlager aus Sintermetall

DIN 1850-3: 1998-07

Form J
Zylinderlager

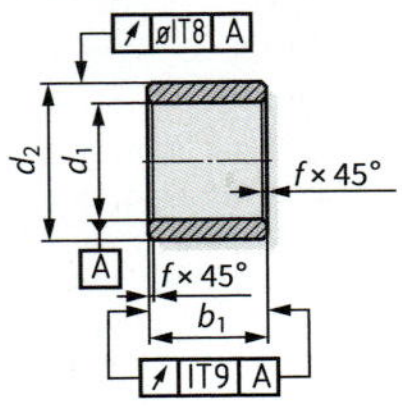

Form V
Bundlager

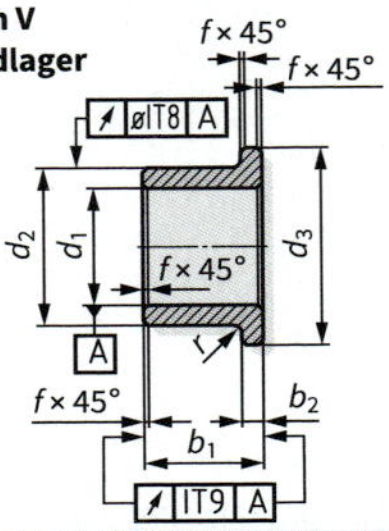

Toleranzklasse		
d_1	Form J und V	G7*)
d_2		r6
d_3		js13
b_1, b_2		js13
Aufnahmebohrung:	Form J und V	H7

*) Ergibt nach dem Einpressen H7, wenn ein Einpressdorn innerhalb der ISO-Toleranzklasse m5 verwendet wird. Der Einpressdorn muss einen Absatz haben, der auf die gesamte Stirnfläche der Buchse drückt. Das Lagerspiel wird durch den Wellendurchmesser und den Buchsen-Innendurchmesser beeinflusst.

Zylinderlager DIN 1850 – J 20 × 26 × 20 – Sint-B50
Bezeichnung eines Zylinderlagers Form J mit d_1 = 20 mm, d_2 = 26 mm, b_1 = 20 mm, aus Sinterbronze Sint-N50, ölgetränkt

1) Nur für Form J

d_1	d_2	d_3	b_1				b_2	f_{max}	r_{max}
2,5	6	9	2[1)]	3	–	–	1,5	0,3	0,3
3	6	9	3[1)]	4	–	–	1,5	0,3	0,3
4	8	12	3	4	6	–	2	0,3	0,3
5	9	13	4	5	8	–	2	0,3	0,3
6	10	14	4	6	10	–	2	0,3	0,3
7	11	15	5	8	10	–	2	0,3	0,3
8	12	16	6	8	12	–	2	0,3	0,3
9	14	19	6	10	14	–	2,5	0,4	0,6
10	16	22	8	10	16	–	3	0,4	0,6
12	18	24	8	12	20	–	3	0,4	0,6
14	20	26	10	14	20	–	3	0,4	0,6
15	21	27	10	15	25	–	3	0,4	0,6
16	22	28	12	16	25	–	3	0,4	0,6
18	24	30	12	18	30	–	3	0,4	0,6
20	26	32	15	20	25	30	3	0,4	0,6
22	28	34	15	20	25	30	3	0,4	0,6
25	32	39	20	25	30	35[1)]	3,5	0,6	0,8
28	36	44	20	25	30	40[1)]	4	0,6	0,8
30	38	46	20	25	30	40[1)]	4	0,6	0,8
32	40	48	20	25	30	40[1)]	4	0,6	0,8
35	45	55	25	35	40	50[1)]	5	0,7	0,8
38	48	58	25	35	45	55[1)]	5	0,7	0,8
40	50	60	30	40	50	60[1)]	5	0,7	0,8
42	52	–	30	40	50	60[1)]	5	0,7	0,8
45	55	–	35	45	55	65[1)]	5	0,7	0,8
48	58	–	35	50	70	–	5	0,7	0,8
50	60	–	35	50	70	–	5	0,7	0,8
55	65	–	40	55	70	–	5	0,7	0,8

Kegelschmiernippel

DIN 71 412: 1987-11

Form A

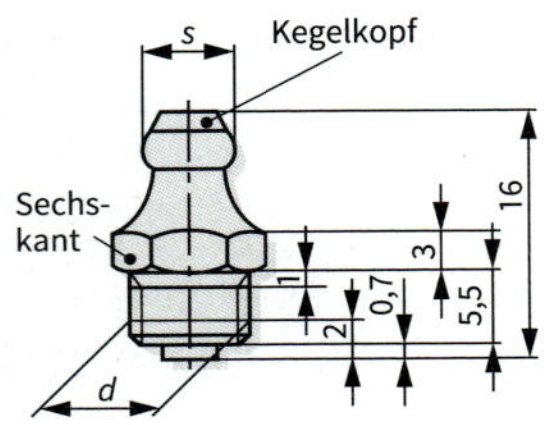

Form B

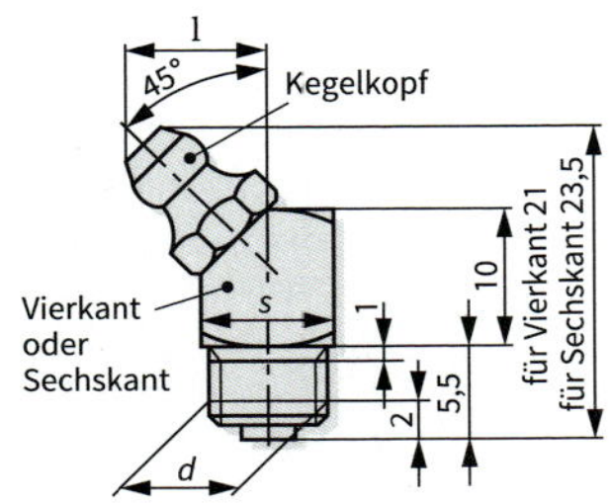

Form C

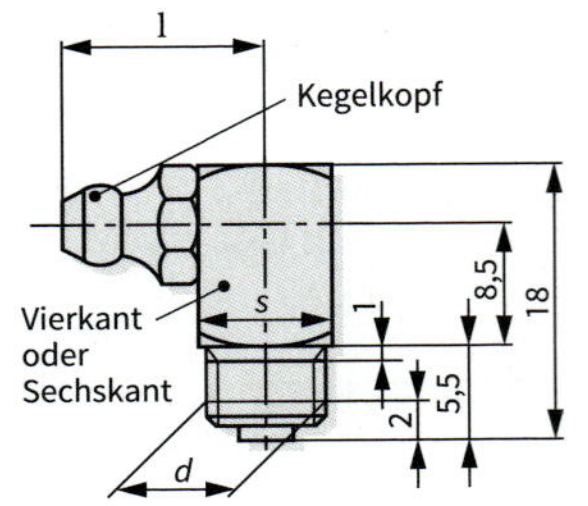

Form	*d*			*l*		*s*		Kernlochdurchmesser für selbstformendes kegeliges Außengewinde ± 0,1
	metrisches kegeliges Außengewinde nach DIN 158	selbstformendes kegeliges Außengewinde	Whitworth-Rohrgewinde DIN 2999-1 (Kurzausführung)	bei Form B ≈	bei Form C ≈	Sechskant für Form A	Vier- oder Sechskant für Form B und C	
A	M 6 keg kurz	S 6	–	10	14,3	7	9	5,6
B	M 8 × 1 keg kurz	S 8 × 1				9		7,5
C	M 10 × 1 keg kurz	S 10 × 1	R ⅛	11	15,3	11	11	9,5

Bei Neukonstruktionen sind Schmiernippel mit metrischem Gewinde vorzusehen.
An Kraftfahrzeugen dürfen Schmiernippel mit Whitworth-Gewinde nicht verwendet werden.
Kegelschmiernippel DIN 71 412 – A M 10 × 1
Bezeichnung eines Kegelschmiernippels Form A mit metrischem Gewinde M 10 × 1

Form E
z : Bearbeitungszugabe
d_1: Fertigmaß

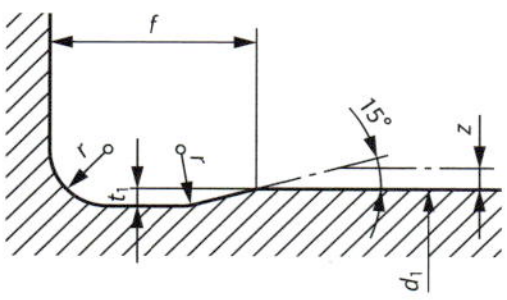

Form F

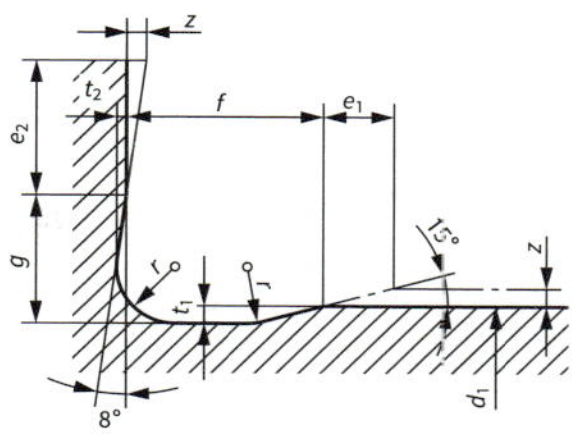

Senkung am Gegenstück

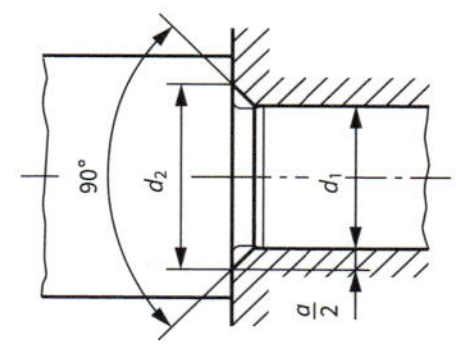

Freistich DIN 509 – E 0,6 × 0,3
Bezeichnung eines Freistiches der Form E mit r_1 = 0,6 mm und t_1 = 0,3 mm:

Die Freistiche können vollständig oder vereinfacht gezeichnet werden.

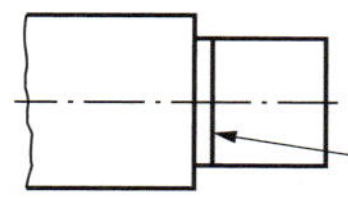

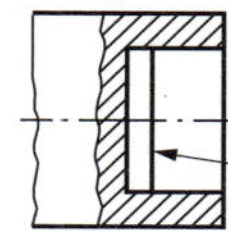

Empfohlene Zuordnung zum Durchmesser d_1 in mm für Werkstücke				*r*	t_1	*f*	*g* ≈	t_2 +0,05	nach-form-bar	*a* Kleinstmaß in mm		Auswirkung der Bearbeitungs-zugabe *z*		
mit üblicher Beanspruchung		mit erhöhter Wechselfestigkeit		in mm	in mm	in mm	in mm	in mm		Form E	Form F	*z* in mm	e_1 in mm	e_2 in mm
	bis 1,6	–		0,1	0,1	0,5	0,8	0,1	nein	0	0	0,1	0,37	0,71
über 1,6	bis 3			0,2	0,1	1	0,9	0,1	nein	0,2	0	0,15	0,56	1,07
über 3	bis 10			0,4	0,2	2	1,1	0,1	nein	0,4	0	0,2	0,75	1,42
												0,25	0,93	1,78
über 10	bis 18	–		0,6	0,2	2	1,4	0,1	ja	0,8	0,2	0,3	1,12	2,14
über 18	bis 80			0,6	0,3	2,5	2,1	0,2	ja	0,6	0	0,4	1,49	2,85
über 80				1	0,4	4	3,2	0,3	ja	1,6	0,8	0,5	1,87	3,56
												0,6	2,24	4,27
–		über 18	bis 50	1	0,2	2,5	1,8	0,1	ja	1,2	0	0,7	2,61	4,98
		über 50	bis 80	1,6	0,3	4	3,1	0,2	ja	2,6	1,1	0,8	2,99	5,69
		über 80	bis 125	2,5	0,4	5	4,8	0,3	ja	4,2	1,9	0,9	3,36	6,4
		über 125		4	0,5	7	6,4	0,3	ja	7	4	1	3,73	7,12

Rändel

DIN 82: 1973-01

Rändel mit achsparallelen Riefen	Linksrändel	Rechtsrändel	Links-Rechts-Rändel	Kreuzrändel
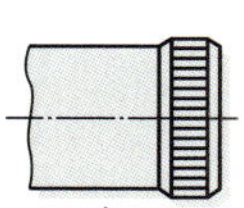 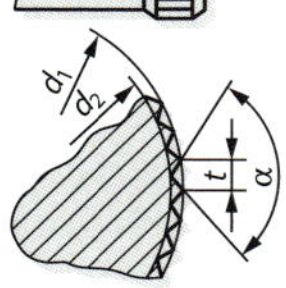	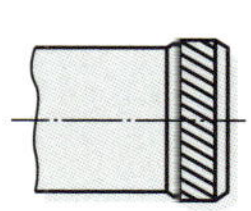	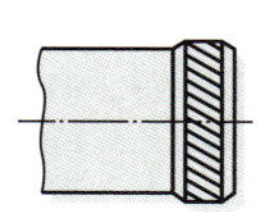	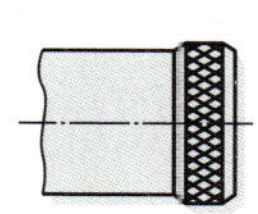	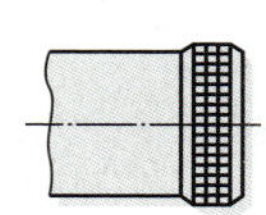
			Spitzen erhöht RGE $d_2 = d_1 - 0{,}67$ t	Spitzen erhöht RKE $d_2 = d_1 - 0{,}67$ t
RAA $d_2 = d_1 - 0{,}5$ t	RBL $d_2 = d_1 - 0{,}5$ t	RBR $d_2 = d_1 - 0{,}5$ t	Spitzen vertieft RGV $d_2 = d_1 - 0{,}33$ t	Spitzen vertieft RKV $d_2 = d_1 - 0{,}33$ t

Teilung *t* in mm: 0,5 – 0,6 – 0,8 – 1 – 1,2 – 1,6; Profilwinkel 90°, in Ausnahmefällen 105°;
Nenndurchmesser d_1 = Außendurchmesser des fertigen Rändels;
d_2 = Ausgangsdurchmesser,

Bezeichnung und Darstellung eines Links-Rechts-Rändels mit erhöhten Spitzen, der Teilung 1,2, dem Profilwinkel 105°:

Rändel DIN 82 – RGE 12 – 105

Beträgt der Profilwinkel 90°, wird er in der Bezeichnung nicht angegeben.
Die Rändel werden in breiten Volllinien (ISO 128-01.2) möglichst nur stellenweise gezeichnet.

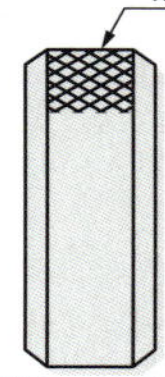

Ringfeder-Spannelemente

Spannelemente, Einbaubeispiel

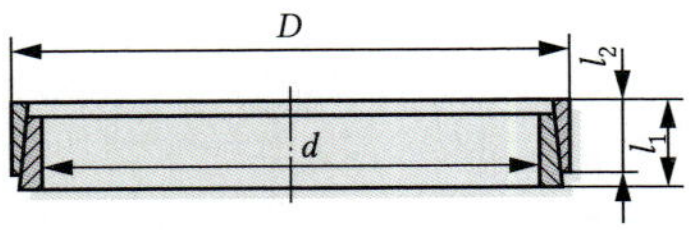

F_0 : Spannkraft zur Spielüberbrückung
F : erforderliche Spannkraft zur Erzeugung von $p = 100$ N/mm²
F_{ax} : der von einem Element bei $p = 100$ N/mm² übertragbare Axialschub
M_t : das von einem Element bei $p = 100$ N/mm² übertragbare Drehmoment
s : Spannweg des Druckflansches in mm bei n Spannelementen

d × D	l_1	l_2	F_0	F	F_{ax}	M_t	s bei n =				d × D	l_1	l_2	F_0	F	F_{ax}	M_t	s bei n =			
mm	mm	mm	kN	kN	kN	Nm	1	2	3	4	mm	mm	mm	kN	kN	kN	Nm	1	2	3	4
10 × 13	4,5	3,7	6,95	6,3	1,4	7	2	2	3	3	40 × 45	8	6,6	13,8	45	9,95	199	3	4	5	6
12 × 15	4,5	3,7	6,95	7,5	1,67	10	2	2	3	3	45 × 52	10	8,6	28,2	66	14,6	328	3	4	5	6
15 × 19	6,3	5,3	10,75	13,5	3	22,5	3	3	4	5	50 × 57	10	8,6	23,5	73	16,2	405	3	4	5	6
16 × 20	6,3	5,3	10,1	14,4	3,19	25,5	3	3	4	5	55 × 62	10	8,6	21,8	80	17,8	490	3	4	5	6
20 × 25	6,3	5,3	12,05	18	4	40	3	3	4	5	60 × 68	12	10,4	27,4	106	23,5	705	3	4	5	7
22 × 26	6,3	5,3	9,05	19,8	4,4	48	3	3	4	5	70 × 79	14	12,2	31	145	32	1120	3	5	6	7
25 × 30	6,3	5,3	9,9	22,5	5	62	3	3	4	5	75 × 84	14	12,2	34,6	155	34,4	1290	3	5	6	7
30 × 35	6,3	5,3	8,5	27	6	90	3	3	4	5	80 × 91	17	15	48	203	45	1810	4	5	6	8
35 × 40	7	6	10,1	35,6	7,9	138	3	3	4	5	90 × 101	17	15	43,4	229	51	2290	4	5	6	8

Wellenenden

DIN 748-1: 1970-01; DIN 1448-1: 1970-01

Zylindrisches Wellenende, DIN 748

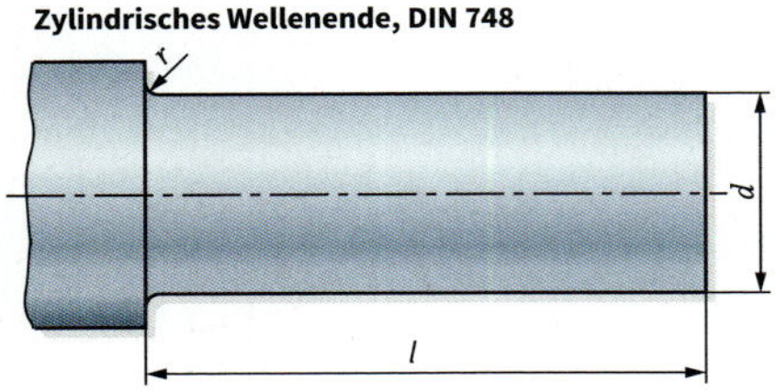

Kegeliges Wellenende, DIN 1448

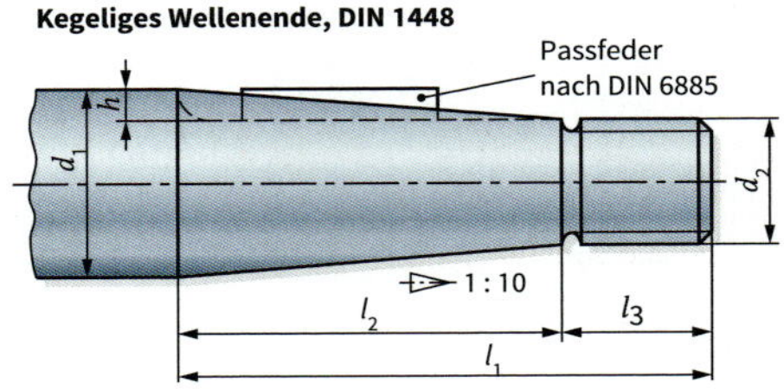

Zylindrische Wellenenden					Kegelige Wellenenden									
d	Toleranzklasse	l		r	d_1	l_1		l_2		l_3	t_1		Passfeder	Gewinde
		lang	kurz			lang	kurz	lang	kurz		lang	kurz	b × h	d_2
10		23	15		10	23	–	15	–	8	–	–	–	M 6
12		30	18		12	30	–	18	–	12	1,7	–	2 × 2	M 8 × 1
14		30	18		14	30	–	18	–	12	2,3	–	3 × 3	M 8 × 1
16		40	28	0,6	16	40	28	28	16	12	2,5	2,2	3 × 3	M 10 × 1,25
20		50	36		20	50	36	36	22	14	3,4	3,1	4 × 4	M 12 × 1,25
22		50	36		22	50	36	36	22	14	3,4	3,1	4 × 4	M 12 × 1,25
24		50	36		24	50	36	36	22	14	3,9	3,6	5 × 5	M 12 × 1,25
25		60	42		25	60	42	42	24	18	4,1	3,6	5 × 5	M 16 × 1,5
28	k 6	60	42		28	60	42	42	24	18	4,1	3,6	5 × 5	M 16 × 1,5
30		80	58		30	80	58	58	36	22	4,5	3,9	5 × 5	M 20 × 1,5
32		80	58		32	80	58	58	36	22	5	4,4	6 × 6	M 20 × 1,5
35		80	58		35	80	58	58	36	22	5	4,4	6 × 6	M 20 × 1,5
38		80	58	1	38	80	58	58	36	22	5	4,4	6 × 6	M 24 × 2
40		110	82		40	110	82	82	54	28	7,1	6,4	10 × 8	M 24 × 2
42		110	82		42	110	82	82	54	28	7,1	6,4	10 × 8	M 24 × 2
45		110	82		45	110	82	82	54	28	7,1	6,4	12 × 8	M 30 × 2
48		110	82		48	110	82	82	54	28	7,1	6,4	12 × 8	M 30 × 2
50		110	82		50	110	82	82	54	28	7,1	6,4	12 × 8	M 36 × 3
55		110	82		55	110	82	82	54	28	7,6	6,9	14 × 9	M 36 × 3
60		140	105		60	140	105	105	70	35	8,6	7,8	16 × 10	M 42 × 3
65		140	105	1,6	65	140	105	105	70	35	8,6	7,8	16 × 10	M 42 × 3
70		140	105		70	140	105	105	70	35	9,6	8,8	18 × 11	M 48 × 3
75		140	105		75	140	105	105	70	35	9,6	8,8	18 × 11	M 48 × 3
80	m 6	170	130		80	170	130	130	90	40	10,8	9,8	20 × 12	M 56 × 4
85		170	130		85	170	130	130	90	40	10,8	9,8	20 × 12	M 56 × 4
90		170	130		90	170	130	130	90	40	12,3	11,3	22 × 14	M 64 × 4
95		170	130	2,5	95	170	130	130	90	40	12,3	11,3	22 × 14	M 64 × 4
100		210	165		100	210	165	165	120	45	13,1	12	25 × 14	M 72 × 4

Hohlkeile, Nasenhohlkeile

DIN 6881: 1956-02; DIN 6889: 1956-02

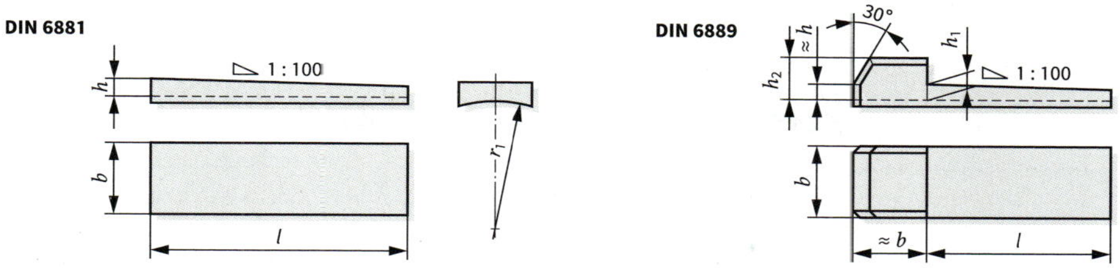

Wellendurchmesser		d über / bis	22 / 30	30 / 38	38 / 44	44 / 50	50 / 58	58 / 65	65 / 75	75 / 85	85 / 95	95 / 110
Keilbreite		$bh9$	8	10	12	14	16	18	20	22	25	28
Keilhöhe		h	3,5	4	4	4,5	5	5	6	7	7	7,5
Keilhöhe		h_1	3,7	4,2	4,2	4,7	5,2	5,2	6,2	7,2	7,2	7,7
Nasenhöhe		h_2	7,5	8	8	9	11	11	14	15	18	20
Nutbreite		$bD10$	8	10	12	14	18	16	20	22	25	28
Nabennuttiefe		t_2	3,2	3,7	3,7	4	4,5	4,5	5,5	6,5	6,4	6,9
Radius		r_1	15	19	22	25	29	33	38	43	48	55

Längenabstufungen l: wie DIN 6883

Einlegekeile, Treibkeile, Nasenkeile

DIN 6887: 1968-04; DIN 6886: 1967-12

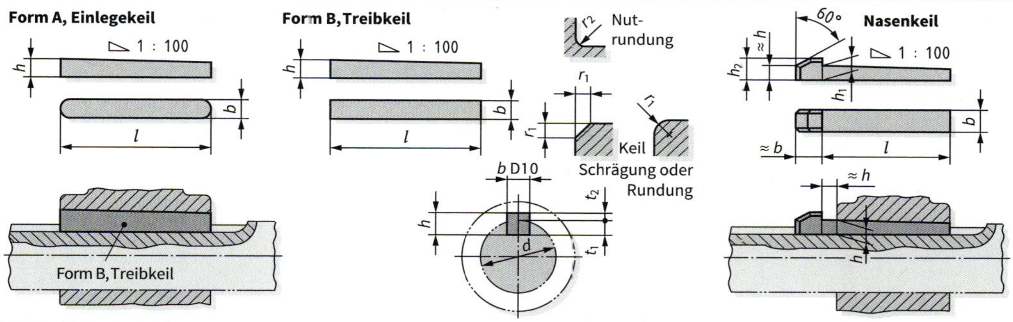

Wellendurchmesser d		über / bis	10 / 12	12 / 17	17 / 22	22 / 30	30 / 38	38 / 44	44 / 50	50 / 58	58 / 65	65 / 75	75 / 85	85 / 95	95 / 110	110 / 130	130 / 150	150 / 170
Keilquerschnitt		b	4	5	6	8	10	12	14	16	18	20	22	25	28	32	36	40
		h	4	5	6	7	8	8	9	10	11	12	14	14	16	18	20	22
Wellennuttiefe		t_1	2,5	3	3,5	4	5	5	5,5	6	7	7,5	9	9	10	11	12	13
		zul. Abw.	+0,1			+0,2											+0,3	
Nabennuttiefe		t_2	1,2	1,7	2,2	2,4	2,4	2,4	2,9	3,4	3,4	3,9	4,4	4,4	5,4	6,4	7,1	8,1
		zul. Abw.	+0,1			+0,2											+0,3	
Schrägung oder Rundung des Keils		r_1 min	0,16	0,25			0,4					0,6					1	
		max	0,25	0,4			0,6					0,8					1,2	
Rundung des Nutgrundes		r_2 min	0,08	0,16			0,25					0,4					0,7	
		max	0,16	0,25			0,4					0,6					1	
Länge l		von	10[1)]	12[1)]	16	20	25	32	40	45	50	56	63	70	80	90	100	110
		bis	45	56	70	90	110	140	160	180	200	220	250	280	320	360	400	400
Nasenkeile		h_1	4,1	5,1	6,1	7,2	8,2	8,2	9,2	10,2	11,2	12,2	14,2	14,2	16,2	18,3	20,4	22,4
		h_2	7	8	10	11	12	12	14	16	18	20	22	22	25	28	32	36

Werkstoff: C 45 E, andere Stahlsorten nach Vereinbarung.

Keil DIN 6886 – A 20 × 12 × 80

Bezeichnung eines Keiles Form A mit $b = 20$, $h = 12$ und $l = 80$ aus C 45 E

1) für Nasenkeile $l = 14$

Spannelemente, Einbaubeispiel

Flachkeile, Nasenflachkeile

DIN 6883: 1956-02; DIN 6884: 1956-02

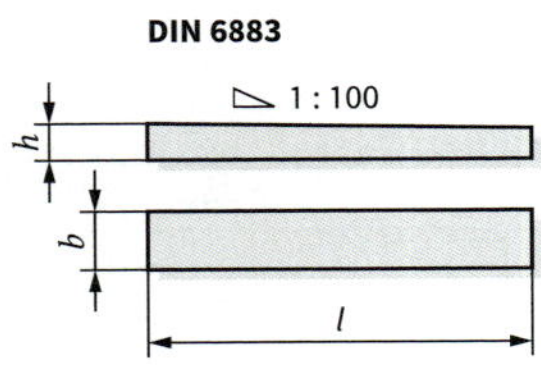

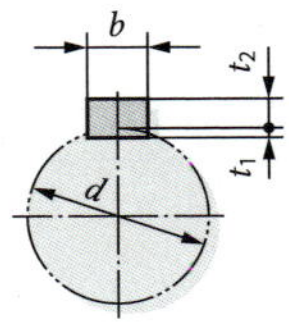

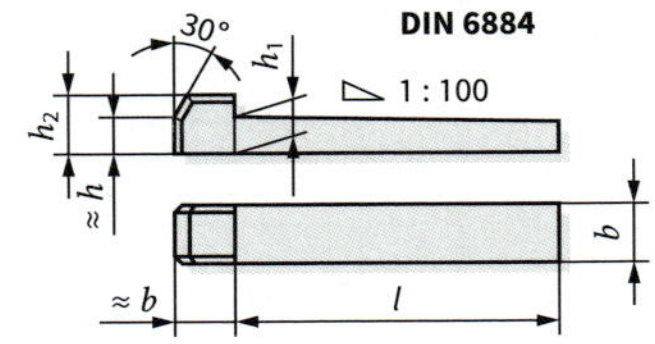

Wellendurchmesser d		22	30	38	44	50	58	65	75	85	95	110	130
	bis	30	38	44	50	58	65	75	85	95	110	130	150
Keilbreite	b	8	10	12	14	16	18	20	22	25	28	32	36
Keilhöhe	h	5	6	6	6	7	7	8	9	9	10	11	12
Keilhöhe	h_1	5,2	6,2	6,2	6,2	7,2	7,2	8,2	9,2	9,2	10,2	11,3	12,4
Nasenhöhe	h_2	9	10	10	11	13	14	16	18	18	20	22	25
Tiefe	t_1	1,3	1,8	1,8	1,4	1,9	1,9	1,9	1,8	1,9	2,4	2,3	2,8
Tiefe	t_2	3,2	3,7	3,7	4	4,5	4,5	5,5	6,5	6,4	6,9	7,9	8,4

(Zeile 1: Wellendurchmesser d über … bis …)

Längenabstufungen l: 20; 22; 25; 28; 32; 36; 40; 45; 50; 56; 63; 70; 80; 90; 100; 110; 125; 140; 160; 180; 200

Werkstoff: C45E

Nabennutbreite b: Toleranzklasse D10, Nasenflachkeil: Keilbreite b: Toleranzklasse h9

Flachkeil DIN 6883 – 10 × 6 × 70

Bezeichnung eines Flachkeils von Breite b = 10, h = 6 und l = 70

Scheibenfedern und Scheibenfedernuten

DIN 6888: 2022-03

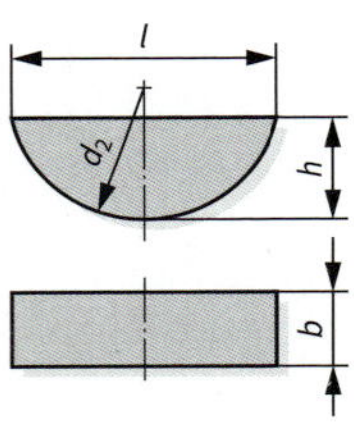

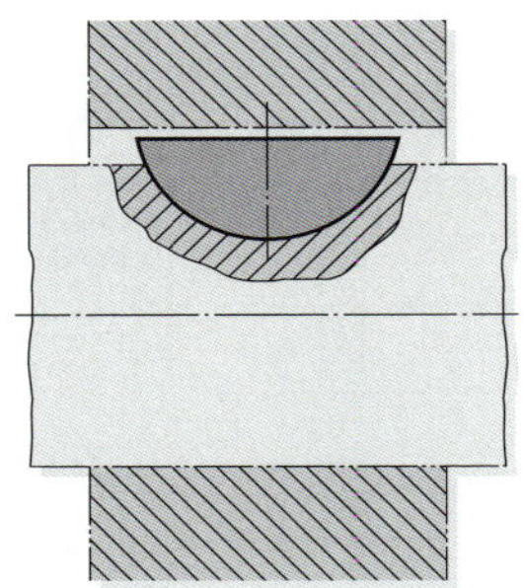

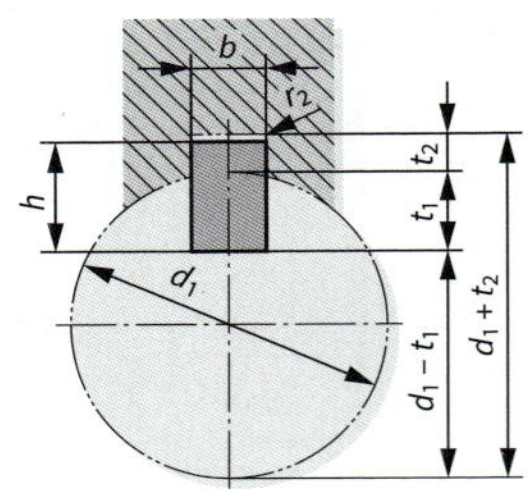

Für die Breite b von geräumten Nuten wird empfohlen: P 8 statt P 9
N 8 statt N 9
J 8 statt J 9

Reihe I für d_1	>	8		–	10			12		–	17		–	22		–	30		–
	=	10		–	12			17		–	22		–	30		–	38		–
Reihe II für d_1	>	12			17			22			30			38					
	=	17			22			30			38			–					
Feder- Breite	bh9	3			4			5			6			8			10		
Höhe	hh12	3,7	5	6,5	5	6,5	7,5	6,5	7,5	9	7,5	9	11	9	11	13	11	13	16
Feder-Ø	d_2	10	13	16	13	16	19	16	19	22	19	22	28	22	28	32	28	32	45
Federlänge	l ≈	9,66	12,65	15,72	12,65	15,72	18,57	15,72	18,57	21,63	18,57	21,63	27,35	21,63	27,35	31,43	27,35	31,43	43,08
Wellennuttiefe	t_1	2,5	3,8	5,3	3,5	5	6	4,5	5,5	7	5,1	6,6	8,6	6,2	8,2	10,2	7,8	9,8	12,8
Nabennuttiefe	t_2	1,4			1,7			2,2			2,6			3			3,4		
Nutgrund-Rundung	r_2	0,2 – 0,1			0,2 – 0,1			0,2 – 0,1			0,4 – 0,2			0,4 – 0,2			0,4 – 0,2		

Reihe I: Scheibenfeder überträgt wie eine Passfeder das gesamte Drehmoment
Reihe II: Scheibenfeder dient nur zur Festlegung der Lage, das Drehmoment überträgt ein anderes Element (z. B. Kegel).
Toleranzen der Scheibenfeder wie DIN 6885, Ausnahme: Nabennutbreite b, leichter Sitz J 9, in Reihe II auch D 10

Scheibenfeder DIN 6888 – 6 × 9 – E 335

Bezeichnung einer Scheibenfeder mit b = 6 mm, h = 9 mm aus E 335

Passfedern, Passfedernuten

DIN 6885-1: 2021-11

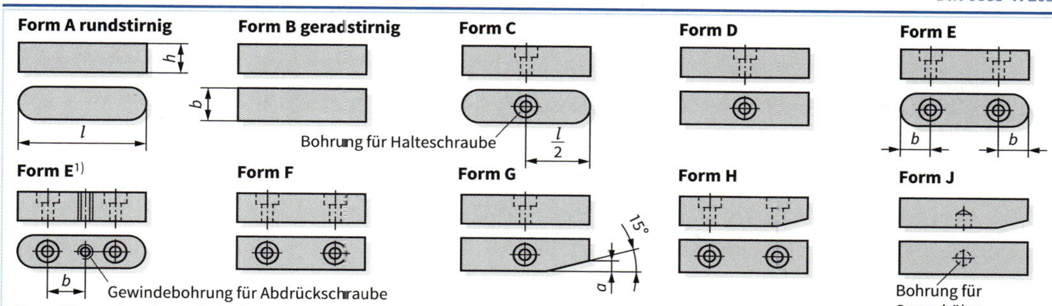

Form AB rund und geradstirnig
Formen C und D: ab 8 × 7 mit Bohrung für 1 Halteschraube
Formen E und F: für 8 × 7 und 10 × 8 mit Bohrungen für 2 Halteschrauben
1) ab 12 × 8 zusätzlich mit Bohrung für Abdrückschraube

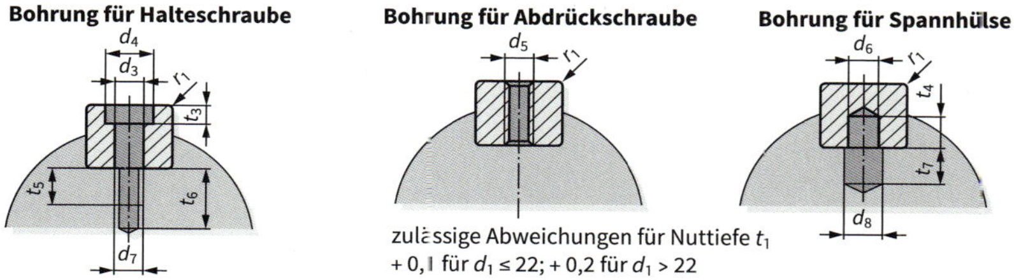

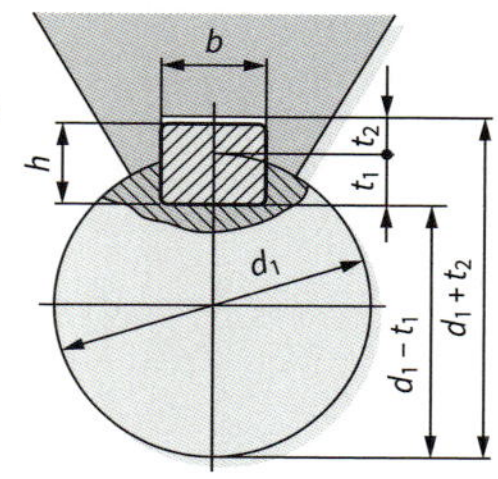

zulässige Abweichungen für Nuttiefe t_1
+ 0,1 für $d_1 \leq 22$; + 0,2 für $d_1 > 22$

Wellendurch-messer d_1		über / bis	10 / 12	12 / 17	17 / 22	22 / 30	30 / 38	38 / 44	44 / 50	50 / 58	58 / 65	65 / 75	75 / 85	85 / 95
Passfeder-Querschnitt		Breite b	4	5	6	8	10	12	14	16	18	20	22	25
		Höhe h	4	5	6	7	8	8	9	10	11	12	14	14
Wellennut	b	P9 oder N9	4	5	6	8	10	12	14	16	18	20	22	25
	t_1	mit Rückenspiel	2,5	3	3,5	4	5	5	5,5	6	7	7,5	9	9
Nabennut	b	P9 oder JS9	4	5	6	8	10	12	14	16	18	20	22	25
	t_2	mit Rückenspiel	1,8	2,3	2,8	3,3	3,3	3,3	3,8	4,3	4,4	4,9	5,4	5,4
	t_2	mit Übermaß	1,2	1,7	2,2	2,4	2,4	2,4	2,9	3,4	3,4	3,9	4,4	4,4
	a		–	–	–	3	3	3	3,5	4	4,5	5	5,5	5,5
Passfeder	r_1	min/max	0,16/0,25	0,25/0,40			0,40/0,60					0,6/0,8		
Nut	r_2	min/max	0,16/0,08	0,25/0,16			0,40/0,25					0,6/0,4		
	l	von	8	10	14	18	22	28	36	45	50	56	63	70
		bis	45	56	70	90	110	140	160	180	200	220	250	280
Passfeder	d_3		–			3,4	3,4	4,5	5,5	5,5	6,6	6,6	6,6	9
	d_4					6	6	8	10	10	11	11	11	15
	d_5					M 3	M 3	M 4	M 5	M 5	M 6	M 6	M 6	M 8
	d_6 H12					4	4	5	6	6	8	8	8	10
	t_3					2,4	2,4	3,2	4,1	4,1	4,8	4,8	4,8	6
	t_4					4	4	5	6	6	7	8	8	10
Welle	d_7					M 3	M 3	M 4	M 5	M 5	M 6	M 6	M 6	M 8
	d_8					4,5	4,5	5,5	6,5	6,5	9	9	9	11
	t_5		–			4	5	6	6	6	7	6	8	9
	t_6					7	8	10	10	10	12	11	13	15
	t_7					5	5	7	8	8	11	10	10	12
Zylinderschraube DIN EN ISO 1207, DIN 7984, DIN 6912						M3x8	M3x10	M4x10	M5x10		M6x16		M6x16	M8x16
Spannhülse DIN EN 28572						4 x 8		5 x 10	6 x 12		8 x 16			10x20

Werkstoff: Baustähle DIN EN 10025-2; Vergütungsstähle DIN EN ISO 683-1/2; Einsatzstähle DIN EN ISO 683-3
Passfeder DIN 6885 – A 12 × 8 × 70 Bezeichnung einer Passfeder Form A, $b = 12$, $h = 8$, $l = 70$
Längenabstufungen l: 8, 10, 12, 14, 16, 18, 20, 22, 25, 28, 32, 36, 40, 45, 50, 56, 63, 70, 80, 90, 100, 110, 125, 140, 160, 180, 200, 220, 250, 320, 360, 400

Passfedern, Einbaubeispiele

Keilwellen-Verbindungen mit geraden Flanken und Innenzentrierung

DIN ISO 14: 1986-12

Keilnaben-Profil

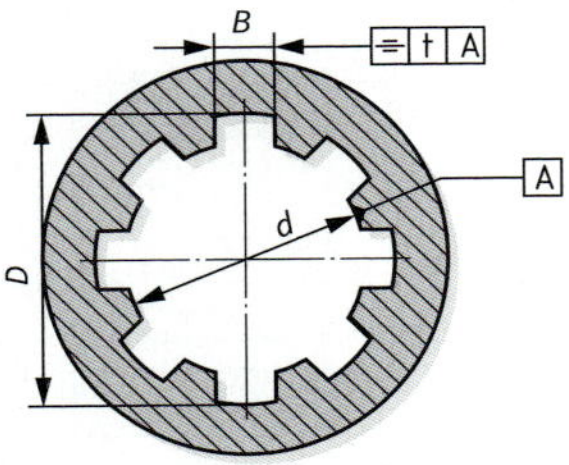

Keilwellen-Profil

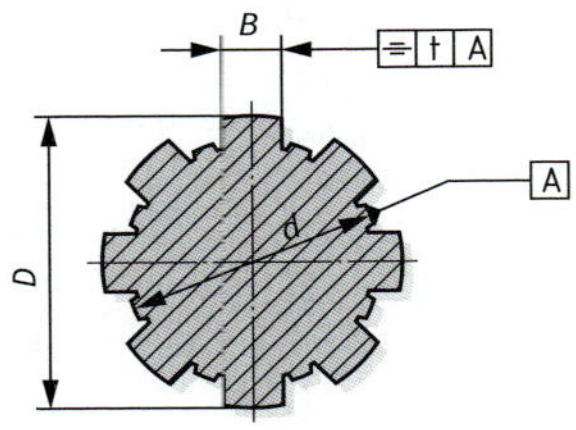

N = Anzahl der Keile

Innenzentrierung

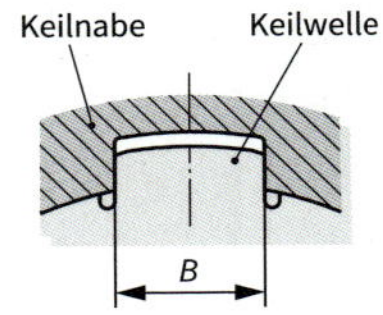

	Leichte Reihe			Mittlere Reihe			
d	*N*	*D*	*B*	*N*	*D*	*B*	*t*
11				6	14	3	0,010
13				6	16	3,5	0,012
16				6	20	4	
18				6	22	5	
21				6	25	5	
23	6	26	6	6	28	6	
26	6	30	6	6	32	6	
28	6	32	7	6	34	7	0,015
32	8	36	6	8	38	6	
36	8	40	7	8	42	7	
42	8	46	8	8	48	8	
46	8	50	9	8	54	9	
52	8	58	10	8	60	10	
56	8	62	10	8	65	10	
62	8	68	12	8	72	12	0,018
72	10	78	12	10	82	12	
82	10	88	12	10	92	12	
92	10	98	14	10	102	14	
102	10	108	16	10	112	16	
112	10	120	18	10	125	18	

Toleranzklassen für Nabe und Welle

Toleranzklassen für die Nabe						Toleranzklassen für die Welle		
Nach dem Räumen								
wärmebehandelt			nicht wärmebehandelt					
B	*D*	*d*	*B*	*D*	*d*	*B*	*D*	*d*
H11	H10	H7	H9	H10	H7	d10	a11	f7
						f9	a11	g7
						h10	a11	h7

Welle DIN ISO 14 – 8 × 36 × 40
Bezeichnung eines Keilwellen-Profils mit
N = 8, *d* = 36, *D* = 40

Nabe DIN ISO 14 – 10 × 72 × 82
Bezeichnung eines Keilnaben-Profils mit
N = 10, *d* = 72, *D* = 82

Keilwellen- und Keilnaben-Profile mit 4 Keilen für Werkzeugmaschinen
Keilwellen- und Keilnaben-Profile mit 6 Keilen für Werkzeugmaschinen

DIN 5471: 1974-08
DIN 5472: 1980-12

4 Keile			6 Keile		
d	*D*	*B*	*d*	*D*	*B*
11	15	3	21	25	5
13	17	4	23	28	6
16	20	6	26	32	6
18	22	6	28	34	7
21	25	8	32	38	8
24	28	8	36	42	8
28	32	10	42	48	10
32	38	10	46	52	12
36	42	12	52	60	14
42	48	12	58	65	14
46	52	14	62	70	16
52	60	14	68	78	16
58	65	16	72	82	16
62	70	16	78	90	16
68	78	16	82	95	16
			88	100	16
			92	105	20

Toleranzklassen s. DIN 5471

Keilwellen-Profile für Werkzeugmaschinen nur mit Innenzentrierung			
	Form A wälzgefräst	Form B im Teilverfahren hergestellt	Form C Flanken der Keile geschliffen
Für 4 Keile nach DIN 5471	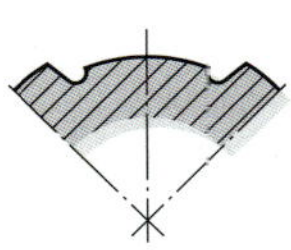	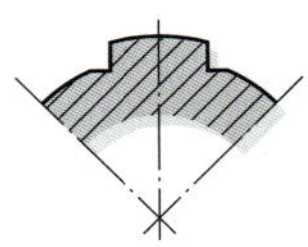	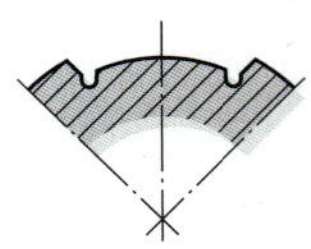
Für 6 Keile nach DIN 5472	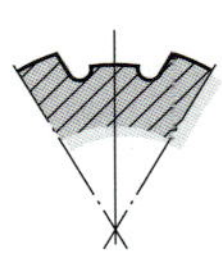	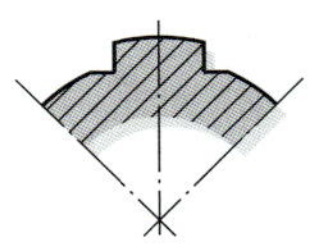	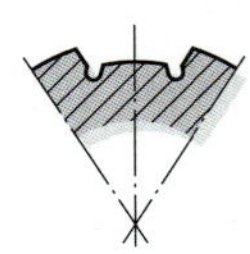

Keilwellen-Profil DIN 5472 – A 46 j 6 × 52 × 12
Bezeichnung eines Keilwellen-Profils für 6 Keile, Form A, mit den Nennmaßen *d* = 46, *D* = 52, *B* = 12 und dem Toleranzfeld j 6

Keilnaben-Profil DIN 5471 – 42 × 48 × 12
Bezeichnung eines Keilnaben-Profils für 4 Keile mit den Nennmaßen *d* = 42, *D* = 48 und *B* = 12

Toleranzklassen für Keilwellen-Verbindungen in Werkzeugmaschinen

DIN 5471: 1974-08; DIN 5472: 1980-12

Bauteil	Sitz (Innenzentrierung)	d	D	B
Nabe		H7[1]	H13	D9[2]
Welle	Welle in Nabe beweglich	g6[3]	a11	h9
	Welle in Nabe fest	j6	a11	h9

[1] Bei besonders hohen Genauigkeitsansprüchen oder kleinen Nabenlängen kann H 7 durch H 6 ersetzt werden.

[2] Für zu härtende Naben darf unter Berücksichtigung des Härteverzuges die Räumnadel nicht bis auf das untere Abmaß nachgeschliffen werden. Die Toleranzklasse D 9 ist also für die Räumnadel nur etwa ⅔ ausnutzbar.

[3] Für große Keilwellenprofile und große Nabenlängen wird f 7 empfohlen. Für hohe Genauigkeitsansprüche oder kleine Nabenlängen kann g 6 durch h 6 ersetzt werden.

Passverzahnungen mit Kerbflanken

DIN 5481-1: 2019-04

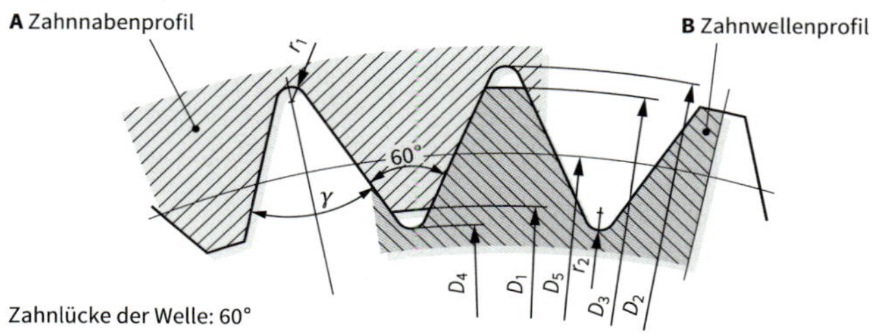

Kerbverzahnung DIN 5481 – 21 × 24
Bezeichnung einer Kerbverzahnung mit dem Bohrungsdurchmesser der Zahnnabe D_1 = 21 mm und dem Außendurchmesser der Zahnwelle D_3 = 24 mm

Nenndurchmesser ≈ $D_1 \times D_3$	D_1 A11 Nennmaß	D_2	D_3 a11 Nennmaß	D_4	D_5	≈ r_1	≈ r_2	t	γ Nabe	Zähnezahl z
8 × 10	8,1	9,93	10,1	8,25	9	0,08	0,08	1,010	47,143°	28
10 × 12	10,1	12,01	12	10,16	11	0,1	0,1	1,152	48°	30
12 × 14	12	14,19	14,2	12,02	13	0,1	0,1	1,317	48,387°	31
15 × 17	14,9	17,32	17,2	14,90	16	0,15	0,15	1,571	48,750°	32
17 × 20	17,3	20,02	20	17,33	18,5	0,15	0,2	1,761	49,091°	33
21 × 24	20,8	23,80	23,9	20,69	22	0,15	0,25	2,033	49,412°	34
26 × 30	26,5	30,03	30	26,36	28	0,25	0,3	2,513	49,714°	35
30 × 34	30,5	34,18	34	30,32	32	0,3	0,4	2,792	50°	36
36 × 40	36	40,23	39,9	35,95	38	0,5	0,4	3,226	50,270°	37
40 × 44	40	44,34	44	39,72	42	0,5	0,4	3,472	50,526°	38
45 × 50	45	50,34	50	44,86	47,5	0,5	0,4	3,826	50,769°	39
50 × 55	50	55,25	54,9	49,64	52,5	0,6	0,4	4,123	51°	40

Zahnradwerkstoffe (Auswahl)

Art	Kurzzeichen	Anwendung, Eigenschaften
Gusseisen	EN-GJL-200	Komplizierte Radformen, geräuschdämpfend
Stahlguss	GE 240	große Abmessungen, kostengünstig
Vergütungsstähle	34 CrMo 4V	gut schweißbar
	42 CrMo 4V	Standardstahl für mittlere und große Räder
	C 45	für kleinere Abmessungen
Einsatzstähle	16 MnCr 5	Standardstahl (bis Modul 20)
Kupferlegierungen	CuSn 12-C	Schnecken- und Schraubenräder
Sintermetalle	Sint-C11	Sinterstahl, kupferhaltig
Kunststoffe	PA (Polyamid)	für geringere Belastungen
Schichtpressstoffe	PF CC 201	gute mechanische Eigenschaften

Stirnräder mit Geradverzahnung

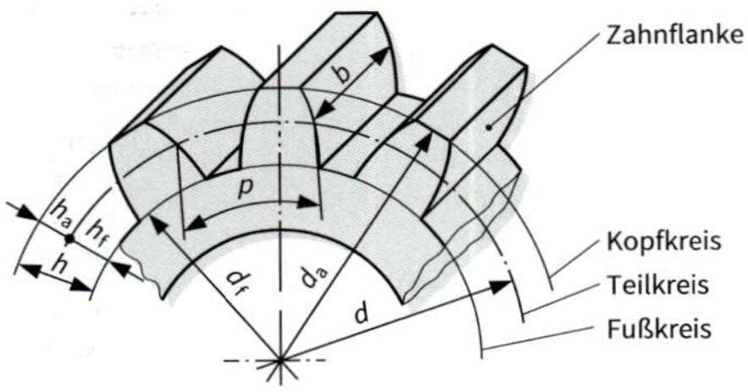

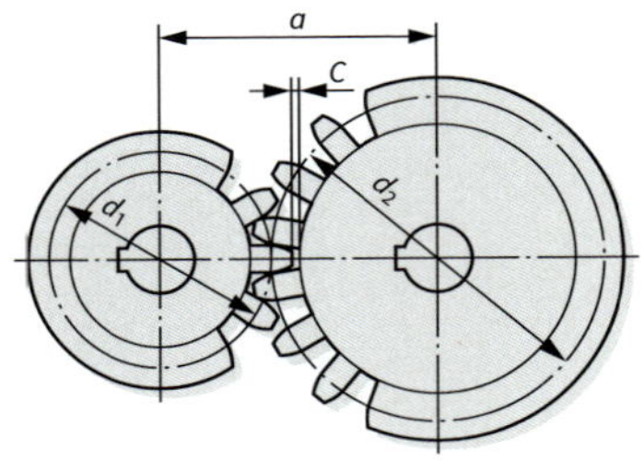

Achsabstand a

$$a = \frac{d_1 + d_2}{2}$$

$$a = \frac{m \cdot (z_1 + z_2)}{2}$$

siehe auch Zahnradgetriebe

Bezeichnungen geradverzahnter Stirnräder			
Teilung	$p = m \cdot \pi$	Teilkreisdurchmesser	$d = m \cdot z$
Modul	$m = \frac{p}{\pi} = \frac{d}{z}$	Kopfkreisdurchmesser	$d_a = d + 2 \cdot m = m \cdot (z+2)$
Zähnezahl	$z = \frac{d}{m} = \frac{d_a - 2 \cdot m}{m}$	Fußkreisdurchmesser	$d_f = d - 2 \cdot (m + c)$
Kopfspiel	$c = 0{,}1 \cdot m \ldots 0{,}3 \cdot m$ Maschinenbau $c = 0{,}167 \cdot m$	Zahnhöhe	$h = 2 \cdot m + c$
Zahnkopfhöhe	$h_a = m$	Zahnfußhöhe	$h_f = m + c$

Beispiel: Achsabstand

$z_1 = 36, z_2 = 24, m = 3{,}5$ mm, $a = ?$

$$a = \frac{m\,(z_1 + z_2)}{2} = \frac{3{,}5\text{ mm }(36 + 24)}{2};\ a = 105\text{ mm}$$

Modulreihen nach DIN 780-1: 1977-05

Reihe	0,05	0,06	0,08	0,1	0,12	0,16	0,2	0,25	0,3	0,4	0,5	0,6	0,7	0,8	0,9	1	1,25
I	1,5	2	2,5	3	4	5	6	8	10	12	16	20	25	32	40	50	60
Reihe	0,055	0,07	0,09	0,11	0,14	0,18	0,22	0,28	0,35	0,45	0,55	0,65	0,75	0,85	0,95	1,125	1,375
II	1,75	2,25	2,75	3,5	4,5	5,5	7	9	11	14	18	22	28	36	45	55	70

Modulfräsersatz bis Modul $m = 8$

Fräser-Nr.	1	2	3	4	5	6	7	8
Zähnezahl	12 … 13	14 … 16	17 … 20	21 … 25	26 … 34	35 … 54	55 … 134	135 – ∞

Für Zahnräder $m > 9$ mm besteht der Satz aus 15 Fräsern

Stirnräder mit Schrägverzahnung und parallelen Achsen

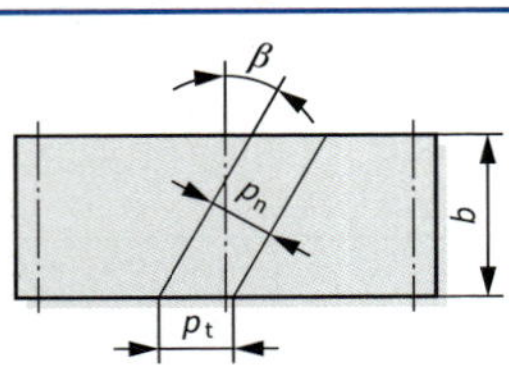

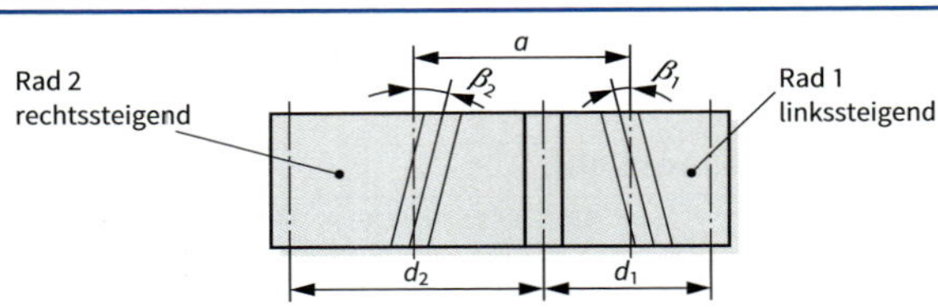

Bezeichnungen schrägverzahnter Stirnräder			
Stirnmodul	$m_t = \frac{m_n}{\cos\beta} = \frac{p_t}{\pi}$	Normalmodul	$m_n = \frac{p_n}{\pi} = m_t \cdot \cos\beta$
Stirnteilung	$p_t = \frac{p_n}{\cos\beta} = \frac{\pi \cdot m_n}{\cos\beta}$	Normalteilung	$p_n = \pi \cdot m_n = p_t \cdot \cos\beta$
Teilkreisdurchmesser	$d = m_t \cdot z = \frac{z \cdot m_n}{\cos\beta}$	Kopfkreisdurchmesser	$d_a = d + 2 \cdot m_n$
Zähnezahl	$z = \frac{d}{m_t} = \frac{\pi \cdot d}{p_t}$	Ideelle Zähnezahl	$z_i = \frac{z}{\cos^3\beta}$
Steigungswinkel	$\beta = 8 \ldots 25°;\ \beta_1 = \beta_2$	Achsabstand	$a = \frac{d_1 + d_2}{2}$
Kopfspiel, Zahnhöhe, Zahnkopfhöhe wie bei Stirnrädern mit Geradverzahnung			

Kegelräder mit Geradverzahnung

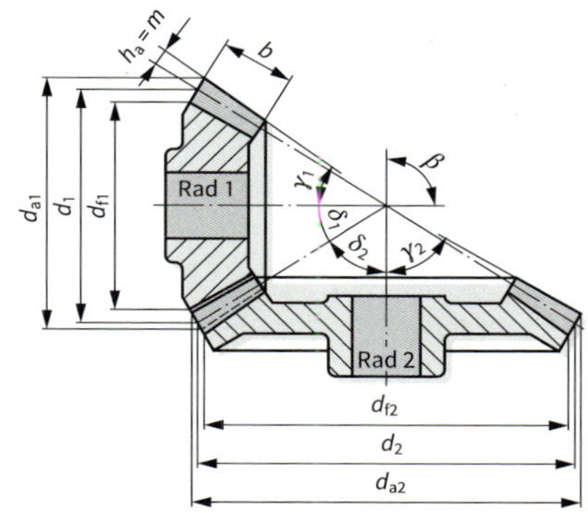

Teilkreisdurchmesser	$d = m \cdot z$
Kopfkreisdurchmesser	$d_a = d + 2 \cdot m \cdot \cos\delta$
Fußkreisdurchmesser	$d_f = d - 2 \cdot (m + c) \cos\delta$
Teilkreiswinkel	$\tan\delta_1 = \frac{d_1}{d_2} = \frac{z_1}{z_2} = \frac{1}{i}$ $\tan\delta_2 = \frac{d_2}{d_1} = \frac{z_2}{z_1} = i$
Achsenwinkel	$\beta = \delta_1 + \delta_2$
Kegelwinkel	$\tan\gamma_1 = \frac{z_1 + 2\cos\delta_1}{z_2 - 2\sin\delta_1}$ $\tan\gamma_2 = \frac{z_2 + 2\cos\delta_2}{z_1 - 2\sin\delta_2}$

Beispiel:

$z_1 = 22, z_2 = 99, \beta = ?$

$\tan\delta_1 = \frac{22}{99} \rightarrow \delta_1 = 12{,}5°$

$\tan\delta_2 = \frac{99}{22} \rightarrow \delta_2 = 77{,}5°$

$\beta = \delta_1 + \delta_2 = 90°$

Teilung p und Modul m werden am größten Teilkreisdurchmesser d gemessen.
Modul m siehe Modulreihe nach DIN 780

Zylinder-Schneckentrieb

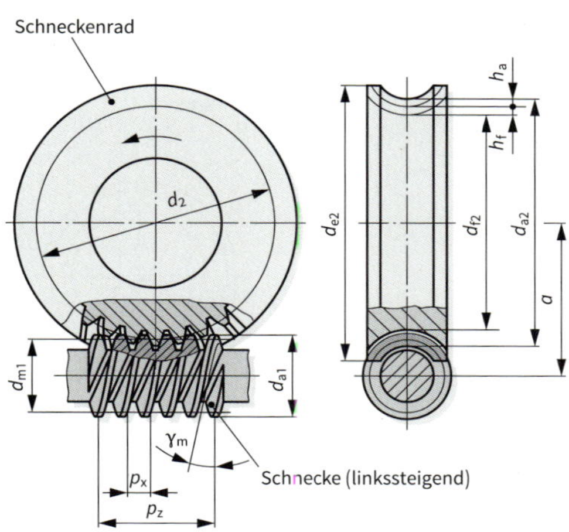

Schneckentrieb	
Axialteilung	$p_x = m \cdot \pi$
Normalmodul	$m_n = m \cdot \cos\gamma_m$
Normalteilung	$p_n = p_x \cdot \cos\gamma_m$
Kopfhöhe	$h_a = m$
Fußhöhe	$h_f = m + c = 1{,}2 \cdot m$
Kopfspiel	$c = 0{,}2 \cdot m$
Zahnhöhe	$h = 2 \cdot m + c$
Steigungswinkel	γ_m
Zylinderschnecke	
Steigungshöhe	$p_{z1} = p_x \cdot z_1$
Mittenkreisdurchmesser	$d_{m1} = \frac{z_1 \cdot m}{\tan\gamma_m}$
Kopfkreisdurchmesser	$d_{a1} = d_{m1} + 2 \cdot m$
Fußkreisdurchmesser	$d_{f1} = d_{m1} - 2 \cdot (m + c)$
Schneckenrad	
Teilkreisdurchmesser	$d_2 = m \cdot z_2$
Kopfkreisdurchmesser	$d_{a2} = d_2 + 2 \cdot m$
Fußkreisdurchmesser	$d_{f2} = d_2 - 2 \cdot (m + c)$
Kopfradius	$R_k = \frac{d_{m1}}{2} - m$
Achsabstand	$a = \frac{d_{m1} + d_2}{2}$
Außendurchmesser	$d_{e2} \approx d_{a2} + m$

Module für Zylinder-Schneckentrieb m:
0,1; 0,12; 0,16; 0,2; 0,25; 0,3; 0,4; 0,5; 0,6; 0,7; 0,8; 0,9; 1; 1,25; 1,6; 2; 2,5; 3,15; 4; 5; 6,3; 8; 10; 12,5; 16; 20

Schnecken haben einen Zahn oder mehrere Zähne, die wie Gewindegänge um die Schneckenachse gewunden sind. Die Zähnezahl z_1 der Schnecke ist die Anzahl der in einem Stirnschnitt geschnittenen Zähne. Die Zähnezahl wurde früher Gangzahl genannt ($z_1 = g$).
Eine Schnecke ist rechtssteigend, wenn die Flankenlinie einer Rechtsschraube entspricht. Der Steigungssinn bestimmt die Drehrichtung des Schneckenrades.
Die Zähnezahl der Schnecke wählt man zweckmäßig in Abhängigkeit von dem Übersetzungsverhältnis i.

i	5 … 10	10 … 15	15 … 30	> 30
z_1	4	3	2	1

$$i = \frac{n_1}{n_2} = \frac{z_2}{z_1} \geq 1$$

z_2: Zähnezahl des Schneckenrades

Darstellung von Zahnrädern

DIN ISO 2203: 1976-06

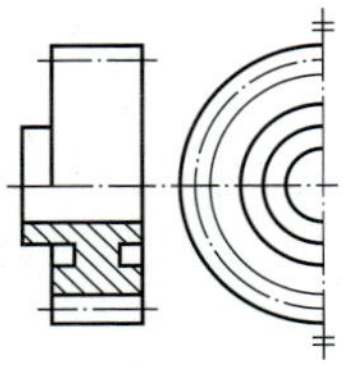

Stirnrad
Die Zahnfußfläche wird nur in Schnitten dargestellt, in besonderen Fällen auch in der Ansicht als schmale Volllinie.

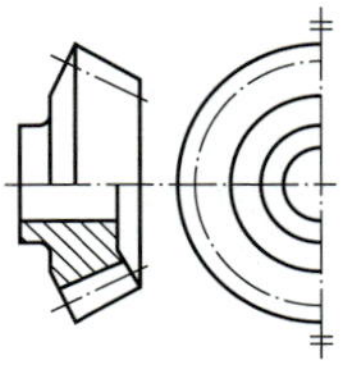

Kegelrad
In der Ansicht ist der Teilkreis des Rückenkegels darzustellen.

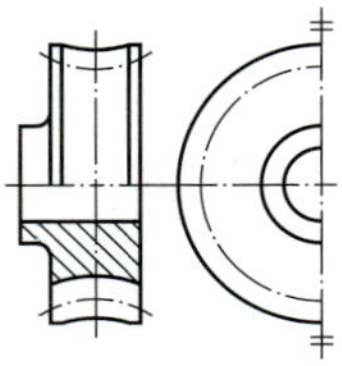

Schneckenrad
In der Ansicht des Schneckenrades ist der Mittelkehlkreis als Strich-Punkt-Linie darzustellen.

Schrägzahnrad

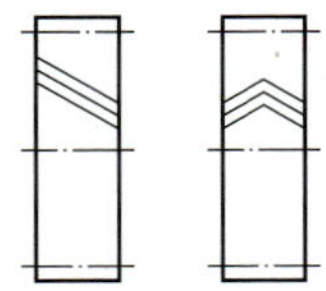

rechts-steigend

pfeil-verzahnt

Schneckenrad

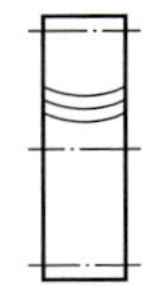

Falls erforderlich, wird die Flankenrichtung eines Rades durch drei schmale Volllinien der entsprechenden Form und Richtung eingezeichnet. Bei Zahnradpaaren wird die Flankenrichtung nur an einem Rad gezeigt.

Zusammenstellungszeichnungen von Zahnradpaaren

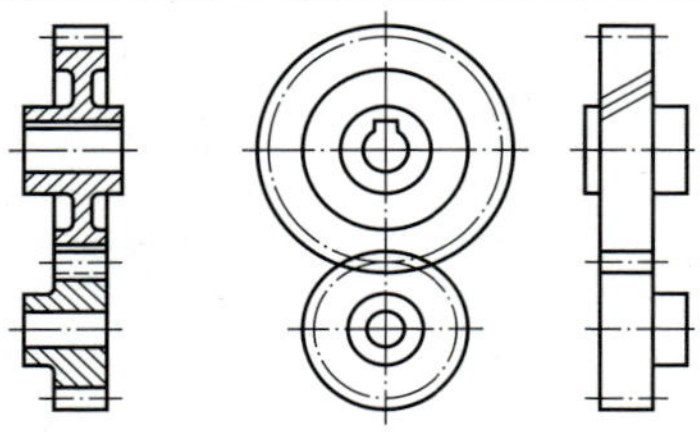

Stirnrad mit außenliegendem Gegenrad

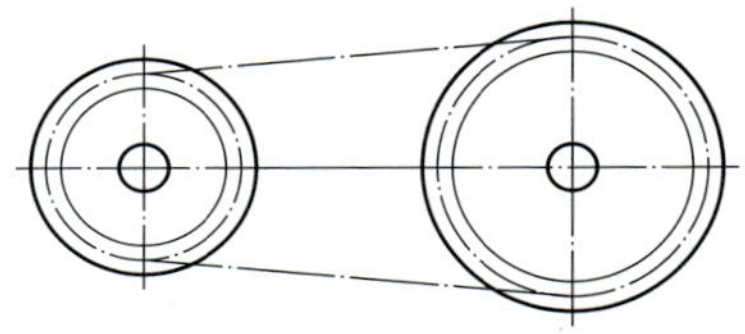

Kettenräder

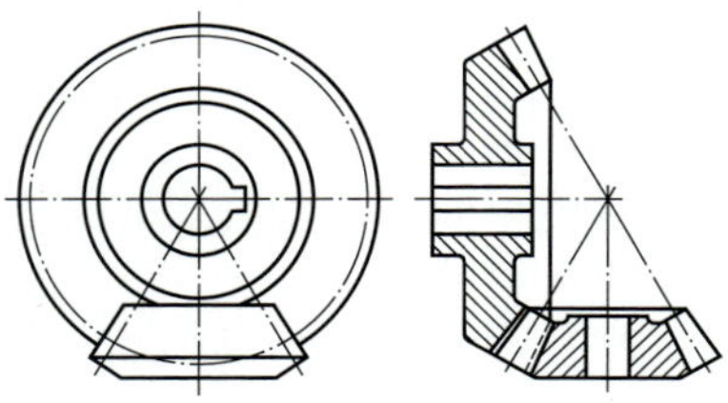

Kegelradpaar, Achswinkel = 90°

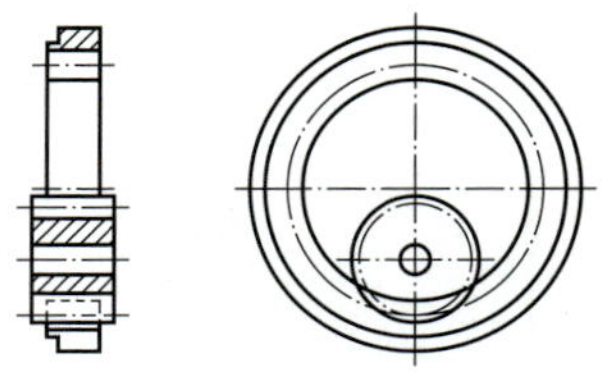

Stirnrad mit innenliegendem Gegenrad

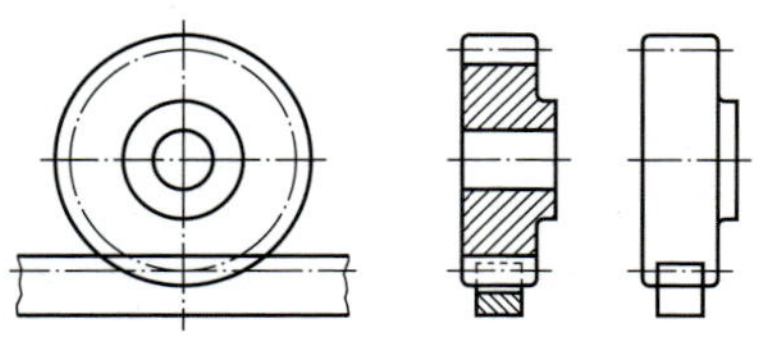

Stirnrad mit Zahnstange

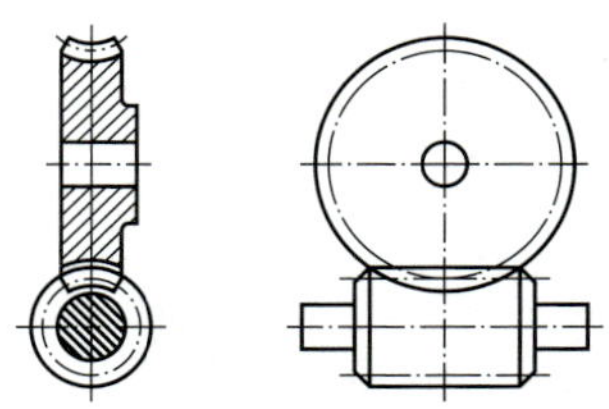

Schnecke und Schneckenrad

Räderpaarung – vereinfachte Darstellung

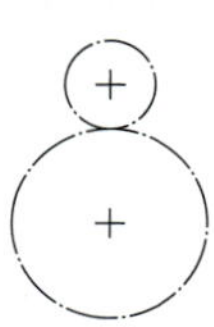

auf der Welle drehbar nicht verschiebbar

auf der Welle drehbar und verschiebbar

auf der Welle nicht drehbar, verschiebbar

auf der Welle fest

Angaben für Stirnrad-Evolventenverzahnung

DIN 3966-1: 1978-08

Außenverzahnung mit Lagerbohrung

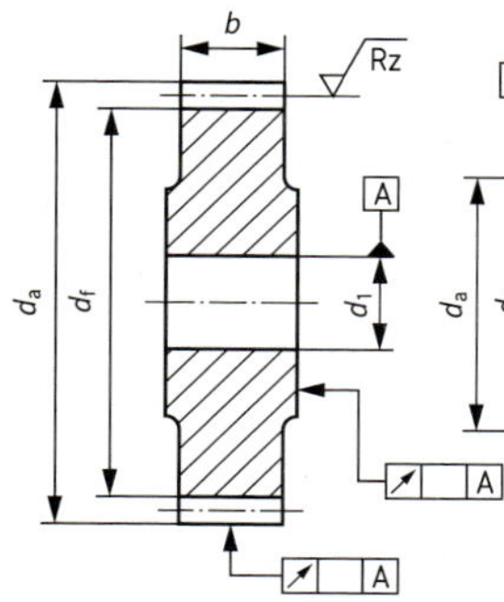

Außenverzahnung mit Lagerzapfen

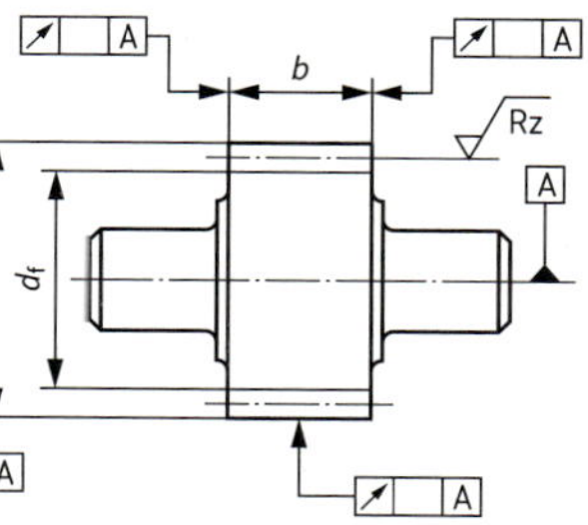

In Zeichnungen werden angegeben:
d_a: Kopfkreisdurchmesser
d_f: Fußkreisdurchmesser
b : Zahnbreite
d_1: Bohrungsdurchmesser

Oberflächen-Kennzeichen für die Zahnflanken
Angabe von Rund- und Planlauftoleranz

Maße und Kennzeichen für die Innenverzahnung sind entsprechend anzugeben.

Zusätzliche Angaben siehe [1]

Angaben für Geradzahn-Kegelradverzahnung

DIN 3966-2: 1978-08

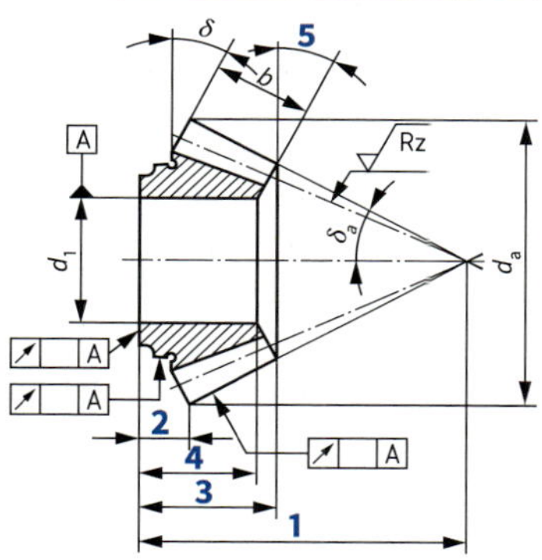

In Zeichnungen werden angegeben:
d_a: Kopfkreisdurchmesser mit Abmaßen
b : Zahnbreite
$δ_a$: Kopfkegelwinkel
$δ$: Komplementwinkel des Rückenkegelwinkels
5 Bei Bedarf Komplementwinkel des inneren Ergänzungswinkels
d_1: Bohrungsdurchmesser

Axiale Abstände von der Bezugsstirnfläche:
1 Einbaumaß
2 Äußerer Kopfkreisabstand
3 Innerer Kopfkreisabstand
4 Hilfsebenenabstand

Oberflächen-Kennzeichen für die Zahnflanken
Angabe von Rund- und Planlauftoleranz

Zusätzliche Angaben siehe [1]

Angaben für Schnecken- und Schneckenradverzahnungen

DIN 3966-3: 2018-01

Schneckenverzahnung

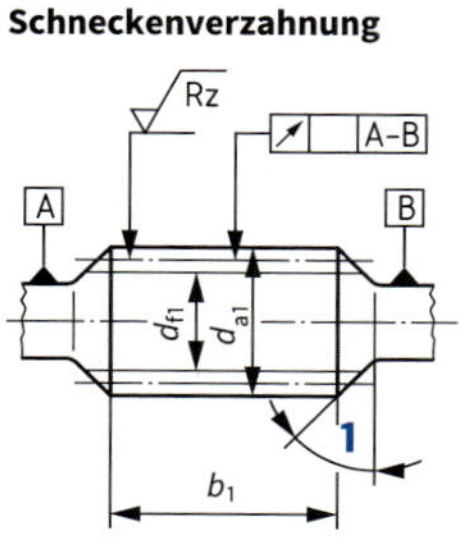

Schneckenradverzahnung

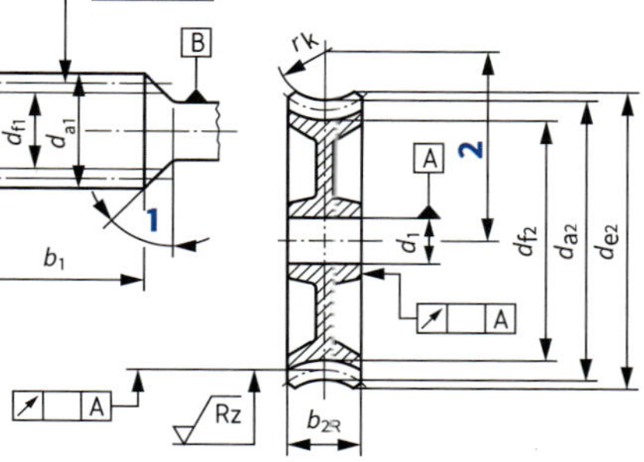

In Zeichnungen werden angegeben
für die Schneckenverzahnung:

d_{a1}: Kopfkreisdurchmesser
d_{f1} : Fußkreisdurchmesser (bei Bedarf)
b_1 : Zahnbreite
1 Maße für den Übergang (nach Wahl des Herstellers)

Oberflächen-Kennzeichen für die Zahnflanken
Angabe von Rund- und Planlauftoleranz

für die Schneckenradverzahnung:
d_{e2}: Außendurchmesser
d_{a2}: Kopfkreisdurchmesser
r_k : Kopfkehlhalbmesser
2 Kehlkreis-Mittenabstand
d_{f2} : Fußkreisdurchmesser (bei Bedarf)
b_{2R}: Radkranzbreite

Oberflächen-Kennzeichen für die Zahnflanken
Angabe von Rund- und Planlauftoleranz

Zusätzliche Angaben siehe [1]

[1] Zusätzlich sind für alle Verzahnungen in einer Tabelle die Rechengrößen anzugeben, die jeweils für die Auswahl der Verzahnungswerkzeuge, für das Einstellen der Verzahnmaschine und für das Prüfen des jeweiligen Teiles erforderlich sind.

Endlose Schmalkeilriemen, Schmalkeilriemenscheiben

DIN 7753-1: 1988-01; DIN 2211-1: 1984-03

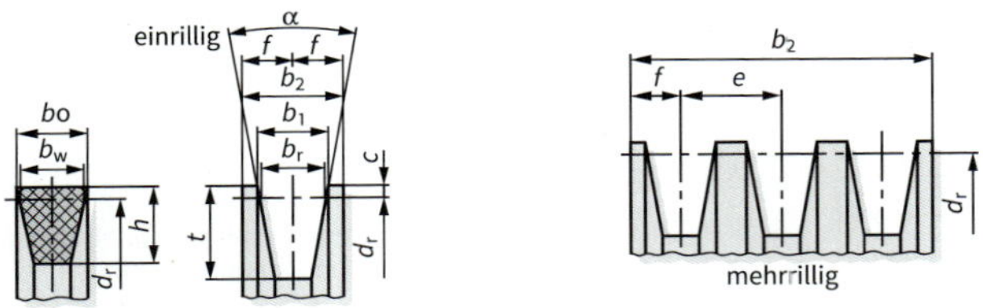

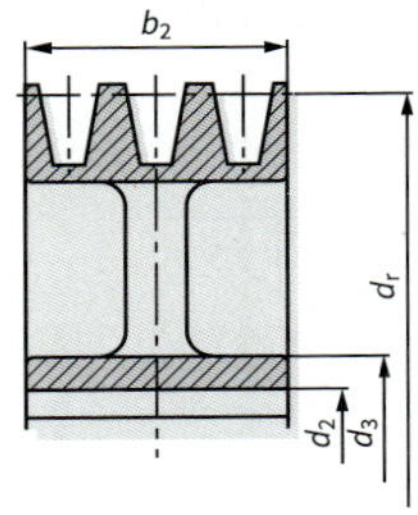

	Riemenprofil		ummantelt	SPZ	SPA	SPB	SPC
			flankenoffen gezahnt	XPZ	XPA	XPB	XPC
Schmalkeilriemen DIN 7753	Obere Riemenbreite		$b_o \approx$	9,7	12,7	16,3	22
	Wirkbreite (Nennmaß)		b_w	8,5	11	14	19
	Riemenhöhe	S	$h \approx$	8	10	13	18
		X		8	9	13	18
	Richt-Ø der zugehörigen kleinsten zul. Scheibe	S	$d_{r\,min}$	63	90	140	224
		X		50	63	100	160
	Richtlänge	S	L_r von	630	800	1250	2000
			bis	3550	4500	8000	12 500
		X	L_r von	630	800	1250	2000
			bis	3550	3550	3550	3550
Scheibe DIN 2211	Richtbreite		b_r	8,5	11	14	19
			$b_1 \approx$	9,7	12,7	16,3	22
			c	2	2,8	3,5	4,8
	Rillenabstand		e	12	15	19	25,5
			f	8	10	12,5	17
	Rillentiefe		t	11	13,8	17,5	23,8
	Richtdurchmesser d_r		$\alpha = 34°$	≤ 80	≤ 118	≤ 190	≤ 315
			$\alpha = 38°$	> 80	> 118	> 190	> 315

Richtlängen L_r	
630	3150
710	3550
800	4000
900	4500
1000	5000
1120	5600
1250	6300
1400	7100
1600	8000
1800	9000
2000	10 000
2240	11 200
2500	12 500
2800	

Nabendurchmesser
$d_3 \approx (1.8\ldots1{,}6)\,d_2$

Kranzbreite
$b_2 = e\,(z-1) + 2f$
z = Rillenanzahl

Schmalkeilriemen DIN 7753 – SPZ800
Bezeichnung eines Schmalkeilriemens mit Riemenprofil-Kurzzeichen SPZ und Richtlänge $L_r = 800$ mm

Scheibe DIN 2211 – SPZ – 1T 100 × 4 × 30 PN
Bezeichnung einer Schmalkeilriemenscheibe für Profil SPZ, einteilig (1T), $d_r = 100$, $z = 4$, $d_2 = 30$, Passfedernut (PN) nach DIN 6885 T.1

Endlose Keilriemen (Normalkeilriemen), Keilriemenscheiben

DIN 2215: 1998-08; DIN 2217-1: 1973-02

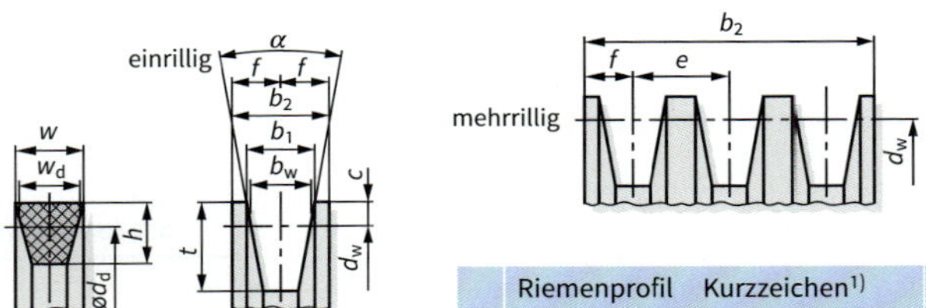

Kranzbreite
$b_2 = e(z-1) + 2f$
z = Rillenzahl

	Riemenprofil	Kurzzeichen[1]	6	10	13	17	22	32	40
		ISO-Kurzzeichen	Y	Z	A	B	C	D	E
Keilriemen DIN 2215	Obere Richtbreite	w	6	10	13	17	22	32	40
	Richtbreite (Nennmaß)	w_d	5,3	8,5	11	14	19	27	32
	Riemenhöhe	h	4	6	8	11	14	20	25
	Richtdurchmesser der zugehörigen kleinsten zulässigen Scheiben	$d_{d\,min}$	28	50	75	125	200	355	500
	Richtlängen für Riemen[2]	L_d von	295	312	437	610	1148	2075	3080
		bis	865	2522	5030	7140	8058	11 275	12 580
Scheibe DIN 2217	Wirkbreite	b_w	5,3	8,5	11	14	19	27	32
		$b_1 \approx$	6,3	9,7	12,7	16,3	22	32	40
		c	1,6	2	2,8	3,5	4,8	8,1	12
	Rillenabstand	e	8	12	15	19	25,5	37	44,5
		f	6	8	10	12,5	17	24	29
	Rillentiefe	t	7	11	13,8	17,5	23,8	28	33
	Wirkdurchmesser d_w	$\alpha = 32°$	≤ 63	–	–	–	–	–	–
		$\alpha = 34°$	–	≤ 80	≤ 118	≤ 190	≤ 315	–	–
		$\alpha = 36°$	> 63	–	–	–	–	≤ 500	≤ 630
		$\alpha = 38°$	–	> 80	> 118	> 190	> 315	> 500	> 630

Keilriemen DIN 2215 – A 1000 Bezeichnung eines Keilriemens mit Riemenprofil-Kurzzeichen A und Innenlänge $L_d = 1000$ mm

Scheibe DIN 2217 – 6 – 1T 100 × 3 × 20 PN
Bezeichnung einer Keilriemenscheibe für Profil 6, einteilig (1T), $d_w = 100$, $z = 3$, Nabenbohrung $d_2 = 20$, Passfedernut (PN) nach DIN 6885 T.1

[1] Nicht für Neukonstruktionen
[2] Größere oder kleinere Richtlängen nach Rücksprache mit dem Hersteller

Synchronriementriebe, metrische Teilung, Synchronriemen

DIN 7721-1: 1989-06

Synchronriemen mit Einfach-Verzahnung

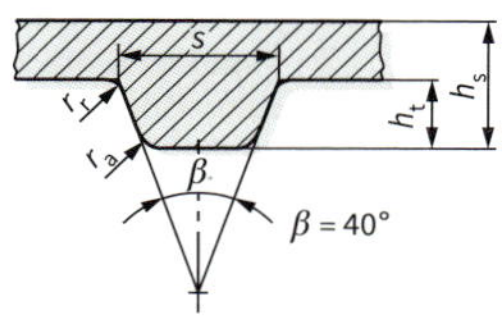

Synchronriemen mit Doppel-Verzahnung

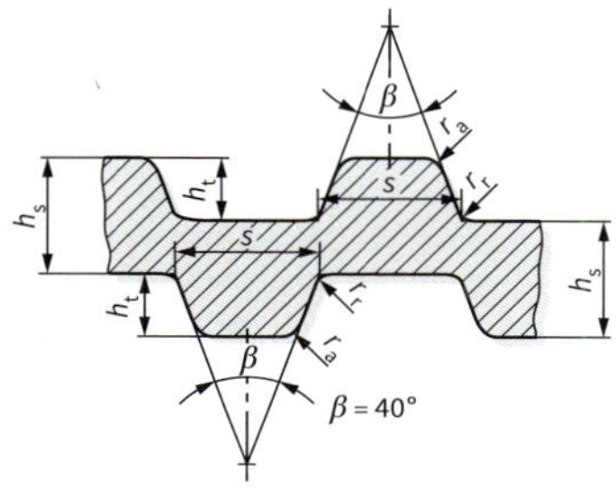

Zahnteilungs-Kurzz.	Breite des Synchronriemens				Zahnteilung	Maße der Zähne s	h_t	r_r ± 0,1	r_a min	Nenndicke h_s
T 2,5	–	4	6	10	2,5	1,5	0,7	0,2	0,2	1,3
T 5	6	10	16	25	5	2,65	1,2	0,4	0,4	2,2
T 10	16	25	32	50	10	5,3	2,5	0,6	0,6	4,5
T 20	32	50	75	100	20	10,15	5	0,8	0,8	8

Wirklänge	Zähnezahl für T 2,5	T 5	Wirklänge	Zähnezahl für T 5	T 10	Wirklänge	Zähnezahl für T 10	T 20
120	48	–	530	–	53	1010	101	–
150	–	30	560	112	56	1080	108	–
160	64	–	610	122	61	1150	115	–
200	80	40	630	126	63	1210	121	–
245	98	49	660	–	66	1250	125	–
270	–	54	700	140	70	1320	132	–
285	114	–	720	144	72	1390	139	–
305	–	61	780	156	78	1460	146	73
330	132	66	840	168	84	1560	156	–
390	–	78	880	–	88	1610	161	–
420	168	84	900	180	–	1780	178	89
455	–	91	920	184	92	1880	188	94
480	192	96	960	–	96	1960	196	–
500	200	100	990	198	–	2250	225	–

Riemen DIN 7721 – 10 T 2,5 × 500
Bezeichnung eines endlosen Synchronriemens mit Einfach-Verzahnung der Breite 10 mm mit dem Zahnteilungs-Kurzzeichen T 2,5 und der Wirklänge 500 mm

Riemen DIN 7721 – 10 T 2,5 × 500 DE
... mit Doppel-Verzahnung (D) in endlicher Ausführung (E)

Synchronriementriebe, metrische Teilung, Zahnlückenprofil für Synchronscheiben

DIN 7721-2: 1989-06

Zahnlücken	Außen-Ø der Scheibe d_o T 2,5	T 5	T 10	T 20	Zahnlücken	Außen-Ø der Scheibe d_o T 2,5	T 5	T 10	T 20	Zahnlücken	Außen-Ø der Scheibe d_o T 2,5	T 5	T 10	T 20
10	7,45	15,05	–	–	19	14,6	29,4	58,65	118,1	36	28,15	56,45	112,75	226,35
12	9	18,25	36,35	–	20	15,4	31	61,8	124,45	40	31,3	62,85	125,45	251,8
14	10,6	21,45	42,7	–	22	17	34,15	68,2	137,2	48	37,7	75,55	150,95	302,7
15	11,4	23,05	45,9	92,65	25	19,35	38,95	77,75	156,3	60	47,25	94,65	189,15	379,1
16	12,2	24,6	49,1	99	28	21,75	43,75	87,25	175,4	72	56,8	113,75	227,3	455,5
18	13,8	27,8	55,45	111,75	32	24,95	50,1	100	200,85	84	66,35	132,9	265,5	531,9

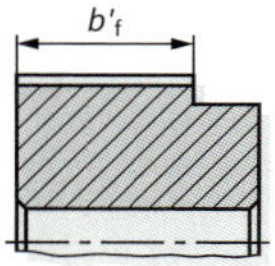

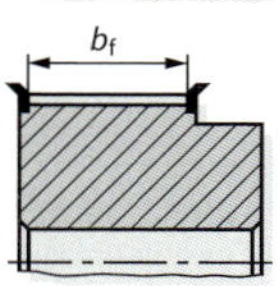

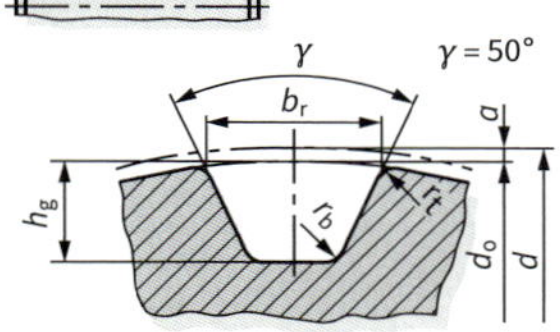

Wirkdurchmesser $d = d_o + 2a$

Zahnteilungs-Kurzz.	Riemenbreite b	Scheibenbreite mit Bord $b_{f\,min}$	oh. Bord $b'_{f\,min}$	Zahnlückenmaße Form SE b_r	h_g	Form N b_r	$h_{g\,min}$	Formen SE u. N $r_{b\,max}$	r_t	2a
T 2,5	4	5,5	8	1,75	0,75	1,83	1	0,2	0,3	0,6
	6	7,5	10							
	10	11,5	14							
T 5	6	7,5	10	2,96	1,25	3,32	1,95	0,4	0,6	1
	10	11,5	14							
	16	17,5	20							
	25	26,5	29							
T 10	16	18	21	6,02	2,6	6,57	3,4	0,6	0,8	2
	25	27	30							
	32	34	37							
	50	52	55							
T 20	32	34	38	11,65	5,2	12,6	6	0,8	1,2	3
	50	52	56							
	75	77	81							
	100	102	106							

Zahnlückenformen: Form SE für ≤ 20 Zahnlücken, Form N für > 20 Zahnlücken
Zahnlückenprofil DIN 7721 – 11,5 T 5 × 22 N 2
Bezeichnung eines Zahnlückenprofils für Synchronscheibe der **Breite 11,5 mm** und des Zahnteilungs-Kurzzeichens T 5 mit 22 Zahnlücken und der Zahnlückenform N sowie 2 Bordscheiben

Einfache Übersetzung
– Flachriemengetriebe

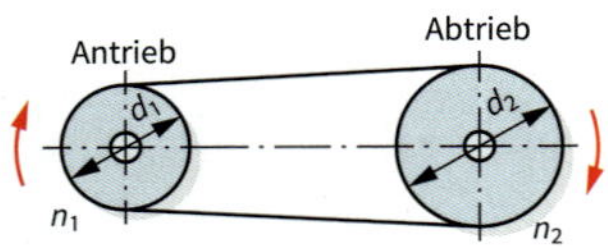

$$d_1 \cdot n_1 = d_2 \cdot n_2$$
$$i = \frac{n_1}{n_2} = \frac{d_2}{d_1} = \frac{M_2}{M_1}$$

$$n_1 = \frac{d_2 \cdot n_2}{d_1} \qquad n_2 = \frac{d_1 \cdot n_1}{d_2}$$

Beispiel:

$d_1 = 160$ mm; $n_1 = 1400\ \text{min}^{-1}$; $n_2 = 560\ \text{min}^{-1}$;
$d_2 = ?$; $i = ?$

$$d_2 = \frac{d_1 \cdot n_1}{n_2} = \frac{160\ \text{mm} \cdot 1400\ \text{min}^{-1}}{560\ \text{min}^{-1}} = 400\ \text{mm}$$

$$i = \frac{n_1}{n_2} = \frac{1400\ \text{min}^{-1}}{560\ \text{min}^{-1}} = 2{,}5$$

d_1 : Durchmesser der treibenden Scheibe
d_2 : Durchmesser der getriebenen Scheibe
n_1 : Umdrehungsfrequenz der treibenden Scheibe
n_2 : Umdrehungsfrequenz der getriebenen Scheibe
i : Übersetzungsverhältnis
M_1; M_2 : Kraftmomente

Excel-Rechenblatt

– Zahnradgetriebe

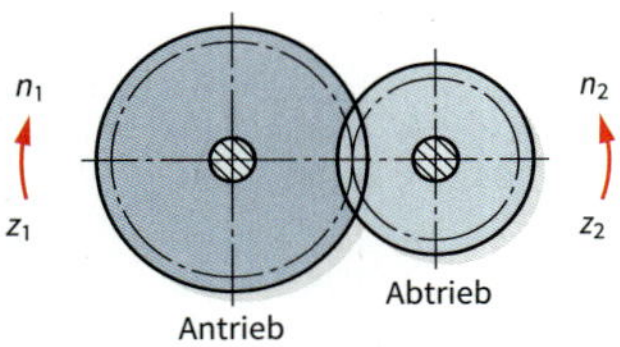

$$z_1 \cdot n_1 = z_2 \cdot n_2$$
$$i = \frac{n_1}{n_2} = \frac{z_2}{z_1} = \frac{M_2}{M_1}$$

$$n_1 = \frac{z_2 \cdot n_2}{z_1} \qquad n_2 = \frac{z_1 \cdot n_1}{z_2}$$

Beispiel:

$n_1 = 900\ \text{min}^{-1}$; $n_2 = 250\ \text{min}^{-1}$; $z_2 = 72$; $z_1 = ?$; $i = ?$

$$z_1 = \frac{z_2 \cdot n_2}{n_1} = \frac{72 \cdot 250\ \text{min}^{-1}}{900\ \text{min}^{-1}} = 20$$

$$i = \frac{n_1}{n_2} = \frac{900\ \text{min}^{-1}}{250\ \text{min}^{-1}} = 3{,}6$$

z_1 : Zähnezahl des treibenden Rades
z_2 : Zähnezahl des getriebenen Rades
n_1 : Umdrehungsfrequenz des treibenden Rades
n_2 : Umdrehungsfrequenz des getriebenen Rades
i : Übersetzungsverhältnis
M_1; M_2 : Kraftmomente

Excel-Rechenblatt

– Zahnradgetriebe mit Zwischenrad

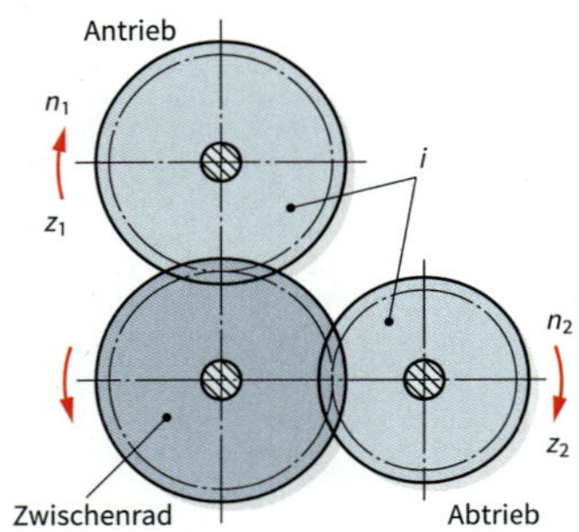

$$z_1 \cdot n_1 = z_2 \cdot n_2$$
$$i = \frac{n_1}{n_2} = \frac{z_2}{z_1} = \frac{M_2}{M_1}$$

Ein Zwischenrad ändert **nur** die Drehrichtung des getriebenen Rades. Übersetzungsverhältnis und Umdrehungsfrequenz bleiben gleich.

Beispiel:

$z_1 = 20$; $z_2 = 72$; Zwischenrad = 80; $n_1 = 900\ \text{min}^{-1}$;
$n_2 = ?$; $i = ?$

$$n_2 = \frac{z_1 \cdot n_1}{z_2} = \frac{20 \cdot 900\ \text{min}^{-1}}{72} = 250\ \text{min}^{-1}$$

$$i = \frac{z_2}{z_1} = \frac{72}{20} = 3{,}6$$

z_1 : Zähnezahl des treibenden Rades
z_2 : Zähnezahl des getriebenen Rades
n_1 : Umdrehungsfrequenz des treibenden Rades
n_2 : Umdrehungsfrequenz des getriebenen Rades
i : Übersetzungsverhältnis
M_1; M_2 : Kraftmomente

Excel-Rechenblatt

– Kegelradgetriebe

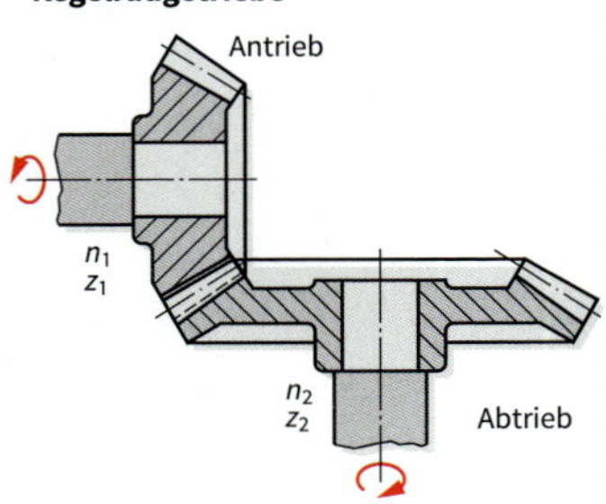

$$z_1 \cdot n_1 = z_2 \cdot n_2$$
$$i = \frac{n_1}{n_2} = \frac{z_2}{z_1} = \frac{M_2}{M_1}$$

$$n_1 = \frac{z_2 \cdot n_2}{z_1} \qquad n_2 = \frac{z_1 \cdot n_1}{z_2}$$

Beispiel:

$n_1 = 180\ \text{min}^{-1}$; $n_2 = 675\ \text{min}^{-1}$; $z_1 = 75$; $z_2 = ?$; $i = ?$

$$z_2 = \frac{n_1 \cdot z_1}{n_2} = \frac{180\ \text{min}^{-1} \cdot 75}{675\ \text{min}^{-1}} = 20$$

$$i = \frac{z_2}{z_1} = \frac{20}{75} = 0{,}267$$

z_1 : Zähnezahl des treibenden Rades
z_2 : Zähnezahl des getriebenen Rades
n_1 : Umdrehungsfrequenz des treibenden Rades
n_2 : Umdrehungsfrequenz des getriebenen Rades
i : Übersetzungsverhältnis
M_1; M_2 : Kraftmomente

Excel-Rechenblatt

Schreibweisen für das Übersetzungsverhältnis

$i = \frac{5}{1}$	$i = 5:1$	$i = 5$	$i > 1$ → Verminderung der Umdrehungsfrequenz
$i = \frac{1}{5}$	$i = 1:5$	$i = 0{,}2$	$i < 1$ → Vergrößerung der Umdrehungsfrequenz
$i = \frac{1}{1}$	$i = 1:1$	$i = 1$	$i = 1$ → keine Änderung der Umdrehungsfrequenz

– Schneckengetriebe

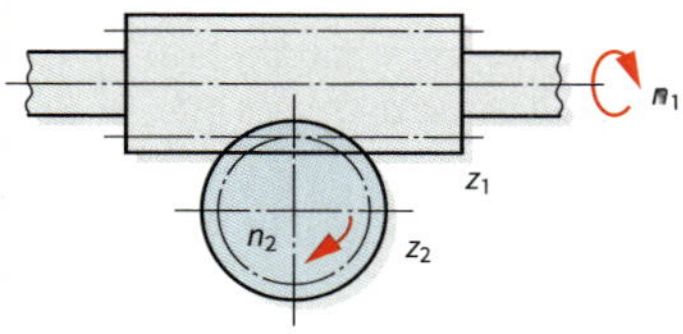

$$z_1 \cdot n_1 = z_2 \cdot n_2$$

$$i = \frac{n_1}{n_2} = \frac{z_2}{z_1} = \frac{M_2}{M_1}$$

$$n_1 = \frac{z_2 \cdot n_2}{z_1} \qquad n_2 = \frac{z_1 \cdot n_1}{z_2}$$

Beispiel:

$z_1 = 1$; $z_2 = 40$; $n_2 = 50\ \text{min}^{-1}$; $n_1 = ?$

$$n_1 = \frac{z_2 \cdot n_2}{z_1} = \frac{40 \cdot 50\ \text{min}^{-1}}{1} = 2000\ \text{min}^{-1}$$

z_1 : Zähnezahl (Gangzahl) der Schnecke
z_2 : Zähnezahl des Schneckenrades
n_1 : Umdrehungsfrequenz der Schnecke
n_2 : Umdrehungsfrequenz des Schneckenrades
i : Übersetzungsverhältnis
M_1; M_2 : Kraftmomente

Excel-Rechenblatt

– Zahnstangengetriebe

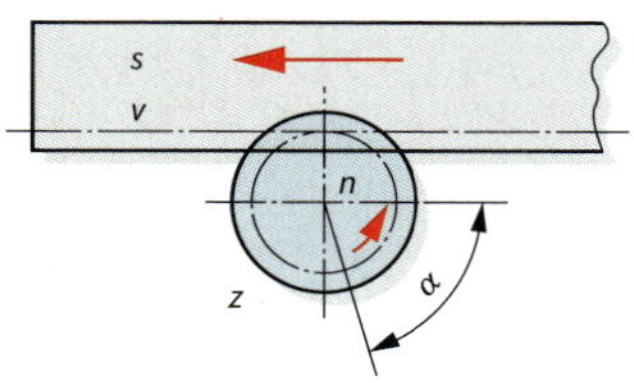

$$s = d \cdot \pi$$

$$s = m \cdot z \cdot \pi$$

$$s = \frac{m \cdot z \cdot \pi \cdot \alpha}{360°}$$

$$v = m \cdot z \cdot \pi \cdot n$$

Beispiel:

$m = 2{,}75$ mm; $z = 20$; $\alpha = 72°$; $s = ?$

$$s = \frac{m \cdot z \cdot \pi \cdot \alpha}{360°} = \frac{2{,}75\ \text{mm} \cdot 20 \cdot \pi \cdot 72°}{360°} = 34{,}56\ \text{mm}$$

s : Verschiebeweg der Zahnstange
v : Verschiebegeschwindigkeit der Zahnstange
d : Teilkreisdurchmesser
m : Modul
z : Zähnezahl
n : Umdrehungsfrequenz
α : Verdrehwinkel
π : 3,14159 …

Excel-Rechenblatt

Doppelte Übersetzung
a) Flachriemengetriebe

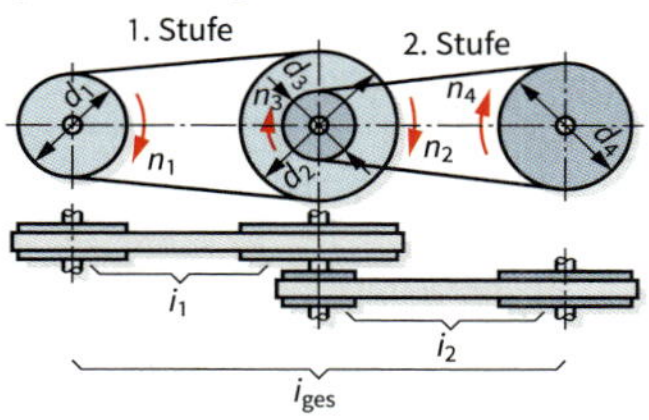

$$n_1 \cdot d_1 \cdot d_3 = n_4 \cdot d_2 \cdot d_4$$

$$n_A \cdot d_1 \cdot d_3 \cdot \ldots = n_E \cdot d_2 \cdot d_4 \cdot \ldots$$

$$i_{ges} = i_1 \cdot i_2 = \frac{n_1}{n_2} \cdot \frac{n_3}{n_4} = \frac{n_1}{n_4}$$

$$i_{ges} = i_1 \cdot i_2 = \frac{d_2 \cdot d_4}{d_1 \cdot d_3}$$

$$i_{ges} = \frac{n_A}{n_E} = \frac{d_2 \cdot d_4 \cdot d_6 \cdot \ldots}{d_1 \cdot d_3 \cdot d_5 \cdot \ldots}$$

Beispiel:

$n_A = 1260\ \text{min}^{-1}$; $d_1 = 46$ mm; $d_2 = 207$ mm; $d_3 = 38$ mm; $d_4 = 152$ mm; n_E; i_1; i_2; $i_{ges} = ?$

$$n_E = \frac{n_A \cdot d_1 \cdot d_3}{d_2 \cdot d_4} = \frac{1260\ \text{min}^{-1} \cdot 46\ \text{mm} \cdot 38\ \text{mm}}{207\ \text{mm} \cdot 152\ \text{mm}} = 70\ \text{min}^{-1}$$

$$i_1 = \frac{d_2}{d_1} = \frac{207\ \text{mm}}{46\ \text{mm}} = 4{,}5 \qquad i_2 = \frac{d_4}{d_3} = \frac{152\ \text{mm}}{38\ \text{mm}} = 4 \qquad i_{ges} = i_1 \cdot i_2 = 4{,}5 \cdot 4 = 18$$

d_1; d_3 : Durchmesser der treibenden Scheiben
d_2; d_4 : Durchmesser der getriebenen Scheiben
z_1; z_3 : Zähnezahlen der treibenden Räder
z_2; z_4 : Zähnezahlen der getriebenen Räder
n_1; n_3 : Umdrehungsfrequenzen der treibenden Scheiben/Räder
n_2; n_4 : Umdrehungsfrequenzen der getriebenen Scheiben/Räder
n_A : Anfangsumdrehungsfrequenz
n_E : Endumdrehungsfrequenz
i_1; i_2 : Teilübersetzungsverhältnisse
i_{ges} : Gesamtübersetzungsverhältnis

Excel Rechenblatt

b) Zahnradgetriebe

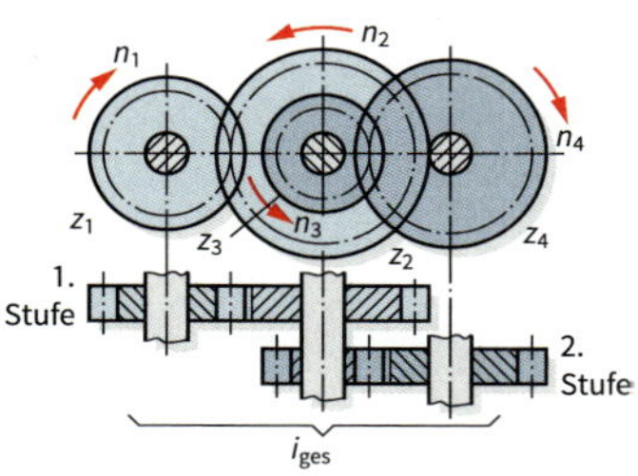

$$n_1 \cdot z_1 \cdot z_3 = n_4 \cdot z_2 \cdot z_4$$

$$n_A \cdot z_1 \cdot z_3 \cdot \ldots = n_E \cdot z_2 \cdot z_4 \cdot \ldots$$

$$i_{ges} = i_1 \cdot i_2 = \frac{n_1}{n_2} \cdot \frac{n_3}{n_4} = \frac{n_1}{n_4}$$

$$i_{ges} = i_1 \cdot i_2 = \frac{d_2 \cdot d_4}{d_1 \cdot d_3}$$

$$i_{ges} = \frac{n_A}{n_E} = \frac{z_2 \cdot z_4 \cdot z_6 \cdot \ldots}{z_1 \cdot z_3 \cdot z_5 \cdot \ldots}$$

Beispiel:

$n_A = 70\ \text{min}^{-1}$; $z_1 = 85$; $z_2 = 17$; $z_3 = 80$; $z_4 = 20$; n_E; i_1; i_2; $i_{ges} = ?$

$$n_E = \frac{n_A \cdot z_1 \cdot z_3}{z_2 \cdot z_4} = \frac{70\ \text{min}^{-1} \cdot 85 \cdot 80}{17 \cdot 20} = 1400\ \text{min}^{-1}$$

$$i_1 = \frac{z_2}{z_1} = \frac{17}{85} = 0{,}2 \qquad i_2 = \frac{z_4}{z_3} = \frac{20}{80} = 0{,}25 \qquad i_{ges} = i_1 \cdot i_2 = 0{,}2 \cdot 0{,}25 = 0{,}05$$

Gestelle mit rechteckiger Arbeitsfläche Form C und CG[1)]

DIN 9812: 1981-12

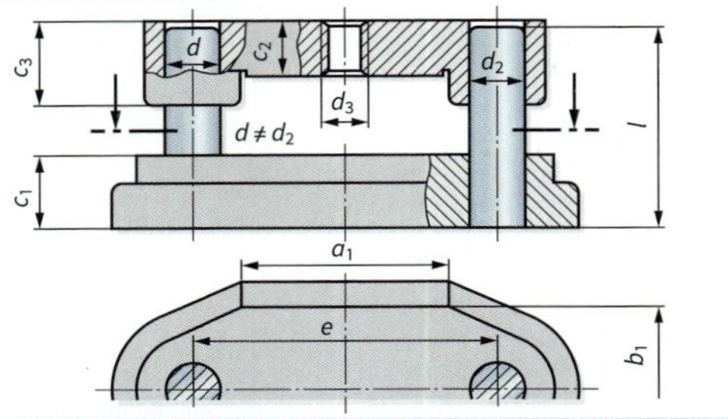

$a_1 \times b_1$	c_1	c_2	c_3	d_2	d_3	e	l
80 × 63	50	30	80	19	M 20 × 1,5	125	160
100 × 63						145	
100 × 80	50	30	80	25	M 20 × 1,5	155	160
160 × 80						215	
125 × 100	50	40	90	25	M 24 × 1,5	180	170
250 × 100				32		315	180
160 × 125	56	40	90	32	M 24 × 1,5	225	180
315 × 125						380	
200 × 160	56	50	100	32	M 30 × 2	265	200
315 × 160	63			40		395	220
250 × 200	63	50	100	40	M 30 × 2	330	220
315 × 250						395	

1) Form C ohne Gewinde; Form CG mit Gewinde d_3

Gestelle mit runder Arbeitsfläche Form D und DG[2)]

DIN 9812: 1981-12

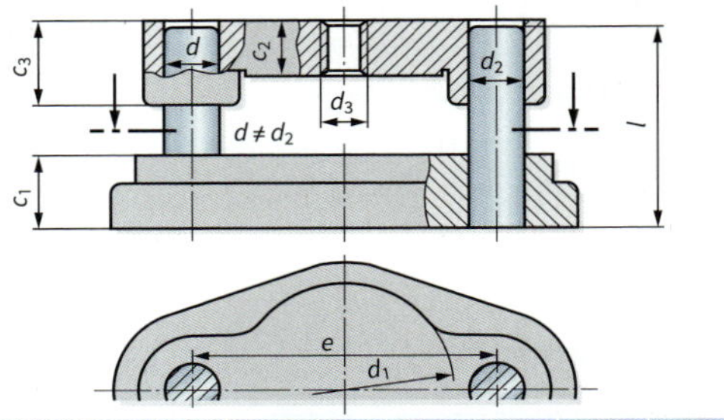

d_1	c_1	c_2	c_3	d_2	d_3	e	l
50	40	25	65	16	M 16 × 1,5	80	125
63						95	140
80				19	M 20 × 1,5	125	
100	50	30	80	25		155	160
125				25		180	
160					M 24 × 1,5	225	180
180	56	40	90	32		245	180
200						265	190
250	56	50	100	40	M 30 × 2	330	200
315	63					395	220

2) Form D ohne Gewinde; Form DG mit Gewinde d_3

Gestelle mit übereckstehenden Säulen Form C und CG[3)]

DIN 9819: 1981-12

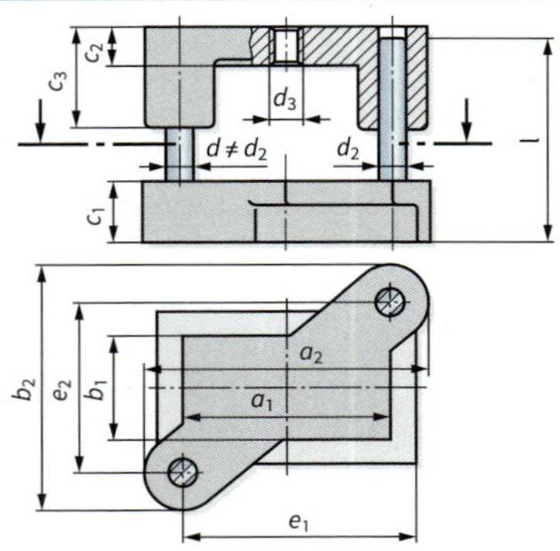

$a_1 \times b_1$	a_2	b_2	c_1	c_2	c_3	d_2	e_1	e_2	l
80 × 63	135	180	50	30	80	19	75	103	160
125 × 80	190	215				25	120	128	
125 × 100		235		40	90	25		148	170
250 × 100	325	255	56	40	90	32	245	158	180
160 × 125	235	280					155	183	
315 × 125	390						310		

3) Form C ohne, Form CG mit Gewinde

Gestelle mit mittigstehenden Säulen und dicker Säulenführungsplatte Form DF

DIN 9816: 1981-12

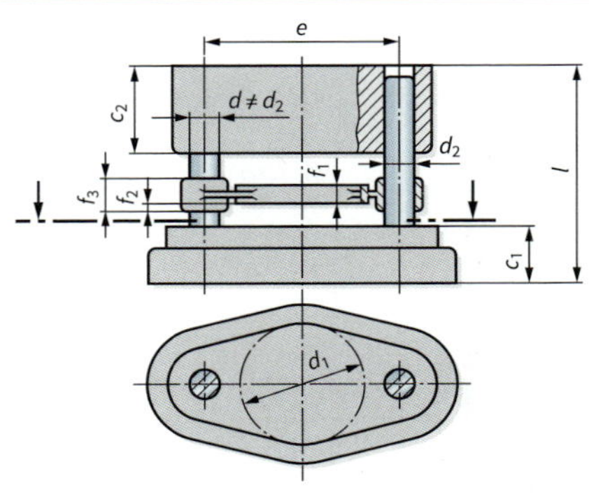

d_1	c_1	c_2	d_2	e	f_1	f_2	f_3	l
80	50	80	19	125	16	10	36	170
100	50	85	25	155	18	11	40	180
125		90		180				190
160	56	100	32	225	23	11	45	220
200		110		265				240

Säulengestell DIN 9812 – C 250 × 100
Bezeichnung für ein Gestell mit einer rechteckigen Arbeitsfläche von 250 mm × 100 mm

Gestell mit mittig stehenden Säulen – Form A

DIN 9868: 2014-12

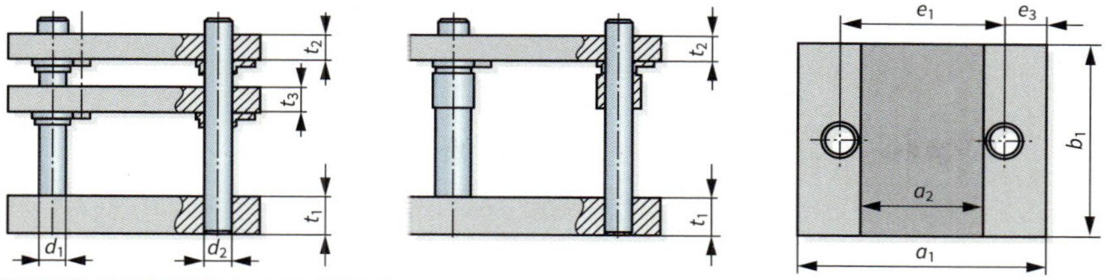

Form A1:
ohne Stempelführungsplatte

Form A2:
mit Stempelführungsplatte

Gestell mit vier Führungssäulen – Form D

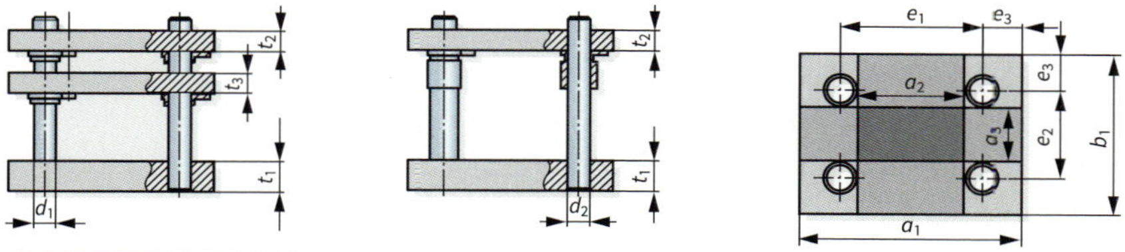

Form D1:
ohne Stempelführungsplatte

Form D2:
mit Stempelführungsplatte

a_1 x b_1			a_2	a_3	t_1		t_2		t_3		d_1 1)	d_2	e_1	e_2	e_3
160	x	**80**	60	–	32		32		25	32	20/19	32	100	–	–
	x	**100**		–										–	70
	x	**125**		–										–	95
	x	**160**		60										100	130
200	x	**100**	70	–	32	40	32	40	25	32	25/24		120	–	–
	x	**125**		–										–	85
	x	**160**		–										–	120
	x	**200**		70										120	160
250	x	**125**	120	–	32	40	32	40	25	32	25/24		170	–	85
	x	**160**		–										–	120
	x	**200**		70										120	160
	x	**250**		120										170	210
315	x	**160**	165	–	40	50	40	50	32	40	32/30	48	225	–	115
	x	**200**		50										110	155
	x	**250**		100										160	205
	x	**315**		165										225	270
400	x	**200**	250	50	40	50	40	50	32	40	32/30	48	310	110	155
	x	**250**		100										160	205
	x	**315**		165										225	270
	x	**400**		250										310	355
500	x	**250**	330	80	40	50	40	50	32	40	40/38	58	400	150	200
	x	**315**		145										215	265
	x	**400**		230										300	350
	x	**500**		330										400	450
630	x	**315**	430	115	50	63	50	63	40	50	50/48	70	510	195	255
	x	**400**		200										280	340
	x	**500**		300										380	440
	x	**630**		430										510	570
710	x	**400**	510	200	50	63	50	63	40	50	50/48	70	590	280	340
	x	**500**		300										380	440
	x	**630**		430										510	570
800	x	**400**	600	200	50	63	50	63	40	50	50/48	70	680	280	340
	x	**500**		300										380	440
	x	**630**		430										510	570

1) Eine Führungssäule ist innerhalb des Säulengestelles mit dem kleineren Maß d_1 ausgeführt.

Säulengestell DIN 9868 – A1 – 250 x 160 x 32 x 32:
Bezeichnung eines Säulengestells Form A1 mit a_1 = 250 mm, b_1 = 160 mm, t_1 = 32 mm, t_2 = 32 mm
Werkstoff und Ausführung nach Wahl des Herstellers.

Einspannzapfen mit Gewindeschaft

DIN ISO 10 242-1: 2012-06

Form A

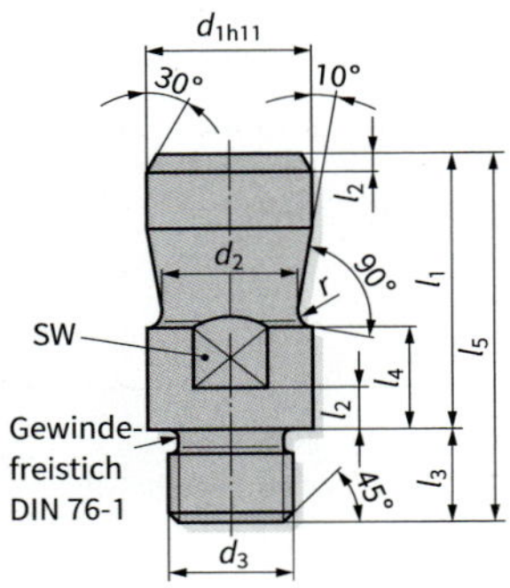

Einspannzapfen vorzugsweise für Säulengestelle nach DIN 9812, DIN 9814, DIN 9816, DIN 9819 und DIN 9822 DIN V 9868-1

d_1 h11	$d_3 \times$ p 6g	d_2	l_1	l_2	l_3	l_4	l_5	l_5 ±1	r	SW
20	M 16 × 1,5	15	40	2	18	12	58	4	2,5	17
25	M 16 × 1,5	20	45	2,5	23	16	68	6	2,5	21
	M 20 × 1,5									
32	M 20 × 1,5	25	56	3	23	16	79	6	2,5	27
	M 24 × 1,5									
40	M 24 × 1,5	32	70	4	23	26	93	12	4	36
	M 27 × 2									
	M 30 × 2									
50	M 30 × 2	42	80	5	28	26	108	12	4	41

Werkstoff: nach Wahl des Herstellers; Mindesthärte: 140 HB

Einspannzapfen ISO 10242 – 1A – 32 × M24
Bezeichnung eines Einspannzapfens Form A mit d_1 = 32 mm und d_3 = M 24 × 1,5

Schneidstempel mit zylindrischem Kopf

DIN ISO 8020: 2003-07

Form A

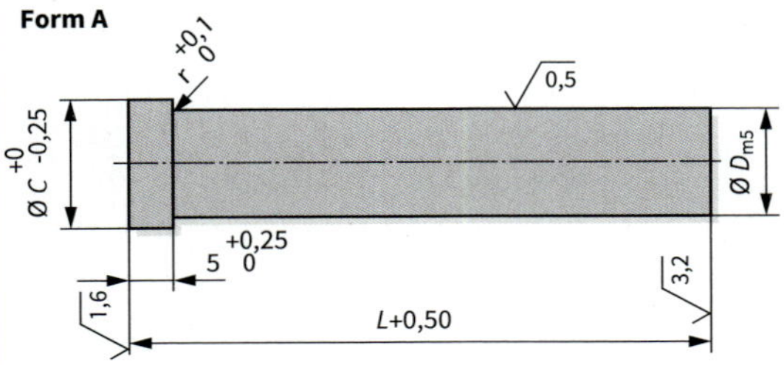

Form B, CR, CO, CS

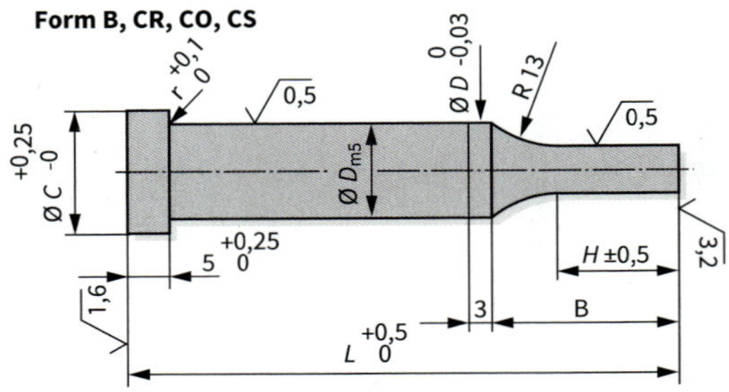

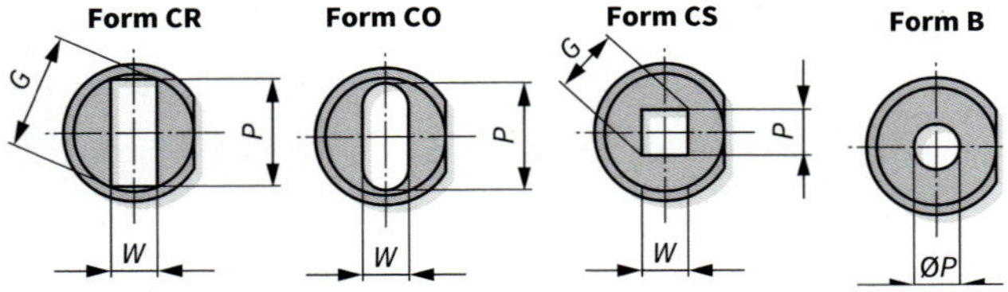

D_{m5}	$L^{+0,5}_{0}$				$P^{+0,5}_{0}$	G_{max}	W_{min}	$H_{\pm 0,5}$			$C^{0}_{-0,25}$	$r^{+0,1}_{0}$
5					1,6– 4,99	4,99	1,60	10			8	0,25
6					1,6– 5,99	5,99	1,60	10			9	0,25
8					2,5– 7,99	7,99	2,50		13		11	0,25
10					3,2– 9,99	9,99	3,20		13		13	0,25
13	71	80	100	120	5,0–12,99	12,99	5,00			16	16	0,4
16					8,0–15,99	15,99	8,00			18	19	0,4
20					10,0–19,99	19,99	10,00			20	24	0,4
25					12,0–24,99	24,99	12,00			20	29	0,4
32					16,0–31,99	31,99	16,00			20	36	0,4

Werkstoff: HWS (chromlegierter Kaltarbeitsstahl) DIN EN ISO 4957
Schafthärte: HRC 62 ± 2, Kopfhärte: HRC 50 ± 5
HSS (Schnellarbeitsstahl) DIN ISO 11 054
Schafthärte: HRC 64 ± 2, Kopfhärte: HRC 50 ± 5

Schneidstempel ISO 8020 A–10,0 × 80 HS
Bezeichnung für einen Schneidstempel Form A, Ø von 10 mm und einer Länge von 80 mm aus Schnellarbeitsstahl

Schneidbuchsen Formen A und B

DIN ISO 8977: 2003-10

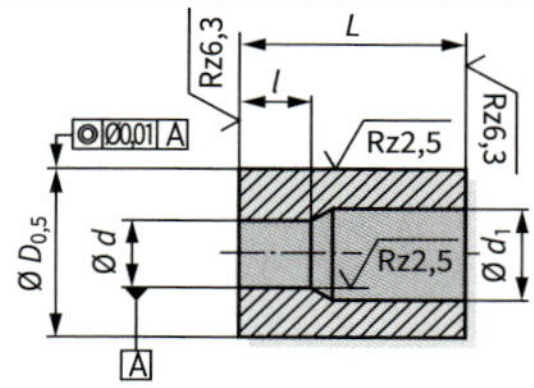

Form A
mit zylindrischem Außendurchmesser gehärtet, angelassen und geschliffen

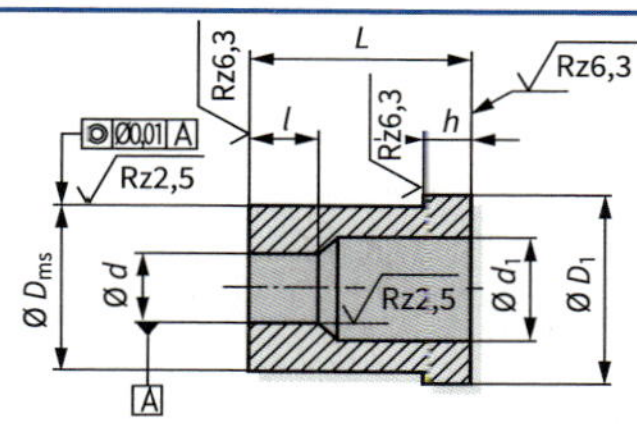

Form B
mit Bundansatz, gehärtet, angelassen und geschliffen

d +0,02	Stufung	*D* Type A: n 5 Type B: m 5	D_1 0 −0,25	d_1 max	*L* +0,5 0				*l*	*h* +0,25 0
1,0–2,4	0,1	5	8	2,8	16	20	–	–	2	5
1,6–3,0	0,1	6	9	3,5	16	20	25	–	3	5
2,0–3,5	0,1	8	11	4,0	16	20	25	–	4	5
2,5–5,0	0,1	10	13	5,8	16	20	25	32	4–8	5
4,0–7,0	0,1	13	16	8,0	–	20	25	32	5–8	5
6,0–9,0	0,1	16	19	9,5	–	20	25	32	5–8	5
8,0–11,0	0,1	20	23	12,0	–	20	25	32	8–20	5
10,7–16,0	0,1	25	28	17,3	–	20	25	32	8–20	5
15,0–20,0	0,5	32	35	20,7	–	20	25	32	8–20	5
19,0–27,0	0,5	40	43	27,7	–	20	25	32	8–20	5
26,0–36,0	0,5	50	53	37,0	–	20	25	32	8–20	5

Werkstoff: HSS (64 ± 2 HRC)
Zuordnung: Schneidstempel ISO 8020
Bei der Zuordnung von Schneidstempeln muss der Schneidspalt berücksichtigt werden!
Schneidbuchse ISO 8977 B - 4,0 × 10 × 20
Bezeichnung einer Schneidbuchse Form B mit einem Bohrungsdurchmesser *d* = 4 mm und einem Außendurchmesser *D* = 10 mm und einer Länge *L* = 20 mm

Runde Schneidstempel Form D (Auswahl)

DIN 9861-1: 1992-07

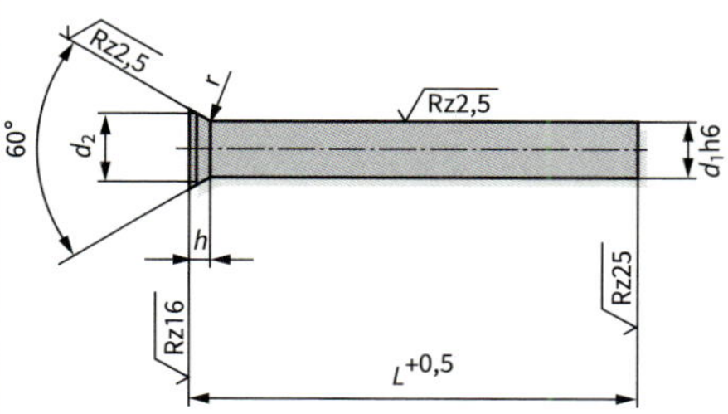

Ausführung: gehärtet, angelassen, geschliffen, Kopf warm gestaucht

Werkstoff: HSS, Schaft 64 ± 2 HRC, Kopf 50 ± 5 HRC
WS, Schaft 62 ± 2 HRC, Kopf 45 ± 5 HRC

Schneidstempel DIN 9861 D – 5,0 × 80 HW
Bezeichnung für einen Schneidstempel mit dem Lochdurchmesser 5 mm und einer Länge von 80 mm aus legiertem Kaltarbeitsstahl.

d_1 H6	d_2		*h*	*r*	*L*		
4,0	5,5	± 0,1	1,30	0,6 + 0,3	71	80	100
4,1	5,5	± 0,1	1,71	0,6 + 0,3	71	80	100
4,2	5,5	± 0,1	1,63	0,6 + 0,3	71	80	100
4,3	5,5	± 0,1	1,54	0,6 + 0,3	71	80	100
4,4	5,5	± 0,1	1,45	0,6 + 0,3	71	80	100
4,5	6,0	± 0,1	1,80	0,6 + 0,3	71	80	100
4,6	6,0	± 0,1	1,71	0,6 + 0,3	71	80	100
4,7	6,0	± 0,1	1,63	0,6 + 0,3	71	80	100
4,8	6,0	± 0,1	1,54	0,6 + 0,3	71	80	100
4,9	6,0	± 0,1	1,45	0,6 + 0,3	71	80	100
5,0	6,5	± 0,1	1,80	0,6 + 0,3	71	80	100
5,1	6,5	± 0,1	1,71	0,6 + 0,3	71	80	100
5,2	6,5	± 0,1	1,63	0,6 + 0,3	71	80	100
5,3	6,5	± 0,1	1,54	0,6 + 0,3	71	80	100
5,4	6,5	± 0,1	1,45	0,6 + 0,3	71	80	100
5,5	7,0	± 0,1	1,80	0,6 + 0,3	71	80	100
5,6	7,0	± 0,1	1,71	0,6 + 0,3	71	80	100
5,7	7,0	± 0,1	1,63	0,6 + 0,3	71	80	100
5,8	7,0	± 0,1	1,54	0,6 + 0,3	71	80	100
5,9	7,0	± 0,1	1,45	0,6 + 0,3	71	80	100
6,0	8,0	± 0,1	2,23	1,0 + 0,5	71	80	100
6,1	8,0	± 0,1	2,15	1,0 + 0,5	71	80	100
6,2	8,0	± 0,1	2,06	1,0 + 0,5	71	80	100
6,3	8,0	± 0,1	1,97	1,0 + 0,5	71	80	100
6,4	8,0	± 0,1	1,89	1,0 + 0,5	71	80	100
6,5	9,0	± 0,1	3,17	1,0 + 0,5	71	80	100
7,0	9,0	± 0,1	2,73	1,0 + 0,5	71	80	100
7,5	10,0	± 0,1	3,17	1,0 + 0,5	71	80	100
8,0	10,0	± 0,1	2,73	1,0 + 0,5	71	80	100
8,5	11,0	± 0,1	3,17	1,0 + 0,5	71	80	100
9,0	11,0	± 0,1	2,73	1,0 + 0,5	71	80	100
9,5	12,0	± 0,1	3,17	1,0 + 0,5	71	80	100
10,0	12,0	± 0,1	2,73	1,0 + 0,5	71	80	100

Stempelführungsbuchsen

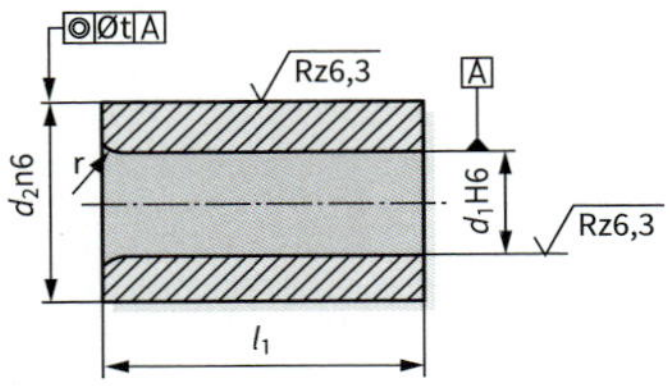

d_1 H 6	Stufung	d_2 n 6	l_1	r	t
1,0–2,4		5	8,0	1,0	
1,6–3,0		6	12,5	1,0	
2,0–3,5		8	12,5	1,5	
3,0–5,0	0,1	10	16,0	2,0	
4,0–7,2		13	16,0	2,0	
6,0–8,8		16	20,0	2,0	0,01
7,5–11,3		20	20,0	2,5	
11,0–16,6		25	25,0	2,5	
15,0–20,0		32	25,0	4,0	
18,0–27,0	0,5	40	32,0	4,0	
26,0–36,0		50	40,0	4,0	

Ausführung: Gehärtet und angelassen, Bohrung und Außendurchmesser geschliffen.
Werkstoff: Einsatzstahl (740 + 40 HV 10)
Stempelführungsbuchsen nur für Schneidstempel mit Toleranzfeld H 6
Stempelführungsbuchse ISO 8978 – 6 × 16 × 20:
Bezeichnung für eine Stempelführungsbuchse mit Innendurchmesser 6 mm und Außendurchmesser 16 mm und einer Länge von 20 mm.

Platten für den Werkzeug- und Vorrichtungsbau

DIN ISO 6753-1: 2006-09

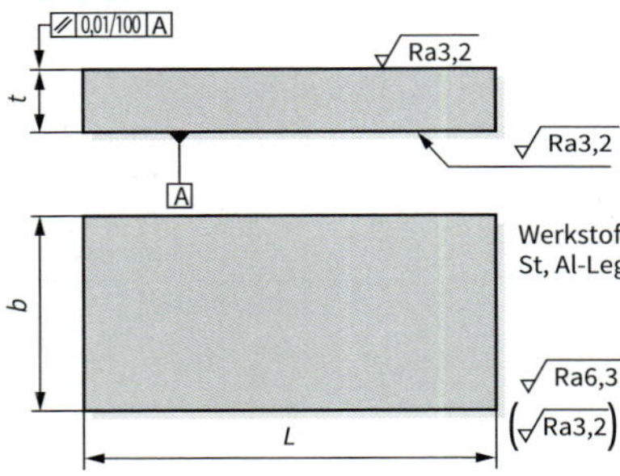

Werkstoffe;
St, Al-Leg.

Rauheitswerte bei gefrästen Kanten
Grenzabmaße für l und b +0,4/+0,2, für t +0,5/+0,3

Bearbeitete Platte ISO 6753-1 – 400 × 250 × 40
Bezeichnung für eine Platte mit den Maßen
l = 400 mm, b = 250 mm, t = 40 mm

l	b	t	l	b	t	l	b	t
160	80		315	160		630	315	
160	100	25	315	200		630	400	
160	125	32	315	250		630	500	
160	160		315	315		630	630	40
200	100		400	200	32	710	400	
200	125		400	250		710	500	50
200	160	25	400	315	40	710	630	63
200	200		400	400	50	800	400	
250	125	32	500	250		800	500	
250	160	40	500	315		800	630	
250	200		500	400				
250	250		500	500				

Spanneisen, einfache Form

DIN 6314: 2009-04

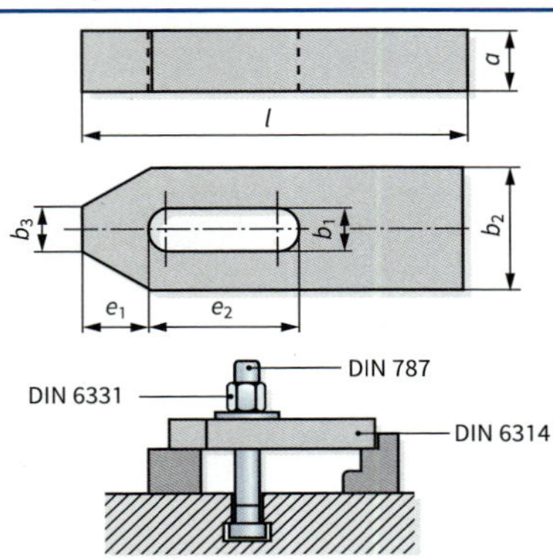

Spanneisen DIN 6314 – 14 × 125 – St
Bezeichnung für ein Spanneisen, einfache Form für Schrauben M 12 und einer Gesamtlänge von 125 mm

b_1	l	a	b_2	b_3	e_1	e_2
7	50	10	20	8	13,5	13
9	60	12	25	10	14,5	13
11	80	15	30	12	20,5	19
14	100	20	40	14	28	26
14	125	20	40	14	28	36
18	125	25	50	18	35	27
18	160	25	50	18	35	47
22	160	30	60	22	41	38
22	200	30	60	22	41	58
26	200	30	70	26	48	54
26	250	35	70	26	48	79
34	250	40	80	34	62	66
34	315	50	80	34	62	96

Werkstoff: Vergütungsstahl oder ENAW-7032

Schnapper mit Druckfeder für Bohrvorrichtung

DIN 6310: 2002-06

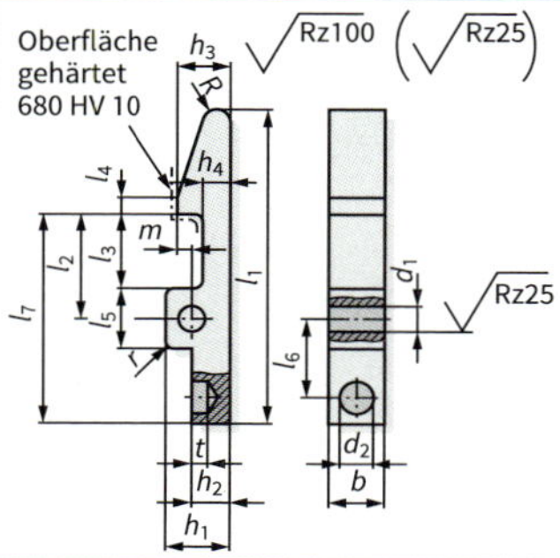

l_1	b $_{-0,2}$	d_1 E9	d_2	h_1	h_2	h_3	h_4	l_2 ±0,1	l_3	l_4	l_5	l_6	l_7	m	t	R
45	8	4	5	9,5	5,5	8	4	15	10	2	9	11	30	2,5	1,5	1,6
60	10	5	6,3	12	7	10	5	20	14	3	11	15	40	3	3	2,5
80	14	6	8	15	9	14	7	30	22	5	14	23	60	5	5	4

l_1	zugehörige Druckfeder nach DIN 2098 T.1
45	0,63 × 4 × 14
60	0,8 × 5 × 17,5
80	1 × 6,3 × 21,5

Werkstoff: Vergütungsstahl; Härte 650+100 HV10

Anwendungsbereich:
Schnapper mit Druckfeder sind Vorrichtungselemente zum Verriegeln oder Lösen von Druckplatten in Bohrvorrichtungen.

Schnapper DIN 6310 – 80
Bezeichnung eines Schnappers mit l_1 = 80 mm mit Druckfeder

Allgemeintoleranzen: DIN 7168-m

Füße mit Gewindezapfen für Vorrichtungen

DIN 6320: 2002-10

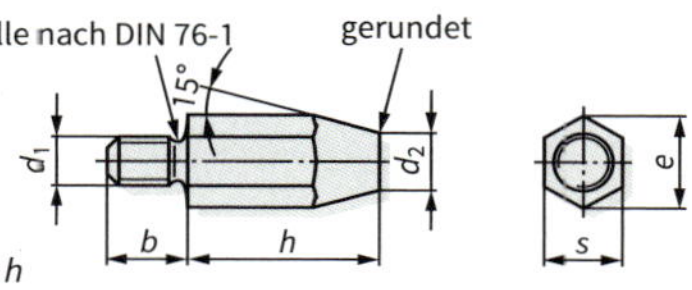

Werkstoff: Vergütungsstahl;
wenn Auftstellfläche d_2 gehärtet: Zusatz *h*
Fuß DIN 6320 – 40 × M 10 – h
Bezeichnung eines Fußes mit Gewindezapfen mit der Höhe h = 40, Gewinde M10 mit gehärteter Aufstellfläche

h	d_1 6g	b	d_2	e	s
10	M6	11	8	11,5	10
20			6		
15	M8	13	10	15	13
30			9		
20	M10	16	13	19,6	17
40					
25	M12	20	15	21,9	19
50					

Aufnahme- und Auflagebolzen

DIN 6321: 2002-10

Form A **Form B** **Form C**

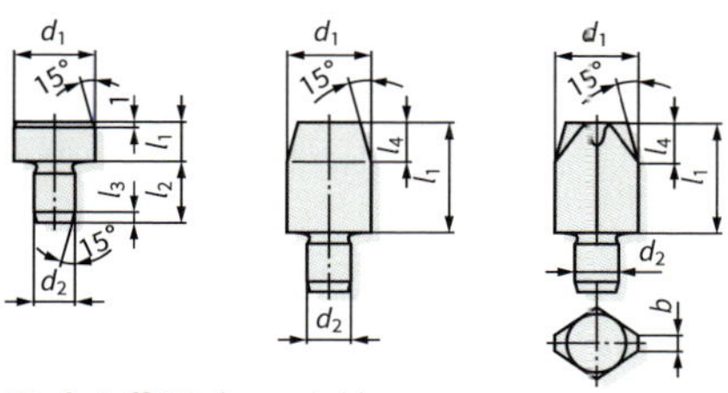

übrige Maße wie Form B

d_1 g6	l_1 Form A h9	Form B und C kurz	lang	b	d_2 n6/H7	l_2	l_3	l_4
6	5	7	12	1	4	6	1,2	4
8	–	10	16	1,6	6	9	1,6	6
10	6	10	18	2,5	6	9	1,6	6
12	–	10	18	2,5	6	9	1,6	6
16	8	13	22	3,5	8	12	2	8
20	–	15	25	5	12	18	2,5	9
25	10	15	25	5	12	18	2,5	9

Werkstoff: Werkzeugstahl

Bolzen DIN 6321 – A 10 × 6 Bezeichnung eines Bolzens Form A mit d_1 = 10, l_1 = 6

Schwenkscheiben für Vorrichtungen

DIN 6371: 1999-11

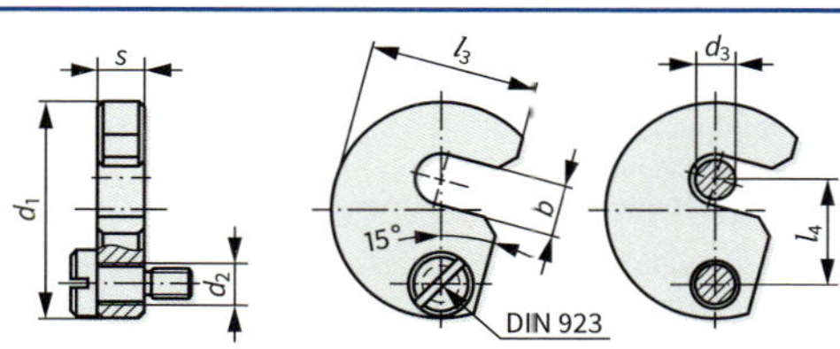

Größe	b	d_1	d_2	d_3	l_3	l_4	s −0,2	passende Schraube DIN 923
8	9,5	43	9	8	32,5	21	9,8	M 6 x 10
10	11,5	48	9	10	36,5	23	9,8	M 6 x 10
12	13,5	61	11	12	45,0	29	11,8	M 8 x 12
16	17,5	68	11	16	50,0	33	11,8	M 8 x 12
20	21,5	74	11	20	55,0	36	11,8	M 8 x 12

Werkstoff: Vergütungsstahl, brüniert

Schwenkscheibe DIN 6371-12 Bezeichnung einer Schwenkscheibe der Größe 12

Flachkopfschraube mit Schlitz und Ansatz

DIN 923: 2012-06

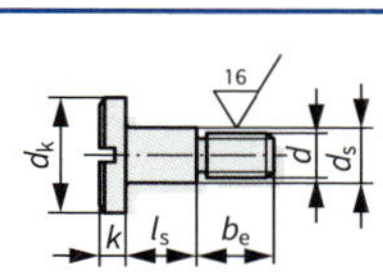

Gewinde d	b_e	d_k max.	d_k min.	d_s max.	d_s min	k max.	k min.	l_s min.	l_s max.
M 6	9	13	12,73	8	7,96	3,25	2,95	10,07	10,15
M 8	11	16	15,73	10	9,96	3,95	3,65	12,1	12,2

Werkstoff: Stahl; A1, A2; Cu2, Cu3

Flachkopfschraube DIN 923 – M 6 × 10 – 4.8,
Bezeichnung einer Flachkopfschraube mit Schlitz und Ansatz mit Gewinde d = 6 mm, Ansatz l_s = 10 mm, Festigkeitsklasse 4.8

Verstellbare Spanneisen, gerade Form

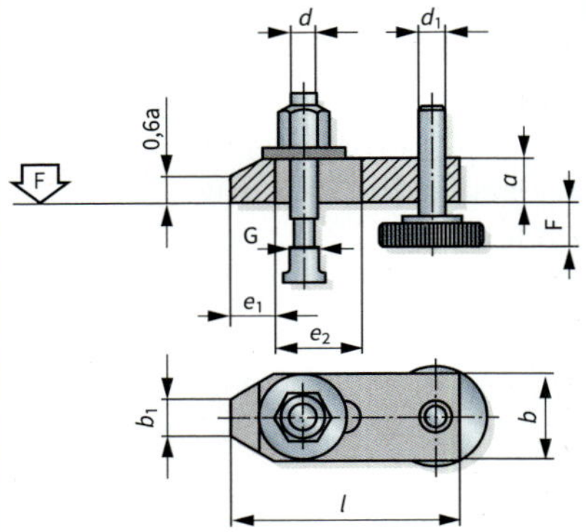

Größe	l	a	b	b_1	e_1	e_2	F	G für T-Nut	d	d_1	F[1] kN
1	80	15	30	12	15	30	8–32	10	M10x80	M10	13,9
2	100	20	40	14	21	40	10–40	12	M12x100	M12	20,2
3	100	20	40	14	21	40	10–38	14	M12x100	M12	20,2
4	125	25	50	18	26	45	13–49	16	M16x125	M16	37,8
5	125	25	50	18	26	45	13–46	18	M16x125	M16	37,8
6	160	30	60	22	30	60	16–65	20	M20x160	M20	58,8
7	160	30	60	22	30	60	16–65	22	M20x160	M20	58,8

Werkstoff: Vergütungsstahl, Schrauben 8.8
Ausführung: Spanneisen lackiert, Schrauben brüniert

[1] abhängig von Nuttiefe nach DIN 650

Knebelschrauben mit festem Knebel

DIN 6304: 2002-06

Form E
Knebel eingepresst

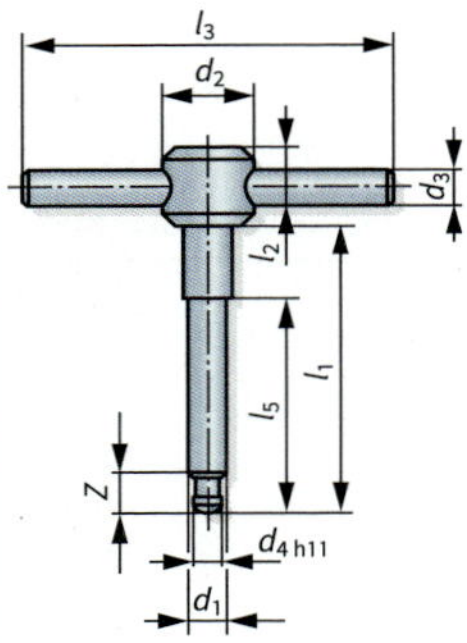

Form F
mit Druckstück
DIN 6311

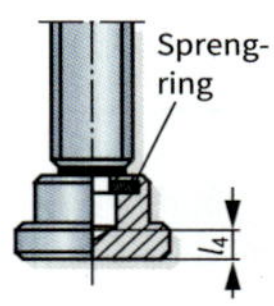

Größe	l_1	d_1	d_2	d_3	d_4	l_2	l_3	l_4	l_5	Z
1	40	M6	12	5	4,5	10	50	2,2	30	6
2	50	M6	12	5	4,5	10	50	2,2	40	6
3	50	M8	14	6	6	12	60	3	35	7,5
4	60	M8	14	6	6	12	60	3	45	7,5
5	60	M10	18	8	8	14	80	3,6	40	9
6	70	M10	18	8	8	14	80	3,6	50	9
7	70	M12	20	10	8	18	100	4,5	50	10
8	80	M12	20	10	8	18	100	4,5	60	10
9	75	M16	24	12	12	20	120	5,3	55	12
10	90	M16	24	12	12	20	120	5,3	70	12
11	110	M16	24	12	12	20	120	5,3	90	12

Werkstoff: Stahl, Festigkeitsklasse 5.8
Ausführung: brüniert, Druckzapfen gehärtet
Knebelschraube DIN 6304 - M12 - 70 - E Bezeichnung einer Knebelschraube mit Gewinde M12 und einer Länge von 70 mm, Form E

Exzenterhebel (doppelt)

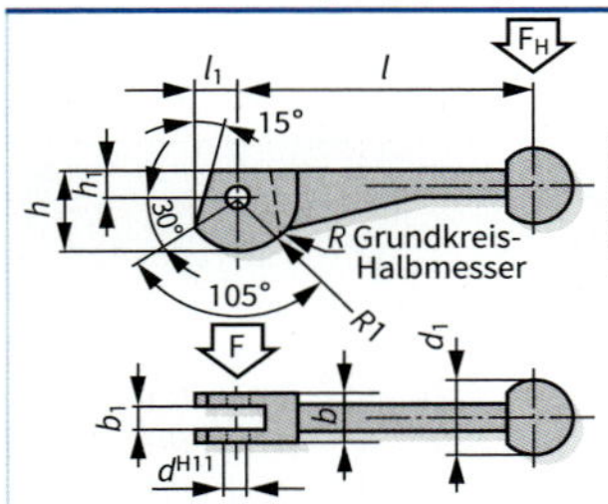

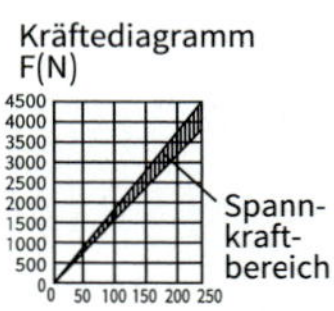

Größe	l	l_1	b	b_1	h	h_1	d_{H11}	d_1	R	R_1
1	100	14,9	16	9	28	9,5	8	25	18	19
2	120	18,7	20	12	35	11,5	10	30	22	23,5
3	138,5	24,2	25	14	44	13,5	12	30	28	30

Werkstoff: Vergütungsstahl 1.7220
Kugel aus Kunststoff
Ausführung: vergütet und brüniert, geeignet für Bolzen df8

Der Exzenter ist ein logarithmischer Spiralexzenter mit gleichbleibendem Spanneigenschaften im Bereich der gesamten Arbeitsfläche.

Vorsteckscheiben für Vorrichtungen

DIN 6372: 2002-10

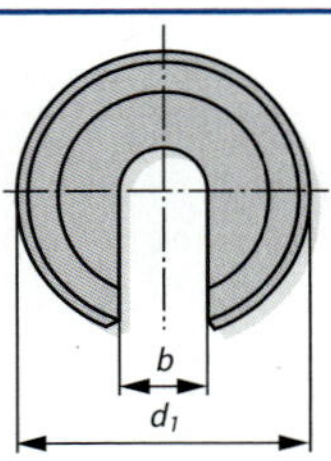

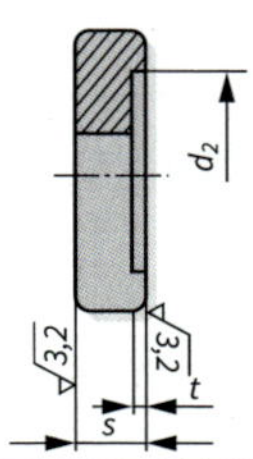

für Gewinde	b	d_1	d_2	t	s
M6	6,4	22	16	0,8	6
M8	8,4	28	21	1	7
M10	10,5	34	25	1,2	8
M12	13	40	30	1,8	9
M16	17	56	37	1,8	12

Werkstoff: Vergütungsstahl
Ausführung: vergütet und brüniert

Gewindestifte mit Druckzapfen

DIN 6332: 2003-04

Form S geeignet zur Aufnahme von Druckstücken mit Sprengring (DIN 6311)

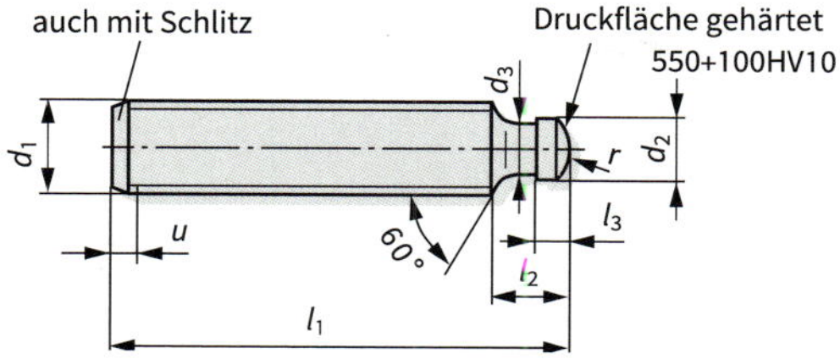

Gewindeende DIN 78 – K
unvollständiges Gewinde: u = max. 2P

d_1		M 6	M 8	M 10	M 12	M 16	M 20
d_2	h 11	4,5	6	8	8	12	15,5
d_3	−0,1	4	5,4	7,2	7,2	11	14,4
r		3	5	6	6	9	13
l_2		6	7,5	9	10	12	14
l_3		2,5	3	4,5	4,5	5	5,5
l_1 js 15	von bis	30 50	40 60	60 80	60 80 100	80 100 125	100 125 150

Werkstoff: Stahl, Festigkeitsklasse 5.8, Produktklasse A
Gewindestift DIN 6332 – S M 10 × 60
Bezeichnung eines Gewindestiftes Form S, d_1 = M 10, l_1 = 60
Gewindestift DIN 6332 – S M 16 × 100 Sz
Bezeichnung eines Gewindestiftes Form S, d_1 = M 16, l_1 = 100 und Schlitz

Druckstücke

DIN 6311: 2002-06

Form S Druckstück mit Sprengring

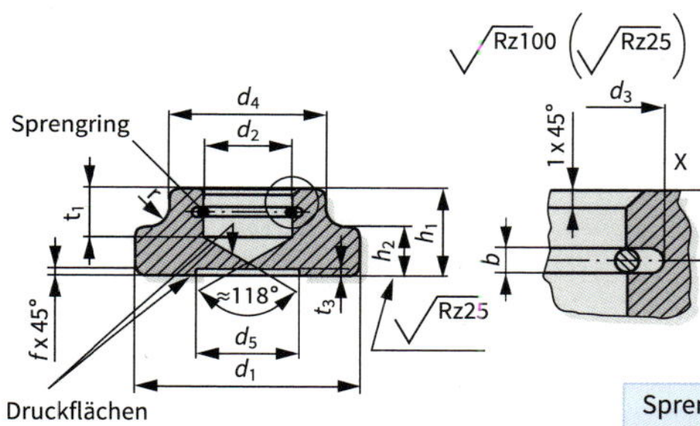

d_1		12	16	20	25	32	40
b		0,7	1	1	1	1,2	1,8
d_2 H 12		4,6	6,1	8,1	8,1	12,1	15,6
d_3		5,6	7,7	9,7	9,7	14,2	19,8
d_4		10	12	15	18	22	28
d_5		5	7	8	10	14	18
f		0,6	0,6	0,6	1	1	1
h_1		7	9	11	13	15	16
h_2		2,5	4	5	6	7	9
r		1,5	2	2	2	3	3
t_1		4	5	6	7	7,5	8
t_2		1,8	2	2	3	3,5	3,5
t_3		0,5	0,5	0,5	0,5	0,7	1
Sprengring	DIN 7993	4	6	8	8	12	16
Gewindestift	DIN 6332	M 6	M 8	M 10	M 12	M 16	M 20

Werkstoff: Einsatzstahl, Härte 550 + 100 HV 10
Druckstück DIN 6311 – S 32
Bezeichnung eines Druckstückes Form S, d_1 = 32 mit Sprengring

Kugelknöpfe

DIN 319: 2020-04

Form C
mit Gewinde

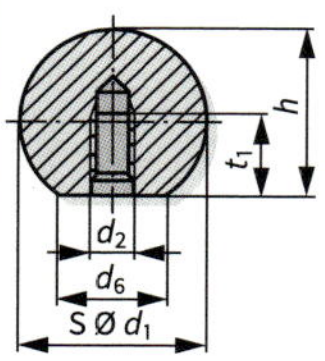

Form E
mit Gewindebuchse

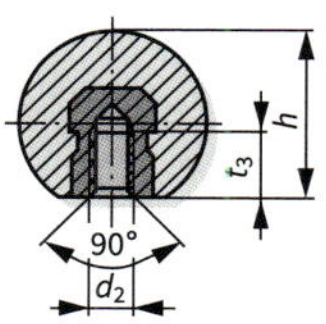

Form L
mit Klemmhülse

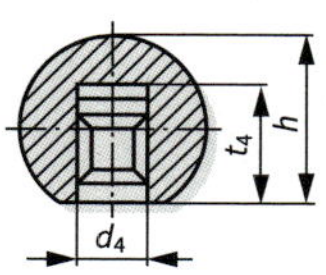

Form M
mit kegeliger Bohrung

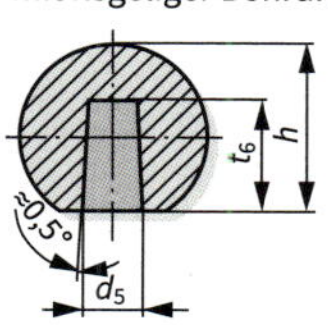

Übrige Maße wie Form C

d_1	d_6	h	Form C		Form E		Form L		Form M		
			d_2	t_1	d_2	t_3	d_4	t_4	d_5		t_6
16	8	15	M 4	7	M 4	6	4	11	4		9
20	12	18	M 5	9	M 5	7,5	5	13	5		12
25	15	22,5	M 6	11	M 6	9	8	15	6	8	15
32	18	29	M 8	14,5	M 8	12	10	20	8	10	15
40	22	37	M 10	18	M 10	15	12	23	10	12	20
50	28	46	M 12	21	M 12	18	16	23	12	16	22

Werkstoff:
Kugelkopf aus Phenol-Formmasse PF; Gewindebuchse, Klemmhülse aus Stahl nach Wahl des Herstellers

Farbe: Schwarz

Kugelknopf DIN 319 – E 25 PF
Bezeichnung eines Kugelknopfes Form E, d_1 = 25 aus schwarzem Kunststoff (PF), glänzend

Kugelknopf DIN 319 – M 40 × 12 PF m
Bezeichnung eines Kugelknopfes Form M, d_1 = 40, d_5 = 12 aus schwarzem Kunststoff (PF), matt (m)

Kreuzgriffe

DIN 6335: 2008-05

Kreuzgriffe aus Metall

Form A
Rohteil

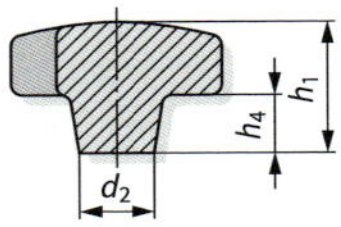

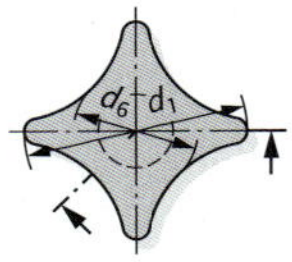

Form B
mit Bohrung
übrige Maße und Angaben wie Form A

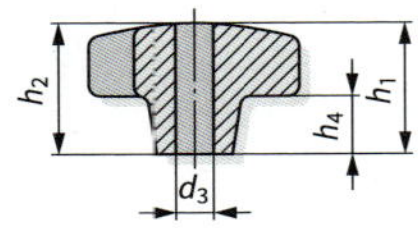

Form C
mit Sackloch
Übrige Maße und Angaben wie Form B

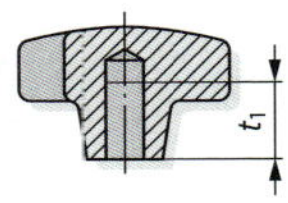

Form D
mit Gewinde
Übrige Maße und Angaben wie Form B

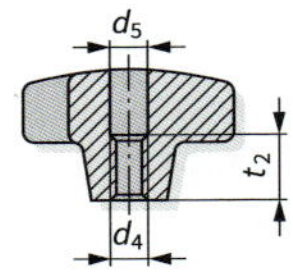

Form E
mit nicht durchgehender Gewindebohrung

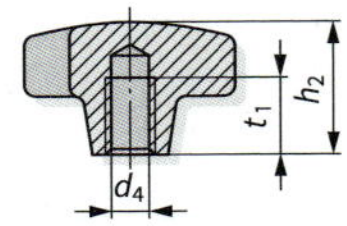

d_1	d_2	d_3 H7	d_4 6H	d_5	d_6	h_1	h_2	h_4	t_1 min.	t_2	h_2	h_3	d_4	d_6	d_7	l	t_3 min.
20	–	–	–	–	–	–	–	–	–	–	13	6	M4	16	10	15/20	6,5
25	–	–	–	–	–	–	–	–	–	–	16	8	M5	20	12	15/20	9,5
32	12	6	M6	6,4	26	21	20	10	12	10	20	10	M6	26	14	20/30	12
40	14	8	M8	8,4	34	26	25	14	15	13	25	13	M8	34	18	20/30	14
50	18	10	M10	10,5	42	34	32	20	18	16	32	20	M10	42	22	25/30	18
63	20	12	M12	13	52	42	40	25	22	20	40	25	M12	52	26	30/40	22
80	25	16	M16	17	64	52	50	30	28	20	50	30	M16	64	35	30/40	30

nur für Formen K und L

Kreuzgriff
DIN 6335 – C 50 EN – GJL 200
Bezeichnung eines Kreuzgriffes Form C, $d_1 = 50$ mm aus Guss-eisen mit Lamellengrafit und R_m von ca. 250 N/mm²

Kreuzgriffe aus Formstoff

Grundabmessungen

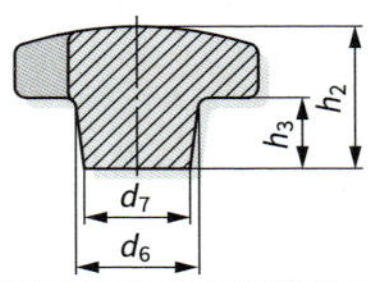

Form K
mit Gewindebuchse

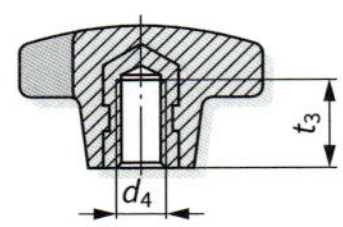

Form L
mit Gewindebolzen

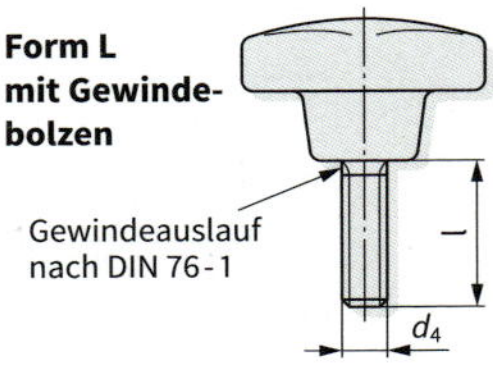

Sterngriffe

DIN 6336: 2008-05

Formen A bis E Metallgriffe

Form A
Rohteil

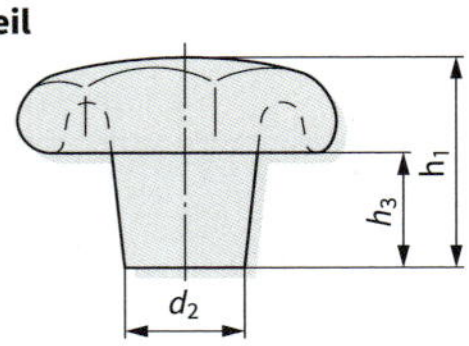

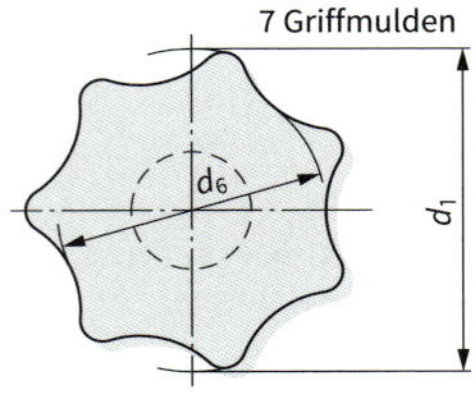

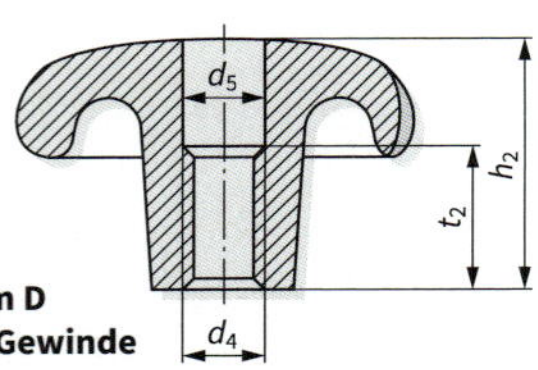

Form D
mit Gewinde

d_1	d_6	h_3	h_2	d_4	d_5
20	16	7	13	M4	–
25	20	8	16	M5	–
32	26	10	20	M6	6,4
40	34	13	25	M8	8,4
50	42	17	32	M10	10,5
63	52	21	40	M12	13
80	64	25	50	M16	17

Weitere Abmessungen der Formen A–E und K–L siehe Kreuzgriffe DIN 6335.

Sterngriff DIN 6336 – B 50 Al
Bezeichnung eines Sterngriffes Form B mit $d_1 = 50$ mm aus Aluminium:

Sterngriff DIN 6336 – L 40 × 30
Bezeichnung eines Sterngriffes Form L mit $d_1 = 40$ mm und $l = 30$ mm:
L: Form; 40: Griffdurchmesser;
30: Gewindelänge

Normenübersicht

Formen K bis L aus Formstoff
(Form L mit Gewindebolzen)

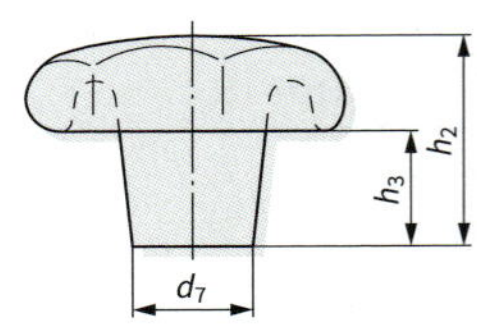

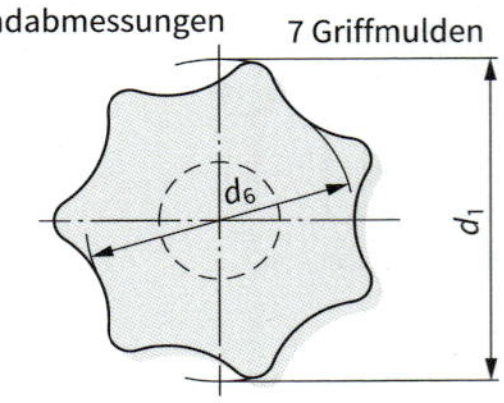

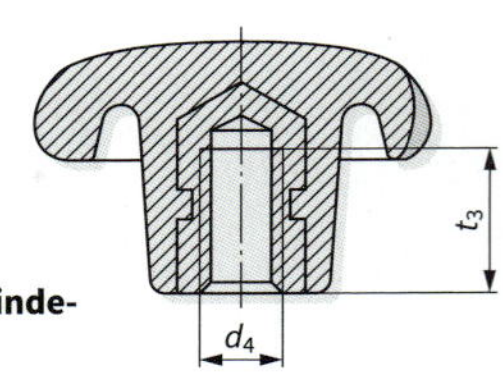

Form K
mit Gewindebuchse

Zylindrische Schraubendruckfedern aus runden Drähten

DIN 2099-1: 2003-02; DIN 2099-2: 2004-05

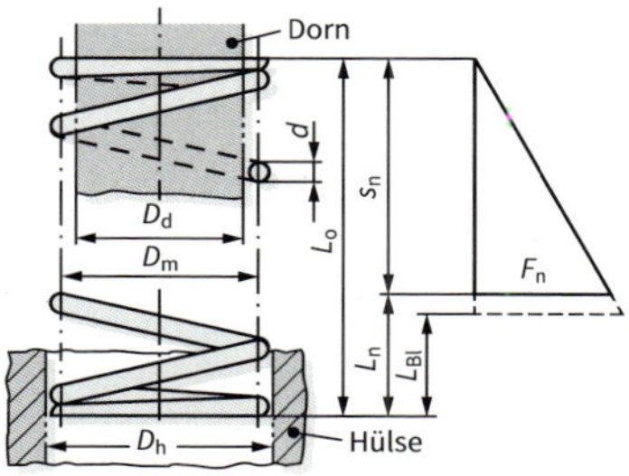

D_d : Dorndurchmesser
D_h : Hülsendurchmesser
D_m : Mittlerer Windungsdurchmesser
L_o : Länge der unbelasteten Feder
L_{Bl} : Blocklänge der Feder (Windungen liegen aneinander)
L_n : kleinste zulässige Prüflänge der Feder
F_n : Höchste zulässige Federkraft in N, zugeordnet der Länge L_n
R : Federrate in N/mm
d : Drahtdurchmesser
s_n : größter zulässiger Federweg in mm, zugeordnet der Kraft F_n
i_f : Anzahl der federnden Windungen
i_g : Gesamtzahl der Windungen

$$i_g = i_f + 2$$

Werkstoff: Federstahldraht nach DIN 17223, Drahtsorte SM
Druckfeder DIN 2099-1 – 2 × 16 × 30
Bezeichnung einer Druckfeder mit $d = 2$ mm, $D_m = 16$ mm und $L_o = 30$ mm

d	D_m	D_d	D_d	F_n	$i_f = 3,5$			$i_f = 5,5$			$i_f = 8,5$			$i_f = 12,5$		
		max.	min.	in N	L_o	s_n	R	L_o	s_n	R	L_o	s_n	R	L_o	s_n	R
0,25	3,2	2,5	4,0	1,5	7,1	5,0	0,31	10,7	7,9	0,2	16,1	12,2	0,13	23,3	18,0	0,09
	2,0	1,5	2,6	2,3	3,7	1,9	1,2	5,5	2,9	0,8	8,0	4,6	0,52	11,4	6,7	0,36
	1,2	0,7	1,7	3,4	2,4	0,6	5,9	3,3	0,9	3,7	4,7	1,4	2,4	6,6	2,1	1,6
0,5	6,3	5,3	7,5	6,6	13,5	9,2	0,73	20,0	14,0	0,46	30,0	21,3	0,3	44,0	31,8	0,21
	4,0	3,1	5,0	9,3	7,0	3,3	2,84	10,0	4,9	1,81	15,0	7,9	1,17	21,5	11,7	0,79
	2,5	1,7	3,4	10,4	4,4	0,9	11,6	6,1	1,4	7,43	8,7	2,2	4,8	12,0	3,0	3,27
1	12,5	10,8	14,4	22,0	24,0	14,6	1,49	36,5	23,1	0,95	55,5	36,1	0,61	80,5	53,1	0,41
	8,0	6,5	9,6	33,2	13,0	5,7	5,68	19,0	8,9	3,61	28,5	14,2	2,33	40,5	20,6	1,59
	5,0	3,6	6,5	43,8	8,5	1,9	23,2	12,0	3,0	14,8	17,0	4,4	9,57	24,0	6,6	6,51
1,6	20,0	17,5	22,6	84,9	48,0	35,6	2,38	73,5	55,9	1,52	110,0	84,5	0,99	165,0	129,0	0,67
	12,5	10,3	14,7	135,0	24,0	14,0	9,76	36,0	21,9	6,23	53,5	33,4	4,0	78,0	50,0	2,73
	8,0	5,9	10,1	212,0	14,5	5,5	37,3	21,5	8,9	23,7	31,5	13,6	15,4	45,0	20,2	10,4
2	25,0	22,0	28,0	128,0	58,0	43,0	2,98	88,5	67,1	1,9	135,0	104,0	1,23	195,0	151,0	0,83
	16,0	13,4	18,6	198,0	30,0	17,5	11,4	45,0	27,3	7,24	68,0	42,5	4,69	98,0	62,1	3,19
	10,0	7,5	12,5	318,0	18,0	6,8	46,6	26,5	10,9	29,7	38,5	16,5	19,2	55,0	24,4	13,0
2,5	32,0	28,3	36,0	182,0	71,5	52,2	3,48	110,0	82,1	2,22	170,0	129,0	1,43	245,0	187,0	0,97
	25,0	21,6	28,4	233,0	49,0	32,2	7,29	74,5	50,5	4,64	115,0	80,2	3,0	165,0	116,0	2,04
	20,0	16,8	23,2	292,0	36,0	20,5	14,2	54,0	32,1	9,05	81,5	50,0	5,86	120,0	75,7	3,98
	16,0	12,9	19,1	365,0	27,5	12,9	27,8	41,0	20,5	17,7	61,0	31,7	11,5	88,0	49,9	7,78
3,2	40,0	35,6	44,6	288,0	82,0	60,8	4,76	125,0	95,3	3,03	190,0	148,0	1,96	275,0	216,0	1,33
	32,0	27,6	36,5	361,0	58,5	38,7	9,3	88,5	61,1	5,92	135,0	96,2	3,82	190,0	136,0	2,61
	25,0	21,1	28,9	461,0	42,5	23,4	19,4	63,5	37,2	12,4	94,5	57,4	8,0	135,0	83,4	5,54
	20,0	16,1	23,9	577,0	33,5	15,0	38,2	49,5	23,6	24,2	74,0	36,9	15,7	105,0	53,4	10,7
4	50,0	44,0	56,0	427,0	99,0	71,6	5,95	150,0	111,0	3,79	230,0	175,0	2,45	335,0	257,0	1,65
	40,0	34,8	45,2	533,0	71,0	45,8	11,7	105,0	69,9	7,41	160,0	110,0	4,79	235,0	165,0	3,26
	32,0	27,0	37,0	666,0	53,5	29,5	22,8	79,5	46,2	14,4	120,0	72,8	9,35	170,0	104,0	6,36
	25,0	20,3	29,7	852,0	41,0	18,1	47,7	60,5	28,3	30,3	89,5	43,5	19,6	130,0	65,5	13,3
5	63,0	56,0	70,0	623,0	120,0	87,7	7,27	180,0	135,0	4,63	275,0	210,0	2,99	395,0	304,0	2,03
	50,0	43,0	57,0	785,0	85,0	54,1	14,5	130,0	86,8	9,25	195,0	133,0	5,98	280,0	194,0	4,07
	40,0	34,0	46,0	981,0	64,0	34,4	28,4	95,5	54,5	18,1	140,0	81,6	11,7	205,0	124,0	7,95
	32,0	26,0	38,0	1226,0	51,0	22,3	55,4	75,0	34,8	35,3	110,0	52,5	22,9	160,0	79,5	15,5
6,3	80,0	71,0	89,0	932,0	145,0	103,0	8,96	220,0	160,0	5,7	335,0	250,0	3,69	490,0	370,0	2,51
	63,0	55,0	71,5	1177,0	105,0	65,0	18,3	155,0	99,0	11,7	235,0	155,0	7,55	340,0	277,0	5,13
	50,0	42,0	58,0	1481,0	80,0	42,0	36,7	115,0	62,0	23,3	175,0	100,0	15,1	250,0	145,0	10,3
	40,0	32,6	47,5	1854,0	60,0	24,0	71,7	90,0	39,7	45,6	135,0	63,2	29,5	195,0	95,0	20,1
8	100,0	89,0	111,0	1413,0	170,0	118,0	11,9	260,0	187,0	7,58	390,0	286,0	4,9	570,0	423,0	3,34
	80,0	69,0	91,0	1766,0	125,0	76,0	23,2	180,0	111,0	14,8	285,0	186,0	9,58	410,0	271,0	6,51
	63,0	53,0	73,0	2237,0	95,0	48,0	47,0	140,0	74,0	30,3	205,0	112,0	19,6	300,0	169,0	13,3
	50,0	40,5	60,0	2825,0	75,0	30,0	95,4	110,0	46,8	60,8	160,0	70,0	39,2	230,0	103,0	26,7

Tellerfedern

DIN EN 16983: 2017-09

Tellerfeder der Gruppen 1 und 2

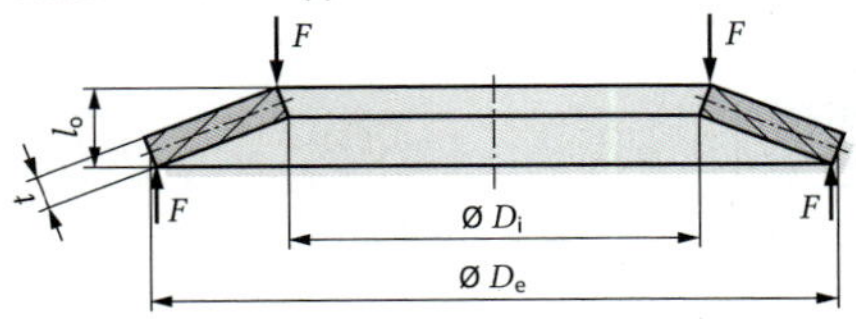

Tellerfeder der Gruppe 3

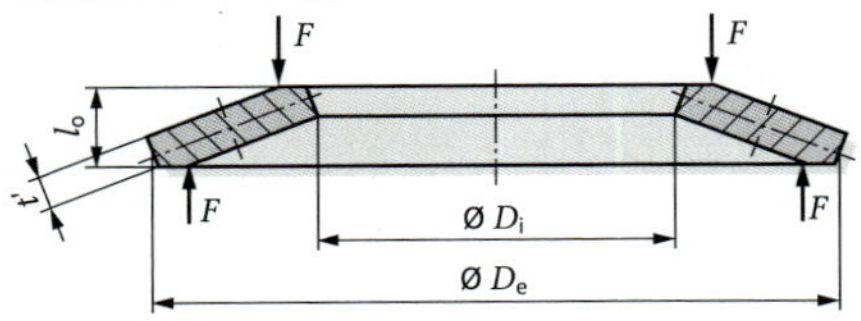

D_e : Außendurchmesser
D_i : Innendurchmesser
h_o : Rechengröße ($h_o = l_o - t$)
l_o : Bauhöhe des unbelasteten Einzeltellers
t : Dicke des Einzeltellers
t' : Reduzierte Dicke des Einzeltellers
s : Federweg des Einzeltellers
F : Federkraft des Einzeltellers
n : Anzahl der gleichsinnig geschichteten Federn
i : Anzahl der wechselsinnig geschichteten Federn
L : Federlänge von unbelasteten geschichteten Tellerfedern

gleichsinnig geschichtetes Federpaket

$F_{ges} = n \cdot F$
$s_{ges} = s$
$L_{ges} = l_o + (n-1) \cdot t$

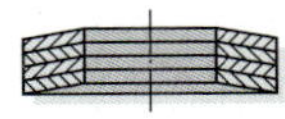

wechselsinnig geschichtetes Federpaket

$F_{ges} = i \cdot F$
$s_{ges} = i \cdot s$
$L_{ges} = i \cdot l_o$

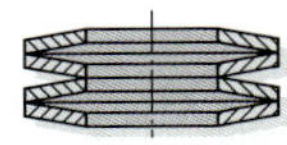

Gruppe	Tellerdicke t	Auflagefläche
1	kleiner als 1,25	nein
2	1,25 … 6	nein
3	über 6 … 14	ja

Werkstoffe: Stähle nach DIN 10 083, DIN EN 10 089 und 10 132-4
C-Stähle nur für Gruppe 1 zulässig
Elastizitätsmodul E = 206 000 MPa

Tellerfeder EN 16983 – A 50
Bezeichnung einer Tellerfeder der Reihe A mit Außendurchmesser D_e = 50 mm

Gruppe	D_e h12	D_i H12	Reihe A: harte Federn $D_e/t \approx 18$; $h_o/t \approx 0,4$					Reihe B: mittelharte Federn $D_e/t \approx 28$; $h_o/t \approx 0,75$					Reihe C: weiche Federn $D_e/t \approx 40$; $h_o/t \approx 1,3$				
			t	t'	l_o	F [1] (kN)	s [2]	t	t'	l_o	F [1] (kN)	s [2]	t	t'	l_o	F [1] (kN)	s [2]
1	8	4,2	0,4	–	0,6	0,21	0,15	0,3	–	0,55	0,12	0,19	0,2	–	0,45	0,04	0,19
	10	5,2	0,5	–	0,75	0,33	0,19	0,4	–	0,7	0,21	0,23	0,25	–	0,55	0,06	0,23
	14	7,2	0,8	–	1,1	0,81	0,23	0,5	–	0,9	0,28	0,3	0,35	–	0,8	0,12	0,34
	16	8,2	0,9	–	1,25	1	0,26	0,6	–	1,05	0,41	0,34	0,4	–	0,9	0,16	0,38
	18	9,2	1	–	1,4	1,25	0,3	0,7	–	1,2	0,57	0,38	0,45	–	1,05	0,21	0,45
	20	10,2	1,1	–	1,55	1,53	0,34	0,8	–	1,35	0,75	0,41	0,5	–	1,15	0,25	0,49
	25	12,2	–	–	–	–	–	0,9	–	1,6	0,87	0,53	0,7	–	1,6	0,6	0,68
	28	14,2	–	–	–	–	–	1	–	1,8	1,11	0,6	0,8	–	1,8	0,8	0,75
	35,5	18,3	–	–	–	–	–	–	–	–	–	–	0,9	–	2,05	0,83	0,86
	40	20,4	–	–	–	–	–	–	–	–	–	–	1	–	2,3	1,02	0,98
2	25	12,2	1,5	–	2,05	2,91	0,41	–	–	–	–	–	–	–	–	–	–
	28	14,2	1,5	–	2,15	2,85	0,49	–	–	–	–	–	–	–	–	–	–
	40	20,4	2,2	–	3,15	6,54	0,68	1,5	–	2,6	2,62	0,86	–	–	–	–	–
	45	22,4	3	–	4,1	7,72	0,75	1,7	–	3	3,66	0,98	1,25	–	2,85	1,89	1,2
	50	25,4	3	–	4,3	12	0,83	2	–	3,4	4,76	1,05	1,25	–	2,85	1,55	1,2
	56	28,5	3,5	–	4,9	11,4	0,98	2	–	3,6	4,44	1,2	1,5	–	3,45	2,62	1,46
	63	31	4	–	5,6	15	1,05	2,5	–	4,2	7,18	1,31	1,8	–	4,15	4,24	1,76
	71	36	5	–	6,7	20,5	1,2	2,5	–	4,5	6,73	1,5	2	–	4,6	5,14	1,95
	80	41	5	–	7	33,7	1,28	3	–	5,3	10,5	1,73	2,25	–	5,2	6,61	2,21
	90	46	6	–	8,2	31,4	1,5	3,5	–	6	14,2	1,88	2,5	–	5,7	7,68	2,4
	100	51	6	–	8,5	48	1,65	3,5	–	6,3	13,1	2,1	2,7	–	6,2	8,61	2,63
	125	64	–	–	–	–	–	5	–	8,5	30	2,63	3,5	–	8	15,4	3,38
	140	72	–	–	–	–	–	5	–	9	27,9	3	3,8	–	8,7	17,2	3,68
	160	82	–	–	–	–	–	6	–	10,5	41,1	3,38	4,3	–	9,9	21,8	4,2
	180	92	–	–	–	–	–	6	–	11,1	37,5	3,83	4,8	–	11	26,4	4,65
	200	102	–	–	–	–	–	–	–	–	–	–	5,5	–	12,5	36,1	5,25
3	125	64	8	7,5	10,6	85,9	1,95	–	–	–	–	–	–	–	–	–	–
	140	72	8	7,5	11,2	85,3	2,4	–	–	–	–	–	–	–	–	–	–
	160	82	10	9,4	13,5	139	2,63	–	–	–	–	–	–	–	–	–	–
	180	92	10	9,4	14	125	3	–	–	–	–	–	–	–	–	–	–
	200	102	12	11,25	16,2	183	3,15	8	7,5	13,6	76,4	4,2	–	–	–	–	–
	225	112	12	11,25	17	171	3,75	8	7,5	14,5	70,8	4,88	6,5	6,2	13,6	44,66	5,33
	250	127	14	13,1	19,6	249	4,2	10	9,4	17	119	5,25	7	7	14,8	50,5	5,85

[1] Federkraft des Einzeltellers bei $s \approx 0,75 \cdot h_o$

[2] $s \approx 0,75 \cdot h_o$

Federn – Vereinfachte Darstellung

DIN ISO 2162-1: 1994-08

Benennung	Darstellung			Benennung	Darstellung		
	Ansicht	Schnitt	Schnittbild		Ansicht	Schnitt	Schnittbild
Zylindrische Schraubendruckfeder aus Draht, Querschnitt rund	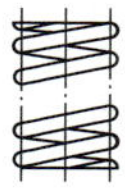	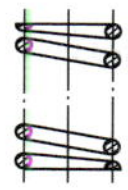		Zylindrische Schraubenzugfeder aus Draht, Querschnitt rund		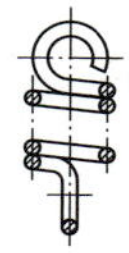	
Kegelige Schraubendruckfeder aus Draht, Querschnitt rund				Kegelige Schrauben-Drehfeder aus Draht, Querschnitt rund		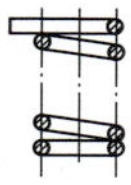	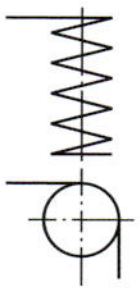
Kegelige Schraubendruckfeder aus Band	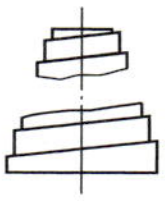	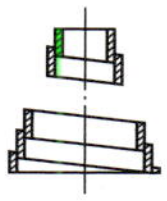	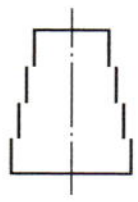	Spiralfeder aus Werkstoff mit rechteckigem Querschnitt	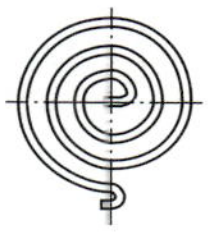		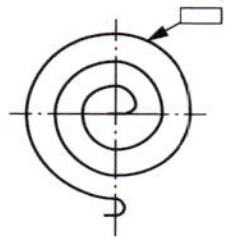
Tellerfederpaket gleichsinnig geschichtet	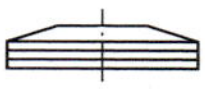	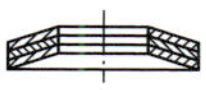	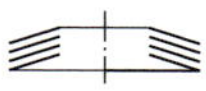	Parabolische Mehrfach-Blattfeder			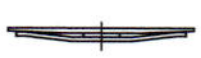
Tellerfederpaket wechselsinnig geschichtet	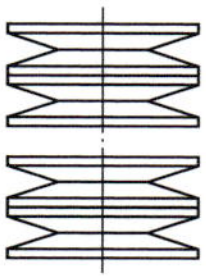	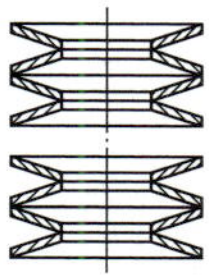	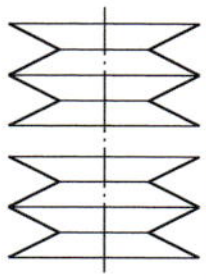	Parabolische Mehrfach-Blattfeder mit Augen			

Drahtlängen zylindrischer Schraubenfedern

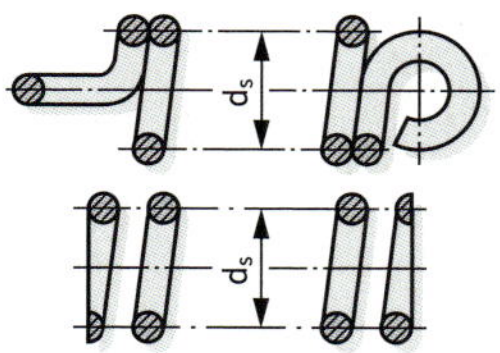

$$l_s = d_s \cdot \pi \cdot (n+2)$$

$$d_s = \frac{l_s}{\pi\,(n+2)} \qquad n = \frac{l_s}{d_s \cdot \pi} - 2$$

Beispiel:

$d_s = 24$ mm; $n = 10$; $l_s = ?$ mm

$l_s = d_s \cdot \pi \cdot (n+2) = 24\text{ mm} \cdot \pi \cdot (10+2) = 904{,}8\text{ mm}$

l_s : gestreckte Länge
d_s: Durchmesser der Schwerpunktlinie
n : Anzahl der Windungen
π : 3,14159 …

Excel-Rechenblatt

Federkraft

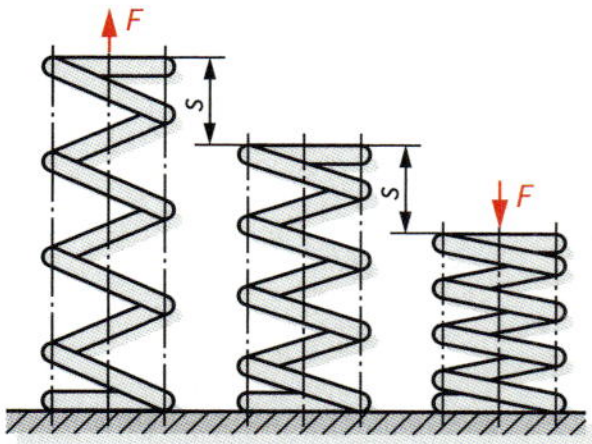

$$F = R \cdot s$$

$$R = \frac{F}{s} \qquad s = \frac{F}{R}$$

Beispiel:

$R = 12$ N/mm; $s = 20$ mm; $F = ?$ N

$F = R \cdot s = 12\,\frac{\text{N}}{\text{mm}} \cdot 20\text{ mm} = 240\text{ N}$

F : Federkraft
R : Federrate
s : Federweg

Federn siehe DIN 2098-1

Excel-Rechenblatt

Steckbohrbuchsen, Auswechselbuchsen, Flachkopfschrauben, Spannbuchsen

DIN 173-1: 1992-11

Form K **Schnellwechselbuchsen für rechtsschneidende Werkzeuge**
Form KL **Schnellwechselbuchsen für linksschneidende Werkzeuge**

Form K

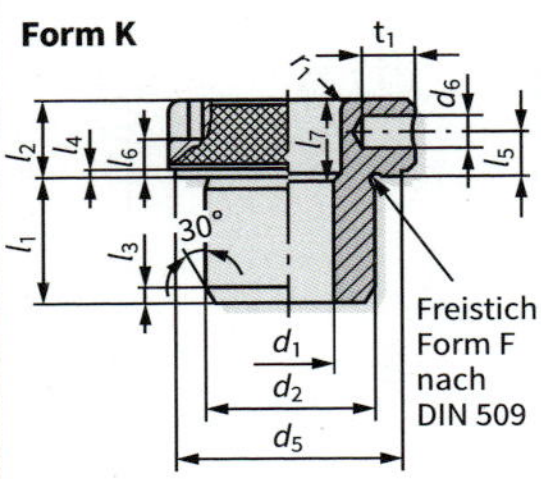

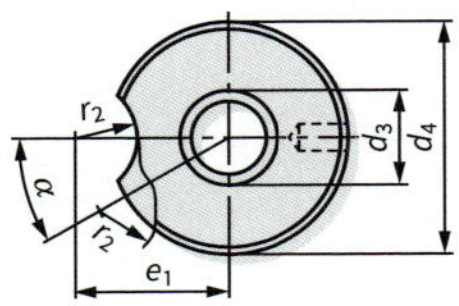

d_1 F7	über	–	4	6	8	10	12	15	18	22	26	30	35	42	48
	bis	4	6	8	10	12	15	18	22	26	30	35	42	48	55
d_2 m6		8	10	12	15	18	22	26	30	35	42	48	55	62	70
l_1	kurz	10	12		16		20		25		30			35	
	mittel	16	20		28		36		45		56			67	
	lang	–	25		36		45		56		67			78	
d_3 1)		4,5	6,5	8,5	10,5	12,5	15,5	19	23	27	31	36	43	50	57
d_4		15	18	22	26	30	34	39	46	52	59	66	74	82	90
d_5 −0,25		12	15	18	22	26	30	35	42	46	53	60	68	76	84
d_6 H7		2,5		3			5			6				8	
l_2		8		10			12					16			
l_3		1,25	1,5				2,5				3				
l_4 −0,25		1								1,5		2			
l_5		4,25		6			7					9		8	
l_6 −0,2		3		4			5,5					7			
l_7	mittel	6	8		12		16		20		26			32	
	lang	–	13		20		25		31		37			43	
e_1		11,5	13	16,5	18	20	23,5	26	29,5	32,5	36	41,5	45,5	49	53
e_2		15	17	20	22	24	28	31	35	37	41	47	51	55	59
t_1		4			5	6	7	8		9	10	12		14	
t_3	min	14		16			19					27			
r_1		1,5	2				3						3,5		
r_2		7		8,5			10,5					12,5			
α		65°		60°	50°		35°		30°				25°		
Stift DIN EN 22338		2,5m6×16		3m6 × 20			5m6 × 24			6m6 × 28		6m6 × 36		8m6 × 36	

Form L Auswechselbuchsen
Maße wie Form K

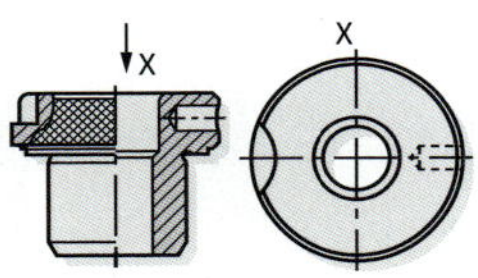

Steckbohrbuchsen dieser Norm können nur mit Bundbohrbuchsen nach DIN 172 und mit Bohrbuchsen nach DIN 179 kombiniert werden.
Bohrbuchse DIN 173 – K 18 × 26 × 36
Bezeichnung einer Steckbohrbuchse Form K mit d_1 = 18 mm, d_2 = 26 mm und Länge l_1 = 36 mm

1) für mittel und lang, **Werkstoff:** Einsatzstahl, Härte 740 + 80 HV 10

Flachkopfschrauben

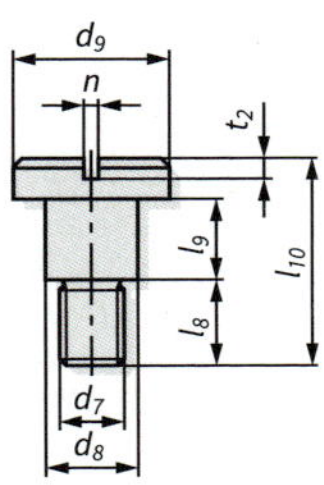

	Längen für Buchsen nach									Für Bohrbuchsen d_1	
	Abb. 4 s. S. 385		Abb. 1 s. S. 385	Abb. 5 s. S. 385							
d_7	l_9	l_{10}	l_9	l_{10}	d_8	d_9	l_8	n	t_2	über	bis
M 5	3	15	6	18	7,5	13	9	1,6	2	–	6
M 6	4	18	8	22	9,5	16	10	2	2,5	6	12
M 8	5,5	22	10,5	27	12	20	11,5	2,5	3	12	30
M 10	7	32	13	38	15	24	18,5	2,5	3	30	85

Werkstoff: Festigkeitsklasse 10.9, **Ausführung:** Produktklasse A
Schraube DIN 173 – M 8 × 5,5
Bezeichnung einer Flachkopfschraube mit Schlitz und Ansatz, Gewinde d_7 = M 8 und Ansatzlänge l_9 = 5,5

Spannbuchsen

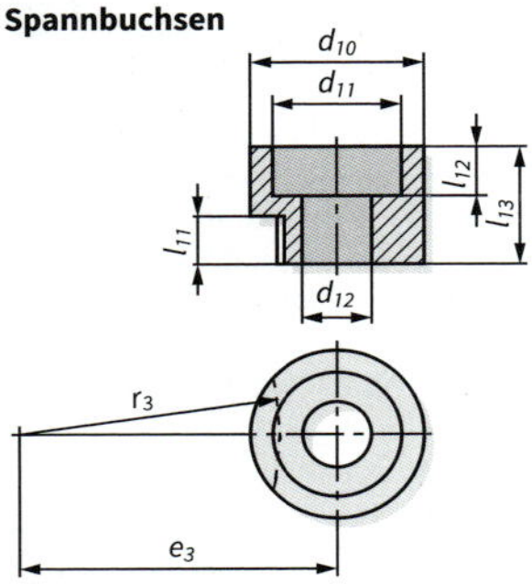

	Spannbuchsenlängen									Zylinderschraube nach ISO 4762	Für Bohrbuchsen d_1	
	Abb. 2 s. S. 385		Abb. 3 s. S. 385									
d_{12}	l_{11}	l_{13}	l_{11}	l_{13}	d_{10}	d_{11}	l_{12}	e_3	r_3		über	bis
5,1	3	8	6	11	13	10	4	13,2	9,5	M5 × 16	–	6
6,1	4	10	8	14	16	12	5	19,7	15	M6 × 20	6	12
8,1	5,5	12	10,5	17	20	15	5	36,2	30	M8 × 25	12	30
10,1	7	16	13	22	24	18	7	87,5	80	M10 × 30	30	85

Werkstoff: Spannbuchse: 11 SMn 30
Zylinderschraube: Festigkeitsklasse 10.9, Produktklasse A
Spannbuchse DIN 173 – 8,1 × 12
Bezeichnung einer Spannbuchse mit d_{12} = 8,1 mm und l_{13} = 12 mm

Einbauhinweise für Schnellwechsel- und Auswechselbuchsen

DIN 173-1: 1992-11

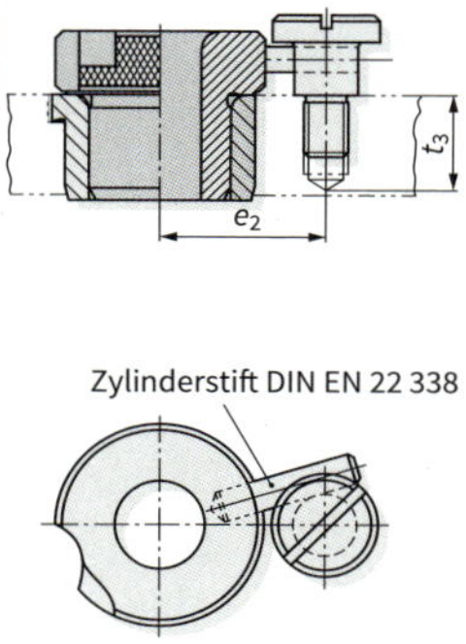

Abb. 1 Schnellwechselbuchse Form K mit Bundbohrbuchse nach DIN 172 oder Bohrbuchse nach DIN 179

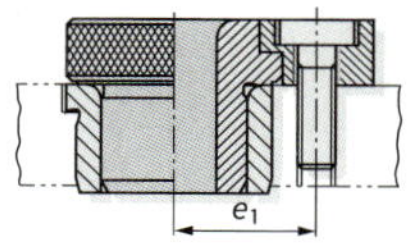

Abb. 2 Schnellwechselbuchse Form K mit Bundbohrbuchse nach DIN 172 oder Bohrbuchse nach DIN 179

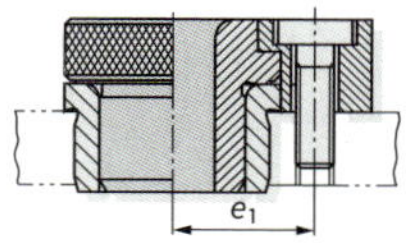

Abb. 3 Schnellwechselbuchse Form K mit Bundbohrbuchse nach DIN 172

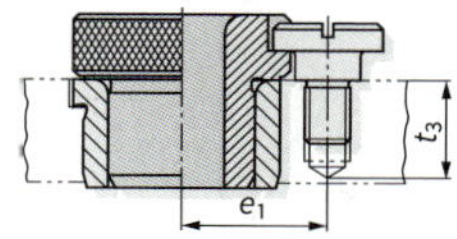

Abb. 4 Auswechselbuchse Form L mit Bundbohrbuchse nach DIN 172 oder Bohrbuchse nach DIN 179

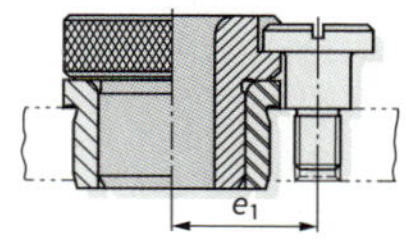

Abb. 5 Auswechselbuchse Form L mit Bundbohrbuchse nach DIN 172

Bundbohrbuchsen, Bohrbuchsen

DIN 172: 1992-11; DIN 179: 1992-11

Bundbohrbuchsen DIN 172

Form A

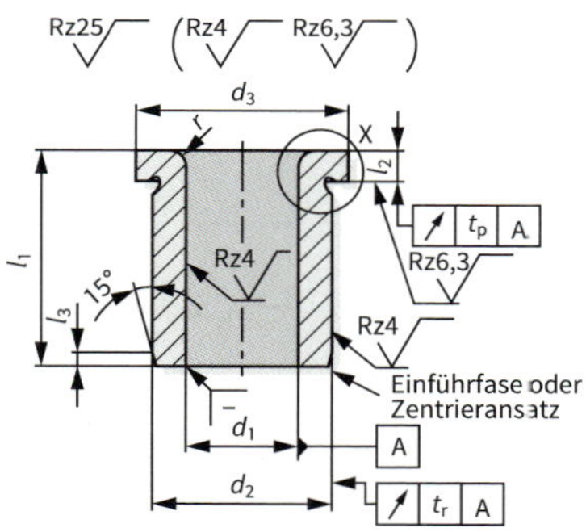

Form B

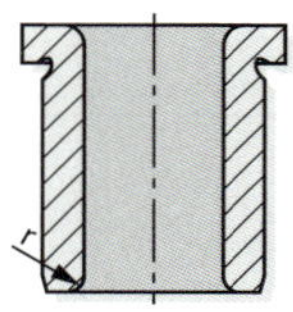

Übrige Maße und Angaben wie Form A

Bohrbuchsen DIN 179

Form A

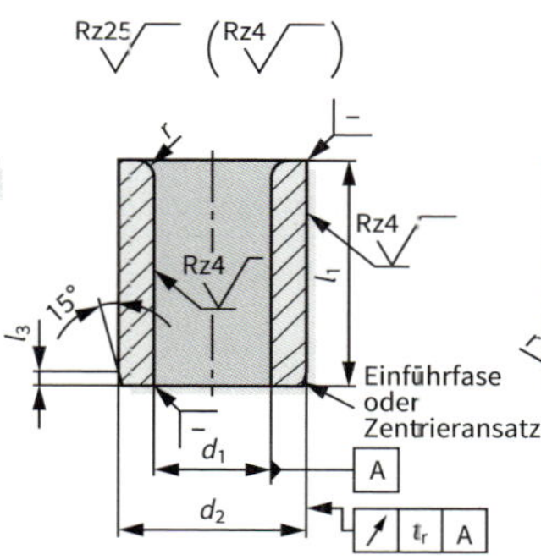

Form B

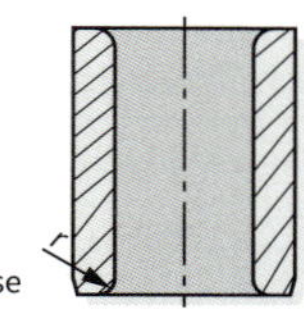

Übrige Maße und Angaben wie Form A

Bohrbuchse DIN 179 – B 20 × 36
Bezeichnung einer Bohrbuchse Form B für $d_1 = 20$, $l_1 = 36$

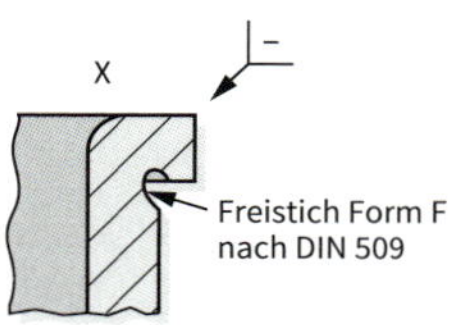

Bohrbuchse DIN 172 – A 18 × 28
Bezeichnung einer Bundbohrbuchse Form A für $d_1 = 18$, $l_1 = 28$

d_1 F7	über	–	1	1,8	2,6	3,3	4	5	6	8	10	12	15	18	22	26	30	35	42	48
	bis	1	1,8	2,6	3,3	4	5	6	8	10	12	15	18	22	26	30	35	42	48	55
l_1	kurz	6	6	6	8	8	8	10	10	12	12	16	16	20	20	25	25	30	30	30
	mittel	9	9	9	12	12	12	16	16	20	20	28	28	36	36	45	45	56	56	56
	lang	–	–	–	16	16	16	20	20	25	25	36	36	45	45	56	56	67	67	67
d_2 1)	n 6	3	4	5	6	7	8	10	12	15	18	22	26	30	35	42	48	55	62	70
d_3		6	7	8	9	10	11	13	15	18	22	26	30	34	39	46	52	59	66	74
l_2		2	2	2	2,5	2,5	2,5	3	3	3	4	4	4	5	5	5	5	5	6	6
l_3		1	1	1	1	1	1	1,25	1,25	1,5	1,5	1,5	1,5	2,5	2,5	2,5	2,5	3	3	3
r		1	1	1	1	1	1	1,5	1,5	2	2	2	2	3	3	3	3	3,5	3,5	3,5
t_r		0,001						0,002									0,004			
t_p		0,003													0,005					

Werkstoff: Einsatzstahl gehärtet, Härte 740 + 80 HV 10

1) Für Bohrung mit Toleranzklasse H 6 oder H 7

Schlüsselweiten für Schrauben, Armaturen und Fittings

DIN 475-1: 2016-11

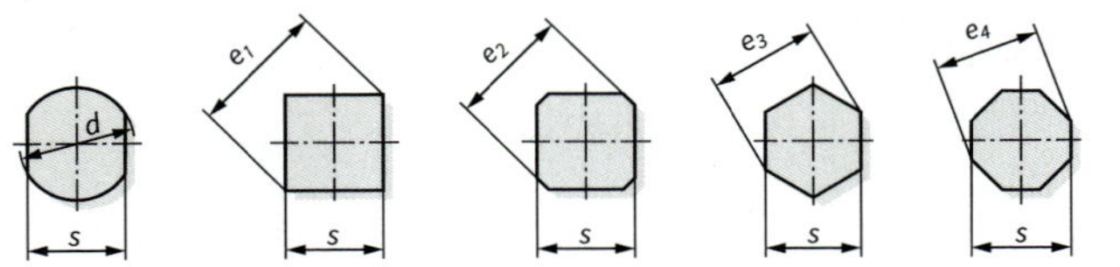

Toleranzklassen			
Reihe 1		Reihe 2	
$s \leq 4$	h 12	$s \leq 19$	h 14
$4 < s \leq 32$	h 13	$19 < s \leq 60$	h 15
$s > 32$	h 14	$60 < s \leq 180$	h 16

s_{max}	Reihe 1 s_{min}	Reihe 2 s_{min}	d	e_1	$e_{2\,min}$	Reihe 1 $e_{3\,min}$	Reihe 2 $e_{3\,min}$	s_{max}	Reihe 1 s_{min}	Reihe 2 s_{min}	d	e_1	$e_{2\,min}$	Reihe 1 $e_{3\,min}$	Reihe 2 $e_{3\,min}$	$e_{4\,min}$
5	4,82	–	6	7,1	6,5	5,45	–	22	21,67	21,16	25	31,1	28	24,49	23,91	23,8
6	5,82	–	7	8,5	8	6,58	–	23	22,67	22,16	26	32,5	30,5	25,62	25,04	24,9
7	6,78	–	8	9,9	9	7,66	–	24	23,67	23,16	28	33,9	32	26,75	26,17	26
8	7,78	7,64	9	11,3	10	8,79	8,63	25	24,67	24,16	29	35,5	33,5	27,88	27,30	27
9	8,78	8,64	10	12,7	12	9,92	9,76	26	25,67	25,16	31	36,8	34,5	29,01	28,43	28,1
10	9,78	9,64	12	14,1	13	11,05	10,89	27	26,67	26,16	32	38,2	36	30,14	29,56	29,1
11	10,73	10,57	13	15,6	14	12,12	11,94	28	27,67	27,16	33	39,6	37,5	31,27	30,69	30,2
12	11,73	11,57	14	17	16	13,25	13,07	30	29,67	29,16	35	42,4	40	33,53	32,95	32,5
13	12,73	12,57	15	18,4	17	14,38	14,20	32	31,61	31,00	38	45,3	42	35,72	35,03	34,6
14	13,73	13,57	16	19,8	18	15,51	15,33	34	33,38	33,00	40	48	46	37,72	37,29	36,7
15	14,73	14,57	17	21,2	20	16,64	16,46	36	35,38	25,00	42	50,9	48	39,98	39,55	39
16	15,73	15,57	18	22,6	21	17,77	17,59	41	40,38	40,00	48	58	54	45,63	45,20	44,4
17	16,73	16,57	19	24	22	18,90	18,72	46	45,38	45,00	52	65,1	60	51,28	50,85	49,8
18	17,73	17,57	21	25,4	23,5	20,03	19,85	50	49,38	49,00	58	70,7	65	55,80	55,37	54,1
19	18,67	18,48	22	26,9	25	21,10	20,88	55	54,26	53,80	65	77,8	72	61,31	60,79	59,5
20	19,67	19,16	23	28,3	26	22,23	21,65	60	59,26	58,80	70	84,8	80	66,96	66,44	64,9
								65	64,26	63,10	75	91,9	85	72,61	71,30	70,3

DIN 475 – SW 16 – 1 Bezeichnung einer Schlüsselweite mit Nennmaß s = 16 mm (SW 16), Reihe 1

Vierkante von Zylinderschäften für rotierende Werkzeuge

DIN 10: 2009-12

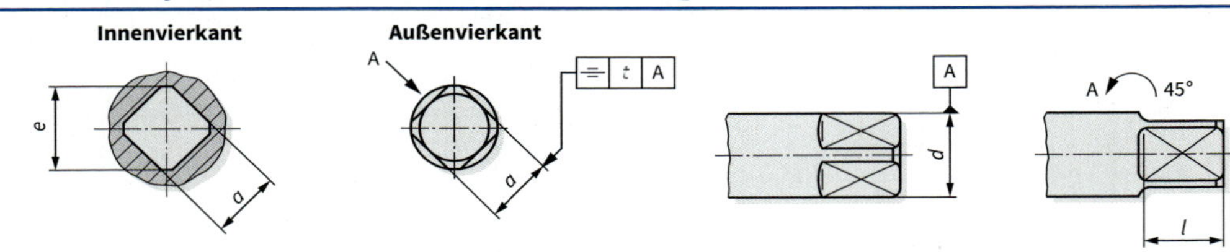

Nennmaß	Vierkant						Zylinderschaft			Toleranzwert
	Innenvierkant			Außenvierkant			Durchmesserbereich		Vorzugs-Ø	
a	a_{max}	a_{min}	e_{min}	a_{max}	a_{min}	l js16[1]	über d	bis d	d	t
2,7	2,860	2,720	3,67	2,700	2,610	6	3,20	3,60	3,5	0,05
3	3,160	3,020	4,08	3,000	2,910	6	3,60	4,01	4	0,05
3,4	3,610	3,430	4,60	3,400	3,280	6	4,01	4,53	4,5	0,05
3,8	4,010	3,830	5,15	3,800	3,680	7	4,53	5,08	5	0,05
4,3	4,510	4,330	5,86	4,300	4,180	7	5,08	5,79	5,5	0,05
4,9	5,110	4,930	6,61	4,900	4,780	8	5,79	6,53	6	0,05
6,2	6,460	6,240	8,35	6,200	6,050	9	7,33	8,27	8	0,07
8	8,260	8,040	10,77	8,000	7,850	11	9,46	10,67	10	0,07
9	9,260	9,040	12,10	9,000	8,850	12	10,67	12,00	11; 12	0,07
10	10,260	10,040	13,43	10,000	9,850	13	12,00	13,33	–	0,07
11	11,320	11,050	14,77	11,000	10,820	14	13,33	14,67	14	0,07
12	12,320	12,050	16,10	12,000	11,820	15	14,67	16,00	16	0,07
13	13,320	13,050	17,43	13,000	12,820	16	16,00	17,33	–	0,10
14,5	14,820	14,550	19,44	14,500	14,320	17	17,33	19,33	18	0,10
16	16,320	16,050	21,44	16,000	15,820	19	19,33	21,33	20	0,10
18	18,320	18,050	24,11	18,000	17,820	21	21,33	24,00	22	0,10
20	20,395	20,065	26,78	20,000	19,790	23	24,00	26,67	25	0,10

Vierkant DIN 10–12
Bezeichnung eines Vierkants mit a = 12 mm

[1] Gilt nicht für handbetätigte Werkzeuge.

Steuern und Automatisieren

6

Grundlagen der Regelungs- und Steuerungstechnik

Hydraulik und Pneumatik

Elektropneumatik

Sensoren

Speicherprogrammierbare Steuerungen SPS

Informationsverarbeitung

Elektrotechnik

Steuern, Steuerungssystem

DIN IEC 60 050-351: 2009-06

- Eine oder mehrere Eingangsgrößen beeinflussen aufgrund einer systemeigenen Gesetzmäßigkeit eine Ausgangsgröße, wobei keine Rückwirkung erfolgt.
- Es besteht ein **offener** Wirkungsweg (Steuerkette).
- Die Steuerkette ist eine Anordnung von Systemen, die in Reihenstruktur aufeinander wirken.

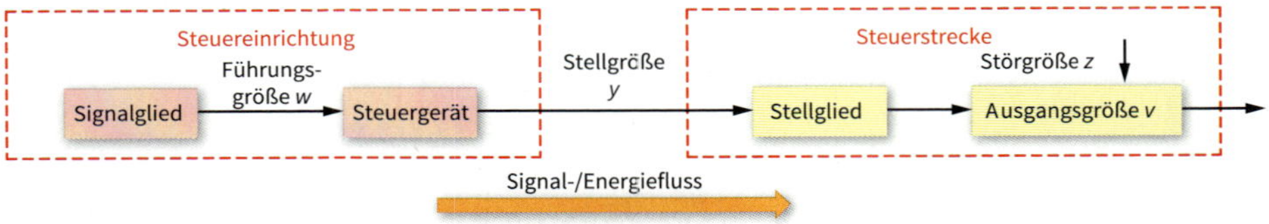

Regeln, Regelungssystem

- Die Regelgröße wird fortlaufend erfasst und mit der Führungsgröße verglichen.
- Bei einer Regelabweichung erfolgt eine Anpassung an die Führungsgröße.
- Es besteht ein **geschlossener** Wirkungsablauf (Regelkreis).

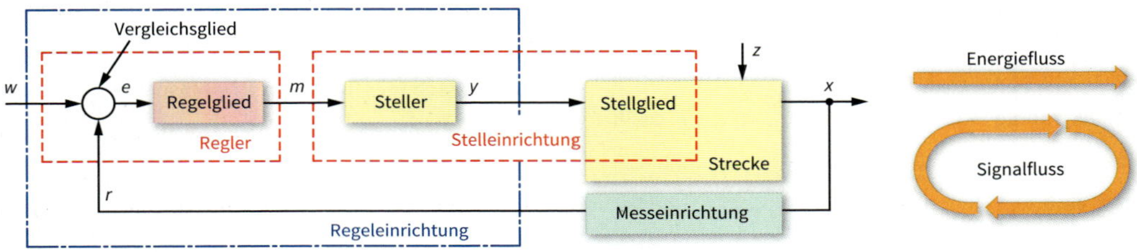

Begriff	Formelzeichen	Bedeutung
Strecke (S und R)	***S***	Teil des Systems, der aufgabengemäß zu beeinflussen ist (Teil des Wirkungsplans)
Messeinrichtung		Gesamtheit aller Funktionseinheiten, die Messgrößen aufnehmen, anpassen und ausgeben
Vergleichsglied		Funktionseinheit, bildet die Regeldifferenz aus Führungs- und Rückführungsgröße
Regelglied		Funktionseinheit, führt im Regelkreis die Regelgröße der Führungsgröße, auch beim Auftreten von Störgrößen, so schnell und genau wie möglich nach
Regler		Funktionseinheit, wird aus Vergleichsglied und Regelglied gebildet
Steller		Funktionseinheit, bildet aus der Reglerausgangsgröße die erforderliche Stellgröße
Stellglied		Funktionseinheit, Teil und Anfang der Regelstrecke, greift in den Energie- oder Massenstrom ein (Eingangsgröße ist die Stellgröße)
Stelleinrichtung		Funktionseinheit, besteht aus Steller und Stellglied
Steuer-/Regeleinrichtung		Teil des Wirkungsweges, der die aufgabengemäße Beeinflussung der Strecke bewirkt
Stellort		Angriffspunkt der Stellgröße
Störort		Angriffspunkt der Störgröße
Regelgröße	x	Größe der Regelstrecke, die zum Zwecke des Regelns erfasst und über die Messeinrichtung der Regeleinrichtung zugeführt wird
Regelbereich	x_h	Bereich, innerhalb dessen die Regelgröße eingestellt werden kann, ohne die festgelegte größte Sollwertabweichung zu überschreiten
Aufgabengröße	x_A	Größe, die zu beeinflussen Aufgabe der Steuerung oder Regelung ist (z. B. Mischungsverhältnis)
Rückführungsgröße	r	Größe, die aus der Messung der Regelgröße hervorgeht
Führungsgröße	w	Größe, die, von außen zugeführt, von der Regelung oder Steuerung nicht beeinflusst werden kann und der die Ausgangsgröße in vorgegebener Abhängigkeit folgen soll
Ausgangsgröße	v	Größe eines Systems, die nur von ihm und seinen Eingangsgrößen beeinflusst wird
Eingangsgröße	u	Größe, die auf ein System einwirkt, ohne selbst von ihm beeinflusst zu werden
Regeldifferenz	e	Differenz zwischen Führungsgröße und Rückführungsgröße: $e = w - r$ (auch $e = w - x$)
Reglerausgangsgröße	m	Eingangsgröße der Stelleinrichtung
Stellgröße	y	Ausgangsgröße der Steuer- bzw. Regeleinrichtung; zugleich Eingangsgröße der Strecke
Störgröße	z	Von außen wirkende Größe, die die Ausgangs- oder Regelgröße unerwünscht beeinflusst

Wirkungsplan

DIN IEC 60 050-351: 2009-06

Elemente des Wirkungsplans

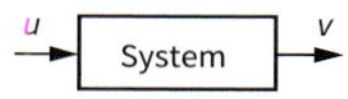

Block
u = verursachende Größe(n)
v = beeinflusste Größe

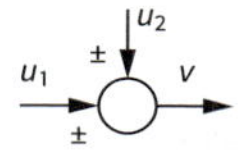

Addition
$v = \pm u_1 \pm u_2$

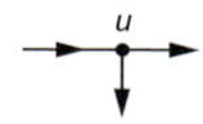

Verzweigung

Grundstrukturen des Wirkungsplans

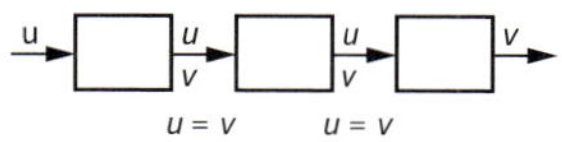

Reihenstruktur u = Eingangsgröße, v = Ausgangsgröße

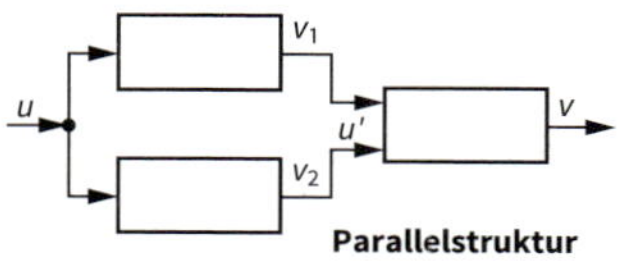

Parallelstruktur

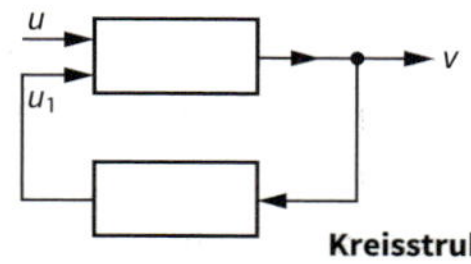

Kreisstruktur

Wirkungswege

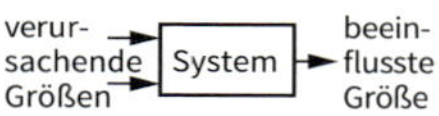

Wirkungsplan eines Systems mit **offenem** Wirkungsweg

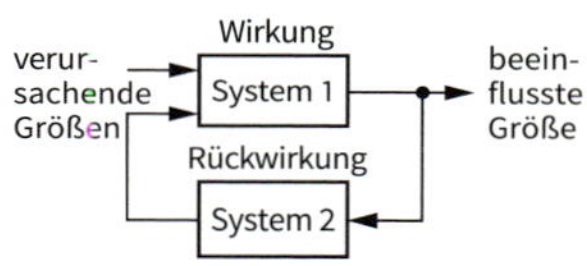

… mit **geschlossenem** Wirkungsweg

geschlossener Wirkungsweg und Wirkungsablauf

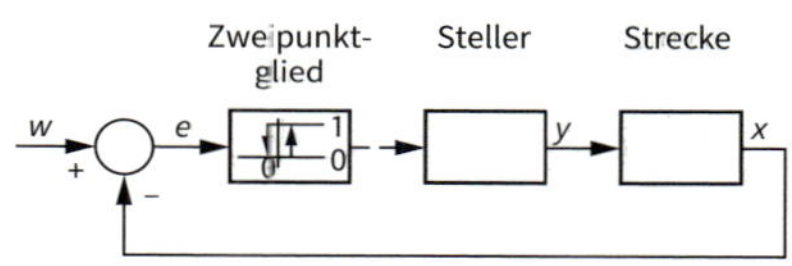

Wirkungsplan einer Zweipunktregelung

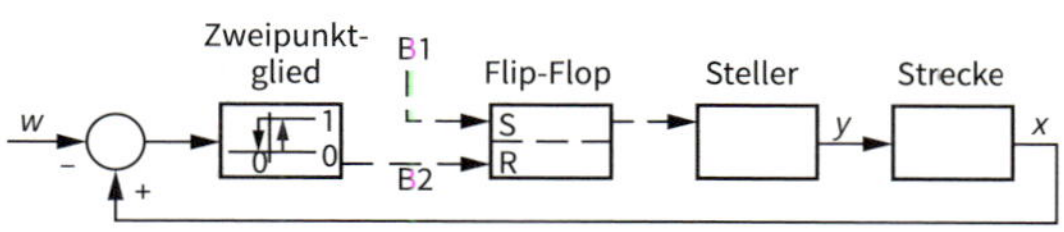

B 1: Einschaltbedingung
B 2: Rücksetzbedingung

Wirkungsplan eines Rücksetzkreises

Verhalten stetiger Regler

P-Regler (Proportionalregler)

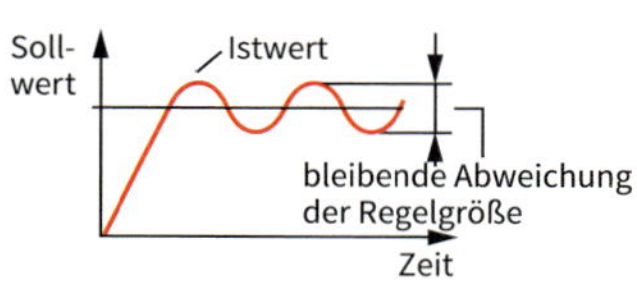

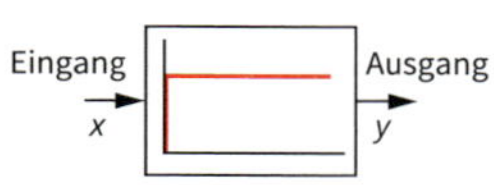

I-Regler (Integralregler)

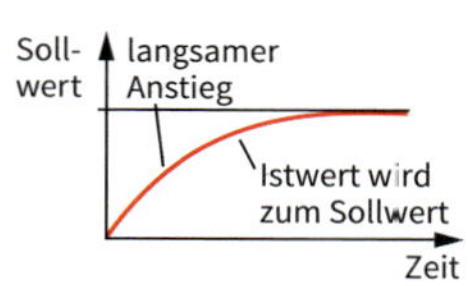

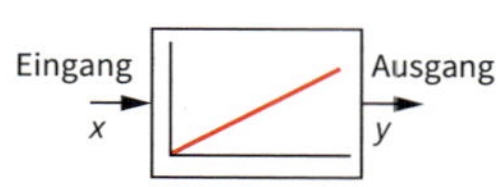

D-Regler (Differenzialregler)

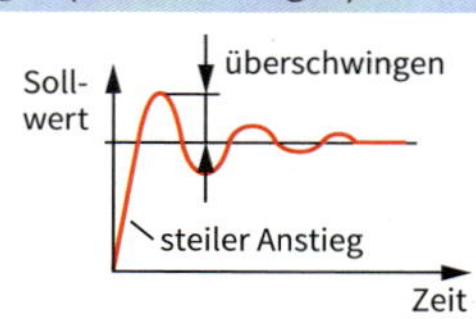

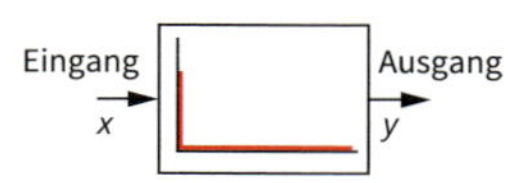

Darstellung im Signalflussplan (Blockdarstellung)

P-, I- und D-Verhalten können innerhalb eines Regelungssystems miteinander kombiniert werden: PI-Regler v PID-Regler. Reine D-Regler kommen in der Praxis nicht vor.

Verhalten unstetiger Regler (Blockdarstellung)

Zweipunktregler

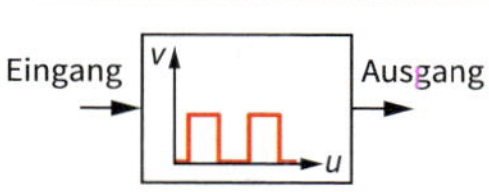

mit Schaltdifferenz

Dreipunktregler

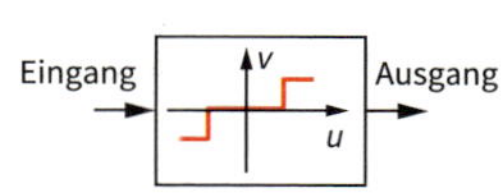

Stetige Regler

PD-Regler

Bei PD-Reglern ist ein **P**roportional-Regelglied mit einem **D**ifferential-Regelglied parallel geschaltet.

Bildzeichen

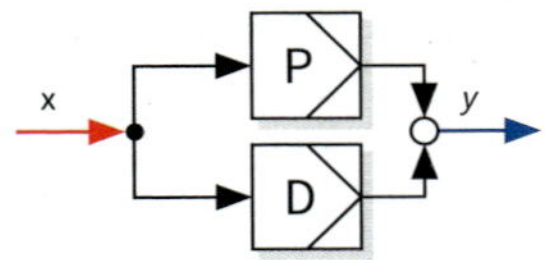

Elemente

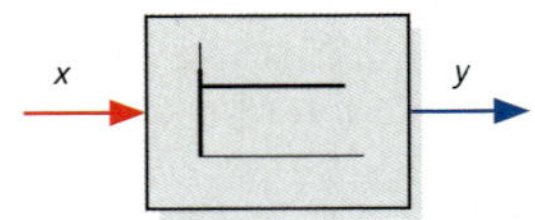

Symbol

Die Stellgröße ergibt sich aus der Addition der Einzelgrößen.
Wie stark der Regeleingriff des D-Anteils ist, kennzeichnet die Vorhaltezeit T_V.

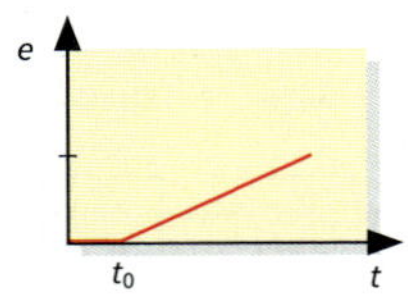

Eingangssignalanstieg

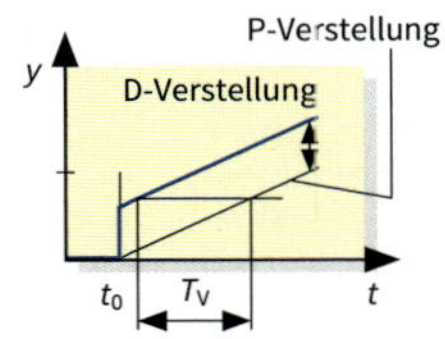

Anstiegsantwort

→ PD-Regler[1] reagieren sehr schnell. Sollwertabweichungen können ***jedoch nicht vollständig*** *ausgeglichen werden.*

PID-Regler

Bei PID-Reglern ist ein P-, I- und D-Regelglied parallel geschaltet.

Bildzeichen

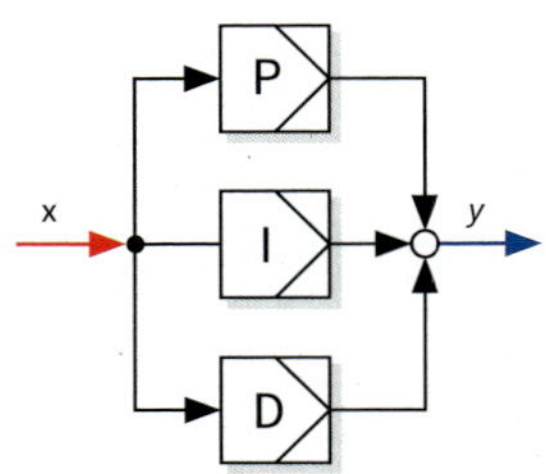

Elemente

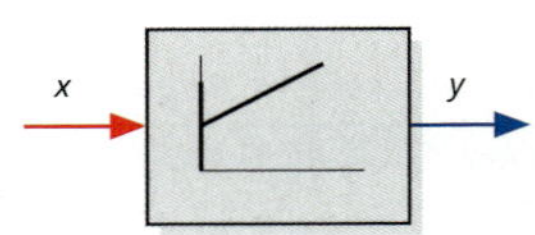

Symbol

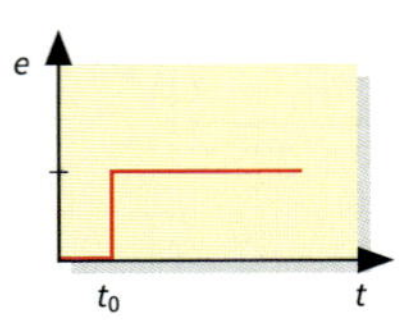

Eingangssprung

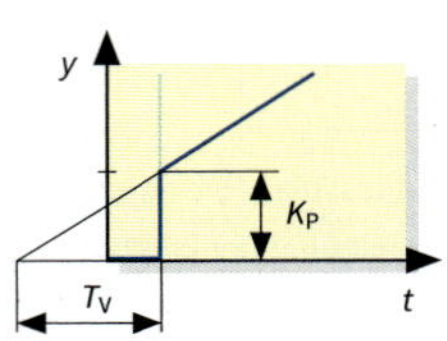

Sprungantwort

Bei einem Eingangssprung wird die Stellgröße durch den D-Einfluss kurzzeitig sprunghaft verändert. Sie kehrt nicht auf den ursprünglichen Wert zurück, da nun der P-Einfluss eine Verstellung der Stellgröße, entsprechend k_p, bewirkt. Hierzu addiert sich jetzt der Integralanteil, wodurch die Sollwertabweichung zu Null wird.

→ PID-Regler[1] reagieren sehr schnell (PD-Regler) und haben zusätzlich den Vorteil des I-Reglers, der keine bleibende Sollwertabweichung garantiert.

[1] Die Sprungantworten dieser Regler sind idealisiert.
Tatsächlich arbeiten Regler mit bewegten Massen wegen der Trägheitskräfte mit einer Verzögerung.

Eigenschaften stetiger Regler (Auswahl)

Benennung	Eigenschaften	Beispiele	Benennung	Eigenschaften	Beispiele
P-Regler	+ reagieren schnell – bleibende Sollwert-abweichung	Druckminderer, Druckregler, Thermostatventil	PI-Regler	+ reagieren schnell + keine bleibende Sollwertabweichung	Elektronischer Heizkörperregler, Universalregler
I-Regler	– reagieren langsam + keine bleibende Sollwertabweichung	Reine I-Regler finden in der Praxis kaum Anwendung.	PID-Regler	+ regieren sehr schnell + keine bleibende Sollwertabweichung	Kompaktregler

Unstetige Regler

Zweipunktregler

Die einfachste Reglerform ist der Zweipunktregler. Seine zwei Ausgangsgrößen heißen 0, d. h. „aus“, oder 1, d. h. „ein“.
Ändert sich die Ausgangsgröße, so geschieht dies unstetig, d. h. „sprunghaft“.
Den Abstand zwischen Einschalt- und Ausschaltzeitpunkt nennt man Schaltdifferenz.

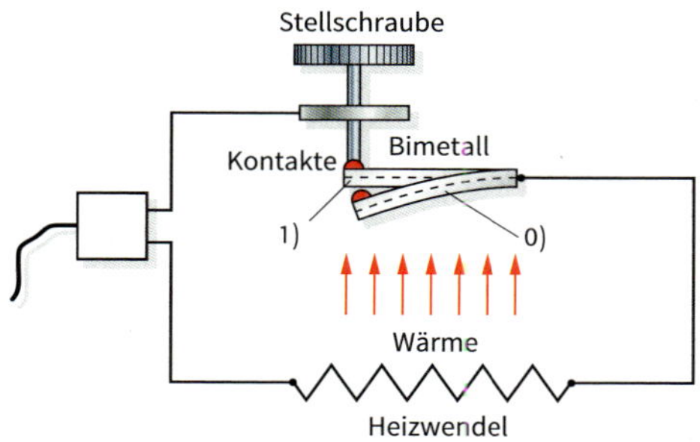

1) Stromkreis geschlossen
0) Stromkreis geöffnet
Regelkreis: Temperaturregelung beim Bügeleisen

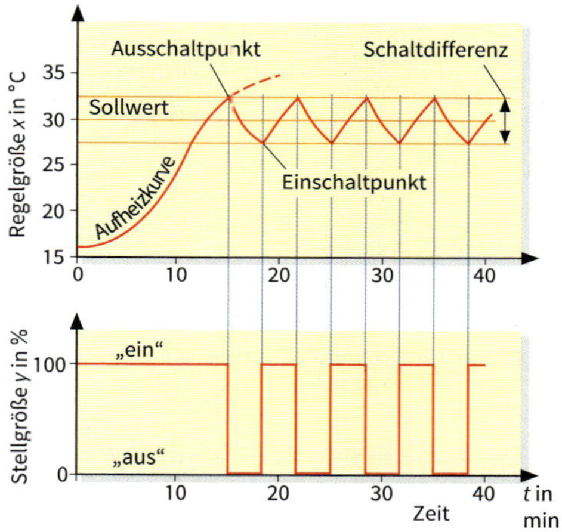

Zeitverhalten der Stell- und Regelgröße

Dreipunktregler

Dreipunktregler können drei verschiedene Schaltzustände einnehmen; sie stellen sozusagen zwei miteinander gekoppelte Zweipunktregler dar.

So können z. B. Stellmotoren die Signale „Linkslauf“, „Aus“ und „Rechtslauf“ übermittelt werden, um z. B. Mischer in eine bestimmte Position zu bringen.

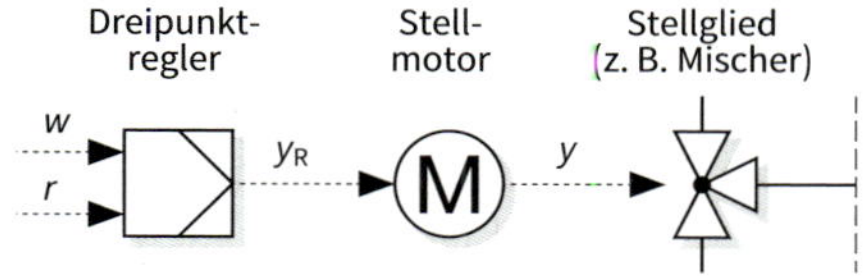

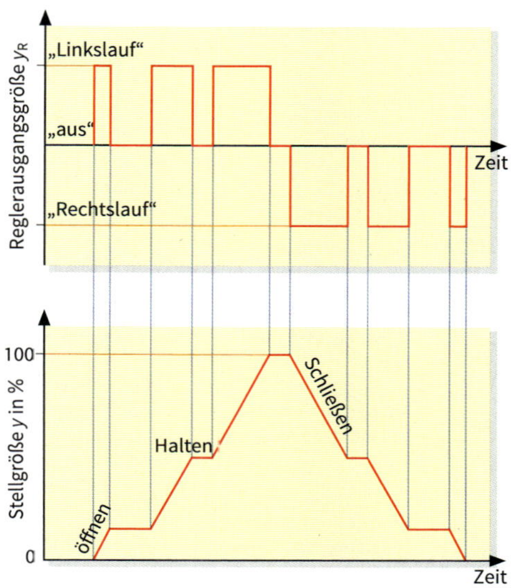

Zeitverhalten der Stell- und Regelgröße

Aufgabenbezogene Symbole und Kennzeichen der Prozessleittechnik

DIN EN 62424: 2017-12

Kennbuchstaben für PCE-Kategorien

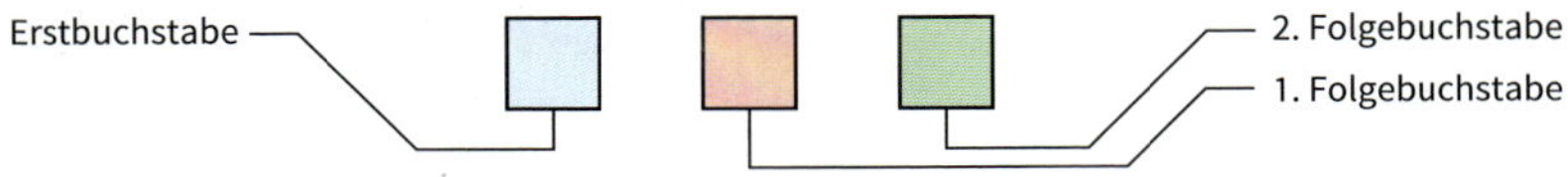

Erstbuchstaben				Folgebuchstaben		Folgebuchstaben	
D	Dichte	M	Feuchte	A	Alarm, Meldung	R	Aufgezeichneter Wert
E	Elektrische Spannung	N	Motor	B	Begrenzung	KS	Schaltfunktion, nicht sicherheitsrelevant
F	Durchfluss Durchsatz	P	Druck	C	Regelung	Z	Schaltfunktion, sicherheitsrelevant
G	Abstand, Länge Stellung, Dehnung	Q	Menge	D	Differenz	Y	Rechenfunktion
H	Handeingabe (Mensch)	S	Geschwindigkeit Umdrehungsfrequenz	F	Verhältnis	YS	Auf-/Zu-Ventil
K	Zeit	T	Temperatur	H	Oberer Grenzwert, an, offen	YC	Stellarmatur
L	Stand	W	Gewichtskraft Masse	I	Analoge Anzeige	YCS	Stellarmatur mit Auf-/Zu-Funktion
				L	Unterer Grenzwert, aus, geschlossen	YZ	Auf-/Zu-Ventil (sicherheitsrelevant)
				O	Anzeige von Binärsignalen	YIC	Stellarmatur mit Anzeige
				Q	Integral oder Summe	NS	An-/Aus-Motor
						NC	Motorsteuerung

i **PCE**: Ingenieurtechnische Auslegung der Prozessleittechnik

Grafische Darstellung von PCE-Aufgaben

Symbol	Bedeutung
1) / 2)	1) PCE-Kategorie und -Funktion 2) PCE-Kennzeichnung
PI / xxxx	Lokale Bedienoberfläche, z. B. Nanometer
H5 / xxxx	Lokales Schaltpult, manuell betätigter Schalter
PI / xxxx	zentraler Leitstand, Druckanzeige
A; FI / xxxx	Durchflussmessung mit Anzeige im zentralen Leitstand, Unterlieferant A
AI / xxxx; pH	Anzeige im zentralen Leitstand, ph-Messung
AH; FI / xxxx; LH	Anzeige im zentralen Leitstand, Durchflussmessung mit oberem und unterem Alarm

Symbol	Bedeutung
FI / xxxx; SHH ---→; AH	Anzeige am zentralen Leitstand, Hoch-Alarm und Hoch-Hoch-Schaltung
FI / xxxx; SHH ---→; AH; ▲; LL; ZLL ---→	Anzeige im zentralen Leitstand, Hoch-Alarm, Hoch-Hoch-Schaltung, ein Tiefalarm und Tief-Tief-Schaltung für Sicherheitsfunktionen
Uaaa / xxxx; U = Unterlieferant; a = Typicalkennzeichen; xxxx = Geräteinformation; PCE-Leitfunktion	PCE-Leitfunktion, Sechsecksymbol muss mit Signalleitungen mit den Ovalen (PCE-Aufgaben) verbunden sein
Uaaa / xxxx; ←--- ZLL; SIL3; PCE-Leitfunktion, Sicherheitsrelevant	PCE-Leitfunktion, sicherheitsrelevante Leitfunktion mit Sicherheitslevel 3 (SIL 3)
Interface Signallinie; FIC / 001; YC / 002; Interface Prozessverbindungslinien	R&I-Fließbild[1)], R&I-Elemente mit PCE-relevanten Positionen werden mit schwarzen Linien verbunden [1)] Rohrleitungs- und Instrumentierungsfließbild

Beispiele für PCE-Aufgaben
PI / 012 – Lokale Druckanzeige
LIR / 015 – Füllstandsanzeige und Registrierung in einem zentralen Leitstand, ein Prozessanschluss
FI / 12.1; FI / 12.2; FFIC / 12.3; YC / 12.4 – Zwei Durchflussanzeigen und Durchfluss-Verhältnis-Regelung in einem zentralen Leitstand
PI / 04.1; PI / 04.3; AH ▲; UZ / 04.2 – Lokale Druckanzeige mit Hochalarm in einem zentralen Leitstand, verknüpft mit sicherheitsrelevanter PCE-Leitfunktion

Lösungsbezogene Symbole und Kennzeichen der Prozessleittechnik

DIN 19 227-2: 1991-02

Aufnehmer

Symbol	Bedeutung
*	Aufnehmer, allgemein für * T = Temperatur L = Stand, Niveau Q = Qualitätsgröße W = Gewichtskraft, Masse S = Geschwindigkeit, Frequenz D = Dichte G = Abstand, Länge, Stellung K = Zeit F = Durchfluss, Durchsatz
F	Aufnehmer für Durchfluss, allgemein
F	Induktiver Durchflussaufnehmer
FQ	Aufnehmer für Volumen, Masse, allgemein
T	Thermoelement
30 °C, T	Temperaturschalter schließt bei ≥ 30 °C
P	Membranaufnehmer für Druck
L	Kapazitiver Aufnehmer für Stand
L	Aufnehmer für Stand mit Schwimmer
W	Waage, anzeigend
(n), S	Umdrehungsfrequenz mit Impulsgeber
G	Aufnehmer für Abstand, Länge, Stellung mit Widerstandsgeber
X	Aufnehmer für Variable zur freien Verfügung durch den Anwender

Anpasser

Symbol	Bedeutung
*	Signal- oder Messumformer * E = elektrisch A = pneumatisch
E, T	Messumformer für Temperatur mit elektrischem Signalausgang und galvanischer Trennung
A, *	Messumformer mit pneumatischem (A) Signalausgang
A, L	– für Stand, mit pneumatischem Signalausgang
∩, #	Analog-Digital-Umsetzer
▷	Verstärker
	Signalspeicher, allgemein

Ausgeber

Symbol	Bedeutung
∩	Anzeiger, analog
#	Anzeiger, digital
	Zähler mit Impulsgeber
	Bildschirm

Regler

Symbol	Bedeutung
	Regler, allgemein
PID	PID-Regler mit steigendem Ausgangssignal bei steigendem Eingangssignal
PD	Zweipunktregler mit schaltendem Ausgang

Stellgeräte

Symbol	Bedeutung
M	Motor-Stellantrieb
	Ventilstellglied
	Stellgerät, allgemein

Steuergerät

Symbol	Bedeutung
*	Steuergerät * (Feld für Beschriftung)

Bediengerät

Symbol	Bedeutung
H	Hand-Stellantrieb
	Einsteller, allgemein
E	Signalsteller für elektrisches Signal
	Schaltgerät, allgemein

Leitungen

Symbol	Bedeutung
	Rohrleitung, Linienbreite ≥ 1 mm
	EMSR-Leitung, allgemein, Linienbreite vorzugsweise 0,25 mm
	Wirkungslinie mit Richtungsangabe

Signalkennzeichen

Symbol	Bedeutung
E	Einheitssignal, elektrisch
A	Einheitssignal, pneumatisch
∩	Analogsignal
#	Digitalsignal
	Binärsignal
	Impulsgeber

Beispiel: Druckregelung

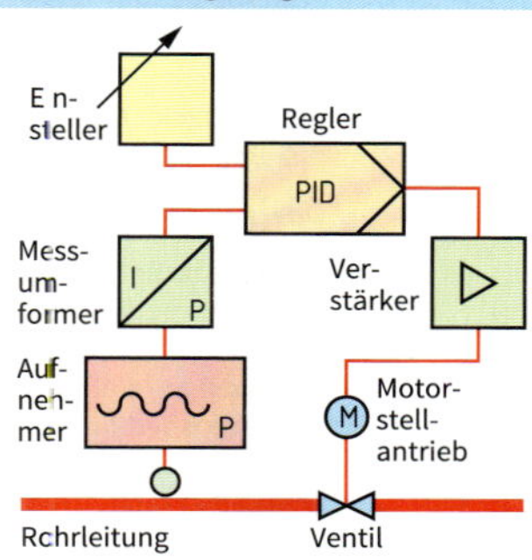

Elemente und Grundformen

DIN EN 60848: 2014-12

Elemente

Sinnbild	Bedeutung	
	**Schritt**, allgemein * zugeordnetes Kennzeichen, z. B. Schrittnummer	
	Anfangsschritt, allgemein	
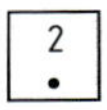	Schritt 2, gesetzt (im aktiven Zustand dargestellt)	
	einschließender Schritt, er enthält mehrere Schritte	
	Makroschritt Einzeldarstellung eines detaillierten Teils eines GRAFCET	
Transition (Übergangsbedingung)		
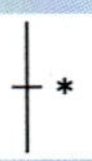	* TRUE, logisch 1; Weiterschaltbedingung erfüllt FALSE, logisch 0; Weiterschaltbedingung nicht erfüllt	
Darstellungsformen		
	Sensor 3B und Sensor 4C aktiviert	Text
	3B · 4C	Grafcet
	3B ⋀ 4C	Bool
	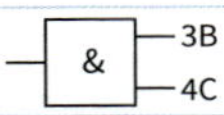	Grafisch
Freigeben und Auslösen von Übergängen		
	Schritt 8 nicht gesetzt **Übergang nicht freigegeben** Übergangsbedingung kann erfüllt oder nicht erfüllt sein Der Übergang 8–9 wird nicht freigegeben, weil der Schritt 9 nicht gesetzt ist.	
	Schritt 8 gesetzt **Übergang freigegeben** Übergangsbedingung nicht erfüllt Der Übergang 8–9 ist freigegeben, kann aber nicht ausgelöst werden, weil die Übergangsbedingung nicht erfüllt ist.	
	**Übergang ausgelöst** Schritt 8 zurückgesetzt[1)] Übergangsbedingung erfüllt Der Übergang wird jetzt ausgelöst, weil die Übergangsbedingung erfüllt ist. Schritt 9 gesetzt [1)] nur ein Schritt kann gesetzt sein	

Grundformen

Sinnbild	Bedeutung
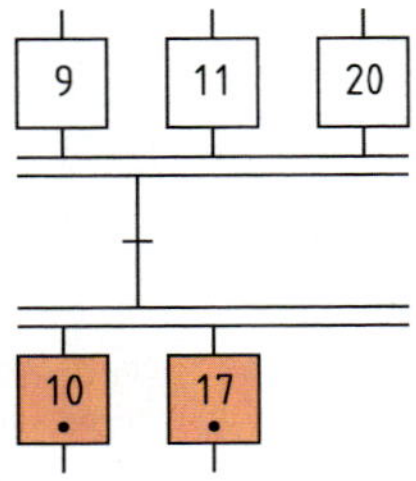	**Übergang ausgelöst** Transition von mehreren Schritten zu mehreren Schritten Übergang ausgelöst, weil Bedingung erfüllt Wird der Übergang ausgelöst, erfolgt gleichzeitig ein **Setzen** der unmittelbar folgenden und **Rücksetzen** der unmittelbar vorangehenden Schritte.
Grundformen der Schrittabläufe	
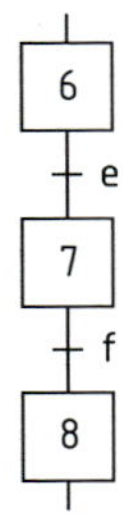	**Ablaufkette** (sequentieller Betrieb) Die Ablaufkette besteht aus einer Reihe von Schritten, die nacheinander gesetzt werden. Beispiel: Der Ablauf von 6 nach 7 findet nur statt, wenn 6 gesetzt ist und die Bedingung „e" erfüllt ist.
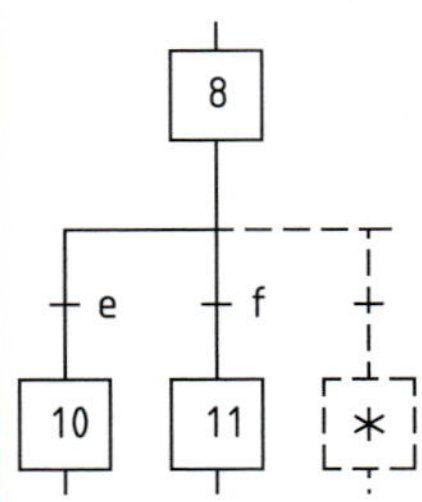	**Ablaufauswahl** (Alternativ-Verzweigung) Bei der Ablaufauswahl verzweigt sich die Schrittkette in zwei oder mehrere Abläufe. Ein Ablauf von Schritt 8 nach Schritt 10 erfolgt, wenn Schritt 8 gesetzt und „e" erfüllt ist, oder von Schritt 8 nach Schritt 11, wenn Schritt 8 gesetzt und „f" erfüllt ist.
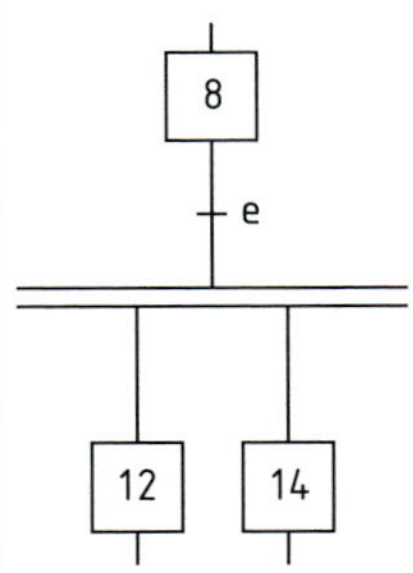	**Gleichzeitige Abläufe** (Parallel-Betrieb) Im Parallel-Betrieb verzweigt sich die Schrittkette in zwei oder mehrere Abläufe, die gleichzeitig ausgelöst werden, aber unabhängig voneinander laufen. Sind alle Zweige durchlaufen, wird der nächste Einzelschritt ausgeführt.

Symbole

DIN EN 60 848: 2014-12

Kontinuierlich wirkende Aktionen

Aktionskasten; er enthält die auszuführende **Aktion**

Die Aktion wirkt nur so lange, wie der auslösende Schritt aktiv ist. Ein Schritt kann auch mehrere Aktionen auslösen:

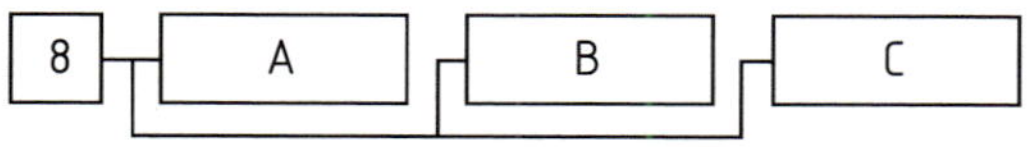

Die Kennzeichung einer Aktion kann in unterschiedlichen Formen erfolgen, ausführlich oder symbolisch:

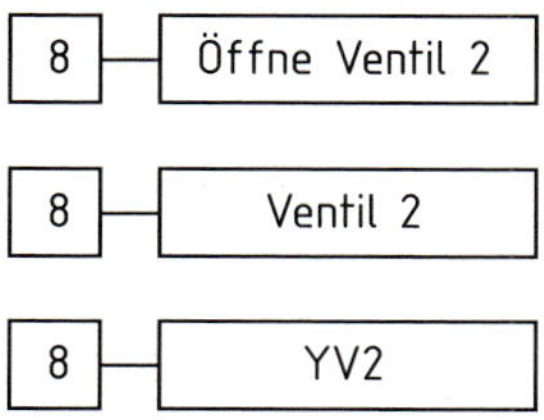

Sollte der Ausgang den Wert TRUE besitzen, wird das Ventil 2 geöffnet

Gespeichert wirkende Aktionen

Zuordnung zu Variablen (Der Wert # wird der Variablen ∗ zugeordnet)

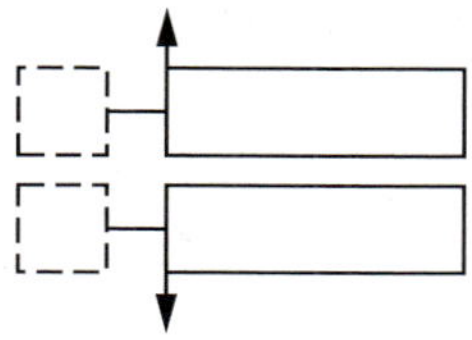

Aktion aktiviert (gespeichert)

Aktion deaktiviert

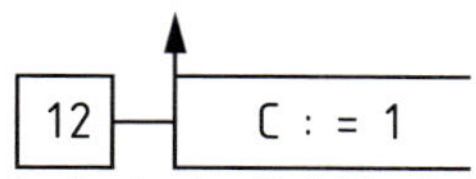

gespeicherte Aktion bei Aktivierung des Schrittes 12

Der booleschen Variablen C wird der Wert 1 zugeordnet, wenn ein Ereignis eintritt, das den Schritt 12 aktiviert. Die Aktion bleibt im Regelfall über mehrere Schritte aktiv und muss zwingend an anderer Stelle der Ablaufkette durch einen anderen Schritt, ebenfalls speichernd, zurückgesetzt werden.

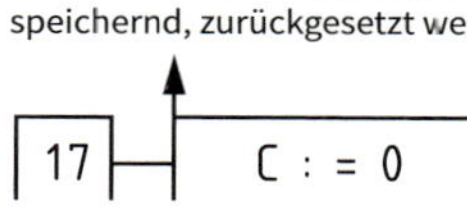

Beispiele

Ablaufkette (einfach)

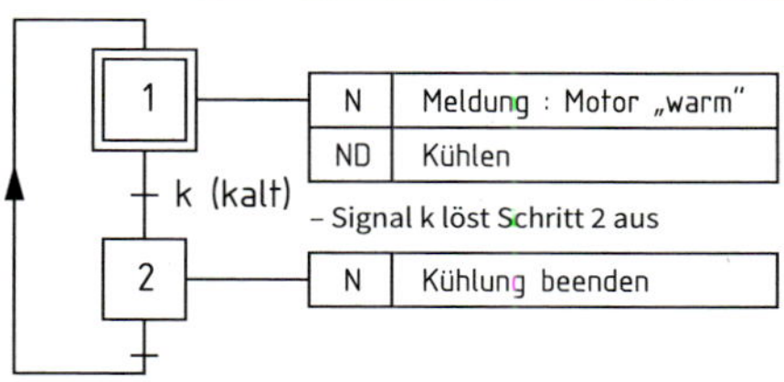

Aktion mit Zuweisungsbedingung

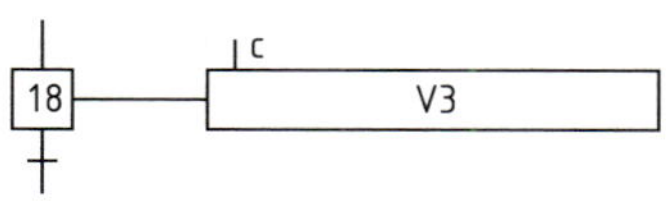

Verzögerte Aktion

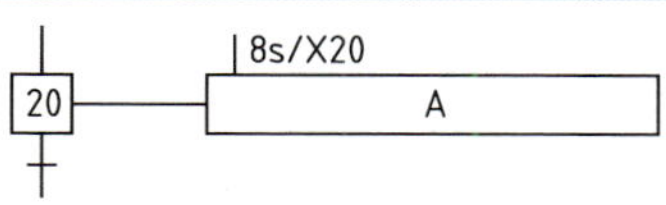

Zeitbegrenzte Aktion

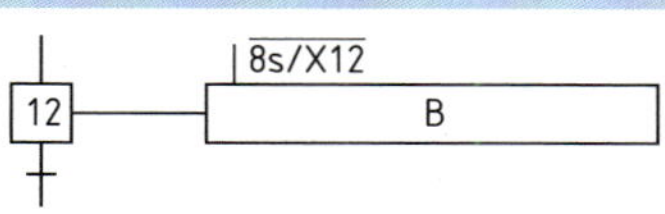

Zeitabhängige Zuweisungsbedingung

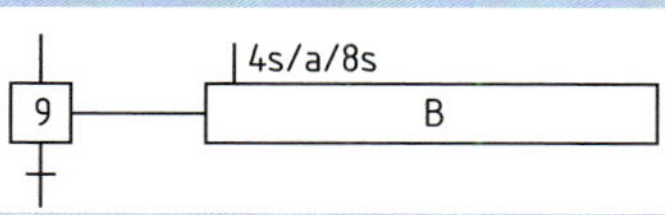

Ablaufstruktur

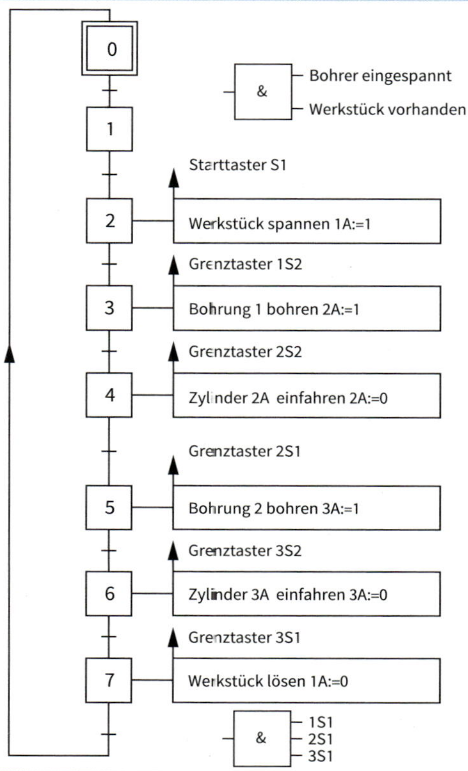

DIN EN 60 848 (GRAFCET) löst DIN 40 719 (gültig bis 2005) ab!

Beispiel einer grafischen Darstellung

DIN EN 60 848: 2014-12

Pressensteuerung

Darstellung eines Arbeitszyklus einer Presse mit GRAFCET. Die Presse verdichtet Metallpulver in einer Form zu Presslingen, die anschließend gesintert werden.
In Schritt 1 befindet sich die Presse im Wartezustand, wobei sich Stempel und Matrize in der oberen Position befinden; „Bereit"-Signal leuchtet.
Nach dem Einfüllen des Metallpulvers erfolgt der Befehl CS (Zyklus starten) und die Aktion läuft in der Reihenfolge ab, wie im GRAFCET dargestellt.

Zuordnungsliste			
Eingänge		**Ausgänge**	
CS	Zyklus starten	RDy	Bereit-Signal
sh	Stempel in Position oben	LS	Stempel senken
sl	Stempel in Position unten	RS	Stempel heben
dh	Matrize in Position oben	LD	Matrize senken
dl	Matrize in Position unten	EP	Teil auswerfen
		RD	Matrize heben

Darstellung in einem GRAFCET

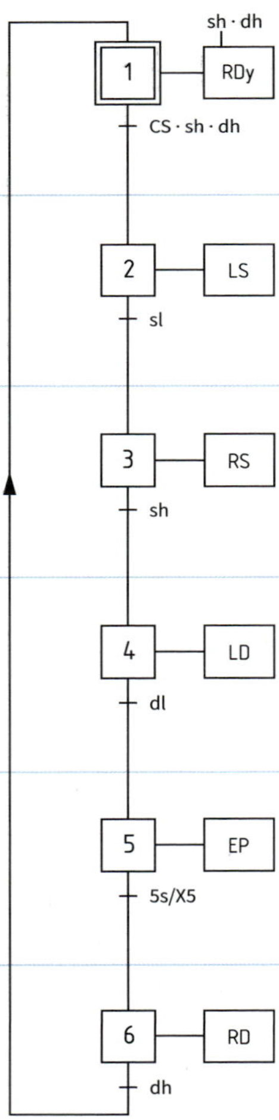

„Bereit-Signal, wenn Stempel und Matrize in Position oben"

„Zyklus starten und Stempel und Matrize in Stellung oben"

„Stempel senken"

„Stempel in Position unten"

„Stempel heben"

„Stempel in Position oben"

„Matrize senken"

„Matrize in Position unten"

„Teil auswerfen"

„Verzögerung"

„Matrize heben"

„Matrize in Position oben"

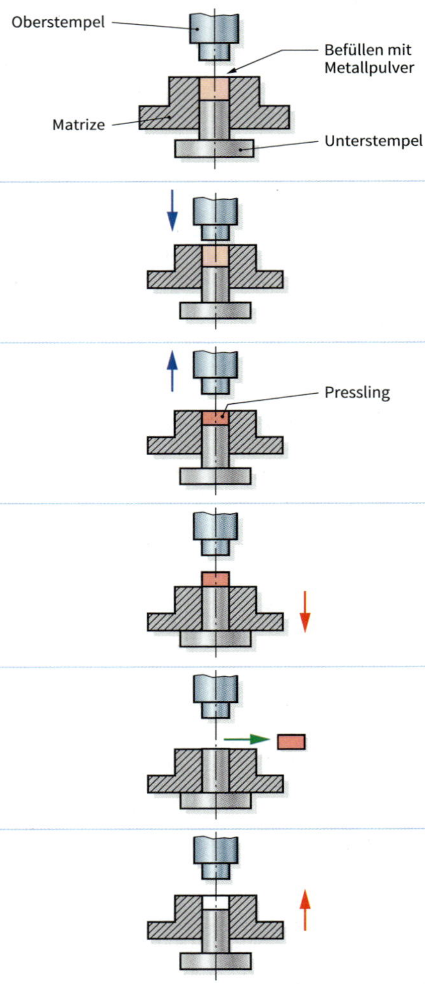

Regeln der Schaltalgebra

In der Schaltalgebra sind für eine Variable nur die Werte 0 und 1 möglich!

Regeln für eine Variable

- $-$ NICHT-Funktion: $A = \overline{\overline{A}}$
- $\vee$ ODER-Funktion: $A \vee 0 = A$; $A \vee 1 = 1$; $A \vee A = A$; $A \vee \overline{A} = 1$
- $\wedge$ UND-Funktion: $A \wedge 0 = 0$; $A \wedge 1 = A$; $A \wedge A = A$; $A \wedge \overline{A} = 0$

Regeln für mehrere Variable

Kommutativgesetz (Vertauschung)

$A \vee B = B \vee A$	$A \wedge B = B \wedge A$

Assoziativgesetz (Verbindung)

$A \vee B \vee C = A \vee (B \vee C)$	$A \vee B \vee C = (A \vee B) \vee C$	$A \vee B \vee C = (A \vee C) \vee B$
$A \wedge B \wedge C = A \wedge (B \wedge C)$	$A \wedge B \wedge C = (A \wedge B) \wedge C$	$A \wedge B \wedge C = (A \wedge C) \wedge B$

Distributivgesetz (Verteilung)

$A \vee (B \wedge C) = (A \vee B) \wedge (A \vee C)$	$(A \wedge B) \vee (C \wedge D) = (A \vee C) \wedge (A \vee D) \wedge (B \vee C) \wedge (B \vee D)$
$A \wedge (B \vee C) = (A \wedge B) \vee (A \wedge C)$	$(A \vee B) \wedge (C \vee D) = (A \wedge C) \vee (A \wedge D) \vee (B \wedge C) \vee (B \wedge D)$

Gesetze von de Morgan (mit Funktionsplan)

$\overline{(A \vee B)} = \overline{A} \wedge \overline{B}$

$\overline{(A \wedge B)} = \overline{A} \vee \overline{B}$

$\overline{(\overline{A} \vee \overline{B})} = A \wedge B$

$\overline{(\overline{A} \wedge \overline{B})} = A \vee B$

Shannon'sche Theoreme (mit Funktionsplan)

$A \vee (A \wedge B) = A$

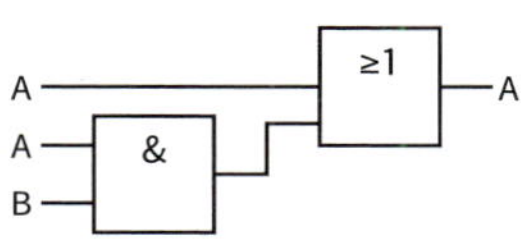

$A \wedge (A \vee B) = A$

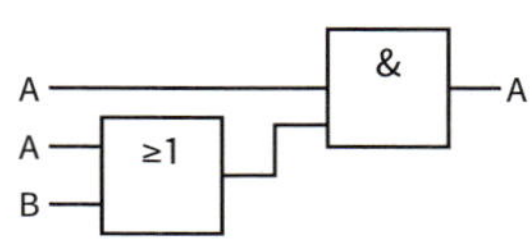

$A \vee B = A \vee (\overline{A} \wedge B)$

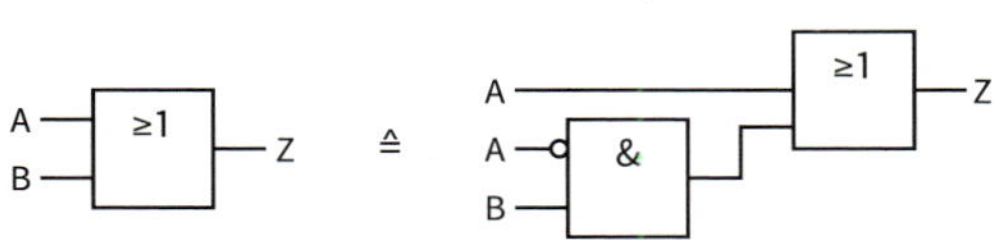

$A \wedge B = A \wedge (\overline{A} \vee B)$

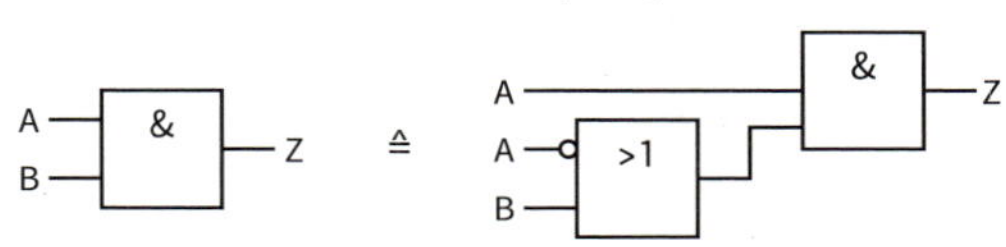

- In Funktionsdiagrammen wird das Zusammenwirken von technischen Baueinheiten grafisch dargestellt.
- Planung, Konstruktion, Erstellung und Prüfung der Steuerung einer Fertigungsanlage sollen erleichtert werden.
- Es werden Funktionsfolgen von mechanischen, pneumatischen, elektrischen und elektronischen Steuerungen sowie deren Kombinationen, z. B. elektro-hydraulische Steuerungen, dargestellt.
- Man unterscheidet: – Wegdiagramme: Darstellung durch Bildzeichen
  – Zustandsdiagramme: Darstellung im Zwei-Koordinatensystem

Funktionslinie

Zustand der Ausgangsstellung: Motor AUS, Zylinder eingefahren, Pumpe abgeschaltet, Ventil geschlossen

Von der Ausgangsstellung abweichender Zustand: Motor EIN, Zylinder ausgefahren, Pumpe eingeschaltet, Ventil geöffnet

Arbeitswege und Arbeitsbewegungen

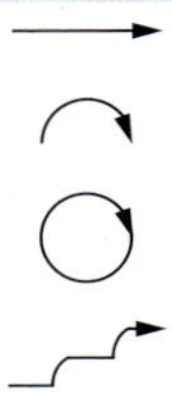

Geradlinige Bewegung (Vorschub)
Schwenkbewegung
Drehbewegung EIN (Motor ein)
Weg in 2 Koordinaten

Leerwege und Leerbewegungen

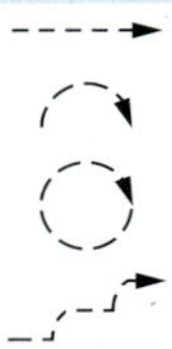

Geradlinige Bewegung (Eilgang)
Schwenkbewegung
Drehbewegung EIN
Weg in 2 Koordinaten

Wegbegrenzungen und Bewegungsbegrenzungen

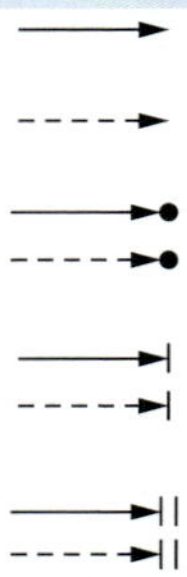

Arbeitsweg
Leerweg
Wegbegrenzung über Signalglied
Wegbegrenzung durch einstellbaren mechanischen Festanschlag
Wegbegrenzung über Wegmesssteuerung

Funktionslinie (im Diagramm)

Im Funktionsdiagramm entfällt der Pfeil am Wegende. Die Wegbegrenzung ist durch einen Knick in der Funktionslinie gekennzeichnet.

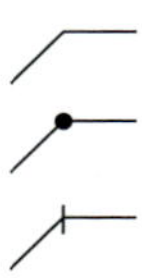

Wegbegrenzung, allgemein
Wegbegrenzung über Signalglied
Wegbegrenzung durch mechanischen Festanschlag

Signalglieder

Signalglied, handbetätigt

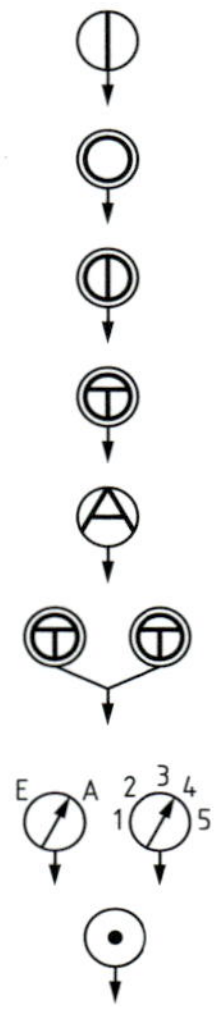

EIN
AUS
EIN/AUS
TIPPEN
AUTOMATIK EIN
ZWEIHAND-EINRÜCKUNG
WAHLSCHALTER
GEFAHREN-ABSCHALTUNG

Signalglied, mechanisch betätigt

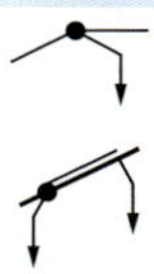

Grenztaster, in Endlage oder kurzzeitig auf Wegstrecke betätigt
Grenztaster, über längere Wegstrecke betätigt

Signalglied, pneumatisch bzw. hydraulisch betätigt

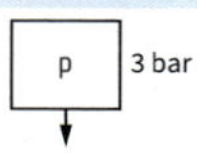

Druckschalter, Einstellwert ist anzugeben, z. B. 3 bar

Allgemeiner Signalausgang

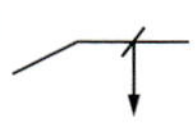

Querstrich kennzeichnet den Zustand, der Voraussetzung für die Einleitung weiterer Funktionen ist.

Signallinie

Die Signallinie beginnt am Signalglied (Signalausgang) und endet an der Stelle, an der abhängig von diesem Signal eine Änderung des Zustands eingeleitet wird.

(schmale Linien mit Pfeil in Wirkungsrichtung)

Signalverknüpfungen

Signalverzweigung

Die Verzweigungsstelle wird durch einen Punkt markiert.

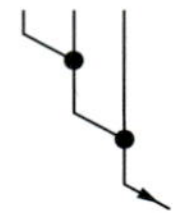

ODER-Bedingung

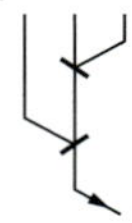

UND-Bedingung

Nicht-Bedingung

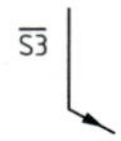

Die Angabe des Signalgliedes mit Nicht-Bedingung erfolgt an der Signallinie

Signal an andere Maschine gehend

Am Dreieck wird die Maschine benannt, an die das Signal geht

Signal von anderer Maschine kommend

Am Dreieck wird die Maschine benannt, von der das Signal kommt

Steuer- und Anzeigeglieder

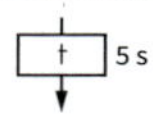

Zeitglied, Wert einstellbar, z. B. 5 Sekunden

Leuchte
Summer

Funktionsbildzeichen

Elektrischer Vorgang
Pneumatischer Vorgang
Hydraulischer Vorgang
Mechanischer Vorgang

Wegdiagramm

- Wegdiagramme finden nur bei einfachen Vorgängen Anwendung, z. B. Programmierung von Maschinen.

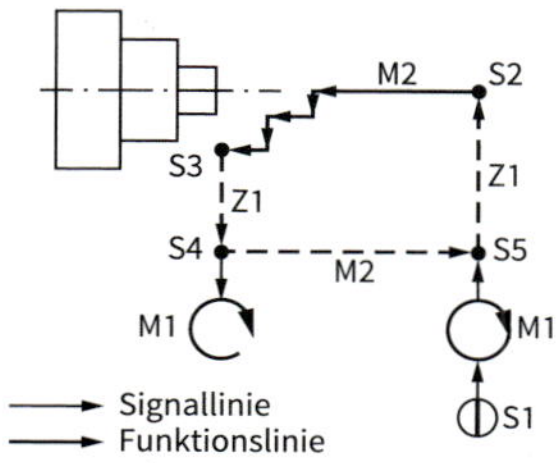

Ablauf:
S1 : Drucktaste EIN
M1 : Spindel EIN
Z1/S2 : (Kopierzylinder Z1) fährt im Eilgang vor
M2/S3 : Längssupport (M2) fährt im Arbeitsgang vor, dabei führt der Kopierzylinder die Kopierbewegung durch
S4 : Kopierzylinder fährt im Eilgang zurück bis S4
M1 : Spindel AUS
M2/S5 : Längssupport fährt im Eilgang nach S5 (Start-/Endpunkt)

Zustandsdiagramm (Funktionsdiagramm)

Darstellung	Beschreibung
Zylinder oder Hubmagnet	
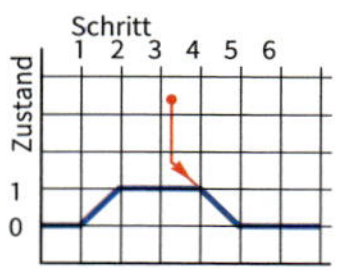	Schritt 1/2: Wechsel von Zustand 0 auf Zustand 1 Schritt 2/3 + 3/4: Verharren Schritt 4/5: Wechsel von Zustand 1 auf Zustand 0
Ventil mit zwei Schaltstellungen	
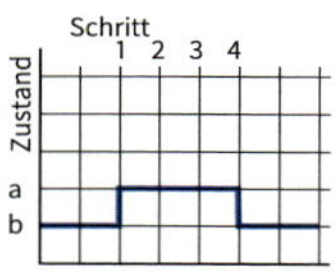	Schritt 1: Umschalten von Ausgangsstellung b in Stellung a Schritt 2 + 3: Verharren Schritt 4: Umschalten von Stellung a in Stellung b
Betätigungsart: Muskelkraft (Signalgeber)	
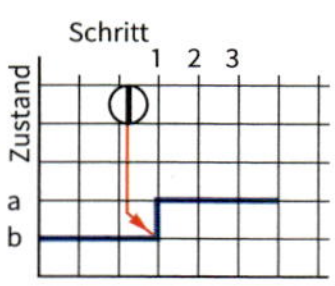	Schritt 1: einschalten; Steuerglied schaltet von Ausgangsstellung b nach a

Darstellung	Beschreibung
Signalverzweigung	
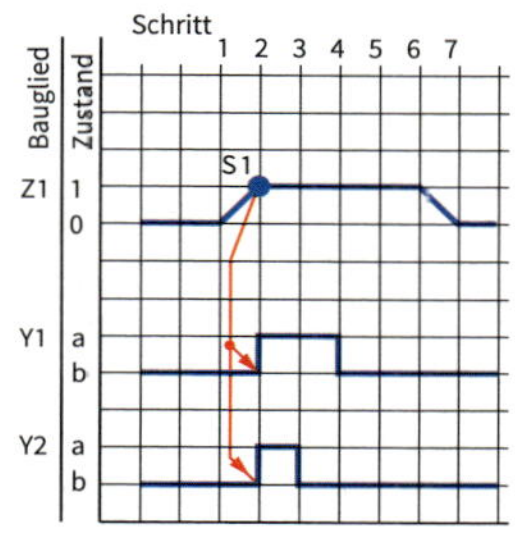	Schritt 2: Signal S1 verzweigt sich auf Y1 und Y2, Y1 und Y2 schalten von b nach a um
Oder-Bedingung (Und-Bedingung)	
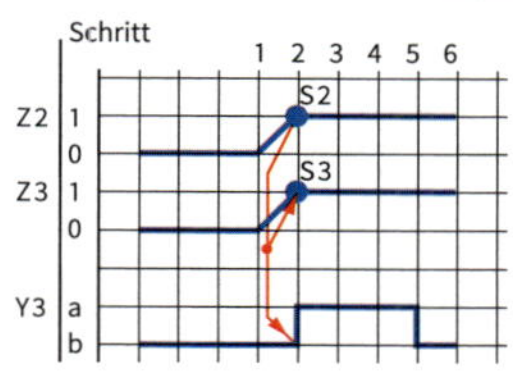	Schritt 2: Signal S2 oder S3 bewirkt, dass Y3 von b nach a umschaltet (Und-Bedingung: Signal S2 und S3 bewirken, dass Y von b nach a umschaltet)

Beispiel

Bauglieder				Zeit Schritt 1 2 3 4 5 6 7	Bemerkungen
	Benennung	Kennzeichen	Zustand		
1	Schalter	S1	EIN	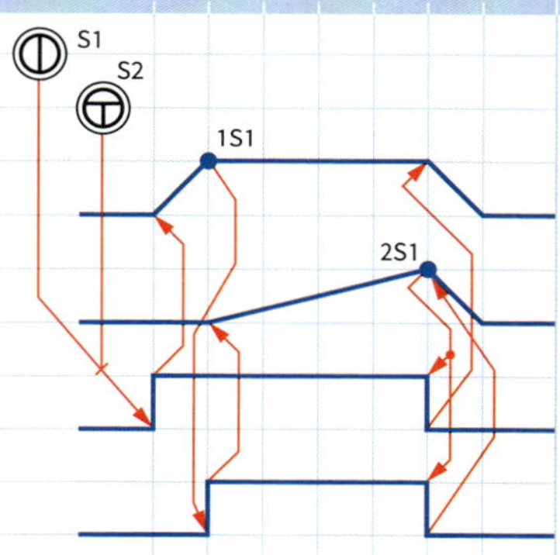	Ablauf: (Haupt-)Schalter EIN und Start EIN, Wegeventil 1V1 von Stellung b nach Stellung a umschalten, Spannzylinder 1A1 ausfahren, durch Signal 1S1 Wegeventil 2V1 von Stellung b nach Stellung a umschalten, Presszylinder 2A1 ausfahren, durch Signal 2S1 Wegeventil 1V1 und 2V1 von Stellung a nach Stellung b umschalten, Presszylinder und Spannzylinder in Ausgangsstellung zurückfahren. Signallinie Funktionslinie
2	Start	S2	EIN		
3	Spannzylinder	1A1	ausgefahren		
4			eingefahren		
5	Presszylinder	2A1	ausgefahren		
6			eingefahren		
7	Wegeventil 1	1V1	Stellung a		
8			Stellung b		
9	Wegeventil 2	2V1	Stellung a		
10			Stellung b		

Funktionselemente

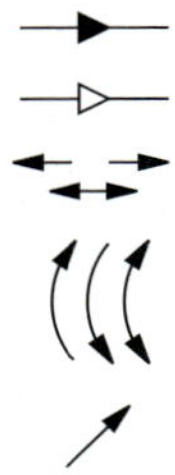

- Hydrostrom
- Druckluftstrom
- Anzeige einer Strömungsrichtung
- Anzeige einer Drehrichtung
- Anzeige einer Verstellbarkeit

Kompressor

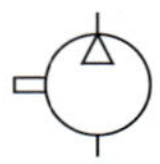

Kompressor mit konstantem Verdrängungsvolumen; eine Stromrichtung

Pumpen und Motoren

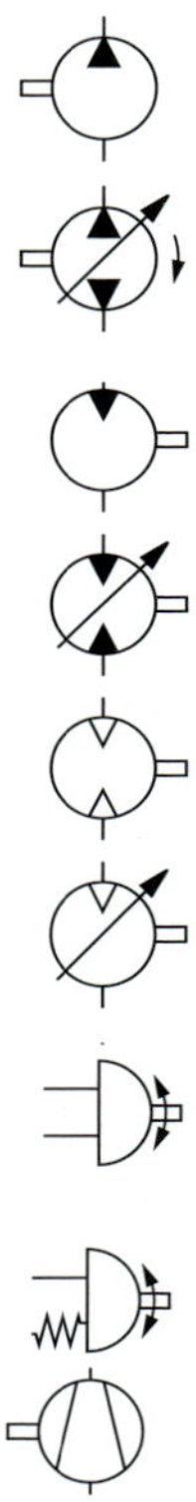

- Hydropumpe mit konstantem Verdrängungsvolumen; eine Stromrichtung
- verstellbare Hydropumpe mit wechselnder Förderstromrichtung, eine Drehrichtung
- konstanter Hydromotor, eine Förderrichtung
- verstellbarer Hydromotor, zwei Förderrichtungen
- Motor mit wechselnder Volumenstromrichtung und konstantem Schluckvolumen
- verstellbarer Pneumatikmotor, eine Förderrichtung
- Schwenkantrieb mit begrenzten Schwenkwinkel, zwei Volumenstromrichtungen
- Schwenkantrieb einfach wirkend, begrenzter Schwenkwinkel
- Vakuumpumpe

Pumpe/Motor-Einheit

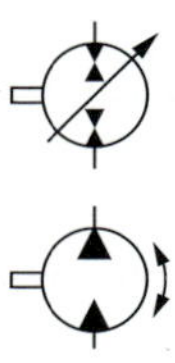

- Reversiebare Einheit mit zwei Volumenstromdichtungen und veränderlichem Verdrängungsvolumen
- Pumpe/Motor mit konstantem Verdrängungs-/Schluckvolumen, zwei Drehrichtungen

Zylinder

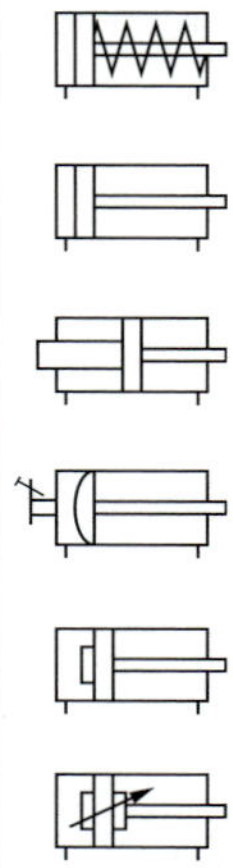

einfach wirkend,
Rückhub durch Feder

doppelt wirkend,
- einseitige Kolbenstange
- zweiseitige Kolbenstange mit unterschiedlichen Durchmessern

Membranzylinder mit Hubbegrenzung, voreingestellt

gedämpft,
- einfache, nicht einstellbare Endlagendämpfung
- doppelte, einstellbare Endlagendämpfung

Wegeventile

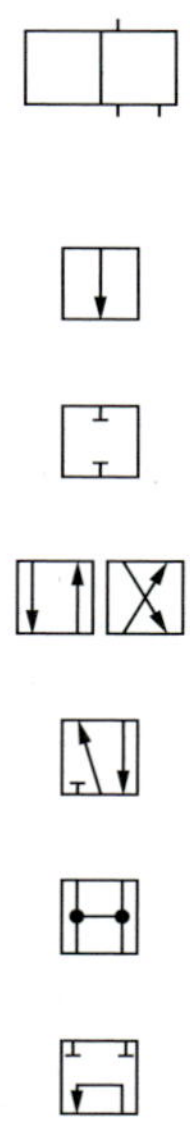

Grundsinnbild
2-Stellungs-Wegeventil; Anschlüsse werden mit kurzen Linien markiert

Durchflusswege
- 1 Durchflussweg
- 2 gesperrte Anschlüsse
- 2 Durchflusswege
- 2 Durchflusswege und 1 gesperrter Anschluss
- 2 Durchflusswege, verbunden
- 1 Durchflussweg und 2 gesperrte Anschlüsse

Kurzbezeichnung der Wegeventile

- 3/2-Wegeventil – (Beispiel)
Die erste Zahl legt die Anzahl der gesteuerten Anschlüsse fest und die zweite Zahl die Anzahl der Schaltstellungen.

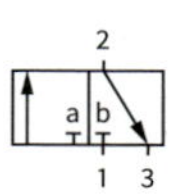

3 Anschlüsse (1 … 3)
↑
3/2-Wegeventil
↓
2 Schaltstellungen

a	b

Wegeventile: Bauarten

2/-Wegeventile

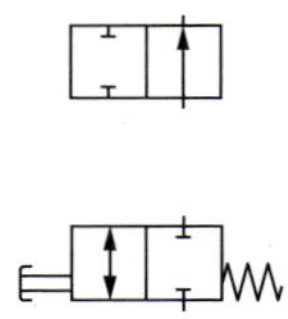

- 2/2-Wegeventil, Durchfluss-Ruhestellung
- 2/2-Wegeventil, zwei Durchströmungsrichtungen, Sperr-Ruhestellung; Betätigung durch Drücken, Federrückstellung

3/-Wegeventile

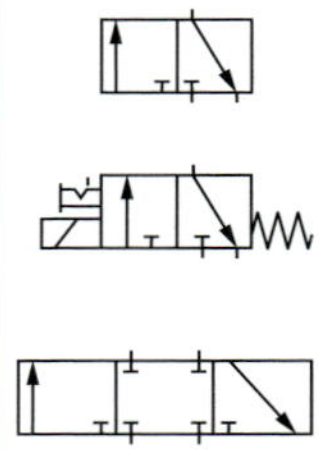

- 3/2-Wegeventil, Sperr-Ruhestellung
- 3/2-Wegeventil, mit einem Magnet, direkt betätigt, Hilfsbetätigungseinrichtung mit Raste
- 3/3-Wegeventil, Sperrmittelstellung

4/-Wegeventile

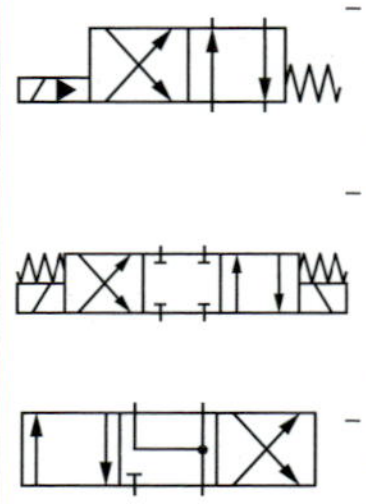

- 4/2-Wegeventil, betätigt durch Magnet und hydraulische Vorsteuerung
- 4/3-Wegeventil mit direkter Betätigung durch zwei Magnete, Federzentrierung der Mittelstellung
- 4/3-Wegeventil, Schwimm-Mittelstellung

5/-Wegeventile

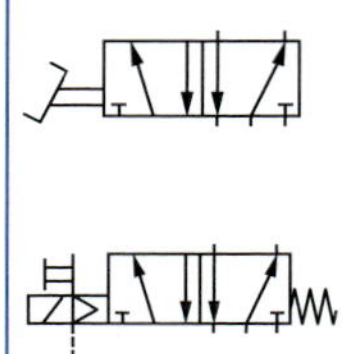

5/2-Wegeventil, betätigt durch Wippe in beide Richtungen

5/2-Wegeventil, elektr. betätigt, mit externer pneumatischer Steuerdruckversorgung, Handhilfsbetätigung

Proportionalventile

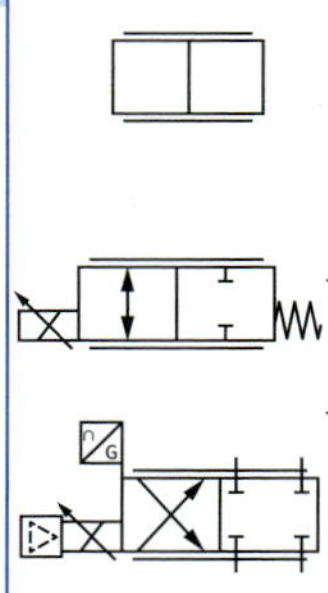

- Einheit mit 2 äußeren Endstellungen und einer unendlichen Anzahl von Zwischenstellungen, mit veränderbarer Drosselwirkung
- Proportional-Stromventil, direkt betätigt
- Proportional-Stromventil, direkt betätigt, mit Lageregelung des Magneten und integrierter Elektronik

Sperrventile

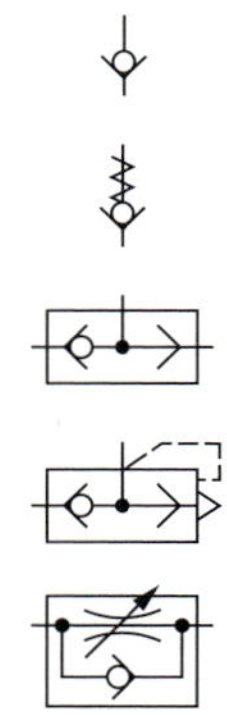

- Rückschlagventil, eine Durchflussrichtung
- Rückschlagventil, federbelastet, Ruhestellung geschlossen
- Wechselventil (Oder-Funktion)
- Schnellentlüftungsventil
- Drosselrückschlagventil, einstellbar, freier Durchfluss in einer Richtung

Druckventile

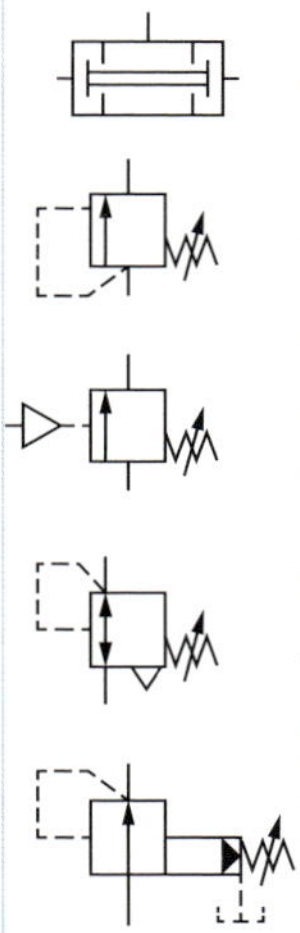

- Zweidruckventil
- Druckbegrenzungsventil, direkt gesteuert, Öffnungsdruck über Feder einstellbar
- Folgeventil, extern, pneumatisch gesteuert
- Druckreduzierventil, mit internem reversiblen Volumenstrom
- Zwei-Wege-Druckreduzierventil, hydraulisch vorgesteuert mit externem Steuerölablauf

Stromventile

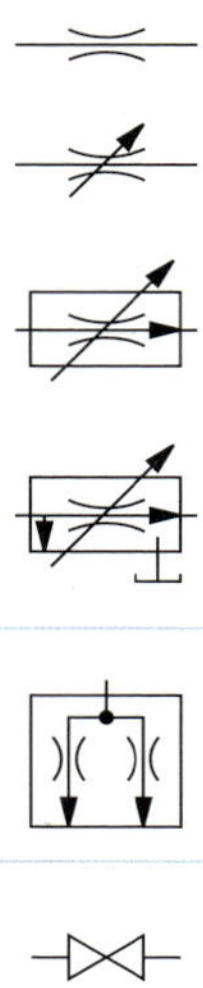

- Drosselventil, fest
- Drosselventil, einstellbar
- Stromregelventil, verstellbar
- Stromregelventil, verstellbar; mit Entlastung zum Behälter
- Stromteilventil, 2 Ströme im festen Verhältnis
- Absperrventil

Energieübertragung/Aufbereitung

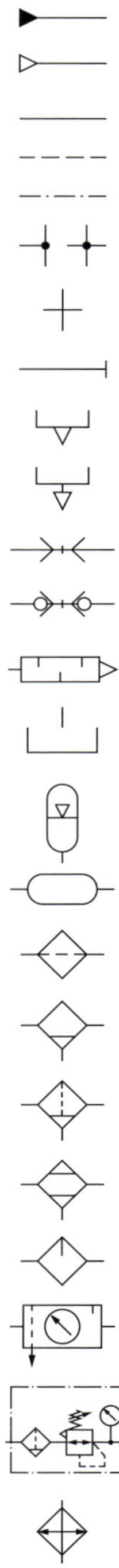

- Hydraulikdruckquelle
- Pneumatikdruckquelle
- Arbeitsleitung
- Steuerleitung, Abfluss oder Leckleitung
- umrahmt Komponenten einer Baugruppe
- Leitungsverbindung
- Leitungskreuzung; **ohne** Verbindung
- Anschluss verschlossen
- – Auslassöffnung
- – Auslassöffnung mit Gewindeanschluss
- Schnell-Kupplung, gekuppelt
- Schnell-Kupplung, mit zwei Rückschlagventilen
- Geräuschdämpfer
- Behälter, Rohrende über Flüssigkeitsspiegel
- Gasdruckspeicher
- Luftbehälter
- Filter oder Sieb
- Flüssigkeitsabscheider, manueller Ablass
- Filter mit Abscheider, manueller Ablass
- Lufttrockner
- Öler
- **Aufbereitungseinheit,**
  - – vereinfachte Darstellung
  - – ausführliche Darstellung: Filter, Druckregelventil, Manometer und Öler
- Kühler
- Temperaturregler

Mechanische Komponenten

Betätigung durch Muskelkraft

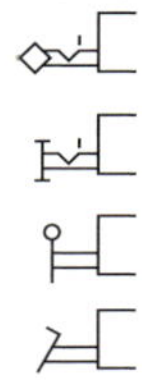

- Betätigung mit abnehmbarem Griff und Raste
- Betätigung durch Drücken und Ziehen mit Raste
- Hebel
- Pedal

Mechanische Betätigung

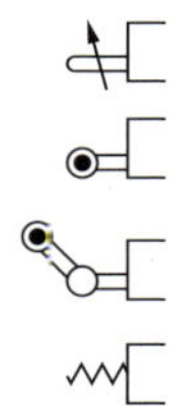

- Stößel mit einstellbarer Hubbegrenzung
- Rollenstößel
- Rollenhebel für Betätigung in einer Verfahrrichtung
- Feder

Elektrische Betätigung

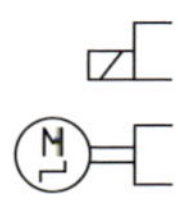

- Magnetspule mit einer Wicklung, Wirkrichtung zum Stellelement hin
- durch Schrittmotor betätigt

Druckbetätigung

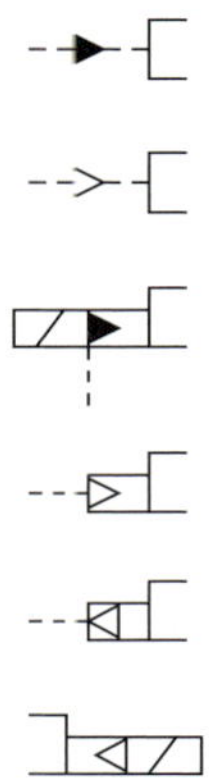

- direkte Druckbeaufschlagung, hydraulisch
- direkte Druckbeaufschlagung, pneumatisch
- Elektrisch betätigte hydr. Vorsteuerung mit externer Steuerölversorgung
- indirekte Druckbeaufschlagung, pneumatisch
- indirekte Betätigung durch Druckentlastung
- durch Elektromagnet und Vorsteuer-Wegeventil

Mechanische Bestandteile

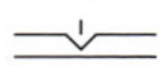

- Raste (auch mehrstufig)

Sonstige Geräte

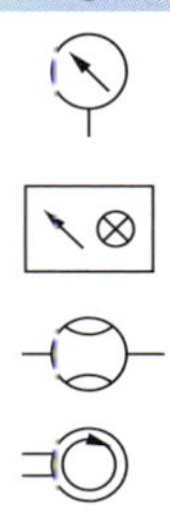

- Überdruckmessgerät (Manometer)
- Optische Anzeige
- Volumenstrommessgerät
- Drehzahlmessgerät

- Der Schaltplan zeigt alle Bewegungs- und Steuerschaltkreise sowie die Schritte des Arbeitsablaufes einer Steuerung.
- Die räumliche Anordnung der Bauteile in der Anlage braucht im Schaltplan nicht berücksichtigt zu werden.

Aufbau des Schaltplanes

- Leitungen oder Verbindungen sollen möglichst kreuzungsfrei oder nach DIN ISO 1219-1 gezeichnet werden.
- Baugruppen sind durch eine strichpunktierte Linie zu umgrenzen.
- In einem Schaltkreis werden die Bauteile von unten nach oben in Richtung des Energieflusses und von links nach rechts angeordnet:
  - Energiequelle unten links,
  - Steuerungselemente: aufwärts von links nach rechts fortlaufend,
  - Antriebe: oben, von links nach rechts
- Soweit nicht anders angegeben, werden Hydrauliksymbole in Ausgangsstellung der Anlage und Pneumatiksymbole in Ausgangsstellung der Anlage mit Druckbeaufschlagung gezeichnet.

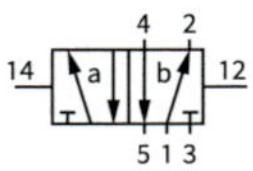

Kennzeichnung der Bauteile

2 – 2 A 1

Anlagennummer — Schaltkreisnummer — Bauteilkennzeichnung — Bauteilnummer

- Bei mehreren Anlagen muss die Anlagennummer, beginnend mit der Ziffer 1 eingetragen werden.
- Schaltkreise erhalten eine Schaltkreisnummer. Alle Versorgungsglieder sollen dabei vorzugsweise die Ziffer 0 erhalten.
- Jedes Bauteil in einem Schaltkreis wird fortlaufend nummeriert, beginnend mit der Ziffer 1.
- Die Kennzeichnung wird von einem Rahmen umgeben.

Bauteilkennzeichnung

Kennbuchstabe	Bedeutung	Kennbuchstabe	Bedeutung
P	Pumpe/Kompressor	S	Signalaufnehmer
A	Antrieb/Aktor	V	Ventil
M	Motor	Z	anderes Bauteil

Bezeichnung der Ventilanschlüsse[1)]

Kennbuchstabe	Bedeutung	Kennbuchstabe	Bedeutung
1	Druckanschluss	3, 5, 7	Abfluss, Entlüftung
2, 4, 6	Arbeitsanschlüsse	12, 14, 16	Steuerungsanschlüsse

[1)] Für Hydraulikanschlüsse werden noch häufig Buchstaben verwendet.

Beispiel: Steuerung für Einzeltakt-, Hand- und Automatikbetrieb

Bauteil/Baugruppe	
Antriebsglied	Doppelt wirkender Zylinder mit doppelter, einstellbarer Dämpfung
Baugruppe	Drosselrückschlagventil
Stellglied	Impulsventil 5/2-Wegeventil
Steuerglieder	Wechselventile
Signalglieder	Signalventile 3/2-Wegeventile
Energieverteilung	Arbeitsleitungen
Versorgungsglieder	Aufbereitungseinheit, 5/3-Wegeventil mit Rasten

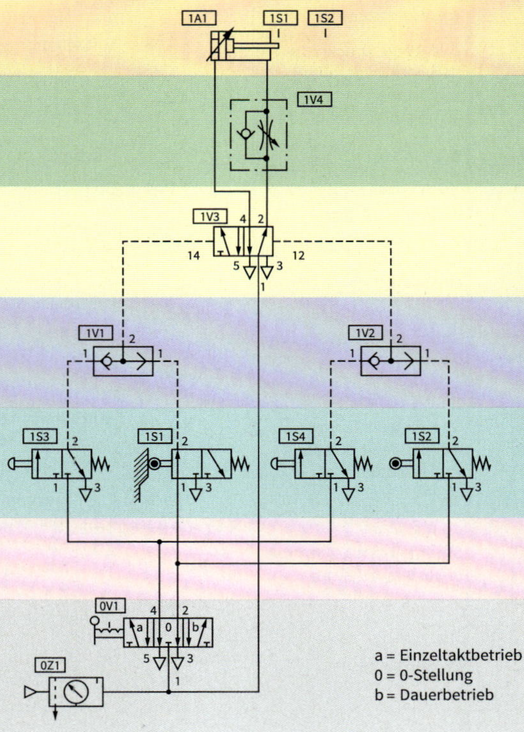

- Im Schaltplan werden die Symbole für die Bauteile in der Ausgangsstellung der Anlage dargestellt.
- Die Ausgangsstellung ist der Schaltzustand bei Druckbeaufschlagung der Anlage vor Betätigung des Startsignals.
- Nach ISO 1219-2 wird auf den Kennbuchstaben für die Funktion einer Komponente verzichtet.

Bezeichnungsschlüssel für Bauelemente

- Der Anlagenbezeichnung folgt ein Bindestrich, sie wird nur dann benannt, wenn der Schaltkreis aus mehreren Anlagen besteht.
- Die Medienbezeichnung erhält einen Buchstaben.
- Die Schaltkreisnummer erhält immer eine Zahl, gefolgt von einem Punkt.
- Die Bauteilnummer erhält immer eine Zahl.
- Der Bezeichnungsschlüssel wird mit einem Rahmen versehen.

X-XX.X

Anlagenbezeichnung
Medienschlüssel
Schaltkreisnummer
Bauteilnummer

Medienschlüssel

- Werden in einer Anlage unterschiedliche Medien verwendet, muss der Medienschlüssel angegeben werden.
- Wird nur ein Medium verwendet, kann er entfallen.

Medienschlüssel	Medium
H	Hydraulik
P	Pneumatik
C	Kühlung
K	Kühlschmiermittel
L	Schmierung
G	Gastechnik

Schaltkreisnummer

- Die zur Energieversorgung gehörenden Bauteile werden meist durch die Schaltkreisnummer 0 gekennzeichnet. Weitere Schaltkreise folgen (Beispiel):

Schaltkreisnummer 0 → Energieversorgung und Hauptschalter
Schaltkreisnummer 1 → Spannen des Werkstückes
Schaltkreisnummer 2 → Bearbeiten des Werkstückes
Schaltkreisnummer 3 → Auswerfen des Werkstückes

Bauteilnummer

- Bauelemente werden im Schaltplan mit einer Schaltkreisnummer und einer Bauteilnummer versehen (Bauteilkennzeichnung).
- Die Bauteilkennzeichnung erfolgt fortlaufend von unten nach oben und von links nach rechts.

Pneumatischer Schaltplan

DIN ISO 1219-2: 2019-01; DIN EN 81346-2: 2010-05

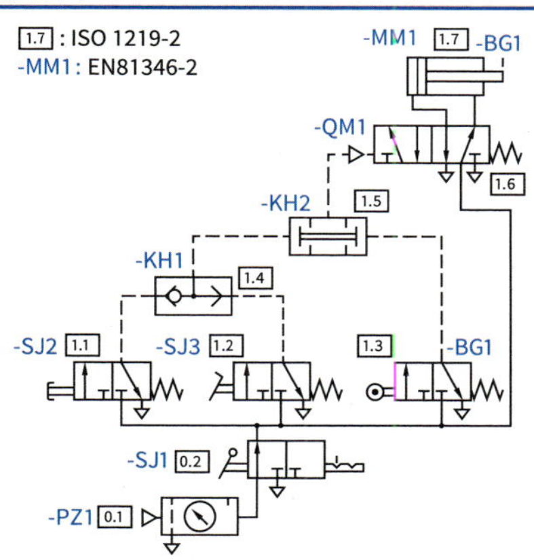

Schaltkreis 0: Energieversorgung
Bauteile: 0.1, 0.2

Schaltkreis 1: Steuerung
Bauteile: 1.1–1.7

Technische Informationen

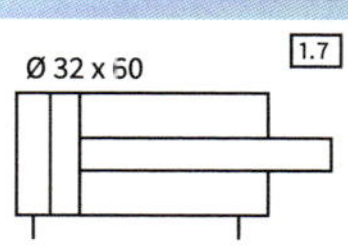

Ø 32 x 60
Zylinder 1.7 mit Innen Ø 32 und einer Hublänge von 60 mm

Bestimmte Bauelemente erhalten eine Technische Information: Zylinder, Druckluftversorgung, Filter, Schläuche, Manometer.

Offenes Hydrauliksystem

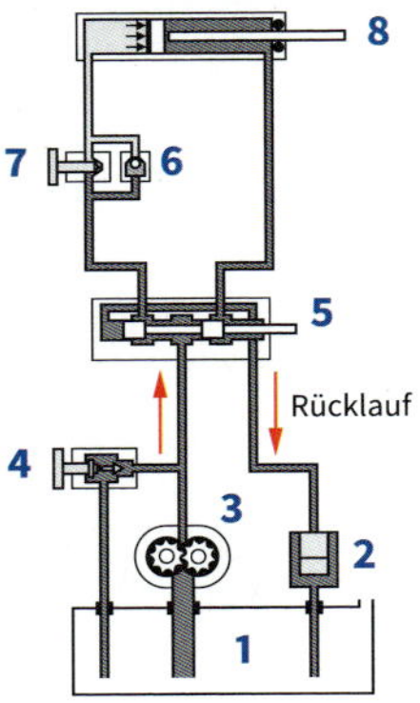

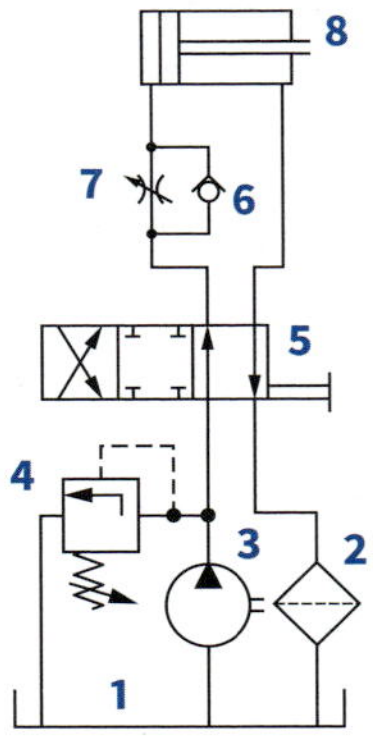

Energieabgabe
- Zylinder **8**

Energiesteuerung
- Druckbegrenzungsventil **4**
- 4/3 Wegeventil **5**
- Rückschlagventil **6**
- Drosselventil **7**

Energieumwandlung
- Hydropumpe **3**

Öl-Aufbereitung
- Tank **1**
- Filter **2**

Kennwerte von Hydraulikpumpen

Bauform	Flüssigkeitsdruck in bar	Drehzahl in 1/min	Fördermenge in l/min	Wirkungsgrad in %
Zahnradpumpe, außenverzahnt	60 … 250	500 … 3500	300	50 … 90
Zahnradpumpe, innenverzahnt	100 … 300	300 … 3500	100	60 … 90
Schraubenpumpe	30 … 160	500 … 4000	1000	60 … 80
Flügelzellenpumpe	100 … 200	1000 … 3000	200	60 … 90
Radialkolbenpumpe	300 … 650	200 … 3000	200	80 … 90
Axialkolbenpumpe, Taumelscheibe	250	500 … 2000	100	80 … 90
Axialkolbenpumpe, Schrägscheibe	400	1000 … 3000	5000	80 … 90
Axialkolbenpumpe, Schrägachse	400	500 … 6000	2000	80 … 90

4/3 Wegeventil

Der Steuerkolben wird elektromagnetisch, mechanisch, hydraulisch oder pneumatisch getätigt. Er gibt die Flüssigkeit vom Anschluss P zum Anschluss A oder B frei. Die Flüssigkeit vom Verbraucher fließt dann jeweils über T zum Tank. Bei Unterbrechung der Betätigung wird der Steuerkolben in die Ausgangslage zurückgeführt oder z. B. durch Rasten in der jeweiligen Endlage gehalten.

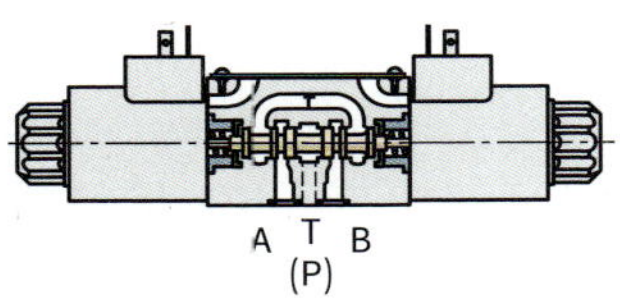

Varianten (Sinnbilder)

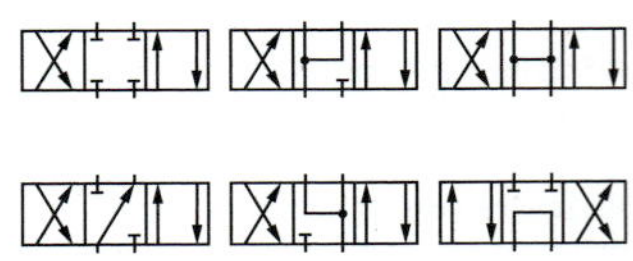

Bauformen von Hydrozylindern

Differenzialzylinder 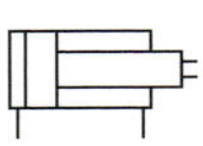	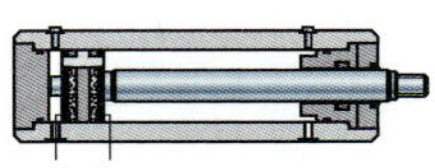 2 : 1 Bei Flächenverhältnis 2:1 ist der Kolbenrücklauf doppelt so schnell wie der Vorlauf	Teleskopzylinder 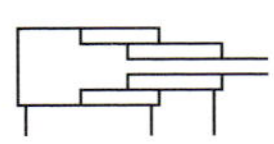	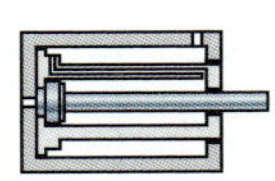 Vergrößerung der Hubwege
Gleichlaufzylinder 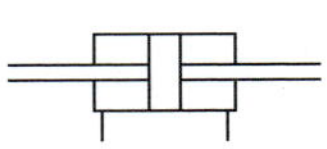	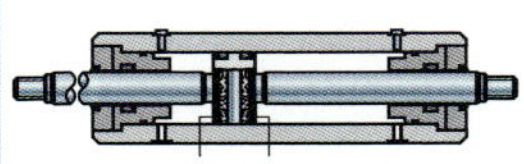 $A_1 = A_2$ Gleiche Geschwindigkeiten bei $A_1 = A_2$	Druckübersetzer 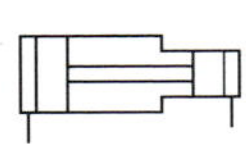	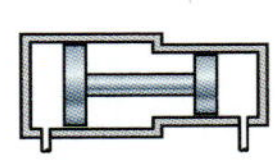 Druckveränderung
Zylinder mit Endlagendämpfung 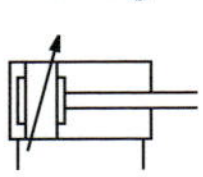	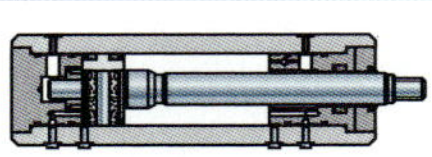 Abbremsung bei Erreichen der Endlage	Tandemzylinder 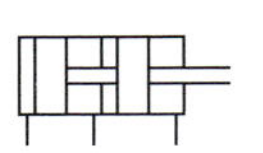	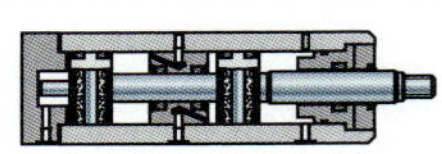 Kleine Abmessungen, große Kräfte

Darstellung von Logikfunktionen

Bezeichnung/ Logische Funktion (Gleichung)	Schaltzeichen IEC 60617	Funktionstabelle E1	E2	A	Ersatzschaltung hydraulisch/pneumatisch DIN ISO 1219	Ersatzschaltung elektrisch DIN EN 60617
NICHT-Glied (NOT) $\overline{E1} = A$ (nicht E1)	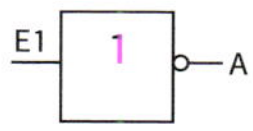	0	–	1	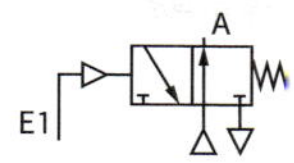	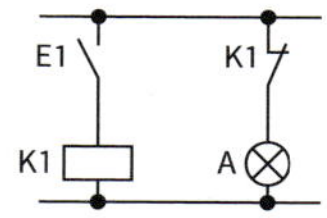
		–	–	–		
		1	–	0		
UND-Glied (AND) $E1 \wedge E2 = A$ (E1 und E2) auch: $E1 \cdot E2 = A$	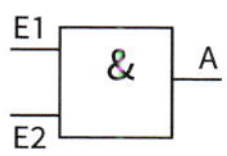	0	0	0	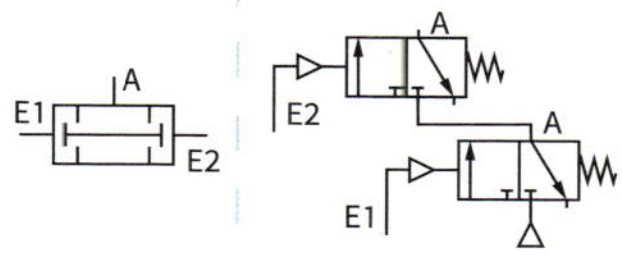	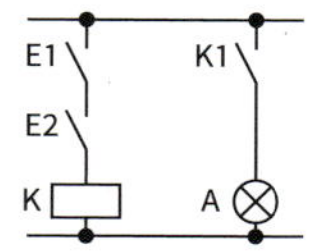
		0	1	0		
		1	0	0		
		1	1	1		
ODER-Glied (OR) $E1 \vee E2 = A$ (E1 oder E2) auch: $E1 + E2 = A$	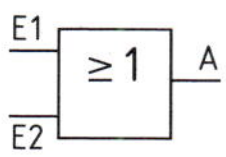	0	0	0	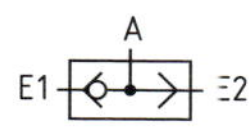	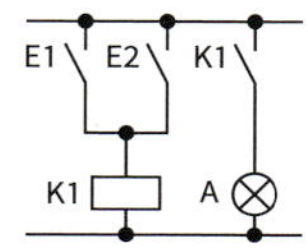
		0	1	1		
		1	0	1		
		1	1	1		
UND-NICHT-Glied (NAND) $\overline{E1} \vee \overline{E2} = A$ $\overline{E1 \wedge E2} = \overline{E1} \vee \overline{E2} = A$	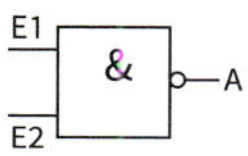	0	0	1	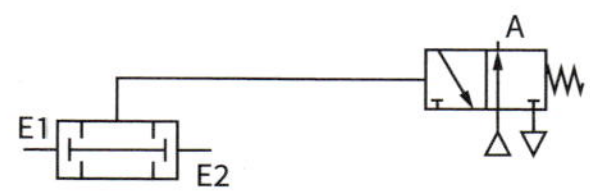	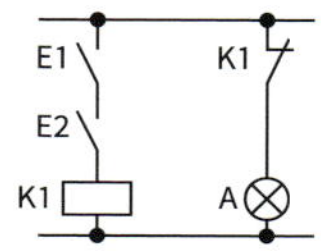
		0	1	1		
		1	0	1		
		1	1	0		
ODER-NICHT-Glied (NOR) $\overline{E1 \vee E2} = A$ $\overline{E1 \vee E2} = \overline{E1} \wedge \overline{E2} = A$	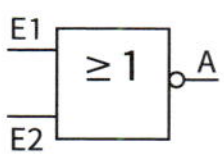	0	0	1	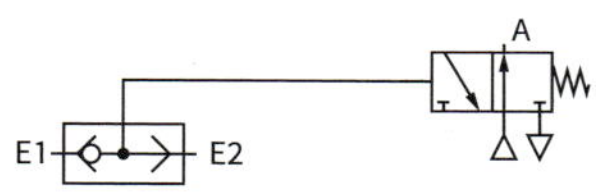	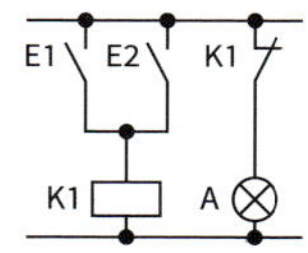
		0	1	0		
		1	0	0		
		1	1	0		
ANTIVALENZ-Glied (XOR) $(\overline{E1} \wedge E2) \vee (E1 \wedge \overline{E2}) = A$	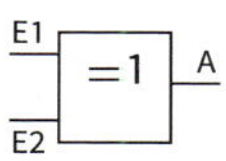	0	0	0	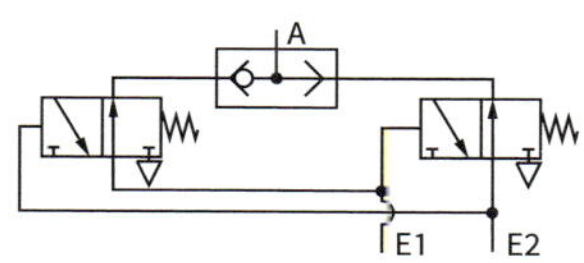	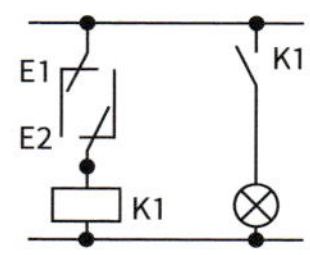
		0	1	1		
		1	0	1		
		1	1	0		
ÄQUIVALENZ-Glied (XNOR) $(\overline{E1} \wedge \overline{E2}) \vee (E1 \wedge E2) = A$	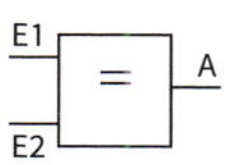	0	0	1	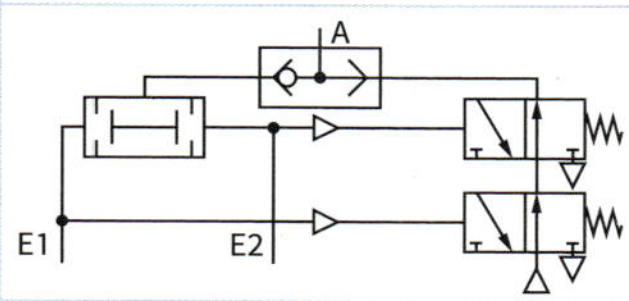	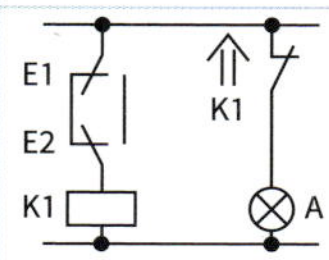
		0	1	0		
		1	0	0		
		1	1	1		
INHIBITIONS-Glied (Sperrgatter) $\overline{E1} \wedge E2 = A$	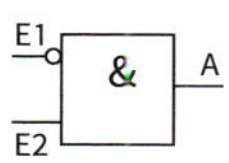	0	0	0	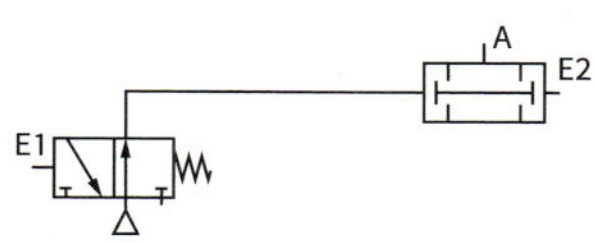	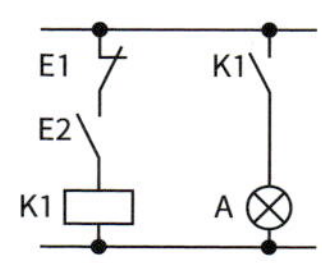
		0	1	1		
		1	0	0		
		1	1	0		

Bezeichnung	Schaltzeichen	E1	E2	A1	A2	Ersatzschaltung hydraulisch/pneumatisch	Ersatzschaltung elektrisch
Speicher (RS-Flip-Flop)	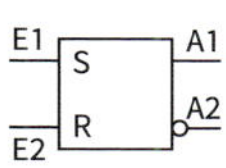	0	0	•	•	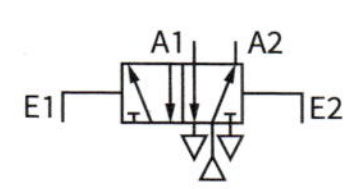	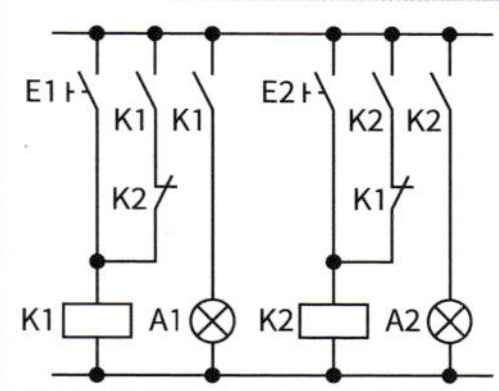
		0	1	0	1		
		1	0	1	0		
		1	1	–	–		
	S = Setzen R = Rücksetzen	• Zustand unverändert					

E1, E2 = Eingänge / A = Ausgang; (für ∧ wird auch · gesetzt; für ∨ wird auch + gesetzt)

Kontakte

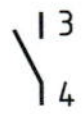
Schließer

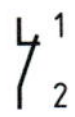
Öffner

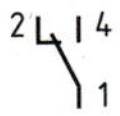
Wechsler mit Unterbrechung

Zweiwegschließer (Mittelstellung –Aus–)

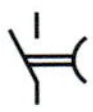
Schließer, schließt verzögert bei Betätigung

Öffner, schließt verzögert bei Rückfall

Schließer, schließt und öffnet verzögert

Schließer mit selbsttätigem Rückgang

Schließer mit nicht selbsttätigem Rückgang

Öffner mit selbsttätigem Rückgang

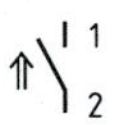
Öffner, im betätigten Zustand dargestellt

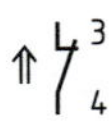
Schließer, im betätigten Zustand dargestellt

Schalter

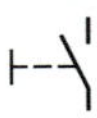
Handbetätigter Taster

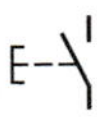
Drucktaster

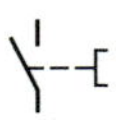
Zugschalter

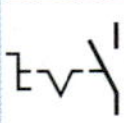
Drehtaster (rastend)

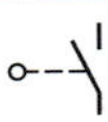
durch Rolle betätigt

Schalter

Berührungsempfindlicher Schalter

Näherungsempfindlicher Schalter, reagiert auf Eisen

Schaltgeräte

Schütz (Schließer)

Schütz mit selbsttätiger Auslösung

Leistungsschalter

Elektromechanische Antriebe

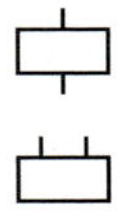
allgemeine Form Relaisspule Form 1

Form 2

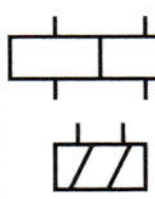
Antrieb mit zwei getrennten Wicklungen, zusammenhängende Darstellung Form 1

Form 2

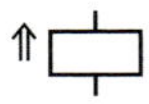
Antrieb, erregt

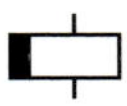
Antrieb mit Rückfallverzögerung

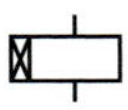
Antrieb mit Ansprechverzögerung

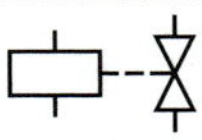
elektromagnetisch betätigtes Ventil

Sensoren (Blockdarstellung)

Kapazitiver Sensor, reagiert bei Annäherung aller Stoffe

Induktiver Sensor, reagiert bei Annäherung von Metallen

Magnetischer Sensor, reagiert bei Annäherung eines Magneten (Reedschalter)

Optischer Sensor, reagiert auf Reflexion von Licht

Binäre Verknüpfungen

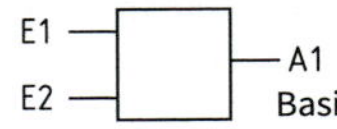

Basiszeichen

Eingänge links
Ausgänge rechts

Logik-Symbol	Stromlaufplan (Relais K schaltet Ausgang A)

UND

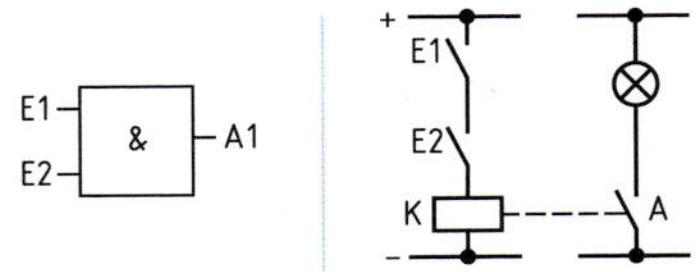

ODER

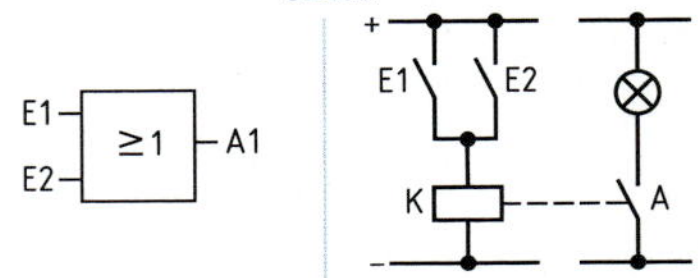

NICHT

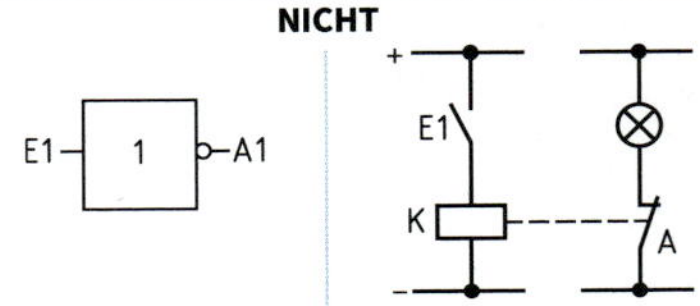

UND-NICHT

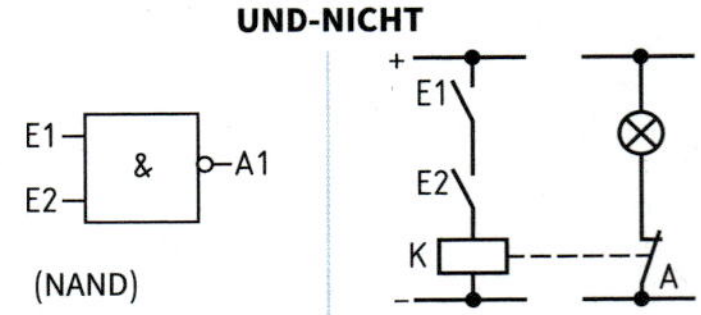

(NAND)

ODER-NICHT

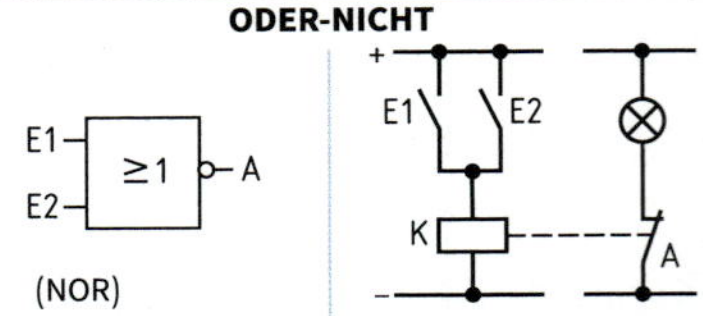

(NOR)

RS-Kippglied (Speicher)

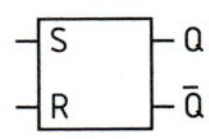

S = Setzen (EIN)
R = Rücksetzen (AUS)

Funktionstabelle

S	R	Q	Q̄
0	0	*	*
0	1	0	1
1	0	1	0
1	1	*	*

* wie vorher, bzw. unbestimmt

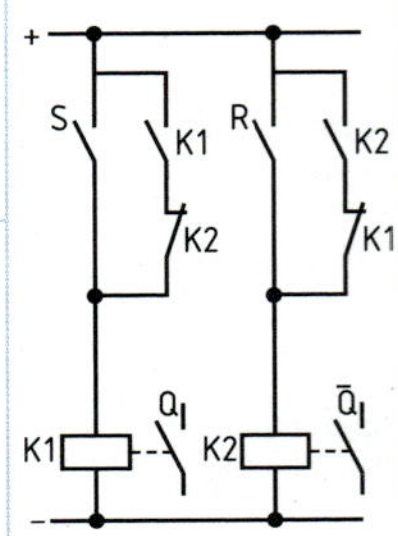

(selbsthaltend)

Stromlaufplan in aufgelöster Darstellung

Der Stromlaufplan zeigt die elektrischen Betriebsmittel sowie deren Zusammenwirken.

- Die Strompfade der elektrischen Betriebsmittel liegen senkrecht zwischen den zwei Stromversorgungsleitern (L+, L–).
- Die Strompfade werden fortlaufend durchnummeriert.
- Die Elemente unterliegen keiner festen räumlichen Anordnung.
- Im **Steuerstromkreis** sind die Geräte für die Signaleingabe und Signalverarbeitung enthalten.
- Im **Hauptstromkreis** (Leistungsstromkreis) sind die für die Betätigung der Arbeitsglieder notwendigen Stellglieder enthalten.

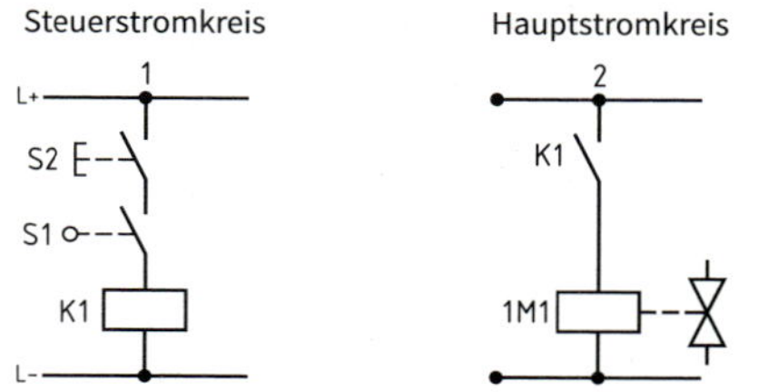

Schaltpläne der E-Pneumatik, Beispiele

Bezeichnung der Betriebsmittel

DIN EN 61 346-2: 2000-12

- Sämtliche Betriebsmittel werden jeweils fortlaufend durchnummeriert:
  S1, S2 …; K1, K2 …
- Die Relaisspule und deren Kontakte erhalten die gleiche Kennziffer.
  Beispiel rechts: Zu Relais K1 in Strompfad 1 gehört der Kontakt des Relais (K1) im Strompfad 2 (Selbsthaltung) und der Kontakt des Relais (K1) in Strompfad 4, mit dem die Betätigung des Magnetventils 1M1 erfolgt.
- Die elektromagnetisch betätigten Ventile werden durchlaufend gekennzeichnet (M1, M2 …).
- **Schaltgliedertabelle**
  Jedes Relais im Stromlaufplan erhält eine Schaltgliedertabelle.
  Beispiel rechts:
  Strompfad 1: In Strompfad 2 und 4 hat das Relais K1 einen Schließerkontakt (keinen Öffnerkontakt).
  Strompfad 3: In Strompfad 2 hat das Relais K2 einen Öffnerkontakt (keinen Schließerkontakt).

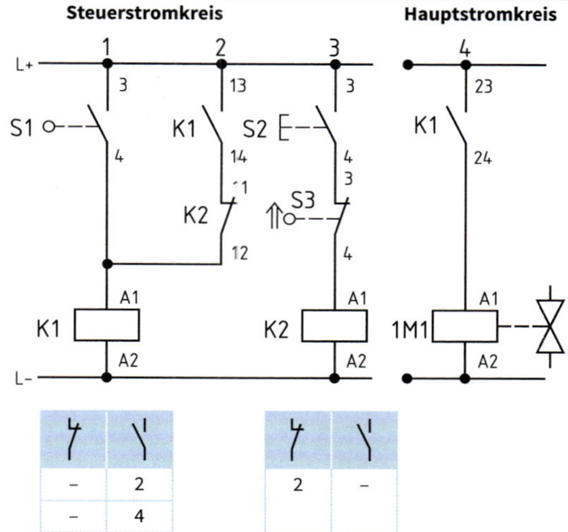

Anschlussbezeichnung von Relais

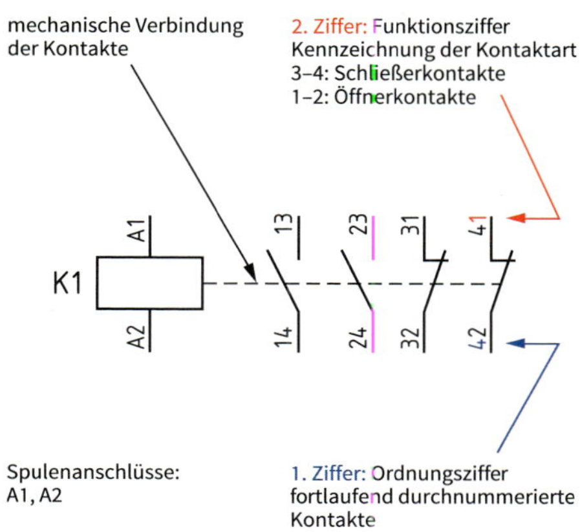

Verbindungslinien

Mechanische Verbindungslinien können zugunsten einer eindeutigen Führung der elektrischen Verbindungslinien verzweigt oder geknickt gezeichnet werden.

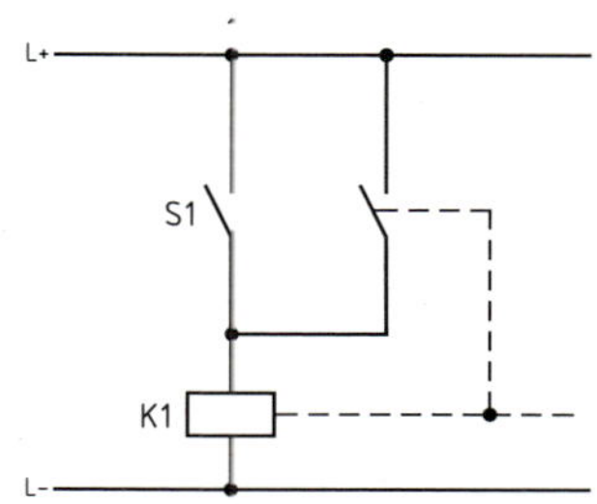

Kennbuchstabe	Betriebsmittel
M	Elektromotor, Stellantrieb, Magnetventil
K	Relais, Regler
S	Steuerschalter, Tastschalter
Y	elektrisch betätigte mechanische Mittel (DIN 40 719-2)

Elektropneumatik-Schaltplan mit doppeltwirkendem Zylinder

Indirekte Ansteuerung eines 5/2-Wegeventils, beidseitig elektromagnetisch betätigt. Wird der Taster S1 **oder** S2 betätigt, erfolgt das Ausfahren des Doppeltwirkenden Zylinders. Das Einfahren des Zylinders ist nur möglich, wenn die vordere Endlage erreicht ist **und** der Taster S3 betätigt ist.

Durch das Drosselrückschlagventil 1V2 wird die Ausfahrgeschwindigkeit gegenüber der Einfahrgeschwindigkeit um 50 % reduziert (Pneumatik-Schaltplan).

Der Signalgeber 1B1 im Strompfad 1 ist hier als magnetischer Näherungssensor (Reedschalter) ausgeführt (Stromlaufplan).

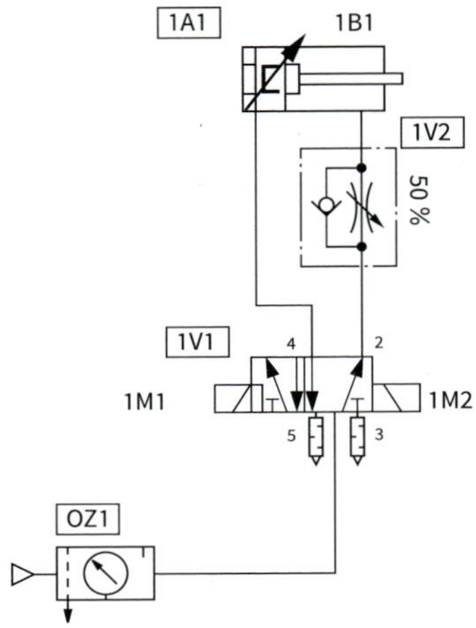

Stromlaufplan

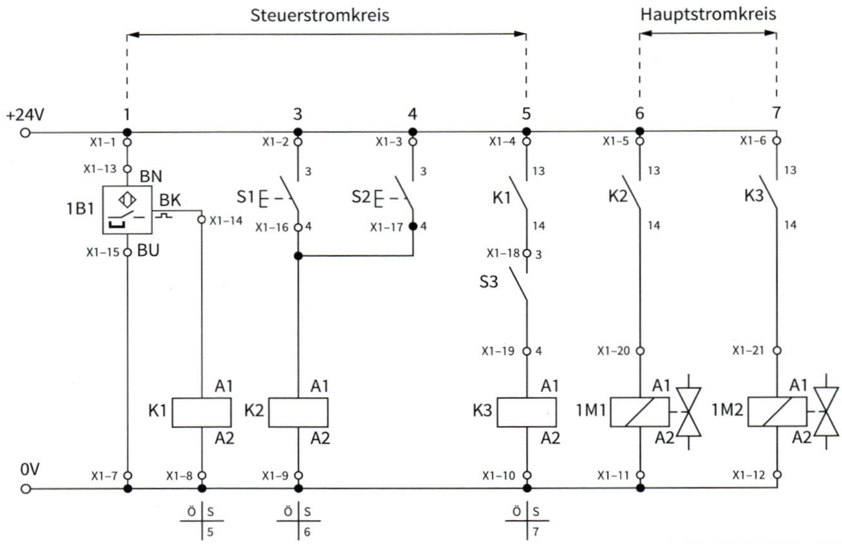

Klemmenbelegungsplan

Ziel (Schaltschrank)	Bauteil-bezeichnung	X1			K1	K2	K3	X1	K1	K2	K3			X1	K1	X1	K2		K1	K3	K2	K3									
	Anschluss-bezeichnung	13			13	13	13	15	A2	A2	A2			1	A1	7	A1		14	A1	14	14									
Klemmen-Nr. X1-…		1	2	3	4	5	6	7	8	9	10	11	12	13	14	15	16	17	18	19	20	21	22	23	24	25	26	27	28	29	30
Verbindungsbrücken		⊖	⊖	⊖	⊖	⊖	⊖	⊖	⊖	⊖	⊖	⊖	⊖	○	○	○	⊖	⊖	○	○	○	○	○	○	○	○	○	○	○	○	○
Ziel (Maschine)	Bauteil-bezeichnung	NG	S1	S2				NG				1M1	1M2	1B1	1B1	1B1	S1	S2	S3	S3	1M1	1M2									
	Anschluss-bezeichnung	+24V	3	3				0V				A2	A2	BN	BK	BU	4	4	3	4	A1	A1									

- Eindeutige Kennzeichnung eines Objektes im Gesamtsystem.
- Die Sichtweise wird durch ein Vorzeichen gekennzeichnet (Aspekt).
- Eine Kennzeichnung besteht im Regelfall aus 4 Zeichen:

1. Zeichen	2. Zeichen	3. Zeichen	4. Zeichen	5. Zeichen
Aspekt	Eingangsklasse	Unterklasse	Unter-Unterklasse	Fortlaufende Nr.
Aspekt (Vorsatzzeichen)	= (gleich) – Funktion	Aufgabe des Objekts		
	+ (plus) – Ort	Einbauort des Objekts		
	– (minus) – Produkt	Art des Objekts		
Eingangsklassen	Kennzeichnet das Objekt nach dessen Funktion Ist eine Verwechslungsgefahr ausgeschlossen, kann der Buchstabe für die Unterklasse entfallen!			
Unterklassen	Buchstaben A – E: für Objekte bezogen auf elektrische Energie Buchstaben F – H, J, K: für Objekte bezogen auf Informationen und Signale Buchstaben L – N, P – Y: für Objekte bezogen auf Maschinenbau, Verfahrenstechnik und Bauwesen Buchstabe Z: für Objekte mit kombinierten Aufgaben			
Unter-Unterklassen	Konkrete Benennung von Komponenten, z. B. Relais oder Taster			
Fortlaufende Nr.	Fortlaufende Nummerierung von gleichartigen Bauteilen (Zählnummer)			

Kennbuchstaben der Eingangsklassen für Betriebsmittel (Auswahl)

Kenn-buchstabe	Funktion der Betriebsmittel	Beispiele für typische Komponenten
B	Erfassen und Darstellen von Informationen	Bewegungswächter, Näherungsschalter, Sensoren, Stromwandler, Schalter, Schutzrelais
F	Direkter Schutz eines Energie- oder Signalflusses vor gefährlichen Zuständen	Sicherheitsventil, Sicherung, Leitungsschutzschalter
G	Bereitstellen eines Energie- oder Materialflusses	Pumpen, Gebläse, Generatoren, Förderer, Dynamo
K	Verarbeitung und Bereitstellung von Signalen	Steuerventil, Schaltrelais, Regler, Automatisierungsgerät
M	Ausübung von mechanischer Energie zu Antriebszwecken	Fluidzylinder, mechanischer Stellantrieb, Betätigungssignale
P	Bereitstellung von wahrnehmbaren Informationen	Manometer, Signallampe, LED
Q	Steuerung von Zugang oder Durchfluss	Stellventil, Leistungsschütz, Bremse
R	Begrenzung eines Energie- und Materialflusses	Rückschlagventil, Drosselspule, Widerstand, Begrenzer
S	Erkennen einer manuellen Betätigung und Bereitstellung einer Reaktion	Druckknopfbetätigtes Ventil, Schalter, Tastatur
X	Schnittstelle zu anderen Objekten	Greifer, Klemmleiste

Beispiele: RM: Begrenzen (R) durch Rückflussbewegung (M) = Rückschlagventil
GPA: Bereitstellen eines Durchflusses (G) durch Flüssigkeitsstrom (P) in eine Pumpe (A) = z. B. Zahnradpumpe

- Ventilspule und Sensoren werden im Stromlaufplan und zugleich auch im Pneumatik-Schaltplan dargestellt.
- So erhält z. B. die Ventilspule MB1 im Stromlaufplan auch die Bezeichnung MB1 im Pneumatikschaltplan.

Betriebsmittel	Eingangsklassen	Betriebsmittel	Unterklassen	Betriebsmittel	Unterklassen
Meldeeinrichtungen Meldeleuchte	P	Durchflusssensor	BF	Meldelampe, LED	PF
Schütz, Wegeventil	Q	Näherungsschalter/ Endschalter	BG	Anzeigeinstrument	PG
Handbetätigte Taster	S	Drucksensor	BP	Leistungsschütz	QA
Endschalter, elektronischer Näherungsschalter, Druckschalter	B	Pumpe	GP	Trennschalter (Hauptschalter)	QB
		Lüfter, Kompressor	GQ	Wegeventil (Pneumatik/Hydraulik)	QM
		Hilfsschütz, Regler, SPS, Relais	KF	Rückschlagventil	RM
Relais	K	Fluidregler, Vorsteuer-ventil, Ventilblock	KH	Hydraulische/ pneumatische Drossel (Durchflussbegrenzer)	RN
Magnetspule eines Ventils	M	Elektromotor	MA	Drosselrückschlagventil	RZ
Sicherung	F	Betätigungsspule (z. B. Ventilspule)	MB	Bedienschalter, Taster (elektrisch)	SF
Leiter, Kabel	W	Pneumatik-/ Hydraulikzylinder	MM	handbetätigte Ventile	SJ
Widerstand	R				

Beispiel:

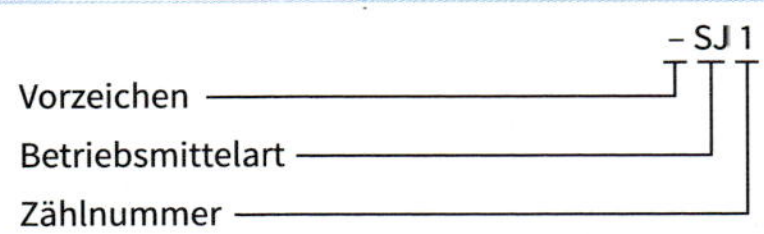

Schalt- und Stromlaufplan

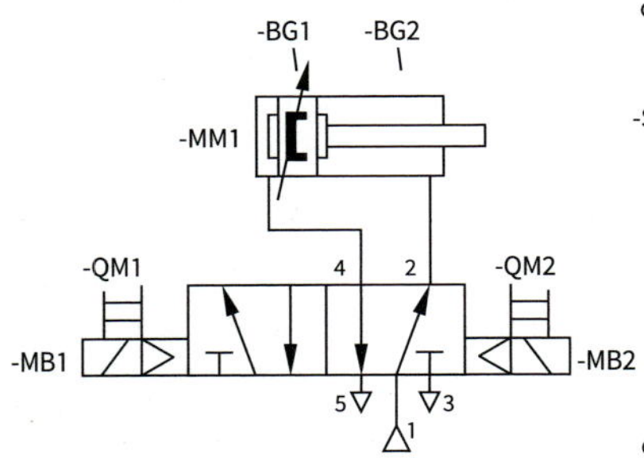

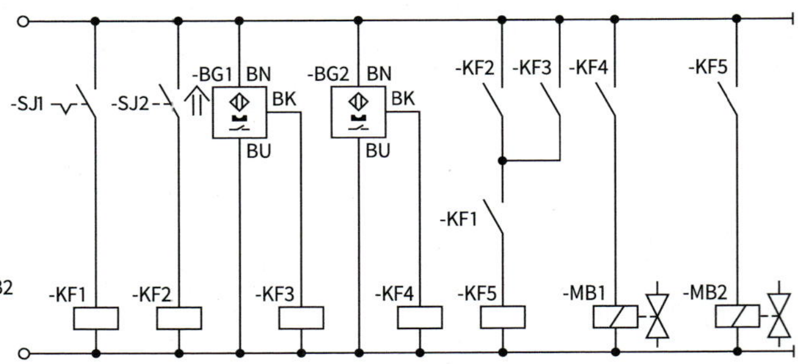

Anschlusskennzeichnung von Kontakten und Relais

Kontakt (Typ)	Ziffer
Öffner	1, 2
Öffner, verzögert	5, 6
Schließer	3, 4
Schließer, verzögert	7, 8
Wechsler	1, 2, 4
Wechsler, verzögert	5, 6, 8

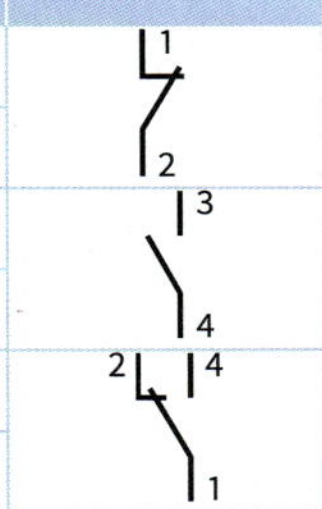

Spule mit den Anschlüssen A1, A2

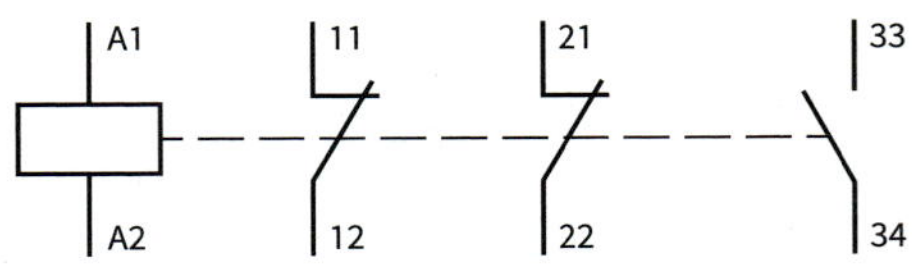

– mehrere Kontakte eines Bauteils werden durch eine voranstehende Ordnungsziffer durchnummeriert.

Beispiel:

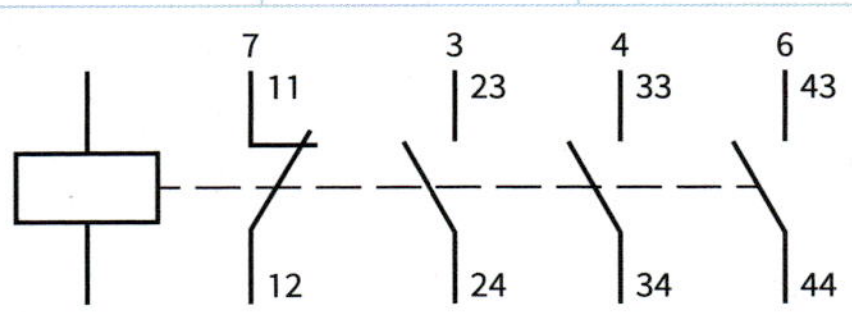

– vereinfachte Darstellung:

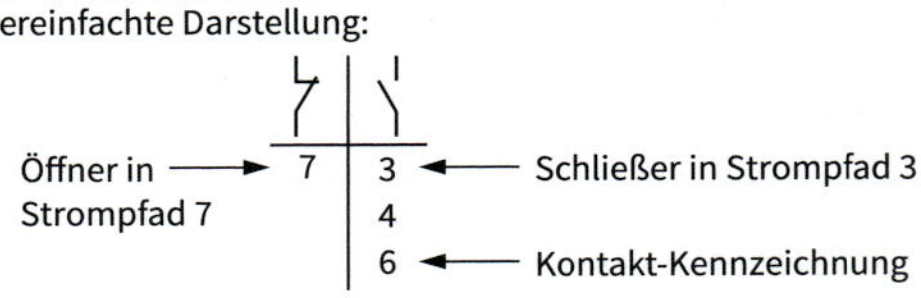

Kennzeichnung

Beispiel:

Stelle	1	2	3	4	5	6
	C	3	A 30	B	F	1

Erfassungsart		Mechanischer Einbau		Bauform Größe		Schaltelement Funktion		Ausgang		Anschlussart	
(1 Zeichen)		(1 Zeichen)		(3 Zeichen)		(1 Zeichen)		(1 Zeichen)		(1 Zeichen)	
I	Induktiv	**1**	bündig einbaubar	**A**	zylindrische Gewindehülse	**A**	Schließer	**P**	PNP-Ausgang, 3 oder 4 Anschlüsse DC	**1**	integrierte Anschlussleitung
C	Kapazitiv	**2**	nicht bündig einbaubar	**B**	glatte zylindrische Hülse	**B**	Öffner	**N**	NPN-Ausgang, 3 oder 4 Anschlüsse DC	**2**	Steckanschluss
U	Ultraschall	**3**	nicht festgelegt	**C**	rechteckig, mit quadratischem Querschnitt	**C**	Wechsler (Schließer/Öffner)	**D**	2 Anschlüsse DC	**3**	Schraubanschluss
D	fotoelektrisch diffus; reflektiertes Lichtbündel			**D**	rechteckig, mit rechteckigem Querschnitt	**P**	programmierbar durch Anwender	**F**	2 Anschlüsse AC	**9**	andere
M	nichtmechanisch-magnetisch			Form: 1 Großbuchstabe Grösse: 2 Ziffern für Durchmesser oder Seitenlänge		**S**	andere	**U**	2 Anschlüsse AC oder DC		
R	fotoelektrisch reflektiertes Lichtbündel							**S**	andere		
T	fotoelektrisch direktes Lichtbündel										

Schaltzeichen

Induktiver Näherungssensor
Gleichspannung
Halbleiterausgang pnp

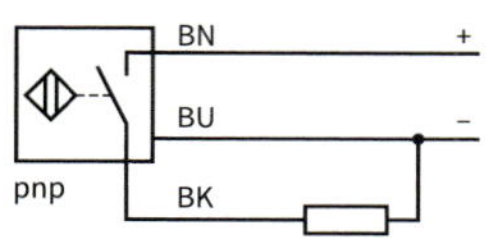

Kapazitiver Näherungssensor
Wechselspannung
Schließerausgang

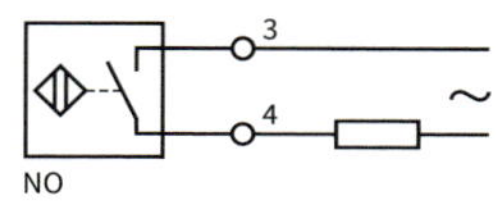

Induktiver Näherungssensor
Wechselspannung
Öffnerausgang

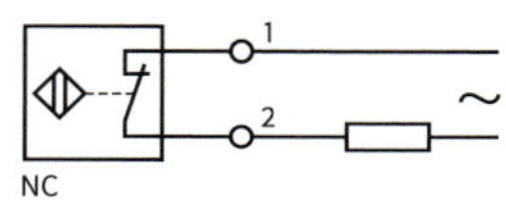

Ultraschall Näherungssensor
Gleichspannung
Ausgang analog
4 mA bis 20 mA, 0 V bis 10 V

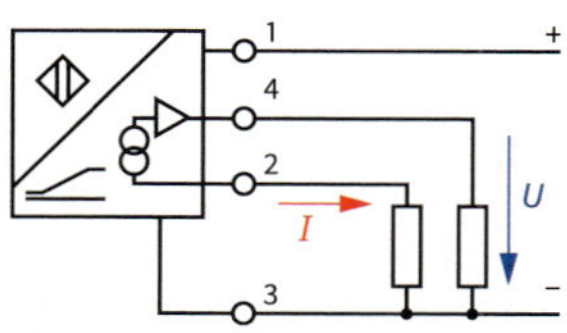

Ultraschall Näherungssensor
Gleichspannung
Ausgang analog
4 mA bis 20 mA

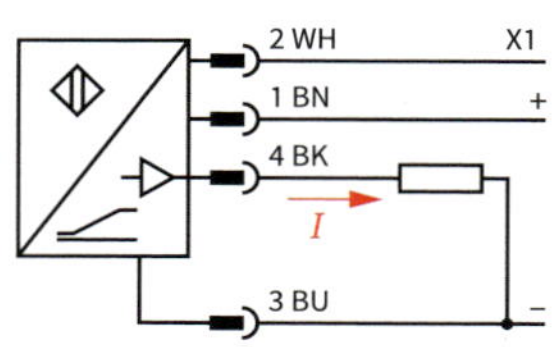

Induktiver Näherungssensor
Gleichspannung
Anschluss an ASI-Bus

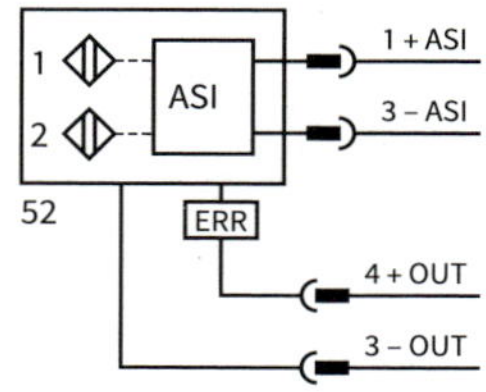

Ultraschall Näherungssensor
Gleichspannung
Halbleiterausgang pnp, npn
Teach-Funktion

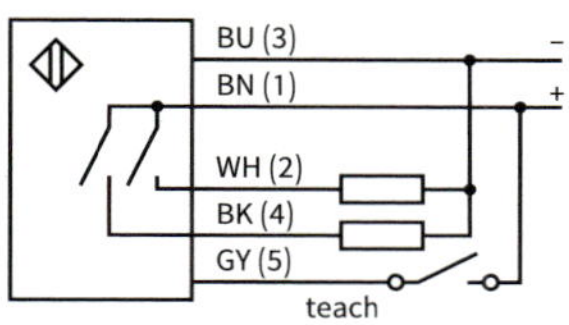

Fotoelektrischer Näherungssensor
Optische Strahlung diffus reflektierend
Ausgang Öffnerkontakt

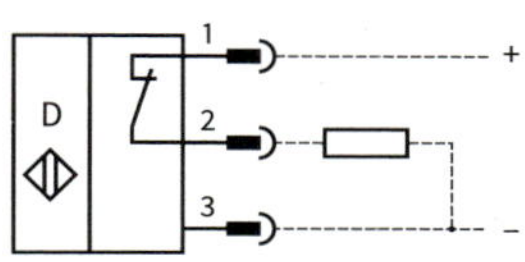

Strömungssensor
(FC: Fluid Control)
Mechanischer Kontaktausgang

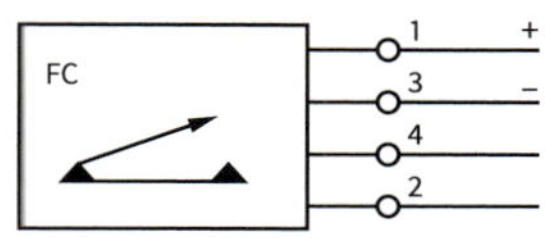

Aufbau

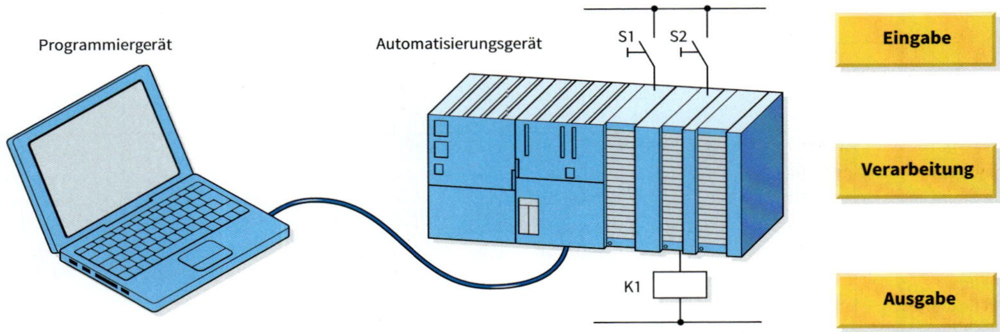

Programmiersprachen

DIN EN 61 131-3: 2003-12

Textsprachen

Anweisungsliste: AWL
(Instruction list: IL)

```
LD    A
ANDN  B
ST    C
```

Strukturierter Text: ST
(Structured Text: ST)

```
C:=A AND NOT B
```

Grafiksprachen

Kontaktplan: KOP
(Ladder Diagram: LD)

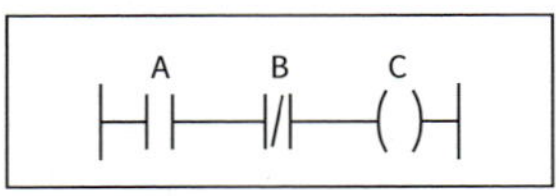

Funktionsbausteinsprache: FBS
(Function Block Diagram: FBD)

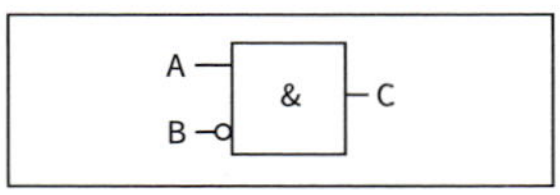

Ablaufsprache: AS
(Sequential Function Chart: SFC)

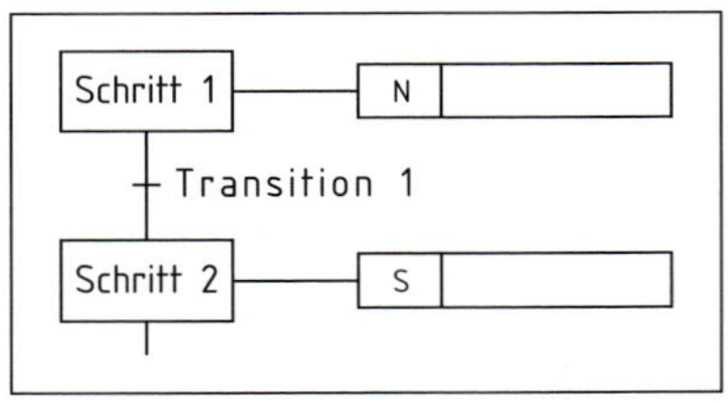

Gemeinsame Inhalte von SPS-Sprachen

Begrenzungszeichen (Auswahl)	
Zeichen	**Gebrauch**
(*	Kommentar-Anfang
*)	Kommentar Ende
+	Führendes Vorzeichen von Dezimalzahlen, Additionsoperator (ST)
–	Führendes Vorzeichen von Dezimalzahlen, Jahr-Monat-Tag-Trennzeichen, Subtraktion, Negationsoperator (ST) horizontale Linie (FBS, KOP)
#	Zeitliteral-Trennzeichen Basiszahl-Trennzeichen
.	Ganzzahl/Bruch-Trennzeichen, Trennzeichen innerhalb hierarchischer Adressen, Trennzeichen von Variablen
;	Trennzeichen für Typendeklaration, Anweisung-Trennzeichen (ST)

Begrenzungszeichen (Auswahl)	
Zeichen	**Gebrauch**
()	Anweisungsliste-Modifizierer/Operator (ST), Begrenzungszeichen für FBS-Eingangsliste (ST)
‘	Aufzählungslisten-, Anfangswert- und Feldindex-Trennzeichen, Trennzeichen für deklarierte Variablen
:=	Initialisierungsoperator, Eingangsverbindungsoperator, Zuweisungsoperator (ST)
e oder E	Real-Exponent-Begrenzungszeichen
$	Anfang von Sonderzeichen in Folge
:	Variablen/Typ- und Schrittnamen-Trennzeichen, Netzwerkmarken-Trennzeichen (KOP, FBS), Anweisungsmarken-Trennzeichen (ST)
%	Direkt-Darstellung-Präfix

Gemeinsame Inhalte von SPS-Sprachen (Auswahl)

DIN EN 61 131-3: 2003-12

Standardfunktionen		
Name	**Symbol**	**Bedeutung**
ADD SUB MUL DIV	+ – * /	Addition Subtraktion Multiplikation Division
AND OR XOR NOT	& >= 	Boolesches UND Boolesches ODER (nicht in AWL/ST) Boolesches Exklusiv-ODER Verneinung
S R		Setzt booleschen Operator auf „1" Setzt booleschen Operator auf „0"
GT GE EQ NE LE LT	> >= = < > <= <	Vergleich: größer Vergleich: größer gleich Vergleich: gleich Vergleich: ungleich Vergleich: kleiner gleich Vergleich: kleiner

Schlüsselwörter von Datentypen		
Schlüsselwort	**Datentyp**	**Bits**
BOOL	boolesche	1
SINT INT DINT LINT REAL LREAL	kurze ganze Zahl ganze Zahl doppelte ganze Zahl lange ganze Zahl reelle Zahl lange reelle Zahl	8 16 32 64 32 64
STRING	variabel lange Zeichenfolge	–
TIME DATE	Zeitdauer Datum	– –
BYTE WORD DWORD LWORD	Bit-Folge der Länge 8 Bit-Folge der Länge 16 Bit-Folge der Länge 32 Bit-Folge der Länge 64	8 16 32 64

Anweisungsliste (AWL)

DIN EN 61 131-3: 2003-12

Die Anweisungsliste ist eine zeilenorientierte Textsprache, die Arbeitsvorschriften in Form von Steueranweisungen in einer Ablauffolge zusammenfasst.

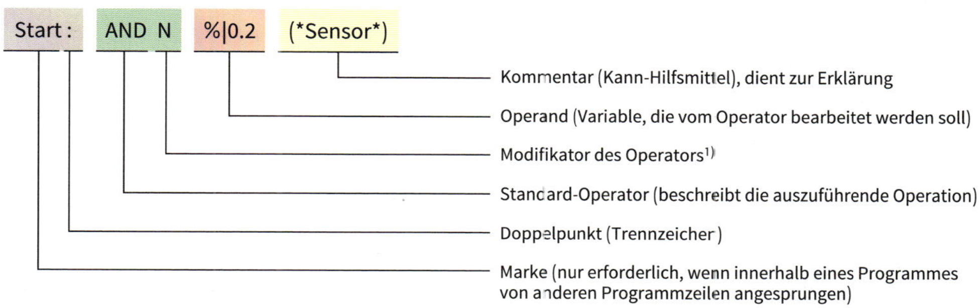

Standardoperatoren

Operator	Modifikation	Bedeutung	Operator	Modifikation	Bedeutung
LD	N	Setzen eines Operanden	MUL DIV	((	Multiplikation Division
ST	N	Speicherung auf Operanden-Adresse	GT GE EQ NE LE LT	((((((	Vergleich: > Vergleich: >= Vergleich: = Vergleich: < > Vergleich: <= Vergleich: <
S R	– –	Setzt den Operanden auf „logisch 1" Setzt den Operanden auf „logisch 0"			
AND & OR XOR	N, (N, (N, (N, (	Boolesches UND Boolesches UND Boolesches ODER Boolesches Exklusiv-ODER	JMP CAL RET	C, N C, N C, N	Sprung zur Marke Aufruf Funktionsbaustein Rücksprung
ADD SUB	((	Addition Subtraktion	)	–	Bearbeitung zurückgestellter Operanden

Standardoperanden

Kurzzeichen	Bedeutung
% I	Eingangsvariable
% Q	Ausgangsvariable
% M	Merker
	Direkte SPS-Adressen müssen mit einem % beginnen.

1) N = Boolesche Negierung des Operanden
C = wird nur ausgeführt, wenn das ausgewertete Ergebnis eine boolesche 1 ist.
(= Auswertung des Operators wird zurückgestellt, bis „)" erscheint

Strukturierter Text (ST)

DIN EN 61 131-3: 2003-12

Der Strukturierte Text ist eine Hochsprache der SPS, angelehnt an ISO-Pascal.

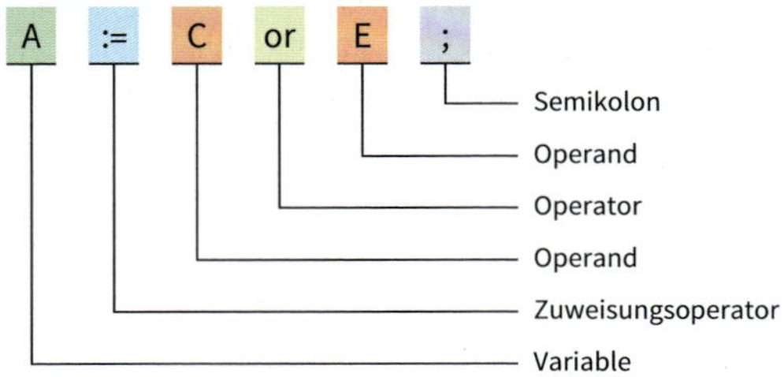

Anweisung	Bedeutung	Anweisung	Bedeutung
:=	Zuweisung	FOR	Wiederholungs-anweisung
RETURN	Rücksprung	WHILE	Wiederholungs-anweisung
IF	bedingte Anweisung	REPEAT	Wiederholungs-anweisung
CASE	Auswahl-anweisung	EXIT	Verlassen einer Wiederholungs-anweisung

Kontaktplan (KOP); Symbole

DIN EN 61 131-3: 2003-12

Der Kontaktplan stellt die Steuerungsfunktion in Anlehnung an Stromlaufpläne dar. Die Strompfade sind hier waagerecht gezeichnete Stromschienen mit speziellen Symbolen.

Symbol	Beschreibung	Symbol	Beschreibung	Symbol	Beschreibung
Linien und Blöcke		Kontakte		Spulen	
	Verbindungselemente	*** –| |–	Schließer Abfrage auf logisch „1“	*** –( )–	Spule, Zuweisung, Ausgabe
	Linienverbindung			*** –(/)–	Negative Spule, negierte Zuweisung, Ausgabe
	Kreuzung ohne Verbindung	*** –|/|–	Öffner Abfrage auf logisch „0“	*** –(S)–	Setze Spule, Speicherung einer Verknüpfung
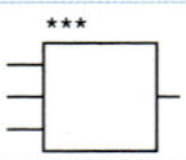	Blöcke mit Verbindungslinien			*** –(R)–	Rücksetze Spule
	linke Stromschiene	*** –|P|–	Kontakt zur Erkennung von positivem Übergang, Signal von „0“ auf „1“	*** –(P)–	Spule zur Erkennung von positivem Übergang, Signal von „0“ auf „1“
	rechte Stromschiene	*** –|N|–	Kontakt zur Erkennung von negativem Übergang, Signal von „1“ auf „0“	*** –(N)–	Spule zur Erkennung von negativem Übergang, Signal von „1“ auf „0“
***	Element-Bezeichnung				

Beispiel:

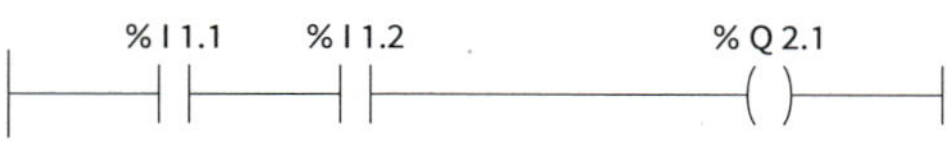

Netzwerk1

Funktionsbaustein-Sprache (FBS); Symbole

DIN EN 61 131-3: 2003-12

Die Funktionsbaustein-Sprache stellt mit Hilfe von rechteckigen „Bausteinen“, die durch Linien miteinander verbunden sind, Steueranweisungen in Netzwerken dar.

Symbol	Beschreibung	Symbol	Beschreibung
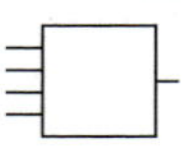	Die Elemente sind rechteckig Eingangsparameter sind auf der linken, Ausgangsparameter auf der rechten Seite anzubringen	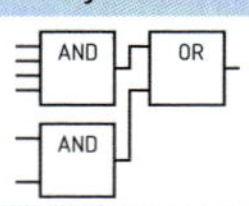 AND OR AND	Die Elemente müssen durch Signalfluss-Linien verbunden werden.
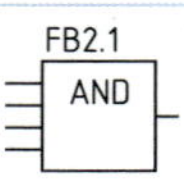 FB2.1 AND	Die Bausteinbezeichnung steht auf dem Element. Die Funktion des Bausteins wird als Name oder Symbol innerhalb des Bausteins angegeben.	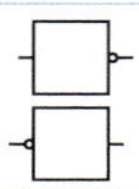	Negierter Ausgang Negierter Eingang
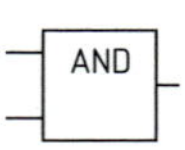 AND	UND-Bedingung (Der Ausgang wird dann „logisch 1“, wenn alle Eingänge den Wert „logisch 1“ haben.)	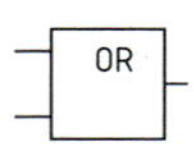 OR	ODER-Bedingung (Der Ausgang wird dann „logisch 1“, wenn ein Eingang den Wert „logisch 1“ hat.)

Ablaufsprache (AS)

DIN EN 61 131-3: 2003-12

Die Ablaufsprache ist die Umsetzung der Funktionsplandarstellung (DIN EN 60 848) in eine SPS-Programmiersprache; die Steuerungsaufgabe wird in einer Kettenstruktur dargestellt.

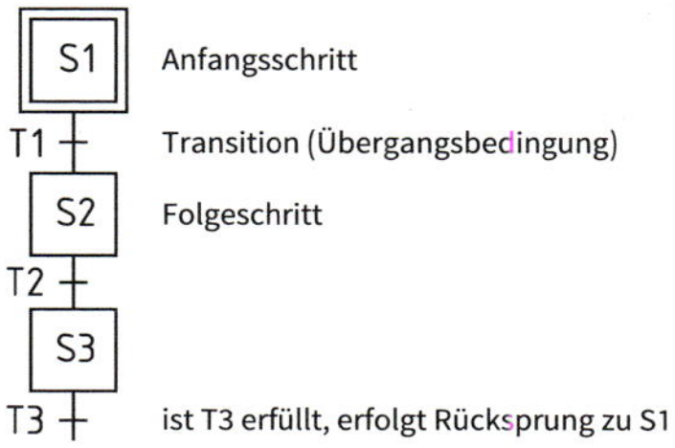

- Der Übergang zum nächsten Schritt erfolgt nur dann, wenn die festgelegten Transitionsbedingungen erfüllt sind.
- Innerhalb der Kette ist immer nur ein Schritt aktiv.
- Der Übergang zum Folgeschritt kann erfolgen, wenn:
  - der vorhergehende Schritt aktiv ist
  - und die Übergangsbedingung wahr (true) ist.
- Wird der Folgeschritt aktiv, wird der vorhergehende Schritt deaktiv.
- Die Transitionsbedingungen sind in einer Programmiersprache nach DIN 61 131-3 (z. B. AWL) zu schreiben.

SPS-Programmierung (Beispiele)

DIN EN 61 131-3: 2003-12

UND-Verknüpfung mit Negation am Ausgang

FBS (Funktionsbaustein)

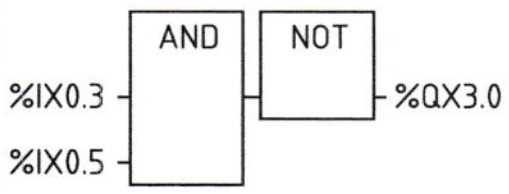

KOP (Kontaktplan)

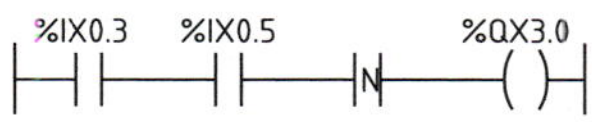

AWL (Anweisungsliste)	ST (Strukturierter Text)
LD %IX0.3 AND %IX0.5 NOT ST %QX3.0	%QX3.0:=NOT (%IX0.3 AND %IX0.5);

Kommentar
- Ausgang 3.0 ist „logisch 1", wenn AND-Funktion **nicht** erfüllt ist, wenn also die Eingänge 0.3 und 0.5 den Signalzustand „0" haben

ODER-Verknüpfung mit Negation am Eingang

FBS (Funktionsbaustein)

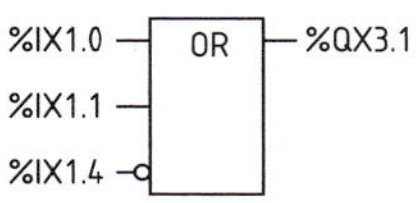

KOP (Kontaktplan)

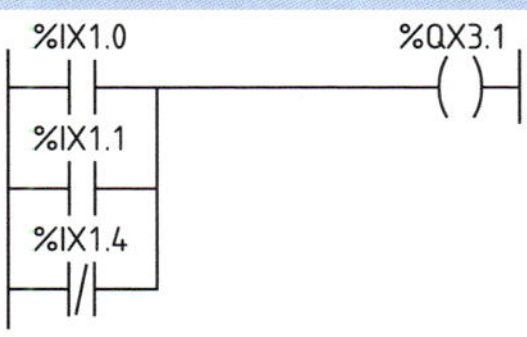

AWL (Anweisungsliste)	ST (Strukturierter Text)
LD %IX1.0 OR %IX1.1 ORN %IX1.4 ST %QX3.1	%QX3.1:=%IX1.0 OR %IX1.1 OR NOT %IX1.4;

- Ausgang 3.1 ist „logisch 1", wenn Eingänge 1.0 oder 1.1 den Signalzustand „1" haben, oder der Eingang 1.4 den Signalzustand „0" hat

Exklusiv-ODER-Verknüpfung

FBS (Funktionsbaustein)

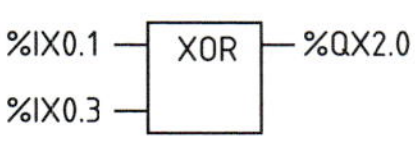

KOP (Kontaktplan)

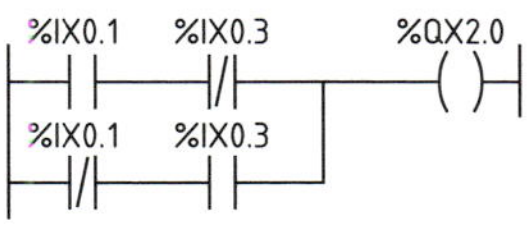

AWL (Anweisungsliste)	ST (Strukturierter Text)
LD %IX0.1 XOR %IX0.3 ST %QX2.0	%QX2.0:=%IX0.1 XOR %IX0.3;

- Ausgang 2.0 ist „logisch 1", wenn die beiden Eingänge 0.1 und 0.3 unterschiedliche Signalzustände haben.

Anwendungsbeispiele für Operationen der Signalverarbeitung (Auswahl)

DIN EN 61 131: 2003-12

Operation	Funktionsplan (FUP)	Kontaktplan (KOP)	Anweisungsliste (AWL) Adresse	Anweisung
=	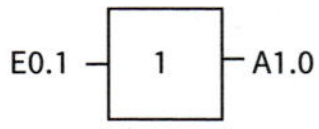 $E0.1 = A1.0$		000 001 002	U E0.1 = A1.0 PE
NICHT	 $\overline{E0.1} = A1.0$		000 001 002	UN E0.1 = A1.0 PE
UND	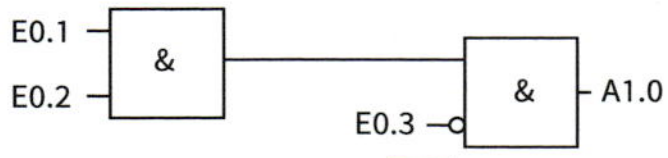 $E0.1 \wedge E0.2 \wedge \overline{E0.3} = A1.0$	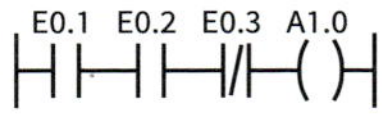	000 001 002 003 004	U E0.1 U E0.2 UN E0.3 = A1.0 PE
ODER	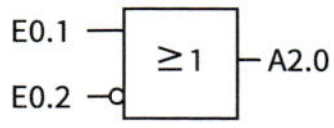 $E0.1 \vee \overline{E0.2} = A2.0$	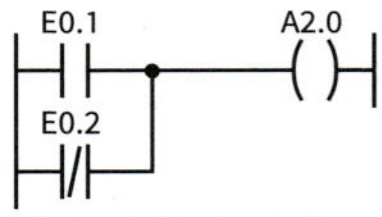	000 001 002 003	U E0.1 ON E0.2 = A2.0 PE
Exklusiv-ODER [Antivalenz]	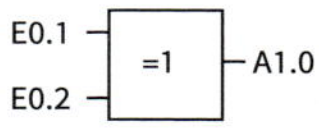	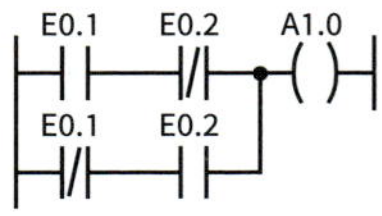	000 001 002 003 004 005 006 007	U E0.1 UN E0.2 O(UN E0.1 U E0.2) = A1.0 PE
Exklusiv-ODER negiert [Äquivalenz]	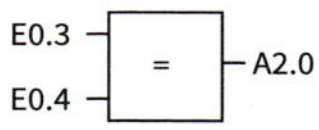	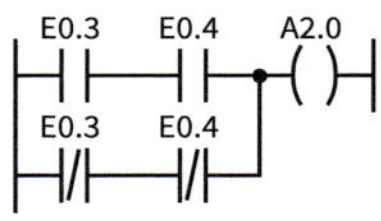	000 001 002 003 004 005 006 007	U E0.3 U E0.4 O(UN E0.3 UN E0.4) = A2.0 PE
UND vor UND **mit Merker**	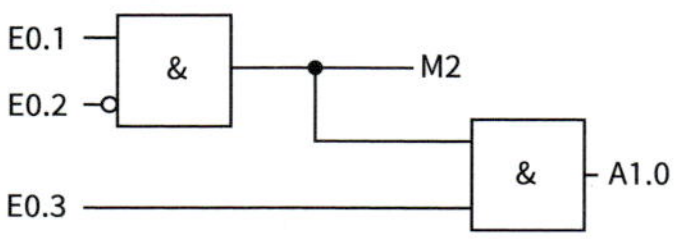	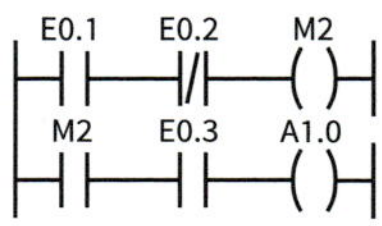	000 001 002 003 004 005 006	U E0.1 UN E0.2 = M2 U M2 U E0.3 = A1.0 PE
UND vor ODER **mit Merker**	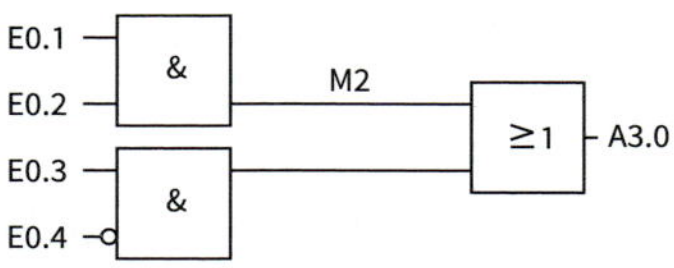	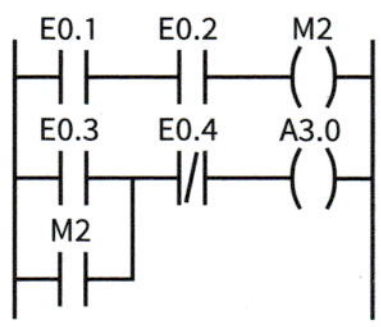	000 001 002 003 004 005 006 007	U E0.1 U E0.2 = M2 U E0.3 UN E0.4 O M2 = A3.0 PE
R/S-Speicher **Setzen vorrangig**	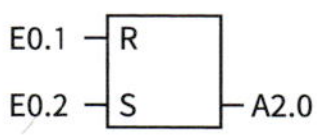	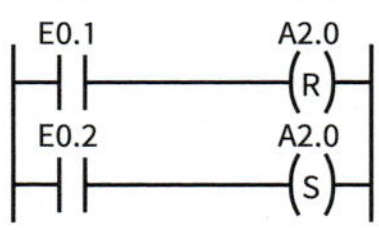	000 001 002 003 004	U E0.1 R A2.0 U E0.2 S A2.0 PE
R/S-Speicher **Rücksetzen vorrangig**	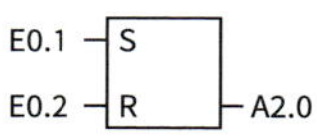	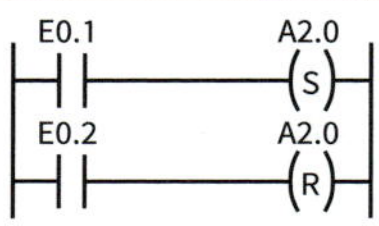	000 001 002 003 004	U E0.1 S A2.0 U E0.2 R A2.0 PE

Bei gleichzeitigem Setz- und Rücksetzbefehl dominiert die zuletzt programmierte Anweisung.

Codetabellen

Dezimal-Ziffer	Tetradische Codes: BCD-Code				Aiken-Code				Einschrittige tetradische Codes: Gray-Code				Glixon-Code			
0	0	0	0	0	0	0	0	0	0	0	0	0	0	0	0	0
1	0	0	0	1	0	0	0	1	0	0	0	1	0	0	0	1
2	**0**	**0**	**1**	**0**	0	0	1	0	**0**	**0**	**1**	**1**	0	0	1	1
3	0	0	1	1	0	0	1	1	0	0	1	0	0	0	1	0
4	**0**	**1**	**0**	**0**	0	1	0	0	**0**	**1**	**1**	**0**	0	1	1	0
5	0	1	0	1	1	0	1	1	0	1	1	1	0	1	1	1
6	**0**	**1**	**1**	**0**	1	1	0	0	**0**	**1**	**0**	**1**	0	1	0	1
7	0	1	1	1	1	1	0	1	0	1	0	0	0	1	0	0
8	1	0	0	0	1	1	1	0	1	1	0	0	1	1	0	0
9	1	0	0	1	1	1	1	1	1	1	0	1	1	0	0	0
Wertigkeit	8	4	2	1	2	4	2	1								
Stelle	4	3	2	1	4	3	2	1	4	3	2	1	4	3	2	1

Beispiel

Dezimal: **6**

BCD: 0110
Gray: 0101

Dezimal: **24**

BCD: 00100100
Gray: 00110110

BCD: Binary-**c**oded **D**ecimals

Zahlensysteme: Dual – Dezimal – Hexadezimal

									0	0	0	0	0	0	0	0	1	1	1	1	1	1	1	1
				Bit 6					0	0	0	0	1	1	1	1	0	0	0	0	1	1	1	1
									0	0	1	1	0	0	1	1	0	0	1	1	0	0	1	1
									0	1	0	1	0	1	0	1	0	1	0	1	0	1	0	1
b_8	b_7	b_6	b_5	b_4	b_3	b_2	b_1		Codewort (Dualzahl)															
1. Halbbyte				2. Halbbyte				Zahl	z_{10} = Dezimalzahl, z_{16} = Hexadezimalzahl															
				0	0	0	0	z_{10}	0	16	32	48	64	80	96	112	128	144	160	176	192	208	224	240
								z_{16}	00	10	20	30	40	50	60	70	80	90	A0	B0	C0	D0	E0	F0
				0	0	0	1	z_{10}	1	17	33	49	65	81	97	113	129	145	161	177	193	209	225	241
								z_{16}	01	11	21	31	41	51	61	71	81	91	A1	B1	C1	D1	E1	F1
				0	0	1	0	z_{10}	2	18	34	50	66	82	98	114	130	146	162	178	194	210	226	242
								z_{16}	02	12	22	32	42	52	62	72	82	92	A2	B2	C2	D2	E2	F2
				0	0	1	1	z_{10}	3	19	35	51	67	83	99	115	131	147	163	179	195	211	227	243
								z_{16}	03	13	23	33	43	53	63	73	83	93	A3	B3	C3	D3	E3	F3
				0	1	0	0	z_{10}	4	20	36	52	68	84	100	116	132	148	164	180	196	212	228	244
								z_{16}	04	14	24	34	44	54	64	74	84	94	A4	B4	C4	D4	E4	F4
				0	1	0	1	z_{10}	5	21	37	53	69	85	101	117	133	149	165	181	197	213	229	245
								z_{16}	05	15	25	35	45	55	65	75	85	95	A5	B5	C5	D5	E5	F5
				0	1	1	0	z_{10}	6	22	38	54	70	86	102	118	134	150	166	182	198	214	230	246
								z_{16}	06	16	26	36	46	56	66	76	86	96	A6	B6	C6	D6	E6	F6
				0	1	1	1	z_{10}	7	23	39	55	71	87	103	119	135	151	167	183	199	215	231	247
								z_{16}	07	17	27	37	47	57	67	77	87	97	A7	B7	C7	D7	E7	F7
				1	0	0	0	z_{10}	8	24	40	56	72	88	104	120	136	152	168	184	200	216	232	248
								z_{16}	08	18	28	38	48	58	68	78	88	98	A8	B8	C8	D8	E8	F8
				1	0	0	1	z_{10}	9	25	41	57	73	89	105	121	137	153	169	185	201	217	233	249
								z_{16}	09	19	29	39	49	59	69	79	89	99	A9	B9	C9	D9	E9	F9
1	0	0	0	1	0	1	0	z_{10}	10	26	42	58	74	90	106	122	138	154	170	186	202	218	234	250
								z_{16}	0A	1A	2A	3A	4A	5A	6A	7A	8A	9A	AA	BA	CA	DA	EA	FA
				1	0	1	1	z_{10}	11	27	43	59	75	91	107	123	139	155	171	187	203	219	235	251
								z_{16}	0B	1B	2B	3B	4B	5B	6B	7B	8B	9B	AB	BB	CB	DB	EB	FB
				1	1	0	0	z_{10}	12	28	44	60	76	92	108	124	140	156	172	188	204	220	236	252
								z_{16}	0C	1C	2C	3C	4C	5C	6C	7C	8C	9C	AC	BC	CC	DC	EC	FC
				1	1	0	1	z_{10}	13	29	45	61	77	93	109	125	141	157	173	189	205	221	237	253
								z_{16}	0D	1D	2D	3D	4D	5D	6D	7D	8D	9D	AD	BD	CD	DD	ED	FD
				1	1	1	0	z_{10}	14	30	46	62	78	94	110	126	142	158	174	190	206	222	238	254
								z_{16}	0E	1E	2E	3E	4E	5E	6E	7E	8E	9E	AE	BE	CE	DE	EE	FE
				1	1	1	1	z_{10}	15	31	47	63	79	95	111	127	143	159	175	191	207	223	239	255
								z_{16}	0F	1F	2F	3F	4F	5F	6F	7F	8F	9F	AF	BF	CF	DF	EF	FF

Dezimalzahl (z_{10}) = 138 ↔ 8A Hexadezimalzahl (z_{16})
↔ 1000 1010 Dualzahl (z_2)

ASCII-Code, 8-Bit-Code

DIN 66 303: 1996-11

								0	0	0	0	0	0	0	0	1	1	1	1	1	1	1	1
								0	0	0	0	1	1	1	1	0	0	0	0	1	1	1	1
								0	0	1	1	0	0	1	1	0	0	1	1	0	0	1	1
								0	1	0	1	0	1	0	1	0	1	0	1	0	1	0	1
				0	0	0	0	NUL 00	DLE 16	SP 32	0 48	@ 64	P 80	` 96	p 112	C 128	È 144	á 160	░ 176	└ 192	╨ 208	α 224	≡ 240
				0	0	0	1	SOH 01	DC1 17	! 33	1 49	A 65	Q 81	a 97	q 113	ü 129	æ 145	í 161	▒ 177	┴ 193	╤ 209	β 225	± 241
				0	0	1	0	STX 02	DC2 18	~ 34	2 50	B 66	R 82	b 98	r 114	é 130	Æ 146	ó 162	▓ 178	┬ 194	╥ 210	Γ 226	≥ 242
				0	0	1	1	ETX 03	DC3 19	# 35	3 51	C 67	S 83	c 99	s 115	â 131	ô 147	ú 163	│ 179	├ 195	╙ 211	π 227	≤ 243
				0	1	0	0	EOT 04	DC4 20	$ 36	4 52	D 68	T 84	d 100	t 116	ä 132	ö 148	ñ 164	┤ 180	─ 196	╘ 212	Σ 228	⌠ 244
0	1	0	0	0	1	0	1	ENQ 05	NAK 21	% 37	5 53	E 69	U 85	e 101	u 117	à 133	ò 149	Ñ 165	╡ 181	┼ 197	╒ 213	σ 229	⌡ 245
				0	1	1	0	ACK 06	SYN 22	& 38	6 54	F 70	V 86	f 102	v 118	å 134	û 150	ª 166	╢ 182	╞ 198	╓ 214	µ 230	: 246
				0	1	1	1	BEL 07	ETB 23	’ 39	7 55	G 71	W 87	g 103	w 119	ç 135	ù 151	º 167	╖ 183	╟ 199	╫ 215	τ 231	≈ 247
				1	0	0	0	BS 08	CAN 24	(40	8 56	H 72	X 88	h 104	x 120	ê 136	ÿ 152	¿ 168	╕ 184	╚ 200	╪ 216	Φ 232	° 248
				1	0	0	1	HT 09	EM 25	) 41	9 57	I 73	Y 89	i 105	y 121	ë 137	Ö 153	⌐ 169	╣ 185	╔ 201	┘ 217	Θ 233	• 249
				1	0	1	0	LF 10	SUB 26	* 42	: 58	J 74	Z 90	j 106	z 122	è 138	Ü 154	¬ 170	║ 186	╩ 202	┌ 218	Ω 234	· 250
				1	0	1	1	VT 11	ESC 27	+ 43	; 59	K 75	[91	k 107	{ 123	ï 139	¢ 155	½ 171	╗ 187	╦ 203	█ 219	δ 235	√ 251
				1	1	0	0	FF 12	FS 28	, 44	< 60	L 76	\ 92	l 108	| 124	î 140	£ 156	¼ 172	╝ 188	╠ 204	■ 220	∞ 236	ⁿ 252
				1	1	0	1	CR 13	GS 29	_ 45	= 61	M 77	] 93	m 109	} 125	ì 141	¥ 157	¡ 173	╜ 189	═ 205	▌ 221	ø 237	² 253
				1	1	1	0	SO 14	RS 30	. 46	> 62	N 78	^ 94	n 110	~ 126	Ä 142	Pts 158	« 174	╛ 190	╬ 206	▐ 222	ε 238	■ 254
				1	1	1	1	SI 15	US 31	/ 47	? 63	O 79	– 95	o 111	DEL 127	Å 143	ƒ 159	» 175	┐ 191	╧ 207	■ 223	∩ 239	SP 255

Beispiel: E → dezimal: 69; dual: 0100 0101

Die Belegung der Zeichen 128–255 wird von Computerherstellern nicht immer einheitlich verwendet.

Bedeutung der ASCII-Steuerzeichen

Zeichen	Bedeutung (englisch)	Bedeutung (deutsch)	Zeichen	Bedeutung (englisch)	Bedeutung (deutsch)
NUL	null	Null, keine Operation	DC...	device control	Gerätesteuerung
SOH	start of heading	Beginn der Kopfzeile	NAK	negative acknowledge	Fehlerrückmeldung
STX	start of text	Beginn des Textes	SYN	synchronous idle	Synchronisierung
ETX	end of text	Ende des Textes	ETB	end of transmission block	Übertragungsblockende
EOT	end of transmission	Ende der Übertragung			
ENQ	enquiry	Aufforderung zur Datenübertragung	CAN	cancel	ungültig
			EM	end of medium	Ende der Aufzeichnung
ACK	acknowledge	Bestätigung	SUB	substitute	Ersetzungsbefehl
BEL	bell	Glocke	ESC	escape	Code-Umschaltung
BS	backspace	Rückwärtsschritt	FS	form separator	Hauptgruppentrennung
HT	horizontal tabulation	Horizontaltabulator	GS	group separator	Gruppentrennung
LF	line feed	Zeilenvorschub	RS	record separator	Untergruppentrennung
VT	vertical tabulation	Vertikaltabulator	US	unit separator	Teilgruppentrennung
FF	form feed	Formularvorschub	SP	space	Leerschritt
CR	carriage return	Wagenrücklauf	DEL	delete	Löschen
SO	shift out	Dauerumschaltung			
SI	shift in	Rückschaltung			
DLE	data link escape	Verbindung umschalten			

i **ASCII:** American Standard Code for Information Interchange

Sinnbilder für Datenfluss- und Programmablaufpläne

DIN 66001: 1983-12

Sinnbild	Bedeutung
	Verarbeitung, allgemein (einschl. Ein- und Ausgabe)
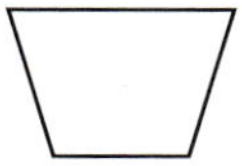	Manuelle Verarbeitung, Verarbeitungsstelle
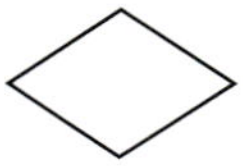	Verzweigung, Auswahleinheit
	Schleifenbegrenzung Anfang
	Ende
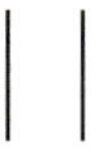	Synchronisierung paralleler Verarbeitungen
	Sprung mit Rückkehr
	Sprung ohne Rückkehr
	Unterbrechung einer anderen Verarbeitung

Sinnbild	Bedeutung
	Steuerung der Verarbeitungsfolge von außen
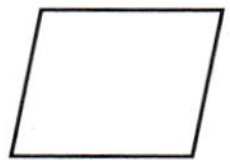	Daten, allgemein Datenträgereinheit, allgemein
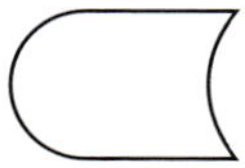	Maschinell zu verarbeitende Daten, Datenträgereinheit
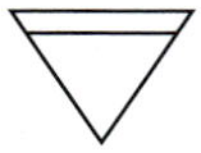	Manuell zu verarbeitende Daten, Manuelle Ablage (z. B. Ziehkartei, Archiv)
	Daten auf Schriftstück (z. B. auf Belegen, Mikrofilm) Ein-/Ausgabeeinheit
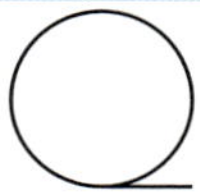	Daten auf Speicher mit nur sequentiellem Zugriff, Datenträgereinheit
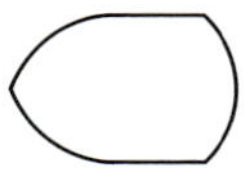	Maschinell erzeugte optische oder akustische Daten, Ausgabeeinheit
	Daten auf Karte (z. B. Lochkarte, Magnet-karte), Lochkarteneinheit

Sinnbild	Bedeutung
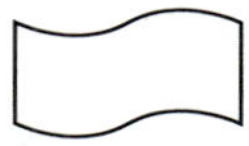	Daten auf Lochstreifen, Lochstreifeneinheit
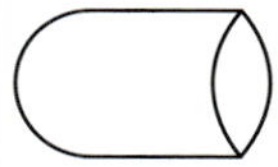	Daten auf Speicher mit auch direktem Zugriff, Datenträgereinheit
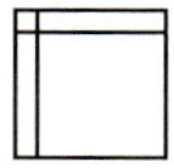	Daten im Zentralspeicher, Zentralspeicher
	Manuelle optische oder akustische Eingabedaten, Eingabeeinheit
	Verbindung Verarbeitungsfolge, Zugriffsmöglichkeit
	Verbindung zur Datenübertragung, Datenübertragungsweg
	Grenzstelle (zur Umwelt)
	Verbindungsstelle
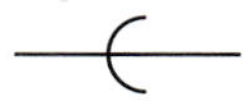	Verfeinerung
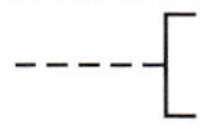	Bemerkung

Grundregeln zum Erstellen von Plänen

- Pfeile geben die Flussrichtung an.
- Zwischen Sinnbildern dürfen mehrere Verbindungen verlaufen. Dabei sollten Kreuzungen von Verbindungslinien vermieden werden.
- Sinnbilder können miteinander verknüpft werden, z. B. zu einer Ausgabeeinheit. **1**
- Innenbeschriftungen sollen weitere Abläufe erkennen lassen und eindeutig zuordnen.
- Durch einen Querstrich oben im Sinnbild wird auf eine detaillierte Darstellung derselben Dokumentation hingewiesen, z. B. schrittweise Verfeinerung eines Programmablaufs. **2**
- Hintereinander gezeichnete Sinnbilder gleicher Art bilden eine Einheit mehrerer gleichartiger Datenträger. **3**
- Mit zusätzlichen senkrechten Linien in den Sinnbildern „Daten" und „Verarbeitung" wird auf eine Dokumentation an anderer Stelle hingewiesen. **4**

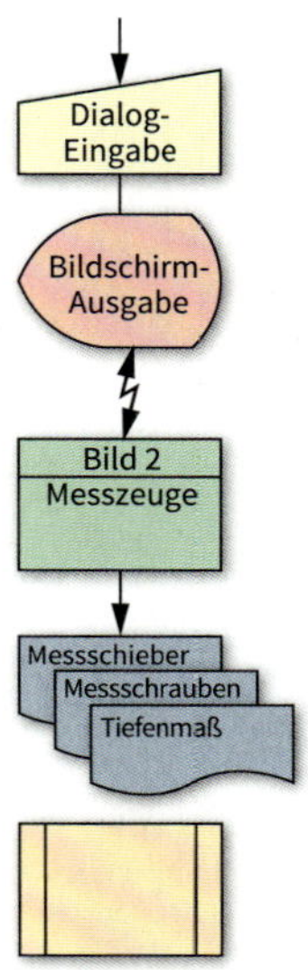

1

2

3

4

DIN 66 001: 1983-12; DIN 66 261: 1985-11

Programmablaufplan	Nassi-Shneiderman Struktogramm

Folge (Sequenz)

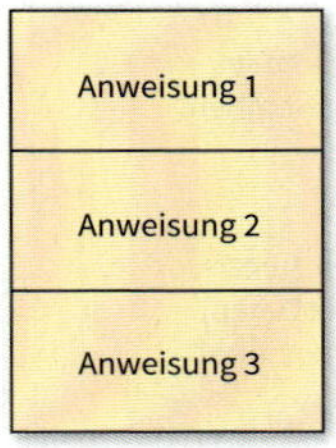

- Aneinanderreihung von mehreren Anweisungen oder Befehlen
- Aufzählung nacheinander zu bearbeitender Aufgaben

bedingte Verarbeitung (Verzweigung)

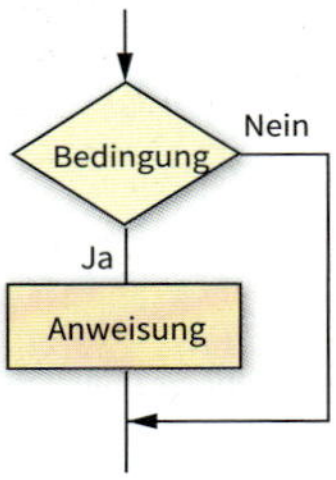

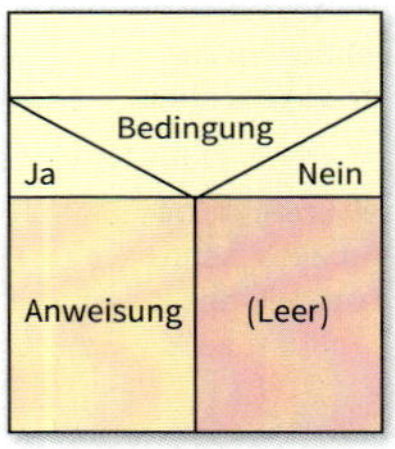

- Ist die Bedingung erfüllt, wird die Anweisung ausgeführt; sonst wird die Anweisung übersprungen
- IF-THEN-Abfrage

einfache Alternative (Verzweigung)

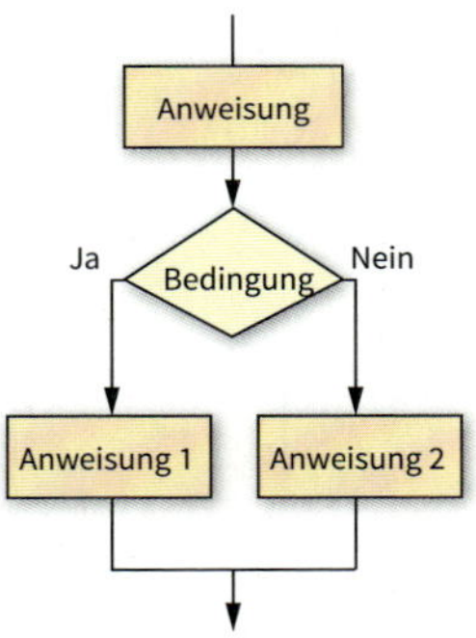

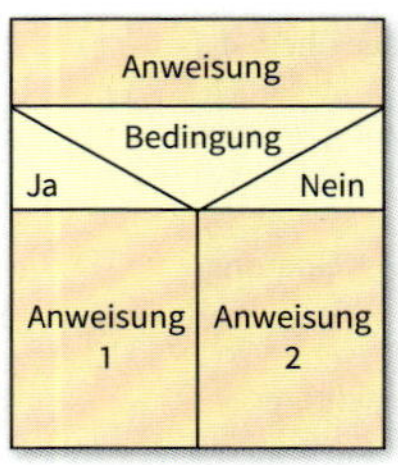

- Auswahl einer Verarbeitung von zwei möglichen, aufgrund einer logischen Entscheidung.
- IF-THEN-ELSE-Abfrage: Wenn Bedingung erfüllt (IF), dann Anweisung 1 (THEN), sonst Anweisung 2 (Else)

Programmablaufplan	Nassi-Shneiderman Struktogramm

Wiederholung (kopfgesteuerte Schleife)

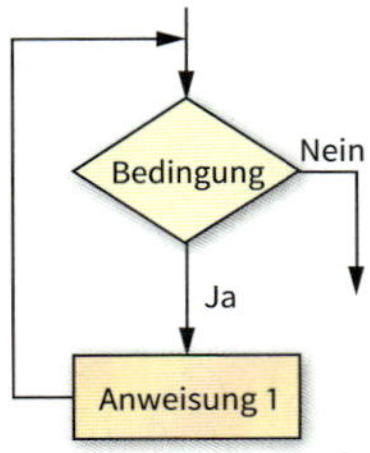

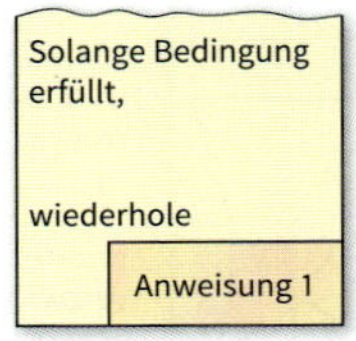

- Schleifendurchläufe

  Die Abfrage der Bedingung erfolgt **vor** der Durchführung der Anweisung 1. Ist die Bedingung schon bei der ersten Abfrage nicht erfüllt, erfolgt keine Durchführung der Anweisung 1.
- WHILE-DO-Schleife

Wiederholung (fußgesteuerte Schleife)

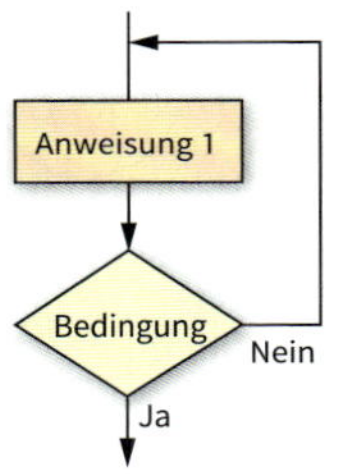

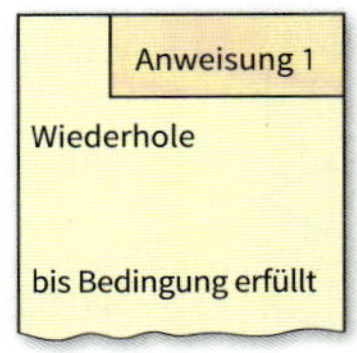

- Schleifendurchläufe

  Die Abfrage der Bedingung erfolgt **nach** dem Durchlauf der Anweisung 1.
- REPEAT-UNTIL-Schleife

Wiederholung (zählgesteuerte Schleife)

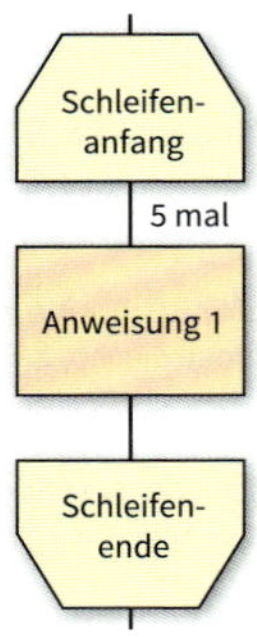

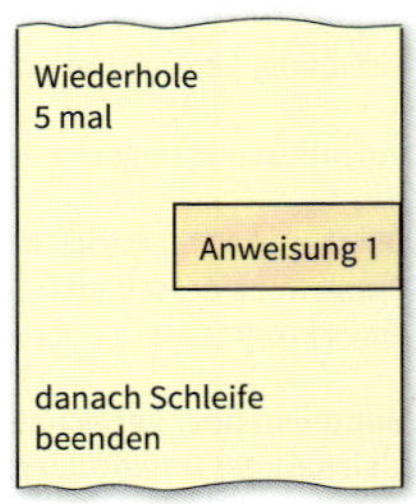

- Die Schleifendurchläufe werden durch einen vorgegebenen Wert festgelegt
- FOR-TO-NEXT-Schleife

Ohmsches Gesetz

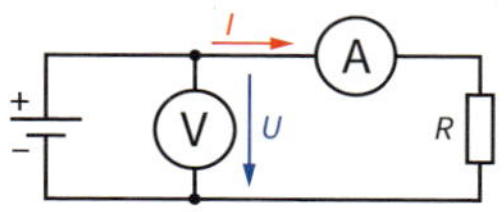

$I = \frac{U}{R}$ $G = \frac{1}{R}$ $U = I \cdot R$ $R = \frac{U}{I}$

Beispiel:

$U = 10\ \text{V}; R = 25\ \Omega; I = ?\ \text{A}$

$I = \frac{U}{R} = \frac{10\ \text{V}}{25\ \Omega} = 0{,}4\ \text{A}$

I : Stromstärke
U : Spannung
R : Widerstand
G : Leitwert

Excel-Rechenblatt

Widerstand von Leitern

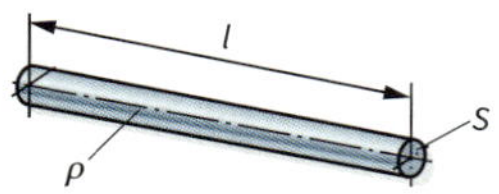

$R = \frac{\varrho \cdot l}{S}$ $S = \frac{\varrho \cdot l}{R}$ $l = \frac{R \cdot S}{\varrho}$ Werte für ϱ s. Stoffwerte chemischer Elemente

Beispiel:

$\rho = 0{,}057\ \Omega \cdot \text{mm}^2/\text{m}; l = 5\ \text{m}; S = 0{,}25\ \text{mm}^2; R = ?\ \Omega$

$R = \frac{\rho \cdot l}{S} = \frac{0{,}057\ \Omega \cdot \text{mm}^2 \cdot 5\ \text{m}}{\text{m} \cdot 0{,}25\ \text{mm}^2} = 1{,}14\ \Omega$

R : Widerstand
ϱ : spezifischer Widerstand
l : Leiterlänge
S : Leiterquerschnittt

Excel-Rechenblatt

Reihenschaltung von Widerständen

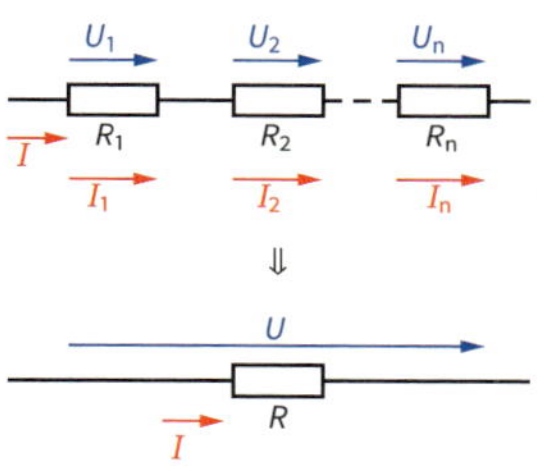

$R = R_1 + R_2 + \ldots R_n$
$U = U_1 + U_2 + \ldots U_n$
$I = I_1 = I_2 = \ldots = I_n$

$\frac{U_1}{U_2} = \frac{R_1}{R_2}$ $\frac{U_1}{U_n} = \frac{R_1}{R_n}$ $\frac{U_1}{U} = \frac{R_1}{R} \ldots$

Durch alle Widerstände fließt der Strom mit gleicher Stromstärke I

Beispiel:

$U = 230\ \text{V}; U_2 = 100\ \text{V}; R_1 = 24\ \Omega; I = 5\ \text{A}; U_1 = ?\ \text{V}; R, R_2 = ?\ \Omega$

$U_1 = U - U_2 = 230\ \text{V} - 100\ \text{V} = 130\ \text{V}$

$R = \frac{U \cdot R_1}{U_1} = \frac{230\ \text{V} \cdot 24\ \Omega}{130\ \text{V}} = 42{,}5\ \Omega$

$R_2 = R - R_1 = 42{,}5\ \Omega - 24\ \Omega = 18{,}5\ \Omega$

R : Gesamtwiderstand
R_1 : Einzelwiderstand
U : Gesamtspannung
$U_1 \ldots$: Einzelspannungen
I : Gesamtstrom
$I_1 \ldots$: Teilströme

Excel-Rechenblatt

Parallelschaltung von Widerständen

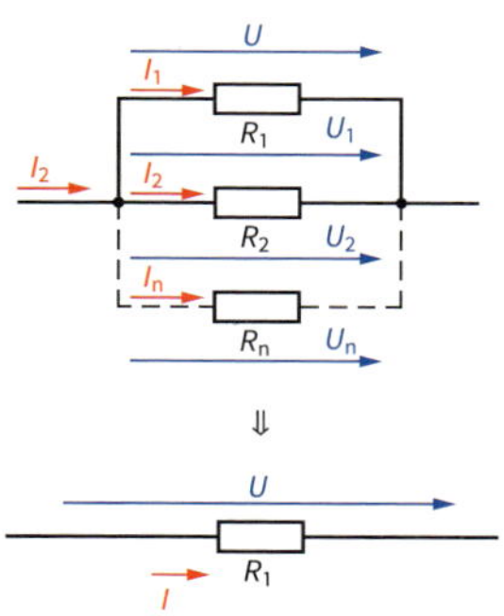

$I = I_1 + I_2 + \ldots + I_n$
$U = U_1 = U_2 \ldots = U_n$
$\frac{1}{R} = \frac{1}{R_1} + \frac{1}{R_2} + \ldots + \frac{1}{R_n}$

$\frac{I_1}{I_2} = \frac{R_2}{R_1}$ $\frac{I_1}{I_n} = \frac{R_n}{R_1}$ $\frac{I_1}{I} = \frac{R}{R_1} \ldots$

Alle Widerstände liegen an derselben Spannung U.

Beispiel:

$I = 3{,}5\ \text{A}; I_2 = 1{,}5\ \text{A}; R_1 = 60\ \Omega; R_2 = 140\ \Omega; I = ?\ \text{A}; R = ?\ \Omega$

$I_1 = I_1 + I_2 = 3{,}5\ \text{A} + 1{,}5\ \text{A} = 5\ \text{A}$

$\frac{1}{R} = \frac{1}{R_1} + \frac{1}{R_2} = \frac{1}{60\ \Omega} + \frac{1}{140\ \Omega} = \frac{0{,}0238}{\Omega}$ $R = 42\ \Omega$

I : Gesamtstrom
$I_1 \ldots$: Teilströme
U : Gesamtspannung
$U_1 \ldots$: Teilspannungen
R : Gesamtwiderstand
$R_1 \ldots$: Teilwiderstände

Excel-Rechenblatt

Wechselspannung

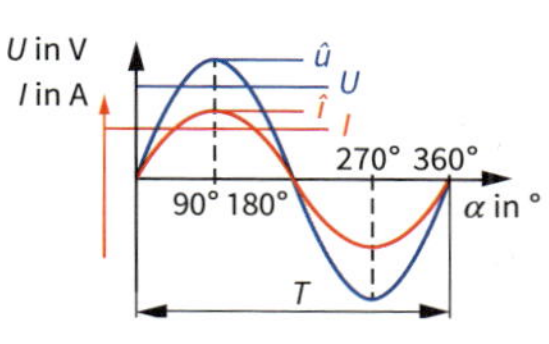

$I = \frac{\hat{\imath}}{\sqrt{2}}$ $U = \frac{\hat{u}}{\sqrt{2}}$ $f = \frac{1}{T}$ $T = \frac{1}{f}$

Beispiel:

$t = 50\ \text{Hz} = 50\ 1/\text{s}; T = ?\ \text{s}$

$T = \frac{1}{f} = \frac{1}{50 \frac{1}{\text{s}}} = 0{,}02\ \text{s}$

I : Effektivwert der Stromstärke
$\hat{\imath}$: Scheitelwert der Stromstärke
U : Effektivwert der Spannung
$\hat{u}$: Scheitelwert der Spannung
T : Periodendauer
f : Frequenz

Excel-Rechenblatt

Transformator

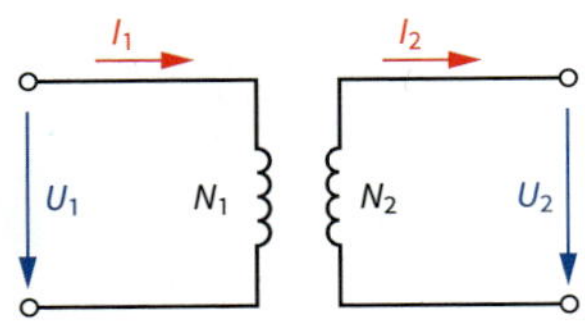

$$\frac{U_1}{U_2} = \frac{N_1}{N_2} = ü$$

$$\frac{I_1}{I_2} = \frac{N_2}{N_1}$$

$$S = U_2 \cdot I_2$$
$$P_1 = U_1 \cdot I_1 \cdot \cos \varphi_1$$
$$P_2 = U_2 \cdot I_2 \cdot \cos \varphi_2$$

Beispiel:

$U_1 = 230$ V; $U_2 = 8$ V; $N_1 = 1265$; $N_2 = ?$

$$N_2 = \frac{N_1 \cdot U_2}{U_1} = \frac{1265 \cdot 8\ \text{V}}{230\ \text{V}} = 44$$

U_1 : Primärspannung
U_2 : Sekundärspannung
I_1 : Primärstromstärke
I_2 : Sekundärstromstärke
N_1 : Primär-Windungszahl
N_2 : Sekundär-Windungszahl
$ü$: Übersetzungsverhältnis
S : Scheinleistung
P : Wirkleistung
$\cos \varphi$: Leistungsfaktor

Excel-Rechenblatt

Elektrische Arbeit

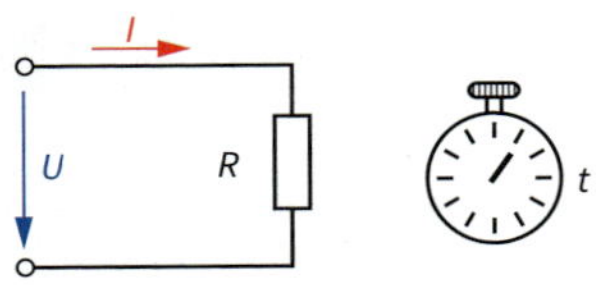

$$W = P \cdot t$$
$$W = U \cdot I \cdot t$$

Beispiel:

$U = 230$ V; $I = 2$ A; $t = 240$ min; $W = ?$ kWh

$W = U \cdot I \cdot t = 230\ \text{V} \cdot 2\ \text{A} \cdot 240\ \text{min} = 110\,400\ \text{W min} = 1{,}84\ \text{kWh}$

W : elektrische Arbeit
U : Spannung
I : Stromstärke
t : Zeit
P : elektrische Leistung

Excel-Rechenblatt

Elektrische Leistung bei ohmscher Belastung

Gleichstrom oder Wechselstrom

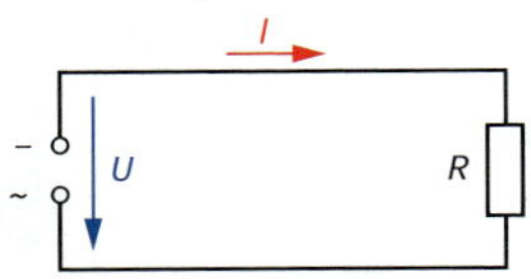

$$P = U \cdot I$$

$P = I^2 \cdot R$ $\qquad$ $P = \frac{U^2}{R}$

Beispiel:

$U = 230$ V; $I = 0{,}87$ A; $P = ?$ W

$P = U \cdot I = 230\ \text{V} \cdot 0{,}87\ \text{A} = 200\ \text{W}$

Drehstrom

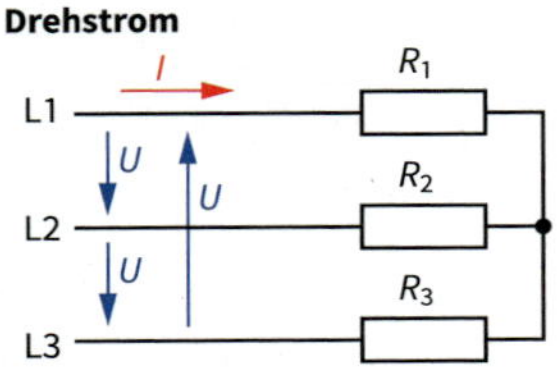

$$P = \sqrt{3} \cdot U \cdot I$$

Beispiel:

$U = 400$ V; $I = 20$ A; $P = ?$ kW

$P = \sqrt{3} \cdot U \cdot I = \sqrt{3} \cdot 400\ \text{V} \cdot 20\ \text{A} = 13\,856{,}4\ \text{W} = 13{,}86\ \text{kW}$

P : elektrische Leistung
W : elektrische Arbeit
t : Zeit
U : Spannung
I : Stromstärke

Excel-Rechenblatt

Elektrische Leistung bei induktiver Belastung

Wechselstrom

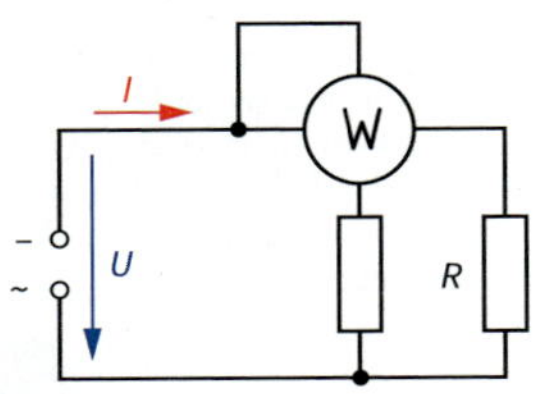

$$P = U \cdot I \cdot \cos \varphi$$

$S = U \cdot I$ $\qquad$ $\cos \varphi = \frac{P}{S}$

Beispiel:

$U = 230$ V; $I = 5$ A; $\cos \varphi = 0{,}9$; $P = ?$ kW

$P = U \cdot I \cdot \cos \varphi = 230\ \text{V} \cdot 5\ \text{A} \cdot 0{,}9 = 1035\ \text{W} = 1{,}035\ \text{kW}$

P : Wirkleistung
S : Scheinleistung
U : Effektivwert der Spannung
I : Effektivwert der Stromstärke
U_{Str} : Strangspannung
I_{Str} : Strangstromstärke
$\cos \varphi$: Leistungsfaktor

Excel-Rechenblatt

Schaltzeichen	Benennung
Konturen und Umhüllungen	
Form 1 / Form 2 / Form 3	Objekt, z. B. Betriebsmittel, Gerät, Funktionseinheit, Komponente, Funktion
Form 1 / Form 2	Hülle, Kolben, Kessel, Gehäuse
	Begrenzung einer Gruppe zusammengehöriger Objekte
	Schirmung Abschirmung
*	Schutz gegen unbeabsichtigten direkten Kontakt, allgemein
Ströme und Spannungen	
	Gleichstrom
110 V	Gleichstrom, 110 V
2M 220/110 V	Gleichstrom-Dreileitersystem mit 2 Außen- und 1 Mittelleiter 220 V (110 V zwischen jedem Außen- und dem Mittelleiter)
	Wechselstrom
50 Hz	Wechselstrom 50 Hz
100…600 kHz	Wechselstrom 100 kHz … 500 kHz
3N 400/230 V 50 Hz	Dreiphasen-Vierleitersystem; drei Außenleiter; 1 Neutralleiter, 400 V (230 V zwischen je dem Außen- und dem Neutralleiter), 50 Hz
	Wechselstrom – mit niedriger Frequenz – mit mittlerer Frequenz – mit hoher Frequenz
	Gleichgerichteter Strom mit Wechselstromanteil
Schaltungsarten	
	Reihenschaltung
	Parallelschaltung

Schaltzeichen	Benennung
Schaltungsarten	
	Sternschaltung
	Dreieckschaltung
Leiter, Anschlüsse, Verbinder	
	Leiter, Leitung, Kabel, Stromweg
oder 3	Kennzeichnung der Leiterzahl (3 Leiter)
	Leiter, bewegbar
	Leiter, geschirmt
	Leitung, nicht angeschlossen
Form 1 / Form 2	Abzweig von Leitern
Form 1 / Form 2	Doppelabzweig von Leitern
	Buchse und Stecker, Steckverbindung
Erde, Masse, Potenzialausgleich	
	Erde
	Schutzerde
	Fremdspannungsarme Erde
	Masse
	Äquipotenzial
Kennzeichen für Leiter	
	Neutralleiter (N) Mittelleiter (M)
	Schutzleiter (PE)
	Neutralleiter mit Schutzfunktion (PEN)
	drei Leiter, ein Neutralleiter, ein Schutzleiter
Allgemeine Schaltzeichen	
	Ideale Stromquelle

Schaltzeichen	Benennung
Allgemeine Schaltzeichen	
	Ideale Spannungsquelle
	Primärzelle, Primärelement Akkumulator
	Widerstand, allgemein
R	rein ohmscher Widerstand
Z	Scheinwiderstand
	Widerstand mit Anzapfungen
oder	Induktivität, Spule, Wicklung, Drossel
	Kondensator, allgemein
	Dauermagnet
	Bewegbarer Kontakt (z. B. Schleifkontakt)
	Umsetzer, Umformer, Umrichter
	Sicherung, allgemein
Maschinenarten	
* [1]	Maschine, allgemein Kennzeichen (*): C: Umformer; G: Generator; GS: Synchrongenerator; M: Motor; MG: Als Motor oder Generator nutzbar; MS: Synchronmotor
M	Gleichstrom-Reihenschlussmotor
M	Gleichstrom-Nebenschlussmotor
M 1~	Wechselstrom-Reihenschlussmotor, einphasig

[1] Der Stern muss durch eines der folgenden Kennzeichen ersetzt werden.

Schaltzeichen	Benennung
Maschinenarten	
	Drehstrom-Reihenschlussmotor
	Drehstrom-Asynchronmotor mit Käfigläufer
	Drehstrom-Asynchronmotor mit Schleifringläufer
	Schrittmotor
Sonstige Geräte	
	Transformator mit zwei Wicklungen
	Wechselrichter
	Gleichrichter
	Lasthebemagnet, Spannplatte
	Absperrorgan, Ventil – geschlossen – offen
Messgeräte	
1)	Messgerät, anzeigend, allgemein
1)	Messgerät, aufzeichnend, allgemein
	Anzeige, allgemein
	Anzeige, digital Anzeige, numerisch
	Registrierung, schreibend
	Spannungsmessgerät
	Strommessgerät

Schaltzeichen	Benennung
Messgeräte	
	Leistungsmessgerät
	Leistungsfaktormessgerät
	Umdrehungsfrequenz-Messgerät
	Wirkleistungsschreiber
	Registrierwerk, Linienschreibwerk
	Wattstundenzähler, Elektrizitätszähler
Mess- und Regelgeräte	
	Umdrehungsfrequenzregler
	Stromregler mit PI-Verhalten
	Messumformer, Temperatur in elektrischen Strom
	Analog/Digital-Umsetzer
Elektromagnetische Antriebe	
	Elektromechanischer Antrieb, Relaispole
	– mit Rückfallverzögerung
	– mit Ansprechverzögerung
	– mit Ansprech- und Rückfallverzögerung
	Wechselstromrelais
	Thermorelais

Schaltzeichen	Benennung
Elektromagnetische Antriebe	
	Stützrelais
	Relais mit drei Schaltstellungen
Schalteinrichtungen, Kontakte	
	Schließer, Schaltfunktion, allgemein Schalter
	voreilender Schließer
	nacheilender Schließer
	Öffner
	nacheilender Öffner
	Wechsler mit Unterbrechung
	Wechsler ohne Unterbrechung
	Zweiwegschließer mit Mittelstellung „Aus“
	Wischer mit Kontaktgabe bei Betätigung
Antriebsarten	
	Betätigung durch – Handantrieb, allgemein
	– Ziehen
	– Drehen
	– Drücken
	– Kippen
	– Rolle
	– Nocken

[1] Der Stern muss durch die Einheit oder das Zeichen der zu messenden Größe oder durch das chemische Zeichen ersetzt werden.

Schaltzeichen	Benennung
Antriebsarten	
	– Notschalter
	– Schlüssel
	– elektromagnetischen Antrieb
	– pneumat./hydraul. Steuerung
	– thermischen Antrieb
	– Annähern
	– Berühren
Mechanische Stellteile	
	Raste, kein selbsttätiger Rückgang
	selbsttätiger Rückgang
	Sperre in einer Richtung
	Sperre in zwei Richtungen
	Verzögerte Wirkung a) nach links b) nach rechts
	Darstellung im betätigten Zustand
Halbleiterbauelemte	
	Halbleiterdiode, allgemein
	Leuchtdiode, allgemein
	Fotodiode
	Fotowiderstand
	Solarzelle
	PNP-Transistor

Schaltzeichen	Benennung
Halbleiterbauelemte	
	NPN-Transistor
	Thyristor
Sensoren	
Δl	Dehnungsmessstreifen
ϑ	Widerstands-thermometer
	Aufnehmer mit veränderbarem Widerstand
	Aufnehmer, induktiv
	Aufnehmer, kapazitiv
- +	Thermoelement
	Geber, magnetisch
	Differenzregler, induktiv
Elektroinstallation	
	Abzweigdose, allgemein
4	Schutzkontakt-steckdose, vierfach
	Schalter, allgemein
	Serienschalter, einpoliger Schalter
	Lampe, allgemein
	Taster
	Taster mit Leuchte
E	Elektrogerät
	Schaltuhr

Schaltzeichen	Benennung
Elektroinstallation	
	Stromstoßschalter
	Stromstoßrelais
3 Form 1 Form 2	Dreifachsteckdose
	Leuchte mit Schalter
	Elektroherd, allgemein
	Backofen
	Mikrowellengerät
	Klimagerät
	Kühlgerät Tiefkühlgerät
	Heißwassergerät
	Durchlauferhitzer
	Geschirrspülmaschine
	Waschmaschine
	Wäschetrockner
	Ventilator
	Infrarotstrahler
	Türöffner
	Wechselsprechstelle
	Zeiterfassungsgerät

Schutzklassen elektrischer Betriebsmittel

DIN VDE 0100-410: 1997-01

Schutzklasse I	Schutzklasse II	Schutzklasse III
Schutzmaßnahme mit Schutzleiter Kennzeichen: 	Schutzisolierung Kennzeichen: 	Schutzkleinspannung Kennzeichen: 
Betriebsmittel mit Metallgehäuse	Betriebsmittel mit Kunststoffgehäuse	Betriebsmittel mit Nennspannungen bis 25 V ~ bzw. bis 60 V – und bis 50 V ~ bzw. 120 V –
z. B. Elektromotor	z. B. Elektrische Haushaltsgeräte	z. B. Elektrische Handleuchten

Bildzeichen für Schutzarten

DIN 40 050-9: 1993-05

Bildzeichen	Schutzumfang	Bildzeichen	Schutzumfang
	staubgeschützt		spritzwassergeschützt
	staubdicht		strahlwassergeschützt
	tropfwassergeschützt; Schutz gegen tropfendes Wasser, hohe Luftfeuchte		wasserdicht, Schutz gegen Eindringen von Wasser ohne Druck
	schrägwassergeschützt; regengeschützt	 … bar	druckwasserdicht, Schutz gegen Eindringen von Wasser unter Druck

Kennfarben elektrischer Leiter

DIN VDE 0281-1: 2003-09

Wechselstrom; Drehstrom			Gleichstrom		
Leiterbezeichnung	Zeichen	Farbe	Leiterbezeichnung	Zeichen	Farbe
Außenleiter	L1; L2; L3	[1]	positiv	L+	[1]
Neutralleiter	N	blau	negativ	L–	[1]
Schutzleiter	PE	grün-gelb	Mittelleiter	M	blau
PEN-Leiter	PEN	grün-gelb	[1] Farbe nicht festgelegt; Empfehlung: schwarz, für Unterscheidung: braun, unzulässig: grün-gelb		

Begriffe zur Kennzeichnung von Leitern, Spannungen und Strömen

DIN VDE 0100-410: 1997-01

Benennung	Bedeutung
L1, L2, L3	Außenleiter: Leiter, die die Stromquelle mit Verbrauchsmitteln verbinden
N	Neutralleiter: Leiter, der mit dem Mittelpunkt oder Sternpunkt verbunden ist
PE	Schutzleiter: Leiter, der zum Verbinden von Körpern, leitfähigen Teilen oder Erdern benutzt wird
PEN	PEN-Leiter: Leiter mit den Funktionen von Neutral- und Schutzleitern

Benennung	Bedeutung	
U_0	Nennspannung von Stromnetzen	
U_B	Berührungsspannung	
U_L	Höchste zulässige Berührungsspannung	
	Menschen	Nutztiere
	50 V ~	25 V ~
	120 V –	60 V –
U_F	Fehlerspannung: Spannung, die im Fehlerfall zwischen einem Körper und der Bezugserde auftritt	
I_F	Fehlerstrom: Strom, der bei einem Isolationsfehler fließt	

Benennung	Bedeutung
I_K	Kurzschlussstrom: Strom, der bei einer direkten Verbindung zweier Außenleiter oder zwischen Außen- und Neutralleiter fließt
I_b	Betriebsstrom eines Stromkreises
I_n	Nennstrom von Verbrauchsmitteln oder Überstrom-Schutzmitteln
$I_{\Delta n}$	Nennfehlerstrom eines Fehlerstrom-Schutzschalters
I_a	Abschaltstrom von Überstromschutzmitteln

Leistungsschilder für elektrische Maschinen
Output plates for electrical machines

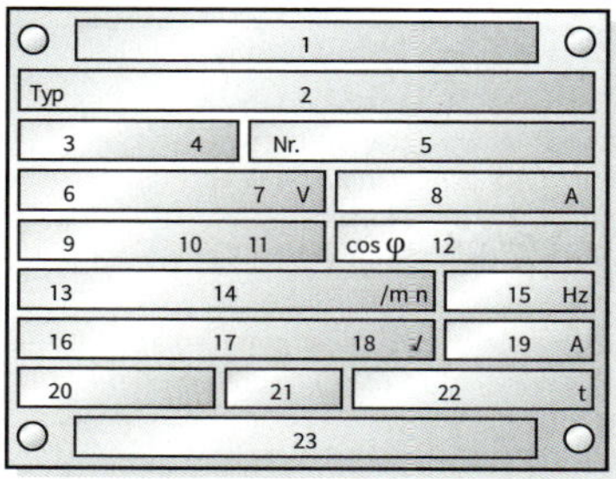

Feld	Erklärung
1	Hersteller; Firmenzeichen
2	Typenbezeichnung, Baugröße oder Bauform der Maschine
3	Stromart
4	Arbeitsweise der Maschine (z. B. Motor, Generator)
5	Fertigungs- oder Reihennummer
6	Schaltart der Statorwicklungen bei Synchron- und Induktionsmaschinen (z. B. Sternschaltung, Dreieckschaltung)
7	Bemessungsspannung; Nennspannung
8	Bemessungsstromstärke; Nennstromstärke
9	Bemessungsleistung (Abgabe) in kVA oder VA bei Synchrongeneratoren und Blindleistungsmaschinen, sonst in kW oder W
10	Einheit der Leistung (kW, W, kVA oder VA)
11	Bemesungsbetriebsart (nicht bei S1 = Dauerbetrieb); Bemessungsbetriebszeit (S2); relative Einschaltdauer (S3)
12	Leistungsfaktor
13	Drehrichtung (Blickrichtung auf die Antriebsseite) → (Rechtslauf) ← (Linkslauf)
14	Bemessungsdrehzahl (bei Motoren Höchstdrehzahl n_{max}; bei Generatoren Durchgangsdrehzahl n_d der Turbine; bei Getriebemotoren Enddrehzahl n_E des Getriebes)
15	Bemessungsfrequenz; Nennfrequenz
16	Angaben zum Läufer (bei Schleifringläufer „Läufer“ oder „Lfr“; bei Gleichstrom- und Synchronmaschinen „Erreger“ oder „Err“)
17	Schaltart der Läuferwicklung, falls nicht 3-AC-Schaltung
18	Bemessungserregerspannung in V; Läuferstillstandsspannung in V
19	Nennerregerstromstärke; Läuferstromstärke (entfällt bei Stromstärken < 10 A)
20	Isolierstoffklasse (Y, A, E, B, F, H, C); bei unterschiedlichen Klassen: 1. Angabe = Klasse des Ständers, 2. Angabe = Klasse der Läufers
21	Schutzart nach DIN 40 050
22	Masse in t (entfällt bei m < 1 t)
23	zusätzliche Bemerkungen, z. B. Nr. und Ausgebjahr der zugrunde gelegten VDE-Bestimmungen

Umwandlungsarten der elektrischen Energie
Types of conversion of electric energy

DIN IEC 60050-551: 1999-12

Durch die Umwandlung elektrischer Energie wird ein Energiefluss zwischen Systemen mit unterschiedlichen Stromarten ermöglicht.

Gleichrichten: Umwandeln von Wechselstrom in Gleichstrom
Energiefluss vom Wechselstrom- zum Gleichstromsystem

Gleichstrom-Umrichten:
Umwandeln von Gleichstrom bestimmter Spannung und Polarität in Gleichstrom anderer Spannung und/oder Polarität

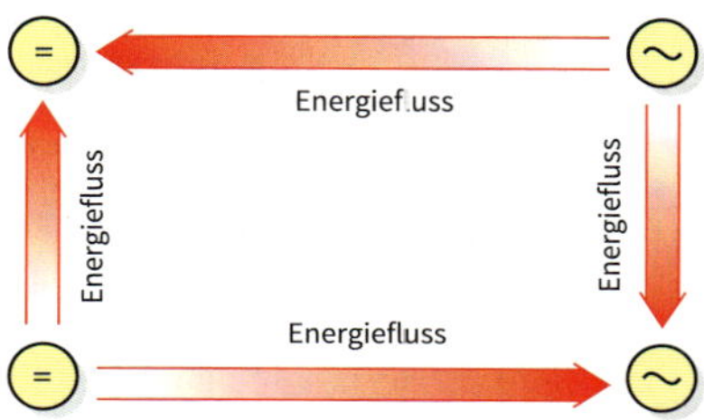

Wechselstrom-Umrichten:
Umwandeln von Wechselstrom bestimmter Spannung, Frequenz und Phasenzahl in Wechselstrom anderer Spannung und/oder Frequenz und/oder Phasenzahl

Wechselrichten: Umwandeln von Gleichstrom in Wechselstrom
Energiefluss vom Gleichstrom- zum Wechselstromsystem

Leitungen für feste Verlegung

Leitungsart	Ader-zahl	Kurzzeichen (Beispiel)	Verwendung
PVC-Einzeladern 	1	H05V-K	■ Leitung für innere Verdrahtung von Geräten ■ geschützte Verlegung in und an Leuchten ■ Verdrahtungsleitung in Schalt- und Verteilungsanlagen ■ Signal- und Steuerstromkreise
Wärmebeständige PVC-Einzeladern 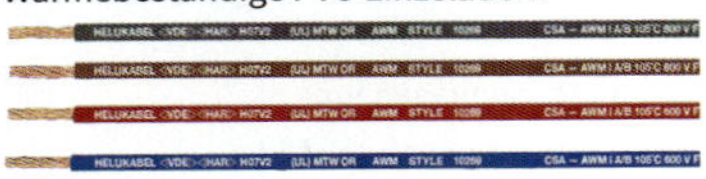	1	H07V2-K	■ Verbindungsleitung in Versorgungsanlagen, Schaltschränken, Motoren und Transformatoren bei hohen Umgebungstemperaturen, z. B. Lackier- und Trocknungsanlagen ■ Feste Verlegung in oder auf Leuchten
PVC-flach (Stegleitung) 	3 … 5	NYIF	■ Installationsleitung für trockene Räume auf/unter Putz ■ Ohne Putzabdeckung in Hohlräumen aus Beton, Stein oder ähnlichen nicht brennbaren Baustoffen ■ Befestigung nur so, dass Formänderung/Beschädigung der Isolierung ausgeschlossen ist ■ **Nicht zulässig**: Verlegung auf brennbaren Baustoffen, auf oder unter Drahtgeweben, unter Gipskartonplatten
PVC-Mantelleitung 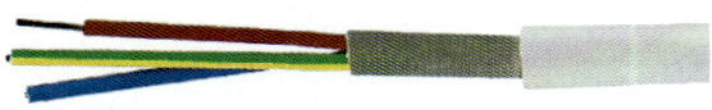	1 … 7	NYM	■ Installationsleitung zur Verwendung auch im Freien bei Schutz vor direkter Sonnenbestrahlung ■ in trockenen, feuchten und nassen Räumen ■ Verlegung auf, in und unter Putz, in Mauern, in Beton außer für direktes Verlegen in Schüttel-, Rüttel- oder Stampfbeton.

Leitungen für flexible Verlegung

Leitungsart	Ader-zahl	Kurzzeichen (Beispiel)	Verwendung
Mittlere PVC-Wendelleitung (Spiralleitung) 	2, 3	H07BQ-F Bezieht sich auf die in der Wendel verbaute Leitungsart.	■ Anschlussleitung bei mittlerer mechanischer Beanspruchung für Elektrowerkzeuge, transportable Motoren, Maschinen in der Landwirtschaft und auf Baustellen ■ Einsatz in trockenen, feuchten und nassen Räumen
Leichte PVC-Schlauchleitung 	2 … 7	H03VV-F	■ Anschlussleitung bei leichter mechanischer Beanspruchung für kleine Elektrogeräte im Haushalt, für Tischleuchten, Büromaschinen ■ Nicht zugelassen für Heiz-/Wärmegeräte und Einsatz im Freien und in gewerblichen Betrieben
Mittlere PVC-Schlauchleitung 	2 … 7	H05VV-F	■ Anschlussleitung bei mittlerer mechanischer Beanspruchung für Elektrogeräte ■ Zugelassen für Koch- und Wärmegeräte ■ Feste Verlegung in Möbeln, Stellwänden und Hohlräumen von Fertigbauteilen ■ Nicht zugelassen im Freien und zum Anschluss von gewerblich genutzten Elektrowerkzeugen
Leichte Gummischlauchleitung 	2 … 5	H05RN-F	■ Anschlussleitung bei leichten mechanischen Beanspruchungen für Elektrogeräte, auch für Heiz- und Wärmegeräte und Elektroherde ■ Feste Verlegung wie bei PVC-Mantelleitung ■ Zugelassen für kurzzeitigen Einsatz im Freien und Anschluss von Elektrowerkzeugen ■ Typ H05RN-F zugelassen im Freien und in explosionsgefährdeten Bereichen
Schwere Gummischlauchleitung 	1 … 7	H07RN-F	■ Anschlussleitung bei mittleren mechanischen Beanspruchungen für größere Elektrogeräte ■ Verlegung in trockenen, feuchten, nassen Räumen und im Freien, auch für feste Verlegung auf Putz, bei geschützter Verlegung in Rohren ■ Anschlussleitung für Motoren ■ Zugelassen für explosionsgefährdete Bereiche

Wirkung des elektrischen Stroms auf den menschlichen Körper

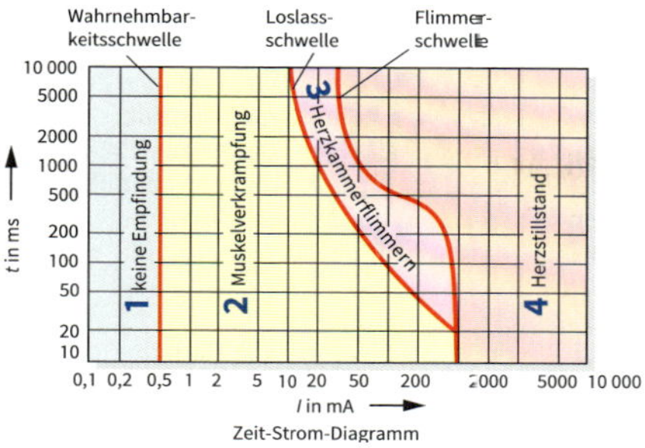

Zeit-Strom-Diagramm

Gefährdungsbereiche bei Wechselstrom (50 Hz … 60 Hz) für erwachsene Personen und den Stromweg „linke Hand zu beiden Füßen“:

1 keine Reaktion

2 keine physiologisch gefährliche Wirkung

3 bei $t > 10$ s oberhalb der Loslassschwelle Muskelverkrampfung

4 Herzkammerflimmern, Herzstillstand

Schutz gegen gefährliche Körperströme

DIN VDE 0100-410: 1997-01

Schutz sowohl gegen direktes als auch bei indirektem Berühren	Schutz gegen direktes Berühren	Schutz bei indirektem Berühren
Auftretende Ströme und Spannungen sind für den menschlichen Organismus nicht gefährlich.	Das Berühren spannungsführender Teile einer elektrischen Anlage wird verhindert.	Eine Gefährdung des Menschen bei Auftreten eines Fehlers wird verhindert.
■ Schutz durch Schutzkleinspannung ■ Schutz durch Funktionskleinspannung ■ Schutz durch Begrenzung der Entladungsenergie	■ Schutz durch Isolierung aktiver Teile ■ Schutz durch Abdeckungen und Umhüllungen ■ Schutz durch Hindernisse ■ Schutz durch Abstand ■ Schutz durch Fehlerstrom-Schutzeinrichtungen	■ Schutzisolierung ■ Schutztrennung ■ Schutz durch Hauptpotentialausgleich ■ Schutz durch nichtleitende Räume ■ Schutzmaßnahmen im TN-, TT- und IT-Netz

Sicherheitszeichen (Auswahl)

DIN 4844-2: 2021-11

Verbotszeichen

Schalten verboten

Berühren verboten; Gehäuse unter Spannung

Verbot für Personen mit Herzschrittmacher

Zusatzzeichen

Hochspannung Lebensgefahr

Es wird gearbeitet!
Ort: Datum:
Entfernen des Schildes nur durch:

Warnzeichen

Warnung vor gefährlicher elektrischer Spannung

Warnung vor Gefahren durch Batterien

Warnung vor Laserstrahl

Gebotszeichen

Vor Öffnen Netzstecker ziehen

Vor Arbeiten freischalten

Entladezeit länger als 1 Minute

Teil kann im Fehlerfall unter Spannung stehen

Fünf Sicherheitsregeln
Vor Beginn der Arbeiten:
- Freischalten
- Gegen Wiedereinschalten sichern
- Spannungsfreiheit feststellen
- Erden und kurzschließen
- Benachbarte, unter Spannung stehende Teile abdecken oder abschranken

Vor Berühren: Entladen Erden Kurzschließen

Hier liegen die Unfallverhütungsvorschriften aus

Weitere Sicherheitszeichen

Erste Hilfe bei Unfällen durch elektrischen Strom

- Strom sofort unterbrechen
- Feststellen, ob Atemstillstand vorliegt, dann mit Beatmung einsetzen
- Feststellen, ob Kreislaufstillstand vorliegt, dann neben Beatmung auch mit Herzmassage beginnen
- Liegt kein Atem- oder Kreislaufstillstand vor, Verunglückten in Seitenlage bringen
- Bei Atem- und Kreislaufstillstand, größeren Verbrennungen, Ohnmacht: schneller Transport ins Krankenhaus

Prüfzeichen für elektrische Betriebsmittel und Geräte
Test marks of electrical equipment and devices

Zeichen	Erklärung
	„Geprüfte Sicherheit" ist ein Sicherheitszeichen gemäß Produktsicherheitsgesetz und wird erstellt durch eine von der Zentralstelle der Länder für Sicherheitstechnik (ZLS) benannte GS-Stelle.
	Geprüfte Sicherheit Prüfstelle: VDE
	Geprüfte Sicherheit Prüfstellen des Prüf- und Zertifizierungssystems DGUV Test
	Geprüfte Sicherheit Prüfstelle: TÜV Rheinland

Zeichen	Erklärung
	CE-Kennzeichnung ist eine Konformitätskennzeichnung die angibt, dass ein Produkt mit den Harmonisierungsrechtsvorschriften der Europäischen Gemeinschaft übereinstimmt.
	Prüfzeichen Sicherheitsprüfung z. B. bei elektrischen Geräten
	Recycling-Zeichen Wiederaufbereitung nach der Verwendung
	ENEC-Zeichen (European Norms Electrical Certification) europaweit einmalige Zertifizierung im ENEC-Verfahren nach EN-Normen. Vom VDE ausgestellt.

Zeichen	Erklärung
	VDE Zeichen Erteilung durch das VDE Prüf- und Zertifizierungsinstitut: Gerät nach VDE-Bestimmungen geprüft und zertifiziert
◁VDE▷ ◁HAR▷	VDE Harmonisierungszeichen für Kabel und Leitungen
	Prüfzeichen elektromagnetische Verträglichkeit Prüfstelle: VDE
	Zulassungszeichen der Physikalisch-Technischen Bundesanstalt (PTB) für Messwandler und Zähler
	Zulassungszeichen der Physikalisch-Technischen Bundesanstalt (PTB) für Tarifschaltuhren

Not-Halt-Einrichtungen
Emergency stop devices

DIN EN ISO 13 850: 2016-05

Definition: Die Not-Halt-Funktion ist eine Funktion, die aufkommende oder bestehende Gefahren oder Schäden für Personen, Maschinen oder Arbeitsgut abwenden oder mindern soll und durch eine einzige Handlung einer Person ausgelöst wird.

Anforderungen an Not-Halt-Einrichtungen:

Not-Halt-Einrichtungen müssen jederzeit verfügbar und funktionsfähig sein.

Der auslösenden Person dürfen bei Betätigung keine Überlegungen abverlangt werden.

Einmalige Betätigung muss zu sofortigem und nicht verhinderbarem Stillsetzen der Anlage führen.

Schaltgeräte müssen nach Betätigung verriegeln oder verrasten.
Durch die Betätigung darf keine zusätzliche Gefährdung hervorgerufen werden.

Stromkreise, deren Ausschaltung eine weitere Gefährdung verursachen könnten (z. B. Licht), dürfen nicht betroffen sein.

Die Rückstellung der Not-Halt-Einrichtung darf keinen Wiederanlauf der Anlage zulassen.

Die Rückstellung darf nur von Hand am Befehlsgerät möglich sein.

Not-Halt-Einrichtungen müssen rot vor gelbem Hintergrund gekennzeichnet sein.

Instandhalten technischer Systeme

7

Instandhaltung

Korrosion, Korrosionsschutz

Schmierstoffe

Bauteile, Hilfsmittel

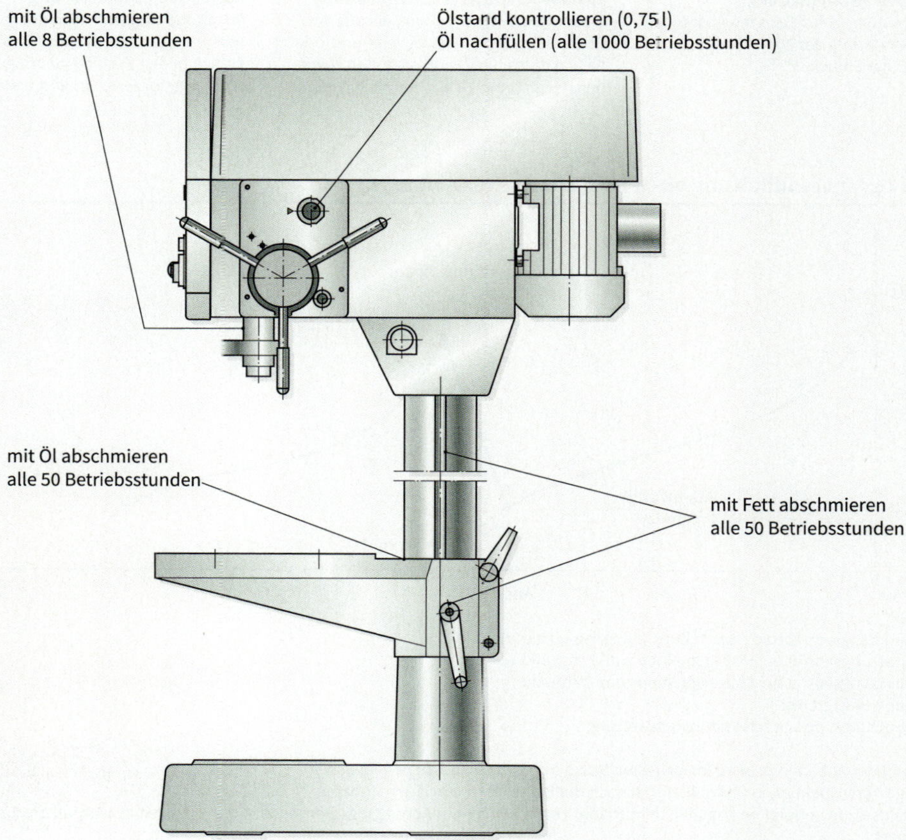

Instandhaltung – Zusammenhänge

DIN 31 051: 2019-06

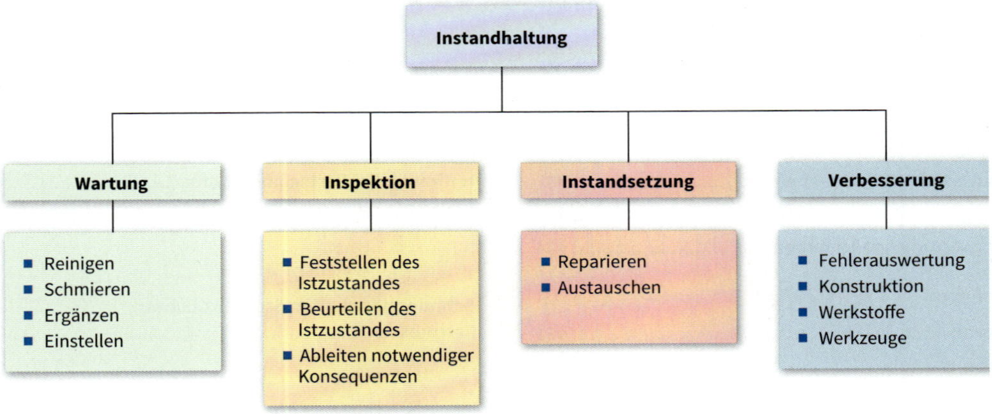

Instandhaltungsstrategien

Präventive Instandhaltung Instandhaltung in festgelegten Abständen zur Verminderung der Ausfallwahrscheinlichkeit einer Einheit.	**Zustandsorientierte Instandhaltung** Präventive Instandhaltung, die aus der Überwachung der Arbeitsweise und/oder der sie darstellenden Messgrößen sowie den nachfolgenden Maßnahmen besteht.	**Korrektive Instandhaltung** Instandhaltung, die nach der Fehlererkennung ausgeführt wird, um eine Einheit in den Zustand zu bringen, in dem sie eine geforderte Funktion erfüllen kann.

Einfluss der Instandhaltung auf die Funktion – Abbaukurve

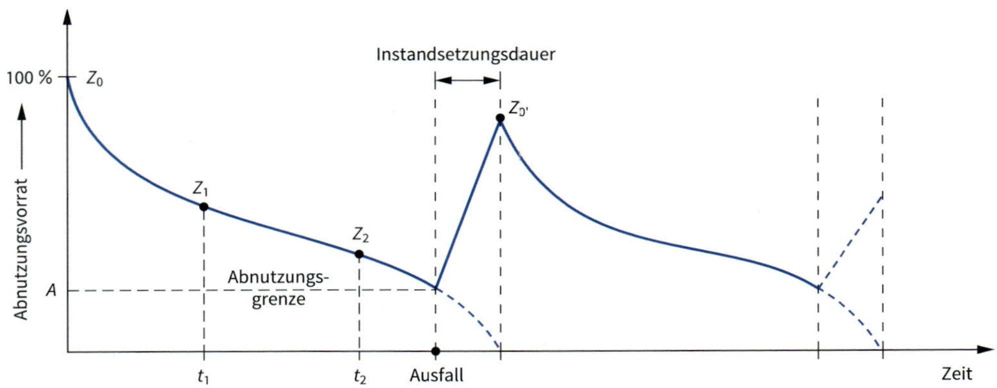

Z_0 = Abnutzungsvorrat nach Herstellung (Ausgangszustand)
Z_1 = Abnutzungsvorrat bei Erst-Inspektion zum Zeitpunkt t_1
Z_2 = Abnutzungsvorrat bei Erst-Inspektion zum Zeitpunkt t_2
A = Abnutzungsgrenze
$Z_{0'}$ = Abnutzungsvorrat nach Erst-Instandsetzung

Der Verlauf der Abbaukurve wird im weitesten Sinne durch die Inspektionen festgelegt.
Die Menge der Inspektionen (Z_n) richtet sich nach der Einheit bzw. nach dem Prozess.
Die Instandsetzung erfolgt im Regelfall unmittelbar vor Erreichen der Abnutzungsgrenze, da in der Folgezeit der Ausfall der Einheit zu erwarten ist.

Begriffe

DIN 31 051: 2019-06

Instandhaltung	Kombination aller technischen und administrativen Maßnahmen während des Lebenszyklus einer Einheit, die dem Erhalt oder der Wiederherstellung ihres funktionsfähigen Zustands dient, sodass sie die geforderte Funktion erfüllen kann
Wartung	Maßnahmen zur Verzögerung des Abbaus des vorhandenen Abnutzungsvorrates
Inspektion	Maßnahmen zur Feststellung und Beurteilung des Istzustandes einer Betrachtungseinheit einschließlich der Bestimmung der Ursachen der Abnutzung und Festlegung der notwendigen Konsequenzen für eine künftige Nutzung
Instandsetzung	Physische Maßnahme, die ausgeführt wird, um die Funktion einer fehlerhaften Einheit wiederherzustellen
Verbesserung	Kombination aller technischen und administrativen Maßnahmen zur Steigerung der Zuverlässigkeit, Instandhaltbarkeit und Sicherheit einer Einheit, ohne ihre ursprüngliche Funktion zu ändern
Einheit	Teil, Bauelement, Gerät, System, Teilsystem, Funktionseinheit, Betriebsmittel, das für sich allein beschrieben und betrachtet werden kann
Schwachstelle	Betrachtungseinheit, bei der ein Ausfall häufiger, als es der erforderlichen Verfügbarkeit entspricht, eintritt
Schwachstellenbeseitigung	Maßnahmen zur Verbesserung in der Weise, dass das Erreichen einer festgelegten Abnutzungsgrenze mit einer Wahrscheinlichkeit zu erwarten ist, die im Rahmen der geforderten Verfügbarkeit liegt
Abnutzung	Abbau des Abnutzungsvorrates durch chemische und/oder physikalische Vorgänge
Abnutzungsvorrat	Vorrat der möglichen Funktionserfüllung unter festgelegten Bedingungen
Abnutzungsgrenze	Vereinbarter oder festgelegter Mindestwert des Abnutzungsvorrates
Abnutzungsprognose	Vorhersage über das Abnutzungsverhalten einer Betrachtungseinheit ausgehend von dem Istzustand
Nutzung	Verwendung einer Betrachtungseinheit entsprechend den allgemeinen Regeln der Technik
Nutzungsvorrat	Vorrat der bei der Nutzung unter festgelegten Bedingungen erzielbaren Sach- und/oder Dienstleistungen
Nutzungsmenge	Menge der bei der Nutzung unter festgelegten Bedingungen erzielten Sach- und/oder Dienstleistungen
Nutzungsgrad	Verhältnis von Nutzungsmenge zu Nutzungsvorrat
Fehler	Zustand einer Einheit, in dem sie unfähig ist, eine geforderte Funktion zu erfüllen
Fehleranalyse	Fehlerdiagnose mit anschließender Prüfung, ob eine Verbesserung machbar ist
Fehlerdiagnose	Maßnahmen zur Fehlererkennung, Fehlerortung und Ursachenfeststellung
Funktion	Bei der Herstellung einer Einheit definierte Anforderungen im Zusammenhang mit der Instandhaltung
Änderung/Modifikation	Kombination aller technischen und administrativen Maßnahmen zur Änderung einer oder mehrerer Funktionen einer Einheit
Funktionserfüllung	Erfüllen der bei der Herstellung definierten Anforderungen
Ingangsetzung	Auslösen der Funktionserfüllung
Stillsetzung	Zeitlich vorausgeplante Unterbrechung der Funktionserfüllung, z. B. für Instandhaltung
Ausfall	Beendigung der Fähigkeit einer Einheit, eine geforderte Funktion zu erfüllen
Außerbetriebsetzung	Beabsichtigte befristete Unterbrechung der Funktionsfähigkeit
Außerbetriebnahme	Beabsichtigte unbefristete Unterbrechung der Funktionsfähigkeit
Ersatzteil	Einheit zum Ersatz einer entsprechenden Einheit, um die ursprünglich geforderte Funktion der Einheit zu erhalten
Verschleißteil	Betrachtungseinheit, die an Stellen, an denen betriebsbedingte Abnutzung auftritt, eingesetzt wird, um dadurch andere Betrachtungseinheiten vor Abnutzung zu schützen
Sollbruchteil	Betrachtungseinheit, die bei betriebsbedingter Überbeanspruchung andere Betrachtungseinheiten, z. B. durch Bruch, vor Schaden schützt

Ausfallverhalten

Instandhaltungsmaßnahmen werden dokumentiert und geben dadurch Hinweise auf mögliche Schwachstellen, Reparaturzeiten, Ersatzteile und Ausfallhäufigkeit.
Die Abhängigkeit von Alter und Ausfallhäufigkeit wird statistisch erfasst und kann grafisch wie folgt dargestellt werden:

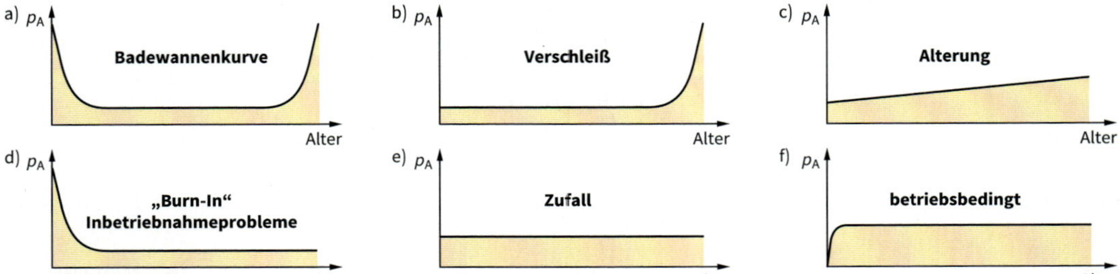

(p_A = Ausfallhäufigkeit)

- Kurven a, d: **Inbetriebnahmeerscheinungen**
  Sind für die Instandhaltung wenig bedeutsam, da sie eher für eine Verbesserung der Fertigung und Inbetriebnahme der Bauteile sprechen.
- Kurven a, b: **Verschleißerscheinungen**
  Können Hinweise auf einen optimalen Zeitpunkt zur Instandhaltung geben.
- Kurven c, e, f: **Langsame Alterung/zufälliger Ausfall**
  Lassen sich nicht mit vorbeugenden Maßnahmen beherrschen. Es muss eine Fehlerausweitung vermieden werden. Dies erfordert umfangreiche Überwachungstechniken, die auftretende Fehler sofort melden.

→ Herstellerangaben und dokumentierte Instandhaltungsmaßnahmen zum Ausfallverhalten sind Grundlage für eine Instandhaltungsstrategie der einzelnen Teilsysteme. Daraus entsteht der Instandhaltungsplan für die gesamte Anlage z. B. der Schmierplan.

Instandhalten – Bildzeichen

Bildzeichen	Bedeutung	Bildzeichen	Bedeutung
	**Abbauen, Ausbauen** ■ vor Arbeitsbeginn alle behindernden Teile abbauen oder ausbauen		**bei Bedarf auswechseln** ■ Teil erst nach Prüfung wieder verwendbar
	**Zerlegen** ■ Zerlegen von Baugruppen im eingebauten oder ausgebauten Zustand		**bei jeder Montage auswechseln** ■ Teil nicht wieder verwendbar
	**Zusammenbauen** ■ Zusammenbauen von Einzelteilen zu einer Baugruppe		**Einölen** ■ Teile aus arbeitstechnischen Gründen einölen
	**Einbauen, Anbauen** ■ zerlegte Baugruppe wieder zusammenbauen, Teile wieder einbauen oder anbauen		**Einfetten** ■ Teile aus arbeitstechnischen Gründen einfetten
	**Einfüllen** ■ Einfüllen von festen oder flüssigen Stoffen, z. B. Schmierstoffen		**Einbaurichtung beachten** ■ bei Teile beachten, bei denen eine falsche Einbaurichtung möglich ist
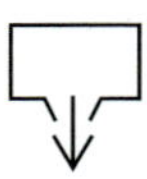	**Ablassen** ■ Ablassen von festen oder flüssigen Stoffen, z. B. Schmierstoffen		

Wartung einer Drehmaschine (Beispiel)

- Wartungsarbeiten nur bei ausgeschaltetem Hauptschalter
- NOT-AUS- Taste muss betätigt sein
- Ölstand kontrollieren (Öl darf nicht über der Markierung stehen)

Schmierplan mit Wartungsstellen

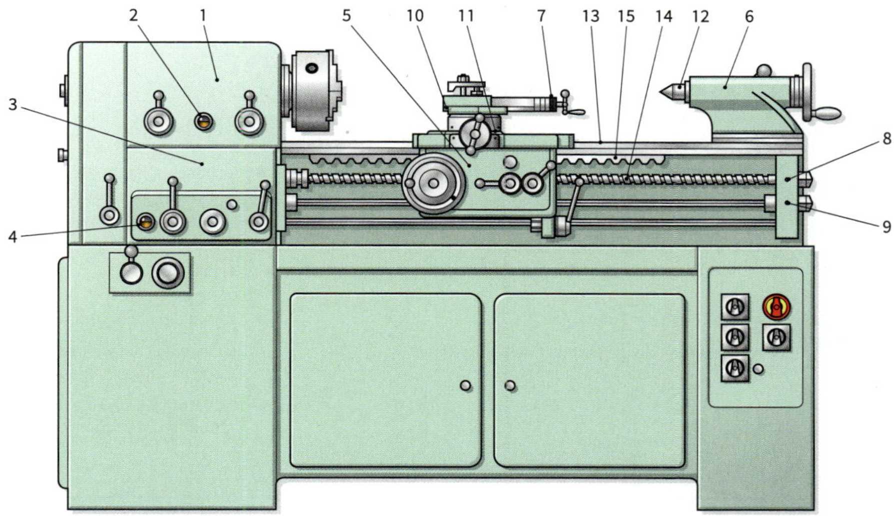

Schmiertabelle

Maschinenteil	Schmierstelle	Kontrollstelle	Schmiermittel	Schmierungsart	Menge	Wartungsintervall
Spindelstock	1	2	Öl	Ölbad	ca. 0,4 l	ca. 500 Std.
Schaltgetriebe	3	4	Öl		ca. 0,4 l	
Schlosskasten	5	–	Fett	Fettpresse	–	ca. 24 Std.
Reitstock	6	–				
Oberschlitten	7	–				
Leitspindel	8	–				
Zugspindel	9	–				–
Oberschlittenführung	10	–	Öl	Ölkanne	–	Mehrmals täglich, speziell Leitspindel beim Gewinde-schneiden
Querschlittenführung	11	–				
Reitstockpinole	12	–				
Bettführungen	13	–				
Leitspindel	14	–				
Zahnstange	15	–	Fett	–	–	ca. 24 Std.

Schmiermittel

- Getriebe: Hydrauliköl DIN 51524 – VG46
- Führungen: Gleitbahnöl DIN 51502 – CGLP – VG68
- Fettschmierung: Fett DIN 51818 – NLGI 2

Instandsetzen von Führungen

Abnutzungserscheinung	Ursachen		Instandsetzungsmaßnahmen
Adhäsion	■ hoher Druck an Berührungsflächen bei geringer Gleitgeschwindigkeit ■ Verschleiß durch Abscheren, Verformen und Abreißen	mangelhafte und falsche Schmierung	■ Ersetzen durch neue Führungsbahnen
Abrasion	■ Rauheitsspitzen der Führungsflächen führen zum Abtrag		■ Schleifen und Schaben ■ Verschleißleisten aufschrauben ■ Streifen aus Hartgewebe oder Kunststoff aufkleben
Oberflächenzerrüttung	■ Bestandteile des Abriebs oder Späne gelangen zwischen die Gleitflächen (Abstreifer defekt) ■ wechselnde Bewegungsrichtungen und -beträge		■ Ausfräsen schadhafter Stellen und Aufkleben neuer Führungsflächen
Korrosion	■ ungenügender aktiver und passiver Korrosionsschutz		
zu großes Spiel zwischen den Führungsflächen	■ Verschleiß der Führungen ■ Lockerung der Nachstell- und Keilleisten		■ Führungen nachstellen – Nachstellleisten werden durch seitliche Druckschrauben eingestellt. – Keilleisten werden durch stirnseitige Schrauben verschoben.

Instandsetzung an Stirnradgetrieben

Störung	Ursachen	Instandsetzungsmaßnahmen
ungewöhnliche, gleichmäßige Getriebegeräusche		Lager überpfüfen und gegebenenfalls austauschen
■ abrollende/mahlende Geräusche	Lagerschaden	Verzahnung kontrollieren und beschädigte Zahnräder austauschen
■ klopfende Geräusche	Verzahnungsschaden	
ungewöhnliche, ungleichmäßige Getriebegeräusche	Fremdkörper im Schmieröl	Antrieb stillsetzen, Schmieröl überprüfen
Getriebe ist von außen verölt	ungenügende Abdichtung des Getriebedeckels bzw. der Ölablassschraube Wellendichtring defekt	Schrauben an Dichtstellen festdrehen, falls notwendig Dichtungen auswechseln Wellendichtring auswechseln
erhöhte Betriebstemperatur	zu niedriger oder zu hoher Schmierölstand überaltertes oder stark verschmutztes Schmieröl	Ölstand kontrollieren und korrigieren Öl wechseln
erhöhte Temperatur an den Lagerstellen	zu niedriger Schmierölstand Lager defekt	Ölstand kontrollieren und korrigieren Lager kontrollieren und gegebenenfalls auswechseln

Inspektion an Riemengetrieben

Inspektion	Instandsetzungsmaßnahmen
– Abnutzung der Riemen kontrollieren – Vorspannung mit Hilfe von Durchbiege-, Frequenzmess- und Schallwellenverfahren prüfen – Ausrichtezustand der Riemenscheiben mittels Lineal oder Laser prüfen	– Riemen ersetzen – Riemenscheiben ausrichten – Vorspannung einstellen

Elektrochemische Spannungsreihe der Elemente (Normalpotenziale)[1]

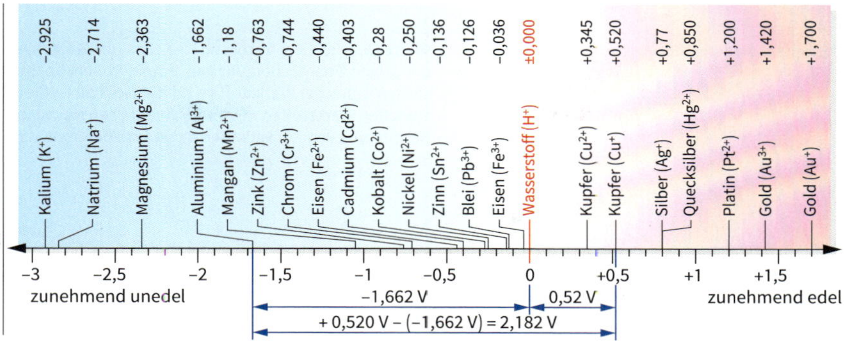

[1] Potenzialdifferenz einer Metallelektrode gegenüber der Standardwasserstoffelektrode (in einer wässrigen Säurelösung der Aktivität 1 bei 25 °C und 1,013 bar eingetauchte und von Wasserstoffgas umspülte Platinelektrode)

Korrosionsarten

Flächenkorrosion	Lochfraßkorrosion	Kontaktkorrosion	Interkristalline Korrosion	Transkristalline Korrosion
Gleichmäßige Werkstoffveränderung oder -zerstörung annähernd parallel zur Oberfläche durch den Angriff von umgebender Luft, durch Wasser sowie chemische und thermische Einflüsse	Örtliche punktförmige Oberflächenverletzungen (auch Unterwanderung der Oberfläche möglich) durch elektrochemische Zersetzung (Lokalelementbildung)	Bildung eines galvanischen Elements an der Kontaktstelle zweier Metalle mit unterschiedlichen Normalpotenzialen bei gleichzeitiger Einwirkung eines Elektrolyten	Aufreißen metallischer Werkstoffe entlang der Korngrenzen durch Zerstörung der unedleren Gefügebestandteile unter Einwirkung eines Korrosionsmittels	Korrosion quer durch die Kristallite des Gefüges hindurch, hervorgerufen durch eine Dauerbeanspruchung unter gleichzeitiger Anwesenheit eines Korrosionsmittels
		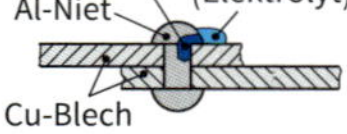		

Korrosionsverhalten von Metallen gegenüber aggressiven Medien

Metall	Korrosionsverhalten gegenüber						Bemerkung
	feuchter Luft	Luft 500 °C	Natronlauge	Salpetersäure	Salzsäure	Schwefelsäure	
Gold	+ +	+ +	+ +	+ +	+ +	+ +	löslich in starken Oxidationsmitteln (Königswasser: 3 Vol.-Teile HCl + 1 Vol.-Teil HNO_3) und Zyaniden
Silber	+ +	+ +	+ +	– –	+ +	+	Schwefelverbindungen bräunen Silber (Anlaufen)
Kupfer	+	–	+ +	– –	–	–	bildet an der Luft schützende Patina; Essigsäure bildet giftigen Grünspan, Acetylen explosives Kupfer-Acetylit
Blei	+ +	+	–	– –	–	+ +	Luft und „weiches" Wasser greifen Blei an; Vergiftungsgefahr
Zinn	+ +	+	–	+	+	+	bildet an der Luft schützende Oxidschicht (SnO_2); vollkommen ungiftig
Nickel	+ +	+	–	– –	–	+	beständig gegen Wässer aller Art (auch Meerwasser)
Eisen	– –	–	+ +	–	– –	– –	beständig in trockener Luft und CO_2-freiem Wasser
Chrom	+ +	+	–	+ +	– –	– –	sehr beständig gegen oxidierende Einflüsse auch bei hohen Temperaturen
Aluminium	+ +	+	– –	+	– –	– –	bildet an der Luft eine dichte, festhaftende Oxidschicht (Al_2O_3); danach außerordentlich beständig
Magnesium	–	– –	+ +	– –	– –	– –	unbeständig gegen Leitungs- und Meerwasser

+ + sehr beständig; geringer Angriff
+ weniger beständig; abhängig von Zusammensetzung, Konzentration, Temperatur des aggressiven Mediums
– – nicht beständig; schnelle Auflösung oder Zerstörung
– wenig beständig

Korrosionsschutz

■ Korrosionsschutzgerechte Konstruktion	Glatte Oberflächen; abgerundete Ecken und Kanten; Vermeidung von unnötigen Oberflächerauheiten, Poren, Rissen, Spalten und „Wassersäcken"; gleicher Werkstoff an Kontaktstellen; Isolierung zwischen Werkstoffen mit unterschiedlichen Normalpotenzialen; Beseitigung von Rückständen der Wärmebehandlung
■ Anwendung korrossionsbeständiger Werkstoffe	Hoher Reinheitsgrad von Metallen und Legierungen; Legierungsschutz durch widerstandsfähige homogene Mischkristalle; Vermeidung von groben heterogenen Gemengen unterschiedlicher Kristallarten (Lokalelementbildung)
■ Schutzschichten – metallische Überzüge	z. B. Schmelztauchen; galvanisches Abscheiden in wässriger Elektrolytlösung; Walz-, Elektro-, Spritzplattieren; physikalische und chemische Gasphasenabscheidung: PVD – **P**hysical **V**apor **D**eposition, CVD – **C**hemical **V**apor **D**eposition
– nichtmetallische Überzüge	organisch: Farben, Lacke, Fette, Öle, Wachse, Asphalt, Bitumen, Teer anorganisch: Emaille; oxidische, Zement- und Phosphat-Überzüge Kunststoff: Flammspritzen; Wirbelsintern; Auskleiden
■ Beseitigung oder Abschwächung von Korrosionsursachen	Zugabe von Inhibitoren zu umgebenden oder angreifenden Stoffen, durch die einzelne aggressive Stoffbestandteile teilweise oder ganz ausgeschaltet werden: Zugaben zu Kühlschmierstoffen zur Bindung aggressiver Salz- und Säureionen; basisch reagierende Zugaben zu Kühl- und Kesselwasser zur Neutralisation freier Säuren; Schutz leerstehender Kessel durch Füllen mit Ammoniak
■ Katodischer Korrosionsschutz – mit Opferanode	Schutz unterirdisch gelagerter Tanks oder Leitungen: leitende Verbindung des zu schützenden Bauteils mit einer Magnesium- oder Zinkplatte; durch Bodenfeuchtigkeit (Elektrolyt) Entstehung eines galvanischen Elements; Auflösung des unedleren Elements (Opferanode) und Schutz des Bauteils (Katode)
– mit Fremdstromquelle	Schutz unterirdisch gelagerter Tanks oder Leitungen: Verbindung des zu schützenden Bauteils mit negativem Pol einer Batterie; Verbindung einer sich nicht auflösenden Grafitanode mit Pluspol; Schutz der Katode gegen Korrosion

i **Inhibitoren**: Stoffe, die chemische Vorgänge einschränken oder unterbinden

Passiver Korrosionsschutz

Metallische Schutzschichten	
Tauchen	Eintauchen in Bäder mit flüssigem Al, Pb, Sn, Zn
Galvanisieren	Durch Elektrolyse erzeugter Niederschlag von Ag, Al, Au, Cd, Cr, Cu, Ni, Sn, Zn auf Werkstückoberflächen
Plattieren	Aufwalzen von Ag, Al, Au, Cu, Ni und Legierungen auf Grundwerkstoff
Diffundieren	Eindringen von Feinstmetallpulver in die Werkstückoberfläche unter Wärmeeinwirkung
Aufspritzen	Aufbringung von Plattiermetall durch Flamm-, Lichtbogen- oder Plasmaspritzen
Aufdampfen	Niederschlag von im Hochvakuum verdampften Überzugsmetallen
Sherardisieren	Verzinken kleiner Massenartikel in langsam rotierenden, mit Quarzsand und Zinkstaub gefüllten Trommeln

Nichtmetallische Schutzschichten	
Anodisieren (Eloxieren)	Erzeugen einer Oxidschicht auf Al, Mg, Zn und Legierungen durch elektrisches Oxidieren
Brünieren	Eintauchen in erwärmte Natronlauge oder Sulfatlösungen und nachfolgendes Einreiben mit Öl oder Wachs
Schwarzbrennen	Erzeugen einer Oxidschicht durch Eintauchen dunkelrot glühender Stahlteile in Öl
Phosphatieren	Erzeugung von Phosphatschichten durch Tauchen in phosphatsauren Lösungen von Schwer- oder Alkalimetallen
Farben, Lacke	Aufbringen von Ölfarben und Kunststofflacken
Bitumen, Teer	Tauchen oder Anstreichen als besonderer Schutz gegen Wasser- und Bodenkorrosion
Kunststoffe	Aufbringen von fein zerstäubtem, aufgewirbeltem Kunststoffpulver auf erwärmte Werkstücke
Emaille	Einbrennen glasähnlicher Massen bei Temperaturen von 550 °C ... 1000 °C

Vorbehandlungen zur Reinigung von Metalloberflächen

Grundwerkstoff	Schutzschicht	Behandlungsfolge
Aluminium, rein	Anodisieren	10-1-22-1-26-1-5
Al-Legierung magnesiumhaltig	Anodisieren Galvanisieren	11-12-1-22-1-26-1-5 10-1-12-1-23-1-32-1
Al-Legierung siliziumhaltig	Anodisieren Galvanisieren	11-13-1-25-1-5 10-1-12-1-25-1-32-1
Kupfer	farbloser Lack	11-21-1-2-5
CuSn-Legierung CuZn-Legierung	farbloser Lack Nickel, Chrom	11-24-1-2-5 10-1-13-1-21-1-31-1
Stahl	Farbe, Lack Chrom, Nickel Cadmium, Zink	11-20-1-30-1-3-5-33 10-1-12-20-1-31-1 10-1-12-1-20-1-4-1
Zink	Galvanisieren	10-1-12-1-25-1-31-1

Kennziffern der Behandlungsfolge

Kennziffer	Behandlung
1	Spülen in Kaltwasser
2	Spülen in Heißwasser
3	Spülen in 0,2 %iger ... 1 %iger Sodalösung (Passivieren)
4	Spülen in 10 %iger Cyanidlösung
5	Trocknen in Warmluft
10	Kochentfetten in alkalischen Entfettungsbädern
11	Entfetten durch organische Lösungsmittel (Per, Tetra, Tri), durch Abwaschen, Tauchen, Dampfbad
12	katodische Entfettung in alkalischer Lösung
13	anodische Entfettung in alkalischer Lösung
20	Beizen mit 10 %iger Salzsäure, 20 °C, evtl. mit Zusatz von Phosphorsäure und Reaktionshemmern
21	Beizen in 5 %iger ... 25 %iger Schwefelsäure, 40 °C ... 80 °C
22	Beizen in 10 %iger Natronlauge, 80 °C ... 90 °C
23	Beizen in 3 %iger Salpetersäure, 80 °C
24	Gelbbrennen in Gemisch von Salpetersäure (konz.) mit Schwefelsäure (konz.), 1 : 1
25	Beizen in verdünnter Flusssäure (3 % ... 10 %)
26	Beizen in 30 %iger Salpetersäure
30	Phosphatieren, Chromatieren
31	Vorverkupfern als Zwischenschicht
32	Zinkatbeize (Ausfällen von Zink)
33	Grundieren mit Rostschutzfarbe

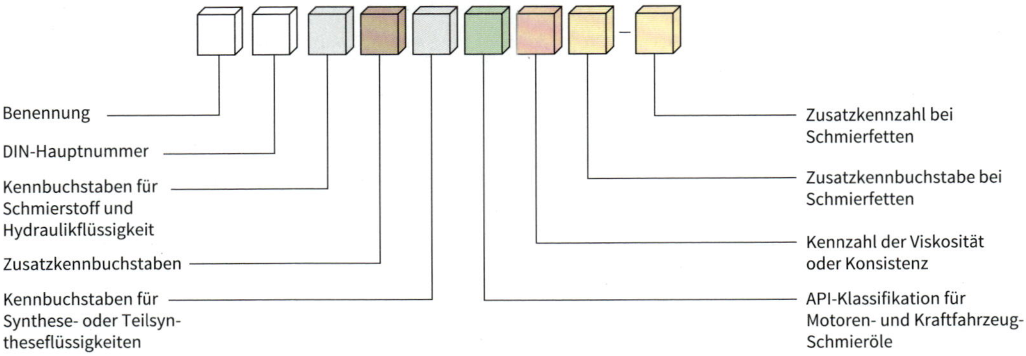

Schmieröl DIN 51 517-CLP 100
Bezeichnung eines Umlaufschmieröles mit Zusätzen zur Erhöhung des Korrosionsschutzes und zur Minderung der Reibung der Viskositätsklasse VG 100

Kennbuchstaben für Schmieröle und Hydraulikflüssigkeiten		
Stoffgruppe Symbol	Kennbuchstabe(n)	Stoffart und Anwendung
Mineralöle	AN	Normalschmieröle
	ATF	Öle ATF (Automatik Transmission Fluid)
	B	bitumenhaltige Schmieröle
	C	Umlaufschmieröle
	CG	Gleitbahnöle
	D	Druckluftöle
	F	Luftfilteröle
	FS	Formen-Trennöle
	H, HV	Hydrauliköle
	HD	Motoren-Schmieröle
	HYP	Schmieröle für Kraftfahrzeug-Getriebe
	J	Isolieröle in der Elektrotechnik
	K	Kältemaschinenöle
	L	Härte- und Vergüteöle
	Q	Wärmeträgeröle
	R	Korrosionsschutzöle
	S	Kühlschmierstoffe
	TD	Schmier- und Regleröle
	V	Luftverdichteröle
	W	Walzöle
	Z	Dampfzylinderöle
schwer entflammbare Hydraulikflüssigkeiten	HFA	Öl-in-Wasser-Emulsionen
	HFB	Wasser-in-Öl-Emulsionen
	HFC	Wässrige Polymerlösungen
	HFD	Wasserfreie Flüssigkeiten
Synthese oder Teilsynthese-Flüssigkeiten	E	Ester, organisch
	FK	Perfluor-Flüssigkeiten
	HC	Synthetische Kohlenwasserstoffe
	PH	Ester der Phosphorsäure
	PG	Polyglykolöle
	SI	Silikonöle
	X	sonstige Öle
	Die Kennbuchstaben werden zusätzlich zu den Buchstaben für Schmieröle angegeben.	

Zusatzkennbuchstaben für Schmieröle (nicht für HD, HYP, HFA, HFB, HFC, HFD)	
Zusatzkennbuchstabe	Schmierstoffe
D	Schmierstoffe mit hautschonenden Zusätzen
E	wassermischbare Schmierstoffe
F	Schmierstoffe mit Festschmierstoffzusatz (z. B. Grafit, Molybdänsulfid)
L	Schmieröle mit Zusätzen zur Erhöhung des Korrosionsschutzes und/oder der Alterungsbeständigkeit
M	wassermischbare Kühlschmierstoffe mit Mineralölanteilen (z. B. SEM)
S	wassermischbare Kühlschmierstoffe auf synthetischer Basis (z. B. SES)
P	Schmieröle mit Zusätzen zur Minderung der Reibung und des Verschleißes im Mischreibungsgebiet und/oder zur Erhöhung der Belastbarkeit
V	Schmieröle, die mit Lösungsmittel verdünnt sind (ggf. Kennzeichnung nach der Gefahrstoffverordnung)

API[1]-Klassifikationen für Motorenschmieröle	
Zusatzkennbuchstabe	Beschreibung
SE	Entspricht den US-Garantiebedingungen für Benzinmotorenschmierung
SF	wie SE, jedoch Zusätze gegen Verschleiß und Korrosion
SG	erhöhte Anforderungen im Hinblick auf Oxidationsstabilität und Verschlammung
CC	Entspricht Diesel-Saugmotoren-Anforderungen, Zusätze gegen Korrosion
CD	Entspricht Anforderungen aufgeladener Dieselmotoren, Zusätze gegen Verschleiß und Korrosion
CE	Entspricht Anforderungen für Hochleistungsdieselmotoren

[1] API: American Petroleum Institut

Benennung von Schmierstoffen
Designation of lubricants

DIN 51 502: 1990-08

API-Klassifikationen für Schmieröle für Kraftfahrzeuggetriebe

API-Klassifikation	Betriebsbedingungen	Getriebetyp
GL-4	mittel bis schwer	Hypoid-Getriebe mit geringem Versatz, Handschaltgetriebe
GL-5	schwer	Hypoid-Getriebe u. a.
GL-6	schwerst	Hypoid-Getriebe mit höchstem Versatz

Kennzahlen für die Viskositätsklassen

ISO-Viskositätsklasse (DIN 51 519)	kinematische Viskosität in mm²/s bei 20 °C	40 °C	50 °C	dynamische Viskosität mPa · s bei 40 °C
VG 2	≈ 3,3	2,2	≈ 1,3	≈ 2,0
VG 3	≈ 5	3,2	≈ 2,7	≈ 2,9
VG 5	≈ 8	4,6	≈ 3,7	≈ 4,1
VG 7	≈ 13	6,8	≈ 5,2	≈ 6,2
VG 10	≈ 21	10	≈ 7	≈ 9,1
VG 15	≈ 34	15	≈ 11	≈ 13,5
VG 22	–	22	≈ 15	≈ 18
VG 32	–	32	≈ 20	≈ 29
VG 46	–	46	≈ 30	≈ 42
VG 68	–	68	≈ 40	≈ 61
VG 100	–	100	≈ 60	≈ 90
VG 150	–	150	≈ 90	≈ 135
VG 220	–	220	≈ 130	≈ 200
VG 320	–	320	≈ 180	≈ 290
VG 460	–	460	≈ 250	≈ 415
VG 680	–	680	≈ 360	≈ 620
VG 1000	–	1000	≈ 510	≈ 900
VG 1500	–	1500	≈ 740	≈ 1350

Die kinematische Viskosität ν wird aus der Durchlaufzeit eines Öles durch eine Kapillare berechnet. Die dynamische Viskosität η wird aus dem Bewegungswiderstand ermittelt, der sich ergibt, wenn zwei mit Schmieröl benetzte Flächen gegeneinander bewegt werden. Die dynamische Viskosität ist das Produkt aus der kinematischen Viskosität und der Dichte: $\eta = \nu \cdot \varrho$

SAE[1]- Viskositätsklassen für Motorenschmieröle

SAE-Viskositätsklasse	scheinbare Viskosität DIN 51 377 in mPa · s	bei °C	Grenzpumptemperatur in °C	kinematische Viskosität bei 100 °C in mm²/s
0 W	≤ 3250	– 30	– 35	≥ 3,8
5 W	≤ 3500	– 25	– 30	≥ 3,8
10 W	≤ 3500	– 20	– 25	≥ 4,1
15 W	≤ 3500	– 15	– 20	≥ 5,6
20 W	≤ 4500	– 10	– 15	≥ 5,6
25 W	≤ 6000	– 5	– 10	≥ 9,3
20[2]	–	–	–	$5{,}6 \le \nu < 9{,}3$
30	–	–	–	$9{,}3 \le \nu < 12{,}5$
40	–	–	–	$12{,}5 \le \nu < 16{,}3$
50	–	–	–	$16{,}3 \le \nu < 21{,}9$

[1] SAE: Society of Automotive Engineers
[2] für die Kennzeichnung von Mehrbereichsölen, z. B. SAE 10W-30

SAE-Viskositätsklassen für Schmieröle für Kraftfahrzeuggetriebe

SAE-Viskositätsklasse	Höchsttemperatur für scheinbare Viskosität von 150 000 mPa · s in °C	kinematische Viskosität ν bei 100 °C in mm²/s
70 W	– 55	≥ 4,1
75 W	– 40	≥ 4,1
80 W	– 26	≥ 7,0
85 W	– 12	≥ 11,0
90[2]	–	$13{,}5 \le \nu < 24{,}0$
140	–	$24{,}0 \le \nu < 41{,}0$
250	–	$41{,}0 \le \nu$

Kennbuchstaben für Schmierfette

Stoffgruppe Symbol	Kennbuchstabe(n)	Stoffart und Anwendung
Schmierfette auf Mineralölbasis △	K	Schmierfette für Wälz- und Gleitlager und Gleitflächen
	G	Schmierfette für geschlossene Getriebe
	OG	Schmierfette für offene Getriebe, Verzahnungen
	M	Schmierfette für Gleitlager und Dichtungen bei geringen Anforderungen
Schmierfette auf Syntheseölbasis ◇	Schmierfette auf Syntheseölbasis werden in ihren Grundeigenschaften wie die vorstehenden auf Mineralölbasis gekennzeichnet. Zusätzlich werden die gleichen Kennbuchstaben wie bei den Schmierölen angegeben.	

Konsistenzkennzahlen für Schmierfette

NLGI[3]-klassen (DIN 51 818)	Walkpenetration[4] (DIN ISO 2137)	NLGI[3]-klassen (DIN 51 818)	Walkpenetration[4] (DIN ISO 2137)
000	445 ... 475	3	220 ... 250
00	400 ... 430	4	175 ... 205
0	355 ... 385	5	130 ... 160
1	310 ... 340	6	85 ... 115
2	265 ... 295		

[3] NLGI: National Lubricating Grease Institute
[4] Es wird die Eindringtiefe in 1/10 mm gemessen, die ein genormter Konus in das durchgeknetete (gewalkte) Schmierfett eindringt.

Zusatzkennzahlen für Schmierfette

Zusatzkennzahl	untere Gebrauchstemperatur in °C	Zusatzkennzahl	untere Gebrauchstemperatur in °C
– 10	– 10	– 40	– 40
– 20	– 20	– 50	– 50
– 30	– 30	– 60	– 60

Benennung von Schmierstoffen
Designation of lubricants

DIN 51 502: 1990-08

Zusatzkennbuchstaben für Schmierfette

Zusatzkenn-buchstabe	obere Gebrauchs-temperatur in °C	Verhalten gegenüber Wasser (DIN 51 807-01)[1]
C	+ 60	0 – 40 oder 1 – 40
D	+ 80	2 – 40 oder 3 – 40
E		0 – 40 oder 1 – 40
F	+ 100	2 – 40 oder 3 – 40
G		0 – 90 oder 1 – 90
H	+ 120	2 – 90 oder 3 – 90
K		0 – 90 oder 1 – 90
M		2 – 90 oder 3 – 90
N	+ 140	nach Vereinbarung
P	+ 160	
R	+ 180	
S	+ 200	
T	+ 220	
U	> + 220	

[1] Bewertungsstufen:
0 keine Veränderung
1 geringe Veränderung (Farbänderung)
2 mäßige Veränderung (beginnende Auflösung des Fettes)
3 starke Veränderung (teilweise oder vollständige Auflösung des Schmierfettes)
Die angehängte Zahl gibt die Prüftemperatur in °C an.

Beispiele für die Kennzeichnung von Schmierstoffen

Kennzeichen	Bedeutung
CLP 100	Umlaufschmieröl mit Korrosions- und Verschleißschutz, Viskositätsklasse VG 100.
CLPPG 150	Synthetisches Schmieröl auf Polyglykolbasis mit Korrosions- und Verschleißschutz, Viskositätsklasse VG 150.
HD SF/CC 15W–40	Motorenschmieröl auf Mineralölbasis für Benzin- und Dieselmotoren mit Zusätzen gegen Verschleiß und Korrosion, Mehrbereichsöl, SAE-Viskositätsklasse 15 W und 40.
Dreieck: K, 3, N	Schmierfett für Wälz- und Gleitlager, NLGI-Klasse 3, obere Gebrauchstemperatur +140 °C.
Raute: K, SI 3 R, –30	Schmierfett für Wälz- und Gleitlager auf Silikonölbasis NLGI-Klasse 3, obere Gebrauchstemperatur +180 °C, untere Gebrauchstemperatur –30 °C.

Hydrauliköle – Mindestanforderungen
Hydraulic oils – minimum requirements

DIN 51 524-1: 2017-06

Kennzeichen DIN 51502		HL 10	HL 22	HL 32	HL 46	HL 68	HL 100
ISO-Viskositätsklasse		VG 10	VG 22	VG 32	VG 46	VG 68	VG 100
kinematische Viskosität in mm²/s	bei –20 °C	≤ 600	–	–	–	–	–
	bei 0 °C	≤ 90	≤ 300	≤ 420	≤ 780	≤ 1400	≤ 2560
	bei 40 °C	9,0 … 11,0	19,8 … 24,2	28,8 … 35,2	41,4 … 50,6	61,2 … 74,8	90,0 … 110
	bei 100 °C	≥ 2,4	≥ 4,1	≥ 5,0	≥ 6,1	≥ 7,8	≥ 9,9
Pourpoint[1]	in °C	≤ –30	≤ –21	≤ –18	≤ –15	≤ –12	≤ –12
Flammpunkt	in °C	> 125	> 165	> 175	> 185	> 195	> 205

[1] Der Pourpoint ist die Temperatur, bei der Hydrauliköl unter Schwerkrafteinfluss gerade noch fließt.
Hydrauliköl DIN 51524 – HL 32; Bezeichnung eines Hydrauliköls HL der ISO-Viskositätsklasse ISO VG 32

Festschmierstoffe
Solid lubricants

Schmierstoff	Kurzzeichen	Anwendung
Grafit	C	Grafit schmiert gut in feuchter Luft, wenig in Sauerstoff- oder Stickstoffatmosphäre, gar nicht in Vakuum, Anwendungsbereich von –18 °C … +450 °C, hohe elektrische und thermische Leitfähigkeit
Molybdändisulfid	MoS_2	Geeignet für höchste Belastbarkeit, auch im Vakuum anwendbar, Anwendungsbereich –180 °C … +400 °C, keine elektrische Leitfähigkeit, für Cu- und Al-Werkstoffe nicht geeignet.
Polytetraflourethylen	PTFE	Schmierwirkung ist unabhängig von Gasen und Dämpfen, auch im Ultrahochvakuum, sehr niedrige Gleitreibungszahl (0,04 … 0,09), Anwendungsbereich –250 °C … +260 °C.

Schmierstoffarten

Arten		Schmieröle		Schmierfette		Festschmierstoffe	
Symbol/ Kennbuchstabe		Mineralöle 	Synthetische Öle 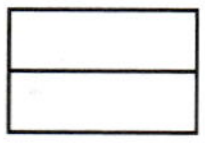	Mineralölbasis 	Synthetische Ölbasis 	Grafit **C**	Molybdändisulfit **MoS_2**
Verwendung	Geschwindigkeit	hoch		niedrig		niedrig	

	Druck	niedrig		hoch		hoch	
		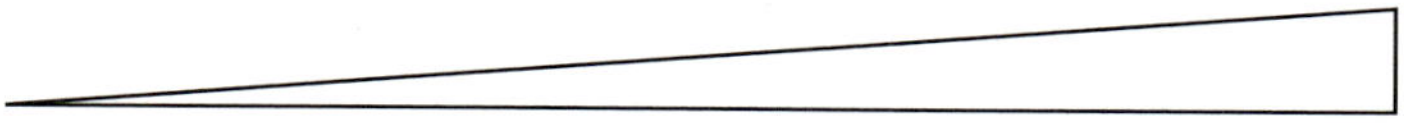					
	Temperatur	hoch		niedrig		sehr hoch oder sehr niedrig	

Schmiervorschrift (Beispiel)

Intervall in Betriebsstunden	Eingriffstelle	Tätigkeit	Symbol
8 h	Kühlschmierstoffbehälter	Füllstand kontrollieren	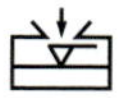
40 h	Zentralschmieraggregat	Ölstand kontrollieren	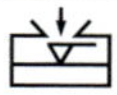
200 h	Kühlschmierstoffbehälter	Entleeren, reinigen, neu füllen	
200 h	Zentralschmieraggregat	Ölstand kontrollieren, nachfüllen	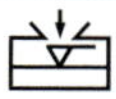
200 h	Hydraulikaggregat	Ölstand kontrollieren	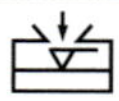
200 h	Spindelschlitten	Ölstand kontrollieren	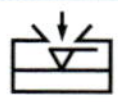

Symbole

Füllstand kontrollieren, nachfüllen		mit Öl abschmieren		Schmierstoff wechseln, Mengenangabe	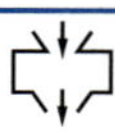
mit Fett abschmieren		Filter wechseln		Filter reinigen	

Entsorgung von Schmierstoffen

Schmierplanvarianten einer Fräsmaschine

Abfallschlüssel	Abfallart	Beispiel für die Herkunft des Abfalls	Entsorgung[1]		
			CPB	HMV	SAV
54112	Verbrennungsmotoren- und Getriebeöle	Altöl aus Motoren und Getrieben, Kompressoröl	●		●
54202	Fettabfälle	Kfz-Werkstätten, Getriebebau			●
54209	Feste fett- und ölverschmutzte Betriebsmittel	Putzlappen, fett- oder ölverschmutzte Pinsel, Öl- und Fettbehälter		●	●
54401	Synthetische Kühl- und Schmiermittel	Metallbearbeitung Oberflächenhandlung	●		●

[1] CPB: Chem./phys., biol. Behandlungsanlage; HMV: Hausmüllverbrennungsanlage; SAV: Verbrennungsanlage für besonders überwachungsbedürftige Abfälle; ● in diesen Anlagen ist die Entsorgung nur bedingt möglich.

→ Rückgabe der Abfälle an den Lieferanten der jeweiligen Stoffe oder Entsorgung durch zugelassene Spezialunternehmen oder das Schadstoffmobil.

Flachschmiernippel

DIN 3404: 1988-01

Form A

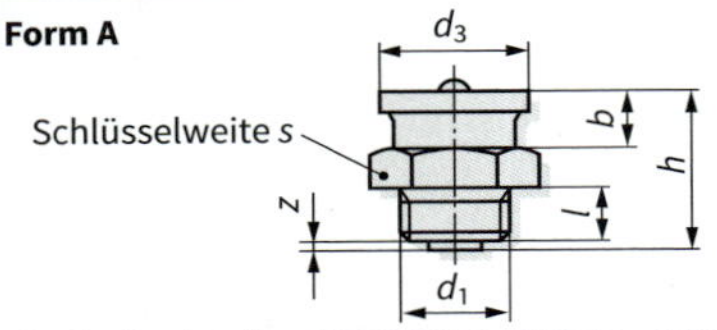

Flachschmiernippel DIN 3404 – A M 10 × 1 St
Bezeichnung eines Flachschmiernippels Form A mit Gewinde M 10 × 1

d_1		b	d_3	h	l	s	z
Metr. ISO-Gewinde DIN 13-5, 6	Rohrgewinde[1)] DIN ISO 228-1						
M 10 × 1	G ⅛ G ¼	6,5	16	17,6	5,5	17	1
M 16 × 1,5	G ¼ G ⅜	8,5	22	23,1	7,5	22	1,5

1) Für Neuanlagen nicht mehr zu verwenden. In der Normbezeichnung ist d_3 mit einem zusätzlichen Mittelstrich anzuhängen.

Öler

DIN 3410: 1974-12

Form C1 (gerade) **Form F**

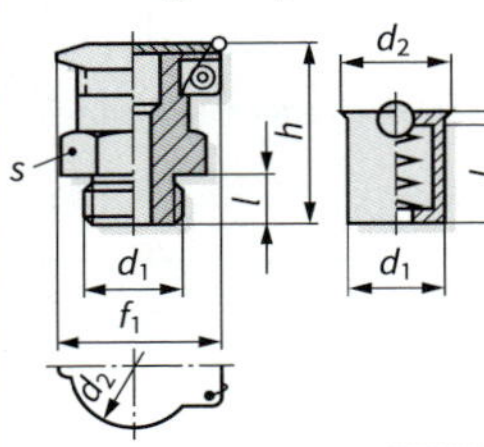

Kurzzeichen	d_1	d_2	f_1	h	l
C1 M 5	M5	9	12,5	15	4
C1 M 8 × 1	M8 × 1	12	16	18,5	5
C1 M 10 × 1	M10 × 1	12	16	18,5	6
C1 M 12 × 1,5	M12 × 1,5	15	19	22	6

Kurzzeichen		F 5	F 6	F 8	F 10	F 14
d_1[1)]		5	6	8	10	14
d_2	≈	5,5	6,5	9	11	15
h	≈	6	7	9	11,5	16,5
l		4	5	7	9,5	14,5

Werkstoff: St oder CuZn
Öler DIN 3410 – F 10 – St
Bezeichnung eines Einschlag-Kugelölers Form F mit d_1 = 10 mm aus Stahl

1) Bohrung mit Toleranzklasse H 11

Staufferbüchsen, leichte Bauart

DIN 3411: 1972-10

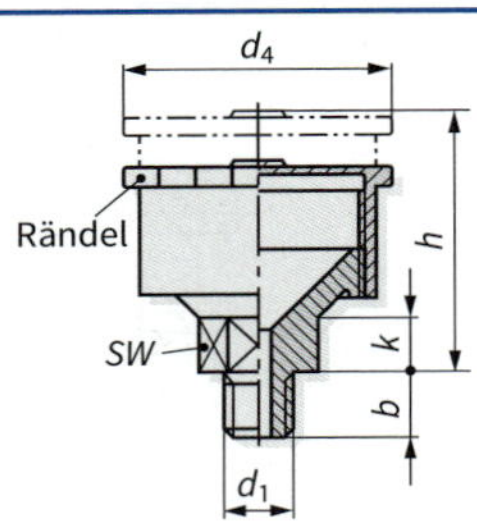

Werkstoff: Stahl
Form A: Kappe und Unterteil gezogen, Größe 1 bis 6
Form B: Kappe und Unterteil gedreht, Größe 00 bis 1
Form D: Kappe gezogen, Unterteil gedreht, Größe 2 bis 6

Staufferbüchse DIN 3411 – A 1 M – St
Bezeichnung einer Staufferbüchse Form A, Größe 1 mit metrischem Gewinde

Größe	Gewinde (d_1)		d_4	b	h	k	SW
00	M 6	–	14	6	26	6	7
0	M 8 × 1	G ⅛	16	8	30	7	10
1	M 10 × 1	G ⅛	24	9	35	7	12
2	M 12 × 1,5	G ¼	28	11	38	10	17
3	M 12 × 1,5	G ¼	38	11	42	10	17
4	M 12 × 1,5	G ¼	45	11	45	10	17
5	M 12 × 1,5	G ¼	58	11	52	10	17
6	M 12 × 1,5	G ¼	66	11	56	10	17

Fettpressen (Beispiel)

DIN 1284: 1990-11

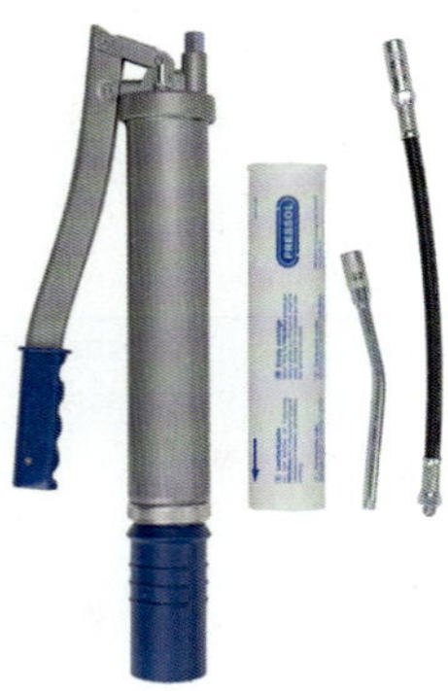

Anschlüsse:
- Düsenrohr M 10 × 1
- Panzerschlauch M 10 × 1

zum Verarbeiten von Schmierfetten, bis NLGI 3; Temperatur bis –10 °C	
Fettförderung in den Fettpressenkopf	mittels Druckluft
Förderdruck (Ladedruck im Fettpressenkopf)	4 bar
Druckbeaufschlagung (Ladedruck)	mittels Handpumpe
Druckentlastung (Ladedruck)	mittels Ablass- und Überdruckventil
Durchmesser Fett-Pumpkolben	8 mm
Betätigung Fett-Pumpkolben	mittels Handhebel
Fördervolumen/Hub	1,2 cm³
Förderleistung	bis 400 bar
Fettpressenanschluss druckseitig über Metalladapter	M 10 × 1
Berstdruck (System)	850 bar
Berstdruck (Fettpressenkopf)	1200 bar
Füllvolumen	500 cm³
Füllnippel und Entlüftungsventil	M 10 × 1
Füllmöglichkeiten	400 g, Fettkartusche, DIN 1284, Fett-füllgerät oder loses Fett

Schmiernippel; Öler; Staufferbuchsen; Fettpressen

Mathematisch-technische Grundlagen

8

SI-Basisgrößen und SI-Basiseinheiten

DIN 1301-1: 2010-10; DIN 1301-2: 1978-02; DIN 1301-3: 1979-10

Damit man sich in der Technik (aber auch im täglichen Leben) verständigen kann, ist ein Einheitensystem notwendig. Wird etwas gemessen (z. B. eine **Länge**) und anderen mitgeteilt, ist die gewählte Einheit (z. B. **Meter**) unverzichtbarer Teil der Information. Sämtliche Einheiten können auf sieben Basiseinheiten zurückgeführt werden.

SI-Basisgröße	Formelzeichen DIN 1304	SI-Basiseinheit	SI-Einheiten-zeichen	Ausgewählte Teile und Vielfache der SI-Basiseinheit
Länge	l	**Meter**	**m**	**nm; µm; mm; cm; dm; km**
Masse	m	Kilogramm	kg	µg; mg; g
Zeit	t	Sekunde	s	ns; µs; ms
elektrische Stromstärke	I	Ampere	A	µA; mA; kA
thermodynamische Temperatur	T	Kelvin	K	
Stoffmenge	n	Mol	mol	mmol; kmol
Lichtstärke	I	Candela	cd	

i **SI**: **S**ystème **I**nternational d'Unités (franz.)
Internationales Einheitensystem

Definition SI-Basisgrößen

Vorsätze für dezimale Vielfache und Teile von Einheiten

DIN 1301-2: 1978-02

Vorsatz	Vorsatzzeichen	Faktor	Vorsatz	Vorsatzzeichen	Faktor
Yotta ↑	Y	10^{24}	Basiseinheit		$10^0 = 1$
Zetta	Z	10^{21}	Dezi	d	10^{-1}
Exa	E	10^{18}	Zenti	c	10^{-2}
Peta	P	10^{15}	Milli	m	10^{-3}
Tera	T	10^{12}	Mikro	µ	10^{-6}
Giga	G	10^{9}	Nano	n	10^{-9}
Mega	M	10^{6}	Piko	p	10^{-12}
Kilo	k	10^{3}	Femto	f	10^{-15}
Hekto	h	10^{2}	Atto	a	10^{-18}
Deka	da	10^{1}	Zepto	z	10^{-21}
Basiseinheit		$10^0 = 1$	Yocto ↓	y	10^{-24}

Größen, Formelzeichen, Einheiten

DIN 1304-1: 1994-03

Physikalische Größen sind messbare Eigenschaften (z. B. **Länge**, Zeit, Fläche). Sie werden durch ***kursive*** Formelbuchstaben (lateinisches und griechisches Alphabet) gekennzeichnet (z. B. l). Die Einheiten werden durch Buchstaben in **normaler** Schrift gekennzeichnet (z. B. **m**). Sind für eine physikalische Größe mehrere Formelzeichen angegeben, soll das an erster Stelle stehende Zeichen bevorzugt werden.

Weitere Größen und Einheiten; physik. Konstanten

Physikalische Größe	Formelzeichen	SI-Einheitenzeichen	Einheitenname	Bemerkungen; Beziehungen zwischen den Einheiten
Längen, Flächen, Volumen, Winkel				
Länge	l	**m**	**Meter**	1 inch = 25,4 mm
Breite	b	m		1 Seemeile = 1852,216 m
Höhe, Tiefe	h	m		*i* **inch** (engl.): umgangssprachlich „Zoll"
Radius, Halbmesser	r	m		
Durchmesser	$d; D$	m		
Durchbiegung, Durchhang	f	m		
Weglänge, Kurvenlänge	s	m		
Wellenlänge	λ	m		
Fläche, Flächeninhalt, Oberfläche	$A; S$	m^2	Quadratmeter	1 a = 100 m^2
Querschnitt, Querschnittsfläche	$S; q$	m^2		1 ha = 10 000 m^2
Volumen, Rauminhalt	V	m^3	Kubikmeter	1 l = 1 L = 1 dm^3
ebener Winkel	$\alpha; \beta; \gamma$	rad	Radiant	1 rad = 1 m/m = 1 1° = (π/180)rad 1' = (1/60)° = 60'' 1'' = (1/60)' = (1/3600)°
Raumwinkel	Ω	sr	Steradiant	1 sr = 1 m^2/m^2 = 1

Größen, Formelzeichen, Einheiten

DIN 1304-1: 1994-03

Physikalische Größe	Formel-zeichen	SI-Einheiten-zeichen	Einheiten-name	Bemerkungen
Zeit und Raum				
Zeit, Zeitspanne, Dauer	t	s	**Sekunde**	min, h (Stunde), d (Tag), a (Jahr)
Frequenz	f	Hz	Hertz	1 Hz = 1 s^{-1} = 1/s
Umdrehungsfrequenz (Drehzahl)	n	s^{-1} = 1/s		s^{-1} = 1/s = 60 min^{-1} = 60/min
Winkelgeschwindigkeit	ω, Ω	rad/s		
Geschwindigkeit	v, u	m/s		1 m/s = 60m/min = 3,6 km/h
Ausbreitungsgeschw. einer Welle	c	m/s		
Lichtgeschwindigkeit im Vakuum	c_0	m/s		c_0 = 2,99792458 · 10^8 m/s
Beschleunigung	a	m/s^2		g_n Normfallbeschleunigung
Fallbeschleunigung	g	m/s^2		g_n = 9,80665 m/s^2
Mechanik				
Masse, Gewicht als Wägeergebnis	m	kg	**Kilogramm**	1 kg = 1000 g 1 t = 1000 kg = 1 Mg
längenbezogene Masse	m'	kg/m		1 kg/m = 1 g/mm
flächenbezogene Masse	m''	kg/m^2		1 kg/m^2 = 0,1 g/cm^2
Dichte	ϱ	kg/m^3		1000 kg/m^3 = 1 t/m^3 = 1 kg/dm^3 = 1 g/cm^3
Kraft	F	N	Newton	1 N = $\frac{1 \text{ kg} \cdot 1 \text{ m}}{1 \text{s}^2}$ = 1 (kg · m)/s^2
Gewichtskraft	F_G; G	N		
Kraftmoment, Drehmoment	M	N · m		
Biegemoment	M_b	N · m		
Torsionsmoment	M_T; T	N · m		
Druck	p	Pa bar	Pascal Bar	1 Pa = 1 N/m^2, 1 MPa = 1 N/mm^2, 1 GPa = 1 kN/mm^2 1 bar = 100000 Pa = 10^5 Pa = 10 N/cm^2
Normalspannung, Zugspannung, Druckspannung	σ	N/m^2		*Weitere Druckeinheiten*
Schubspannung (Scherspannung)	τ	N/m^2		
Arbeit	W	J	Joule	1 J = 1 N · m = 1 W · s
Energie	E	J		1 kWh = 3600000 Ws
Leistung	P	W	Watt	1 W = 1 N · m/s = 1 J/s
Trägheitsmoment, Massenmoment 2. Grades	J	kg · m^2		
Flächenmoment 2. Grades	I	m^4		
Elastizitätsmodul	E	N/m^2		
Reibungszahl der Ruhe	μ_0; μ_r	1		
Reibungszahl der Bewegung	μ; f	1		
Thermodynamik, Wärmeübeertragung				
thermodynamische Temperatur	T; Θ	K	**Kelvin**	T = 0 K ≙ t = −273,15 °C 0 °C = 273,15 K
Celsius-Temperatur	t; ϑ	°C	Grad Celsius	
Temperaturdifferenz	ΔT; Δt	K	Kelvin	
Längenausdehnungskoeffizient	α	1/K = K^{-1}		1/K = 1 m/(m · K) = 1 $\frac{\text{m}}{\text{m} \cdot \text{K}}$
Volumenausdehnungskoeffizient	γ	1/K = K^{-1}		1/K = 1 $m^3/(m^3 \cdot K)$
Wärme, Wärmemenge	Q	J	Joule	1 J = 1 N · m = 1 W · s
Wärmekapazität	C	J/K		
spezifische Wärmekapazität	c	J/(kg · K)		1 kWh = 3,6 MJ = 860 kcal
spezifischer Brennwert	H_0	J/kg		
spezifischer Heizwert	H_u	J/kg		
Wärmestrom	Φ; $\dot{Q}$	W	Watt	
Wärmeleitfähigkeit	λ	W/(m · K)		
Wärmedurchgangszahl	k	W/(m^2 · K)		

i
F: force
W: work
P: power
E: energy

Größen und Einheiten
Quantities and units

Größen, Formelzeichen, Einheiten

DIN1304-1: 1994-03

Physikalische Größe	Formelzeichen	SI-Einheitenzeichen	Einheitenname	Bemerkungen
Elektrizität, Magnetismus				
elektrische Stromstärke	***I***	**A**	**Ampere**	
elektrische Ladung	*Q*	C	Coulomb	1 C = 1 A · 1 s
elektrische Spannung	*U*	V	Volt	1 V = 1 W/1 A = 1 J/1 C
elektrischer Widerstand	*R*	Ω	Ohm	1 Ω = 1 V/1 A
spezif. elektr. Widerstand	*ϱ*	Ω · m		1 Ω · m = 1 Ω · m^2/m
elektrische Kapazität	*C*	F	Farad	1 F = 1 C/1 V
Frequenz	*f*	Hz	Hertz	1 Hz = 1 s^{-1} = 1/s
Energie, Arbeit	*W*	J	Joule	1 J = 1 W = 1 V · 1 A
Wirkleistung	*P*	W	Watt	1 W = 1 V · 1 A = 1 J/1s = $\frac{1\,N \cdot 1\,m}{1\,s}$
Scheinleistung	*S*	W	Watt	
Leistungsfaktor	cos *φ*	1		cos *φ* = P/S
Wirkungsgrad	*η*	1		
Windungszahl	*N*	1		
Übersetzungsverhältnis	*ü*	1		

Indizes für Formelzeichen
Subscripts for symbols

DIN 1304-1: 1994-3

Zur Unterteilung von Oberbegriffen und zur Kennzeichnung besonderer Zustände können Formelzeichen mit Indizes versehen werden. Sind für eine Größe mehrere Zeichen angegeben, so soll das an erster Stelle stehende (international empfohlene) Zeichen verwendet werden.

Index (Mehrzahl: Indizes): Tiefzeichen rechts vom Grundzeichen, z. B. F_1

Beispiele

Index	Bedeutung	Index	Bedeutung	Index	Bedeutung	Index	Bedeutung	Index	Bedeutung	Index	Bedeutung
0	null; leerer		Ausgang	b	Biegung	inst	augen-	min	minimal	rad	radial
	Raum; Leer-		Endzustand	e	über-		blicklich	N	Normal-	tan	tangential
	Lauf	a	außen		schreitend	kin	kinetisch	pot	potenziell	v	Verlust
1	eins; primär	abs	absolut	exi	Ausgang	max	maximal	rad	radial	zul	zulässig
	Eingang; An-	amb	umgebend	G	Gewicht	mec	mechanisch	rel	relativ	Z	Zusatz-
	fangszustand	ax	axial	ing	Eingang	med	mittel	rsl	resultierend	Δ	Differenz
2	zwei, sekundär	b	Basis	int	innen	mes	gemessen	R	Reibung	Σ	Summe

Mathematische Zeichen
Mathematical symbols

DIN 1302: 1999-12; DIN 5473: 1992-07

Zeichen	Bedeutung	Zeichen	Bedeutung	Zeichen	Bedeutung	Zeichen	Bedeutung
≈	ungefähr gleich	$\sqrt[n]{}$	n-te Wurzel aus	{[()]}	Klammern auf/zu;	∉	ist nicht Element von
≙	entspricht	n!	n Fakultät		geschweift, eckig,	⊂; ⊆	ist Teilmenge von
…	und so weiter bis	∞	unendlich		rund	∪	Vereinigungsmenge
=	gleich	$\overline{AB}$	Strecke AB	𝔸, 𝔹, ℂ	Mengen	∩	Durchschnittsmenge
≠	ungleich	$\overset{\frown}{AB}$	Bogen AB	a, b, c	Elemente	X	Produktmenge
~	proportional	∢	Winkel	{a, b, c}	Menge mit den	\	Differenzmenge
≅	kongruent	lg	dekadischer		Elementen a, b, c	~	ohne
<	kleiner als		Logarithmus	{x|x…}	Menge aller Elemente	¬	nicht
≤	kleiner oder gleich	ln	natürlicher		x, für die gilt: …	∧	und; sowohl …
>	größer als		Logarithmus	ℕ	Menge der natürlichen		als auch …
≥	größer oder gleich	lb	binärer Logarithmus		Zahlen	∨	oder; entw … oder …
+	plus	sin	Sinus	ℤ	Menge der ganzen	⇒	aus … folgt …;
−	minus	cos	Kosinus		Zahlen		wenn … wahr ist,
• ×	mal	tan	Tangens	ℚ	Menge der rationalen		dann ist … wahr
: / —	geteilt durch	cot	Kotangens		Zahlen	⇔	wenn … wahr ist,
Σ	Summe	Δx	Delta *x* (Differenz der	ℝ	Menge der reellen		dann ist … wahr und
π	Pi		Werte x_1; x_2)		Zahlen		umgekehrt
x^n	x hoch n	%	Prozent; v. Hd.	Ø	leere Menge		*Mathem.*
√	Quadratwurzel aus	‰	Promill; v. Tsd.	∈	ist Element von		*Fachwörter*

Standard-Zahlenmengen
Standard number sets

DIN 5473: 1992-07

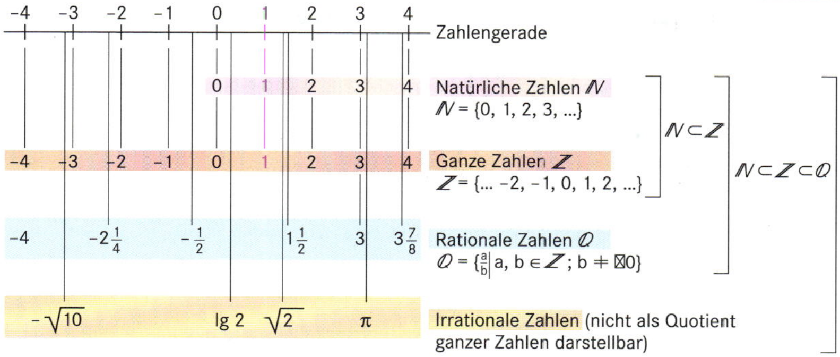

Zeichen	Sprechweise	Bedeutung
ℕ	Doppelstrich-N	Menge der natürlichen Zahlen; Menge der nichtnegativen ganzen Zahlen ℕ enthält die Zahl 0.
ℤ	Doppelstrich-Z	Menge der ganzen Zahlen
ℚ	Doppelstrich-Q	Menge der rationalen Zahlen
ℝ	Doppelstrich-R	Menge der reellen Zahlen

Bezeichnung großer Zahlen

Excel-Rechenblatt

Römische Zahlzeichen
Roman numerals

Schreibweise: von links nach rechts in abnehmender Reihenfolge; Symbole I, X und C höchstens dreimal nacheinander, Symbole V, L und D höchstens einmal; steht eine kleinere Zahl (z. B. **I**) vor einer größeren Zahl (z. B **V**), so wird die kleinere von der größeren abgezogen.

Excel-Rechenblatt

I = 1	II = 2	III = 3	IV = 4	V = 5	VI = 6	VII = 7	VIII = 8	IX = 9	X = 10
X = 10	XX = 20	XXX = 30	XL = 40	L = 50	LX = 60	LXX = 70	LXXX = 80	XC = 90	C = 100
C = 100	CC = 200	CCC = 300	CD = 400	D = 500	DC = 600	DCC = 700	DCCC = 800	CM = 900	M = 1000
MC = 1100	MCC = 1200	MCCC = 1300	MCD = 1400	MD = 1500	MDC = 1600	MDCC = 1700	MDCCC = 1800	MCM = 1900	MM = 2000

M	CD	XC	VIII	
1000	400	90	8	= 1498

M	CM	LXX	IV	
1000	900	70	4	= 1974

M	M	VI	
1000	1000	6	= 2006

MM	C	XXX	III	
2000	100	30	3	= 2133

Griechisches Alphabet
Greek alphabet

Winkel werden mit griechischen Buchstaben bezeichnet. Auch für die Formelzeichen vieler physikalischer Größen werden häufig Buchstaben des griechischen Alphabets verwendet.

Griechische Zahlwörter

Buchstabe	Benennung	Anwendungsbeispiel	Buchstabe	Benennung	Anwendungsbeispiel
α A	Alpha (a)	Freiwinkel; Längenausdehnungskoeffizient	ν N	Ny (n)	Sicherheitszahl; kinetische Viskosität
β B	Beta (b)	Keilwinkel; Tiefziehverhältnis	ξ Ξ	Ksi (x)	Schallausschlag
γ Γ	Gamma (g)	Spanwinkel; Volumenausdehnungskoeffizient	o O	Omikron (o)	Landau-Symbol
δ Δ	Delta (d)	Differenz (z. B. Temperaturdifferenz ΔT)	π Π	Pi (p)	Kreiszahl: 3,14159…[1]
ε E	Epsilon (e)	Eckenwinkel; Dehnung	ϱ P	Rho (r)	Dichte
ζ Z	Zeta (z)	Widerstandsbeiwert	σ Σ	Sigma (s)	Normalspannung; Summe
η H	Eta (e)	Wirkungsgrad	τ T	Tau (t)	Scherspannung
ϑ Θ	Theta (th)	Celsius-Temperatur	υ Y	Ypsilon (ü)	Hyperladung
ι I	Jota (i)		φ Φ	Phi (f)	Drehwinkel; magnetischer Fluss
$\varkappa$ K	Kappa (k)	Einstellwinkel; elektrische Leitfähigkeit	χ X	Chi (ch)	Kompressibilität
λ Λ	Lambda (l)	Neigungswinkel; Wärmeleitfähigkeit	ψ Ψ	Psi (ps)	Energieflussdichte
μ M	My (m)	Reibungszahl; Permeabilität	ω Ω	Omega (o)	Winkelgeschwindigkeit; elektr. Widerstand

[1] die ersten 100: π = 3,14159 2653477 89793 23846 26433 83279 50288 41971 69399 37510 58209 74944 59230 78164 06286 20899 86280 34825 34211 70679 (Es gibt noch unendlich viele davon.)

Grundrechenarten
Fundamental arithmetic operations

Rechenart	Regeln	Beispiele
Addition (Zusammenzählen) Summand + Summand = Summe a + b = c	Nur gleich benannte Zahlen können addiert werden. Gleich benannte Zahlen (Terme) werden addiert, indem man die Vorzahlen (Koeffizienten) addiert und die Benennung beibehält. Summanden können vertauscht werden.	$12 + 29 + 4 = 45$ $1\,m + 3{,}5\,m = 4{,}5\,m$ $5x + 6x + x = 12x$ $25\,N + 92\,N = 117\,N$ $a + b = b + a$
Subtraktion (Verminderung) Minuend − Subtrahend = Differenz d − e = f	Nur gleich benannte Zahlen können subtrahiert werden. Gleich benannte Zahlen (Terme) werden subtrahiert, indem man die Vorzahlen (Koeffizienten) subtrahiert und die Benennung beibehält. Minuend und Subtrahend dürfen nicht vertauscht werden.	$27 - 14 - 6 = 7$ $8\,a - a - 9\,a = -2\,a$ $4\,a - b - 3\,a = a - b$ $9\,m - 4{,}8\,m = 4{,}2\,m$ $d - e \neq e - d$
Multiplikation (Vervielfachung) Faktor · Faktor = Produkt g · h = i	Gleich benannte und ungleich benannte Zahlen (Terme) können miteinander multipliziert werden. Die Faktoren können in beliebiger Reihenfolge miteinander multipliziert werden. Das Produkt zweier Zahlen mit gleichen Vorzeichen ist positiv, mit ungleichen Vorzeichen negativ.	$3 \cdot 4 = 12$ $2 \cdot 1\,m = 2\,m$ $g \cdot h = h \cdot g$ $6\,m \cdot 3\,N = 18\,Nm$ $(+1) \cdot (+1) = +1$ $(-1) \cdot (-1) = +1$ $(+1) \cdot (-1) = -1$ $(-1) \cdot (+1) = -1$
Division (Teilung) Dividend : Divisor = Quotient k : r = m	Gleich benannte und ungleich benannte Zahlen (Terme) können dividiert werden. Dividend und Divisor dürfen nicht vertauscht werden. Das Divisionszeichen kann durch einen Bruchstrich ersetzt werden. Division durch Null ist nicht zulässig. Der Quotient zweier Zahlen mit gleichen Vorzeichen ist positiv, mit ungleichen Vorzeichen negativ.	$75\,km : 3\,h = 25\,\frac{km}{h}$ $k : r \neq r : k$ $125 : 5 = \frac{125}{5}$ $a : 0$ nicht zulässig $(+1) : (+1) = +1$ $(-1) : (-1) = +1$ $(+1) : (-1) = -1$ $(-1) : (+1) = -1$

Klammerrechnen
Parenthetical arithmetic

Rechenart	Regeln	Beispiele
Addition	Steht vor einer Klammer ein Plus-Zeichen, so bleiben beim Auflösen der Klammer alle Vorzeichen dieses Klammerausdrucks unverändert.	$25 + (8 + 6) = 25 + 8 + 6$ $47 + (9 - 7) = 47 + 9 - 7$ $d + (e - f) = d + e - f$
Subtraktion	Steht vor einer Klammer ein Minus-Zeichen, so ändern sich beim Auflösen der Klammer alle Vorzeichen des Klammerausdrucks.	$47 - (9 - 7) = 47 - 9 + 7$ $d - (e - f) = d - e + f$
Multiplikation	Summen oder Differenzen werden mit einem Faktor multipliziert, indem jedes Glied des Klammerausdrucks mit dem Faktor multipliziert wird. Summen oder Differenzen werden mit Summen oder Differenzen multipliziert, indem jedes Glied der ersten Klammer mit jedem Glied der zweiten Klammer multipliziert wird.	$3 \cdot (25 + 7) = 3 \cdot 25 + 3 \cdot 7$ $5 \cdot (13 - 9) = 5 \cdot 13 - 5 \cdot 9$ $d \cdot (e - f) = de - df$ $(8 + 5) \cdot (7 + 4) = 8 \cdot 7 + 8 \cdot 4 + 5 \cdot 7 + 5 \cdot 4$
Division	Summen oder Differenzen werden durch einen Divisor dividiert, indem jedes Glied des Klammerausdrucks durch den Divisor dividiert wird. Summen oder Differenzen werden durch Summen oder Differenzen dividiert, indem jedes Glied der ersten Klammer durch den Klammerausdruck dividiert wird.	$(36 + 10) : 4 = \frac{36}{4} + \frac{10}{4}$ $(a - b) : c = \frac{a}{c} - \frac{b}{c}$ $(36 + 10) : (9 - 5) = \frac{36}{(9-5)} + \frac{10}{(9-5)}$ $(a - b) : (c + d) = \frac{a}{c+d} - \frac{b}{c+d}$
Ausklammern	Ein gemeinsamer Faktor oder Divisor innerhalb von Summen oder Differenzen kann ausgeklammert werden.	$6 \cdot 5 + 6 \cdot 3 = 6 \cdot (5 + 3)$ $\frac{a+b}{c} - \frac{d-e}{c} = \frac{1}{c}(a+b-d+e)$

Bruchrechnen
Fractions

Rechenart	Regeln	Beispiele
Erweitern	Zähler und Nenner werden mit derselben Zahl multipliziert. Der Wert des Bruches wird dadurch nicht verändert.	$\frac{3}{4} = \frac{3 \cdot 5}{4 \cdot 5} = \frac{15}{20} = \frac{3}{4}$
Kürzen	Zähler und Nenner werden durch dieselbe Zahl dividiert. Der Wert des Bruches wird dadurch nicht verändert. Sind Zähler und/oder Nenner Summen oder Differenzen, so kann man nur kürzen, wenn ein gemeinsamer Faktor ausgeklammert werden kann. Aus Summen oder Differenzen darf nicht gekürzt werden.	$\frac{6}{9} = \frac{6:3}{9:3} = \frac{2}{3} = \frac{6}{9}$ $\frac{ab + ac}{ad - af} = \frac{a\,(b + c)}{a\,(d - f)} = \frac{b + c}{d - f}$
Gleichnamig machen Hauptnenner suchen	Der Hauptnenner ist das kleinste gemeinsame Vielfache (kgV) aller Nenner. Die Nenner werden in Primfaktoren zerlegt (Primzahl: eine nur durch 1 und sich selbst ohne Rest teilbare Zahl). Von jedem Primfaktor wird die größte vorkommende Gruppe zur Bildung des Hauptnenners berücksichtigt. Der Hauptnenner ist das Produkt der größten vorkommenden Gruppen von Primfaktoren. Haben die Nenner keine gemeinsamen Primfaktoren, so ist der Hauptnenner gleich dem Produkt der Nenner.	$\frac{1}{4} + \frac{1}{6} + \frac{1}{9} + \frac{1}{15} = ?$ $4 = \boxed{2 \cdot 2}$ $6 = 2 \cdot 3$ $9 = \boxed{3 \cdot 3}$ $15 = 3 \cdot \boxed{5}$ $HN = \boxed{2 \cdot 2} \cdot \boxed{3 \cdot 3} \cdot \boxed{5} = 180$ $\frac{1 \cdot 45}{4 \cdot 45} + \frac{1 \cdot 30}{6 \cdot 30} + \frac{1 \cdot 20}{9 \cdot 20} + \frac{1 \cdot 12}{15 \cdot 12} =$ $\frac{45}{180} + \frac{30}{180} + \frac{20}{180} + \frac{12}{180} = \frac{107}{180}$
Addition; Subtraktion	Gleichnamige Brüche werden addiert bzw. subtrahiert, indem man die Zähler addiert bzw. subtrahiert und den Nenner beibehält. Ungleichnamige Brüche werden zuerst gleichnamig gemacht und dann wie gleichnamige Brüche addiert bzw. subtrahiert.	$\frac{3}{13} + \frac{5}{13} + \frac{2}{13} = \frac{3 + 5 + 2}{13} = \frac{10}{13}$ $\frac{5}{3a + b} - \frac{3c}{3a + b} = \frac{5 - 3c}{3a + b}$ $\frac{1}{3} + \frac{1}{4} = \frac{1 \cdot 4}{3 \cdot 4} + \frac{1 \cdot 3}{4 \cdot 3} = \frac{7}{12}$
Multiplikation Bruch mit Bruch Ganze Zahl mit Bruch	Brüche werden multipliziert, indem man die Zähler und die Nenner miteinander multipliziert. Die Produkte sind, wenn möglich, zu kürzen. Ganze Zahlen werden wie Scheinbrüche mit dem Nenner 1 behandelt.	$\frac{3}{5} \cdot \frac{2}{3} = \frac{3 \cdot 2}{5 \cdot 3} = \frac{6}{15} = \frac{2}{5}$ $3 \cdot \frac{7}{8} = \frac{3 \cdot 7}{1 \cdot 8} = \frac{21}{8} = 2\frac{5}{8}$
Division Bruch durch Bruch Bruch durch ganze Zahl Ganze Zahl durch Bruch	Ein Bruch wird durch einen Bruch dividiert, indem man den ersten Bruch mit dem Kehrwert des zweiten Bruchs multipliziert. Ganze Zahlen werden wie Scheinbrüche mit dem Nenner 1 behandelt. Die ganze Zahl wird mit dem Kehrwert des Bruchs multipliziert.	$\frac{3}{5} : \frac{2}{3} = \frac{3}{5} \cdot \frac{3}{2} = \frac{3 \cdot 3}{5 \cdot 2} = \frac{9}{10}$ $\frac{3}{4} : 2 = \frac{3}{4} : \frac{2}{1} = \frac{3 \cdot 1}{4 \cdot 2} = \frac{3}{8}$ $3 : \frac{5}{7} = 3 \cdot \frac{7}{5} = \frac{3 \cdot 7}{1 \cdot 5} = \frac{21}{5} = 4\frac{1}{5}$
Umwandlung Bruch in Dezimalzahl Dezimalzahl in Bruch	Man wandelt einen Bruch in eine Dezimalzahl um, indem man den Zähler durch den Nenner dividiert. Man wandelt eine Dezimalzahl in einen Bruch um, indem man aus der Dezimalzahl einen Scheinbruch macht und mit einem Vielfachen von 10 erweitert.	$\frac{7}{8} = 7 : 8 = 0{,}875$ $0{,}719 = \frac{0{,}719}{1} = \frac{0{,}719 \cdot 1000}{1 \cdot 1000}$ $0{,}719 = \frac{719}{1000}$

Potenzen
Powers

Rechenart	Regeln	Beispiele
$a^n = b$ a : Basis n : Exponent b : Potenzwert	Ein Produkt aus gleichen Faktoren kann in verkürzter Schreibweise als Potenz (Stufenzahl) geschrieben werden. Ein Faktor ist die Basis (Grundzahl). Der Exponent (Hochzahl) gibt an, wie oft die Basis als Faktor gesetzt wird. Der Potenzwert ist positiv, wenn die Basis positiv ist oder wenn der Exponent geradzahlig ist. Der Potenzwert ist negativ, wenn die Basis negativ und der Exponent ungerade ist.	$5 \cdot 5 \cdot 5 \cdot 5 = 5^4$ $4 \cdot x \cdot x \cdot x = 4\,x^3$ $(+a)^n = +a^n$ $(\pm a)^{2n} = +a^{2n}$ $(-a)^{2n-1} = -a^{2n-1}$

Potenzen
Powers

Rechenart	Regeln	Beispiele
Addition; Subtraktion	Nur Potenzen mit gleicher Basis und gleichem Exponenten können addiert bzw. subtrahiert werden.	$9x^3 + 12x^3 - 5x^3 = 16x^3$
Multiplikation; Division	Potenzen mit gleicher Basis werden multipliziert bzw. dividiert, indem man die Exponenten addiert bzw. subtrahiert und die Basis beibehält.	$3^3 \cdot 3^2 = (3 \cdot 3 \cdot 3) \cdot (3 \cdot 3) = 3^5$ $7^3 : 7^2 = (7 \cdot 7 \cdot 7) : (7 \cdot 7) = 7^1 = 7$
Potenzieren	Potenzen werden potenziert, indem man die Exponenten multipliziert und die Basis beibehält.	$(3^2)^2 = (3 \cdot 3)^2 = (3 \cdot 3) \cdot (3 \cdot 3) = 3^4$
Potenzieren von Summen und Differenzen	Summen oder Differenzen potenziert man, indem man Potenzen in Produkte umwandelt und nach den Regeln des Klammerrechnens multipliziert.	$(a + b)^2 = (a + b) \cdot (a + b)$ $= a^2 + ab + ab + b^2 = a^2 + 2ab + b^2$ $(a - b)^2 = (a - b) \cdot (a - b)$ $= a^2 - ab - ab + b^2 = a^2 - 2ab + b^2$
Potenzen mit dem Exponent Null	Jede Potenz mit dem Exponenten Null hat den Potenzwert 1 (Basis $\neq 0$).	$5^0 = 1$ $a^0 = 1$ $(a + b)^0 = 1$
Potenzen mit gebrochenen Exponenten	Potenzen mit einem Bruch als Exponent (gebrochener Exponent) können als Wurzel geschrieben werden.	$8^{\frac{1}{3}} = \sqrt[3]{8} = 2$
Potenzen mit negativem Exponenten	Eine Potenz mit negativem Exponenten kann als Kehrwert der Potenz mit positivem Exponenten geschrieben werden.	$3^{-2} = \frac{1}{3^2} = \frac{1}{9}$
Zehnerpotenz	Zahlen können als ein Vielfaches von Zehnerpotenzen (Potenzen mit der Basis 10) geschrieben werden. Zahlen > 1 haben positive Exponenten. Zahlen < 1 haben negative Exponenten.	$25\,300 = 2{,}53 \cdot 10\,000 = 2{,}53 \cdot 10^4$ $0{,}005 = 5 : 1000 = 5 \cdot 10^{-3}$

Wurzeln
Roots

Rechenart	Regeln	Beispiele
$\sqrt[n]{a} = b$ n : Wurzelexponent a : Radikand b : Wurzelwert	Wurzelrechnung ist die Umkehrung der Potenzrechnung. Hierbei wird eine Zahl (Radikand) in eine Anzahl n (Wurzelexponent) gleicher Faktoren zerlegt. Der Wurzelexponent 2 wird meist nicht geschrieben. Der Wurzelwert ist positiv oder negativ, wenn der Wurzelexponent gerade und der Radikand positiv ist. Der Wurzelwert hat das Vorzeichen des Radikanden, wenn der Wurzelexponent ungerade ist.	$\sqrt[2]{16} = \sqrt{16} = \sqrt{4 \cdot 4} = 4$ $\sqrt[3]{125} = \sqrt[3]{5 \cdot 5 \cdot 5} = 5$ $\sqrt[3]{125} = +5$ $\sqrt[2n]{a} = \pm a$ $\sqrt[3]{27} = +3$ $\sqrt[3]{-27} = -3$ $\sqrt[2n-1]{a} = +b$ $\sqrt[2n-1]{-a} = -b$
Addition; Subtraktion	Nur Wurzeln mit gleichen Wurzelexponenten und Radikanden können addiert bzw. subtrahiert werden.	$2 \cdot \sqrt[3]{64} + 3 \cdot \sqrt[3]{64} = 5 \cdot \sqrt[3]{64} = 5 \cdot 4$
Multiplikation; Division	Wurzeln mit gleichen Exponenten werden multipliziert bzw. dividiert, indem man das Produkt bzw. den Quotienten der Radikanden radiziert.	$\sqrt{9} \cdot \sqrt{16} = \sqrt{9 \cdot 16} = \sqrt{144} = 12$ $\sqrt[3]{54} : \sqrt[3]{2} = \sqrt[3]{\frac{54}{2}} = \sqrt[3]{27} = 3$
Potenzieren	Wurzeln werden potenziert, indem man den Radikanden potenziert und aus dieser Potenz die Wurzel zieht.	$(\sqrt{4})^3 = \sqrt{4^3} = \sqrt{64} = 8$
Radizieren	Wurzeln werden radiziert, indem man die Wurzelexponenten multipliziert und mit diesem Produkt aus dem Radikanden die Wurzel zieht.	$\sqrt[3]{\sqrt{64}} = \sqrt[6]{64} = 2$
Potenzschreibweise	Wurzeln können als Potenzen mit gebrochenem Exponenten geschrieben werden.	$\sqrt[3]{8} = 8^{\frac{1}{3}}$

Logarithmen
Logarithms

Rechenart	Regeln	Beispiele
$a^n = b$; $n = \log_a b$ n : Logarithmus a : Basis b : Numerus lg: dekad. Logarithmus ln: natürl. Logarithmus lb: binärer Logarithmus	Logarithmieren ist die 2. Umkehrung der Potenzrechnung. Hierbei wird der Potenzexponent (Logarithmus) gesucht, mit dem eine Basis potenziert werden muss, um einen bestimmten Potenzwert (Numerus) zu erhalten. Als Basis kann jede Zahl (außer 0 oder 1) genommen werden. Logarithmen zur Basis 10 heißen dekadische Logarithmen (lg). Logarithmen zur Basis e (e = 2,718281…) heißen natürliche Logarithmen (ln). Logarithmen zur Basis 2 heißen binäre Logarithmen (lb).	$\log_2 32 = 5$ $2^5 = 32$ $\log_{10} 100 = 2$ $10^2 = 100$ $\log_{10} 1000 = 3$ $10^3 = 1000$ $\log_{10} x = \lg x$ $\log_e x = \ln x$ $\log_2 x = \text{lb}\, x$

Logarithmen
Logarithms

Rechenart	Regeln	Beispiele
Multiplikation	Man logarithmiert ein Produkt, indem man die Logarithmen der Faktoren miteinander addiert.	$\lg(3 \cdot 4) = \lg 3 + \lg 4$
Division	Man logarithmiert einen Quotienten, indem man den Logarithmus des Nenners vom Logarithmus des Zählers subtrahiert.	$\lg \frac{4}{5} = \lg 4 - \lg 5$
Potenzieren	Man logarithmiert eine Potenz, indem man den Logarithmus der Basis mit dem Exponenten multipliziert.	$\lg 7^3 = 3 \cdot \lg 7$
Radizieren	Man logarithmiert eine Wurzel, indem man den Logarithmus der Basis durch den Wurzelexponenten dividiert.	$\lg \sqrt[3]{12} = \frac{\lg 12}{3}$

Gleichungen
Equations

Rechenart	Regeln	Beispiele
	Gleichungen sind Verknüpfungen gleichartiger mathematischer Terme durch Gleichheitszeichen.	linke Seite = rechte Seite $3 + 6 = 9$
Seitentausch	Eine Gleichung bleibt gleich, wenn die beiden Seiten miteinander vertauscht werden.	$4 + 7 = 11$ $11 = 4 + 7$
Seitenveränderung durch Addition und Subtraktion	Ein Gleichung bleibt gleich, wenn auf beiden Seiten der gleiche Summand (Subtrahend) addiert (subtrahiert) wird.	$5 + 8 = 13$ $5 + 8 + 3 = 13 + 3$ $14 - 9 = 5$ $14 - 9 - 2 = 5 - 2$
Seitenveränderung durch Multiplikation und Division	Eine Gleichung bleibt gleich, wenn auf beiden Seiten mit dem gleichen Faktor multipliziert oder durch den gleichen Divisor geteilt wird.	$4 \cdot 9 = 36$ $4 \cdot 9 \cdot 2 = 36 \cdot 2$ $\frac{4 \cdot 9}{3} = \frac{36}{3}$
Seitenveränderung durch Bildung des Kehrwertes	Eine Gleichung bleibt gleich, wenn auf beiden Seiten der Kehrwert gebildet wird.	$3 + 4 = 7$ $\frac{1}{3+4} = \frac{1}{7}$
Seitenveränderung durch Potenzieren und Radizieren	Eine Gleichung bleibt gleich, wenn auf beiden Seiten mit dem gleichen Exponenten potenziert oder mit dem gleichen Wurzelexponenten radiziert wird.	$6 + 7 = 13$ $(6 + 7)^2 = 13^2$ $\sqrt{6+7} = \sqrt{13}$
Seitenwechsel	Bringt man ein positves Glied einer Gleichung auf die andere Seite der Gleichung, so wird es negativ.	$x + 3 = 12$ $x = 12 - 3$
	Bringt man ein negatives Glied einer Gleichung auf die andere Seite der Gleichung, so wird es positiv.	$x - 5 = 8$ $x = 8 + 5$
	Bringt man einen Faktor einer Gleichung auf die andere Seite der Gleichung, so wird daraus ein Divisor.	$x \cdot 4 = 32$ $x = \frac{32}{4}$
	Bringt man einen Divisor einer Gleichung auf die andere Seite der Gleichung, so wird daraus ein Faktor.	$\frac{x}{6} = 7$ $x = 7 \cdot 6$
Proportionen (Verhältnisgleichungen)	Haben zwei Verhältnisse den gleichen Wert, können sie gleichgesetzt und wie Gleichungen behandelt werden. Eine Proportion kann auch als Bruchgleichung geschrieben werden.	$a : b = c$ $x : y = c$ $a : b = x : y$
	Bei einer Proportion ist das Produkt der Außenglieder gleich dem Produkt der Innenglieder.	$a : b = x : y$ $a \cdot y = b \cdot x$
	Bei einer Proportion können die Außenglieder miteinander vertauscht werden.	$a : b = x : y$ $y : b = x : a$
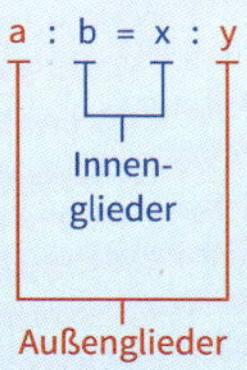	Bei einer Proportion können die Innenglieder miteinander vertauscht werden.	$a : b = x : y$ $a : x = b : y$
	Bei einer Proportion können zusammengehörige Innen- und Außenglieder miteinander vertauscht werden.	$a : b = x : y$ $b : a = y : x$
	Zwei Verhältnisse heißen direkt proportional, wenn sie im gleichen (geraden) Verhältnis zueinander stehen (z. B. Kraft und Druck: je größer die Kraft, desto größer der Druck).	$p_1 : F_1 = p_2 : F_2$ $\frac{p_1}{p_2} = \frac{F_1}{F_2}$
	Zwei Verhältnisse heißen indirekt proportional, wenn sie im umgekehrten (ungeraden) Verhältnis zueinander stehen (z. B. Fläche und Druck: je größer die Fläche desto kleiner der Druck).	$p_1 : \frac{1}{A_1} = p_2 : \frac{1}{A_2}$ $\frac{p_1}{p_2} = \frac{A_2}{A_1}$

Umformen von Gleichungen
Transforming of equations

Gleichungen müssen häufig nach einer gesuchten Größe umgestellt werden. Hierdurch soll die gesuchte Größe

- allein (auf der linken Seite) stehen,
- ein positives Vorzeichen haben.

Summengleichung	$U = l_1 + l_2 + l_3$	$120\text{ mm} = l_1 + 30\text{ mm} + 40\text{ mm}$
Seiten vertauschen	$l_1 + l_2 + l_3 = U$	$l_1 + 30\text{ mm} + 40\text{ mm} = 120\text{ mm}$
Gesuchte Größe isolieren	$l_1 = U - l_2 - l_3$	$l_1 = 120\text{ mm} - 30\text{ mm} - 40\text{ mm}$
		$\underline{l_1 = 50\text{ mm}}$
Faktorengleichung	$U = 4 \cdot l$	$280\text{ mm} = 4 \cdot l$
Seiten vertauschen	$4 \cdot l = U$	$4 \cdot l = 280\text{ mm}$
Gesuchte Größe isolieren	$l = \frac{U}{4}$	$l = \frac{280\text{ mm}}{4}$
		$\underline{l = 70\text{ mm}}$
Quotientengleichung (gesuchte Größe im Zähler)	$l_B = \frac{d \cdot \pi \cdot \alpha}{360°}$	$50\text{ mm} = \frac{d \cdot \pi \cdot 72°}{360°}$
Seiten vertauschen	$\frac{d \cdot \pi \cdot \alpha}{360°} = l_B$	$\frac{d \cdot \pi \cdot 72°}{360°} = 50\text{ mm}$
Gesuchte Größe isolieren	$d = \frac{l_B \cdot 360°}{\pi \cdot \alpha}$	$d = \frac{50\text{ mm} \cdot 360°}{\pi \cdot 72°}$
		$\underline{d = 31{,}42\text{ mm}}$
Quotientengleichung (gesuchte Größe im Nenner)	$i = \frac{n_1}{n_2}$	$4 = \frac{1400\text{ min}^{-1}}{n_2}$
Seiten vertauschen	$\frac{n_1}{n_2} = i$	$\frac{1400\text{ min}^{-1}}{n_2} = 4$
Seiten umkehren	$\frac{n_2}{n_1} = \frac{1}{i}$	$\frac{n_2}{1400\text{ min}^{-1}} = \frac{1}{4}$
Gesuchte Größe isolieren	$n_2 = \frac{n_1}{i}$	$n_2 = \frac{1400\text{ min}^{-1}}{4}$
		$\underline{n_2 = 350\text{ min}^{-1}}$
Quotientengleichung (mit Klammer)	$a = \frac{m \cdot (z_1 + z_2)}{2}$	$90\text{ mm} = \frac{3\text{ mm} \cdot (z_1 + 36)}{2}$
Seiten vertauschen	$\frac{m \cdot (z_1 + z_2)}{2} = a$	$\frac{3\text{ mm} \cdot (z_1 + 36)}{2} = 90\text{ mm}$
Klammer isolieren	$z_1 + z_2 = \frac{a \cdot 2}{m}$	$z_1 + 36 = \frac{90\text{ mm} \cdot 2}{3\text{ mm}}$
Gesuchte Größe isolieren	$z_1 = \frac{a \cdot 2}{m} - z_2$	$z_1 = \frac{90\text{ mm} \cdot 2}{3\text{ mm}} - 36$
		$\underline{z_1 = 24}$
Potenzgleichung	$A_0 = 6 \cdot l^2$	$1350\text{ mm}^2 = 6 \cdot l^2$
Seiten vertauschen	$6 \cdot l^2 = A_0$	$6 \cdot l^2 = 1350\text{ mm}^2$
Gesuchte Größe isolieren	$l^2 = \frac{A_0}{6}$	$l^2 = \frac{1350\text{ mm}^2}{6}$
Auf beiden Seiten Wurzel ziehen	$l = \sqrt{\frac{A_0}{6}}$	$l = \sqrt{\frac{1350\text{ mm}^2}{6}}$
		$\underline{l = 15\text{ mm}}$
Wurzelgleichung	$t = \sqrt{\frac{2 \cdot s}{g}}$	$3{,}91\text{ s} = \sqrt{\frac{2 \cdot s}{9{,}81\text{ m/s}^2}}$
Seiten vertauschen	$\sqrt{\frac{2 \cdot s}{g}} = t$	$\sqrt{\frac{2 \cdot s}{9{,}81\text{ m/s}^2}} = 3{,}91\text{ s}$
Beide Seiten quadrieren	$\frac{2 \cdot s}{g} = t^2$	$\frac{2 \cdot s}{9{,}81\text{ m/s}^2} = 15{,}29\text{ s}^2$
Gesuchte Größe isolieren	$s = \frac{t^2 \cdot g}{2}$	$s = \frac{15{,}29\text{ s}^2 \cdot 9{,}81\text{ m}}{2 \cdot \text{s}^2}$
		$\underline{s = 75\text{ m}}$

Dreisatz
Rule of three

Rechenart	Regeln	Beispiele
Direkt proportionaler Dreisatz mehr → mehr weniger → weniger	1. **Behauptungssatz** (Aussage über bekannte Mehrheit): 4 m² Blech kosten 80 € 2. **Mittelsatz** (Schließen von der Mehrheit auf die Einheit durch Dividieren) 1 m² Blech kostet $\frac{80\ €}{4}$ 3. **Schlusssatz** (Schließen auf die neue Mehrheit durch Multiplizieren): 5,5 m² Blech kosten $\frac{80\ € \cdot 5{,}5}{4} = 110\ €$	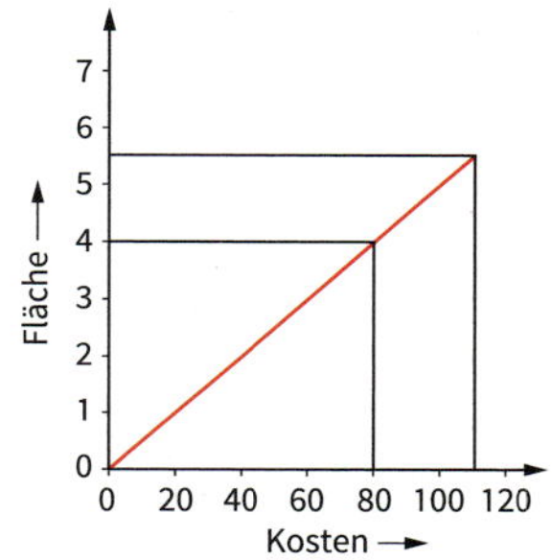
Indirekt proportionaler Dreisatz mehr → weniger weniger → mehr	1. **Behauptungssatz** (Aussage über bekannte Mehrheit): 5 Werker schaffen einen Auftrag in 120 Stunden 2. **Mittelsatz** (Schließen von der Mehrheit auf die Einheit durch Multiplizieren) 1 Werker schafft den Auftrag in 120 h · 5 3. **Schlusssatz** (Schließen auf die neue Mehrheit durch Dividieren): 3 Werker schaffen den Auftrag in $\frac{120\ h \cdot 5}{3} = 200\ h$ *Zusammengesetzter Dreisatz*	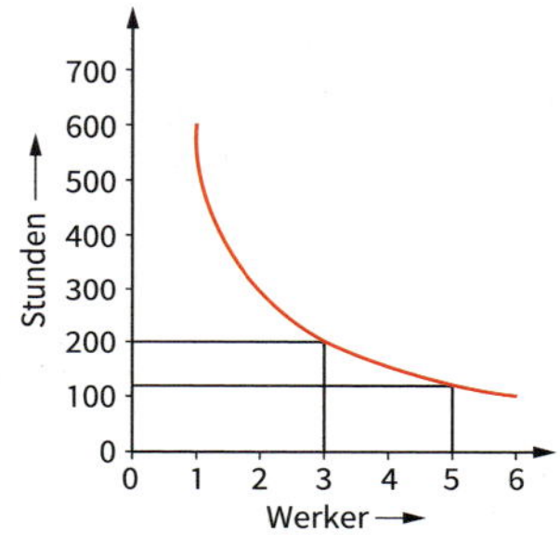

Prozent- und Zinsrechnung
Percentage calculation, calculation of interest

Rechenart	Regeln	Beispiele
Prozentrechnung $1\ \% = \frac{1}{100}$ p: Prozentsatz in % P: Prozentwert G: Grundwert	$\frac{p}{100\ \%} = \frac{P}{G}$ $\quad P = \frac{G \cdot p}{100\ \%}$ $\quad p = \frac{P \cdot 100\ \%}{G}$ **Beispiel:** *G* = 19 980 € (Fahrzeugpreis); *p* = 2,3 % (Preisanhebung); *P* = ? € (Preissteigerung) $P = \frac{G \cdot p}{100\ \%} = \frac{19\,980\ € \cdot 2{,}3\ \%}{100\ \%} = 459{,}54\ €$	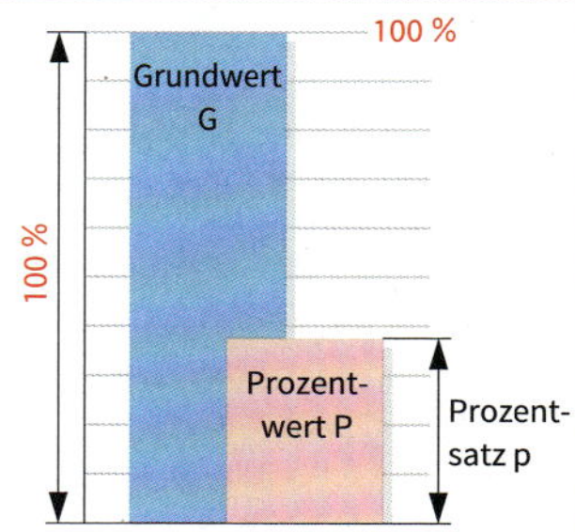
Zinsrechnung p: Jahreszinssatz Z: Zinswert K: Kapital i: Zinszeitraum in Jahren i_T: Zinszeitraum in Tagen i_M: Zinszeitraum in Monaten 1 Zinsjahr = 360 Tage 1 Zinsmonat = 30 Tage	Zinswert nach Jahren: $Z = K \cdot \frac{p}{100\ \%} \cdot i$ Zinswert nach Monaten: $Z = K \cdot \frac{p}{100\ \%} \cdot \frac{i_M}{12}$ Zinswert nach Tagen: $Z = K \cdot \frac{p}{100\ \%} \cdot \frac{i_T}{360}$ **Beispiel:** *K* = 2500 €; *p* = 2,05 %; i_M = 6; *Z* = ? € $Z = K \cdot \frac{p}{100\ \%} \cdot \frac{i_M}{12} = 2500\ € \cdot \frac{2{,}05\ \%}{100\ \%} \cdot \frac{6}{12} = 25{,}63\ €$	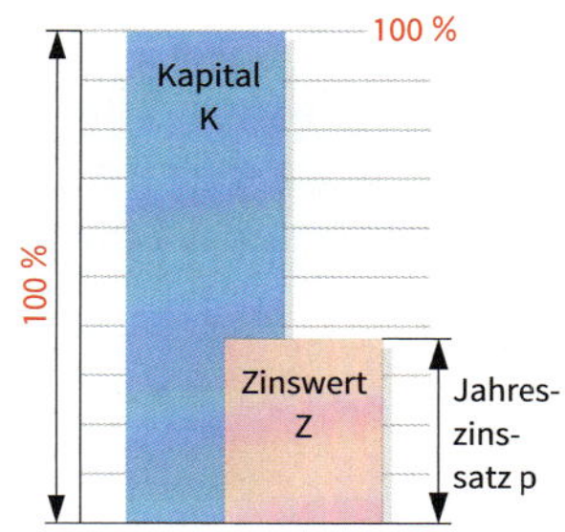

Reihen
Progressions

Rechenart	Regeln	Beispiele
Folgen	Zahlen, die mit einer bestimmten Gesetzmäßigkeit aufeinander folgen, nennt man Zahlenfolge. Die einzelnen Zahlen heißen Glieder. Addiert man die einzelnen Glieder einer Zahlenfolge, so ensteht eine Reihe.	Zahlenfolge: 1 3 5 7 9 Glieder: 1 ; 3 ; 5 ; 7 ; 9 Reihe: 1 + 3 + 5 + 7 + 9
Arithmetische Reihen	Bei einer arithmetischen Reihe ist die Differenz von zwei aufeinander folgenden Gliedern immer gleich groß. Das Endglied a_n kann berechnet werden aus Anfangsglied a_1, Anzahl der Glieder n und Differenz d. Die Summe der Reihe kann berechnet werden aus Anfangsglied a_1, Endglied a_n und der Anzahl der Glieder n.	$a_1 + a_2 + a_3 + \ldots + a_n$ $a_2 - a_1 = a_3 - a_2 = d$ $a_n - a_{n-1} = d$ $a_n = a_1 + (n-1) \cdot d$ $s_n = \frac{n}{2} \cdot (a_1 + a_n)$
Geometrische Reihe	Bei einer geometrischen Reihe ist der Quotient q von zwei aufeinander folgenden Gliedern immer gleich groß. Das Endglied a_n kann berechnet werden aus Anfangsglied a_1, Anzahl der Glieder n und Quotient q. Die Summe der Reihe kann berechnet werden aus Anfangsglied a_1, Anzahl der Glieder n und Quotient q. *Beispiele*	$a_1 + a_2 + a_3 + \ldots + a_n$ $\frac{a_3}{a_2} = \frac{a_2}{a_1} = q = \frac{a_n}{a_{n-1}}$ $a_n = a_1 \cdot q^{n-1}$ $s_n = a_1 \cdot \frac{q^{n-1}}{q-1}$

Binomische Formeln
Binomial formulas

$(a+b)^2 = a^2 + 2ab + b^2$

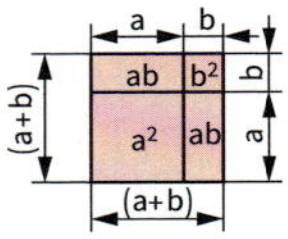

$(a-b)^2 = a^2 - 2ab + b^2$

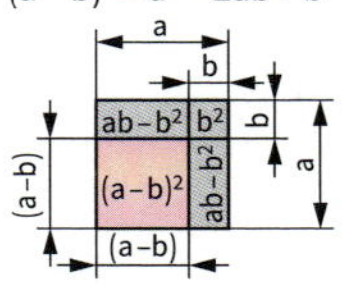

$(a+b) \cdot (a-b) = a^2 - b^2$

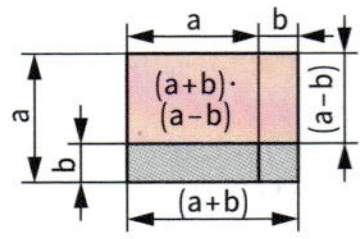

Binome; Trinome; Polynome

Beispiel:

$(7+3)^2 = 7^2 + 2 \cdot 7 \cdot 3 + 3^2 = 49 + 42 + 9 = 100$ $(7-3)^2 = 7^2 - 2 \cdot 7 \cdot 3 + 3^2 = 49 - 42 + 9 = 16$ $(7+3) \cdot (7-3) = 7^2 - 3^2 = 49 - 9 = 40$

Strahlensätze
Theoremes of intersecting lines

1. Strahlensatz: Werden zwei Strahlen von Parallelen geschnitten, so sind die Abschnitte auf dem einen Strahl verhältnisgleich mit den zugehörigen Abschnitten auf dem anderen Strahl.

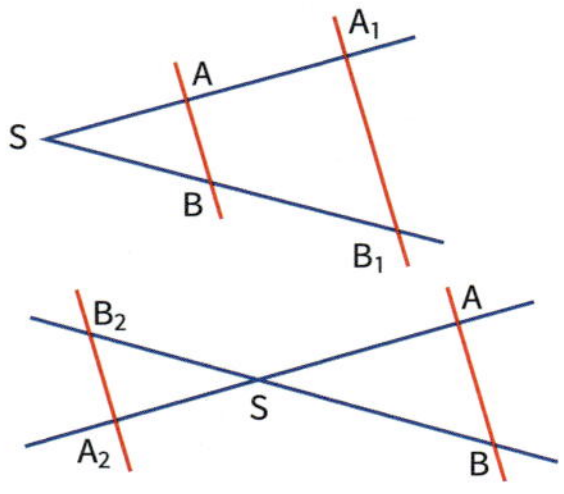

$\overline{SA} : \overline{SA_1} = \overline{SB} : \overline{SB_1}$

$\overline{SA} : \overline{SA_2} = \overline{SB} : \overline{SB_2}$

2. Strahlensatz: Werden zwei Strahlen von Parallelen geschnitten, so sind die Abschnitte auf den Parallelen verhältnisgleich mit den zugehörigen Abschnitten auf den Strahlen.

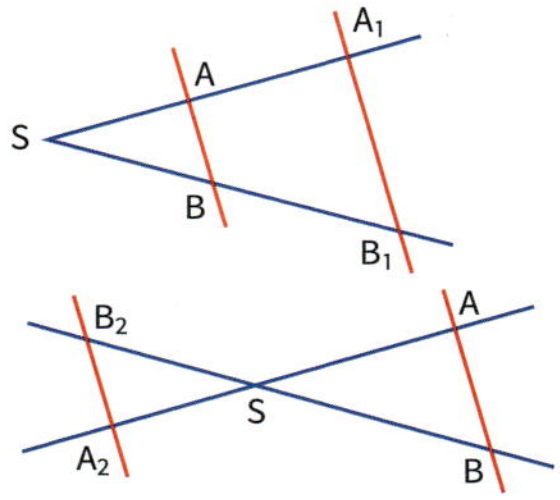

$\overline{AB} : \overline{A_1B_1} = \overline{SA} : \overline{SA_1} = \overline{SB} : \overline{SB_1}$

$\overline{AB} : \overline{A_2B_2} = \overline{SA} : \overline{SA_2} = \overline{SB} : \overline{SB_2}$

3. Strahlensatz; Winkelarten; Winkel an geschnittenen Parallelen

Berechnungen am rechtwinkligen Dreieck
Calculation at the rectangular triangle

Höhensatz

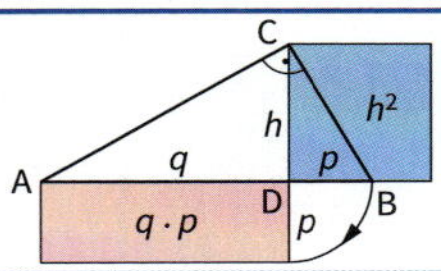

Im rechtwinkligen Dreieck ist das aus der Höhe gebildete Quadrat flächengleich mit dem Rechteck, das aus den beiden Hypotenusenabschnitten gebildet werden kann.

$h^2 = p \cdot q$ $h = \sqrt{p \cdot q}$ $p = \frac{h^2}{q}$ $q = \frac{h^2}{p}$

h^2: Höhenquadrat
q : Hypotenusenabschnitt A–D
p : Hypotenusenabschnitt B–D
⊿: Rechter Winkel (90°)

Lehrsatz des Pythagoras

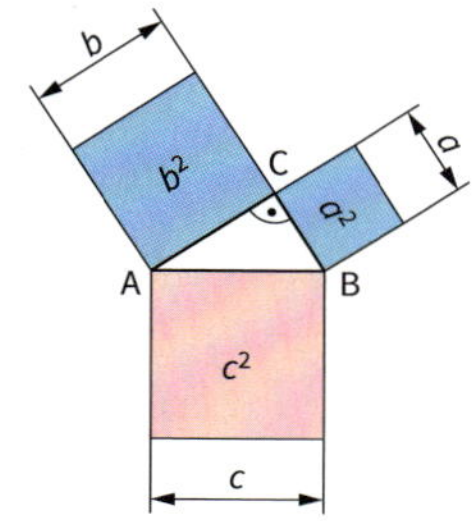

Im rechtwinkligen Dreieck ist das aus der Hypotenuse gebildete Quadrat flächengleich mit der Summe der beiden Quadrate, die aus den Katheten gebildet werden können.

$$a^2 + b^2 = c^2 \qquad b = \sqrt{c^2 - a^2}$$

$$a = \sqrt{c^2 - b^2} \qquad c = \sqrt{a^2 + b^2}$$

Beispiel:

$a = 1500$ mm; $c = 2500$ mm; $b = ?$ mm

$b = \sqrt{c^2 - a^2} = \sqrt{(2500\text{ mm})^2 - (1500\text{ mm})^2} = 2000$ mm

a : Kathete
b : Kathete
c : Hypotenuse
⊿: Rechter Winkel (90°)
A, B, C: Eckpunkte

Excel-Rechenblatt

Lehrsatz des Euklid (Kathetensatz)

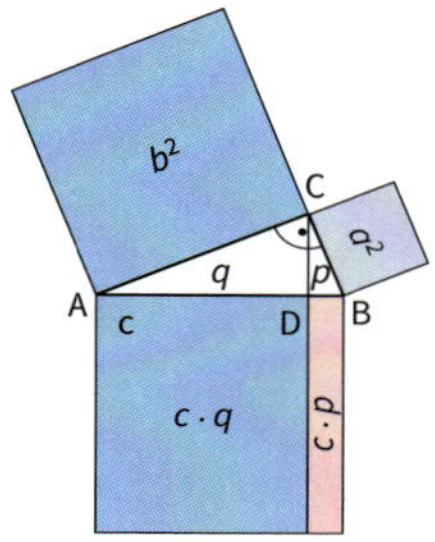

Im rechtwinkligen Dreieck ist das Kathetenquadrat flächengleich mit dem Rechteck, das aus der Hypotenuse und dem anliegenden Hypotenusenabschnitt gebildet werden kann.

$$a^2 = c \cdot p \qquad a = \sqrt{c \cdot p} \qquad p = \frac{a^2}{c}$$

$$b^2 = c \cdot q \qquad b = \sqrt{c \cdot q} \qquad q = \frac{b^2}{c}$$

Beispiel:

Rechteck mit $c = 15$ mm und $q = 12$ mm umwandeln in flächengleiches Quadrat mit der Quadratseite b.

$b^2 = c \cdot q \qquad b = \sqrt{c \cdot q} = \sqrt{15\text{ mm} \cdot 12\text{ mm}} = \sqrt{180\text{ mm}^2} = 13{,}42$ mm

a^2: Kathetenquadrat
b^2: Kathetenquadrat
c : Hypotenuse
p : Hypotenusenabschnitt B–D
q : Hypotenusenabschnitt A–D
⊿: Rechter Winkel (90°)

Teilung von Längen

Randabstände = Teilung ($l_1 = l_2 = p$)

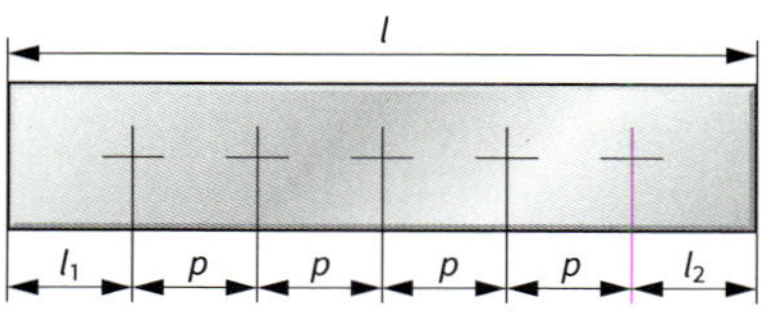

$$p = \frac{l}{n+1} \qquad z = n + 1 \qquad l = z \cdot p \qquad l = (n + 1) \cdot p$$

Beispiel:

$l = 420$ mm; $n = 6$ Anreißlinien; $p = ?$ mm

$p = \frac{l}{n+1} = \frac{420\text{ mm}}{6+1} = 60$ mm

Randabstände ≠ Teilung ($l_1 = l_2$ oder $l_1 \neq l_2$)

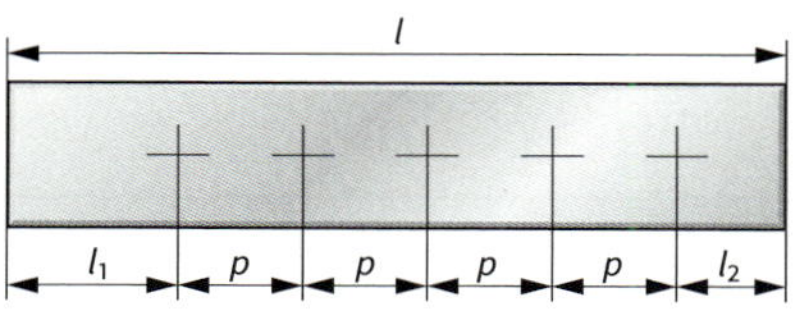

$$p = \frac{l - (l_1 + l_2)}{n - 1} \qquad z = n - 1 \qquad l = (l_1 + l_2) + p \cdot z \qquad l = (l_1 + l_2) + p\,(n - 1)$$

Beispiel:

$l = 1395$ mm; $n = 30$ Bohrungen; $l_1 = l_2 = 45$ mm; $p =$? mm

$p = \frac{l - (l_1 + l_2)}{n - 1} = \frac{1395\text{ mm} - 90\text{ mm}}{29} = 45$ mm

z : Anzahl der Teilungen
n : Anzahl der Bohrungen, Sägeschnitte, Anreißlinien
p : Teilung
l : Gesamtlänge
l_1: Randabstand
l_2: Randabstand

Excel-Rechenblatt

Trennen von Teilstücken

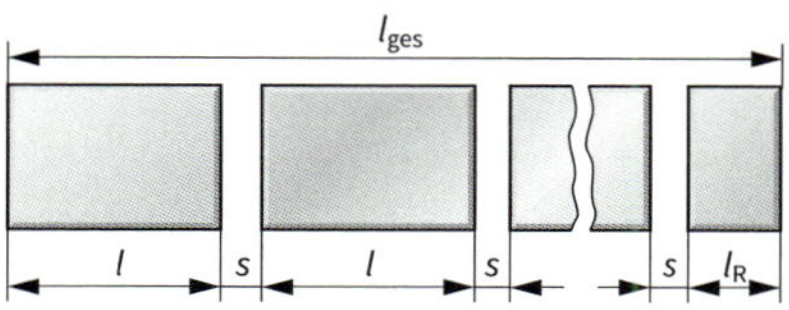

$$n = \frac{l_{ges}}{l + s} \qquad l_R = l_{ges} - n \cdot (l + s)$$

Beispiel:

$l_{ges} = 6500$ mm; $l = 285$ mm; $s = 2{,}5$ mm; $n = ?$;
$l_R = ?$ mm

$n = \frac{l_{ges}}{l+s} = \frac{6500\text{ m}}{287{,}5\text{ mm}} = 22 \qquad l_R = l_{ges} - n \cdot (l + s$
$= 6500\text{ mm} - 22 \cdot 287{,}5 = 175$ mm

l_{ges} : Gesamtlänge
l : Teilstücklänge
n : Anzahl der Teilstücke
s : Schnittfugenbreite
l_R : Restlänge

Winkelfunktionen im rechtwinkligen Dreieck

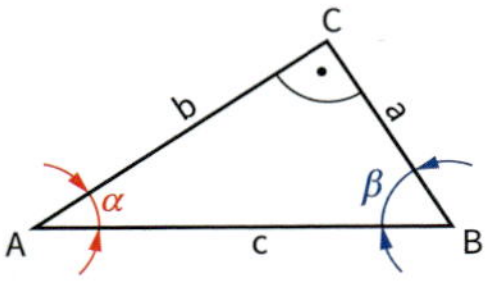

a : Kathete
Gegenkathete zum Winkel α
Ankathete zum Winkel β

b : Kathete
Ankathete zum Winkel α
Gegenkathete zum Winkel β

c : Hypotenuse

⊾: Rechter Winkel (90°)

Bezeichnung	Winkel α	Winkel β
$\text{Sinus} = \frac{\text{Gegenkathete}}{\text{Hypotenuse}}$	$\sin\alpha = \frac{a}{c}$	$\sin\beta = \frac{b}{c}$
$\text{Kosinus} = \frac{\text{Ankathete}}{\text{Hypotenuse}}$	$\cos\alpha = \frac{b}{c}$	$\cos\beta = \frac{a}{c}$
$\text{Tangens} = \frac{\text{Gegenkathete}}{\text{Ankathete}}$	$\tan\alpha = \frac{a}{b}$	$\tan\beta = \frac{b}{a}$
$\text{Kotangens} = \frac{\text{Ankathete}}{\text{Gegenkathete}}$	$\cot\alpha = \frac{b}{a}$	$\cot\beta = \frac{a}{b}$

Excel-Rechenblatt

Winkelfunktionen am Einheitskreis

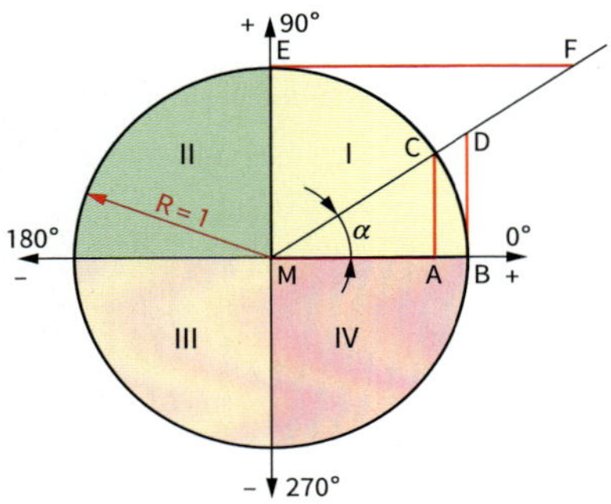

Verlauf der Winkelfunktionen

Verlauf der Winkelfunktionen

Funktion \ Quadrant	I	II	III	IV
$\sin\alpha = \overline{AC}$	steigend $0 \ldots +1$	fallend $+1 \ldots 0$	fallend $0 \ldots -1$	steigend $-1 \ldots 0$
$\cos\alpha = \overline{AM}$	fallend $+1 \ldots 0$	fallend $0 \ldots -1$	steigend $-1 \ldots 0$	steigend $0 \ldots +1$
$\tan\alpha = \overline{BD}$	steigend $0 \ldots +\infty$	steigend $-\infty \ldots 0$	steigend $0 \ldots +\infty$	steigend $-\infty \ldots 0$
$\cot\alpha = \overline{EF}$	fallend $+\infty \ldots 0$	fallend $0 \ldots -\infty$	fallend $+\infty \ldots 0$	fallend $0 \ldots -\infty$

Beziehungen zwischen den Winkelfunktionen

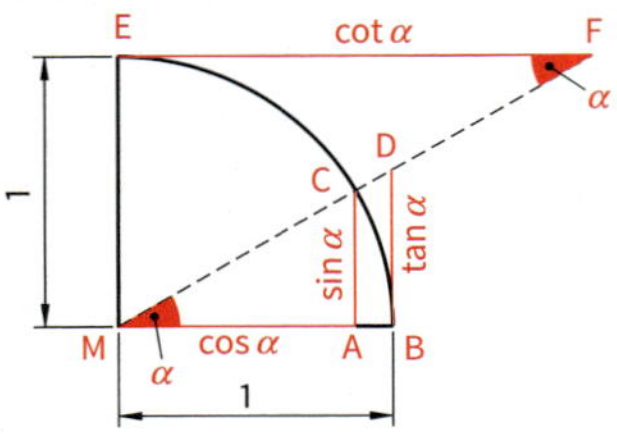

$\sin^2\alpha + \cos^2\alpha = 1$ $\qquad$ $\tan\alpha \cdot \cot\alpha = 1$

$$\tan\alpha = \frac{\sin\alpha}{\cos\alpha} \qquad \tan\alpha = \frac{1}{\cot\alpha}$$

$$\cot\alpha = \frac{\cos\alpha}{\sin\alpha} \qquad \cot\alpha = \frac{1}{\tan\alpha}$$

$$1 + \tan^2\alpha = \frac{1}{\cos^2\alpha} \qquad 1 + \cot^2\alpha = \frac{1}{\sin^2\alpha}$$

Weitere Beziehungen

Winkelfunktionen im schiefwinkligen Dreieck

$\alpha + \beta + \gamma = 180°$

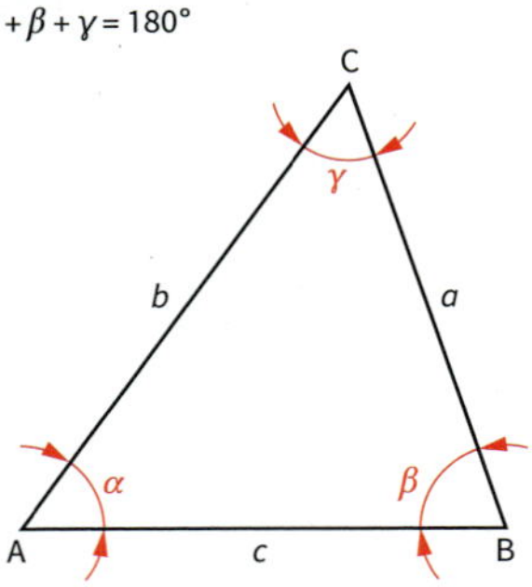

Sinussatz

$$\frac{a}{b} = \frac{\sin\alpha}{\sin\beta};\ \frac{b}{c} = \frac{\sin\beta}{\sin\gamma}$$

$$\frac{a}{\sin\alpha} = \frac{b}{\sin\beta};\ \frac{b}{\sin\beta} = \frac{c}{\sin\gamma}$$

$$a : b : c = \sin\alpha : \sin\beta : \sin\gamma$$

$$\frac{a}{\sin\alpha} = \frac{b}{\sin\beta} = \frac{c}{\sin\gamma}$$

Kosinussatz

$$a^2 = b^2 + c^2 - 2bc \cdot \cos\alpha$$
$$b^2 = a^2 + c^2 - 2ac \cdot \cos\beta$$
$$c^2 = a^2 + b^2 - 2ab \cdot \cos\gamma$$

$$\cos\alpha = \frac{b^2 + c^2 - a^2}{2\,bc}$$

$$\cos\beta = \frac{a^2 + c^2 - b^2}{2\,ac}$$

$$\cos\gamma = \frac{a^2 + b^2 - c^2}{2\,ab}$$

Tangenssatz

$$\frac{a+b}{a-b} = \frac{\tan\frac{\alpha+\beta}{2}}{\tan\frac{\alpha-\beta}{2}}$$

$$\frac{b+c}{b-c} = \frac{\tan\frac{\beta+\gamma}{2}}{\tan\frac{\beta-\gamma}{2}}$$

$$\frac{c+a}{c-a} = \frac{\tan\frac{\gamma+\alpha}{2}}{\tan\frac{\gamma-\alpha}{2}}$$

$$A = \frac{1}{2}ab\sin\gamma = \frac{1}{2}bc\sin\alpha = \frac{1}{2}ac\sin\beta = 2\,r^2\sin\alpha\sin\beta\sin\gamma$$

r: Umkreisradius

Regelmäßige Vierecke

Quadrat

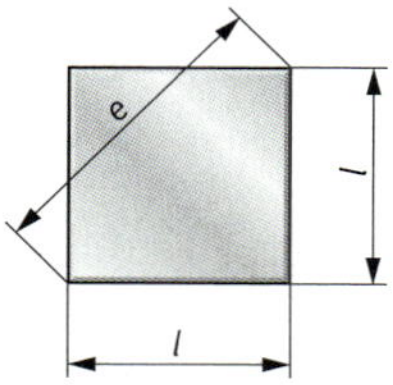

$A = l \cdot l$
$A = l^2$

$U = 4 \cdot l$

$l = \sqrt{A}$ $l = \frac{U}{4}$ $e = l \cdot \sqrt{2}$

A: Fläche
l: Länge
U: Umfang
e: Eckenmaß

Beispiel:

$l = 25$ mm; $A = ?$ mm²; $U = ?$ mm

$A = l^2 = (25 \text{ mm})^2 = 625 \text{ mm}^2$

$U = 4 \cdot l = 4 \cdot 25 \text{ mm} = 100 \text{ mm}$

Excel-Rechenblatt

Rhombus

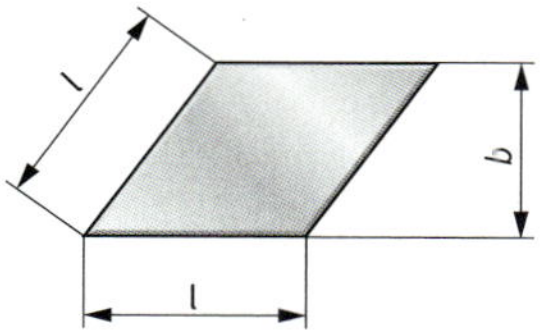

$A = l \cdot b$

$U = 4 \cdot l$

$l = \frac{A}{b}$ $b = \frac{A}{l}$ $l = \frac{U}{4}$

A: Fläche
l: Länge
b: Breite
U: Umfang

Beispiel:

$l = 360$ mm; $b = 2{,}8$ dm; $A = ?$ cm²

$A = l \cdot b = 36 \text{ cm} \cdot 28 \text{ cm} = 1008 \text{ cm}^2$

Excel-Rechenblatt

Rechteck

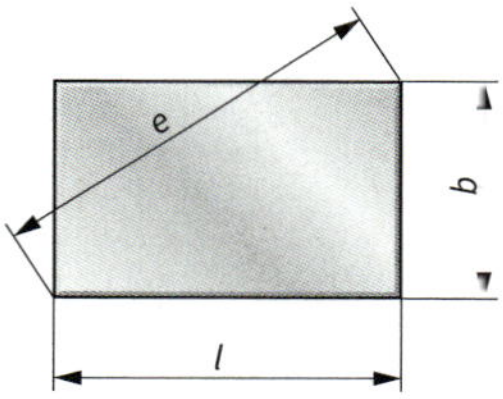

$A = l \cdot b$

$U = 2 \cdot (l + b)$

$l = \frac{A}{b}$ $l = \frac{U}{2} - b$ $e = \sqrt{l^2 + b^2}$

$b = \frac{A}{l}$ $b = \frac{U}{2} - l$

A: Fläche
l: Länge
b: Breite
U: Umfang
e: Eckenmaß

Beispiel:

$A = 96$ dm²; $b = 80$ cm; $l = ?$ mm

$l = \frac{A}{b} = \frac{960\,000 \text{ mm}^2}{800 \text{ mm}} = 1200 \text{ mm}$

Excel-Rechenblatt

Parallelogramm

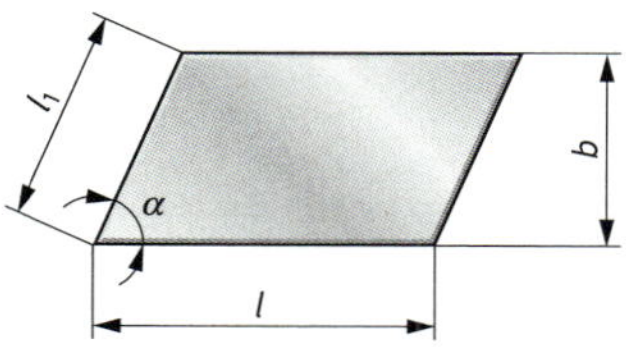

$A = l \cdot b$

$U = 2 \cdot (l + l_1)$

$A = l \cdot l_1 \cdot \sin\alpha$

$l = \frac{A}{b}$ $l = \frac{U}{2} - l_1$

$b = \frac{A}{l}$ $l_1 = \frac{U}{2} - l$

A: Fläche
l: Länge
l_1: Seitenlänge
b: Breite
U: Umfang
α: Winkel

Beispiel:

$A = 0{,}9792$ dm²; $b = 36$ mm; $l = ?$ mm

$l = \frac{A}{b} = \frac{9792 \text{ mm}^2}{36 \text{ mm}} = 272 \text{ mm}$

Excel-Rechenblatt

Trapez

Trapez

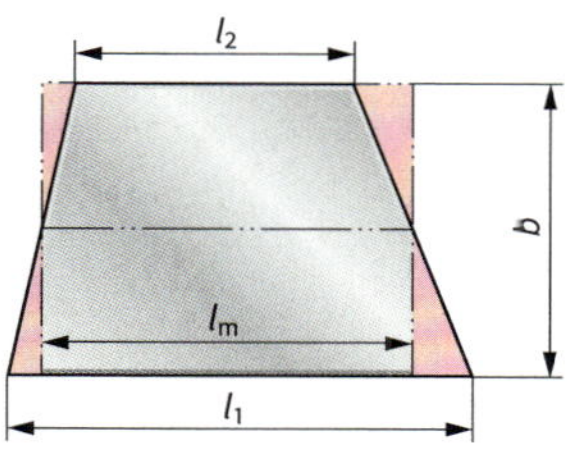

$A = \frac{l_1 + l_2}{2} \cdot b$
$A = l_m \cdot b$

$l_1 = \frac{2 \cdot A}{b} - l_2$ $b = \frac{2 \cdot A}{l_1 + l_2}$

$l_2 = \frac{2 \cdot A}{b} - l_1$ $l_m = \frac{l_1 + l_2}{2}$

A: Fläche
l_1: große Seitenlänge
l_2: kleine Seitenlänge
l_m: mittlere Seitenlänge
b: Breite

Beispiel:

$A = 10$ dm²; $l_1 = 70$ cm; $b = 200$ mm; $l_2 = ?$ mm

$l_2 = \frac{2 \cdot A}{b} - l_1 = \frac{2 \cdot 100\,000 \text{ mm}^2}{200 \text{ mm}} - 700 \text{ mm} = 300 \text{ mm}$

Excel-Rechenblatt

Dreiecke

Dreieck

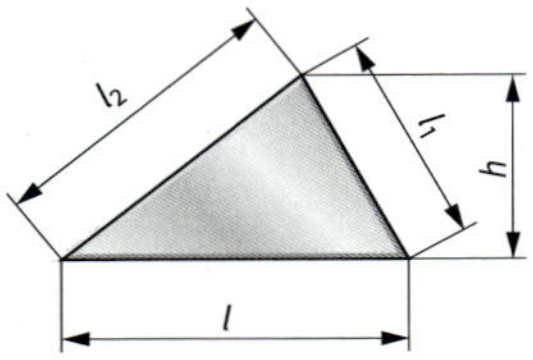

$A = \frac{l \cdot h}{2}$ $U = l + l_1 + l_2$ $l = \frac{2 \cdot A}{h}$ $h = \frac{2 \cdot A}{l}$

A : Fläche
$l; l_1; l_2$: Dreieckseiten
h : Höhe
U : Umfang

Beispiel:

$l = 35$ mm; $h = 24$ mm; $A = ?$ mm²

$A = \frac{l \cdot h}{2} = \frac{35 \text{ mm} \cdot 24 \text{ mm}}{2} = 420 \text{ mm}^2$

Gleichseitiges Dreieck

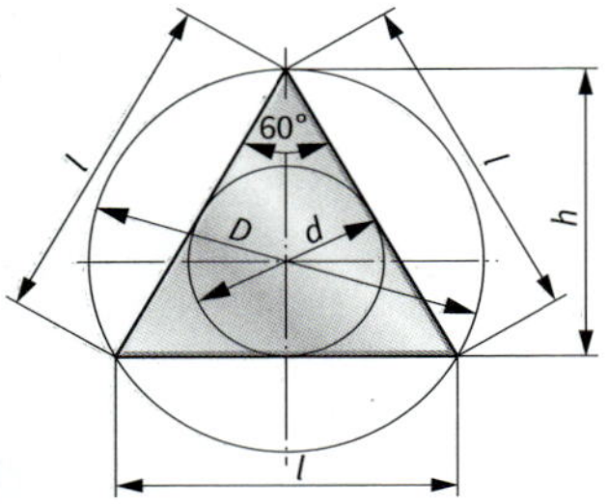

$A = \frac{l^2}{4} \cdot \sqrt{3}$ $d = \frac{l}{3} \cdot \sqrt{3} = \frac{D}{2}$

$h = \frac{l}{2} \cdot \sqrt{3}$ $D = \frac{2 \cdot l}{3} \cdot \sqrt{3} = 2 \cdot d$

Weitere Formeln

A : Fläche
l : Länge
h : Höhe
D : Umkreis-Ø
d : Inkreis-Ø

Beispiel:

$l = 30$ mm; $A = ?$ mm²; $h = ?$ mm

$A = \frac{l^2}{4} \cdot \sqrt{3} = \frac{(30 \text{ mm})^2}{4} \cdot \sqrt{3} = 389{,}7 \text{ mm}^2$

$h = \frac{l}{2} \cdot \sqrt{3} = \frac{30 \text{ mm}}{2} \cdot \sqrt{3} = 25{,}98 \text{ mm}$

Excel-Rechenblatt

Vielecke

Regelmäßiges Vieleck

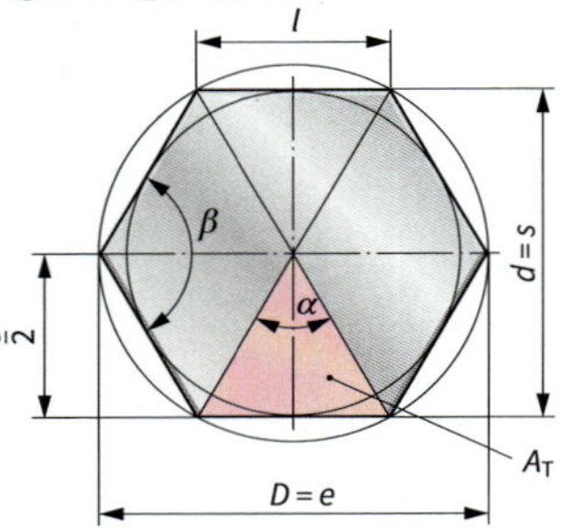

$A = A_T \cdot n$

$A = \frac{l \cdot d \cdot n}{4}$

$\alpha = \frac{360°}{n}$ $d = \sqrt{D^2 - l^2}$ $\beta = 180° - \alpha$

$l = D \cdot \sin\left(\frac{180°}{n}\right)$ $D = \sqrt{d^2 + l^2}$

Weitere Formeln

A : Fläche
A_T: Teilfläche
n : Eckenzahl
l : Seitenlänge
s : Schlüsselweite
e : Eckenmaß
D : Umkreis-Ø
d : Inkreis-Ø
α : Mittelpunktswinkel
β : Eckenwinkel

Beispiel:

Sechseck $D = 40$ mm; $s = ?$ mm; $l = ?$ mm; $A = ?$ mm²

$s = 0{,}866 \cdot D = 0{,}866 \cdot 40 \text{ mm} = 34{,}64 \text{ mm}$

$l = 0{,}5 \cdot D = 0{,}5 \cdot 40 \text{ mm} = 20 \text{ mm}$

$A = 0{,}866 \cdot d^2 = 0{,}866 \cdot (20 \text{ mm})^2 = 346{,}4 \text{ mm}^2$

Eckenzahl n	Seitenlänge l	Schlüsselweite s	Eckenmaß e	Fläche A	
3	$0{,}866 \cdot D$			$0{,}325 \cdot D^2$	$1{,}299 \cdot d^2$
4	$0{,}707 \cdot D$	$0{,}707 \cdot e$	$1{,}414 \cdot s$	$0{,}500 \cdot D^2$	$1{,}000 \cdot d^2$
5	$0{,}588 \cdot D$			$0{,}595 \cdot D^2$	$0{,}908 \cdot d^2$
6	$0{,}500 \cdot D$	$0{,}866 \cdot e$	$1{,}155 \cdot s$	$0{,}649 \cdot D^2$	$0{,}866 \cdot d^2$
8	$0{,}383 \cdot D$	$0{,}924 \cdot e$	$1{,}082 \cdot s$	$0{,}707 \cdot D^2$	$0{,}828 \cdot d^2$
10	$0{,}309 \cdot D$	$0{,}951 \cdot e$	$1{,}052 \cdot s$	$0{,}735 \cdot D^2$	$0{,}812 \cdot d^2$
12	$0{,}259 \cdot D$	$0{,}966 \cdot e$	$1{,}035 \cdot s$	$0{,}750 \cdot D^2$	$0{,}804 \cdot d^2$

Unregelmäßiges Vieleck

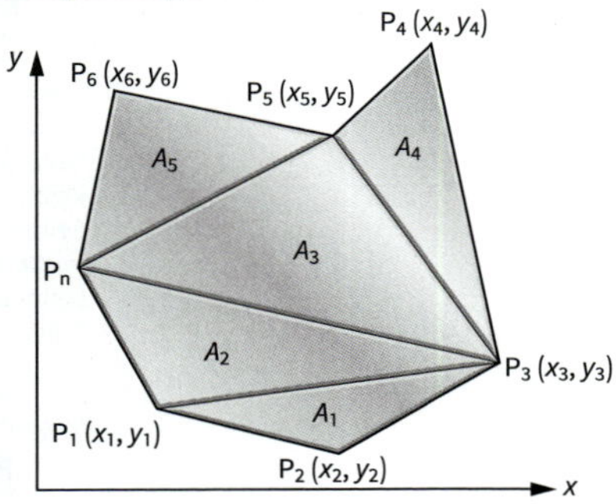

1. Berechnung mit Teilflächen

$A = A_1 + A_2 + A_3 + \ldots + A_n$

2. Berechnung mit Koordinaten

$A = \frac{1}{2} \; [(X_1Y_2 - X_2Y_1) + (X_2Y_3 - X_3Y_2) + (X_3Y_4 - X_4Y_3) + \ldots + (X_nY_1 - X_1Y_n)]$

P … : Eckpunkte des Vielecks
X … : Koordinaten in X-Richtung
Y … : Koordinaten in Y-Richtung
A : Fläche
$A_1 \ldots A_5$: Teilfläche

Excel-Rechenblatt

Kreisflächen

Kreis

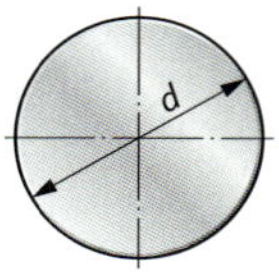

$$A = \frac{d^2 \cdot \pi}{4} \qquad U = d \cdot \pi \qquad d = \sqrt{\frac{4 \cdot A}{\pi}} \qquad d = \frac{U}{\pi}$$

Beispiel:

$d = 0{,}64$ m; $A = ?$ dm²

$$A = \frac{d^2 \cdot \pi}{4} = \frac{(6{,}4\ \text{dm})^2 \cdot \pi}{4} = 32{,}17\ \text{dm}^2$$

A : Fläche
d : Durchmesser
U : Umfang
π : Kreiszahl = 3,14159 …

Excel-Rechenblatt

Kreisausschnitt

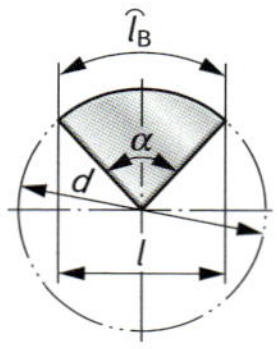

$$A = \frac{d^2 \cdot \pi \cdot \alpha}{4 \cdot 360°} \qquad A = \frac{l_B \cdot d}{4} \qquad l_B = \frac{d \cdot \pi \cdot \alpha}{360°} \qquad l = d \cdot \sin\frac{\alpha}{2}$$

Beispiel:

$d = 12$ cm; $\alpha = 135°$; $A = ?$ cm²

$$A = \frac{d^2 \cdot \pi \cdot \alpha}{4 \cdot 360°} = \frac{(12\ \text{cm})^2 \cdot \pi \cdot 135°}{4 \cdot 360°} = 42{,}41\ \text{cm}^2$$

A : Fläche
d : Durchmesser
α : Zentriwinkel
l_B : Bogenlänge
l : Sehnenlänge
π : 3,14159 …

Excel-Rechenblatt

Kreisabschnitt

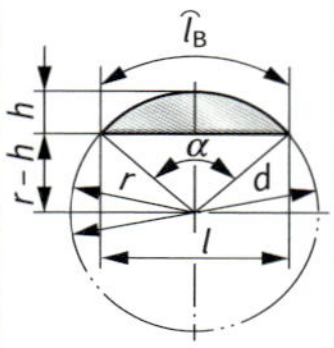

$$A = \frac{l_B \cdot r - l\,(r - h)}{2}$$

$$A = \frac{d^2 \cdot \pi \cdot \alpha}{4 \cdot 360°} - \frac{l\,(r-h)}{2}$$

$$l_B = \frac{d \cdot \pi \cdot \alpha}{360°} \qquad r = \frac{h}{2} + \frac{l^2}{8h} \qquad h = \frac{l}{2} \cdot \tan\frac{\alpha}{4}$$

$$l = d \cdot \sin\frac{\alpha}{2} \qquad h = \frac{d}{2} \cdot \left(1 - \cos\frac{\alpha}{2}\right)$$

Weitere Formeln

Beispiel:

$r = 40$ mm; $\alpha = 90°$; $l = ?$ mm; $h = ?$ mm; $A = ?$ mm²

$$l = d \cdot \sin\frac{\alpha}{2} = 80\ \text{mm} \cdot \sin 45° = 56{,}57\ \text{mm}$$

$$h = \frac{l}{2} \cdot \tan\frac{\alpha}{4} = \frac{56{,}57\ \text{mm}}{2} \cdot \tan 22{,}5° = 11{,}72\ \text{mm}$$

$$A = \frac{d^2 \cdot \pi \cdot \alpha}{4 \cdot 360°} - \frac{l\,(r-h)}{2} = \frac{(80\ \text{mm})^2 \cdot \pi \cdot 90°}{4 \cdot 360°} - \frac{56{,}57\ \text{mm}\,(40\ \text{mm} - 11{,}72\ \text{mm})}{2} = 456{,}7\ \text{mm}^2$$

A : Fläche
d : Durchmesser
α : Zentriwinkel
l : Sehnenlänge
h : Bogenhöhe
l_B : Bogenlänge
r : Radius
π : 3,14159 …

Excel-Rechenblatt

Kreisringflächen

Kreisring

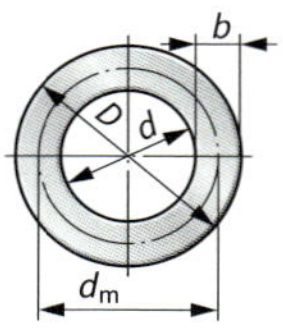

$$A = \frac{D^2 \cdot \pi}{4} - \frac{d^2 \cdot \pi}{4} \qquad A = (D^2 - d^2) \cdot \frac{\pi}{4}$$

$$A = d_m \cdot \pi \cdot b \qquad d_m = \frac{D + d}{2}$$

$$D = \sqrt{\frac{4 \cdot A}{\pi} + d^2} \qquad d = \sqrt{D^2 - \frac{4 \cdot A}{\pi}}$$

Beispiel:

$D = 66$ mm; $d = 58$ mm; $A = ?$ mm²

$$A = (D^2 - d^2) \cdot \frac{\pi}{4} = ((66\ \text{mm})^2 - (58\ \text{mm})^2) \cdot \frac{\pi}{4} = 779{,}1\ \text{mm}^2$$

A : Fläche
D : Außendurchmesser
d : Innendurchmesser
d_m: mittlerer Durchmesser
b : Breite
π : 3,14159 …

Excel-Rechenblatt

Kreisringausschnitt

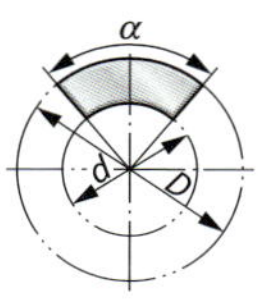

$$A = \left(\frac{D^2 \cdot \pi}{4} - \frac{d^2 \cdot \pi}{4}\right) \cdot \frac{\alpha}{360°} \qquad A = (D^2 - d^2) \cdot \frac{\pi}{4} \cdot \frac{\alpha}{360°}$$

Beispiel:

$D = 66$ mm; $d = 58$ mm; $\alpha = 120°$; $A = ?$ mm²

$$A = (D^2 - d^2) \cdot \frac{\pi}{4} \cdot \frac{\alpha}{360°} = ((66\ \text{mm})^2 - (58\ \text{mm})^2) \cdot \frac{\pi}{4} \cdot \frac{120°}{360°} = 259{,}7\ \text{mm}^2$$

A : Fläche
D : Außendurchmesser
d : Innendurchmesser
α : Zentriwinkel
π : 3,14159 …

Excel-Rechenblatt

Ellipse

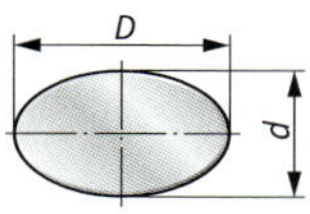

$$A = \frac{D \cdot d \cdot \pi}{4} \qquad U \approx \pi \cdot \sqrt{\frac{D^2 + d^2}{2}} \qquad U \approx \frac{D + d}{2} \cdot \pi$$

Beispiel:

$D = 48$ mm; $d = 20$ mm; $A = ?$ mm²

$$A = \frac{D \cdot d \cdot \pi}{4} = \frac{48\ \text{mm} \cdot 20\ \text{mm} \cdot \pi}{4} = 754\ \text{mm}^2$$

A : Fläche
D : große Achse
d : kleine Achse
U : Umfang
π : 3,14159 …

Excel-Rechenblatt

Linienschwerpunkte

Gerade

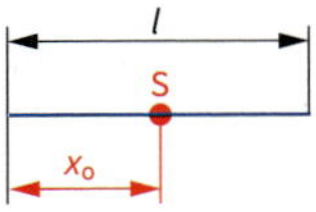

$$x_o = \frac{l}{2}$$

Viertelkreisbogen

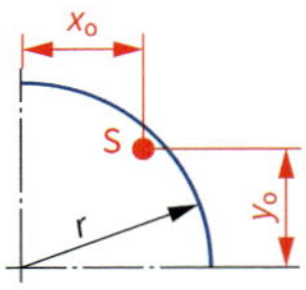

$$x_o = y_o = \frac{2 \cdot r}{\pi}$$

$$x_o = y_o = 0{,}6366 \cdot r$$

Halbkreisbogen

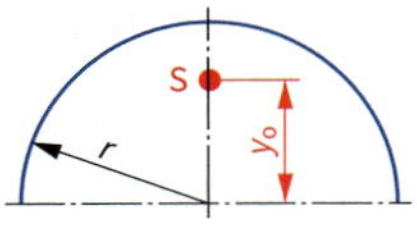

$$y_o = \frac{2 \cdot r}{\pi}$$

$$y_o = 0{,}6366 \cdot r$$

Kreisbogen (beliebig)

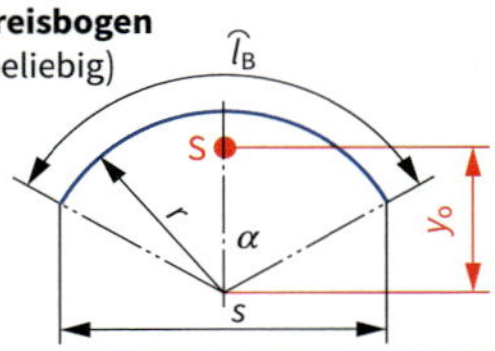

$$y_o = \frac{r \cdot s}{l_B}$$

$$y_o = \frac{s \cdot 180°}{\alpha \cdot \pi}$$

Viertelkreisbogen

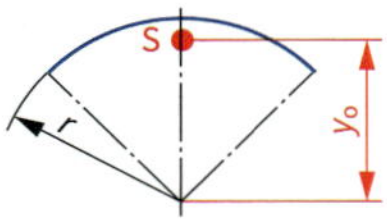

$$y_o = \frac{2 \cdot \sqrt{2} \cdot r}{\pi}$$

$$y_o = 0{,}9003 \cdot r$$

Dreieckumfang

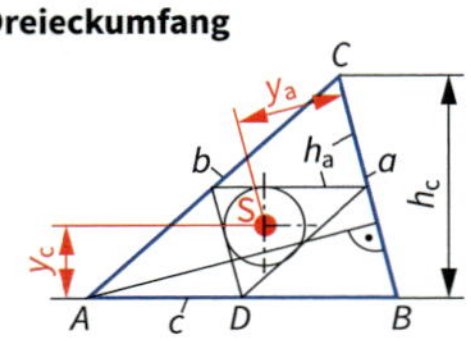

$AD = DB$

$$y_a = \frac{h_a}{2} \cdot \frac{b+c}{a+b+c}$$

$$y_c = \frac{h_c}{2} \cdot \frac{a+b}{a+b+c}$$

Weitere Linienschwerpunkte

Flächenschwerpunkte[1)]

Dreieck

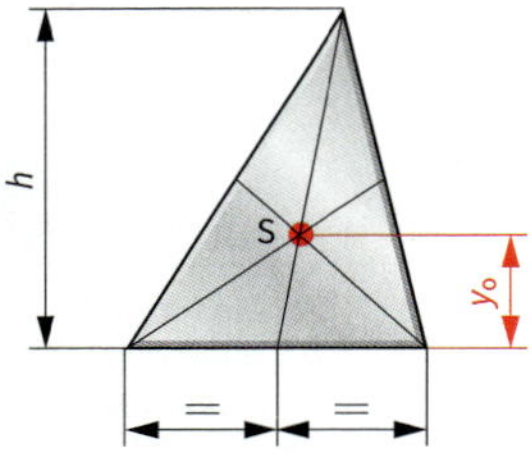

$$y_o = \frac{h}{3}$$

Kreisausschnitt

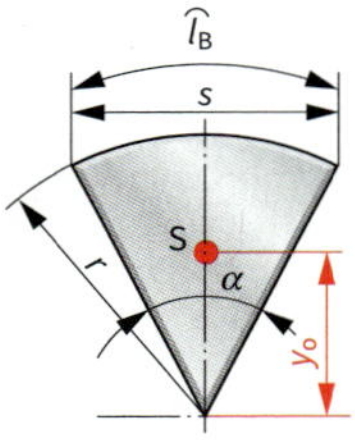

$$y_o = \frac{2 \cdot r \cdot s}{3 \cdot l_B}$$

$$y_o = \frac{2 \cdot r \cdot \sin\alpha \cdot 180°}{3 \cdot \alpha \cdot \pi}$$

Trapez

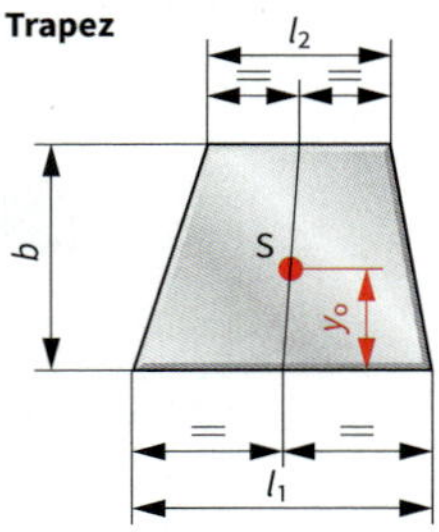

$$y_o = \frac{b}{3} \cdot \frac{l_1 + 2l_2}{l_1 + l_2}$$

Kreisringausschnitt

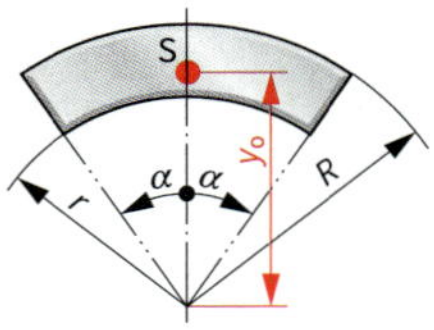

$$y_o = \frac{2 \cdot (R^3 - r^3) \cdot \sin\frac{\alpha}{2} \cdot 180°}{3 \cdot (R^2 - r^2) \cdot \frac{\alpha}{2} \cdot \pi}$$

Halbkreis

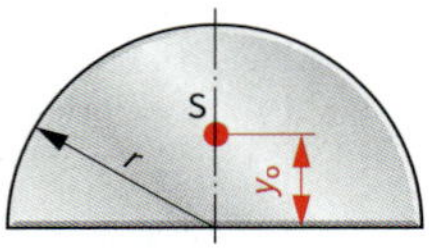

$$y_o = \frac{4 \cdot r}{3 \cdot \pi}$$

Kreisabschnitt

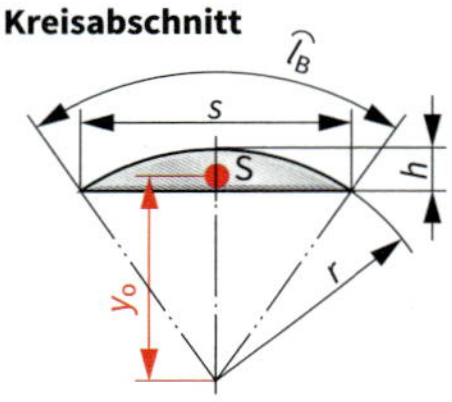

$$y_o = \frac{s^3}{12 \cdot A}$$

$$A = \frac{l_B \cdot r - (s - h)}{2}$$

1) siehe auch Profile aus Aluminium und Profile aus Stahl

Weitere Flächenschwerpunkte

Gerade Körper

Würfel

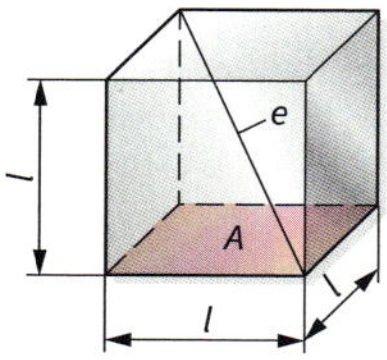

$V = A \cdot l$

$V = l^3$

$A_O = 6 \cdot l^2$

$l = \sqrt[3]{V}$

$l = \sqrt{\frac{A_O}{6}}$

$e = l \cdot \sqrt{3}$

Beispiel:

$V = 15\,625\ \text{cm}^3$; $l = ?\ \text{mm}$

$l = \sqrt[3]{V} = \sqrt[3]{16\,625\ \text{cm}^3} = 25\ \text{cm} = 250\ \text{mm}$

V : Volumen
A : Grundfläche
l : Seitenlänge
A_O : Oberfläche
e : Raumdiagonale

Excel-Rechenblatt

Prisma

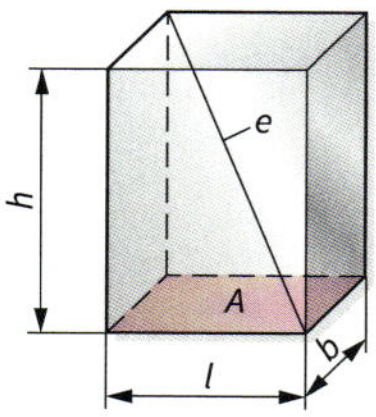

$V = A \cdot h$

$V = l \cdot b \cdot h$

$A_M = 2 \cdot (l \cdot h + b \cdot h)$

$A_O = 2 \cdot (l \cdot h + b \cdot h + l \cdot b)$

$h = \frac{V}{l \cdot b}$

$e = \sqrt{l^2 + b^2 + h^2}$

Beispiel:

$l = 210\ \text{mm}$; $b = 80$; $h = 1000\ \text{mm}$; $V = ?\ \text{dm}^3$

$V = l \cdot b \cdot h = 2{,}1\ \text{dm} \cdot 0{,}8\ \text{dm} \cdot 10\ \text{dm} = 16{,}8\ \text{dm}^3$

V : Volumen
A : Grundfläche
h : Höhe
l : Seitenlänge
b : Breite
A_M : Mantelfläche
A_O : Oberfläche
e : Raumdiagonale

Excel-Rechenblatt

Zylinder

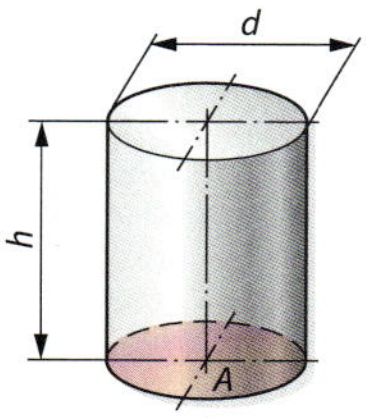

$V = A \cdot h$

$V = \frac{d^2 \cdot \pi}{4} \cdot h$

$A_M = d \cdot \pi \cdot h$

$A_O = d \cdot \pi \cdot h + 2 \cdot \frac{d^2 \cdot \pi}{4}$

$h = \frac{4 \cdot V}{d^2 \cdot \pi}$

$d = \sqrt{\frac{4 \cdot V}{\pi \cdot h}}$

Beispiel:

$V = 15\,300\ \text{cm}^3$; $d = 200\ \text{mm}$; $h = ?\ \text{mm}$

$h = \frac{4 \cdot V}{d^2 \cdot \pi} = \frac{4 \cdot 15\,800\ \text{cm}^3}{20\ \text{cm} \cdot 20\ \text{cm} \cdot \pi} = 50{,}3\ \text{cm} = 503\ \text{mm}$

V : Volumen
A : Grundfläche
h : Höhe
d : Durchmesser
A_M : Mantelfläche
A_O : Oberfläche
π : 3,14159 …

Excel-Rechenblatt

Hohlzylinder

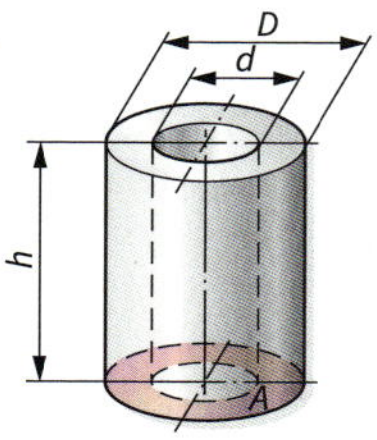

$V = A \cdot h$

$V = \left(\frac{D^2 \cdot \pi}{4} - \frac{d^2 \cdot \pi}{4}\right) \cdot h$

$V = (D^2 - d^2) \cdot \frac{\pi \cdot h}{4}$

$A_M = D \cdot \pi \cdot h$

$A_O = 2 \cdot \left(\frac{D^2 \cdot \pi}{4} - \frac{d^2 \cdot \pi}{4}\right) + D \cdot \pi \cdot h + d \cdot \pi \cdot h$

Beispiel:

$D = 120\ \text{mm}$; $d = 85\ \text{mm}$; $h = 200\ \text{mm}$; $V = ?\ \text{dm}^3$

$V = (D^2 - d^2) \cdot \frac{\pi \cdot h}{4} = ((1{,}2\ \text{dm})^2 - (0{,}85\ \text{dm})^2) \cdot \frac{\pi \cdot 2\ \text{dm}}{4} = 1{,}13\ \text{dm}^3$

V : Volumen
A : Grundfläche
h : Höhe
D : Außendurchmesser
d : Innendurchmesser
A_M : Mantelfläche
A_O : Oberfläche
π : 3,14159 …

Excel-Rechenblatt

Spitze Körper

Pyramide

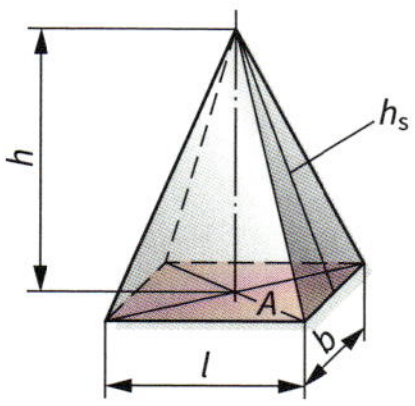

$V = \frac{A \cdot h}{3}$

$V = \frac{l \cdot b \cdot h}{3}$

$A_M = 2 \cdot \frac{l \cdot h_s}{2} + 2 \cdot \frac{b \cdot h_s}{2}$

$A_M = h_s \cdot (l + b)$

$A_O = h_s \cdot (l + b) + l \cdot b$

$h = \frac{3 \cdot V}{l \cdot b}$

$h_s = \sqrt{h^2 + \frac{l^2}{4}}$

Beispiel:

$V = 68{,}04\ \text{cm}^3$; $h = 2{,}8\ \text{dm}$; $l = b = ?\ \text{mm}$

$V = \frac{l \cdot b \cdot h}{3}$

$l = \sqrt{\frac{3 \cdot V}{h}} = \sqrt{\frac{3 \cdot 68040\ \text{mm}^3}{280\ \text{mm}}} = 27\ \text{mm}$

V : Volumen
A : Grundfläche
l : Länge
b : Breite
h : Höhe
h_s : Seitenhöhe
A_M : Mantelfläche
A_O : Oberfläche

Excel-Rechenblatt

Spitze Körper

Kegel

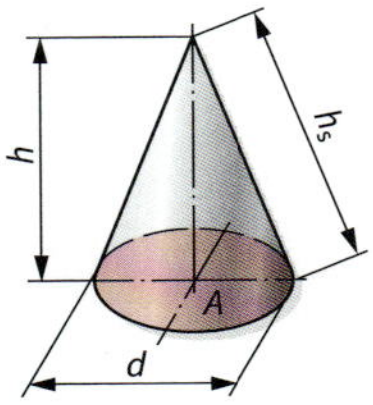

$$V = \frac{A \cdot h}{3}$$

$$V = \frac{d^2 \cdot \pi \cdot h}{4 \cdot 3}$$

$$A_M = \frac{d \cdot \pi}{2} \cdot h_s$$

$$A_O = \frac{d \cdot \pi}{2} \cdot h_s + \frac{d^2 \cdot \pi}{4}$$

$$d = \sqrt{\frac{12 \cdot V}{\pi \cdot h}} \qquad h_s = \sqrt{h^2 + \frac{d^2}{4}}$$

$$h = \frac{12 \cdot V}{d^2 \cdot \pi}$$

Beispiel:

$d = 920\ \text{mm};\ h = 680\ \text{mm};\ V = ?\ \text{cm}^3$

$$V = \frac{d^2 \cdot \pi \cdot h}{4 \cdot 3} = \frac{(92\ \text{cm})^2 \cdot \pi \cdot 68\ \text{cm}}{4 \cdot 3} = 150\,679{,}2\ \text{cm}^3$$

V : Volumen
A : Grundfläche
h : Höhe
d : Durchmesser
A_M : Mantelfläche
h_s : Seitenhöhe
A_O : Oberfläche
π : 3,14159 …

Excel-Rechenblatt

Abgestumpfte Körper

Pyramidenstumpf

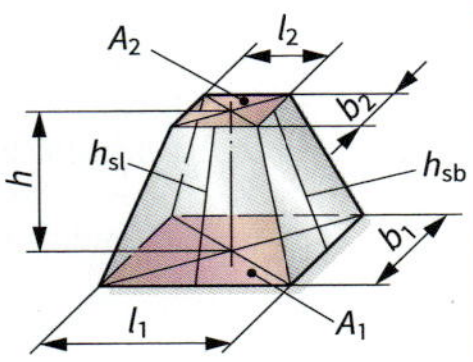

$$V = \frac{h}{3} \cdot \left(A_1 + A_2 + \sqrt{A_1 \cdot A_2}\right)$$

$$V \approx \frac{A_1 + A_2}{2} \cdot h$$

$$A_M = (l_1 + l_2) \cdot h_{sl} + (b_1 + b_2) \cdot h_{sb}$$

$$A_O = A_M + l_1 \cdot b_1 + l_2 \cdot b_2$$

$$h_{sl} = \sqrt{\frac{(b_1 - b_2)^2}{4} + h^2} \qquad h_{sb} = \sqrt{\frac{(l_1 - l_2)^2}{4} + h^2}$$

Beispiel:

$l_1 = b_1 = 52\ \text{mm};\ l_2 = b_2 = 36\ \text{mm};\ h = 68\ \text{mm};\ V = ?\ \text{cm}^3$ (Näherungsformel)

$$V \approx \frac{A_1 + A_2}{2} \cdot h = \frac{(5{,}2\ \text{cm})^2 + (3{,}6\ \text{cm})^2}{2} \cdot 6{,}8\ \text{cm} = 136\ \text{cm}^3$$

V : Volumen
A_1 : Grundfläche
A_2 : Deckfläche
h : Höhe
l_1 : untere Länge
b_1 : untere Breite
l_2 : obere Länge
b_2 : obere Breite
h_{sl} : Seitenhöhe
h_{sb} : Seitenhöhe
A_M : Mantelfläche
A_O : Oberfläche

Excel-Rechenblatt

Kegelstumpf

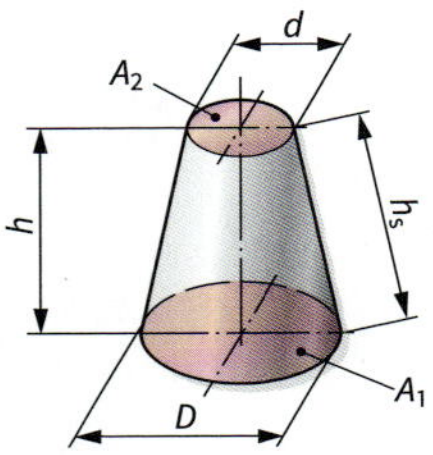

$$V = \frac{h \cdot \pi}{12} \cdot (D^2 + d^2 + D \cdot d)$$

$$V \approx \frac{A_1 + A_2}{2} \cdot h$$

$$A_M = \frac{(D + d)}{2} \cdot \pi \cdot h_s$$

$$A_O = \frac{(D + d)}{2} \cdot \pi \cdot h_s + \frac{(D^2 + d^2) \cdot \pi}{4}$$

$$h_s = \sqrt{\frac{(D - d)^2}{4} + h^2}$$

Beispiel:

$V = 1632{,}8\ \text{cm}^3;\ D = 60\ \text{mm};\ d = 40\ \text{mm};\ h = ?\ \text{cm}$ (Näherungsformel)

$$h = \frac{2 \cdot V}{(A_1 + A_2)} = \frac{2 \cdot 1632{,}8\ \text{cm}^3}{((6\ \text{cm})^2 + (4\ \text{cm})^2) \cdot \frac{\pi}{4}} = 80\ \text{cm}$$

V : Volumen
h : Höhe
D : unterer Durchmesser
d : oberer Durchmesser
A_1 : Grundfläche
A_2 : Deckfläche
h_s : Seitenhöhe
A_M : Mantelfläche
A_O : Oberfläche
π : 3,14159…

Excel-Rechenblatt

Kugelige Körper

Kugel

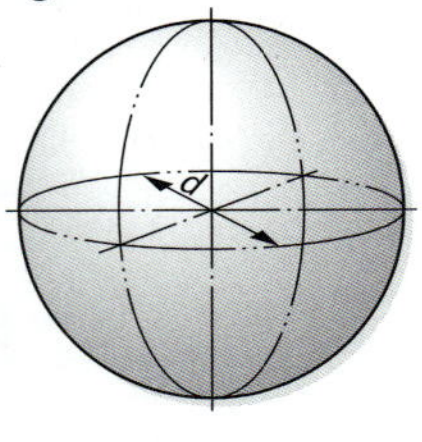

$$V = \frac{d^3 \cdot \pi}{6}$$

$$A_O = d^2 \cdot \pi$$

$$d = \sqrt[3]{\frac{6 \cdot V}{\pi}} \qquad d = \sqrt{\frac{A_O}{\pi}}$$

Weitere Formeln

Beispiel:

$d = 120\ \text{mm};\ V = ?\ \text{dm}^3$

$$V = \frac{d^3 \cdot \pi}{6} = \frac{(1{,}2\ \text{dm})^3 \cdot \pi}{6} = 0{,}9\ \text{dm}^3$$

V : Volumen
d : Durchmesser
A_O : Oberfläche
π : 3,14159 …

Excel-Rechenblatt

Kugelabschnitt (Kalotte)

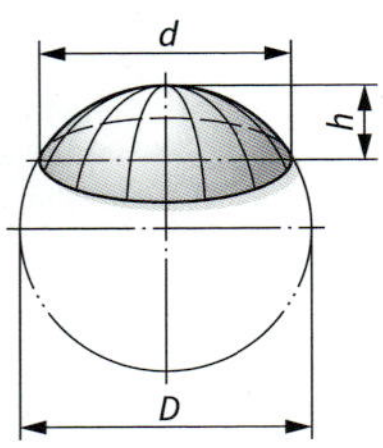

$$A_M = D \cdot \pi \cdot h$$

$$A_O = D \cdot \pi \cdot h + \frac{d^2 \cdot \pi}{4}$$

$$V = h^2 \cdot \pi \cdot \left(\frac{D}{2} - \frac{h}{3}\right)$$

Beispiel:

$D = 12\ \text{cm};\ h = 3\ \text{cm};\ V = ?\ \text{cm}^3$

$$V = h^2 \cdot \pi \cdot \left(\frac{D}{2} - \frac{h}{3}\right) = (3\ \text{cm})^2 \cdot \pi \cdot \left(\frac{12\ \text{cm}}{2} - \frac{3\ \text{cm}}{3}\right) = 141{,}4\ \text{cm}^3$$

V : Volumen
D : Kugeldurchmesser
d : Kalottendurchmesser
h : Kalottenhöhe
A_M : Mantelfläche
A_O : Oberfläche
π : 3,14159…

Excel-Rechenblatt

Guldinsche Regel

Rotationskörper

Mantelfläche

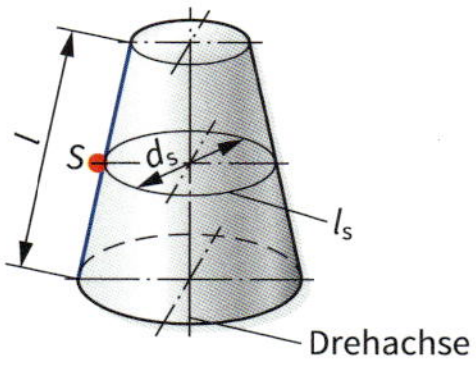

$A_M = l \cdot l_s$

$A_M = l \cdot d_s \cdot \pi$

Eine um eine Drehachse rotierende Linie erzeugt eine Mantelfläche.

A_M: Mantelfläche
l : Länge der erzeugenden Linie
l_s : Schwerpunktsweg
d_s : Durchmesser im Schwerpunktsweg
S : Schwerpunkt
π : 3,14159 …

Beispiel:

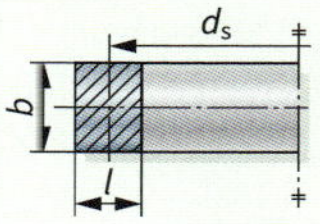

$l = b = 50$ mm; $d_s = 300$ mm; $A_M = ?$ cm²

$A_M = l \cdot \left(d_s + \frac{l}{2}\right) \cdot \pi$

$= 5\text{ cm} \cdot (30\text{ cm} + 2{,}5\text{ cm}) \cdot \pi = 510{,}5\text{ cm}^2$

Oberfläche

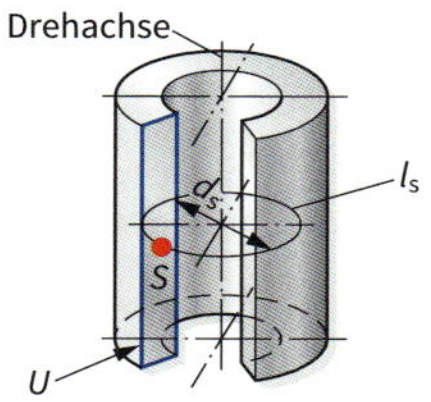

$A_O = U \cdot l_s$

$A_O = U \cdot d_s \cdot \pi$

Ein um eine Drehachse rotierender Umfang erzeugt eine Oberfläche.

A_O: Oberfläche
U : Umfangslänge
l_s : Schwerpunktsweg
d_s : Durchmesser im Schwerpunktsweg
S : Schwerpunkt
π : 3,14159 …

Beispiel:

Gegeben: s. Beispiel 1; $A_O = ?$ cm²

$A_C = U \cdot d_s \cdot \pi = 4 \cdot 5\text{ cm} \cdot 30\text{ cm} \cdot \pi = 1884{,}96\text{ cm}^2$

Volumen

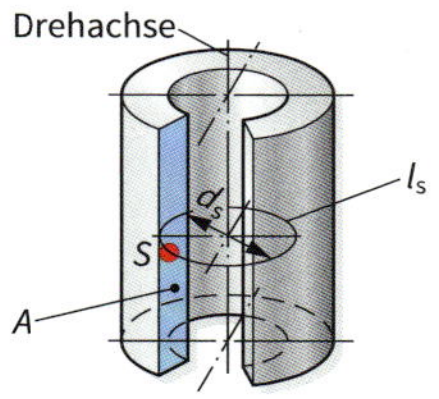

$V = A \cdot l_s$

$V = A \cdot d_s \cdot \pi$

Eine um eine Drehachse rotierende Fläche erzeugt ein Volumen.

V : Volumen
A : erzeugende Fläche
l_s : Schwerpunktsweg
d_s : Durchmesser im Schwerpunktsweg
S : Schwerpunkt
π : 3,14159 …

Beispiel:

Gegeben: s. Beispiel 1; $V = ?$ cm³

$V = A \cdot d_s \cdot \pi = 5\text{ cm} \cdot 5\text{ cm} \cdot 30\text{ cm} \cdot \pi = 2356{,}2\text{ cm}^3$

Excel-Rechenblatt

Simpsonsche Regel

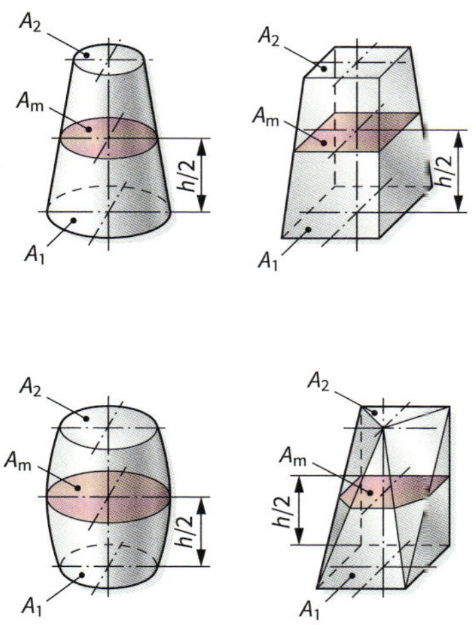

Das Volumen jedes regelmäßig geformten Körpers wird näherungsweise berechnet:

$V \approx \frac{h}{6}(A_1 + A_2 + 4 \cdot A_m)$

V : Volumen
h : Höhe
A_1 : Grundfläche
A_2 : Deckfläche
A_m: Fläche auf mittlerer Höhe

Beispiel:

Fass: $d_1 = d_2 = 25$ cm; $d_M = 35$ cm; $h = 40$ cm; $V = ?$ Liter

$V \approx \frac{h}{6} \cdot (A_1 + A_2 + 4 \cdot A_m)$

$= \frac{4\text{ dm}}{6} \cdot \left(\frac{(2{,}5\text{ dm})^2 \cdot \pi}{4} + \frac{(2{,}5\text{ dm})^2 \cdot \pi}{4} + 4 \cdot \frac{(3{,}5\text{ dm})^2 \cdot \pi}{4}\right)$

$V \approx 32{,}2\text{ dm}^3 = 32{,}2\ l$

Massenberechnung mit Volumen und Dichte

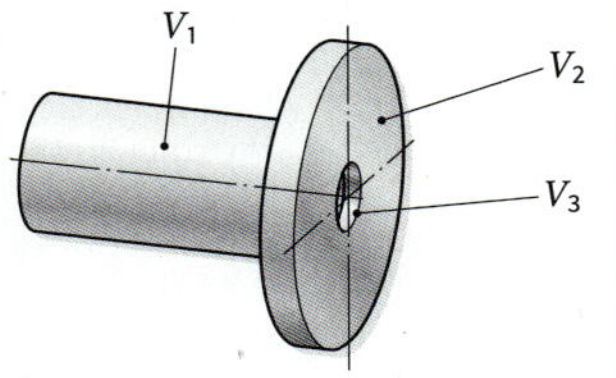

V in	cm^3	dm^3	m^3
ϱ in	g/cm^3	kg/dm^3	t/m^3
m in	g	kg	t

$$m = V \cdot \varrho$$

$$m = (V_1 + V_2 - V_3 \ldots) \cdot \varrho$$

$V = \frac{m}{\varrho}$ $\varrho = \frac{m}{V}$

Werte für die Dichte von Werkstoffen s. Stoffwerte

Beispiel:

Zylinder: d = 180 mm; h = 120 mm; ϱ = 7,85 kg/dm³; m = ? kg

$$m = V \cdot \varrho = \frac{d^2 \cdot \pi}{4} \cdot h \cdot \varrho$$

$$= \frac{1{,}8\ \text{dm} \cdot 1{,}8\ \text{dm} \cdot \pi}{4} \cdot 1{,}2\ \text{dm} \cdot 7{,}85\ \frac{\text{kg}}{\text{dm}^3} = 23{,}97\ \text{kg}$$

m : Masse
V : Volumen
V_1 : Teilvolumen
V_2 : Teilvolumen
V_3 : Teilvolumen
ϱ : Dichte

Massenberechnung mit längenbezogener Masse

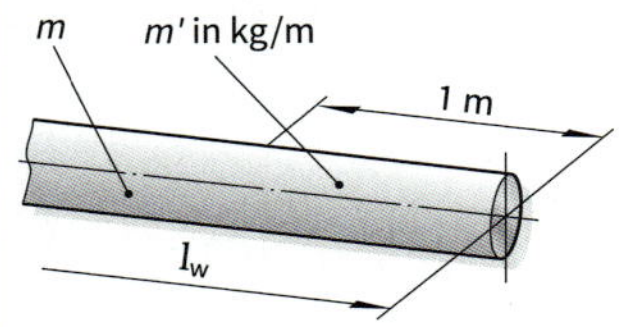

$$m = m' \cdot l_w$$

$l_w = \frac{m}{m'}$ $m' = \frac{m}{l_w}$

Werte für die längenbezogene Masse s. Profile aus Al, Cu, St

Beispiel:

Rundstahl: d = 36 mm; l_w = 1500 mm; m' = 7,99 kg/m; m = ? kg

$$m = m' \cdot l_w = 7{,}99\ \frac{\text{kg}}{\text{m}} \cdot 1{,}5\ \text{m} = 11{,}985\ \text{kg}$$

m : Masse
m': längenbezogene Masse
l_w : Werkstücklänge

Excel Rechenblatt

Massenberechnung mit flächenbezogener Masse

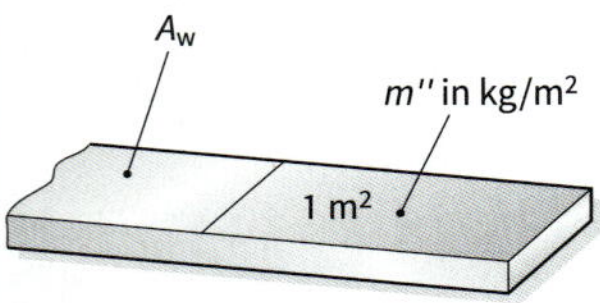

$$m = m'' \cdot A_W$$

$A_W = \frac{m}{m''}$ $m'' = \frac{m}{A_W}$

Werte für die flächenbezogene Masse s. Bleche aus Al, Cu, St

Beispiel:

Kaltgewalztes Stahlblech 3 x 600; l = 1500 mm; m'' = 23,55 kg/m²; m = ? kg

$$m = m'' \cdot A_W = 23{,}55\ \frac{\text{kg}}{\text{m}^2} \cdot 0{,}6\ \text{m} \cdot 1{,}5\ \text{m} = 21{,}195\ \text{kg}$$

m : Masse
m'': flächenbezogene Masse
A_W: Werkstückfläche

Excel-Rechenblatt

Rohlängenberechnung

ohne Verlust

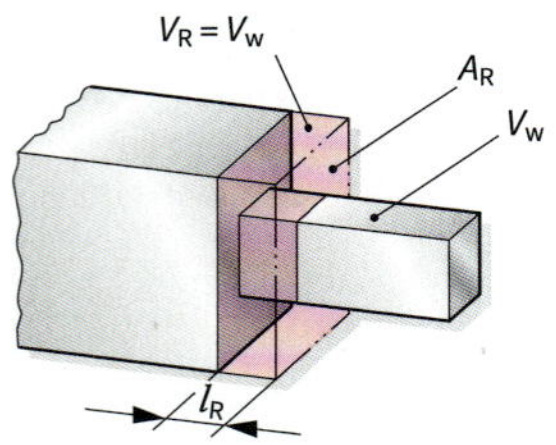

mit Verlust

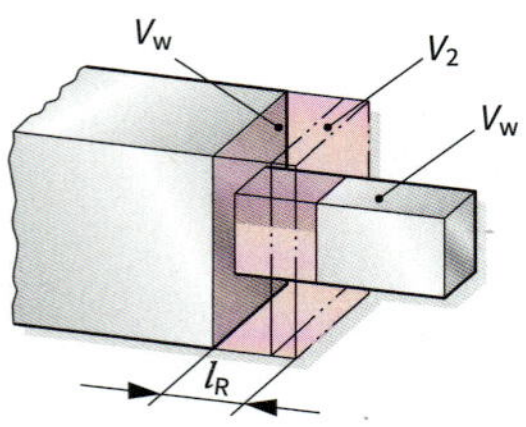

ohne Verlust

$$l_R = \frac{V_W}{A_R}$$

$V_R = V_W$
$A_R \cdot l_R = V_W$

mit Verlust

$$l_R = \frac{V_W + V_Z}{A_R}$$

$V_R = V_W + V_Z$
$V_Z = V_W \cdot q$
$A_R \cdot l_R = V_W + V_Z$

V_R : Volumen des Rohlings
V_W : Volumen des angeschmiedeten Werkstückteils
A_R : Querschnitt des Rohlings
l_R : Länge des Rohlings
V_Z : Volumen des Zuschlags für Verluste
q : Zuschlagsfaktor

Excel-Rechenblatt

Beispiel:

Rohling □ 50; Schmiedeteil □ 30–150 lang;
Zuschlag für Verluste: 10 % von V_W; l_R = ? mm

$$l_R = \frac{V_W + V_Z}{A_R} = \frac{30\ \text{mm} \cdot 30\ \text{mm} \cdot 150\ \text{mm} + (30\ \text{mm} \cdot 30\ \text{mm} \cdot 150\ \text{mm}) \cdot 0{,}1}{50\ \text{mm} \cdot 50\ \text{mm}}$$

l_R = 59,4 mm ≈ 60 mm

Gleichförmige Bewegung

Gleichförmige, geradlinige Bewegung

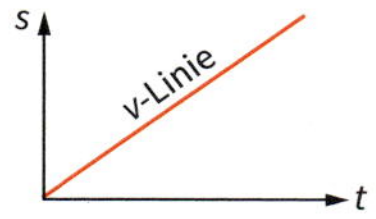

$$\boxed{v = \frac{s}{t}} \qquad s = v \cdot t \qquad t = \frac{s}{v}$$

Beispiel:

$v = 50$ km/h; $t = 3$ s; $s = ?$ m

$$s = v \cdot t = \frac{50\ \text{km}}{\text{h}} \cdot 3\text{s} = \frac{50\,000\ \text{m}}{3600\ \text{s}} \cdot 3\ \text{s} = 41{,}67\ \text{m}$$

v : Geschwindigkeit
s : Weg
t : Zeit

ExcelL-Rechenblatt

Gleichförmige Drehbewegung; Schnittgeschwindigkeit

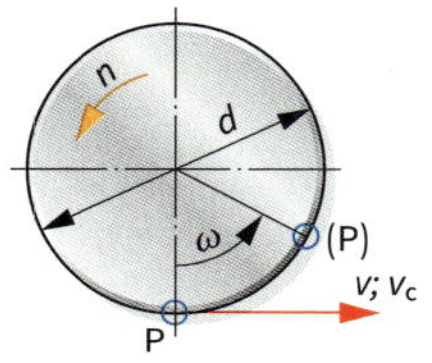

$$\boxed{\begin{aligned} v &= d \cdot \pi \cdot n \\ v &= \frac{d}{2} \cdot \omega = r \cdot \omega \end{aligned}} \qquad \boxed{\begin{aligned} v_c &= d \cdot \pi \cdot n \\ v_c &= \frac{d}{2} \cdot \omega = r \cdot \omega \end{aligned}}$$

$$d = \frac{v}{\pi \cdot n} \qquad d = \frac{v_c}{\pi \cdot n} \qquad n = \frac{v}{d \cdot \pi} \qquad n = \frac{v_c}{d \cdot \pi}$$

Werte für die Schnittgeschwindigkeit siehe Richtwerte

Beispiel:

$d = 60$ mm; $n = 120$ 1/min; $v_c = ?$ m/min

$$v_c = d \cdot \pi \cdot n = 0{,}06\ \text{m} \cdot \pi \cdot 120\ \frac{1}{\text{min}} = 22{,}6\ \frac{\text{m}}{\text{min}}$$

v : Umfangsgeschwindigkeit
v_c : Schnittgeschwindigkeit
d : Durchmesser
r : Radius
n : Umdrehungsfrequenz
ω : Winkelgeschwindigkeit
π : 3,14159 ...

Excel-Rechenblatt

Winkelgeschwindigkeit

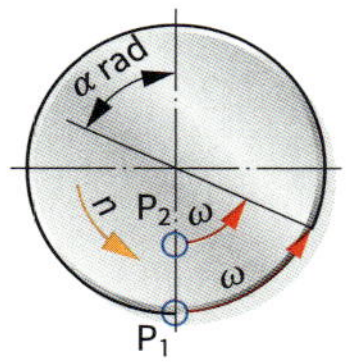

$$\boxed{\omega = 2 \cdot \pi \cdot n} \qquad n = \frac{\omega}{2 \cdot \pi}$$

Winkelgeschwindigkeit ω ist der Winkel (gemessen in Radiant), den ein Punkt auf einem Kreis in einer Zeiteinheit zurücklegt.

Beispiel:

$n = 120$ 1/min; $\omega = ?$ rad/s

$$\omega = 2 \cdot \pi \cdot n = 2 \cdot \pi \cdot \frac{120}{60} \cdot \frac{1}{\text{s}} = 12{,}57\ \frac{1}{\text{s}} = 12{,}57\ \frac{\text{rad}}{\text{s}}$$

ω : Winkelgeschwindigkeit
n : Umdrehungsfrequenz
π : 3,14159 ...

Gleichmäßig beschleunigte Bewegung

Gleichmäßig beschleunigte Bewegung

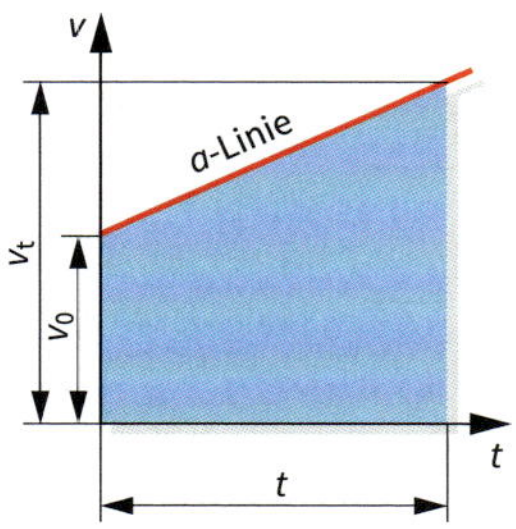

$$\boxed{a = \frac{v_t - v_0}{t}} \qquad s = v_0 \cdot t + \frac{a \cdot t^2}{2} \qquad v_t = v_0 + a \cdot t$$

$$t = \frac{v_t - v_0}{a} \qquad v_t = \sqrt{v_0^2 + 2 \cdot a \cdot s}$$

Eine Bewegung ist gleichmäßig beschleunigt, wenn die Geschwindigkeit in gleichen Zeiten um gleiche Beträge zunimmt.

Beispiel:

$v_0 = 0$; $a = 5$ m/s^2; $t = 6$ s; $v_t = ?$ km/h

$$v_t = v_0 + a \cdot t = 0 + 5\ \frac{\text{m}}{\text{s}^2} \cdot 6\ \text{s} = 30\ \frac{\text{m}}{\text{s}} = 108\ \frac{\text{km}}{\text{h}}$$

a : Beschleunigung
v_0 : Anfangsgeschwindigkeit
v_t : Geschwindigkeit nach der Zeit t
s : in der Zeit t zurückgelegter Weg
t : Zeitabschnitt

Freier Fall (ohne Luftwiderstand)

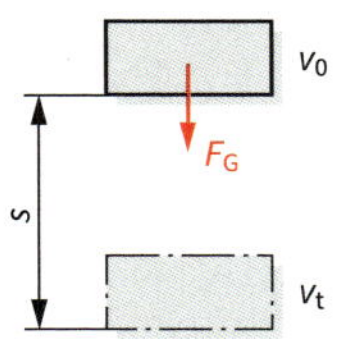

$$\boxed{v_t = g \cdot t} \qquad \boxed{v_t = \sqrt{2 \cdot g \cdot s}} \qquad s = \frac{g \cdot t^2}{2} \qquad t = \sqrt{\frac{2 \cdot s}{g}}$$

Beispiel:

$g = 9{,}81$ m/s^2; $s = 5$ m; $v_t = ?$ m/s

$$v_t = \sqrt{2 \cdot g \cdot s} = \sqrt{2 \cdot 9{,}81\ \frac{\text{m}}{\text{s}^2} \cdot 5\ \text{m}} = 9{,}9\ \frac{\text{m}}{\text{s}}$$

v_t : Geschwindigkeit nach der Fallzeit t
g : Fallbeschleunigung
s : in der Zeit t zurückgelegter Weg
t : Fallzeit

Normfallbeschleunigung
$g_n = 9{,}80665$ m/s^2

Kraft

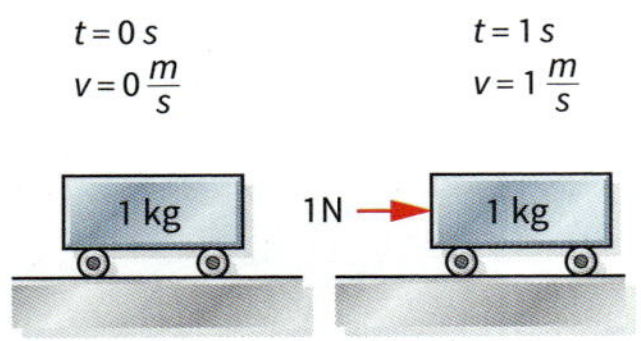

$$F = m \cdot a \qquad m = \frac{F}{a} \qquad a = \frac{F}{m}$$

Eine Kraft hat die Größe von 1 N, wenn sie einer Masse von 1 kg in 1 s eine Geschwindigkeitszunahme von 1 m/s erteilt.

$$1\,\text{N} = 1\,\text{kg} \cdot \frac{1\frac{\text{m}}{\text{s}}}{\text{s}} = 1\,\frac{\text{kg} \cdot \text{m}}{\text{s}^2}$$

F : Kraft
m : Masse
a : Beschleunigung

Darstellung von Kräften

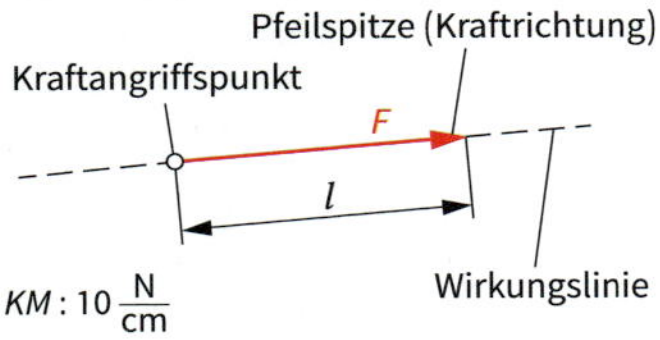

$$F = l \cdot KM \qquad l = \frac{F}{KM} \qquad KM = \frac{F}{l}$$

Beispiel:

$F = 500$ N; $KM = 100$ N/1 cm; $l = ?$ cm

$$l = \frac{F}{KM} = \frac{500\,\text{N}}{100\,\text{N/1 cm}} = \frac{500\,\text{N} \cdot 1\,\text{cm}}{100\,\text{N}} = 5\,\text{cm}$$

F : Kraftbetrag
l : Pfeillänge
KM : Kräftemaßstab

Excel-Rechenblatt

Kräfteparallelogramm

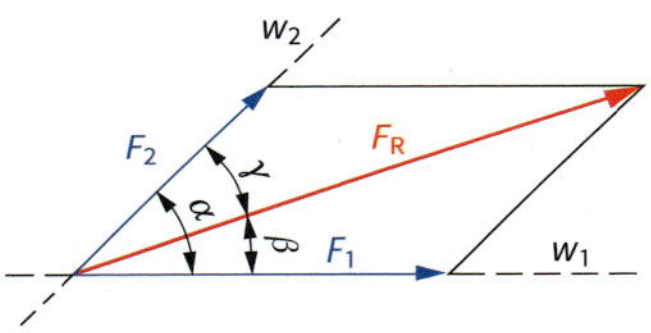

$$F_R = \sqrt{F_1^2 + F_2^2 + 2 \cdot F_1 \cdot F_2 \cdot \cos\alpha}$$

$$\sin\beta = \frac{F_2}{F_R} \cdot \sin\alpha \qquad \sin\gamma = \frac{F_1}{F_R} \cdot \sin\alpha$$

Zusammenfassen der Teilkräfte F_1 und F_2 zur Resultierenden F_R.
Zerlegen der Resultierenden F_R in die Teilkräfte F_1 und F_2 bei vorgegebenen Wirkungslinien w_1 und w_2.

Beispiel:

$F_1 = 680$ N; $F_2 = 300$ N; $\alpha = 75°$; $F_R = ?$ N; $\beta = ?°$

$$F_R = \sqrt{F_1^2 + F_2^2 + 2 \cdot F_1 \cdot F_2 \cdot \cos\alpha}$$
$$= \sqrt{(680\,\text{N})^2 + (300\,\text{N})^2 + 2 \cdot 680\,\text{N} \cdot 300\,\text{N} \cdot \cos 75°}$$

$F_R = 811{,}2$ N

$$\sin\beta = \frac{F_2}{F_R} \cdot \sin\alpha = \frac{300\,\text{N}}{811{,}2\,\text{N}} \cdot \sin 75° = 0{,}3572$$

$\beta = 20{,}9°$

F_1 : Teilkraft
F_2 : Teilkraft
F_R : Resultierende (Ersatzkraft)
w_1 : Wirkungslinie der Kraft F_1
w_2 : Wirkungslinie der Kraft F_2
α, β, γ : Winkel zur Richtungsbeschreibung

Excel-Rechenblatt

Krafteck (Kräftepolygon)

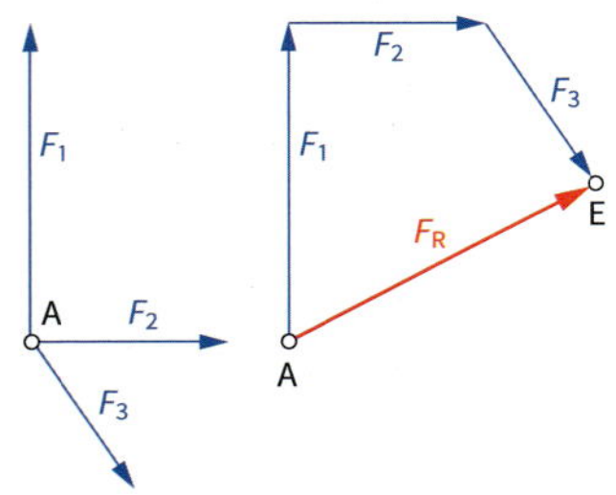

Die Teilkräfte F_1, F_2 … F_n werden maßstabgerecht in beliebiger Reihenfolge aneinander gereiht.
Die Resultierende F_R ist die Verbindung vom Kraftangriffspunkt A der zuerst gezeichneten Kraft zum Endpunkt E der zuletzt gezeichneten Kraft.

F_1 : Teilkraft
F_2 : Teilkraft
F_3 : Teilkraft
F_R : Resultierende (Ersatzkraft)
A : Kraftangriffspunkt
E : Endpunkt des Kraftecks

Weitere Formeln; Beispiele

Gewichtskraft

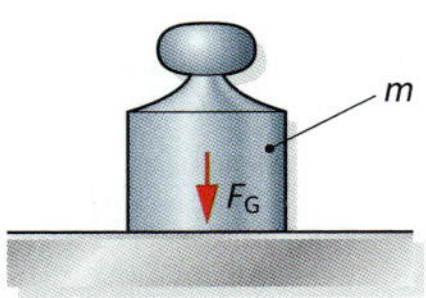

$$F_G = m \cdot g \qquad m = \frac{F_G}{g} \qquad g = \frac{F_G}{m}$$

Normfallbeschleunigung
$g_n = 9{,}80665$ m/s²

Beispiel:

$m = 120$ kg; $g = 9{,}81$ m/s²; $F = ?$ N

$$F_G = m \cdot g = 120\,\text{kg} \cdot 9{,}81\,\frac{\text{m}}{\text{s}^2} = 1177{,}2\,\frac{\text{kg} \cdot \text{m}}{\text{s}^2} = 1177{,}2\,\text{N}$$

F_G : Gewichtskraft
m : Masse
g : Fallbeschleunigung

Reibung zwischen ebenen Flächen

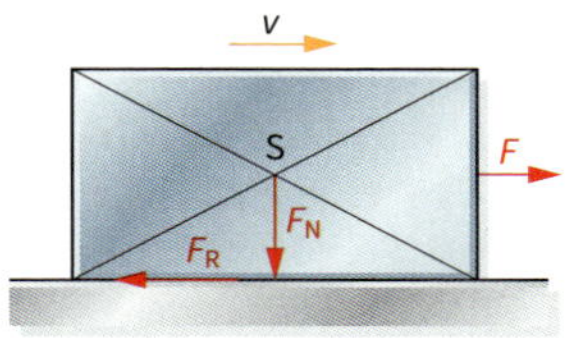

Haftreibung ($v = 0$): $F_{Ro} \le \mu_0 \cdot F_N$

Gleitreibung ($v > 0$): $F_R = \mu \cdot F_N$

$F_N = \frac{F_R}{\mu}$ $\quad F > F_R$

Beispiel:

$F_N = 1{,}7$ kN; $\mu = 0{,}12$; $F_R = ?$ N

$F_R = \mu \cdot F_N; = 0{,}12 \cdot 1700\ \text{N} = 204\ \text{N}$

Excel-Rechenblatt

F : Kraft
F_{Ro} : Reibkraft im Ruhezustand
μ_0 : Haftreibungszahl
F_N : Normalkraft
F_R : Reibkraft bei gleichförmiger Bewegung
μ : Gleitreibungszahl
v : Geschwindigkeit

Gleitreibung am Radiallager

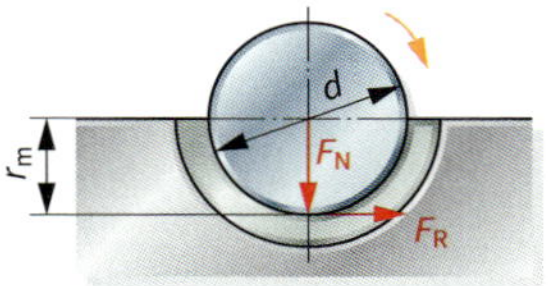

$F_R = \mu \cdot F_N$
$M_R = F_R \cdot r_m$

$F_R = \frac{M_R}{r_m}$ $\quad r_m = \frac{d}{2}$

Beispiel:

$F_N = 1{,}5$ kN; $\mu = 0{,}12$; $F_R = ?$ N

$F_N = \frac{F_R}{\mu} = \frac{1500\ \text{N}}{0{,}4} = 3750\ \text{N}$

Excel-Rechenblatt

F_R : Reibkraft
μ : Gleitreibungszahl
F_N : Normalkraft
M_R : Reibungsmoment
r_m : Wirkradius
d : Zapfendurchmesser

Gleitreibung am Axiallager

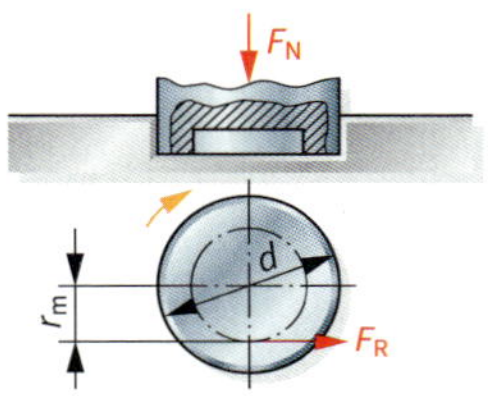

$F_R = \mu \cdot F_N$
$M_R = F_R \cdot r_m$

$F_R = \frac{M_R}{r_m}$ $\quad r_m = \frac{d}{3}$

Beispiel:

$F_N = 275$ N; $F_R = 15$ N; $\mu = ?$

$\mu = \frac{F_R}{F_N} = \frac{15\ \text{N}}{375\ \text{N}} = 0{,}04$

Excel Rechenblatt

F_R : Reibkraft
μ : Gleitreibungszahl
F_N : Normalkraft
M_R : Reibungsmoment
r_m : Wirkradius
d : Zapfendurchmesser

Reibungszahlen für Haft- und Gleitreibung

Werkstoffpaarung	Haftreibungszahl μ_0		Gleitreibungszahl μ	
	trocken	geschmiert	trocken	geschmiert
Stahl auf Stahl	0,12 … 0,30	0,10 … 0,15	0,10 … 0,15	0,04 … 0,10
Stahl auf Gusseisen	0,18 … 0,24	0,10 … 0,20	0,15 … 0,24	0,05 … 0,15
Stahl auf Cu-Sn-Legierung	0,18 … 0,20	0,08 … 0,15	0,10 … 0,20	0,04 … 0,10
Stahl auf Polyamid	0,30 … 0,40	0,10 … 0,20	0,32 … 0,45	0,05 … 0,12
Gusseisen auf Stahl	0,33	–	0,22	0,11
Gusseisen auf Cu-Sn-Legierung	0,3	0,2	0,2	0,08
Gusseisen auf Cu-Zn-Legierung	–	0,18	0,18 … 0,20	0,15 … 0,18
Reifen auf griffigem Asphalt	–	–	0,60 … 0,80	–
Reifen auf nassem Asphalt	–	–	–	0,20 … 0,30 [1)]
Bremsbelag auf Stahl	–	–	0,50 … 0,60	0,20 … 0,50

[1)] bei Wasser und Asphalt

Rollreibung

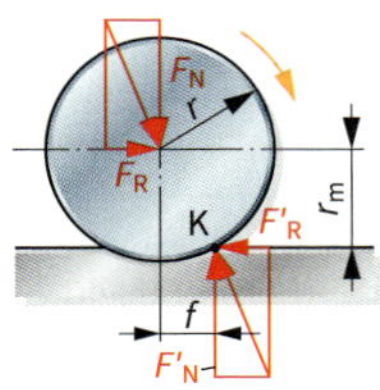

$F_R \cdot r_m = F'_N \cdot f$
$F_R \cdot r_m = F_N \cdot f$

$F_R = F_N \cdot \frac{f}{r_m}$
$F_R = F_N \cdot \mu_r$

$F'_N = F_N$ $\quad \frac{f}{r_m} = \mu_r$

Beispiel:

$F_N = 5000$ N; $f = 0{,}05$ cm; $r_m = 10$ cm; $F_R = ?$ N

$F_R = F_N \cdot \frac{f}{r_m} = 5000\ \text{N} \cdot \frac{0{,}05\ \text{cm}}{10\ \text{cm}} = 25\ \text{N}$

Excel-Rechenblatt

F_R : Rollreibungskraft
r_m : Wirkradius
F_N : Normalkraft
f : Hebelarm der Rollreibung; (durch Verformung der Unterlage entstehender Abstand der Wirkungslinie)
μ_r : Rollreibungskoeffizient
K : Kipppunkt

Rollreibungszahlen

Werkstoffpaarung	Hebelarm der Rollreibung f in cm	Wirkradius r_m in cm	Rollreibungskoeffizient μ_r
Stahl auf Stahl, Gusseisen auf Gusseisen	0,05	0,5 1,0 5,0 10,0	0,1 0,05 0,01 0,005
Stahl (gehärtet) auf Stahl (gehärtet)	0,001	0,5 1,0 5,0 10,0	0,002 0,001 0,0002 0,0001
Reifen auf Asphalt	0,42	28,0	0,015

Kraftmoment einer Kraft

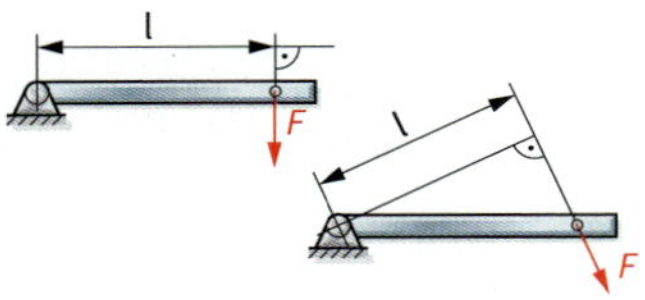

$$M = F \cdot l$$

$$F = \frac{M}{l} \qquad l = \frac{M}{F}$$

Die Länge des wirksamen Hebelarms l entspricht der Länge des Lots vom Drehpunkt auf die Wirkungslinie der Kraft.

Beispiel:

$F_N = 3{,}2$ kN; $l = 40$ cm; $M = ?$ Nm

$M = F \cdot l = 3200\ \text{N} \cdot 0{,}4\ \text{m} = 1280\ \text{Nm}$

M : Kraftmoment
F : Kraft
l : wirksamer Hebelarm
⊾ : rechter Winkel

Excel-Rechenblatt

Hebelgesetz

Einseitiger Hebel

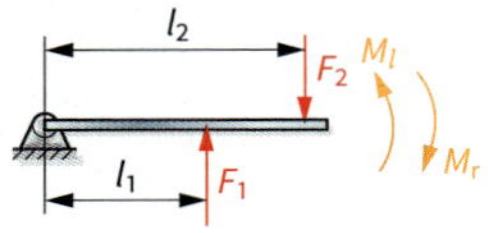

Zweiseitiger Hebel

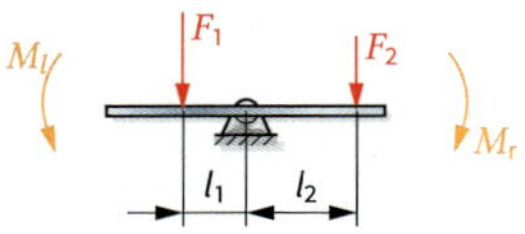

Winkelhebel

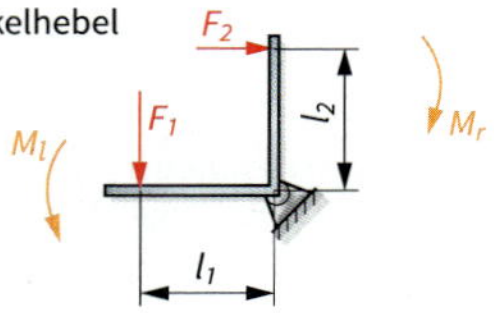

$$M_l = M_r$$
$$F_1 \cdot l_1 = F_2 \cdot l_2$$

$$F_1 = \frac{F_2 \cdot l_2}{l_1} \qquad F_2 = \frac{F_1 \cdot l_1}{l_2}$$

$$l_1 = \frac{F_2 \cdot l_2}{F_1} \qquad l_2 = \frac{F_1 \cdot l_1}{F_2}$$

Beispiel:

$F_1 = 200$ N; $l_1 = 0{,}8$ m; $l_2 = 600$ mm; $F_2 = ?$ N

$$F_2 = \frac{F_1 \cdot l_1}{l_2} = \frac{200\ \text{N} \cdot 0{,}8\ \text{m}}{0{,}6\ \text{m}} = 266{,}67\ \text{N}$$

Beispiel:

$F_2 = 100$ N; $l_1 = 4{,}5$ dm; $l_2 = 3$ dm; $F_1 = ?$ N

$$F_1 = \frac{F_2 \cdot l_2}{l_1} = \frac{100\ \text{N} \cdot 3\ \text{dm}}{4{,}5\ \text{dm}} = 66{,}67\ \text{N}$$

Beispiel:

$F_1 = 150$ N; $F_2 = 825$ N; $l_2 = 6$ cm; $l_1 = ?$ mm

$$l_1 = \frac{F_2 \cdot l_2}{F_1} = \frac{825\ \text{N} \cdot 60\ \text{mm}}{150\ \text{N}} = 330\ \text{mm}$$

M_l : linksdrehendes Kraftmoment
M_r : rechtsdrehendes Kraftmoment
F_1; F_2 : Kräfte
l_1; l_2 : wirksame Hebelarme

Excel-Rechenblatt

Zweiseitiger Hebel

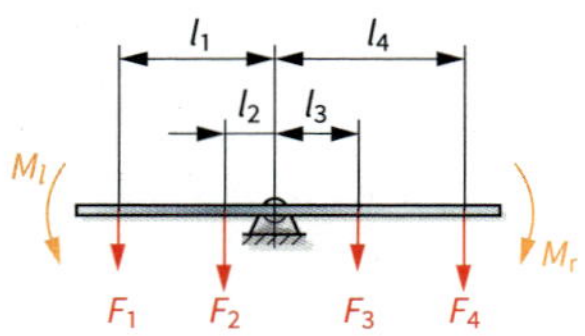

$$\Sigma M_l = \Sigma M_r \qquad F_1 \cdot l_1 + F_2 \cdot l_2 = F_3 \cdot l_3 + F_4 \cdot l_4$$

Beispiel:

$F_1 = 12$ N; $F_2 = 15$ N; $F_3 = 15$ N; $F_4 = 20$ N;
$l_1 = 25$ cm; $l_2 = 70$ cm; $l_3 = 20$ cm; $l_4 = ?$ cm

$$l_4 = \frac{F_1 \cdot l_1 + F_2 \cdot l_2 - F_3 \cdot l_3}{F_4}$$

$$l_4 = \frac{12\ \text{N} \cdot 25\ \text{cm} + 15\ \text{N} \cdot 70\ \text{cm} - 15\ \text{N} \cdot 20\ \text{cm}}{20\ \text{N}} = 52{,}5\ \text{cm}$$

ΣM : Summe aller Kraftmomente
F_1; F_2; F_3; F_4 : Kräfte
l_1; l_2; l_3; l_4 : wirksame Hebelarme

Auflagerkräfte

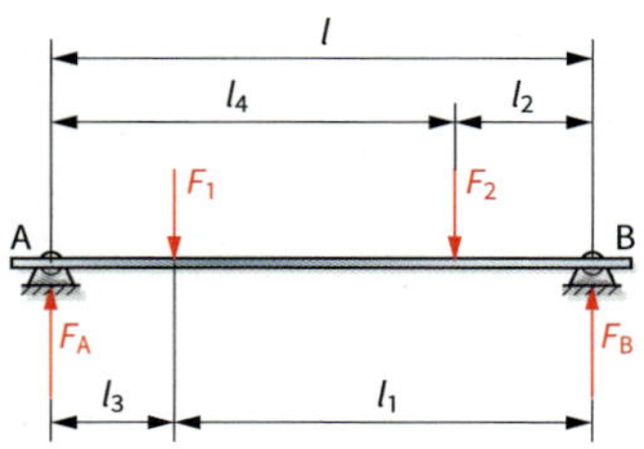

Drehpunkt bei A

$$F_B = \frac{F_1 \cdot l_3 + F_2 \cdot l_4}{l}$$

Drehpunkt bei B

$$F_A = \frac{F_1 \cdot l_1 + F_2 \cdot l_2}{l}$$

$$F_A + F_B = F_1 + F_2$$

Beispiel:

$F_1 = 2{,}25$ kN; $F_2 = 3$ kN; $l_1 = 700$ mm; $l_2 = 600$ mm;
$l = 900$ mm; F_A; $F_B = ?$ kN

$$F_A = \frac{F_1 \cdot l_1 + F_2 \cdot l_2}{l} = \frac{2{,}25\ \text{kN} \cdot 700\ \text{mm} + 3\ \text{kN} \cdot 600\ \text{mm}}{900\ \text{mm}}$$
$= 3{,}75$ kN

$F_B = F_1 + F_2 - F_A = 2{,}25\ \text{kN} + 3\ \text{kN} - 3{,}75\ \text{kN} = 1{,}5\ \text{kN}$

F_A : Auflagerkraft
F_B : Auflagerkraft
F_1; F_2 : Belastungskräfte
l_1; l_2 : wirksame Hebelarme (Drehpunkt B)
l_3; l_4 : wirksame Hebelarme (Drehpunkt A)

Weitere Beispiele

Kraftmomente an Zahnradgetrieben

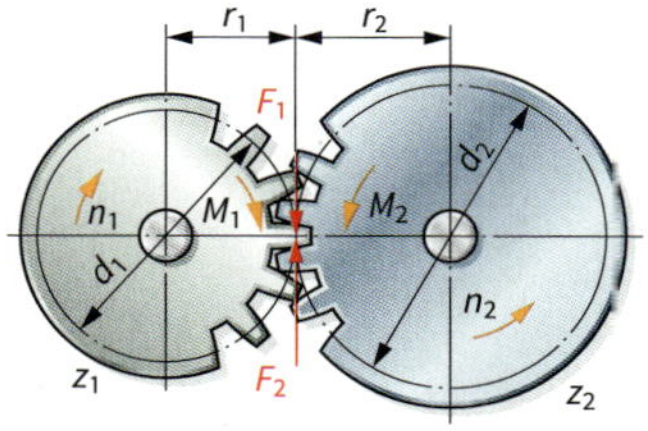

$$\frac{M_2}{M_1} = \frac{d_2}{d_1} = \frac{z_2}{z_1} = \frac{n_1}{n_2} = i$$

$$M_2 = M_1 \cdot i \cdot \eta$$

Beispiel:

$M_1 = 120$ Nm; $z_1 = 18$; $z_2 = 27$; $M_2 = ?$ Nm; $i = ?$

$$M_2 = \frac{M_1 \cdot z_2}{z_1} = \frac{120\ \text{Nm} \cdot 27}{18} = 180\ \text{Nm}$$

$$i = \frac{z_2}{z_1} = \frac{27}{18} = 1{,}5$$

$M_1; M_2$: Kraftmomente
$F_1; F_2$: Umfangskräfte
$d_1; d_2$: Teilkreisdurchmesser
$z_1; z_2$: Zähnezahlen
$n_1; n_2$: Umdrehungsfrequenz
i : Übersetzungsverhältnis
η : Wirkungsgrad

Excel-Rechenblatt

Seilwinde

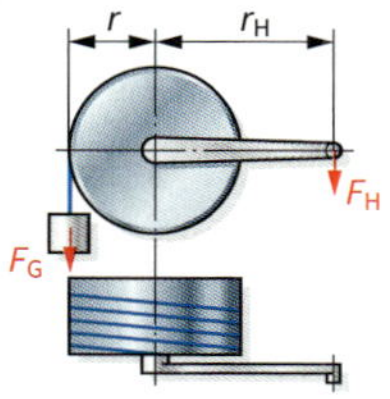

$$F_H \cdot r_H \cdot \eta = F_G \cdot r$$

$$F_H = \frac{F_G \cdot r}{r_H \cdot \eta} \qquad F_G = \frac{F_H \cdot r_H \cdot \eta}{r}$$

Beispiel:

$F_G = 800$ N; $r = 300$ mm; $r_h = 750$ mm; $\eta = 0{,}8$; $F_H = ?$ N

$$F_H = \frac{F_G \cdot r}{r_H \cdot \eta} = \frac{800\ \text{N} \cdot 300\ \text{mm}}{750\ \text{mm} \cdot 0{,}8} = 400\ \text{N}$$

F_G : Gewichtskraft
r : Trommelradius
F_H : Handkraft
r_H : Handhebelradius
η : Wirkungsgrad

Excel-Rechenblatt

Räderwinde

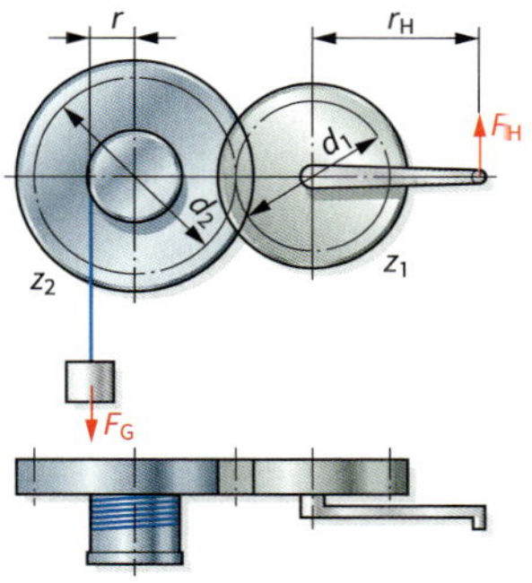

$$F_H \cdot r_H \cdot i \cdot \eta = F_G \cdot r$$

$$i = \frac{d_2}{d_1} = \frac{z_2}{z_1}$$

$$F_H = \frac{F_G \cdot r}{r_H \cdot i \cdot \eta} \qquad F_G = \frac{F_H \cdot r_H \cdot i \cdot \eta}{r}$$

Beispiel:

$F_G = 1000$ N; $r = 100$ mm; $r_H = 250$ mm; $z_1 = 20$; $z_2 = 40$; $F_H = ?$ N

$$F_H = \frac{F_G \cdot r}{r_H \cdot i} = \frac{1000\ \text{N} \cdot 100\ \text{mm}}{250\ \text{mm} \cdot \frac{40}{20}} = 200\ \text{N}$$

F_H : Handkraft
F_G : Gewichtskraft
r_H : Handhebelradius
r : Trommelradius
d_1 : Teilkreisdurchmesser am Zahnrad 1
d_2 : Teilkreisdurchmesser am Zahnrad 2
z_1 : Zähnezahl am Zahnrad 1
z_2 : Zähnezahl am Zahnrad 2
i : Übersetzungsverhältnis
η : Wirkungsgrad

Excel-Rechenblatt

Feste Rolle

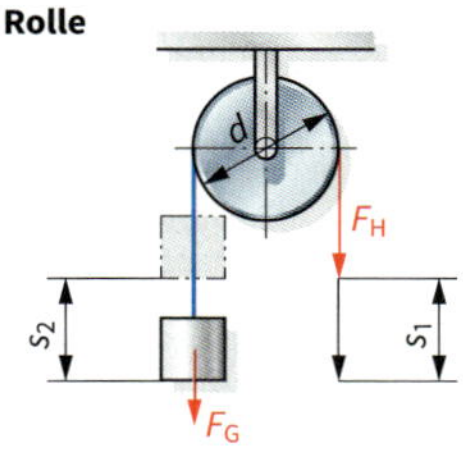

$$F_H \cdot \eta = F_G$$

$$s_1 = s_2$$

$$F_H = \frac{F_G}{\eta} \qquad \eta = \frac{F_G}{F_H}$$

Beispiel:

$F_G = 200$ N; $\eta = 0{,}75$; $F_H = ?$ N

$$F_H = \frac{F_G}{\eta} = \frac{200\ \text{N}}{0{,}75} = 266{,}7\ \text{N}$$

F_H : Handkraft
F_G : Gewichtskraft
s_1 : Kraftweg
s_2 : Lastweg
d : Rollendurchmesser
η : Wirkungsgrad

Excel-Rechenblatt

Lose Rolle

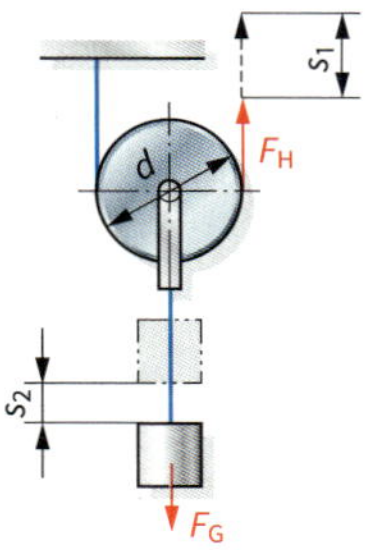

$$F_H \cdot \eta = \frac{F_G}{2}$$

$$s_1 = 2 \cdot s_2$$

$$F_H = \frac{F_G}{2 \cdot \eta} \qquad \eta = \frac{F_H}{2 \cdot F_G}$$

$$F_G = F_H \cdot \eta \cdot 2$$

Beispiel:

$F_G = 500$ N; $s_2 = 0{,}75$ m; $\eta = 0{,}625$; $F_H = ?$ N; $s_1 = ?$ m

$$F_H = \frac{F_G}{2 \cdot \eta} = \frac{500\ \text{N}}{2 \cdot 0{,}625} = 400\ \text{N}$$

$$s_1 = 2 \cdot s_2 = 2 \cdot 0{,}75\ \text{m} = 1{,}5\ \text{m}$$

F_H : Handkraft
F_G : Gewichtskraft
s_1 : Kraftweg
s_2 : Lastweg
d : Rollendurchmesser
η : Wirkungsgrad

Excel-Rechenblatt

Rollenflaschenzug

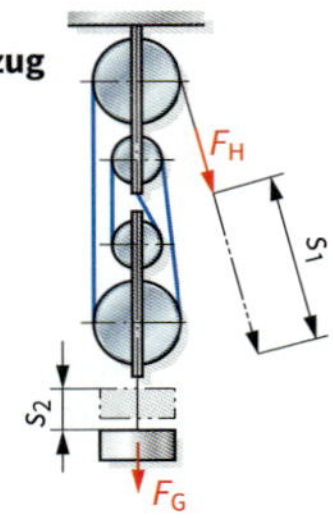

$$F_H \cdot \eta = \frac{F_G}{n}$$
$$s_1 = n \cdot s_2$$

$$F_H = \frac{F_G}{n \cdot \eta} \qquad n = \frac{F_G}{F_H \cdot \eta}$$
$$F_G = F_H \cdot \eta \cdot n \qquad \eta = \frac{F_H}{F_G \cdot n}$$

Beispiel:

$F_G = 100$ N; $n = 4$; $s_2 = 1$ m; $\eta = 1$; $F_H = ?$ N; $s_1 = ?$ m

$$F_H = \frac{F_G}{n \cdot \eta} = \frac{100\ \text{N}}{4 \cdot 1} = 25\ \text{N}$$

$$s_1 = n \cdot s_2 = 4 \cdot 1\ \text{m} = 4\ \text{m}$$

F_H : Handkraft
F_G : Gewichtskraft
n : Anzahl der Rollen
s_1 : Kraftweg
s_2 : Lastweg
η : Wirkungsgrad

Excel-Rechenblatt

Differenzial-Flaschenzug

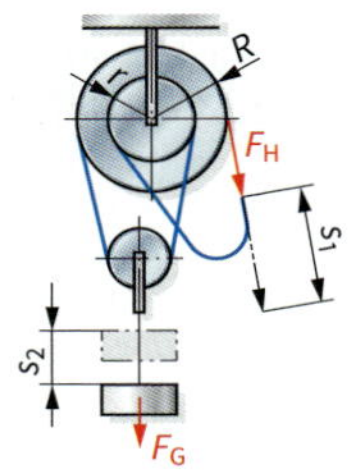

$$F_H \cdot \eta = \frac{F_G}{2} \cdot \frac{R - r}{R}$$
$$s_1 = 2 \cdot s_2 \cdot \frac{R}{R - r}$$

$$F_H = \frac{F_G \cdot (R - r)}{2 \cdot R \cdot \eta}$$
$$F_G = \frac{F_H \cdot 2 \cdot R \cdot \eta}{R - r}$$

Beispiel:

$F_G = 15\,000$ N; $R = 300$ mm; $r = 280$ mm; $s_2 = 0{,}5$ m; $\eta = 1$;
$F_H = ?$ N; $s_1 = ?$ m

$$F_H = \frac{F_G \cdot (R - r)}{2 \cdot R \cdot \eta} = \frac{15\,000\ \text{N} \cdot (300\ \text{mm} - 280\ \text{mm})}{2 \cdot 300 \cdot 1} = 25\ \text{N}$$

$$s_1 = 2 \cdot s_2 \cdot \frac{R}{R - r} = \frac{2 \cdot 0{,}5\ \text{m} \cdot 300\ \text{mm}}{300\ \text{mm} - 280\ \text{mm}} = 15\ \text{m}$$

F_H : Handkraft
F_G : Gewichtskraft
R : Radius der großen festen Rolle
r : Radius der kleinen festen Rolle
s_1 : Kraftweg
s_2 : Lastweg
η : Wirkungsgrad

Excel-Rechenblatt

Schiefe Ebene

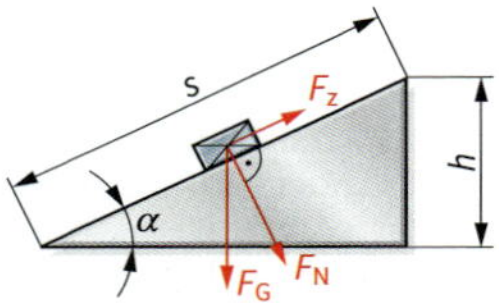

$$F_z \cdot s \cdot \eta = F_G \cdot h$$
$$F_z \cdot \eta = F_G \cdot \sin \alpha$$

$$F_N = F_G \cdot \cos \alpha$$

Beispiel:

$F_G = 15\,600$ N; $h = 5$ m; $s = 13$ m; $\eta = 1$; $F_Z = ?$ kN

$$F_Z = \frac{F_G \cdot h}{s \cdot \eta} = \frac{15{,}6\ \text{kN} \cdot 5\ \text{m}}{13\ \text{m} \cdot 1} = 6\ \text{kN}$$

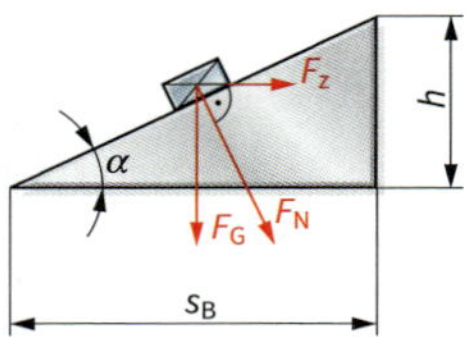

$$F_z \cdot s_B \cdot \eta = F_G \cdot h$$
$$F_z \cdot \eta = F_G \cdot \tan \alpha$$

$$F_N = \frac{F_G}{\cos \alpha}$$

Beispiel:

$F_G = 15\,600$ N; $h = 5$ m; $s_B = 12$ m; $\eta = 1$; $F_Z = ?$ kN

$$F_Z = \frac{F_G \cdot h}{s_B \cdot \eta} = \frac{15{,}6\ \text{kN} \cdot 5\ \text{m}}{12\ \text{m} \cdot 1} = 6{,}5\ \text{kN}$$

F_Z : Zugkraft
F_G : Gewichtskraft
F_N : Normalkraft
s : Länge der schiefen Ebene
h : Höhe der schiefen Ebene
α : Steigungswinkel
η : Wirkungsgrad
s_B : Basis der schiefen Ebene

Excel-Rechenblatt

Stellkeil

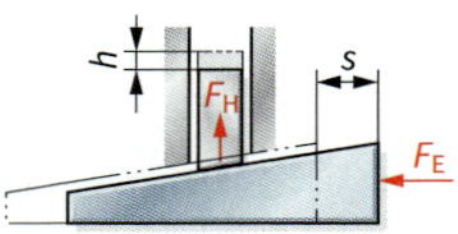

$$F_E \cdot s \cdot \eta = F_H \cdot h$$

$$F_E = \frac{F_H \cdot h}{s \cdot \eta} \qquad F_H = \frac{F_E \cdot s \cdot \eta}{h}$$

Beispiel:

$F_E = 150$ N; $F_H = 3$ kN; $h = 20$ mm; $s = ?$ kN

$$s = \frac{F_H \cdot h}{F_E} = \frac{3000\ \text{N} \cdot 20\ \text{mm}}{150\ \text{N}} = 400\ \text{mm}$$

F_E : Eintreibkraft
s : Verstellweg
F_H : Hubkraft
h : Hubhöhe
η : Wirkungsgrad

Schraube

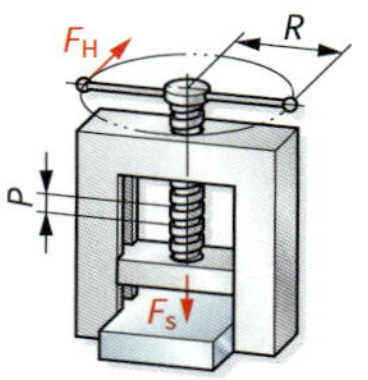

$$F_H \cdot 2 \cdot R \cdot \pi \cdot \eta = F_s \cdot P$$

$$F_H = \frac{F_s \cdot P}{2 \cdot R \cdot \pi \cdot \eta} \qquad F_s = \frac{F_H \cdot 2 \cdot R \cdot \pi \cdot \eta}{P}$$

Beispiel:

$F_S = 10$ kN; $p = 2{,}5$ mm; $R = 100$ mm; $\eta = 0{,}8$; $F_H = ?$ N

$$F_H = \frac{F_S \cdot p}{2 \cdot R \cdot \pi \cdot \eta} = \frac{10\,000\ \text{N} \cdot 2{,}5\ \text{mm}}{2 \cdot 100\ \text{mm} \cdot \pi \cdot 0{,}8} = 49{,}7\ \text{kN}$$

F_H : Handkraft
F_s : Kraft in Richtung der Schraubenachse
R : wirksamer Hebelarm
P : Gewindesteigung
η : Wirkungsgrad
π : 3,14159 …

Excel-Rechenblatt

Arbeit, Energie (allgemein)

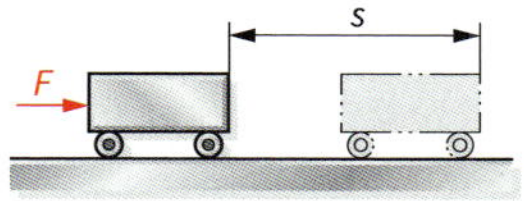

$W = F \cdot s$ $\quad E = F \cdot s$ $\quad F = \frac{W}{s}$ $\quad s = \frac{W}{F}$ $\quad 1\,\text{N} \cdot 1\,\text{m} = 1\,\text{Nm} = 1\,\text{J} = 1\,\text{Ws}$

Beispiel: $F = 15$ N; $s = 3$ m; $W = ?$ Nm $= ?$ J $= ?$ Ws

$W = F \cdot s = 15\,\text{N} \cdot 3\,\text{m} = 45\,\text{Nm} = 45\,J = 45\,\text{Ws}$

W : Arbeit
E : Energie
F : Kraft
s : Weg

Excel-Rechenblatt

Hubarbeit; potenzielle Energie (geradlinige Bewegung)

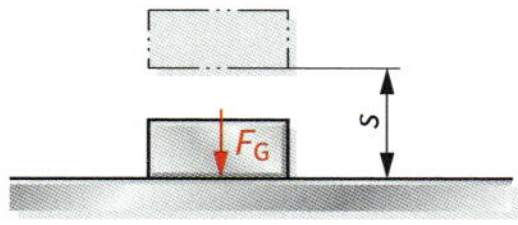

$W_H = F_G \cdot s$ $\quad E_{pot} = F_G \cdot s$ $\quad F_G = m \cdot g$

Beispiel: $F_G = 5$ kN; $s = 5$ m; $W_H = ?$ Nm

$W_H = F_G \cdot s = 5000\,\text{N} \cdot 5\,\text{m} = 25\,000\,\text{Nm}$

W_H : Hubarbeit
E_{pot} : potenzielle Energie
F_G : Gewichtskraft
s : Weg
m : Masse
g : Fallbeschleunigung

Excel-Rechenblatt

Rotationsarbeit; Rotationsenergie (kreisförmige Bewegung)

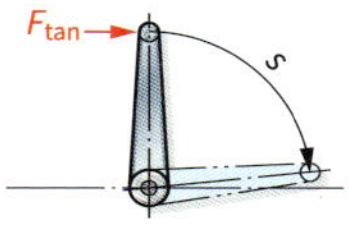

$W_r = F_{tan} \cdot s$ $\quad E_r = F_{tan} \cdot s$ $\quad F_{tan} = \frac{W_r}{s}$ $\quad s = \frac{W_r}{F_{tan}}$

Beispiel: $F_{tan} = 6{,}5$ N; $s = 25$ dm; $W_r = ?$ Nm

$W_r = F_{tan} \cdot s = 6{,}5\,\text{N} \cdot 2{,}5\,\text{m} = 16{,}25\,\text{Nm}$

W_r : Rotationsarbeit
E_r : Rotationsenergie
F_{tan} : Tangentialkraft
s : Weg

Excel-Rechenblatt

Beschleunigungsarbeit; kinetische Energie (geradlinige Bewegung)

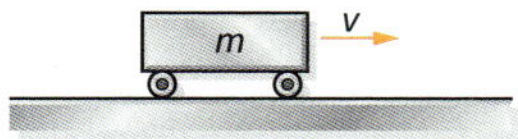

$W_B = \frac{m}{2} \cdot v^2$ $\quad E_{kin} = \frac{m}{2} \cdot v^2$

Beispiel: $m = 500$ kg; $v = 2{,}8$ m/s; $E_{kin} = ?$ Nm

$E_{kin} = \frac{\text{m}}{2} \cdot v^2 = 0{,}5 \cdot 500\,\text{kg} \cdot \left(2{,}8\,\frac{\text{m}}{\text{s}}\right)^2 = 1960\,\text{kg}\,\frac{\text{m}^2}{\text{s}^2}$

$= 1960\,\text{kg}\,\frac{\text{m}}{\text{s}^2}\,\text{m} = 1960\,\text{Nm}$

W_B : Beschleunigungsarbeit
E_{kin} : kinetische Energie
m : Masse
v : Geschwindigkeit

Excel-Rechenblatt

Beschleunigungsarbeit; kinetische Energie (kreisförmige Bewegung)

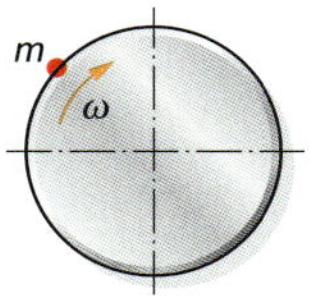

$W_B = \frac{J}{2} \cdot \omega^2$ $\quad E_{kin} = \frac{J}{2} \cdot \omega^2$

Beispiel: $J = 150\,\text{kg}\,\text{m}^2$, $\omega = 20$ 1/s; $W_B = ?$ Nm

$W_B = \frac{J}{2} \cdot \omega^2 = \frac{150\,\text{kg} \cdot \text{m}^2}{2} \cdot \left(20\,\frac{1}{\text{s}}\right)^2 = 75\,\text{kg} \cdot m \cdot m \cdot 400\,\frac{1}{\text{s}^2}$

$= 30\,000\,\frac{\text{kg} \cdot \text{m}}{\text{s}^2} \cdot \text{m} = 30\,000\,\text{Nm}$

W_B : Beschleunigungsarbeit
E_{kin} : kinetische Energie
J : Massenmoment 2. Grades
ω : Winkelgeschwindigkeit

Federarbeit; Spannenergie

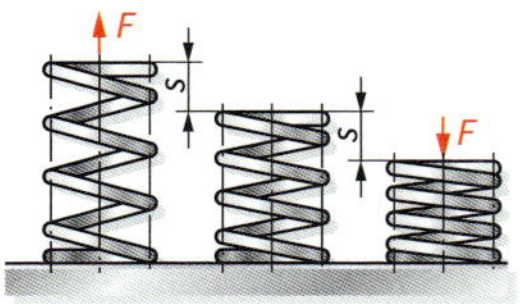

$W_F = \frac{R}{2} \cdot s^2$ $\quad E_s = \frac{R}{2} \cdot s^2$ $\quad R = \frac{F}{s}$ $\quad s = \sqrt{\frac{2 \cdot W_F}{R}}$ $\quad s = \frac{F}{R}$

Beispiel: $R = 50$ N/mm, $s = 6$ mm; $E_s = ?$ Nmm

$E_s = \frac{\text{R}}{2} \cdot s^2 = \frac{50\,\text{N}}{2\,\text{mm}} \cdot (6\,\text{mm})^2 = 900\,\text{Nmm}$

W_F : Federarbeit
E_s : Spannenergie
F : Federkraft
R : Federrate
s : Federweg

Excel-Rechenblatt

Reibungsarbeit; Wärmeenergie

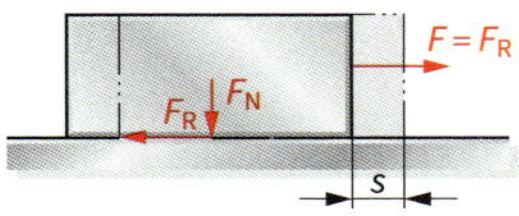

$W_R = F_R \cdot s$ $\quad Q = F_R \cdot s$ $\quad F_R = \mu \cdot F_N$

Beispiel: $F_N = 1{,}7$ kN, $\mu = 0{,}12$; $F_R = ?$ N

$F_R = \mu \cdot F_N = 1700\,\text{N} \cdot 0{,}12 = 204\,\text{N}$

W_R : Reibungsarbeit
Q : Wärmeenergie
F : Kraft
F_R : Reibungskraft
F_N : Normalkraft
s : Weg
μ : Gleitreibungszahl

Excel-Rechenblatt

Leistung (allgemein)

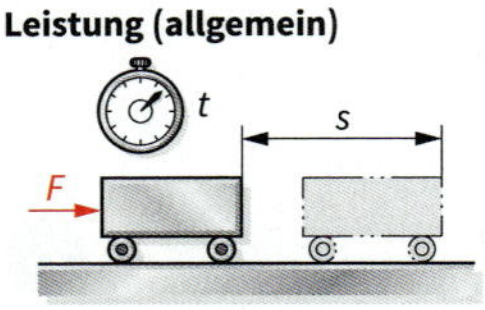

$1\,\frac{\text{Nm}}{\text{s}} = 1\,\frac{\text{Ws}}{\text{s}} = 1\,\text{W}$

$$P = \frac{W}{t} \qquad P = F \cdot v \qquad P = \frac{F \cdot s}{t} \qquad F = \frac{P \cdot t}{s} \qquad s = \frac{P \cdot t}{F} \qquad t = \frac{F \cdot s}{P}$$

Beispiel: $F = 4000\text{ N}$; $s = 1{,}8\text{ m}$; $t = 5\text{ s}$; $P = ?\text{ kW}$

$$P = \frac{F \cdot s}{t} = \frac{4\text{ kN} \cdot 1{,}8\text{ m}}{5\text{ s}} = 1{,}44\,\frac{\text{kNm}}{\text{s}} = 1{,}44\text{ kW}$$

P : Leistung
W : Arbeit
s : Weg
t : Zeit
v : Geschwindigkeit

Excel-Rechenblatt

Hubleistung

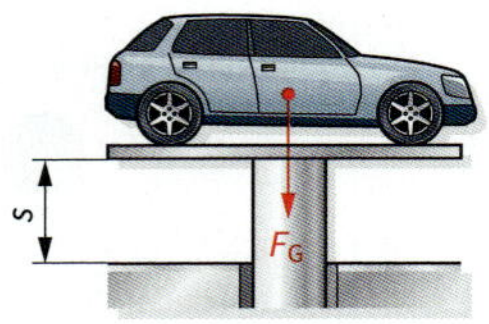

$$P = F_G \cdot v \qquad P = \frac{F_G \cdot s}{t} \qquad P = \frac{m \cdot g \cdot s}{t} \qquad F_G = \frac{P}{v} \qquad F_G = \frac{P \cdot t}{s} \qquad m = \frac{P \cdot t}{g \cdot s}$$

Beispiel: $m = 600\text{ kg}$; $g = 9{,}81\text{ m/s}^2$; $s = 22\text{ m}$; $t = 15\text{ s}$; $P = ?\text{ kW}$

$$P = \frac{m \cdot g \cdot s}{t} = \frac{600\text{ kg} \cdot 9{,}81\text{ m} \cdot 22\text{ m}}{\text{s}^2 \cdot 15\text{ s}} = 8632{,}8\,\frac{\text{Nm}}{\text{s}} = 8632{,}8\text{ W}$$
$$= 8{,}63\text{ kW}$$

P : Leistung
F_G : Gewichtskraft
v : Geschwindigkeit
s : Weg
t : Zeit
m : Masse
g : Fallbeschleunigung

Excel-Rechenblatt

Zugleistung

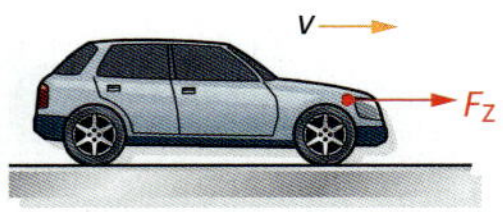

$$P = F_Z \cdot v \qquad P = \frac{F_Z \cdot s}{t} \qquad F_Z = \frac{P}{v} \qquad v = \frac{P}{F_Z}$$

Beispiel: $F_z = 12\text{ kN}$; $v = 48\text{ km/h}$; $P = ?\text{ kW}$

$$P = F_z \cdot v = 12\text{ kN} \cdot 48\,\frac{\text{km}}{\text{h}} = \frac{12\text{ kN} \cdot 48\,000\text{ m}}{3600\text{ s}} = 160\text{ kW}$$

P : Leistung
F_Z : Zugkraft
v : Geschwindigkeit
s : Weg
t : Zeit

Excel-Rechenblatt

Getriebeleistung

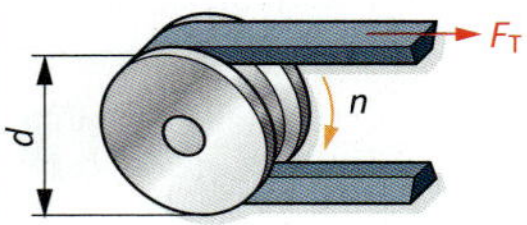

$$P = F_T \cdot v \qquad P = F_T \cdot d \cdot \pi \cdot n \qquad P = F_T \cdot 2 \cdot r \cdot \pi \cdot n$$
$$P = M \cdot 2 \cdot \pi \cdot n \qquad P = M \cdot \omega$$
$$F_T = \frac{P}{2 \cdot r \cdot \pi \cdot n} \qquad n = \frac{P}{F_T \cdot 2 \cdot r \cdot \pi} \qquad M = \frac{P}{\omega}$$

Beispiel: $F_T = 2000\text{ N}$; $d = 120\text{ mm}$; $n = 710\text{ 1/min}$; $P = ?\text{ kW}$

$$P = F_T \cdot d \cdot \pi \cdot n = 2000\text{ N} \cdot 0{,}12\text{ m} \cdot \pi \cdot \frac{710}{60\text{ s}} = 8{,}92\text{ kW}$$

P : Leistung
F_T : Tangentialkraft
v : Geschwindigkeit
d : Durchmesser
r : Radius
n : Umdrehungsfrequenz
M : Kraftmoment
ω : Winkelgeschwindigkeit

Excel-Rechenblatt

Schnittleistung

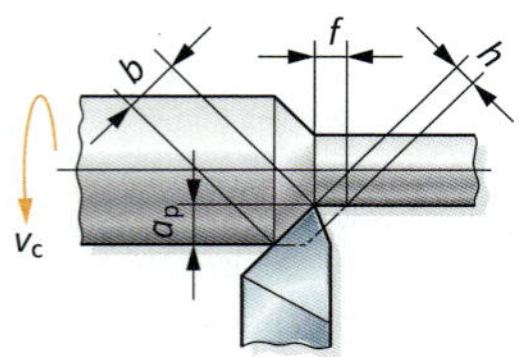

$$P = F_c \cdot v_c \qquad P = A_c \cdot k_c \cdot v_c \qquad P = a_p \cdot f \cdot k_c \cdot v_c \qquad P = b \cdot h \cdot k_c \cdot v_c$$
$$v_c = \frac{P}{A \cdot k_c} \qquad f = \frac{P}{a_p \cdot k_c \cdot v_c} \qquad a_p = \frac{P}{f \cdot k_c \cdot v_c} \qquad F_c = \frac{P}{v_c}$$

Beispiel: $a_p = 0{,}5\text{ mm}$; $f = 0{,}1\text{ mm}$; $k_c = 3200\text{ N/mm}^2$;
$v_c = 210\text{ m/min}$; $P = ?\text{ kW}$

$$P = a_p \cdot f \cdot k_c \cdot v_c = 0{,}5\text{ mm} \cdot 0{,}1\text{ mm} \cdot 3200\,\frac{\text{N}}{\text{mm}^2} \cdot 210\,\frac{\text{m}}{60\text{ s}} = 0{,}56\text{ kW}$$

P : Leistung
F_c : Schnittkraft
v_c : Schnittgeschwindigkeit
A : Spanungsquerschnitt
a_p : Schnitttiefe
f : Vorschub
b : Spanungsbreite
h : Spanungsdicke
k_c : spezif. Schnittkraft

Excel-Rechenblatt

Pumpenleistung

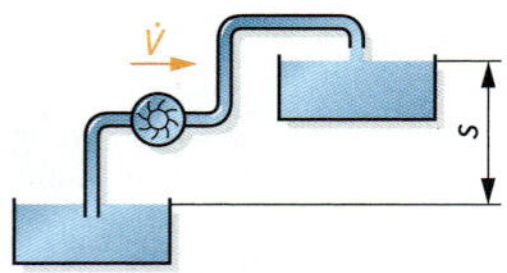

$$P = \dot{V} \cdot \varrho \cdot g \cdot s \qquad \dot{V} = \frac{P}{\varrho \cdot g \cdot s} \qquad s = \frac{P}{\dot{V} \cdot \varrho \cdot g}$$

Beispiel: $\dot{V} = 1{,}2\text{ dm}^3\text{/s}$; $\varrho = 0{,}85\text{ kg/dm}^3$; $s = 3\text{ m}$; $P = ?\text{ W}$

$$P = \dot{V} \cdot \varrho \cdot g \cdot s = 1{,}2\,\frac{\text{dm}^3}{\text{s}} \cdot 0{,}85\,\frac{\text{kg}}{\text{dm}^3} \cdot 9{,}81\,\frac{\text{m}}{\text{s}^2} \cdot 3\text{ m}$$
$$= 30\,\frac{\text{kg} \cdot \text{m}}{\text{s}^2} \cdot \frac{\text{m}}{\text{s}} = 30\,\frac{\text{N} \cdot \text{m}}{\text{s}} = 30\text{ W}$$

P : Leistung
$\dot{V}$: Volumenstrom
ϱ : Dichte
g : Fallbeschleunigung
s : Förderhöhe

Excel-Rechenblatt

Wirkungsgrad

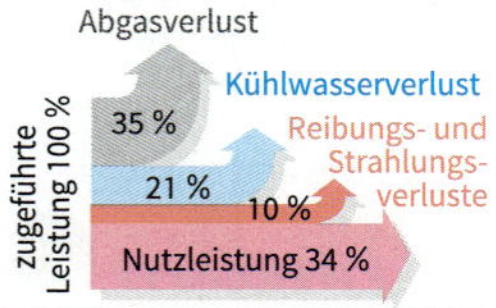

$$\eta = \frac{P_{exi}}{P_{ing}} < 1 \qquad \eta = \eta_1 \cdot \eta_2 \cdot \eta_3 \cdot \ldots \qquad P_{exi} = \eta \cdot P_{ing} \qquad P_{ing} = \frac{P_{exi}}{\eta}$$

Beispiel: $P_{exi} = 25{,}6\text{ kW}$; $\eta = 0{,}8$; $P_{ing} = ?\text{ kN}$

$$P_{ing} = \frac{P_{exi}}{\eta} = 25{,}6\text{ kW}/0{,}8 = 32\text{ kW}$$

η : Wirkungsgrad
η_1 : Teilwirkungsgrad
P_{exi} : abgegebene Leistung
P_{ing} : zugeführte Leistung

Excel-Rechenblatt

Zugbeanspruchung

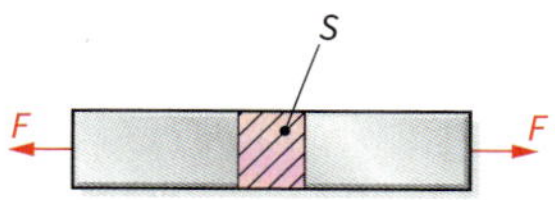

$\sigma_z = \frac{F}{S}$ $\sigma_{z\,zul} = \frac{\sigma_{z\,max}}{\nu}$ $\sigma_{z\,zul} = \frac{F}{S}$ $F = \sigma_z \cdot S$ $S = \frac{F}{\sigma_z}$

Beispiel:

$F = 25$ kN; $S = 20$ mm x 20 mm; $\sigma_z = ?$ MPa

$\sigma_z = \frac{F}{S} = \frac{25\,000\ \text{N}}{20\ \text{mm} \cdot 20\ \text{mm}} = 62{,}5\ \frac{\text{N}}{\text{mm}^2} = 62{,}5$ MPa

σ_z : Zugspannung
F : Zugkraft
S : Querschnitt
$\sigma_{z\,zul}$: zulässige Zugspannung
$\sigma_{z\,max}$: maximale Zugspannung
ν : Sicherheitszahl

Excel-Rechenblatt

Druckbeanspruchung

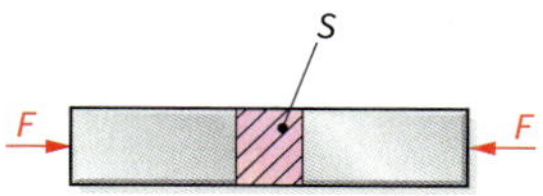

Stahl, NE-Metalle $\sigma_{d\,zul} = \sigma_{z\,zul}$
$\sigma_{d\,max}$ kann sein: σ_{dB}; σ_{dF}; $\sigma_{d\,0,2}$

$\sigma_d = \frac{F}{S}$ $\sigma_{d\,zul} = \frac{F}{S}$ $\sigma_{d\,zul} = \frac{\sigma_{d\,max}}{\nu}$ $F = \sigma_d \cdot S$ $S = \frac{F}{\sigma_d}$

Beispiel:

$\sigma_{d\,zul} = 400$ MPa; $S = 2000$ mm²; $F = ?$ kN; 1 MPa = 1 $\frac{\text{N}}{\text{mm}^2}$

$F = \sigma_{d\,zul} \cdot S = 400\ \frac{\text{N}}{\text{mm}^2} \cdot 2000\ \text{mm}^2 = 800\,000\ \text{N} = 800$ kN

σ_d : Druckspannung
F : Druckkraft
S : Querschnitt
$\sigma_{d\,zul}$: zulässige Druckspannung
$\sigma_{d\,max}$: maximale Druckspannung
ν : Sicherheitszahl

Excel-Rechenblatt

Scherbeanspruchung (belasteter Querschnitt darf nicht abgeschert werden)

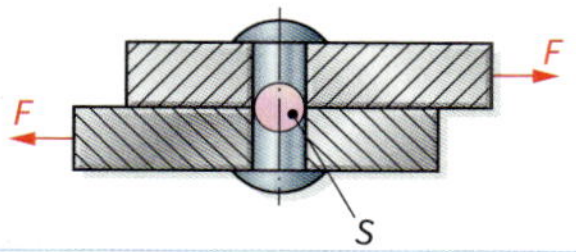

$\tau_a = \frac{F}{S}$ $\tau_{a\,zul} = \frac{F}{S}$ $\tau_{a\,zul} = \frac{\tau_{aB}}{\nu}$ $F = \tau_a \cdot S$ $S = \frac{F}{\tau_a}$

Beispiel:

$F = 10$ kN; $d = 10$ mm; $\tau_a = ?$ MPa

$\tau_a = \frac{F}{S} = \frac{10\,000\ \text{N} \cdot 4}{(10\ \text{mm})^2 \cdot \pi} = 127{,}3\ \frac{\text{N}}{\text{mm}^2} = 127{,}3$ MPa

τ_a : Scherspannung
F : Scherkraft
S : Querschnitt
$\tau_{a\,zul}$: zulässige Scherspannung
τ_{aB} : Scherfestigkeit

Excel-Rechenblatt

Scherbeanspruchung (belasteter Querschnitt soll abgeschert werden)

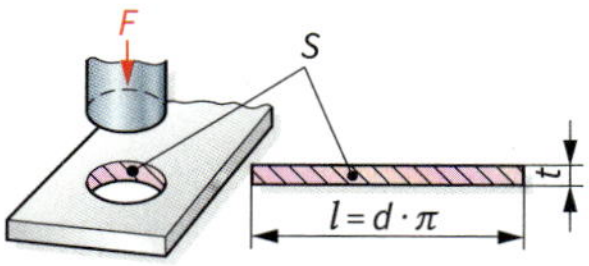

$F = \tau_{aBmax} \cdot S$ $S = l \cdot t$ $S = \frac{F}{\tau_{aBmax}}$ $S = d \cdot \pi \cdot t$

Stahl: $\tau_{aBmax} \approx 0{,}8 \cdot R_{m\,max}$ Gusseisen: $\tau_{aBmax} \approx 01{,}1 \cdot R_{m\,max}$

Beispiel:

$d = 20$ mm; $t = 2$ mm; $\tau_{aBmax} = 0{,}8 \cdot 510$ MPa; $F = ?$ kN; 1 MPa = 1 $\frac{\text{N}}{\text{mm}^2}$

$F = \tau_{aBmax} \cdot S = 0{,}8 \cdot 510\ \frac{\text{N}}{\text{mm}^2} \cdot 20\ \text{mm} \cdot \pi \cdot 2\ \text{mm} = 51{,}3$ kN

F : Scherkraft; Schneidkraft
τ_{aBmax} : Scherfestigkeit
S : Scherfläche
l : Scherlänge
t : Werkstückdicke
$R_{m\,max}$: Mindest-zugfestigkeit

Excel Rechenblatt

Flächenpressung

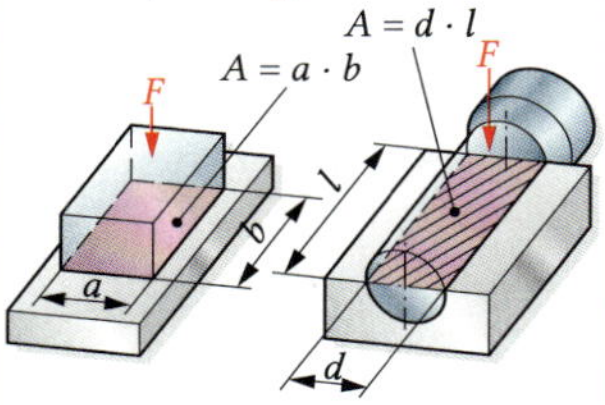

$p = \frac{F}{A}$ $p_{zul} = \frac{F}{A}$ $F = p \cdot A$ $A = \frac{F}{p}$

Richtwerte p_{zul}

Beispiel:

$d = 50$ mm; $l = 100$ mm; $p_{zul} = 150$ MPa; $F = ?$ kN; 1 MPa = 1 $\frac{\text{N}}{\text{mm}^2}$

$F = p_{zul} \cdot A = p_{zul} \cdot d \cdot l = 150\ \frac{\text{N}}{\text{mm}^2} \cdot 50\ \text{mm} \cdot 100\ \text{mm} = 750$ kN

p : Flächenpressung
F : Kraft
A : Berührungsfläche; Projektion der Berührungsfläche
p_{zul} : zulässige Flächenpressung
F_{zul} : zulässige Kraft

Excel-Rechenblatt

Knickung

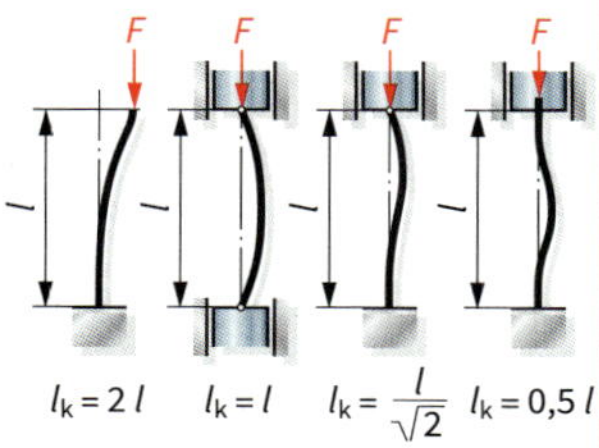

$l_k = 2\,l$ $l_k = l$ $l_k = \frac{l}{\sqrt{2}}$ $l_k = 0{,}5\,l$

$\sigma_k = \frac{F}{S}$ $F_{k\,zul} = \frac{\pi^2 \cdot E \cdot I}{l_k^2 \cdot \nu}$ $F = \sigma_k \cdot S$ $S = \frac{F}{\sigma_k}$

Beispiel:

IPB 160 zweiseitig eingespannt;
$l = 3$ m, $E = 200\,000$ MPa; $I = 889$ cm⁴; $\nu = 8$; $F_{k\,zul} = ?$ kN; 1 MPa = 1 $\frac{\text{N}}{\text{mm}^2}$

$F_{k\,zul} = \frac{\pi^2 \cdot E \cdot I}{l_k^2 \cdot \nu} = \frac{\pi^2 \cdot 200\,000\ \text{MPa} \cdot 889\ \text{cm}^4}{(0{,}5 \cdot 300\ \text{cm})^2 \cdot 8}$

$= \frac{\pi^2 \cdot 20\,000\,000\ \frac{\text{N}}{\text{cm}^2} \cdot 889\ \text{cm}^4}{150^2\ \text{cm}^2 \cdot 8} = 974987{,}6\ \text{N} = 974{,}9$ kN

σ_k : Knickspannung
F : Zugkraft
S : Querschnitt
E : Elastizitätsmodul
I : Flächenmoment 2. Grades
l_k : freie Knicklänge
$F_{k\,zul}$: zulässige Knickkraft
ν : Sicherheitszahl

Verdrehung

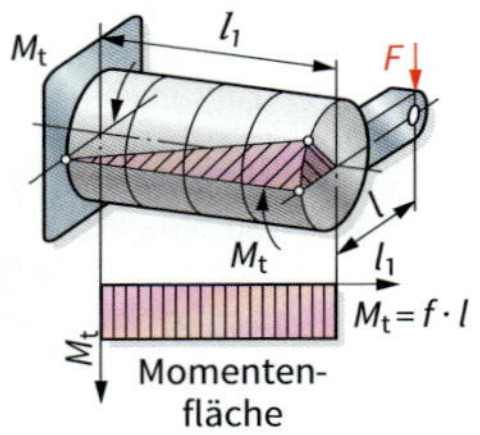

$\tau_t = \frac{M_t}{W_p}$ $\tau_{t\,zul} = \frac{M_t}{W_p}$ $\tau_{t\,zul} = \frac{\tau_{t\,max}}{\nu}$

$M_t = \tau_t \cdot W_p$ $W_p = \frac{M_t}{\tau_t}$ $\tau_{t\,max}$ kann sein: τ_{tB}; τ_{tF}

Beispiel:
Welle Ø 25 mm; M_t = 150 Nm; W_p = ? mm³; τ_t = ? MPa

$$W_p = \frac{d^3 \cdot \pi}{16} = \frac{(25\ \text{mm})^3 \cdot \pi}{16} = 3068\ \text{mm}^3$$

$$\tau_t = \frac{M_t}{W_p} = \frac{150\,000\ \text{N} \cdot \text{mm}}{3068\ \text{mm}^3} = 48{,}9\ \frac{\text{N}}{\text{mm}^2} = 48{,}9\ \text{MPa}$$

τ_t : Torsionsspannung
M_t : Torsionsmoment
W_p : polares Widerstandsmoment
F : Kraft
l : Hebellänge
$\tau_{t\,zul}$: zulässige Torsionsspannung
$\tau_{t\,max}$: maximale Torsionsspannung
ν : Sicherheitszahl

Biegung

neutrale Faserschicht: $\sigma = 0$

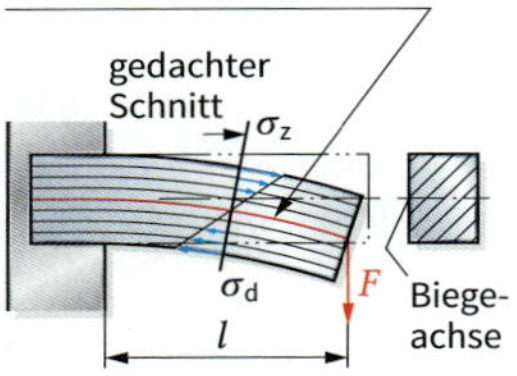

$\sigma_b = \frac{M_b}{W}$ $\sigma_{b\,zul} = \frac{M_b}{W}$ $\sigma_{b\,zul} = \frac{\sigma_{b\,max}}{\nu}$

$M_b = \sigma_b \cdot W$ $W = \frac{M_b}{\sigma_b}$ $\sigma_{b\,max}$ kann sein: σ_{bB}; σ_{bF}

Beispiel:
IPB 160 einseitig eingespannt, Belastung gleichmäßig verteilt;
F = 5 kN; l = 3 m; W = 311 cm³; σ_b = ? MPa

$$\sigma_b = \frac{M_b}{W} = \frac{5000\ \text{N} \cdot 300\ \text{cm}}{2 \cdot 311\ \text{cm}^3} = 2411{,}58\ \frac{\text{N}}{\text{cm}^2} = 24{,}12\ \frac{\text{N}}{\text{mm}^2} = 24{,}12\ \text{MPa}$$

σ_b : Biegespannung
M_b : Biegemoment
W : axiales Widerstandsmoment
F : Kraft
l : Hebellänge
$\sigma_{b\,zul}$: zulässige Biegespannung
$\sigma_{b\,max}$: maximale Biegespannung
ν : Sicherheitszahl

Biegebelastungsfälle

	Belastung durch Einzelkraft		Belastung gleichmäßig verteilt	
einseitig eingespannt	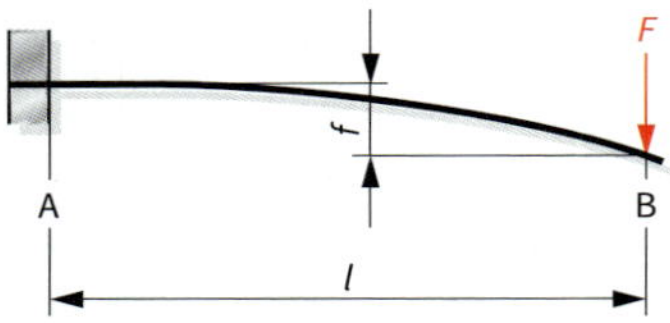	$M_b = F \cdot l$ $f = \frac{F \cdot l^3}{3 \cdot E \cdot I}$ $F_A = F_B = F$	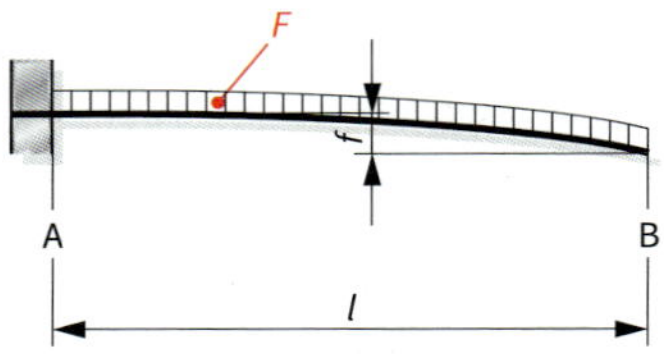	$M_b = \frac{F \cdot l}{2}$ $f = \frac{F \cdot l^3}{8 \cdot E \cdot I}$ $F_A = F_B = F$
	gefährdeter Querschnitt: bei A		gefährdeter Querschnitt: bei A	
frei aufliegend	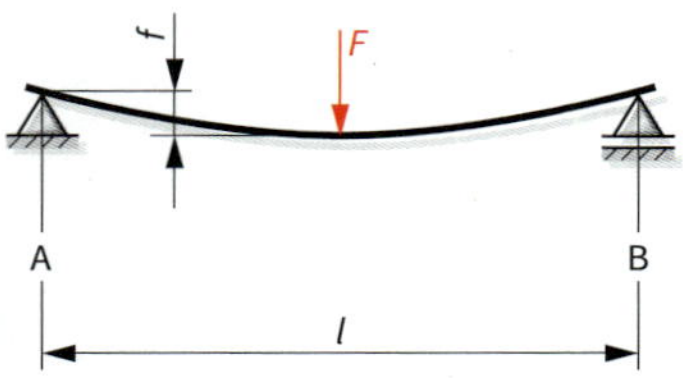	$M_b = \frac{F \cdot l}{4}$ $f = \frac{F \cdot l^3}{48 \cdot E \cdot I}$ $F_A = F_B = \frac{F}{2}$	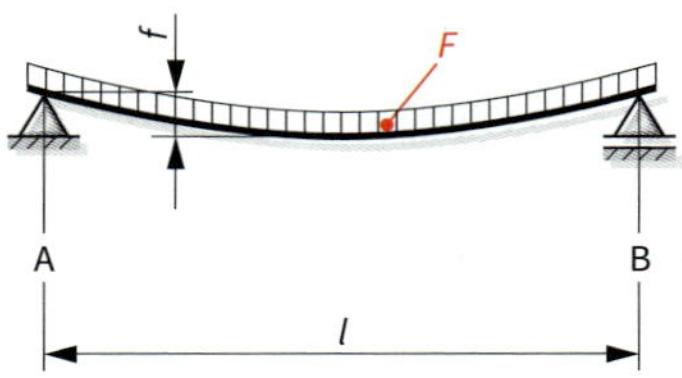	$M_b = \frac{F \cdot l}{8}$ $f = \frac{5 \cdot F \cdot l^3}{384 \cdot E \cdot I}$ $F_A = F_B = \frac{F}{2}$
	gefährdeter Querschnitt: unterhalb von F		gefährdeter Querschnitt: in der Trägermitte	
zweiseitig eingespannt	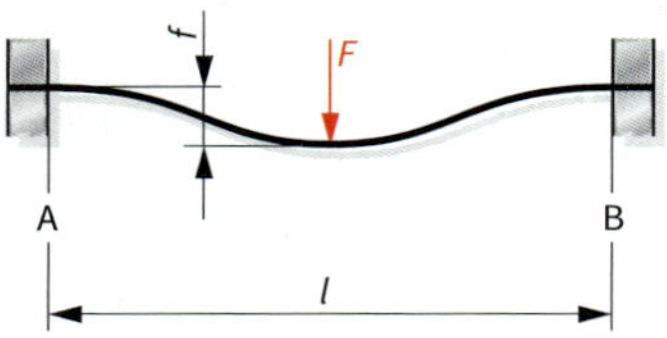	$M_b = \frac{F \cdot l}{8}$ $f = \frac{F \cdot l^3}{192 \cdot E \cdot I}$ $F_A = F_B = \frac{F}{2}$	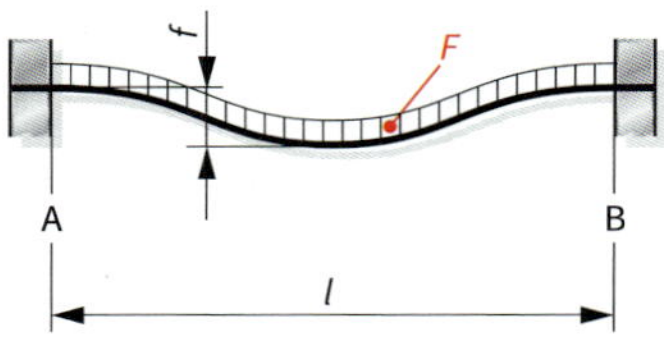	$M_b = \frac{F \cdot l}{12}$ $f = \frac{F \cdot l^3}{384 \cdot E \cdot I}$ $F_A = F_B = \frac{F}{2}$
	gefährdeter Querschnitt: bei A und B und unterhalb von F		gefährdeter Querschnitt: bei A und B	

Figure labels (each diagram): F, f, A, B, l

Weitere Belastungsfälle

Flächenmomente und Widerstandsmomente einfacher Querschnitte

Querschnitt	axiales Flächenträgheitsmoment	axiales Widerstandsmoment	polares Flächenträgheitsmoment	polares Widerstandsmoment
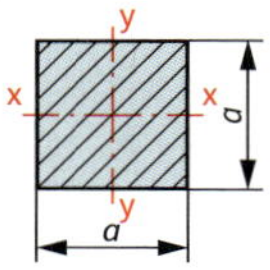	$I_x = I_y = \frac{a^4}{12}$	$W_x = W_y = \frac{a^3}{6}$	$I_p = 0{,}141 \cdot a^4$	$W_p = 0{,}208 \cdot a^3$
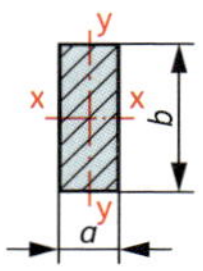	$I_x = \frac{a \cdot b^3}{12}$ $I_y = \frac{b \cdot a^3}{12}$	$W_x = \frac{a \cdot b^2}{6}$ $W_y = \frac{b \cdot a^2}{6}$		
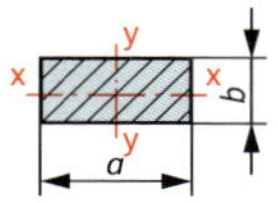	$I_x = \frac{a \cdot b^3}{12}$ $I_y = \frac{b \cdot a^3}{12}$	$W_x = \frac{a \cdot b^2}{6}$ $W_y = \frac{b \cdot a^2}{6}$		
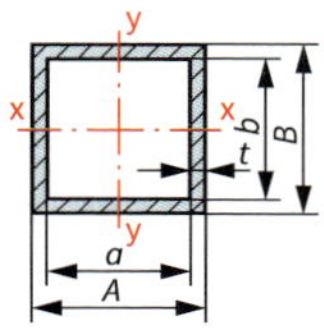	$I_x = \frac{A \cdot B^3 - a \cdot b^3}{12}$ $I_y = \frac{B \cdot A^3 - b \cdot a^3}{12}$	$W_x = \frac{A \cdot B^3 - a \cdot b^3}{6B}$ $W_y = \frac{B \cdot A^3 - b \cdot a^3}{6A}$	$I_p = \frac{t\,(Aa + Bb)\,(A + a)\,(B + b)}{A + B + a + b}$	$W_p = \frac{t\,(A + a)\,(B + b)}{2}$
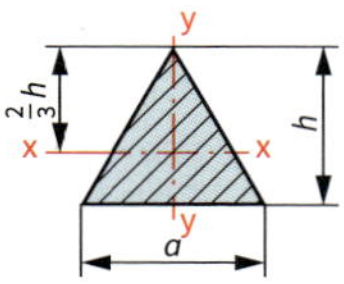	$I_x = \frac{a \cdot h^3}{36}$ $I_y = \frac{h \cdot a^3}{48}$	$W_x = \frac{a \cdot h^2}{24}$ $W_y = \frac{h \cdot a^2}{24}$	$I_p = \frac{a^4}{46{,}19} = \frac{h^4}{15\sqrt{3}}$	$W_p = \frac{a^3}{20} = \frac{h^3}{7{,}5\sqrt{3}}$
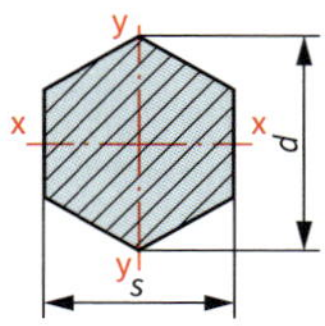	$I_x = I_y = \frac{5\sqrt{3} \cdot d^4}{256}$ $I_x = I_y = \frac{5\sqrt{3} \cdot s^4}{144}$	$W_x = \frac{5\sqrt{3} \cdot d^3}{128}$ $W_y = \frac{5 \cdot d^3}{64}$	$I_p = 0{,}0649 \cdot d^4$	$W_p = 0{,}1226 \cdot d^3$ $W_p = 0{,}188 \cdot s^3$
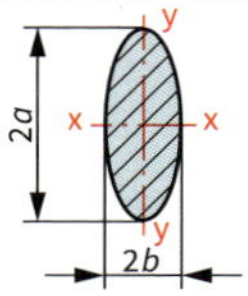	$I_x = \frac{a^3 \cdot b \cdot \pi}{4}$ $I_y = \frac{b^3 \cdot a \cdot \pi}{4}$	$W_x = \frac{a^2 \cdot b \cdot \pi}{4}$ $W_y = \frac{b^2 \cdot a \cdot \pi}{4}$	$I_p = \frac{b^4 \cdot n^3 \cdot \pi}{n^2 + 1}$ $n = \frac{2a}{2b} > 1$	$W_p = \frac{b^3 \cdot n \cdot \pi}{2}$ $n = \frac{2a}{2b} > 1$
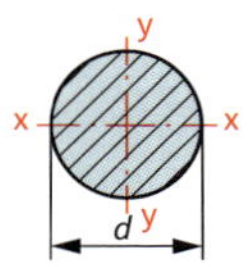	$I_x = I_y = \frac{d^4 \cdot \pi}{64}$	$W_x = W_y = \frac{d^3 \cdot \pi}{32}$	$I_p = \frac{d^4 \cdot \pi}{32}$	$W_p = \frac{d^3 \cdot \pi}{16}$
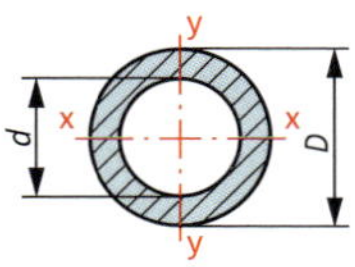	$I_x = I_y$ $I_y = \frac{(D^4 - d^4) \cdot \pi}{64}$	$W_x = W_y$ $W_y = \frac{(D^4 - d^4) \cdot \pi}{32 \cdot D}$	$I_p = \frac{(D^4 - d^4) \cdot \pi}{32}$	$W_p = \frac{(D^4 - d^4) \cdot \pi}{16 \cdot D}$

Kerbwirkung und Kerbspannung

Bei dynamischer Beanspruchung von Bauteilen ist zur Bestimmung der zulässigen Spannung der Einfluss von Kerben zu berücksichtigen. Durch die Kerbwirkung kommt es an Stellen mit Querschnittsänderungen zu Spannungsspitzen, die ein Mehrfaches der Nennspannung betragen können. Für die Dauerfestigkeit σ_D des ungekerbten Querschnitts ist die nach Beanspruchungsart und Beanspruchungsfall maximal zulässige Spannung (z. B. σ_{bSch} oder τ_{tW}) einzusetzen.

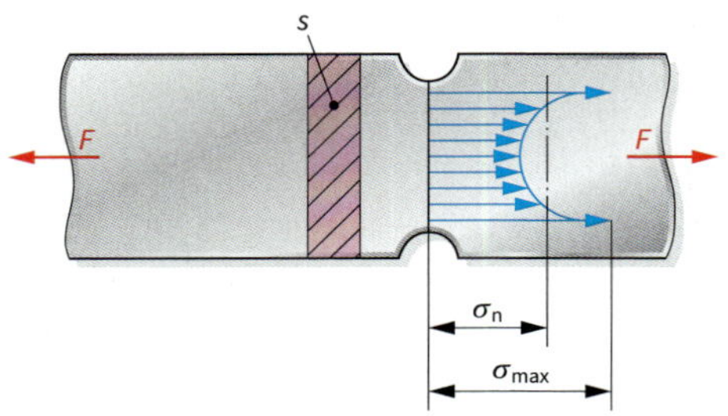

$$\sigma_n = \frac{F}{S}$$

$$\sigma_{max} = \sigma_n \cdot \beta_k$$

$$\sigma_{zul} = \frac{\sigma_D \cdot b_1 \cdot b_2}{\beta_k \cdot \nu}$$

σ_{max} : maximale Spannung im Kerbgrund (Spannungsspitze)
σ_n : Nennspannung
β_k : Kerbwirkungszahl
F : Kraft
S : Querschnitt
σ_{zul} : zulässige Spannung
σ_D : Dauerfestigkeit des ungekerbten Querschnitts
b_1 : Oberflächenbeiwert
b_2 : Größenbeiwert
ν : Sicherheitszahl

Kerbwirkungszahl β_k für Stahl

Form der Kerbe	β_k bei Beanspruchungsart		Werkstoff
	Biegung	Verdrehung	
glatte Welle	1	1	S185…E335
Welle mit Rundkerbe	1,5…2,5	1,3…1,8	S185…E335
Welle mit Einstich für Sicherungsring	2,5…3,0	2,5…3,0	S185…E335
Welle mit Absatz	1,3…2,0	1,2…1,8	S185…E335
Welle mit kleiner Querbohrung (z. B. Schmierloch)	1,2…1,8	1,2…1,8	S185…E335
Welle an Übergangsstelle zu festsitzender Nabe	2,0	1,5	S185…E335
Passfedernut in Welle	1,8…1,9	1,5…1,6	S185…E335
	1,9…2,1	1,6…1,7	C45E+QT
	2,1…2,3	1,7…1,8	50CrMo4+QT
Scheibenfedernut in Welle	2,0…3,0	2,0…3,0	S185…E335
Keilwelle	2,0…2,5	2,0…2,5	S185…E335
Flachstab mit Bohrung	1,2…1,5	1,5…1,8 (Zug)	S185…E335

Oberflächenbeiwert b_1 und Größenbeiwert b_2 für Stahl

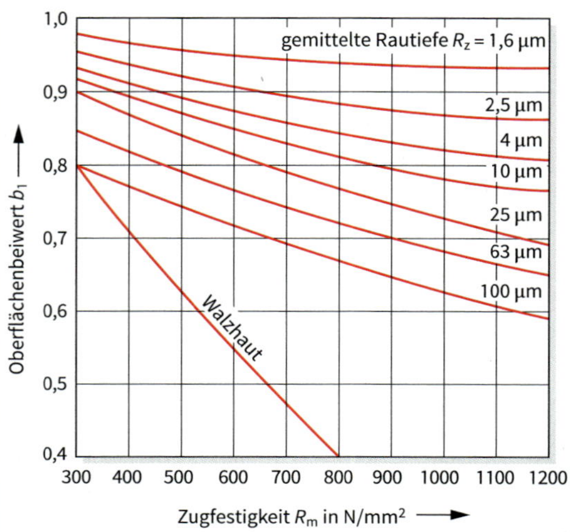

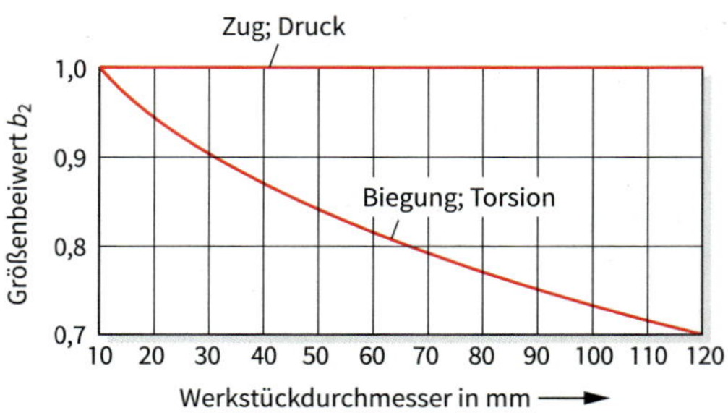

Für andere Querschnittsformen gilt:

Beanspruchung	Quadrat	Rechteck
Biegung	Kantenlänge = d	Kantenlänge in Biegeebene = d
Verdrehung	Flächendiagonale = d	Flächendiagonale = d

Absoluter Druck, Luftdruck, Überdruck

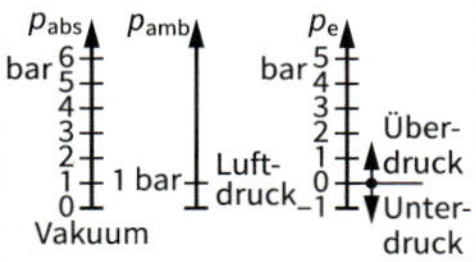

$$p_{abs} = p_{amb} + p_e$$

$$p_e = p_{abs} - p_{amb}$$

$p_{abs} > p_{amb} \Rightarrow$ Überdruck
$p_{abs} < p_{amb} \Rightarrow$ Unterdruck

Weitere Druckeinheiten

p_{abs} : absoluter Druck
p_{amb} : Normal-Luftdruck = Umgebungsluftdruck = 1,01325 bar ≈ 1 bar
p_e : Überdruck (Betriebsdruck)

Druck

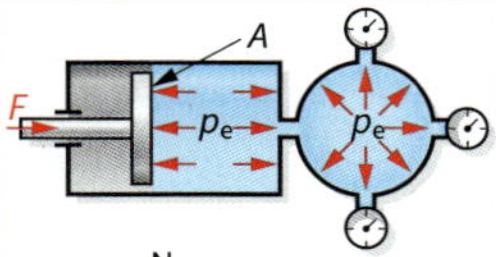

1 Pa = 1 $\frac{N}{m^2}$ 1 Pa = 10^{-5} bar
1 bar = 10 $\frac{N}{cm^2}$

$$p_e = \frac{F}{A}$$

$$F = p_e \cdot A$$

$$A = \frac{F}{p_e}$$

Beispiel: $F = 24$ kN; $A = 7500$ mm²; p_e = ? bar

$$p_e = \frac{F}{A} = \frac{24\,000\ \text{N}}{7500\ \text{mm}^2} = 3{,}2\ \frac{\text{N}}{\text{mm}^2} = 320\ \frac{\text{N}}{\text{cm}^2} = 32\ \text{bar}$$

p_e : Überdruck (Betriebsdruck)
F : Kraft
A : wirksame Kolbenfläche

Excel-Rechenblatt

Hydrostatischer Druck

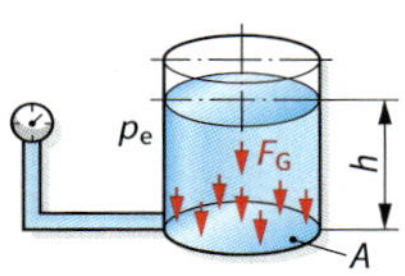

$$p_e = \frac{F_G}{A}$$

$$p_e = \frac{A \cdot h \cdot \varrho \cdot g}{A}$$

$$p_e = h \cdot \varrho \cdot g$$

$$h = \frac{p_e}{\varrho \cdot g}$$

$$\varrho = \frac{p_e}{h \cdot g}$$

Beispiel: $h = 5$ m; $\varrho = 1000$ kg/m³; $g = 9{,}81$ m/s²; p_e = ? bar

$$p_e = h \cdot \varrho \cdot g = 5\ \text{m} \cdot 1000\ \frac{\text{kg}}{\text{m}^3} \cdot 9{,}81\ \frac{\text{m}}{\text{s}^2} = 5\ \text{m} \cdot 1000\ \frac{\text{kg}}{\text{m}^3} \cdot 9{,}81\ \frac{\text{m}}{\text{s}^2} = 49\,050\ \frac{\text{N}}{\text{m}^2} = 49\,050\ \text{Pa} = 0{,}491\ \text{bar}$$

p_e : hydrostatischer Überdruck (= Boden- oder Seitendruck)
F_G : Gewichtskraft
A : Fläche
h : Höhe der Flüssigkeitssäule
ϱ : Dichte der Flüssigkeit
g : Fallbeschleunigung

Excel-Rechenblatt

Auftrieb

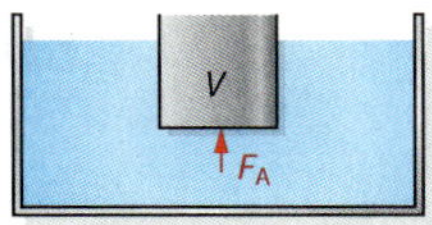

$$F_A = V \cdot \varrho \cdot g$$

$$V = \frac{F_A}{\varrho \cdot g}$$

Beispiel: $V = 1$ dm³; $\varrho = 1$ kg/dm³; $g = 9{,}81$ m/s²; F_A = ? N

$$F_A = V \cdot \varrho \cdot g = 1\ \text{dm}^3 \cdot 1\ \frac{\text{kg}}{\text{dm}^3} \cdot 9{,}81\ \frac{\text{m}}{\text{s}^2} = 9{,}81\ \text{N}$$

F_A : Auftriebskraft
V : eingetauchtes (verdrängtes) Volumen
ϱ : Dichte der Flüssigkeit
g : Fallbeschleunigung

Excel-Rechenblatt

Zustandsänderung von Gasen

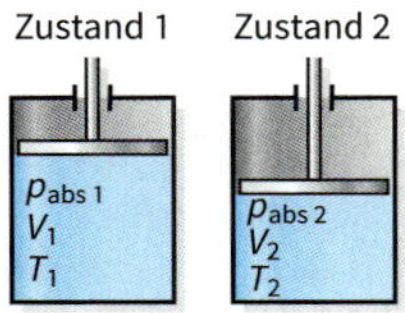

Allgemeine Gasgleichung:

$$\frac{p_{abs1} \cdot V_1}{T_1} = \frac{p_{abs2} \cdot V_2}{T_2} = \ldots = \frac{p_{absn} \cdot V_n}{T_n}$$

Gesetz von Boyle-Mariotte (T = konstant):

$$p_{abs1} \cdot V_1 = p_{abs2} \cdot V_2 = \ldots = p_{absn} \cdot V_n = \text{konstant}$$

Beispiel: $p_{abs1} = 1$ bar; $V_1 = 25$ m³; $T_1 = 293$ K; $p_{abs2} = 10$ bar; $V_2 = 5$ m³; T_2 = ? K

$$T_2 = \frac{p_{abs2} \cdot V_2 \cdot T_1}{p_{abs1} \cdot V_1} = \frac{10\ \text{bar} \cdot 5\ \text{m}^3 \cdot 293\ \text{K}}{1\ \text{bar} \cdot 25\ \text{m}^3} = 586\ \text{K}$$

p_{abs} : absoluter Druck
V : Volumen
T : Kelvin-Temperatur

Excel-Rechenblatt

Hydraulische Presse

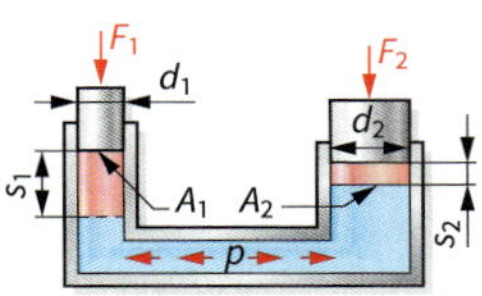

$$\frac{F_1}{F_2} = \frac{A_1}{A_2}$$

$$\frac{F_1}{F_2} = \frac{(d_1)^2}{(d_2)^2}$$

$$\frac{F_1}{F_2} = \frac{s_2}{s_1}$$

$$i = \frac{F_1}{F_2} = \frac{A_1}{A_2} = \frac{s_2}{s_1}$$

Beispiel: $A_1 = 10$ cm²; $A_2 = 125$ cm²; $F_2 = 12$ kN; $s_2 = 50$ mm; F_1 = ? N; s_1 = ? mm

$$F_1 = \frac{A_1 \cdot F_2}{A_2} = \frac{10\ \text{cm}^2 \cdot 12\,000\ \text{N}}{125\ \text{cm}^2} = 960\ \text{N}$$

$$s_1 = \frac{s_2 \cdot F_2}{F_1} = \frac{50\ \text{mm} \cdot 12\,000\ \text{N}}{960\ \text{N}} = 625\ \text{mm}$$

F_1 : Kolbenkraft 1
F_2 : Kolbenkraft 2
A_1 : Kolbenfläche 1
A_2 : Kolbenfläche 2
d_1 : Kolbendurchmesser 1
d_2 : Kolbendurchmesser 2
s_1 : Weg des Kolbens 1
s_2 : Weg des Kolbens 2
i : Übersetzungsverhältnis

Excel-Rechenblatt

Kolbenkraft; Kolbengeschwindigkeit

Ausfahren

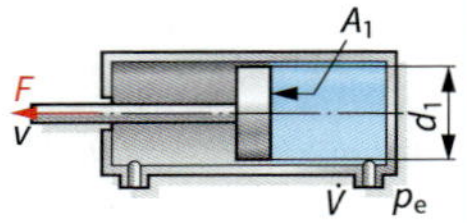

Einfahren

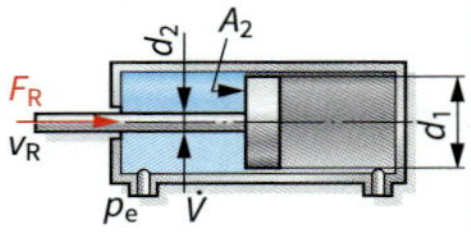

$F = p_e \cdot A_1 \cdot \eta$

$F_R = p_e \cdot A_2 \cdot \eta$

$v = \frac{\dot{V}}{A_1}$

$v_R = \frac{\dot{V}}{A_2}$

$A_1 = \frac{d_1^2 \cdot \pi}{4}$

$A_2 = \frac{(d_1^2 - d_2^2) \cdot \pi}{4}$

Beispiel: $\dot{V} = 5\ l/\text{min}$; $A_1 = 12\ \text{cm}^2$; $A_2 = 5\ \text{cm}^2$; v; $v_R = ?\ \text{m/min}$;

$v = \frac{V}{A_1} = 5000\ \text{cm}^3/\text{min}/12{,}5\ \text{cm}^2 = 400\ \frac{\text{cm}}{\text{min}} = 4\ \frac{\text{m}}{\text{min}}$

$v_R = \frac{V}{A_2} = \frac{5000\ \text{cm}^3/\text{min}}{5{,}5\ \text{cm}^2} = 909{,}5\ \frac{\text{cm}}{\text{min}} = 9{,}09\ \frac{\text{m}}{\text{min}}$

F : Kolbenkraft
F_R : Rückzugkraft
p_e : Überdruck (Betriebsdruck)
$A_1; A_2$: wirksame Kolbenflächen
d_1 : Kolbendurchmesser
v : Kolbengeschwindigkeit
v_R : Rückzuggeschwindigkeit
d_2 : Kolbenstangendurchmesser
η : Wirkungsgrad
$\dot{V}$: Volumenstrom

Excel-Rechenblatt

Druckübersetzung

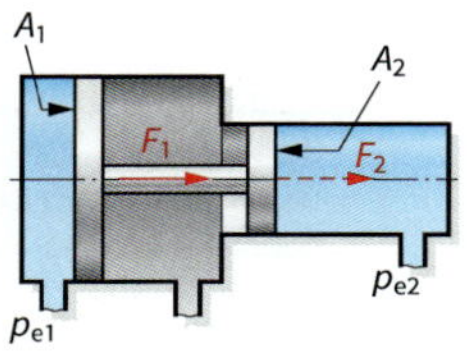

$p_{e1} \cdot A_1 \cdot \eta = p_{e2} \cdot A_2$

$i = \frac{p_{e1}}{p_{e2}} = \frac{A_2}{A_1}$

$p_{e2} = \frac{p_{e1} \cdot A_1 \cdot \eta}{A_2}$

Beispiel: $p_{e1} = 6$ bar; $A_1 = 100\ \text{mm}^2$; $A_2 = 25\ \text{mm}^2$; $p_{e2} = ?$ bar

$p_{e2} = p_{e1} \cdot \frac{A_1}{A_2} = \frac{6\ \text{bar} \cdot 100\ \text{mm}^2}{25\ \text{mm}^2} = 24\ \text{bar}$

p_e : Überdruck (Betriebsdruck)
$A_1; A_2$: wirksame Kolbenflächen
F : Kolbenkraft
i : Übersetzungsverhältnis
η : Wirkungsgrad

Excel-Rechenblatt

Hydraulische Leistung

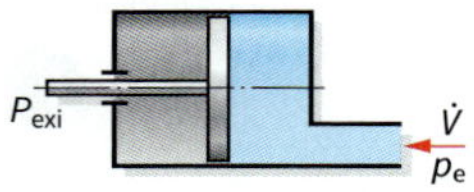

$P_{exi} = P_{ing} \cdot \eta$

$P_{exi} = \dot{V} \cdot p_e \cdot \eta$

Beispiel: $\dot{V} = 1{,}2\ \text{dm}^3/\text{s}$; $p_e = 30$ bar; $P_{exi} = ?$ kW

$P_{exi} = \dot{V} \cdot p_e = 0{,}0012\ \frac{\text{m}^3}{\text{s}} \cdot 3\,000\,000\ \frac{\text{N}}{\text{m}^2} = 3060\ \text{W} = 3{,}6\ \text{kW}$

P_{exi} : Ausgangsleistung
P_{ing} : Eingangsleistung
η : Wirkungsgrad
p_e : Überdruck (Betriebsdruck)
$\dot{V}$: Volumenstrom

Excel-Rechenblatt

Strömende Flüssigkeiten

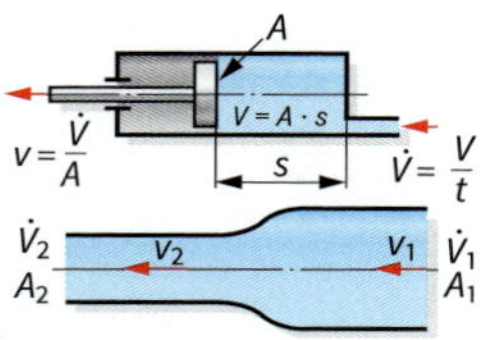

$\dot{V} = \frac{A \cdot s}{t}$

$\dot{V} = A \cdot v$

$\dot{V} = \frac{V}{t}$

$v = \frac{\dot{V}}{A}$

Kontinuitätsgleichung:

$A_1 \cdot v_1 = A_2 \cdot v_2$

$\dot{V}_1 = \dot{V}_2$

Beispiel: $A_1 = 20\ \text{cm}^2$; $A_2 = 10\ \text{cm}^2$; $\dot{V} = 80\ l/\text{min}$; $v_1 = ?$ m/min; $v_2 = ?$ m/min

$v_1 = \frac{V}{A_1} = \frac{0{,}008\ \text{m}^3}{\text{min} \cdot 0{,}002\ \text{cm}^2} = 4\ \frac{\text{m}}{\text{min}}$; $v_2 = \frac{A_1 \cdot v_1}{A_2} = \frac{0{,}002\ \text{m}^2 \cdot 4\ \text{m}}{0{,}001\ \text{m}^2 \cdot \text{min}} = 8\ \frac{\text{m}}{\text{min}}$

$\dot{V}$: Volumenstrom
V : Volumen
A : wirksame Kolbenfläche
t : Zeit
s : Kolbenweg
v : Kolbengeschwindigkeit
$\dot{V}_1; \dot{V}_2$: Volumenströme
$v_1; v_2$: Strömungsgeschwindigkeiten
$A_1; A_2$: Rohrquerschnitte

Excel-Rechenblatt

Luftverbrauch

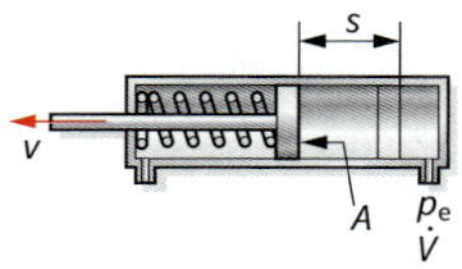

$\dot{V} = \frac{A \cdot s \cdot (p_e + p_{amb})}{t \cdot p_{amb}}$

$\dot{V} = \frac{V \cdot (p_e + p_{amb})}{t \cdot p_{amb}}$

$\dot{V} = V \cdot n \cdot \frac{p_e + p_{amb}}{p_{amb}}$

Beispiel: $A = 15\ \text{cm}^2$; $s = 20$ cm; $n = 34$ 1/min; $p_e = 6$ bar; $p_{amb} = 1$ bar: $\dot{V} = ?\ l/\text{min}$

$\dot{V} = \frac{A \cdot s\,(p_e + p_{amb})}{t \cdot p_{amb}} = \frac{15\ \text{cm}^2 \cdot 20\ \text{cm}\ 34 \cdot (6\ \text{bar} + 1\ \text{bar})}{\text{min} \cdot 1\ \text{bar}} = 71\,400\ \frac{\text{cm}^3}{\text{min}} = 71{,}4\ \frac{l}{\text{min}}$

$\dot{V}$: Luftverbrauch
A : Kolbenfläche
s : Kolbenhub
t : Zeit
p_e : Überdruck (Betriebsdruck)
p_{amb} : Luftdruck
V : Hubvolumen
n : Hubfrequenz
v : Geschwindigkeit

Excel-Rechenblatt

Temperaturskalen

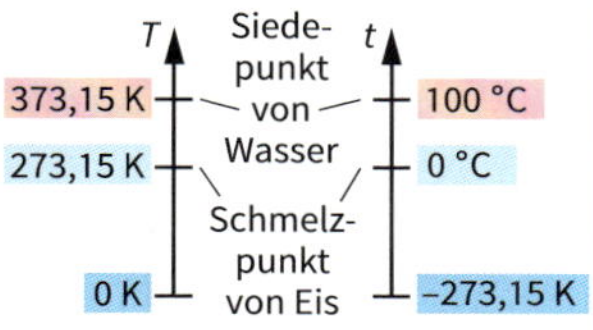

$$T = t + 273{,}15\ °\text{C}$$
$$t = T - 273{,}15\ \text{K}$$

0 K = – 273,15 °C (= absoluter Nullpunkt)

273,15 K = 0 °C
373,15 K = 100 °C

Temperaturskalen:

T : Kelvin-Temperatur (thermodynamische Temperatur)
t : Celsius-Temperatur

Excel-Rechenblatt

Längenänderung

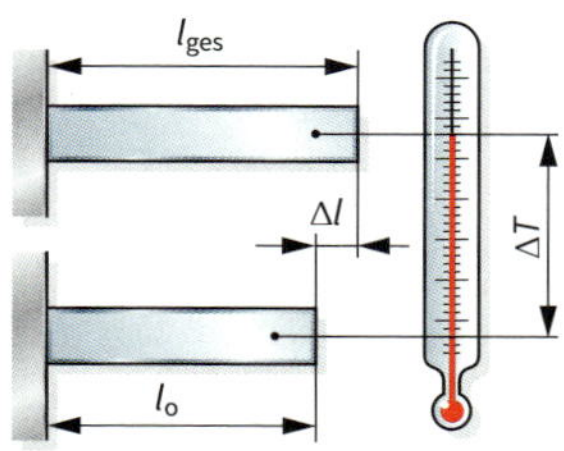

$$\Delta l = l_0 \cdot \alpha \cdot \Delta T$$
$$l_{ges} = l_0 + \Delta l$$
$$l_{ges} = l_0 \cdot (1 + \alpha \cdot \Delta T)$$

Erwärmung: $\Delta T > 0$
Abkühlung: $\Delta T < 0$

Werte für Längenausdehnungskoeffizienten s. Stoffwerte

Beispiel:

$l_0 = 30\ \text{m};\ \alpha = 0{,}000011\ \frac{1}{\text{K}};\ \Delta T = 60\ \text{K};\ \Delta l = ?\ \text{m}$

$\Delta l = l_0 \cdot \alpha \cdot \Delta T = 30\ \text{m} \cdot 0{,}000011\ \frac{1}{\text{K}} \cdot 60\ \text{K} = 0{,}0198\ \text{m}$

l_0 : Anfangslänge
l_{ges}: Endlänge
Δl : Längenänderung
α : Längenausdehnungskoeffizient
ΔT : Temperaturdifferenz

Excel-Rechenblatt

Volumenänderung

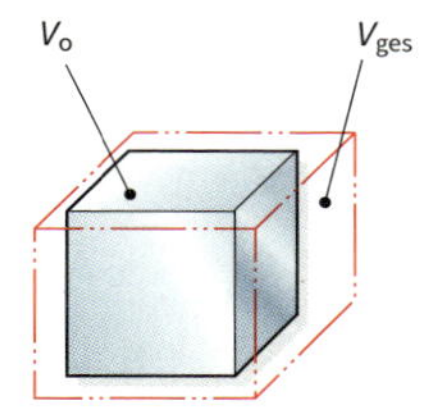

$$\Delta V = V_0 \cdot \gamma \cdot \Delta T$$
$$V_{ges} = V_0 + \Delta V$$
$$V_{ges} = V_0 \cdot (1 + \gamma \cdot \Delta T)$$

$\gamma \approx 3 \cdot \alpha$ (für feste Stoffe)

Erwärmung: $\Delta T > 0$
Abkühlung: $\Delta T < 0$

Beispiel:

$V_0 = 250\ \text{cm}^3;\ \gamma = 0{,}000036\ \frac{1}{\text{K}};\ \Delta T = 40\ \text{K};\ V_{ges} = ?\ \text{cm}^3$

$V_{ges} = V_0 \cdot (1 + \gamma \cdot \Delta T) = 250\ \text{cm}^3 \cdot (1 + 0{,}000036\ \frac{1}{\text{K}} \cdot 40\ \text{K}) = 250{,}36\ \text{cm}^3$

V_0 : Anfangsvolumen
V_{ges}: Endvolumen
ΔV : Volumenänderung
ΔT : Temperaturdifferenz
γ : Volumenausdehnungskoeffizient
α : Längenausdehnungskoeffizient

Excel-Rechenblatt

Schwindung

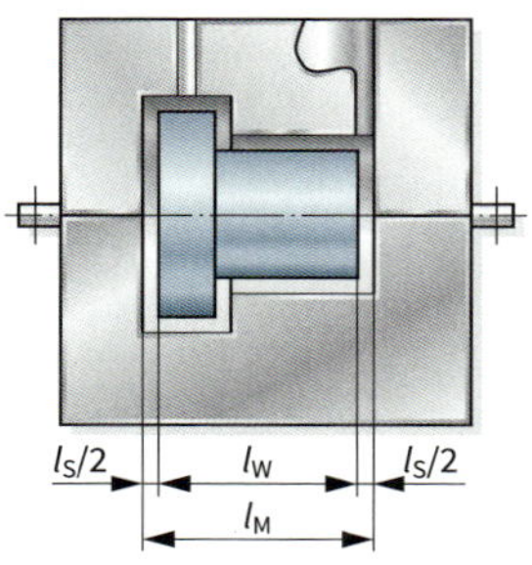

$$l_M = \frac{l_W \cdot 100\ \%}{100\ \% - S}$$

$$l_W = l_M - l_s$$
$$l_s = \frac{l_M \cdot S}{100\ \%}$$

Werte für Schwindmaße s. DIN EN 12890

Beispiel:

$l_W = 235\ \text{mm};\ S = 1{,}2\ \%;\ l_M = ?\ \text{mm}$

$l_M = \frac{l_W \cdot 100\ \%}{100\ \% - S} = \frac{235\ \text{mm} \cdot 100\ \%}{100\ \% - 1{,}2\ \%} = 237{,}85\ \text{mm}$

l_M : Modelllänge
l_W : Werkstücklänge
l_s : Schwindung
S : Schwindmaß

Excel-Rechenblatt

Wärmemenge

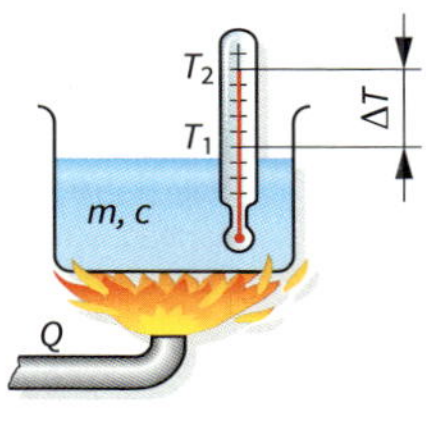

$$Q = m \cdot c \cdot \Delta T$$

$$m = \frac{Q}{c \cdot \Delta T}$$
$$\Delta T = \frac{Q}{m \cdot c}$$

Werte für spezifische Wärmekapazität s. Stoffwerte

Beispiel:

$m = 3\ \text{kg};\ c = 490\ \text{J/(kg} \cdot \text{K)};\ \Delta T = 850\ \text{K};\ Q = ?\ \text{kJ}$

$Q = m \cdot c \cdot \Delta T = 3\ \text{kg} \cdot 490\ \frac{\text{J}}{\text{kg} \cdot \text{K}} \cdot 850\ \text{K} = 1249{,}5\ \text{kJ}$

Q : Wärmemenge
m : Masse
c : spezifische Wärmekapazität
ΔT : Temperaturdifferenz

Excel-Rechenblatt

Schmelz- und Verdampfungswärmemenge

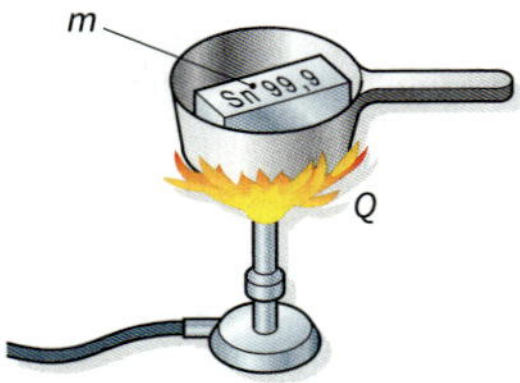

Schmelzen:

$$Q_s = m \cdot q$$

Verdampfen:

$$Q_v = m \cdot r$$

Werte für spezifische Schmelzwärme s. Stoffwerte

Beispiel:

$m = 3$ kg (unlegierter Stahl); $q = 205\,\frac{\text{kJ}}{\text{kg}}$; $Q_s = ?$ kJ = ? kWs

$Q_s = m \cdot q = 3\,\text{kg} \cdot 205\,\frac{\text{kJ}}{\text{kg}} = 615\,\text{kJ} = 615\,\text{kWs}$

Q_s : Schmelzwärmemenge
Q_v : Verdampfungswärmemenge
m : Masse
q : spezifische Schmelzwärme
r : spezifische Verdampfungswärme

Excel-Rechenblatt

Verbrennungswärmemenge

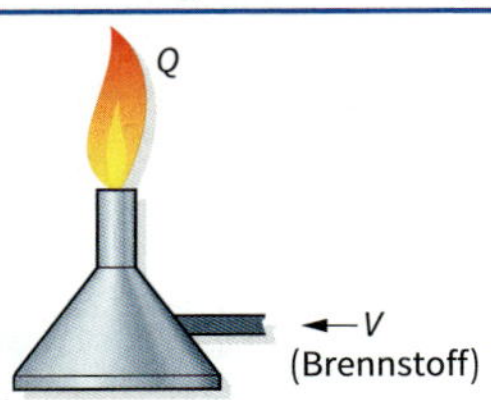

Feste und flüssige Brennstoffe:

$$Q = m \cdot H$$

Gasförmige Brennstoffe:

$$Q = V \cdot H$$

Beispiel:

$m = 11$ kg (Propan); $H = 50{,}3\,\frac{\text{MJ}}{\text{kg}}$; $Q = ?$ MJ

$Q = m \cdot H = 11\,\text{kg} \cdot 50{,}3\,\frac{\text{MJ}}{\text{kg}} = 553{,}3\,\text{MJ}$

Q : Verbrennungswärmemenge
m : Masse
H : spezifischer Heizwert
V : Volumen

Excel-Rechenblatt

Wärmemenge aus elektrischer Arbeit

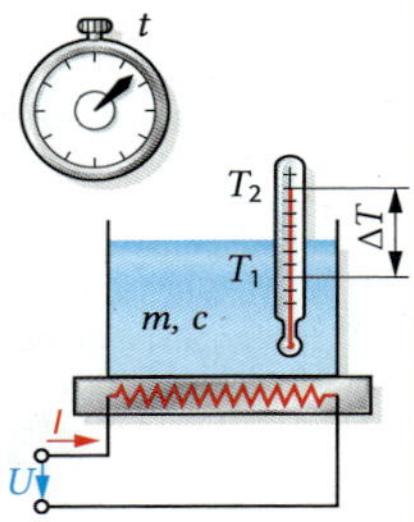

$$m \cdot c \cdot \Delta T = P \cdot t \cdot \eta$$

$$m \cdot c \cdot \Delta T = U \cdot I \cdot t \cdot \eta$$

$Q = W$

Werte für spezifische Wärmekapazität s. Stoffwerte

Beispiel:

$m = 1$ kg (Wasser); $c = 4182$ J/(kg · K); $\Delta T = 80$ K; $U = 230$ V; $I = 10$ A; $\eta = 0{,}85$; $t = ?$ s

$$t = \frac{m \cdot c \cdot \Delta T}{U \cdot I \cdot \eta} = \frac{1\,\text{kg} \cdot 4182\,\text{J} \cdot 80\,\text{K}}{230\,\text{V} \cdot \text{kg} \cdot \text{K} \cdot 10\,\text{A} \cdot 0{,}85} = 171{,}1\,\frac{\text{J}}{\text{V} \cdot \text{A}} = 171{,}1\,\frac{\text{Ws}}{\frac{\text{W}}{\text{A}} \cdot \text{A}} = 171{,}1\,\text{s}$$

W : elektrische Arbeit
Q : Wärmemenge
P : elektrische Leistung
t : Aufheizzeit
m : Masse
c : spez. Wärmekapazität
ΔT : Temperaturdifferenz
U : Spannung
I : Stromstärke
η : Wirkungsgrad

Excel-Rechenblatt

Wärmemengenaustausch

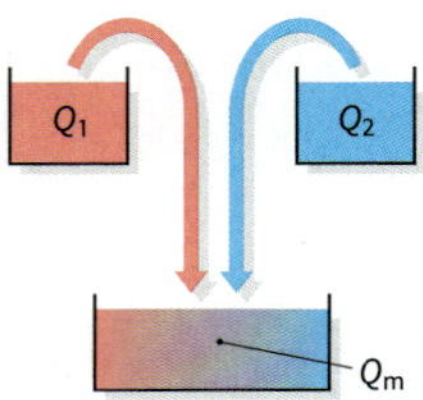

$Q_m = Q_1 + Q_2$

Stoffe unterschiedlicher Wärmekapazität:

$(m_1 \cdot c_1 + m_2 \cdot c_2) \cdot T_m = m_1 \cdot c_1 \cdot T_1 + m_2 \cdot c_2 \cdot T_2$

$$T_m = \frac{m_1 \cdot c_1 \cdot T_1 + m_2 \cdot c_2 \cdot T_2}{m_1 \cdot c_1 + m_2 \cdot c_2}$$

Stoffe gleicher Wärmekapazität:

$(m_1 + m_2) \cdot T_m = m_1 \cdot T_1 + m_2 \cdot T_2$

$$T_m = \frac{m_1 \cdot T_1 + m_2 \cdot T_2}{m_1 + m_2}$$

Beispiel:

$m_1 = 4$ kg (Wasser); $T_1 = 20\,°\text{C}$; $m_2 = 1$ kg (Wasser); $T_2 = 100\,°\text{C}$; $T_m = ?\,°\text{C}$

$$T_m = \frac{m_1 \cdot T_1 + m_2 \cdot T_2}{m_1 + m_2} = \frac{4\,\text{kg} \cdot 20\,°\text{C} + 1\,\text{kg} \cdot 100\,°\text{C}}{4\,\text{kg} + 1\,\text{kg}} = \frac{180\,\text{kg} \cdot °\text{C}}{5\,\text{kg}} = 36\,°\text{C}$$

Q_1 : Wärmemenge 1
Q_2 : Wärmemenge 2
Q_m : Mischungswärmemenge
m_1 : Masse 1
m_2 : Masse 2
c_1 : spez. Wärmekapazität 1
c_2 : spez. Wärmekapazität 2
T_1 : Temperatur 1
T_2 : Temperatur 2
T_m : Mischungstemperatur

Excel-Rechenblatt

Wärmestrom

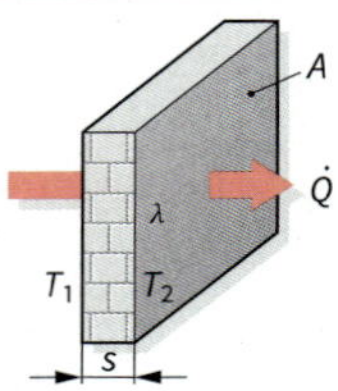

$$\dot{Q} = A \cdot k \cdot \Delta T$$

$\dot{Q}v = \frac{A \cdot \lambda \cdot (T_1 - T_2)}{s}$ $\qquad \frac{\lambda}{s} = k$

Beispiel:

$A = 15\,\text{m}^2$ (Ziegelwand); $k = 1{,}5$ W/(m² · K); $\Delta T = 30$ K; $\dot{Q} = ?$ W

$\dot{Q} = A \cdot k \cdot \Delta T = 15\,\text{m}^2 \cdot 1{,}5\,\frac{\text{W}}{\text{m}^2 \cdot \text{K}} \cdot 30\,\text{K} = 675\,\text{W}$

$\dot{Q}$: Wärmestrom
A : Fläche
s : Wanddicke
ΔT : Temperaturdifferenz
k : Wärmedurchgangszahl
λ : Wärmeleitzahl

Excel-Rechenblatt

Chemie
Chemistry

Atomaufbau

Atomkern (Protonen + Neutronen = Nukleonen)		Atomhülle
Protonen: Elektrisch positiv geladene Kernbausteine. Anzahl der Protonen = Kernladungszahl = Ordnungszahl des Atoms im Periodensystem der Elemente.	**Neutronen:** Elektrisch neutrale Kernbausteine. Elemente, deren Atomkerne gleiche Protonenanzahlen, aber unterschiedliche Neutronenzahlen besitzen, heißen **Isotope**. Protonen und Neutronen haben annähernd die gleiche Masse.	**Elektronen:** Elektrisch negativ geladene Bausteine. Ein neutrales Atom hat die gleiche Anzahl an Protonen und Elektronen. Elektronen haben den 1/1849 Teil der Protonenmasse.

Benennung von Salzen

Säure		Säurerest		Beispiel	
Bezeichnung	Formel	Bezeichnung	Formel	Bezeichnung	Formel
Chlorsäure	$HClO_3$	– chlorat	$[ClO_3]^-$	Kaliumchlorat	$KClO_3$
Chlorige Säure	$HClO_2$	– chlorit	$[ClO_2]^-$	Natriumchlorit	$NClO_2$
Flusssäure	HF	– fluorid	F^-	Kalziumfluorid	CaF_2
Kieselsäure	H_2SiO_3	– silikat	$[SiO_3]^{2-}$	Magnesiumsilikat	$MgSiO_3$
Kohlensäure	H_2CO_3	– carbonat	$[CO_3]^{2-}$	Natriumcarbonat	Na_2CO_3
Phosphorsäure	H_3PO_4	– phosphat	$[PO_4]^{3-}$	Kalziumphosphat	$Ca_3(PO_4)_2$
Phosphorige Säure	H_3PO_3	– phosphit	$[PO_3]^{3-}$	Kalziumphosphit	K_3PO_3
Salpetersäure	HNO_3	– nitrat	$[NO_3]^-$	Silbernitrat	$AgNO_3$
Salpetrige Säure	HNO_2	– nitrit	$[NO_2]^-$	Natriumnitrit	$NaNO_2$
Salzsäure	HCl	– chlorid	Cl^-	Natriumchlorid	$NaCl$
Schwefelsäure	H_2SO_4	– sulfat	$[SO_4]^{2-}$	Kupfersulfat	$CuSO_4$
Schweflige Säure	H_2SO_3	– sulfit	$[SO_3]^{2-}$	Kaliumsulfit	K_2SO_3

Wichtige chemische Verbindungen

Technische Bezeichnung	chemische Bezeichnung	chemische Formel	Technische Bezeichnung	chemische Bezeichnung	chemische Formel
Aceton	Propanon	$(CH_3)_2CO$	Kohlensäure	Kohlendioxid	$CO_2 \cdot H_2O$
Acetylen	Acetylen, Äthin	C_2H_2	Korund	Aluminiumoxid	Al_2O_3
Äther	Äthyläther	$(C_2H_5)_2O$	Kupfervitriol	Kupfersulfat	$CuSO_4 \cdot 5\,H_2O$
Bauxit	Aluminiumhydroxid	$AlO(OH)$ - Verunreinigung	Mennige	Bleioxid	Pb_3O_4
Borax	Natriumtetraborat	$Na_2B_4O_7 \cdot 10\,H_2O$	Salmiak	Ammoniumchlorid	NH_4Cl
Borazon	Bornitrit	BN	Salmiakgeist	Ammoniumhydroxid	NH_4OH
Cyankali	Kaliumcyanid	KCN	Salpetersäure	Salpetersäure	HNO_3
Eisenrost	Eisenoxidhydrat	$FeO \cdot Fe_2O_3 \cdot H_2O$	Salzsäure	Chlorwasserstoff	HCl
Gips	Calciumsulfat	$CaSO_4 \cdot 2\,H_2O$	Schwefelsäure	Schwefelsäure	H_2SO_4
Glycerin	Propantriol	$C_3H_5(OH)_3$	Soda	Natriumkarbonat	Na_2CO_3
Grünspan	Kupferacetat	$Cu(OH)_2 \cdot (CH_3COO)_2Cu$	Spiritus	Äthanol	C_2H_5OH
Karbid	Calciumcarbid	CaC_2	Teflon	Tetrafluorethylen	$(F_2C–CF_2)_n$
Karborund	Siliziumcarbid	SiC	Tetra	Tetrachlorkohlenstoff	CCl_4
Kochsalz	Natriumchlorid	$NaCl$	Tri	Trichloräthylen	C_2HCl_3
Königswasser	3 Vol.-Teile HCl + 1 Vol.-Teil HNO_3		Zellulose	Dextrin	$C_6H_{10}O_5$

Weitere chem. Verbindungen

Stoffwerte gasförmiger Stoffe (20 °C; 1,013 bar)
Physical characteristics of gaseous materials

Stoff	Kurzzeichen	Dichte bei 0 °C ϱ kg/m³	Schmelzpunkt t_{Fl} °C	Siedepunkt t_G °C	Spezif. Wärmekapazität c: p = const. J/(kg · K)	V = const. J/(kg · K)	Löslichkeit bei 20 °C in H_2O g/l	Wärmeleitfähigkeit λ W/(m · K)
Acetylen	C_2H_2	1,17	– 80,8	– 84	1 683	1 330	1,03	0,021
Ammoniak	NH_3	0,771	– 77,7	– 33,4	2 160	1 560	541	0,024
Butan	C_4H_{10}	2,70	–135	– 0,5	–	–	–	0,016
Frigen	CF_2CL_2	5,51	–140	– 30	–	–	–	0,010
Kohlenmonoxid	CO	1,250	–205	–191,55	1 042	750	0,029	0,025
Kohlendioxid	CO_2	1,977	– 56,6[1]	– 78,5	837	630	1,73	0,016
Luft	–	1,29	–220	–191,4	1 005	716	0,019	0,026
Methan	CH_4	0,72	–182,5	–161,5	2 219	1 680	0,024	0,033
Propan	C_3H_8	2,01	–185,3	– 47,7	1 595	1 240	–	0,017
Sauerstoff	O_2	1,429	–218,8	–182,9	917	650	0,044	0,026
Schwefeldioxid	SO_2	2,93	– 73	– 10	1 779	1 483	1,56	0,029
Stickstoff	N_2	1,251	–210	–195,8	1 038	740	0,019	0,026
Wasserstoff	H_2	0,0899	–259,2	–252,8	14 320	10 100	0,002	0,183

[1] bei 5,3 bar; Sublimationspunkt

Stoffwerte flüssiger und fester Stoffe
Physical characteristics of liquid and solid materials

Flüssige Stoffe (20 °C; 1,013 bar)

Stoff	Kurzzeichen	Dichte ϱ kg/dm³	Schmelzpunkt t_{Fl} °C	Siedepunkt t_G °C	Zündtemperatur °C	Spezif. Wärmekapazität c J/(kg · K)	Volumenausdehnungskoeffizient K⁻¹	Wärmeleitfähigkeit λ W/(m · K)
Alkohol (Ethanol)	C_2H_5OH	0,79	−114	78	–	2340	0,0011	0,13
Äther	$(C_2H_5)_2O$	0,71	−116	35	170	2280	0,0016	0,13
Benzin	–	0,68…0,75	−30…−50	40…200	220	2020	0,0010	0,13
Benzol	C_6H_6	0,88	5,5	80,1	250	1725	0,0012	0,15
Dieselkraftstoff	–	0,8…0,85	<− 30	150…350	220	2050	0,00095	0,15
Glycerin	$C_3H_5(OH)_3$	1,26	− 19	290	520	2390	0,0005	0,29
Heizöl	–	≈ 0,82	− 10	> 170	220	2070	0,00095	0,14
Maschinenöl	–	0,91	− 20	380…400	400	2090	0,00093	0,14
Petroleum	–	0,81	− 70	150…300	550	2150	0,0010	0,13
Spiritus (95 %)	C_2H_5OH	0,82	−114	78	520	2430	0,0011	0,17
Wasser (destill.)	H_2O	1,00[1)]	0	100	–	4182	0,0002027	0,06

Feste Stoffe (20 °C; 1,013 bar)

Stoff	Kurzzeichen	Dichte ϱ kg/dm³	Schmelzpunkt/-bereich t_{Fl} °C	Siedepunkt t_G °C	Spezif. Schmelzwärme t_G kJ/kg	Spezif. Wärmekapazität q J/(kg · K)	Längenausdehnungskoeffizient α K⁻¹	Wärmeleitfähigkeit λ W/(m · K)
Aluminiumoxid	Al_2O_3	4,0	2050	2700	263	764	0,0000065	12…23
Al-Legierung	AlCu4MgSi	2,8	530…650			960	0,000023	180
	AlSi1MgMn	2,7	600…645			920	0,000023	175
Asbest	–	2,1…2,8	≈ 1300	–	–	810	–	–
Beton	–	1,8…2,2	–	–	–	880	0,0001	1
Cu-Legierung	CuAl10Fe5Ni5	7,4…7,7	≈ 1040	≈ 2300		440	0,000016	61
	CuNi25		≈ 1260	≈ 2400		410	0,0000152	23
	CuSn6	7,4…8,9	≈ 900	≈ 2300		380	0,0000175	46
	CuZn30	8,4…8,7	≈ 900	≈ 2300	167	390	0,0000185	105
Eis	–	0,92	0	100	332	2090	0,00005	2,3
Fette	–	0,93	30…180	≈ 300	–	–	–	0,21
Gips	$CaSO_4$	2,3	1200	–	–	–	–	0,45
Glas	–	2,4…2,7	≈ 700	–		850	0,000005	0,81
Grafit	–	2,2	≈ 3800	≈ 4200	–	710	0,000008	168
Gusseisen	EN-GJL200	7,25	1150…1250	≈ 2500	125	540	0,0000105	50
Hartmetall	HW-P20	11,9	> 2000	≈ 4000		800	0,000060	81
Konstantan	CuNi44	8,9	1280	≈ 2600	–	410	0,000014	23
Korund	Al_2O_3	4,0	2050	2700	263	764	0,0000065	12…23
Mg-Legierung	MgAl6Zn	1,8	≈ 630	≈ 1500		1017	0,000024	65
Polystyrol	PS	1,05	–	–		1300	0,000070	0,13…0,16
Polyvinylchlorid	PVC	1,35	–	–	165	1500	0,000080	0,16…0,17
Porzellan	–	2,3…2,5	1600	–		880	0,000004	1,6
Quarz	SiO_2	2,1…2,6	1480	2230		745	0,000008	9,9
Siliziumkarbid	SiC	2,4	über 3000 °C Zerfall in C und Si		158	678	0,000008	9
Stahl, unlegiert	C22	7,85	1510	≈ 2500	205	490	0,000011	48…58
Stahl, niedrigleg.	16MnCr5	7,85	1490	≈ 2500	192	460	0,0000111	25
Stahl, hochleg.	X210CrW12	7,9	1450	≈ 2500	213	510	0,0000167	21

1) bei 4 °C

Periodensystem der Elemente
Periodic table of the elements

Periode (Schale) \ Gruppe*	1 (Ia)	2 (IIa)	3 (IIIb)	4 (IVb)	5 (Vb)	6 (VIb)	7 (VIIb)	8 (VIII)	9 (VIII)	10 (VIII)	11 (Ib)	12 (IIb)	13 (IIIa)	14 (IVa)	15 (Va)	16 (VIa)	17 (VIIa)	18 (VIIIa)
1 (K)	1 H Wasserstoff −252,9 0,0899																	2 He Helium −268,9 0,1785
2 (L)	3 Li Lithium 180,5 0,534	4 Be Beryllium 1278 1,848											5 B Bor 2300 2,46	6 C Kohlenstoff 3550 2,26	7 N Stickstoff −195,8 1,2506	8 O Sauerstoff −182,96 1,429	9 F Fluor −188,1 1,696	10 Ne Neon −246,1 0,899
3 (M)	11 Na Natrium 97,8 0,971	12 Mg Magnesium 648,8 1,738											13 Al Aluminium 660,5 2,699	14 Si Silicium 1410 2,33	15 P Phosphor 44 1,82	16 S Schwefel 113 2,07	17 Cl Chlor −34,6 3,214	18 Ar Argon −189,4 1,784
4 (N)	19 K Kalium 63,7 0,862	20 Ca Calcium 839 1,55	21 Sc Scandium 1539 2,989	22 Ti Titan 1660 4,51	23 V Vanadium 1890 6,09	24 Cr Chrom 1857 7,19	25 Mn Mangan 1246 7,43	26 Fe Eisen 1535 7,87	27 Co Cobalt 1495 8,89	28 Ni Nickel 1453 8,91	29 Cu Kupfer 1083,5 8,96	30 Zn Zink 419,6 7,14	31 Ga Gallium 29,8 5,904	32 Ge Germanium 937,4 5,323	33 As Arsen 613 5,72	34 Se Selen 217 4,82	35 Br Brom 58,8 3,14	36 Kr Krypton −152,3 3,749
5 (O)	37 Rb Rubidium 39 1,532	38 Sr Strontium 769 2,63	39 Y Yttrium 1523 4,469	40 Zr Zirconium 1855 6,506	41 Nb Niob 2468 8,57	42 Mo Molybdän 2617 10,28	43 Tc Technetium 2172 11,5	44 Ru Ruthenium 2310 12,45	45 Rh Rhodium 1966 12,41	46 Pd Palladium 1552 12,02	47 Ag Silber 961,9 10,5	48 Cd Cadmium 321 8,642	49 In Indium 156,6 7,31	50 Sn Zinn 232 7,29	51 Sb Antimon 630,7 6,691	52 Te Tellur 449,6 6,24	53 I Iod 113,5 4,94	54 Xe Xenon −107 5,897
6 (P)	55 Cs Cäsium 28,4 1,873	56 Ba Barium 725 3,65	57…71	72 Hf Hafnium 2150 13,31	73 Ta Tantal 2996 16,654	74 W Wolfram 3407 19,26	75 Re Rhenium 3180 21,20	76 Os Osmium 3045 22,61	77 Ir Iridium 2410 22,56	78 Pt Platin 1772 21,45	79 Au Gold 1064,4 19,32	80 Hg Quecksilber 356,6 13,546	81 Tl Thallium 1457 11,85	82 Pb Blei 327,5 11,34	83 Bi Bismut 271,4 9,80	84 Po Polonium 254 9,20	85 At Astat 302 k. A.	86 Rn Radon −61,8 9,73
7 (Q)	87 Fr Francium 27 k. A.	88 Ra Radium 700 5,50	89…103	104 Rf Rutherfordium 261,109 k. A.	105 Db Dubnium 262,114 k. A.	106 Sg Seaborgium 263,118 k. A.	107 Bh Bohrium 262,123 k. A.	108 Hs Hassium 265 k. A.	109 Mt Meitnerium 266 k. A.	110 Ds Darmstadtium 269 k. A.	111 Rg Roentgenium 272 k. A.	112 Cn Copernicium 285 k. A.	113 Nh Nihonium 284 k. A.	114 Fl Flerovium 289 k. A.	115 Mc Moscovium 288 k. A.	116 Lv Livermorium 292 k. A.	117 Ts Tennessine k. A. k. A.	118 Og Oganesson k. A. k. A.

Periode (Schale)																
6 (P)	Lanthanoide 57…71 57…71	57 La Lanthan 920 6,145	58 Ce Cer 798 6,77	59 Pr Praseodym 931 6,773	60 Nd Neodym 1010 7,008	61 Pm Promethium 1080 7,264	62 Sm Samarium 1072 7,52	63 Eu Europium 822 5,26	64 Gd Gadolinium 1311 7,89	65 Tb Terbium 1360 8,23	66 Dy Dysprosium 1409 8,56	67 Ho Holmium 1470 8,795	68 Er Erbium 1522 9,066	69 Tm Thulium 1545 9,321	70 Yb Ytterbium 824 6,966	71 Lu Lutetium 1656 9,841
7 (Q)	Actinoide 89…103 89…103	89 Ac Actinium 1047 10,07	90 Th Thorium 1750 11,72	91 Pa Protactinium 1554 15,37	92 U Uran 1132,4 18,95	93 Np Neptunium 640 20,45	94 Pu Plutonium 641 19,84	95 Am Americium 994 13,67	96 Cm Curium 1340 13,51	97 Bk Berkelium 986 13,25	98 Cf Californium 900 15,10	99 Es Einsteinium 860 k. A.	100 Fm Fermium 1526 k. A.	101 Md Mendelevium 827 k. A.	102 No Nobelium 827 k. A.	103 Lr Lawrencium 1627 k. A.

Legende (Beispiel 26 Fe, Eisen, 1535, 7,86):

- Ordnungszahl
- Elementsymbol
- Kristallstruktur
- Elementname
- Schmelzpunkt (feste Elemente)
- Siedepunkt (flüssige/gasförmige Elemente)
- Dichte: feste/flüssige Elemente in kg/dm³; gasförmige Elemente in kg/m³

Fe festes Element
Hg flüssiges Element
O gasförmiges Element
U natürliches, radioaktives Element
Rf künstliches, radioaktives Element
Uub* vorläufiges Symbol

Kristallstruktur: amorph · kubisch-flächenzentriert · monoklin · rhomboedrisch · hexagonal · kubisch-raumzentriert · orthorhombisch · tetragonal

Gruppierung: Nichtmetall · Leichtmetall · Edelmetall · Halbmetall · Schwermetall · Edelgas

* IUPAC-Empfehlung (www.iupac.org)
herkömmliche Gruppenbezeichn.
k. A.: keine Angabe

Stoffwerte chemischer Elemente
Physical characteristics of chemical elements

Element	Symbol	Ordnungszahl	Raumgitter[1]	Zustand[2]	Dichte[3] bei 20 °C ϱ kg/dm³ kg/m³	Schmelzpunkt t_{Fl} °C	Siedepunkt bei 1,013 bar t_G °C	Spezif. Schmelzwärme bei 1,013 bar q in kJ/mol	Spezif. Wärmekapazität bei 20 °C c J/(kg · K)	Spezif. elektr. Widerstand bei 20°C ϱ_{20} Ω · mm²/m	Wärmeleitfähigkeit bei 25 °C λ W/(m · K)	Längenausdehnungskoeffizient bei 20 °C α K⁻¹
Aluminium	Al	13	kfz	f/M	2,699	660,5	2467	10,7	900	0,027	237	0,0000239
Antimon	Sb	51	rho	f/HM	6,691	630,7	1750	19,7	207	0,347	24,3	0,0000105
Argon	Ar	18	–	g/EG	1,784	– 189,4	– 185,9	1,18	520	–	0,0177	–
Arsen	As	33	rho	f/HM	5,72	613[4]	sublimiert	27,7	330	0,29	50	0,0000047
Barium	Ba	56	krz	f/M	3,65	725	1640	8	204	0,359	19	0,0000184
Beryllium	Be	4	hex	f/M	1,848	1278	2970	7,95	1825	0,042	200	0,0000106
Bismut	Bi	83	rho	f/M	9,8	271,4	1560	10,9	122	1,099	7,87	0,0000133
Blei	Pb	82	kfz	f/M	11,34	327,5	1740	4,77	129	0,21	35,3	0,0000293
Bor	B	5	rho	f/NM	2,46	2300	2550	22,6	1026	0,909	27	0,0000083
Cadmium	Cd	48	hex	f/M	8,642	321	765	6,3	232	0,075	96,8	0,0000298
Calcium	Ca	20	kfz	f/M	1,55	839	1487	8,554	647	0,034	200	0,0000223
Cer	Ce	58	kfz	f/M	6,77	798	3257	5,5	190	0,87	11,4	0,000008
Chlor	Cl	17	–	g/G	3,214	– 101	– 34,6	3,2	480	–	0,0089	–
Chrom	Cr	24	krz	f/M	7,19	1857	2482	20,5	449	0,128	93,7	0,0000062
Cobalt	Co	27	hex	f/M	8,89	1495	2870	16,2	421	0,062	100	0,0000123
Eisen	Fe	26	krz	f/M	7,87	1535	2750	13,8	449	0,097	80,2	0,0000117
Fluor	F	9	–	g/G	1,696	– 219,6	– 188,1	0,26	824	–	0,0279	
Gold	Au	79	kfz	f/EM	19,32	1064,4	2940	12,5	128	0,024	317	0,0000142
Helium	He	2	–	g/EG	0,1785	– 272,2	– 268,9	0,02	5193	–	0,152	–
Iod	I	53	ort	f/NM	4,94	113,5	184,4	7,76	145	–	0,449	0,000093
Iridium	Ir	77	kfz	f/EM	22,56	2410	4130	26	130	0,053	147	0,0000066
Kalium	K	19	krz	f/M	0,862	63,7	774	2,33	757	0,076	102,5	0,000083
Kohlenstoff	C	6	kub	f/NM	2,26	3550	4827	105	709	–	155	–
Kupfer	Cu	29	kfz	f/M	8,96	1083,5	2595	13,1	385	0,017	401	0,0000165
Lanthan	La	57	hex	f/M	6,145	920	3454	6,3	190	0,794	13,5	–
Magnesium	Mg	12	hex	f/M	1,738	648,8	1107	8,7	1020	0,044	156	0,0000245
Mangan	Mn	25	krz	f/M	7,43	1246	2062	13,2	480	2	7,82	0,000022
Molybdän	Mo	42	krz	f/M	10,28	2617	5560	36	250	0,052	138	0,0000027
Natrium	Na	11	krz	f/M	0,971	97,8	892	2,6	1230	0,047	141	0,0000027
Nickel	Ni	28	kfz	f/M	8,91	1453	2732	17,2	444	0,068	90,7	0,0000133
Niob	Nb	41	krz	f/M	8,57	2468	4927	26,8	265	0,156	53,7	0,0000071
Phosphor	P	15	mon	f/NM	1,82	44	280	0,64	769	–	0,235	0,0000125
Platin	Pt	78	kfz	f/EM	21,45	1772	3827	20	130	0,105	71,6	0,000009
Quecksilber	Hg	80	rho	fl/M	13,546	– 38,9	356,6	2,29	140	0,941	8,34	–
Rhodium	Rh	45	kfz	f/EM	12,41	1966	3727	21,7	242	0,045	150	0,0000083
Sauerstoff	O	8	–	g/G	1,429	– 218,4	– 182,96	0,222	920	–	0,0267	–
Schwefel	S	16	ort	f/NM	2,07	113	444,7	1,73	710	–	0,269	0,000064
Selen	Se	34	hex	f/HM	4,82	217	685	5,4	320	–	2,04	0,000037
Silber	Ag	47	kfz	f/M	10,5	961,9	2212	11,3	235	0,016	429	0,0000197
Silicium	Si	14	kfz	f/HM	2,33	1410	2355	50,2	700	1000	148	0,0000025
Stickstoff	N	7	–	g/G	1,2506	– 209,9	– 195,8	0,36	1042	–	0,026	–
Tantal	Ta	73	krz	f/M	16,654	2996	5425	36	140	0,14	57,5	0,0000066
Thorium	Th	90	kfz	f/M	11,72	1750	4787	16	113	0,153	54	0,000011
Titan	Ti	22	hex	f/M	4,51	1660	3260	18,7	523	0,42	21,9	0,0000084
Uran	U	92	ort	f/M	18,95	1132,4	3818	14	120	0,263	27,6	–
Vanadium	V	23	krz	f/M	6,09	1890	3380	22,8	489	0,256	30,7	0,0000083
Wasserstoff	H	1	–	g/G	0,0899	– 259,1	– 252,9	0,558	14304	–	0,1818	–
Wolfram	W	74	krz	f/M	19,26	3407	5927	35	130	0,057	174	0,0000046
Zink	Zn	30	hex	f/M	7,14	419,6	907	7,35	388	0,059	116	0,0000397
Zinn	Sn	50	tet	f/M	7,29	232	2270	7	228	0,11	66,6	0,000023
Zirconium	Zr	40	hex	f/M	6,506	1855	4377	21	278	0,424	22,7	0,0000058

[1] am: amorph; hex: hexagonal; kfz: kubisch-flächenzentriert; krz: kubisch-raumzentriert; mon: monoklin; ort: orthorhombisch (rhombisch); rho: rhomboedrisch (trigonal); tet: tetragonal;
[2] f: fest; fl: flüssig; g: gasförmig; EG: Edelgas; EM: Edelmetall; G: Gas; HM: Halbmetall; NM: Nichtmetall; M: Metall;
[3] Feste und flüssige Elemente in kg/dm³ bei 20 °C und 1,013 bar; gasförmige Elemente in kg/m³ bei 0 °C und 1,013 bar;
[4] Arsen sublimiert bei 613 °C: es geht vom festen direkt in den gasförmigen Aggregatzustand über.

Weitere Stoffwerte

B

E

F

K

L

Q

R

S

U

V

|BC GmbH Verlags- und Medien-, Forschungs- und Beratungsgesellschaft, Ingelheim: 1.2, 8.2, 9.2, 9.3, 9.4, 9.5, 9.6, 9.7, 9.8, 9.9, 9.10, 10.2, 10.3, 10.4, 15.2, 15.3, 15.6, 15.7, 15.8, 16.5, 16.7, 16.8, 16.10, 21.14, 21.15, 21.16, 21.17, 21.18, 21.20, 21.21, 21.22, 21.24, 21.25, 22.14, 22.33, 23.2, 23.3, 457.7, 457.8, 457.9, 457.11. |deckermedia GbR, Rostock: 1.4, 1.6, 1.7, 4.1, 6.1, 7.1, 9.1, 17.1, 18.1, 18.2, 18.3, 18.4, 19.1, 19.2, 20.1, 20.2, 20.3, 20.4, 21.1, 21.26, 23.8, 23.9, 24.1, 24.2, 25.1, 28.1, 29.1, 29.2, 29.3, 29.4, 30.1, 30.2, 31.1, 32.1, 32.2, 32.3, 32.4, 33.1, 34.1, 34.2, 34.3, 34.4, 34.5, 34.6, 34.7, 34.8, 34.9, 35.1, 35.2, 35.3, 36.1, 36.2, 36.3, 36.4, 37.1, 37.2, 38.1, 38.2, 38.3, 39.1, 40.1, 41.1, 42.1, 42.2, 42.3, 43.3, 44.1, 48.1, 49.1, 50.1, 51.1, 51.2, 51.3, 51.4, 54.1, 56.1, 62.1, 62.2, 62.3, 62.4, 62.5, 63.2, 68.1, 69.1, 69.2, 69.3, 73.3, 73.4, 73.5, 73.6, 73.8, 73.9, 73.10, 73.11, 73.12, 73.13, 73.14, 73.15, 73.16, 73.17, 74.1, 74.2, 74.3, 74.4, 74.6, 74.7, 74.8, 74.9, 74.10, 74.13, 74.16, 74.17, 74.18, 74.19, 74.20, 74.21, 74.22, 75.1, 75.2, 75.3, 75.4, 75.5, 75.6, 75.7, 75.8, 75.9, 75.10, 76.1, 76.2, 77.1, 80.1, 81.1, 82.1, 82.2, 82.3, 82.4, 82.5, 84.1, 84.2, 84.3, 84.4, 90.1, 91.2, 91.3, 94.1, 99.1, 99.2, 107.1, 107.2, 107.3, 107.4, 108.1, 110.1, 110.2, 110.3, 110.4, 110.5, 112.1, 112.3, 112.4, 116.1, 116.2, 116.3, 118.1, 120.1, 120.2, 126.1, 128.1, 128.2, 130.1, 130.2, 130.3, 130.4, 130.5, 130.6, 131.1, 131.2, 131.3, 131.5, 131.6, 132.2, 132.3, 133.3, 134.1, 134.2, 135.1, 135.2, 136.1, 138.1, 139.1, 139.2, 141.1, 141.2, 142.1, 143.1, 144.1, 144.2, 144.3, 144.4, 145.1, 147.1, 147.2, 148.1, 150.1, 150.2, 150.3, 150.4, 150.5, 150.6, 151.1, 151.2, 151.3, 151.4, 151.5, 151.6, 151.7, 152.1, 152.2, 153.1, 153.2, 154.1, 154.2, 154.3, 155.1, 155.2, 155.3, 155.4, 155.5, 155.6, 156.1, 156.2, 157.1, 158.1, 158.2, 158.3, 158.4, 160.1, 160.2, 161.1, 161.2, 161.3, 161.4, 161.5, 161.6, 161.7, 161.8, 161.9, 162.1, 162.2, 163.1, 166.1, 167.2, 167.3, 167.4, 167.5, 167.6, 167.7, 167.8, 167.9, 167.10, 168.1, 169.2, 170.1, 172.1, 172.2, 172.3, 172.4, 172.5, 172.6, 172.7, 172.8, 173.1, 174.2, 179.1, 179.2, 179.3, 179.4, 179.5, 179.6, 179.7, 179.8, 179.9, 179.10, 179.11, 179.12, 179.13, 180.1, 180.2, 180.3, 180.4, 181.1, 181.2, 182.1, 182.2, 182.3, 183.1, 184.1, 185.2, 192.2, 192.3, 192.4, 192.5, 192.6, 192.7, 192.8, 193.1, 193.2, 193.3, 194.1, 195.2, 195.3, 196.1, 196.2, 196.3, 196.4, 197.1, 198.1, 200.1, 200.2, 201.1, 203.1, 204.1, 205.1, 206.3, 207.2, 208.3, 210.1, 210.2, 210.3, 210.4, 210.5, 210.6, 210.7, 211.1, 211.2, 211.5, 211.8, 214.1, 214.2, 214.3, 214.4, 216.5, 221.8, 242.1, 242.2, 242.3, 242.4, 242.5, 242.6, 242.7, 242.8, 242.9, 242.10, 242.11, 242.12, 242.13, 242.14, 242.15, 242.16, 242.17, 242.18, 243.1, 243.2, 243.3, 243.4, 243.5, 243.6, 243.7, 243.8, 243.9, 243.10, 243.11, 243.12, 243.13, 243.14, 243.15, 243.16, 243.17, 243.18, 251.4, 266.1, 266.2, 266.3, 266.4, 266.5, 267.1, 267.2, 267.3, 267.4, 268.1, 268.2, 268.3, 268.4, 268.5, 268.6, 269.1, 269.2, 269.3, 269.4, 269.5, 270.1, 270.2, 270.3, 270.4, 270.5, 270.6, 270.7, 270.8, 271.1, 271.2, 271.3, 272.1, 272.2, 273.1, 274.1, 274.2, 275.1, 275.2, 275.3, 275.4, 275.5, 276.1, 276.2, 276.3, 276.4, 276.5, 276.6, 277.1, 277.2, 277.3, 277.4, 277.5, 278.1, 278.2, 278.3, 279.1, 279.2, 282.1, 283.1, 284.9, 285.1, 293.1, 293.2, 294.1, 294.2, 295.1, 296.1, 297.1, 297.2, 299.1, 300.1, 302.1, 302.2, 302.3, 302.4, 302.5, 302.6, 302.7, 302.8, 302.9, 302.10, 302.11, 302.12, 302.13, 302.14, 302.15, 302.16, 302.17, 302.18, 302.19, 302.20, 302.21, 302.22, 302.23, 302.24, 302.25, 302.26, 302.27, 302.28, 302.29, 302.30, 302.31, 302.32, 302.33, 302.34, 303.1, 303.2, 303.3, 303.4, 303.5, 303.6, 303.7, 303.8, 303.9, 303.10, 303.11, 303.12, 303.13, 303.14, 303.15, 303.16, 303.17, 303.18, 303.19, 303.20, 303.21, 303.22, 303.23, 303.24, 303.25, 303.26, 303.27, 303.28, 303.29, 303.30, 303.31, 303.32, 303.33, 303.34, 303.35, 303.36, 303.37, 303.38, 303.39, 303.40, 303.41, 303.42, 303.43, 303.44, 303.45, 303.46, 303.47, 303.48, 303.49, 303.50, 304.2, 305.1, 305.5, 306.1, 306.2, 308.1, 308.2, 310.2, 310.3, 311.1, 314.1, 317.1, 317.2, 318.1, 319.1, 322.1, 322.2, 322.3, 322.4, 322.5, 322.6, 322.7, 322.8, 322.9, 323.1, 323.2, 323.3, 323.4, 324.1, 325.1, 326.1, 327.1, 327.2, 328.1, 328.2, 328.3, 329.1, 329.2, 329.3, 330.1, 331.1, 331.2, 331.3, 331.4, 331.5, 331.6, 331.7, 331.8, 331.9, 331.10, 332.1, 334.1, 334.2, 336.1, 336.2, 336.3, 337.2, 338.2, 339.1, 339.2, 340.1, 340.2, 340.3, 340.4, 341.1, 341.2, 341.3, 342.1, 342.2, 342.3, 343.1, 343.2, 343.3, 344.1, 344.2, 344.3, 344.4, 344.5, 344.6, 344.7, 345.1, 345.2, 345.3, 345.4, 345.5, 345.6, 345.7, 345.8, 345.9, 345.10, 345.11, 346.1, 347.1, 347.2, 347.3, 347.4, 348.1, 348.2, 349.1, 349.2, 349.3, 350.1, 350.2, 351.1, 351.2, 351.3, 351.4, 351.5, 351.6, 351.7, 351.8, 352.1, 352.2, 352.3, 352.4, 353.1, 353.2, 353.3, 353.4, 353.5, 354.1, 354.2, 354.3, 354.4, 354.5, 355.1, 355.2, 355.3, 356.1, 356.2, 357.1, 357.2, 357.3, 358.1, 358.2, 358.3, 358.4, 358.5, 358.6, 358.7, 359.1, 359.2, 359.3, 359.4, 360.1, 360.2, 360.3, 361.1, 361.2, 361.3, 361.4, 362.1, 362.2, 362.3, 363.1, 363.2, 363.3, 363.4, 363.5, 363.6, 363.7, 363.8, 363.9, 363.10, 363.11, 363.12, 363.13, 363.14, 363.15, 363.16, 363.17, 364.1, 364.2, 365.1, 365.2, 365.3, 366.1, 366.2, 367.1, 367.2, 367.3, 367.4, 367.5, 368.1, 368.2, 368.3, 368.4, 368.5, 369.1, 369.2, 369.3, 370.2, 370.4, 371.1, 372.1, 372.2, 373.1, 373.2, 373.3, 373.4, 374.1, 374.2, 374.3, 375.1, 375.2, 376.1, 376.2, 376.3, 377.1, 378.1, 378.2, 379.1, 379.2, 379.3, 380.1, 381.1, 381.2, 381.3, 381.4, 382.1, 382.2, 382.3, 382.4, 383.1, 383.2, 384.1, 384.2, 385.1, 385.2, 385.3, 385.4, 385.5, 385.6, 385.7, 385.8, 385.9, 386.1, 386.2, 386.3, 387.1, 387.2, 387.3, 388.1, 388.2, 389.1, 389.2, 389.3, 390.1, 390.2, 391.1, 392.1, 392.2, 393.1, 393.2, 394.1, 394.2, 395.1, 395.2, 395.3, 396.1, 396.2, 397.1, 397.2, 398.1, 398.2, 398.3, 398.4, 398.5, 398.6, 398.7, 398.8, 399.1, 399.2, 399.3, 399.4, 399.5, 399.6, 399.7, 400.1, 400.2, 400.3, 400.4, 401.1, 401.2, 401.3, 401.4, 401.5, 401.6, 402.1, 402.2, 402.3, 402.4, 402.5, 402.6, 402.7, 403.1, 403.2, 403.3, 404.1, 404.2, 404.3, 405.1, 405.2, 405.3, 405.4, 405.5, 406.1, 406.2, 406.3, 406.4, 407.1, 407.2, 407.3, 408.1, 408.2, 408.3, 408.4, 409.1, 410.1, 410.2, 410.3, 411.1, 411.2, 411.3, 411.4, 411.5, 411.6, 411.7, 411.8, 411.9, 411.10, 411.11, 411.12, 411.13, 411.14, 411.15, 411.16, 411.17, 411.18, 411.19, 411.20, 411.21, 411.22, 411.23, 411.24, 411.25, 411.26, 411.27, 411.28, 411.29, 411.30, 411.31, 412.1, 412.2, 412.3, 413.1, 413.2, 414.1, 414.2, 416.1, 416.2, 417.1, 417.2, 417.3, 418.1, 418.2, 419.1, 419.2, 420.1, 420.2, 420.3, 420.4, 420.5, 420.6, 420.7, 420.8, 420.9, 420.10, 420.11, 420.12, 420.13, 420.14, 420.15, 420.16, 420.17, 420.18, 421.1, 422.1, 422.2, 422.3, 422.4, 422.5, 422.6, 422.7, 422.8, 422.9, 422.10, 422.11, 422.12, 422.13, 422.14, 422.15, 422.16, 422.17, 422.18, 423.1, 423.2, 423.3, 423.4, 423.5, 423.6, 423.7, 423.8, 423.9, 423.10, 424.1, 426.1, 427.1, 427.2, 427.3, 427.4, 428.1, 428.2, 428.3, 428.4, 428.5, 428.6, 428.7, 428.8, 428.9, 428.10, 428.11, 428.12, 428.13, 428.14, 428.15, 428.16, 428.17, 428.18, 428.19, 429.1, 429.2, 429.3, 429.4, 429.5, 429.6, 429.7, 429.8, 430.1, 430.2, 430.3, 431.1, 431.2, 432.1, 432.2, 432.3, 432.4, 432.5, 432.6, 433.1, 433.2, 433.3, 433.4, 433.5, 433.6, 433.7, 433.8, 433.9, 434.1, 435.1, 435.2, 435.3, 435.4, 435.5, 435.6, 435.7, 435.8, 436.1, 436.2, 438.1, 439.1, 439.2, 439.3, 439.4, 439.5, 439.6, 439.7, 439.8, 439.9, 440.2, 441.1, 442.1, 442.2, 442.3, 443.1, 443.2, 444.1, 444.2, 445.1, 446.1, 446.2, 447.1, 447.2, 448.1, 449.1, 449.2, 449.3, 449.4, 449.5, 449.6, 449.7, 449.8, 449.9, 449.10, 450.1, 450.2, 450.3, 450.4, 450.5, 450.6, 450.7, 450.8, 450.9, 451.1, 452.1, 453.1, 454.1, 454.2, 455.1, 455.2, 457.1, 457.5, 457.6, 457.12, 457.13, 457.14, 457.15, 457.16, 457.17, 459.1, 460.1, 460.2, 465.1, 465.2, 465.3, 465.4, 465.5, 465.6, 466.1, 468.1, 468.2, 468.3, 468.4, 469.1, 469.2, 470.1, 471.1, 471.2, 471.3, 471.4, 472.1, 472.2, 472.3, 472.5, 474.1, 474.2, 474.3, 474.4, 475.1, 475.2, 476.1, 476.2, 476.3, 476.4, 476.5, 476.6, 476.7, 476.8, 476.9, 477.1, 477.2, 477.3, 477.4, 477.5, 477.6, 477.7, 477.8, 477.9, 477.10, 483.1, 483.2, 483.3, 483.4, 483.5, 484.1, 484.2, 484.3, 484.4, 484.5, 484.6, 484.7, 484.8, 484.9, 485.1, 485.2, 485.3, 485.4, 485.5, 485.6, 485.7, 486.1, 486.2, 486.3, 486.4, 486.5, 486.6, 486.7, 486.8, 487.1, 487.2, 487.3, 487.4, 487.5, 487.6, 487.7, 487.8, 487.9, 487.10, 488.1, 488.2, 488.3, 488.4, 488.5, 488.6, 488.7, 488.8, 489.1, 489.2, 489.3, 489.4, 489.5, 489.6, 489.7, 489.8, 489.9, 489.10, 489.11, 489.12, 489.13, 490.1, 490.2, 490.3, 490.4, 491.2, 491.4, 491.6, 491.8, 491.10, 492.2, 492.4, 492.6, 492.8, 492.9, 492.11, 493.2, 493.5, 494.3, 494.5, 494.7, 495.1, 495.2, 495.4, 495.6, 495.7, 496.2, 496.3, 496.4, 496.5, 496.6, 496.7, 497.2, 497.4, 497.6, 497.8, 498.1, 498.2, 498.3, 498.4, 498.5, 498.6, 498.7, 498.8, 498.9, 498.10, 499.2, 499.4, 499.6, 499.8, 499.10, 500.2, 500.4, 500.6, 500.9, 501.2, 501.4, 501.6, 501.8, 501.11, 501.13, 502.2, 502.4, 502.6, 502.8, 502.10, 502.12, 502.13, 502.14, 503.2, 503.4, 503.6, 503.8, 503.10, 503.11, 504.3, 504.4, 505.1, 505.2, 505.3, 505.4, 505.5, 505.6, 505.7, 505.8, 505.9, 506.2, 506.3, 507.1, 507.2, 507.3, 507.4, 507.5, 507.6, 507.7, 507.8, 507.9, 507.10, 507.11, 507.12, 508.1, 508.2, 508.3, 508.4, 508.5, 508.6, 508.7, 508.8, 508.9, 508.10, 509.1, 509.2, 509.3, 509.5, 509.7, 509.9, 509.11, 510.1, 510.2, 510.3, 510.4, 510.5, 510.6, 510.7, 510.8, 510.9, 510.10, 511.1, 513.1, 513.2, 514.1. |Deutsche Gesetzliche Unfallversicherung e. V. (DGUV-Test), Sankt Augustin: 458.8. |Di Gaspare, Michele (Bild und Technik Agentur für technische Grafik und Visualisierung), Bergheim: 43.1, 45.2, 45.3, 47.2, 47.3, 47.4, 47.5, 47.6, 47.7, 47.8, 47.9, 53.1, 57.1, 57.2, 57.3, 57.4, 57.5, 57.6, 57.7, 57.8, 58.1, 58.2, 59.1, 59.2, 60.1, 60.2, 60.3, 60.4, 60.5, 60.6, 60.7, 60.8, 61.1, 61.2, 61.3, 61.4, 61.5, 61.6, 61.7, 61.8, 61.9, 70.1, 70.2, 70.3, 70.4, 70.5, 70.6, 70.7, 70.8, 70.9, 71.1, 71.3, 71.5, 71.7, 71.9, 71.10, 73.7, 74.5, 74.11, 74.12, 77.2, 77.3, 77.4, 77.6, 78.5, 79.8, 79.9, 79.11, 83.5, 195.1,

309.1, 310.1. |DLRG Deutsche Lebens-Rettungs-Gesellschaft e.V., Bad Nenndorf: 1.1, 8.4. |Eaton Industries GmbH, Bonn: 458.15. |Europäische Kommission, Berlin: 1995-2020 458.2. |Falk, Dietmar, Schwelm: 211.6, 211.7, 214.5, 214.6, 214.7, 214.8, 215.1, 215.2, 215.3, 215.4, 215.5, 215.6, 216.1, 216.2, 216.3, 216.4, 217.1, 217.2, 217.3, 217.4, 217.5, 217.6, 217.7, 217.8, 218.1, 218.2, 218.3, 218.4, 219.1, 219.2, 219.3, 219.4, 219.5, 219.6, 219.7, 219.8, 220.1, 220.2, 220.3, 220.4, 221.1, 221.2, 221.3, 221.4, 221.5, 221.6, 221.7, 228.1, 228.2, 228.3, 228.4, 231.1, 232.1, 232.2, 232.3, 232.4, 232.5, 234.3, 234.4, 236.1, 237.1, 238.1, 238.2, 238.3, 239.1, 239.2, 239.3, 240.1, 240.2, 240.3, 240.4, 240.5, 241.1, 241.2, 244.1, 244.2, 244.3, 244.4, 244.5, 244.6, 244.7, 244.8, 245.1, 245.2, 245.3, 245.4, 245.5, 245.6, 246.1, 246.2, 246.3, 246.4, 247.1, 247.2, 247.3, 247.4, 247.5, 247.6, 247.7, 247.8, 248.1, 248.2, 248.3, 248.4, 249.1, 249.2, 249.3, 249.4, 249.5, 249.6, 249.7, 249.8, 251.1, 251.2, 251.3, 251.5, 252.1, 252.2, 253.1, 253.2, 254.1, 255.1, 255.3, 255.4, 255.5, 255.6, 258.1, 258.2, 258.3, 260.1, 260.2, 261.1, 261.2, 262.1, 262.2, 263.1, 263.2. |Heinrich Klar Schilder- u. Etikettenfabrik GmbH & Co. KG, Wuppertal: 1.5, 15.4, 15.5, 16.2, 16.3, 16.4, 16.6, 16.9, 16.11, 21.2, 21.3, 21.4, 21.5, 21.6, 21.7, 21.8, 21.9, 21.10, 21.11, 21.12, 21.13, 21.19, 21.23, 22.1, 22.2, 22.3, 22.4, 22.5, 22.6, 22.7, 22.8, 22.9, 22.10, 22.11, 22.12, 22.13, 22.15, 22.16, 22.17, 22.18, 22.19, 22.20, 22.21, 22.22, 22.23, 22.24, 22.25, 22.26, 22.27, 22.28, 22.29, 22.30, 22.31, 22.32, 22.34, 22.35, 22.36, 22.37, 22.38, 22.39, 22.40, 22.41, 22.42, 22.43, 22.44, 23.4, 23.5, 23.6, 23.7, 457.2, 457.3, 457.4, 457.10, 458.6. |Helukabel GmbH, Hemmingen: 456.1, 456.2, 456.3, 456.4, 456.5, 456.6, 456.7, 456.8, 456.9. |iStockphoto.com, Calgary: 79mtk 1.3; gerduess 8.3. |Kirschberg, Uwe Dr., Ohrdruf: 223.1. |Lithos, Wolfenbüttel: 8.1, 10.1, 15.1, 16.1, 23.1, 41.2, 43.2, 45.1, 46.1, 46.2, 47.1, 56.2, 56.3, 71.2, 71.4, 71.6, 71.8, 73.1, 73.2, 74.14, 74.15, 75.11, 75.12, 75.13, 75.14, 76.3, 76.4, 76.5, 77.5, 77.7, 78.1, 78.2, 78.3, 78.4, 78.6, 78.7, 78.8, 78.9, 78.10, 78.11, 78.12, 78.13, 78.14, 79.1, 79.2, 79.3, 79.4, 79.5, 79.6, 79.7, 79.10, 83.1, 83.2, 83.3, 83.4, 83.6, 83.7, 83.8, 83.9, 91.1, 112.2, 119.1, 131.4, 132.1, 133.1, 133.2, 167.1, 178.1, 178.2, 178.3, 182.4, 191.1, 191.2, 191.3, 191.4, 191.5, 191.6, 191.7, 191.8, 191.9, 191.10, 191.11, 192.1, 224.1, 227.1, 228.5, 228.6, 230.1, 231.2, 231.3, 233.1, 234.1, 234.2, 237.2, 237.3, 255.2, 256.1, 259.1, 259.2, 259.3, 259.4, 259.5, 259.6, 264.1, 265.1, 281.1, 281.2, 284.1, 284.2, 284.3, 284.4, 284.5, 284.6, 284.7, 284.8, 290.1, 298.1, 298.2, 298.3, 307.1, 307.2, 314.4, 314.6, 314.7, 314.8, 315.1, 315.2, 315.3, 315.4, 315.5, 315.6, 315.7, 315.8, 341.4, 356.3, 425.1, 425.2, 425.3, 425.4, 425.5, 425.6, 425.7, 425.8, 438.2, 438.3, 438.4, 438.5, 458.9, 458.10, 458.13, 462.1, 462.2, 462.3. |Mahr GmbH, Göttingen: 210.9. |PRESSOL Schmiergeräte GmbH, Umkrich: 472.4. |TÜV Rheinland AG, Köln: ID Nr. 1000000000, https://www.tuv.com/germany/de/ 458.12, 458.14. |Valentinelli, Mario, Rostock: 63.1, 166.2, 169.1, 174.1, 185.1, 206.1, 206.2, 206.4, 207.1, 207.3, 207.4, 208.1, 208.2, 208.4, 208.5, 209.1, 209.2, 209.3, 209.4, 210.8, 211.3, 211.4, 304.1, 305.2, 305.3, 305.4, 314.2, 314.3, 314.5, 315.9, 337.1, 338.1, 370.1, 370.3, 440.1, 463.1, 491.1, 491.3, 491.5, 491.7, 491.9, 492.1, 492.3, 492.5, 492.7, 492.10, 493.1, 493.3, 493.4, 493.6, 494.1, 494.2, 494.4, 494.6, 495.3, 495.5, 496.1, 496.8, 497.1, 497.3, 497.5, 497.7, 499.1, 499.3, 499.5, 499.7, 499.9, 500.1, 500.3, 500.5, 500.7, 500.8, 501.1, 501.3, 501.5, 501.7, 501.9, 501.10, 501.12, 502.1, 502.3, 502.5, 502.7, 502.9, 502.11, 503.1, 503.3, 503.5, 503.7, 503.9, 503.12, 504.1, 504.2, 506.1, 509.4, 509.6, 509.8, 509.10. |VDE Prüf- und Zertifizierungsinstitut GmbH, Offenbach: 458.1, 458.3, 458.4, 458.5, 458.7, 458.11.